世界茶文化大全

（上）

主　编　周国富
执行副主编　姚国坤

中国农业出版社·北京

图书在版编目（CIP）数据

世界茶文化大全：全2册 / 周国富主编. — 北京：中国农业出版社，2019.1
ISBN 978-7-109-24630-0

Ⅰ. ①世… Ⅱ. ①周… Ⅲ. ①茶文化－世界 Ⅳ. ①TS971.21

中国版本图书馆CIP数据核字(2018)第217076号

中国农业出版社出版
（北京市朝阳区麦子店街18号楼）（邮政编码 100125）

特约编辑 周星娣
责任编辑 姚 佳

北京中科印刷有限公司印刷
新华书店北京发行所发行
2019年1月第1版
2019年1月北京第1次印刷

开本：787mm×1092mm 1/16
印张：58.5
字数：1 000千字
定价：288.00元

（凡本版图书出现印刷、装订错误，请向出版社发行部调换）

中国国际茶文化研究会文库 ㉖

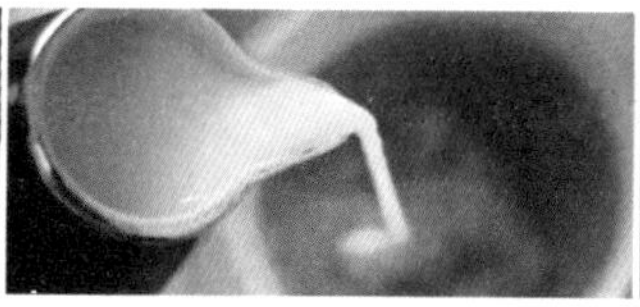

《世界茶文化大全》编辑委员会

主　编：周国富

副主编：孙忠焕　阮忠训　姚国坤（执行）

编委会成员（以姓氏笔画排列）：

丁以寿　于良子　王建荣　阮忠训　孙忠焕
关剑平　刘勤晋　沈冬梅　李竹雨　郑国建
周国富　姚国坤　郭丹英　夏虞南　屠幼英
程启坤　鲍志成　缪克俭

序

茶的发展史表明，中国是世界上最早发现茶、种植茶、饮用茶的国家，也是世界茶文化的发祥地。当今，世界上有60多个国家种植茶，区域遍布世界五大洲；世界上有160多个国家和地区有饮茶习俗，有30多亿人钟情于饮茶，茶已成为世界上一种仅次于水的健康饮料。追溯世界上植茶的种子、产茶的技艺、饮茶的风俗等无一不是直接或间接地来自中国，也就是说，茶的“根”在中国，这是中华民族对人类文明发展作出的重大贡献。

一片树叶惠及众生。茶不仅是人类日常生活的必需品、文化生活的天然媒介，也是精神生活的重要“食粮”。它穿越历史，跨越国界，融入人的生活，发挥着独特的多元文化功能，与经济、政治、社会、文化、生态、健康等各个方面密切相关，茶运与国运紧密相连。

中国唐代陆羽《茶经》开宗明义，提出“茶者，南方之嘉木也”。茶既可以理解为地理环境上生长在南方的珍贵树木，也可以诠释为人文语境下南方楚文化中的君子品格，将茶与文化有机融合于一体。茶从中国开始，逐渐扩展延伸，随着茶文化的传播与发展，世界各地融入自身的文化形成了丰富多彩的特色地域（民族）茶文化，乃至最终构建成为博大精深的世界茶文化事象。

回顾中国茶和茶文化走向世界的历史进程，大致可分为三个历史时期，有过辉煌，也有过黯淡。

一是辉煌发展时期。从隋唐到清代中期前，中国茶和茶文化始终居于世界的主导地位，无论是数量、品质都大大优于世界其他国家，并深深地影响着世界各地的茶文化。隋末唐初，中国茶传入朝鲜半岛；唐宋时期，中国茶种和饮茶技艺传入日本；明清时期，中国茶和饮茶器具传播到欧洲及美洲；清代中后期，南亚的印度、锡兰（今斯里兰卡）等国先后从中国获得茶种并成功种植，此后又逐渐扩散至非洲等一些国家，表明中国茶互联世界，惠及全球。

二是缓慢发展时期。茶运与国运紧密相连。清末至民国时期，由于战争不断，经济衰退，民生凋敝，国运衰弱，中国茶业随之跌入低谷，茶叶生产停滞不前，茶叶出口急剧萎缩，中国茶在世界的主导地位旁落，被印度、斯里兰卡、日本乃至肯尼亚等新兴产茶国家所取代。

三是长足发展时期。自 1949 年中华人民共和国成立起，特别是改革开放以来，中国茶和茶文化快速发展。进入中国特色社会主义新时代，中国社会的主要矛盾转化为人民日益增长的美好生活需要和不平衡不充分的发展之间的矛盾，为中国茶和茶文化的科学发展注入了新动能、拓展了新空间、开启了新征程。当今，中国茶产业和茶文化发展关乎国计民生，一头连着国家发展战略，一头连着人民美好生活，日益受到政府和人民群众的关心和重视。2017 年，中国茶园面积达到 4 500 多万亩，茶叶产量达 258 万吨，茶叶农业产值达到 1 920 亿元，稳居世界第一产茶大国地位。茶和茶文化进机关、进学校、进工厂、进社区、进家庭“五进”活动蓬勃开展，“六茶①共舞、三产交融、跨界拓展、全价利用”的新发展观获得广泛共识；“茶为国饮、健康消费”深入人心，丰富多彩的各类茶事活动精彩纷呈，深受国人的追捧和厚爱，也赢得世界茶人的喜爱和美誉。中共中央总书记、国家主席习近平爱茶、懂茶、重视茶，巧妙运用茶和茶文化治国理政，给中国茶界以巨大的鼓舞，是中国茶人学习的榜样。自 2013 年以来，他在七次出访中八次说到茶和茶文化，多次在国内外与外国元首进行茶叙论道；2017 年，他给首届中国国际茶叶博览会（杭州）致贺信，勉励中国茶界茶人“弘扬中国茶文化，以茶为媒，

①六茶：喝茶、饮（料）茶、吃茶、用茶、玩茶、事茶。

以茶会友，交流合作，互利共赢……共同推进世界茶业发展，谱写茶产业和茶文化发展新篇章”。

新时代、新气象、新思维、新作为。中国茶界和茶人将担当新使命，作出新贡献。中国虽是产茶大国，但还不是茶业强国，复兴中华茶文化，振兴中国茶产业，再创茶业强国辉煌，依然任重道远。为了进一步学习借鉴世界茶产业和茶文化的发展经验，促进文明交流和互鉴，更好融入“一带一路”，为世界茶人作出新贡献，中国国际茶文化研究会把研究世界茶文化列入重大课题，由资深茶和茶文化专家、我会学术委员会副主任姚国坤教授牵头组织国内知名茶文化专家学者进行深入研究，历时三年有余，几易其稿，匠心编纂，终于使这本《世界茶文化大全》一书结笔付梓。该书从中国茶和茶文化走向世界的方式与途径、世界茶文化的概况、世界饮茶风情与特色、现存世界茶文化遗迹、世界茶器具大观、世界茶文化与艺术、茶文化与政治法律、世界茶叶贸易和消费、茶叶标准与质量、茶与身心健康、茶文化与世界和谐等方面详加介绍，语言生动、图文并茂，对世界茶文化进行了系统诠释，这既是一部专题研究之作，也是一本实用工具之书。

文化作为一种精神力量，能够在人们认识世界、改造世界的过程中转化为物质力量，对社会和经济等方面发展产生深刻影响。我相信，《世界茶文化大全》一书的出版发行，必将进一步推进中华茶文化的传承弘扬、文明互鉴和创新发展，进一步展示和丰富世界茶文化精典宝库，进一步增进世界茶人的友谊与交流，进一步促进以茶惠民、茶和天下，使茶文化这颗人类共同的璀璨明珠在寰宇大地绽放出更加绚丽的光彩。

是为序。

中国国际茶文化研究会会长 周国富

2018年6月于杭州

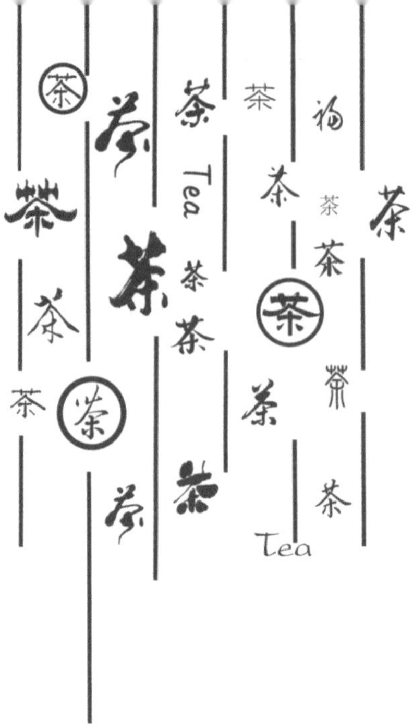

茶者，南方之嘉木也。
一片树叶惠及众生。
它穿越历史，跨越国界，融入人的生活，
发挥着独特的多元文化功能。

目录

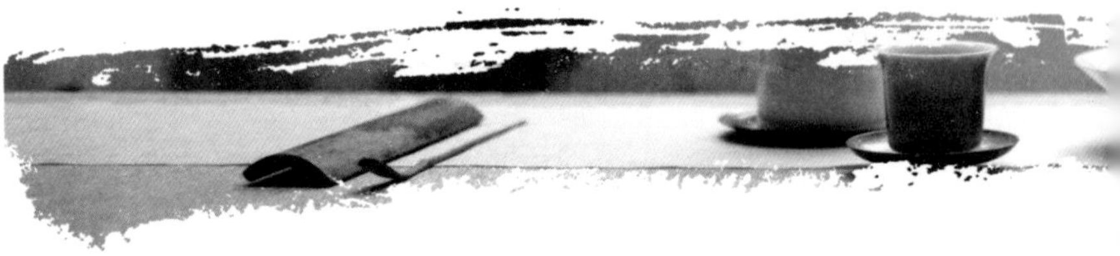

第七章　茶文化与政治法律 / 503

茶文化是人类发现、认识、利用、
生产、消费、品鉴、崇尚茶的
一切物质活动和精神活动及其文明成果。

绪论

Introduction

中国是地球上茶树的原生地，也是人类茶文化的发祥地，华夏先民在世界上最早发现了茶。

茶文化的起源是从人类对茶的发现、利用开始的。从经济形态看，人类对茶的发现始于原始采集经济时代。在漫长的新石器时代中后期，人类逐步从各类可食用植物“百草”中辨识出具有药用功能的“茶”。在迈入文明门槛之后，茶树的种植紧随农耕生产而开始，在其后数千年中成为封建农耕经济的有机组成部分，并逐渐形成了既丰富多彩又博大精深的茶文化。

茶文化泛指人类在生产、生活实践中产生的一切与茶有关、因茶而生的文明成果和文化形态的总和。也就是说，茶文化是人类发现、认识、利用、生产、消费、品鉴、崇尚茶的一切物质活动和精神活动及其文明成果。

茶和茶文化既是中国农业经济、农耕文明和中华传统文化的重要内容和文化符号之一，也是自古以来以中国为主体的东方农耕文明参与东西方文化交流，与欧亚大陆腹地游牧文明、欧洲地中海海洋文明、近代西方世界殖民贸易交互作用的重要物质载体和文化媒介之一。茶通过“丝绸之路”包括“茶马古道”“万里茶路”“海上茶叶之路”传播到世界各地后，对人类生活和世界文化产生了普遍而深刻的影响。可以说，一片茶叶参与了人类生活与生产的全过程，助益了人类文明的进步和发展，塑造了多姿多彩的茶文化形态，交融了东方文明与西方文明，对人类社会发展进程发挥了巨大而深远的作用。

第一节　茶文化的概念和定义

众所周知，茶源自中国，茶文化也发祥于中国。但是，“茶文化”这一词汇的出现、这一概念的提出，却是在茶步入人类生产和生活四五千年之后。具体说，是在20世纪80年代之初，伴随着中国改革开放的进程和民族文化的觉醒，在人们对茶的需求日益增长和提高，对茶的认识更加深刻和全面的情况下，首先在茶的品饮艺术领域诞生的。从其表现形态而言，最初的茶文化现象是从中国港台地区流行的茶艺演绎传入大陆内地开始的。因此，在一段时间里，茶界和社会上一度存在“茶艺”和“茶文化”混淆不清、模棱两可的倾向。

一、“茶文化”的概念

以20世纪90年代初中国国际茶文化研究会、中国茶叶博物馆等国家级茶文化机构的成立为标志，当代中国茶人高举复兴中华茶文化的旗帜，引领中国茶产业迈上了振兴之路。而茶文化的概念及其内涵和外延，以及茶文化学的理论体系和研究方法，也在探索实践中逐步深入、明晰，有关的研究论著和成果呈爆发式增长，茶文化在人类文明和社会文化中的独特地位和作用，也开始被逐渐确立起来了。

（一）“茶文化”概念的提出

自20世纪80年代初以来，中国涉茶研究的人文社科界学者和部分从事茶学研究的专家，在茶艺演绎流行蔚然成风的情况下，开始对“茶文化”现象进行学理性思考和研究，提出了“茶文化”的概念与内涵。但是，由于各自专业背景和研究领域的差异，大家对究竟什么是“茶文化”知之甚少，鲜少从文化学的高度和广度来剖析茶文化，大多从各自专业角度来理解、探索“茶文化”的概念及内容，在茶界形成各抒己见、莫衷一是的局面。这在茶文化热兴起之初，既是难免的，也是有益的。

纵观当代茶文化发展进程，在“茶文化”一词提出之前，中国当代著名茶学家庄晚芳先生等，已经开始使用“茶叶文化”“饮茶文化”的表述，我国台湾茶人也有“茶艺文化”的说法。最早明确提出“茶文化”的，是1982年台湾学者娄子匡在为许明华、许明显的《中国茶艺》一书所作的《代序——茶的新闻》里，首先使用了“茶文化”一词。两年后的1984年，庄晚芳（1908—1996）在发表的论文《中国茶文化的传播》中，首倡“中国茶文化”一词。1991年5月，姚国坤、王存礼、程启坤编著的《中国茶文化》出版，是中国第一部以“中国茶文化”为书名的公开出版物。同年，江西省社会科学院主办、陈文华（1935—2014）主编的《农业考古》杂志推出了“中国茶文化专号”，成为国内唯一公开发行的茶文化研究中文核心期刊。到2000年，刘勤晋主编的《茶文化学》由中国农业出版社出版，标志着茶文化从文化现象到概念提出，再到学科体系的建立，快速完成了自我成长的历史使命。从此以后，“茶文化”不仅成为茶界和茶事活动中广泛使用和认同的流行热词，而且也成为学术界约定俗成的一个社会文化新名词。

不过，对“茶文化”的概念，茶学界、茶文化界迄今仍有三种不同的观点，一是广义的，一是狭义的，还有一种介于两者之间。

（二）“茶文化”内涵的构成

概念与内涵之辩，其实是名相之辩、名实之析。名实之间互为因果，相辅相成。茶文化概念的不同定位，决定其内涵的多寡繁简。由于对茶文化概念的三种不同认识，其基本内容或内涵及外延以及层次构成，也相应地存在三种不同的界定。

在阐述茶文化内涵构成时，大多学者借用了文化结构学说来套用茶文化内涵的分析，再罗列茶文化的具体事类。也有的从茶文化的个性特征出发，来表述其内涵的多重属性。由于这种阐述侧重于事象入手，比较容易理解，故而像“茶文化是中华民族在茶的品饮中所凝聚的文化个性和创造精神，是一条表达民俗风情、审美情趣、道德精神和价值观念的历史文化长链”这样的说法，成为多数人认同的流行说法。在他们看来，茶文化作为一种生活文化，包括大众文化和精英文化，它由茶饮、茶俗、茶礼、茶艺、茶道五个层面架构而成。

（三）茶文化的研究范围

在茶文化的概念和内涵逐步深入探讨的同时，也开始涉及茶文化研究范围与对象的厘定。2004年召开的中国国际茶文化研究会第一届学术委员会议上，就提出了茶文化研究范围与对象的讨论方案，具体内容有16个方面，范围和对象几乎是包罗茶事万象的。除了现代茶学包括茶科研、茶教育和茶生产包括茶种植、茶加工并未完全囊括外，几乎与茶有关的社会、经济、文化、艺术、宗教生活事象都包罗无遗了。

二、“茶文化”的定义

“茶文化”是一个组合词，包括了“茶”和“文化”两个概念。

（一）什么是“茶文化”

1. 什么是茶？ 这个问题恐怕很好回答，但不同的人会有不同的答案。生物学、植物学家回答说，茶是一种山茶科茶属多年生木本植物；农学、经济学家回答说，茶是一种关乎国计民生的经济作物；中医药家回答说，茶是源自百草的一种本草药物；养生学家、饮食学家说，茶是一种有益健康养生的功能饮料；社会学家回答说，茶是调适自我身心、和谐人际关系的一副“清凉剂”“润滑油”；民俗学家回答说，茶是人们迎来送往、生老病死等人生大事都离不开的一种礼俗习惯；学问家、艺术家回答说，茶是提神醒脑、激发灵感、助益创作的“催化剂”；宗教家们回答说，茶是清心滤俗、静心悟道、通达禅茶一味、天人合一妙境的甘露醍醐；而普通百姓回答说，开门七件事，柴米油盐酱醋茶，茶是我们日常生活必不可少的必需品……茶的定义在不同的人眼里，完全是不同的事物。人类关于茶的认知是因人而异的，茶究竟是什么，完全取决于人这个主体对茶的利用、开发和认知程度。由此足见，茶的众多属性，完全是它在不同的领域或场景下，在人类社会生产和生活实践中所扮演的不同角色、发挥的不同作用所决定的。

假如把茶回放到自然史的视野里，那么它不过是一种植物而已；假如我们把茶置于人类文明史的背景下，那么它是伴随人类迈入文明门槛、对人类自身发展和社会进步都发挥了有益效用和助益作用的大自然对人类的一大恩赐！自从它进入人类生活，它就如春风化雨般地渗透到了人类的日常生活之中，润物无声地涵养着人类和人类文明，衍生出丰富多彩、博大精深的文化形态。由此，我们进一步知道，茶文化的主体不是茶本身，而是在生产、生活实践中认知、生产、利用茶的人类；自然视野中的茶本身并没有文化属性，只有当茶出现在人类的生产、生活实践中时，它才衍生出文化。因此，归根结底，茶文化是人类创造的，是人类文化的组成部分，是人类创造的不同文化的形态之一，也是人类文明的载体之一。

2. 什么是文化？ 根据《大英不列颠百科全书》，“文化”的概念至少有一百五六十种之多。甚至有人说，全世界对“文化”的诠释，有数百种之多。一般而论，广义的文化，指人类在社会历史发展过程中所创造的物质财富和精神财富的总和。它包括物质文化、制度文化和心理文化三个方面。广义文化着眼于人类与一般动物、人类社会与自然界的本质区别，着眼于人类卓立于自然的独特的生存方式，其涵盖面非常广泛。随着人类科学技术的发展，人类认识世界的方法和观点也在发生着根本改变，对文化的界定也越来越趋于开放性和合理性。狭义的文化是指沉淀、凝结、积聚在物质之中又游离于物质之外的，能够被传承的国家或民族的历史、地理、风土人情、传统习俗、生活方式、文学艺术、行为规范、思维方式、价值观念等，是人类之间进行交流的普遍认可的一种能够传承的意识形态。

那么，在中国传统原典语境里，何为“文化”呢？“文”者本指纹饰，指各色交错的纹理。《易·系辞下》载：“物相杂，故曰文。”《礼记·乐记》称：“五色成文而不乱。”《说文解字》称：“文，错画也，象交叉。”在此基础上，“文”又引申出几层含义。一是包括语言文字在内的各种象征符号，进而外化为文物典籍、礼乐制度。《尚书·序》所载伏羲画八卦、造书契，“由是文籍生焉”。《论语·子罕》载孔子说“文王既没，文不在兹乎”。二是由伦理之说导出彩画、装饰、人为修养之义，与“质”“实”相对。《尚书·舜典》疏曰“经纬天地曰文”，《论语·雍也》称：“质胜文则野，文胜质则史，文质彬彬，然后君子。”三是在前两层意义之上导出美、善、德行之义，即《礼记·乐记》所谓“礼减而进，以进为文”，郑玄注“文犹美也，善也”，《尚书·大禹谟》所谓“文命敷于四海，祗承于帝”。“化”本义为改易、生成、造化，如《庄子·逍遥游》“化而为鸟，其名曰鹏”。《易·系辞下》：“男女构精，万物化生。”《黄帝内经·素问》：“化不可代，时不可违。”《礼记·中庸》：“可以赞天地之化育”，等等。归纳诸说，“化”指事物形态或性质的改变，同时“化”又引申为教行迁善之义。“文”与“化”的并联使用，最早见之于战国末年《周易·贲卦》：“《象传》曰：‘(刚柔交错)，天文也。文明以止，人文也。观乎天文，以察时变，观乎人文，以化成天下。’”这段话的意思是说，治国者须观察天文，以明了时序之变化，又须观察人文，使天下之人均能遵从文明礼仪，行为止其所当止。这里的“人文”与“天文”(即“自然”)相对，泛指社会典章制度和各种文化现象，以及人伦社会规律，即社会生活中人与人之间纵横交织的关系，如君臣、父子、夫妇、兄弟、朋友，构成复杂网络，其作用乃是“化成天下”，也就是以文治之道教化黎民、成就天下，具有莫大的社会政治功能。在这里，人文的“以文教化”的思想含义开始明确了。西汉以后，“文化”一词出现，“以文教化”的含义也确定了。诸如“圣人之治天下也，先文德而后武力。凡武之兴，为不服也。文化不改，然后加诛”(《说苑·指武》)，“文化内辑，武功外悠”(《文选·补之诗》)。这里的“文化”，就是汉语系统中的“以文教化”，它表示对人的性情的陶冶，品德的教养，属于精神之范畴。随着时间的流变和空间的差异，“文化”逐渐成为一个内涵丰富、外延宽广的多维概念，不仅成为众多学科探究、阐发、争鸣的对象，几乎所有的哲学、人文社会科学都与文化产生千丝万缕的联系，各类冠名文化的交叉学科应运而生，应有尽有；而且文化也成为社会变革、发展、进步的参与者，从“五四”新文化运动到“文化大革命”，从改革开放之初的文化热到如今的文化复兴、文化自信，无不见证了时代的脚步，留下历史的印记。时至今日，在我们的日常语境里，还会把识字当做是有文化的象征，把有文化当做是有修养的代名词，把各级文化行政部门主管的工作当作是文化的内容……如此等等，不一而足，都说明文化的概念之多，内容之繁杂，变化之巨大，让人难以把握，难以界定。

但是，不管文化概念如何之多，现代人语境里的文化概念，源自西方文化学说，它与文明、人文等密切关联，与愚昧、混沌、野蛮相对，这一点恰好与我国传统文化语境里“人文”和“以文教化”的本义相通。在英语里，“文化 culture”一词源自拉丁文词根“culti”，其本义是耕种、生产。“文化”指的是人类耕种、生产所获得的成果。由此推而广之，文化引申为人类创造的一切物质财富和精神财富的总和。文化人类学认为，文明社会的每一个人都是“文化人”，反之野蛮时代的人类与动物野兽无异；文化人的活动实质上就是不外乎创造文化、传播文化、分享文化。也就是说，人类在生产、生活中的一切活动包括与茶有关的活动，都是文化包括茶文化的生产、消费、交流、共享。如此来看茶文化的主体属性，就不言自明了。

3. 什么是茶文化？ 考察茶文化，既不能把文化放到茶的视域下，也不能把茶与文化事象作非逻辑的对应，而必须、也只能把茶放到人类文明史视野里来观察，方能得出正确的结论。只有在人类文明的宏大背景下，用世界文化的宏阔视野来审视茶和茶文化，才能比较全面系统、完善完备地科学界定“茶文化”的定义。

大道至简，越是复杂的东西越要用简单的方法来审察。不管茶有多少属性，不管文化有多么复杂，我们只要按照文化人类学说的科学理论和方法，就能简明扼要、科学精准地界定茶文化的概念：茶文化是人类生产和生活实践中创造的一切与茶有关的文明成果和文化形态的总和。从文化遗产的角度看，那就是人类创造的一切与茶有关的物质财富和精神财富的总和，侧重于茶文明成果；而从文化现象的角度看，那就包括了当下动态存在、变化发展中的各类与茶有关的文化形态和文化事象的总和，侧重于茶文化形态。

或许正是因为人们对“文化”的定义错综复杂，有广义、狭义之分，才导致了“茶文化”定义的广义、狭义之辩。也许不同语境或学术领域中，我们在使用“茶文化”这一概念时，可以有一定的自我界定权，采取广义或狭义甚或“中义”的概念，但是在本书这样立足世界的茶文化或全人类的茶文化这样的宏大命题下，我们的茶文化必须是广义的，而且不再局限于以往茶文化界提出的广义说，而是立足于现代主流文化语境下的“文化”概念、兼顾中华传统文化语境和历史原典中的“文化”本义的基础上阐释的更广大的“茶文化”概念。在这个意义上，可以说我们的“茶文化”定义不仅是广义的，而且是全义的，也是本义的。

如果采用狭义的“茶文化”，将导致人类对现有茶知识认知上的巨大“人为”缺失，以偏概全，不利于茶文化在全球范围的普及和发展，不利于茶惠泽全人类的历史使命，也不符合茶文化所具有的开放包容、多元一体的本质特征。如果我们采用以往茶界提出并讨论中的排除了茶学研究范畴的广义茶文化概念，将割裂茶的自然属性和社会属性，人为地把茶科研甚至茶教育从茶文化体系中分离出去，导致茶文化内含的缺失，茶文化学科体系的不完善，也不利于茶学科研与人文社科的交融发展。

（二）“茶文化”的内涵与外延

在确定了“茶文化”定义之后，再来界定其内涵和外延就不难了。我们不妨立足文化的主体人类自身生产和生活两大基本活动入手，来厘定茶文化究竟包含了哪些内容。

首先，从生产活动也就是经济活动看，人类与茶的关系主要有如下几个层面：

1. 茶学科研　人类对茶的认识是在原始农耕时代开始的，田螺山遗址发现的呈有序排列状的“茶树”根茎，或许足以证明四千多年前的华夏先民已经具备了一定的茶树种植技术。在漫长的古代历史时期，茶树的种植技术是农耕技术的一部分，是依附在农业技术中的，并没有形成独立的茶树栽培体系。具体而言，包括茶园耕作制度、茶树种植技术和茶叶加工技艺、品饮技艺、储藏技术等。到了近现代，茶科研蓬勃发展，其内容包括茶科学实验研究和田野试验，茶种的科学选育改良，现代化生产的种植体系、茶园技术、植保技术及抗病害、抗灾害技术；生态农业下的绿色有机茶生产技术；采制加工机械化、电子化、自动化设备研发和制造；茶叶深加工产品研发；茶产品的质量认证技术；茶叶成品的保质、保鲜技术；外太空等特殊空间中的饮茶技术等。

2. 茶叶生产　茶叶生产包括生产组织方式、生产力要素、种植制度和采摘加工等几个环节。生产组织方式包括古代小农经济时代小规模生产方式，近现代规模化、集约化、商品化生产；当代生态农业下绿色无公害有机茶生产；茶政，即茶业经济政策和茶税制度，即如封建经济体制下的茶业经济政策，包括朝廷茶政、榷茶制度、运销制度、税收制度等。生产力要素集中体现在：人力，即专业化茶农的数量及其在小农群体中的独立自主程度；土地，即农业生产满足人口需要之余的茶业可耕土地数量；技术，即依附在小农生产耕作技术中的茶业栽培种植技术等。种植，包括种树、密植、茶园管理、植保和生态环境等。加工包括古代手工炒制，包括采摘、揉捻、发酵、干燥、成型等技术；近现代人力蓄力驱动半机械化、机械化、电气化炒制；当代电子化、自动化流水线炒制等。此外，还包括原始采集经济时期对茶的发现、采集、食用等活动。

3. 茶叶品类　茶树的品种在植株性状上有乔木型、小乔木型和灌木型三大类，但生物学上茶树的品种其实只有一种。我们这里的茶叶品类，指的是茶叶加工后成品的种类，按照目前的分类，通常有所谓的六大茶类，大多是从茶叶的加工、发酵工艺不同而呈现的成品干茶的外观颜色来区分的，如绿茶、红茶、黑茶、青茶、黄茶、白茶之类；也有的是按产地来命名的，如西湖龙井、武夷岩茶、普洱茶、安化黑茶、祁门红茶等；还有的是历史文化典故来命名的，如乌龙茶、铁观音之类。近代以后机械加工运用到茶叶制作，出现了新的品类如红碎茶、袋泡茶，至于茶原料深加工的茶工业饮料，则名称更加繁复。源自唐宋研膏团饼茶的日本蒸青抹茶，在茶的品类上如今可谓是独树一帜的奇葩。

传统的成品茶的品类划分和命名，是在长期的茶叶生产加工实践中逐步形成、丰富起来的，是从少到多、从简到繁逐渐演化而来的，都具有深厚的历史文化内涵，却缺乏严谨的科学性、系统性、规律性。所有茶类的品类差异都是以往茶人们在生产生活实践中对茶的直观观察和体悟认知的结果。不管这些品类的划分和命名是否科学合理，它们都体现了茶作为人类生产实践的物质成果或财富形式，呈现出多姿多彩、万紫千红的景象，共同构成了茶文化版图中最实质性的物质文化形态。

与茶叶品类相关的，是商品化生产和贸易带来的茶叶商标、品牌及地理标志认证、原产地品牌保护等相关事类，毫无疑问它们也是与茶叶品类密切相关的茶文化事类。

4. 茶叶贸易　交易是人类社会经济发展到一定阶段的必然产物，茶叶贸易是茶叶生产在小农经济规模下逐步形成专业化生产带来的自给自足之余的产品交换和交易。从渠道上看，分内销、外销等主渠道和物物交换、入贡、直供、票供、限购等副渠道；从营销方式上看，分批发、零售、互市、拍卖、电商等方式；以及价格、税收及榷茶等茶政制度。在古代，“茶马互市”是不同经济区域农耕文化与游牧文化等之间的特殊贸易制度，牵涉边境安全、物资交换、民族团结和国家安宁；包括了“茶叶之路”的“丝绸之路”，是中外商品包括茶叶贸易和文化，包括茶文化传播交流的桥梁和纽带。近现代茶叶的国际化交易销售，则涉及洋行公司、定价采购、包装运输以及批发、分销、拍卖等方式和关税征收等国际贸易制度，其影响之巨大，关乎近代以来东西方贸易体系和文化交流互鉴，关乎英国工业革命和美国独立战争，关乎中英鸦片战争和中国近代化的进程。如今电子商务的兴起，无论内销还是跨境，都使茶叶的贸易走上网上交易的平台。

5. 茶叶消费　消费是指利用社会产品来满足人们各种需要的过程，是人类最重要的经济活动之一，是社会再生产过程中的一个重要环节，也是最终环节。消费又分为生产消费和个人消费。前者指物质资料生产过程中的生产资料和生活劳动的使用和消耗。后者是指人们把生产出来的物质资料和精神产品用于满足个人生活需要的行为和过程。通常所讲的消费是指个人消费，这里所谓的茶叶消费，主要也是指个人消费。

茶叶的消费与茶生产同步相随，是人类通过商品交易获得茶并利用、享用茶为己所用的一种经济生活方式。因此，在很大程度上，茶叶消费与人类的茶叶生活实践相关联，尤其是个人消费作为经济生活形态，实际上差不多就是茶在人类个人生活中的全部内容。

其次，从生活实践和社会活动看，茶文化可分为茶的个人生活存在或消费方式和在人们社会生活中扮演的角色、赋予的功能，以及由此而衍生的礼仪、游艺、娱乐、休闲、旅游等功能性文化形态和艺术、宗教、哲学等精神性文化形态。所有这些茶文化形态的产生，都是以茶进入人们生活为开始和基点的，其核心载体和环节就是茶的品饮技艺及其演变和随之带来的茶社会文化形态的变化。从社会关系看，可分为个体生活（如饮茶习惯、养生保健、益思悦志、涵养情操、提升修养、生老病死等）

和社会生活（包括礼仪礼节、风俗习惯、宗教修习、文化艺术等）；从文化形态看，可分为物质生活（包括衣、食、住、行等）和精神生活（包括艺术、宗教、哲学等），还有复合形态的如茶文化旅游、茶演艺欣赏、茶馆文化等。以往探讨茶文化内涵的绝大多数论著，实际上都囿于茶文化在人类个人生活和社会活动中产生的文化形态，条分缕析，丰富繁杂。这里再作梳理，举其大端于后。

6. 饮茶传统　饮茶的起源，饮茶方式的历史演化和时代特征，饮茶群体的形成和民族、地域、阶层、年龄、职业等差异，饮茶作为不同地方、民族饮食习惯和社会文化传统的形成及特征。

7. 品饮技艺　不同地区、地方、民族、群体的饮茶方法，由此形成的饮茶习惯、特有茶品、方式和功效及其流派与传承。

8. 饮茶礼俗　不同地方、民族、城乡、行业的饮茶习俗和差异及特殊禁忌等，民族、民间、民俗饮茶礼俗及其历史、文化内涵；茶艺演绎，包括不同民族、地区、茶类和不同功用如观赏、营销、展示等茶艺主题、程式、演员及音乐、舞美、灯光、服饰等表演形式和艺术水平。

9. 饮茶器具　古代茶具的起源和种类及其形制、材质、制造工艺演变，近现代茶具创新及其形制、材质、工艺特征，馆藏、出土茶具精品、时代特征及艺术鉴赏。

10. 饮茶场所　古代茶坊、茶肆的起源及其演变，近现代茶楼、茶馆的发展和现状，当代茶艺馆的兴起及其经营模式和文化功能；茶馆的选址、建筑、空间、装饰、家具、陈设及其时代、地域特征；茶馆的文化传播、艺术展示以及信息、休闲、讲评等社会文化功能。

11. 养生保健　“茶药同源”理论，茶的药用成分和药理功能；饮茶的生理和心理保健养生作用；自古以来茶的药疗价值和作用的认识；现代功能性茶饮料；个性化、艺术化饮茶方法及其心理调适功用，相应的饮茶空间艺术氛围的营造，审美趣味和鉴赏方法的培养。

12. 涉茶艺术　所谓“茶通六艺”，茶与各类艺术样式的结合、交融及其衍生的新内容、新主题、新形态，包括茶与书画、文学、诗词、篆刻、楹联、谜语、谚语、戏剧、歌舞、音乐、摄影、影视及工美、餐饮、服饰、茶席设计等领域；还包括具有艺术品格和审美价值的演艺茶艺。

13. 宗教修习　茶参与儒教、佛教、道教及其他宗教修习实践、法事活动的程式及其宗教意涵；仪式化、法事化饮茶方法及其内心深度体验和主观精神感受，对个人静心滤俗、开启智慧、完善人格、养成道德、觉悟人生以及达成宗教修习终极目标的作用。

14. 茶德茶道　茶德概念的提出，茶德与茶性的关系；中国茶德思想的形成与发展及其流派和代表人物；茶道概念的提出，茶道与茶艺的关系；中国茶道理论的形成与发展及其代表人物；当代茶文化核心理念的提出和理论创新；中国茶德、茶道思想文化的核心价值、人文特质和普适价值。

15. 饮茶习惯　全民年人均茶叶消费量，茶品价格及年人均茶叶消费额，以及不同年龄、职业、地区、城乡等的饮茶偏好和数量差异。

16. 茶为国饮　茶知识宣传与普及，茶文化“四进”；谷雨饮茶日立法，全民饮茶日活动；科学饮茶方法、泡茶技艺的推广，茶体验馆。

17. 教育培训　职业教育与学历教育，包括本科、研究生教育等；茶公开课，电视与网络公开课；茶艺师培训和职业资质考试，茶艺师大赛和茶艺师技能考评；公民素养培训中的茶文化公益培训。

18. 旅游文创　茶休闲、茶旅游，包括茶馆、茶艺馆、茶园、茶山、茶博会等休闲旅游；茶节庆，茶会展，如茶文化节、茶博览会、茶展销会等；茶文创产业，茶产品创新设计和研发，茶产业链延伸和拓展，茶艺术作品如舞台综艺、茶书画、茶戏剧、茶音舞、微电影等创作。

19. 传播交流　中国茶的外销促进茶文化对外传播，茶马互市、茶马古道、茶叶之路、丝绸之路及其茶叶外销和茶文化传播；中国茶文化的海外影响，“日本茶道”“韩国茶礼”“英国下午茶”“俄罗斯茶炊”等茶文化形态的形成；以茶为载体的中外文化交流互鉴，茶在国家外交和公共外交中的作用。

20. 茶人社团　茶人，包括茶学家、发明家、教育家，茶文化专家学者、茶艺术家，茶界领导、社会活动家，茶从业者，如茶农、茶商、茶客、茶艺师、茶企业家等茶事生平、成果成就和贡献影响；茶社团，如学术团体、行业协会、促进会、茶人联合会、茶界联盟等及其活动和成果。

茶文化发展至今，其社会文化功能日益扩展，更加突出。饮茶健身，以茶为食，茶正越来越多地发挥着保健养生功效，惠泽全民，更大范围提高人们的健康水平；倡导“茶为国饮”，丰富人们的饮食生活，以茶设宴，以茶代酒，以茶倡廉，以茶养性，提倡茶德和茶人精神，提高人们的思想道德水平，促进社会的精神文明建设；以茶会友，以茶联谊，客来敬茶，以茶为礼，提倡“和为贵”，调节社会人际关系，促进社会和谐、世界和平事业的发展；茶通六艺，所谓“琴棋书画诗酒茶”，茶与各种艺术形态相结合，以茶作诗，以茶作画，以茶歌舞，以茶献艺，以茶休闲，倡导高雅的艺术享受，美化人们的生活，培养艺术审美情趣；以茶为媒，以茶祭祀，茶禅结合，发挥茶的静心开悟、人格修持和精神寄托作用。随着经济社会的发展，人们物质消费的满足程度已越来越高，正逐渐转向文化的、休闲的、享受性的消费。茶文化的功能必然会更加扩展，在提高人们人文修养和艺术欣赏水平，滋养与升华人们的道德精神和人生智慧，实现更加美好新生活上，发挥更大的作用。

值得指出的是，从茶文化的主体内涵看，茶的科研、生产、贸易和消费等经济活动及其产生的文明成果和文化形态，恰恰是茶文化的本体和核心，而人类在生活实践包括日常生活、休闲养生、社交活动、文化艺术、宗教修习等领域中涉及的茶事，归根结底是对茶的应用及其方式、方法和由此衍生的茶文化事象或形态及其积淀、传承的历史遗产、文明成果和蕴含其中的文化传统和茶德茶道精神。由此看来，以往茶界流行的茶文化概念，无论是广义还是狭义，都不是全部，而只是茶文化应有内涵的大部分或小部分。究其原因，或许是因为属于农学体系的茶学在近现代以来一直走在茶文化的前列，且取得相对独立的完整学科地位和巨大成就，许多基础性的茶学研究成果和大多数专门的前沿研究项目，都对当今茶叶生产和消费发挥了巨大的作用，而茶文化的兴起不过区区二三十年时间，学科体系建设远未臻于完善，对茶文化与茶科学、茶生产的关系认识还停留在局部的较低的水平。正因如此，才导致了有关茶文化定义和内涵的探讨至今仍然莫衷一是。有西哲说：任何分类都是不科学的。但是，为了科学地认识事物的本质，我们又不得不分类。以上对茶文化内涵和外延的条分缕析，也未必是最完善、最合理、最科学的，但相较于以往的各家界定，应是比较系统全面了。

总之，茶文化既包括历史文化遗产、非物质文化遗产和茶德、茶道等精神文化遗产，也包括时代文化形态，如生产、加工、品类、品牌、流通以及茶艺、茶礼、茶话会、茶博会、茶会议、茶艺馆、茶文化“四进”等茶事活动，还包括茶文化理念、茶核心价值等思想价值观，是一个内涵丰富、外延宽泛的复杂概念，具有多重属性，涉及自然、人文、社科、艺术、宗教、哲学等多学科，而指导茶文化认知和研究的学科理论，最根本、最核心的应是文化人类学。

第二节　茶文化的起源和发展

马林诺夫斯基认为，文化是某种生物现象的派生物，它是建立在生物的基本需要之上的。其实，任何文化均根植于人们的物质生活，并且人与自然物或生产物品产生关系，因而一切物质产品都有了它的使用价值，在人类社会生活中确立其位置，和人构成了固定而紧密的联系。在这个意义上，茶尤其具有典型意义。

一、茶树的原生起源

在植物学视野中，茶树属于山茶属植物。植物分类学分为门、纲、目、科、属、种、域，茶树属被子植物门、双子叶植物纲、山茶目、山茶科、山茶属、茶树种。山茶属植物共有300多种，除茶树外，常见的有红山茶、山茶、油茶、茶梅等。

从生物进化史来看，茶树所属的被子植物，起源于中生代（Mesozoic，距今约2.5亿年至距今6 500万年，分三叠纪、侏儒纪、白垩纪三个纪）的早期；双子叶植物的繁盛时期，都是在中生代的中期；而山茶科植物化石的出现，又是在中生代末期白垩纪（Cretaceous Period，距今1.45亿年至距今6 500万年）地层中；在山茶科里，山茶属是比较原始的一个种群，它发生在中生代的末期至新生代（Cenozoic Era，距今6 500万年至今）的早期；而茶树在山茶属中又是比较原始的一个种。据植物学家分析，茶树起源至今已有4 000多万年（一说有6 000万年至7 000万年）了。

关于茶树的原生起源地域，植物学界以发现的“原生茶树”即俗称的“野生大茶树”群落为主要依据，认为中国西南地区川、滇、黔、渝是茶树的起源中心，有的甚至进一步推断乔木型野生大茶树分布最多的云南南部和西南部为茶树原生地。茶学界进而认为，灌木型茶树的栽培、茶叶的生产和茶的饮用，是经由西南古巴蜀地区向长江中游再到长江下游和东南沿海地区依次传播开来的。

自从1824年英军少校勃鲁士（R.Bruce）在印度阿萨姆邦萨地亚（Sadiya）发现野生茶树后，陆续产生了与上述茶树物种、地域起源主流说法不同的观点，主要有“印度说”“无名高地说”以及“两源说”。提出“印度说”的学者主要是对中国野生大茶树缺乏认知，而日本专家志村桥和桥本实结合多年茶树育种研究工作，通过对茶树细胞染色体的比较，指出中国种茶树和印度种茶树染色体数目都是相同的，即2n=30，表明在细胞遗传学上两者并无差异。桥本实还进一步对茶树外部形态作了分析和比较，对中国的台湾、海南到泰国、缅甸和印度阿萨姆茶树的形态作了分析比较，1980年后又三次到中国的云南、广西、四川、湖南等产茶省（区）作调查研究，发现印度那卡型茶和野生于中国台湾山岳地带的台湾茶，以及缅甸的掸部种茶，形态上全部相似，并不存在区别中国种茶树与印度种茶树的界限（桥本实著《お茶の谜を探る》，悠飞社2002年出版）。“无名高地说” 即“多源说”，认为茶树原产地是在包括缅甸东部、泰国北部、越南、中国云南和印度阿萨姆的森林中，从地域起源而言，包括了中国西南说和印度说。而“两源说”认为，根据茶树形态不同可分为两大原产地：一为大叶种茶树，原产于中国西藏高原的东南部一带，包括中国的四川、云南，以及缅甸、越南、泰国和印度阿萨姆等地（即多源说）；二为小叶种茶树，原产于中国的东部和东南部。

从本质上看，茶树起源的“中国西南说”，与“印度说”“多源说”，在物种上都是持单一起源论的，即乔木型、小乔木型到灌木型之间存在种内变异，是自然选择进化所致。而从地域起源看，看似多地多国，实际上在自然地域上是可以包容合一的，就是中国西南、印支半岛北部毗邻地区。而“两源说”把茶树种群的起源和地域的起源按照茶树的基本类型一分为二了，按照这个说法，乔木型茶树与灌木型茶树之间不存在种内变异的问题，而是各自在不同地域分别独立起源的。

茶学界认为，从乔木型到灌木型植株性状的变化，是自然条件下尤其是气温变化造成的种内变异，是乔木型野生大茶树为了适应气候变化而自然选择、进化的结果。植物分类学按照植株的高度和分枝习性，把茶树分为乔木型、小乔木型、灌木型三种类型。乔木型是较原始的茶树类型，植株高大，分布于和茶树原产地自然条件较接近的自然区域，即我国热带或亚热带地区。小乔木型属进化类型，植株较高大，抗逆性较乔木型强，分布于亚热带或热带茶区。灌木型亦属进化类型，植株低矮，无明显主干，品种繁多，主要分布于亚热带茶区，我国大多数茶区均有分布。植物分类学又根据树叶分类即叶片大小，主要是以成熟叶片长度并兼顾其宽度，分为特大叶类、大叶类、中叶类和小叶类；还根据茶树发芽时期，主要是以头轮营养芽，即越冬营养芽开采期（即一芽三叶开展盛期）所需的活动积温，把茶树分为早芽种、中芽种和迟芽种。在西南地区，地壳运动造成的河谷地带海拔落差巨大，因而呈现不同的气温带和各具特征的植被分布，丰富的各型茶树分布就说明了这一点，而长江中下游地区以灌木型茶树为主，间杂有小乔木型茶树。

二、茶树的分布区系

物以类聚，人以群分，自然界植物的分布也存在类似现象。山茶属是广泛生长在亚热带地区的常绿阔叶木本植物，中国的西南部和中南半岛北部是它的遗传多样性中心。中国野生大茶树有 4 个集中分布区，一是滇南、滇西南，二是滇、桂、黔毗邻区，三是滇、川、黔毗邻区，四是粤、赣、湘毗邻区。还有少数散见于福建、台湾和海南。主要集中在北纬 30° 线以南，其中尤以北纬 25° 线附近居多，并沿着北回归线向两侧扩散，这与山茶属植物的地理分布规律是一致的，它对研究山茶属的演变途径有着重要的价值。

从生物种群分布区系的地域特点来看，对茶树起源的观察范围，应从自然地理的角度按照山茶属植物的区系分布规律来界定。这样的话，适宜茶树生长的同纬度气温带，也就是同属于亚热带地区的长江中下游地区和东南沿海地区以及同纬度其他区域，也可能是“潜在”的茶树原生分布区。茶树原生地并不一定就是唯一的最早的茶叶发现、利用地，因为古今气候变化差异很大，曾经的茶树原生地但现在并非野生大茶树分布地，或者即便有野生大茶树存在尚未被发现或者发现了尚待植物学确认的地方，也是完全可能存在的。

无论是在原生茶树的物种起源还是地域起源上，究竟是单元的还是多元的才更符合生物进化规律和生物多样性规律？气候变化对物种的生存或灭绝的影响在茶树起源和分布过程中产生了怎样的作用和后果？迄今对西南地区的原生茶树活化标本的生物学研究和认知，还不足以完全破解原生茶树的起源在物种上和地域上究竟是单元的还是多元的问题，还不能完全确定乔木型野生大茶树与灌木型茶树的亲缘或遗传关系。据报道，2017 年 4 月 30 日，中国科学院昆明植物研究所牵头的联合科研团队在国际上率先获得了高质量的茶树基因组序列。我们期待这一成果能为回答上述存疑发挥积极作用。

据地质考察，至少在 3 000 万年前的第三纪中新世（Miocene，距今 2 300 万年～533 万年），山茶科植物已在长江中下游以南、云南东部等“南部南亚热带及热带植物省”出现。苏联植物学家瓦维洛夫等在长期深入考察后，认为茶树起源中心在中国东部等地。瑞典著名植物分类学家林奈最先为茶树定学名“Thea sinensis”，意即“中国茶树”。

根据考古发现，杭州湾南岸地区曾发现地质年代为第三纪的“茶属”叶化石一块，贵州晴隆县发现晚第三纪的一颗接近四球“茶树种”的种子化石，但都无法确定是茶树种。2001 年，一颗极其珍贵的“茶树种子”出土于杭州湾南岸萧山跨湖桥遗址 T0510 探方的第 7 层，这颗“茶树种子”在考古报告《跨湖桥》的彩版的 45 页《跨湖桥遗址出土的植物种实》刊发图片时被标注为“茶 Camellia sinensis”，引起茶学界的极大关注。据考察，柿形茶果的茶籽均呈肾形，然这颗 8 000 年前的古茶籽则呈圆形，与今杭州龙井茶树的单室茶果之茶籽形状大小完全相同，表皮的平滑度等也较接近；而野生茶树柿形茶果与今杭州龙井茶果的形状比较，则差异较大。当然，要真正确定这颗山茶科植物种子的属性，还得等待生物学的鉴定。这些考古发现的科学价值虽然未能完全确立，但对国内茶学界普遍认定茶树起源于云、贵、川一带的“定论”，仍然构成了一定的质疑。不管结果如何，茶树起源中国，已经是国际茶学界的公论。

从唐代开始，中国茶就随茶文化传播而移植到周边的亚洲国家和地区，最先移植中国茶的是朝鲜半岛，然后是日本列岛，随后是东南亚、中亚、西亚。大航海时代后，中国茶因茶叶贸易和饮茶时尚而传入欧洲，并随着西欧资本主义殖民扩张，扩散到美洲、大洋洲、非洲等地。如今，日本、印度尼西亚、印度、斯里兰卡、土耳其、俄罗斯、格鲁吉亚、马拉维和肯尼亚等国家大规模种茶，成为世界重要产茶区。就世界范围而言，茶经历了千百年的传播和移植历程，已遍布全球60多个国家。2017年，全世界茶叶总产量达到 568.6 万吨，其中中国 255 万吨，位居全球第一。

三、茶文化的起源和演变

从茶的起源和功能看，茶最初是人类采集经济时代的植物性食物，在火食时代变成杂煮羹饮的食物；随着社会经济的发展和食物来源的丰富，茶的原初形态“荼”——“原始茶”，作为原始羹饮食物样式被一直传承下来，直到今天仍然大量保存在民间民俗饮食中，而后世清饮的茶与中药中的草药是从“荼”中逐渐分离出来的；在这个漫长的演变过程中，早期的茶、药混同互生及其与“荼”的源流关系，通过“药食同源”、以食为茶、以药当茶、茶以为药等茶文化遗存现象生动地体现了出来。这个茶食、茶药分流的历史进程，其实就是人类对茶发现、认知、开发、利用的过程。

茶与中药的关系是“同源而异流”，在漫长的混杂同食过程中，人类逐渐发现了其中某些食物的特殊功能，逐渐加以区分，从“百草”中辨别出来，成为“本草”或“茶草”。再经过很长的发展历程，茶与药又相对区分开来，各自发展成两个相对独立的体系。但是，在这个漫长的过程中，茶与药一直是相互混杂、互不分离的。一方面，茶作为中药本草的一种，成为复方中药的配伍药材之一；另一方面，茶也作为单味的药剂，一直发挥着保健养生治疗的药用功能。

与此同时，在作为大众生活无处不在的茶的演化史中，许多中药汤剂，不管有没有茶入药，是单方还是复方，都习惯冠名为“茶”，约定俗成、天经地义地把药当成茶，就如同把食品叫作茶一样，一直是中华医药和民间饮食的传统习俗。在茶、药从同源到异流的演变过程中，很难说谁先谁后，存在时间上的先后关系。它们就像是“原始茶”——“茶”所生的两个同胞孪生兄弟，在经过数千年的同母哺乳后，逐渐成长，各自独立发展。虽然它们的性质、功能甚至形态、面貌，还有许多类似相近之处，但是它们在满足人类物质或生命需求的同时，又随着社会发展上升到满足人们的精神生活需求，而正是这种精神上的需求，赋予了它们各具特色的文化特质，从而成为中华文化体系里独特的茶文化和中药文化。

“茶之为饮，发乎神农氏，闻于鲁周公。”这是唐朝茶学家“茶圣”陆羽（733—804）《茶经》对我国饮茶起源的定论。神农氏炎帝（距今约 6 000—距今约 5 500 年）是中华农耕文明的人文始祖，也是华夏先民发现利用茶的代表。西汉刘安（公元前179—前 122）《淮南子》“修务训”载，神农在开始“教民播种五谷”之初，“尝百草之滋味、水泉之甘苦，令民知所辟就。当此之时，一日而遇七十毒，由此医方兴焉”。司马迁（公元前 145—？）《史记补》“三皇本纪”中载：神农“尝百草，始有医药”，《世本》也说“神农和药济人”，宋代刘恕在《通外纪》中说：“民有疾病，未知药石，炎帝始味草木之滋，尝一日而遇七十毒，神而化之，遂作方书，以疗民疾，而医道立矣。”后世多种《神农本草经》也有类似记载，并说“得荼而解之”，这说明茶的发现和药用是神农在尝百草、辨识食材的过程中发明的。这则“传说”被茶界广泛解读，并因此而推崇神农为“中华茶祖”。从茶树的自然区系分布、最早的茶事文献记录、唐朝以前有关茶的文字和发音较多可能与南方各族的方言有关等因素看，这个判断是比较可信的，也与神农主要活动地区在长江中下游地区和作为“三苗九黎”部族首领的身份相吻合。

在中国典籍中，“中药”一直称为“本草”。本草之名，始见于《汉书·平帝纪》“元始五年”条，有“方术本草”之说。宋《本草衍义》则曰：“本草之名，自黄帝、岐伯始。”岐伯者谁？岐伯是传说中的上古时代医家，中国传说时期最富有声望的医学家，《帝王世纪》：“（黄帝）又使岐伯尝味百草。典医疗疾，今经方、本草之书咸出焉。”后世以为今传中医经典《黄帝内经》或《素问》，相传是黄帝问、岐伯答阐述医学理论的著作。后世托名岐伯所著的医书多达8种之多，这显示了岐伯氏高深的医学修养。因此，中医学素称“岐黄”或“岐黄之术”。可见，从中医药的起源看，黄帝与同时代的岐伯和桐君，堪称鼻祖，岐伯重在医学，桐君重在药学。

以茶为药，以药入茶，是中国民间饮食的一大习俗。这种民俗学意义上的现象，其实是有深刻的历史文化背景的。根据历代本草文献总结，古代对茶叶养生保健功用的认识主要包括它的性味归经、功效主治、保健应用、药食宜忌等方面。茶叶的功效和应用是发挥茶饮养生保健功用的基础。茶能止渴，消食除痰，少睡，利尿，明目，益思，除烦去腻。中医性味理论认为，甘则补，苦则泻。茶的归经是“入心、脾、肺、肾五经”。一般认为，茶叶具有苦寒（凉）之性，无毒，可入心经，有祛眠醒睡、提神助思、清利头目、去火明目、解毒止痢、解渴消暑、解腻消脂、下气消食以及解酒、护齿等功效。茶叶作为养生保健常见物品，饮食、药用皆宜，茶叶单用或茶药合用的内服方法很多，还可用于外治。在养生保健中茶都有其特殊地位和功效，很早开始人们就对茶叶丰富的养生保健价值十分重视并加以广泛应用。

我国历代以茶为药，蔚然成为传统。至少在汉代已经有了关于茶叶药用的记载。司马相如（公元前179—前118）在《凡将篇》将茶列为20种药物之一；在《神农本草》中记载了365种药物，其中也提到茶的四种功效，即“使人益意、少卧、轻身、明目”。东汉张仲景（约150—215，一说约154—219）用茶治疗下痢脓血，并在《伤寒杂病论》记下了“茶治脓血甚效”。神医华佗（145—208）也用茶消除疲劳，提神醒脑，他在《食论》中说“苦茶久食，益思意”。另外，在壶居士的《食忌》中也提到了茶的药理作用。到了三国时期，又有不少有关茶的药用记载，如魏吴普（约3世纪中叶在世）载药441种的《本草》中提到，“苦茶味苦寒，主五脏邪气、厌谷、目痹，久服心安益气。聪察、轻身不老。一名茶草”。相传隋炀帝杨坚（581—604年在位）因得寺僧茶汤清饮治愈了目疾，而赐予天台山智者大师（538—597）道场“大清国中之寺”之号。到了唐代，即有“茶药”（见唐代宗大历十四年王国题写的“茶药”）一词，被誉为“茶疗鼻祖”的陈藏器（687—757）甚至强调：“茶为万病之药。”陆羽《茶经》称：“茶之为用，性至寒，为饮最宜精行俭德之人。若热渴、凝闷、脑疼、目涩、四肢烦、百节不舒，聊四五啜，与醍醐、甘露抗衡也。”提出了茶叶的六大功效：治热渴、凝闷、脑疼、目涩、四肢烦、百节不舒。宋代林洪撰的《山家清供》中，也有“茶，即药也”的论断。可见茶就是药，并为古代药书本草所收载。茶不但有对多科疾病的治疗效能，而且有良好的延年益寿、抗老强身的作用。明代李时珍（1518—1593）所撰《本草纲目》论茶甚详，分释名、集解、茶、茶子四部，对茶树生态、各地茶产、栽培方法等均有记述，对茶的药理作用记载也很详细：“茶苦而寒，阴中之阴，沉也，降也，最能降火。火为百病，火降则上清矣。然火有五次，有虚实。苦少壮胃健之人，心肺脾胃之火多盛，故与茶相宜。”认为茶有清火去疾的功能。

据中医学界研究，从三国时期到20世纪80年代末，有关茶叶医药作用的记载共有500种之多，其中唐代的有10种、宋代14种、元代4种、明代22种、清代23种。由此足见，在中医药五千年发展历史中，茶一直作为一味常用药配伍在众多的方剂中，并有以茶为药的传统，到了近代习惯用“茶药”一词，才仅指方中含有茶叶的制剂。

四、茶文化的发展和升华

种茶、饮茶发源于中国南方。关于茶树的人工栽培之始，需要从考古发现和文献记载结合起来考察。如果以浙江余姚河姆渡文化的田螺山遗址出土的“茶树根”为据，那茶树的人工种植在距今4600年前就作为原始农业的一部分而开始了。如果以《华阳国志》等文献记载为据，那茶树的人工栽培和茶叶的加工制作在距今

3 500 年前的西南巴蜀地区就开始了。根据《华阳国志》的记载，3 000 多年前西南地区的巴蜀先民，已经开始在“芳园”人工种植、制作茶叶，并向周天子纳贡，作为邦国祭祀之用。清顾炎武（1613—1683）考述，随着秦人东进南征，统一六国，饮茶随之向长江南北传播开来。而西汉景帝刘启（公元前 157—前 141 年在位）阳陵出土的茶芽堆积遗存，则证明至少在西汉时期，皇室朝廷已在饮用上等芽茶。到了三国时期，更有东吴末帝孙皓（264—280 年在位）以茶代酒的宫廷轶事，并可能在太湖南岸“温山”一带开设了皇家茶园，生产“御荈”。魏晋南北朝时，饮茶风习随道士服食丹药、静坐羽化和佛教僧侣坐禅提神、以茶供佛的修行需要而快速传播开来。

唐代是我国古代茶业发展的兴盛时期，尤其在中唐以后，在陆羽《茶经》的推波助澜下，饮茶风尚传遍“两都并荆渝间”，呈现“比屋之饮”的盛况。南方各州郡县产茶区基本形成，饮茶风气传遍大江南北和社会各阶层，几乎形成全民饮茶的局面。唐代基本奠定了古代中国茶学体系，开创了中华茶文化新局面，从此以后，茶在中国本土只是茶的种植技术、茶园面积、茶叶产量、加工技艺和饮用方法上的变化，并不断与时俱进，因时而变，创造出各具时代特征的饮茶技艺和茶文化艺术。

宋代茶业重心南移，南方茶叶生产扩大，皇家贡焙“建茶”崛起。北宋前期，以团茶、饼茶为主的“北苑贡茶”的制作技艺不断创新，日趋精湛，无论外形和内质都臻于团饼茶之巅峰，同时各地草茶、散茶在民间盛行。到元代，散茶明显超过团饼茶，成为主要的生产茶类，王祯（1271—1368）《农书》中记载当时茶叶有茗茶（芽茶）、末茶（散茶碾末）和腊茶（即团饼茶）三种。宋代茶文化继续深化发展，北宋蔡襄（1012—1067）《茶录》、赵佶（1082—1135）《大观茶论》、南宋审安老人《茶具图赞》（1269）等茶学著作彪炳茶史，在朝廷皇室大力倡导下，贡茶制作精益求精，技术、形式和品质不断创新，斗茶、分茶风起，上至朝廷，下及市井，蔚然成风。黑釉建盏成为典型茶器，风行大江南北。禅院茶会东传日本，成为后世“日本茶道”的原型。元代茶文化受到蒙古、色目等游牧民族生活方式的影响，日常茶饮中添加辅料相当普遍。在宋元时期，茶与柴米油盐一样，成为“人家不可一日无”的生活必需品。

明清时期，无论是茶叶生产和消费，还是饮茶技艺的水平、特色，都发生承前启后的变化。明太祖朱元璋（1368—1398 年在位）“罢造龙团，惟采茶芽以进”，蒸青、炒青、烘青等茶类兴起，地方名茶如雨后春笋般涌现。简单易行、清新自然的“撮泡法”开始流行，紫砂茶具盛行，茶学著作辈出，自然主义的茶艺术在文人雅士间流传。到清朝中后期，茶叶品类日益丰富，六大茶类齐全，茶叶外销繁盛一时，饮茶风尚社会化、市井化，城乡茶馆星罗棋布，不同地区、民族的茶风俗开始形成，茶题材的文艺作品增多，生动反映了茶文化在社会生活中的广泛影响。

在饮茶之风深入渗透、广泛普及的历史背景下，以茶养生深入发展，起居养生、饮食养生、休闲养生和精神养生形式不拘一格，内容更加丰富。尤其是精神养生方面，不同阶层的人群在特定历史境况下，借助饮茶生活可以达成清心滤俗、修身养性、怡神悦志、养正守素、完善品德、提升人格等精神调养目的，大大丰富了茶文化的精神内涵，由此引领茶文化的转型升华。唐宋以降，茶与道家、禅宗的渊源更加形影不离，以茶问道、以茶参禅成为茶参与宗教修习实践、法事活动的重要途径，茶因之具有了“法食”的神圣性。这就是说，源自大自然的茶完成了从物质性到艺术性、文化性进而臻于宗教性、哲学性（即所谓的“茶德”“茶道”）的转型升华。

第三节　茶叶贸易和茶文化传播

自从茶叶种植在中国南方作为原始农耕生产的补充形态诞生四五千年来，虽然生产技术和水平、产品形态和数量等都有很大改变，但其作为农业经济的补充或特产经济性质几乎从未改变。只有当土地资源和粮食生产足够满足人口需要的时候，多余的土地和劳动力这两大生产要素才能被配置到作为特产或经济作物的茶叶生产中来，因此其规模、产量是有限而不稳定的，取决于农业经济发展水平和人口数量之间的动态关系。而茶叶的流通与饮茶风尚和茶叶消费相辅相成，当饮茶风尚日益普及、饮茶人口和茶叶消费足够大、茶叶买卖有利可图时，国家就推行朝廷或政府专卖的“榷茶”政策，开征茶税作为国家财富来源之一，由此形成茶叶贸易体制和饮茶文化。

一、茶叶生产的性质和对外贸易

从宏观角度看，这种贸易和饮茶文化仍然不过是农业经济和农耕文化的一部分。即便是在近代国际贸易体系下外销茶需求刺激下的中国茶叶生产在规模和技术上都有所发展，甚至有外商和洋行投资茶叶生产、从事茶叶经销，但其生产性质仍然没有改变，仍然属于封建小农经济的范畴。这是因为土地的封建属性和茶农的法律身份没有改变，小农经济的生产组织方式和生产力水平整体上没有发生质的变化。

但是，这种几千年一贯制的比较封闭、缺乏稳定、难以持续的茶业经济性质，并没有阻挡茶作为人类共同需要的生活物资，通过各种渠道和方式向世界各地传播出去的脚步。有需求就有生产，有需求也就有交换和流通。如果说茶叶的内销是茶叶种植受自然地理条件局限、农业生产专业化分工和饮茶风尚普及、茶叶消费量等要素决定，也就是属于农耕经济圈内部的产品交换和商品买卖的话，那么，茶叶的外销则是以东方中国为核心的农耕经济圈与欧亚大陆其他地区游牧经济、渔猎经济、海洋经济等不同经济圈之间的商品流通和物资交换，这是由不同地理条件决定的不同经济形态之间的生产要素差异、生产力水平高低造成的生活资料的拥有差异和互通有无的共同需求产生的必然结果。从这个宏观的视野看，中国古代的茶叶外销和饮茶方式及茶文化的对外传播，可以看作是中国农耕文化与周边及西域游牧文化等的交流互补，属于东西方文明交流互鉴的一部分。而近代西方殖民贸易体系下的全球化茶叶贸易，则是中国封建农耕经济依附于西欧近代资本主义航海贸易的一部分，从其生产方式和生产力水平看根本谈不上参与全球化生产和贸易，也就是说近代国际化茶叶贸易虽然一度刺激了茶叶生产，带来了短暂的虚假繁荣，但根本上说，它并不是自主的、独立的，而是依附于殖民贸易体系之中的。正因为如此，中国数千年传统封建小农经济形态下的茶叶生产，迅速被明治维新后的近代化日本和西欧直接在南亚开辟的印度、斯里兰卡等国的规模化、机械化茶叶商品生产所超越，外销刺激下建立起来的茶叶生产大国地位瞬间坍塌。

中华人民共和国成立后的茶叶生产和外销，走过了曲折而复杂的恢复振兴之路，总体来说有了飞越发展，但是在改革开放前，茶叶生产仍然没有脱离特产经济的藩篱，茶树仍然不过是经济作物，茶叶外销长期是农产品换取外汇的战略物资。改革开放后，随着茶园承包责任制的实施，名茶恢复研发和外贸体制的变化，茶叶生产的组织方式、生产技术、产品质量和出口贸易等，都呈现出多元化、高端化趋势，与国际接轨的集约化、标准化、品牌化、无害化、生态化成为大势所趋，绿色生态有机茶生产和国际质量标准认证成为茶叶外销的“护身符”。然而，由于历史原因和客观条件制约，中国的茶业经济和茶叶外贸整体上仍然缺乏自主参与国际化生产和全球市场竞争的实力，缺乏全球化经营的公司运作、品牌包装和文化营销等能力。随着“一带一路”的推进和跨境电子商务的兴起，随着中国茶文化伴随着民族复兴步伐的加快而更加广泛地走向世界，中国的茶业经济包括茶叶生产和外贸销售一定会接轨世界，与全球同步，中国茶文化也一定会越来越广泛地传播到世界各地，惠泽全人类。

从国家外贸政策看，古代中国历代朝廷有和亲封赏、宗藩朝贡等传统，在西北陆路边关有设关榷税、茶马互市，在东南沿海港口有设置市舶司、十三行等机构主管贸易等政策。从中外陆海交通路线看，主要有著名的陆海“丝绸之路”，广义的丝绸之路也包括了“茶马古道”、中俄“万里茶路”和以广州“十三行”为始发港的“海上茶叶之路”。这既是中国茶叶出口外销的交通物流大通道，也是中华茶文化对外传播交流的主渠道。

二、茶文化的对外传播及形态流变

与茶叶的对外贸易相随而行、相辅相成的是茶文化的对外传播。在人类文明的历史版图里，茶和饮茶从中国南方的“星星之火”，到如今世界上160多个国家、30

多亿人口每天饮茶的“燎原之火”，历经了四五千年的漫长历史。根据迄今考古发现和文献记录研究得出的结论，茶从中国外传到周边国家和世界各地，包括东北亚朝鲜半岛和日本列岛，西域包括中亚、西亚、南亚和中东、东北非洲地区，南洋即东南亚地区，西洋包括环地中海地区和西欧、北欧及拉美各地，并非一步到位、一挥而就的，而是随着东西方之间相互探索认知和道路交通的开辟逐步分阶段扩展开来的。

在这个历史演进过程中，从表面上看，历代朝廷的外贸政策和中外陆海交通起着关键作用，而从实质上看，是亚欧大陆东部农耕文明和周边及欧亚大陆腹地游牧文明乃至西方海洋文明之间文明形态差异所产生的内在经济需求所驱动而造成的。正是这种经济形态差异造成的内在经济需求，激发了不同文明圈人们相互认知、交流和物资交换、互通有无的需求，促进了彼此之间交通路线包括物流通道和人员往来渠道的开辟。

中华茶文化因其特定的内涵，具有很强的民族性，而越具有民族性的文化，也越具有世界性。中华茶文化在不断丰富发展的过程中，也不断地向周边国家传播，不断地影响着这些国家的饮食文化。如果从文化的中外交流和东西互鉴来看，中国茶热饮法和饮茶文化的传播，对人类生活方式产生了深远的影响。

中国茶及以热饮和清饮为主的饮用方式在传播世界各地的过程中，结合各地各民族的风俗习惯，经历了适应与改造的过程，产生了具有各国各民族特色的饮茶方式与技艺，诸如加奶、加糖或加入其他花草果品等，形成了当今丰富多彩的世界饮茶习俗。东方人多数喜欢清饮，西方人多数喜欢调饮。在各自的饮茶活动中形成了各有特色的饮茶方式、习俗、礼仪和精神寄托，从物质到精神都有很大差异。中国传统饮茶方式从中国传入东北亚朝鲜半岛和日本列岛，起关键作用的是活跃在佛教文化传播的“黄金纽带”上的僧侣们。最初把茶种和饮茶方法及器具乃至饮茶礼仪传播到上述地区的，是前来中国求法取经的佛教僧人，进而产生了“韩国茶礼”“日本茶道”等饮茶方法和文化形态。而西北及中亚、西亚地区，饮茶的传播主要是边境茶马互市和陆路丝绸之路、茶马古道、万里茶路等渠道和商人，其饮茶方式的流变最大特点是各式“奶茶”“酥油茶”等混饮法的产生，以及西亚地区以土耳其为代表的“甜味调饮法”，以伊朗为代表的“含糖啜饮法”，和南洋一带的“拉茶”等调饮法；至于欧洲、拉美地区饮茶的传入，则主要是通过大航海以后的茶叶贸易，而其饮茶方式除了调饮外，还形成了很有代表性的“英式下午茶”“法式奶茶”“美式冰饮茶”等不同饮用方式。

当今世界各地饮茶采用的器具也五花八门、丰富多彩，最早中国使用的陶瓷茶具很受外国饮茶者的青睐，后来各国创造的各种混饮、调饮方法的出现，催生了各具特色、各尽其用的饮茶器具，很多既实用又美观的茶器具应运而生。

值得一提的是，茶文化传播在世界各民族语言中留下的印记。在唐朝中期以前，巴蜀及各地各种文献中均以当地方言表示茶，如荼、槚、蔎、荈、茗等。“荼”字发音始见于《汉书·地理志》，唐颜师古（581—645）注此处的“荼”字读音为“音戈奢反，又音丈加反”。南宋魏了翁（1178—1237）在《邛州先茶记》中说，颜师古的注虽已转为“茶”音，而未敢辄易文字。据学者比对早期佛经汉译对音，“荼”的发音不作“tu”，而应该是“da”，与茶的古音相近。到了公元9世纪以后，“茶”(cha)才被普遍使用。因此，我国茶叶对外传播到达较早的国家，如朝鲜、日本、波斯（伊朗）、俄国、葡萄牙等均以“cha”发音。如波斯语是西亚地区古老而使用范围较为广泛的语言，其“茶”的发音是根据中国“茶”音译的。美国伊朗学家劳费尔（Berthold Laufer,1874—1934）认为波斯语中茶的发音是“chai”[①]；中国历史学家周一良（1913—2001）先生说：“波斯语称茶叶为‘CHAYEE’，显然是汉语‘茶叶’两字的译音。”[②] 著名中西交通史学家张星烺（1889—1951）先生认为波斯文“茶”的发音是‘Chai’[③]；中外关系史学家黄时鉴（1935—2013）先生也认为，“至迟在15世纪初，‘cha’已是一个波斯语用词”；此外，有学者认为波斯语茶发音是“chay”；还有学者认为“伊朗人称茶为‘茶依’(chayi)”。由于历史的久远，古音、方言、音译以及流传的误差，造成了古波斯语“茶”的发音有些出入，

① 劳费尔著《中国伊朗编》，林筠因译，商务印书馆，2001年版，第386页。
② 周一良著《中外文化交流史》，河南人民出版社，1987年版，第254页。
③ 张星烺著《中西交通史料汇编（第三册）》，中华书局，1978年版，第199页。

但是这些出入更是反映了古代波斯帝国代表的西亚茶文化与中国不可分割的渊源关系。

而17世纪以后从海路输入茶的国家，则因茶叶起运地在泉州、厦门，其闽南语茶称“tay”之故，都与闽南语茶的发音“tay”相近。美国茶学家威廉·乌克斯（William Ukers,1873—1945）编写的《茶叶全书》（ALL ABOUT TEA）也说：“现代社会中与‘茶’字意义相同的语言，都直接来自最早栽培和制造茶叶的中国。中国茶字的发音在广东为‘chah’；在厦门则变为‘tay’。从这两个发音中之一略加转变，或都没有变化，即成为世界现代各种语言中关于茶字的来源。”自从厦门出口茶叶后，欧洲各国依闽南语音称茶为“Tea”，又因为武夷茶茶色黑褐所以称为“Black Tea”。英国人关于茶的名词不少是以闽南话发音，如早期将最好的红茶称为“Bohea Tea”（武夷茶），以及后来的工夫红茶称为“Congou Tea”。

随着饮茶在世界的推广与普及，与茶有关的文学艺术作品不断产生，茶题材的散文、小说、诗歌、绘画、戏曲、音乐、舞蹈、影视等在世界各国都大量涌现，全世界茶文学艺术呈现百花齐放、万紫千红的景象。

第四节　茶和茶文化的历史作用与现实意义

中华民族奉献给全人类的一杯热茶，对人类预防水源性疾病、改善体质提升体能、增加人口和劳动力，丰富人们的生活物资和生活形态，增添生活情趣、愉悦身心健康，沟通农耕经济和游牧经济，促进文化交流和民族团结，维护边境安宁和国家统一，开启近代全球贸易体系，推进世界历史进程，都曾扮演了重要角色，发挥了独特作用；中华茶文化内涵丰富，博大精深，与传统主流文化儒释道相契合，与传统民间民俗文化易医农相交融，与边疆民族文化相交织，其清和特质和人文精神所蕴含的开放包容、和而不同、多元共生、共建共享的发展观、文明观，对传播中华文化，推进“一带一路”建设，参与当下国际社会治理，构建人类命运共同体，都具有价值观引领的作用。

一、茶和茶文化的历史地位和贡献

茶和茶文化是东方农业文明的代表和结晶，对人类生活、世界文化产生了巨大影响。茶从发现利用、发展演变至今，其内涵与功用在不断扩大，茶的历史地位和贡献，早已为全人类有目共睹。

（一）茶的热饮堪与“火食”相媲美

从杭州湾跨湖桥遗址出土的陶釜和植物茎枝遗存，到为最新考古研究成果证实的秦汉时期饮茶兴起和有关“烹茶尽具”等文献记载，都足以证明：人类早期茶的食用方法，是以植物或茶叶为原料和水烧沸烹煮而成的。后世饮茶方法虽然多有变化，但万变不离其宗，最基本的方法、最主要的形态，仍然是茶叶（茶末）和水煮沸或以沸水冲点（泡）而成。也就是说，除了最初而漫长的原始采集经济时代“鲜采生嚼”，人类食用茶从一开始就是作为“火食”的一种形态——“烧煮热饮”来食用茶的，不管是和茶叶（茶末）同饮还是只饮茶汤，都是经由烧开的沸水高温杀菌消毒了的，是安全卫生且有益健康的。因此，茶的“烧煮热饮”在那时（从170多万年前火的发现利用到火的发明使用也经历了数十万年的实践）是一项巨大的科技创新和文明进步，是人类饮食史上的一次大飞跃、大革命。

所谓“火食”，通俗说就是吃熟食，与火的发现和利用有直接的关系。我们知道，人类在从茹毛饮血的野蛮时代跨入文明门槛的历史进程中，火的发现和利用是具有划时代意义的重大事件，对于人类和社会的发展发挥了无可限量的作用，有着重大而深远的历史意义。从自然火到人工火，是一个漫长的历史进程，在这个过程中，人类逐步认识并掌握了火的很多功用，如驱赶动物、取暖御寒、照明采光驱除黑暗和进行“刀耕火种”，尤其是有了火就可以烧烤食物，开启了人类吃熟食的“火食”时代，大大增加了人类食物的来源和品种，而且通过烧烤烹煮食物，使食物更加美味可口，便于消化吸收，还可以给食物消毒，消灭病菌，不容易得肠胃疾病和其他疾病。火食不仅提高并进化了古人类的体质，延长了他们的自然寿命，还可以帮助他们获取更多的食物，养活更多的人。因此，发现并使用火是早期人类摆脱自然条件束缚的重要条件，同时也是人类脱离动物的一次大飞跃。所以，恩格斯（1820—1895）在《反杜林论》中这样评价人类用火："就世界的解放作用而言，摩擦生火第一次使得人类支配了一种自然力，从而最后与动物界分开。"著名古人类学家贾兰坡（1908—2001）先生在《人类用火的历史和火在社会发展中的作用》一文中也说："人类对火的控制，是人类制作第一把石刀之后，人类历史上的第一件大事。这一伟大创造，在人类发展史和人类文明史上，有着极其重大的意义。"

在中国古代典籍中，有关远古时代先民取火和用火的神话传说不乏其例，其中最著名的就是燧人氏"钻木取火"、教人熟食的故事，古人早就认识到火食即熟食对人类进化、文明开化的巨大作用了。从中医防病保健角度看，茶汤作为热饮，养护人体胃气，能增加抗病毒的能力。无论什么季节，常喝热茶饮对健康都大有裨益，可以增强人体抗病毒的能力。不仅如此，热饮的茶汤还对人类生存、生活和生产发展产生了无可限量的作用。对于热茶饮进入日常生活、成为一种生活方式和习惯对人类社会发展的影响，英国著名社会人类学家艾伦·麦克法兰（Alan Macfarlane，1941—）可谓慧眼独具。他在与其母亲合著的《绿色黄金》一书中第一次从宏观的视角，探讨了茶对中国乃至东亚历史发展的作用，其中多次阐述了茶的普遍饮用对人口增长和社会经济发展的巨大贡献。他指出，大约从公元700年开始，中国的人口开始大量激增，经济、文化蓬勃发展，到宋代达到鼎盛时期，原因之一就是热饮茶降低了人口死亡率。当人们"饮用未煮沸的水，很容易就会罹患痢疾和其他经由水传染的疾病，他们的气力和人口数量都在减少，很多婴儿死于肠道疾病"。中唐以前，茶只在少数地区和少数人口如王公权贵、僧人士族中流行，受惠人口有限；中唐以后得陆羽之倡导，茶风开始大行天下，其影响扩及普罗大众，其助益效用随即彰著。"因为喝茶需要煮沸的水，卫生大为改良，大大延长了人们的寿命，因此也造成中国的人口快速增长。"茶汤是最干净卫生的饮料，在人类抗击细菌的战争中发挥了重要的作用，人们须臾不可或缺，"如果住在中国、日本、印度和东南亚的人民，亦即全世界三分之二的人口，霎时失去茶水，死亡率将会急遽升高，很多城市会瓦解，婴儿大量死亡。这将是一场浩劫"。他还认为，"饮茶有利于保持劳动者的健康和恢复体力，有利于经济的发展”。“茶对于人们来说就像蒸汽对机器般重要”，饮茶盛行助推了英国工业革命的兴起。把喝茶与降低罹患水源性疾病概率联系起来，与提高劳动者的整体生产效率和人口快速增长联系起来，麦克法兰是第一人。

水源性疾病自古就是自然界对人类健康和生命最普遍的威胁，也是迄今全世界仍然面临的一项重大挑战。在古代世界，导致水源性疾病发作的主要原因是微生物危害。微生物可以在不知不觉中污染水源，水中所含有的细菌、病毒以及寄生生物可以引发疾病。水源性疾病种类多样，腹泻、霍乱、脊髓灰质炎和脑膜炎均在其中。从发病症状来看，则包括腹泻和肠胃炎、腹部疼痛及绞痛、伤寒、痢疾、霍乱、脑膜炎、麦地那龙线虫病、肝炎、脊髓灰质炎等。这些疾病的严重程度远远超出想象，受感染者的生活往往被改变，甚至生命都受到威胁。水源性疾病可以影响到任何人，对婴幼儿、老人和慢性病患者影响更加严重，导致婴幼儿夭折、寿命减少、死亡率高、人口增长缓慢，制约社会经济发展。据世界卫生组织（WHO）和联合国儿童基金会的估测，在发展中国家，所有疾病中有80%的疾病是水源性疾病，有三分之一的死亡病例是水源性疾病所致；所有水源性疾病中有88%的病例是由卫生条件差、卫生设施简陋和不安全的供水系统引发的。可以想象，在现代医疗卫生体系建立之前，在没有抗生素等药物的情况下，预防水源性疾病最廉价有效可行的办法，就是把水煮沸了“热饮”，因为导致水源性疾病的微生物大多在高温下迅速死亡，煮沸的水是安全卫生的。而茶从杂煮羹饮到单品煮饮、沸水冲点，无疑在提供人们基本生理需求的同时，也提供了安全卫生保障，大大降低了生饮水引发水源性疾病的概率。这对人类而言，堪称是一个巨大的进步。麦克法兰的上述发现可谓是慧眼独具，真知灼见，是可以信据的科学论断。

一杯热茶，曾经使多少人免于微生物侵害，避免疾病、保持健康，从而提高体能和劳动力。在社会生产力主要依靠人的再生产的古代社会，这对社会生产力和经济发展来说，是一个莫大的福音。当我们把茶热饮放在人类文明发展的历史长河里来考察时，我们惊喜地发现，茶是人类发明火、进入火食时代以后对人类健康和生活、生产发展最有益的日常食物或饮料形态，对人类文明进步和社会发展所起的巨大作用，堪与火的发现和利用、开始“火食”时代相媲美。

（二）丰富了人类生活资料和生活形态

当今世界饮料十分丰富，大体上可分为茶饮料、咖啡饮料、碳酸饮料、果汁饮料和功能性饮料。在这五大饮料中，茶叶历史悠久，价格便宜，具有保健和文化两大功能，具有独特优势，与咖啡一起成为最受世界各国人民喜爱的饮料。

人类以咖啡和茶作为饮料，有着悠久的历史。这两种植物中均含有咖啡因，对人体能起到消除疲劳、振奋精神、促进血液循环、提高劳动效率和思维活力等多种作用。

咖啡是一种结果早、可连续收获几十年、经济价值高的特种经济植物，干燥的咖啡种子中一般含有 1% ～ 2% 的咖啡因，咖啡的香味主要来自咖啡种子中的香精油和咖啡醇。咖啡产于热带和亚热带，其原产地在非洲的埃塞俄比亚。早在公元前2000 年，埃塞俄比亚的阿交族人就已经在咖法省的热带高原采摘和种植咖啡，咖啡因“咖法”这个地名而得名，从此就逐渐成为人们的饮料。难怪乎埃塞俄比亚人一提到咖啡，总是自豪地说：“咖啡是我们送给全世界的一件礼物。”而今南美洲的巴西是咖啡的最大生产国，其咖啡产量约占世界的三分之一。在中国，海南、云南、广东、广西、福建和台湾等地也已引种栽培成功。饮用咖啡要讲究科学，早晨在咖啡中添加牛乳，既能提神又可增加营养；下班后喝上一杯，可加速脉搏跳动，消除疲惫，振奋精神；饭后饮上一杯，可促进肠胃蠕动，帮助消化。但产妇、孕妇及胃病、皮肤病、心血管疾病患者，最好不要喝咖啡。有“黑色金子”美称的咖啡，全球年消费量为茶叶的三倍。

茶是中国对世界的一大贡献，世界各地的栽茶技艺、饮茶习惯等都源于中国。中国人不但最早发现并利用了茶这种植物，而且拥有世界上最多的茶叶品种，在茶叶制作工艺上更是不断创新发展。在中国，茶叶可依据制作过程中多酚类物质氧化程度的不同，分为红茶、绿茶、青茶、黄茶、白茶和黑茶六大类。红茶中多酚类物质氧化最多，称为完全发酵茶，如产于安徽省祁门的“祁红”。绿茶在制作过程中尽量减少多酚类物质的氧化，保持鲜叶的原色，富含维生素，称作不发酵茶，如产于黄山市的“屯绿”、苏州的碧螺春。青茶为半发酵茶，白茶为微发酵茶，黑茶为后发酵茶。茶叶中含有多种营养成分，具有特殊的保健作用。新制成的茶叶中含有4%的咖啡因，以及茶单宁、维生素、芳香油等。其中茶单宁可使细菌中的蛋白质凝固，有杀菌之功效。茶叶中的钾、磷、钙等元素，有利于促进人体的新陈代谢。经常饮茶除了可以兴奋中枢神经、降低胆固醇、防止动脉粥样硬化外，对龋齿、癌症、慢性支气管炎、痢疾、肠炎、贫血及心血管疾病均有较好的预防作用。现在，茶被称为最价廉物美的绿色保健饮料，全世界饮茶的人数约占世界总人口的一半。

（三）加强了农耕文化与游牧文化的联系

中国统一的多民族国家的形成和稳定地维持下来，其中也有茶和茶文化发挥的巨大作用。特别是在以肉食为主而又喜饮茶、却又不生产茶叶的地区，如在历史上的吐蕃和藏族居民，在漠北蒙古地区以及新疆地区。这些地区和民族与中原地区和汉族之间的联系纽带就是茶叶和茶文化，由此而形成了历史上著名的“茶马互市”与“茶马古道”。茶叶的供需关系，加强了这些民族和中原汉族地区之间密不可分和互相依存的关系，从而增加了他们对中原王朝和文化的向心力，使中国在几千年间稳定地维持统一的多民族国家的基本框架。

约公元5世纪后期的南朝宋齐之间，茶以物易物输入漠北突厥地区。约7世纪末到8世纪初，茶传入吐蕃（今西藏），8世纪60年代后茶已传入葱岭东西包括新疆一带。五代十国时期，茶入契丹，北宋时契丹人已饮茶成风。13世纪末期开始，饮茶习惯逐渐在蒙古族和回族上层社会中流传开来。

自唐宋起，茶叶就成为中原王朝用来化解或控制北方游牧民族的工具。清乾隆时期历史学家赵翼（1727—1814）有一段著名的“以茶制夷”的论述：“中国随地产茶，无足异也。而西北游牧诸部，则恃以为命。其所食膻酪甚肥腻，非此无以清荣卫也。自前明已设茶马御史，以茶易马，外番多款塞。我朝尤以是为抚驭之资，喀尔喀及蒙古、回部无不仰给焉。”的确，因为饮食结构的问题，中国历代北方少数民族对于茶叶的依赖远远高于中原汉族。

（四）促进了东西方文化交流互鉴

英国学者李约瑟（1900—1995）曾说："茶是中国继火药、造纸、印刷、指南针四大发明之后，对人类的第五个贡献。"麦克法兰认为，"茶叶改变了一切"。从茶在人类文明进程中看，对茶的这些评价并不为过。作为丝绸之路上对外贸易输出的三大宗中国产品之一，茶叶与丝绸、瓷器是华夏先民的三大原创发明，丝瓷茶文化是"四大发明"之外中华民族对人类文明做出的伟大贡献，堪称是中华文化的三大符号，对促进东西方文化交流互鉴发挥了积极作用。茶作为人类共同需要的生活物资，通过陆海"丝绸之路"包括"茶马古道""万里茶叶之路""海上茶叶之路"等各种渠道和方式向世界各地传播出去。茶叶的外销是以东方中国为核心的农耕经济圈与欧亚大陆其他地区游牧经济、渔猎经济、海洋经济等不同经济圈之间的商品流通和物资交换。

日本茶学者桥本实先生认为，中国茶和茶文化的传播路线分陆路和海路。陆路有四条：一条由我国产茶地向长安集中，然后以新疆地区为中继地，经天山南北路通向中亚、西亚和地中海及东欧；另一条以我国内蒙古和蒙古国为中间地通向俄国；第三条由东北传入朝鲜；第四条是直接由产茶地在边疆地带传入南亚诸国。海路主要有三条：一条由浙江直通日本；另一条则是从福建、广州通向南亚诸国，然后经马来半岛、印度半岛，到地中海走向欧洲和非洲；第三条是从广州、上海直接越太平洋通往美洲各地。这个茶传播路线网，恰恰与广义的丝绸之路基本一致或相叠加，无论是空间地理上的主次还是时间历史上的消长，都呈现彼此呼应的关系。因此，"丝绸之路"也可称为"茶叶之路"。

唐朝中期，茶由入唐求法的僧人、遣唐使相继传入朝鲜半岛和日本。与中国毗邻的越南、老挝、缅甸、泰国、柬埔寨等东南亚国家，很早以前边境人民学习中国西南边区的栽茶、制茶经验，发展零星茶园。南亚国家的茶叶生产都与中国有关，尤其是当今世界茶业大国印度、斯里兰卡的茶叶是在输入中国茶种、茶工、技术的基础上发展起来的。

公元840年，漠北回鹘大量迁至河西、天山南北和中亚七河地区，其饮茶习惯可能随即带到上述地方。9世纪中叶，阿拉伯—伊斯兰文献中最早提到中国有一种“草叶叫‘茶’(Sakh)”。公元10至12世纪，茶继续传至高昌、于阗和中亚七河流域，并可能经由于阗传入河中以至波斯、印度，也可能经由于阗或西藏传入印度、波斯。14世纪后，茶在中亚和西亚随蒙古西征和蒙古汗国的统治而得到更为广泛的传播。17世纪前期，中国茶经由陆路在中亚、波斯、印度西北部和阿拉伯地区得到不同程度的传播，饮茶之风兴起。

16世纪初，葡萄牙人开始认识中国茶叶。1514年，葡萄牙打通至中国澳门海上贸易后，就将茶船运到里斯本，开始了茶叶贸易。接着荷兰东印度公司的船只将茶转运到法国、荷兰和波罗的海各国。16世纪中叶，整个欧洲到处流传着有关中国茶报道，出现了欧洲最早提到中国茶叶的著作、意大利（威尼斯共和国）地理学家刺木学的《航海旅行记》。1610年，荷兰东印度公司商船到中国澳门运载中国绿茶，几经辗转回运到欧洲，从此中国茶叶开始大量输入欧洲。1637年，英国东印度公司的船只来广州运走茶叶，开启了中英茶叶贸易。1662年，嫁给英王查理二世（Charles II，1630—1685）的葡萄牙公主凯瑟琳（Catherine，1638—1705），陪嫁大量中国茶和中国茶具，染上饮茶之习，是带动英国宫廷和贵族饮茶风气的先行者，人称“饮茶皇后”。在王妃以身示范下，饮茶在英伦三岛迅速成为风尚。1669年，英国东印度公司获得茶叶垄断专营，武夷茶取代绿茶成为欧洲饮茶的主要茶类。18世纪初，英国在位女王安妮（Anne,1665—1714）以爱茶著名，她不但在温莎堡的会客厅布置了茶室，邀请贵族共赴茶会聚会，还特别请人制作银茶具组、瓷器柜、小型移动式茶车等，这些器具优雅素美，呈现“安妮女王式”的艺术风格。从此以后，英式“下午茶”流行英国。18世纪末期后，瑞典、丹麦、法国、西班牙、葡萄牙、德国、匈牙利等国先后开启茶叶贸易，每年从中国运走大批茶叶。1784年，美国开始从中国进口茶叶。

俄国人早在15世纪初就知道中国茶。1567年，中国茶传到俄国。1679年，中俄签订向俄罗斯供应茶叶的协议。1727年，中俄签订《恰克图条约》，中俄双方在恰克图开展茶叶等商品贸易，俄国开始从中国进口茶叶，“万里茶路”由此开通。

19 世纪初，饮茶之风在俄国各阶层开始盛行。1814 年，因为对茶的巨大需求，俄罗斯人开始尝试种茶。1833 年俄罗斯从中国购买茶籽、茶苗，栽植于格鲁吉亚的尼基特植物园，后又扩展其他植物园，依照中国工艺制成茶叶。

中国清茶热饮法在传播至世界各地的过程中产生了具有各国特色的饮茶方式与技艺，形成了丰富多彩的世界饮茶习俗，产生了“韩国茶礼”“日本茶道”“英国下午茶”“俄国茶炊”等各种饮茶方法和茶文化形态，堪称是东西方文化交流互鉴的经典案例。

（五）参与了世界重大历史进程

在茶文化历史发展中，茶还参与了世界重大历史进程。

茶叶与英国工业革命：在工业化初期，矿物能源和机器的作用远未像现在这样重要，工人的体力劳动在工厂或矿山生产中仍起着重要的作用，工作极为繁重。只有让工人集中精力且保持充沛的体力，才能提高产量，保证安全。这时就需要一种提神解乏、价廉物美的食品，茶叶加面包恰恰符合这一需要。在 1650 年代时除亚洲以外还很少被人知道的茶叶，一百年后成为英国人最受欢迎的饮料，而恰恰在这个时期，英国成为世界上最为强大的资本主义国家，建立了庞大的殖民体系。饮茶不仅使英国成为世界茶叶贸易中心，茶叶的贩运还推动了英国造船业的发展，喝茶时加糖则又带动了殖民地制糖业的发展。因此，我们说英国的工业革命得益于茶的普遍饮用，英国的殖民扩张与茶叶贸易有极大关系。

英国著名经济史学家威廉逊曾说：“如果没有茶叶，工厂工人的粗劣饮食就不可能使他们顶着活干下去。”（萨拉罗斯《改变世界史的中国茶叶》）麦克法兰指出，“一杯甘甜温热的茶可以让人心情舒畅，重新恢复精力。在以人力为中心的工业化时代，一杯美好的茶已经成为人们工作的重要推动力，它的重要性犹如非人力机械时代的蒸汽机”。他甚至认为，“如果没有茶叶，大英帝国和英国工业化就不会出现。如果没有茶叶常规供应，英国企业将会倒闭”。中国茶叶的适时到来，正好适应了英国工业化生产的需求，并大大促进了英国工业的发展。“茶叶在英国的作用如同蒸汽机一样重要，它帮助英国人度过危机并创造了一个新世界”。美国民族人类学家西敏司（Sidney Mintz，1922—2015）感叹说："英国工人饮用热茶是一个具有划时代意义的历史事件，因为它预示着整个社会的转变以及经济与社会基础的重建。"在他看来，随着工业社会的到来，人类的命运发生了前所未有的根本转变，其中茶叶无疑扮演了一个非常重要的角色，甚至可以说，如果没有茶叶，已然的历史进程可能会是另外一副样子。

茶与美国独立战争：17 世纪 80 年代，英属北美殖民地对茶叶的需求与日俱增，1760 年 13 个州消费的茶叶有 20 万磅。1767 年，英国议会通过了查理斯 · 汤逊德的《贸易与赋税法规》，对油漆、油、玻璃及茶叶均征重税，于是反对之声四起，高呼抵制英货。为了平息商人的怨声，议会通过了除茶叶每磅征税 3 便士外，其余捐税都予废止的决议。即使这样，殖民地的人民仍然拒绝缴付茶税，他们宁肯向其他国家购买茶叶，也不愿放弃抵制英国茶的主张。1773 年，因为英国政府授予东印度公司在北美殖民地倾销茶叶的特权，引发了强烈的反对。波士顿人组成"茶党"，将停泊在波士顿港的一艘东印度公司商船上的茶叶倒入大海，这就是美国历史上著名的"波士顿倾茶事件"。面对随之而来的英国的镇压，13 个殖民地州团结起来，召开了"大陆会议"，组织民兵与英军对抗，并取得"独立战争"的胜利，建立了美利坚合众国。

在当年毁弃茶叶的码头，现在立有一座纪念碑，碑文如下："此处以前是格利芬码头，1773 年 12 月 16 日，装有茶叶的英国船三艘停泊于此，为反对英皇乔治每磅 3 便士的苛税，有九十多波士顿市民（一部分扮作土著人）攀登到船上，将所有茶叶 342 箱，全部倒入海中，此举成为举世闻名的波士顿抗茶会的爱国壮举。"有《波士顿倾茶》诗云："以茶抗暴船中斗，茶党倾茶有志谋。星火点燃茶引起，因茶独立此开头。"这首诗点出了"波士顿倾茶事件"对美国国家独立的重要意义。

茶与鸦片战争：18 世纪中后期，英国政府降低了茶叶税，使得茶叶价格迅速下降，消费市场由此急剧扩大。随着越来越多的人参与到喝茶的行列中来，到 18 世纪晚期，饮茶已成了英国普通民众的日常消遣，英国成了中国茶叶最大的进口国。

在19世纪40年代初期，茶叶成为中英贸易中最大宗的商品，也是贸易商最大的利润来源。

在中国向英国大量输入茶叶这种单向贸易中，中国的茶叶和英国的黄金、白银是最主要的流通交换媒介，结果导致白银大量进入中国。为了弥补巨额的贸易赤字，欧美商人想尽了一切办法向中国进口所谓的新工业品，如纺织品、西餐具、钢琴甚至煤炭等。然而，这些商品在中国根本就没有销路，中国人宁肯穿结实耐用的手工土布，而不买英国精细但不耐穿的机织棉布，最后英国商人不得不以低于成本的价格出售。至于其他商品更是无人问津，西餐具、钢琴锈蚀在仓库里，煤炭则无偿送给英国人在广州的商馆。

为了茶叶，英国商人干起了罪恶的勾当，即向中国走私鸦片。鸦片是11世纪阿拉伯人作为止痛剂带入中国的，在18世纪之前一直是供医疗之用的。自1758年起，东印度公司就在印度垄断了鸦片生产贸易。1773年，英国人从荷兰人手中夺取了向中国走私鸦片的贸易权。早在1729年，中国就禁止鸦片，规定种植、提供、吸食鸦片都是非法的，会被判死罪。然而，英国1776年输入了60吨，1790年则是此数的5倍。它们都被卖给那些走私犯和吸食鸦片的中国人。1800年之后，这种交易变得有组织起来，成为一种极大的产业。在印度，鸦片的种植和生产都由东印度公司垄断和控制着。到19世纪40年代初，随着鸦片的输入越来越多，白银大量流到中国的局面有了根本性改观，中英贸易格局逐渐达成了病态平衡。以东印度公司为代表的远洋贸易公司负责将这些成品鸦片送到中国沿海的天津、广州等大码头，通过洋行和中国内地的分销商送到中国城镇和农村烟馆以及居民手中；无数的黄金、白银则由中国人手中反向流回到英国商人的手中。至此，一条英国人消费茶叶—黄金、白银流入中国—中国人购买、吸食鸦片—更多黄金、白银流回英国的完整而“平衡”的贸易链形成了。

随着鸦片输入的逐年增加，鸦片对中国民众的毒害也显露无遗。白银的大量流失和国民的日渐沉迷，引发了朝野人士的恐慌和民间有识之士的挞伐，随之引发了林则徐的“虎门销烟”及大规模禁烟运动，最终爆发中英“鸦片战争”。

1842 年，战败的清政府被迫与英国政府签订了不平等的《南京条约》，其中规定：英商可赴中国沿海五口自由贸易，取消广州十三行垄断外贸的特权，广州国际贸易中心逐渐被香港、上海等地所取代。中国政府的赔款增加到 2 100 万两白银。几千年的中国传统社会从此步入了半封建半殖民地的近代化时代，中国历史开启了一个新阶段。

二、茶文化的现实意义

茶和茶文化起源于中国，中华茶文化的起源和发展与华夏文明同步，与中华文化有机交融。无论茶艺、茶礼还是茶德、茶道，都蕴涵着中华传统文化的主流儒释道三教思想的精华。如儒家的以茶入礼、“茶利礼仁”、教化百姓、和济天下，佛家的以茶供佛、以茶参禅、茶汤清规、禅茶一味，道家的以茶养生、轻身羽化、通灵得道、天人合一，都充分说明茶不仅参与了三教实践，而且都臻于至高境界，茶被赋予了文化、道统传承的功能，茶成为名副其实的“文化之饮”“人伦之饮”“人文之饮”。

茶文化是一种雅俗共赏，具有开放性、亲和力、包容度的多元一体的独特社会文化形态。尤其值得注意的是，中华茶文化作为中华传统文化的重要组成部分，其“致清导和”的“清和”特质以及丰富的茶文化艺术形态，既凸显了茶文化明显的生活化、社会化、大众化色彩及多方面的社会功能，又体现了以基于茶性茶德的“人文品格”为特征的中华茶文化的思想精髓和价值观念。

（一）有助于养成“精行俭德”“清和淡洁”的高尚人格

茶源自自然，是大自然的精华，是自然对人类的恩赐。陆羽说茶乃“南方之嘉木”，是大自然孕育的“珍木灵芽”。茶性清净高洁，具有天赋君子美德。茶生于山野，餐风饮露，汲日月之精华，得天地之灵气，本乃清净高洁之物。儒家认为茶有君子之性，具有天赋美德。唐韦应物（737—792）称赞茶“性洁不可污，为饮涤尘烦”，北宋苏东坡（1037—1101）用拟人化的笔法所作的《叶嘉传》，把茶誉为“清白之士”。宋徽宗也称茶“清和淡洁，韵高致静”。茶德既是茶自身所具备的天赋美德，也是对茶人道德修养的要求。自古迄今，儒释道都赋予茶清正高洁、淡泊守素、安宁清静、和谐和美的品德，寄寓了深厚的人文品格，蕴含了高尚的人格精神。

唐代茶圣陆羽称茶之为饮最“宜于精行俭德之人”。何为“精行俭德”？就是“精进修行”“俭以养德”的简称或缩略。所谓“精行”，就是勇猛精进、勤勉修行；所谓“俭德”，就是俭以养德、守素崇德；其本义就是勤勉奋发以修行、清苦俭朴以养德。所谓“精行俭德之人”，实际上就是亦儒亦僧的陆羽自己那样的“节士”“行者”，是苏东坡《叶嘉传》所称道的秉性高洁的“清白之士”和托名元人杨维桢（1296—1370）所作的《清苦先生传》所称赏的励志力行的“清苦先生”，换言之，就是为了信仰和理想舍身忘躯、精进修行不畏艰辛、坚忍不拔的“修道者”，就是禅门里那些简衣素食、历尽磨难、孜孜以求、追求宇宙真谛和生命觉悟的“苦行僧”。这样的人，就是儒家所倡导的“天将降大任于斯人也，必先苦其心志，劳其筋骨，饿其体肤”者，是有抱负、有志向的仁人志士。而茶的品格在成就这样的人格过程中，是最适宜发挥守素养正作用的。一杯清茶，两袖清风，茶可助人克一己之物欲以修身养廉，克一己之私欲而以天下为公，以浩然之气立于天地之间，以忠孝之心事于千秋家国。以茶修身，以茶养正，以茶助廉，以茶雅志，自古为仁人志士培养情操、磨砺意志、提升人格、成就济世报国之志的一剂苦口良药。“穷则独善其身，达则兼济天下”，身处江湖之野，不忘庙堂之志，是许多儒家士大夫的人生抱负。

中国国际茶文化研究会周国富会长在阐述“清敬和美”的当代茶文化核心理念时，对“清”已经作了全面深刻的论述。他说：所谓“清”，是茶文化当代核心理念的基本特征，她既是茶叶特征的自然显现，也与人的基本品质相关联，更是茶与人在“道”与“德”的层面的和谐统一。一个“清”字，可以涵盖“德”“俭”“廉”“正”“静”“真”等茶文化的多种内涵。他认为，“清”的特征，首先来源于茶的自然品质，是与茶叶、茶饮、茶艺相关的清气、清和、清雅。其次是与修养、品德、情操有关的清心、清静、清平。“茶禅一味”的本质也在于“清心”二字，茶道都把“静”作为达到物我两忘的必由之路，喝茶就是修炼清静宁和的心境，营造幽雅清静的环境和空灵静寂的氛围，帮助人们静心思虑。第三是与从政为官、为人处世相关的清正、清白、清廉。自古以来，“清茶一杯”体现了茶与从政为官之间以“清廉”为基本特质和价值追求的良好关系；君子之交淡如水、清如茶，是对人们高尚的人际交往关系、廉洁的行为举止的称颂和期望。清清白白做人，干干净净做事，正是茶德精神和君子人格的生动诠释和时代意义。

（二）有利于建设“亲和”“礼仁”“明伦”的和谐社会

古往今来的茶事实践，无不体现出“亲和”“礼仁”“明伦”的价值理念。茶具有的优良品德和人格精神，与儒家所提倡的亲和包容的“中庸之道”高度契合。儒家强调通过礼乐教化构建伦理社会，故而以茶入礼，借茶礼蕴含的仁爱、敬意、友谊和秩序，来达到宣化人文的目的。除了客来奉茶、以茶会友外，茶在国人传统的人生大事如生老病死、婚丧嫁娶、四时八节等中都扮演着重要角色，许多茶礼历经千百年传承，相沿成俗，成为国人的生活常态，在社会和谐中发挥着重要作用，成为协调人际关系、实施社会教化的工具。作为古代民间慈善义举、公益事业的形式之一，我国城乡民间施茶之风自古相沿不衰，成为耕读时代儒家士人行善积德、扶危济困、兼济天下的生动写照。以茶交游，亲和包容，茶在唐宋以来进入大众社会生活后，成为人们社会交往的媒介，以茶会友、以茶交友，成为人们社会活动的重要方式，茶馆作为公共活动的空间，从城镇市井走向乡村集会，遍布大江南北。

现代社会中茶文化是抚慰人们心灵的清新剂，是改善人际关系的润滑油。一杯清茶可以清心醒脑，涤除烦躁，缓解紧张，消除焦虑，加深友谊，拉近关系。茶是最适宜现代人的“功能饮品”，使许多现代人的“现代病”不治而愈。茶道中的“和”“敬”“融”“理”“伦”等理念，要求和诚处世，敬人爱民，化解矛盾，增进团结，有利于人际关系的调整，有利于社会秩序的稳定。台湾的国学大家林荆南教授将茶道精神概括为“美、健、性、伦”四字，即“美律、健康、养性、明伦”，称之为“茶道四义”。这其中的“‘明伦’是儒家至宝，系中国五千年文化于不坠。

茶之功用，是敦睦关系的津梁：古有贡茶以事君，君有赐茶以敬臣；居家，子媳奉茶汤以事父母；夫唱妇随，时为伉俪饮；兄以茶友弟，弟以茶恭兄；朋友往来，以茶联欢。今举茶为饮，合乎五伦十义（父慈、子孝、夫唱、妇随、兄友、弟恭、友信、朋谊、君敬、臣忠），则茶有全天下义的功用，不是任何事物可以替代的”。

茶道思想的核心价值是“和”，与儒家为主体的传统文化十分契合。儒家认为，“中庸”是处理一切世事的最高原则和至理标准，并进而从“中庸之道”中引出“中和”的思想。在儒家眼里，和是中道，和是平衡，和是适宜，和是恰当，和是一切都恰到好处，无过亦无不及。对此茶文化界已经有许多精辟论述，经典论断。陈香白教授认为，中国茶道精神的核心就是“和”。“和”意味着天和、地和、人和。它意味着宇宙万物的有机统一与和谐，并因此产生实现天人合一之后的和谐之美。“和”的内涵非常丰富，作为中国文化意识集中体现的“和”，主要包括：和敬、和清、和寂、和廉、和静、和俭、和美、和爱、和气、中和、和谐、宽和、和顺、和勉、和合（和睦同心、调和、顺利）、和光（才华内蕴、不露锋芒），和衷（恭敬、和善）、和平、和易、和乐（和睦安乐、协和乐音）、和缓、和谨、和煦、和霁、和售（公开买卖）、和羹（水火相反而成羹，可否相成而为和）、和戎（古代指汉族与少数民族结盟友好）、交和（两军相对）、和胜（病愈）、和成（饮食适中）等意义。“一个‘和’字，不但囊括了所有‘敬’‘清’‘寂’‘廉’‘俭’‘美’‘乐’‘静’等意义，而且涉及天时、地利、人和诸层面。请相信：在所有汉字中，再也找不到一个比‘和’更能突出‘中国茶道’内核、涵盖中国茶文化精神的字眼了。” 诚如中国国际茶文化研究会周国富会长所说：“和”字所体现的，既是茶道，也是人道和社会运行之道。

（三）有益于传承优秀传统文化、讲好“中国故事”

传为唐末刘贞亮（？—813）提出的饮茶“十德”，其中的“利礼仁”“表敬意”“可雅心”“可行道”都属于茶道修持范畴。宋徽宗说茶有“致清导和”的作用，可谓深得茶中三昧，道出了茶于茶之外的作用，具有多方面的社会意义和文化价值。源自自然的茶本具清净、清静、清雅、清和的品质。茶味苦中有甘、先苦后甘，饮之令人头脑清醒，心态平和，心境澄明。这些天赋茶性美德不仅使得茶与人性相通，而且与仁心、道心、禅心相融，茶具有的人性光辉和天赋美德，使得茶在人类精神生活层面扮演重要角色，担当人神对话、参禅悟道的媒介；以茶问道，以茶参禅，助益人们开启智慧，看清人生社会，参透天地宇宙，明心见性，解脱自在，圆融无碍，得大自在，成就圆满觉悟人生；以茶悟道，悟的是人生正道、天下大道，参的是天地宇宙之至道。从陆羽的“精行俭德”到日本茶道的“清敬和寂”、韩国茶礼的“和敬俭美”，到现代已故著名茶学家庄晚芳先生提出的“廉美和静”茶德思想，再到中国国际茶文化研究会周国富会长积极倡导的“清敬和美”的茶文化核心理念，无不说明，茶道思想自古迄今就与儒佛道三教思想交融圆通、与社会核心价值相契合。

中华传统文化的核心之一“和合”思想，源自《易经》关于宇宙、天地、生命起源和演变的“太和观”。首先，认为“泰”即天地之间交通和畅之最佳状态，万物内部的和谐统一即“保合太和”。所谓“太和”，即阴阳会合冲和之气，这也是自然界的和合之道。其次，认为人应“与天地相参”，与自然和合，适应和遵从自然规律，人与自然相协同应具有道德原则，必须“有节”。再次，认为人要顺乎天而应乎人，倡导人与人、人与社会的和合。从《易经》开始，到《周易》及“易学”的完善，蕴涵着“和实生物”“生生大德”谓之“仁”“日新”谓之“易”的生命进化观，“保合太和”的宇宙天地观，多元和合的社会价值观，凝聚着中华民族的伟大智慧。这种“和合”思想，是中国传统文化源远流长的人文价值和核心精神，堪称是中华传统思想文化的瑰宝。

“和合”是中国传统文化的重要哲学概念和价值理念。从《易经》的“太和观”出发，经诸子百家吸收并发展，到儒家确立并主宰中国传统文化的主体地位，“和”一直是贯穿整个中国传统文化的思想核心。“和合”表明的是多样性的统一，是多元一体的状态，突出了不同要素组成中的融合作用，强调了矛盾的事物中和谐与协调的重要性。“和合”作为不同要素融合最为理想的结构存在形式这一传统哲学概念，普遍受到历代各派思想家的推崇和重视，成为中华传统思想文化的核心精髓而广泛、深入地融合于中国文化体系之中。如果说儒家文化的特质是“仁和”，那么佛教文化的特质是“融和”，道教文化的特质是“冲和”，易经文化的特质是“太和”，中医文化的特质是“中和”，农耕文化的特质是“平和”，茶文化的特质也就是“清和”。它们共同构成了以“和”为本质特征的中华传统文化核心价值体系。

“和而不同”是中国古代圣哲先贤所阐发的宇宙至道和天下愿景。“和而不同”是具有深刻哲学思想内涵的科学命题，它既不是维持不同共存，也不是在不同中消除不同、实现同化，更不是一般所谓的求同存异。我国先哲对“和而不同”的深刻内涵，有着精辟的解释：“和”不是简单的“同”，而是“不同共存”基础上的创新和发展；如果完全都是“同”，则事物发展将难以为继；唯有臻于不同共存基础上的“和”，也就是矛盾的对立统一，尊重个性基础上的共存发展，才可以“生物”，才可以不断创新和发展，才可以生生不息、历久弥新。这就是说，只有不同事物的对立统一、在矛盾中实现和谐共存，万物才能生生不息，与时俱进；如果彼此都是同一的，或虽有异而强为之同，就不能顺利延续、健康发展，或导致不仁、不和而有悖规律。从古今中外人类文明历史和现状看，“和而不同”是不同文明交流互鉴、和谐共存、发展繁荣之道。

易学的和合思想以及后来由儒、释、道、医、农等发展而形成的中华和合文化，对中国哲学和文化产生了极为重要的影响。在几千年的历史长河中，中国文化更是以兼容并包、海纳百川的传统，使外来文化成了民族精神的重要生长点。对于中国人来说，以和为贵，信守和平，和睦和谐，是思维方式、生活习惯，更是文化认同、文化基因。“中国‘和’文化源远流长，蕴涵着天人合一的宇宙观、协和万邦的国际观、和而不同的社会观、人心和善的道德观”。

2017 年 11 月 24 日发布的中国共产党与世界政党高层对话会海报《共饮一泓水》和《美美与共 和而不同》，格调清和，意蕴深远，生动形象地诠释了会议的主题，传播了中华文化，讲好了中国故事，起到了“此时无声胜有声”的宣传效果，堪称是以茶为媒，传承传统文化、讲好中国故事的经典案例。以茶播道，蔚成传统，以茶行道，正当其时。以茶文化为媒介来传播中华文化优秀思想和价值观，能起到事半功倍、润物无声的作用。

（四）有助于推进“一带一路”、构建人类命运共同体

中华茶文化在传承弘扬传统文化、助力民族文化复兴、树立文化自信和文化话语权、促进中国文化走出去，和济天下、构建共建共享人类命运共同体伟大使命中，具有潜在的价值引领作用和巨大的实践意义。

中华和合文化对世界哲学、文化和文明的发展将产生巨大的影响。继承和发扬和合思想，不仅对弘扬中华和合文化，建设和谐社会，具有重要的现实意义，而且在世界文化和文明的舞台上，也将扮演更加重要的角色。在世界历史上，中华和合文化曾深深地影响了东亚儒家文化圈，中华文化中的“和合”智慧和价值观，未来也将是化解矛盾和危机，避免对立和冲突，调和国际社会各种矛盾，保持和平稳定发展的最佳选择。以和合的心态拥抱世界，以和合的理念化解危机，必将获得世界的认同。

和合思想为协调人与自然的关系，促进人与自然的协和共存，提供了可资借鉴的思想智慧。当今世界，谋求人与自然圆融和谐、经济社会与自然环境协调发展，制衡出现的生态恶化和环境污染，控制重大自然灾害的发生，适度控制人口爆炸，合理利用生态资源，实现可持续发展，走向人类文明发展的新秩序，已成为全球面临的普遍课题。和平、和谐、合作、共赢，既是共同愿望，也是大势所趋。

和合思想注重人与人的和合、人与社会的和合，对促进人际关系的健康发展，构建和谐社会，具有重要的现实意义。习近平指出：“我们的祖先曾创造了无与伦比的文化，而‘和合’文化正是这其中的精髓之一。‘和’指的是和谐、和平、中和等，‘合’指的是汇合、融合、联合等。这种‘贵和尚中、善解能容，厚德载物、和而不同’的宽容品格，是我们民族所追求的一种文化理念。自然与社会的和谐，个体与群体之间的和谐，我们民族的理想正在于此，我们民族的凝聚力、创造力也正基于此。因此说，文化育和谐，文化建设是构建和谐社会的重要保证和必然要求。”

和合文化是维护中华民族团结、实现国家统一的重要文化纽带和精神力量。从和合思想衍生出的“大一统”观念，不仅是儒家的重要政治传统，而且是作为维护国家统一、民族团结的重要政治伦理和道统依据。英国著名历史学家汤因比说：“就中国人来说，几千年来，比世界任何民族都成功地把几亿民众，从政治文化上团结起来，他们显示出这种在政治、文化上统一的本领，具有无与伦比的成功经验。”和合文化一定会成为中华民族永远割不断的血脉，在祖国的统一大业中发挥思想文化的巨大力量。

中国传统文化包括茶文化要达成“和济天下”这一伟大而崇高的使命，必须以“和而不同”为理论基石和思想基础。在当前国际格局下，只有在“和而不同”的理念下，才能平等互尊、互利互惠，开放包容、合作共赢，多元一体、共同发展，建立人类责任、利益、命运共同体，实现开放包容、共建共享的新型发展观和多元共生、和而不同的新型文明观；在国际社会治理中，要提倡开放、反对封闭，提倡包容、反对排斥，提倡平等、反对强权，提倡对话、反对对抗，提倡竞争、反对战争，提倡共赢、反对零和，互惠互利、合作发展，求同存异、存同化异，和而不同、和平共生。这实际上就是说，从仁爱为怀、天下一家出发，承认世界各国各民族文化的“不同”是其本质特征，只有在“不同共存”中一起创新和发展，打造命运共同体，才是以“仁和”之道达济天下的根本途径。这是对我国传统文化的“天下为公”情怀和“天下大同”愿景在“一带一路”倡议提出和实施过程中的创新和发展。贯穿“一带一路”发展的是中国深厚的思想文化力量。以儒家文化为代表的中华文化是以集体理念为主的“仁和”文化。“仁”者爱仁也，爱个人、爱他人、爱兄弟、爱父母、爱民族、爱国家，以国家为最大。“和”是和谐、和为贵、和和气气、和平、和谐社会、和平发展、天人合一。从长远来看，中国的文化传统、价值观将拥有无限的生命力。

G20 杭州峰会是以中国传统的“天下为公”情怀为出发点，以中华传统文化和思想智慧为立足点，给世界经济把脉开方、指明未来发展方向和路径的生动实践。G20 杭州峰会世界各国高度赞誉的由中国主导提出的世界经济治理的杭州共识、中国方案，都深深蕴涵着中国传统文化中的“天下”情怀和“大同”思想以及中国智慧和价值观。这一思想根植于中国传统文化中的“仁者爱人”“天下为公”“和而不同”“天下大同”的“天下观”——也就是人类命运共同体！以“清和”为特质的中华茶文化，必将成为惠泽全人类，实现和而不同、各美其美、和谐共存、美美与共人类命运共同体的恩泽福音。

（本章撰稿人：鲍志成）

茶文化是中国的，也是世界的，
它是无国籍的，是全人类的共同财富。

第一章 茶文化走向世界的方式与途径

西汉时，著名外交家张骞（公元前 164—前 114）奉汉武帝之遣，先后于建元二年（公元前 139）、元狩四年（公元前 119）两次出使西域，我国史载著名的陆上丝绸之路随之开通。这条横贯欧亚的商贸通道，今被称为“古丝绸之路”。接着，中国的茶叶连同丝绸、瓷器等货物源源不断沿此路传播到现今的中亚、西亚等西域各地以及欧洲各国，后遍及欧亚大陆。

汉代以后，特别是隋唐时期，随着以宁波、泉州、广州为起点的“海上丝绸之路”的贯通，茶叶又随同丝绸、瓷器等货物远涉重洋，直至美洲、非洲等地。如今，全球茶产业犹如一株参天大树，覆盖五大洲，但它的根却牢牢扎在中华大地之上。综观世界各地的茶之原种来源、茶树栽培、茶叶采制，以及饮茶习俗等都直接或间接由中国传播出去，并由此使茶成为世界一大产业，饮茶成为世界一半以上人口的共同嗜好；进而构筑成全球共享之茶文化，且已融入世界文化之林。所以，茶文化是中国的，也是世界的，它是无国籍的，是全人类的共同财富。

第一节　茶文化对外传播的方式与方法

综合国内外史籍记载，中国茶文化对外传播方式很多，传播方法也不甚一致。归纳起来，中国茶文化对外传播的方式与方法，主要的有以下几种，现择要介绍如下。

一、古代茶的对外传播

在远隔重洋、关山阻挡、信息闭塞、交通不畅的古代，中国茶对外传播远不及现当代社会传播速度，但方式方法较多。查阅有关史料，古代中国茶叶对外传播方式，主要集中于以下几种。

（一）通过经贸传播

通过贸易往来，将茶叶送到海外，这是最常见、最直接的传播方法。据（唐）封演《封氏闻见记》记载：公元 8 世纪末唐德宗时，在长安与西北边境以及中亚、西亚等地区，已经开始通过陆上丝绸之路，用内地之茶换取西域之马，进行所谓茶马贸易。“茶马互市”政策使茶沿着张骞开通的陆上丝绸之路走出国门，进入西域各国，甚至到达波斯（今伊朗）。

宋王朝与辽、西夏、金等政权还在交界地点专门设置榷场，设榷茶使官职专司茶马互市之责。景德四年（1007），应西夏王赵德明所请，宋又在保安军（今陕西志丹一带）置榷场互市。从此，宋与西夏开始大量货物贸易往来，西夏以羊、马、毡毯之所输，而引中原“茶、綵、百货之自来”。茶成为宋王朝与西夏游牧民族以茶易物、互市交易的重要商品。

清康熙二十八年（1689），中俄签订《尼布楚议界条约》，其中有不少商务内容。从此，俄国商队不断来到中国，将茶叶、丝绸、瓷器等货物，由河北张家口经蒙古、西伯利亚贩运至俄国销售，使饮茶之风深入俄国境内。清雍正五年（1727），中俄签订《恰克图互市条约》，它为中俄茶叶贸易进一步打开了通道。从此，中俄茶叶贸易往来不断。其做法是先由晋商在茶产地福建、江西、湖南、湖北及其周边等省，统一收购后，在湖北汉口集中，再运至湖北樊城，尔后用车马经河南、山西运至河北张家口或归化（今内蒙古自治区首府呼和浩特），然后用骆驼或马匹穿越沙漠抵达如今的蒙俄边镇恰克图，这条线路从福建武夷山算起，有近 6 000 公里，历史称为中蒙俄“万里茶道”。在俄语中，恰克图意为“有茶的地方”，中俄双方长期在此进行茶叶贸易。日久，恰克图便成了中俄茶叶贸易的重要集散地。

史料记载，1742 年前后，山西太谷人王相卿，创办“大盛魁”商号，这是晋商专做蒙俄贸易的著名商号，主要商品有砖茶、丝绸、布匹等，这个商号全盛时有伙计 6 000 余人，商队骆驼近 20 000 头，年贸易总额达千万两银子，王相卿也因此成了垄断蒙俄市场的商贾巨头，成为“万里茶道”创始人之一。王相卿之后，《乔家大院》代表人物山西祁县人乔致庸 (1818—1907) 也成为晋商的杰出代表。19 世纪 50 年代至 60 年代初，南方茶叶商道因受太平天国战争影响，一度中断。19 世纪 60 年代中后期，乔致庸再次开启南方茶叶贸易通道，将福建、江西、两湖等地砖茶集中于山西，再辗转销往蒙俄等地。

中国海上茶叶对外贸易始于 1516 年，葡萄牙商人以明代郑和“七下西洋”开通的马来半岛的麻剌甲（今马来西亚马六甲）为据点，率先来到中国进行包括茶叶在内的贸易活动。从此，打开了海上茶叶贸易的门户。

1688 年，在北美的英国商人，从中国澳门采购茶叶 120 吨运往北美纽约销售。1689 年，英商又在厦门采购茶叶 150 箱，直接运回本国出售。1715 年，比利时商人从布鲁塞尔出发，取道好望角到达广州，他们用西班牙银币直接在中国购买茶叶、瓷器、丝绸等商品，开通了中比直接贸易的主渠道。1723 年，为适应贸易发展需要，比利时商人联合成立了“比利时帝国印度总公司”，专营与中国的贸易。最初，他们以采购中国丝绸为主，后来因采购茶叶利润高于丝绸，茶叶就成为比印总公司的主要商品。1719—1728 年，该公司从中国采购的茶叶多达 3 197 吨，并有部分运销西欧诸国。其贸易规模可与当时英国东印度公司相比。从此，中国茶叶以经贸方式，直达西欧以及北美许多国家和地区。

另据晚清王之春《清朝柔远记》记载：随着清海禁的逐渐松弛，至1729年，“诸国咸来（厦门）互市，粤、闽、浙商亦以茶叶、瓷器、色纸往市”。当时，厦门已发展成为一个进出口贸易港口，不但允许东南亚各国商人携货前来厦门贸易，而且也允许广东、福建、浙江商人来厦门，并从厦门去东南亚各国进行茶叶贸易往来。从此，中国茶叶源源不断输入东南亚诸国。

1732年，瑞典开始与中国通商，瑞典商人携带铅、绒、酒、葡萄干等商品来广州，以物易物，从中国带走茶叶、瓷器等，且连年不断。据统计，自清政府开放海禁后，在1772—1780年的9年间，就有英国、荷兰、瑞典、丹麦、法国等欧洲国家的186艘商船来华，在广州购得茶叶16 954万磅[①]；另据1805—1820年15年间统计：美国共派出348艘商船来华，从广州运回茶叶10 174万磅，折合46 148吨，平均每年购茶635万磅，较前19年平均增长1倍多。接着在1821—1839年的19年间，美国共派出557艘商船来华，从广州运回茶叶19 510万磅，折合88 496吨，平均每年购茶叶1 026万磅，运去美国茶叶数量继续提升。1840年，美国从中国广州购买茶叶达8769吨，为历年之最。

1840年，英国挑起鸦片战争，是年从中国销往英国茶叶只有1.02万吨。1841年1月26日英军占领香港。同年6月7日宣布香港为自由港。这年的8—12月的4个月间，进出香港各国商船就达

▶ 英国人运输祁红的轮船

① 磅为非法定计量单位，1磅=453.59克。——编者注

145 艘，其中就有 12 艘商船专门经香港从广州运载茶叶，前往印度孟买、英国伦敦、菲律宾马尼拉，以及印度尼西亚、美国等地销售的。

17 世纪前，中国茶叶对外经贸，虽然通过陆路和海路和世界许多国家都有贸易往来，但数量有限，主要对象是亚洲，如日本、朝鲜半岛，以及西亚、中亚等近邻国家。17 世纪末开始，中国茶叶才开始大批北上俄国，并通过陆上或海上丝绸之路进入西方诸国，表明以经贸方式将茶叶传播到世界各国，外贸是主要的传播途径之一。

（二）由来华使节将茶叶带出国门

通过来华使节将茶叶传入他乡，古代主要是通过来华的学佛僧人和各国友好使臣完成的。804 年日本遣唐高僧最澄及翻译义真等一行来华，经浙江明州（今宁波）上岸，赴台州就学于天台山国清寺。次年（805）三月初最澄回国时，除从国清寺带回经文典籍外，还特地带回茶籽一批种于日本近江县（今滋贺）比睿山麓的日吉神社旁，至今遗存依在，并立碑纪念。

▶ 805 年由最澄大师亲自栽种的日本日吉茶园

804 年，日本佛教真言宗创始人空海弘法来中国研修学佛，他在长安青龙寺修禅，拜惠果法师为师，806 年回国时也带回茶籽种于日本九州、京都、博多（今福冈）等多个地方。播于京都栂尾山高山寺一带的茶树，以后逐渐扩展成为日本名茶本山茶的主产区，这种茶的原种就是空海从中国传播去的。茶之传入朝鲜，比日本还稍早的东晋（3—5 世纪）时的高丽时代，当佛教传入高丽时，有史载茶已由僧侣带入；善德王在位的唐贞观六至二十一年（632—647）遣唐使金大廉已持茶种从大唐归来，植于全罗南道智异山花开附近，至今遗迹尚存。

1603 年，英国在爪哇（今印度尼西亚的爪哇岛）万丹开设万丹东印度公司。期间，旅居在万丹的英国员工和海员，由于受当地华人影响，开始对饮茶发生浓厚兴趣，进而成为中国茶的积极推广者，并将茶叶带回英国饮用，由此开始，使英国饮茶之风逐渐蔓延开来。1657 年 9 月 23 日，英国伦敦《政治通报》刊登一则广告“中国的茶，是一切医生们推荐赞誉的优质饮料”，并说在伦敦皇家交易所附近的“苏丹王妃”咖啡店有售。这是英国，也是在西方众多国家中最早出现宣传中国茶叶的广告。另据美国威廉·乌克斯《茶叶全书》记载：1710 年 10 月 19 日，英国泰德（Tatter）报上，还刊登一则宣传中国武夷茶的广告：“范伟君在怀恩堂街贝尔商店出售武夷茶。”这是武夷茶在国外的最早广告。

1726 年，爪哇政府派遣使者开始从中国引进茶籽试种茶树。1827 年，爪哇政府又派遣茶师杰克逊来华，专门学习茶树栽培和茶叶加工技术，用来为印度尼西亚发展茶叶生产服务。

1841 年，居住在锡兰（今斯里兰卡）的德国人瓦姆来华考察民情。当他感受到中国茶的魅力后，回锡兰时带去中国茶苗，栽种在锡兰普塞拉华（Pussellawa）的罗斯恰特咖啡园中。后来，瓦姆又与兄一道，将后代茶苗移栽到沙格马种植，并将采集的茶籽种在康提加罗等地，使茶树种植逐渐在锡兰扩展开来。

据民国赵尔巽等撰的《清史稿》记载：“美利坚（今美国）于咸丰八年（1858）购吾国茶秧万株，发给农民。其后愈购愈多，岁发茶秧十二万株，足供其国之用。”

后因气候等因素，未发展成规模。时至今日，在美国南部一些地区，仍有面积不等的小片茶园生产。

这种通过来华使者将茶叶带出国门的做法，多数带有主观意愿，有目的地实施，其结果是将中国茶种传播到世界各地生根开花，直至扩大生产，使茶成为一业。

（三）茶作礼品馈赠流传国外

以茶为礼馈赠给各国来华贵宾，是我国茶文化对外传播的又一重要形式，也是中国政府的传统礼仪。据韩国《三国史记·新罗本纪》载："兴德王三年（828）冬十二月，遣使入唐朝贡，唐文宗召见于麟德殿，入唐回使（金）大廉持茶种子来。王使植地理山，茶自善德王时有之，至此盛矣。"朝鲜史书《东国通鉴》亦载："新罗兴德王时，遣唐大使金氏，蒙唐文宗赐予茶籽，始种于全罗道之智异山。"此外，还有许多文献记述，新罗兴德王时，文宗皇帝接见遣唐使者金大廉时，赐于中国天台山茶种四斛（1 斛相当于 75 千克）。金氏回国后，授兴德王之命，种于智异山下的华严寺周围。

838 年，日本国派遣慈觉大师圆仁来华，先后在福建泉州开元寺、山西五台山和陕西长安等地研修佛学。847 年，圆仁从长安留学后回国时，带回的物品中除了有 800 多部佛教经书和诸多佛像外，还有唐政府馈赠的"蒙顶茶二斤，团茶一串"。圆仁回国后，著《入唐求法巡礼》，书中记有：唐会昌元年（841），大庄严寺开佛牙，"设无碍茶饮"供养，表明以茶供佛在唐已有所见，并流传日本。

1638 年，沙俄使臣瓦西里·斯达尔可夫从蒙古回国，其时蒙古可汗（对首领的尊称）请瓦西里·斯达尔可夫带去茶叶 4 普特（1 普特 =16.38 千克）赠给沙皇。

又据史籍记载：清康熙三年（1664）时，西洋意达里亚国（指今意大利）教化王伯纳第多次派遣使节，奉表向清政府进贡方物。在清政府回赠的礼品中，就有貂皮、人参、瓷器、芽茶等物，表明至迟在 17 世纪中期，中国茶叶通过馈赠方式已流传到西方。

清康熙四十四年（1705）和五十九年，意大利罗马教皇格勒门第十二两次派遣使节来华。这些使节回国时，清政府也以礼相待，康熙皇帝回赠给教皇的礼品中，就有茶叶和茶具。

1793年，为庆祝清乾隆皇帝八十寿诞，英国王乔治三世亲点其弟马戛尔尼勋爵率员，随身携带大量珍贵礼品来华。同年八月，乾隆皇帝在承德避暑山庄接见马戛尔尼勋爵等，以礼相待，在回赠给英王乔治三世和来使的礼品单中，均有茶和茶具。事后，清政府还特别许可英国使团顺道去浙江，免税购买茶叶等物，随御船运回英国，使茶文化进一步在英国上层社会中传播开来。

1794年12月，荷兰使臣访华，清高宗乾隆皇帝接见后，赏给荷兰使臣正使“茶叶四瓶”，副使“茶叶二瓶”。

1795年7月，缅甸使臣来华进贡，受到乾隆皇帝的接见。事后，乾隆赏给缅甸贡使正使“茶叶四瓶”，副使“茶叶二瓶”。另外还特别加赏缅甸国王物品，在物品中就有“茶叶十瓶”。表明茶为加深中国与世界各国人民的友谊架起了一座桥梁。

（四）应邀派专家去国外发展生产

应各国政府和有关组织的邀请，中国政府或相关组织直接派出专家，应邀去海外发展茶业生产，这是弘扬和传播茶文化的最直接方法之一。清光绪十九年（1893），应俄国皇家采办商波波夫之邀，时任浙江宁波茶厂副厂长刘峻周带领技工10名，购得茶籽几百普特和茶苗几万株，经广州从海路到达今格鲁吉亚巴统、高加索地区（其地原为俄国藩属国）指导种茶，发展生产。此前，俄国虽然曾多次引进中国茶籽、茶苗种植，但均未获成功。后经刘峻周等人精心栽培试验，终于获得成功，开创了苏联种茶先河。

1812—1825年，葡萄牙人先后从澳门招募几批中国种茶技工，到巴西传授种茶技术。这些中国种茶技工，带着茶树种籽和苗木，分批抵达巴西里约热内卢，在圣塔克鲁斯庄园和湖边植物园（今蒂茹卡森林内的罗德里格·德弗雷塔湖畔）进行茶树种植实验，早期到达巴西的中国茶农有赵香、黄才等。据载，至1825年为止，先后到巴西种茶的中国技工共有300余名。巴西政府为表彰这些中国种茶技工，给发展巴西茶叶生产做出的贡献，在里约热内卢蒂茹卡国家公园内建立一座中国式亭子，以示纪念。画家鲁根德斯还于1825年专门创作了一幅雕刻画：《中国茶农在里约热内卢植物园种茶》。通过茶叶使中巴两国人民结下了真诚友好的情谊。

1875年4月，应日本政府请求，中国派出茶叶技术人员姚桂秋、凌长富赴日本，专门讲授和指导试制红茶、绿茶和乌龙茶技术。同年11月，日本又专门派遣使者，到中国考察制茶技术，为日本发展茶叶作先期准备，使日本制茶技术很快得到提高。

（五）西方传教士助推茶叶西进

欧洲基督教传教士于16世纪来中国传教的同时，不但认识了茶，爱上喝茶，而且还向西方人宣传茶的功效，使西方接受茶，进而推进了茶叶的西进。在这一过程中，特别是作为基督教三大派别之一的天主教，对中国茶叶西传做出了较大的贡献。

早在16世纪时，天主教先后派遣了许多传教士来中国传教。据统计，从1581—1712年来华的耶稣会传教士达249人，分属于澳门、南京、北京三个主教区。他们中很多人来到中国后，改穿儒服，学说汉语，起用汉名，甚至有些人还供职于朝廷，与当时的士大夫交往甚密，关系良好。因此他们了解中国的风土人情、饮食习惯、礼仪文化，当然也熟悉中国的茶文化，并接受中国生活中不可或缺的饮茶风俗。于是，通过他们的口头讲述、书信往来、文章著作等手段将中国饮茶习俗向西方社会传播，以致引起西方社会对中国茶叶的兴趣和了解，进而开始饮用茶、消费茶，并最终从中国购茶、买茶，进行茶叶贸易。

1556年葡萄牙传教士加斯帕尔·达·克鲁兹在广州住了几个月，回葡萄牙后出版了《广州记述》一书，书中介绍中国人当“欢迎他们所尊重的宾客时”总是递给客人“一个干净的盘子，上面端放着一只瓷器杯子……喝着他们称之为一种‘Cha’（茶）的热水”。还说这种饮料“颜色微红，颇有医疗价值”。克鲁兹可谓是将中国茶礼、茶器、茶效介绍给西方的第一人，也是最早将“Cha”这一“茶”的语音带到欧洲的第一人，所以葡语的茶不读“TEA”，而读“CHA”。

1582年，意大利天主教传教士利玛窦（1552—1610）来华传教，他先后到广州、南昌、南京等地。1601年定居北京，晚年和比利时金尼阁合著《利玛窦中国札记》，该书之后还在荷兰出版。在《中华帝国富饶及其物产》一章中，向西方详细介绍了中国茶的性状、制作，以及当时的饮茶风习等，对茶传播到西欧起了先锋作用。

1588年，意大利传教士G．马菲在佛罗伦萨出版《印度史》一书，书中引用了传教士阿美达的《茶叶摘记》中的材料，向读者介绍了中国茶叶、泡茶的方法以及茶的疗效等内容。1615年，比利时传教士金尼阁在德国将利玛窦的札记资料整理出版了《耶稣会士利玛窦神父的基督教远征中国史》一书，轰动一时。书中介绍中国茶时说："他们在春天采集这种叶子，放在阴凉处阴干，然后用干叶子调制饮料，供吃饭时饮用或朋友来访时待客。在这种场合，只要宾主在一起谈话，就不停地献茶。这种饮料是要品啜而不要大饮，并且总是趁热喝。它的味道不很好，略带苦涩，但即使经常饮用，也认为是有益健康的。"由于该书被译成多种文字出版，使更多的欧洲人了解到中国的饮茶风俗及饮茶好处。

阿塔纳修斯·基歇尔（Athanasius Kircher,1602—1680）是欧洲17世纪著名的学者、耶稣会士，曾多年在中国传教和考察民情。回欧后于1667年在阿姆斯特丹出版《中国宗教、世俗和各种自然、技术奇观及其有价值的实物材料汇编》，简称《中国图说》。出版后，在欧洲引起很大反响。其神奇的内容、美丽的插图、百科全书式的介绍，给欧洲人打开了一座了解中国的门户。书中还谈到中国的茶俗，并绘制了一株茶树，这也许是欧洲人见到的第一幅茶画，为欧洲了解中国茶做了铺垫。

17世纪中期以后，法国的一些传教士也直接来到中国，他们曾将中国茶叶栽培和加工的图片和文字资料寄回法国，作为研究资料，也促进了法国饮茶之风的兴起。1779年，法国传教士钱德明根据法国对中国农艺研究的需要，在中国搜集相关资料时，曾寄给法国御医勒莫尼埃一套农艺资料，其中也写到了中国的茶，并有许多茶树栽培和茶叶加工的图片。这些资料，至今仍珍藏在巴黎国家图书馆。

其实，众多的传教士多由意大利罗马教廷派出的，这些西方传教士，他们必须经常向罗马教皇汇报传教情况，同时必然也涉及茶的相关信息，理所当然地会在意大利传播开来。

总之，天主教对中国茶叶传播到欧美起了宣传和推动作用，而且在教会内部也极力提倡饮茶，使茶成为天主教最受欢迎的饮料之一。

（六）通过联姻使茶传播入主地

许多资料表明，古时中外各国通过和亲方式，将茶文化传播到入主国的例子是很多的。成书于 11 世纪末，时任朝鲜金海知州事金良鉴的《驾洛国记》中，也记有中国四川普州人许黄玉嫁与金首露王之时，带去茶种的故事，且流传很广；许黄玉作为王妃，其墓园至今仍为金海重要旅游目的地。

1662 年，葡萄牙公主凯瑟琳（1638—1705）下嫁英国国王查理二世，她的陪嫁中就有中国茶具和茶叶。后来，凯瑟琳公主在英国宫廷中向王室和贵族展示了饮茶文化的风雅之举，让贵族们感叹不已。从此，促使英国饮茶之风兴起。

总之，茶文化传播的方式与方法是很多的，但传播的途径只有两条：一是通过陆上丝绸之路传播到西域乃至欧洲各国，一是通过海上丝绸之路远播世界各地。但这两条路线的传播表现在某些国家中，既有陆上传播的，又有海上传播的，也有相互交织进行的，这里只是为了叙述的方便，暂且按大的区块加以阐述，目的在于使条理变得更加清晰而已。

二、当代茶叶对外传播

进入 20 世纪以来，特别是 20 世纪 50 年代开始进入当代社会以来，中国茶叶对外传播方式更为直接和简便，主要集中于以下两个方式。

（一）派专家去国外种茶制茶

进入当代社会，应外国政府和相关组织邀请，中国派出技术人员或提供茶树种苗，直接帮助他国发展茶叶生产，传授种茶、制茶技艺，这种具有经济技术援助和文化交流性质的援助，可以说比比皆是。

1952 年 12 月，应苏联政府要求，中国茶业公司华东公司精选茶籽，连同相关技术资料，前后分两批提供给苏联，为发展苏联茶叶生产做出了贡献。

1956 年 1 月，根据中国和越南两国政府经济技术协定要求，中国政府分别于 1957 年、1963 年派遣茶叶专家去越南，帮助河内茶厂恢复和发展生产，制订茶叶品质标准、工艺规程和质量检测技术体系。

1962 年 1 月，根据中国和马里两国政府签订的经济技术合作协定要求，有关部门派出首批援马农业技术专家，赴马里考察和帮助发展生产。接着，中国政府先后选调多批茶叶专家，赴几内亚玛桑达进行茶园和茶厂建设工作。

1976 年 7 月，应摩洛哥王国茶叶研究所邀请，农业部派出茶叶技术考察组赴摩洛哥考察茶叶生产，中国机械进出口总公司还向摩洛哥出口绿茶初、精制加工成套设备。

1977 年 3 月，应上沃尔特政府要求，中国派出茶叶专家赴上沃尔特进行茶树试种可行性实践考察。最后，选择在博博省姑河盘地进行茶籽育苗试种实践，终于获得茶树试种成功验收。

1982 年 5 月，应巴基斯坦农业研究理事会邀请，中国派出茶叶专家考察和帮助建立巴基斯坦国家茶叶实验中心。

1987 年，根据中国和玻利维亚经济技术合作协定，签订了援授玻利维亚茶叶种植和加工合同，至 1993 年已有 200 公顷茶园恢复生产，年产红茶达到 100 余吨，茶场扭亏为盈。

此外，从 1997 年开始，台湾茶叶技术人员还远涉重洋，通过多年努力，在新西兰种茶成功，如今已投入生产，为新西兰发展茶叶生产做出了贡献。

（二）通过商业拍卖将茶传向四方

用买卖方式将茶叶从这个国家拍卖到另一个国家，给需求国人民饮用。这个方式更多的带有经济贸易性质，这种方式在一些茶的主要生产国，同时又是主要消费国的印度、斯里兰卡、肯尼亚等国已广为流行，它们都建有茶叶拍卖市场，用拍卖的方式来进行茶叶买卖，认为这是一项有效改善竞争方式和市场绩效的方式。而作为茶叶生产、消费大国的中国而言，茶叶拍卖尚处于起步阶段。

据查，英国东印度公司是 17 世纪最强大的商业贸易组织，它控制了包括中国茶叶在内的绝大部分商品的进口。东印度公司于 1679 年在英国举办了世界第一次茶叶拍卖。当时，从茶叶进口、拍卖的组织以及相关规则的制订都由英国东印度公司独立垄断。1837 年 1 月，世界第一个有组织的茶叶拍卖中心，即伦敦茶叶拍卖市场成立。

当前，世界各地比较受人注目的大型拍卖市场如下表所示。

世界茶叶拍卖市场一览

国　家	拍卖市场名称	始拍时间
印度	加尔各答拍卖中心	1861 年 12 月
斯里兰卡	科伦坡拍卖中心	1883 年 7 月
孟加拉国	吉大港拍卖中心	1949 年 7 月
肯尼亚	内罗毕拍卖中心	1956 年 11 月
肯尼亚	蒙巴萨拍卖中心	1969 年 7 月
马拉维	林贝拍卖中心	1970 年 12 月
印度尼西亚	雅加达拍卖中心	1972 年
新加坡	新加坡拍卖中心	1981 年 12 月

资料来源：浙江农林大学苏祝成教授提供。

在这些建立茶叶拍卖市场的国家中，尤以印度为甚。目前，在印度共建有 9 个茶叶拍卖市场，最大的是加尔各答茶叶拍卖中心。

印度茶叶拍卖市场

区　域	拍卖地	拍卖组织者	始拍时间
北印度	加尔各答	加尔各答茶叶商会	1861 年 12 月
北印度	古瓦哈提	古瓦哈提茶叶拍卖委员会	1970 年 9 月
北印度	西里	西里茶叶拍卖委员会	1976 年 10 月
北印度	杰尔拜古里	北孟加拉茶叶拍卖委员会	2005 年
北印度	阿姆利	Kangra 茶农协会	1964 年 4 月
南印度	科钦	科钦茶叶贸易协会	1947 年 7 月
南印度	古努尔	古努尔茶叶贸易协会	1963 年
南印度	古努尔	Tea Serve	2003 年
南印度	哥印拜陀	哥印拜陀茶叶行业协会	1980 年 11 月

资料来源：浙江农林大学苏祝成教授提供。

如今，特别是一些茶叶出口大国，茶的出口交易主要是通过茶叶拍卖中心进行的。斯里兰卡有近90%的茶叶出口是在科隆坡拍卖市场成交的，肯尼亚有70%的茶叶是通过蒙巴萨拍卖中心出口的，印度有近65%的茶叶是在加尔各答等拍卖市场交易的。

近10年来，中国茶叶对外贸易维持在30万吨以上，通过贸易传向世界120多个国家和地区，但在茶叶拍卖市场建设方面，中国要走的路还很长，尽管中国茶叶拍卖服务有限公司已于2012年7月由国务院正式批复成立，为中国茶叶拍卖交易迈出了重要一步，但如何进行茶叶拍卖，使茶叶走向世界，要走的路还很长。

除此以外，茶叶也有作为礼品等方式向外传播的，诸如1972年2月，美国总统尼克松访华，国务院总理周恩来陪同尼克松总统访问，在杭州参观西湖龙井茶产地梅家坞茶村后，又在杭州百年名店“楼外楼”宴请尼克松总统。饭后，周恩来总理又代表杭州人民将一包西湖龙井茶送给尼克松总统。尼克松总统回国后将龙井茶分赠给一些政要与亲友，为中美关系发展增添了靓丽一笔。

2007年3月，国家主席胡锦涛访问俄罗斯期间，将既能体现中国茶文化，又深具代表性的名优茶：黄山毛峰、太平猴魁、六安瓜片和绿牡丹（茶）作为国礼，赠送给俄罗斯总统普京，为加深中俄友谊做出了贡献。

第二节　饮茶文化从陆上丝绸之路对外传播

2 100年前的西汉张骞肩负和平使命，开通横贯东西、连接欧亚的商贸通道以后，中国的茶叶、丝绸、瓷器等商品从西安出发，经甘肃、过新疆，直达中亚、西亚、南亚直至欧洲等许多国家，为中欧间文化交流、商贸往来做出了巨大贡献。随之，茶及茶文化便从陆上丝绸之路传播到中国的众多接壤和邻近国家。

一、沿着古丝路向西传入中亚和西亚国家

中亚国家，包括哈萨克斯坦、乌兹别克斯坦、吉尔吉斯斯坦、土库曼斯坦、塔吉克斯坦等国。历史上曾是古代西域的一部分，受华夏文化影响较深。大约在12—

14 世纪时，蒙古人入主中亚，由于蒙古民族是一个喜爱饮茶的民族，从而使中国茶文化在中亚生根发芽。18 世纪时，中亚饮茶又受突厥文化的影响。而突厥是中国西部边疆的少数民族，属于游牧民族，同样在生活中离不开茶。近代，中亚各国又与俄罗斯结成联盟，使俄罗斯文化成为中亚地区的强势文化。史载：清咸丰元年（1851），中俄缔结伊犁通商条约。从此，茶叶陆上对俄贸易重要通道，除恰克图外又增加了新疆伊犁口岸。据不完全统计，通过伊犁塔城输入当时俄国和中亚诸国的茶叶，清道光二十一年（1841）只有 1 000 多磅（约 453 千克）；而 10 年后的咸丰二年（1852）就增加到 66.6 万磅（约 302 吨）；咸丰四年猛增到 166.81 万磅（约 756 吨）。在茶叶向西北方向传播中，陕（陕西）商和陇（甘肃）商起到了重要的推动作用，他们将四川、陕西、湖南、湖北等地茶叶集中到陕西泾阳，然后经甘肃，直达新疆南北二路贩销。有的还从新疆伊犁口岸出口，直达中亚贩卖。19 世纪中期开始，晋（山西）商也在茶叶北上的同时，参加到西行的行列。清光绪十二年（1886），清廷理藩院[①]还命茶商在理藩院领票贩茶，并特别指出，由于山西商人私贩湖茶倾销新疆南北二路到处洒卖，一票数年循环转运，逃厘漏税。于是明令以后领票，应注明不准贩运私茶字样。如欲办官茶，即赴甘肃领票，缴课完厘，与甘商一律办理。可见，茶叶通向西北贸易之路，当时已经非常兴盛。

茶的西传还包括由中国向西传播到西亚诸国，如伊朗、伊拉克、土耳其、阿富汗等国家。由于中亚地处陆上丝路要道，所以饮茶历史较早，达千年以上。其中，土耳其、伊朗等国还引种茶种，发展本国茶叶生产。

1. **土耳其** 早在公元 5 世纪时，经陆路商队，中国茶已进入土耳其，土耳其饮茶历史久远，但种茶却是从 19 世纪后期才开始的，只有 100 多年历史。直到 1937 年，土耳其才从苏联引种茶树，建起土耳其第一个茶树种植场。接着，又于 1947 年建立了土耳其第一个红茶加工厂。至 2013 年，土耳其有茶园面积 7.7 公顷，名列世界第八位；茶叶产量 14.9 万吨，名列世界第六位。

① 理藩院：清代官署，掌蒙古、新疆、西藏等民族事务。

2. **伊朗** 伊朗是中国古代丝绸之路的南路要站。伊朗古老语言波斯语对茶的发音，就是根据中国对茶(CHA)的发音译过去的，可见伊朗饮茶当在千年以上。为了满足伊朗人民对茶的需求，1900年开始，伊朗王子沙尔丹尼从印度引进茶籽，首开伊朗种茶记录。接着，又派农技人员到印度和中国学习茶树栽培和茶叶加工技术，从此伊朗茶叶生产有所发展。从20世纪50年代开始，伊朗茶叶生产有较快发展。如今，伊朗茶叶产量已名列世界第十一位。但由于伊朗人民酷爱饮茶，本国生产茶叶还不足自给，每年还需从国外进口茶叶8万吨左右。

二、沿古丝绸之路北上传入独联体国家

15世纪初俄国人就知茶、识茶和饮茶。1638年，俄国沙皇的使者瓦西里·斯达尔科夫奉命出使奥伊拉特蒙古阿尔登汗。瓦西里·斯达尔科夫回国时，可汗回赠礼物中就有200包茶叶，经过沙皇御医的鉴定，认为茶可以治疗痛风和感冒，于是从沙皇到贵族都把茶叶当做治病的药物。从此，茶便进入俄罗斯贵族家庭。1679年，中俄签订向俄罗斯供应茶叶的协议，但在17、18世纪时的俄罗斯，茶还是典型的"城市奢侈品"，饮用者局限于上层社会的贵族。18世纪末，茶叶市场从莫斯科扩大到外沿地区，19世纪初饮茶之风在俄国各阶层开始盛行。

▶ 俄罗斯饮茶风俗

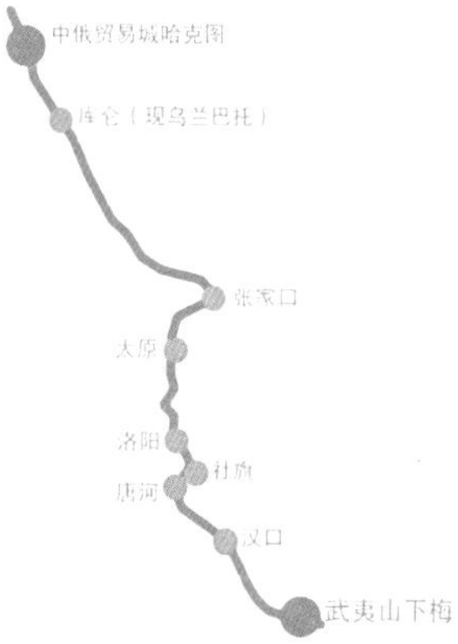

▶ 万里茶道路线图

清雍正五年（1727）中俄签订《恰克图条约》，确定祖鲁海尔、恰克图、尼布楚3地为两国边境通商口岸。雍正八年，清政府批准中国人在恰克图的中方边境建立买卖城，中俄双方就在此开展茶叶等商品贸易活动。武夷茶等便由下梅、赤石启程，经分水岭，抵江西铅山河口，入鄱阳湖，溯长江到达汉口。后穿越河南、山西、河北、内蒙古，从伊林（今内蒙古自治区二连浩特市）进入蒙古国境内。再穿越沙漠戈壁，经库伦（今乌兰巴托）到达蒙俄边境的通商口岸恰克图。并从恰克图向俄罗斯境内延伸，到达欧洲其他国家。这就是联结中俄的“万里茶路”。清乾隆二十年（1755）后，恰克图贸易日渐兴盛，俄国嗜好中国茶的人日益增多，饮茶之风盛行。从19世纪40年代起，茶叶贸易已居恰克图输俄贸易商品中的首位，每年销量3 000余吨。销售的茶叶早先有福建武夷茶、安徽茶和湖南茶为主；后来以红茶、砖茶为多，主要来自湖南安化、湖北咸宁等地。第二次鸦片战争后，俄国迫使清政府签订了《天津条约》《北京条约》等不平等条约，打开了蒙古地区的通道，并取得了沿海7个城市的通商权。清同治五年（1866），俄国商人开始在中国的湘鄂地区开设茶厂，直接收购、加工和贩运的茶叶从天津、宁波、厦门等多口岸出口，导致万里茶道茶叶贸易的衰落。1903年，贯穿西伯利亚的铁路竣工，铁路的开通使得中国的茶、丝绸和瓷器，在当时两个星期内就可以从中国运至俄罗斯。

因为对茶的巨大需求，俄罗斯人1814年开始尝试种茶。1833年俄罗斯从中国购买茶籽、茶苗，栽植于格鲁吉亚的尼基特植物园，后又扩展其他植物园，依照中国工艺制造茶叶。1883年，索洛佐夫从中国汉口运去大量茶苗和茶籽，在外高加索巴统附近开辟茶园，试种初见成效。1893年俄国政府聘请宁波茶厂刘峻周到高加索的阿扎里亚等地指导种茶，他于1924年回国，前后在那里度过30多年时间，成为阿扎里亚种茶创始人。俄国政府曾于1924年11月13日授予他“劳动红旗奖章”。

后来，格鲁吉亚《东方曙光报》曾刊载文章，赞誉刘峻周是“伟大的中国和格鲁吉亚人民的光荣儿子”。

俄罗斯和独联体国家格鲁吉亚、阿塞拜疆等国因地处高纬度茶区，昼夜温差较大，生产的茶叶，无论从数量上，还是质量上一向在苏联体系国家中独树一帜。产于高加索山麓的克拉斯诺达尔茶被誉为精品，部分行销海外。因俄罗斯茶园分布在北半球茶叶种植区的最北部。茶叶生长缓慢，至今仍采用人工采摘方式。这种传统的采摘方式，与邻近偏南的格鲁吉亚和阿塞拜疆茶园采用的高度机械化形成了鲜明的对照。由于当地常年气温较低，实行大规模培育计划时，考虑到冬天霜冻会带来的危害，种植的茶树均来自中国灌木型群体小叶种茶树或原产于中国的灌木型群体杂交种茶树。

三、传入南亚和东南亚国家

茶叶南传指的是茶叶向南传播到与中国南部接壤或南部近邻国家，主要是南亚和东南亚国家。其中，少数国家虽为岛国，如斯里兰卡、印度尼西亚等，但它们与中国是近邻，同处亚洲，这些国家茶的传入往往是通过陆路或海陆并进传播去的。

▶ 大吉岭茶园风光

（一）茶叶传入南亚

南亚包括7个国家，其中尼泊尔、不丹为内陆国，印度、巴基斯坦、孟加拉国为临海国，斯里兰卡、马尔代夫为岛国。除马尔代夫是茶叶消费国外，南亚诸国都有茶叶种植和消费。其中，印度、斯里兰卡还是世界茶的主要生产国、消费国和出口国。因为这些国家，临近中国或与中国相邻，所以饮茶历史早，但种茶历史还不足200年。现择要介绍如下。

1. 印度　茶叶由中国输入欧洲以后，茶叶贸易很快被英国东印度公司所控制。该公司在1600年12月31日获得伊丽莎白一世女王的特许，最初在东印度群岛从事香料贸易。当时这家通常被称作“约翰公司”的企业获得了从金融、军事到司法的一切特权，其作用不仅仅限于一家公司，而是更像一个主权国家。

19世纪初期开始，由于英国工业革命成功，经济发展，英国对茶叶需求更加迫切，而英国与中国在通商上又有种种限制，因此英国东印度公司主张在殖民地印度试种中国茶树。1833年，英国开放国内市场以后，英国统治者眼看为买中国茶叶付出大笔银子，很不舒服，竟在印度、土耳其等国大量种植鸦片售给中国，借以平衡支出。此举大大激怒中国清朝政府，将鸦片予以销毁。1840年，中英鸦片战争因此爆发。

于是，东印度公司派遣商业间谍潜入中国产茶区，掌握了茶的种植与红绿茶加工技术，并从中国偷运茶种与茶苗，聘用技术工人和技师，终于在印度大吉岭植茶成功。这里必须提到的是英国皇家植物园温室部负责人，被世人讽讥为“在中国人鼻子底下窃取茶叶机密收获巨大”的冒险家罗伯特·福琼（Robert Fortune，1812—1880）。他受英国东印度公司派遣于1843—1851年多次来华，辗转当时中国茶叶产区浙江宁波的市郊与舟山群岛、安徽徽州（今黄山市）的黄山及休宁、福建的武夷山和广州、厦门、上海、宁波等重要茶叶贸易港口，通过各种手段获取中国茶树种子和种苗以及茶的栽制秘密。福琼来华的任务是很明确的，英国作家佩雷尔施泰因从保存在英国图书馆的东印度公司资料中发现了一份命令。命令是英国驻印度总督达尔豪西侯爵1848年7月3日发给福琼的。命令说：“你必须从中国盛产茶叶的地区挑选出最好的茶树和茶树种子，然后由你负责将茶树和茶树种子从中国送到加尔各答，再运到喜马拉雅山（南麓，下同）。你还必须尽一切努力招

▶ 罗伯特·福琼

聘一些有经验的种茶人和茶叶加工者，否则我们将无法进行在喜马拉雅山的茶叶生产。”当时英国付给他的报酬是每年550英镑。

福琼通过在中国茶区探访，不仅弄清了红茶与绿茶不是品种差异而是制茶工艺不同所致；他还从茶区搞到500多千克茶种，并物色十余位熟练制茶技工。他将在中国的经历写成《华北诸省漫游三年记》《中国茶乡之行》《两访中国茶乡和喜马拉雅山麓的英国茶园》《居住在华人之间》等游记，他在中国舟山群岛考察时，在《两访中国茶乡》中这样写道：“岛内广泛栽种绿茶茶树，我来这儿的目的就是希望采集到一些茶树种子。因为这个原因，我把两个仆人都带在身边，一路上查看各个茶园。……我们从山坡上的茶园里采集到了很多茶树种子。……每天我们都这样工作，直到我们把几乎所有的茶园都拜访了一遍，采集到一大批茶树种子。”

到武夷山考察时，他又写道：“我参观了很多茶田，成功地采集到了大约400株幼苗。这些幼苗后来完好地运到了上海，现在大多数都在喜马拉雅的帝国茶园里茁壮成长呢。”

最终，他于1850再次来到中国茶区探寻时，又偷偷购得茶树种籽和树苗，并于1851年2月通过海路运往印度，同时还带走多名中国茶工到达印度的加尔各答，再转到印度大吉岭种植。这次运输再次获得成功，大约有不少于1.2万棵茶树苗活下来，发芽的茶树种子更是不计其数。又由于印度喜马拉雅山南麓地区生态条件适宜茶树生长，还有中国熟练茶工指导，最终有力地推进了印度茶业发展。从此开始了印度茶与中国茶的竞争。但是，福琼的盗窃行为并未为他赢得爵士地位，1880年悄然地在伦敦一处公寓里死去。

2. 斯里兰卡　中国茶进入印度不久，也开始了在其南部锡兰（今斯里兰卡）乌伐高地的旅行。从印度引进中国茶种的人叫詹姆斯·泰勒（James Taylor，1835—

▶ 斯里兰卡乌伐高地茶园

1892）。1872年，泰勒在自家的阳台上手工揉茶，在这一时期，他发明了揉捻机，烘干过程是在土炉里进行的，把茶叶放在金属网盘上进行焙炙。原来，1840—1867年运往锡兰的茶籽中，既有中国茶树树种，也有阿萨姆茶树树种，这就是斯里兰卡为什么会有杂交茶树的原因。

锡兰茶叶首次出现在英格兰是在1873年，但只有两包，总共约重23磅（11千克），然而这批微不足道的出口茶叶后来居上。至20世纪末，斯里兰卡赢得世界第一大茶叶出口国的称号，茶叶终于成为斯里兰卡经济发展的主要支柱。由于杂交优势的原因，斯里兰卡中部高地茶因其特殊的芳香和口味著称。这主要归功于英国庄园主莫里斯，这位有影响的种植园主在对印度的考察后，建议锡兰集中精力用阿萨姆变种在高海拔地区种植。到1889年，已经有大约10万公顷土地种上了茶树。1899年，该地的茶业开始出产绿茶，在10年后与日本的茶叶出口抗衡。

3．孟加拉国　饮茶历史早，种茶始于1840年，这里的茶叶最早是从中国传入印度，一个多世纪以前又从印度阿萨姆邦传入孟加拉国，第一个茶场建于1857年，茶种大部分由中国引进。目前，孟加拉国有茶园8万英亩[①]，年产茶叶4 400多万千克，约有10万人专门从事茶叶生产和茶叶贸易。茶叶已成为孟加拉国的三大创汇项目之一。2013年孟加拉国约有茶园4万公顷，茶叶产量6万余吨，名列世界第10位。

4．巴基斯坦　饮茶历史早，种茶始于1860年，在孟特高默利（Montgomery）的指导下，试种于茉利（Murree）地区，但未获成功。20世纪50年代末期以来，巴基斯坦又先后从中国、日本、孟加拉国、斯里兰卡、土耳其、印度尼西亚和苏联等国引种茶籽，在曼赛拉、克什米尔、拉瓦尔品第、伊斯兰堡等多地进行茶树试种，结果也只有个别地区有少量零星茶树成活外，并未获得发展。1982年，巴基斯坦农业协会邀请中国茶叶专家考察在巴基斯坦种茶的可能性。1986年1月至1989年4月，中国茶叶专家组赴巴基斯坦进行茶树试种，经过3年的努力，试种终于获得了成功，并在西北边境省曼赛拉县贝达蒂建成了15公顷的中国祁门种茶园。目前，巴基斯

① 英亩为非法定计量单位，1英亩 $=4.046\,856\times10^3$ 平方米。——编者注

坦已开辟有茶园 100 余公顷，建有国家茶叶研究站。由于巴基斯坦人民好茶，目前茶叶消费主要依赖于进口。

5. 尼泊尔　毗邻中国西藏，位于喜马拉雅山南侧，虽然饮茶历史早，但种茶历史与南亚印度差不多，1841 年开始种植。1863 年开始有发展，种茶历史不到 200 年。如今，尼泊尔全国茶叶产量在 1.2 万吨左右，已进入世界产茶国行列。

（二）茶叶传入东南亚

东南亚，又称南洋，有越南、老挝、柬埔寨、泰国、缅甸、马来西亚、新加坡、印度尼西亚、文莱、菲律宾、东帝汶 11 个国家。由于东南亚各国与中国接壤，或者是近邻，所以饮茶和种茶风习多是通过陆上丝路或海上丝路传播去的，且历史都比较久。现择要介绍如下。

1. 越南　与中国广西、云南接壤。很早以前就有饮茶习俗。唐代杨华《膳夫经手录》载："衡州衡山团饼而巨串，岁收千万。自潇湘达于五岭，皆仰给焉。其先春好者，在湘东皆味好，及至河北，滋味悉变。虽远自交趾之人，亦常食之，功亦不细。"表明早在唐代时，今湖南衡山的饼茶已远销到交趾。交趾，后称安南，其范围包括现今的越南。可见在一千多年前，茶已传入越南，越南人已有饮茶之俗了。此外，在《海外纪事》中也写道：17 世纪时，中国僧人释大汕赴越南顺化传戒授法时，以茶果招待越南宾客之事。

另外，在越南的中部和北部地区，还生长有野生茶树。这些野生茶树是从中国云南原产地经红河顺流自然传入的。但越南种茶，仅有数百年历史。种茶成为一业，是在 1900 年以后，主要是由法国人扶持起来的。1959 年越南政府还派技术人员到中国留学，学习茶叶栽制技术。如今，茶已成为越南农业中的支柱产业之一。2013 年，越南茶园面积 12.4 万公顷，茶叶产量 17.0 万吨，茶叶出口 14.0 万吨，均名列世界第五位。

2. 印度尼西亚　种茶历史可追溯到 1684 年，当时由德国医生将茶籽试种在爪哇和苏门答腊。1690 年荷兰总督携中国茶种试种于爪哇岛的一个私人花园内。1728 年再次从中国引进茶种和茶叶技工试种茶树和试制茶叶，但一直未获得成功。1828

年以后，印度尼西亚又重新试种茶树，负责试种的荷属东印度公司茶叶技师，从1828—1833年曾经六上中国考察种茶，并带去大量茶籽、茶苗，聘请中国种茶、制茶技工，在较大范围内开展茶树试种工作。从此，印度尼西亚茶业开始快速发展。如今，印度尼西亚已成为世界茶叶的主要生产国之一。2013年，印度尼西亚有茶园12.0万公顷，名列世界第六位。产茶13.4万吨，名列世界第七位。

3. 缅甸　缅甸与中国云南、西藏接壤，种茶源自中国，饮茶风俗受中国影响较大。从宋代开始，随着茶马古道的兴起，中国茶源源不断地输入缅甸，尤以云南普洱茶为多。清乾隆元年（1736）开始，茶叶直接从思茅、西双版纳输入缅甸掸帮。缅甸茶区主要分布在靠近中国边界的掸邦和临近印度的钦邦等地。2013年，缅甸有茶园7.9万公顷，名列世界第七位，但茶叶产量不到6万吨，未能进入世界前10位。

4. 泰国　自明代开始，就有华人移居泰国。而这些华人大多来自茶乡福建、广东一带。而华人融入泰国社会的结果，自然将饮茶之风传入到泰国。所以，泰国饮茶已有四五百年历史。因泰国北部与中国云南接壤，所以与云南少数民族一样，也有雨季腌茶和吃腌茶的风习。但泰国种茶历史不长，茶区主要分布在与中国、缅甸、老挝交界的清迈、清莱等地，这里地处泰国北部山区。据载，1992年泰国种茶面积8 469公顷，产茶1 810吨。茶树品种主要是来自中国云南的大叶种群体。

第三节　茶文化经海上丝路远播

中国茶沿海上丝绸之路向国外传播是从东邻朝鲜半岛、日本开始的。16世纪开始到达西欧，后来又流传至美洲、非洲、大西洋等世界各个国家。

一、茶在朝鲜半岛、日本传播

朝鲜半岛（通常指的是朝鲜和韩国）和日本地处东北亚，与中国是隔海相望的近邻。一般认为，中国茶及茶文化最早通过海路向外传播是从朝鲜半岛和日本开始的。它始于南北朝时期，当时佛教兴起，饮茶之风流行，茶便随着佛教传入东邻朝鲜半岛和日本。

（一）茶叶传入朝鲜半岛

据朝鲜史籍《三国遗事》记载：中国隋朝时，正是高丽三韩时代（544），北部的高句丽、东南部的新罗、西南部的百济三足鼎立。新罗发展势头强劲。660 年百济联合高句丽进攻新罗，新罗向唐高宗求救，唐军联合新罗于 668 年灭高句丽，统一朝鲜。从此新罗大量吸收包括茶与茶文化在内的中华文化，当时朝鲜半岛全罗南道智异山华岩寺就有种茶记录，这比中国茶种传播到日本要早 200 余年。据传，632 年新罗善德女王时遣唐使就从中国带回茶籽，植于地理山（河东郡花开一带）。此外，成书于 1075—1082 年的金海知州事金良鉴的《驾洛国记》中，还记载了中国四川普州人许黄玉嫁与金首露王时带去茶种的故事，至今广为流传。

1122 年，北宋使臣徐竞出使高丽，回国后将其见闻写成《宣和奉使高丽图经》，其中关于茶的记载不仅反映了宋代中国与朝鲜半岛茶文化频繁交流状况，而且是国内保留最权威的中国与朝鲜半岛茶文化交流史料，有力佐证了中华茶文化对朝鲜半岛的影响。认真阅读《宣和奉使高丽图经》一文，可以从多角度了解朝鲜半岛从 5 世纪开始接受汉文化影响的大量史实。而朝鲜金富轼（1075—1151）完成于 1145 年的《三国史记》则写道："遣使入唐朝贡。文宗召对于麟德殿，宴赐有差，入唐回使大廉持茶种子来，王使命植地理山。茶自善德王（632—647 年在位）时有之，至此盛焉。"以上史实表明，中国茶传入朝鲜半岛应是 7 世纪之时，但朝鲜半岛人工

▶ 韩国金海市北郊的首露王妃许黄玉陵寝

▶ 韩国民间茶礼

种茶当在7世纪以后。这里，徐竞《宣和奉使高丽图经》以物证、事证详细介绍了中华茶文化对朝鲜半岛茶文化的全面影响，从此茶及茶文化就在朝鲜半岛生根落脚。但时至今日，虽然茶文化在韩国影响深远，但因受气候条件影响，至今种茶仅限于韩国的济州岛及全罗南道一带。

（二）茶在扶桑的传播

日本饮茶最早记载，首见于《古事记》及《奥仪抄》两书，其中记有日本圣武天皇曾于天平元年（729）四月，召集僧侣进禁廷讲经，事毕，并赐以茶。又记载当时有高僧行基（658—749），一生曾兴建不少寺院，并开始在寺院种茶。但这两种记载都无法证实这些茶的源头来自何处。而确切的记载表明，中国茶传到日本则与隋唐时中国佛教传入日本密切相关。

1．日本茶的引入　史载，从630年日本国向中国派遣唐使、遣唐僧开始至894年止，日本国先后共派出至少19批遣唐使、遣唐僧来华进行文化交流。与此同时，中国扬州大明寺鉴真和尚（688—763），应日本在华留学僧荣睿和普照之邀，5次东渡日本失败后，终于在天宝十二年（753）第6次东渡时到达日本。因鉴真大和尚通医学，精《本草》，也带着茶叶去日本。所以，日本早在8世纪时就有关于茶事的一些零星记述，表明中国茶及茶文化传入日本至少已有1 200年以上历史了。但明确记述日本种茶的时期，当在9世纪初。据载，日本种茶始祖是后来成为日本天台宗初祖的最澄（767—822）、真言密宗创始祖的空海（774—835），以及永忠（743—816）等日本高僧，他们来华学佛修禅，回国时在带回经文、开创禅宗的同时，还带去中国茶种以及茶的栽制和饮茶技艺，开启了日本禅林种茶、饮茶的先河，他们都是中日茶文化交流的友好使者。据《日吉社神道秘密记》载：804年，日本国钦派最澄禅师及翻译义真等一行赴中国天台山国清寺学佛。次年，最澄回国时把茶种带回日本，种在日本滋贺县比睿山日吉神社旁，后人还立碑为记，称之为“日吉茶园之碑”，成为中日茶文化交流的重要佐证之一。对最澄在佛教文化和茶文化方面做出的贡献，日本嵯峨天皇（786—842）大加赞赏。嵯峨天皇还作《和澄上人韵》诗，对最澄深加赞美，其中谈到茶事时说：“羽客亲讲席，山精供茶杯。”

接着，弘法大师空海于804—806年到中国留学，他在长安青龙寺学习佛法，回国时也带回茶籽，种于京都佛隆寺等地，后来发展成为日本大和茶发祥承传地。至今，在佛隆寺前还竖有“大和茶发祥承传地碑”。另外，据传，空海还特地把中国天台山制茶工具“石臼”带回日本仿制，从此中国的蒸、捣、焙、烘等制茶技艺传入日本。所以，在空海所撰的《性灵感》中曾提到过“茶汤”。

▶ 佛隆寺“大和茶发祥承传地碑”

除最澄禅师和空海大师之外，值得一提的还有日本高僧永忠。他在中国修佛、生活了大约28年（777—805）之久。805年当他返回日本时，已是63岁高龄了。永忠回国后，受到了日本天皇的赏识，掌管崇福寺和梵释寺。因为永忠长期在中国长安生活，养成了饮茶的习惯。所以当815年（弘仁六年）四月，日本嵯峨天皇巡幸近江滋贺县，途经崇福寺时，永忠亲自为天皇煎茶奉茶，天皇还向永忠赐以御冠。据《日本后记》记载，这次永忠向天皇奉茶，给天皇留下了深刻印象。为此，同年六月嵯峨天皇令畿内地区及近江、播磨（泛指今日本兵库县南部一带）等地种植茶树，以备每年贡茶之用。

但尽管如此，当时日本的饮茶之风仅局限于僧侣和权贵间，饮茶被视为一种风雅。对此，日本最早的诗集《凌云集》载：弘仁四年（813），嵯峨天皇巡幸时，作《秋日皇太弟池亭》："肃然幽兴起，院里满茶烟。"次年，嵯峨天皇又作诗曰："吟诗不厌捣香茗，乘兴偏宜听雅弹。"从诗中可见一斑。又据日本《经国集·和出云巨太守茶歌》载，当时永忠的煎茶技艺、饮茶方法与中国唐代的饼茶煮饮法是一致的。日本饮茶风习也由此开始，逐渐从禅院走向民间。

2. 茶在日本的普及　唐代末期，随着中国国势的衰落，农民起义不断，唐王朝摇摇欲坠，使日本对日中文化交流的热情渐减。后经日本菅原道真上书，宇多天皇遂于宽平六年（894）中止了向中国派遣唐僧的决定。如此，历经五代，直至入宋后，中国国势开始渐盛。大约在12世纪中期，中国当时已处于南宋时期，日本许多禅林高僧目睹日本禅宗因中日文化交流中断，没有新思想的输入，使教学僵化，流于形式，处于停滞状态，而其时中国茶禅文化正处于兴盛时期。为此，一些有远见的日本高僧决心再度派遣宋使、遣宋僧来中国获取佛教经法，促使日本佛教获取新的思想，推动日本佛教新的发展。在这一过程中，影响深远，与中日茶禅文化交流关系密切的当推荣西、道元、圆尔辨圆和南浦绍明。特别是荣西（1141—1215），他曾两度到中国天台山万年寺研修佛法。第一次来天台山是1168年4月，他从博多(今福冈）上船，一星期后，到达中国明州（今宁波），经台州刺史准许，抵达天台山万年寺学佛，长达5个月左右。第2次来中国天台山学佛是1187年4月，荣西这次来中国，直奔当时南宋京城临安（今杭州），意在经中国去天竺（指古印度）求法。但当在中国时听说西去天竺之路，已被中国北方藩王（即金、辽）阻断，无法通过，于是荣西决定再次留在中国，上天台山万年寺拜虚庵怀敞和尚为师。最后于1191年秋，从中国明州乘船，抵达日本九州平户港回国。

荣西到天台山两度留学取经期间，在习禅之余，还常在天台山一带考察茶的栽制技艺和饮茶之道。回日本时，荣西还带去天台山云雾茶种，热衷推广种植茶树，陆续在九州平户岛富春院（禅寺）、京都脊振山灵仙寺、博多（今福冈）圣福寺等地撒下了茶树种籽。荣西回到京都以后，还于1207年前后，上京都栂尾山高山寺

▶ 日本茶道中心京都宇治平等院

▶ 日本静冈现代化茶园

会见明惠上人（1173—1232），并向明惠上人推荐饮茶对养生的好处，又将茶种赐予明惠上人。于是，明惠上人遂将茶树种子种植在高山寺旁。对此，《栂尾明惠上人传》有载：荣西劝明惠饮茶，明惠就此请教医师，医师云：茶叶可遣困、消食、健心。由于高山寺四周的自然条件和生态环境，十分有利茶树的生长，使茶叶很快在栂尾山发展起来。又因其地所产之茶，滋味纯正，高香扑鼻，为与其他地方所产的茶相别，后人遂将其地所产之茶，称为“本茶”；而其他地方所产的茶称为“非茶”。从此，中国天台山茶种在日本很快繁衍开来。如今，在栂尾山高山寺旁，还竖立着“日本最古之茶园”碑，以示纪念。

与此同时，荣西还积极宣传饮茶养生，推广普及饮茶之法。最后，结合日本生产实际将饮茶养生之道，撰写了日本第一本茶书《吃茶养生记》，为普及日本饮茶以及茶叶生产的发展，起到了积极的作用。荣西不但成为临济宗建仁寺开山祖师，还由于荣西为日本茶禅文化事业做出了卓越贡献，因此被誉为“日本茶祖”。从此以后，饮茶开始在日本逐渐普及，茶叶最终成为一业。如今，日本已发展成为世界茶叶生产和消费的主要国家。

二、茶从中亚流入西欧

16世纪中叶，整个欧洲到处流传着有关中国茶的报道。人们认为是伊朗商人哈吉·穆罕默德把茶叶从中国引入了中亚，因为他曾发表过一份中国饮料的书面报告，记录在手抄本《维亚吉航海记》（*Navigatione Viaggi*）一书中。此外，苏梅尔（Sumer）在《茶叶通论》一书中讲述了葡萄牙人16世纪初就认识了茶叶，并在1577年开始与中国人做茶叶生意，这还是荷兰人和英格兰人到达远东以前。英格兰女王伊丽莎白一世在1598年听说这种新奇饮料后，产生了强烈的好奇心。俄罗斯沙皇在1618年得到了中国人馈赠的绿茶。到了17世纪30年代，荷兰人普遍喜欢上了饮茶，茶室成了荷兰富裕家庭装饰的一大特色，以致迷惑了荷兰贵妇。1701年，在阿姆斯特丹上演的喜剧《茶迷贵妇人》，就是反映欧洲人用茶的早期写照。

（一）欧洲茶风先行者

把茶首先带到欧洲的应归功葡萄牙人和荷兰人。葡萄牙以其先进的航海技术，于1514年首先打通了葡萄牙至中国的航路，在澳门开始和中国进行海上贸易，起初是进行丝绸和香料交易。不久，葡萄牙人将茶叶运回里斯本，开始了茶叶贸易。然后荷兰东印度公司的船只将茶转运到法国、荷兰和波罗的海沿岸各国。

1557年，葡萄牙商人以中国澳门作为贸易据点，从事中葡贸易；在此期间，葡萄牙商人和水手携带中国茶叶回国。1559年威尼斯作家拉穆斯奥所写的《航海旅行记》中曾记载有关中国茶事，为欧洲文学中首次出现“茶”(CHA)的用语。

如同佛教僧侣曾把茶带到韩国、日本一样，欧洲耶稣会教士也在茶的传播上起了重要作用。他们来中国传教，见识了茶这种饮料的疗效，于是带回葡萄牙，1560年，葡萄牙传教士克鲁兹著文专门介绍中国茶。他在《广州记述》中谈到，如果有人造访某个体面人家，习惯的做法是向客人献上一种他们称为“茶”的热水，装在瓷杯里，放在一个精致的盘上敬客。而威尼斯教士贝特洛则说：“中国人以某种药草煎汁，用来代酒、能保健防疾，并且免除饮酒之害。”早期，茶进入欧洲时，是以具广大疗效的神秘饮料现身，价格昂贵，只有豪门富商才享用得起。由于英国皇室成员对茶的狂热吹捧，使茶在英国被誉为尊贵之饮，为饮茶塑造了高贵的形象。

在欧洲茶风的弘扬中，首先必须提到是1662年嫁给英王查理二世的葡萄牙公主凯瑟琳，人称“饮茶皇后”。随着饮茶风俗在葡萄牙的流传，凯瑟琳早已染上饮茶之习。她虽不是英国第一个饮茶的人，却是带动英国宫廷和贵族饮茶风气的先行者。她陪嫁大量中国茶和中国茶具，很快在伦敦社交圈内形成话题并深获喜爱。在这样一位雍容高贵的王妃以身示范下，饮茶在英伦三岛迅速成为风尚。对此，英国

▶ 葡萄牙凯瑟琳公主

诗人沃勒在凯瑟琳公主结婚一周年之际，特地写了一首有关茶的赞美诗："花神宠秋月，嫦娥矜月桂。月桂与秋色，难与茶比美。"为了讨好这位饮茶皇后，以取得东方贸易的垄断权，1664 年，英国东印度公司从荷兰人手中购得 2 磅 2 盎司[①]优质茶，其中 2 磅茶就献给了凯瑟琳公主，深得她的好感。后来，英国东印度公司再次将 22 磅 12 盎司的茶叶献给她，获得了公司对东方贸易的垄断权。可以说，英国饮茶之风的扩展得益于葡萄牙的推动。

（二）茶风靡英伦三岛

从 16 世纪英国人认识茶开始，因其畜牧业发达和以肉乳为主的饮食结构，十分钟情中国茶（Chinese Tea）而非独喝红茶。至今他们仍喜欢小种红茶、茉莉花茶、乌龙茶、祁门红茶、普洱茶等。

1658 年 9 月 30 日，英国《政治和商业家》报刊刊登出一家咖啡店为中国茶叶所做的广告，广告原文是："曾经由各医药师证明的优美中国饮料，中国人称为茶，其他国家称为 Tay alias Tee，在伦敦 Sultaness-head 咖啡店出售。"

▶ 英国最早出售茶叶的加仑威尔士咖啡店

① 盎司为非法定计量单位，1 盎司 =28.349 52 克。——编者注

1665—1667 年为争夺海上霸权的第二次英荷之战，由于英国再度获胜，取得贸易上的优势，摆脱了荷兰人垄断的茶叶贸易权。1669 年，英国政府规定茶叶由英国东印度公司专营，从此，英国东印度公司由厦门收购的武夷茶取代了绿茶成为欧洲饮茶的主要茶类。18 世纪，茶在欧洲流行，需求甚旺，英国东印度公司想尽可能进口大量茶叶。但中国不需要欧洲什么，公司不得不以白银交换，出现了巨大赤字。后来，英国东印度公司把鸦片输入中国，致百万人成瘾，以减少赤字，引发中国的危机。为此，中国清朝政府中的一些有识之士积极采取行动，没收和烧毁数目巨大的鸦片，导致英国贸易备受威胁，于是英国便在广东沿海城镇发动了战争。1840—1842 年的鸦片战争，中国遭到历史上最惨重的失败，被迫向外国人开放上海、宁波、福州、厦门和广州五个港口，香港租借给英国，直到 1997 年。

自从厦门出口茶叶后，依闽南语音称茶为“Tea”，又因为武夷茶茶色黑褐，所以称为“Black Tea”。此后英国人关于茶的名词不少是以闽南话发音，如早期将最好的红茶称为“Bohea Tea”（武夷茶），以及后来的功夫红茶称为“Congou Tea”。

欧洲各国以闽南语的茶字发音

英国、美国	tea
德　国	tee
法　国	thé
意大利	tè
西班牙	té
马来西亚	the
拉丁语（学名）	thea
瑞　典	te

1908 年，法国汉学家亨利·柯蒂安（Henri Cordier）在东印度公司的档案中找到一封信，是该公司的职员威克汉（R.Wickham）于 1615 年 6 月 27 日在日本写给在米阿考（Miaco）的伊顿（Eatom）先生的，他在信中要“一包最醇正的茶

叶”，这是有关茶的最早记录。Tch’a 这一相同称呼表明，尽管这个日出之国的居民们与福建有着众多的联系，但他们还是通过中国的北部，也有可能是通过朝鲜半岛认知茶的。对于欧洲人，茶是以“tê”这个在中国南方的发音进入西欧的，Tee 是福建方言，在那里茶的产量很大，而且质量上乘，武夷茶是 17 世纪中期被引进到英国的，英国海军秘书佩皮斯（Pepys）在 1660 年 9 月 25 日的日记中写道：“我派人去找一杯叫 tee 的中国饮料，之前我从没喝过。”

▶ 英国安妮公主

▶ 英式下午茶

18 世纪初，英国在位的安妮女王（1665—1714），也以爱茶著名。她不但在温莎堡的会客厅布置了茶室，邀请贵族共赴茶会，还特别请人制作银茶具组、瓷器柜、小型移动式茶车等。这些器具优雅素美，呈现“安妮女王式”的艺术风格。据说英式“下午茶”的流行也与安妮公主提倡有关。

（三）茶醉法兰西

茶从荷兰和葡萄牙传到法国时，在巴黎教会与医学界展开了一场激烈的辩论。事情是由一封 1648 年 3 月 10 日吉・帕坦（Gui Patin）写给里昂的斯邦（Spon）博士的信所引起的：“下周四，我们这里有一篇论文要答辩，很多人抱怨论文做得不好。它的结论是：因此，中国茶可以让人感觉舒适。最后的结论谈到了茶，但是在论文的其他部分一点都没有涉及。我已经和这个人说过，chinensium 不是拉丁文，托勒密、克吕韦修斯（Cluvérius）、约瑟夫・斯卡利热（Josephe Scaliger）和所有写过中国的作家们，在作品中都用 sinenses、sinensium 或者 sina、sinarum。这个幽默又无知的家伙却告诉我说，他的手头有一些作家都用 chinenses，那些人可比我举例的作家有名得多。”在 1648 年 3 月 22 日吉・帕坦写给同一个人的另一封信中，他又提到了这篇论文：“我们一个极其自负、又很精明的博士，叫莫里塞（Morisset），写文章支持这篇无理的新作，想增加上司对自己的信任，使这篇关于茶叶的论文传播出去，他和论文作者一样，得出了下面的结论。所有的人都无法证实这篇论文，我们已经有一些博士把它给烧了。”

▶ 19 世纪法国刊登的中国茶广告

著名的法国启蒙思想家阿尔福雷德·福兰克林（Alfred Franklin）认为，正是在这封 1648 年 3 月 22 日的信中，人们在巴黎第一次提到茶。他还说：“不应当把吉·帕坦的讽刺看得很严肃，他是所有革新，尤其是医药方面创新的反对者。他所贬低的那篇论文以‘茶能让人感觉舒适吗？’为题更好。它得到了阿尔芒一让·德·莫维兰（Armand-Jean de Mauvillain）等专业人士的支持，也就是在 1666 年成为主席的那个人，他接任 1660 年当选的菲利普·莫里塞。根据帕坦所写的，茶早已为巴黎人所赏识，到 1648 年 3 月，就剩下如何保存的问题了。”

法国在整个 17 世纪下半期，出现了大量介绍中国茶好处的宣传册。丹麦国王的御医菲利普、西尔威斯特·迪福（Philippes Sylvestre Dufour）和佩奇兰（J.N.Pechlin），还有巴黎医生比埃尔·佩蒂（Plerre Petit）是主要的倡导者。很多文章、论文和诗颂扬这种饮料的好处。一个崇拜者把它称为“来自亚洲的天赐圣物”，是能够治疗偏头痛、痛风和肾结石的灵丹妙药。法国对饮茶的最大贡献是发明奶茶冲泡方法，由于不习惯茶的独特苦涩味，法国人是欧洲“奶茶”的先行者，他们往茶水中添加鲜奶、果汁和糖，使茶变得甜酸。而与英国人习惯在家中饮茶不同，法国人更喜欢在外面的茶室、餐厅饮茶，这推动了法国茶馆业的兴旺。旅馆、饭店和咖啡厅的下午茶往往加入牛乳及白砂糖或柠檬。

三、中国茶在美洲的传播

在美洲，北美是最早成为英、荷殖民地的。殖民者和欧洲移民什么时候把茶带入北美虽然没有明确的记录，但是饮茶习惯是由荷兰传入没有疑问。而就美洲来说，饮茶最早是当时的荷属新阿姆斯特丹人（纽约人），时间大约在 17 世纪后期。

（一）茶传入美国

美国饮茶历史发生在独立战争以前，茶是由殖民者英国从中国输入的，距今已有 300 多年的历史了。至于种茶历史，也只有 200 多年，至今虽在多处有几块茶园种植，但还算不上是一个茶叶生产国。所需茶叶，主要还是依靠进口解决。

1. 美国饮茶之始　1620 年，一批因受宗教迫害的英国清教徒乘坐“五月花”号船，经过长途而艰难的航行，来到北美的马萨诸塞州附近拓居，其中有一支由约翰 · 温斯洛普率领的队伍在查尔斯河入海口的南部建立了定居点。因为他们中有许多人来自英国林肯郡的波士顿镇，所以便把他们的定居点用故乡的名字命名。在美国独立战争前，北美的波士顿（今美国马萨诸塞州的首府）人在 1650 年前后已从英国人那里知晓茶。当时新阿姆斯特丹（今美国纽约）的富豪也开始饮茶。从遗留下来的当时所使用的种种用具来看，推测饮茶早已成为当地的一种社交风尚，与荷兰国内已经没有太多的差异。一些新北美人家中，就藏有茶盘、茶台、茶壶、糖碗、银匙以及滤筛等荷兰家族的珍贵茶具。那时新阿姆斯特丹的社交名媛，不仅亲自煮茶，而且她们用不同的茶壶来烹制茗茶，用以迎合宾客的不同爱好。

1670 年，马萨诸塞州已有一些地方知道茶或者已经开始饮茶。1690 年，最早在波士顿销售茶叶的是本杰明 · 哈里森和丹尼尔 · 沃恩，根据英国法律，取得营业执照后才能公开销售。后来随着波士顿饮茶的风气日渐盛行，饮茶也就显得不足为奇了。

当时英国常饮的是武夷茶和绿茶，也成了美洲殖民地常用的茶叶品种。1712 年，在波士顿的勃尔斯药房的目录上已经有了零售绿茶的广告，开始宣传其出售的“绿茶及武夷茶”“绿茶和普通茶”。两年后，波士顿人爱德华 · 迈尔斯在当地的新闻报上刊登一则广告，写道 ：“兹有极佳的绿茶出售，地点在橘树附近本人的家中。”独立战争以前，报上关于茶叶的宣传或广告，往往十分忠实，而后来的宣传则大多有夸张之嫌，以期吸引注意，如1784年在马萨诸塞州纽柏利港的传单写道："本店新到上等贡熙、小种及武夷茶，品质极优。纽柏利港，廉售店主人J.格里纳夫启。"

2. 茶叶重税激怒北美　1674年，新阿姆斯特丹划归英国管辖，改名纽约，因此更接近英国的风俗，饮茶之风在纽约社交圈大为流行。近郊的花园、剧院等娱乐场所都卖起了茶，新美洲人经常去这些地方消遣娱乐，以饮茶为豪。

1767年，英国议会通过了查理斯·汤逊德的《贸易与赋税法规》，对油漆、油、玻璃及茶叶均征重税，于是反对之声在北美四起，人们抵制英货。政府为了平息商人的怨声，议会又通过了除茶叶每磅征税3便士外，其余捐税都予废止。即使这样，殖民地的人民仍然拒绝缴付茶税，他们宁肯向其他国家购买茶叶，也不愿放弃抵制英国茶的主张。

3. 波士顿"倾茶事件"与美国的独立　1773年11月18日，装载着数百箱中国茶叶和其他货物的"达特茅斯号"货船到达波士顿格里芬码头，遭到爱国团体"自由之子"的强烈反抗，禁止该船卸货，但遭到当局拒绝。事情拖了近一个月，直到1773年12月16日愤怒的当地居民不下数百人集中到欧德索斯教堂举行集会，因为事态严重，需要立即解决，萨缪尔·阿德莫斯议员向与会者陈述了请求出口许可证

▶ 波士顿茶党倾茶事件

失败的经过，并劝主席罗奇立即向海关提出抗议，然后再向市长请求，强烈要求“达特茅斯”号货船当天返回英国伦敦。但再次遭到市长的拒绝。

于是“自由之子”成员和来自波士顿的爱国人士聚集于街道和格利芬码头，举行抗议大会。就在大会快要解散时，来自波士顿的代表著名商人约翰·罗威大声喊：“将茶叶和海水相融合。”话音刚落，不知道是否是约定好的暗号，马上有一群身穿印第安人服装的人蜂拥而来，手里拿着斧子，迅速集结到格利芬码头，并从舱内取出一箱箱茶叶，用斧子劈坏箱子，将茶叶全部倒入港湾内，这就是举世震惊的“倾茶事件”。如今，在毁弃茶叶的码头，依然立有一座纪念碑，碑文如下：“此处以前是格利芬码头，1773 年 12 月 16 日，装有茶叶的英国船三艘停泊于此，为反对英皇乔治每磅 3 便士的苛税，有 90 多波士顿市民（一部分扮作土著人）攀登到船上，将所有 342 箱茶叶，全部倒入海中，此举成为举世闻名的波士顿抗茶会的爱国壮举。”

此后不久，便开始了美国独立战争，经过 8 年的斗争，1783 年 9 月 3 日英国政府在《巴黎和约》上签字，放弃对北美殖民地的统治，从此美国脱离了英国的管辖，独立成为美利坚合众国。

4. 美国植茶历史　美国植茶历史可追溯到 1799 年，当时有一位法国植物学家安德鲁·米肖将茶籽和茶苗运到南卡罗莱州，从规模上，还算不上茶叶生产国。19 世纪，美国开展了三个单独的茶叶种植项目，持续时间较短，其中一个项目在派恩赫斯特种植园进行，生产出了小有名气的乌龙茶，并

▶ 美国南卡罗来纳州茶园

在 1904 年的圣路易斯世界博览会上获得一等奖。冰茶正是在这次博览会上问世的。如今美国茶叶种植得益于先进的技术、高度机械化、熟练科学的管理、全球营销战略等因素，成为现代茶业的典范。目前，美国茶园遍布弗吉尼亚、佛罗里达、夏威夷、南卡罗莱等州，但时至今日，茶园面积仍很小，全国不足 1 000 公顷。

（二）中国最早把茶叶种到拉丁美洲

拉丁美洲共有 34 个国家和地区，饮茶历史较早，有 300 年左右历史。但种茶国家不多，种茶历史不长，一般不超过 200 年。

1. 巴西 是亚洲之外在 19 世纪最先种植茶树的国家之一，1808 年，随着里约热内卢植物园的建立，茶叶很快成为巴西的装饰性植物之一，用的是中国的茶籽，当时在印度的英国人还未发现阿萨姆茶种。到 19 世纪 20 年代，巴西已经将茶种传到了亚速尔群岛，尽管规模很小，但该地的生产一直延续至今。巴西茶叶最初种植在米纳斯吉拉斯州和里约热内卢州（据说是在塔糖山的山坡上），是由中国广东等地移民和劳工试种成功的。1810 年葡萄牙王储、巴西摄政王约翰六世专门派遣特使到中国招募华工以传授植茶技术，却遭到了清政府的拒绝。无奈之下，约翰六世派遣专人潜入中国广东、澳门一带招募植茶工人约 400 名，他们在里约热内卢郊区种植园试种茶树获得成功。19 世纪，廉价的劳动力使茶业得以迅速兴旺发达，直到

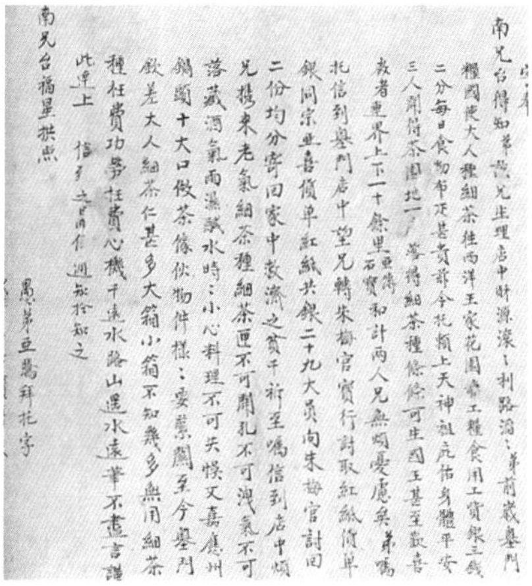
南兄台得知弟□兄生理店中財源滾滾利路滔滔弟前蒙臺門
種國使大人雇細茶往西洋王家花園當工種食用工資銀三錢
二分每日食物布疋甚貴幸今托賴上天神祖庇佑身體平安
三人開荒茶園地一片 落得細茶種條條可生因王甚歡喜
叙者更界上下一十餘里 石寶和許兩人兄無煩憂慮矣弟囑
托信到臺門店中望兄轉朱梅官寶行討取紅紙備單
銀同宗亞喜備單紅紙共銀二十九大員向朱梅官討回
二份均分寄回家中救濟之貧千祈至囑信到店中煩
兄携來老氣細茶種細茶匣不可開孔不可洩氣不可
落藏酒氣雨濕鹹水時時小心料理不可失悞又嘉應州
鍋頭十大口做茶傢伙物件樣樣要蒙關至今臺門
欽差大人細茶仁甚多大箱小箱不知幾多無用細茶
種枉費功勞枉費心機千遠水路山遙水遠筆不盡言謹
此達上
南兄台福星拱照
愚弟亞□拜花字

▶ 1812 年种茶华工寄回澳门的信件

▶ 巴西国家森林公园内的中国凉亭

1888年奴隶制不可避免地被废除为止。为了纪念这批中国移民的功绩，后来的巴西国王在里约热内卢修建一座“中国凉亭”。中国凉亭是19世纪中国侨民先驱者在巴西劳动与生活的象征，至今矗立在里约热内卢巴西蒂茹卡国家森林公园内。

巴西茶叶生产中心位于圣保罗州的东南部，主要集中在里贝拉河畔的里基斯特罗附近、靠近海岸线却高出阿根廷北部（那里的茶业规模更大）几个纬度的地区。1925年，巴西开始制作绿茶，后在1928年开始生产红茶。现在种植的大叶种茶树是1935年从印度偷运出来的阿萨姆茶种。20世纪70年代末以来，巴西的茶叶产量一直在9 000～11 000吨波动，但在90年代初出现过明显的下降。如今，巴西茶叶产量在全世界排名十九位，多数茶叶制成袋泡拼配茶供应英国和国内市场。

2. 阿根廷　地处南美洲南部，是美洲茶园种植面积较大的国家，种茶始于20世纪20年代，茶种由中国输入，试种于北部地区。以后又相继在Corrientes、Emre Rios和Tucuman等地种茶。但由于阿根廷历史上一直习惯于用马黛茶(Yerba)代替茶作饮料，所以茶业发展缓慢。20世纪50年代以后，茶叶生产发展有所加快，习惯于加工红茶。如今有茶园约4万公顷，产茶8万吨，主要用于出口，本国人民至今仍习惯于饮马黛茶。其实，马黛是一种属冬青科中大叶冬青植物，马黛茶是由马黛嫩梢加工而成，这是一种非茶之茶。

3. 厄瓜多尔　位于南美洲的西海岸，直到20世纪50年代才开始试种茶树。厄瓜多尔种植的茶树，以印度阿萨姆种为主，主产红茶。

4. 秘鲁　位于南美洲西部，种茶始于1912年，但直至20年代末，从印度、斯里兰卡引种茶籽后才获成功。

四、茶叶在非洲的传播

早在中国明代时，随着郑和“七下西洋”，饮茶之风也带进了东部非洲。但在此后较长的年代里，东非以及南非各国饮茶风俗，受西欧影响较深，特别是受英国饮茶习俗影响很深。20世纪开始，英国又开始在东非各国发展茶业生产，诸如肯尼亚、乌干达、坦桑尼亚等国都有茶树种植，成为新兴的红茶生产国。至于西非和北非种茶更晚些，主要是 20 世纪 60 年代以后发展起来的。可见，非洲是一个新兴的产茶地区，茶叶大面积种植只有 200 多年历史。

▶ 肯尼亚茶园

1. 肯尼亚　1903 年，凯恩把他从印度带来的茶籽开始种在今肯尼亚首都内罗毕郊外利姆鲁的试验茶田上。至 1912 年时，肯尼亚茶叶才开始在西部有较大面积种植，特别是第一次世界大战以后，一些英国茶叶公司才开始在肯尼亚高地上建立茶园，并且迅速成为主要茶叶种植商。到 20 世纪 20 年代中期，肯尼亚茶叶开始作为商品生产发展起来。由于肯尼亚拥有肥沃的土壤、充足的降雨、良好的地下水位、相对较少的害虫和介于 1 500 ～ 2 700 米的海拔高度，可谓是优良的产茶区。

1963 年肯尼亚获得独立以后，在议会的要求下于 1964 年成立了肯尼亚茶叶开发局（KTDA），负责管理新兴的小茶场的加工与销售。当时有 19 775 户小土地所有者，种植了 4 413 公顷茶树。到了 1980 年，肯尼亚茶叶开发局已经成为世界上最大的茶叶出口商，产量超过 3.6 万吨。由于茶叶没有用化学品，也无任何人工添加剂，受到市场的认可与欢迎。

2. 乌干达　是横跨赤道的东非内陆国家。茶树试种始于20世纪初，但直到20世纪50年代才开始生产。1962年，乌干达独立。以后，茶叶生产开始发展，特别是从20世纪80年代以后，发展加快。2011年，乌干达已成为非洲继肯尼亚以后的第二茶叶生产大国，主销欧美市场。

3. 马拉维　位于非洲东南部。1878年首次引进茶种试种。马拉维种茶历史则可追溯到19世纪80年代，但直到1890年由斯里兰卡咖啡栽培家Honrs Brown将茶树种植在洛特·加龙省的台尔后才获成功。如今，马拉维全国茶园面积、茶叶产量均在非洲产茶大国之列。

4. 坦桑尼亚　位于非洲东部、赤道以南。种茶始于1905年，当时由德国移民引种过来的。1926年，才开始有茶叶投入生产。至20世纪60年代，坦桑尼亚茶叶生产已粗具规模。20世纪90年代开始，茶叶生产发展迅速。如今，坦桑尼亚无论是茶园面积，还是茶叶产量，或者是茶叶出口，都已跨入非洲产茶大国之列。

5. 卢旺达　位于非洲中部。种茶是20世纪50年代才开始发展起来的。1990—1994年茶园一度荒废，茶叶生产遭受严重破坏。1995年开始，茶叶生产开始逐年恢复。进入21世纪后，茶叶生产又有新的发展。至2011年，卢旺达茶叶产量，名列非洲第5位。如今，茶叶是卢旺达的主要创汇商品。

至于西非和北非国家种茶，如马里、几内亚、布基纳法索、摩洛哥等国家，主要是在中国政府派出的专家指导下，于20世纪60年代开始才逐渐发展起来的。

五、茶叶走进大洋洲

大洋洲各国人民饮茶，大约始于19世纪初。当时随着各国经济、文化交流的日益加强，西方一些传教士、商人将茶带到新西兰、澳大利亚等地。日久，茶的消费在大洋洲逐渐兴起。其实在历史上澳大利亚、新西兰等国的居民，多数是欧洲移民的后裔，因此，饮茶深受西欧，特别是英国饮茶风俗的影响，喜欢饮用牛奶红茶或柠檬红茶，而且在茶中还有用糖的习惯。以后，特别是在澳大利亚、新西兰、斐济等国还进行了种茶的尝试，并获得成功。

大洋洲种茶国家有4个，它们分别是：巴布亚新几内亚、斐济、新西兰和澳大利亚。全洲种植茶园面积不大。据2010年统计，全洲有茶园面积0.45万公顷，产量0.85万吨。生产茶叶种类单一，历史上只生产红茶一种。

大洋洲种茶历史不长，其中种茶历史相对较长、现有茶园面积相对较多的是澳大利亚，种茶始于20世纪20年代，是由印度人和中国人最早始种于昆士兰地区。20世纪50年代，又扩大试种。80年代开始，澳大利亚茶叶生产才开始发展起来，茶区大都分布在海拔1 500 ~ 2 000米的东部山地丘陵。其中，尤以东北部的昆士兰州为多，东南部的新南威尔士州也有少量种植。

新西兰种茶是20世纪末才开始由中国台湾人引种台湾茶树品种后逐渐发展起来的。

第四节　茶的语音传播与符号记录

当代茶圣吴觉农先生在20世纪50年代曾主持翻译了美国学者威廉·乌克斯编写的《茶叶全书》(ALL ABOUT TEA)，并在商务印书馆出版。《茶叶全书》作者认为："现代社会中与'茶'字意义相同的语言，都直接来自最早栽培和制造茶叶的中国。"这是因为中国最早有对茶的称呼、对茶的读音和对茶的记录符号，而中国茶在传播和出口到世界各地的同时，也将茶的读音传播到世界各地。这种对茶的称呼和读音，往往是和茶的最早传播和出口地区人们对茶的称呼和语音是相一致的，或者是接近的。

在唐中期（735）以前，巴蜀及各地各种文献中均以当地方言表示茶，如荼、槚、蔎、荈、茗等。"茶"字发音始见于《汉书·地理志》，唐颜师古注此地的荼字读音为"音戈奢反，又音丈加反。"南宋魏了翁在《邛州先茶记》中说："颜师古的注虽已转为茶音，而未敢辄易文字。"到了9世纪以后，"茶"字才被普遍使用。因此，我国茶叶对外传播到达较早的国家如朝鲜、日本、波斯（伊朗）、俄国、葡萄牙等均以CHA发音。

而17世纪以后从海路输入茶的国家则因输出地多在福建的泉州、厦门，由于闽南语称茶为TAY之故，故而多以TEA发音。

周边国家与地区“茶”字发音表

国家与地区	发音	国家与地区	发音
朝　鲜	chá	菲律宾	cha
日　本	cha	俄罗斯	chai
泰　国	chaa	土耳其	cay
印　度	cha	越　南	cha
伊　朗	chay	波　兰	chai
蒙　古	chay	葡萄牙	cha
孟加拉	cha	斯里兰卡	cha

世界各国对茶的音符，由于世界各国文字书写符号各不相同，以致对茶字的书写形式也是各不相同的。现将各国对茶的音符分书形式，汇编如下。

世界各语种中的茶字符号

汉 语	茶	葡萄牙语	CHÁ
英 语	TEA	俄 语	чай
日 语	茶	瑞典语	TE
韩 语	차	匈牙利语	TEA
泰 语	ชา	越南语	Trà
法 语	Thé	捷克语	čaj
德 语	TEE	波兰语	herbata
阿拉伯语	شاي	拉丁语	Lorem Ipsum
荷兰语	THEE	土耳其语	çay
西班牙语	TÉ	波斯语	چای
意大利语	TÈ	希伯来语	תה
希腊语	τσάι	孟加拉语	চা

（续）

乌尔都语	چائے	斯洛伐克语	čaj
印地语	चाय	意第绪语	טיי
冰岛语	te	丹麦语	te
尼泊尔语	टी	芬兰语	tee
斯瓦希里语	chai	爱沙尼亚语	tee
保加利亚语	чай	拉脱维亚语	tēja
罗马尼亚语	ceai	亚美尼亚语	թեյ
塞尔维亚语	чај	印度尼西亚语	teh
克罗地亚语	čaj	马来语	teh
阿尔巴尼亚语	çaj	泰米尔语	தேயிலை
		乌克兰语	чай

世界各国对茶的称呼及其读音，从另一侧面证明了茶的源头在中国，茶是从中国传播到世界各地的，茶的根扎在中国。

（本章撰稿人：刘勤晋）

丰富多彩的饮茶方式与习俗，
融入了世界各族人民的日常生活，
从而形成了色彩斑斓的世界茶文化。

Part 2

第二章 世界茶文化概况与概貌

世界茶文化是在人们开始饮茶之后产生的，距今已有数千年历史。如今世界上已有 64 个国家和地区种茶，随着茶科技的发展与进步，茶产业已有相当大的规模，2015 年全世界种茶面积已达 452 万公顷，产茶 520 多万吨，千余种高品质的茶叶与茶制品提供给世界人民饮用，全世界 160 多个国家、30 多亿人都喜欢喝茶。丰富多彩的饮茶方式与习俗，融入了世界各族人民的日常生活，从而形成了色彩斑斓的世界茶文化。

第一节　世界茶产业

茶树原产于中国西南部云贵川渝一带。如今从全球茶区的地理分布看，茶树种植区域已遍及世界五大洲，以气候条件论，已跨越热带、亚热带和温带地区。茶在世界范围内的分布，最北界限抵达北纬 49° 的乌克兰外喀尔巴阡以南，最南界限至南纬 28° 的南非纳塔尔以北。茶树垂直分布从低于海平面到海拔 3 000 米范围内都有分布。但在这一广阔的种茶区域内，而以北纬 6° ～ 32° 最为集中。根据世界茶树种植分布，结合气候、生态、地理等条件，可将全世界的茶区分布，划分为 6 大茶区，它们是：

东北亚茶区：包括中国、日本、韩国等国。

南亚茶区：包括印度、斯里兰卡、孟加拉国、巴基斯坦、尼泊尔等国。

东南亚茶区：包括印度尼西亚、越南、缅甸、马来西亚、泰国、柬埔寨、老挝等国。

西亚茶区：包括格鲁吉亚、阿塞拜疆、土耳其、伊朗等国。

非洲茶区：包括肯尼亚、马拉维、布隆迪、坦桑尼亚、毛里塔尼亚、赞比亚、莫桑比克、卢旺达、马里、几内亚等国。

南美茶区：包括阿根廷、巴西等国。

此外，东欧的俄罗斯、乌克兰等国，以及大洋洲的巴布亚新几内亚、澳大利亚、新西兰、斐济等国也种有少许茶园，这里不再单独列出。

现将世界茶产业发展概貌简述如下。

一、世界茶产业概况

现今全世界五大洲都产茶，产茶的国家有 64 个。其中亚洲产茶国家和地区有 22 个，包括：中国、印度、斯里兰卡、印度尼西亚、日本、土耳其、孟加拉国、伊朗、缅甸、越南、泰国、老挝、马来西亚、柬埔寨、尼泊尔、格鲁吉亚、阿塞拜疆、菲律宾、韩国、朝鲜、阿富汗、巴基斯坦。

非洲产茶国家和地区有21个，包括：肯尼亚、马拉维、乌干达、坦桑尼亚、莫桑比克、卢旺达、马里、几内亚、毛里求斯、南非、埃及、刚果、喀麦隆、布隆迪、扎伊尔、埃塞俄比亚、留尼旺岛、摩洛哥、津巴布韦、阿尔及利亚、布基纳法索。

美洲产茶国家和地区有12个，包括：阿根廷、厄瓜多尔、秘鲁、哥伦比亚、巴西、危地马拉、巴拉圭、牙买加、墨西哥、玻利维亚、圭亚那、美国。

欧洲产茶国家有5个，包括：俄罗斯、葡萄牙、乌克兰、意大利、英国。

大洋洲产茶国家和地区有4个，包括：巴布亚新几内亚、斐济、新西兰、澳大利亚。

随着全球对茶需求的日益增大和茶业科技的不断进步，世界茶产业不断发展壮大。这从1935—2015年世界茶园面积和茶叶产量的变化可以看出。

1935—2015年世界茶园面积与茶叶产量

年 份	茶园面积（万公顷）	茶叶产量（万吨）
1935	90.23	41.67
1940	94.06	51.23
1945	66.69	41.27
1950	95.18	61.78
1955	129.94	81.70
1960	140.92	94.25
1965	142.34	102.23
1970	163.72	121.20
1975	212.66	147.85
1980	232.17	180.51
1985	235.00	227.85
1990	249.37	250.93
1995	251.40	251.75
2000	—	293.98
2005	302.00	342.88
2010	368.00	420.00
2015	452.00	520.00

2013 年，全球茶园面积排前十的国家是：中国（246.9 万公顷）、印度（56.4 万公顷）、肯尼亚（19.9 万公顷）、斯里兰卡（18.7 万公顷）、越南（12.4 万公顷）、印度尼西亚（12.0 万公顷）、缅甸（7.9 万公顷）、土耳其（7.7 万公顷）、日本（4.3 万公顷）、阿根廷（4.2 万公顷）。

2017 年，全球茶叶产量排前十的国家是：中国（255 万吨）、印度（127.8 万吨）、肯尼亚（44 万吨）、斯里兰卡（30.7 万吨）、越南（17.2 万吨）、印度尼西亚（12.5 万吨）、土耳其（10.2 万吨）、阿根廷（8.2 万吨）、孟加拉国（7.9 万吨）、日本（7.7 万吨）。

2010年，全球茶园单位面积产量排前十的国家是：土耳其（3 098.17千克／公顷）、阿根廷（2 379.68千克／公顷）、肯尼亚（2 321.12千克／公顷）、马拉维（2 292.84千克／公顷）、日本（1 816.24千克／公顷）、坦桑尼亚（1 777.78千克／公顷）、越南（1 753.23千克／公顷）、印度（1 700.14千克／公顷）、卢旺达（1 642.11千克／公顷）、乌干达（1 505.54千克／公顷）。中国只有1 033.77千克／公顷。

2011 年全球各茶类的总生产量已达 429.9 万吨，其中约 74% 生产的是红茶类，主要生产国有印度、斯里兰卡、肯尼亚、印度尼西亚、孟加拉国、阿根廷等国；14% 生产的是绿茶类，主要生产国有中国、日本、越南等国；10% 生产的是乌龙（青）茶类，主要生产国是中国及中国台湾地区。此外，还有 2% 左右生产的是其他茶类，主要生产地在中国。

目前，全球国际茶业组织机构主要有：

（1）国际茶叶委员会（International Tea Committee）：由茶叶生产国和消费国的茶叶协会代表组成的非官方机构。设在英国伦敦，成立于 1933 年，有成员国家 10 个。职能是：在成立之初是监督国际茶叶协定的执行；现主要是收集和出版茶叶生产、进出口和茶园面积等世界茶叶统计资料，定期出版《茶叶统计月报》和《茶叶统计年报》。

（2）欧洲茶叶委员会（European Tea Committee）：欧洲共同体国家茶叶协会组成的半官方机构，总部设在德国汉堡，成立于 1960 年。职能是：协调欧共体国家的茶叶进口，开展茶叶宣传促销活动，并重点对进入欧共体国家的茶叶进行严格的质量和卫生检验。

（3）联合国粮农组织政府间茶叶小组（The FAO Intergov-ernmental Group on Tea）：联合国下属的提供讨论和研究茶业各方面问题的国际机构，设在意大利罗马，秘书处为常设办事机构，成立于1969年。前身是爱德霍克咨询机构(The Ad Hoc Consultation)的茶叶咨询委员会(The Consultive Committee on Tea)，成员资格向所有联合国成员国开放，已有28个国家加入了该组织。职能是：定期对茶业发展进行短期和长期的回顾与评论，内容包括世界茶叶生产和消费，贸易和价格趋势，消费者对品质的要求，世界茶叶市场结构，促进茶叶消费，统计茶业数据，以及向各国政府提出开展国际合作的建议。该组织在：沟通茶叶生产国和消费国之间的相互理解，寻求解决世界茶业所面临的问题等方面发挥了重要作用和影响；平衡茶叶生产和消费，以稳定世界茶叶价格；提高茶叶品质，推动世界茶叶消费。出版物主要有《联合国粮农组织茶叶统计月报》。

（4）国际标准化组织农业食品技术委员会茶叶技术委员会（Agricultural Food Technical Committee, Tea Subcommit-tee, International Standard Organization, ISO/TC34/SC38）：联合国甲级咨询组织，设在匈牙利布达佩斯，成立于1960年。职能是：稳定和提高茶叶品质，维护茶叶声誉，保障消费者利益，专门承担组织制定有关国际茶叶标准的任务。已制定了国际茶叶标准IS03720等一系列包括茶叶品质、理化指标、卫生条件、取样、检测方法在内的标准。它的决定为各国所公认，但不具备约束力。

二、亚洲茶产业

在世界五大洲中，茶树种植面积最大的是亚洲，约占全球的90%，产量约占全球的84%，有22个国家产茶。现将亚洲主要产茶国简介如下。

（一）中国

2015年中国大陆茶园面积279.14万公顷、茶叶产量224.90万吨，均为世界第

▶ 中国杭州龙井茶园

一。中国大陆有20个省（自治区、直辖市）产茶，按2015年产茶由多到少依次为：福建、湖北、云南、四川、湖南、浙江、贵州、安徽、广东、河南、广西、陕西、江西、重庆、山东、江苏、海南、甘肃、西藏、上海。近几年北方的一些省区如山西、河北、内蒙古也开始试种茶树，有的甚至采用大棚技术保护茶树过冬。

当代中国茶业稳步发展，1950—2015年茶园面积与茶叶产量如下表所示。

当代中国茶园面积与产量变化

年份	茶园面积（万公顷）	茶叶产量（万吨）
1950	16.95	6.22
1955	28.87	10.80
1960	37.20	13.58
1965	33.59	10.06
1970	48.73	13.60
1975	87.19	21.05
1980	104.07	30.37
1985	104.49	43.23
1990	106.19	52.50
1995	111.53	58.84
2000	108.90	68.33
2005	135.19	93.49
2010	195.00	145.00
2015	279.14	224.90

2015年中国各茶类生产量：绿茶149.5万吨，占总产量的66.4%，乌龙茶27.0万吨，占总产量的12%；红茶20.3万吨，占总产量的9%；黑茶 12.6万吨，

占总产量的 5.6% ；白茶 2.0 万吨，占总产量的 0.9% ；黄茶 0.6 吨，占总产量的 0.3%。

中国大陆 258 万公顷茶园面积中，已发展有机茶园 5.3 万公顷。

茶叶内销总量估计为 150 万吨，按中国大陆人口总数平均，人均消费茶叶 1.1 千克，处世界中等水平。消费茶类最多的是绿茶，约占消费总量的 70%。普洱茶消费量不到 1%。

中国台湾 2008 年茶园面积有 1.57 万公顷，产茶 1.74 万吨，以产乌龙茶为主，其次是红茶、绿茶与花茶。乌龙茶中以冻顶乌龙、文山包种、白毫乌龙、高山乌龙等最出名。

▶ 中国台湾南投高山茶园

（二）印度

▶ 印度茶园

印度茶叶生产发展，始于 19 世纪 30 年代。1939 年，印度成立了专门发展茶叶生产的阿萨姆公司，茶叶生产进入发展阶段。到 19 世纪中期，印度茶园面积不断扩大，到 21 世纪初，印度茶叶产量递增速度则大大超过茶树种植面积的递增速度。19 世纪 70 年代开始，印度茶叶逐渐向机械化发展，至 20 世纪初期，印度茶叶生产在一些重要生产环节，已尝试机械化生产。

印度茶区广阔，著名的茶区有阿萨姆茶区、大吉岭茶区、杜阿尔斯茶区、尼尔吉里茶区、特拉伊茶区、特拉万科茶区等。

印度茶叶以生产红茶为主，红茶产量占全国总产量的 98%。红茶中又以生产红碎茶为主，条形工夫红茶只有在大吉岭茶区有少量生产。此外，印度还生产少量蒸青绿茶，产量仅为印度茶叶生产总量1%，生产区域集中在南印度。从20世纪60年代开始，印度还生产少量速溶茶等。

（三）斯里兰卡

斯里兰卡位于南亚次大陆南端印度洋上，是一个热带岛国，茶叶是斯里兰卡的主要农业作物。2011年，斯里兰卡全国茶树种植面积12.4万公顷，茶叶产量32.9万吨。

斯里兰卡试种茶树较早，1869年咖啡遭受叶锈病毁灭性打击后，19世纪70年代茶叶生产才发展起来。20世纪60年代开始，茶园面积基本稳定。进入21世纪后，茶园面积开始有所减少，但茶叶产量一直稳定在30万吨以上。

▶ 斯里兰卡茶园

斯里兰卡茶叶生产的经营方式是农户小规模生产和公司规模化经营并存。目前，斯里兰卡茶园总面积的44%由小规模家庭农户生产，其产量约占60%；56%茶园是由公司直接控制，其产量约占40%。

斯里兰卡茶树种植基地主要集中在中央高地和南部低地，以产红茶为主。所产红茶，不但产量比重大，而且品质优异。斯里兰卡生产的红茶按产地海拔高度不同分为三类，即高地茶、中地茶和低地茶。所产的锡兰红茶集中在6个产区：乌瓦、乌达普沙拉瓦、努瓦纳艾利、卢哈纳、坎迪、迪不拉。斯里兰卡也产少量绿茶。其实，斯里兰卡早在1889年就开始生产绿茶，但近几年的绿茶产量也只在2 000吨左右，产量仅占少部分。另外，斯里兰卡还产有少量的特种茶，如速溶茶、风味茶等。

（四）土耳其

土耳其地跨欧亚两洲，是当今世界茶叶生产大国，也是茶叶消费大国。茶在土耳其人民心目中占有重要地位。

土耳其种茶始于20世纪20年代，1937年建立全国第一个茶树种植场，1947

年建立全国第一家红茶厂。从此，土耳其茶叶生产开始逐步发展。1963年开始，土耳其生产的茶叶已能满足本国消费需要。特别是21世纪以来，土耳其全国茶园面积一直稳定在7.5万公顷左右，茶叶产量达13万～20万吨。以2011年为例，土耳其全国茶园面积达7.8万公顷，名列世界第8位；茶叶产量为14.5万吨，名列世界第6位，已跨入世界茶叶生产十大国家之列。

土耳其以生产红茶为主，主要供应本国需要，但仍有部分出口，以销往俄罗斯、英国等为主。如今，土耳其茶叶生产主要由茶叶商会所控制，规模大、机械化程度较高，茶叶生产已成为土耳其农业生产中的主要产业之一。

（五）越南

越南茶叶生产的快速发展，是从20世纪80年代开始的。至2011年，越南全国茶树种植面积12.8万公顷，位居世界第5位；茶叶产量17.8万吨，也位居世界第5位。总之，越南茶产业已进入世界十大国家行列。

▶ 越南茶园

越南自然条件，无论是生态，还是气候，都适宜茶树生长。所以茶区分布广泛，遍及全国19个省。但主要分布在北部山区，这里还有一些野生茶树生长，其次是中部山区，此外，南部也有茶区分布。越南生产的茶叶，以红茶为主，其次是绿茶和花茶。近年来，绿茶生产步伐加快。生产茶叶除满足本国人民需要外，还有较多出口。

（六）印度尼西亚

早在1684年，印度尼西亚就开始在爪哇、苏门答腊试种茶树。20世纪50年代，印度尼西亚茶叶生产已恢复到第二次世界大战前的水平。21世纪以来，印度尼西亚茶园面积一直保持在11万～14万公顷，茶叶产量保持在13万～18万吨。2011年，印度尼西亚茶园面积12.4万公顷。茶叶产量12.0万吨。

印度尼西亚茶区主要分布在爪哇和苏门答腊两个岛上，这里虽地处高原，但气候依然温暖，雨量充沛，适宜种茶。印度尼西亚以生产红茶为主，也生产少量绿茶和花茶。近年来，也开始试制一些乌龙茶。印度尼西亚生产的茶叶，80%用来出口国外，换取外汇。

（七）缅甸

缅甸茶叶生产的发展，是从20世纪60年代开始的，21世纪以来，缅甸茶叶生产有了稳定发展。如今，缅甸茶产业已跨入世界产茶大国之列。2011年，缅甸茶园面积约8万公顷，列世界第7位；茶叶产量近3万吨。缅甸茶叶产区，主要集中在两个区域：一是邻近中国边境的掸邦，一是靠近印度边境的德钦邦。

缅甸生产茶叶以红茶为主，也生产一些绿茶和其他茶叶。但缅甸是茶叶消费大国，生产茶叶主要供本国消费需要。如今，缅甸生产茶叶虽有少量出口，但更多的还是进口。其中，进口的茶叶，主要是来自中国云南的普洱茶。

（八）日本

日本种茶较早，但茶叶生产的发展，始于中国南宋之时。从20世纪60年代开始，随着茶树栽培、茶叶加工等管理水平的不断完善，机械化生产水平也不断提高。如今，日本的茶产业发展水平一直处于世界领先地位。2011年，日本全国茶园面积4.7万公顷，名列世界第10位；茶叶产量7.8万吨。日本茶区，分布面广，除北海道外，或多或少都有茶树种植。但全国最大茶区分布在静冈县。该县茶树种植面积、茶叶产量分别占全日本50%以上；其次是鹿儿岛。日本是一个以产绿茶为主的国家。长期以来，又以生产绿茶中的抹茶、煎茶为主。至今大多保持着古代蒸青绿茶的加工方法和品质特点。炒青绿茶在日本也有少量生产。

▶ 日本茶园

（九）孟加拉国

种茶始于19世纪中期英国殖民统治时期，2011年，孟加拉国有茶园5.4万公顷，茶叶产量5.9万吨。孟加拉国茶区主要分布在东南部的吉大港和东北部的锡尔来特两个地区的丘陵地带。这里雨量充沛，属热带气候，适宜茶树生长，全国茶园及茶叶产量95%以上集中在这里。孟加拉国以生产红茶为主，生产茶叶60%以上用于出口。绿茶只有少量生产。

（十）伊朗

茶树种植只有100多年历史。1900年，当时波斯（今伊朗）王子沙尔尼从印度引进茶籽种植，继而派人到印度、中国学习种茶、制茶技术，从此开始茶叶生产。但因为当地缺少劳力，气候干湿不均，加之技术力量单薄，一直发展缓慢，直到20世纪30年代，伊朗茶叶生产才粗具规模。20世纪50年代开始，伊朗茶叶才有较大规模的波浪式发展。伊朗茶区主要分布在靠近里海的吉兰省和马赞德兰省，多为个体经营，主要生产红茶。生产规模一般都比较小，实行规模化生产有难度。

（十一）泰国

泰国位于亚洲中南半岛中南部，南部临海，陆地与缅甸、老挝、柬埔寨为邻，是一个热带气候国家，适宜种茶。但茶叶生产发展缓慢，直到21世纪初，茶园面积还不到2万公顷，产量一直徘徊在0.6万吨左右。

（十二）亚洲其他国家

韩国产茶集中在南部的全罗南道、庆尚南道、济州岛三地，以产绿茶为主。

马来西亚种茶不多，茶园面积大约只有0.3万公顷，产量只有0.4万吨左右，主要产于金马崙高地，主产红茶。

巴基斯坦、阿富汗都已开始试种茶树，并取得成功。

▶ 韩国茶园

三、非洲茶产业

非洲产茶国家有21个，茶园种植面积和茶叶产量，仅次于亚洲，是世界茶叶生产的第二大洲。非洲是一个新兴的产茶地区，茶叶生产主要是19世纪后期才发展起来的，大面积种茶只有100多年历史。其中，东非的肯尼亚于1903年开始引种茶树；坦桑尼亚是1902年开始引种茶树；马拉维种茶历史则可追溯到19世纪80年代，但直到1890年由斯里兰卡咖啡栽培家Honrs Brown将茶树种植在洛特－加龙省的台尔后才获成功。西非国家种茶，如马里、几内亚、布基纳法索等，主要是在中国政府派专家指导下，于20世纪60年代才开始发展起来的。

非洲种茶国主要生产的是红茶和绿茶两类。大致说来，东部非洲和南部非洲以生产红茶为主，如肯尼亚、乌干达、马拉维等；西部非洲和北部非洲以生产绿茶为主，如马里、几内亚、摩洛哥等。

在非洲众多产茶国家中，除肯尼亚茶树种植面积、茶叶产量进入世界1 0强外，截至2011年采摘茶园面积达1万公顷以上的非洲国家还有乌干达、马拉维、坦桑尼亚、卢旺达等国；茶叶产量超过1.5万吨的非洲国家还有马拉维、乌干达、坦桑尼亚、卢旺达等国。2010年，非洲有采摘茶园总面积约29.77万公顷；茶叶产量60.95万吨。现将非洲5个产茶大国简介如下。

（一）肯尼亚

肯尼亚位于非洲东部。种茶历史不长，始于1903年，由英国人凯纳从印度引种而成。在以后的100多年时间里，肯尼亚现已发展成为世界产茶大国。至2011年，肯尼亚全国已有茶园18.8万公顷，名列世界第四位；茶叶产量37.8万吨，名列世界第三位；出口茶叶42.1万吨，名列世界第一位。

▸ 肯尼亚茶园

肯尼亚地处赤道，多山地，年平均气温达21℃，全国年降水量为1 500 ~ 2 500毫米，酸性火山灰壤土，非常适宜种茶。肯尼亚著名的茶产地主要分布在大裂谷的东缘和西缘。著名的产茶区西缘南迪山区和科瑞秋地区，东缘利穆鲁。如今，茶产业已成为肯尼亚人民赖以生存的主要产业，也是肯尼亚第一大出口创汇农产品。肯尼亚茶叶以生产红碎茶为主。这里生产的红碎茶，具有汤色红艳，滋味浓醇，香气芬芳的特点，名冠世界。多数茶叶用来出口到欧洲、美洲，以及阿拉伯等国家。

（二）乌干达

乌干达是横跨赤道的东非内陆国家。茶树试种始于 20 世纪初，但直到 20 世纪 50 年代才开始生产。20 世纪 80 年代以后，发展加快，2011 年，乌干达产茶 5.42 万吨，已成为非洲继肯尼亚以后的第二茶叶生产大国。乌干达发展茶叶生产具有得天独厚的地理和生态条件，茶区主要分布在横贯乌干达的东非大裂谷两岸。茶园单位面积产量高，多年来全国平均每公顷茶园茶叶产量高达 1 500 ～ 2 000 千克。

乌干达生产的茶叶均为红碎茶，其中 90% 以上用于出口，2011 年茶叶出口量 4.6 万吨，主销欧美市场。

（三）马拉维

马拉维位于非洲东南部，1878 年首次引进茶种试种。19 世纪末 20 世纪初，开始从斯里兰卡引进茶种，在马拉维的劳德代尔（Lauderdale）、索斯伍德（Thornswood）和乔洛（Thyolo）等地种茶，发展较快。历经百年，至 2011 年马拉维已有采摘茶园 2.3 万多公顷，茶叶产量 4.7 万余吨，均列为非洲产茶大国之列。

▶ 马拉维茶园

马拉维茶区，主要分布在纵贯马拉维全境的东非大裂谷两岸，海拔在 500 ～ 800 米的山地低丘陵地带。由于当地生态、气候条件适宜种茶，茶园单位面积产量高。近十余年来，全国茶园平均单产一直保持在每公顷2 000千克以上。

马拉维生产的茶叶均为红碎茶。2011年出口茶叶4.5万吨，多以袋包茶形式出口欧美市场。

（四）坦桑尼亚

坦桑尼亚位于非洲东部、赤道以南。茶叶生产始于1905年，当时由德国移民引种过来的。1926年，才开始有茶叶投入生产。至20世纪60年代，坦桑尼亚茶叶生产已粗具规模。20世纪90年代开始，茶叶生产发展迅速。如今，坦桑尼亚无论是茶园面积，还是茶叶产量，或者是茶叶出口，都已跨入非洲产茶大国之列。2011年，坦桑尼亚产茶3.3万吨，在非洲产茶国家中，名列非洲第4位，仅次于肯尼亚、乌干达、马拉维之后。

坦桑尼亚茶区主要分布在卢克瓦省，当地适宜茶树种植。2005年以来，全国茶园平均单产每公顷达1 500千克左右。2010年每公顷茶园单产高达1 778千克。

坦桑尼亚主要生产的是红碎茶，生产的茶叶85%用来供应出口，2011年茶叶出口量达2.71万吨。

（五）卢旺达

卢旺达是非洲中部的一个国家。茶叶生产是20世纪50年代才开始发展起来的。1990—1994年茶园一度荒废，茶叶生产遭受严重破坏。1995年开始，茶叶生产开始逐年恢复。进入21世纪后，茶叶生产又有新的发展。至2011年，卢旺达茶叶产量高达2.40万吨，名列非洲第5位。卢旺达以生产红茶为主。生产的红茶又以CTC红碎茶为多。此外，还有少量绿茶和风味茶生产。

卢旺达生产的茶叶主要用于出口，2011年，茶叶出口2.64万吨，超过当年茶叶生产量，是卢旺达的主要创汇商品。

四、美洲茶产业

美洲种茶国家主要分布在南美洲，种茶时间不长，仅有百余年历史。现将种茶时间相对较早、生产量较多的几个国家的茶叶生产情况，简介如下。

（一）阿根廷

阿根廷位于南美洲南部，是南美第二大国。阿根廷也是美洲茶园种植面积最大的国家，茶树种植始于20世纪20年代，茶种由中国输入，当时试种于阿根廷北部地区。以后又相继在Corrientes.Emre Rios和Tucuman等地种茶。但由于阿根廷历史上一直习惯于用马黛茶代替茶作饮料，所以茶叶生产发展缓慢。20世纪50年代，特别是90年代以后，阿根廷茶叶生产发展有所加快。2011年阿根廷产茶9.30万吨，成为美洲茶叶第一生产大国。阿根廷历来习惯于加工红茶，生产的红茶主要用于出口。2011年，阿根廷全国生产茶叶9.30万吨，出口茶叶8.62万吨，生产的茶叶92.69%用来供应出口。时至今日，阿根廷本国人民仍大多习惯于饮马黛茶。

（二）巴西

▶ 巴西茶园

巴西位于中南美洲与大西洋之间，是南美洲最大的国家。1808年，居留在巴西的葡萄牙王室经澳门招募了几名中国茶农到里约热内卢近郊植物园试种茶树，获得成功。于是1810年前后，又招募数百名华人到巴西种茶。但这次茶树试种并未获得成功。以后，在1812—1819年又几经华人试种，终于获得成功。直到19世纪中后期，巴西茶业才慢慢开始发展起来。1873年在维也纳世界博览会上，巴西出产的茶叶获得好评。对此，晚清袁祖先《瀛海采问纪实》载：巴西“产茶亦多，惟土人不解焙制之法，故颇愿华人之至止也”。巴西产茶主要集中在圣保罗、米纲斯吉拉斯、巴拉那与南里约格朗德四个州，现有茶园约4 000公顷。主要生产红茶，也产绿茶与白茶。生产茶叶80%用来出口，主销美国、英国、智利、乌拉圭等国。

（三）秘鲁

秘鲁位于南美洲西部，种茶始于1912年，但直至20世纪20年代末，从印度、斯里兰卡引种茶籽后，才开始有所发展，但面积不大，产量不多。秘鲁茶叶以生产红茶为主，生产茶叶主要用来供本国人民享用。

（四）厄瓜多尔

厄瓜多尔位于南美洲的西海岸，直到20世纪50年代才开始试种茶树。厄瓜多尔种植的茶树，以印度阿萨姆种为主，主产红茶。

（五）美国

美国种茶，开始只是出于对茶的认知，主要种植在一些公园和旅游场所，供大家观赏而已。近年来在佛罗里达州、夏威夷州、北卡罗来纳州、南卡罗来纳州、亚拉巴马州、华盛顿州、俄勒冈州、密西西比州、得克萨斯州等地开始了有生产意义的种茶。其中夏威夷州被认为是最有发展前景的地区，并依托夏威夷大学筹建了夏威夷茶叶研究所。试生产的茶叶有红茶、绿茶、白茶、乌龙茶等。

▶ 美国茶园

五、欧洲茶产业

欧洲种茶国家有5个，它们分别是：俄罗斯、葡萄牙、乌克兰、意大利、英国。这里纬度偏高，气候偏冷，只在局部地区种有茶树，茶叶发展受到限制。所以在全球五大洲中，欧洲茶树种植的面积最小。据2010年统计，欧洲有采摘茶园面积0.14万公顷，生产的茶叶产量仅为0.79万吨，是茶园种植面积最小和茶叶产量最少的一个洲。欧洲生产茶叶种类单一，以生产绿茶为主，还生产少量红茶。

意大利种茶始于21世纪初，目前仍处于小范围内种植。至今，意大利人民饮茶，主要依靠进口解决，近10多年来，意大利进口茶叶，始终保持在年0.6万吨上下，以进口红茶为主。

俄罗斯是世界种茶最北的茶区，虽然国土辽阔，但种茶由于纬度太高，气候寒冷，适宜种茶的区域狭小。茶树主要分布在外高加索山脉以南，黑海沿岸的巴统至索契之间的湿润亚热带地区，以及黑海巴库附近的菱柯兰地区。茶叶生产以红茶为主，也生产部分绿茶。就整个欧洲而言，俄罗斯既是欧洲茶的生产大国，也是欧洲茶的消费大国。当地生产的茶叶不够消费，更多的还得从中国和其他国家进口，以满足需要。据 2011 年统计，俄罗斯茶叶进口量达 18．07 万吨，总量名列世界第一；英国茶叶进口量达 12.81 万吨，名列世界第二。欧洲茶叶主要靠进口加以解决。

英国在北纬 50° 以北，按理说气候不适合种茶。但是英国西南部的气候宜人，甚至可看到棕榈树。十多年前，位于英国西南角康沃尔郡（Cornwall）的特利戈斯南（Tregothnan）庄园决定开始种茶。庄园所在的地方小气候非常适合种茶，不论空气的湿度，阳光的照射，还是降水量和土地的 pH 都很理想。现在，特利戈斯南庄园的茶不仅在英国销售，而且开始探索出口市场，包括中国和日本市场。不过这个庄园仅有 10 多公顷茶园，年产量很少。近年来，在英国苏格兰地区已获得茶树试种成功，有望扩大面积。

六、大洋洲茶产业

大洋洲种茶国家有 4 个，它们分别是：巴布亚新几内亚、斐济、新西兰和澳大利亚。全洲种植茶园面积不大，据 2010 年统计，全洲有茶园面积 0.45 万公顷，产量 0.85 万吨。生产茶叶种类单一，历史上只生产红茶一种。

大洋洲种茶历史不长，现有茶园面积相对较多的是澳大利亚，种茶始于 20 世纪 20 年代，最早始种于昆士兰地区。20 世纪 50 年代，又扩大试种。80 年代开始，澳大利亚茶叶生产才开始发展起来，茶区大部分分布在海拔 1 500 ~ 2 000 米的东部山地丘陵。其中，尤以东北部的昆士兰州为多，东南部的新南威尔士州也有少量种植。

新西兰种茶是 20 世纪末，由中国台湾人引种台湾茶树后逐渐发展起来的。21 世纪开始，新西兰获得试制乌龙茶成功，至今茶业生产已具有一定规模。

第二节 世界茶科技

茶产业的发展离不开茶科技，近百年来茶叶科学的巨大成就、技术上的重大发明，无不在茶叶生产上引起深刻革命，促进生产突飞猛进。特别是20世纪70年代以来，在传统的茶树栽培、茶叶加工的研究领域中，逐步引入了植物生理学、生物学、生物化学、生态学、气象学、生物物理学、机械学、遗传学、经济学、医学和药学等学科知识，逐步掌握了先进研究手段，推动了茶叶科学研究向纵深发展。近百年来，在各国茶叶科学技术工作者的共同努力下，不但世界茶科技取得了许多研究成果，而且还推动了世界茶叶生产的进步，提高了茶叶经济效益。

一、茶园种植技术

首先，研究推广了优质高产茶园的综合栽培技术，它包括一整套新茶园垦殖和速成培育技术、低产茶园综合治理技术，以及壮龄茶园优质高产栽培管理技术，从而不断改善茶园结构，提高种植茶园质量。当代，茶树种植技术研究，从“高产技术”逐步向“优质高效栽培管理技术”发展，更重视从改善茶树的适生条件入手，运用生态环境、群体结构、采剪技术、水肥配合、病虫防治等综合因素，最大限度地激发茶树光合潜势，提高光合产物向经济产量的分配率，并在印度、斯里兰卡和肯尼亚收到显著效果。此外，世界各产茶国选择环境条件好、远离工业区无污染的茶区，实施有机茶栽培技术，同时配合有机茶加工技术，使有机茶获得了更多消费者的青睐。

第二，研究推广了茶园诊断施肥技术和茶园专用复合肥。茶园肥料的施用和其他农作物一样经历了农家有机肥逐渐向化肥、液肥和生物肥料的发展过程。近代的研究证明，土壤的化学性状对茶叶产量影响较大，而土壤的物理性状对茶叶品质的关系尤重。因此，有机肥的施用重新又受到人们的青睐。长期以来，各国在研究大量元素施用技术基础上，开展了土壤中钙、钾、镁、锌、铝等微量元素缺乏症的研究，推行了诊断施肥技术，日本、印度、印度尼西亚、中国等研究推广了适用于不同类型茶园的专用复合肥，建立了相应的土壤管理系统，从而促使栽培管理日趋科学化，明显提高了施肥效益。现当代的研究，还深入到土壤中肥力的激发效应，微生物和茶树菌根的作用，以及通过肥料配方改变茶树体内代谢机制，以期既能促进茶叶高产优质，兼有防治病虫作用。这些研究，现已取得可喜的结果。

第三，茶园经营向集约化、茶园作业向机械化发展。随着第三产业兴起，农村劳动力不断涌向城市，茶区劳动力老龄化、流动化的倾向普遍发生，劳动工资大幅度上涨，尤以较发达国家为甚。日本目前茶园从耕作、施肥、除草、喷药、采摘、修剪等作业，都实行机械操作，特别是采、剪机械的研制和推广，对世界做出了重大贡献。因采、剪工时约占茶园作业总工时的 50% ～ 70%，是茶园作业机械化的重点。鉴于茶园多分布于丘陵高山，所以采茶机、修剪机的研究正从手工操作的大剪刀和机动单人或双人操作机子向小型的自走式或乘坐式发展。目前实行机采的茶园，其生产成本要比手工采摘成本至少低一半以上。所以，印度、俄罗斯、中国、肯尼亚等国也在积极推广中。由于茶树栽培技术的改进和管理水平的提高，世界茶园单位面积产量，1990 年已平均达到 1 004.9 千克 / 公顷。而茶园种植面积的扩大和单产水平的提高，又有力地促进了世界茶叶生产的发展。

这里值得一提的是，日本利用水培法进行茶树无土栽培获得成功。试种表明，茶树生长速度比大地种植的提高 6 倍，而且品质良好，这是栽培技术的一次突破。

二、茶树育种技术

茶树良种是茶叶高产优质的基础，是茶叶生产关键技术的一个突破口，也是各国特别重视的科技领域。通过几十年来积极引种，系统选育和杂交育种，许多国家都取得了显著成效。特别是无性系良种的选育与应用，彻底改变了世界茶树种植业的面貌，推动了现代化茶园的建设，并为采茶机械化提供了整齐的树冠条件，中国、日本、肯尼亚的很多无性系品种的育成与推广就是例证。

印度自 20 世纪 50 年代以来，已成功育成 110 个良种，其中无性系良种 102 个。目前，全印度良种种植面积约占总面积的 80%，无性系良种的普及率也达到

▶ 短穗扦插

20%～25%。日本自1952年起建立茶树良种登记制度，全国经农林省登记的良种已有33个，推广种植面积在60%以上，其中薮北种的推广面积约占良种茶园的82%。斯里兰卡育种工作开始较早，20世纪40年代选育出TRI 202系列，50年代选育出TRI 3000系列，60年代以后又选育出TRI 1114、DT、DN、DG、DP、DY3等良种，全国良种推广面积已达40%。苏联自1943年开始，先后选育出格鲁吉亚1号、2号……20号有性系品种和柯尔希达无性系良种等800多个新类型，目前，良种推广面积约20%，尤重抗寒性良种的选育，有的良种能在−8℃、−15℃和−20℃下安全越冬。中非和东非诸国，重在引进，积极推广无性系良种，基本实现茶园100%良种化。中国自1985年才开始建立全国茶树良种鉴定制度，至2014年有国家级良种134个，其中无性系良种117个，良种推广面积占全国总面积的近70%。

茶树良种的选育与推广，大大改善了茶园的品种结构，促进了单产提高。良种茶园产量一般比当地品种增加25%～50%，高的达一倍左右。实践证明，由于良种种植面积的不断扩大，有力地促进了世界茶园单产的增长和茶叶生产的发展。

在茶树良种选育的同时，各国也重视了茶树种质资源的收集、整理和利用；育种方向，从“高产型”渐向“优质型”和“多抗型”发展。育种方法也有很大改进，除常规育种方法仍占主导地位外，杂交育种、诱变育种、多倍体育种、体细胞杂交等方法也已采用，而且重视品种的早期鉴定。如日本采用种间杂交方法，引入野生种（或近缘种）的抗轮斑病、抗炭疽病和抗寒等基因，以提高茶树抗旱性。苏联通过辐射育种化学诱变方法，获得6个多酚类、水浸出物含量特别高和4个高香的新类型。斯里兰卡育出既高产优质又抗茶饼病的TRI2021−2025，中非育成茶黄素含量特别高的 PC105、108、110 红茶良种。日本、印度、斯里兰卡、苏联和中国还先后运用生物工程技术选育良种，并获得可喜进展，用茶树幼胚、子叶、幼茎、花粉培养完整植株已获成功，细胞杂交也进入原生质融合阶段，为茶树遗传变异规律的研究和杂种优势的利用开辟了新的途径和机会。此外，中国一些茶区对茶树特异遗传变异形成的白叶茶、黄叶茶的利用成效也十分突出，从而选育出诸如安吉白茶、天台黄茶之类的高氨基酸含量的品种，使得茶汤滋味更鲜醇口感更好。

在育种理论研究方面，由于系统遗传学和群体遗传学的应用，在茶树形态遗传、经济性状遗传、细胞遗传及数量遗传方面也取得新的进展。此外，在繁育技术上，短穗扦插技术的成功大大加速了无性系良种推广速度，这项技术最早在中国福建取得成功。苏联在自动喷雾室内采用营养钵大量扦插育苗技术，英国把茶树试管苗进行组织培养，并模拟需苗国家的不同气候条件，进行驯化处理 3 个月，然后运往各国种植，茶苗成活率达 95% 以上，有效地促使茶树的繁育技术向工厂化生产迈进了一大步。

三、茶树保护技术

病虫草害的防治是茶园增产增收的保证。世界茶叶产量中估计因病虫草害年约损失 5% ~ 20%，所以一向受到各国重视。茶园病虫种类很多，就世界范围而言，已有记载的茶树害虫有 1 034 种，病原 500 多种，它的发展表现为害虫区系由大体型害虫向小体型害虫演替。目前危害较严重的有螨类、蓟马、蚧类、叶蝉、卷叶蛾类等。病害区系的变化不大，目前仍以茶饼病、茶根腐病为害较重。茶树病虫害的防治策略，已注意到生态平衡，方法上从化学防治为主逐渐转向综合防治，即从整个茶园生态系统出发制订化防、生防和农防综合防治计划和措施，重视茶树病虫草和其他生态因子间的共存、促进、拮抗、依赖等关系，把其危害程度降到最低水平。在防治的同时，加强了病虫测报和防治阈值的研究与推广应用，印度和斯里兰卡在这方面取得成功经验，使茶饼病防治的喷药次数减少 1/3 ~ 1/2，成为植物病理学上的成功典范。在使用农药方面，产销各国都很重视农药残留问题，已有 19 个国家制订了茶叶中 195 项农药和重金属的允许残留极限，所以有机氯、有机磷农药，有的停止使用，有的限制使用，正逐步向使用拟除虫菊酯类新型农药类群发展。农药使用比过去减少，并在使用过程中，加强了病虫抗药性、农药残留量及农药降解途径的研究。随着科技发展，现当代一些具有生物活性的化学制剂如几丁质抑制剂、脱皮激素、内吸性治疗剂、拒食剂等在茶树保护上也已开发利用，其中茶小卷叶蛾、茶卷叶蛾、茶细蛾的性信息激素已商品化，防治率达 60% ~ 70%。日本在研究茶小卷叶蛾防治中，运用电位检测技术，使性信息激素的防治效果高于天然虫体，成为国际昆虫性信息激素研究中的一个成功范例。除莠剂研制也向着兼顾杀虫、除草双重功效发展。在农药喷施技术上，提倡低容量迷雾喷药等，以促使用药成本降低、防治效益提高。在茶树病虫防治领域中，生物防治已受到普遍重视。中国近年开展了采用化学生态学方法的绿色防治技术，已在茶叶生产中开始应用。另外，对茶树抗病虫性的机制也已开展研究。

四、茶叶加工技术

以提高茶叶品质为中心的茶叶加工技术，越来越依赖于茶叶生物化学和茶叶加工机械的进展。近百年来这一领域的发展，主要表现在四个方面。

（一）制茶生化从静态向动态发展

业已探明茶叶中有 500 多种化学物质，这些成分的含量及其组成变化，是决定茶叶品质优劣的物质基础，长期以来，科学家们在研究探明各类茶叶内含化学成分的前提下，进一步研究了红茶、绿茶、乌龙茶等加工过程中各种化学成分的动态变化规律，从中找出不同的茶类品质优劣的生化指标和品质自控的必需条件，并据以改进茶叶加工工艺技术规程。不同茶类由于香气组分各异，绿茶加工中要提高五碳醇和香叶醇等含量，红茶则需提高香叶醇、芳樟醇含量，而乌龙茶要设法提高橙花叔醇、茉莉内酯和苯乙腈等含量，这就为工艺技术的改进提供了理论依据，并为运用新技术，探索调节控制茶叶中各种化学成分变化的技术措施开拓了思路，促进了应用技术的发展。动态生化的研究，同时也促进了保鲜技术的发展，研究表明茶叶贮藏过程中品质劣变的主导因素，红茶是由于茶黄素含量下降，而绿茶则因1-戊烯-3醇等4种挥发性化合物含量的增加所致。其所以下降或增加，根由在于氧化，从而研究促进了充氮、真空、冷藏等保鲜技术的发展。此外对黑茶后发酵，尤其是茯砖茶发花优势菌种冠突曲霉的分离纯化与接种技术的出现，使得茯砖茶的发花变得更好更可控。20世纪70年代普洱茶的人工渥堆发酵技术的出现，使得普洱茶熟化速度大大加快，红汤和陈香味的熟普更受消费者欢迎。

（二）茶叶机械的研究日益与品质形成机制相结合

从提高成茶品质、提高工效出发，不断改进茶机结构，使茶叶加工机械，从简单到复杂，从单一到配套，从单机生产到连续化作业，促使大宗红、绿茶加工实现全程机械化。目前，正向自动化方向发展。如日本和印度，运用微机自控茶叶鲜叶流量、初精制机械和包装机械试制成功。中国在茶叶烘干机上应用微机自控也获得良好效果。自20世纪50年代后，国际茶叶市场需求发生了一系列变化，大体型的茶向“体型小、溶出快、汤色深、滋味浓”的茶叶转变，流行花色也由BOP向PF和D等转变。为了提高红茶中茶红素、茶黄素含量，揉切机组由传统的盘式揉切机向CTC、LTP揉切机转变，遂形成了印度的CTC工艺茶。CTC茶颗粒紧结、匀称、重实，汤色红艳，滋味浓强鲜爽，而且茶汤浸出快，很适宜于制袋泡茶，这就迎合了20世纪50年代后勃兴的袋泡茶势头，促使CTC机组迅速推广。目前，已实现系列化、标准化，并从印度向许多红茶生产国家推广。在世界红茶产销中，CTC红碎茶的比重越来越大。此外，近年来中国为了实现各类名优绿茶的机械化，已有不少实用机种问世，诸如理茶机、做形机、提香机等机种创造出来，使得很多诸如龙井茶之类的名茶摆脱了手工炒制的烦恼，基本实现了绿茶名茶的机械

▸ CTC制茶工艺

化，大大节省了制茶劳动力，并十分省力化。同样，珠茶炒干机的发明是制茶机械创新的典范，炒制出的珠茶比手工炒制更圆紧。近年来计算机芯片在制茶机械自动控制上的应用，有效地加速了制茶自动化连续化的进程。

（三）新技术和深加工技术的研制使茶叶品类更丰富

新技术和深加工技术促进了制茶技术发展，加强了茶叶新产品研制。日本应用远红外加温萎凋，利用微波烘干茶叶，利用添加剂促进生化变化等，提高成茶的色香味，并利用光电色彩鉴别茶叶梗茎。俄罗斯应用人工合成芳香油以替代鲜花窨制花茶。斯里兰卡研究在制茶过程中加入香叶醇、癸醇、茶螺烯酮等，以提高茶叶香气。美国在速溶茶加工过程，研究用邻氨苯基甲酸、N- 甲酰邻氨苯基甲酸等，以提高茶汤香气。印度试验制茶时用加入铝化合物的方法，提高红茶汤色红亮度等。此外，还运用示踪法研究茶叶在制过程的运转状况及机械对茶叶运动的作用，用扫描电镜观察茶叶细胞破碎程度等。在研究提高品质的技术措施的同时，俄罗斯、日本、中非和中国都先后研究了如何最大限度地发挥原料经济价值问题，发展了鲜叶拼配加工、组合生产和多茶类生产技术。茶叶新产品开发方面，继袋泡茶、速溶茶之后，又研制和生产了罐装茶水、果味茶、草药茶、奶茶，各种保健茶等，使茶叶品类更加丰富，茶叶饮料更具有时代特征，更迎合了消费者的广泛需求，也为茶叶加工业的增值创汇提供了条件。其中特别是日本的罐装乌龙茶水，使茶叶商品从固体向液体发展，具有划时代的影响。而且研制过程具有针对性强、投资少、出成果快、应用面广等特点，所以经济效益和社会效益都很显著。

（四）茶叶品质检测技术有新的进展，加工产品渐趋规格化、标准化

经过几十年的努力，在逐步探明茶叶物理、化学性质及各因子间相互关系基础上，已形成了一套茶叶理化检测方法，从而使成茶品质优劣的鉴别，不仅仅借凭经验的感官审评方法，而应用理化检测技术制定了国际性的 IS0 3720 出口红茶品质最低标准。目前，几个主要国家制定的茶叶原料标准、加工机械标准、制茶工艺技术标准、成品茶品质标准、茶叶进出口检测标准等，约有 146 个。茶叶标准问题，已列入国家和世界性的农产品品质标准管理的议事日程，ISO 的出口绿茶品质标准，也已着手制订，这方面的工作正在逐步完善和深化。以上这些，说明世界茶叶加工和品质管理方面，已日趋科学化。

进入21世纪以后，茶加工业随着加工技术的创新，出现了一些新型茶。主要有：

（1）低咖啡因茶：通常应用热水浸渍法或超临界 CO_2 萃取法。热水浸渍法是利用茶叶中的咖啡因比其他物质更易溶于热水的原理，将茶鲜叶短时通过热水，能去除大部分咖啡因。超临界 CO_2 萃取法是利用 CO_2 流体在超临界状态下能使茶叶中咖啡因增加溶解度而被分离出来。低咖啡因茶适合神经衰弱及对咖啡因过敏的人群饮用。

（2）γ－氨基丁酸茶：通常是将茶鲜叶采用厌氧处理（真空状态）或厌氧－好气交替处理法增加茶叶中 γ－氨基丁酸的含量后制成茶叶成品。γ－氨基丁酸茶有降血压的功效，适合高血压患者饮用。

（3）超微茶粉：超微茶粉的制作关键设备是粉碎机，把茶叶打磨粉碎成小于300目（直径50微米）的微粉，有超微红茶粉、绿茶粉等。超微茶粉主要用于食品加工。

▶超微绿茶粉

（4）茶花茶：因茶树花含有黄酮类等多种有益于健康的成分，因此利用茶花做成干茶花、茶花红茶、茶花绿茶等产品。

（5）香味茶：海南盛产香料植物，有一种称为“香荚兰”的植物，所结果荚加工提炼的香兰素具有巧克力的香味，用它来配制茶叶制成的香兰茶别有风味。还有一种称之为“兰贵人茶”，也是一种香料茶。以乌龙茶为原料，拌入甘草粉、西洋参叶粉、桂花（或香草豆、玫瑰提取物）等配料，拌和烘干后制成。

（6）冷水冲泡茶：通常采用化学法或酶处理法。化学法是在制造红碎茶时，切碎后加入抗坏血酸、异抗坏血酸、5－苯基－3，4－二酮－γ－丁内醋或它们的盐类，然后进行发酵、干燥而制成；酶处理法是在绿茶加工揉捻前添加纤维素酶、果胶酶和蛋白酶，然后揉捻、干燥而制成。

五、茶的综合利用技术

茶叶是一种低糖多功能的保健饮料，在世界诸饮料中，价廉物美，经久不衰。随着茶叶科学技术的发展，茶叶的价值已不仅仅限于饮料，它已从农业向工业渗透，由饮料业跨入食品业、化工业、医药业、水产业和轻工业等领域。茶的综合利用日益引起业者的广泛兴趣，并不断得到开发利用。综合世界各国的研究结果和生产应用情况，目前从低档茶叶以及茶灰、茶末、茶渣、茶树修剪枝叶和茶籽等副产品中提取各种生化成分，并开拓各自的应用领域方面，日本、印度、俄罗斯、中国、斯里兰卡、英国、美国和加拿大等国，都积极开展了研究和开发，取得了一定的经济和社会效益。如提取茶籽油、天然茶色素、抗氧化剂等用于食品工业方面，自茶树良种繁育提倡无性繁殖以来，每年有大量茶籽可以用来榨取茶籽油。茶籽油色香味类似茶油、橄榄油，含有大量不饱和脂肪酸，茶籽种仁中含油量一般为 20%以上。现中国、印度、斯里兰卡、土耳其、马拉维等国已相继开发。茶红素、茶黄素、叶绿素不但具有药理功效，且显色稳定，着色食品也耐贮藏，因此被用作高档食品的最佳天然着色剂。榨取的茶汁，不仅含有茶叶一般药理作用，具有天然色泽，还能提高面筋的亲和力，被用作加工茶汁面包、茶汁豆腐和茶酒等。利用茶籽、茶粕提取的茶皂素，具有较强乳化增泡作用的特性，用于啤酒酿造中提高啤酒发泡率，味香可口，而且贮藏期也提高 20%。茶皂素在化工、农药、水产、日用化工等行业中也得到了很好的应用，获得理想的经济和社会效益。

近年来，天然抗氧剂的开发和应用，逐渐被人们所重视。经研究表明，茶叶中具有较强的天然抗氧化剂，其抗氧化效应比维生素 E 还强数倍，与维生素 C、维生素 E 混用具有较好的相乘作用。在水系、油系食品中取代化学合成的抗氧化剂方面，已取得明显效果。在木材工业上，运用茶籽中提取的茶皂素为基物，研制的 TS-80 乳化剂，成功地降低了成本，并使纤维板质量提高。在农药工业上，茶皂素能有效地提高杀虫剂、杀菌剂的可溶性。在日化工业上，茶皂素具洗涤作用，抗氧化剂具有抗衰润肤作用，已应用于“洗发香波”“系列化妆品”的生产中。茶皂素在建筑

▶ 日本抹茶食品

▶ 绿茶饮料

行业中，还作为发泡剂用于加气混凝土的生产。在水产养殖方面，用于合成中农 8901 对虾养殖保护剂，应用效果对虾增产 39.4%，成本下降 37.5%。此外，还可在茶籽壳、茶树皮、枝干等副产品中提取糠醛、酚醛酯化合物、三十烷醇、鞣质等，用于化学工业方面。近代研究还发现，茶叶中的茶多酚可与香烟中尼古丁化合形成无毒的复合物，并对烟碱有良好过滤作用，苏联和英国等已用作香烟过滤片，并研制生产“茶烟”投放市场。在茶副产品中提取的茶色素、咖啡因、茶多酚、脂多糖、GTA 抗肿瘤剂、多糖体等，在医药界更有巨大的抗病防病的保健潜力。除了众所周知的茶具有提神醒脑、明目清心、清热解毒、止渴醒酒、去腻减肥、消食利尿等作用外，近代药理效应的研究，还揭示了茶叶提取物具有降血脂、降血糖、抗癌、抗突变、除口臭、抗衰老和减轻辐射损伤等效应，而且绿茶的效应高于红茶，现部分成果已应用于临床或生产。所有这些，说明茶的综合开发利用前景广阔，它将有利于提高茶业的经营效益，更广泛地造福于人类。鉴于此，1986 年 11 月，中国在美丽的杭州西子湖畔，召开了“茶 · 品质 · 人类健康国际学术研讨会”，这是世界上第一次把茶与人类健康紧密结合的学术研讨盛会。以后，1989 年 1 月韩国召开了“绿茶与健康”、1991

年 3 月美国召开了“茶的生理学和药理学效应”、1991 年 9 月日本也召开了包括饮茶保健为内容的讨论会。这些国际性的茶叶学术活动，反映了茶与人类健康问题已引起世界各国的广泛关注，它将吸引更多的学者去研究探索、去开发利用，并将对世界茶业的发展产生深远的影响。

中国茶叶深加工的起步可追溯到 20 世纪 60 年代，以湖南和上海率先开展速溶茶提取工艺技术研究为标志，实现了速溶茶的批量生产并出口到美国、欧洲和日本等国。进入 20 世纪 80 年代，中国农业科学院茶叶研究所开始进行茶皂素、茶多酚的提取制备技术与应用开发研究，把中国茶叶深加工的研究转向以茶的有效成分开发为重点。进入 20 世纪 90 年代，浙江大学、湖南农业大学、安徽农业大学、西南农业大学、华南农业大学、华中农业大学、无锡轻工业大学等高校和研究院所，先后开展了茶多酚、儿茶素、咖啡因、茶多糖、茶氨酸、茶黄素等的提取制备技术研究，在浙江、江苏、湖南、安徽、福建、江西、湖北、广东、海南等省 30 多家投资规模在 500 万～1 500 万元的茶多酚提制工厂先后兴建，形成了中国茶叶深加工产业的第一波投资热潮。现简介如下。

（1）茶多酚及儿茶素：开始时提取制备茶多酚的技术主要有溶剂萃取法和离子沉淀法。溶剂萃取法的主要工艺路线为：茶叶→水或低浓度酒精提取→过滤→浓缩→三氯甲烷或二氯甲烷萃取脱咖啡因→乙酸乙酯萃取茶多酚→浓缩回收溶剂→喷雾或真空干燥。后来鉴于采用三氯甲烷或二氯甲烷脱除咖啡因时高溶剂残留存在的毒副作用，在溶剂萃取法生产茶多酚时，采用去离子水或低浓度柠檬酸洗脱乙酸乙酯层以去除咖啡因，以部分地缓解溶剂萃取法的安全性问题。离子沉淀法的主要工艺路线为：茶叶→热水浸提→石灰水沉淀→过滤→稀酸转溶→乙酸乙酯萃取→浓缩回收溶剂→真空或喷雾干燥。

20 世纪 90 年代初期，中国茶多酚的应用研究重点是作为天然抗氧化剂，由于茶多酚的水溶性特点及其不稳定性，尽管茶多酚在植物油、鱼肉制品、方便面、奶糖等食品领域表现出较强的抗氧化功能，但是儿茶素的氧化褐变给所应用产品的色泽带来了不利的影响。茶多酚这一致命的弱点严重影响了其在食品工业领域的推广应用的规模。尽管许多研究人员一直试图通过儿茶素的结构修饰改善其脂溶性和稳定性，但至今未能取得产业化上的突破。

20 世纪 90 年代中后期，国外关于茶多酚、儿茶素在抗氧化、清除自由基、抗肿瘤、抗病毒等方面的研究成果，使得国外以茶多酚、儿茶素为主体的健康食品开发快速升温，国际市场对茶叶提取物的需求量不断增加。尤其是关于儿茶素具有调节人体脂肪代谢和控制肥胖功能的发现，使得儿茶素一度成为国际市场上可替代麻黄提取物开发减肥保健食品的主要天然产物之一，由此也催生了进入 21 世纪后中国又一轮茶叶提取物产业投资热潮。

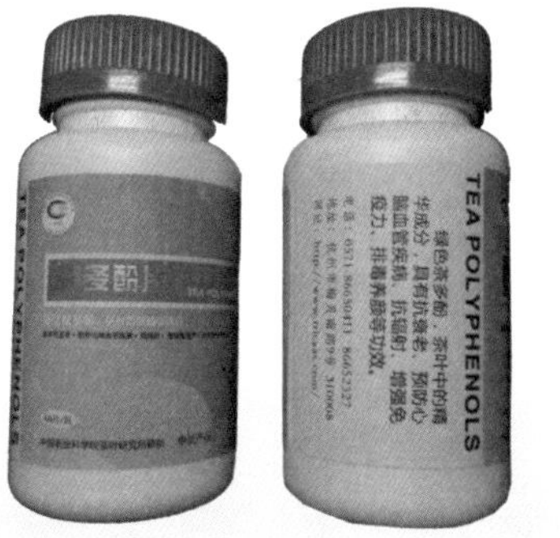

▶ 茶多酚片

2000 年以来，逆流提取、超临界萃取、膜技术、大孔吸附树脂、逆流萃取、逆流色谱等现代提取分离纯化新技术日趋成熟，并被集成创新融入茶叶深加工产业中。这一轮的投资规模比 20 世纪 90 年代有了大幅度的增加，大多数企业的投资规模为 2 000 万～ 1 亿元，儿茶素的年产规模在 100 ～ 500 吨不等，且茶叶提取物的生产和出口能力逐年攀升，呈现了高速增长的势头。

（2）茶氨酸：作为茶叶的核心品质成分，其独特的功能是在 20 世纪 90 年代后期才引起全球的关注，已知茶氨酸具有改善睡眠、抗疲劳、增强免疫等多种生理功能。1998 年，日本太阳化学株式会社率先向市场推出生物合成 L– 茶氨酸 97%，进而成为 2000 年度美国最热门的天然产物。湖南农业大学于 1999 年研究从茶多酚萃取后的水层中分离纯化天然 L– 茶氨酸获得成功，并在湖南金农生物资源股份有限公司实施产业化，规模化开发纯度为 20%、30%、50% 的 L– 茶氨酸系列产品投入国际国内市场。尔后，无锡绿宝、江西绿康等企业先后实施了批量生产。由于受日本太阳化学在全球范围内关于茶氨酸功能的应用专利的保护，以及中国部分廉价的化学合成茶氨酸产品对市场的干扰，中国天然茶氨酸的开发一直未能形成较大的产业规模。目前，各种不同规格的天然茶氨酸的年产总量在50吨以内。茶氨酸的规模化开发是提高茶叶深加工产业效益的重要环节，也是茶资源的价值与功能最大化必不可少的一环。

（3）茶黄素：是茶叶深加工领域一个颇具开发潜力的产品。由于国内外在茶黄素对调降血脂、预防心脑血管系统疾病、抗病毒、抗氧化、抗炎症等方面的显著功效的发现，20世纪90年代中后期以来，安徽农业大学、浙江大学、中国农业科学院茶叶研究所、湖南农业大学等一直致力于茶黄素的提取分离纯化技术研究，并且在茶黄素的制取途径上取得重大突破，使得茶黄素的工业化设备成本得到大幅度的降低，有力地推进了茶黄素的产业化进程，无锡世纪生物、长沙飞拓、浙江派诺等企业实施了茶黄素的工业化生产。但是，与儿茶素相比，茶黄素目前的产业规模还不大，全国年产不同规格的茶黄素的总量在40吨以内，还存在较大的发展潜力和市场空间。

（4）茶多糖：其研究与开发一直受到茶叶深加工领域的关注。安徽农业大学、华中农业大学、中国农业科学院茶叶研究所、中国海洋大学等在茶多糖的提取分离与纯化、结构分析、功能评价与应用等各方面作了大量的研究工作。与茶氨酸类似，茶多糖的开发与茶多酚的产业化开发紧密关联，从茶多酚萃取后的水层中分离纯化茶多糖才是经济、高效的途径。尽管现有的研究表明茶多糖具有提高免疫力、降血糖、降血脂、防辐射等多种功效，但是，与菌类多糖相比，国内外健康食品领域一直未出现对茶多糖的大量需求。目前，国内只有无锡太阳绿宝等企业批量生产不同规格的茶多糖，出口到日本、韩国开发功能饮料和健康食品。

（5）咖啡因、可可碱、茶碱：生物碱是茶叶中一类主要的功能成分。在20世纪90年代初，中国曾一度流行从茶叶中提制天然咖啡因，且在全国建立了各种规模的天然咖啡因提取工厂数十家。然而，两个关键问题制约了当时天然咖啡因的发展速度：一是由于茶多酚的开发还没有兴起，采用茶叶原料仅仅提取咖啡因，生产成本太高，茶叶资源的价值没有得到有效发挥，天然咖啡因的成本无法与合成咖啡因竞争；二是天然咖啡因是国家管制的一类精神药品原料，其生产、销售、采购必须在公安部和卫生部同时取得合法许可。因此，目前高纯度的天然咖啡因在我国已经几乎不生产，主要是以茶多酚萃取后的水层提取低纯度咖啡因（30% 以下），用于富含咖啡因的功能食品与功能饮料的开发。

（6）茶皂素：中国农业科学院茶叶研究所于 20 世纪 70 年代末至 80 年代初在国内率先研究开发，并建立一批茶皂素提取厂。同时，开展了一系列茶皂素的功能与应用研究，使茶皂素在人类健康、日化用品、植物农药、渔业养殖、建筑材料等领域具有广泛的应用。目前，中国已有规模化生产茶皂素的企业 10 余家，各种不同规格茶皂素的年产能力在 3 000 吨以上。其中，规模较大的有浙江东方茶业科技有限公司等。

（7）速溶茶和茶浓缩汁：自 1997 年以来，随着中国茶饮料工业的飞速发展和全球即饮茶的升温，速溶茶和茶浓缩汁作为茶饮料的原料，其产品质量得到了大幅度提高，产业规模也成倍增长，中国已成为全球最大的速溶茶生产国。目前，以大闽食品有限公司、深圳深宝华城食品有限公司、浙江茗皇天然食品有限公司、芜湖杉杉茶叶有限公司、浙江东方茶业有限公司为代表的速溶茶生产企业，年产速溶茶和浓缩茶汁的能力超过 15 000 吨。

▸ 茶综合利用产品

中国茶叶深加工产业经过近 20 年的发展，现已基本形成以功能成分开发和有效组分开发为主体的两个基础产品体系。功能成分体系以茶多酚、儿茶素、茶氨酸、茶黄素、茶多糖、茶皂素、咖啡因等为主体，有效组分体系则以速溶茶和茶浓缩汁为主体。在此基础上，利用茶叶功能成分、速溶茶、茶浓缩汁为原料，开发出具有更高附加值的天然药物、健康食品、茶饮料、个人护理品、植物农药、动物保健品等终端产品。到 2010 年，茶叶深加工领域采用不到我国茶叶总产量 5% 的中低档原料，创造了我国茶叶 1/3 强的产业规模（约 300 亿元人民币），取得了显著的经济效益和社会效益，且存在巨大的拓展空间。

进入21世纪以来，中国茶叶深加工领域已尝试应用过不少现代提取分离纯化技术，包括：超临界CO_2提取技术、逆流动态提取技术、超声波辅助提取技术、微波辅助提取技术、双向逆流萃取技术、大孔吸附树脂分离技术、木质纤维柱色谱分离技术、柱色谱分离的在线监测技术、大孔型离子交换色谱技术、逆流色谱分离技术、凝胶色谱分离技术、超滤膜技术、纳滤膜技术、微滤膜技术、反渗透技术、喷雾干燥技术、冷冻干燥技术、微胶囊化技术等。相信通过这些现代提取分离纯化技术的集成创新，将会使中国茶叶深加工产业提高到一个新的水平。

从上可见，现代科技创新对茶产业的发展起到了极大的推动作用。近百年来世界茶叶产量的不断提高，就是与一系列科技创新有着明显的关系。

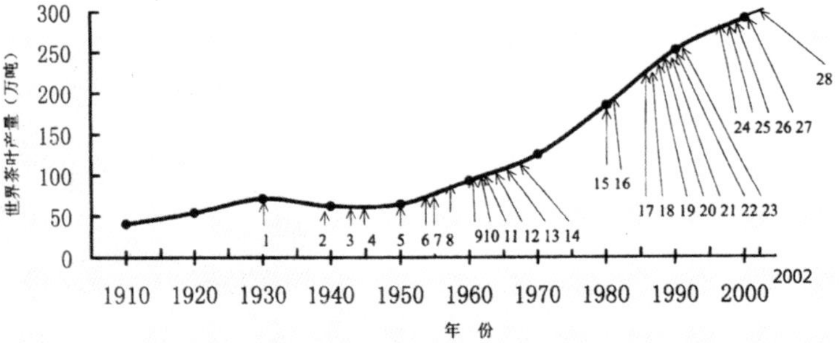

科技创新和茶产业发展

图注：

1. 无性系品种的育成和短穗扦插技术的推广(1931)；2. 袋泡茶进入市场(1940)；3. 第一个喷雾干燥法制备速溶茶专利的诞生(1943)；4.EGCG分离成功(1946)；5. 茶氨酸分离成功(1949)；6. 茶树缺镁症的确定(1954)；7. 红茶萎凋槽问世(1955)；8.CTC机和Rotovane机问世(1958)；9. 小型动力采茶机推广应用(1961)；10. 茶树缺锌症的确定(1962)；11. 茶黄素和茶红素分离成功(1950—1962)；12. 茶饼病测报系统的建立(1967)；13. 茶树细胞离体培养成功(1968—1975)；14. 珠茶炒干机的发明(1968)；15. 茶小卷叶蛾性信息素的合成成功并商品化(1980)；16. 茶液体饮料开发成功(1981)；17. 茶叶中儿茶素抗氧化活性的最早报道(1985)；18. 茶叶有效组分降血压、降血脂功能的发现(1986)；19. 电脑和电子技术在茶叶加工上的最早应用(1986)；20. 最早发现EGCG在活体外可抑制人体癌细胞繁殖(1987)；21. 茶叶中有效组分的提取和商品化生产(1987)；22. 平衡施肥理论的确立(1988)；23. 第一个有机茶产品在欧洲市场出现(1989)；24. 名特茶加工机械的出现(1995)；25. 以茶氨酸为主要成分的Suntheanine产品在欧洲上市和获奖(1998)；26. 现代绿茶加工自动化线出现(1999)；27.EGCG 2j抗癌药物增效作用的发现(1999)；28. 将绿茶纳入日本全民的两阶段癌症预防计划(2002)。

六、世界茶业科研机构

茶叶科研机构是指从事茶叶研究方向和任务，并具有一定水平的茶学学术带头人和一定数量、质量的茶学研究人员；又具有开展茶叶研究工作的基本条件，长期有组织地从事茶叶研究与开发活动的机构。

（一）中国茶业科研机构

当代中国茶业科研机构既有全国的，也有地方的。如今，全国性茶业科研机构有2个，均设在中国杭州；省级的有14个，主要分布在中国的重点产茶省、自治区、直辖市的代表性城市。

中国现有省区级茶业科研机构

序　号	名　称	地　址
1	中国农业科学院茶叶研究所	浙江杭州
2	中华全国供销合作总社杭州茶叶研究院	浙江杭州
3	安徽省农业科学院茶叶研究所	安徽祁门
4	福建省农业科学院茶叶研究所	福建福安
5	湖北省农业科学院果树茶叶研究所	湖北武汉
6	湖南省农业科学院茶叶研究所	湖南长沙
7	广东省农业科学院茶叶研究所	广东英德
8	重庆市农业科学院茶叶研究所	重庆永川
9	四川省农业科学院茶叶研究所	四川成都
10	云南省农业科学院茶叶研究所	云南勐海
11	贵州省农业科学院茶叶研究所	贵州湄潭
12	广西壮族自治区桂林茶叶科学研究所	广西桂林
13	江西省农业科学院蚕茶研究所	江西南昌
14	浙江省茶叶研究院	浙江杭州
15	江苏省茶叶研究所	江苏无锡
16	台湾地区农业委员会茶叶改良场	台湾桃源

（二）其他国家茶业科研机构

全世界除中国外，还有许多国家也设有茶叶研究机构。现将知名度较高的茶叶科研机构按国家分别简要介绍如下。

1.印度　有茶叶实体研究机构2个：托克莱茶叶试验站(Tocklai Tea Experimental Station)，1912年建立，由印度茶叶研究协会(Indian Tea Research Association)领导，是一个半官方、半民间的研究机构，地址在印度阿萨姆邦(Assam)。现有科技人员和管理人员共300余人，其中研究人员200余人，技术人员50余人。下设10个研究室（农艺学、土壤与气象学、植物学、真菌和植物病理学、昆虫学、茶叶审评与工艺、生物化学、工程学、统计学、农业经济学）和推广咨询部。除托克莱本部外，还有1个分站和6个咨询中心。出版有《一芽二叶》(*Two and a Bud*)双月刊和研究年报，设有www.tocklai.net网站；南印度联合种植者协会茶叶研究所(UPASI Tea Research Institute)，创建于1893年，是南印度联合种植者协会下设的一民间研究机构，主要为南印度的茶场成员服务，也向个体茶叶种植者提供咨询和服务，另有少量国家下达的任务。地址在南印度柯因巴托邦(Coimbatore)的辛柯那(Cinchona)。下设分站1个和咨询服务部门5个。研究人员30人。出版有研究年报。

2.斯里兰卡　现有研究所1个和5个分站。斯里兰卡茶叶研究所在1925年创建，是一个半官方半民间的研究机构。地址在塔拉瓦坎莱(Talawakele)的圣·柯姆勃(St. Coombs)。现有280余名工作人员，其中科技人员120余名。下设昆虫学、线虫与植物病理、农业化学、土壤物理、育种、生理与繁殖、生物化学、加工工艺8个研究室。有茶园面积130公顷，归茶叶理事会领导。5个分站中，中地试验站位于卡迪(Kandy)的海塔司(Hantance)，低地试验站位于拉塔那普拉(Ratnapura)的圣·约契姆(St.Joachim)，南部推广中心位于加利(Galle)，高地推广中心在乌伐(Uva)的巴图拉(Badulla)，低地推广中心位于谭尼牙耶(Deniyaya)。研究所出版有《茶叶季刊》(*Tea Quarterly*)杂志，1988年后改名为《斯里兰卡茶叶科学》(*Sri Lanka*

Journal of Tea Science) 杂志，季刊。每年还出版《斯里兰卡茶叶研究所简讯》(*Newsletter of TRI of Srilanta*)。

3. 印度尼西亚　印度尼西亚茶叶和金鸡纳霜研究所建立于 1911 年。现有工作人员 100 名左右。全所设栽培、土壤、害虫、病理、杂草、育种、社会经济、有机化学、生理、加工、中心实验室和情报 12 个研究室。此外，还有推广部、品质控制部和数据处理室，附有 350 公顷茶树种植场和年产 100 万千克的茶叶加工厂。地址在万隆 (Bandung) 的加蓬 (Gambung)。

4. 日本　现有茶叶研究机构 10 个。日本农林水产省蔬菜和茶叶试验场为政府办的全国性茶叶研究机构。建立于 1919 年，场部设在静冈县榛原郡金谷町。1950 年改为东海近畿农业试验场茶叶部。1961 年与九州农业试验场茶叶部合并，改名为农林水产省茶叶试验场，1988 年又与农林水产省野菜试验场合并，改名为农林水产省野菜、茶叶试验场。现有职工 100 余人，茶叶研究所下设栽培部（包括茶树遗传生理、品种改良、栽培技术、物质代谢、病害、虫害、土壤肥料 7 个研究室）和制茶部（包括鲜叶品质分析、加工、机械改良、茶叶生化 4 个研究室）。出版有《野菜、茶叶试验场研究报告》，一年 1 期。在枕琦设有支场。

日本除了农林水产省茶叶试验场外，还有县级茶叶研究和其他开展茶叶科研工作的机构 24 个。

5. 孟加拉国　有茶叶研究所 1 个，前身为巴基斯坦茶叶研究站，由巴基斯坦茶叶商会投资于 1952 年建立，1958 年起开始研究工作。1972 年孟加拉国建立，研究站改名为孟加拉茶叶研究站 (Bangladesh Tea Research Station)，地点在苏尔海特 (Sylhet) 的斯里孟格尔 (Srimengal)。现有研究人员 10 余人，下设生化、栽培、育种等 4 个研究室。

6. 土耳其　现有研究所 1 个。1973 年建立，前身是种植柑橘和苹果等果树的试验场，1973 年改为茶叶研究所。土耳其茶叶研究所隶属茶叶商会 (CAYKUR) 领导。地址在里泽市 (Rize)。现有 20 名工作人员。下设 8 个研究室（农业植物学、土壤、生化、加工、病虫防治、栽培、实验统计、资料）。

7. 肯尼亚　肯尼亚茶叶研究基金会(Tea Research Foundation of Kenya)的前身是东非茶叶研究所，1951年建立。1959年乌干达和坦桑尼亚两国入股，并在两国设立茶叶试验站。1980年东非茶叶研究所解体，将原东非茶叶研究所改名为肯尼亚茶叶研究基金会。地址在基里柯(Kericho)，并在提姆比利(Timbili)建立总试验站。有研究人员30余人。下设5个研究室（植物学、化学、作物环境、农艺、作物保护）、1个咨询服务部和1个茶场。该所出版有《茶》(*Tea*)杂志，一年2期。每年还出版研究《年报》。

8. 马拉维　中非茶叶研究基金会(Tea Research Toundation of Central Afrca)是马拉维唯一的茶叶研究机构，地址在马拉维的米兰萨(Mulanje)，最早由马拉维政府管理，现由中非茶叶研究基金会控制。其服务范围不仅包括马拉维，同时对罗得西亚、南非等非洲国家也起着技术指导作用。在米莫萨(Mimosa)和巧罗(Cholo)设有实验站。

第三节　世界茶文化

自人类开始饮茶就产生了茶文化。从西汉张骞开通丝绸之路以后，中国茶及茶文化通过丝绸之路开始传播至国外，经过一千多年的友好交往与经济贸易往来，如今茶及茶文化已遍及世界五大洲。尽管各地的饮茶风俗各不相同，但茶已成为人类生活的必需品，是人类健康的最佳饮料、社会和谐的重要载体、心灵愉悦的调节剂，也是友好交往不可或缺的媒介。

一、当代世界茶文化发展概况、概念与内涵

文化是民族的血脉，是人民的精神家园。茶文化发祥于中国，但如今已成为世界文化的重要组成部分，为世界人民所推崇。

（一）世界茶文化发展概况

中国魏晋南北朝时期就初步形成了饮茶文化，到了唐代中期，陆羽写就世界上

第一部茶叶专著《茶经》，基本完整的茶文化体系就已形成。随着茶产品及饮茶技艺的对外传播，中国茶文化也随之远播海内外，经过各地区各民族的消化吸收与创新，逐步形成了丰富多彩的世界茶文化。

目前，世界上已有160多个国家、30多亿人口每天都在饮茶。东方人多数喜欢清饮，西方人多数喜欢调饮。在各自的饮茶活动中形成了各有特色的饮茶方式、习俗、礼仪和精神寄托，从物质到精神都有很大差异性，从而产生了中国茶艺、日本茶道、韩国茶礼、英国下午茶等各种饮茶文化。

中国茶文化的对外传播是通过海陆两路把中国茶和饮茶方法传播到国外的。7世纪开始通过海路传至东北亚的朝鲜半岛和日本，以后又通过茶马古道传至西亚、中亚、南亚、东欧等国。紧接着是海陆两路并进，传播到世界各地。

茶在世界各地传播的过程中，在一些重要茶事发生或转折的重要时期，都留下了一些历史的印记，这些印记就形成了茶文化遗迹。诸如中国四川雅安蒙顶山的皇茶园、浙江天台山葛玄茗圃、浙江长兴顾渚山的唐代贡茶院遗址和摩崖石刻、福建建瓯的宋代北苑贡茶遗址、浙江宋代径山茶宴始发地径山寺、浙江磐安宋代榷茶用的古茶场、武夷山元代御茶园遗址、广州清代茶叶对外贸易的十三行遗址、江苏宜兴明代紫砂茶具生产地、浙江杭州清代为乾隆皇帝册封的十八棵御茶、西双版纳至丽江以及雅安至康定的茶马古道等。中国茶种传入日本种在滋贺的日本最古茶园，中国茶种传入韩国种在全罗南道智异山的韩国茶始培地，美国波士顿倾茶事件的港口船只，瑞典18世纪运茶商船"哥德堡号"及沉船上的茶叶与瓷器等，这些都是世界上承载着茶事历史的重要遗迹与文物。

中国茶在传播世界各地的过程中，结合各地各民族的风俗习惯，进行了适应与改造的过程，于是产生了具有各国特色的饮茶方式与技艺，诸如加奶、加糖或加入其他花草果品等。于是便形成了当今丰富多彩的世界饮茶习俗。

当代世界各地饮茶过程中采用的器具也是五花八门丰富多彩的。最早中国使用的陶质瓷质茶具很受外国饮茶者的青睐，后来各国创造的各种混饮调饮方法的出现，很多既实用又美观的茶器具应运而生，大大丰富了饮茶器具。

▶ 哥德堡沉船上的茶具茶叶

随着饮茶在世界的推广与普及，与茶有关的文学艺术作品不断产生，散文、小说、诗歌、绘画、戏曲等在世界各国都大量涌现。中国唐宋涉茶诗词多达几千首；古典小说红楼梦中用茶记载非常之多；1701 年在荷兰阿姆斯特丹上演的喜剧“茶迷贵妇人”生动描写了荷兰妇女相聚饮茶的趣事；中国、日本都有采茶舞表演；古今中外以茶事为内容的绘画作品等，这些都充分反映了全世界涉茶文学艺术的多姿多彩。

（二）茶文化的概念与内涵的形成

近几十年来，专家学者对世界茶文化的发展进行了观察和研究，在此基础上提出了茶文化的概念与内涵。在中国茶文化复兴之初，很多人对什么是茶文化不甚了解，在学界也各抒己见。至于茶文化的内涵，也受定义不清的影响没有完全统一的认识。

在“茶文化”这个名词正式确立之前，中国茶学专家庄晚芳等已经使用“茶叶文化”“饮茶文化”的相近表述，台湾茶人则使用“茶艺文化”。

1982 年，台湾娄子匡在为许明华、许明显的《中国茶艺》一书的代序 ——“茶的新闻”里，首次使用“茶文化”一词。1984 年，庄晚芳先生发表论文《中国茶文化的传播》，首倡“中国茶文化”。

1991 年 5 月，姚国坤、王存礼、程启坤编著的《中国茶文化》出版，这是中国第一本以“中国茶文化”为名称的著作，具有开创意义。

1991 年，江西省社会科学院主办、陈文华主编的《农业考古》杂志推出“中国茶文化专号”，成为国内唯一公开发行的茶文化研究中文核心期刊。

关于“茶文化”的定义与概念，学术界有三种观点：一种是广义的概念，一种是狭义的概念，还有一种介于两者之间的中义概念。

持广义概念的代表观点是：《中国茶叶大辞典》（中国轻工业出版社，2000年）列有程启坤撰写的“茶文化”这个词条，释文说：“茶文化，人类在社会历史发展过程中所创造的有关茶的物质财富和精神财富的总和。它以物质为载体，反映出明确的精神内容，是物质文明与精神文明高度和谐统一的产物。属‘中介文化’。茶文化的内容包括茶的历史发展、茶区人文环境、茶业科技、千姿百态的茶类和茶具、饮茶习俗和茶道、茶艺、茶书茶画茶诗词等文化艺术形式，以及茶道精神与茶德、茶对社会生活的影响等诸多方面。”刘勤晋主编的《茶文化学》（中国农业出版社，2000年），给茶文化作了一个类似的定义：“茶文化，就是人类在发展、生产、利用茶的过程中以茶为载体表达人与自然以及人与人之间各种理念、信仰、思想情感的各种文化形式的总称。”

持狭义概念的代表观点是：阮浩耕在《“人在草木中”丛书序》（浙江摄影出版社，2003年）中说：“如果试着给茶文化下一定义，是否可以是：以茶叶为载体，以茶的品饮活动为中心内容，展示民俗风情、审美情趣、道德精神和价值观念的大众生活文化。”陈文华在《长江流域茶文化》（湖北教育出版社，2004年）中提出，茶文化有广义和狭义之分，“广义的茶文化是指整个茶叶发展历程中所有物质财富和精神财富的总和。狭义的茶文化则是专指其‘精神财富’部分”。同时，他明确说：“本书研究的对象就是狭义的茶文化……具体地说，茶文化的研究对象大致包括下列几个方面：茶树的起源、演变、发展和传播；茶叶饮用方式的产生、演变、发展和传播；各地、各民族饮茶习俗的产生和发展；茶叶的品饮技艺的形成和发展；品茶之道的形成和发展及其与哲学、宗教之间的关系；饮茶器具的产生和发展；茶与文化艺术（包括茶与诗歌、小说、散文、歌舞、戏剧、绘画、民间传说以及茶联、茶令、茶谜）的关系。”

持中义概念的代表观点是：丁以寿《中国茶文化》（安徽教育出版社，2011年）绪论中说：“广义茶文化内涵太广泛，狭义茶文化（精神财富）又嫌内涵狭隘。因此，我们既不主张广义茶文化概念，以免与茶学概念重叠，也不主张狭义茶文化概念，而是主张一种中义的茶文化概念，介于广义和狭义的茶文化之间，从而为茶文化确定一个合理的内涵和外延。中义茶文化包括心态文化层、行为文化层的全部，物态文化层的部分——名茶及饮茶的器物和建筑等（物态文化层的茶叶生产活动和生产技术、生产机械等，制度文化层中的茶叶经济、茶叶市场、茶叶商品、茶叶经营管理等不属于茶文化之列）。茶文化是茶的人文科学加上部分茶的社会科学，属于茶学的一部分。茶文化在本质上是饮茶文化，是作为饮料的茶所形成的各种文化现象的集合。具体说来，中义茶文化主要包括饮茶的历史、发展和传播，茶俗、茶艺和茶道，茶文学与艺术，茶具，茶馆，茶著，茶与宗教、哲学、美学、社会学等。茶文化的基础是茶俗、茶艺，核心是茶道，主体是茶文学与艺术。”

以上论述表明，对茶文化还没有一个普遍认同的精确的定义，然而茶文化是在茶“被应用过程中”或称在“品饮活动中”“作为饮料在被使用过程中”所产生和形成的文化，这一点已是多数茶文化研究者的共识。

至于茶文化内涵，由于对茶文化所作定义的不同，茶文化的内涵也就会有不同，大体也有三种观点：

一是持广义茶文化论的，认为“文化的内部结构包括下列几个层次：物态文化、制度文化、行为文化、心态文化”，因此，茶文化的内部结构同样有四个层次（陈文华《长江流域茶文化》)。《中国茶叶大辞典》中程启坤撰写的关于茶文化的内涵认为应“包括有关茶的物质文化、制度文化和精神文化三个层次”。“茶文化的物质形态表现为茶的历史文物、遗迹、茶书、茶画、各种名优茶、茶馆、茶具、茶歌舞、饮茶技艺和茶艺表演等。精神形态表现为茶德、茶道精神、以茶待客、以茶养廉、以茶养性、茶禅一味等。还有介于中间状态的表现形式，如茶政、茶法、礼规、习俗等属于制度文化范畴的内容”。

二是持狭义茶文化论的，认为“茶文化的发展告诉我们：茶文化总是在满足社会物质生活的基础上，发展而成为精神生活的需要。在这一过程中，一些与社会不相适应的东西被淘汰，走向高级，得到提高，进而形成自己的个性。茶文化的个性，亦可谓茶文化的精神内涵，主要表现以下‘四个结合’方面”。这“四个结合”是：

物质与精神的结合，高雅与通俗的结合，功能与审美的结合，实用与娱乐的结合（刘勤晋《茶文化学》）。

三是持中间论的，认为中国茶文化的内容，首先是要研究中国的茶艺。所谓茶艺，不仅“只是点茶技法，而且包括整个饮茶过程的美学意境”。“茶艺与饮茶的精神内容、礼仪形式交融结合，使茶人得其道，悟其理，求得主观与客观，精神与物质，个人与群体，人类与自然、宇宙和谐统一的大道，这便是中国人所说的‘茶道’了”。“茶道既行，便又深入到各阶层人民的生活之中。于是产生宫廷茶文化、文人士大夫茶文化、道家茶文化、佛家茶文化、市民茶文化、民间各种茶的礼俗、习惯”。“茶又与其他文化相结合，派生出许多与茶相关的文化”。“综合以上各种内容，这才是中国茶文化。它包括茶艺、茶道、茶的礼仪、精神以及在各阶层人民中的表现和与茶相关的众多文化的现象”（王玲《中国茶文化》）。再有一种意见认为：“茶文化的基础是茶俗、茶艺，核心是茶道，主体是茶文学和艺术，载体是茶文献。”（丁以寿《中华茶道》）

目前比较为多数人所认同的一种意见认为：“茶文化是中华民族在茶的品饮中所凝聚的文化个性和创造精神，是一条表达民俗风情、审美情趣、道德精神和价值观念的历史文化长链。”茶文化作为一种生活文化，包括大众文化和精英文化。它由茶饮、茶俗、茶礼、茶艺、茶道五个层面架构而成。

关于茶文化的功能有多种概括表述方式。同时因为对茶文化所作定义的不同，对其功能的表述也有差别。

《中国茶叶大辞典》“茶文化”词条认为：“茶文化发展至现代，其社会功能更加突出。主要表现形式为：①以茶营生。茶是重要的经济作物，有较好的经济效益和深度开发的潜能，发展茶叶生产与茶叶贸易，是促进国民经济增长的重要一环；②以茶会友，以茶联谊，客来敬茶，以茶示礼，提倡‘和为贵’，调节社会人际关系，促进和平事业的发展；③以茶代酒，以茶倡廉，提倡茶德和茶人精神，以茶养性，提高人类群体的思想道德水平，促进社会的精神文明建设；④以茶作诗作画，以茶歌舞，以茶献艺，茶乡旅游，倡导高雅的艺术享受，美化人们的生活；⑤以茶为食，以茶设宴，倡导茶为国饮，丰富人们的饮食生活；⑥饮茶健身，发挥茶的保健功效，提高人们的健康水平；⑦以茶为媒，以茶祭祀，茶禅结合，发挥茶的媒介作用和精神寄托作用。”

上述这种表述较为全面，为多数人所认同。其实，随着中国经济社会的发展，人们物质消费的满足程度已越来越高，正逐渐转向文化的、休闲的、享受性的消费。茶文化的功能必然会更加扩展，在提高人们文化修养和艺术欣赏水平，滋养与升华人们的道德精神和生存智慧上，发挥更大的作用。同时茶文化商品、茶文化产业必然会在满足“文化内需”中做出更大贡献。

关于茶文化研究的范围与对象，在2004年召开的中国国际茶文化研究会第一届学术委员会时就曾提出讨论。该方案提出的茶文化研究的范围与对象如下。

（1）茶的历史：包括茶树与茶的起源、饮茶起源与饮茶发展史、茶树种植史、茶叶加工史、茶类演变史、茶政茶法史、茶利用史、茶的传播与贸易史。

（2）与茶有关的古籍考证与解读：包括唐代以前的茶事记载，唐、宋茶书，明、清茶书，自唐至清非茶书的茶事记载，茶诗词及其他文学作品。

（3）茶文化资源：包括各地现存的茶文化文物、古迹、人文资源、茶叶博物馆。

（4）饮茶习俗与茶艺：包括各民族的饮茶习俗、各种茶的烹饮技艺（生活茶艺）、各类茶艺表演（表演茶艺）。

（5）茶馆文化：包括茶馆历史、现代茶馆。

（6）茶具文化：包括历代茶具演变、历代茶具精品鉴赏、现代茶具与创新、历代茶具工艺师及其代表作品。

（7）名茶文化：包括历代名茶与贡茶的形成与发展、各地名茶的文化趣闻。

（8）茶人与爱茶人：包括历代茶人、历代爱茶人。

（9）茶与文学艺术：包括茶与书画、茶与文学、茶与楹联、谜语、谚语、茶与戏剧、茶与歌舞、茶文化工艺品。

（10）茶文化的社会功能：包括倡导茶为国饮、茶文化社团与活动、茶文化促进茶产业发展、茶文化促进社会的文明与进步、茶文化与茶科学、茶经济的关系。

（11）茶道、茶与宗教：包括中国茶道的形成与发展、中国茶德、茶与儒教、茶与佛教、茶与道教、茶与其他宗教。

（12）茶叶经营贸易文化：包括茶产业的企业文化、茶产品的品牌文化。

（13）饮茶与健康：包括饮茶与健康的历史记载、饮茶的好处、饮茶的精神感受。

（14）茶与旅游、休闲：包括茶文化与旅游、茶在未来休闲业中的作用。

（15）茶文化普及与教育：包括茶文化宣传与普及、茶文化职业教育与学历教育。

（16）茶文化对世界饮食文化的影响：包括中国茶文化对亚洲（东方）饮食文化的影响、中国茶文化对西方饮食文化的影响。

二、当代世界茶文化的复兴

当代中国茶文化的兴起始于20世纪80年代初。国家实行改革开放的政策，国民经济快速发展，人民生活逐渐摆脱贫困走向富裕，茶文化的发展有了较好的经济基础与社会条件。随之，世界茶文化也逐步开始复兴。

（一）中国茶文化复兴

1980年5月湖北天门市召开了首届陆羽学术讨论会，对发动全国茶文化研究有一定影响。接着，经庄晚芳等倡议，1982年8月在浙江杭州成立“茶人之家”。同年9月，茶人之家编辑出版《茶人之家》杂志。紧接着的是1983年在湖北天门成立的陆羽研究会，并于1984年创办《陆羽研究集刊》。

1983年春，于光远的《茶叶经济和茶叶文化》发表，当年10月，根据于光远先生的提议，浙江省茶叶学会、中华医学会浙江省分会、中华全国中医学会浙江省分会联合召开“茶叶与健康、文化学术研讨会”。1984年11月2日，于光远又发表《对茶叶经济和茶叶文化再讲一点意见》。于光远的两篇文章和在杭州举办的“茶叶与健康、文化学术研讨会”，吹响了当代茶文化研究的号角，并做出了示范。

20世纪80年代，一批有关茶的历史文化书籍的出版，为茶文化的宣传与研究发挥了十分重要的作用。其中最有文献价值的是陈祖槼、朱自振编写的《中国茶叶历史资料选辑》（农业出版社，1981 年），吴觉农《茶经述评》（农业出版社，1987 年），是一部研究陆羽《茶经》的力作。

1989 年 5 月，台湾陆羽茶艺文化访问团一行 20 人在北京、合肥、杭州等地开展了交流活动，举行茶艺表演，给大陆茶人很大启发，由此促进了大陆茶艺事业的发展。

▶ 茶与中国文化展示周
（引自《中华茶叶五千年》第 327 页）

1989 年 9 月 10—16 日在北京举行的“茶与中国文化展示周”，展示内容丰富，有茶文化图片、书画、录像、名优茶等。广东、云南、浙江等 7 省和台湾以及日本里千家还举行了茶艺表演，参观者耳目一新。

20 世纪 90 年代茶文化渐趋渐热。1990 年 10 月在杭州举办杭州国际茶文化研讨会。次年 4 月 24—30 日，浙江省人民政府和国家旅游局共同举办中国杭州国际茶文化节。在此期间，中国茶叶博物馆建成开馆。这是引领茶文化热潮并有着深远影响的三次茶事活动。

浙江树人大学于 2003 年创办了“应用茶文化”专业，浙江农林大学于 2006 年创办了茶文化学院本科班。2006 年以来，一批茶艺技师分别在各地经考核后获得资格证书。一批有相当学术价值和专业水平的大型工具书出版，2000 年有两部辞书和

▸ 1990 年在杭州举办的国际茶文化研讨会

▸ 2009 上海豫园茶文化节

志书：陈宗懋主编《中国茶叶大辞典》（中国轻工业出版社），王镇恒、王广智主编《中国名茶志》（中国农业出版社）。2001 年 12 月，中国茶叶股份有限公司、中华茶人联谊会编著《中华茶叶五千年》，由人民出版社出版。2002 年 4 月，朱世英、王镇恒、詹罗九主编《茶文化大辞典》，由汉语大词典出版社出版。2005 年 4 月，阮浩耕主编《浙江省茶叶志》，由浙江人民出版社出版。2007 年 3 月，郑培凯、朱自振主编《中国历代茶书汇编校注本》，由商务印书馆（香港）有限公司出版。姚国坤主编的《图说中国茶文化》《图说世界茶文化》分别于 2008 年和 2012 年出版。2010 年，朱自振、沈冬梅、增勤编著的《中国古代茶书集成》由上海文化出版社出版。2008 年开始，由中国农业出版社每年连续出版《中国茶叶年鉴》。

还值得注意的是，茶文化在走向市场走向大众的同时，又向思想精神领域拓展，人们不仅在喝茶品茗中得到茶的物质享受，更着意于审美享受中得到的精神愉悦，感悟其中的茶道茗理。2005 年 6 月河北柏林禅寺举行的天下赵州禅茶文化交流大会，是一次具有标志意义的茶事活动，此后在福建武夷山、台湾佛光山、江西庐山、余杭径山等相继举办的禅茶文化交流会，都试图探讨饮茶在形而上层面的文化现实。

（二）其他国家的茶文化复兴

第二次世界大战后，日本经济开始有了复苏，参与茶道活动的人数增加了几十万。知识界宣传茶道是现代人必备的传统文化，并使之理论化。在 20 世纪 60—70 年代的经济高度成长期，随着女性价值观念的变化，茶道成为修养、趣味、社会地位的象征。

1945年韩国光复后，茶文化开始复苏，饮茶之风再度盛行。20世纪70—80年代，在韩国成立了韩国陆羽茶经研究会、韩国国际茶道协会和韩国茶人联合会，并逐渐形成了韩国茶礼。

20世纪80年代，马来西亚的一批华人华侨受中国传统文化的影响，复兴并推广中国工夫茶泡法，创建了马来西亚国际茶文化协会，开展系列茶文化活动，掀起了饮用中国乌龙茶、普洱茶的热潮。

西亚地区包括阿富汗、伊拉克、伊朗、叙利亚、以色列、巴勒斯坦、沙特阿拉伯、科威特等20个国家。其中很多国家都是文明古国，尤其是一些信奉伊斯兰教的国家都非常推崇饮茶，现代茶文化复兴之后，茶丰富了西亚的礼仪文化，成为沟通人际关系、增进友谊的桥梁，茶已成为西亚人文明待客的习俗、一种优雅轻松的生活氛围和精雅的生活方式。

北非的一些国家尤其是摩洛哥，现代生活中饮茶风气十分浓厚，几乎家家户户每天一日三餐都要饮茶，尤其喜欢饮用中国绿茶，客来敬茶三杯已成为一种习俗。

19世纪在欧洲尤其是英国形成了“下午茶”风俗，几乎人人饮茶，茶叶消费量很大。到了20世纪饮茶之风稍有变化，咖啡的消费量有所抬头。但近年来，英国人普遍开始关注健康，得知饮茶尤其是绿茶更有利于健康，饮茶之风又有盛行之势。

当代法国茶馆业非常发达，法国的“下午茶”是在20世纪才有较大的声势，原因是法国工业化后人们的生活节奏加快，晚餐时间大大推迟，不少法国家庭晚上9时方举行晚餐。中餐与晚餐时间间隔太长，需要在两餐之间进食一些点心、饮料充饥。供应点心的下午茶正好满足了人们的这一需求，逐渐在法国流行开来。20世纪60年代以来，饮茶开始真正走向法国大众，成为人们日常生活和社交活动不可或缺的内容。

当代俄罗斯也出现了专门的茶馆，在莫斯科，粗具规模的专业茶馆已经相继建立，诸如“茶文化俱乐部”“铁观音俱乐部”“凤凰单丛俱乐部”“丝绸之路茶馆”等，众多富有文化色彩的品茗场所，已成为莫斯科有钱人聚会的地方。

当代美国的茶叶消费方式也在慢慢地发生变化，从饮袋泡茶到速溶茶、冰茶，又从冰茶到新式调饮茶。美国星巴克原来是供应咖啡的专门店，如今不仅供应红茶、绿茶、乌龙茶等多种茶类现泡茶，还研究出了一种新茶饮，将柑橘、石榴汁与茶混合，并添了其他水果味，这在波士顿有着一定的市场。同时，美国一些有钱人开始关注健康，开始为健康而饮茶，因而中国与日本的高档绿茶在美国也有一定的市场。总之，在美国上层社会，饮茶已不再是为了解渴，而是健康休闲与社交的方式。

当代茶文化方兴未艾。

三、当代茶文化社团组织的发展

如今在世界范围内，茶文化民间社团组织纷纷建立，它们对繁荣茶文化、推动茶产业、提升茶经济有着重要的作用。

（一）中国茶文化社团组织

当代中国随着茶文化的复兴，茶文化社团组织得到了迅速发展。

1980 年 12 月，台湾成立了“陆羽茶艺中心”，该中心 20 多年来在开发茶具、教学茶道、出版茶书、举办茶文化活动方面做了大量工作。此后，在台湾还发起成立了“中华茶艺协会”“中华茶艺业联谊会”“泡茶师联合会”“国际无我茶会推广协会”等。

1982 年 8 月，中国大陆第一个以弘扬茶文化为宗旨的社会团体——杭州“茶人之家”成立，并于第二年创办《茶人之家》杂志。

1982 年 9 月，台湾中华茶艺协会成立，并创办《中华茶艺》杂志。

1983 年 2 月，厦门“茶人之家”成立。随后，福州、上海、成都、济南、北京、南昌等地都纷纷建立了“茶人之家”之类的茶文化团体。

1983 年，陆羽故乡——湖北天门成立了“陆羽研究会”。

1988 年 6 月，台湾“中华茶文化学会”成立。

1990 年 10 月，陆羽第二故乡——浙江湖州成立了“陆羽茶文化研究会”。

1990年8月，“中华茶人联谊会”成立，并创办《中华茶人》杂志。

1986年在杭州开始筹建“中国茶叶博物馆”，1991年4月建成正式开馆，这在当时是中国唯一的茶叶专业博物馆。

1989年，香港“福茗堂”“茶艺乐园”“雅博茶坊”等一批新式茶庄相继开业，“香港茶艺中心”随之成立。

1990年10月，“首届国际茶文化研讨会”在杭州召开，并成立了“国际茶文化研讨会常设委员会”。在此基础上，积极筹备成立中国国际茶文化研究会。

1992年7月，中国佛教协会会长赵朴初倡议的“中国茶禅学会”成立。

1993年11月，经农业部与民政部批准同意正式成立了“中国国际茶文化研究会”，这是弘扬与研究交流中华茶文化的全国性社会团体。该会的办会宗旨开始是“倡导茶为国饮，弘扬茶文化，促进茶经济，造福种茶人和饮茶人”。后调整为“复兴中华茶文化，振兴中国茶产业，倡导茶为国饮，以茶惠民、茶和天下”。在其影响下，随后在北京、上海、山东、浙江、四川、江西、河南、广州、湖北、重庆、贵州、辽宁、新疆、安徽、福建、陕西、江苏、广东、广西、宁夏、云南、山西、河北、吉林、内蒙古、天津等地，也纷纷建立了省（自治区、直辖市）一级的茶文化研究会、促进会之类的社团。台湾、香港、澳门地区也先后建立了相应的茶文化团体，1997年澳门也成立了茶艺协会，同年，台湾首家茶叶博物馆——坪林茶业博物馆建成开放。另外，北京大学、上海复旦大学、浙江大学、清华大学等高等院校和科研单位，也纷纷成立了“茶文化研究中心”之类的学术团体。与此同时，在这些茶文化组织社团的推动下，中国各级茶叶学会也从纯自然科学的团体，转向兼从事茶的人文科学的探讨，为掀起中国的茶文化热，起到了推波助澜的作用。

这些茶文化组织、社团、展馆的建立，为弘扬中华茶文化、普及茶文化知识，开展国内外茶文化学术交流与研讨，推动茶文化事业的发展等，都发挥了积极的作用。特别是中国国际茶文化研究会，通过两年一届的国际茶文化研讨会，联络国际上各方面的茶文化人士，广泛开展各种形式的茶文化活动，对中国茶文化事业的发展，起着带头与推动的作用，在国际上的影响越来越大。

中国各省（区）茶文化社团简况

茶文化社团名称	成立时间	首任会长
台湾中华茶艺协会	1982 年 9 月	吴振铎
台湾中华茶文化学会	1988 年 6 月	范增平
中国国际茶文化研究会	1993 年 11 月	王家扬
四川省茶文化协会	1996 年 12 月	陈官权
江西省社会科学院中国茶文化研究中心	1998 年	陈文华
湖北省陆羽茶文化研究会	1999 年	韩宏树
山东省茶文化研究会	1999 年 4 月	张敬焘
新疆维吾尔自治区茶文化协会	2002 年 5 月	崔庆吉
天津市国际茶文化研究会	2002 年	李锦坤
浙江省茶文化研究会	2003 年 12 月	刘枫（兼）
河北省茶文化研究会	2004 年 6 月	杨思远
重庆市国际茶文化研究会	2005 年 6 月	陈澍
贵州省茶文化研究会	2005 年 8 月	庹文升
云南省民族茶文化研究会	2005 年 9 月	李师程
云南省普洱茶协会	2006 年	张宝三
福建省茶文化研究会	2006 年 12 月	杨江帆
河南省茶文化研究会	2007 年 3 月	亢崇仁
黑龙江省茶文化学会	2007 年 3 月	钱栋宁
香港中国茶文化国际交流协会	2008 年 11 月	杨孙西
安徽省茶文化研究会	2009 年 3 月	卢荣景
内蒙古自治区茶叶之路研究会	2009 年 4 月	邓九刚
陕西省茶文化研究会	2009 年 6 月	安启元
吉林省茶文化研究会	2009 年 8 月	徐凤龙
江苏省茶文化学会	2010 年 5 月	朱自振
广东省茶文化研究会	2010 年 9 月	王兆林
广西壮族自治区茶文化研究会	2013 年 11 月	梁　裕
辽宁省茶文化研究会	2014 年 5 月	李　哲

另有，在中国的许多单列市、副省级城市，乃至地、县级也建有茶文化社团，它们每年开展一些茶文化活动，挖掘、研究本地的茶的历史与文化，积极宣传普及茶文化，推介地方名茶，有力地促进了茶消费与茶产业的发展。

（二）其他国家的茶文化社团组织

在亚洲，与中国一衣带水的日本，茶文化组织更是普及到各个角落、各个方面、各个层次。仅以日本全国性的茶文化组织而言，除“三千家”：里千家、表千家、武者小路流派外，主要的还有全日本煎茶道联盟、世界绿茶协会、日本茶生产团体联合会、日本茶业中央会、茶汤文化学会、日本茶食会、日本中国茶振兴协会等。

在韩国，全国性的茶文化组织也很多，主要的有：韩国茶人联合会、韩国国际禅茶文化研究会、韩国陆羽茶经研究会、韩国中国茶文化研究会、韩国茶道教育会、韩国国际茶文化研究会、韩国国际茶道协会、韩国茶文化学会、韩国国际茶叶研究会、韩国茶生产者联合会、釜山茶人会等十几个组织。

此外，在马来西亚成立有国际茶文化协会，在新加坡也成立有国际茶文化协会等社团组织。

在欧洲，茶文化组织也不少。在法国巴黎成立有“法国国际茶文化促进会”和三家“喝茶俱乐部”；在法国第二大城市里昂，1995 年就成立了“法国茶道协会”，该协会的会员都是一些高级知识分子，每个月都开展活动，由北歌会长亲自讲课，向会员们传授中国茶艺。在英国伦敦成立有英国茶叶协会。在意大利威尼斯成立有意大利茶文化研究会等。在美国，也有美国茶文化学会、全美国际茶文化基金会、世界名茶协会等茶文化组织。

澳大利亚是一个多民族和兼有多元文化的国家，成立有澳大利亚茶文化研究会。这是一个由中国、马来西亚、印度尼西亚、新加坡、印度等 18 个国家的澳大利亚籍爱茶人士和澳大利亚本土茶叶公司联合发起成立的社团组织。

总之，随着茶文化事业在世界范围内的兴起，世界各国的茶文化组织也纷纷随之建立起来，已呈星罗棋布之态势。

四、当代茶文化活动

当代，在世界范围内，茶文化活动涌现，内容丰富、形式多样、群众参与、欢庆热闹，对推动茶文化发展，效果明显。

（一）中国茶文化活动

近20多年来开展的茶文化活动形式有：茶会、开（采）茶节、展示展览会、研讨（论坛）会、茶博览会、茶歌舞大赛、茶艺表演、茶艺大赛、斗茶（评比）会、茶旅游节、世界茶业大会等。

1. 茶会　1982年杭州“茶人之家”成立后，经常邀集茶人和文化人士举办各种茶会，研讨茶的历史与文化，不少活动中茶与诗、书、画紧密结合，文化内涵十分突出。随后，各地的“茶人之家”纷纷成立，茶会活动频繁开展。

茶会规模有大有小，小的只有十几人，大的如各地举办的新春茶会、迎春茶会，有一二百人甚至数百人参加。还有更多群众参与的所谓“万人品茶会”，事先发布告示，商家提供各式茶饮，还有歌舞、茶艺表演，广大群众积极参与，像过节一样欢庆热闹。

2. 开（采）茶节　不少茶区在每年春季的新茶开采之时，举办开茶节。在茶园开采现场举办活动，宣布开采的同时现场炒制第一批新茶，现场观看采茶与制茶，品新茶、卖新茶是活动的中心内容。有的还举行炒茶比赛、义卖、拍卖活动，有的商家借此进行春茶预订预购活动等。

3. 茶文化展示展览会　这类活动往往由当地的茶文化社团牵头举办，通过茶文化图片、茶书画、名茶、茶具、茶书等多种实物的展示，普及茶文化知识，宣传饮茶有利健康，现场介绍各种名茶的品质特点和品饮方法，设专家咨询台，深受群众欢迎。

4. 研讨（论坛）会　在中国国际茶文化研究会举办两年一届国际茶文化研讨会的引领下，不少省市地方政府和大型茶业企业也在当地举办茶文化活动的同时举办一定规模的研讨（论坛）会。研讨会内容有的较广泛，有的很专一。各地举办这些研讨会，对深入研究当地茶的历史文化、促进茶产业发展都发挥了积极的作用。

5. 茶博览会　茶博览会相当于茶商品交易会，规模一般较大，往往是多地区、多商家、多茶类、多品种，以茶商品为主，结合茶器具、茶艺术品，有时还有茶机具，综合展销活动。有时在博览会期间，安排一些茶新闻发布会、茶产品推介会、订购预购洽谈会、高峰论坛会、参展茶叶评比会、茶艺歌舞表演等。

6. 茶艺、茶席、茶歌舞大赛　自从茶艺被国家劳动部门列为一项职业技能以后，茶艺师有初级、中级、高级、技师、高级技师之分，再加上茶类不同、民族风俗不同、历史时期不同，就产生了多种多样的茶艺。又因茶艺可在一定艺术茶席的基础上进行表演，因此产生了“茶艺表演”的形式。为了推动茶艺的提高与交流，往往就会组织一定规模茶艺表演比赛。这种比赛常常分规定项目和自编创新项目分别进行。

7. 名茶评比（斗茶）会　20 世纪 90 年代之前，政府业务主管部门（商业部、农业部）会定期、不定期举办全国名茶评比会，此后国家不再举办这类评比活动。于是以茶业社团名义的评比活动兴起。近 20 多年来，中国茶叶学会、中国茶叶流通协会、世界茶联合会以及有关省市的茶叶行业协会，就承担起了举办这类评比活动，以此促进茶叶品质的提高，向消费者推介好茶。

8. 茶文化旅游节和世界茶业大会　很多茶区地方政府和大型茶企为了促进茶业和旅游业的结合与发展，往往结合大型茶事活动的同时，推出茶旅游项目或举办茶文化旅游节，尤其在历史文化资源丰富、山川风光秀美、民族风情浓郁的茶区更具有吸引力。

世界茶业大会是国家外贸商务部门与地方政府相结合，组织国际与各国有关茶叶贸易机构人员、大型茶企人员共同参与的国际性茶叶生产、贸易论坛，内容包括茶产品展示与推介等，已在杭州、成都等地举办多次，成效明显。

20 世纪 80 年代以来每年举办多种多样的茶文化活动，其中有较大影响力的茶文化活动举例简介如下：

1989 年 9 月，经全国农、商、贸三大系统的茶叶管理部门联合筹备，在北京民族文化宫举办首届“茶与中国文化展示周”。

1990 年，国家旅游局和浙江省政府在杭州联合举办了“茶文化节”，内容丰富，既有茶叶优质产品展销、文化名茶和茶具评比、茶歌、茶舞、茶艺表演、茶叶历史、文化及茶事诗、书、画作品展示，还有茶文化研讨与学术交流。

此后，各地纷纷仿效，举办形式多样的茶叶节和茶文化节。目的都是以茶文化为载体，促进经济贸易的全面发展。近30年来，茶叶产区名优茶的开发，借着茶文化热的东风都有了长足的发展，名优茶产量增加了，卖价提高了，茶农收入也增加了，为茶产业的进一步发展奠定了坚实的基础。

上海从1994年开始，每年举办一届“上海国际茶文化节”，不仅弘扬了茶文化，促进了都市社区文化建设，显著地提高了上海市人均茶叶消费量，而且促进产区茶产业和上海茶贸易的发展。

1990年在杭州举办了“第一届国际茶文化研讨会”，此后每两年举办一届，至2016年共举办了十四届国际茶文化研讨会。通过研讨和广泛的学术交流，有力地促进了茶文化事业的发展。

此外，各地举办的专题性学术研讨会也很多，这种专题研讨会，内容专一，研讨深入，都取得了很好的效果。

20世纪80年代以来，各地举办的各种形式的茶会、斗茶会、茶宴、品茗会、品茶诗会、无我茶会等，也是茶文化活动的重要内容。中国国际茶文化研究会多年来积极倡导“茶为国饮”，同时又积极开展茶文化“五进”（进机关、进企业、进社区、进学校、进家庭）活动，有效地宣传、普及了茶文化与科学饮茶知识。有关大专院校及居民社区开展了形式多样的茶文化活动，都有助于茶知识的普及，促进茶消费，有助于促进社会和谐发展。

（二）其他国家的茶文化活动

21世纪以来，茶文化不但在中国勃兴、东亚高涨并走向世界，在全球范围内兴起。每年各国的茶文化组织和专家学者，为了加强国际间的茶文化合作与交流，每年都要在各自国家开展或举办各种各样的茶文化活动。无论是原本茶文化活动开展较早、活动比较频繁的东北亚、东南亚、南亚国家，诸如中国、日本、韩国、印度、斯里兰卡、印度尼西亚、马来西亚等国家，还是不产茶或很少产茶的欧、美茶叶消费国，如东欧的俄罗斯、捷克、奥地利，西欧的英国、法国、意大利，北美的美国等国家，或者是地处大洋洲、非洲的诸多国家，如新西兰、澳大利亚、肯尼亚、摩洛哥、埃及等国家，每年都有茶文化活动开展。

2010 年 10 月奥地利维也纳大学孔子学院在全世界 400 多所海外孔子学院中率先开展茶文化教育与实践。与此同时，很多国家和地区间的茶文化社团组织、茶文化工作者，以及饮茶爱好者，也纷纷参加到每个国家组织的各种茶文化活动中去，至于各国茶文化相互交流和考察访问更是屡见不鲜。这种相关国家和地区间的相互合作，共同举办各种形式的茶文化活动和茶文化专题学术研讨，不但把茶文化推向新高潮，而且进一步密切了茶人间的关系。

日本是世界茶叶的主要生产国之一，更是茶的主要消费国之一。日本世界绿茶协会于 2001 年主办召开了“日本世界茶叶大会”，至 2012 年已在日本茶叶主产地静冈成功举办了四届世界茶叶大会。每届与会的有数十个国家，参会人数每届以十万计，引起了世人对茶文化的刮目相看。

韩国至 2011 年共举办了九届国际茶文化博览会。每届博览会，多以韩国各地茶品、茶器和茶文化为展会内容，除了各种茶文化系列产品之外，还有其他相关产品展示。同时，每届还吸引了日本、马来西亚、意大利、中国等 10 多个国家和地区的茶叶企业参展。

► 第四届国际茶文化研讨会在韩国首尔举办

2008 年 11 月，在马来西亚吉隆坡举办了“南洋国际茶文化论坛”。论坛由马来西亚旅游部和马来西亚团结、艺术文化及文物部主办，马来西亚国际茶文化协会、中国国际茶文化研究会联合主办。马来西亚团结、艺术文化及文物部副部长邓文村出席大会。此次活动围绕“和谐、健康、发展”主题，秉承知识性、国际性、实务性特色，邀请了来自中国、中国港澳台地区、新加坡、韩国、日本、马来西亚的著名专家、学者针对茶的科学、茶的艺术与茶的营销进行了深入探讨与交流。此次论坛的举行对马来西亚茶界富有重大积极深远的意义。

其他亚洲国家，如印度、斯里兰卡、印度尼西亚、新加坡等国家，茶文化活动也在轰轰烈烈地开展，每年都要进行多次活动。

在欧洲，茶文化活动已在东欧和西欧众多国家开展。21 世纪以来，从中法两国茶文化的交流与合作中，就可见一斑。2000 年 7 月中旬，在法国巴黎举办了中国名茶 · 名酒展览会，期间展示了中国当代茶文化风貌与历史沿革，在现场还进行了中国茶艺展示。2003 年 11 月 7—9 日，由里昂市政府、法国中国事务协会、法国（里昂）茶文化协会、中国驻法国马赛总领事馆等单位联合主办了“中国茶文化节”。活动内容主要有：茶文化专题报告、品茗会、茶艺表演等，引起法国茶友的刮目相看。2004 年 6 月，中国茶文化周在法国巴黎举行，使法国掀起了中国茶的热潮。2007 年 6—7 月，中法两国共同举办了第 21 届“中法文化交流”活动，其间让广大法国人民领略到了中国茶道的崇高艺术魅力。2009 年 5 月，法国巴黎又举办了第二届“巴黎中国茶文化周”，引起了法国人民的极大关注。《欧洲时报》《欧洲日报》、法国国际广播电台、巴黎电视台等多家媒体进行了相关报道。

2007 年 3 月，中国胡锦涛主席和俄罗斯普京总统共同参观在莫斯科举行的“2007 莫斯科中国国家展”。两国元首观看了茶艺表演，普京总统品尝了中国铁观音茶。中方向普京总统赠送了黄山毛峰、太平猴魁、六安瓜片、绿牡丹四种名茶。2009 年 2 月，应俄罗斯茶叶咖啡协会邀请，中国土畜进出口商会茶叶分会组织茶叶团组赴俄罗斯进行市场开拓活动，并参加第一届莫斯科国际茶叶研讨会和展览会，共同交流经验。

此外，21 世纪以来，瑞士、捷克、意大利、英国、荷兰、奥地利等许多国家，也举办了多种形式的茶文化活动。

近年来，随着茶叶保健功能的逐步揭示，美洲各国还掀起“绿茶热”。美国国家卫生部和有关团体还专门召开“茶与健康”的国际学术会议，举办中国茶文化周和中国茶文化研讨会。在纽约还成立了全美国际茶文化基金会，从事茶文化的宣传与中美茶业交流的协调与组织工作。美国的许多著名大学，还举办了中国茶专题讲座，有的还投入巨资进行茶叶保健作用的基础理论研究。

总之，随着茶文化交流活动的深入发展，各国的茶文化活动在相互借鉴、相互吸收过程中，使世界各地茶文化活动更加如火如荼地开展起来，茶文化进一步走向世界，使世界变得更加美好。

五、世界茶文化学术研究成果

世界茶文化的发展过程中，历代文人总结茶文化的研究成果，发表过不少非常有价值的著作与论述。比如中国陆羽的《茶经》、日本荣西的《吃茶养生记》、美国威廉•乌克斯的《茶叶全书》等都是历史上非常有影响的茶书，中国古代茶书有 100 多种。

中国古代茶书

书　名	编著者	年份（公元）
茶经	陆羽	758 年前后
茶记（佚）	陆羽	760 年前后
顾渚山记（佚）	陆羽	760 年前后
煎茶水记	张又新	825 年前后
采茶录（佚）	温庭筠	860 年前后
十六品汤	苏廙	900 年前后
茶谱（佚）	毛文锡	935 年前后
荈茗录	陶谷	970 年
北苑茶录（佚）	丁谓	999 年前后
补茶经（佚）	周绛	1012 年前后

（续）

书　名	编著者	年份（公元）
述煮茶小品	叶清臣	1040 年前后
北苑拾遗（佚）	刘异	1041 年
茶录	蔡襄	1051 年
茶汤易览（佚）	沈立	1057 年前后
东溪试茶录	宋子安	1064 年前后
品茶要录	黄儒	1075 年前后
建安茶记（佚）	吕惠卿	1080 年前后
本朝茶法	沈括	1091 年前后
茶谱（佚）	王端礼	1100 年前后
大观茶论	赵佶	1107 年
斗茶记	唐庚	1112 年
宣和北苑贡茶录	熊蕃（熊克 1158 年增补）	1121—1125 年
茶山节对	蔡宗颜	1150 年前后
茶谱遗事	蔡宗颜	1150 年前后
茶苑总录（佚）	曾伉	1150 年前后
北苑煎茶法（佚）	（佚）	1150 年前后
茶法总例（佚）	（佚）	1150 年前后
茶杂文	（佚）	1151 年前后
北苑别录	赵汝砺	1186 年
茶具图赞	审安老人	1269 年
婺源茶录（佚）	章炳文	1279 年前后
茶苑杂录（佚）	（佚）	1279 年前后
茶谱	朱权	1440 年前后
茶马志	谭宣	1442 年前后
茶马志	陈讲	1524 年
茶谱	朱佑槟	1529 年前后
茶谱	钱椿年	1530 年前后
茶谱续编	赵之履	1535 年前后
茶谱	顾元庆	1541 年
泉评茶辨（佚）	（佚）	1545 年前后
茶事汇辑（佚）	朱曰藩、盛时泰	1550 年前后
茶马类考	胡彦	1550 年前后
煮茶小品	田艺蘅	1554 年
水品	徐献忠	1554 年
茶寮记	陆树声	1570 年前后
茶经	徐渭	1575 年前后

（续）

书　名	编著者	年份（公元）
煎茶七类	徐渭	1575 年前后
茶经水辨	孙大绶	1588 年
茶经外集	孙大绶	1588 年
茶谱外集	孙大绶	1588 年前后
茶说	屠隆	1590 年前后
茶谱	程荣	1592 年前后
茶考	陈师	1593 年前后
茶录	张源	1595 年前后
茶话	陈继儒	1595 年前后
茶经	张谦德	1596 年
茶集	胡文焕	1596 年前后
茶疏	许次纾	1597 年
茶录	程国宾	1600 年前后
罗岕茶记	熊明遇	1608 年前后
茶解	罗廪	1609 年
茶录	冯时可	1609 年前后
茗笈	屠本畯	1610 年
茶品要论	（佚）	1610 年前后
茶品集录	（佚）	1610 年前后
茶董	夏树芳	1610 年前后
茶董补	陈继儒	1612 年前后
蒙史	龙膺	1612 年
蔡瑞明别记	徐𤊹	1613 年
茗谭	徐𤊹	1613 年
茶集	喻政	1613 年
茶书全集	喻政	1613 年
茶约	何彬然	1619 年
茶乘	高元濬	约 1630 年以前
茗林	陈克勤	约 1630 年以前
茶荚	郭三辰	约 1630 年以前
茶说	黄龙德	约 1630 年以前
茶笺	闻龙	1630 年前后
茗史	万邦宁	1630 年前后
茶经	黄钦	1635 年前后
茶镗三昧	王启茂	1640 年前后
洞山岕茶系	周高起	1640 年前后

（续）

书　名	编著者	年份（公元）
岕茶笺	冯可宾	1642年前后
茶酒争奇	邓志谟	1643年前后
品茶要录补（佚）	程伯二	1643年前后
历朝茶马奏议	徐彦登	1643年前后
茶马政要	鲍承荫	1644年前后
虎邱茶经注补	陈鉴	1655年
茶史	刘源长	1669年前后
茶史补	余怀	1677年前后
历代茶榷制	蔡方炳	1680年前后
岕茶汇钞	冒襄	1683年前后
续茶经	陆廷灿	1734年
续茶经	潘思齐	不详
枕山楼茶略	陈元辅	不详
茶书	醉茶消客	不详
整饬皖茶文牍	程雨亭	1897年

当代茶文化的复兴与发展必然促进了茶文化的学术研究，不少国家的文化部门、高等学校、民间社团及文化人士都开展了大量的茶文化研究，取得了不少研究成果，这些研究成果集中地反映在学术著作上。现当代中国有关茶文化的部分著作（包括部分海外作者）列于下表。

现当代中国茶文化主要著作

书　名	编著者	出版单位	年　份
中国茶叶复兴计划	吴觉农、胡浩川	商务印书馆	1934
中国茶业	朱美予	上海中华书局	1937
中国茶业问题	吴觉农、范和钧	商务印书馆	1937
古今茶事	胡山源	世界书局	1941
中国的茶叶	庄晚芳	上海永祥印书馆	1950
安徽茶经	陈椽	安徽人民出版社	1960
茶典	陈香	（台湾）国家出版社	1972
中国名茶	庄晚芳等	浙江人民出版社	1979
茶史茶典	朱小明	（台湾）世界文物出版社	1980
中国茶叶历史资料选辑	陈祖椝、朱自振	农业出版社	1981

（续）

书　名	编著者	出版单位	年　份
中国名茶志	俞寿康	农业出版社	1982
陆羽茶经绎注	傅树勤、欧阳勋	湖北人民出版社	1983
中国茶艺	刘汉介、吴锦城	（台湾）礼来出版社	1983
中国茶道	黄墩岩	（台湾）畅文出版社	1983
饮茶经	陆经宇	（台湾）健华出版社	1983
茶业通史	陈椽	农业出版社	1984
茶神陆羽	傅树勤	农业出版社	1984
茶诗与茶词	白牧	（台湾）常青树书坊	1984
中国名茶传奇	华积庆	浙江文艺出版社	1985
吴觉农选集	中国茶叶学会	上海科学技术出版社	1987
茶经述评	吴觉农	农业出版社	1987
中国古代饮茶艺术	刘昭瑞	陕西人民出版社	1987
茶经论稿	陆羽研究会	武汉大学出版社	1988
中国茶史散论	庄晚芳	中国科学出版社	1988
中国名茶	陈椽	中国展望出版社	1989
现代茶艺	蔡荣章	（台湾）中视文化公司	1989
中国古代茶诗选	钱时霖	浙江古籍出版社	1989
陆羽研究	欧阳勋	湖北人民出版社	1989
中国地方志茶叶历史资料选辑	吴觉农	农业出版社	1990
茶的典故	姚国坤等	农业出版社	1991
茶的历史与文化	王家扬主编	浙江摄影出版社	1991
中国茶叶历史资料续辑	朱自振	东南大学出版社	1991
茶文化论	王冰泉、余悦	文化艺术出版社	1991
中国茶文化	姚国坤等	上海文化出版社	1991
茶的祖国（中国茶叶史话）	郭孟良、苏有全	黑龙江科技出版社	1991
中国茶文化	王玲	中国书店出版社	1992
日本茶道文化概论	滕军	东方文化出版社	1992
世界茶俗大观	吴尚平、龚青山	山东大学出版社	1992
中国饮茶文化	袁和平	厦门大学出版社	1992
广西茶叶史	陈爱新	广西科技出版社	1992
华茶大观	郑良咏	浙江文艺出版社	1993
中国茶叶外销史	陈椽	台湾碧山岩出版公司	1993
福建茶叶民间传说	陈斯福、陈金水	新华出版社	1993
清茗拾趣	王冰泉、余悦	中国轻工业出版社	1993
论茶与文化	陈椽	中国农业出版社	1993
中国普洱茶文化研究	黄桂枢	云南科技出版社	1994

（续）

书　名	编著者	出版单位	年　份
中国名优茶选集	王达等	中国农业出版社	1994
中华当代茶界茶人辞典	王冰泉、余悦	光明日报出版社	1995
普洱茶	邓时海	台北壶中天地杂志社	1995
中国古代的饮茶与茶馆	刘修明	商务印书馆国际有限公司	1995
茶史初探	朱自振	农业出版社	1996
中国唐宋茶道	梁子	陕西人民出版社	1997
大唐茶文化	丁文	东方出版社	1997
中国古代茶具	姚国坤、胡小军	上海文化出版社	1998
中国茶史散论	庄晚芳	科学出版社	1998
中国古代茶叶全书	阮浩耕等	浙江摄影出版社	1999
中国茶文化经典	陈彬藩、余悦等	光明出版社	1999
宋代茶文化	沈冬梅	学海出版社	1999
浙江茶文化史话	陈珲	宁波出版社	1999
茶路历程：中国茶文化流变简史	余悦	光明日报出版社	1999
茶品悠韵：中国茶的品类与名茶	胡长春	光明日报出版社	1999
茶具清雅：中国茶具艺术与鉴赏	王建平	光明日报出版社	1999
茶道玄幽：中国茶的品饮艺术	何草	光明日报出版社	1999
茶欣康乐：中国茶疗的发展与运用	叶义森	光明日报出版社	1999
茶馆闲情：中国茶馆的流变与情趣	吴旭霞	光明日报出版社	1999
茶艺风情：中国茶与书画篆刻艺术	胡丹	光明日报出版社	1999
茶典逸况：中国茶文化的典籍文献	王河	光明日报出版社	1999
茶哲睿智：中国茶文化与儒释道	赖功欧	光明日报出版社	1999
茶趣异彩：中国茶的外传与外国茶事	余悦	光明日报出版社	1999
中国名茶志	王镇恒、王广智	中国农业出版社	2000
中国茶文化	黄志根	浙江大学出版社	2000
中国茶文化今古大观	舒玉杰	中国电子工业出版社	2000
中华茶文化寻踪	陈珲、吕国利	中国城市出版社	2000
茶文化学	刘勤晋	中国农业出版社	2000
中国茶艺	林治	中华工商联合出版社	2000
中国茶道	林治	中华工商联合出版社	2000
第六届国际茶文化研讨会论文选集	中国国际茶文化研究会	浙江摄影出版社	2000
生活茶艺	童启庆、寿英姿	金盾出版社	2000
中国茶叶大辞典	陈宗懋等	中国轻工业出版社	2000
中国茶宴	刘秋萍	同济大学出版社	2000
中国茶事大典	徐海荣	同济大学出版社	2000
茶与中国文化	关剑平	人民出版社	2001

（续）

书　名	编著者	出版单位	年　份
日本茶道逸事	赵方任	世界知识出版社	2001
中华茶艺学	范增平	台湾出版社	2001
中国历代茶具	余彦焱	浙江摄影出版社	2001
中国茶菜茶点	汪国钧	山东科学出版社	2001
古茶器	孙仲威	时事出版社	2002
中国茶史	郭孟良	山西古籍出版社	2002
宋代茶法研究	黄纯艳	云南大学出版社	2002
茶文化博览	余悦	中央民族大学出版社	2002
中国茶文化大辞典	朱世英等	汉语词典出版社	2002
世界茶文化大观	阮逸明	国际华文出版社	2002
翰墨茗香	于良子	浙江摄影出版社	2003
茶经图说	裘纪平	浙江摄影出版社	2003
陆羽《茶经》解读与点校	程启坤等	上海文化出版社	2003
中国普洱茶文化	黄桂枢	台北盈记唐人工艺出版社	2003
茶者圣：吴觉农传	王旭烽	浙江人民出版社	2003
茶马古道	本书编辑部	陕西师范大学出版社	2003
茶之心	（日）千玄室	文化艺术出版社	2003
茶	（澳大利亚）Nick Hall	中国海关出版社	2003
中国贡茶	巩志	浙江摄影出版社	2003
蒙山茶说	董存荣	中国三峡出版社	2004
闽东茶文化探源	陈浩志等	海潮摄影艺术出版社	2004
四川茶事考	王云等	四川科技出版社	2004
徽州古茶事	郑建新	辽宁人民出版社	2004
中国茶文化遗迹	姚国坤等	上海文化出版社	2004
中日茶文化交流史	滕军	人民出版社	2004
茶文化概论	姚国坤	浙江摄影出版社	2004
图说晚清民国茶马古道	赵大川等	中国农业出版社	2004
日本茶道论	肖井宏一等	中国社会科学出版社	2004
长江流域茶文化	陈文华	湖北教育出版社	2004
普洱茶寻源	叶羽晴川	中国轻工业出版社	2004
中国茶典	郭孟良	山西古籍出版社	2004
普洱茶文化大观	黄桂枢	云南民族出版社	2005
浙江省茶叶志	阮浩耕	浙江人民出版社	2005
茶席设计	乔木森	上海文化出版社	2005
中国绿茶	程启坤	广东旅游出版社	2005
鉴赏名优茶	程启坤	广西科技出版社	2005

（续）

书　名	编著者	出版单位	年　份
茶的营养与保健	程启坤、江和源	浙江摄影出版社	2005
宁波——海上茶路起航地	宁波茶文化促进会	中国文化出版社	2006
茶经校注	沈冬梅	中国农业出版社	2006
第九届国际茶文化研讨会论文集	程启坤、邓云峰	浙江古籍出版社	2006
图说浙江茶文化	姚国坤	西泠印社出版社	2007
当代茶诗选	王桂娣	人民日报出版社	2007
茶叶之路	（美）艾梅霞	五洲传播出版社	2007
藏茶	李朝贵、李耕东	四川出版社	2007
茶与宋代社会生活	沈冬梅	中国社会科学出版社	2007
中国历代茶书汇编校注本	郑培凯、朱自振	香港商务印书馆	2007
中国茶道	丁以寿等	安徽教育出版社	2007
图说中国茶文化	姚国坤	浙江古籍出版社	2008
西湖龙井茶	姚国坤	上海文化出版社	2008
图释韩国茶道	童启庆	上海文化出版社	2008
中华茶艺	丁以寿等	安徽教育出版社	2008
中华茶史	夏涛等	安徽教育出版社	2008
玉山古茶场	王旭烽	浙江摄影出版社	2008
天台山云雾茶	王鹏任	浙江大学出版社	2008
历代茶诗选注	刘枫	中央文献出版社	2009
文化传播视野下的茶文化研究	关剑平	中国农业出版社	2009
茶与中国文化	郑培凯	广西师范大学出版社	2009
茶经	沈冬梅	中华书局	2010
茶及茶文化二十一讲	程启坤、姚国坤等	上海文化出版社	2010
多维视角下的英国茶文化研究	马晓俐	浙江大学出版社	2010
中国古代茶书集成	朱自振、沈冬梅等	上海文化出版社	2010
中国茶文化	丁以寿	安徽教育出版社	2011
影响中国茶文化史的瀑布仙茗	余姚市茶文化促进会	中国文史出版社	2011
禅茶：历史与现实	关剑平	浙江大学出版社	2011
世界茶文化	关剑平等	安徽教育出版社	2011
茶业与民生	沈立江	浙江人民出版社	2012
图说世界茶文化	姚国坤	中国文史出版社	2012
大观茶论	沈冬梅	中华书局	2013
中国茶叶词典	陈宗懋、杨亚军	上海文化出版社	2013
蒙山茶文化说史话典	李家光、陈书谦	中国文史出版社	2013
世事沧桑话河红	江西含珠实业有限公司	中国农业出版社	2013
巴蜀茶文学史	刘昌明	四川大学出版社	2013

陆羽《茶经》现存有60余种中文版本供读者研究阅读。同时已被翻译成英语、法语、意大利语、日语、韩语、俄语、西班牙语、葡萄牙语、阿拉伯语、德语等，供广大海外读者学习、研究与阅读。

海外其他国家和地区现代出版的茶文化书籍也不少，列举如下：

韩国主要茶文化著作有：

1）艸衣選集 / 林鍾旭 / 東文選 /1993

2）韓國茶詩 / 金相賢 / 民族社 /1997

3）東茶頌 / 金大成 / 東亞日報社 /2004

4）韓國茶詩鑑賞 / 金明培 / 大光文化社 /1988

5）韓國茶書 / 金明培 / 大光文化社 /1983

6）艸衣禪師 - 禪茶詩 / 金美善 / 梨花文化出版社 /2004

7）茶道哲學 / 鄭英善 / 너럭바위 /1996

8）韓國茶文化 / 鄭英善 / 너럭바위 /2004

9）茶道學論攷 / 金明培 / 大光文化社 /1996

10）茶道學論攷 2/ 金明培 / 大光文化社 /2001

11）李穆的茶歌 / 金吉子 / 두레미디어 /2000

12）韓國茶文化史（上 / 下）/ 柳建楫 / 이른아침 /2007

13）茶文化遺跡踏查記（上 / 中 / 下）/ 金大成 / 佛教映像 /1994

14）茶賦 - 내 마음의 차노래 / 李炳仁 / 차와 사람 /2007

15）韓國茶禮寶鑑 / 鄭相九 / 釜山日報社 /2000

16）韓國茶藝 / 釋龍雲 / 艸衣出版 /1993

17）韓國歷代高僧茶詩 / 崔橅山 / 冥想 /2000

18）韓國茶文化千年（1）——朝鮮後期茶文化詩篇 / 俞弘、宋載邵等 6 人 / 돌베게 /2009

19）韓國茶文化千年（2）——朝鮮後期茶文化散文篇/俞弘、宋載邵等6人/돌베게/2009

20）韓國茶文化千年（3）——三國時代，高麗茶文化篇/兪弘、宋載邵等6人/돌베게/2011

21）茶經 / 姜育發 / 南塔山房 /2000

22）普洱茶完全解剖 / 姜育發 / 吉祥苑 /1998

23）中國古代茶書精華 / 姜育發 / 南塔山房 /2001

24）點茶學 / 姜育發 / 普洱世界 /2008

25）煮茶學 / 姜育發 / 國茶미디어 /2011

26）普洱茶問姜育發 / 姜育發 / 國茶미디어 /2011

27）姜育發再問普洱茶 / 姜育發 / 三寧堂 /2014

28）茶經講說 / 姜育發 / 三寧堂 /2015

29）茶科學概論 / 姜育發 / 普洱世界 /2010

30）茶科學指南 / 姜育發 / 三寧堂 /2013

日本主要茶文化著作有：

1）世界の名茶事典／講談社／講談社／ 1998

2）日本茶全書／南廣子／新星／ 1999

3）戰前期日本茶葉史研究／寺本益英／有斐閣／ 1999

4）東西吃茶文化論——形象美學の視點から／增淵宗一／淡交社／ 1999

5）アツサム紅茶文化史／松下智／雄山閣／ 1999

6）吃茶養生記／古田紹欽／講談社／

7）日本茶百味百題／淵之上弘子／柴田書店／ 2001

8）中國吃茶文化史／布目潮楓／岩波書店／

9）煎茶入門／小川後樂／淡交社／

10）中國茶の文化史／布目潮楓／研文出版／ 2001

11）綠茶の世界／松下智／雄山閣／ 2002

12）自家用茶民俗／谷阪智佳子／大河書房／ 2004

13）一杯の紅茶の世界史／磯淵猛／文藝春秋／ 2005

14）日本茶業發達史／大石貞男／農山漁村文化協會／2004

15）日本茶業史資料集成／小川後樂、寺本益英／文生書院／2004

16）綠茶の事典／日本茶業中央會／柴器書店／2005

17）お茶のあるくらし／熊倉功夫／2005

18）日本茶文化大全／鈴木實佳／

19）茶の健康成分發見の歷史／中川致之／光琳／2009

20）抹茶の研究／桑原秀樹／農文教／2012

21）日本茶の湯全史／茶の湯文化學會／思文閣／2013

中国台湾主要茶文化著作有：

1）中国茶艺／许明华、许明显／中国广播公司（台湾）／1983

2）中国茶艺／ 刘汉介、吴锦城／礼来出版社（台湾）／1983

3）中国茶道／黄墩岩／畅文出版社（台湾）／1983

4）现代茶艺／蔡荣章／中视文化公司（台湾）／1984

5）心经讲义——茶道精神领域之探求／林瑞萱／陆羽茶艺股份有限公司（台湾）／1989

6）无我茶会／蔡荣章／陆羽茶艺股份有限公司（台湾）／1991

7）中国茶艺论丛／吴智和／方立出版社（台湾）／1993

8）南方录讲义／林瑞萱著／陆羽茶艺股份有限公司（台湾）／1999

9）中国古代吃茶史／许贤瑶／博远出版有限公司（台湾）／1990

10）茶艺／张宏庸／幼狮文化事业公司（台湾）／1987

11）禅与茶／元明芳／台湾常春书坊（台湾）／1992

12）台湾茶文化论／范增平／碧山岩出版公司（台湾）／1992

13）现代茶思想集／蔡荣章、林瑞萱／陆羽茶艺股份有限公司（台湾）／1995

14）台湾传统茶艺文化／张宏庸／台湾汉光文化事业股份有限公司／1999

15）茶艺学／范增平／台湾膳书房出版公司／1999

16）茶学概论／蔡荣章／中华国际无我茶会推广协会／2000

17）茶道教室／蔡荣章／天下远见出版股份有限公司／2002

18）台湾茶艺发展史／张宏庸／台中 晨星／2002

19）台湾找茶／吴德亮／台北 联合报／2005

20）炉铫兴味／池宗宪／台北 艺术家出版／2011

21）茶味的麁相／李曙韵／台北 台湾商务／2011

22）图解第一次品红茶就上手／赵立忠 杨玉琴等／台北 城邦／2012

23）台湾的茶园与茶馆／吴德亮／台北 联经／2013 茶 21 席／古武南／台北台湾商务／2012

24）现代茶道思想／蔡荣章／台北台湾商务／2013

25）乐活茶缘／阮逸明／台北 五行图书／2013

英国主要茶文化著作有：

1）From Cha To Tea —— A Study of the Influence of Tea Drinking on British Culture／Mary E Farrell／Universidad Jaume I. Servicio De Comunicación Y Publicaciones／2002

（《茶——饮茶对英国文化的影响》／马丽 · E . 法雷）

2）Tea Culture —— History, Traditions, Celebrations, Recipes & More／Beverly Dubrin／Charlesbridge／2010

（《茶文化——历史、传统与其他》／贝弗里 · 杜宾）

3）The Story of Tea —— A Cultural History and Drinking Guide／Mary Lou Heiss, Robert J. Heiss／Ten Speed Press／2007

（《茶的故事——茶文化史与品茗指南》／玛丽 · 劳 · 海斯 罗伯特 · J . 海斯）

4）Tea：A history of the drink that changed the world ／ John Griffiths ／ André Deutch ／ 2007

（《茶——改变世界的历史》／约翰 · 格里菲斯）

5）A Social History of Tea ／ Jane Pettigrew ／ Benjamin Press ／ 2013

（《茶的社交史》／简 · 佩蒂格鲁）

6) The Tea Ceremony / Sen'o Tanaka, Sendo Tanaka / Kodansha International (Japan) / 1973

(《茶道》/田中)

7) Tea Culture: The Experiment in South Carolina / Charles U Sheperd / Leopold Classic Library / 2015

(《茶文化——南卡罗来纳州的试验报告》/查尔斯·U.谢培德)

8) Tea Culture: The Experiment in South Carolina / Warren Peltier, John T. Kirby / Tuttle Publishing / 2011

(《茶文化——南卡罗来纳州的试验报告》/华伦·佩提埃　约翰·T.基尔比)

9) Tea: History, Terroirs, Varieties / Kevin Gascoyne,Francois Marchand, Jasmin Desharnais / Firefly Books Ltd / 2014

(《茶——历史、风土、品类》/凯文·加斯科因　弗朗索阿·马尔香德　贾斯明·德哈奈斯)

10) Empire of Tea: The Asian Leaf That Conquered the World / Markman Ellis, Richard Coulton, Matthew Mauger / Reaktion Books / 2015

(《茶帝国——征服世界的亚洲叶子》/马可曼·埃利斯　理查德·科尔顿　马修·毛格)

美国主要茶文化著作有:

1) Al about Tea / William H.Ukers / 1935

(《茶叶全书》威廉·H.乌克斯 1935)

2) The Romance of Tea / William H.Ukers / 1936

(《茶之传奇》威廉·H.乌克斯 1936)

3) New Tea Lover's Treasury / James Norwood Pratt's / 1999

(《新茶友的财富》詹姆斯·诺伍德 1999)

4) The Story of Tea / Mary Lou Heiss and Robert J.Helss / 2007

(《茶的故事》玛丽·劳·海斯　罗伯特·J.海斯 2007)

5) Harvesting Mountains / Robert Gardella / 1994

(《丰收的山岭》罗伯特·加德拉 1994)

6) Liquid Jade / Beatrice Hohenegger / 2006

(《液态的翠玉》贝翠丝·霍亨内格 2006)

7) The Chinese Art of Tea / John Blofeld / 1985

(《中国茶的艺术》约翰·布洛菲尔德 1985)

8) 1587 / Ray Huang / 1981

(《1587》雷·黄 1981)

9) Green Gold / Dan M. Etheringtor and Keith Forster / 1993

(《绿色的金子》丹·M. 艾瑟琳多 基斯·佛斯特 1993)

10) Guild to Tea / Michael Harney / 2008

(《茶叶入门》迈克尔·哈尔尼 2008)

11) Tea Horse Road / Michael Freeman and Selena Ahmed / 2011

(《茶马古道》迈克尔·弗里曼 赛琳娜·阿哈迈德 2011)

12) The Opium War Through Chinese Eyes / Arthur Waley / 1958

(《中国人眼中的鸦片战争》亚瑟·威利 1958)

13) Darjeeling / Jeff Koehler / 2015

(《大吉岭》杰夫·科勒 2015)

14) Tea in China / James A. Benn / 2015

(《中国茶》詹姆斯·A. 本 2015)

意大利主要茶文化著作有:

1) Il canone deltè / Marco Ceresa / 1991

(陆羽《茶经》/马可·切雷萨)

2) La scoperta dell'acqua calda / Marco Ceresa / 1993

(《中国古代煎茶用水论》/马可·切雷萨)

3) Ilt è – Verità e bugie, pregi e difetti / Gianluigi Storto / 2007

（《茶的真面》／强路易吉 · 斯托尔托）

4）La via deltè.La Compagnia Inglese delle Indie Orientali e la Cina / Livio Zanini / 2012

（《茶之路：英国东印度公司与中国茶》／查立伟）

5）La cultura deltè in Giappone e la ricerca della perfezione / Aldo Tollini / 2014

（《日本茶文化》／奥多 · 托里尼）

法国主要茶文化著作有：

1）Le Cha jing ou Classique du thé / Veronique Chevaleyre / 2006

（陆羽《茶经》）

2）Le Thé：Arômes & saveurs du monde / Lydia Gautier / 2006

（《茶为全世界的色香味》）

3）La cérémonie du thé：Un art de la relation / Franck Armand / 2010

（《茶道与人间》）

4）Le classique du thé / Catherine Despeux / 2015

（陆羽《茶经》）

第四节　世界名茶及产地

世界茶产业发展过程中，各地利用茶树品种优势、气候环境优势以及制茶工艺的改革与创新，不断创造出很多品质更加优异的茶叶产品，这些产品通常称之为“名茶”。世界范围内各产茶国都有不少名茶，但就数量而言，因中国产茶历史悠久，六大茶类齐全，产茶地域辽阔，因此名茶种类最多。其他各产茶国也有不少优质的知名度高的茶。

一、中国名茶

中国21个产茶省（区）都有名优茶的生产，只有花色品种数量上的差异。据《中国名茶志》的不完全统计，截至2000年全国名茶已有1 017种。包括：江苏38种、浙江75种、安徽89种、福建47种、江西54种、山东5种、河南38种、湖北112种、湖南131种、广东77种、广西74种、海南4种、四川90种、贵州37种、云南61种、西藏1种、陕西32种、甘肃14种、台湾38种。近十几年来，中国名茶又有了新的发展，估计全国已有名茶1 500种左右。

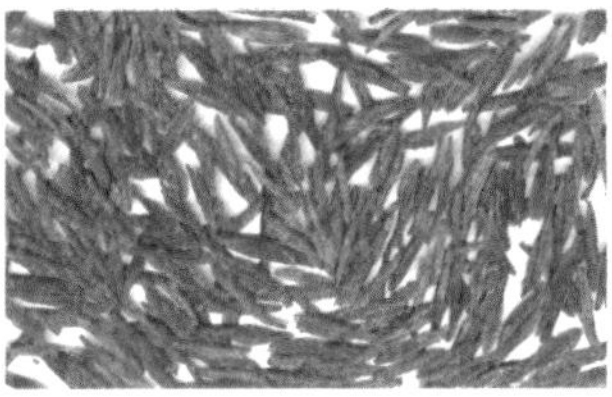

▸ 西湖龙井

▸ 安吉白茶

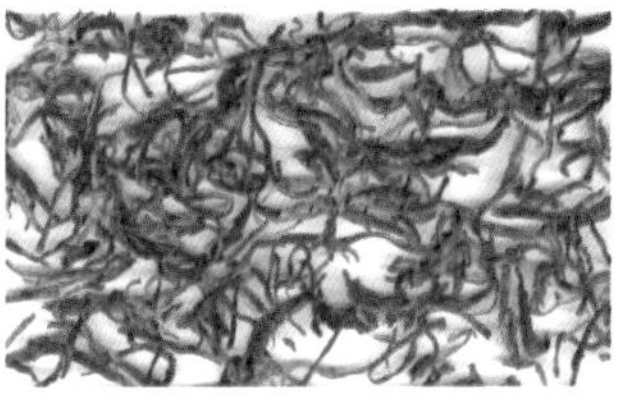

▸ 黄山毛峰

▸ 祁门红茶

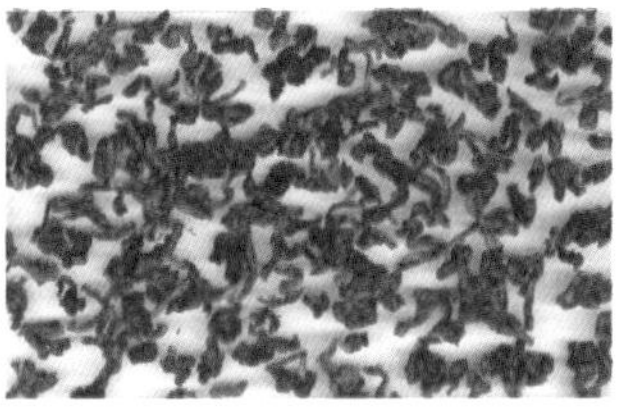

▸ 铁观音

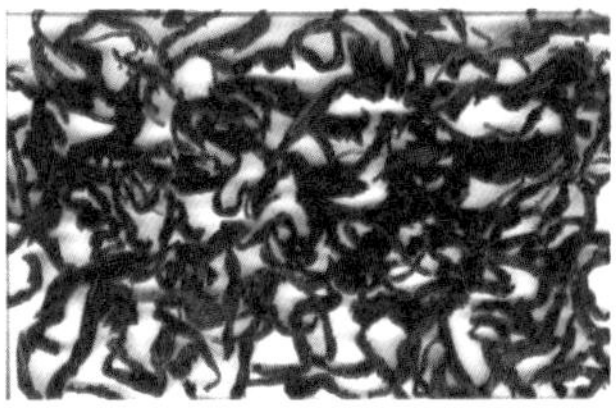

▸ 大红袍

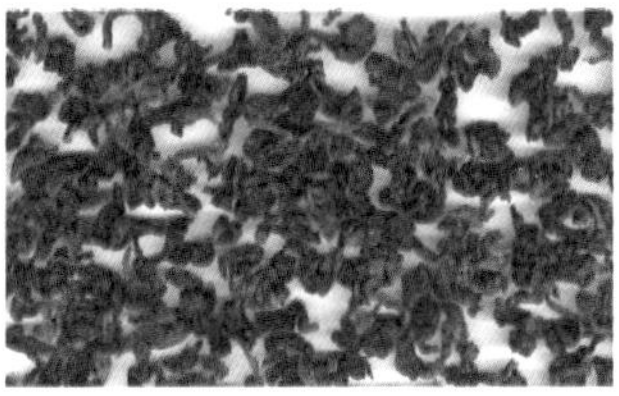

▸ 冻顶乌龙

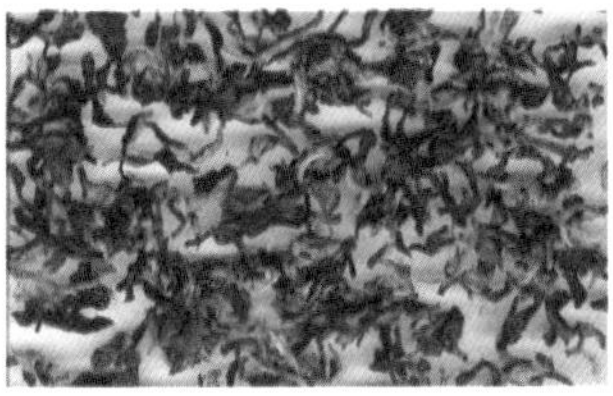

▸ 白毫乌龙

知名度高的中国名茶有：浙江的龙井茶（绿茶）、安徽的黄山毛峰（绿茶）、江苏的碧螺春（绿茶）、江西的庐山云雾（绿茶）、河南的信阳毛尖（绿茶）、湖南的君山银针（黄茶）、贵州的都匀毛尖（绿茶）、福建的铁观音（乌龙茶）、台湾的冻顶乌龙（乌龙茶）、广东的凤凰单丛（乌龙茶）、福建的福鼎白茶（白茶）、安徽的祁门红茶（红茶）、四川蒙顶甘露（绿茶）、陕西的汉中仙毫（绿茶）、云南的普洱茶（黑茶）、福州的茉莉花茶（花茶）、广西的六堡茶（黑茶）、浙江的安吉白茶（绿茶）、安徽的太平猴魁（绿茶）、福建的大红袍（乌龙茶）、江西的婺源茗眉（绿茶）、湖南的千两茶（黑茶）、湖北的恩施玉露（绿茶）、四川的峨眉竹叶青（绿茶）、重庆的永川秀芽（绿茶）、云南的滇红工夫（红茶）、陕西的紫阳富硒茶（绿茶）、台湾的白毫乌龙（乌龙茶）、浙江的金奖惠明茶（绿茶）、安徽的六安瓜片（绿茶）、江苏的南京雨花茶（绿茶）、江西的狗牯脑茶（绿茶）、湖北的采花毛尖（绿茶）、广东的英德红茶（红茶）、贵州的湄潭翠芽（绿茶）、海南的工夫红茶（红茶）、陕西的泾阳茯砖（黑茶）、福建的金骏眉（红茶）、江苏的阳羡雪芽（绿茶）、浙江的径山茶（绿茶）、湖南的高桥银峰（绿茶）、浙江的开化龙顶（绿茶）、广西的桂平西山茶（绿茶）、山东的浮来青（绿茶）、台湾的日月红茶（红茶）、浙江的大佛龙井（绿茶）、湖南的茯砖茶（黑茶）、四川的宜宾早茶（绿茶）、海南的白沙绿茶（绿茶）、贵州的绿宝石（绿茶）等。

中国绿茶名茶的品质特征是：外形匀整，色泽翠绿或绿润，汤色嫩绿明亮，香气高锐，滋味鲜醇，叶底嫩匀翠绿。

中国红茶名茶的品质特征是：外形细紧，有的有金黄毫，汤色红艳明亮，香气带花香果味香，滋味浓醇鲜爽，叶底红匀细嫩。

中国乌龙茶名茶的品质特征是：外形匀齐，颗粒状或条索状，汤色金黄或橙黄色，香气浓郁持久，滋味醇爽回甘，叶底匀齐。

中国黑茶名茶的品质特征是：紧压茶外形光洁完整，汤色红浓，香气陈香浓郁，滋味醇厚回甘，叶底匀齐。

中国花茶名茶的品质特征是：外形嫩匀，汤色绿黄明亮，香气花香浓郁持久，滋味香醇，叶底嫩匀。

二、其他国家名茶

除中国外，其他产茶国家也有不少品质优秀的名茶，现就影响较大的主要名茶简介如下。

1. 日本宇治玉露茶、抹茶　产于日本京都宇治的玉露茶，又称覆下茶，是一种非常鲜醇的蒸青绿茶。每年春季，茶树开始长出新芽叶时，要用遮光度达80%～90%的遮阳网搭架覆盖于茶树上，目的是增加茶叶中的叶绿素和氨基酸含量，减少茶多酚含量，从而使制成的茶叶色泽更绿，滋味更鲜醇，没有苦涩味。日本产优质玉露茶的地区除京都宇治外，还有九州八女、静冈、三重等地，品质也很好。日本抹茶是采摘覆下茶近成熟芽叶，蒸青制干后，用石磨将其磨成茶粉，这种绿色的茶粉称“抹茶”。抹茶主要用于日本茶道使用，用茶筅打成的泡沫丰富的抹茶汤，滋味鲜爽。抹茶还可用于食品饮料的添加剂，制成多种多样的抹茶食品。

▶ 日本玉露茶

2. 印度大吉岭红茶　印度北方的大吉岭茶区很早引种了中国茶树品种，制成的红茶不仅汤色红艳、滋味浓强鲜爽，而且香气特别好，甜醇的果味香中带有花香。大吉岭红茶是印度品质最好的红茶。可以清饮，也适合加奶加糖调饮。除大吉岭红茶外，印度阿萨姆地区所产的阿萨姆红茶，汤色红艳，滋味特别浓强鲜爽，非常适合加糖加奶调饮。近些年以来，印度还采取轻发酵的创新工艺制造出一些轻发酵的花香红茶，别有风味。

3. 斯里兰卡高地红茶　斯里兰卡红茶有高地茶、中地茶和低地茶之分。其中产于海拔 1 200 米以上的纳沃拉（Ruhuna）和乌伐（Uva）高地茶区的红茶，香气特别好，香味浓郁带花香，是世界公认的高香红茶之一。

4. 肯尼亚优质 CTC 红碎茶　肯尼亚是一个新兴的产茶国，肯尼亚地处热带高原，气候温暖，雨量充沛，很适宜于茶树生长，栽培的茶树多为优质的无性系良种。近些年来制茶工艺设备多采用先进的洛托凡加 CTC 切茶机，快速高效的揉切技术，使发酵均匀而充分，茶黄素含量非常高，因而制成的红碎茶汤色红艳明亮，滋味浓强鲜爽，是世界拍卖市场上公认的高档红碎茶，卖价通常也比世界其他地区的红茶高出很多。

5. 越南花茶　越南产茶已有数百年的历史，20 世纪以来茶产业高速发展，既产红茶、绿茶，也产砖茶。越南气候温暖，适于窨制花茶的各种香花生长良好，生产的花茶除茉莉花茶之外，还有莲花茶，莲花在越南有类似国花的地位，备受民众喜爱，因此用绿茶窨制的莲花茶颇受欢迎。越南花茶花香浓郁，且鲜灵度好。

6. 马来西亚陈年普洱茶　马来西亚人口中有很多华人，向来喜欢喝茶，日常饮用的茶有红茶、乌龙茶、普洱茶和绿茶。20 世纪以来，其中有不少老华侨和华人十分喜爱陈香味十足且红浓的普洱茶，因此那时起从中国进口了大量的生普，贮存于马来西亚的仓库中。马来西亚气候温暖，常年气温基本上都在 28 ～ 32℃，湿度 70%左右。这样的温湿度很适合生普的后发酵，因此通常经过 7 年左右，就基本上完成了普洱茶的后发酵，使茶叶汤色变得红浓，香气显得陈香味非常浓郁。马来西亚得天独厚的气候条件，成就了普洱茶的天然后发酵，所以仓储以后的陈年普洱茶品质非常好。近年来，还出现了马来西亚高品质的陈年普洱茶返销中国大陆的情况。

7. 英国川宁红茶、立顿红茶　川宁（Twining）和立顿（Lipon）是英国红茶最重要的两大品牌。川宁（Twining）是一个高品质红茶，立顿（Lipon）是一个大众消费产品。300 多年里，川宁始终以追求高品质为目标，所以川宁红茶是英国王室的重要御用茶，也是世界各地高端人群的日常饮品。立顿红茶是世界上销量最大的适合大众消费的一类红茶，世界各地的宾馆用茶多数采用立顿红茶。川宁红茶和立顿红茶都是世界红茶的拼配产物，相对而言，川宁红茶是以世界高档红茶为主；而立顿红茶是以世界中档红茶为主，配方中有少量的高档茶。川宁红茶和立顿红茶，最适合于加奶加糖调和饮用。

▸ 立顿茶

▸ 川宁红茶

8. 阿根廷马黛茶　马黛茶是冬青科大叶冬青似的一种多年生木本植物，实为非茶之茶。马黛树一般株高 3 ~ 6 米，野生的可达 20 米，树叶翠绿，呈椭圆形，枝叶间开雪白小花，生长于南美洲。被阿根廷誉为“国宝”“国茶”的马黛茶，发源于南美洲，在当地语言中“马黛茶”就是“仙草”“天赐神茶”，它最早为当地印地安人发现有显著的提神及营养补充功效，从而被男女老幼普遍喜爱，马黛茶由南美洲独有的马黛树叶精制而成，马黛茶含有丰富的马黛因、绿源酸、芸香甙、多酚类、维生素等成分，现已被公认为植物健康饮品。当地人传统的喝茶方式很特别：一家人或是一堆朋友围坐在一起，一把泡有马黛茶叶的茶壶里插上一根吸管，在座的人一个挨一个地传着吸茶，边吸边聊。壶里的水快吸干的时候，再续上热开水接着吸，一直吸到聚会散了为止。

（本章撰稿人：程启坤）

茶原产于中国，
最早为中国人发现利用。
所以，时至今日，
世界各地的饮茶风情
都或多或少的带有中国饮茶的痕影。

第三章
世界饮茶风情与特色

据史料记载，早在 3 000 年前，当世界还不知道茶为何物时，中国人已经开始饮茶了。千年前，中国的饮茶习俗开始向海外传播。如今，在全世界 220 多个国家和地区中，有 160 个左右的国家和地区有饮茶风习，占世界总数的 70%以上；在全世界 70 多亿人口中，有近 30 亿人钟情于饮茶，占世界总人口的 40%以上，饮茶已遍及世界五大洲。追根究源，这些国家和地区的饮茶习俗都直接或间接地由中国传播出去的。所以，时至今日，世界各地的饮茶风情都或多或少的带有中国饮茶的痕影。

第一节 饮茶的肇始与发展

茶原产于中国，最早为中国人发现利用。那么，茶是在什么时候被发现利用的呢？茶作为饮料又是从什么时候开始的呢？对这个问题，如今依然仁者见仁、智者见智，说法不甚一致。

一、饮茶文化的发生和呈现

在茶的发现和利用问题上，神农尝百草的传说一直是人们探索茶的发现和利用的重要依据之一。而今随着时代的变迁、科技的进步，发现中国古老先民对茶的认知和利用，早在神农氏之前。

（一）茶的发现和利用之始

1973 年，在距今 7 000 年前的余姚河姆渡遗址中，考古学家发现堆积在干栏式居住处的植物标本中存在相当数量的樟科植物。同时出土的盛器陶罐内，还残留着些许樟科植物的叶片。浙江省博物馆俞为洁和浙江省自然博物馆的徐耀良在《河姆渡文化植物遗存的研究》中认为："鉴于遗址中有整罐的樟树叶出土，可推测河姆渡人是有目的地从远处采集来，包括遗址中的樟树叶也不会因风或水等自然力吹过来或冲过来的，只能是人力采集而来。"这些迹象，引起了考古界、茶学界的极大关注，推测认为可能这是先民饮的代茶原始饮品。

▶ 浙江余姚河姆渡遗址

1980 年 7 月，考古学家在贵州晴隆发现一粒茶籽化石，经中国科学院南京古生物研究所、中国科学院贵州地球化学研究所等专家认定，为距今有 100 万年历史的茶籽化石。1990 年，对距今有 7 000 ～ 8 000 年的萧山跨湖桥遗址的三次发掘后，出土了一颗类似山茶属植物的茶树种子。这颗茶籽为单室茶果，体积以及表皮的平滑度都与杭州龙井茶树的单室茶果十分接近，与野生的柿形茶果似有一些差距。同时，还在出土的一些陶块、陶片上，饰有许多芽叶图纹。综合判定为疑似茶叶遗痕。

2004 年，在距今 6 000 年的余姚田螺山遗址中，发现了疑似茶树根的根块。后经考古学家、史学家、茶学家等多学科、多层面、多角度多年研究论证，认为田螺山遗址发现的是 6 000 年前人工种植的茶树根。值得一提的是，田螺山遗址中还出土了一个小陶壶。壶的一侧有半环形把手，另一侧有洒水小嘴，与现今茶壶的形状有相似之处，认为先民们很可能已把小陶壶作为饮料工具使用了。田螺山遗址古树根的考古发现，把中国境内人工种植茶树的历史，由原先认为的 3 000 多年推到了 5 500 年以前。由此可见，茶在中国的发现利用，以及茶树的人工栽培历史，至少已有 5 500 多年的历史了。

▶ 余姚田螺山遗址出土的疑似茶树根块

但是，有文字记录的最早史书记载是《本草》（已佚），相传茶的发现和利用，始于距今 5 000 年左右的神农时期。

一般认为，中国的先人最早是把茶作为药用的。清代陈元龙在《格致镜源》提到“《本草》：神农尝百草，一日而遇七十毒，得茶而解之。”同时代的孙壁文在《新义录》卷十九“饮食类”中也引用：“《本草》则曰：神农尝百草，一日遇七十毒，得茶而解之。”可见，茶最先因其药用价值而被利用起来。历代的生活实践和科学研究都表明茶是健康饮品，茶疗作用广泛，表明原始社会用茶解毒是符合社会实际，并有科学道理的。据此，陆羽在《茶经》中提到“茶之为饮，发乎神农氏”，表明茶的饮用，肇始于神农氏。中国著名的茶史专家朱自振在《茶史初探》中说：“在饮茶的起源问题上，我们倾向陆羽‘发乎神农’的观点。”而神农氏处于只知其母，不知其父的母系氏族原始社会时期，按此推算，茶的发现和利用之始，距今已有 5 000 年左右历史。

其实，茶在被人们发现后，最先的利用方式除了药用外，还有食用。在春秋战国时期(公元前770—前221)便有食茶记录，《晏子春秋》记载：“婴相齐景公时，食脱粟之饭，炙三弋五卵，茗菜而已。”《晋书》中提到：“吴人采茶煮之，曰茗粥。”古人早就以茶入膳食，把茶的营养价值与饮食文化融会贯通在一起。而这里所指的茗菜、茗粥，就是由茶制成的茶菜和茶食制品。这种原始的食茶方法在茶的发源地中心区域，如云南普洱市、西双版纳州一带依然可以觅到踪影，如当地基诺族的凉拌茶、哈尼族的烤茶、布朗族的青竹茶、佤族的烤茶等就是例证。其实，在物资匮乏的原始社会时期，茶的食用功能被发现不足为奇。那时人们多靠狩猎和采集可食用植物为生，茶很有可能是在这一时期被发现的食用植物之一。

▶ 哈尼族的烤茶

随后，先人们经过长期实践与探索，茶的饮用功能逐渐为人所发现。茶作为生津止渴、提神醒脑的保健饮料被世人广泛接受，并传承至今。

（二）饮茶的开端

陆羽《茶经·六之饮》中，根据《尔雅》和《晏子春秋》所载茶事，提出“茶之为饮，发乎神农氏，闻于鲁周公……”。这里神农是传说中被神化了的人，而鲁周公确有其人，他是封于鲁国的周武王之弟，因此不少人认为鲁周公，以及春秋时代生活简朴，每餐食“脱粟之饭”和“茗菜”的齐国宰相晏婴是最早知道饮茶的人。但鲁、齐都在中国的北方，而《茶经》中说：“茶者，南方之嘉木也。”那么，按此说法，茶原本是生长在南方的“嘉木”，所以南方饮茶应早于北方。也就是说，南方饮茶可能早于春秋战国时期。但《茶经》并未写明北方的周公和晏婴是如何知道饮茶的，茶又是从何处而来的，因此有人就向南方产茶地区寻找最早的饮茶记载。三国时期的魏张揖在《广雅》中写道：“荆巴间采茶作饼，成以米膏出之，若饮先炙令色赤，捣末置瓷器中，以汤浇覆之……”这是说茶饮用时，先经炙烤、捣末，再用热水冲泡，这无疑是在说三国时，茶早已作为饮料饮用了。晋代陈寿撰的《吴志·韦曜传》说，三国时吴国国君孙皓每次设宴，座客至少饮酒七升，韦曜的酒量不过二升，孙皓对韦曜优礼有加，暗中赐茶，让他以茶代酒，从而推论出中国饮茶至迟始于三国时期。

但有更多的人引用西汉辞赋家王褒《僮约》中的“烹茶尽具”“武阳买茶”之述。契约中有要家僮在家里煮茶、洗涤茶具和去武阳买茶的条款。据此，认为距今2 000多年前的西汉，四川一带饮茶已经相当普遍，并出现有较大规模的茶叶市场了。另外，浙江上虞出土有东汉越窑青瓷茶碗，表明汉时在长江流域一带饮茶已较普遍。清代学者顾炎武在研究饮茶起源后，在《日知录》中指出：“自秦人取蜀而后，始有茗饮之事。”他认定中国北方饮茶，始于“秦人取蜀”之后。这是因为秦始皇在统一中国（公元前221年）的过程中，由于前后经历了10年战争，人口大量迁徙，饮茶之风由巴蜀一带随之传播到西北、华北和长江流域一带。因此，史籍上记载的“始有茗饮之事”，显然是指秦王朝原来的统治地区，或者指的是除巴蜀以外的地区。那么，在南方，特别是作为茶树原产地的巴蜀一带，无疑始于“秦人取蜀”之前了。

▶ 汉代王褒《僮约》中的饮茶记载

从上可以看出，自殷周至春秋战国，直到秦汉之际，中国从南到北，饮茶风尚已逐渐传播开来。《中国风俗史》载："周初至周之中叶，饮物有酒、醴、浆、涪等……此外，犹有种种饮料，而茶最具著者。"因此，人们有理由认为，在作为茶树原产地的西南地区，茶作为饮料，由药用时期发展至饮用时期，当在殷周至秦代之时。自秦至汉时，饮茶则在长江中下游和北方地区逐渐传播开来。

二、饮茶方法的沿革

在茶文化发展史上，饮茶方法总是随着历史的发展而发展的。但任何种种饮茶方法的沿革都会有一个渐进的过程，并无绝对界限。也就是说，一种新的饮茶方法的出现和形成，总是伴随着先前饮茶方法的衰退和消亡，它们是相互交替进行的。据史料记载，由中国开端的饮茶方法在历史沿革中，大致经历过以下几个阶段。

（一）粗放型的原始羹饮法

茶最初被当作一种药物和食物利用。古代先人从野生的茶树上采下嫩枝，先是生嚼，随后是加水煎煮成汤饮用。

殷周至春秋战国时开创了中国饮茶的先河。秦汉时，饮茶之风已从中国西南的巴蜀一带逐渐传播开来。三国时，饮茶已由生叶煮作羹饮，煮茶时先将制好的饼茶炙烤到"色赤"；然后"置瓷器中"捣碎成末；再烧水煎煮，还加上葱、姜、橘皮、生姜等辛香调料，这与煮羹无异，显然是一种粗放型的原始饮茶之法。

到南北朝时，随着佛教的兴起，饮茶之风也日益普及开来。但当时在中国北方还不习惯饮茶，据北魏杨衒之《洛阳伽蓝记》所述，当时的北魏仍把饮茶看作是奇风异俗，虽在"朝贵宴会"时"设有茗饮"，但"皆耻不复食"，只有南朝来的人才喜欢饮茶，表明当时北方饮茶之风还未形成。

（二）成熟型的清饮煮茶法

隋唐时，饮茶之风在全国范围内普及开来。唐代封演《封氏闻见记》载："古人（指唐以前先人）亦饮茶耳，但不如今人溺之甚，穷日尽夜，殆成风俗。"其时，饮茶在全国范围内达到"茶道大行，王公朝士无不饮者"的程度，茶已不再是士大夫和贵族阶层的专有品，成为普通老百姓的日常饮料。另外，在一些边疆地区，诸如回纥（今新疆）、吐蕃（今西藏）等地的兄弟民族，他们在领略了饮茶对食用奶制品、肉制品有助消化的特殊作用后，视茶为最好的饮料，使茶“始自中原，流于塞外”，茶成了“比屋皆饮”之物。

唐代的饮茶方式，与早先相比，也更加讲究技艺。据陆羽《茶经》所述：不但注重茶的品第，而且要求茶、水、火、器“四合其美”：茶，“其地，上者生烂石”，且“野者上，园者次”，鲜叶原料，宜“阳崖阴林，紫者上，绿者次；笋者上，牙者次；叶卷上，叶舒次”。水，“用山水上，江水中，井水下”，“其山水，拣乳泉”。火，“用炭，次用劲薪”。器，“碗，越州上，鼎州次，婺州次”，“岳州上，寿州次，洪州次”。

同时，还特别强调清饮，煮茶时不加其他任何辅料。陆羽《茶经·六之饮》明确指出：若茶“用葱、姜、枣、橘皮、茱萸、薄荷之等煮之百沸”，等同“沟渠间弃水耳”。对煮茶的技艺，诸如炙茶、碾茶、罗茶、煮茶也都有特别要求。陆羽还主张饮茶要趁热连饮，认为“重浊凝其下，精英浮其上”，茶一旦冷了，“则精英随气而竭，饮啜不消亦然矣”。

而其时中国的煮茶之法，已开始向东传入日本和朝鲜半岛等地，向西传播到西域、中亚、西亚等地。

（三）艺术型的精美点茶法

宋时，饮茶方法呈现新的特点，点茶法流行于世。北宋蔡绦《铁围山丛谈》载：“茶之尚，盖自唐人始，至本朝（指宋朝）为盛。而本朝又至佑陵（即宋徽宗）时益穷极新出，而无以加矣。”宋徽宗赵佶，也不无得意地著书《大观茶论》，曰：“近岁以来，采择之精，制作之工，品第之胜，烹点之妙，莫不盛造其极。”可见宋代对茶叶的采制、品饮都有特别要求，而且讲究技法。

点茶时，首先要将饼茶碾细，过罗（筛）取其粉末，入盏调膏。调好茶膏后，用汤瓶煮水使沸，把茶盏温热，认为“盏惟热，则茶发立耐久”。尔后就是“点茶”和“击沸”。点茶，就是把汤瓶里的沸水注入茶盏。点水时要喷泻而入，水量适中，不能断断续续。“击沸”，就是用茶筅（即小筅帚），边转动茶盏、边搅动

▶ 辽代宣化墓道壁画《点茶图》

茶汤，使盏中泛起“汤花”。如此不断地运筅击沸泛花，使点茶进入美妙境地，将点茶置于艺术化。宋代许多诗篇中，将此情此景称为“战雪涛”。对于鉴别点茶的好坏，须由茶盏中的汤花的色泽和均匀程度而定，凡汤花白有光泽，且均匀一致，保持时间久者为上品；若汤花隐散，茶盏内沿出现“水痕”的为下品。最后，还要品尝汤花，比较茶汤的色、香、味，而最终决出胜负，号称斗茶。宋徽宗还在《大观茶论》夸赞道：“至若茶之为物，擅瓯闽之秀气，钟山川之灵禀，祛襟涤滞，致清导和，则非庸人孺子可得而知矣。冲淡简洁，韵高致静，则非遑遽之时可得而好尚矣。”还说这是“可谓盛世之尚清也”。可见宋代点茶之风的盛行。而这种点茶之法，还影响东瀛诸国，日本的抹茶道就是在点茶法的基础上逐渐形成的。

（四）简便型的情趣冲泡法

明初时，太祖朱元璋下诏，“废团茶，兴叶茶”。随着茶类的变革，冲泡法大行其道，人们饮茶不再需要将茶碾成“细米”或粉末状，而是将散叶茶投入饮器，直接用沸水泡茶。这种用沸水直接冲泡的沏茶方法，不仅简便易行，而且保留了茶的真香实味，还便于人们对茶的直观欣赏，使饮茶变得更有情趣，这是饮茶史上的一大创举，也为饮茶人开始饮茶不过多地注重形式而转为讲究情趣创造了条件。所以，自明开始，饮茶提倡的是常饮而不是多饮，对饮茶讲究综合艺术，对泡茶用具和冲泡技艺有更高的要求。品茶玩壶，小壶（杯）缓饮自酌成为饮茶风尚。

清代，饮茶盛况空前，人民日常生活中离不开茶，饮茶在人民生活中已占有重要的地位。而此时，中国的饮茶之风不但传遍欧亚，而且还传到了非洲、大洋洲和美洲新大陆。

（五）多元型的康乐饮茶法

现代社会，特别是进入当代以来，随着社会生活多元化的出现，茶作为世界各国人民生活的重要组成部分，饮茶已不再仅仅是满足生理需求，把茶单纯地看作是一种解渴的饮料。而更多是以茶修性怡情，把茶看作是一种养生修心、健康快乐的绿色饮料。

如今的中国，茶饮早已成了老少咸宜、男女皆爱的举国之饮。伟大的中国革命先行者孙中山先生，在《建国方略之二 · 实业计划》中提出："就茶言之，是为最合卫生、最优美之人类饮料！"在世界，已有160多个国家和地区的人民钟情于饮茶，把茶看作最合卫生、最有利健康饮料之一。所以，当代社会，特别是进入21世纪以来，世界人民茶叶消费量节节攀升。至于饮茶的形式更是多种多样，异彩缤纷，正向多元化发展。依饮用茶类而论，有基本茶、再加工茶和调和茶之类；依烹茶方法而论，有煮茶、点茶和泡茶之分；依饮茶方式而论，有清饮、调饮和药饮之举；依饮茶追求而论，有喝茶、品茶和吃茶之别；依用茶目的而论，有生理需要、传情联谊和精神享用多种。总之，随着社会的发展、物质财富的增加、生活节奏的加快，以及人们对物质生活、精神生活、文化生活要求的多样化，中国乃至整个世界，饮茶的方式、方法和种类也就变得更加丰富多彩和多样化了。

第二节　中国饮茶习俗

在中国这片广阔的土地上，由于各地所处地理环境、历史文化的不同，以及生活习惯的各异，有"千里不同风，百里不同俗"饮茶之俗。中国又是一个多民族的国家，全国有56个民族，每个民族饮茶风俗也各不相同。如此，在全国范围而言，饮茶习俗多种多样、内涵不一而异。

一、饮茶风俗归分

饮茶风俗是指某一地区在长期饮茶过程中逐渐形成的风尚、礼节、习惯、禁忌等。在中国，茶的利用历史已有数千年之久，广而多、繁而杂是茶俗的总体表现。在这多种多样、形形色色的茶俗表象中，大致可以归分为以下几类。现分别简述如下。

（一）普罗大众饮茶风俗

普罗大众饮茶风俗，泛指社会上多数普通民众的饮茶风俗。普罗大众的饮茶风俗往往体现在平凡的生活之中，它总是在朴素之中包含着美好祈愿，尤其是在婚丧嫁娶中呈现得更为淋漓尽致。

1．婚礼茶俗　婚礼的茶俗包含着对新人的美好祝福。明代郎瑛《七修类稿》有："种茶下子，不可移植，移植则不复生也，故女子受聘，谓之吃茶。又聘以茶为礼者，见其从一之义。"古代技术落后，认为茶树移植后很难存活，即使存活也很难繁茂，茶树一旦种下，就不再移动，因而茶树象征坚贞不移，从一而终。"茶不移本，植必生子"，茶树多花多籽，象征多子多福。茶树常青，象征幸福长久。人们将这些美好的寓意贯穿整个谈婚论嫁之中。

"湓江江口是奴家，郎若闲时来吃茶。黄土筑墙茅盖屋，门前一树紫荆花。"这是郑燮的一首《竹枝词》，它道不尽女儿娇羞，情意绵绵。以茶传情达意，且又发乎情止乎礼。又如《红楼梦》第二十五回："凤姐笑道：'你既吃了我们家的茶，怎么还不给我们家作媳妇儿？'"古代有吃茶定亲的风俗，此茶又称"受茶"或"茶定"。凤姐看出宝黛之间的情义，故而以此打趣黛玉。再如元代郑光祖杂剧《㑳（刍）梅香骗翰林风月》第四折："（白敏中云）甚的是交茶换酒，好人呵殢酒，我但尝一酒，昏沉三日，天生不饮酒。"这是婚礼过程中的茶俗。其实以茶为聘，它是人们对男女婚姻"从一而终"的幸福生活的一种向往和美好祝愿。现今，浙江、江苏、安徽、湖南、河北等地许多农村男女青年订婚、受聘、婚宴等，仍离不开茶，美誉为定亲茶、受聘茶、新娘子茶、传茶等。如此，订婚时的"下茶"，结婚时的"定茶"，同房时的"和合茶"，一直流传至今。

▶ 江南婚礼中茶俗

2. 祭祀茶俗　祭祀，意在敬神、求神和祭拜祖先，它在传统礼教中是相当重要的一部分。《南齐书 · 武帝本纪》记载："我灵上慎勿以牲为祭，唯设饼、茶饮、干饭、酒脯而已，天下贵贱，咸同此制。"齐武帝萧颐下诏死后以茶为祭，应当是用茶叶进行祭祀活动的最早记载。发展到后来，为表祭祀的慎重以及诚心，所用茶品都最为讲究。"待客以惊雷荚，自奉以萱草带，供佛以紫茸香。盖最上以供佛，而最下以自奉也。"宋代《蛮瓯志》记载觉林院的僧人所用之茶有三等，而供佛的为最上等。

祭祀用茶通常有三种方式：直接供奉冲泡后的茶水；不冲泡茶叶，只供奉干茶；只象征性供奉茶器。祭祀用茶还有较为特殊的方式——燔烧。据宜兴县志记载，明代宜兴在将贡茶上贡前，会留出一部分，清明前两天燔烧这些茶叶用以祭祖。以茶祭祀的习俗至今可见，如云南布朗族一年之中祭祀频繁，所用祭品中会出现竹笋、饭菜和茶叶等；闽北民间以"三茶、三酒、三牲"供佛祭祖，以求生活安定幸福。浙江宁绍地区以"三茶、六酒"敬天、敬地、敬祖宗就是例证。

▶ 用茶祭祖

3. 岁时茶俗　中国许多地区，逢年过节，许多普罗大众都有茶祭之习。如每逢农历正月初一有"新年茶"；农历二月十二有"花朝茶"；公历四月五日有"清明茶"；农历七月初七是地藏王菩萨的生日，有"祭神茶"；农历七月十五日是阴间鬼放假的鬼节，有"请鬼茶"；农历八月十五有"中秋茶"；农历十二月二十三日是灶神一年一度的上天之日，有"送灶爷茶"等。这种民间吉日茶祭，虽然式样平和，但意在寻求平安、祥和。

中国不同地区，还有不同的岁时茶祭。在浙江杭嘉湖一带，每逢春节期间凡有客进门，奉客泡茶时，会放上两颗青橄榄，誉称"元宝茶"，意在新年发财之意。

在杭州地区，据明代田汝成《西湖游览志余》载：“立夏之日，人家各烹新茶，配以诸色细果，馈送亲戚、比邻，谓之七家茶。”在东南沿海地区，在端午节时，还有煮“端午茶”施舍陌路行人的习惯。

这种岁时茶祭的做法，在少数民族地区也时有所见。在贵州的侗族居住区，每年正月初一，用红漆茶盘盛满糖果，一家人围坐火塘周围喝“年茶”，预示可以获得全年合家欢乐。侗族还有“打三朝”的风习，就是在小孩出生后第三天，家中请人唱歌、喝茶保平安，认为上苍会保佑孩子长命百岁、聪明智慧。

4. 茶馆茶俗　茶馆的出现建立在饮茶风尚普及的基础上，而茶馆茶俗的出现则建立于茶馆逐渐成形并逐渐完备之后。

茶馆最初的雏形是“茶摊”（见《广陵耆老传》），尔后南北朝出现茶馆的初级形式“茶寮”，可供往来人群歇脚喝茶。唐代正式出现关于茶馆的文字记载。封演在《封氏闻见记》里说到，唐开元年间，出现了很多卖煎茶的店铺，只要投钱，可随意取饮。宋代茶馆往往设在车水马龙之处，热闹繁华，规模扩大，经营模式完善，聘用善茶技的人（茶博士）为客人专门点茶。因行业竞争激烈，茶馆经营项目也日趋丰富，比如售卖茶点、雇佣歌姬弹唱、教授乐曲或安排人说书等。元代茶馆基本沿袭宋制，但零星地出现散茶的泡法。明朝茶馆数量激增，整体风格受明代文人学士影响，雅致精细。茶馆里茶艺从宋元的点茶转变为散茶冲泡。清代茶馆经营形式多样，有清茶馆、书茶馆、野茶馆等。

▸ 清末民初的上海老茶楼

经济发展、饮茶风尚普及以及茶宴、茶会的形成，推动了中国古代茶馆业的蓬勃发展，并出现了许多有意思的习俗。《海上花列传》第三十七回："月底耐勿拿来末，我自家到耐鼎丰里来请耐去吃碗茶。"沙汀《兽道》："随后人们又纷纷赞成她们去吃讲茶。"因茶馆人多，将双方发生争执公之于众，是非曲直由大家评判，这种"吃讲茶"做法，旧时在江南乡镇茶馆中时有所闻。

（二）贵族阶层饮茶风俗

茶最早为普罗大众所种、所制，但茶原本是"南方嘉木"，稀有珍品，所以最先的饮茶人群主要是上流社会的贵族阶层。尤其是在隋唐之际，宫廷饮茶风气更浓，饮茶在全国范围内普及开来。于是朝廷在江苏常州的义兴（今宜兴）和浙江湖州的长兴建立了中国第一个专门生产王室用茶的场所——顾渚贡焙。时任湖州刺史的袁高，在亲自督造贡茶过程中，在《茶山诗》里发出了"动生千金费，日使万姓贫"，"一夫旦当役，尽室皆同臻"，"悲嗟遍空山，草木为不春"，"选纳无昼夜，捣声昏继晨"的感叹声！而制作的贡茶，限时在清明前三天送达长安（今西安）。为此，唐代李郢《茶山贡焙歌》曰："驿骑鞭声砉流电，半夜驱夫谁复见？十日王程路四千，到时须及清明宴。"其实清明宴就是唐王朝举行的清明茶宴。在茶宴上，不但王宫用茶祀天、祭祖、赐功臣，而且用茶宴请满朝文武大臣。南宋胡仔《苕溪渔隐丛话》提到，顾渚紫笋"每岁以清明日贡到，先荐宗庙，然后分赐近臣"。唐代以茶祭宗庙、分赐臣僚的例子很多。20世纪80年代，陕西扶风法门寺王室宫廷系列茶具的出土，进一步表明唐代权贵对饮茶的崇尚。在宋人撰的《梅妃传》

▶ 长兴顾渚山大唐贡茶院遗址

中，更有唐玄宗与梅妃斗茶的记述。

入宋以后，朝廷对饮茶之风的推崇比唐代更盛。“两宋茶事，当数斗茶第一”。北宋蔡襄在《茶录》中谈到：斗茶之风，先由唐代名茶、南唐贡茶产地建安兴起。于是，就出现了斗茶。用斗茶斗出的最佳名品，方能作为贡茶。所以说斗茶是在贡茶兴起后才出现的。

由于贡茶的需要，推动了宋代斗茶之风盛行。宋代唐庚写了一篇《斗茶记》，说：“政和二年三月壬戌，二三君子相与斗茶于寄傲斋，予为取龙塘水烹之，而第其品，以某为上，某次之。”并说：“罪戾之余，上宽下诛，得与诸公从容谈笑，于此汲泉煮茗，取一时之适。”从文中可以看出：其时，唐庚还是一个受贬黜的人，但还不忘斗茶，足见宋代斗茶之风的盛行。这种情景连身为皇帝至尊的宋徽宗也未能免俗，为此写下名篇《大观茶论》，倡导饮茶斗茶，励志“致清导和”，将斗茶视为风雅之举。而在王宫后院嫔妃们又把斗茶过程中的点茶加以艺术化，最终将点茶演变成为一种游戏。北宋陶谷《荈茗录》载：“近世有下汤运匕，别施妙诀，使汤纹水脉成物象者，禽兽、虫鱼、花草之属，纤巧如画，但须臾即就散灭。此茶之变也，时人谓之茶百戏。”南宋陆游《临安春雨初霁》：“矮纸斜行闲作草，晴窗细乳戏分茶。”他认为点茶是百无聊赖中的一种“闲作草”和“戏分茶”的游戏罢了，只是用来打发时光，排遣苦闷而已。这表明宋时宫廷中的嫔妃们还通行有点茶做游戏之俗。

至于宫廷茶宴，宋时更盛，它通常在金碧辉煌的皇宫中进行，是皇帝对近臣的一种恩赐。所以，场面隆重，气氛肃穆，礼仪严格。对此，北宋蔡京《延福宫曲宴记》有详细记载：“宣和二年（1120）十二月癸巳，召宰执亲王等曲宴于延福宫……上命近侍取茶具，亲手注汤击沸，少顷白乳浮盏面，如疏星淡月，顾诸臣曰，此自布茶，饮毕皆顿首谢。”这就是宋徽宗赵佶亲自烹茶赐予群臣的情景。而宋代王禹偁的“样标龙凤号题新，赐得还因近作臣”；梅尧臣的“啜之始觉君恩重，休作寻常一等夸”等诗句，就是臣子获得皇恩茶后对皇上的表白。

元代贵族与宋代一样，酷爱饮茶。契丹族大臣耶律楚材《西域从王君玉乞茶，因其韵七首》中，第一首为乞茶诗，表示对茶的渴望：“积年不啜建溪茶，心窍黄尘塞五车”；而且由此引起对建溪茶的美好回忆，以致产生“思雪浪”“忆雷芽”之觉。第二首是他在品尝王君玉所赠江西极品茶后，深感“琼浆啜罢酬平昔，饱看西山插翠霞”。又在元代饮膳太医忽思慧《饮膳正要》中，记有兰膏茶“玉磨末茶三匙头，麺、酥油同搅成膏，沸汤点之”等几种茶饮，均在茶中加有酥油等辅料，使元代贵族饮茶中加入了蒙古族风格元素。

明时，太祖朱元璋下令将饼茶改为散茶，从而改变了之后茶叶制作和品饮方式。饮茶是明代皇帝、后妃、群臣们的生活习惯。他们饭前、饭后都要饮茶，茶饭相连，彼此密不可分。明代宫廷设有御茶坊，专司帝王饮茶之事。可见饮茶对明代贵族而言是一件极为重要却习以为常的事。明代宫廷以茶待客，以茶做礼，王公大臣或是前来觐见的使臣通常以茶饭招待，大臣们时常被赏赐茶叶以示恩宠，而远道而来的客人则被赏赐茶叶作为礼物。

清代宫廷饮茶习俗花样繁多。乾隆嘉庆年间，设重华宫茶宴，以饮茶赋诗为内容。乾隆《三清茶》诗曰：“遑云我泽如春，与灌顶醍醐比渥；共曰臣心似水，和沁脾诗句同真。藉以连情，无取颂扬溢美。”乾隆希望群臣在茶会上去伪存真，能如“三清茶”一样，廉洁高尚。这种茶俗颇具政治意味。其实清代宫廷上至皇帝、下至后妃皆爱饮奶茶，佐以八珍糕，大名鼎鼎的慈禧太后就爱饮奶茶。慈禧太后还爱“以花点茶”，尤爱用金银花调味。凡此等等，不胜枚举。

（三）儒释道家饮茶风俗

中国传统文化是儒释道交织的文化，这三者相互交融，彼此影响。饮茶习俗作为传统文化的一部分，也同时受儒释道文化的影响，一杯茶里同样浸润着人们的虔诚信仰。

1. 儒家文化里的茶俗　饮茶能“精行俭德”，此风最为儒家推崇。早在两晋南北朝时，一些有眼光的政治家便提出“以茶养廉”，以对抗当时的奢侈之风。东晋贵族以奢侈为时尚，而这一时期的儒家学说践行者们，则承继晏子的茶性俭朴精神，用以茶养廉对抗同时期的侈靡之风，其中典型的当推《晋中兴书》中的陆纳以茶、果待客；《晋书》中的桓温以茶、果宴客。茶在这里不但是内容，也是形式，是传递俭廉精神的重要载体。清茶一杯，是古代清官的廉政之举，也成为现代人倡廉的高尚表现，正所谓“座上清茶依旧，国家景象常新”。

儒家还以茶雅志，唐代吕温在《三月三茶宴序》中就对茶宴的优雅气氛和品茶的美妙韵味，作了非常生动的描绘。

儒家文化对茶俗的影响，还体现在三纲五常思想影响下产生的茶礼之中。如君主在重大场合赏赐臣子茶叶，这体现了君为臣纲；茶作为聘礼定亲，“茶，嘉木也。一植不再生，故婚礼用茶，从一之义也”（《茶谱序》），体现了夫为妻纲等。

此外，儒家中庸思想也对饮茶习俗有相当大的影响。中庸思想讲究持身正，并持之以恒；不偏不倚，中正平和。如饮茶，要用“隽永”之水，适当的水温，恰当的出汤时间，造就一杯好茶，并持之以恒地饮好茶，才是正确的养生之道。正如奉茶，茶满七分，在主客之间，既留下三分情意，又在不言中保持适当自由的空间。

2. 佛家文化里的茶俗　据《庐山志》载：早在汉时，庐山的僧人就采制茶叶相叙。东晋慧远和尚在庐山东林寺旁还种植过茶树。东晋怀信和尚《释门自镜录》载：“跣定清谈，袒胸谐谑，居不愁寒暑，食不择甘旨，使唤童仆，要水要茶。”说明至迟在晋代，佛门已盛行饮茶。至唐代中期，更加重视茶事，并且带动民间百姓饮茶

▶ 河北赵县柏林禅寺内的“禅茶一味”碑

成风。《封氏闻见记》载:“开元中，泰山灵岩寺有降魔师，大兴禅教。学禅务于不寐，又不夕食，皆许其饮茶，人自怀挟，到处煮饮。从此转相仿效，遂成风俗。”佛家认为茶性与佛理是相通的，所以后人又有“茶禅一味”之说。中国佛教协会会长赵朴初有诗云：“七碗爱至味，一壶得真趣。空持百千偈，不如吃茶去。”这是因为僧侣坐禅修行既要长久保持姿势，又有“过午不食”之习，还要守住僧家本心，而茶叶的丰富营养物质、保健养心功能为僧侣提供能量。

佛家认为茶有“三德”:坐禅时通夜不眠，满腹帮助消化，还能清心寡欲而“不发”。这些特性使茶在僧侣中受到欢迎。陆羽《茶经》中引录《艺术传》中的晋代僧家“单道开饮茶苏”,《释道该说续名僧传》中的晋代僧家“法瑶饮茶”，都说明至迟在魏晋南北朝时，僧侣饮茶已渐成风尚。唐宋时，僧侣饮茶已成为家风。宋代道原《景德传灯录》载：“晨起洗手面盥漱了吃茶，吃茶了佛前礼拜，归下去打睡了，起来洗手面盥漱了吃茶，吃茶了东事西事，上堂吃饭了盥漱，盥漱了吃茶，吃茶了东事西事。”这是僧侣生活和家风的记录。茶在禅宗的作用下，僧侣由茶入禅，领悟“空”的思想。茶对于僧侣而言是一种神物，寺庙有以茶供佛的习俗，当然也有与世俗相同的习俗，这就是客来敬茶。

“自古名山、古寺出名茶”。佛教除了推动饮茶之风盛行外，还对历代名茶生产的发展起过很大的促进作用。

3. 道家文化里的茶俗　道教是两汉时期方士们把先秦的道家思想宗教化的产物。道教的独特服食炼养方式，促进了茶的发现、利用和向民间普及的过程，其时间早于佛教。道士们追求得道成仙，通过服食药饵来摄生养命，企求长生不老。他们将服食金石类的金丹称作大药，将服食草木类的草药称为小药，“服小药以延年命”。而茶是属于小药，成为道徒们日常服食的仙药，认为饮茶可以轻身换骨、羽化登仙。东汉末年，著名的道教理论家葛玄就曾在浙江天台山等地种茶，在天台山华顶，“葛玄茗圃”遗存依在。又据葛洪《抱朴子》载：“盖竹山，有仙翁茶圃，旧传葛玄植茗于此。”道教典籍《壶居士食忌》就说“苦荼久食羽化”。“茗茶轻身换骨，昔丹丘子、黄君服之”，陶弘景作为道教茅山派代表人物，发出茗茶可以轻身换骨

▶ 天台山华顶“葛玄茗圃”遗址

的感慨，可见他对饮茶养生的坚信不疑。又有《宋录》云：“新安王子鸾，豫章王子尚诣昙济道人于八公山，道人设茶茗，子尚味之，曰：‘此甘露也，何言茶茗？’”这一史实著作表明，道人为远道而来的客人奉上茗茶，道家也有客来敬茶之习。而子尚喝完茶后说的话颇有几分“此茶只应天上有，人间难得几回尝”的意思，喝完恐怕要“羽化登仙”了。道家将茶视作仙草，认为饮茶既可以沟通神灵，又可助人羽化成仙。

二、饮茶的特点

中国人饮茶源远流长，饮茶所具备的功能更使茶这种饮品深受人们喜爱。时光流转，人们在懵懂中摸索，逐渐懂得了因人制宜、因地制宜、因时制宜地去饮茶。时代更迭，饮茶经受住了历史考验，历久弥新，不断焕发出新的异彩。

（一）从古至今的传承

近年来，浙江余姚田螺山遗址出土 5 500 年前人工栽培的茶树根，把茶的利用

▶ 东汉赏乐石刻图

历史比“发乎神农”又向前推进了几百年。如此，中国人的饮茶历史至迟可以与中国文明史比肩了。

饮茶能传承数千年不衰，证明它是有旺盛的生命力。三国两晋南北朝时期，饮茶由士大夫阶层引领进入文化领域，被赋予了文化内涵，士大夫阶层清谈盛行，由于酒肉价贵且不雅、酒令智昏等原因，使饮茶逐渐取代饮酒的地位，茶成为清谈时必不可少之物；唐代涌现了一批茶人，著《茶经》的茶圣陆羽，著《封氏闻见记》的封演，写《七碗茶诗》的“茶中亚圣”卢仝等就是这一时期引领饮茶风尚和推动饮茶风习普及的代表人物。

五代十国时期，饮茶在文臣之间盛行，五代词人和凝，官至左仆射、太子太傅，是文臣的典型性代表。他嗜好饮茶，甚至组织了“汤社”，开斗茶先河。

宋代饮茶深入社会各个阶层。世俗社会、寺院生活，随处可见茶的身影。同时期的北辽契丹人，将饮茶遍及宴会、待客、祭祀、佛事等场合，河北宣化辽代墓的壁画《茶道图》和《进茶图》便是辽代饮茶风尚兴盛的明证。

元代文人将饮茶写入诗歌、杂剧、元曲里。元代服饰里茶色、茶褐色占有一席之地，出现了“汉儿茶饭”“回回茶饭”等饮食名称。

明代，文人成为发展茶文化的生力军。他们追求自然美，崇尚饮茶饮“真味”，偏爱风雅、简洁的饮茶方式。

清代，来自关外的满人难以改变大鱼大肉的生活习惯，于是向汉人靠拢，推崇饮茶以助消化。

近代，世事多艰，惟茶馆遍地开花。对普通百姓而言，茶馆是交易市场、抨击世道的场所。对文人雅士而言，茶馆是交流兴趣爱好，谈诗词歌赋、探讨实事的地方。对三教九流而言，茶馆是信息的传播和集散中心，也是休闲和聊天的场所。

进入当代，茶已成为中国举国之饮，茶馆已成为休闲生息之地，生活需要它！

（二）从身到心的愉悦

千百年来，无论是“山村野夫”，或者是“文人墨客”，虽然饮茶方式不同，感悟茶的真谛不一，但最终是殊途同归的。茶是养身、养心的“绿色、健康”饮料，它从一种物质形态开始，在历史发展过程中不断渗入了精神元素。如今，饮茶已成为一种生活的享受、健康的食材、心灵的寄托、友谊的纽带、文明的象征。

1. 物质功能　生津止渴是饮茶能达到的最基础的效果。在生活中，有钱人过的是“饭来伸手，茶来开口”的日子，但即使是贫贱之户，“粗茶淡饭”也是不可少的。在《红楼梦》“贾宝玉品茶栊翠庵，刘姥姥醉卧怡红院”中，贾母让刘姥姥尝尝用旧年雨水泡的老君眉，“刘姥姥便一口吃尽，笑道：‘好是好，就是淡些，再熬浓些更好了’”。可见大户人家品的是“老君眉”茶，而对于刘姥姥这等“俗人”而言，茶不过是有味之水，饮茶也不过可以生津解渴而已。

其实，茶在中国是一种举国之饮，是中国人的最基本饮料，这是因为茶有显著的保健功能。神农时期以茶解毒，随着对茶认识的深入，逐渐发现饮茶能够带来更为丰富的保健效果。“凡诸茶，味甘苦，微寒无毒。去痰热，止渴，利小便，消食下气，清神少睡。”[①]“茶苦而寒，阴中之阴，沉也，降也，最能降火。火为百病，火降则上清矣。然火有五，有虚实。苦少壮胃健之人，心肺脾胃之火多盛，故与茶相宜”[②]。李时珍本人也好茶，少年时每每饮茶不欲停，直到中老年时因身体渐弱，茶性又凉，渐渐在饮茶上有些节制。现代医学研究表明，饮茶可以“三降”：降血脂、降血糖、降血压，而且还可抗氧化延缓衰老，可以美容护肤，可以提高人体免疫力，可以护齿明目等，凡此种种，不一而足。可见，饮茶在某种程度上代表着21世纪的健康生活方式，以致茶有“万病之药”的美誉。

2. 精神功能　中国人饮茶有喝茶和品茶之分，特别是品茶已提升为一门综合艺术，在幽雅、洁净的环境中，闲情雅致，无事缠身，杯茶在手，闻香观色，察姿看形，啜其精华。此时此景，虽“口不能言”，却“快活自省”，个中滋味，无法言传，但可意会，这是饮茶赋予人的一种享受。如此饮茶，已升华成为一种品茶文化。所以，茶的神奇魅力，不仅在于事关民生，有利于身体健康，而且还在于其凝聚了中华民族的文化精华，有利于养心。所以，茶在中国是一种饮品，更是一种修性之物。以

① 忽思慧：《饮膳正要》，卷第二。
② 李时珍《本草纲目》。

▶ 白族敬三道茶

茶为友，以茶寄情，以茶联谊，以茶取信。总之，茶能养生“涤心”，这就是茶独特的文化内涵，也是茶的魅力所在。在中国饮茶史上，大约从魏晋南北朝开始饮茶之风兴起，饮茶被赋予精神内涵和文化价值。自此以后，饮茶的功能开始迈向多元化的进程，带给人从身到心的愉悦。“寒夜客来茶当酒，竹炉汤沸火初红。寻常一样窗前月，才有梅花便不同。”[①] 寒夜来客，炉火初红，扫雪煮茶，良朋知己，围炉品茗，赏月观梅，实乃令人向往之雅趣也！饮茶还具有警示世人哲理的功能。三道茶是白族求学、学艺、经商、婚嫁时，长辈对晚辈的祝福，以“一苦、二甜、三回味”的生活哲理警示世人。三道茶中的第一道茶为苦茶，意味着人生总是会经历磨难困苦，世事波折。第二道茶是甜茶，意味着苦尽才会甘来，只要认真努力去生活，终究会迎来光明的一天。第三道茶则包含酸甜苦辣各种滋味，意味着待到老了那一天回头看过往，人生果真是千滋百味，回味无穷。饮茶还具备品赏的功能，既能满足感官享受，又能愉悦身心；饮茶具备交友的功能，“共饮一杯茶，不分你我他”，大有“天下茶人一家亲”之感。如此看来，饮茶具有多元化功能的特点，这种特点能令饮茶之人得到从身到心的愉悦满足。

（三）天时地利中的人和

在人的一生中，中国人最讲究的莫过于一个“和”字，饮茶也是如此。而要达到这种境界，不仅需要有天时地利的生活环境，还须有好茶、好水、好器，以及有好心情和好的环境。

“点茶”是宋人的一种烹茶方式。宋人对品茶有“三不点”之说。宋代欧阳修《尝新茶》曰 ：“泉甘器洁天色好，坐中拣择客亦佳。”诗中说要品好茶 ：一是要择甘泉、

① 宋杜耒《寒夜》。

洁器；二是要择好的天气；三是要择风流儒雅，情投意合的佳客。宋代苏东坡在扬州为官时，曾在西塔寺品茶，在诗中谈到如何品茶时说："禅窗丽午景，蜀井出冰雪。坐客皆可人，鼎器手自洁。"说的是品茶除了要有好的环境，好的茶器，好的井水外，还要有不俗而可人的品茶者。而明人对品好茶的要求，更加严格。明代冯可宾在《岕茶笺》中提出了品茶的13个条件，即一要"无事"：超凡脱俗，悠然自得，自由自在；二要"佳客"：人逢知己，志同道合，推心置腹；三要"幽坐"：环境幽雅，心平气静，无忧无虑；四要"吟咏"：茶可清心，品茶吟诗，以诗助兴；五要"挥翰"：茶墨结缘，品茗泼墨，可助雅兴；六要"徜徉"：小桥流水，花园竹径，闲庭信步；七要"睡起"：一觉醒来，香茶一杯，轻肌净口；八要"宿醒"：酒醉饭饱，醒昏振神，去腻消食；九要"清供"：杯茶在手，佐以茶点，相得益彰；十要"精舍"：居室幽雅，精神清新，情趣倍增；十一要"会心"：深知茶事，心有灵犀，随心可得；十二要"赏鉴"：精于茶道，善于鉴评，懂得品赏；十三要"文僮"：茶僮侍候，烧水奉茶，得心应手。

与适宜品茶13个条件相对应的，冯氏还提出了不宜品茶的七条"禁忌"。一是"不如法"：指烧水、泡茶不得法；二是"恶具"：指茶器选配不当，或质次，或玷污；三是"主客不韵"：指主客一方，口出狂言，行动粗鲁，缺少修养；四是"冠裳苛礼"：指席间不得已的被动应酬；五是"荤肴杂陈"：指大鱼大肉，荤油杂陈，有损茶的"本性"；六是"忙冗"：指忙于应酬，无心赏茶、品茶；七是"壁间案头多恶趣"：指室内布置零乱，垃圾满地，令人生厌，俗不可耐。

冯可宾指出的宜茶13条和禁忌7条，归纳起来就是影响品茶的因素，除了茶的本身条件外，还包括品饮者的心理因素、人际关系以及周围环境。这就是说：品茶必需天时地利人和。品茶时"人逢知己"，而又有一个好心情，并处在一个好的环境下，方能体悟出"个中滋味"。如此品茶，茶的哲理自然也在其中了。

（四）沧海桑田里的永恒

中国饮茶历史悠久，随着时代的推进、茶类的变革，饮茶方法也不断推陈出新，去繁就简，不断推向前进。总的说来，中国茶的制作工艺经历了由团茶、饼茶到散茶的演变过程；茶的利用方式经历了由药用、食用向饮用的发展；饮茶方法经历了由唐煮、宋点向明泡的方向转变；饮茶的审美视角经历了由唐宋时程式化的繁复向明时的简单高雅的演变。中国当代的茶艺主要沿用明代的沏泡法，在审美特点上体现了自然本真、简洁静雅。这一点从茶器选用上就可略知一二：唐代陆羽《茶经》出现的煮茶饮茶器有 28 种，而当代茶艺茶器多则十几种，比如台湾工夫茶，少则 4 种，如潮汕工夫茶，更有甚者，只需一杯一壶而已。

当代茶艺，尽管不同的茶有不同的沏泡法，但沏泡技艺的着力点在于掌握好“四要素”，即沏水温度、投茶数量、冲泡时间和续茶次数。而在饮茶过程中，重要的是在凝聚精气神，若是能达到“清敬和美”的境界，那便是大家了。至于品饮的每个环节，则注重的是茶的香气、汤色、滋味等诸多方面，它始于物质生活的享用，但最终提升到精神层次的享受。

中国茶艺从唐代至今发生巨大的变革，面目全然不同。日本茶道主要习自唐宋时期煎茶、点茶，然后在发展过程中又加入了本国特色，如此发展至今却仍可见唐宋时的影子。而中国疆域广、地域大，历朝历代变革多，饮茶风尚传承远比单一民族的其他国家复杂得多。但“根”之所在，终是一脉相承，却是永恒主题。

三、饮茶的地域风情

一方水土养一方人，茶亦如此。不同地域生产的茶，它的品质和口感是不一样的；而不同地域的人，即便是同一区域不同的人群，对茶的要求也是不一样的，如此便形成了不同的饮茶地域风情。下面，选择几个有代表性的地区的饮茶风情，择要阐述如下。

（一）江浙沪之品

江浙沪地处长江下游区域，中心文化区是太湖、钱塘江流域，包括今天的江苏、浙江、上海地区，影响波及安徽东部和江西的东北部，深受吴越文化影响。明清时期，沿海的地理优势充分显露出来，商业贸易迅速发展，城市繁荣，经济发达，生活水平高，形成了细腻、恬淡、婉转、雅致、清新的文化特色，与北方各区域文化形成鲜明的对比，这在饮茶文化上亦有显明表现，饮茶小口缓咽，重在细细体察，强调的是品饮，而不是大口急速地喝茶。

江浙沪地区人民习惯饮名优茶。加之，其地以盛产名优绿茶为主，选料精细，制作精细，饮茶同样讲究精细。西湖龙井、洞庭碧螺春、黄山毛峰、太平猴魁、庐山云雾等名优绿茶是这一地区的最爱，可谓情有独钟。特别是西湖龙井，人称“天下第一名茶”，有色绿、香郁、味醇、形美“四绝”之誉，是名优绿茶里的佼佼者。这些名优绿茶，大多选用一芽一叶或一芽两叶初展细嫩原料制作而成，无论是干看，还是冲泡后湿看，都有较高的欣赏价值。对饮茶用水，强调以山泉水为上。对饮茶器具，为便于观赏，多选用玻璃杯或白瓷杯为主。对泡茶水温一般选用 90℃左右开水冲泡。至于品茶，不但要求观其形，而且要求闻其香，更要求品尝其味。品茶时，还要求做到小口、细斟、缓咽。总之，品茶要求从茶的色、香、味、形等各个方面，加以全方位地汲取精华。

▶ 龙井村里品龙井

从吴越文化孕育出来江浙沪人，他们似乎天生带着股灵气，哪怕生活忙碌，他们也能抽出时间从凡尘里脱开身，坐下来静心品茶。总觉得有杯茶在手，心中自然会有平和之气，因此，其地有“生活不可无茶”之说。

（二）北方之喝

北方主要是指黄河流域以北的华北地区、京津地区和东北三省，这里古时农业经济相对繁荣，明清以来城市化进度快，主要表现在饮食文化上，汉满蒙食风、食俗相融。所以在历史上，北方人饮茶氛围虽浓，但有很大的随意性，想喝就喝，无固定饮次，每次饮茶量也不一致。对饮茶环境，习惯于随遇而安，要的是大碗、快饮、急饮，求的是生津解渴，是生理需要。

北方人饮茶，喝得最多的是大宗绿茶、茉莉花茶，甚至茶叶片末。北方人的饮茶方式也与他们的性格相符，习惯于用大碗喝茶。北京大碗茶是其中的典型代表。老舍话剧《茶馆》写道："茶房们一趟又一趟地往后面送茶水。"可见这些茶客是在大口解渴了。《茶馆》还写道："王利发：'您甭吓唬着我玩，我知道您多么照应我，心疼我，决不会叫我挑着大茶壶，到街上卖热茶去！'"老北京茶馆里的茶与大碗茶相比已经算是精细的了。旧时，北京大碗茶的常态是一个大茶桶、十几个粗瓷大碗、一把大茶壶、几条长板凳、几张方桌，构成最为简易的茶摊，或是挑着担走街串巷去卖茶。车船码头、大道半途、闹市街边、田头地角，哪里有人民，哪里就有大碗茶。累了、渴了，停下来歇歇脚，喝上一碗热腾腾的大碗茶就是极美的享受。"我爷爷小时候，常在这里玩耍……窝头咸菜么就着一口大碗茶，世上的饮料有千百种，也许它最廉价，可谁知道，谁知道，谁知道它醇厚的香味……"这首《前门情思大碗茶》用质朴的歌词，融合京剧色彩的曲调，讲述了老北京大碗茶的独特风韵——醇厚、廉价，并因此走入千家万户。

▶ 喝大碗茶

大碗茶只讲究沏茶功夫。"以极沸之水烹茶犹恐不及，必高举水壶直注茶叶，谓不如是则茶叶不开。既而斟入碗中，视其色淡如也，又必倾入壶中，谓之'砸一砸'。更有专饮'高碎''高末'者流，即喝不起茶叶，喝生碎茶叶喝茶叶末。"[①]

① 金受申：《老北京的生活》。

怎样算极沸的水？必须要浇到地上会“嗤嗤”作响。用这样的水直接冲泡茶叶，倘若泡出的茶汤颜色不浓还要再来一遍，无怪乎许多北方农村人的搪瓷杯都有一层厚厚的茶垢了。这种沏茶方式泡出来的茶，又香又浓，既能提神，又能解渴，最能满足劳动人民的需求。不这样沏茶也就谈不上是大碗茶了。

（三）闽粤台之啜

闽粤台地区，专指福建、广东和台湾。福建和广东民风民俗相似，语言相近，历来是精神上的同乡。而台湾的民俗文化，老底是福建文化的一部分。以饮食文化而论，煲汤、凉茶、工夫茶就是典型代表。在饮茶文化上，最具代表性的就是吃工夫茶。吃茶这是最古老而又年轻的说法，说它古老是因为茶的最早利用方式是从吃开始的；说它年轻是因为既是吃，那就要细嚼缓咽，从中探究出个中滋味，于是就有小杯啜乌龙之说，指的就是吃工夫茶。《清朝野史大观》有“中国讲究烹茶，以闽之汀、泉、漳三府，粤之潮州府工夫茶为最”之说。

啜工夫茶，选的茶以上好的凤凰单丛、武夷岩茶、安溪铁观音为主；择的水要活的山泉水，现烧现用；挑的火种要用橄榄核或者无异味的木炭为上。特别是潮汕人啜工夫茶最为讲究，饮茶除了要茶好、水好、火好外，还须与之配套的器好，人称“烹茶四宝”：孟臣壶（紫砂壶）、若琛瓯（陶瓷小杯）、玉书煨（注水壶）以及潮汕炉。清代袁枚《随园食单》提到工夫茶：“杯小如胡桃，壶小如香橼，每斟无一两，上口不忍遽咽……”工夫茶壶小、杯小是众所周知的，通常一把孟臣壶配三个若琛瓯。饮茶用杯还有“茶三酒四”的风习。潮汕人饮工夫茶哪怕有七八个人，也习惯备三个杯，有蕴含饮茶时互相谦让，其乐融融之意。潮汕工夫茶的壶小却精致，拥有一把质地上佳、品味上佳的紫砂壶是每个老茶饕最自豪的事，若是这样的一把壶里还积了厚厚一层“茶锈”，那就更了不得了。至于若琛瓯，潮州枫溪象牙白或江西景德镇白瓷小杯最受欢迎，它小巧玲珑，胎质细腻，薄如蝉翼，使香气不易散逸。

潮汕地区几乎家家户户都会工夫茶的技艺，他们不仅每日空闲喝上几壶，若有贵客拜访，也用潮汕工夫茶招待贵客。先温壶，再放入七分满的茶叶，碎末置于壶底避免堵塞壶口。高冲注水，用壶盖刮去浮沫。用水淋壶，这叫“内外夹击”，使

▶ 冲泡潮汕工夫茶

茶叶受热均匀，香气散发，等待的时间迅速温杯。随后出汤，出汤的技法有“关公巡城”“韩信点兵”，这样的手法可以使三杯茶水浓淡均匀。客人们喝茶时要注意，大拇指和食指抵住杯口，中指抵住杯底。“三龙护鼎”后先观色闻香，后分三口啜完。袁枚写道：“先嗅其香，再试其味，徐徐咀嚼而体贴之，果然清香扑鼻、舌有余甘，一杯以后，再试一杯，令人释躁平矜，怡情悦性。”

至于闽粤百姓移民到台湾开荒，带去工夫茶。“台人品茶，与漳、泉、潮相同……茗必武夷，壶必孟臣，杯必若琛，三者为品茶之要。非此不足以豪，且不足待客。”[①]如今，台湾工夫茶与闽粤地区的本质是一致的，只是变得更为雅致，富有情趣罢了。

（四）西北之调

西北主要是指行政区划上的西北地区，包括陕西、甘肃、青海、宁夏、新疆等省、区和内蒙古中西部地区。由于这一地区所处纬度高，气候干燥，许多地方处于戈壁沙漠，生存环境较为恶劣。但西北地区，特别是牧区，由于以食牛羊肉和奶制品为主，粮、菜为辅，因此习惯于以饮助消化、补营养的调制茶为主。

内蒙古是蒙古族兄弟的主要居住区，他们将汉族的饮茶方式与本民族游牧文化结合，催生了富有民族特色的咸奶茶。咸奶茶主料为：水、茶、鲜奶、盐，也有加入炒米、奶皮子、黄油的。饮用的茶多为产自湖北的老青砖。煮茶时先将茶砖用茶臼捣碎，放入铁锅熬制，再加入鲜奶，不停用勺子搅拌，使茶和奶均匀地混合，最后加入盐、炒米、奶皮子等，装入大肚嘴小的圆口壶，以便随时饮用。

① 连横：《雅堂文集·茗谈》。

在陕、甘、宁一带居住着众多回族兄弟，他们以饮炒青绿茶为主，饮茶时习惯于将大枣、桂圆、枸杞、炒米等多种土特产和茶调配成八宝茶。这里的人民还有喝罐罐茶的习惯，认为喝罐罐茶有四大好处：提精神、助消化、去病魔、保健康。由于罐罐茶的浓度高，喝起来会感到又苦又涩。好在喝罐罐茶往往与吃烤土豆同时进行，如此用茶，一举数得。

新疆是个多民族的居住区。大致说来，以天山为界，北疆以哈萨克族为主，习惯于饮奶茶。而南疆以维吾尔族为主，最喜欢喝香茶。但无论是北疆的奶茶，还是南疆的香茶，饮茶时总喜欢搭配馕饼，如此，饮茶还有助消化的作用。

（五）西南之古

中国西南地区是茶的发源地，又是少数民族的集中居住地，这一地区的饮茶风习，既有传统而时尚的饮茶风情，还保留有不少古老原始的饮茶习俗。前者如川、渝一带的人民喜欢坐茶馆，用盖碗沏茶。饮茶时，左手托茶托，不烫手；右手摄碗盖，用来拨去浮在茶汤表面上的茶片。加上盖，保茶香；掀掉盖，观茶的姿色。如此品茶，既有文雅之气，又具古代遗风，别有一番风情。但在西南地区，特别是云南边境及大山深处，用茶做菜、以茶为食、吃茶治病的古风随处可见。如景颇族的竹筒腌茶，将新鲜采摘的茶叶洗净沥干，

▶ 基诺族大娘在制凉拌茶

用力揉搓后加入辣椒、食盐等搅拌均匀，装入竹筒，用木棒压紧后再用竹叶塞紧，然后倒置。静置两三个月后，待茶汁渗出，茶叶微微泛黄时，便大功告成。然后即可根据个人口味加入不同的佐料，如麻油、芝麻、蒜泥等当菜吃。德昂族的酸茶，经历了采摘、晾晒、冲洗、蒸茶、搓揉、装筒、发酵，最后干燥贮存的制作过程。这种酸茶既是菜肴，还有清热解毒的作用。又如基诺族的凉拌茶，它以现采的茶树鲜嫩新梢为主料，再配以适量黄果叶、芝麻粉、元荽（香菜）、姜末、辣椒粉、大蒜末、食盐等经拌匀即可食用。作料品种和用量，可依各人的爱好而定。说凉拌茶是一种饮料，还不如说它是一道菜。更为奇特的是纳西族的“龙虎斗”茶，这是一种富有神奇色彩的饮茶方式。首先选一只小陶罐，放上适量茶，连罐带茶烘烤后，冲上沸水煮好茶待用。同时，另准备茶盅再放上半盅白酒，然后将煮好的茶水冲进盛有白酒的茶盅内。这时，茶盅内就会发出“啪啪”的响声，纳西族同胞将此看做是吉祥的征兆。声音愈响，在场者愈高兴。有的还会在茶水中放进 1 ～ 2 只辣椒。这种茶不但刺激强烈，而且“五味”俱全，它还是治感冒的良药。茶作药用，这是最古老的饮茶方式。

（六）岭南之吃

在中国南方，包括港澳地区在内，有吃早茶的风俗，尤其是岭南地区吃早茶的风气更盛。吃早茶，既能充饥补营养，又能补水解渴生津。目前中国的一些大中城市都有早茶供应，而最具代表性的，则是羊城广州和香港、澳门特区的早茶。早茶具有茶饮、茶食和茶文化的共性：说它是茶饮，就是保留着饮茶的基本内容；说它是吃茶，就在于它在饮茶同时，还结合佐茶食品；说它是吃早茶，就是那里的人们，特别注重早晨上茶楼吃茶。

早茶，俗称“一盅两件”，其意是一盅茶，两件点心。不过在现实生活中，人们所见的是早上起来，在匆匆上班之前上个茶楼，选个好坐处，要上一壶茶，选上几件点心既润喉清肠，又填肚充饥。在工作节奏日益加快的当今社会，这种茶餐式的吃茶方式，特别受到上班族的欢迎。当然，还有不少人有吃午茶、晚茶的习俗。

此外，岭南地区的人们还有吃肉骨茶的风俗。肉骨用新鲜排骨，加入各种佐料及药材熬成，茶叶大多选用的是普洱茶或乌龙茶。所谓吃肉骨茶，其实指的是边吃肉骨、边饮茶。

▶ 广州吃早茶情景

第三节　世界饮茶方式与方法

自从茶成为饮料以后，世界各国结合本民族的风土人情、历史文化、生活环境，乃至宗教信仰等，使饮茶方式变得异彩纷呈。如日本的茶道、韩国的茶礼、中国的茶艺、英国的午后茶、美国的冰茶、俄罗斯的甜茶、印度的舔茶，以及西非的薄荷茶等，它们都是饶有地域特色的饮茶风情。但尽管世界各国饮茶形式多种多样，归纳起来，不外乎是三类：清饮、调饮和药饮。

一、具有东方情调的清饮法

清饮法饮茶，就是直接用沸水冲泡茶，不加任何调味品。它追求的是茶的真香真味，要的是茶的原汁原味，呈现的是茶的本来面目。这种饮茶方法，多出现在茶树原产地及其周边国家，主要流行于东亚地区。

在中国，比较多的人，推崇的是清饮。其中，长江中下游地区以饮名优绿茶为主，北方地区饮的多是花茶和绿茶，闽、台、粤地区崇尚饮乌龙茶，西北地区爱喝浓香型的炒青绿茶，西南地区好饮绿茶和普洱茶。但不管饮的是哪种茶，推崇的都是清饮法。只有在边境少数民族和游牧民族地区，有饮加奶或其他佐料调饮茶的习俗。

日本人推崇饮有“三绿”（干茶绿、汤色绿、叶底绿）的蒸青绿茶，也普遍喜欢清饮。饮茶方法似在向两个方向发展：一是在一些重要的活动中，提倡茶道。饮茶中融入东方传统哲学思想，沏茶、奉茶、饮茶，一招一式都有严格的规范和要求，将饮茶提升到重修身、讲礼法的精神层面；一是生活饮茶，它比较随意，与一日三餐相配，提倡直接用整叶散茶冲饮。此外，日本也有不少人提倡清饮乌龙茶、红茶和花茶的。特别是20世纪80年代以来，日本饮乌龙茶开始兴起，并出现了各种饮法简便的罐装茶饮料。

韩国，因受中国和日本双重文化影响，在全国范围内提倡饮茶讲修养的“茶礼”。这种饮茶方式，既不像中国百姓家庭饮茶那样比较随意，也不像日本茶道那样循规蹈矩。目前，韩国本国产茶不多，饮的茶大多来自中国，红茶、绿茶、乌龙茶、普洱茶都有，但多提倡清饮。

东南亚各国，如新加坡、泰国、马来西亚等国，在那里又有较多的华裔后代，受中国文化影响较深，饮茶与中国人相差不多，大多提倡清饮，饮的多是乌龙茶、普洱茶和绿茶。东南亚各国浸润着西方文化潜移默化的影响，因此在上层社会，饮红茶的也时有所见。此外，还有一些本民族特有的饮茶方法，如马来西亚的拉茶，新加坡人爱喝的肉骨茶等。

二、富含西方理念的调饮法

调饮法饮茶则需在茶的沏泡过程中添加一些既调味又含营养，还有保健作用的辅料。以调味为主的有食盐、薄荷、柠檬等，以营养、保健为主的有牛奶、蜂蜜、白糖、花果等。如此，用调饮法沏泡的茶，又有甜味调饮法和咸味调饮法之分。

（一）甜味调饮法

▶ 英式下午茶

用甜味调饮沏泡的调味茶，主要的有甜味绿茶和甜味红茶两种。它们是在冲泡茶的过程中，加进了带有甜味的调料，诸如食糖、蜂蜜或果酱等。如在西非和西北非的一些国家：马里、塞内加尔、几内亚、毛里塔尼亚、塞拉利昂、摩洛哥、阿尔及利亚等国的人民，他们习惯于饮加有薄荷、方糖的绿茶饮料。众所周知,这些国家的大多数人们，信奉伊斯兰教，倡导饮茶禁酒；而这些国家，又大多处在撒哈拉大沙漠边缘，气候炎热、干燥。在这种情况下，绿茶与其他茶相比，更具清凉之感；而薄荷又是清热消暑的保健品；食糖还可补充营养。如此“薄荷甜绿茶”便成了这一地区人们生活中不可缺少的一种区域性饮料。

在欧洲、南美洲、大洋洲、东非以及南亚等许多国家，主要崇尚的是红茶中加有牛奶、食糖的甜奶茶。特别是西欧各国，最推崇这种带有甜味的红奶茶。又以英国人为最，一日早、中、晚多次饮茶，但尤以“午后茶”更为出名，茶配以茶点，流行于社会各个层面，已成为一种风俗。

在中东地区，如阿联酋、伊拉克、伊朗、科威特、土耳其等国，由于该区域气候炎热、干燥，人们饮茶习惯于在红茶中加糖，或者再加上柠檬，调制成柠檬甜红茶饮用。

此外，在美国还流行一种冰茶。冰茶就是将去茶渣的红茶汤，经冷却后，再加入冰块、方糖、柠檬，甚至蜂蜜、果酒等调制而成。这种冰茶，甜中带酸，开胃爽口。

（二）咸味调饮法

咸味奶茶，主要在黑茶类的一些茶叶中掺入适量的盐和奶，使这种茶喝起来，除奶味外，还带有盐的咸味。

饮咸味调饮茶的国家，主要有中国西北、西南边境的少数民族地区，如蒙古族的咸奶茶、藏族的酥油茶、壮族的油茶、基诺族的凉拌茶、傣族的腌茶、哈萨克族的奶茶等，就掺入有适量的奶、食用盐，甚至食用油等。

此外，在中国西部地区的一些少数民族中，还有不少加有其他佐料的咸味调饮茶，如壮族、侗族、苗族的油茶就属此列。

在世界上，与中国北部接壤的蒙古国，与西北部接壤的中亚各国都有饮咸味茶的风习。其中，最典型的是蒙古人饮的咸奶茶。蒙古人选用的大多是中国湖北产的青砖茶。饮用时先将青砖茶打碎成小块，放在锅内熬煮；去茶渣后，掺入适量盐和奶调成咸奶茶，或解渴，或佐食。又如和中国南部相邻的泰国、缅甸等国家，他们有吃腌茶的习惯。腌茶，其实说它是茶饮料，还不如说它是茶菜更为贴切。制作时，先将刚从茶树采下的嫩梢洗净，用竹编摊晾，然后稍加搓揉，再加上适量辣椒、食盐拌匀，放入罐或竹筒内层层舂紧；最后，用竹叶塞紧，封口后再静置两三个月，待腌制的茶叶色泽转黄、茶汁外流，即可当菜食用。

三、蕴藏传统色彩的药饮法

“茶药同源”，茶作药用的传统在中国已延续了四五千年之久。历代医学家、药学家通过对茶的药理功能的分析研究和临床实践，对饮茶有利保健养生给予了充分的肯定。在历史上，中国的不少中成药中，如川芎茶、午时茶、天中茶等就配有茶。中国福建宁德一带，常用冰糖煮陈年白茶饮用，具有消炎去火的作用，把它作为一帖治喉炎、牙痛的良药。在中国云南、湖南、广东等地，用常饮陈年普洱茶、茯砖茶等方法，用来预防人体“三高”（高血脂、高血压和高血糖）。茶作药饮在中国西部少数民族地区更是如此，如土家族用生茶叶、生姜、生米仁制作擂茶，具有消炎、去湿、健胃的功能；纳西族用茶和白酒组合制作而成的“龙虎斗”，是治感冒的良药。

在海外，东北亚的日本、韩国、蒙古等国，中亚的哈萨克斯坦、乌兹别克斯坦、塔吉克斯坦等国，东欧的俄罗斯等国，东南亚的越南、老挝、柬埔寨、泰国、缅甸、马来西亚、新加坡、印度尼西亚等国，它们多与中国相邻，尤其是东南亚诸国，那里华人很多，饮茶历史久远，与中国一样，素有将茶作为药用之俗，认为常饮陈年黑茶降低“三高”病人的血脂、血糖和血压。即便是西欧诸国，诸如葡萄牙、荷兰、西班牙、英国、法国等国的人民，他（她）们对茶的认知也是从茶作药饮开始的。20世纪90年代以来，亚洲的日本、印度、中国、斯里兰卡，欧洲的苏联、英国、德国，美洲的美国、加拿大，非洲的马拉维等国，都在积极开展茶药理功能的研究和开发，茶多酚、茶红素、茶黄素、茶褐素、叶绿素等产品已见之于市。2006年10月，美国食品和药物管理局（FDA）批准茶叶中的茶多酚为新处方药，用于局部（外部）治疗人类乳头瘤病毒引起的生殖器疣，这是美国FDA根据1962年药品修正案条例首个批准上市的植物（草本）药。

当代研究还发现，茶叶中的茶多酚与香烟中尼古丁化合形成无毒的复合物，对烟碱有良好过滤作用，苏联和英国等国已将茶多酚用作香烟过滤片，并研制生产“茶烟”，投放市场。

第四节　世界饮茶风习

由茶演绎而生的饮茶文化，历来是中华民族与海内外进行经济、政治、文化交流的重要载体，以致茶有“亲善饮料”之誉。如今，源于中国的饮茶文化早已在世界五大洲生根开花，在中国茶已成为国饮；在世界饮茶已遍及五大洲。世界卫生组织推荐茶是最合卫生的六大保健饮料（绿茶、红葡萄酒、豆浆、酸奶、骨头汤和蘑菇汤）之一，也是全球三大传统饮料（茶叶、咖啡和可可）之首，茶已成为仅次于水的一种最大众化、最有益于身心健康的绿色饮料。据国际茶叶委员会统计，2005年世界茶叶消费总量为344.0万吨，到2014年达476.4万吨，十年间增长132.4万吨，增长了38.49%。

2014 年世界茶叶消费量前 10 位

单位：万吨

中国	印度	土耳其	俄罗斯	巴基斯坦
165.0	92.7	15.4	15.4	13.8
美国	日本	英国	埃及	独联体（除俄罗斯以外）
12.9	11.2	10.6	10.3	9.4

表明除茶叶生产国外，有更多的非茶叶生产国人民在消费茶，如俄罗斯、美国、巴基斯坦、英国、除俄罗斯以外的独联体国家、埃及等，它们大多不是茶叶生产国，但却是茶的主要消费大国。

2014 年世界茶叶进口量前 10 位

单位：万吨

美国	俄罗斯	巴基斯坦	英国	埃及
19.97	17.54	15.10	13.06	10.33
阿富汗	德国	日本	波兰	荷兰
9.87	8.38	3.69	3.64	3.28

2014 年，巴基斯坦和波兰茶叶进口量增长，美国、英国、俄罗斯、日本茶叶进口量减少，这与乌克兰危机，以及西方国家对俄罗斯的制裁有一定关系。

但不管如何，随着世界人民对茶认知度的提升，饮茶范围扩大和饮茶人口的增加，世界茶叶消费量是逐年上升的。

2005—2014 年世界茶叶消费量

单位：万吨

2005 年	2006 年	2007 年	2008 年	2009 年
344.0	357.3	371.6	382.1	389.7
2010 年	2011 年	2012 年	2013 年	2014 年
413.7	440.9	451.3	465.5	476.4

另据 2010—2012 年统计，世界茶叶年人均消费量前 10 位的国家和地区，如下表所示。

2010—2012年世界茶叶人均消费量前10位

单位：千克

科威特	利比亚	土耳其	英国	阿富汗
3.25	2.39	2.04	1.97	1.97
爱尔兰	摩洛哥	中国台湾	卡塔尔	斯里兰卡
1.90	1.74	1.64	1.46	1.33

这些国家和地区，有的还不是产茶国，但这些国家和地区的人民普遍喜欢饮茶，对茶情有独钟。

同时，饮茶在发展进程中又形成了博大精深、雅俗共赏的世界饮茶文化，蕴含了世界各民族的文化特色，又体现了人类共同的文化文明，并在全球范围内形成了各具特色的饮茶文化区块，现分别简述如下。

一、东北亚国家饮茶风习

东北亚位于亚洲东北部，主要包括中国、蒙古、朝鲜、韩国和日本5个国家，主体居民为蒙古利亚人种下的汉族、朝鲜族、蒙古族、大和族，同文同种。各个民族都在漫长的历史中对于东北亚文明的发展做出了杰出的贡献，中国长期发挥牵引亚洲文化发展的作用，茶文化也不例外。

东北亚各国各民族拥有许多共同的文化，茶文化就是其中之一。茶文化发祥于中国，对此已有专门阐述。如今，茶文化早已成为世界性的文化，在亚洲的普及是茶文化世界化的第一步。在漫长的茶文化传播史上，一方面是茶文化的基本特征相同并稳定传承，比如饮茶礼仪，尤其是作为待客礼仪从古至今广泛应用。另一方面东北亚各民族建立起各具民族特征的茶文化，而形成这些特征的基础是民族的生活方式。对于这些民族可以简单地分为农耕民族和游牧民族，农耕民族普遍侧重清饮，而游牧民族则与乳文化结合，形成奶茶的调饮特征。农耕民族内部的差异更多地取决于传承人，在日本，僧侣是茶文化传承的主角，于是佛教精神，主要是禅的精神就成为日本茶道的基础。而文人在朝鲜半岛的传播中扮演了更加重要的角色，在朝廷的礼仪文化凸显出来，于是被今天总结为茶礼。

在文化人类学的基本理论里有一个说法，文化中心的周边保存了这个中心过去的文化，事实上在蒙古保存着饼茶，在日本保存着末茶（日本化的说法是抹茶），都是唐宋文化遗存的沉积。

日本自然条件适合茶树生长，是世界重要的产茶国，这也是日本能够发展成茶文化大国的物质保障。而韩国只有在南方有限的地区可以栽培茶树，蒙古国的茶叶消费则完全依赖进口。

（一）日本饮茶之道

日本文化的发展是跳跃式的，基础就是对于中国文化的引进。相比之下，对于中国茶文化的引进比较晚，好不容易赶上了遣唐使的末班车。

中国是四大文明古国之一，对于亚洲的意义尤其重大，直接成为周边各国文明发展的基石。唐朝（618—907）是世界文明的一个典范，拥有无与伦比的国际地位，万国来朝。日本在平安时代（781—1184）派出了二十三批遣隋、遣唐使，有大量的留学生、学问僧随行，学习中国政治、经济、文化制度。

日本最早的饮茶史料与弘法大师空海（774—835）相关。公元 804 年 7 月，空海从肥前国松浦郡出发，登上第一艘入唐船，踏上了赴华求法的艰难旅程。虽然不如最澄乘坐的第二艘入唐船那么顺利，但是比起遇难的第三船、不知下落的第四船，他也算是非常幸运了。在经历了一场暴风之后，8 月 10 日漂流到了福州，最后终于和遣唐使一起辗转来到了目的地长安。两年之后，空海带着大量佛典和唐朝文物回到了日本，成为日本佛教的一代宗师。这是日本倒数第二次派遣遣唐使。

唐代是中国茶文化的第一个鼎盛时期，尤其在中晚唐普及到了“比屋之饮”的程度。日本遣唐使等来到饮茶之风盛行的中国，尤其是大量的留学生、学问僧长期逗留中国，被这高雅的社会习俗吸引。学问僧在与中国僧侣的共同生活中，自觉不自觉地都要接触到茶。更何况佛教还把茶礼吸收进了佛教礼法，为茶与佛教建立了必然的联系，使得日本僧侣在修行中不可避免地接触茶。

空海在《请来录表文》里写道：“二十四年（805）二月十日，准敕配住西明寺。”“仲春十一日，大使等旋轫本朝，惟空海孑然，准敕留住西明寺永忠和尚故院。”

▶ 西安青龙寺内的空海纪念碑

就是说空海住的地方是之后在日本亲手煎茶奉献给嵯峨天皇的永忠过去居住的地方。武则天为祈愿太子李忠的健康而在延康坊建造了拥有4 000余间僧房的西明寺，这里好像是留学生中心，来到长安的外国僧人往往要在西明寺停留一段时间，之后再去其他寺院学习。空海由西明寺的僧侣介绍，跟从青龙寺的惠果学习密宗之后，仍然来往于西明寺与青龙寺之间。一个偶然的发现证明了西明寺与茶的紧密联系，那就是在西明寺遗址出土的刻有“西明寺茶碾”字样的石碾。因为有铭文，其用于碾磨茶叶的功能被证实了，从一个侧面证实了不仅空海，所有到过西明寺的僧侣们都曾经接受过茶的熏陶。

空海回国后得到嵯峨天皇（第52代，786—842）的赏识，经常出入宫廷做法事，讲经文。《与海公饮茶送归山》就是嵯峨天皇为空海送行而作的诗：“道俗相分经数年，今秋晤语亦良缘。香茶酌罢日云暮，稽首伤离望云烟。”久别重逢，嵯峨天皇甚为感慨，更加珍惜此次晤面。香茶倾谈，不觉日之西沉，倍感离别之惆怅。可见空海在中国确实接受了茶文化。

日本正史最早的饮茶史料见于《日本后纪》（完成于贞和七年，即840年），记载的是曾为入唐学问僧的永忠向嵯峨天皇献茶：“（弘仁六年四月，即815年）癸壬，（嵯峨天皇）幸近江国滋贺韩崎，便过崇福寺。大僧都永忠、护命法师等率众僧奉迎于门外。皇帝降兴，升堂礼佛。更过梵释寺，停车赋诗，皇太弟及群臣奉和者众。大僧都永忠手自煎茶奉御，施御被，即御船泛湖，国寺奏风俗歌舞。”为中国文化倾倒的嵯峨天皇行幸滋贺时到寺院礼佛，并与群臣诗赋唱和，永忠和尚（743—816）作为中国文化代言人，亲自煎茶献给天皇，得到赏赐。永忠在777年入唐留学，

805年回国。他在中国近30年，而且前面空海已经提到他，就是在西明寺。在嵯峨天皇接受永忠献茶的弘仁六年六月，下令在畿内（大约相当于现在的大阪、京都二府和奈良、和歌山、滋贺三县的一部分）及其附近的地区种植茶树，年年供奉皇室使用，甚至在皇城的东北角也开辟了茶园。这是饮茶在日本贵族、僧侣阶层已经一定程度上形成了习俗的最有力的证据，在日本茶文化史上被称为“弘仁茶风”，弘仁（810—823）是嵯峨天皇的年号。

随着唐代的灭亡，日本对中国文化政策从大量引进转入逐渐消化取舍，因为尚不具备文化与技术基础，饮茶局限在贵族、僧侣阶层。到了镰仓时代（1185—1333），新崛起的武家（武士）开始与公家（贵族）分享国家权力，日本再次强烈感受到吸收中国文化的必要性，这次不再由国家组织，主要依靠民间往来从宋朝引进中国文化。在今天的日本还保留着一种宋代茶礼，被称为“四头”源于四位主客。四头茶礼用于纪念开山祖荣西和尚，比如建仁寺就在荣西生日1141年4月20日举行。荣西不仅在佛教界拥有很高的地位，他还从中国带茶树回日本种植，并为日本留下了第一部茶书《吃茶养生记》，开启了日本茶史的新纪元。

荣西14岁的时候，在比睿山得度，21岁时立志入宋学法。1168年4月，荣西经过二十多天的航行抵达宁波。不久，遇到在中国游学的净土宗僧侣重源，两人一起登上了天台山。5月25日，在天台山的石梁向罗汉献茶。95年前，日本僧人成寻向罗汉献茶516碗，作为被罗汉接受的象征，茶碗的表面呈现出花纹。荣西此举就在模仿成寻。挑开神秘的面纱，实际的意义是茶汤的罗汉供养。

▶ 日本京都建仁寺内荣西禅师茶德显影碑

荣西第一次的中国求学在不到半年的时间里似乎专心于佛法。到了1187年，47岁的荣西再次来到中国，这次游学长达4年。1191年7月，荣西回到日本，成为临济宗的创始人。他把从中国带回日本的茶树种子播撒在筑前国背振山，十几年后，又赠送给明惠上人，种植在京都。之后，荣西接受源赖朝将军的妻子北条政子的归依，前往幕府将军驻地镰仓，可能就是在这时茶也随之北上。在镰仓遇到将军源实朝的1211年，荣西的《吃茶养生记》完成了第一稿。

据《吾妻镜》的记载，1214年2月4日，实朝将军饮酒过量，请荣西祷告保佑，而荣西却劝他喝下了茶汤。将军为茶的功效所震惊，荣西借此机会献上了《吃茶养生记》。以此为象征，茶开始逐渐在日本的武士阶层普及开来。

动乱的社会促成武士社会形成。在南北朝（1333—1392）的动乱中兴起的武士阶层，特别喜欢新奇、奢侈的东西，这种观念同样也应用于茶。茶会张灯结彩，陈列着来自中国的舶来品“唐物”，以标榜权利和财力，当然也显示他们的修养。最后酒足饭饱，尽兴而散。

室町时代（1336—1573）时代有个极端的例子，室町幕府第六代将军足利义成（改名义政），倾幕府政权的财力，醉生梦死于艺术，因为他对混乱的社会已经彻底失去信心。不过有赖于足利义政的个人偏好，南北朝在这个时期的文化艺术有了很大的发展，被称为东山文化。东山文化具有庶民的特征，佛教禅宗色彩浓郁的“侘”的审美意识最为典型，今天日本文化的原型就形成于此时。在这个大背景下，茶也被艺术化了。

村田珠光（1422—1502）组织了排除赌博游戏、饮酒取乐等内容，注重主客精神交流的茶。将军会所的茶以从中国进口的艺术品——唐物为依托，这对于包括商人在内的其他阶层是不可能的。为了适应茶的普及的需要，珠光的茶使用质朴粗糙的“珠光茶碗”；饮茶的场所也缩小到了四叠半的面积。珠光把连歌的理论用于茶道，把茶的思想用道来统合，提出了兼备和汉的冷枯境界，而这种美集中体现在备前、信乐的地区的陶瓷上。侘茶起源了。

战国武士也开始接受侘茶。对于这些无时不面对死亡的战士来说，尤其是指挥作战的将军，他们除了驱除死亡的恐惧，还要荡涤杀人的罪恶感，以一个平静的心态面对千变万化的战场，最终取得战争的胜利，对于他们个人来说安全地离开战场。建立在佛教思想基础上、注重精神调节、宁静的茶道，满足了他们的需要。

侘茶的确立是几代人努力的结果，继珠光之后的另一位大家是武野绍鸥（1502—1555），由千利休（1522—1591）最后完成，他们都是具有代表性的商人。这时的日本已经进入战国时代（1573—1603）。武士们憧憬公卿文化，试图利用贵族文化培养自己的修养，以增强自己的权威性，茶道成为这个时代的宠儿。商人和武士合作，形成了新的社会时尚，优秀的茶人成为霸主的近侍，茶的集大成者千利休就是最典型的代表。茶道具名副其实的价值连城。织田信长、丰臣秀吉强取豪夺，占有的大量名物茶器成为权威的象征，他们的好恶又影响着手下的大名（指封建领主）乃至整个社会，无论是表示忠诚顺服，还是奖赏激励，都使用茶器。

1603年德川家康建立江户幕府标志着江户时代（1573—1603）的开始。17世纪前半的文化被称为宽永文化，宽永文化以京都为中心，继承了中世以来传统的市民和以后水尾天皇为中心朝廷的古典文化。不再允许用茶道超越武士等级，同时各大名的茶道职位安定化，各家世代相传的茶风与传统得到承认，创造了不同的流派，“三千家”都形成于此时。千宗旦（1578—1658）因为外祖父千利休的死自己没有出仕，但是儿子们都在显赫的大名乃至将军处任职，次子一翁宗守为武者小路千家之祖，三子江岑宗左是表千家之祖，四子仙叟宗室开创了里千家。

▶ 日本京都的里千家本部

江户幕府建立之初对于茶道的定性，是出于社会安定的需要，旨在杜绝再次出现以下克上的混乱，丰臣秀吉与千利休的根本冲突也在这里。茶人在这种社会、政府的环境要求下，元禄时代（1688—1703）完成了茶道游艺化，茶道离开了政治，成为标榜教养的雅玩，于是茶道的美，其特征被充分发展起来。离开战场的武士转而为了修养而醉心于茶道，新兴的城市居民、商人也成为新茶道的主人，在身份制的封建社会，他们可以通过艺而打破士农工商的等级区划。为了管理大量的徒弟，家元制度产生了。家元垄断了各种证明书的发放权，通过家元制度建立了庞大的组织，有效推动了茶道的普及。

进入昭和时代（1926—1989）茶道成为女性文化，随着女性教育的普及，庞大的女性茶道人口诞生了，在此基础上家元制度复活，再度领导茶道的发展。尤其在第二次世界大战结束后，日本的政治、经济迅速复苏，茶道人口增加了几十万。知识界宣传茶道是现代人必备的传统文化，并使之理论化。在20世纪60、70年代的高度经济成长期，随着女性价值观念的变化，茶道成为修养、趣味、社会地位的象征。

不过平成（1989年至今）的茶道又进入迷茫时期，茶道人口的数量大幅度下落，茶道面临着对于社会要求的重新认识与相应的自我调整。

如果把遣唐使时代作为日本建设茶文化的起点，到千利休完成侘茶建设，经历了8个多世纪。如果把荣西所引进的宋代茶文化作为日本茶道的基础，到村田珠光着手建立日本茶文化也经历了3个世纪。从村田珠光到千利休的侘茶建设也经历了80来年。可见一个文化事项的确立不是轻而易举的，需要坚持不懈地努力。由此发展起来的各个历史时期的茶道都有它的时代特征，适时为社会需要服务成为它存在、繁荣的原因所在。

▶ 日本抹茶道

日本茶道是当今世界最典型的茶文化产品，中国茶艺、韩国茶礼无不折射出日本茶道的影子。日本赋予茶道重要的文化使命，哲学家久松真一在《日本的文化使命与茶道》指出："茶道是日本特有的一个综合文化体系。"但是，茶道不是日常生活，日常生活里的茶和中国人的日常饮茶毫无二致。

（二）韩国饮茶之礼

传说在善德女王(632—646 年在位)的时代,朝鲜半岛就接受了中国的饮茶习俗。《三国遗事》说 :“每岁时酿醪醴，设以饼饭茶果庶羞等奠，年年不坠。其祭日不失居登王之所定年内五日也。”在新罗第三十代文武王即位的 661 年,文武王命令设酒、酒酿、饼、饭、茶、果等，合祀金首露王庙与新罗宗庙。祭祀是生活的一种体现，说明茶已经被新罗王室接受。

二百多年后的兴德王三年（828）冬十二月，新罗派遣使者入唐朝贡。唐文宗（826—840 年在位）在麟德殿召见了他，并且赐宴款待。入唐回使大廉在回国时，带回了茶树种子，在朝鲜半岛种植茶树，生产茶叶（《三国史记》），这与日本茶的发展如出一辙。

918 年，王建建立高丽王朝（918—1392）。高丽王朝大量吸收唐宋的社会制度，形成了完整的文官体制。11 世纪迎来了鼎盛期，可是不久就毁于官僚的内讧。1170 年，发生了政变，建立起军人政权。13 世纪前半，军人政权奋起抵抗元的侵略，但是最终还是以失败告终，臣属于元朝。随着元朝的灭亡，高丽王朝失去了向心力，被朝鲜王朝取而代之。

中国与朝鲜半岛在地理与文化上的亲近关系远远超过日本。高丽王朝的邻国辽金都接受了宋的饮茶习俗，特别钟爱建茶，而宋朝与辽金时战时和，于是宋朝廷尤其在战争期间限制茶叶的流通。为了防止商人将腊茶私贩到金国，规定“福建腊茶长引并不许贩往淮南京西等路，止于江南州军货卖”。（《宋会要》）一方面通过禁运对金国施加压力，阻止战争的扩大；另一方面政府垄断茶叶贸易利润。陆路的腊茶贸易管制对于高丽的影响应该不是很大，因为腊茶在辽金是紧俏商品，供不应求，高丽通过辽金转口的腊茶贸易比重不会很大。但是宋朝廷同时也禁止海路的腊茶贸易，高丽由此难免受到牵连。由于走私贸易发达，不可能完全阻止宋代最高级的腊茶、龙凤团茶贸易，再加上宋朝与高丽的关系，作为政府礼物的腊茶也有相当数量，但是不管怎么说在数量上不能满足高丽社会的消费需要，高丽只有发展自己的制茶产业才能从根本上解决问题。

中国与朝鲜半岛茶文化关系密切的一个典型事例，在《宣和奉使高丽图经》中就有表述。1122 年，徐竞（1091—1153）出使高丽，回国后将他的所见所闻记录下来，其中有宋朝与高丽的茶文化交流最著名的史料："土产茶味苦涩，不可入口，惟贵中国腊茶并龙凤赐团。自赐赍之外，商贾亦通贩，故迩来颇喜饮茶，益治茶具，金花乌盏、翡色小瓯、银炉汤鼎，皆窃效中国制度。凡宴则烹于廷中，覆以银荷，徐步而进。侯赞者云'茶遍'乃得饮，未尝不饮冷茶矣。馆中以红俎布列茶具于其中，而以红纱巾幂之。日尝三供茶，而继之以汤。丽人谓汤为药，每见使人饮尽必喜，或不能尽，以为慢己，必怏怏而去，故常勉强为之啜也。"

高丽产的茶叶在质量上尚与宋朝有着很大的距离，口味苦涩，因此，宋代高级茶叶诸如腊茶、龙凤团茶，在高丽备受青睐。高丽的茶叶一部分是宋朝廷的礼物，更多的通过商业途径流通。事实上东亚的贸易非常发达，高丽商船在其中更发挥着重要的作用。茶叶市场的相对稳定、丰富，使得高丽人得以接触茶叶，喜欢饮茶。他们饮茶的方法是中国式的，但是茶具已经不是宋朝生产的，而是高丽的仿制品，从一个侧面反映了高丽饮茶习俗的发展高度。宋朝有先茶后汤的习俗，高丽不仅吸收了这种文化，而且从下一部分对于非茶之茶的介绍上可以看出，朝鲜半岛根据自己的条件，结合自己的文化，在"汤"的方面有着更加充分的发展。在东北亚三国，朝鲜半岛以在礼仪中充分应用茶为特征，这个特征在高丽时代已经形成，上述史料中所反映的是宴会中的茶礼。在这个宴会里更加注重茶的礼仪意义，缓慢的节奏使得茶汤冷却，但是高丽人并不在意。造成评价差异的原因就是茶的利用目的，对于饮食来说美味是至高无上的；而对于礼仪来说，是否符合规矩则是首要标准。

高丽王朝有 16 个生产茶叶的地方，组成了贡茶体制。王室的御用茶园是花开茶所，采用宋朝的技术，也生产龙团胜雪茶，只是规格不尽相同。在制茶时，高丽也使用龙脑为香味添加剂。

高丽僧侣与茶叶生产有着密切的关系。位于全罗南道升州的松广寺住持慧鉴国师曾赠新茶给李齐贤（1287—1367），李齐贤为此写了《松广和尚寄惠新茗，顺笔乱道，寄呈丈下》诗表示感谢，这首诗的内容非常丰富，是了解高丽时代茶叶的贵重史料：

作为医治文思枯竭、解酒、口干舌燥以及老眼昏花的良药，李齐贤选择了茶。即“枯肠止酒欲生烟，老眼看书如隔雾。谁教二病去无踪，我得一药来有素”。松广和尚多次赠送茶叶，“春焙雀舌分亦屡”，而这次“忽惊剥啄送筠龙，又获芳鲜逾玉胯。香清曾摘火前春，色嫩尚含林下露”。收到鲜嫩的火前茶立即烹点，“飕飗石铫松籁鸣，眩转瓮瓯乳花吐”。品尝之后觉得这个茶足以让黄庭坚的密云龙、苏轼的月兔茶自叹不如，“肯容山谷托云龙，便觉雪堂羞月兔”。以至于要步卢仝、陆羽之后尘，“未堪走笔效卢仝，况拟著经追陆羽。院中公案勿重寻，我亦从今诗入务”。

诗中引用了大量中国的茶文化典故，可见作者的中国文化素养之高。这与李齐贤在 30 岁前后历游中国最著名的茶叶产地四川、浙江的经历密切相关。而松广和尚的赠茶对于个人来说固然有其偶然性，但是其中也蕴含着一个必然的要素，即高丽王朝以佛教发达著称，而茶文化也乘此东风而发展。

真觉国师（1178—1234）曾是位于全罗南道升州郡的松广寺主持。李奎报在真觉国师的碑铭里写了一个逸闻：

熙宗元年（1205）秋，开山祖普照国师（1158—1210）在亿宝山的白云精舍，27 岁的真觉国师和几位僧人一起去拜访他。途中休息时，真觉国师听到了从千步之遥的精舍禅房里传来的普照国师呼唤侍僧的声音，随即作茶偈一首 ：“呼儿响落松萝雾，煮茗香传石径风。”

此外，国师在《六箴》之一的《鼻箴》里也提到茶：“香处勿妄开，臭中休强塞。不作香天佛，况为尸住国。铛中煎绿茗，炉中燃安息。咄咄咄，甚处求知识。”茶成为僧人生活中的重要元素，因此得以成为参禅悟道的媒介，与赵州和尚“吃茶去”异曲同工。

1392 年，李成桂登基建国，国号朝鲜。直到甲午战争，取消了与清朝的宗藩关系，改国号为大韩帝国。1910 年，被日本吞并，这个地区被称为朝鲜。1919 年，李承晚、金九等在中国成立大韩民国临时政府。1945 年日本战败，朝鲜半岛由美、英、苏、中四国托管，形成了现在朝鲜半岛的分裂局面。朝鲜战争后，沿三八线划分为朝鲜民主主义人民共和国和大韩民国两个国家。

▶ 韩国草衣禅师

朝鲜建国之初，百废待兴，茶风衰落，仅仅在上层社会和僧侣阶层延续。到了后期，中国茶文化转型完成，芽茶普及，朝鲜半岛也导入新型中国茶文化，形成一个高潮，丁若镛（1762—1836）、草衣（1786—1866）不仅是代表性人物，而且他们之间还有密切的关系。

1837 年，因为“海居道人垂诘制茶之候”，草衣禅师写了以 17 首七言绝句组成的《东茶颂》以对。第一首为“后皇嘉树配橘得，受命不迁生南国。密叶斗霰贯冬青，素化涤霜发秋荣”。虽然是文学的表述方式，内容却是茶树的植物学特征，与《茶经》开篇“一之源”异曲同工。全诗 492 字，内容包括种植、环境、历史、特征等，终篇关于饮茶的精神境界：“竹籁松涛具箫凉，清寒莹骨心肝惺，惟许白云明月为二客，道人座上此为胜。”诗中引用了大量中国典籍，如陆羽《茶经》、苏廙《十六汤品》、罗大经《鹤林玉露》、张源《茶录》、王象晋《广群芳谱》等，包括丁若镛的作品。

丁若镛是朝鲜后期实学的集大成者，著述丰赡。他深得正祖信任，但是正祖去世后，丁若镛的命运发生了巨大的变化，受天主教迫害事件的牵连，1801 年被流放。流放中与惠藏、草衣建立了密切的关系，更加深刻地理解了佛教的世界。草衣还师事丁若镛。丁若镛的茶山的号也是来自流放地的山名。在流放结束的 1818 年，丁若镛写了篇关于茶的规定，名为《茶信契节目》，内容大致是：谷雨采茶嫩芽火焙干，制茶一斤，立夏前采晚茶制饼茶二斤。这叶茶一斤和饼茶二斤和诗札一起送。

采茶工作各自承担，无法外出采茶者用钱五分雇佣橘洞（茶山草堂所在的全罗南道康津郡道岩面万德里）的村童，充当采茶人。

立夏后采造的叶茶和饼茶送到康津邑内人员处，康津邑讨捕使再送到丁酉山（丁若镛之子）处。

就是说谷雨采嫩芽加工芽茶，立夏前采长成的茶加工饼茶，这意味着同时有春茶和夏茶以及相应的芽茶和饼茶两种茶叶。因为之后的文章里曾经提到康津茶叶加工得如何，看来《茶信契节目》不是随性而作的游戏文章。

前面已经总结了朝鲜半岛的茶文化特征就是礼仪，那么朝鲜时代的茶礼如何呢?

与清朝的外交是朝鲜王朝外交的基础。每当派遣敕使的牌文到了吏曹，远接使、问礼官、差备官就从首尔出发到位于国境鸭绿江边义州的义顺馆，准备茶啖（茶果），执行出迎的仪式。在迎接清朝敕使的人员中有厨房小通词和茶房小通词。

迎接敕使的茶礼从义州的龙湾开始，定州、安州、平壤、黄州、松京、首尔等地也都举行。其中在首尔太平馆举行的茶礼规格最高，国王亲临。

伴随清朝敕使入京，举行“郊迎仪”“仁政殿接见仪”“便殿接见茶礼”。由三品以上大臣担任的迎接都监为首的机构负责具体的迎接工作。其中包括如下茶礼：

司瓮院主管茶礼的进行。宴享色掌负责所有宴会的茶啖，杂物色掌负责当日所需的茶啖、密饭、饼、鱼、水果等。李滨寺的分遣员负责宴会时必须的汤水、茶啖、花等。太平馆在举行欢迎仪式之前，典设司在太平馆内外张挂帐幕，长兴库负责馆外的铺陈排设和馆内的壁纸、隔墙，济用监负责屏风、案席。

当天，朝鲜国王头戴翼善冠，身披衮龙袍，群臣陪伴行幸太平馆，接见敕使，举行品饮朝鲜雀舌茶的仪式。

迎接都监在太平馆正厅东壁前西向设置敕使的坐席，掖庭署在正厅的西壁前东向设置国王玉座的同时，在北壁前设置香案。司奠院在南壁前北向设酒桌。

国王与正、副敕使入座，正三品的司奠提举一位提茶瓶，另一位手捧放着茶盅的盘子，轻轻地来到酒亭西侧，在前者的东侧侍立。

手捧果盘的司瓮提举中的一位到正使右面即北侧向南站立，另一位到副使左侧也就是南面北向侍立。

正二品的司奠提调一位手捧果盘站在国王右侧、即南面向北侍立，司奠提举进前往茶盅里注入茶水，另一位司奠提调接过来，跪献国王。

国王从玉座站起，向前一步。敕使也从椅子站起，近前一步。国王持茶盅向正使走去，递过茶盅。正使接受茶盅后，先交给通事。国王同样再向副使敬茶。然后，提调往茶盅中注入茶水，交给正使，正使接过茶盅走到国王前敬茶，国王接过茶盅。通事把茶盅还给正使。国王与正副使归座饮茶。

国王与正副两位敕使饮茶之后，两位司奠提举分别到正副敕使前，取过茶盅退出。同时，司瓮提调也到国王座前，跪取茶盅，把茶盅原样放在盘子上退下。

司瓮提举走上前向敕使献上水果，司瓮提调向国王跪呈水果。茶果结束后演奏音乐。

不仅朝鲜针对中国敕使多次使用茶礼，日本通信使也同样使用茶礼，而且相关记载也比较详细。

甲午战争之后，中国与朝鲜半岛的藩属关系不复存在。日本开始经营朝鲜半岛，茶业也被日本人独占，出现了一批比较著名的经营者、研究者，家入一雄就是其中的一位。家入一雄在 1935 年毕业于首尔大学校农科大学前身的水原高等农林学林学科，任全罗南道厅林业技师，最终与诸冈存合作撰写了《朝鲜的茶与禅》。日本文化也大量进入朝鲜半岛，女子高中和女子中专的茶道教育持续到第二次世界大战日本战败。1941 年 11 月在首尔召开了主题为“茶与半岛生活”的座谈会，诸冈存是与会者之一。朝鲜住宅营团理事长乡卫二在发言中指出：“茶在朝鲜没有延续下来的原因是没有与文化一起发展，简单地说没有与趣味联系起来，出现了比茶好喝的东西就被抛弃了。我觉得朝鲜妇女的生活比内地（指日本本土）缺少快乐的要素。内地的夫人们有插花、茶道、作歌，朝鲜妇女没有。要说内地、朝鲜一体论，朝鲜的家庭一定要交流双方的文化，与内地的妇女一起，普及茶和花。我现在是花道协会的理事长，花道在半岛的流行出乎意外，参加的人增加了很多。”由此或许为我们解开了韩国茶礼中日本茶道影子的问题。当然，现在的韩国是以传统文化的定位来宣传茶礼。

▶ 韩国茶礼

但是甲午战争并没有彻底中断清朝与朝鲜半岛的联系，李鸿章等还曾劝大韩帝国发展茶业。1881 年 12 月 1 日，负责监督天津留学生的领选使金允植与北洋通商大臣李鸿章会谈，李鸿章提议大韩帝国种植茶树，向海外输出：

李鸿章：贵国有什么著名土产?

金允植：土地狭小，人民贫困，没有特别值得一提的土产，只是为了衣食自足而已。

李鸿章：人参是贵国的名产，为什么不大量种植卖到国外呢?

金允植：大量种植人参会导致价格暴跌……

李鸿章：难道就没有其他的土特产吗?

金允植：没有。

李鸿章：贵国真没什么名产啊。那不产茶吗?

金允植：只有全罗南道海岸几处……

留下的 25 日笔谈史料有继续讨论的内容：

李鸿章：贵国不产茶吗?

金允植：只有全罗南道海岸几处出产茶叶，可是我们不喜欢茶叶，没有生产者。

李鸿章：不养蚕?

金允植：养蚕。

李鸿章：泰西不能栽培茶树和养蚕，鼓励大量生产茶叶可得巨利。尽快上奏贵国国王，谕示国内，鼓励大量生产茶不是很好吗?

所以朝鲜半岛茶叶普及度有限的根本原因总的说来是不适合茶树生长，没能培养出全民饮茶的习惯。现在因为经济发展，可以在全球商品流通中解决茶叶需求。而技术的发展，也使得韩国茶叶生产达到以前不可能的规模，形成良性循环。

（三）蒙古饮茶之习

这里所说的蒙古饮茶文化，更多的是指蒙古高原的茶文化。历史上，匈奴、柔然、突厥、回鹘等都曾活跃在这块土地上。尽管蒙古高原与茶叶生产无缘，但是在世界茶文化中却具有重要的地位，不仅这里是中国茶文化向外传播的重要途径，蒙古民族在茶文化的传播中扮演着重要的角色，而且蒙古高原还是最早“水乳交融”的地区之一。

在中国茶文化形成期的魏晋南北朝，鲜卑族取代匈奴族成为蒙古高原的主人，再因为入主中原，从而成为乳文化与茶文化融合的第一个少数民族。在这个本来应该非常愉悦的文化交融的过程中仍然没能避免冲突。

鲜卑族大臣刘镐专心效仿王肃的饮茶，其根本是倾心于汉文化，在刘镐的眼里王肃的南朝风流最具代表性的外在表现形式就是饮茶，所以“专习茗饮”。因此，他受到了来自重视民族文化的势力的批评，彭城王元勰把鲜卑乳文化的饮食比为王侯的“八珍”，嘲讽刘镐饮茶是“酪奴”。其实元勰也是汉化政策的积极推进者之一，而且漠北民族吸收茶文化的终极受益者是漠北民族自身，即便这样元勰还是比较感情化地表达了对民族文化变化的惋惜，这在中国文化走出去的今天尤其值得我们深思。

对于新文化的吸收总是会有一些疑虑，这是世界茶文化史上的第一次乳文化与茶文化的正面冲突，表明了两种文化交流的深入广泛，茶叶的优越性以及中国文化的包容性使得茶文化无往而不胜。

蒙古高原是一块动感十足的大地，到了唐代，突厥、回鹘在蒙古高原上叱咤风云。虽说民族的兴替有巨大的变化，但是鲜卑族的努力并没有付之流水，这块大地是茶文化最诚实的载体。所以唐代封演在《封氏闻见记》中说饮茶习俗“始自中地，流于塞外”，就是说封演注意到兴起于中原的饮茶习俗在唐代中期已经流传到了长城以北。最有代表性的表现形式就是“往年回鹘入朝，大驱名马，市茶而归”，回鹘开茶马贸易之先河，而接受汉族饮茶习俗达到如此程度使得汉人“亦足怪焉”。回鹘本身就是善于经商的民族，他们的贩卖茶叶不仅仅针对回鹘人，而有着更加广泛的顾客群，或许吐蕃王向唐朝使臣炫耀自己所收藏的茶叶也同样来自他们。茶马贸易至少标志着北方少数民族已经普遍接受了饮茶习俗。

到了辽金时代，契丹、女真先后成为蒙古高原的主导民族，茶叶已经成为不可或缺的民族饮料，消费量巨大。由于这些少数民族政权所管辖的地区原则上不能出产茶，茶叶完全依赖进口。而辽金能够向宋提供的商品极其有限，因此贸易逆差严重，对于辽金经济造成巨大的压力。于是政府反过来企图通过限制饮用的方法减少消费量，缓解国内的经济压力。据《金史·食货志》的记载，1206年，金政府宣布，七品以上大臣才可以在家里饮茶，而且不允许买卖馈赠。但是可以说最后的结果是不了了之。

辽金上层社会所饮用的茶叶与宋朝一样，但是伴随着饮用的普及，消费量的大幅度提升，宋朝或者无此生产能力，或者为了降低成本，出现了大量的假冒伪劣产品，这样的茶叶无法研磨成粉末烹点，而对于辽金的平民来说又别无选择，于是开发了新的饮茶方法，也就是现在的蒙古奶茶的加工饮用方法的前身，真正完成了饮茶的民族化过程，到此为止才是“水乳交融”。

宋代已经开始崛起的蒙古诸部最终入主中原，建立了元朝。蒙古高原名副其实成为蒙古人活跃的天地，而且蒙古高原茶文化也被他们继承光大。

蒙古人继承了辽金以来的北方饮茶习俗，而且作为统治民族不可避免地给全中国的饮茶方式也带来的巨大的影响，事实上元代是中国茶文化的转型期，而明代只是以明太祖的一纸停止进贡团茶的诏书在形式上标志着转型的结束。王桢在《农书》中总结了元代的三个茶叶品种与饮用方法，反映了这个转变：一是茗茶，即后来的芽茶，当时在南方已经是主流茶叶，与现在不同的是煎煮饮用。二是末茶，即现在的日本抹茶，虽然“尤妙”，但是南方懂得此道的为数“甚少”。三是腊茶，宋代龙凤团茶之余脉，元代仅供御用，“民间罕见之”。

而元朝王室的饮茶也在这个范围之内。宫廷御医忽思慧在《饮膳正要》中记载了王室的多种茶品，其中“建汤”使用建州的腊茶。“清茶”则是王桢所说的茗茶，煮饮的方法也一样。还有一些茶品更具北方少数民族的色彩，如其中的“玉磨茶”就是把上等紫笋茶与苏门答腊炒米混合在一起磨成粉末冲饮的饮料，让人对早年北京的油茶浮想联翩。是否原先其中也加入了末茶，故名油茶，只是因为末茶的生产中止了，才迫使油茶没有了“茶”，不过名称还是沿用了。其他“炒茶”“兰膏”“酥

▶ 蒙古咸奶茶

签”等茶品的加工都使用了牛奶或酥油等，游牧民族文化的要素被完全融合在一起，与现在的奶茶最大的区别恐怕就在于末茶的茶叶。

不过中国茶文化的转型对于蒙古高原的茶文化没有很大的影响，因为蒙古已经把茶民族化，中国也继续为他们生产专用茶叶，内地称之为边销茶。对于蒙古牧民来说，茶叶的支出仅次于小麦。时至今日，蒙古人的一天从制作奶茶开始。一大早，主妇起来取下蒙古包顶盖，顿时不仅亮堂起来，而且早晨的清风也吹了进来。点火生炉子，坐上一锅水后随即打开皮革的砖茶包，削下适量茶叶放入杵臼中研捣，再把茶叶碎末倒入开水锅中熬煮。熬到适当浓度后，滤去茶渣，继续熬煮时不断用手勺扬起茶水。几分钟后加入牛奶和盐，再度沸腾“奶茶”即告完成，倒入铜、铝等质地的茶壶中，放在火炉上待用。

蒙古人有“二茶一食”之说，就是说一天喝两次茶，吃一顿饭。其实在夏季，“三茶”也不少见。早餐被称为“早茶”，喝茶的同时配食奶酪、面点乃至牛羊肉，午餐也一样，喝茶意味着用一顿饭。此外的饮茶随时都可以，只是不像“二茶”“三茶”那样全家聚在一起饮用，而是谁想喝就自己动手。因为茶的这种重要性，对于主妇的评价不是看会不会做菜，而是能否煮出一锅美味的奶茶。

当然，现在蒙古也出现了袋装茶，更加方便。而且除了使用中国的砖茶，还加入各种配料，生产出新的茶叶品种，比如玫瑰果茶、酸果蔓茶等。

朝鲜半岛不仅与中国接壤，而且在政治、经济、文化上与中国交流的密切程度远远超过日本；与中国周边游牧民族相比，朝鲜民族长期生活在这块土地上，与中国的交流更加持久稳定。茶文化向朝鲜半岛的传播既不同于与中国边疆少数民族，也不同于与中国有一海之隔的日本。从文献上看，中国西部和北部的少数民族在接受中国古典茶文化之后，作了充分的消化。在中原以汉族为主体的古典茶文化终结之后，也就是末茶的饮用停止之后，蒙、维、藏等民族仍然在消费已经民族化的唐团宋饼的变种茶叶。日本接受中国茶文化的传播虽然曲折，但是却在各个历史时期不断输入中国茶文化，最终形成今天的日本茶文化。其中不仅有在中国古典茶文化的基础上建立起来的抹茶茶道，也输入了近世中国茶文化，建立起富于文人情趣的煎茶道。在高丽时代，朝鲜半岛茶文化已经发展到这种程度，但是到了下一个李氏朝鲜时代没有沿着这条道路进一步发展，根本的原因是朝鲜半岛不适合茶树生长，无法把茶产业本土化。那么蒙古完全没有茶树资源，条件远比朝鲜半岛差，为什么最终饮茶可以立足呢？那是因为饮茶的定位。对于日本、朝鲜半岛来说，茶是奢侈品；而对于蒙古来说，茶是生活必需品。蒙古高原对生活中的多数食用植物都不适合，都需要进口，相比之下，茶叶的进口成本最低，效益最大，与本民族生活文化结合得最密切。

二、西欧国家饮茶风习

西欧位于欧洲西半部，包括英国、爱尔兰、荷兰、法国、西班牙、比利时、卢森堡等国家。在这一区块内，饮茶氛围浓，崇尚一日多次饮茶，且饮茶量大，多喜欢饮红茶。茶在这一地区早已成为生活必需品，已渗透到社会的各个角落、各个阶层，茶的身影无处不在，随处可以闻到茶的芳香。

其实，茶在进入西欧以前，已有大批旅行家、传教士等在这里传颂过饮茶的诸多益处。从16世纪开始，随着欧洲的崛起和航海时代的到来，中国的饮茶文化便被介绍到欧洲大陆及其他国家。16 世纪中期，威尼斯的作家们就流行把搜集到的有关东方风土人情等方面的内容写成书籍出版，其中就有 1559 年拉玛锡所著的《中国茶》和涉及中国饮茶文化的《航海旅行记》等书籍。葡萄牙传教士克鲁兹还将在中国学到的饮茶知识介绍给欧洲人。1583 年罗马传教士利玛窦来到中国，晚年他撰写了《利玛窦中国札记》一书，书中就有对中国饮茶风俗的描述。1610 年前后，有“海上马车夫”之称的荷兰将中国茶转销到欧洲，开启了欧洲的饮茶风气。不过在当时，最先接触茶、接受茶的多是西欧各国的贵族阶层，之后才逐渐普及到普通民众中去。而且西欧饮茶最先是以其药用价值被接受的，随着西欧人民对饮茶的逐步了解，茶的饮用功能也逐渐被人们发现，于是人们争先饮茶，清心明智，联络感情。随着时代的发展，西欧形成了以英式下午茶为主要内容的饮茶风尚。如今这一地区涌现出不少饮茶大国。据 2014 年的数据统计显示爱尔兰年人均茶叶消费量为 2 191 克，居世界第二；英国年人均消费量 1 941 克，居世界第三；德国年人均消费 691 克；荷兰也是年人均茶叶消耗量排名在世界前 20 位的国家之一。

西欧人饮茶，早期饮的是绿茶，19 世纪中后期开始逐渐转向饮红茶，如今已是红茶的最大消费区。只有少数国家，除饮红茶外，还保留着饮绿茶、花茶的习惯。

西欧人饮的红茶，多数崇尚饮滋味强烈鲜醇、色泽红浓的红碎茶。饮茶方式有清饮的，也有调饮的，其中尤以饮红茶中加糖和牛奶的奶茶为多。如今在全球化的进程下，西欧饮茶方式也开始呈现出多元化的特点。下面，选择几个有代表性国家的饮茶风习，简介如下。

（一）饮茶享誉英伦

英国原本不产茶，可英国的东印度公司曾经是世界上最强大的茶叶贩运商；英国原本不种茶，直到 21 世纪初，才在英格兰的特利戈斯南庄园试种成功一片茶园；英国饮茶已有 400 多年历史，如今年人均饮茶量一直保持在 4 磅左右，早已跃入世界饮茶大国；英国人创造的午后茶，把它发挥到了极致，影响波及五大洲。历史表明，茶在进入英国本土之前，便有英国人已经正式介绍过茶，如在 1958 年出版的《林肖登旅行记》就写道：1625 年在伦敦出版的塞缪尔 · 珀切斯《珀切斯巡礼记》中有茶的记载。1658 年，英国伦敦一家名为《政治公报》(9 月 23 日至 30 日刊号) 的新闻周刊登出了第一篇茶广告 ：“曾由各国医师证明之优美中国饮料，中国人称之为茶，现出售于伦敦皇后像咖啡馆。”之后在伦敦的《政治通报》上也出现了茶广告，宣传集中于茶的药用价值。

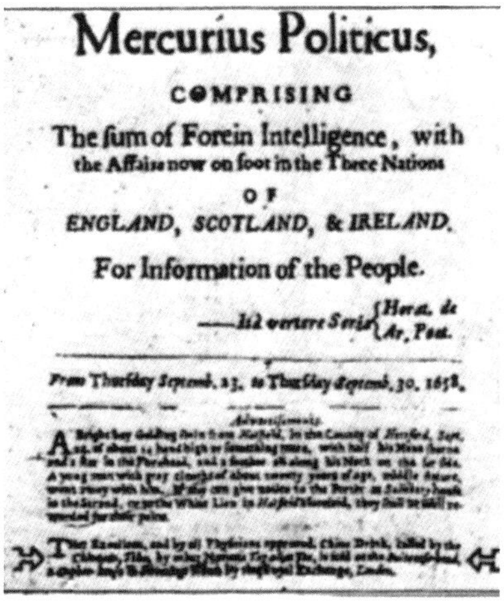
Mercurius Politicus,
COMPRISING
The sum of Forein Intelligence, with the Affairs now on foot in the Three Nations
OF
ENGLAND, SCOTLAND, & IRELAND.
For Information of the People.
—Ità vertere Seria {Horat. de Ar. Poet.
From Thursday Septemb. 23. to Thursday Septemb. 30. 1658.
Advertisements.

▶ 伦敦《政治通报》刊登的茶广告

饮茶功能传播的最大推动者是查理二世的夫人——凯瑟琳。由于上行下效，这位外来的葡萄牙公主对红茶的痴迷，很快感染了一大批英国上层贵族女性。她们纷纷效仿女王，使饮茶频频现身于宫廷舞会。到 17 世纪末，茶已经成为上层社会家庭中的普通饮料，但对于底层的普通民众来说，茶依旧是可望而不可及的奢侈品。光荣革命（1688）后，英国又迎来一位嗜茶的安妮女王，在她的带领下，饮茶在宫廷生活中得以存续发展。到 18 世纪初，英国茶叶的进口量大增，茶叶价格开始下跌。1705 年，绿茶售价是每磅 16 先令，红茶每磅 30 先令，与 17 世纪 60—70 年代相比，降了一半左右，茶终于走下神坛开始进入中产家庭。18 世纪中下期，英国政府降低茶叶进口税率，这一举动又刺激了茶叶进口，茶叶的销售价维持在每磅 4 ～ 5 先令，即使是下层劳动人民也能负担得起。茶给工业革命下劳作的人民以极大的精神和物质安慰，成为百姓日常生活必需品之一。这是因为较之于酒，饮茶不会醉；较之于咖啡，茶更富有营养，茶的出现给长期处于酒精文化下的英国人民找到了一条新道路。

英国人热爱饮红茶，不可一日无茶，饮茶的时间也是有明确的规定，大致分为早茶、上午茶、下午茶和晚餐茶。英式早茶，又叫“开眼茶”，顾名思义是早上起床后张开眼睛就要饮茶。早茶以红茶为主，正宗的早茶要用 40% 的锡兰茶、30% 肯尼亚茶、30% 阿萨姆茶调制而成，这种早茶集合了锡兰的口感、阿萨姆的浓度、肯尼亚的色泽，是味觉、视觉和嗅觉的三重享受。若家中有客人，清晨主人会为客人准备一杯浓茶，即使是在最廉价的小旅馆里，也会给客人准备一把电热水壶。英国人还发明出一种叫“茶婆子”的饮茶器具，专门为平日泡早茶做准备用。可见英国人对早茶的重视。

到中午11点左右，上午茶的时间到了，工作间隙，饮茶是一种很好的身心调节剂。由于时间特殊，上午茶通常都较为简便。

下午茶饮茶时间在下午4点左右。英国人非常重视下午茶，其重要等同用餐。到了下午茶时间，天大的事都得搁一下，正如英国歌谣所述：“当时钟敲响四下时，世上的一切瞬间因茶而停止。”下午茶的由来也相当有趣。18世纪末，因午饭和晚饭之间时隔过长，英国贝尔福德公爵的夫人时常产生饥饿感，于是她就在下午5点左右饮茶，并搭配一些点心，善于社交的公爵夫人还经常邀请客人一起聚会谈天，后来这一习惯渐成风气。到19世纪时又出现了一位热爱饮茶的公爵夫人——安娜，她也因饥饿而命仆人下午三四点时为其准备一壶红茶和糕点，稍作充饥。此后，下午饮茶的风习便慢慢形成了。下午茶不仅在家庭中饮用，而且到了下午茶时间，英国的政府机关、公私企业、学校、商场等公共场所都有规定下午茶时间，并且提供免费红茶和小点心。在这一过程中，当时上流社会中的一些女性，还借助下午茶时间聚在一起，与朋友聊聊社会新闻、流行风尚。下午茶的出现为女性的社交提供了一种崭新的方式，女性也借由冲泡茶的技巧等展示自己的优雅和品位，以彰显自己的身份，从另一侧面来说也提高了女性的地位。女性是茶在英国的忠实拥护者，也是茶风靡英国的最有力推动者，就连将大英帝国带入鼎盛时期的维多利亚女王都没能抵挡住饮茶的魅力。女王认为饮茶可以很好地缓解压力，也是精致生活的代表。现在人们提及的传统英式下午茶的专有名词，就称之为“正统英式维多利亚下午茶”。

▸ 18世纪中期英国贵妇饮下午茶情景

正规的英式下午茶非常讲究，也很细致。首先茶室应是最好的聚会场所，茶具和茶叶需是最高级的，再用一个装满食物的有三层的点心瓷盘，从上到下依次盛有：蛋糕、水果塔及一些小点心；传统英式松饼和培根卷等；三明治和手工饼干。食用的顺序一般也是从上到下，滋味由淡至重。在食用过程中，主人还会播放一些优雅的古典音乐助兴，以此营造出轻松、优雅，而又惬意的下午茶环境。

若从严格时间上划分，英国人还有一个英式晚餐茶。傍晚 6 点，结合晚餐一同进行，此时饮茶的佐料变成面包、鱼肉等。虽晚餐茶的关注度不如下午茶那么高，但对于茶的高密度饮用，足以说明饮茶在英国人民日常生活中的地位和作用。

（二）浪漫法式饮茶

法国是一个以浪漫闻名的国家，在西欧国家中，人均年饮茶量近年来仅次于爱尔兰和英国。

法国初次接触茶是在 1636 年，当时是由荷兰东印度公司从中国贩运而来的。因此，法语中“茶”的发音（THÉ）与荷兰语中“茶”的发音（THEE）几乎是一样的，都来自于中国福建闽南话“茶”的发音。茶传入法国初期，便发生了一场围绕饮茶好坏的论战。但很快饮茶有利于健康的观点取得了胜利。17 世纪中期，法国神父亚历山大 · 德 · 科侯德斯（Aiexander de khodes）所著的《传教士旅行记》记载 :“中国人之健康与长寿，当归功于茶，此乃东方常用之饮品。” 1657 年前后，教育家塞奎埃（C.Seguier)、医学家德雷斯 • 鸠恩奎特（DthisJonguet）等人也极力推荐茶，赞美茶能与圣酒、仙药媲美。在一波又一波的赞美声中，法国贵族们率先接受了茶，茶被视为“长生妙药”。如此，饮茶在法国巴黎的上层社会中首先风靡开来，贵族们坚信茶的养生作用，对其膜拜不已，现存不少作品就提到这一现象。路易十四时期的历史学家德塞维涅夫人 (Madame de Sevigne) 在作品中提到饮茶的好处。她提到塔兰托 (Tarente) 公主每天饮 12 杯茶，于是她所有的病都痊愈了。她还说塔兰公主告诉她，德兰德格拉弗伯爵 (Monsieur de Landgrave) 和他的太太每天要饮大量的茶，也治愈了病，使茶在法国逐渐受到了爱戴和欢迎。帕拉丁 (Palatine) 公主在 1714 年评论中说，巴黎人对茶的态度就像西班牙人对巧克力一样，异常受追捧。当时的皇家大臣主管马萨林（Mazarin)、剧作家拉辛(Racine）、知名作家德特让利斯夫人(Madame de Genlis) 等都是爱茶之人。但尽管如此，直到法国大革命之前，对于饮茶认识仍未脱离茶是药的概念。

法国人饮茶是以清饮开始的，尔后随着人们对茶的了解和认识的加深，调饮红茶开始出现。法国人以浪漫闻名，他们看中茶中蕴含的东方韵味，常在品饮过程中探讨茶、感受茶身上独有的品味和情调。到 17 世纪后期，茶开始在法国咖啡馆出售，正式进入中产阶级的生活。文人们也以茶为对象从事文学创作活动。1709 年，休忒(Pierre Daniel Huet) 在巴黎发表拉丁文诗章，以悲歌的诗句咏茶。大文豪巴尔扎克常在家中宴请同事，以茶会友，研讨和深究学问，誉称为“茶杯精神”，他们对茶有着非一般的热情。1712 年，法国文学家蒙忒(Peter Antoine Mitteyx) 作《茶颂》赞美道：“茶必继酒兮，犹战之终以和平。群饮彼茶兮，实神人之甘露。”18 世纪初，德 · 拉 · 布利埃侯爵夫人(Marquise de la Sabliere) 还曾尝试往茶中添加牛奶的饮茶方法，而这种饮茶方法收到不错的效果，红茶醇厚的滋味加上牛奶细腻的口感，两者相得益彰，使人心旷神怡。

法国大革命后，皇权颠覆，原先的贵族阶级不复存在，资产阶级走上统治舞台，他们对茶有新的理解，茶的贵族饮料身份自然也难以为继。由此，茶逐渐走进平民百姓的生活。于是茶常常现身于许多社交场合，人们争先饮茶，使自己保持活力，振奋精神，这使得茶有一批独特的青睐者，他们热爱饮茶。然而 19 世纪前期，一场全球性的霍乱席卷欧洲，由于对饮用水的顾忌，使饮茶一度消沉，陷入低迷状态。但茶的魅力依在，霍乱平静后饮茶又渐渐回暖，直至超越。

► 19 世纪时法国贵妇饮茶情景

19 世纪中，法国的大小餐馆、咖啡馆等都开始供应茶水，因为法国人爱在外面喝茶。追求浪漫的法国人把饮茶看作是一项富有团结和睦精神的活动，这一选择直接成了法国茶馆兴盛最有效的推动力。法国人民根据自己的文化和需求，多方位地利用饮茶带来的享受，丰富了饮茶的内涵，将茶与浪漫结合起来，适应日常生活。不过，法国原先并不重视下午茶，这一情况直到进入 20 世纪后才有所改善。因为随着工业化的进程加快，法国人民的生活节奏加速，晚餐时间推迟，而下午茶无论是精神，还是物质都能起到调节身心的作用，在这一契机下，下午茶在法国也就很快流行开来。

20 世纪 60 年代以后，饮茶在法国开始快速发展，开始融入人民生活的方方面面，成为日常生活中不可或缺的一部分。然而，当法国发展到全民饮茶时，由于法国自己不产茶，于是尝试在法属殖民地种茶，但多以失败告终，为了满足法国人对茶的需求，只得依赖茶叶进口贸易来解决。据统计：1964—1966 年法国茶叶的年平均输入量为 2 439 吨，1976—1978 年升至 6 394 吨，1979—1981 年高达 8 340 吨。进入 21 世纪以来，法国茶叶进口量更多，2004 年达到 1.40 万吨；2011 年，法国达到 1.5 万吨，2014 年达到 2.1 万吨以上。

法国人的饮茶方式带有全球化的特点，不同种类的茶有不同的品饮方式。法国人饮红茶的方式与英国相似，通常采用冲泡或烹煮法，用沸水将红茶泡开后，辅以糖、牛奶调味，口感香浓醇厚；有的则会选择在茶中打入新鲜鸡蛋，并加糖冲饮，既营养又美味；还有一种非常具有法国特色的饮茶方法，就是将茶与酒混合做成潘趣酒，这种新饮品历来受到法国人的追捧。除了红茶，法国人也饮绿茶，对绿茶的品质要求很高，绿茶的品饮方式与西非一样，在茶汤中加入方糖和新鲜薄荷叶，形成甜蜜清凉的滋味，可作清凉饮料使用。而沱茶具有养生的药理功能，深受法国中年人的重视。20 世纪 80 年代以来，法国人的饮茶品类从红茶、绿茶、沱茶，拓展到了花茶。花茶的饮用方式与中国北方相似，直接用沸水冲泡，不加佐料，提倡清饮，品的是真香实味。

法国人饮茶的方式，也有着法国人特有的一种浪漫情怀，他们认为饮茶是一种浪漫的生活，是一种精神和物质的双重享受。

（三）饮茶先行者荷兰

荷兰是欧洲最早饮茶的国家之一，也是一个离不开茶的国家，年人均饮茶量达800克左右。荷兰也是将茶引入欧洲的先驱，是茶在欧洲的传播者，无意中它还成就了欧洲两个饮茶大国：英国和俄罗斯。

随着新航路的开通，世界各国间的封闭状态被进一步开启。1507年，葡萄牙派遣使臣到中国广东要求实现两国通商。期间，葡萄牙人才开始接触到茶，开始了解到饮茶有利身体健康。1517年，葡萄牙商船成群结队对来到中国，要求开通两国贸易，茶的对外贸易也由此开展起来。葡萄牙人先将包括茶叶在内的东方商品运至首都里斯本，然后由荷兰商队再转运到欧洲各国。之后，拥有“海上马车夫”美誉的荷兰代替葡萄牙成了海上贸易霸主。1596年，荷兰人到达爪哇，并在爪哇建立东方产品转运中心。1602年，荷兰颁布法令，成立联合东印度公司。在日后的中荷茶叶贸易中，荷兰东印度公司发挥着举足轻重的作用。大约1610年起，荷兰就将中国茶销往欧洲，在商贸利益的驱动下，中国茶叶开始源源不断输往欧洲各国。不过，荷兰早先从中国贩运的是绿茶，到18世纪中叶时绿茶才逐渐被红茶所取代。

在荷兰人将茶从中国销往欧洲的过程中，自己也被茶的魅力所感染。17世纪30年代开始，荷兰便有较多的贵族开始饮茶，反响甚好。但其时茶的消费者主要集中于上层社会，普通民众因茶的价格高昂，不得不对茶望而却步。这一时期，茶主要是在药房出售，每磅茶价高达50～70荷盾。1625—1657年，一场围绕“饮茶”的大辩论在荷兰展开，医学界、生物界、教会等各界人士参与其中，辩论还波及法国。1649年荷兰莱德大学教授内利乌斯·博特科伊写了《茶、咖啡与巧克力》一文，阐述了饮茶的好处。法国的大主教马萨林通过饮茶治愈自己痛风病的事实，阐述了饮茶的好处。青年医生M.克雷西在研究痛风病与茶的关系后，提交了一片洋洋洒洒的论文，详细论证了饮茶的疗效。此后，欧洲人对饮茶的怀疑渐渐消失，茶在欧洲得到进一步传播。

荷兰人在茶传播到欧洲的同时，自己也爱上了茶。随着茶叶大量进口，以及对茶认识的进一步深入，再加上茶叶价格的走低，到17世纪中期荷兰的食品商店、杂货店等也开始出售茶叶，使饮茶在荷兰得到普及，以茶为主的茶室、茶座也逐渐发展起来。一些富人们甚至建造了家庭专门茶室，特别受到贵妇们的欢迎。贵妇们热衷饮茶，她们组织饮茶俱乐部，甚至将啤酒厅改作茶会场所。1679年，彭德科《茶叶美谈》在海牙出版，他劝人每日饮茶，并介绍自己也经常饮茶。同年，荷兰的《跳舞小曲》中也对茶的药用价值进行讴歌。同英、法相似，荷兰贵妇们也在茶的推动过程中起着重要作用。女士们成了茶会的“主宰者”，大约下午2点以后，她们会从自己珍爱的小瓷盒中取出茶叶，为客人选好心仪的茶叶后，将茶放入小瓷茶壶中煮茶，然后将茶汤倒入小杯。如果有客人喜欢调饮，女主人会先用小红壶浸泡番红花，再用稍大的杯子，倾入半杯茶汤，用以方便客人自行调配。饮茶时，宾客多会发出“啧、啧”之声，表示对女主人高超茶艺的赞赏。富人在茶室饮茶，穷人则会到啤酒商店饮茶，无论在咖啡店、饭店及多数酒吧内，均可见到荷兰人饮茶的影子。由于女人们对茶表现出了极大的痴迷，终日沉醉于饮茶活动之中，忽视家庭主妇的其他活动。1701年，喜剧《茶迷贵妇人》上演，充分展示了上层贵族女子对茶及茶事活动的热衷，这是当时饮茶在荷兰社会中的具体而又生动的呈现。同时，也进一步推动了饮茶在荷兰的进程。值得一提的是，这部喜剧中纷繁的饮茶步骤其实就是下午茶的雏形。上层社会对茶的钟爱，加速引发下层人民的向往，使饮茶热很快席卷整个荷兰。

▶ 19世纪初绘画：荷兰商人在检验中国茶

而今，荷兰的饮茶热已经不像先前那么风靡，但饮茶已经渗透到荷兰人的日常生活中，成为一种风俗。咖啡馆、饭店等大多数公共场合都会提供茶饮，有过半荷兰男性会在众多饮料中选择一杯茶来度过自己的闲暇时光。他们保留着喝茶的习惯，不仅自己饮茶，家中有客到访时，他们也会选择用一杯精心挑选的热茶，与客人一同品饮，畅聊。

（四）“饮茶王国”爱尔兰

爱尔兰有“饮茶王国”之称，不但人人钟情饮茶，而且饮茶量大，次数多。近10多年来，爱尔兰年人均饮茶量一直保持在4.5磅以上，人均年饮茶量一直位居世界前三位。

爱尔兰饮茶习俗的形成，约在1830年，稍晚于英国。在1924年前，爱尔兰所有的茶叶都是从英国进口来的，所以此前爱尔兰就没有独立的茶叶消费统计。直到1925年才开始有第一次统计，结果却有着让人吃惊的发现，爱尔兰年人均饮茶量一直名列世界前列，近年来人均饮茶量竟高达5磅左右。

与欧洲大多数国家一样，茶最先为爱尔兰贵族所接受，他们负担得起茶叶高昂的价格。爱尔兰的饮茶习俗受英国影响较大，从饮茶的礼仪到饮茶的时间等，都有英国的影子。爱尔兰贵族在聚会中喜欢以饮茶方式交流感情，并用饮茶方式缓冲人们的疲惫感。由于茶的这种功能很快得到广泛接受，于是饮茶的范围也更加广阔起来。而随着茶叶价格的逐渐降低，使普通民众也有能力消费茶叶。于是人们开始用鸡蛋和黄油从杂货铺换取茶叶。到17世纪后期，爱尔兰许多家庭备有茶具，饮茶之习开始形成。

爱尔兰人喜饮红茶，多为调饮。他们最先饮的是中国的绿茶和红茶，19世纪开始主要饮的是斯里兰卡红茶与印度阿萨姆红茶经拼配后的茶。爱尔兰人民饮的多为用牛奶、红茶调制而成的奶茶，它将红茶的浓醇和奶的顺滑口感相结合，饮起来更使人心旷神怡。近年来，爱尔兰人也开始用肯尼亚的红茶与阿萨姆红茶进行拼配，然后再调制成奶茶饮用。

爱尔兰人饮茶主要分为早茶、下午茶和晚茶。早茶的时间就是在早餐时饮用，一杯茶，可以起到提神醒脑的作用，比喝咖啡有营养，还有使人陶醉的茶香弥漫整个屋子。下午茶的时间是在3～5点，这个时候饮茶能让人在一天疲惫的工作中得到能量的补充，同时悠闲的下午茶时光能让人得到片刻的小憩。一杯香浓的茶，搭配风味不同的小点心，还可起到充饥和缓解体力疲劳的作用。晚餐时的这道茶，被称为晚茶或“高茶”。高茶，其实就是“劳动人民”的茶，它没有下午茶的闲适，这时与茶搭配的通常是奶酪、面包等一系列可以充饥的食物。晚茶可以帮助消化，润湿喉咙。

在日常生活中，爱尔兰人称一壶高品质茶为“一壶金茶”，从中可以看出饮茶已经渗透到爱尔兰人的日常生活中，他们已将茶看作是生活中不可分割的一部分，爱尔兰人连守灵也离不开茶，一旦家中有人去世了，其家人和朋友要为其守灵到第二天天明，而这一夜，炉上一定要持续煮水，火热的茶陪伴着失去亲人的守灵者。

三、南亚国家饮茶风习

南亚指亚洲南部地区，介于东南亚与西亚之间，有尼泊尔、不丹、印度、巴基斯坦、孟加拉国、斯里兰卡、马尔代夫 7 个国家。这一地区与茶的发源地毗邻，饮茶历史早，有四五百年历史。又因其独特的地理环境，适合茶树生长，因此在这些国家中，有不少既是茶的主要生产国，又是茶的消费大国，在茶文化发展史上有着举足轻重的地位和作用。据2014年统计资料表明：以茶的生产而论，无论是茶园面积，还是茶叶生产量，印度排名世界第二，斯里兰卡排名世界第四。以茶的进口量而论，巴基斯坦排名世界第三。以茶的消费量而论，印度排名世界第二，巴基斯坦排名世界第五。

另外，这一地区的茶叶生产的兴起和发展，深受英国影响，主要是 19 世纪初期以来，由英国人将茶在这片土地上开发起来的。因此，南亚地区的饮茶风习受英国饮茶习俗的影响很深，大多习惯于饮红茶，特别是饮红奶茶。但直到 19 世纪 30 年代以前，南亚饮用的茶叶多来自中国，所以又具有东方饮茶烙印。但又不失本民族的区域特征，有其自己独到之处。下面，选择几个有代表性国家的饮茶风俗，简述如下。

（一）英国人的圆梦者——印度

印度种茶始于18世纪后期，当时只有少量茶树种植在加尔各答的皇家植物园里。19世纪40—50年代，英国人将中国的茶种引进印度种植，并聘请中国技术人员进行种植、管理。随着时间的流逝，印度茶树大面积种植，形成相当规模的茶园。如今，印度既是产茶大国，又是茶叶消费大国。2015年，印度茶叶产量为119.1万吨，国内茶叶消费量为97.7万吨。

印度人饮茶历史很早，但从19世纪中期以来，由于印度多产红茶，并且作为英国曾经的殖民地，印度的饮茶风习多受英国人影响，红茶是他们的最爱。他们也爱在红茶中加入奶制品和砂糖煮饮，这种茶叫做“甜奶茶”。也有一部分人喜欢在红茶中加入姜、豆蔻、茴香、丁香、肉桂等香料，称之为“萨马拉茶”。

印度人还有饮拉茶的习惯。拉茶，也叫“香料印度茶”，主要是因为在红茶中放有马萨拉调料（MASALA）。另外，拉茶也有用牛奶加红茶制作而成的。据称，拉茶最先源自印度，印度人将甜奶茶或加了香料的奶茶从一个金属容器倒入另一个金属容器，循环往复，拉出长长的白色弧形带状物，使调料与茶汤完美融合，完成后的拉茶泡沫丰富，口感细腻有层次，是印度人的心头所爱。一杯上好的拉茶，“拉”的过程需要往复7次以上。拉茶制作过程具备非常高的观赏性，在印度随处可见拉茶表演，看完表演再喝上一杯暖暖的拉茶，既饱眼福，又饱口福，是一种双重享受。

如果说印度人爱喝调饮茶是受到英国人的影响，那么诸如舔茶等独特的饮茶方式，就是印度本民族文化与饮茶风俗的完美结合了。

▶ 印度乡间的煮茶老汉

印度人将茶汤斟在茶盘上，用舌头舔饮，称之为“舔茶”，这是一种奇异的饮茶方式，可谓独具一格。另外，在印度少许山区，也有饮绿茶的风俗。

印度人热情好客，与中国一样有客来敬茶的习俗，主人会在客人上门拜访时送上甜奶茶、茶点、水果等。但在为客人煮茶、奉茶的过程中不会使用左手取茶、提壶、递茶，因印度人日常生活中用左手洗澡、如厕，认为用左手完成“客来敬茶”的礼仪既不卫生，又不尊重客人。作为客人要注意，饮茶时男子须盘腿而坐，女子双膝并拢屈膝而坐；主人第一次奉茶一般会要礼貌的推辞，第二次再奉茶时才能接过茶水饮用。如果你拜访的印度家庭仍坚持着古老的舔茶饮用方式，那么你不妨入乡随俗，向主人学上一招。

（二）茶的忠实粉丝——巴基斯坦

在巴基斯坦，饮茶是提倡的，喝酒是禁止的。所以，巴基斯坦全民皆茶，男女老少，每个人的生活都与茶密不可分。资料显示：2014 年巴基斯坦茶叶消费量达 13.8 万吨，是世界茶叶十大消费国之一，茶叶消费名列世界第五。其实，巴基斯坦本国也产有少量茶叶，1985 年，巴基斯坦开拓了 100 公顷茶园，但对于这个全民饮茶的国家而言，是远远不够国内消费需求的。

巴基斯坦地处南次亚大陆，气候炎热干燥，不适宜蔬菜生长，生活中牛羊肉随处可见。地理环境影响生活习惯，体内摄入的过多油脂需要被消化，饮茶既可以消除油腻饱腹感，又能降脂降压，是最适合的饮品。加之巴基斯坦 95%以上居民信奉伊斯兰教，在禁酒的情况下，饮茶就成了最好的选择。

和印度一样，作为曾经的英属国，巴基斯坦饮茶习俗与英国的饮茶风习有异曲同工之妙。在巴基斯坦大部分地区，流行饮红奶茶，即将 4 ~ 5 克红茶投入沸水中烹煮三四分钟，滤去茶渣，将茶汤注入茶杯，加适量新鲜牛奶和砂糖调匀后饮用。也有不加牛奶，加新鲜的柠檬片和糖的，这就是柠檬红茶了。在巴基斯坦西北高地靠近阿富汗的游牧地区，却流行着饮甜绿茶的习惯。他们将冲泡或烹煮好的绿茶，经过滤后加入砂糖搅拌均匀饮用，有时候还会放入一颗小豆蔻，用以增添清凉感。

在巴基斯坦的每个家庭里，主妇们每天起床后的第一件事是煮茶，一家人睁开

▶ 巴基斯坦市场内的众茶客

眼睛后做的第一件事是饮茶。巴基斯坦人不但饮茶次数多，而且喜欢饮浓茶。一般早、中、晚各饮 1 次，加之起床后、睡觉前各饮 1 次，每天多达 3 ~ 5 次，因此有“饮茶王国”之称。

“客来敬茶”是巴基斯坦人的待客之举。凡有客进门无须明说，巴基斯坦人就会端上一杯热气腾腾的红奶茶，再配上饼干、蛋糕，这才叫施礼于人。在巴基斯坦，随处都可见到饮茶场所，这种场所并非我们所说的茶馆、茶楼，在路边、市场、码头、饭店、冷饮店等都有茶水售卖。到了工作单位，无论是政府机关还是企事业，抑或是学校等单位，多配有专门的司茶员工，负责准备好茶水与茶点。通常下午三四点，有专人将奶茶、饼干、三明治等送给员工生津解疲，这也是对工作着的人民赐予的一种轻松享受。其实，这种饮茶习俗，就是英国下午茶留下的遗风。

（三）茶叶拼配王国——斯里兰卡

斯里兰卡是印度洋上的一个岛国。但在历史上，这个美丽的国度曾先后遭到葡萄牙、荷兰、英国入侵，经历了长达 450 年的殖民统治。从 18 世纪至 20 世纪初，由于斯里兰卡地理位置优越，它一直充当着英国海上茶叶的中转站。而殖民帝国不想用白银换取茶叶，便尝试将中国茶带到别处种植，印度和斯里兰卡无疑是最好的选择。于是斯里兰卡分别在 1824 年、1867 年分别从中国、印度阿萨姆引进茶树种植。由于斯里兰卡温暖湿润、光照充足、生态环境优越，非常适宜茶树生长，所以生产的红茶，具有汤色红浓、口感厚重和香气高强的特征。如今，茶叶已是斯里兰卡农业中的支柱产业，也是极为重要的出口物资。据 2015 年统计，斯里兰卡茶叶产量排名世界第四，茶叶出口量排名世界第三。

在斯里兰卡，当地生产的是红茶，人民喜欢饮的大多也是红茶。茶已是斯里兰卡人民生活的必需品，无论在城市，还是农村，到处可以见到供应热茶的茶站。在城市茶站里，人们总可以见到放置着一个1米多高的热水炉，其旁放满着茶杯，饮茶付上钱，取一包袋泡茶往杯里一放，热开水一冲，又浓又香的一杯红茶便出炉了，它简单、快捷、方便。在农村也有这样的茶站，村民们三五成群地捧着一杯浓茶围在一起谈天，生津解疲。斯里兰卡虽然没有专门的茶馆，但他们将茶融入生活，饮茶已是习以为常的事。他们爱清饮，倘若在茶汤里加了牛奶，恐怕会受到斯里兰卡人的奇异，因为他们认为牛奶会掩盖茶叶本身的香气滋味，加牛奶是一件没有品位的事。这种饮茶方式，倒有别于英式饮茶。

▶ 正在兴起的斯里兰卡奶茶

斯里兰卡多数崇尚清饮红茶。此外，也有许多人开始喜欢饮风味茶的，诸如红奶茶、草莓红茶、夏威夷果茶、薄荷绿茶、茉莉花茶等兼具茶与花果的香气滋味，如今越来越受消费者欢迎。

（四）阿萨姆福祉享受者——孟加拉国

孟加拉国位于南亚次大陆东北部，茶叶生产稍晚于印度，英国人将茶带到阿萨姆，阿萨姆的茶又迅速扩展至孟加拉国。马尔尼查拉茶园是孟加拉第一座茶园，位于锡尔赫特北部。如今，这座茶园依在，仍然保持着不可动摇的崇高地位。2015年孟加拉国茶叶产量达6.6万吨，名列世界第十。由于这里常受台风、洪水影响，所以茶叶产量不很稳定。

孟加拉国生产茶叶以红茶为主，也有绿茶生产。当地人大多爱饮红茶，通常他们会在红茶中加入牛奶、柠檬汁、糖等。当然也有不少人喜饮绿茶，尤其是加有柠檬和糖的绿茶。但不论是饮红茶，还是饮绿茶，孟加拉国人饮的多是调味茶。

孟加拉国人民热情好客，凡有客人进门总会献上一杯口味独特的孟加拉式的风情茶。倘若有客人不饮就离开，孟加拉人民会不高兴的。值得一提的是在孟加拉国有一个偏远的小镇，名叫斯里蒙戈尔，这里有一种声名煊赫的“七层茶”，吸引着无数茶客一睹芳颜。七层茶的原料有 3 种不同品性的红茶、1 种绿茶，外加牛奶及各种调料组成，再通过精心操作制作而成。将调和后的不同口感的液体层层累积，但彼此互不相融，泾渭分明。不仅外形有不同色彩的 7 层，连滋味也有各不相同的 7 种。据一些茶客的说法，他们喝到过柑橘味、肉桂味、醇浓的甜绿茶味、香甜的红奶茶味，但几乎很少有人能将 7 层的口感一一辨别清楚，正因为如此，使七层茶的制作带有一种奇异感和神秘感。虽有仿制者，但据说最多也只能制作出“五层茶”。而七层茶给人以视觉的多重享受、滋味的多种领略，这是不争的事实，并为此带动了旅游业发展。

四、东南亚国家饮茶风习

东南亚位于亚洲东南部，包括越南、老挝、柬埔寨、缅甸、泰国、马来西亚、新加坡、印度尼西亚等 10 余个国家。这里多为热带季风气候，适合茶树生长，许多国家都有茶树种植。据国际茶叶委员会统计表明：2015 年在世界茶树种植面积前 10 名的国家中，越南排名第六，印度尼西亚排名第七。同时，这一地区又是世界华侨、华人最集中，人数最多的地区之一。因此，饮茶氛围也浓重。又因为东南亚占据海上交通要道，曾经是西方列强的殖民地，深受西方文化影响。有鉴于此，东南亚国家饮茶之俗兼具中国传统与西方文化的特色，使这一地区的饮茶风情具有国际化、多元化特色，但又充满自身风情。现选择几个具有典型南洋饮茶风情的国家，简述如下。

（一）越南的多样花茶

越南与中国广西毗邻，属热带季风气候，盛产多种经济作物，特别是茶叶生产近年来发展较快，令人刮目相看。据国际茶叶委员会统计：2015 年越南茶树种植面积名列世界第五，茶叶产量名列世界第五，茶叶出口量名列世界第五，主要生产红茶和绿茶，还生产花茶。

越南人饮茶历史悠远，由于特殊的历史背景，与中国的饮茶习俗有着千丝万缕的联系。从饮茶的种类和饮茶方式来看，与中国人一样偏爱饮绿茶，生产的红茶主要用于出口。在越南的咖啡馆里，时常出现捧着清茶，时不时啜饮的茶客。而咖啡馆的出现或许是受西方文化的影响有关，然而这种影响却无法改变根植在越南人骨子里对茶的喜爱之情。

越南人崇尚清饮，尤爱饮由绿茶再加工而成的花茶，这与当地气候比较炎热、花茶更具清凉感有关。越南花茶品种很多，最为普遍的是具有清热解毒、去湿消暑的茉莉花茶。而最为珍贵的则是荷花茶，越南人认为荷花是高尚洁净之花，它“出淤泥而不染”，享有类似国花地位，所以荷花茶当然受到尊崇。此外，还有玳玳花茶、米兰花茶、金银花茶、玉兰花茶等。不过值得一提的是越南有些花茶，与市场常见的花茶不一样，就是茶与花是分别加工的，只是沏茶时才撮合而已。

▶ 荷花茶是越南人的最爱

越南人还喝苦瓜茶。苦瓜茶的制作工艺并不复杂，就是将新鲜的苦瓜去瓢，塞入绿茶，然后烘焙干燥。夏季来临时，取适量苦瓜茶冲泡饮用，是再好不过的消暑方式。苦瓜茶除了具有清热解毒、清心利尿的功效外，对降低血糖也有一定作用，是糖尿病患者的福音。其实，越南人民钟爱各类花茶和苦瓜茶，是他们与湿热环境博弈的结果，也是这种饮茶习俗得以流行的原因所在。

越南人有以茶待客的习俗。他们几乎家家备有一套陶瓷茶具，凡有客上门，总会泡上一壶茶，第一杯留给自己，从第二杯开始奉给客人。他们认为第一杯茶比较淡薄，以后几杯茶才会逐渐浓郁起来，如此请客人饮茶才不会失礼。越南人奉上的虽是清茶一杯，表达的却是对客人的尊敬和欢迎，若是遭到客人拒绝，他们会不高兴的，觉得自己没面子。

另外，西方饮茶文化在越南也有生存的土壤，部分越南人也有喜欢在红茶里加入牛奶和糖的饮茶习俗。

（二）泰国冰茶与腌茶

19 世纪末，英法达成利益妥协，使得暹罗（泰国）成为东南亚唯一一个没有沦为殖民地的国家。1941 年暹罗被日本入侵，加入轴心国，这样的历史使泰国的饮茶文化融合了英、法、中、日的特色，变得丰富多彩。泰国人像英国人、法国人那样喝红奶茶，像中国人、日本人那样饮绿茶、乌龙茶，不同的是，他们不大喜欢饮热茶，热衷于饮冰茶。这与泰国地处热带季风气候，全年气温高有关。

冰茶制作并不复杂，如果是绿茶，泰国人就会在冲泡好绿茶后，立刻滤出茶渣，选取自己喜爱的水果切成小块，加入到茶汤中，最后加入适量冰块，一杯滚烫的绿茶立刻成为凉爽可口的水果冰绿茶了。这种茶既有绿茶的鲜爽口感，又有水果的甜蜜气息，更兼清热消暑的特性，难怪是泰国人的最爱。至于红茶，则是冲泡或煮开红茶后，过滤掉茶渣，再根据个人口味，加入牛奶、糖、柠檬等佐料，最后加入适量冰块，这样一杯冰红奶茶就新鲜出炉了。

泰国冰茶花样繁多，内容丰富，随着时代进步，冰茶的制作也与时俱进。泰国人甚至还选择香料（如龙舌兰）、酒（白兰地、伏特加、葡萄酒、鸡尾酒等）、可乐等加入到冰茶中，创造出更加令人惊艳的味觉享受。

除此之外，泰国有制作腌茶的习俗，这与中国云南部分少数民族相同。腌茶的制作从每年 7 月雨季到来时进行，直至 9 月雨季结束而制作完成。腌茶通常选用新鲜茶树嫩梢，洗净后用竹匾摊晾沥干，然后稍加揉搓，加入盐、辣椒等搅拌均匀，随后放入瓦罐或竹筒压紧密封，两三个月后茶叶逐渐变黄，取出晒干就行。食用时再加入花椒、豆蔻、麻油等佐料拌匀即可，这种腌茶，吃起来又香又辣，风味独特。其实，对泰国人而言，腌茶是一道凉拌菜，也是餐桌上令人胃口大开的最佳食品。

（三）缅甸花式茶

在缅甸有句流行语“肉类的代表是猪肉，果类的代表是芒果，叶子的代表是茶叶”,这充分反映了缅甸人民对茶的喜爱之情。缅甸人一天生活中,饮茶频率高达3～5次，特别是饭前、饭后都要饮上一杯热茶。

缅甸人既有清饮红茶、绿茶、乌龙茶、普洱茶的；也有习惯吃腌茶的；更有人喜欢饮“拉茶”或红奶茶的，各地饮茶习俗丰富多彩。但除此之外，还有一种较为独特的饮茶习俗，称之为“怪味茶”的。它的制作方法是将茶叶与虾酱油、虾米松、炒熟的辣椒子、洋葱末、黄豆粉等拌匀，然后冲泡而成。这种“怪味茶”风味独特，但深受缅甸人民的欢迎。此外，还有茶沙拉，可算是有名的缅甸小吃了。制作时，先将浸润后的茶叶与撕成片的卷心菜、番茄、油炸的豆角、坚果等拌匀；然后泼上爆香的蒜油、辣椒，即可食用。其实，怪味茶、茶沙拉，还有腌茶，与其说是茶饮，还不如说它是茶菜更为确切。

▸ 缅甸街上随处可见的茶摊

由于缅甸人爱茶，所以无论是城镇还是在农村，随处都见有茶馆或茶座，人们都习惯于在那里解决一日三餐，甚至将空闲时间消磨在这里，这导致很多重大事情都发生在茶馆里。男女相亲，媒婆会请男女双方一起到茶馆喝茶议婚；商务洽谈，买卖双方愿意到茶桌上谈生意；倘若发生纠纷，则把矛盾双方集结在茶馆，喝茶讲和；甚至民事案件，法院也会传令到茶馆喝茶接受审判。总之，在缅甸人的茶桌上，万事皆有可能。

缅甸人饮茶还与婚姻染上关系。如缅甸崩龙族的小伙子在男女相恋阶段，想要到姑娘家串门，就要带上槟榔送给心上人；而姑娘家会用苦茶待客，其意是只有能吃苦的人才会有所收获。如此，槟榔和茶叶便成了男女青年相恋相爱的纽带和爱情的象征。缅甸农村在婚礼上还有吃类似茶沙拉的“拌茶”习俗，它表示百年好合的意思。好奇的是倘若夫妻双方婚后遭遇挫折，动了离异的念头，在老一辈人调停无果的情况下，也得以“饮茶离婚”。

缅甸最主要的宗教信仰是佛教，在缅甸民间，进行宗教活动布施、供佛时，施“拌茶”是必不可少的。

（四）马来西亚拉茶

马来西亚位于赤道附近，全年高温多雨。当地人口构成复杂，除了马来人外，华人占了极大部分，来自中国闽粤地区的华人，带来了当地的饮茶方式与饮茶习俗。如若选择清饮的方式，乌龙茶、红茶、普洱茶、绿茶当在马来西亚人的考虑范围内。如若选择调饮，红茶加牛奶是经典款。由于受英国殖民文化影响，部分马来西亚人还有喝英式下午茶的习惯。

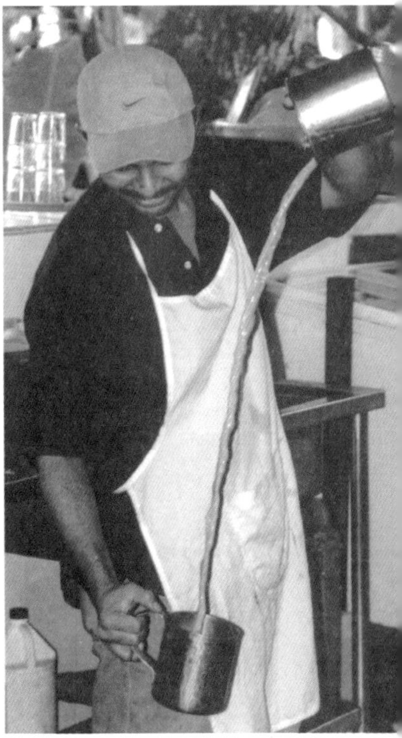
▶ 马来西亚人在制拉茶

马来西亚饮茶很普遍，饮茶方式、方法虽然多种多样，但就受众面而言，还不如拉茶更广泛。无论在马来西亚首都吉隆坡，还是城市中的豪华宾馆，或是偏远集镇的茶坊内，都可见到浓香鲜美的拉茶。拉茶虽然最早来自印度，但如今拉茶几乎俘虏了所有马来西亚人的味蕾。在马来西亚各地，每年都要举行拉茶比赛，评选出“拉茶大王”，这是一种崇高的荣誉。

拉茶，其实就是用特殊拉制工艺制作而成的红奶茶。制作时先将红茶冲泡或煮好，滤出茶渣，将茶汤与炼乳混合，放上适量砂糖待用。然后准备好两只干净的带柄不锈钢罐，容量为1升左右。拉茶时一手持空罐，一手持盛有奶茶的罐子，如此将奶茶以1米左右的距离，从一个盛有奶茶的罐中倒入另一个空罐，如此往而复始，通常要拉7次以上，使红茶与炼乳充分接触融合。他们认为，如此制作出来的拉茶，不但富有浓密的泡沫，而且还具有细腻而有层次的口感，喝起来既有茶的风味，又有奶的浓香，还有糖的甜味。更使人叫绝的是在奶茶拉制过程中，茶汤从一个罐倒入另一个罐的过程中，两手持罐距离由近到远，好像在两手间拉出一条白色的奶茶长线，给人以一种视觉盛宴，大有拉茶未曾入口，已有垂涎不绝之感。

拉茶在马来西亚街头巷尾，随处可见。特别是在马来西亚印度人后裔开的“嘛嘛档”（也称“玛玛档”，相当于小吃饮食店），他们经营的内容更是少不了拉茶，一杯香醇浓郁的拉茶，配上美味的几款印度小点，无论是充当早点，或是权作宵夜，都是极致的身心享受。

其实，拉茶在南亚、南洋都有所见，只是氛围不及马来西亚为甚罢了。

（五）新加坡肉骨茶

新加坡位于赤道附近，扼海上交通要道。早年，中国闽粤地区有大量华人迁徙到新加坡定居，从而为新加坡注入了中国传统饮茶文化符号。以后，新加坡又曾被英国和日本侵占。在这种大背景下，新加坡的饮茶风习变得既有东西方的交融，又有丰富多彩、生机勃勃的景况。新加坡人有爱饮中式清茶传统，也有饮英式下午茶的习惯，但给人印象最深的莫过于新加坡的肉骨茶。

肉骨茶，为福建语：Bak-Kut-Teh。在新加坡以及相邻的马来西亚和中国的闽粤及港澳地区均有吃肉骨茶的习俗，只是口味稍有差异而已。相传，最初的肉骨茶并不是茶，当时来自中国闽粤地区的先人们初到南洋时，由于不适应这里湿热的气候，于是用当归、党参、枸杞等药材炖汤，用来去湿消热，并加以滋补，以适应高强度的劳作生活。后来有人从中加入了猪骨，发现味道更加鲜美，于是肉骨汤广泛流传开来。因为闽粤地区原来就有吃肉配茶的习俗，喝茶又可以消脂解腻，新加坡当地的华人保留这种传统，边吃肉骨、边饮茶，喷香的肉骨与清爽的茶便是最完美的搭配，最终使肉骨茶很快在新马地区普及开来。如此一来，肉骨茶不再只停留在穷苦百姓的餐桌上。渐渐地肉骨茶的主料从猪骨增加到牛肉、羊肉、鸡肉等，配料更是随心所欲，花样繁多。搭配肉骨的茶倒是极少改变，一般多选用闽粤地区的乌龙茶：主要有潮汕地区的凤凰单丛，以及福建的安溪铁观音、武夷大红袍、肉桂、水仙等。使用的茶具也是陶瓷的小壶和小杯，保留着中国人吃工夫茶的遗风。这种吃与喝相结合的饮茶方式，不但韵味独特，而且精彩别样，叫人蔚然观叹！

▶ 新加坡举办的茶会

如今，在新加坡大大小小的茶馆里，茶客不仅有老人，也有年轻人；不仅有新加坡本地人，也有各地的境外游客。每到黄昏，新加坡的茶馆里就热闹起来。

至于新加坡人饮茶的方式，多种多样；饮茶品种，五花八门。饮茶已成为新加坡人快节奏生活中的一种休闲文化。

（六）印度尼西亚凉茶

印度尼西亚地处热带雨林气候，这种生活环境造就了当地人民不但需要大量饮茶消暑解渴，而且也为茶树生长提供了良好的生长条件。据国际茶叶委员会统计：2015 年印度尼西亚茶树种植面积名列世界第六；茶叶产量名列世界第七，茶叶消费总量名列世界前十。如今，印度尼西亚已成为茶叶生产大国和消费大国之一。当地生产茶类有红茶和少量绿茶，主要用于本国消费。

印度尼西亚人有喝凉茶的习俗。凉茶制作的原料一般是红茶，冲泡完红茶后，过滤掉茶渣，再在茶汤中加入适量砂糖和其他佐料（如柠檬等），放凉后将茶搁置在冰箱里冷藏，以便随时取用。对印度尼西亚人来说，一日三餐中，中餐最为重要，中餐的饭菜更加丰富多样。用完中餐后，印度尼西亚人习惯于再喝一杯凉茶，既能缓解炎热气候带来的燥热，消暑降温；又能帮助消化，生津止渴。

▸ 印度尼西亚的凉茶摊

印度尼西亚是世界上最大的群岛国家，称为“千岛之国”，独特的自然风光吸引着来自世界各地的游客。作为一个旅游业发达的国度，在海滨旅游胜地，除有凉茶供应外，特别是在酒店等地都有经营下午茶的业务。将红茶在壶中煮沸1分钟后过滤，红艳明亮的茶汤被注入玻璃壶中，奉给客人则需要另加一只玻璃杯，把玻璃壶中的红茶注入玻璃杯中待饮。茶汤中是否放糖加奶，任凭客人自便。讲究一点的，还会另加一小壶白开水，客人可以根据个人口味调整茶汤浓度。如此，身处海滨热带风光，杯茶在手，极目远眺，南洋风情尽收眼底，在此饮茶已不再是解渴需要，而是精神的升华。

五、东欧国家饮茶风习

东欧是指欧洲的东部地区，包括白俄罗斯、爱沙尼亚、拉脱维亚、立陶宛、摩尔多瓦、俄罗斯、乌克兰、罗马尼亚、波兰、捷克、斯洛伐克、匈牙利、德国、保加利亚、格鲁吉亚等国家。这一地区的地貌比较单一，以东欧平原为主。气候复杂多样，以温带大陆性气候为主，故只有俄罗斯、格鲁吉亚、乌克兰的局部地区有少量茶树种植。东欧国家饮茶是从16世纪开始由中国传入的。17世纪后期，饮茶之风已普及到东欧许多国家。19世纪开始，饮茶已成风俗，逐渐渗透到文化和生活之中。如今，这里的饮茶风尚更盛，尤其是俄罗斯，2015年茶叶进口量达15.1万吨，名列世界第二；年人均饮茶量3.05磅，排名世界第四。此外，波兰、德国、格鲁吉亚等众多国家也有浓厚的饮茶氛围。总之，饮茶已成为东欧国家人民生活的重要组成部分。下面，选择几个有饮茶代表性的国家，简述如下。

（一）饮茶无处不在的俄罗斯茶俗

中国饮茶之风传入俄国至少有400年历史了。时至今日，俄国人称茶为“恰—伊”，与中国“茶—叶”之称相近，这便是最好的证据。清代雍正五年（1727），中俄签

▸ 19世纪绘画中的俄国茶俗

订《恰克图互市条约》，以恰克图为中心的陆上通商贸易打通，晋（山西）商便将茶源源不断输入俄国，使俄国饮茶之风逐渐普及开来。如此，俄国就成为中国茶叶北线对外通道上的最大买主。19世纪开始，茶已从宫廷和贵族饮品走向民间，以致在俄国许多作品中就有乡间茶会记载。俄国著名诗人普希金作品中就有乡间茶会内容。进入20世纪以来，俄国人不但一日三餐离不开茶，而且要喝上午茶和下午茶，尤其是下午茶，雷打不动，余事面谈，茶成了俄国最普及、最大众化的饮料。俄国人每天饮茶多达5次，难怪俄罗斯全国年人均饮茶达3磅以上。他们在家中饮茶，倘若出门在外，不但有类似于中国茶馆之类的喝茶场所，而且在城镇只要有卖食品的商家，就能喝到浓香四溢的热茶。总之，在俄国，饮茶的身影，无处不在。

俄罗斯人习惯于饮红茶，而且喜欢饮带有甜味的茶，以致有“无甜不成茶”之说。俄国人饮茶多选用铜质、形似火锅，被称为“萨莫瓦尔”的一种茶炊煮茶。旧式的

茶炊中间是放木炭，顶部是冒烟的桶子，其下是放煮水的锅，边缘还装有一个水龙头。水煮开后，就从龙头放水泡茶。俄罗斯人泡茶后，要用一个做成母鸡或俄罗斯大妈形状的套子罩在茶壶上，待茶泡开了再注入茶杯。如今，工艺精制的传统茶炊已作为珍品被收藏，取而代之的是造型简单的电茶炊，但外表往往饰有斯拉夫民族装饰。另外，在一些重要的民间传统节日，如新年除夕、俄历圣诞节、胜利节，以及特别重要的贵客临门时，主妇们还会取出传统茶炊，边煮茶、边促膝谈心，营造出昔日煮茶那份情趣来。

俄罗斯人煮的茶，浓度特别高，饮茶时总先倒上浅半杯浓茶，然后加热开水至七八分满，再在茶里加方糖、柠檬片、蜂蜜、牛奶、果酱等，各随其便。俄罗斯人饮茶比较讲究。饮茶时还要佐以饼干、奶渣饼、甜点和蛋糕等。俄罗斯人注重午餐，即便是一顿丰盛的午餐，用完后还得上茶，而上茶时茶点还是不能少的，特别是一种被称之为“饮茶饼干”的点心，必须随茶送上。

（二）喜欢袋泡茶的波兰

波兰在地理上，一般视作东欧国家，属温带气候，不适宜茶树生长。然而，波兰却是一个茶叶消费大国。据 2015 年统计，茶叶消费量在欧洲仅次于俄罗斯和英国，在欧洲名列第三。年人均茶叶消费量在欧洲仅次于爱尔兰、英国与俄罗斯。如今，茶叶已经成为波兰人民日常生活中不可或缺的组成部分。

早在 17 世纪，波兰传教士 MichatBoym 就将茶叶传入波兰，只是当时茶叶并不是作为一种饮料，而是把它当作为一种药品被波兰人认识和使用的。波兰语中的茶，既不同于英文的“tea”，也不同于俄语中的“ч а й”，而是与草药 (herb) 相近的“herbata”，就可见一斑。直到 18 世纪初叶，茶叶才在波兰作为饮料被人们饮用。虽然开始饮茶的时间比荷兰、俄罗斯等国晚了一个多世纪，但饮茶在波兰的普及速度还是蛮快的。因为波兰人发现喝茶不但可以解渴，而且对身体健康很有好处。18 世纪波兰几位著名诗人 W. 科汉诺夫斯基、卜克拉希茨基、K. 克卢克等的作品都多处提到茶，表明饮茶已逐渐从上层逐渐走向民间。但 18 世纪后期至 19 世纪时期，由于战争原因使饮茶陷入低谷。不过由于膳食结构中以奶肉制品为主，少吃蔬菜，因此与茶天生有缘，进入 20 世纪以后，茶就源源不断进入波兰，饮茶很快在全国范围兴起。

波兰人几乎每家每户都存有茶，习惯上以饮红茶为主，而且都是一次性的袋泡茶。波兰人饮茶带有明显的俄罗斯色彩，一般用大壶烧开水，小壶泡浓茶。饮茶时，多崇尚牛奶红茶和柠檬红茶，即以红茶为主料，用沸水在壶中冲泡或烹煮，再与糖、牛奶，或糖、柠檬为伍。当然也有清饮红茶的。

波兰人很好客，倘有客进门，便会主动问你，泡茶还是咖啡。因为他们泡的是一次性的袋泡茶，所以也没有续水的做法，除非你主动提出，那么就得重新泡茶。如今茶文化已渗入生活，民间有事相邀，也会说“我想请你喝杯茶”。对茶的爱好也开始趋向多元化，饮绿茶、花茶的时有所见。

（三）喜好冲茶的德国

德国按地缘习惯归属东欧国家，本国不产茶，但喜好饮茶。1657 年，茶叶首先出现在德国的一家药店里，但并没有引起德国人的较多注意。自此以后，历经 200 多年的风雨飘渺，加之德国人传统爱吃肉食制品，茶才逐渐成为德国人的生活饮料。自 2014 年以来，德国人年人均饮茶量已超过 700 克，在欧洲名列第五。

德国饮的茶叶品种较多，绿茶、花茶都有，但更多的是喜饮红茶。德国人饮茶很奇特，他们饮的茶并不是泡的，而是冲的。饮茶时，将茶叶放在细密的金属筛子上，不断地用沸水冲泡，而冲下的茶水通过安装于筛子下的漏斗流到茶壶内，然后将筛子中茶叶倒掉。这与东方人饮茶相比，德国人所饮之茶时的滋味更为清淡。这种冲茶之法，为德国人所独有。

德国人还喜欢饮一种本国产的“花茶”，但它并没有植物学上的真正茶叶。这种花茶是用茉莉花、玉兰花或米兰花等花瓣为原料，再加上苹果、山楂等果干制作而成，实是一种“有花无茶”的“非茶之花茶”。德国人在饮花茶时，还须加上适量的糖。他们觉得，花香太盛，会有涩酸味。而加入糖后，能使这种花茶变得清香可口，更加入味。

如今，德国人饮茶已渐趋多样化，并在饮茶与喝咖啡之间寻找新的平衡点。

（四）“欲沏先烤”的格鲁吉亚

格鲁吉亚位于外高加索中西部，西临黑海，属亚热带地中海气候，生态环境优越，适合茶树种植。1770 年，俄国沙皇将茶炊和茶叶作为礼物赠送给格鲁吉亚沙皇，开创格鲁吉亚饮茶先河。1893 年，俄商波波夫从中国聘请茶师刘峻周及一批技术工人赴格鲁吉亚试种茶树，历经三年终于获得试种成功。从此，格鲁吉亚生产的茶叶誉称“刘茶”。

▸ 中国茶叶专家刘峻周

格鲁吉亚人大多喜爱饮红茶，但也有不少人爱饮绿茶。此外，还有一些人喜饮砖茶的，但无论是饮红茶，还是饮绿茶或砖茶的，大都崇尚清茶一杯，无须加入任何调料。这与欧洲国家普遍喜欢饮加奶、加糖茶的情况是不一样的，可谓独树一帜。

格鲁吉亚南部还是苏联的著名茶区，苏联 90% 以上茶叶产在这里，以生产红茶为主。格鲁吉亚的沏茶方式有些类似中国云南的烤茶。沏茶时先将金属壶放在火种上烤至 100℃ 以上；然后将茶叶投放进炙热的壶底；随后倒入热开水冲泡几分钟。如此，一壶香茶便冲好了。这种沏泡茶的方法，最终要求能达到色、香、味俱佳：一是要茶色红艳可爱，二是要在沏泡时能闻到茶的浓香，三是要在倒水冲茶时能发出“噼啪”的响声。所以，沏茶时对烤壶的火温，以及操作方法上有精到的要求，只有这样，方能取得沏茶的最佳效果。

（五）多样化饮茶的乌克兰

乌克兰地处欧洲东部，是欧盟与独联体国家在地缘政治上的交汇点。特殊的地理位置，造就了乌克兰特殊的饮茶文化。乌克兰人爱饮茶，一日三餐离不开茶，特别是靠近俄罗斯的东部和南部地区饮茶更甚。倘有亲戚朋友来访，也总喜欢以茶待客。近年来，乌克兰人均年饮茶量已排名世界前 20 位之内。

乌克兰人喜欢饮红茶，特别喜欢饮由红茶调制而成的调味茶，大多喜欢在红茶中加入一些蜂蜜、柠檬、姜片等；而且还由于加入调料不同，以及拼配调料比例的不同，配制出不同风味的调味茶。这样，可以根据各人的不同要求，从中找出适合自己的风味茶品。这种具有乌克兰特色的调味红茶，很受当地人民的欢迎。他们说，这种茶不但能生津止渴，而且香甜可口，还能提升人体热能，一举多得。

▶ 爱茶的乌克兰女孩

乌克兰人不但在家中饮茶，而且出门在外也到处有茶水供应。无论是在公共场所办事，还是在饮食餐厅用餐，都有茶水供应。在首都基辅独立广场，不管你是什么人，都可以与当地人一起在茶水供应点前排队，等候免费的热茶供应。

乌克兰人还喜欢饮凉茶。这种凉茶，其味有点像中国的八宝茶，其中加有柠檬、桔梗，甚至果蔬等，口感有点黏稠但却有透凉止渴、甜酸可口之感。所以，对一些来去匆匆，要事缠身的乌克兰人来说，点一个汉堡包，再买一杯凉茶搭配充饥，也时有所见。

除此之外，乌克兰人也喜欢饮一种茶中配有花草的香草茶。这种茶特别受到乌克兰年轻女性的青睐，她们认为香草茶既有茶的清香，又有药的疗效，对人体具有保健美容功能。

六、中东国家饮茶风习

中东不属于正式的地理术语，泛指亚洲西部与非洲东北部地区。西亚国家主要包括沙特、伊朗、科威特、伊拉克、阿联酋、阿曼、卡塔尔、巴林、土耳其等国；北非主要包括埃及、利比亚、突尼斯、阿尔及利亚、摩洛哥等国。

中东国家绝大多数是伊斯兰国家，茶是穆斯林眼中的圣品，因此中东国家的饮茶量十分惊人，人均茶叶消耗量在世界上排名也都比较靠前。据统计，2001 年人均茶叶消耗量超过 1 千克的 17 个国家中就有利比亚、科威特、卡塔尔、伊拉克、摩洛哥、埃及等中东国家。2002年始，摩洛哥的人均茶叶消耗量为1.4千克，世界排名第四，伊朗和埃及以人均茶叶消耗量1.2千克和1.1千克位居世界第五和第六。2014年摩洛哥的人均茶叶消耗量为1.2千克，居世界第五，埃及以人均茶叶消耗量1.0千克，居世界第七。

以茶会友，以茶为礼，茶是穆斯林生活的重要组成部分。埃及、伊朗、科威特、卡塔尔等国的人民喜饮用调饮红茶；而摩洛哥、阿尔及利亚、利比亚等国家则喜饮调饮绿茶。由于茶在日常生活中所占的重要地位，每个国家又都生发出独具特色的饮茶风情。下面，选择几个有独特饮茶风情的中东国家，简介如下。

（一）酷爱甜茶的埃及

埃及饮茶由来已久，自丝绸之路开通，茶就随着历史长河逐渐流传到埃及的千家万户，成为人们日常生活不可或缺的必需品。埃及是茶的进口大国，世界茶叶进口十大国之一，2010年，埃及的茶叶进口量为9.3万吨，位居世界第五；2015年，埃及以8.8万吨的茶叶进口量位居世界第六，埃及人民嗜茶可见一斑。

埃及的饮茶方式具有阿拉伯国家饮茶的典型特征。埃及人酷爱煮饮红茶，大凡每个主妇都有一手煮茶的好手艺，家中来客时，热情的埃及人总会备上一杯加入白糖的甜红茶，这就是埃及最爱的甜茶。他们不爱在红茶中加入牛奶，偏偏爱在其中加入蔗糖。他们先将茶叶放进小壶里，注水加糖，然后再加热至水开。这样的红茶口感浓厚醇香，是埃及人的最爱。而埃及人选用的茶具也比较简单，多为小巧的玻璃茶具，在喝茶的过程中易于观茶色、嗅茶香，蔗糖的白与茶汤的红相互照应，红白相间，不失为视觉、嗅觉和味觉的三重享受。在饮用甜茶时，为了尊重饮茶者，埃及人还会特意备一杯冷水，供饮者稀释茶水，自由调节茶水浓度。实际上这种甜茶的浓度仍然是非常高的，几杯入口，不习惯食甜的人难免会觉得口中过分甜腻之感。

普通的埃及人家还有一种饮茶习俗，当用完正餐后，主妇便会到厨房用一种特殊的煮水容器“茶炊”煮水。待壶中的水沸腾后，再用少量热水倒入沏茶的茶壶进行晃动，使热水可以均匀地接触到茶壶的每个角落，称为温壶。埃及人认为温壶能提升茶的香气。尔后置入一小撮茶叶放入茶壶内，再将热水加至齐壶口，并加上盖。

接着，还须再将茶壶放在“茶炊”顶端的筒子上加热待用。饮茶时，须再将茶壶中的茶水逐个分给大家饮用。通常，这样的茶要过三巡，埃及人认为第一杯茶可以帮助消除进食正餐时煎炒食物带来的火气，而第二杯开始，才是享受饮茶带来的美感和快感。

（二）“含糖啜茗”的伊朗

茶是伊朗的举国之饮，也是伊朗人的一大生活享受。伊朗人多数喜欢饮茶，不少伊朗的成年男子每天都饮近10杯茶。伊朗人年均茶叶消耗量在世界排名中是比较靠前的。2002年伊朗的人均茶叶消耗量为1.2千克，位居世界第五，2013年人均茶叶消耗量为1.07千克，在世界排名中也十分靠前。2015年，伊朗的茶叶进口量为5.5吨，世界排名第九。在伊朗，也许你找不到矿泉水，但却一定能喝到暖暖的茶，足见伊朗人对饮茶痴迷至深。

伊朗人爱饮有甜香味和果香味的红茶。但本土产的茶叶并不能满足伊朗人的需要，还须从印度、斯里兰卡进口红茶。伊朗人不喜欢在红茶中添加牛奶等，追求茶的原香原味，但他们的饮茶方式又区别于传统的清饮，是一种半清饮、半调饮的饮茶方法，称作“含糖啜茗”。泡茶时，先将茶叶放置在一个小茶壶内，注入沸水冲泡，然后把小茶壶放到一个特制的烧水壶顶端保温，这样能使茶味更加醇厚，使茶香更加发散，以满足伊朗人喝茶时茶汤热、茶汁厚、茶味香的需求。烹煮后，将小茶壶中的茶汤倒入茶杯中，小茶壶壶嘴有滤网，可以防止茶叶倒入茶杯。伊朗人喝茶以见水不见茶为上，尤其是为客人准备的茶，杯子中不得出现茶渣。伊朗人喜欢用与红茶汤交相辉映的红色茶杯进行品茶，艳丽而又别致。茶汤犹如琥珀，浓香剔透，油光厚重，但无浑浊之感。更有趣味的是伊朗人饮甜茶，他们为了能品尝茶的原香，饮甜茶时并不会将方糖直接投入茶汤中，而是选择先将方糖直接含在口中，再啜一口浓香的茶汤，任由方糖就着茶汤在口中融化，根据茶汤苦涩味的轻重，以及方糖的融化程度来调节红茶的甜淡，这便是伊朗人独具风味的“含糖啜茗”。这种品红茶的方式在伊朗人眼中是最佳品茗方式。在方糖的选择上，伊朗人也很讲究。在富有之家，或者是高档的茶馆里，饮茶时所配的糖多为片状单晶冰糖，以带柠檬味的糖片为佳，品味时很有柠檬红茶的感觉。

伊朗几乎人人饮茶，而且饮茶环境十分考究，为了更好地满足民众这一需要，伊朗茶馆林立。茶馆或茶室满足了各个阶层，既有相对简单素雅的茶馆，也有装修豪华精致的高级茶馆。伊朗人爱亲近自然，饮茶多在室外。客人到来后，店家会在室内沏好茶，在室外配上对应的茶壶、茶杯等茶具，供客人自斟自饮，一边欣赏自然风光，一边品茗，一边谈天说地，感受天时地利人和的和谐景象。

茶水是伊朗人生活不可或缺的一部分，他们日常生活离不开喝茶，伊朗的国教是伊斯兰教，伊斯兰教禁酒，而茶就成了最好也是最恰当的替代品。茶的保健功能丰富了伊朗人民的饮食结构，给伊朗人民带来了营养和保健。同时，还丰富了伊朗人的文化生活，她象征了美好、文明。客人来了，为客人献上一杯浓醇的红茶代表了伊朗人的最高礼遇，茶宴、茶会、茶艺、茶话都是以茶作为款待客人的最主要方式。茶，代表了冷静和庄重，无论是朋友，还是商人，抑或是官员，他们都习惯将饮茶作为人际沟通的媒介。伊朗人甚至还保持着“夜谈”的习惯。边喝茶，提神醒脑，补充体力，边与友人畅谈，意兴盎然，这种轻松氛围下的谈话往往会持续到半夜，有时甚至可以通宵达旦，毕竟茶越喝越有滋味，兴致越谈越浓。

▶ 伊朗主妇正在为宾客沏茶

（三）“绿茶王国”摩洛哥

摩洛哥是一个很特别的国家，由于条件限制，本国产茶很少，但却是“绿茶消费王国”。摩洛哥人有一句挂在嘴边的口头禅:“宁可一日无食,不可一日无茶。”2009年,摩洛哥年人均茶叶消耗量达到1.7千克,2010年,摩洛哥茶叶进口量为5.5万吨,2015年茶叶进口量达5.8吨。摩洛哥人口逐渐增多，伴随而来的饮茶人口也逐年增加。如今，摩洛哥已是一个茶叶进口和消费大国。

在摩洛哥人眼里，最好的绿茶大都来自中国。中国绿茶的口感更适合摩洛哥人的口味。他们每年从中国进口的绿茶占据了中国绿茶出口的半壁江山。2009 年，中国对摩洛哥的茶叶出口量为 58 485 吨，占中国绿茶出口总量的 25.4%。此后，中国对摩洛哥的茶叶出口量：2010 年为 61 230 吨，2011 年为 63 588 吨，2012 年为 55 763 吨，2013 年为 61 191 吨，2014 年为 58 896 吨。其实早在 1930 年前后，日本绿茶也开始进入摩洛哥市场，但是摩洛哥人更喜欢饮滋味醇厚、香气浓郁，且耐泡的中国绿茶。

▶ 摩洛哥人在泡薄荷茶

摩洛哥流行饮薄荷绿茶，他们不饮酒，其他饮料也很少，摩洛哥地处热带，当地人爱吃羊肉，食用完后，饮上一杯浓茶，既可以消暑解渴，又可以祛除油腻，帮助消化。在摩洛哥饭后饮茶是不可少的，一般每天都要饮茶四五次茶。摩洛哥人饮茶的茶具十分精致、华丽，是典型独特的“摩洛哥风格”。通常是镀银的金属茶具，成套使用，这种充满浓郁阿拉伯色彩的镀银铜茶壶和托盘，壶身通常錾刻伊斯兰风格的纹饰，是节日聚会等场合的必备品，也是礼品的首选。

摩洛哥人饮茶偏好煮饮，很少沏泡。家中来客时，餐后主人一定会请客人喝茶。先将水烧开，但不得使水过沸。随后取茶入壶，冲入温开水，摇晃几下后立刻将水倒去，谓之“洗茶”。然后再冲入开水，加入摩洛哥本地产的方糖，另加一大把薄荷叶，待几分钟后，主人便开始为客人斟茶，将茶壶高高举起，茶汤便以优美的弧度落入杯盏之中，带着薄荷的茶香瞬间在屋内弥漫，一杯薄荷茶便奉送到你眼前。摩洛哥人对茶的珍视是罕见的。泡后的茶渣会被用于喂食骆驼、牛羊等家畜，希望牲畜也能在茶的洗礼下，和人一样健康生长。

摩洛哥人待客很讲礼，每当有客人来访，总会献上“三杯茶”。他们认为，一壶之茶，可以续水三次，但每杯的感受是不一样的，所以有“三杯见人生”之说。这种沏茶风俗，就连政府机关也不例外。摩洛哥政府会见外国宾客时，总是以“三杯茶”相待，而在普通的社交场合中，餐后“三杯茶”也是必不可少的。甚至是在鸡尾酒晚会上，也会用薄荷甜茶代酒来招待客人，颇有中国古代“以茶代酒”的遗风。这“三杯茶”其实就是三杯甜茶，由茶叶加方糖烹煮而成，客人从主人手中接过茶后应一饮而尽，否则会被看成是不礼貌的。

薄荷甜茶在摩洛哥随处可见，在海边的小镇、沙漠的绿洲；在热闹的街头、静寂的巷尾，手托茶盘小伙计的匆忙身影屡见不鲜。托盘中大多放着一把锡壶，几只茶杯，赶着为沿街商店送茶。而茶棚更可谓是摩洛哥当地最热闹的地方之一，这里也煮饮绿茶，但不像一般人家中煮茶那么讲究细致。通常是水开了之后，茶棚老板麻利地从身边的袋子里抓出一把茶叶，再用榔头砸下半个拳头大的方糖，揪一把鲜薄荷，一齐放进锡壶里，兑上滚水，继续放到火上煮，水滚过两巡，就可用于招待客人了。绿茶可以提供人日常所需的能量与营养，薄荷能安神，方糖能为茶添味，补充能量，这样的组合在摩洛哥干燥、炎热的沙漠气候中品尝起来就是一种最佳享受。

（四）“浸泡在茶水中”的土耳其

土耳其饮茶历史较早，人民普遍嗜茶，饮茶氛围非常浓厚，有“泡在茶汤里的国家”之称。据调查机构欧睿（Euromonitor）2013年国际茶叶委员统计数据显示，世界年人均茶叶消费量最高的国家为土耳其，年人均茶叶消费量为3 157克。又据国际茶叶委员会统计数据显示，2015年，土耳其本国茶叶产量虽然名列世界第六，但全国茶叶消费量却名列世界第三，茶叶依然需要进口。

土耳其人爱饮红茶，喜好煮饮，且喜欢在红茶中加糖，一般不加奶，这是土耳其饮茶的一个显著特色。土耳其煮茶的茶具十分特殊，一大一小的茶壶被称为“子母壶”。大壶用于煮水，小壶才用来煮茶。平时小壶置于大壶的顶端，呈双层宝塔形。煮茶时，先将大壶盛满水，置于木炭火炉上烧水。与此同时，在小壶中投入适量茶叶，再将小壶放在大壶之上，用大壶内的热蒸汽温热小壶，让小壶中的茶香慢慢散发出来。当大壶水烧开后，便将壶中开水注入小壶，再重新将大壶装满水，用小火慢慢加热直至大壶内的水和小壶中的茶再次烧开，这时才算将茶煮好。如此静置几分钟后，小壶中的茶叶慢慢沉静下来后，再将茶水通过壶口滤网滤去茶渣，再斟入独具特色的饮具中享用。土耳其饮茶的杯子很特殊，俗称郁金香杯，形状酷似身材窈窕的妙龄女郎，玻璃材质，秀气精致。一旦倒茶入杯后，还会在茶汤中加入几块方糖，用小勺搅拌，使方糖溶解于茶汤后，一杯具有土耳其特色的红茶便告成功。红浓的茶汤在精美的小杯中，犹如玛瑙一般晶莹红润，好似一朵璀璨绽放的郁金香。其实，土耳其人煮茶，不太在乎茶，讲究的是调制功夫，要求煮出来的红茶颜色鲜艳、色泽透明、滋味甘醇。所以土耳其人煮茶时，要夸赞的是主人的煮茶功夫。

土耳其人嗜茶，不管是家中日常，还是会客议事，甚至任何一家商店，茶都是必备的饮品，对茶有着如同亲人一般的亲切之感。因此，无论是土耳其城镇，还是乡村，各类茶馆总是高朋满座。他们在茶馆喝茶、赞茶，一坐就是大半天。在一些旅游胜地的茶馆里，更有一些专门煮茶的高人教游客如何煮茶、饮茶，使游客在品尝红茶的风味时，又多了一份趣味。更有意境的是在小镇上工作的人们如果想喝茶了，就吹一下口哨，邻近茶馆的服务生便会手托精致茶盘，茶盘上放着小巧的郁金香杯，装着刚泡好的红茶挨个送茶上门。

▶ 土耳其街头的送茶侍者

土耳其除了可以在茶馆喝茶外，还有一个非常特别的卖茶方式，叫“走卖”。在土耳其街头，若是听到一声声“茶，茶！”的叫卖声，那就是土耳其的卖茶郎。土耳其有各式各样的卖茶郎，他们大多携带一个精致的金属托盘，或用肩背，或用手提，托盘上放七八杯用郁金香杯装着的茶，杯子上方有一个金属盖子，上置两块方糖，还配有一个小汤匙。卖茶郎们带着盛满茶水的杯子来回在市里穿梭，却可以保持茶杯滴水不漏，实属不易。

总之，茶贯穿了土耳其人生活的方方面面，在机关、公司，甚至厂矿等地都配有专门的煮茶、送茶人员；在学校的教师办公室专门配有一个电铃，想喝茶了，便按一下电铃，很快就会有专门的送茶工人送茶过来；就连学生下课时，也有学校专门为学生喝茶而开发的茶室。

近年来，不少年轻人对茶的兴趣渐渐广泛起来，他们不局限于饮传统的土耳其茶，一些花草茶也开始成为新宠。

（五）爱茶好客的阿富汗

阿富汗地处中亚，紧邻中东，本国并不产茶，但这里人民普遍喜欢饮茶。为了满足国内茶叶消费需求，阿富汗只能每年进口大量茶叶。2014 年，阿富汗进口茶叶 9.87 万吨，名列世界第 6 位。

阿富汗虽是个多民族国家，但大部分地区的人民信仰伊斯兰教，喝酒是禁止的，饮茶却是提倡的。加之，当地的大陆性气候导致这里盛产水果、坚果，唯独缺少蔬菜。特别是阿富汗人的餐桌上多是牛羊肉、奶制品，种种环境因素造就了阿富汗人对茶的情有独钟。

▶ 阿富汗乡间茶摊

阿富汗人有爱饮红茶的，也有爱饮绿茶的，通常夏天饮绿茶，冬天饮红茶。阿富汗农村地区还有饮调饮茶的，这种调饮茶的制作方法比较奇特：调制时先将茶叶放入沸水中煮几分钟，然后过滤出茶汤。另外，再用一口锅，加入鲜牛奶用文火熬煮至黏稠，随即将牛奶加入茶汤，撒入适量盐巴，再次煮沸即可饮用。需要注意的是奶茶浓稠度随个人口味调整，通常加入牛奶的量为茶汤量的四分之一。这种调饮茶喝起来咸滋滋、糯稠稠、香喷喷，让人叫绝。

倘在夏日里，热情好客的阿富汗人会在乡村清真寺旁放置若干张床，无论是谁来到村子，阿富汗人首先做的事便是帮客人卸下行李，送上一碗奶茶，在此小憩片刻。在城市，阿富汗人也习惯以茶待客，但一般不用奶茶待客，而是招呼客人围着茶炊“萨玛瓦勒”而坐，一边煮茶饮茶，一边谈天说地，这样既不失礼，又加深感情，一举两得。

在阿富汗，有“三杯茶”之说。第一杯敬客人，祛除旅途疲乏，解渴生津，称之为“止渴茶”；第二杯敬客人，表达和善友爱，友谊天长地久，称之为“友谊茶”；第三杯敬客人，是为“礼节茶”。饮完三杯茶后，倘若还想再饮，那么接下来会有第四杯、第五杯，直至客人示意告谢。

（六）其他中东国家茶俗

除上述几个国家外，中东其他国家也普遍喜欢饮茶，以饮红茶为主，少数也有饮绿茶的。但也不乏有着独具特色的饮茶风俗。如科威特人有“一茶多喝”的传统，方糖是最常见也是最普通的茶汤调味佐料。有时候为了追求口感，科威特人也会另在茶汤中加上一些柠檬汁或

▶ 伊拉克人在野外煮茶

橙汁等。更让人惊讶的是，有时候还会在茶中加入一些新鲜的牛羊肉，认为这样做，不但可以改善牛羊肉的口感，而且能解腻生津，还有利于对食物的吸收和消化。而伊拉克人的饮茶习俗与伊朗人比较接近，也有“含糖啜茗”饮茶法。饮茶时，先将红茶煮好，随后注入杯中。另准备一个盛有白糖的盘子，用舌头舔一下白糖，白糖就会黏在舌面上，在啜一口红茶，再慢慢咽下，让茶水与口中的白糖相互交融，用以调整红茶的甜度。这种在口中自由调解红茶浓度的方法与普通的一茶一味截然不同，别有一番风味。

七、非洲国家饮茶风习

非洲幅员辽阔，地形复杂，大部分领土地处于热带气候，天气炎热，饮茶自然会成为消暑解渴极佳饮料，所以饮茶氛围浓厚。但非洲大部分地区不同程度上都受到过殖民统治，文化也受到殖民国的影响，饮茶也不例外。大致说来，西部非洲受法国文化影响较深，东部非洲受英国文化影响较大，加之受地域和气候条件影响，以致东非和西非之间在饮茶习俗上有一定的差异。下面，将一些有代表性国家的饮茶风习简介如下（对在中东部分已涉及的一些非洲国家，在此不再重复赘述）。

（一）东非国家饮茶习俗

东非共有 10 余个国家，其地多属高原地区，是东非大裂谷所在地，林地众多，茶是东非的重要经济作物之一。其中，肯尼亚、坦桑尼亚等是产茶大国。但历史上东非多数国家曾为英国的殖民地，受此影响，东非国家多喜欢饮红茶，饮茶方式也留有英式下午茶的印痕。走在东非国家街头，不管当地是否产茶，饮茶是不可或缺的。所以，在东非国家中，茶馆、茶店随处可见。

1. 肯尼亚　茶是肯尼亚农业支柱产业。据 2015 年统计表明，肯尼亚茶树种植面积位列世界第四，茶叶产量位列世界第三，出口量位列世界第一。肯尼亚生产的是红茶，主要用于出口，部分是用来自己饮用的。

肯尼亚人饮茶是自上而下普及开来的，一开始认识到茶好处的是贵族阶层，而后慢慢渗透到普通平民的生活中去。肯尼亚曾经受到英国的殖民统治，文化思想上受到的影响并没有因为殖民统治的结束而消失，这种影响在肯尼亚饮茶的方式上有所表现出来，他们爱喝红茶，与英国一样，习惯饮调饮红茶。

▶ 肯尼亚茶叶销售店

上午10点，是肯尼亚人的早茶时间，不管你是在政府机关还是私人企业，到了10点都可以尽情享受饮茶带来的愉悦。肯尼亚人饮茶所用的杯子是陶瓷咖啡杯，杯身通常会有烫金花纹装饰，杯子中还会有一个小勺子，加糖后再用小勺子轻轻搅拌几圈，让蔗糖充分溶解于茶中，美好的早茶时间就在茶香中度过。在肯尼亚人的日常活动或是待客接物时，通常还会配上一种当地特有的小点——萨姆布色，这是一种带馅的油炸食品，供饮茶时食用，以缓解油炸带来的油腻和火气。

2. 索马里　索马里人大多信奉伊斯兰教，是一个禁酒倡茶的国家，大多数人都有饮茶的习惯，茶是日常生活中的一部分。

索马里本身并不产茶，但是非常热爱茶叶，为此不得不向周边国家进口茶叶。索马里人很注重礼节，习惯以茶待客。你若是到家中做客，主人会携全家人在门外恭候。客人一进门，女主人就会领着全体子女向客人行礼，以示问候。尔后，女主人退出客厅去为客人准备茶水，剩下男主人与客人交流。索马里人饮的茶是红茶，茶煮好后还会加入大量蔗糖，糖分很高。泡茶主要是由女主人进行的，先将茶水烧开，然后放入茶叶，茶汤出色后便立即将茶叶滤出，加入蔗糖后继续煮，直到茶汤呈现红黑色为止。有时，还会在茶汤中加入小肉豆蔻和肉桂来调香。

如果你在户外，索马里街头的茶棚也是不错的选择。这些茶棚多半是露天的，开在树荫下、道路旁。无论什么时候，茶棚中都不乏前来喝茶的茶客，他们或是来缓解疲劳，或是来享受茶香，或是来聚会聊天。尽管在有的茶棚里也许会有一些咖啡等其他饮料供应，但对索马里人来说，诱惑最大的依旧是茶。

3. 吉布提　是东非一个面积不大的国家，饮茶氛围很浓，奇特的是吉布提人民除了喜好调味红茶外，尤爱饮一种卡特（KHAT）茶的饮料，这在当地已有近千年历史了。卡特茶的叶片与常见的茶叶相似，味苦，有点涩，放在嘴里咀嚼，久了还有回甘，作用是提神。据载，卡特树原产于埃塞俄比亚，后传入也门、吉布提、肯尼亚、索马里、苏丹、坦桑尼亚、乌干达、莫桑比克等国，但嚼卡特茶的习俗都没有吉布提之盛。

卡特树为常绿多年生木本植物，多生长在丘陵山区，为便于采收，树高大多控制在1米左右。其实，卡特是非茶之茶，吉布提人民在市场上把它整捆整捆地买回家，而且价格不菲，用来当作茶饮。

在吉布提，男女老少，不分地位高低，都喜欢卡特树叶。在他们看来，这是习以为常的一件事。吉布提人的休息时间比较多，下午2点以后，就进入一天的休息时间了。而在充裕的时间里，通常吉布提人会用来嚼卡特茶。卡特茶不仅可以在家里嚼，还有专门的卡特茶馆。而这种卡特茶馆与平日所见的茶馆完全不同，馆内既没有桌椅，又不需要茶艺师，更没有煮茶用的火炉和茶具，有的就是一些电视、音响之类。但地上会铺着柔软的地毯，客人们进入卡特茶馆后就会席地而坐，一人一把卡特枝叶，细细咀嚼，感受卡特茶给人带来的美好味觉享受。卡特茶咀嚼后，有人会把嚼后的卡特茶渣直接咽下；也有人将茶渣进行再利用，用热水冲泡再做饮料用。

吉布提人最喜欢用于搭配卡特茶的就是冰镇后的可乐，他们认为这样饮卡特茶，可以给人带来双份味觉冲击。在卡特茶馆里，人们聚在一起，在嚼卡特茶的同时，还会聊聊家国大事，也会聊聊邻里八卦，再有的就是特地挑选在此谈生意的人，如此卡特茶馆便成了一个生活馆，以致还会出现一些趁机体察民情的政府官员，在此了解民情。如果你去吉布提家中做客，主人也会很热情地给你一把卡特茶，如果主人邀你一起品味卡特茶的魅力，可知这种待遇只有好朋友才会享受到，一般的人是享受不到这种待遇的。不过，卡特茶食用多了容易上瘾，据说政府曾下令禁用卡特茶，但终因太多人反对未果。

（二）西非国家饮茶习俗

西非主要位于撒哈拉沙漠地带，包括毛里塔尼亚、马里、几内亚、塞内加尔、尼日利亚等10多个国家，是非洲人口最多的地方。由于地处沙漠，气候炎热，又大多信奉伊斯兰教，普遍有饮茶习俗，尤喜饮绿茶。又因为特殊地理条件的影响，西非人饮绿茶有着“面广、次频、汁浓、掺加佐料”的特点。在这里，不分男女老少都习惯饮茶，通常每日饮茶不少于3次。而泡茶时，茶的用量是普通饮茶者的一倍多。另外，西非人还喜欢调饮绿茶，会在绿茶中再加入白糖、薄荷、柠檬等，使绿茶清热解渴的功能得到最大限度发挥，充分满足人们在沙漠地带生活的需求。

1. 毛里塔尼亚　毛里塔尼亚是名副其实的沙漠王国，全国90%以上土地是沙漠。这里天气炎热，雨量少，生活在这里的人们出汗多，体能消耗大，而饮茶能缓解干热，消暑祛热，还能及时补充水分。加之沙漠地带蔬菜较少，人们多以食牛羊肉为主，饮茶能解腻消食、补充营养。而当地又大多信奉伊斯兰教，喝酒是禁止的，所以茶便成了最好的替代品，受到当地普遍欢迎。毛里塔尼亚茶的消耗量很大，而本国无法生产茶叶，全部依赖进口解决。长期以来，中国是毛里塔尼亚茶的主要进口国之一，尤以珠茶和眉茶最受欢迎。

毛里塔尼亚人早间、午后、睡前都要饮茶。他们将大把茶叶放进一把小瓷壶或者铜壶里，待水开后，再在其中加入白糖、薄荷叶，然后再将茶汤倒入玻璃杯内。如此一杯又浓又香的薄荷茶才算完成。这种茶的滋味甘甜醇厚，还有浓浓的薄荷清凉口感，齿颊留香，令人回味无穷。毛里塔尼亚人饮茶的讲究与中国人颇为类似，讲究煮茶的火候、喝茶的人群，以及喝茶的环境。

在毛里塔尼亚，茶也是重要的待客之道。家中来客时，主人会用三道茶敬客。

第一道茶味最重，微苦；第二道茶的薄荷味与甜味会加重，相对的茶味会减弱；而第三道茶最甜，薄荷味也最重。这三道茶喝完后，会有很好的提神解乏、促进食欲、帮助消化的功能。在主人敬“三道茶”时，客人不能拒绝，一定得饮，否则会被视为不恭。若主人开始敬第四道茶了，这时客人应该谢绝，否则也会被视为不礼貌。而在敬茶的过程中，本着对主人的尊重，客人不得中途离开。茶的社交功能，深深体现在三道茶之中。

在毛里塔尼亚的许多办公场所，还配有专门的泡茶工，主客谈话时，会有泡茶工泡茶递水，茶便成了联结心灵的纽带和增进友谊的润滑剂。

2. 马里　马里是非洲茶叶消费量最高的国家之一。马里人对茶十分热爱，也有“宁可一日无食，不可一日无茶”之说。另外，对茶品质要求较高，进口的绿茶通常是以高档茶为主，其中以中国的眉茶、珠茶最受欢迎。走在马里街头，随便走进一家杂货铺，就能买到来自中国的绿茶。杂货铺的外面通常有一个铁质的小炭炉。生意开张时，店主人就会支起炭炉烧水煮茶，供顾客饮用。马里人煮茶时，需要用两把壶，一把是塑料质地的，主要用于打水和续水；一把是铜质的，用于煮水泡茶。泡茶壶的壶身与壶嘴交汇处，还有一层特制的滤网，这样倒茶时可防止茶叶流入饮杯。煮茶前，主人会先清洁茶具，然后直接把一小盒茶都放进铜茶壶，再放几勺糖、几片薄荷叶，用塑料小壶冲入冷水进行加热。当水沸腾后，主人会拿出一个小瓷盘，瓷盘上放着一些小玻璃杯，把茶斟入小杯中，让顾客慢慢品尝，别有一番风味。

▶ 马里人喜爱的薄荷甜绿茶

马里人生性豪爽，向来以热情好客闻名。有客人到访时，主人会热情地斟上一杯茶。尤其是马里的多贡族，就连过路的客人进门讨水喝，主人都会为其准备热茶和甜点，客人饮得越多，主人越高兴。相反，如果客人因为怕麻烦主人而谢绝的话，反而会惹得主人生气，被误认为是不礼貌的行为。在马里还有一个习俗，如果客人要到主人家中去作客的话，还应提早与主人商定，因为主人得事前选择好茶叶、清洁好茶具、准备好茶点，以免失去礼仪。而突然的到访，会影响主人正常的生活，这在当地人看来是非常不礼貌的行为。

八、美洲国家饮茶风习

美洲地处太平洋东岸、大西洋西岸，以巴拿马运河为界，分为北美洲和南美洲。北美洲主要包括美国、加拿大、墨西哥等国家；南美洲主要包括巴西、阿根廷、哥伦比亚、智利等国家。美洲人饮茶的发生与欧洲人侵入这片土地密切相关。因此，美洲饮茶的历史不过400年左右，种植茶叶的历史更短。这里的饮茶习俗既有西欧的风格特征，例如红奶茶的风靡，又不失本土特色，例如冰红茶的时尚和马黛茶的传承。下面，选择几个有代表性的国家，简述如下。

（一）美国饮茶习俗

美国位于北美洲中部，是土著印第安人的聚居区，西欧殖民者的侵入在带来了野蛮和文明的同时，还带来了中国茶。其实，美国这个国家的饮茶历史几乎与它的建国历史同等，不到300年。1773年爆发的波士顿倾茶事件便是例证。至于美国种茶历史，那是20世纪后期的事，至今仅在夏威夷等地有少量种植，茶叶主要依靠进口解决。据2015年统计，美国茶叶进口量名列世界第三，消费量名列世界第六。据查，美国人最初喝中国的绿茶，后来主要喝红茶，并且酷爱在红茶中添加柠檬、糖、牛奶等调剂口感。近年来，受到健康生活新观念的影响，绿茶重新进入美国人的视线，并受到追捧。

美国人喝茶有调饮的，也有清饮的；有喝红茶的，也有喝绿茶、乌龙茶、花茶的；有加糖的，也有不加糖的……总之，美国人的饮茶方式正如这个国度本身所追求的：

自由、个性，没有约束，没有条条框框。但毫无疑问的是，绝大多数的美国人拒绝冒着热气的茶水，他们更爱饮冰茶。

据说，冰茶是1904年美国圣路易斯博览会上诞生的，并由此开启美国饮茶新纪元。炎热的夏季，一位茶摊老板为少人问津的茶摊绞尽脑汁，灵机一动从隔壁的冰淇淋摊子取了冰块，加入冒着热气的茶水中，这种新发明的饮品受到人们的欢迎。至今，冰茶仍是美国人最受推崇的饮品，销售占了美国茶叶消费总量的85%以上。对美国人来说，冰茶并不只是属于夏天的饮品，冬天同样受欢迎。冰茶制作简单，选用心仪的茶叶，绿茶、红碎茶都可，经浸泡或煮沸后滤去茶渣，再在茶汤中加入柠檬、牛奶、果汁、糖等调味，最后加入适量冰块；或者放入冰箱冷却待用。美国人追求高效，生活节奏快，饮茶讲究实效、方便，不愿为泡茶、倾倒茶叶浪费时间，喜欢饮速溶茶。在这种情况下，美国的超市里也有种类繁多的罐装、瓶装冰茶供应。

▶ 美国超市里的各种袋装茶

美国人追求刺激，享受自由，因而爱喝酒，但当鸡尾酒和茶碰撞，刚柔并济之时，鸡尾茶酒便征服了美国人的味蕾。在鸡尾酒里加入适量茶水，这就是鸡尾茶酒。制作似乎并不复杂，然而事实上只有经验老道的调酒师，才能掌握正确的茶酒比例，才能发挥鸡尾茶酒的最大魅力。鸡尾茶酒在美国流行极广，在旅游胜地夏威夷的海滩上，就能看到游客们边饮鸡尾茶酒，边观赏旖旎的自然风光。在鸡尾茶酒里加入的茶，通常是高档红茶，滋味“浓强”，汤色鲜艳明亮，这样才不会让鸡尾酒夺走茶的风光，从而达到鸡尾茶酒滋味的平衡。当然也有选择绿茶、乌龙茶、普洱茶加入鸡尾茶酒的。

近年来，随着健康生活概念的普及，美国年轻人开始尝试不同的饮茶方式。2012年开始，在美国星巴克已不再是专门喝咖啡的场所了，在经营上除咖啡外，还有红茶、绿茶、调料茶供应，致力于打造轻松自在的个人空间，吸引越来越多的美国年轻一代。据说，星巴克下一步还准备将这一成功的经验，在世界各地的星巴克连锁店中推行。

（二）加拿大饮茶习俗

加拿大位于美国北部地区，尽管与美国毗邻，饮茶的风俗习惯上与美国却有较大差距。作为英国曾经的殖民地，加拿大人的饮茶习俗与英国人相似，两者都喜欢饮甜红奶茶，对下午茶推崇备至。每天下午四五点时，当地人都会放下手头的工作，自己动手或者向雇员订一壶热气腾腾的茶。他们的泡茶方式很奇特，在开始泡茶以前会把瓷壶用开水烫洗一遍，加入一匙茶叶（通常是较为高档的红茶），用沸水浇注在茶叶上，浸泡七八分钟后滤去茶渣，再将茶汤注入另外一个壶内。接下来多数的加拿大人会选择在茶汤里加入乳酪和糖，制成浓香爽滑的红奶茶。而享受雇员服务的人们会见到雇员推着小车款款而来，小车上摆满各种档次的茶叶供选择，一旦选中，雇员就会立即冲泡好茶叶奉上。此外，各式各样的茶点是必不可少的组成部分。下午茶不仅发生在茶馆，也发生在各种工作单位，甚至旅游胜地，可见加拿大人的生活中处处有茶，骨子里总是浸润着茶。

在加拿大，有一种柑橘茶很受女性欢迎。他们认为橘子的果皮、果肉、果核含有的某种物质有预防乳腺癌的作用，因此，用橘子的果皮、果核泡制而成的柑橘茶备受女性的青睐。柑橘茶酸甜可口，能满足女性对口感的要求和对健康的追求。

加拿大是枫树之国，随处可见枫树被加拿大人充分利用的情景。从枫树里提取汁液，煎熬成糖，这就是所谓的枫树糖。而加入了这种特殊糖类的茶就是鼎鼎有名的“枫树糖茶”。枫树是加拿大的国树，或许出于对国树的喜爱，加拿大人爱屋及乌，对枫树糖茶也推崇备至。

（三）墨西哥饮茶风情

墨西哥位于美国南部，与邻近的美国、加拿大相比，墨西哥的饮茶习俗自成一派，充满独特的民族性。他们饮的茶，尽管有许多人有饮调饮红茶之习，但还有不少人有喝“非茶之茶”之俗，诸如仙人掌茶和玫瑰茄茶就是例证。

仙人掌是墨西哥的第一国花，品种多达 2 000 余种，但只有少数几种仙人掌具有食用功能。墨西哥人除了将仙人掌制作成菜肴外，也喜爱将精致加工的仙人掌烘干贮藏，按需冲泡，当茶饮用。当地人认为仙人掌茶具有降低血糖、血压和血脂的功能，还能促进新陈代谢、提高免疫力，有非常高的药用价值。墨西哥人对仙人掌茶的喜爱也源于此。

墨西哥的另一种饮的非茶之茶便是玫瑰茄茶。这种茶对墨西哥人来说，有着动人的魅力。玫瑰茄系木槿属，制作非常简单，只要摘取果实连同花萼，放置在阳光下晾晒，待脱水后脱下花萼，晒干即是。玫瑰茄茶干茶黑紫，一经冲泡便绽放出独特的迷人魅力，汤色紫红，鲜艳明亮，盛放在玻璃壶中给人独一无二的视觉享受。饮玫瑰茄茶不但滋味酸甜，风味独特，更具有美容养颜、敛肺止咳、降血压、解酒等功效，因此颇受墨西哥人喜爱，普遍用来作为茶饮。其实，这也是非茶之茶。

（四）阿根廷饮茶情景

阿根廷是南美洲国家，大部分地区地处温带、亚热带，地理环境适合茶树种植。据 2015 年统计，阿根廷茶园面积名列世界第十，产量名列世界第八。然而这个国家除了有饮茶习俗，习惯于调饮红奶茶外，对马黛茶更是情有独钟。因此，阿根廷生产的茶叶，85%以上是用来出口，全国茶叶出口量名列世界第六位。阿根廷人如同南美洲其他国家，如巴西、巴拉圭一样，虽然种植茶树，生产茶叶，有饮茶风俗，但本民族却更爱喝马黛茶。相比较而言，阿根廷人对马黛茶的喜爱更盛其他南美洲国家，而今已一跃成为南美洲马黛茶最大的生产国和出口国。

▶ 阿根廷人喝马黛茶情景

马黛茶源于南美巴拉那森林，这片红土地神秘而危险，却有丰富的资源。印第安人独享马黛茶的局面在 15 世纪末 16 世纪初被哥伦布打破，随着欧洲殖民者的涌入，西班牙人带走了马黛茶。马黛茶最初以药用的形式被西班牙人所接受。后来殖民统治者曾试图禁止马黛茶的饮用，然而马黛茶屡禁不止，生生不息。

诺贝尔医学奖得主阿根廷著名医学家胡塞分析证明：马黛茶有196种可验出的活性物质，均是人体所需的营养元素。这些成分具有清除胆固醇、降低血脂、抵抗坏血病、预防糖尿病和胃溃疡等功效，还具有促进血液循环、提神醒脑、助眠安神、鼓舞心脏等作用。阿根廷人饮食以牛羊肉为主，食物较为单一，但身体健康强壮，认为这与长期饮马黛茶的神奇功效有关。因此，当地称马黛茶为上帝赐予的“圣物”。

马黛茶系冬青科木本植物，采收嫩梢后，经烘干研末就成了马黛茶。阿根廷人喝马黛茶非常讲究茶壶的用料与装饰，认为这是身份的象征。阿根廷一般家庭采用木质、竹质、葫芦等材质做的马黛壶，也有地位较高的家庭使用的是金银质地、皮革质地的马黛壶。马黛壶做工，有的质朴，有的精美华丽，雕刻、镂空，还会描摹上各种纹饰，有山水，有花鸟，有人物，全凭各自的喜好。世界各地的游客到了阿根廷，不但要品尝马黛茶，而且还要购买几个如同艺术品一般的马黛茶壶留作纪念。

阿根廷人喝马黛茶，往往一群人围在一起，但只用一个马黛壶，一根吸管。由主人开始，吸一口传递给旁边的人，如此往返使用，其乐融融。待壶内水尽时，再添水再继续喝茶聊天，一直到聚会结束为止。阿根廷人将马黛茶当做生活的一部分，其对马黛茶的重视程度，可以从阿根廷传统的马黛茶节窥见几分。每年马黛茶节，阿根廷人全民狂欢。马黛茶节最重要的一项内容，就是评选“马黛公主”，这项殊荣是每个阿根廷女性都渴望获得的。

九、大洋洲国家饮茶风习

大洋洲是最小的大洲，有澳大利亚、新西兰、巴布亚新几内亚、斐济、所罗门群岛、西萨摩亚、汤加等10多个独立国家。种茶是20世纪20年代开始的，有4个国家有少量茶树种植，全洲的茶园面积和产量在五大洲中几乎忽略不计。但饮茶历史可追溯到19世纪初，其时随着各国贸易往来和文化交流的日益增加，饮茶文化才在大洋洲逐渐流行起来。18世纪末至19世纪末，大洋洲的岛屿先后沦为英、法、美等国家的殖民地。特别是澳大利亚、新西兰等国居民，多为欧洲移民后裔，所以饮茶风习受欧洲影响较大。但大洋洲又是一个多民族的移民国家，吸纳了世界各民族的文化，尤其是亚洲文化。自此，大洋洲的一些饮茶国家，诸如澳大利亚、新西兰、巴布亚新几内亚、斐济、汤加等国家的饮茶风习又蕴涵多元化的饮茶特点。下面，选择有代表性国家的饮茶风情，简述如下。

（一）带有多重色彩的澳大利亚饮茶景象

19 世纪初，随着西方传教士的出现和商船的涌入，澳大利亚人开始饮茶。长此以往，遂成风俗。纵观澳大利亚饮茶发展，大致形成三重饮茶风景。

1. 英式饮茶风情的形成　翻开澳大利亚历史，18 世纪末至 19 世纪末，澳大利亚移民几乎全部来自不列颠血统为主的英格兰和爱尔兰人。如此，受英国饮茶文化的影响，澳大利亚人钟情饮茶味浓厚、刺激强烈、汤色鲜艳的全发酵红碎茶。沏茶采用一次性冲泡，滤去茶渣后，再加入牛奶、糖，制成一杯牛奶红茶，或者加入柠檬、糖，制成一杯柠檬红茶。这种调饮红茶的方式显然与英式饮茶风俗相似。

2. 中式饮茶风情的影响　19 世纪末开始，随着澳大利亚民族主义运动的兴起，政府在允许白人移居的同时，经过一个相当长时期的博弈，非英语国家移民不断涌入，从 20 世纪中期开始，亚裔文化开始被澳大利亚人接受，中式饮茶文化在澳大利亚出现。特别是在第一大城市悉尼的中国城（China down)、爱士菲（Ashfield)、好诗伟（Hurstivill）等地的华人聚集区，涌现出许多不同类型的中式茶馆。这里既有以品饮各式乌龙茶为特色的清饮茶馆，也有以品尝茶与点心相结合的粤式茶楼，更有以洽谈生意、叙事会客的情景茶寮，为澳大利亚饮茶文化增添了清新一页。

澳大利亚人与中国人一样，也有饭后饮茶的习惯，这可能与澳大利亚人饮食习惯有关。澳大利亚人饮食以肉类、奶制品为主，辅以禽蛋、土豆之类，他们认识到茶能消脂去腻、轻身减肥、有利健身，于是结合本国的饮食习惯，饭后饮茶是不可少的。

3. 多元化饮茶风情的呈现　20 世纪中期以后，随着澳大利亚对外开放的实施，多元文化相互碰撞的结果，在这种兼容并蓄和相互吸收的环境下，使澳大利亚饮茶文化呈现出多元化风情。由于生活节奏快，西方简便快捷的袋包茶饮茶方式自然受到澳大利亚人的欢迎。对普通民众来说，价廉物美、品种多样的小包装茶深受青睐。中国生产的小包装绿茶、乌龙茶、普洱茶、花茶等也以品质优良、价格低廉、包装精美，在市场随处可见。

总之，东西方的饮茶文化，在澳大利亚这片多民族居住的土地上，呈现出多姿多彩多元化风情。但有一点是统一的，无论是崇尚清饮的，还是调饮的；抑或是喜爱温饮的，还是冰饮的，客来敬茶，以茶会友，这是不可或缺的生活礼仪。

（二）茶叶消费大国新西兰

新西兰历史上并不产茶，21 世纪初开始才有少量茶树种植。饮茶主要是从 19 世纪中期开始，随着英国移民的大量加入以后兴起的，当时茶叶进口亦由英国垄断，主要饮的是红茶。随着时间的推移，茶叶很快成了新西兰人的生活必需品，20 世纪 60 年代，新西兰年人均茶叶消费量高达 3 千克左右，仅次于英国。以后，随着咖啡文化的兴起，饮茶消费开始逐年降低。与此同时，饮茶也开始逐渐趋向多样化，虽然全国仍以饮红茶为主，但以中国为主的乌龙茶、绿茶、花茶等品种已占有一席之地。

▶ 新西兰人在售茶尝茶

如今，新西兰的茶叶消费虽不及以往，但年人均茶叶消费量依然高达 1.3 千克左右，在大洋洲位居第一，在世界仍属茶叶传统消费大国之列。

新西兰人钟情饮茶，这一方面与当地居民的构成有关，除了毛利人外，多数为英国移民的后裔，饮茶便是英国人带给这片土地的新生活文化之一。另一方面，还与当地的饮食习惯相关。新西兰人用餐以奶、肉制品为主，还佐以土豆，偏爱烤、煎、炸的烹饪制作，而茶能解油腻、助消化，因此饭后饮茶成为新西兰人的生活必需。同时，新西兰人饮食早餐以西餐为主，中餐以牛奶加三明治为多，但特重视晚餐，这是一天三餐中的主餐，肉类制品是不可缺少的。新西兰人的晚餐多在茶室、茶厅进行，因此在新西兰城镇，茶室、茶厅随处可见。特别值得一提的是新西兰人称晚餐为“茶多”，足见当地对茶餐文化的重视。

如今的新西兰人，虽然英式饮茶文化占有优势，牛奶红茶通行全国。无论在机关、学校，还是在工矿、企业，每天上午和下午都安排有茶歇，供大家饮茶生息。但近 20 多年来，随着新移民的加入，亚洲各国的饮茶风习不断融入新西兰饮食文化之中，从而使新西兰的饮茶文化变得更加鲜艳夺目、多姿多彩。

（本章撰稿人：姚国坤　关剑平）

在悠久的历史里，
茶叶通过各种方式传播至世界各地，
留下了丰富的茶文化遗迹。

Part 4

第四章 现存世界茶文化遗迹

茶文化遗迹是指人工创造或自然形成的不可移动的茶文化历史遗迹，属于不可重新创造的有形文化遗产，是茶文化的重要物质组成部分。中国是最早发现和利用茶叶的国家，在中国各地依旧保留了众多的茶文化遗址。另一方面，在悠久的历史里，茶叶通过各种方式传播至世界各地，其传播所经国家地区都留下了丰富的茶文化遗迹。

纵观整个茶文化的发展，漫长而曲折，随着时间的推移，许多历史场景无法再现，而这些茶文化的历史遗存是当年茶文化发展的具体写照，真实地记录了各国各民族茶文化的基本特征。探究这些历史遗迹，可以直观地追溯茶文化发展历史，更为深入地了解茶文化。

第一节　亚洲茶文化遗迹

亚洲，特别是东亚等国，有许多共同的文化，茶文化便是其中之一。中国是茶文化的发祥地，在漫长的历史发展中，中国一直与亚洲各国有着物质和文化的交流，茶和茶文化的输出对亚洲各国都有着重要的意义，特别是在日本、朝鲜半岛、蒙古等国家，茶文化更是蓬勃发展，从而形成了多种多样的茶文化遗迹。

一、中国茶文化遗迹

中国是茶的原产地。在茶的生产、利用乃至茶文化形成和发展过程中留下了众多的茶文化遗迹。在《中国茶文化遗迹》一书里详细介绍了中国 89 处茶文化遗址，包括了井泉、寺观、茶所等各种类型。本书篇幅所限，将从茶山、茶所、寺庙、茶路、井泉、石刻壁画六个方面简要介绍中国的茶文化遗址。

（一）茶山

茶山由于其特殊性，包含了多种形式的茶文化遗迹。一方面，茶山中的古茶树、古茶园体现了茶叶栽培的农业文化；另一方面，中国的茶山往往是名山、名泉、名刹、名人等相结合，发展出了丰富多变的遗迹形式。

1. 四川蒙山　位于四川雅安，为著名旅游胜地。山有五峰，即上清峰、菱角峰、毗罗峰、井泉峰和甘露峰，呈五瓣莲花盛开状。其中上清峰最高，在上清峰下，是西汉末年吴理真亲手种植七株仙茶之处，人称“皇茶园”。这在山上的汉碑和明

▶ 蒙山吴理真种茶遗址

清两代石碑以及"名山志"中，均有记载。在清雍正年间的纪事碑中，说"仙茶""不生不灭，食之去病"。

据《元和郡县志》载："蒙在县西十里，今每岁贡茶，为蜀之最。"唐时蒙顶茶因入贡京华而誉满天下后，达官贵人不惜重金争相购买，使其身价百倍。世有"蒙顶山上茶，扬子江心水"之说。蒙顶茶是蒙顶山各类茶的总称，较为有名的是蒙顶甘露和蒙顶黄芽。

2. 云南六茶山　云南是茶的故乡，是世界茶树原生地。哀牢山、无量山生长着不少树龄千年以上的古茶树，澜沧江、怒江两岸分布着十多万亩[①]人工栽培的古茶山、古茶园。这众多的古茶山、古茶园中最负盛名的当数澜沧江以东的古六大茶山，它曾是普洱府的贡茶基地，也是普洱茶走向辉煌，走向世界的起始点。

六大茶山位于云南省西双版纳州勐腊县和景洪市境内，面积两千多平方公里，分别为：倚邦、易武（漫撒）、攸乐、革登、莽枝、蛮砖。

清政府将六大茶山定为贡茶和官茶的采办地，制定了严格的管理条令。在清政府的直接掌控下，六大茶山发展迅速，成为清代普洱茶的主产区。乾隆至咸丰年间是六大茶山最为鼎盛的时期。

六大茶山丰富的茶文化积淀，保留了许多茶文化遗迹。诸如：

(1) 倚邦茶山：倚邦茶山位于西双版纳州勐腊县的最北部，南连蛮砖茶山，西接革登茶山，东邻易武（漫撒）茶山。倚邦茶山明代初期已茶园成片，有傣、哈尼、彝、布朗、基诺等少数民族在此居住种茶。

倚邦茶山的中心大镇是倚邦街，是明清两代声名远扬的山乡集镇。道光二十五年，修筑了从思茅厅至倚邦的石板大道，倚邦山上便有了一条青石铺面，分为上节街、下节街、半边街、曼松路的石板街，汉族商人在街上修建了孔庙、关帝庙、川主庙、石屏会馆等汉式庙宇建筑。1941 年攸乐人进攻倚邦，许多茶号建筑都在战火中烧毁，如今倚邦仅保留了青石街的一部分。

① 亩为非法定计量单位，1 亩 =1/15 公顷。——编者注

（2）攸乐茶山：攸乐茶山位于今西双版纳州景洪市基诺乡境内。攸乐茶山是基诺族的世居地，基诺族过去称攸乐人。

清代攸乐山有茶园万亩以上，攸乐山20多个寨子都产茶，后因战乱茶园大量撂荒，又因连年烧山开地种粮，茶园损毁很多。20世纪70年代，保存下来的成片古茶园有3 000亩左右。

（3）易武（漫撒）茶山：位于六大茶山的东部，它包括易武正山、漫撒茶山、曼腊茶山在内。关于六大茶山的地名，史书中有不同的记载，清道光年间的《普洱府志》有漫撒无易武，光绪年间《普洱府志》中漫撒换为易武，茶山地名的更换较为频繁。

▶ 哀牢山野生型大茶树

易武是云南著名的古茶区，种茶历史悠久，早在唐代已有濮人先民在易武居住种茶，易武的漫撒山现还保存有几十亩人工栽培型古茶园。

清乾隆年间是易武茶业快速发展的时期，从乾隆初年开始，普洱府对茶的垄断经营放宽，上万的汉人涌进易武。汉人进入易武，汉文化也大量传播进易武。汉人在易武修建了庙宇、会馆。

道光年间易武的茶号、商号开始大增。咸丰、同治时期，六大茶山的茶叶加工中心、商贸中心逐渐向易武转移。1897年清政府在易武设海关。从民国初年到抗战前夕，易武茶业保持着兴旺的景象，仅易武街、麻黑、易比、漫秀、落水洞、大漆树几个村寨就有茶号20多家，较大的有同庆号（刘葵光）、同吕号（黄备武）、同兴号（向质卿）、泰来祥（黄卫中）、福元昌（余福生）、同泰昌（朱窄官）、乾利贞（袁谦禄）等。

3. **福建武夷山** 武夷山位于中国东南部福建省西北的武夷山市，总面积512平方公里。武夷山的自然风光独树一帜，尤以“丹霞地貌”著称于世。这里保存着一系列优秀的考古遗址和遗迹。

武夷山为武夷岩茶发源地。武夷山茶最早见诸文字记载的为唐代，兴盛于两宋。至元明时被朝廷列为供品，且在武夷山设有御茶园。武夷岩茶保留了完整的制茶工艺，形成了深厚的武夷岩茶文化，在武夷山保留了众多茶文化遗迹。

（1）御茶园遗址：御茶园遗址于元大德六年(1302)建于武夷山风景区四曲溪南，废于明嘉靖三十六年(1557)，这是元、明两代官府督制贡茶的地方。现原址尚存通仙井、喊山台等古迹。

（2）古窑址：主要有以生产“茶盏”为大宗产品的宋代建窑和遇林亭窑的窑址。建窑是宋代著名窑场之一，位于武夷山南麓的建阳市水吉镇池中、后进村旁。以烧制风格独特的黑釉器著称，尤以兔毫纹瓷器饮誉海内外。窑址总面积12万平方米，1986年10月公布为福建省级文物保护单位，2001年6月公布为国家级文物保护单位。遇林亭窑址位于武夷山风景名胜区北侧，分布于3个山岗上，分为窑群和作坊两部分。在遗址上发掘出目前国内最早的宋代彩金、彩银兔毫盏等一批珍贵文物，说明当时制瓷技术已达到很高水平。

（3）大红袍母树：位于武夷山风景名胜区九龙窠岩壁之中，早年有母树4株。大红袍母树其旁岩壁上有民国时期崇安县县长吴石仙所题的“大红袍”三字。大红袍是武夷岩茶四大名丛之首，有“茶王”之誉。大红袍是武夷岩茶极品。清代一直作为贡品。

（4）古茶园遗址：古茶园建成时间从唐宋至民国，跨度加大，有的建于山地缓坡、谷底缓斜地的阶梯园和斜坡园，俗称“茶山”；有的沿溪谷平地、沙洲、谷底盆地及山头平地等平地洲园；有的建于岩凹或石隙，为盆栽式茶园。这些古茶园随处可见，大多完好。

（5）古茶厂遗址：创建于明清至民国时期，共130多处，多是茶园、茶厂结合。茶园多按岩划分；茶厂则依岩而建，或利用岩边原有的庵、寺、旧寨，多为夯土建筑物，规模不大。少数至今保存完好，大多已倾圮，仅留遗址或残垣。

（6）茶洞：位于武夷山风景区隐屏峰北麓，是一面积不足5 000平方米的谷井，四周群峰护峙，因洞内古时植有茶丛而得名。现洞中仍种有茶树，且有留云书屋遗址及“茶洞”等石刻。

（7）崖刻、碑刻：自元代以来，与武夷岩茶相关的摩崖石刻、碑刻有20余方，主要分布于武夷山风景区九曲溪的四曲、六曲及九龙窠等处。其中有的是景点题刻，如“大红袍”“茶洞”“茶灶”；有的是记录朝廷官员视察茶事，如“庞公吃茶处”；有的记录朝廷官员到武夷山督制贡茶；还有的是官府批准兑茶的告示、不准勒索茶农的“禁令”、对利用职权低价派购贡茶的不法官员严加训斥的批文等。

（8）下梅村古建筑遗迹：武夷山市武夷镇下梅村位于武夷山市东面，距离武夷山景区约10公里。清康熙三年(1664)，邹姓从江西南丰迁居此地后，下梅村开始了种茶、贩茶的历史，并且逐渐成为武夷山重要的茶叶集散地，下梅村也是被认为是万里茶路的起点站。

其实下梅村一带只产少数的茶，由于特殊的地理位置，明末清初开始，这里就成了闽北地区最大的茶叶集散地。下梅邹氏出巨资对当溪进行全面改造，除将当溪南北岸陂改造成街路外，还在当溪各段修筑埠头，共有9处，使之更适合发展水运，人们将它称为“小运河”。鸦片战争后，由于当时清政府被迫开放五个通商口岸，武夷岩茶只要顺闽江而下就可出口。于是，武夷山地区的茶市中心从下梅村转移到赤石。直至抗战后，转运更为困难，下梅村赤石等茶市日趋萧条，盛极一时的下梅村慢慢走向衰落。但是下梅茶市的茶叶至此打开了远销中俄边界贸易城恰克图的局面。

下梅村现仍保留具有清代建筑特色的古民居30多幢，其中邹氏家祠是茶商邹氏在与晋商经营武夷茶获得巨大利润后，耗巨资建成的创业丰碑，也是雄踞于村落中心的标志性建筑。

邹氏家祠建于清乾隆五十五年(1790)，为砖木结构，是一座集砖雕、石雕、木雕于一体的古民居的代表。主厅敞开式，两侧为厢房，楼上为观戏台，前廊为精巧木柱拱架，造型别致，气势宏大。照壁是四扇合为一体的木雕刻画门，人物造型、生活场景、乡野风情尽显画中，给人以浓郁的生活情调，显示出当时木雕刻画的高超技艺。因邹家是贩茶起家，因此家祠附近立有“晋商万里茶路起点”的标志石。祠内还供有祠规、家祠史略的碑刻。

4. 广东凤凰山遗址　凤凰山位于潮州市北部，海拔 1 498 米，是潮汕地区第一高峰。凤凰山古称“翔凤山”。据北宋《新定九域志 · 潮州》载：“凤凰山，《南越志》为翔凤山。”成书于唐代的《元和郡县图志》中，便有“凤凰山，在（海阳）县北一百四十里”的记录。

凤凰山为中国著名产茶区之一，有 900 多年的茶树栽培历史，其所产的单丛乌龙茶属中国茶系列中的珍品，是中国乌龙茶的发源地之一。在凤凰天池不远处，有一片古茶林。现存 3 000 多株 200 ～ 600 多年茶龄的古茶树，其中以乌岽村附近有年代 600 余年树龄的单丛宋茶最为著名。凤凰山古茶树群落被中外专家认定为目前世界上数量最多、罕见多香型、多品种、栽培型珍稀茶树资源，是我国独有的栽培型古茶树群落，这些古茶树群落也是不可多得的茶文化遗迹。

5. 浙江天台山　天台山位于浙江省天台县城北，西南连仙霞岭，东北遥接舟山群岛。天台山集名水、名山、名茶、名僧于一体，被誉为“山岳之神秀”，也是佛教天台宗的发源地，出产名茶云雾茶。

天台山种茶历史悠久，闻名遐迩，同时作为佛教天台宗的发源地，天台山上名寺众多，茶文化积淀丰厚。

（1）天台葛玄茗圃：葛玄茗圃位于天台山峰华顶归云洞前，是三国道学家葛玄修道炼丹植茶之处。天台山自两汉始，就以道源仙山著称。天台山的赤诚山（天台山支脉）玉京洞为天下第六洞天；天台山的桐柏为七十二福地。两汉的茅盈、吴时的葛玄等入山炼丹，都视茶为养生之“仙药”。三国道学家葛玄在天台修炼时，就在天台山华顶归云洞前开辟茶园，潜心炼丹饮茶健身。唐代天台山道长徐灵府在《天台山记》中写道：“松花仙药，可给朝食。石茗香泉填充暮饮。”宋代天台山道家白玉瞻在《天台山赋》中也有“释子耘药，仙翁种茶”的记述。清代地理学家齐召南写有《紫凝试茗》《葛玄》等诗篇，对道学家葛玄以及天台山的紫凝山所产之茶，与道家的因缘关系作了精辟的阐述：“华顶长留茶圃云，赤城犹炽丹炉火。”

由于天台山华顶一带，终年云雾缭绕，加之土地肥沃，气温宜人，因此，天台山的华顶归云洞一带所产的云雾茶，备受茶人的赞誉。

（2）国清寺：据《天台山全志》记载：中国佛教天台宗创始人隋代智者大师居天台山22年，建寺12所，国清寺是其中之一。寺创建于隋开皇十八年（598），初名天台寺。大业元年（605）隋炀帝钦赐“国清寺”匾额。唐朝，大批日本遣唐使来华，到中国各佛教圣地修行求学。这些遣唐使归国时，不仅学习了佛家经典，也将中国的茶籽、茶的种植知识、煮泡技艺带到了日本，使茶文化在日本发扬光大，并形成了具有日本民族特色的艺术形式。

▶ 天台山国清寺

唐贞元二十年（804），日本最澄禅师来天台山国清寺，师从道邃禅师学习天台宗。唐永贞元年（805），最澄从浙江天台山带去了茶种归国，并植茶籽于日本近江（今滋贺县）。

其实，最澄之前，中国已有高僧赴日传教，如6次出海才得以东渡日本的唐代名僧鉴真等人，他们带去的不仅是天台派的教义，而且也有科学技术和生活习俗，饮茶之道无疑也是其中之一。

6. **浙江顾渚山**　顾渚山位于浙江省长兴县城西北17公里，面积约2平方公里。以金沙泉及唐代中期产贡品紫笋茶而闻名于世。茶圣陆羽与陆龟蒙在此置茶园，并从事茶事研究。陆羽在此作有《顾渚山记》，顾渚山是陆羽撰写《茶经》的主要地区之一，被誉为“中国茶文化的发源地”。

顾渚山有着丰富的茶文化资源，保留了众多茶文化遗址。

（1）顾渚贡焙：浙江长兴县顾渚山南麓的虎头岩（今称乌头山）后，是中国茶叶发展史上制作最早的贡茶——唐代顾渚紫笋茶的作坊，人称“顾渚贡焙”。它始于唐大历五年（770），最初仅贡 500 串；唐建中二年（781）进 3 600 串；至唐会昌中（841—846），增至 18 400 斤。由“刺史主之，观察使总之”。时为监察御史的杜牧，在他的《题茶山》中，说到奉诏来顾渚山监制贡茶，“修贡亦仙才”。

贡茶，是指中国历史上臣属向君主进献的茶叶，是赋税的一种形式。唐时形成了贡茶制度，并有了由官方直接管理的贡茶制作场所，即“贡焙”。贡焙初现于唐代，历史上规模较大、知名度较高的贡焙有唐代顾渚贡焙和宋元时期的北苑贡焙，分别位于浙江长兴顾渚山和福建建瓯凤凰山。

（2）长兴顾渚山摩崖石刻：顾渚山紫笋茶从唐大历五年（770）作为贡品后，皇帝诏命湖、常两州刺史亲赴茶区“修贡”，先后在贡茶院壁留有 28 名刺史的题名。顾渚山至今保存完好的唐宋摩崖石刻有三组九处，多数是湖州刺史在此修贡时留下的题名石刻，内容都涉及茶事。以下重点介绍西顾山摩崖石刻。

西顾山摩崖石刻在金沙溪西侧小山阳面，海拔 20 多米。石刻断面约 9 平方米，题名刺史为袁高、于頔、杜牧，呈三角形；袁高题词在上方，字最大，十分醒目。于頔、杜牧题词在下方，杜牧字形为最小。

袁高题词：“大唐州刺史臣袁高，奉诏修茶贡讫，至□山最高堂，赋茶山诗。兴元甲子岁三春十日。”字为八分隶书，11 行，行 3 字，字径达二寸许。其中“茶”字，用古体“荼”。兴元为唐德宗李适的年号，是年为 784 年。

于頔题词：“使持节湖州诸军事刺史臣于頔，遵奉诏命诣顾渚茶院，修贡毕，登西顾山最高堂，汲岩泉□□茶□□，观前刺史袁公留题，□刻茶山诗于石。大唐贞元八年，岁在壬申春三月

▶ 唐代顾渚紫笋贡茶院遗址

□□。”为正书，凡16行，行5字，字小于袁高的字。贞元亦为唐德宗李适年号，是年为792年。

杜牧题词："□□大中五年刺史樊川杜牧，奉贡讫事，□□春……"。

另外，还有五公潭摩崖石刻、悬臼芥霸王潭摩崖石刻等多处有关茶事内容的摩崖石刻。

（3）金沙泉：位于顾渚山东南麓，唐代中期金沙泉与紫笋茶闻名于世。唐《旧编》云："泉在贡焙院西，出黄沙中，引入贡焙，蒸、捣皆用之。"记述了贡茶院在加工紫笋茶时，用的是金沙泉。唐大中五年(851)湖州刺史杜牧到长兴顾渚山"修贡"时，其所写的《茶山诗》中称"泉嫩黄金涌，牙香紫璧裁"，就是对金沙泉和紫笋茶的描写。

历代地方官对金沙泉都十分重视。据宋《吴兴志》载："唐元和五年(810)湖州刺史范传正，在金沙泉侧建金沙亭。而在宋代还建过"拜泉亭"。20世纪80年代初，长兴县人民政府拨款重拓金沙泉、重建忘归亭。

（二）寺观

汉时，佛教传入中国，与中国传统文化融合。由于教义和僧徒生活的需要，茶与佛教之间很快就产生了密切的联系。佛教重视坐禅修行。坐禅讲究专注一境，静坐思维；修行则强调不饮酒、非时食（过午不食）和戒荤食。具有提神益思、驱除睡魔、生津止渴、消除疲劳等功效的茶叶便成为僧徒们最理想的饮料。同时，佛教的尚茶、种茶、制茶、播茶，推动了茶叶生产的发展。

1．长清灵岩寺　位于山东省长清县的方山下，泰山西北麓，为中国佛教"四大丛林"之一。《封氏闻见记》一书中记载"（唐）开元中，泰山灵岩寺有降魔禅师，大兴禅教，学禅务于不寐，又不夕食，皆许其饮茶，人自怀挟，到处煮饮，从此转相效仿，遂成风俗"。灵岩寺僧人提倡饮茶推动了北方茶的普及。

▼长清灵岩寺

2. 扶风法门寺　位于陕西省扶风县城以北的法门镇，是中国著名的唐代皇家古刹。1987年法门寺地宫出土了一大批唐代皇室宫廷使用的金银、琉璃、秘色瓷等器具，《物帐碑》记载："茶槽子、碾子、茶罗子、匙子一副七事，共重八十两。"从铭文中得知这是唐懿宗、唐僖宗时供奉给法门寺的宫廷茶具，制作之精美实属罕见。

法门寺地宫所出这套茶具，质量讲究，质地精良，它真实地再现了唐代宫廷饮茶的风貌，让我们得以解析唐代宫廷煮茶的整套器具，了解其煮茶的整个程序，加深了对《茶经·五之煮》有关煮茶过程的理解。唐僖宗把自己喜爱的茶具亲自拿出来供奉给法门寺，也说明了茶与佛教之间的某种内在联系。

3. 余杭径山寺　径山坐落在今浙江省余杭、临安两地交界处，属天目山脉之东北峰，古称北天目，因此山径通天目而得名"径山"。唐时，它以僧法钦所创建的径山禅寺而闻名于世，蔚为江南禅林之冠，历代都有日本僧人留学于寺。径山地处江南茶区，历代多产佳茗，尤以凌霄峰为佳，相传法钦曾"手植茶树数株，采以供佛，逾芋，其味鲜芳，特异他产"。

唐代禅宗大兴，百丈怀海禅师制定《百丈清规》，开始把茶融入禅门清规之中。径山寺饮茶之风颇盛，常以本寺所产名茶待客，久而久之，也形成一套以茶待客的礼仪，后人称之为"茶宴"。径山茶宴对日本茶道产生了极大影响。日本高僧圣一国师圆尔辨圆到径山寺留学求法，归国时把径山寺茶宴等饮茶风俗带回日本。至今日本茶人依然把从径山寺传过去的宋代黑釉盏称为"天目碗"，尊为茶道的至宝。

日本曹洞宗开山祖希玄道元入宋求法时，也曾登临径山问道，回国后按照唐宋《百丈清规》《禅苑清规》等制定了一系列清规戒律，统称《永平清规》。他根据径山茶宴礼法，对吃茶、行茶、大座茶汤等茶礼作了详细规定，对其后日本茶道礼法产生了深远的影响。

（三）茶所

中国许多地方保留了茶事活动相关的场所，这些场所承载了许多茶文化历史，是宝贵的茶文化遗迹。

1. 湖州三癸亭　位于浙江省湖州市郊，始建于唐代大历八年 (773) 十月。据唐颜真卿《杼山妙喜寺碑铭》载："真卿遂立亭于（妙喜寺）东南。"现在的三癸亭是20世纪90年代重建的。三癸亭为时任湖州刺史的颜真卿所建。"茶圣"陆羽以癸丑岁、癸卯朔、癸亥日建亭，命名为三癸亭。

2. 杭州龙井十八棵御茶　位于杭州狮峰山的胡公庙老龙井寺（宋广福院）前。相传清乾隆皇帝 (1711—1799) 巡游杭州时，乔装打扮来到龙井村狮峰山下的胡公庙前，老和尚献上西湖龙井茶中的珍品——狮峰龙井，乾隆饮后顿感清香阵阵，回味甘甜，荫颊留芳。遂亲自采茶，所采茶叶夹在书中带回京城，因时间一长，茶芽夹扁了，但滋味仍非比寻常，倍受太后赞赏。乾隆大喜，遂传旨封胡公庙前茶树为御茶树，每年进贡京城，供太后享用。因胡公庙前共有十八棵茶树，当地人就称之为"十八棵御茶"。

▸ 老龙井的十八棵御茶

如今，"十八棵御茶"已砌石围栏，加以保护，连接相邻的茶文化景点：宋广福院、老龙井一起，得到整修保护，使人们依旧可见当年风姿。

3. 北苑御焙遗址　位于福建省建瓯市东峰镇焙前村，是宋代管理北苑御焙的衙署及生产"龙团凤饼，名冠天下"贡茶的作坊所在地。遗址总面积约2万平方米，现存有刻于北宋庆历年记载北苑御焙茶事的"凿字岩"摩崖石刻（见壁画石刻一节）。1995年抢救性考古发掘清理出御泉、建筑台基、庭院、道路、水沟、陶管道、灶坑等宋代遗迹以及砖、瓦、陶瓷器等遗物，是中国唯一保存至今并经考古证实的宋代御焙遗址，也是目前为止发现的最早的官办茶叶衙署遗址，证实焙前当地村民所称的“龙井”即是御泉井。2006 年 5 月该遗址被国务院核定为第六批全国重点文物保护单位。

北苑贡茶源于五代十国时期的闽王龙启元年（933），止于明朝洪武二十四年(1391 年)，持续上贡时间长达 458 年。因该园地处闽都北部，故称“北苑”。历史上有“北苑贡茶名冠天下”之誉。上贡名品达百余种，其中以“龙团风饼”最为有名。北宋周绛《补茶经》载：“天下之茶建为最，建之北苑又为最。”

▶ 北苑茶焙遗址

北苑御焙是宋、元时期贡茶产制中心。宋代是北苑鼎盛时期，宋子安《东溪试茶录》中记载官焙 32 处，北苑御焙为首焙。

▶ 玉山古茶场

4. 玉山古茶场 位于浙江省磐安县玉山镇马塘村茶场山下，主要包括茶场庙、茶场管理用房和茶场三大部分。茶场庙为祭祀茶神的地方，茶场为茶叶交易场所，茶场管理用房则为管理茶叶交易和茶叶贮存用房。此外，在古茶场对面的山边，还有“茶场山”，是茶树种植和茶叶加工的场所。玉山古茶场初建于宋，现存建筑为清朝乾隆辛丑年 (1781) 重修，虽历经沧桑，但较好地保留了历史原貌。西端的茶场庙是明代遗存建筑，主脊檐饰有双龙图案，主脊檐、二脊檐上下都刻绘着石雕与壁画。庙为三开间，穿斗式和抬梁式混合结构，庙内供奉着当地的“茶神”，即“真君大帝”许逊。

玉山海拔 600 ~ 800 米，四周沟壑纵横，山顶却为丘陵地形，土壤肥沃，云雾缭绕，茶树遍布山野，茶叶自然品质上乘。传说晋代有道士许逊，为传播道教文化游历至磐安玉山，在当地向茶农传授制茶技术，从此形成“婺州东白”茶。婺州东白茶在《茶经》中就有记载，在唐代被列入贡茶。宋代的玉山茶农为纪念许逊的功绩，把他尊为当地“茶神”，并尊称为“真君大帝”，在茶场山之麓建造了茶神庙，塑像朝拜，在茶神庙旁又设置茶场，即茶叶交易市场，进行茶叶交易。

（四）茶路

所谓茶路，就是以一定的交通运输线路为凭借，利用特有交通运输方式，对茶叶进行集散运销和茶文化传播之路。当前，中国全面实施 “一带一路”倡议，共建“丝绸之路经济带”和 “21 世纪海上丝绸之路 ”。开展茶路文化遗产资源调查、研究、保护及申遗工作，对于整理茶道相关的文化遗产资源，对接“一带一路”倡议，促进地方经济全面、协调、可持续发展，都具有十分重要的现实意义。

1. **茶马古道** “茶马古道”概念是云南大学木霁弘等先生提出的，一经提出便引起广泛关注。“茶马古道”作为一种线性文化遗产或文化线路，它是泛指古代中国西部地区负载有特殊功能的道路系统。

茶马古道起源于唐宋时期的“茶马互市”。藏民以糌粑、奶类、酥油、牛羊肉等食品作为主食，会摄入高热量的脂肪，但是过多的脂肪在人体内不易分解，这时候就需要能够分解脂肪的茶叶来帮助消化，同时茶叶又能防止糌粑带来的燥热。因此尽管藏区并不产茶，但是藏民在长期生活中，仍然养成喝酥油茶的习惯，形成了藏区对内地茶的迫切需求。而内地又对藏区和川、滇边境所产的良马有很大的需求。双方各取所需，这种互补性的贸易——“茶马互市”就开始了。

从目前的研究状况来看，一般认为茶马古道萌生于隋唐之末，形成于北宋中期，延续至清代初期，蜕变于清代早期。以后随着川藏公路的修通，延续了 1 000 多年的茶马古道就彻底废弃了。

茶马古道是一个庞大的道路体系，在我国境内主要有三大主干道，即青藏道、滇藏道与川藏道。

川藏道是从成都出发，向西经雅安、康定（古称打箭炉）、昌都（古称察木多）至拉萨。再由拉萨向西，经日喀则、亚东等地通到境外的不丹、尼泊尔。全长 8 000 余里。

青藏道分成两段，其中西安至西宁段：从西安出发，经过咸阳、兴平、武功、风箱、千阳、天水、陇西、临洮，分两路汇合在民和，最后抵达西宁；另一段为西宁至拉萨段：从西宁过湟源、共和、玛多，翻越巴颜喀拉山口，进入玉树地区，再经过杂多，翻越唐古拉山口，过安多、那曲，从当雄进入拉萨。

滇藏道是从大理出发，行至石鼓，在此分为两线，之后在德钦汇合，过盐井，到芒康，再分为几条路线，最终进入拉萨。

茶马古道文化作为茶文化遗迹，它包括了多种形式，比如古茶园（树）、古茶号、老茶厂，古城镇、驿站和集市，古道路、古桥梁、古寺院，以及水井、摩崖石刻等。根据2007年第三次全国不可移动文物普查项目，云南省文物局制订的茶马古道文物遗迹的认定标准，即认定为茶马古道的整体文物和单体文物，必须是建造或使用于茶马古道文化线路的时间跨度内，并与该文化线路在生产、生活、交通、宗教等方面有关联的不可移动文物遗迹。内容包括构成茶马古道线路的遗迹遗物城镇、村庄、建筑、码头、驿站、桥梁等文化元素，以及山脉、绿地、河流、植被等自然元素。

（1）景迈古茶林：位于云南普洱的景迈山，总面积2.8万亩，是面积最大的人工栽培型古茶园文化景观之一。2012年，景迈山古茶园和茶文化系统被联合国粮农组织公布为全球重要农业文化遗产保护试点，同年成功入选“中国世界文化遗产预备名单”，并于2013年被公布为全国重点文物保护单位。

景迈山古茶林包含了7个布朗族、傣族传统村寨，以及他们世代经营和管理的、分布最集中、保存最好的三大片栽培型古茶园。

（2）茶马司遗址：位于雅安市名山县新店镇长春村，始建于宋神宗熙宁七年(1074)，专司茶马互市事宜，是宋以来专管茶政机构所在地，清道光二十九年(1849)重修。该茶马司遗址对于研究我国宋以来茶马互市、名山茶和我国“榷茶”制度具有很高的历史文化价值和科学价值。

（3）宁洱县茶马古道：宁洱县茶马古道，建于清嘉庆十七年至道光三年，有茶庵塘段、孔雀屏段、同心那柯里段、石膏井段、石丫坡段等。古道铺宽约2米，当时是为了方便向京城进贡普洱茶，由官方出资修建，古道上的石板条，全靠脚夫从几里甚至几十里外的山涧、河谷一块块地背上山。石镶古道沿着原始密林遮盖的山头，盘山而上，路面上有众多骡马铁蹄踏成的马蹄窝。

（4）丽江古城：始建于宋末元初，盛于明清，属纳西族聚居区，迄今已有800余年历史。1997年被联合国教科文组织世界遗产委员会列入《世界遗产名录》。丽江古城地处滇、川、藏交通要冲，是唐宋以来茶马古道上重要的货物中转集散地，也是汉、藏、白、纳西等多元文化的交汇区和文化走廊的重要关口。无论是唐宋还是明清时期，丽江都是茶马古道南来北往的中转站。由于这一区域特殊的自然条件，历史上舟车无法通行，骡马就成为唯一的运输工具，马帮也就成为这一地带唯一的运输方式。丽江古城的形成与茶马古道有着直接的关系，是迄今为止茶马古道上保存最为完好、古貌依旧的文化名城。马锅头带领马帮长期在外行走，逐渐形成马帮文化，带动了丽江历史上的经济和文化的发展。无论是建筑、宗教、民族特性、生活习性等方面都和马帮息息相关。在丽江古城，可以真正领略到茶马古道的辉煌和古韵，被誉为“活着的茶马重镇”。

2. *万里茶道——中俄茶叶之路* 是指从17世纪后半叶起至20世纪20至30年代中国茶叶经陆路输出至俄罗斯等国的贸易路径。“万里茶道”作为一条专用于茶叶运输的道路，是由清代的山西晋商所辟。在恰克图开市之初，当时已经垄断了中国西部地区商贸的山西晋商就纷纷前来开办分号，最繁荣时一度多达120家。晋商运输茶叶采取先水路后陆路的方式，从中国的福建武夷山一路转运至当时中俄边境的恰克图，再由俄商转运，最远至圣彼得堡。

运茶的商队从福建崇安（即今武夷山市）出发，进入长江水道在河南赊店登岸后开始陆路运输，经过豫西的裕州（今方城）、鲁山、宝丰、汝州、登封、偃师，抵达黄河南岸的孟津渡口。此后会有一少部分茶叶转道洛阳，经西安与兰州运往西北边疆，而其余的大车队则在渡过黄河之后经河内（今沁阳）进入太行峡谷，后经凤台（今晋城）、长治、子洪口进入晋中谷地。在祁县、太谷等地的晋商大本营中修整换车之后，商队继续北上，经徐沟（今清徐）、太原、阳曲、忻州抵达代县雁门关。之后除一部分人马沿走西口的路线去往呼和浩特与包头方向外，主商队会经应县和大同抵达张家口。在张家口出关的商队会贯穿蒙古草原，经库伦（今乌兰巴托）抵达位于当时中俄边境（今俄蒙边境）的恰克图。之后商队将横跨西伯利亚针叶林荒原，再翻越乌拉尔山脉，后经莫斯科抵达“万里茶道”的终点圣彼得堡。

最初的“万里茶道”前一段水路长达2 900余里[①]，后段陆路达6 600余里，中蒙境内全程共约9 500余里，被人们称作“万里茶道”。这条古道跨越了今天中、蒙、俄三国，将茶叶连同茶文化一并输出，造就了亚欧大陆上不同民族文化间的交流与融合，成为中国茶文化史、东方文明史、国际贸易史乃至整个东亚地区的国际政治史上具有重要意义的历史文化现象。

2013年3月23日，中国国家主席习近平在访俄时提到了历史上的中俄“万里茶道”，指其记录了两国繁盛的经济文化交流，并以此借古喻今，对两国间在新时期的合作共赢提出期望。2013年9月9日，中蒙俄三国还达成了“万里茶道是珍贵的世界文化遗产”的共识，并签署了《“万里茶道”共同申遗倡议书》。2014年10月25日，由武汉市政府和俄罗斯驻华大使馆联合主办的“中俄万里茶道研讨会”在汉召开。中俄万里茶道沿线17座城市市长、代表，共同签署《中俄万里茶道申请世界文化遗产武汉共识》。《武汉共识》共涉及了17座城市，分别为中国的武夷山、九江、安化、赤壁、武汉、襄阳、社旗、晋中、太原、张家口、呼和浩特、二连浩特，及俄罗斯的恰克图、伊尔库茨克、新西伯利亚、昆古尔、圣彼得堡。

中国通过近几年的文物普查，这些茶道上的城市内涉及的茶文化相关遗址形式多样，按照与茶叶贸易之间的关系，可分为生产、贸易、交通、住宅、宗教、其他六大类。生产类包括茶园、茶厂、作坊等，主要是进行茶叶生产、加工的场所；贸易类包括茶铺、会馆、商号、银行等，主要是从事茶叶贸易及与茶叶贸易密切相关的金融服务场所；交通类包括道路、码头、客栈 、桥梁等；住宅类主要包括中、俄两国茶商住宅；宗教类包括关帝庙、教堂等，主要是与万里茶道相关的宗教信仰遗存；其他类则看是与万里茶道有密切关系 、不宜归入上述5类的遗存，

① 里为非法定计量单位，1公里=2里。——编者注

包括政治、外交、税收的重要场所等。篇幅所限，将简要介绍万里茶道中国境内 11 处重要遗址。

根据 2014 年 10 月，湖北省文物局召开的万里茶道文化遗产资源专家论证会，万里茶道（湖北段）重点遗址共有 6 处。

江汉关大楼：位于湖北省武汉市江汉区沿江大道江汉路口。清咸丰十一年（1861）汉口开埠后，大批外国商品涌入汉口市场。湖广总督官文提出，汉口进出货物均在上海稽查纳税，而洋商在汉口不交进口货单，也不报出口货物数量，出现偷漏税现象。因此要求设关进行查验收税。后经清廷总理各国事务衙门批准，于 1862 年 1 月 1 日设立江汉关。

江汉关的主要职责是负责长江上中游中外货物进出口的监管、征税与缉私等工作。

江汉关在设立过程中几经变迁，初设于汉口河街英租界花楼外滨江，江汉关监督署则设于汉口青龙巷。现存江汉关大楼建成于 1924 年，为全国重点文物保护单位。该建筑由英国建筑师恩九生设计，上海魏清记营造厂承建。大楼通高 41 米，占地 499 平方米，建筑面积 4 009 平方米，采用钢筋混凝土梁板柱结构、筏形基础，由主楼和楼顶钟楼组成。

直到 2008 年，江汉关大楼一直是海关办公大楼，2009 年底，武汉市人民政府和武汉海关签订意向书，以土地置换方式，拟将江汉关大楼改造成博物馆。2015 年江汉关博物馆正式对外开放。

江汉关大楼作为汉口海关的办事机构，见证了汉口茶叶贸易的兴衰，是研究汉口茶叶贸易和万里茶道的重要实物。

大智门火车站：大智门火车站位于武汉市江岸区京汉大道车站口，建成于清光绪二十九年（1903），现为重点文物保护单位。大智门火车站为芦汉铁路（后称京汉铁路）南端终点站的主体建筑，建筑面积 1 022 平方米，法国古典主义四堡式建筑，钢筋水泥结构。光绪三十二年京汉铁路开通后，大智门火车站成为中国茶叶出口的主要火车货运车站，彻底改变了茶叶运输方式。

汉口俄商近代建筑：位于武汉市江岸区，包括新泰大楼、华俄道胜银行旧址、汉口东正教堂、源泰洋行、汉口俄国领事馆、顺丰茶栈、巴公房子、李凡洛夫公馆。汉口俄商近代建筑是俄商1862年来汉开展大规模茶叶贸易后，逐渐形成的带有明显西方建筑风格的建筑群，主要位于原汉口俄租借区内，是研究俄商来汉经营茶叶贸易的重要实物见证。

赤壁羊楼洞及新店明清石板街：羊楼洞明清石板街位于赤壁市赵李桥镇羊楼洞社区老街，是一处兼备茶叶加工基地、茶叶贸易集散中心双重职能的商业重镇。始建于明万历时期，兴盛于清道光至咸丰年间。古街全长约1 200米，有三条丁字巷，现存文物建筑97栋。

新店明清石板街位于赤壁市西南边陲与湖南交界的潘河北岸，沿岸有8座清代石码头，码头岸边有清代晚期搬运公司。粤汉铁路建成前，羊楼洞所制茶叶均由新店码头装船运往汉口。

襄阳城墙及码头：位于湖北省襄阳市襄城区汉水南岸，是中俄万里茶道上的重要城镇，南方的茶叶沿汉水运输至襄阳后，在襄阳停留较长时间，补充水和物资。茶叶等物资都汇集在会馆里进行贸易、储存和转运，形成了一个物资贸易中心。襄阳汉水两岸从东向西所建的25座大小码头（部分码头直接与襄阳城墙相连），以及各地商人在襄阳陆续设立的山陕会馆、抚州会馆、黄州会馆、小江西会馆等商业办事机构均是这些商贸活动的见证。

五峰古茶道：位于湖北省五峰县，形成于明清，横贯五峰全境。东西长约130公里，现存古道路遗存（包括古桥梁）约100公里，沿线还保存有古桥13座、摩崖石刻7处、碑刻26通，以及客栈、茶店、码头、关隘等遗存。19世纪开始，湖北鹤峰、宣恩、恩施、长阳和湖南石门等地的毛茶通过古茶道源源不断地运到渔洋关集散、精制、包装，然后通过水路转运至汉口，因而古茶道也成为湘鄂西茶区连接中俄蒙万里茶道的重要组成部分。

湖南安化：“黑茶之乡”安化县，以其丰富的茶文化历史和诸多保存完好的茶叶运输古商道，成为万里茶道湖南省的重要部分。安化古称梅山，唐就产茶，明代“安化黑茶”已列为贡品，万历年间(1573—1620)远销西北。清咸丰初年“始有红茶之制造。当时年产红茶约十万箱。红茶销于俄国者占70%，英美仅占30%”。安化的东坪镇、黄沙坪、洞市和江南镇等地都有加工茶的工厂和运输的码头。

安化茶马古道：在历史上，湖南益阳多产茶。茶叶的集散、加工、转运和销售所形成的陆上茶路或水上茶路遍布全境。当时各地茶叶通过陆运集中于资江沿岸各港口集镇，然后再利用资江水运经益阳茶港入洞庭或南下湘江到湘潭集中，或北上入长江到汉口集中汇入中俄万里茶路。其中安化陆上茶路更为壮观，被称为“益阳茶马古道”。

安化产茶历史悠久，明万历二十三年(1595)，明朝政府颁布安化《黑茶章程》，正式将黑茶定为远销西北的官茶。明末清初，安化黑茶逐渐占领西北边销茶市场，安化成为“茶马交易”的主要茶叶生产供应基地。随着黑茶产销的兴盛，商家为了收购和运输茶叶便利，在安化县境内集资修建茶马专道。

茶马古道以青石板铺砌，沿途建廊桥、茶亭、拴马柱等供歇息之用。借助资江横贯全境的地利之便，茶商在安化山区收购茶叶后，雇佣马帮沿茶马专道驮运至江边集镇，再通过水路运销往外地。

直至今日，安化县境内仍留存了大量的茶马古道遗迹，有的仅剩小段路基，有的绵延数里，其中保存较为完整的有黄花林场疆子界一段、江南至洞市黄花溪一段、陈王次庄至山口一段、洞市老街一段、永锡桥一段等。现今仍保留了安泰廊桥、永济茶亭旧址、川岩茶叶禁碑等茶马古道遗迹。

永锡桥：益阳市安化县规模最大，且保存最为完好的清代木构风雨廊桥，位于锡潭村，横跨麻溪，桥长83米，高13米，宽4.2米，有石墩5个，木桥亭34间，属县级重点文物保护单位。永锡桥为清光绪年间“九乡”百姓捐资修建。当时，由于整个县内不通公路，而永锡桥所在地洞市乡锡潭村分“前乡”与“后乡”，是新化通安化的必经之路。往来茶商经此，必须乘船过河，一遇春夏涨水，只能绕道而过。乡绅远客闻知此事，便远近倡议，义捐修桥。在桥的一头，立有4块石碑，有一块石碑标为“茶庄捐碑”，计有捐资茶庄35家，在清一色的本地家族姓氏捐碑中分外惹眼。其茶商捐款碑文，则是晋商在同治年间大规模存在于安化的证明。

洞市老街：位于江南镇洞市村，绵延近3华里，南端有路碑及茶叶禁碑多块，最早的为乾隆三十九年(1774)立。洞市老街是古代安化境内最繁荣的商贸中心之一，特别是茶叶交易十分兴盛。

万里茶道内蒙古自治区重要遗址：内蒙古文物专家经过史料研究、实地调查，已确认“万里茶道”内蒙古段的召庙、寺院、客栈、驿站等34处重点文物遗址，其中呼和浩特、包头旧城、阿拉善盟定远营古城、伊林驿站等茶文物古迹和茶文化遗产最为突出。

呼和浩特大盛魁旧址：位于呼和浩特市玉泉区德胜街18号，是一座小四合院，曾是大盛魁的贸易地，院西为一小二楼，南北各有一个耳房，南北厢房共7间，东房9间(东、南、北房大部分已改建)。大盛魁以此为据点，以放“印票”账为主，经营牲畜、皮毛、药材、百货等业务。大盛魁从清朝康熙、雍正年间开业，到1929年宣布歇业，有200多年的历史。它是内外蒙地区规模较火的旅蒙商号，总部设归化城，该小四合院即是总部所在地。

茶叶贸易在大盛魁日用百货业务中占很大的比例，因为外蒙古及俄罗斯等地区属于高寒地区，不产茶叶，但是对茶叶特别是对砖茶需求量较大；二是茶叶的运输方便，运销茶叶的利润丰厚，商家必然为得厚利而趋之。

大盛魁经营茶叶生意的主要有三玉川和巨盛川两大茶庄。三玉川茶庄是投资了10万两白银建立起的大盛魁的分支小号，总号设在山西省祁县城内。它的茶叶进货渠道，主要是从湖南、湖北自采自制各种砖茶。三玉川的本来铺名叫“大玉川”但因为它所制销的砖茶牌子上，有“三玉川”三个字，所以也叫“三玉川”。

根据《呼和浩特市城市总体规划（2011—2020年）》，呼和浩特市玉泉区在大盛魁旧址恢复商号原貌，打造“大盛魁文化创意产业园”项目，并在园内设立大盛魁博物馆，该博物馆于2015年对公众开放。

二连浩特“伊林”驿站：二连浩特地区自古以来就是北方民族长期居住生活的地方。二连浩特伊林驿站的历史可以追溯到元代，曾是古代草原丝绸之路的重要节点。清嘉庆二十五年(1820)正式设置伊林驿站，是张家口、大同通往大草原内陆茶丝道上的重要站点，旅蒙商的驼队络绎不绝。民国时增设电报局，1918年4月张家口旅蒙商创办“大成张库汽车公司”，开通由张家口经由二连浩特至库仑的长途汽车运输，1943年被日军炸毁。

伊林驿站遗址位于二连浩特市区东北9 000米处，占地约1 600平方米。此遗址是张家口经二连浩特过库伦（今蒙古国乌兰巴托）古“茶叶之路”上的一个重要遗址。这条路线称为“张库路”，全长1 600余公里，南接京师（今北京），北接恰克图，大量的中国茶叶曾由此运抵中亚。

3. *海上丝绸之路* 指的是1840年鸦片战争爆发之前中国通向世界其他地区的海上通道。它由两大干线组成：一是东海航线，由中国通往朝鲜半岛及日本列岛；二是南海航线，由中国通往东南亚、印度洋地区，以及更远的欧洲和美洲。

面对着复杂多变的国际形势，中国提出了建设“丝绸之路经济带”和“21世纪海上丝绸之路”的倡议，从而赋予古老的海上丝绸之路以新的意义与生命。古代海上丝绸之路与“21世纪海上丝绸之路”之间存在着内在的联系，研究古代海上丝绸之路既有重要的学术价值，也有现实意义。

茶叶是海上丝绸之路运输的主要商品之一。17世纪以来，中国逐渐成为茶叶的最大输出国，与茶叶一同输出的还有丰富的茶文化。茶文化的传播促进了中外文化的交流，增进了中外人民的友谊，丰富了中国文化的内涵，并对整个人类文明进程产生了深远的影响。

海上丝绸之路留下了丰富的历史文化遗产，包括港口、船坞、商行等多种形式。

十三行旧址：十三行遗址位于广州市十三行路、同文路、怡和大街、宝顺大街、普源街、西濠二马路一带，目前建有广州文化公园。十三行是清代海外贸易的商人团体，由多家商行、洋行组成。十三行最多时达几十家。广州西关的同文路、怡和大街、宝顺大街、普源街这些由洋行名改成的街名，可以寻觅到十三行辉煌的历史痕迹。

1757年起清政府实行对西方国家“一口通商”制度，赋予广州十三行行商享有对外贸易的特权。政府规定，凡茶叶、生丝、土布、绸缎等大宗出口商品，只能由行商承办，唯有瓷器、其他杂货，才允许散商经营。行商实际上主要从事茶叶海外出口贸易。十三行成了茶叶贸易的枢纽。

（五）井泉

“水为茶之母，器为茶之父”。水是茶叶滋味和内含有益成分的载体，茶的色、香、味和各种营养保健物质，都要溶于水后才能供人享用，而且水能直接影响茶质。中国在唐代以前，尽管饮茶已逐渐推行，但习惯于在煮茶时加入各种香辛佐料。在这种情况下，对水品要求也不高。唐代随着清饮雅赏之风的开创，择水、论水、评水成为茶界的一个热门话题，对水品也有了较高的要求，精于鉴水试茗的名家辈出，留下了许多井泉的遗迹。

1. *庐山谷帘泉*　位于江西庐山康王谷。唐代茶圣陆羽，当年在游历名山大川，品鉴天下名泉佳水时，将谷帘泉评为“天下第一水”。

若站在观山（为庐山山名之一）之上，可见一缕天泉，垂直飞泻而下，落在大磐石上，发出洪钟般的响声，泉水经过折叠散而复聚，再曲折回绕，又往下泻，谷风吹来，如冰绡飘于空中，好似万斗明珠，随风散落，在阳光下，五光十色，晶莹夺目，蔚为壮观。北宋著名学者王禹偁曾作诗“泻从千仞石，寄逐九江船。迢递康王谷，尘埃陆羽仙。何当结茅室，长在水帘前”。并在《谷帘泉序》中写道：“其味不败，取茶煮之，浮云蔽雪之状，与井泉绝殊。”

▼江西庐山谷帘泉

康王谷谷帘泉，自陆羽品评为“天下第一名泉”之后，曾名盛一时，为嗜茶品泉者推崇乐道。如宋时精通茶道的品茗高手苏轼、陆游等都品鉴过谷帘之水，并留下了品泉诗章。如苏轼在《元翰少卿惠谷帘水一器，龙团二枚，仍以新诗为贶，叹味不已，次韵奉和》诗曰："岩垂匹练千丝落，雷起双龙万物春。此山此水俱第一，共成三人鉴中人。"苏轼还在咏茶词中称赞："谷帘自古珍泉。"陆游亦曾到庐山汲取谷帘之水烹茶，他在《试茶》诗中有"日铸焙香怀旧隐，谷帘试水忆西游"之句，并在《入蜀记》中写道："谷帘水……真绝品也。甘腴清冷，具备众美。非惠山所及。"

2. 镇江中泠泉 又名中零泉、中濡水，在唐以后的文献中，多称为中泠水。古书记载，长江之水至江苏丹徒县金山一带，分为三泠，有南泠、北泠、中泠之称，其中以中泠泉眼涌最多，便以中泠泉为其统称。

中泠泉位于江苏省镇江市金山寺以西约半公里的石弹山下。中泠泉在陆羽品评排列的泉水榜中，只排列第七。但据唐代张又新《煎茶水记》载，品泉家刘伯刍对若干名泉佳水进行品鉴，把宜茶之水分为七等，列中泠泉为第一，故素有"天下第一泉"之美誉，自唐迄今，其盛名不衰。

古往今来，人们为什么如此推崇中泠泉水呢？是因为真正的中泠泉水是极为难得的，该泉之水原来在波涛汹涌的江心，汲取极不容易。《金山志》记载："中泠泉，在金山之西，石弹山下，当波涛最险处。"由于这些原因，它被蒙上一层神秘的色彩：据说古人汲水要在一定的时间——"子午二辰"（即白天上午 11 时至下午 1 时；夜间 23 时至凌晨 1 时），还要用特殊的器具——铜瓶或铜葫芦，绳子要有一定的长度，垂入石窟之中，才能得到真泉水。若浅若深或移位于先后，稍不如法，即非中泠泉真味了。无怪当年南宋诗人陆游游览此泉时，曾留下这样的诗："铜瓶愁汲中濡水，不见茶山九十翁。"

▶ 江苏镇江中泠泉

近百年来，由于长江江道北移，南岸江滩不断涨大，中泠泉到清朝末年已和陆地连成一片，泉眼完全露出地面。后人在泉眼四周砌成石栏方池，池南建亭，池北建楼。清代书法家王仁堪写了“天下第一泉”五个苍劲有力的大字，刻在石栏上，从而使这里成了镇江的一处名胜。

3. 北京玉泉　位于北京颐和园以西的玉泉山南麓，因其“水清而碧，澄洁似玉”而得名。玉泉山所在的山上洞壑迂回，流泉遍布，自然景观十分优美。明代蒋一葵在《长安客话》中，对玉泉山水作了生动的描绘：“出万寿寺，渡溪更西十五里为玉泉山，山以泉名。泉出石罅间，潴而为池，广三丈许，名玉泉池，池内如明珠万斗，拥起不绝，知为源也。水色清而碧，细石流沙，绿藻翠荇，一一可辨。池东跨小桥，水经桥下流入西湖，为京师八景之一，曰‘玉泉垂虹’。”

玉泉，这一泓天下名泉，它的名字也同天下诸多名泉一样，往往同古代帝君品茗鉴泉紧密联系在一起。清康熙年间，在玉泉山之阳建澄心园，后更名曰静明园。玉泉即在该园中，自清初，即为宫廷帝后茗饮御用泉水。

玉泉被宫廷选为饮用水水源，主要原因有二：一是玉泉水洁如玉，含盐量低，水温适中，水味甘美，又距皇城不远。清乾隆皇帝是一位嗜茶者，更是一位品泉名家。在古代帝君之中，尝遍天下名茶者，不乏其人，但实地品鉴天下名泉的，可能非乾隆莫属。他对天下诸名泉佳水，曾作过深入的研究和品评，并有他独到的品鉴方法。除对水质的清、甘、洁做出比较之外，还以特制的器物比较衡量，以轻者为上。他经过多次对名泉佳水品鉴之后，将天下名泉列为七品，而玉泉则为第一。乾隆在《玉泉山天下第一泉记》说：“凡出于山下，而有冽者，诚无过京师之玉泉，故定为天下第一泉。”

玉泉被选为宫廷用水还有一个重要的因素，就是该泉四季势如鼎涌，涌水量稳定，从不干涸。这是因为玉泉有良好的补给、径流、排泄条件。玉泉的补给源主要是大气降水和永定河水。在玉泉附近有玉泉山泉群，明朝文人刘侗曾这样描述泉水群的情景：“泉迸湖底，犹如练帛，裂而珠之，直弹湖面，涣然合于湖。”玉泉径流路程不长，且无含盐量较多的地层，故涌水量大，水洁而味美，成为一处难得的优质水源地。

4. 济南趵突泉　趵突泉，一名瀑流，又名槛泉，最早见于《春秋》，宋代始称趵突泉。位于山东济南市西门桥南趵突泉公园内。向有泉城之誉的济南，有以趵突泉、黑虎泉、珍珠泉、五龙潭四大泉群，而趵突泉为七十二泉之冠，也是中国北方最负盛名的大泉之一。趵突泉东西 700 米，南北 250 米，为古泺水发源地。据《春秋》记载，前 694 年，鲁桓公“会齐侯于泺”，即在此地。

趵突泉是自地下岩溶洞的裂缝中涌出，三窟并发，浪花四溅，声若隐雷，势如鼎沸，北魏地理学家郦道元《水经注》有云：“泉源上奋，水涌若轮。”泉池略成方形，面积亩许，周砌石栏，池内清泉三股，昼夜喷涌，状如白雪三堆，冬夏如一，蔚为奇观。由于池水澄碧，清醇甘洌，烹茶最为相宜。

北宋文学家曾巩在《齐州二堂记》一文中，正式命名为“趵突泉”。趵突泉与漱玉泉、全线泉、马跑泉等 28 眼名泉及其他 5 处无名泉共同构成趵突泉群。其中，集中在趵突公园的 16 处，是中国国内罕见的城市大泉群。趵突泉是此泉群的主泉，泉水汇集在一长方形的泉池之中，东西长约 30 米，南北宽约 20 米，四周以石块为栏。池中有 3 个大泉眼，昼夜涌水不息，势如鼎沸，状似堆雪，极为壮观。前人有“倒喷三窟雪，散作一池珠”之咏。清代学者魏源在《趵突泉》诗中亦称：“三潜三见后，一喷一醒中；万斛珠玑玉，连潭雷雨风。”

趵突泉得名“天下第一泉”，相传是乾隆皇帝游趵突泉时赐封的。此外，还有不少文人学士都赋予其“第一泉”的美誉。蒲松龄在《趵突泉赋》中写道：“海内之名泉第一，齐门之胜地无双……”古往今来，凡来济南的人无不领略一番那“家家泉水，户户垂杨”“四面荷花三面柳，一城山色半城湖”的泉城绮丽风光。

5. 无锡惠山泉　以其名泉佳水著称于天下，有“天下第二泉”之誉。泉分上、中、下三池。上池八角形，为泉源所在，水质最好。中池为方形，紧靠上池。据《惠山记》载：“活水细流，澄澈可爱。”两池都是石底，青石围栏，上池四周石栏磨得十分光滑，特别是提脚踩的位置，石栏深陷成几个缺口，是近千年以来，人们取泉煮茶的记录。宋高宗赵构南渡，曾于此饮过二泉水，后筑二泉亭，故顶饰双龙戏珠，题额“源头活水”，亭中有元朝大书法家赵孟頫题书“天下第二泉”的石碑，高 0.47 米，长 1.70 米。

清碧甘洌的惠山寺泉水，从它开凿之初，就与茶人品泉鉴水紧密联系在一起了。在惠山寺二泉池开凿之前或开凿期间，唐代茶人陆羽正在太湖之滨的长兴（今浙江长兴县）顾渚山、义兴（今江苏宜兴市）唐贡山等地茶区进行访茶品泉活动，并多次赴无锡，对惠山进行考察，曾著有《惠山寺记》。惠山泉，也因茶圣陆羽曾亲品其味，故一名陆子泉。

惠山泉，自从陆羽品为“天下第二泉”之后，已时越千载，盛名不衰。古往今来，这一泓清泉，受到多少帝王将相、骚客文人的青睐，无不以一品二泉之水为快。唐代张又新亦曾步陆羽之后尘前来惠山品评二泉之水。在此前唐代品泉家刘伯刍，亦曾将惠山泉评为“天下第二泉”。唐武宗会昌(841—846)年间，宰相李德裕住在京城长安，喜欢二泉水竟然责令地方官吏派人用驿递方法，把三千里外的无锡泉水运去享用。唐代诗人皮日休有诗讽喻道：“丞相常思煮茗时，郡侯催发只嫌迟；吴国去国三千里，莫笑杨妃爱荔枝。”

宋徽宗时，亦将二泉列为贡品，按时按量送往东京汴梁。清代康熙、乾隆皇帝都曾登临惠山，品尝过二泉水。

▶ 无锡惠山泉

至于历代的文人雅士，为二泉赋诗作歌者，则更是无计其数。如时为无锡尉的唐代诗人皇甫冉在《无锡惠山寺流泉歌》云：“寺有泉兮泉在山，锵金鸣玉兮长潺潺，作潭镜兮澄寺内，泛岩花兮到人间……我来结绶未经秋，已厌微官忘旧游，且复迟回犹未去，此心只为灵泉留。”而在咏茶品泉的诗章中，当首推北宋文学家苏轼的作品了。他在任杭州通判时曾到无锡，作《惠山谒钱道人烹小龙团登绝顶望太湖》，诗中“独携天上小团月，来试人间第二泉”之浪漫诗句，独具品泉妙韵。诗人似乎比喻自己已羽化成仙，身携皓月，从天外飞来，与惠山钱道人共品这连浩瀚苍穹也已闻名的人间第二泉。这真可谓是咏茶品泉辞章中之千古绝唱了，所以为历代茶人墨客称道不已，曾被改写成一些名胜之地茶亭楹联以招游客。惠山泉，还孕育了一位中国优秀的民间艺术家和蜚声海内外的名曲《二泉映月》。以惠山泉为素材的二胡名曲《二泉映月》和名泉一样清新流畅，发人幽思。

6．杭州龙井泉　“采取龙井茶，还烹龙井水。一杯入口宿酲解，耳畔飒飒来松风。”这是明人屠隆的《龙井茶》中的诗句，他赞诵龙井茶，更夸龙井水。

龙井泉，位于浙江杭州市西湖西南龙泓涧上游的风篁岭上，为一裸露型岩溶泉。本名龙泓，又名龙湫，是以泉名井，又以井名村。龙井村是饮誉世界的西湖龙井茶的五大产地之一。而龙泓清泉，历史悠久，相传在三国东吴赤乌年间(238—251)已被发现。此泉由于大旱不涸，古人以为与大海相通，有神龙潜居，所以名为龙井，后又被人们誉为“天下第三泉”。龙井泉旁有龙井寺，建于南唐保大七年(949)。周围还有神运石、涤心沼、一片云诸景，还有龙井、小沧浪、龙井试茗、鸟语泉声等石刻环列于半月形的井泉周围。

▶ 杭州龙井

龙井泉水出自山岩中，水味甘醇，四时不绝，清如明镜，如取小棍轻轻搅拨井水，水面上即呈现出一条由外向内旋动的分水线，见者无不称奇。据说这是泉池中已有的泉水与新涌入的泉水间的比重和流速有差异之故，但也有认为，是龙泉水表面张力较大所致。

龙井之西是龙井村，满山茶园，盛产西湖龙井茶，因它具有色翠、香郁、味醇、形美之“四绝”

而著称于世。古往今来，多少名人雅士都慕名前来龙井游历，饮茶品泉，留下了许多赞赏龙井泉茶的优美诗篇。

苏东坡曾以“人言山佳水亦佳，下有万古蛟龙潭”的诗句称道龙井的山泉。杭州西湖产茶，自唐代到元代，龙井茶日益称著。元代虞集在游龙井的诗中赞美龙井茶道：“烹煎黄金芽，不取谷雨后。同来二三子，三咽不忍漱。”明代田艺蘅《煮泉小品》则更高度评价龙井茶：“今武林诸泉，惟龙泓入品，而茶亦龙泓山为最。又其上为老龙泓，寒碧倍之，其地产茶为南北绝品。”

清代乾隆皇帝曾数次巡幸江南，到杭州时，不止一次去龙井烹茗品泉，并写了《坐龙井上烹茶偶成》咏茶诗和题龙井联：“秀翠名湖，游目频来过溪处；腴含古井，怡情正及采茶时。”用龙井泉水泡龙井茶，如清人陆次之所言：“龙井茶，真者甘香而不冽，啜之淡然，似乎无味，饮过后，觉有一种太和之气，弥沦于齿颊之间。”陆氏最终的感受是：“此无味之味，乃至味也。为益于人不浅故能疗疾，其贵如珍，不可多得也。”历代名人的这些诗词联语，为西子湖畔的龙井泉茶平添了无限韵致，令人向往。

7. 杭州虎跑泉 位于杭州市西南大慈山白鹤峰下慧禅寺（俗称虎跑寺）侧院内。至于虎跑泉的来历，还有一个饶有趣味的神话传说。相传，唐元和十四年(819)高僧寰中（亦名性空）来此，喜欢这里风景灵秀，便住了下来。后来，因为附近没有水源，他准备迁往别处。一夜忽然梦见神人告诉他说：“南狱有一童子泉，当遣二虎将其搬到这里来。”第二天，他果然看见二虎跑（刨）地作地穴，清澈的泉水随即涌出，故名为虎跑泉。

虎跑泉是从大慈山后断层壁砂岩、石英砂中渗出，据测定流量为43.2～86.4立方米／日。泉水晶莹甘洌，居西湖诸泉之首，和龙井泉一起并誉为“天下第三泉”。

虎跑泉是一个两尺见方的泉眼，清澈明净的泉水，从山岩石罅间汩汩涌出，泉后壁刻着“虎跑泉”三个大字，为西蜀书法家谭道一的手迹。泉前有一方池，四周环以石栏，游人在此，坐石可以品泉，凭栏可以观花，雅兴倍增。在主池泉边石龛内的石床上，寰中正在头枕右手小臂，人侧身卧睡，神态安静慈善，那种静里乾坤不知春的超然境界，颇如一副联语所云：“梦熟五更天几许钟声敲不破，神游三宝地半空云影去无踪。”

同时，栩栩如生的两只老虎正从石龛右侧向入睡的高僧走来，形象亦十分生动逼真。这组“梦虎图”浮雕寓神仙给寰中托梦，派遣仙童化作二虎搬来南狱清泉之典。“虎移泉眼至南狱童子；历百千万劫留此真源。”——这副虎跑寺楹联也是写的这个神话故事，只是更具有佛教寓意。

▶ 杭州虎跑泉

“龙井茶，虎跑水”，被誉为西湖双绝。古往今来，凡是来杭州游历的人们，无不以能身临其境品尝一下以虎跑甘泉之水冲泡的西湖龙井之茶为快事。历代的诗人们留下了许多赞美虎跑泉水的诗篇。如苏东坡有：“道人不惜阶前水，借天与匏尊自在。”清代诗人黄景仁（1749—1783）在《虎跑泉》一诗中有云：“问水何方来？南岳几千里。龙象一帖然，天人共欢喜。”诗人是根据传说，说虎跑泉水是从南岳衡山由仙童化虎搬运而来，缺水的大慈山忽有清泉涌出，天上人间都为之欢呼赞叹。亦赞扬高僧开山引泉，造福苍生功德。

8. 苏州虎丘泉　虎丘，又名海涌山，位于苏州市阊门外西北山塘街。春秋晚期，吴王夫差葬后三日，有白虎蹲其上，故名虎丘。一说为“丘如蹲虎，以形名”。东晋时，司徒珣和弟王珉在此创建别墅，后来王氏兄弟将其改为寺院，名虎丘寺，分东西二刹。唐武宗会昌年间寺毁，移往山顶重建时，将二刹合为一寺。其后该寺院屡经改建易名，规模宏伟，重楼飞阁，曾被列为“五山十刹”之一。古人曾用“塔从林外出，山向寺中藏”的诗句来描绘虎丘的景色。苏州虎丘不仅以风景秀丽闻名遐迩，也以它拥有天下名泉佳水著称于世。

虎丘第一眼名泉，叫“憨憨泉”，又名“观音泉”，位于斗拱飞檐的断梁殿一侧。泉畔有石碑一通，上刻“憨憨泉”三字，清澈澄清的泉水奔涌不息。

剑池，是唐代李季卿品评的天下第五泉。石壁上刻有“虎丘剑池”四字，相传是唐代大书法家颜真卿的手迹。剑池位于千人岩石底下，呈长方形，深约5米。池上两崖如劈，藤蔓披指。崖底便是一汪碧波，形如长剑，澄澈透明。崖壁上有宋书法大家米芾手书“风壑云泉”刻石，字体雄浑遒劲。

9. 苏州陆羽井　据《苏州府志》记载，茶圣陆羽晚年，在唐德宗贞元中寓居苏州虎丘，一边继续著书，一边研究茶学　。他发现虎丘山泉甘甜可口，遂即在虎丘山上挖筑一石井，后人称为“陆羽井”，又称“陆羽泉”。据传，当时皇帝听到这一消息，曾把陆羽召进宫去，要他煮茶。皇帝喝后大加赞赏，于是封其为“茶神”。陆羽还用虎丘泉水栽种茶树，总结出一整套适宜苏州地理环境的栽茶、采茶的办法。由于陆羽的大力倡导，苏州人饮茶成习俗，百姓营生，种茶亦为一业。陆羽泉水质清甘味美，被唐代品泉家刘伯刍评为“天下第三泉”，名传于世。那么，这一泓天下名泉的具体地址，究竟在哪里呢？这久已闻名天下的“陆羽井”，即在颇有古幽神异色彩的“千人石”右侧的“冷香阁”北面。这里一口古石井，井口约有一丈见方，四面石壁，不连石底，井下清泉寒碧，终年不断。这即是陆羽当年寓居虎丘时开凿的那眼古石泉。

10. 上饶陆羽泉　原在江西上饶广教寺内，现为上饶市第一中学。唐代陆羽于德宗贞元初(785—786)从江南太湖之滨来到了信州上饶隐居。之后不久，即在城西北建宅凿泉，种植茶树。据《上饶县志》载：“陆鸿渐宅在府城西北茶山广教寺。昔唐陆羽曾居此。刺史姚骥曾诣所居。凿沼为溟之状，积石为嵩华之形。隐士沈洪乔葺而居之。羽性嗜茶，有茶园数亩，陆羽泉一勺为茶山寺。”由于这一泓清泉，水质甘甜，亦被陆羽品评为“天下第四泉”。唐诗人孟郊在《题陆鸿渐上饶新开山舍》诗中有“开亭拟贮云，凿石先得泉”之句。陆羽泉开凿迄今已有1 200多年，在古籍上多有记载。清代张有誉《重修茶山寺记》:“信州城北数（里）武岿然而峙者，茶山也，山下有泉，色白味甘。陆鸿渐先生隐于曾品斯泉为天下第四，因号陆羽泉。”至20世纪60年代初尚保存完好，可惜在后来“挖洞”时，将泉脉截断，如今在这眼古井泉边上尚保存清末知府段大诚所题“源流清洁”四字，作为后人凭吊古迹的唯一标志了。

（六）壁画石刻

茶文化与中国人的生活息息相关，历代茶人用多种艺术表现形式，展示了不同时期多彩多姿的茶文化，而其中壁画和石刻是重要的艺术表现形式。通过壁画和石刻，让后人可以更为直接感官地认识到不同时期的茶文化。

1. 北苑茶事摩崖石刻　福建建瓯市东峰镇的霞镇、杨梅林、裴厝桥三村，是唐末“北苑”一千三百焙的遗址所在地。凤凰山麓的焙前村附近的林垅小坡上，有两块珍贵的崖刻，当地群众称之为“凿字岩”，岩高3.50米，宽6.00米，坐南朝北，正面楷书8行，每行10字，计80字。每字大约20厘米 ×30厘米。左侧面刻隶书70余字，每字大约10厘米 ×15厘米。因长期受风雨侵蚀，风化严重，字迹模糊，左侧70余字已无法辨认。正面楷书“建州东凤凰山，厥植宜茶惟北苑。太平兴国初，始为御焙，岁贡龙凤。上柬、东官、西幽、湖南、新会、北溪属三十二焙。有置暨亭榭，中曰□茶堂,后坎泉甘泉曰□水,前引二泉曰龙凤池。庆历子戊子促春朔,河南柯适记”。

石刻内容记载了北苑御焙的范围、设置年代、重要建筑名称和刻石时间等内容，为国家重点文物保护单位。

2. 紫云平植茗灵园记石刻　位于今四川万源县石窝乡古社坪村西北的苏家岩上。石刻下沿距地面3.75米。刻文幅阔2.36米、高0.84米。共203字,分18行。碑题为隶书，阴刻。正文为阴刻，楷书，刻于北宋徽宗大观三年(1109)。记叙了王氏父子在该地垦荒辟草，引进闻名的建溪茶树，经历十余年的培植，茶树郁茂繁盛的景象。在茶园开辟近“一纪”之际，其子请蓬莱僧人撰记，刻石以彰前辈创业之功，激励后人继承祖业。石刻至今保存完好，对研究北宋建茶的传播、推广及茶树种植技术的应用，具有重要史料价值。

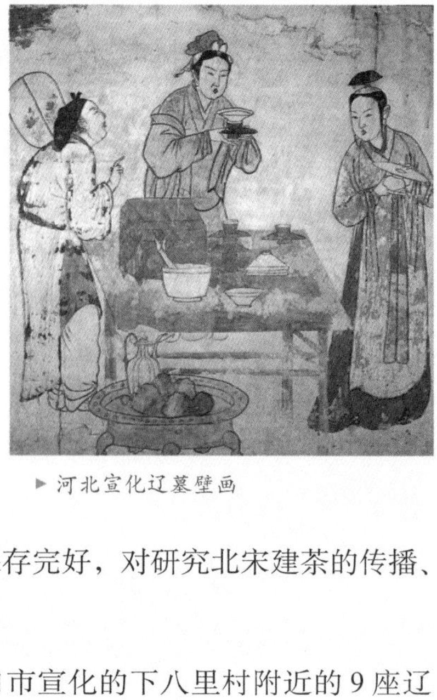

▶ 河北宣化辽墓壁画

3. 宣化辽墓壁画　宣化辽墓是指河北张家口市宣化的下八里村附近的9座辽

代壁画墓，含备茶题材壁画的墓葬计有8座，分别为1号墓、2号墓、4号墓、5号墓、6号墓、7号墓、9号墓和10号墓。宣化辽墓备茶壁画的出现，被认为是宋辽时期茶文化在南北各地日渐兴盛的生动再现。备茶图中对碾茶、煮浆、点茶工序和各种茶事用具有详细描绘，因而成为研究当时茶文化的重要材料。

二、日本茶文化遗迹

日本是中国茶文化传入最早的国家之一，其从8世纪左右开始积极引入中国茶文化。在发展的过程中，日本还对中国茶文化进行了新的诠释和发展，融入了自身的文化因素，从而形成了独具特色的日本茶道。它涉及的内容已经超出了茶的领域，更涉及建筑、书法、绘画、花道、烹饪、礼仪、手工工艺等各个领域，成为一门综合性的文化艺术。茶最早传入日本与入唐学习的僧人有密切的联系，与此相应地，日本的茶文化遗存多数与宗教有着密切的联系，其形式多为寺庙、茶园、茶室及茶庭。

（一）茶园

中国唐代时期，许多日本僧人赴中国求学，不断地将中国茶种带回日本。804年，日本僧人最澄入唐求学，回国时带走了茶籽种植在日本的滋贺县。806年，空海大师入唐留学，又将中国的茶籽及制茶方法传回日本。他将带去的茶籽播种在京都等地种植，还将制茶工具带去在佛隆寺内供用。到了宋代，日本荣西禅师将大量茶籽带回日本，并栽植于筑前国脊振山（今日本佐贺县神崎郡）等坡。至今在日本还有许多古茶园的遗迹。

▶ 日本最古之茶园

日吉茶园 唐贞元二十年(804)，最澄法师入唐求法。805年最澄回到日本，将带回的经书及佛像、法器等献上。同时还把从天台山带回的茶籽种在位于京都比睿山麓的日吉神社。至今，在日吉神社的池上茶园仍矗立着

“日吉茶园之碑”，碑文为“此为日本最早的茶园”。据《日吉社神道秘密记》载：“日吉茶园之碑为传教大师最澄所立，其周围有茶树簇拥，其茶籽是最澄传教大师从唐土带来，归国后播此地。尔后移栽京都、宇治、褐尾等地。”

（二）寺庙

日本茶文化与佛教僧侣密切相关，许多日本僧人入唐求学，归国时带回了中国的饮茶习俗和文化，并在日本积极推广茶文化。如今许多寺庙还保留这些僧侣进行茶事活动的场景，是日本重要的茶文化遗迹。

1. 佛隆寺　是空海和尚从唐回日本后主持的第一个寺院，该寺庙保存着由空海从中国带回的碾茶用的茶碾及种茶的茶园遗迹。

2. 高山寺　位于京都梅尾山的高山寺是世界文化遗产。寺中有日本最古老的茶园，这是由荣西禅师从中国带回来的茶种所培育的。

荣西入宋学习，1191年回国。回国后，他在九州平户岛上的富春院，撒下了茶籽。据《背振山因由记》记载，荣西在九州的背振山也播下了茶籽，茶籽徒石缝圈萌芽，不久便繁衍了一山，出现了名为“石上苑”的茶园。之后，他又在九州的壁福寺种了茶。荣西回到京都后，还将茶籽送给了梅尾高山寺的明惠上人。明惠将其种植在寺内，将梅尾茶称作“本茶”，此地之外的茶称为“非茶”。品尝出本茶非茶之间的区别成室町畴代斗茶的主要内容。

（三）茶室及茶庭

室町时期，日本的茶人就开始将喝茶的庭院作为进行禅茶的仪式性空间、一种精神性的场所而存在。茶室，多命名为某某庵，意为修行之所。茶庭，又名“露地”，即茶室所在的庭园，指从庭园大门到茶室建筑物之间的空间，是由茶道仪式场所演变而来的小型庭园空间。日本现存的茶室及茶庭遗迹丰富，在日本各地，茶室、茶庭已成景点，历史悠久的著名茶室、著名茶庭被列为国宝，或者是国家重点文物。本章主要介绍表千家不审庵、武者小路千家官休庵、里千家又隐茶室、薮内家燕庵、妙喜庵待庵、孤蓬庵以及同仁斋。

1. 不审庵　位于京都北部的表千家宅内。据《日本茶道文化概论》一书介绍，不审庵始建者为千利休，千利休所建不审庵在利休死后去留不明。千利休的儿子少庵之后重建了不审庵。不幸再建的不审庵也于1788年和1906年两度遭大火。现在的不审庵是1913年重建的，仍归千利休的后人所有。

▶ 不审庵露地

表千家的不审庵分茶室部分、练留茶道部分和宗家私生活部分，它除隐居聚友之外，还用于茶道传授教学。表千家宅内共有四个茶室，即啐啄斋、残月亭、不审庵和点雪堂以及与之相连的外露地、中露地、内露地。表千家宅院门本身原是大武士集团纪州家的大门，于1868年移于表千家。外露地中设有小茅棚、外厕等；中露地设置了洞口式小入口；内露地有飞石路、饰厕、茅棚等。不审庵茶室面积为三张半榻榻米，茶室上部有“不审庵”的匾额。不审庵茶室整体风格属于草庵茶室，线条明快，结构紧凑，采光较好，正如滕军教授书中所言：不审庵茶室“显示出了表千家茶道的正统风格”。

▶ 官休庵露地

2. 官休庵　位于京都市上京区，是非常有代表性的茶庭，由宗旦的次子一翁宗守在1667年辞去高松潘茶头退隐后营建的茶庭，它是以宗守的住地武者小路命名的，又因内有茶室官休庵，也被人称为“官休庵露地”。

宗守是茶道薮内流派的传承者，薮内流派的座右铭是“正直清静”“礼和质朴”。擅长书院茶和小茶室茶，故庭园中的飞石和植物都巧妙地配置在一起，表现追求自然野趣的效果。庭园中的景物如中门、石灯笼也很好地表现了茶庭的意境，即尊重自然轻视华丽，呈现朴素、自然和宁静的气氛。官休庵露地的格局与表千家、里千家露地相似，为两重露地，有官休庵和弘道庵两个茶室及半宝庵、环翠园、行舟亭、雪隐、广庭等景点，其中以官休庵、编笠门、外腰挂、卵石铺地最有特色。

3. 又隐茶室　里千家今日庵位于京都北部里千家宅内，与表千家相邻。此宅地与表千家宅地同是丰臣秀吉赐给千利休第二子少庵的。表千家与里千家的宅邸原是相通的，少庵的儿子千宗旦 69 岁 (1647) 时，在不审庵的后庭，今里千家宅邸，修建了茶室今日庵，作为隐居之地。在千宗旦 75 岁 (1653) 时，修建了茶室又隐。里千家宅内除有今日庵和又隐茶室外，还有寒云亭、无色轩等茶室均为重要的茶文化遗迹。

《日本茶道文化概论》一书中介绍的里千家，提到“比起表千家正统的、略有武士风格的茶室建筑，里千家的茶室与茶庭具有更多古朴、简素、稚拙的风格”。

里千家宅邸的正门，是著名的“盔甲门”，千利休死后该门被移建到京都大德寺内的德光院，后里千家重新仿照德光院修造了此门，如今也是日本重点保护文物。盔甲门内就是自然石铺成的著名的霰零路。外露地设有石质洗手钵和小茅棚，中门顶部是用毛竹劈开重新编制而成，被称为里千家式中门。走过中门可见又隐茶室。

又隐茶室始建于千宗旦，现存的建筑是 1788 年大火后重建。茶室入口是撒豆式飞石，边上有四方佛式洗手池。又隐茶室为四张半榻榻米茶室的风格，四张整榻榻米铺在周围，中间为炉子，南面开天窗，西侧有茶道口供点茶上饭用。

4. 孤蓬庵　大德寺内的“孤蓬庵”建于 1612 年，是小堀远州晚年居住的宅院，由茶庭与枯山水结合的形式构建而成，由于园中砌筑的假山形似孤蓬而名“孤蓬庵”。茶庭命名为“忘筌”，其名取自《庄子 · 外物》:“筌者所以在鱼，得鱼而忘筌……言者所以在意，得意而忘言。”

大德寺“孤蓬庵”内有一禅意的“枯山水”茶庭 ，在庭院中部主要以白沙为主，背面植修剪树 ，树下配以七 、五 、三石组，其旁铺有石灯笼 、洗手钵和飞石等陈设。

“忘筌茶室”属于将早期的茶室空间扩大而形成的书院型茶室，室内面积为 12

张“榻榻米”大小，与早期茶室采用木材及竹子等作为结构体的做法不同，“孤蓬庵忘筌”用规整的矩形截面的木材作结构构件，故形态十分整齐。忘筌茶室一侧为“礼的间”，另一侧为“水屋”，在檐廊部位，木格栅糊纸的屏只有一半，下面通透，可见庭前的白沙露地、二重绿垣和牡丹型篱，实现了室外的庭院景观与室内空间的相互渗透，极富有禅意，显示了精妙的空间处理手法。

孤蓬庵从总体到细部设计都尽量避免左右对称，创造了以“坐观式”为主的茶庭，体现了江户时代特有的造园思想和人文气息。

5. 薮内家燕庵　桃山时期，茶道与茶庭更加兴盛起来，茶道仪式已从上层社会普及到一般民间人家。燕庵茶庭由古田织部设计，相比较千利休时期的茶庭，古田的“燕庵”采用折线式前行的方式，增加了进入茶庭的长度、丰富了空间层次，茶室也比前期放大。古田织部将不均衡、不对称的布局发展到极致，来表示着对不完全的残缺之美的欣赏与追求，提出了茶庭“四分用、六分景”的观点，即茶庭“六分”是为了营造景致，只有“四分”是有实际功用的。

燕庵茶室面积以四叠半榻榻米为度，茶室内设置地炉和各式木窗茶室，右侧布置“水屋”，供备放煮水、沏茶的器具和清洁用具。水屋旁为“床的间”，摆设的是挂物及花瓶等饰物用以观赏，“床的间”一侧为“相伴席”，是一个为勤杂人员等候服务所设置的区域，其亦为茶室与庭院的过渡空间。从“燕庵”的布局可

▶ 孤蓬庵忘筌茶庭露地

▶ 薮内家燕庵茶庭前蹲踞

以看出，古田织部在继承千利休茶室的基本布局的基础上，将茶室的功能进一步的完善，空间则更加的宽松舒适，很适合其“大名茶”茶道的风格。

6. 同仁斋　位于京都市左京区银阁寺内，在日本茶文化历史上有着重要的地位。

室町时代日本茶道渐渐由一项娱乐休闲活动发展成为体现日本民族的审美情趣和道德理念的文化艺术活动。室町时代前期，豪华的“斗茶”成为日本茶文化的主流，武士阶层以此炫耀从中国得到的物品。

1489 年，室町幕府第八代将军足利义政隐居京都东山，在此修建了银阁寺，以此为中心，展开了东山文化。东山文化是日本中世文化的代表。由娱乐性的斗茶会发展为宗教性的茶道，是在东山时代初步形成的。

同仁斋的地面是用榻榻米铺满的，一共用了四张半。这个四张半榻榻米的面积，成为后来日本茶室的标准面积。全室榻榻米的建筑设计，为日本茶道的茶礼形成起了决定性的作用。日本把这种建筑设计称作“书院式建筑”，把在这样的“书院式建筑”里进行的茶文化活动称作“书院茶”。

书院式建筑在两方面起到了变化：“一是壁龛的出现，并与框架、几案形式固定化；二是榻榻米铺满了整个房间。这两种变化为日本茶道艺术形式的形成提供了必要的客观条件。其功能作用是：其一，壁龛、搁架与几案的固定模式使室内空间复杂化，为装饰艺术提供了可无限想象的艺术空间，增加了茶道艺术欣赏的无限内容；其二，榻榻米的设置决定日本式茶道礼仪形式的产生，促使站立式的禅院茶礼向跪坐式的和式茶礼转变。”

书院茶是在书院式建筑里进行，主客都跪坐，主人在客人前庄重地为客人点茶的茶会，这种形式一扫室町斗茶的杂乱、拜物的风气。日本茶道的点茶程序在“书院茶”时代基本确定下来，在日本茶道史上占有重要的地位。

7. 待庵　位于京都山崎的待庵是座小型茶席，由二帖榻榻米房间和一帖次间组成。屋中只有一根圆木柱。待庵建于天正十年 (1582)，是在千利休的指导下建造的现存唯一的遗迹。利休去世后进行了拆除性保存，在江户初期得以在现地重建，到江户中期还进行了部分改建。

待庵由主茶室与操作间组成，主要采用土壁、残竹、茅草等具有山野村舍气息的材料，土壁上用残竹造“下地窗”以塑造草庵的风情。千利休把禅院茶室中4张半“榻榻米”大小的标准茶室缩小为两张半的“榻榻米”大小，与早期依附于书院的茶室相比，此茶室脱离了书院空间，有自己的卫生间、操作间和茶庭，已成为一种独立的建筑类型。

待庵是庭园分为内外两部分，内外庭之间由一堵木材和石灰砌筑而成的厚墙隔开，同时将庭园与京都纷扰的城市环境相隔开，以营造出愈益宁静的庭园基调。待庵茶庭的布局完全依照茶道的仪式要求来安排。

三、朝鲜半岛茶文化遗迹

茶传入朝鲜半岛的时期有众多说法，但新罗善德女王（632—647年在位）时期传入的观点占主流。后来，在兴德王时期又派遣唐使大廉，从唐代引进茶种播于智异山，而使茶真正落户到了朝鲜半岛。12世纪时，朝鲜半岛松应寺、宝林寺和宝庆伽寺等著名寺院都提倡饮用茶叶。不久，饮茶的风俗也在朝鲜半岛民间广泛流行开来。

1. 智异山　智异山地处韩国庆尚南道，古时称为南岳，被尊为圣山。山上有华严寺、双溪寺、大安寺、道林寺等许多古刹。华严寺建于528年，后几经焚毁并重建。双溪寺建于840年，原名玉泉寺，壬辰倭乱时被毁坏，现存建筑物系1632年碧严大师所建。

新罗善德王时期，有新罗赴唐求法僧回新罗，从唐携来茶籽，种于双溪寺（今庆尚南道境内）附近。由此，中国茶传入新罗，新罗开始栽培茶树。828年新罗使节金大廉自唐回国时，又带回唐之茶种，种植在地理山（即智异山），由此，新罗茶树之栽培得到发展。对此，韩国古籍《三国史记》载：“入唐回使（金）大廉持茶种子来，王使植地理山。茶自善德王时有之，至于此盛焉。”朝鲜半岛从此开始种植茶叶的历史。人们为了纪念中国茶种首次引入朝鲜半岛，就在智异山双溪寺茶园内的一座巨石上镌刻了“茶始培地”4个汉字。

韩国学者和中国学者合作研究了天台山和韩国智异山茶叶的比较形态学，指出韩国智异山双溪寺极有可能是天台山茶籽的传播地。

如今智异山成为韩国的优质名茶产区。直到今天，位于庆尚南道的双溪寺和全罗南道的华严寺所产的花开茶、云上茶、竹露茶等一直是韩国最负盛名的名茶。

2. 茶山草堂　茶山草堂位于韩国全罗南道康津郡，系著名儒学者丁若镛(1762—1836)在所谓的“辛酉教难”（指1801年朝廷对当时天主教徒的镇压）中，被流放时所建。在丁若镛流放康津的18年中，有10年时间是在茶山草堂中度过的。

丁若镛是朝鲜王朝后期中兴茶文化的代表人物。丁若镛曾在康津白莲寺借住时，曾与禅僧儿庵惠藏探讨交流，并从儿庵那里取茶作饮。丁若镛最初喝茶的原因是治疗心中怨气所导致的身体不适。他与儿庵通过探讨《周易》拉近了两人的距离，相互赠诗纪念。其中的代表作有丁若镛在1805年秋天，以上疏文的形式向儿庵索要茶叶的《乞茗疏》。1809年丁若镛搬到茶山草堂居住，开始亲手制茶自饮，并在那时与草衣禅师开始交往。草衣禅师以丁若镛为师，学习《周易》《论语》以及诗文。

草堂坐落在风光秀丽的山林之间，由草堂、西斋、东庑等建筑以及茶泉、花阶、方池等设施构成。草堂建筑面阔5间、进深2间。茶山草堂因为破旧曾一度倒塌，重建于1957年，后来又重建了茶山先生居住过的东厢和供弟子们住宿的西厢。在茶山草堂至今还留有丁若镛先生亲手刻写的“丁石”二字的丁石岩、用来做煮茶水的药泉、煮茶用的盘石茶槽、莲池中央小小的莲池石假山等“茶山四景”，在茶山丁若镛先生排解心中忧愁的地方还建有名为“天一阁”的亭子。

3. 一枝庵　韩国茶礼的茶道思想约形成于新罗时代，是以“和”与“静”为

▶ 一枝庵

茶道的精神追求。李氏朝鲜时代的草衣禅师提出了“神体”“健灵”“中正”“相和”的茶道思想。草衣禅师于 1824 年在全罗南道海南郡三山面的头轮山上创建“一枝庵”茶室，草衣禅师在此评茶、写茶、行茶礼，并形成了后来影响颇大的“草衣茶思想”。

朝鲜王朝后期，通过草衣禅师的努力，茶道在朝鲜半岛士大夫中风行一时。草衣禅师著有《东茶颂》一书，对朝鲜半岛的茶叶进行了记载和评价，倡导“茶禅一如”的生活理念。其创建的一枝庵建筑本身很小，面积约 18 平方米；而且为了显示俭素质朴之意，以茅草覆顶。建筑平面方形，四面有廊，但屋顶作圆形攒尖。周围以茶林环绕，域内有取水用的茶泉，两个水池（上池和下池）、池畔的石榻和叠石、储藏茶叶的仓库（称为草衣茶盒），形成一个完整的茶道空间。

四、印度茶文化遗迹

19 世纪印度开始种植茶叶，经过一百多年的茶产业发展，印度成为世界茶叶生产、出口和消费大国。如今，印度一些著名的茶园和茶产业相关的历史建筑印证了印度茶文化的发展。

（一）阿萨姆茶区

阿萨姆位于印度东部，喜马拉雅山南麓，雅鲁藏布江下游的阿萨姆溪谷一带。阿萨姆地区气候和土壤极其适合茶树的种植。历史上，阿萨姆是继中国以后世界上第二个商业茶叶生产地区。1778 年英国的植物学家向东印度公司报告，在印度西北部的气候适宜生产茶叶。1823—1831 年东印度公司的查理 · 布什决定在阿萨姆大规模生产茶叶。东印度公司引进了中国的茶种和技术，并且积极培育本土茶树品种，阿萨姆茶区逐渐发展起来。

阿萨姆茶区是印度最大的茶区，目前全区约 17%的劳动人口从事茶叶生产。阿萨姆出产的优质茶叶因其独有的特性、芳香和味道，已经成为世界上最受追捧的特种红茶。阿萨姆全区拥有 800 多个中型和大型茶树种植园，还有 20 多万个小型茶园。该区平均每年出产茶叶超过 48 万吨，成为世界上最大的茶叶产区。

当地大部分茶叶种植园分布在称为“上阿萨姆邦”的东部地区，当地茶叶总产量占世界总产量的近20%。为了更好地在市场上推广阿萨姆以及印度东北部地区生产的茶叶，印度当地政府于1970年在古瓦哈蒂市创建了古瓦哈蒂茶叶拍卖中心。目前，它是世界上最大的CTC红茶拍卖中心和第二大的茶叶拍卖中心。在阿萨姆茶区中，哈尔马里茶园是其中著名的茶园，茶树种植面积达275公顷，茶园至今已有超过50年的历史，所生产的红茶品质极佳，曾经创造出世界茶叶拍卖史上的最高价。

（二）大吉岭茶区

大吉岭高原位于印度西孟加拉邦北部喜马拉雅山南麓中段，与尼泊尔交界。印度茶叶局所制订的相关法律规定，只有在大吉岭茶区所生产的红茶才可以冠以“大吉岭红茶”称谓。所产优质大吉岭茶被视作茶中“香槟”，具有清雅的麝香葡萄酒的风味和奇异的芳香。4—10月为茶叶采摘期，4月采第一茬茶，5—6月采第二茬茶。如今大吉岭茶区内有80多块茶园，比较著名的茶园有阿里亚茶园（Arya Tea Estate）、卡斯特勒顿茶园（Castleton Tea Estate）、普塔邦茶园（Puttabong Tea Estate）等。

1. 阿里亚茶园（Arya Tea Estate） 最初由佛教僧侣创立于1885年，占地面积约为125公顷，种植了许多来自中国的不同茶种，茶园内还保留了当时僧侣居住的房屋。茶园内的原茶叶加工厂在1999年毁于一场大火，如今的加工厂是之后新建的。

2. 普塔邦茶园（Puttabong Tea Estate） 创立于1852年，是大吉岭最著名的茶园和旅游景点之一。普塔邦茶园占地约22万平方公里，海拔为460～2 000米，茶园内河流蜿蜒，植被丰富。普塔邦茶园出产的大吉岭红茶是世界著名的红茶品种，是第一个获得ISO 9002认证的印度红茶品种。

（三）蒙纳茶区

蒙纳茶区在印度南端的喀拉拉邦，曾经是英国政府在南印度夏季避暑地，坐落在三条山溪的汇合处。英国人在100年前发现了蒙纳，然后把中国茶树引种进来，使这里逐渐成为印度著名的红茶产地之一。

当地的茶工厂仍保留着传统的手工工艺。深受英国文化影响的蒙纳，使用的茶具也是很英式古典的白瓷茶具。

蒙纳茶区内有蒙纳茶博物馆，是塔塔茶叶公司在蒙纳开办的专门介绍印度茶树种植、茶叶加工历史以及塔塔茶叶公司制茶历史的专业性博物馆。

（四）加尔各答茶叶拍卖行

加尔各答茶叶拍卖行创立于1861年，位于加尔各答市幕克吉路11号大楼，由著名的托马斯有限公司经营。大楼内设两处茶叶拍卖场，分别经营内销和外销的茶叶拍卖业务。拍卖大楼还建有一间世界最大的品茗室，提供西孟加拉邦和阿萨密邦所产的优质茶叶，茶商们尽可在此精挑细选，慢慢品尝。

五、格鲁吉亚茶文化遗迹

格鲁吉亚位于连接欧亚大陆的外高加索中西部，包括外高加索整个黑海沿岸、库拉河中游和库拉河支流阿拉扎尼河谷地。西临黑海，西南与土耳其接壤，北与俄罗斯接壤，东南和阿塞拜疆及亚美尼亚共和国毗邻。俄国茶商波波夫看到茶叶在俄国市场的巨大潜力，于是从中国聘请茶师刘峻周并带领一批技术工人赴格鲁吉亚试种茶树，开启了格鲁吉亚产茶历史。

1. 恰克瓦茶叶种植场　格鲁吉亚的茶园大多在外高加索黑海东岸的巴统附近的山坡上。1888年，俄国茶商波波夫聘请中国茶叶专家刘峻周等一行10人去格鲁吉亚发展茶业。刘峻周等一行于1893年抵达高加索，从此，刘峻周开始在格鲁吉亚黑海沿岸的高加索、巴统等地栽培茶树，并筹建茶厂，三年开辟茶园80公顷，建立茶厂1座，于1896年回国。1897年，刘峻周再次受俄方委托，招聘中国茶叶技工12人并携带家属去巴统种茶，至1924年回国时，已发展茶园230公顷，建立茶厂2家。经反复试验，刘峻周在当地红土山坡上培育出了适应当地气候、产量高、品质优的茶种，后人称之为“刘茶”。自此黑海沿岸茶林漫山，格鲁吉亚成为茶叶基地，“刘茶”蜚声全俄。刘峻周居住的恰克瓦村，至今保留着以他的姓氏命名的“刘茶”茶园。

2. 刘峻周故居　刘峻周的故居坐落在巴统市北部的恰克瓦镇。故居是一座二层建筑，它面朝大海，是当时波波夫专为刘峻周所建，由德国建筑设计师设计。刘峻周举家回国后，1925 年这座居所转由他人居住，如今这里已由格鲁吉亚政府收回，准备重新整修后设立刘峻周纪念馆。附近的格鲁吉亚茶叶研究所原是刘俊周办公地点，其院内还保留着刘峻周种植的树木。

六、土耳其茶文化遗迹

土耳其位于地中海和黑海之间，西邻蔚蓝的爱琴海，横跨欧亚两大洲，有东西桥梁之称。土耳其的茶文化源远流长，早在 5 世纪时，土耳其商人已经来中国进行茶叶贸易。土耳其茶文化与中国有着千丝万缕的渊源关系。土耳其是世界茶叶生产、消费大国，茶在人们生活中不可或缺。

1888 年，土耳其从日本引进茶籽，在土耳其的西北部布尔萨开始种植，由于缺乏生产技术和生态条件不适宜而没有成功。1924 年被誉为土耳其茶叶之父的齐赫尼 · 德林在土耳其东北部试种茶叶，并在里泽建立了一个研究站，即“土耳其茶叶研究所”的前身。

最早的茶园是在 1935 年前后由两个英国人指导，在当地拉齐人和亚美尼亚人的积极努力下开发出来的，最早的茶叶生产则始于 1938 年。

1947 年，土耳其第一家茶厂在黑海东南部的里泽镇（Rize）建成。土耳其产茶区分两部分，主茶区位于黑海岸边的著名港口里泽周围的一片土地肥沃的狭长地带。

第二节　欧洲茶文化遗迹

欧洲从 17 世纪开始接触到茶，最终在英国形成了独特的下午茶文化。欧洲各国大多不产茶，即使有少数国家产茶，产量也不多。但欧洲各国喜爱饮茶，不少地方留下了富有民族特色的茶文化遗存。

一、英国茶文化遗迹

在18—19世纪时，英国是世界茶贩运大国，几近一统天下。由鉴于此，英国也就留存有许多茶文化遗迹。

1. 伦敦茶叶拍卖中心　英国是世界上最早拍卖茶叶的国家，早在17世纪就有了茶叶拍卖行，满足了当时日益扩大的消费需求。18世纪以前，中国茶叶占整个茶叶市场拍卖额的25%，这些交易都由东印度公司的经纪人在东印度大厦内进行，他们在英国国内市场上对中国茶叶享有专营权，但是到1834年4月，英国议会强制取消了东印度公司的特权，使许多竞争对手取得了优势。20世纪60年代以前，伦敦茶叶拍卖中心茶叶拍卖量约占世界茶叶出口量的30%以上，其市场拍卖价长期被公认为国际红茶行市的晴雨表。随着茶叶生产国拍卖市场的兴起，进入20世纪70年代后，该中心地位日趋下降。

1971年拍卖中心移至泰晤七街的约翰莱昂爵大厅。到1990年拍卖中心又搬迁至加农街的商会。

2. 托马斯·川宁的茶店　1706年，托马斯·川宁投资了一家咖啡馆，命名为“托马斯咖啡屋”。1717年，托马斯买下了隔壁房间，将其改装为茶馆和咖啡馆，以便女士们购买散装茶叶和咖啡豆。“金色里昂”(Golden Lyon)是他的第一家零售商店，专门销售茶叶和咖啡，茶店地点依然还在原地——伦敦斯特兰德大街216号，前门矗立着庄重高雅的著名金狮及两位中国人的塑像。

整个茶店呈长条状，前面销售红茶，后半部分有一个袖珍的川宁红茶博物馆，及一个可以品茶的小茶吧。在小小的博物馆里你可以领略300年来英国红茶的发展史。馆内有许多重要的茶文化照片，比如英国汉诺威王朝乔治二世时代（1733年左右）的一个红茶销售收据，还有1837年维多利亚女王为川宁红茶颁发的御用特供状，从此川宁成了英国皇家钦定的红茶品牌。

从1837年英国皇室维多利亚女王颁布第一张“皇室委任书”后，川宁茶还分别于1972年和1977年两次获得“女王勋章”，不仅是皇家御用茶，还成为英国第一家被获准出口的茶叶公司，进入到世界茶叶市场。

3. 英国的陶瓷之都斯托克以及韦奇伍德陶瓷工厂 英国陶瓷之都斯托克，位于伯明翰和曼彻斯特之间，沿特伦特河而建。根据考古发现的 14 世纪窑址推断，斯托克很早就有制陶业，而英国人对瓷器和茶叶的喜爱，为斯托克带来了崛起的机遇。

英国瓷器的繁荣源于英国人热衷的饮茶习惯，维多利亚时代的“下午茶”文化不仅一时间成为贵族圈内的风尚，更让人们开始热衷于收藏一套又一套的昂贵茶具。到了 18 世纪中叶，英国人喝茶之风已从王公贵族发展到平民百姓，茶具需求大增。然而昂贵的中国瓷器，绝非平民百姓可以配置得起。于是英国人开始改进陶器，试制瓷器。1769 年出身于陶工世家的韦奇伍德 (1730—1795) 在此地开办了一家陶瓷厂。随后各种陶瓷厂越办越多，工厂周围出现了市镇，这一带成了英国有名的“陶瓷区”(The Potteries)。为了纪念韦奇伍德，今天斯托克火车站附近立有他的塑像。

斯托克设有好几家与陶瓷有关的博物馆，各大陶瓷厂也都有自己的陈列馆。其中格拉德斯通陶瓷博物馆（Gladstone pottery museum）开放于 1975 年，而其馆址建立在英国最后一家保存完好的维多利亚时期陶瓷工厂上，里面大多数的建筑物和设备都可追溯到 1850 年，它真实地还原了当时的工艺和工人的生活，也是英国重要的工业遗产。

斯托克地区还有韦奇伍德陶瓷工厂。韦奇伍德是英国重要的陶瓷品牌，其创始人韦奇伍德于 1759 年开办了自己的陶艺作坊，先是在“常春藤房”，随后在 1763 年搬到“砖房作坊”。1766 年，韦奇伍德在伯斯勒姆附近——默西运河岸边购买了 350 英亩土地在此建设新工厂与宅地，并把此地命名为伊特鲁里亚，意为美丽陶器的圣地。伊特鲁里亚厂采用当时最先进的技术，如机器动力带动车床、离心机等。在其瓷器工厂内还有韦奇伍德博物馆，该博物馆收藏了来自韦奇伍德家族的 8 000 多件陶器作品，展示了韦奇伍德 250 多年的创业史。

二、德国茶文化遗迹

由于受气候和生态环境条件限制，德国本身不产茶，但德国人热爱饮茶，所以留有不少珍贵的茶文化遗迹。

▶ 波茨坦中国茶亭邮票

无忧宫是普鲁士国王腓特烈大帝的避暑行宫，始建于1745年。这座宫殿被誉为欧洲罗可可艺术的代表作，占地290公顷，是一座浩大的皇家宫苑。这座无忧宫内的“中国茶亭”是一座圆形的双层坡顶建筑，它远看是一个圆亭，其平面图则为三叶草形，底部呈半开放半封闭式，茶亭共有3个出入口，每个出入口有4根柱子。柱周围有许多人物塑像，他们或奏乐，或交谈，或对饮，或聚首，神态各异，栩栩如生。男的均头戴尖顶圆帽，身着长袍；女的则穿着长裙，满身珠光宝气，所有塑像和柱子都镀了金色，闪闪发光，蔚为壮观。

18世纪的欧洲，正是“中国热”盛行之时，传教士著述中的东方古国地大物博、历史悠久且道德高尚，海运带来的茶叶、丝绸、瓷器和工艺品的精美绝伦，皆令西方人惊羡不已。收藏中国工艺品、模仿中国艺术风格和生活习俗便成为一代时尚。这一特色曾融入西方巴洛克后期的罗可可艺术风格之中，尽显精巧、雅致、柔美。在德国，无论是慕尼黑英式园林中的中国塔，还是波茨坦这座法式园林中的中国茶亭，洋溢的都是那个时代独特的东方情调。中国茶亭自然也融入了西方人的审美情趣及其想象。

1993年6月25日，在波茨坦喜庆建城1 000周年之际，中国茶亭经过两年多的修复，重新向公众开放。修复后的中国茶亭金碧辉煌，亭内的绘画和壁画重放光彩，石雕的各色人物栩栩如生，这些雕像都是镀金的，包括整个亭楼外壁都用镀金装饰，这已成为无忧宫园林的重要一景。

三、俄罗斯茶文化遗迹

俄罗斯饮茶风俗最早亦由中国传入。中国茶叶在俄国的流传，有一个相当长的过程。开始由于数量少，因而极为珍贵，只在贵族中间小范围饮用，后来才逐渐扩大到小贵族和其他富裕的人们中间。到了 18 世纪末，中国茶叶便开始在普通的俄国人中传播，并形成了全民族的饮茶习惯。俄罗斯的饮茶历史以及中俄的茶叶贸易在俄罗斯留下了不少茶文化遗迹。

（一）恰克图

1727 年，中俄正式签订《恰克图互市界约》，它不但确立了中俄茶叶陆路贸易转运通道。而且还为中俄两国茶叶贸易打开发展契机。从此，恰克图就正式成为中国茶叶输入俄国的最大集散地。

恰克图中俄互市在清康熙时已见雏形，雍正初略具规模。期间的中俄茶叶贸易主要在恰克图进行。1753 年，大批中国茶叶由俄国商队经陆路、涉戈壁运至恰克图再销往俄国及东欧其他国家。为此，俄国政府还举行隆重庆典活动，女皇伊丽莎白亲自参加。至 1832 年，俄罗斯在恰克图的中国茶贸易额达到 3 000 余吨。

如今恰克图是俄罗斯布里亚特自治共和国南部城市。在俄蒙边境，西距纳乌什基车站 30 余公里，依旧保留了许多茶叶贸易相关的遗迹建筑。

1. *恰克图古茶叶批发库*　恰克图古茶叶批发库位于恰克图市地标——东正教复活教堂西侧 60 米。

古茶叶批发库西门上，留有 20 世纪 50 年代工人昂首阔步的彩绘。这是一个长方形的大院落，四面都是两层楼的仓库，东西南北有 4 个大门。

1727 年《恰克图条约》签订后，即建了这个茶叶批发库，当时是木建筑。1728 年中俄茶商首次在此交易，俄国商人将中国茶转运到莫斯科附近的夏洛夫哥罗德城，总行程耗时 1 年，利润为 300%。这一事件影响巨大，致俄国商人纷至沓来，有的俄商带着皮货直接到中国的张家口换茶，再到恰克图茶叶批发库集散。

19 世纪中期，沙皇出资将木建筑的茶叶批发库改建为混凝土建筑，即如今的遗址。批发库南门连接买卖城北门，中俄两国商人可自由进出交易。十月革命后，茶叶批发库改作一家国营纺织厂的厂房，直到 1991 年闲置。从旧厂房往前几百米，是国境线，以及恰克图旧城的中国部分，即“买卖城”。

2. 恰克图第四中学校舍　恰克图第四中学校舍，是当地一名茶商在19世纪上半期建的，是贝加尔湖地区首所成人中专。当时学生学习商业经营课和汉语课，1775—1917年培养了不少经营茶叶的俄国商人。

3. 恰克图地方志博物馆　恰克图地方志博物馆建于1890年，收藏有大量中俄茶叶贸易文物。

（二）俄式茶炊博物馆

俄式茶炊博物馆位于克里姆林宫主塔楼前，面对着广场。博物馆中保存有很多关于图拉俄式茶壶生产概况的资料，图拉在西方被称为茶壶的生产中心。同时，还展出了图拉州立历史建筑和文学博物馆多年搜集的18—20世纪生产的各式茶炊。

（三）伊尔库茨克

伊尔库茨克是俄罗斯伊尔库茨克州的首府，也是万里茶路上的重要城市。伊尔库茨克位于贝加尔湖南端，是离贝加尔湖最近的城市，安加拉河与伊尔库茨克河的交汇处。

1727年中俄《恰克图条约》签约后，中俄茶叶贸易开始大规模地展开，使伊尔库茨克逐渐成为西伯利亚地区最大的茶叶集散地。1770年，伊尔库茨克建成了茶叶一条街。茶叶街原先都是木头建筑的房子，1879年一场大火将这些木房子烧毁，市政府下令，以后这条街道上只能用石头建房子。这条街道早期以一位茶商别斯捷利夫的名字命名，在俄国十月革命后，易名为乌利茨基街。现在，这条街已经不卖茶叶，而成为伊尔库茨克最繁华的商业步行街。街道两旁的建筑都是19世纪末至20世纪初的石头建筑，依旧保留着茶路时代“前店面后仓库”的格局。

四、荷兰茶文化遗迹

荷兰与中国自17世纪早期就开始通商。1602年荷兰东印度公司成立，中国的茶叶成为荷兰东印度公司的重要贩运商品。1607年荷兰东印度公司的商船从爪哇到澳门运载绿茶，并于1610年贩运到荷兰，这是中国茶叶大量输入欧洲的开始。之后，荷兰饮茶之风渐起，社会上层对茶叶的需求越来越大，1637 年荷兰东印度公司董事会曾写信给驻华总督，希望商船能多载中国及日本的茶叶回国。1651—1652 年荷兰的阿姆斯特丹开始举行了茶叶拍卖活动，逐渐成为欧洲的茶叶供应中心。

1. 荷兰东印度公司旧址　荷兰东印度公司建立于 17 世纪欧洲大航海时代的背景之下。1595 年 4 月至 1602 年，荷兰陆续成立了 14 家以东印度贸易为重点的公司，为了避免过度的商业竞争，这 14 家公司合并成一家联合公司，也就是荷兰东印度公司。荷兰当时的国家议会授权荷兰东印度公司在东起好望角，西至南美洲南端麦哲伦海峡的地区具有贸易垄断权。

荷兰东印度公司是第一个股份有限公司，并被获准有权可与其他国家订立正式条约，并对该地实行殖民与统治的权力。荷兰东印度公司在爪哇的巴达维亚（今印度尼西亚的雅加达）建立了总部。17 世纪初，荷印公司率先从中国输入茶叶，从而走在西方对华茶叶贸易的前列。18 世纪时，荷兰与英国之间的战争不断，特别是两国在 1780—1784 年的战争，使荷兰国内对于亚洲货品的需求量大减，导致荷兰东印度公司的经济出现危机，终于在 1799 年 12 月 31 日宣布解散。

荷兰东印度公司由位于阿姆斯特丹、泽兰省的密德堡市、恩克华生市、代尔夫特市、荷恩市、鹿特丹市 6 处的办公室所组成，其董事会有 70 多人参加，但真正握有实权的只有 17 人，被称为“十七绅士”，分别是阿姆斯特丹 8 人、泽兰省 4 人，其他地区各 1 人。

东印度公司在荷兰各个城市留下了许多文化遗迹，比如老证券交易所、建于 1682 年东印度公司办公室、东印度公司的仓库、代尔夫特的过磅室、东印度公司的造船厂等。许多的建筑如今都还在使用中。

荷兰东印度公司在阿姆斯特丹的旧址为现今阿姆斯特丹大学的校舍，也是阿姆斯特丹大学每年开毕业典礼的地方。

荷恩老城内的福莱斯特房屋，在历史上归属于执掌西印度公司的凡 · 福莱斯特家族。该房屋建于 1724 年，采用了法国国王路易十四惯用的风格，现在也是重要的旅游景点。

2. 代尔夫特的荷兰皇家陶瓷工厂　代尔夫特被誉为欧洲瓷都，它的崛起和茶密切相关。可以说，茶在荷兰的普及，在某种意义上促进了代尔夫特陶业的发展。大约在1660年前后，茶叶在荷兰开始普及。人们使用特制的茶具，包括茶壶、茶杯、糖罐和奶杯。茶具或者是从中国（17世纪后期也包括日本）进口的，或者是代尔夫特或荷兰其他陶器生产基地仿照中国或日本的样式制造的。

到1695年，荷兰彩绘陶器制造工业达到了高峰，此时代尔夫特共有32家陶器制造厂。由于后来居上的英国陶瓷的竞争以及战争的爆发所带来的经济萧条，使代尔夫特绝大部分工厂在18世纪倒闭了，只有1653年由大卫·安东尼斯建立的代尔夫特陶器制造厂延续下来了，而且是唯一一家延续到今天的工厂。由于其对荷兰陶瓷业的发展做出了无可比拟的杰出贡献，该厂在1919年由荷兰王室特许授予“皇家”的称谓，作为一种荣誉的象征，现在一般称之为荷兰皇家陶瓷工厂。

荷兰皇家陶瓷工厂至今仍沿袭数百年传统的手工方法绘制瓷器。在这里人们可以看到皇家代尔夫特收藏品的绘制过程，大部分工作仍由手工完成。

五、葡萄牙茶文化遗迹

16世纪初期，葡萄牙人就已经到达中国南部沿海地区，他们于1557年定居澳门并取得贸易权。据威廉·乌克斯《茶叶全书》记载，葡萄牙海员最先将茶叶带回国。随着饮茶知识的传播和接受，饮茶风俗在葡萄牙生根发芽。葡萄牙的凯瑟琳公主远嫁英国国王时，就陪嫁了茶叶，在她的推动下，饮茶成了英国宫廷生活的一部分。

在葡萄牙亚速尔群岛上有少量的茶树种植，这些茶树种植园也有着悠久的历史。

亚速尔群岛是由火山爆发而形成的，大大小小共有9座，其中最大的和人口最多的岛屿叫做圣米格尔岛，又名绿岛。岛上地势崎岖，树木茂盛，拥有丰富的地热资源，肥沃的酸性火山灰土壤，富含铁元素，气候温和，平均湿度为70%，且无旱季，其地理环境非常适合茶树的生长。有关茶树传入圣米格尔岛的可考记录，产生于1820年葡国的自由革命之后，第一批传入的茶种，是从澳门传至巴西然后再传至亚速尔群岛的。张家唐《拉丁美洲简史》载：“1810年，葡萄牙殖民者从澳门掠去几百名中国苦力到巴西，作种植茶树的实验。”1820年，葡萄牙皇室从巴西回迁至欧洲，皇室卫队的指挥官，亚速尔人莱切（Jacinto Leite）带来一些茶种，将其作为装饰性植物予以播种。

直到19世纪中叶，岛上主要种植的橙子树受到传染病的威胁，人们迫切需要找出一种可替代经济作物，茶开始得到岛民的关注，人们开始对其进行产业化经营。1878年，圣米格尔岛的农业促进会选择将茶叶作为主要农产品。1878年9月7日，聘请两位来自澳门的种茶专家刘阿彬（音译）和刘阿定（音译） 赴岛指导种茶与焙茶，他们教授的技艺在圣米格尔岛一直流传至今。

圣米格尔岛的制茶业在20世纪初开始兴旺起来，曾有过数十家茶园和茶厂，出口至欧洲其他国家。20世纪30年代，全岛茶产量达到最高峰。然而，由于第二次世界大战的爆发，国际贸易受到限制，导致人们不得不选择粮食作物和其他维持生计的作物，圣米格尔岛的茶叶生产由此逐渐走向衰落。如今，在岛上只有两座茶厂被保留下来，它们是高雷安娜茶厂和美丽港茶厂。

高雷安娜茶厂坐落于圣米格尔岛北部海湾的大溪市，它于1874年由加戈·达·卡马拉家族创建，至今已经传承了5代人。1883年，首次出产的高雷安娜茶一直按照传统的方法制作，130多年来，并无多大变化。现今，该茶厂每年产茶约40吨。

美丽港茶厂位于大溪市的美丽港堂区，创立于20世纪20年代，一直营业至20世纪80年代，后一度中断。1998年恢复营业，其规模甚小，仅3英亩，只生产红茶。现今，它建有一座茶叶博物馆，以拓展旅游业，游客在此处可以看到茶叶生产的每个步骤。美丽港茶厂每年组织 “IniciodeColheita（开茶）”节，届时当地妇女身着传统服装采茶，她们戴着草帽和头巾，手挽篾制篮子，茶叶在手工采摘后，妇女们在茶厂的大木桌上对它们进行分类。圣米格尔岛主要生产红茶，同时也生产少量的绿茶和半发酵茶。

第三节　美洲茶文化遗迹

从 16 世纪开始，中国茶传播至欧洲各国并进而传到美洲大陆。美洲饮茶以美国为最早，消费量亦较大。美洲曾从中国引进茶种进行试种，如今的哥伦比亚、美国、墨西哥、巴西、巴拉圭、秘鲁和阿根廷等国都试种过茶树。伴随着茶叶贸易和茶文化交流的频繁开展，开始逐步形成多姿多彩的美洲茶文化，并留下各种茶文化遗迹。

一、美国茶文化遗迹

▸ 波士顿倾茶事件纪念邮票

波士顿是座历史名城。它的发展起始于脱离英国殖民统治的时候，当时人们为了抗议英殖民当局征收高额茶税而将茶叶倒入大海，这就是美国独立战争前夕发生的著名的“倾茶事件”。之后，波士顿人民在列克星敦打响了美国独立战争的第一枪。至今波士顿仍保留有众多的历史遗址，其中与茶文化联系最为密切的莫过于波士顿茶党案。

英国政府为了帮助东印度公司销售积压的库存茶叶，于 1773 年颁布了《救济东印度公司条例》，通过这个条例，东印度公司获得了在北美各地销售茶叶的专权，条例还明令禁止北美殖民地人民买卖“私茶”。因此，这个条例引起了当地人民的极大愤怒，在波士顿，塞缪尔亚当斯聚集一批年轻人成立了波士顿茶党，在他的领带下，波士顿人有计划地破坏东印度公司在北美殖民地的茶叶运销活动。1773 年 12 月 16 日，波士顿 8 000 人集会抗议，要求刚刚停泊在那里的东印度公司茶船离开，但遭到英国殖民当局的无理拒绝。当天晚上，60 名反英战士在波士顿茶党组织下，化装成印第安人偷偷地摸上茶船，将东印度公司三条船上的 342 箱茶叶（价值 1.8 万英镑）全部倒入大海，并捣毁了船上的其他货物。英国政府认为这是对殖民当局的蓄意挑衅，于是采取高压政策，于1774年先后颁布法令，封锁波士顿港口，取消马萨诸塞州的自治，并在殖民地自由驻军等。这更激起殖民地人民的激烈反抗，公开冲突日益扩大，最终导致独立战争的爆发。

如今，国会街港口附近的桥旁建立了波士顿茶党船及博物馆，3艘原丹麦双桅船中的一艘的仿制品埃莉诺号，就停在离1773年发生的“波士顿茶党案”遗址很近的地方。而波士顿倾茶博物馆就在仿制茶船埃莉诺号上，有真人演员演出准备将茶叶箱扔下大海的实景，身临其境地体验1773年时的倾茶事件。

二、巴西茶文化遗迹

▶ 在巴西的里约热内卢植物园种茶的中国茶农　雕刻画

早在19世纪初，中国与巴西就有经济文化交往。这一时期，巴西主要通过澳门输入中国文明成果。当时葡萄牙王国首相倡议在葡属巴西发展茶叶种植业。1808年，葡萄牙人设法从澳门招募数名中国茶农去里约热内卢近郊种植园工作。这些茶农带去中国的优良茶种进行试种。这次试验效果良好，所以在澳门的葡萄牙人于1810年前后奉命在广东、福建招募有经验的茶农移居巴西种茶。因此又有数百名中国男女移民。另据巴西国家档案馆和国家图书馆于1994年最新发现的史料，1814—1825年，约有300名中国茶农到巴西传授种茶技艺。他们居留于现今里约热内卢蒂茹卡森林公园的罗德里格·德弗雷塔湖畔。

当在里约热内卢首次试种茶树成功时，葡萄牙摄政王若昂六世为了表彰华人的功绩，下令在首府的蒂茹卡国家公园建造一座中国式的八角凉亭。首批华人在巴西定居下来后，并逐渐与当地的社会文化相融合。如今，茶叶并没有在巴西普及，但是茶的象征——中国式凉亭仍屹立在海拔 380 米的高处，几经修葺，八角檐上飞龙仍栩栩如生。整个建筑远看如竹结构，而近观则是水泥结构，它已成为当地著名的一景。时至今日，巴西人仍不忘首批华人的种茶事迹。

1994 年 11 月 3 日，巴西国家档案馆、国家图书馆、巴西森林协会和中国生态文化中心，在里约热内卢国家图书馆大厅联合举办纪念首批中国茶农到巴西 180 周年的史料展。

第四节 非洲茶文化遗迹

非洲大陆居民普遍喜爱饮茶，一直有把茶叶当饮品的传统，各个国家的饮茶风气也较盛，尤以北部非洲和西部非洲的国家和地区的民众饮茶风气为盛。茶在该地区民众日常生活中是必需品。非洲地区的茶文化遗迹主要是 20 世纪建成的茶园。20 世纪 60 年代末开始，中国先后派茶叶专家赴西非的马里、几内亚、上沃尔特（今布基纳法索），以及北非的摩洛哥等地，指导当地茶叶生产。如今，非洲成为重要的产茶大洲，各个国家和地区都有不少重要的茶园。

一、喀麦隆茶文化遗迹

喀麦隆种植茶的历史可以追溯到 19 世纪末，德国种植园在喀麦隆种植了大量的农作物，包括咖啡、油棕榈、烟草、科勒坚果和香蕉，他们也试验性地种上了茶树。1914 年，第一批茶树在托勒 (Tole) 种植，这儿处在喀麦隆山肥沃的山坡上。喀麦隆山是非洲西部仅有的活火山，坐落在这个国家的西南部，俯视着大西洋海岸线上的林博 (Limbe)。

喀麦隆托勒茶厂位于海拔 600 米的高地，非常适宜种植茶树。最初的茶树种植在 20 世纪初得到了发展，茶叶产量有所增加，但是，茶园在 1948 停止生产。直到

1952 年，几块茶园得到恢复。到 1954 年，在托勒总共建立了 2.8 平方公里的茶园。1957 年，新的茶园在海拔 2130 米的高地建立起来，茶种来自托勒和非洲东部。传统的茶叶加工厂也由此建立起来。

二、肯尼亚茶文化遗迹

肯尼亚最早于1903年在利穆鲁(Limuru)种植了第一批茶树。在凯里乔(Keficho)和楠迪(Nandi)的高地上的茶园产量一直增长得很缓慢。直到 20 世纪 50 年代晚期，小型茶园的园主们才开始在实验基地上种植茶叶。在 1959 年成立了肯尼亚茶叶委员会来专门管理制茶业。在 1964 年成立了肯尼亚茶叶发展局，以促进肯尼亚小型茶园园主在合适的地区发展茶叶种植。这个国家有望成为世界上最大的茶叶生产国，而其 60%的茶叶产量是由小茶园生产的。

在20世纪60年代，肯尼亚只在涅里(Nyeri)的拉加蒂(Ragati)有一家茶厂。但后来在13个茶树种植地区建立的茶厂达到了43个。主要的种植区在海拔1 500～2 700米的肯尼亚高原。那里充沛的雨水有助于生长高品质的茶叶。

三、马拉维茶文化遗迹

1878 年，当时称作尼亚萨兰 (Nyasaland) 的马拉维第一次引进了茶树种植，种子来自苏格兰爱丁堡 (Edinburgh) 的英国皇家植物园。大约在 19 世纪末 20 世纪初，在劳德代尔 (Lauderdale)、索斯伍德 (Thomswood) 和乔洛 (Thyolo) 建立了茶园，种子来自纳塔尔 (Natal)，而纳塔尔的种子最初来自斯里兰卡。

1905 年，马拉维的第一批茶叶出口。到 20 世纪 50 年代中期，马拉维已经种植了超过 50

▶ 马拉维茶叶采摘邮票

平方公里的茶树。大多数茶园坐落在低海拔地区，这里难以预测的降雨和高温对茶树生长并不利。在1966年，中部非洲茶叶研究基金会成立，主要就是为了研究这一地区的环境。

总之，茶文化遗迹，是世界茶文化的重要组成部分，也是重要文化遗产。纵观世界茶文化遗迹，其形式多种多样：有和茶树种植密切相关的农业遗迹；有和茶叶生产和茶具生产相关的工业遗迹；有与茶叶运输有关的路线类景观遗迹；有和品饮有关的茶室茶庭等人文遗迹以及井泉江河的自然遗迹；有与茶叶贸易相关的集市城镇遗迹等，这种多形式的遗迹极大地丰富了茶文化内涵。整理和保护好这些茶文化遗迹，对繁荣茶文化事业，促进茶旅游经济发展，以及对联结“一带一路”沿岸及周边国家讲好中国茶文化故事，进一步促进各国间的文化交流、经贸合作都有着深远的意义。

（本章撰稿人：王建荣）

茶具的发生和发展，

经历了一个从无到有，

从共用到专用，

从粗糙到精致的历程。

Part 5

第五章
世界茶具大观

茶具是茶文化重要载体之一，它折射了一个时代的文化，茶具的演变与茶叶生产、饮茶习俗、民俗风情及审美情趣有着密切的关系。茶具作为茶文化中不可分割的一个重要组成部分，它的产生和发展正是世界茶文化蓬勃发展的重要体现和审美表达。

第一节　世界各国茶具的产生与发展

饮茶离不开茶具。中国是最早饮茶的国家，也是最早产生茶具的国家。

茶具如同其他饮具、食具一样，它的发生和发展，经历了一个从无到有，从共用到专用，从粗糙到精致的历程。从中国的茶具发展历程可以看出，茶具随着饮茶的发展、茶类品种的增多、饮茶方法的不断改进，而不断发生变化，其制作技术也应运而生，不断完善。从世界范围来看，众多饮茶的国家都经过了从购买中国生产的茶具，到自主生产茶具的这样一个过程。丝绸之路，特别是海上丝绸之路，将中国的茶具带去日本、韩国、欧美等国家，在广泛接受中国的茶具之后，各个饮茶国家开始自主生产，创造出灿烂多姿的世界茶具。

纵观茶之史话，茶具的发展与饮茶方式的变化也有着相当密切的关系，无论是中国古代的唐煮宋点乃至明清至今流行的清饮，还是日本茶道，或是韩国茶礼，或是英式下午茶，或是俄罗斯甜茶等，各种不同的饮茶习惯都在其所用的茶具上得到了充分的体现。与此同时，各个国家、各个时代的艺术风潮及审美情趣的转换，也在茶具的设计上有所反映。

正是如此，茶具作为茶文化中不可分割的一个重要组成部分，它的产生和发展正是世界茶文化蓬勃发展的重要体现和审美表达。

一、茶具的概念

茶具作为茶文化载体折射了一个时代的文化，其材质、品种、造型和式样的演变，与饮茶习俗、民俗风情及审美情趣有着密切的关系。

在利用茶的最初阶段，茶是当食物和药物使用的，没有专用的茶具，茶具大都与其他食具共用，当茶慢慢从食物、药物中分离出来成为一种饮料之后，茶具才逐渐与食具分离开来，并向专用、精制的方向发展，从而形成了饮茶专用的茶具。

随着饮茶方式的变化以及制茶技术的不断改进，不论是茶具的种类、材质或是制作工艺等也都随之发生着变化。在历史的变迁中，茶具因不断地适应社会的需求而汇聚各个时代国家民族的特点。

二、亚洲国家茶具的产生与发展

亚洲，特别是东亚等国，有许多共同的文化，茶文化便是其中之一。在漫长的历史发展中，中国一直与亚洲各国有着物质和文化的交流，茶和茶文化的输出对亚洲各国都有着重要的意义，特别在日本、朝鲜半岛、蒙古等国家，茶文化更是蓬勃发展，从而形成了具有鲜明特色的茶具体系。

（一）中国茶具的产生与发展

“器为茶之父，水为茶之母”，古人用十分浅显的语言点明了茶具与茶之间的重要关系。中国人发现和利用茶叶的历史可追溯到神农氏时代，从粗放式喝茶到艺术化品饮，都离不开茶具，几千年的茶文化发展史同时也是一部茶具的演变史。茶具的发展，离不开历代饮茶方式的变迁。也就是说，不同时代的茶具是历代饮茶方式转变的产物。几千年的茶文化史，除了大量的文字记载外，茶具是最直观的文化载体，时至今日，历史上的茶具其实用功能虽已退化，但却见证了茶文化的发展历程。

在中国的不同历史时期，茶具的概念是不一样的。唐代的茶具专指制作饼茶的器具，陆羽《茶经》“二之具”中把采茶、蒸茶、制茶、焙茶的器具统称为茶具。这些茶具包括：茶籝、茶灶、釜、甑、杵臼、规、承、襜、芘莉、棨、扑、焙、贯、棚、穿、育。其中茶籝是采茶用的竹篮。茶灶加上茶釜和甑是蒸茶用具。杵臼是捣茶用具，把蒸熟的茶叶放入茶臼中，用木杵捣烂。规、承、襜是制茶用具，其中的规是模子，唐代的茶可按不同模子制成或圆、或方、或花的形状。襜也是制茶用具，用油绢制成。芘莉以竹编成，用来放置制好的茶饼。棨是一种穿茶用的锥刀，即以棨在茶饼中穿一个小洞。扑用竹制成，用之把茶穿起来，连成一串。焙、贯、棚、育都是焙茶用具。

唐代还有茶器一说，茶器指的是品饮用具。陆羽《茶经》“四之器”专门讲到的茶器有 28 种，分别为风炉、灰承、筥、炭挝、火夹、鍑、交床、夹、纸囊、碾、拂末、罗合、则、水方、漉水囊、瓢、竹夹、鹾簋、揭、熟盂、畚、碗、札、涤方、都篮、巾、具列、滓方。这些茶器包括煮茶、品茶以及放置茶具所需的一切器具。唐代不少诗人在诗文中提到茶器，如陆龟蒙在《零陵总记》说："客至不限匝数，竞日执持茶器。" 白居易《睡后茶兴忆杨同州诗》也有"此处置绳床，旁边洗茶器"的诗文。

宋代已统一称为茶具，审安老人有《茶具图赞》一书，专门对宋代的茶具进行线描，并对每种茶具冠以官名，以拟人的手法对之进行赞美。明清两代延续这种说法。

现代茶具的概念以品饮时所需的器具作为界定。基本上分为主茶具和辅助茶具，主茶具包括茶壶、茶杯、茶叶罐、茶海、盖碗等，辅助茶具包括煮水壶、茶夹、茶漏、茶则、茶匙、茶针、水盂、杯托、茶巾、茶盘等。按年代，茶具可分为早期茶具、唐代茶具、宋代茶具、元代茶具、明代茶具、清代茶具、近代茶具、现当代茶具。

按饮茶方式，茶具可分为羹饮茶具、煮饮茶具、煎茶具、点茶具、散茶瀹泡茶具。

按材质，茶具可分为陶茶具、瓷茶具、金属茶具、漆茶具、竹木茶具、石质茶具、玻璃茶具、玉茶具、象牙茶具等。

按适泡茶类，茶具可分为绿茶茶具、红茶茶具、乌龙茶茶具、普洱茶茶具、白茶茶具、黄茶茶具和花茶茶具等。

1. **兼而用之的早期茶具** 茶被人类发现和利用以来，经历了药用、食用及饮用的过程。在艺术化品饮产生之前，饮茶所用的器具往往一具多用。中国人历来讲究"器用之道"，把器物上升为"形而上者谓之道""形而下者谓之具"，从器物之中引发哲学问题。而早期的茶具往往并非专用，一件器具可以当成茶具，也可以是酒具，当然也可以是容具。

商周时期，是饮酒泛滥时期，史书"用茶"记载很少，到了汉代，关于用茶的记载才开始多起来，但也只局限于文人的记载之中。王褒、司马相如等人都提到了茶，特别是王褒在《僮约》中还提到了"烹茶尽具"。既然烹茶，必有一定的容具，出现了基本的茶具。三国、两晋、南北朝时期是中国历史上的一个动荡时期，大江南北政权对峙，张揖的《广雅》记载当时的饮茶方式："荆巴间采茶作饼，成以米膏出之，若饮先炙令赤色，捣末置瓷具中，以汤浇芼之。”当时人把鲜茶叶捣碎后制成茶饼，烘干备用，并且在加工过程中放入米膏之类的食物加以凝固。每次饮用，先把茶饼烤成赤红色，后捣成粉末状，放入瓷具中，注水冲饮，必要时还要加入葱、姜之类的调味品。从烤茶饼到炙茶、碾茶以至饮用，都有相应的茶具，茶碗应该是最主要的茶具，并已出现了茶盏托。考古工作者在发掘这个时期的墓葬或遗址时，发现了一种特殊的具型——盏托，基本上以陶瓷为材料，也有漆具。对于盏托的用途，有人认为是茶具，其最初的设计目的是防止烫手而于茶盏下放置一托盘；也有人认为是酒具，因为在同时代的画作中出现过类似的酒具，可见一具多用的现象是普遍存在的。

杜育写的《荈赋》，是第一首吟咏茶的诗赋，内容包括茶的生态环境、采摘时期、煮饮用水、饮茶器具以及煮茶的效果。其中对茶具的描写提到“具择陶简，出自东隅”，“隅”通“瓯”，一般人理解为茶具选择陶瓷具，这些瓷具主要来自东边的瓯窑。瓯窑位于浙江温州、永嘉一带，是浙东著名的窑场，东汉已开始烧造青瓷。瓯窑瓷胎呈色较白，胎质细腻，釉色淡青，透明度较高，晋时称为“缥瓷”。由此可见晋代的瓯窑青瓷规模之大，当时人选择瓯窑青瓷作为茶具已很普遍。

▶ 东汉青瓷把杯

▶ 东晋青瓷托盏

2. 煎煮方式与唐代茶具　经过两晋南北朝及隋代的发展，饮茶之风渐向北方传播。到了唐代中期以后，南北各地饮茶十分兴盛。封演是唐玄宗天宝末年的进士，他在《封氏闻见记》卷六有一节专门讲到“饮茶”，是对同时代饮茶生活的真实记录。其中一条提到“古人亦饮茶耳，但不如今人溺之甚。穷日尽夜，殆成风俗。始自中地，流于塞外”。可见唐代全国上下饮茶的盛况。

经过唐几代帝王的励精图治，到了天宝、开元之际，大唐的物质财富达到了极点。人们生活富庶，对精神生活的需求日益加剧，此时的饮茶已不仅仅停留在粗放式解渴、药饮的层面，人们更加追求艺术化品饮，即后人所评价的“品饮阶段”。

唐代茶叶以饼茶为主，饼茶加工程序可以分解为七道工序，大致可分为采、蒸、捣、拍、焙、穿、封。茶叶品饮方式不同决定茶具的形式。唐代人讲究“煮茶”或“煎茶”，先把饼茶放在火上炙烤片刻，后放入茶臼或茶碾中碾成茶末，入茶罗筛选，符合标准的茶末放在茶盒中备用，另外还要准备好风炉烧水，茶釜中放入适量的水，煮水至初沸（观察釜中之水如蟹眼）时，按照水量的多少放入适量的盐。到第二沸（釜中之水如鱼眼）时，用勺子舀出一勺水备用，储放在熟盂中，釜中投放适量的茶末。等到第三沸（观之如腾波鼓浪）时，把刚舀出备用的水重倒入茶釜，使水不再沸腾，起到了“止沸育华”的作用。这时茶就已煮好了，准备好茶碗，把煮好的茶用勺子添入茶碗，只见碗中飘着汤花，正如晋代杜育在《荈赋》中描述的“焕如积雪，烨如春敷”。

中唐时期《茶经》的问世，标志着唐代饮茶艺术化的开始。陆羽对古代的饮茶生活作了回顾和总结，并对唐代的茶饼制作和加工以及品饮作了详细的介绍。唐代的茶具和茶器概念是不一样的，至少在陆羽看来，茶具是采茶及加工茶叶的用具，而茶器则是品饮的用具，他在《茶经》里分不同的章节介绍相应的茶具。《茶经·二之具》中罗列了以下几种器具：

茶籝，茶采工具，又叫茶笼，一般用竹编织而成，大小不一，小的可容纳一斗，大者可容三斗。

灶，蒸茶用的炉灶，最好选用不带烟囱的。

釜，放在炉灶上的蒸锅，最好带唇边的，易于拿放。

甑，蒸茶之用。可用木制作，也可用陶具制作。

甑内有箅，就是带网孔状隔层，蒸茶的时候把鲜叶放入箅上，盖上盖子。

杵臼，捣茶用具。把蒸好的茶从甑里倒出，直接放入茶臼里，用木杵捣碎茶叶。

规，又叫茶模，茶卷，即制作茶饼的模子。一般以铁为原料制作，可制作成圆形、方形和各种花型的饼茶。

承，制作饼茶的台子，通常以石头为材质，也有用槐木或桑木制作的。由于制饼茶时需在承上用力，选用石头制作容易固定住。如果用木制，则需要把木半埋进土里，起到很好的固定作用。

襜，铺在承上的布，起到清洁作用。一般用油绢或破衣衫制作，把襜放到承台上，然后又把茶模放到襜上，开始制作茶饼。

芘莉，又叫篣筤，以竹制作，用来放置初制好的茶饼。

棨，又叫锥刀，木柄以坚硬的木头制作，用来给茶饼穿洞。

扑，又叫鞭，用竹子编成，用来把茶饼穿成串以便于搬运。

焙，烘焙具。一般在地上挖一个深二尺，宽二尺五寸，长一丈的深坑，在上面砌矮墙，高二尺，然后用泥抹平整，用来烘烤制作完成的茶饼。

贯，用竹子削制而成，通常长二尺五寸，用来穿茶烘焙。

棚，又叫栈，用木制作而成。放在焙上，分上下两层，相距一尺，用来烘焙茶饼。当茶饼半干之时，把它从架底移到下层，当茶饼全干之时，把它移到上层。

穿，唐代的茶饼以穿为单位，以树皮或绳索穿洞串联而成。不同地区穿的材料有区别，如在江东及淮南地区，以剖开的竹子制作；而在巴山峡川一带，则以树皮制作。同时各地穿的数量也不同，在江东地区，通常一斤表示上穿，而半斤为中穿，四五两则为小穿。在峡中地区，穿的数量则大得多，以120斤为上穿，80斤为中穿，50斤为小穿。

育，也是烘焙茶饼的工具。通常以木制成框架，外围再以竹丝编织而成，然后以纸糊成。中间有隔层，上面有盖，下面有托盘，旁边还开有一小扇门。中间放置一具皿，盛有火炭，用来烘焙茶饼。江南梅雨季节时，这个工具相当管用，防止茶饼发生霉变。

如果说《二之具》详细介绍了采茶、蒸茶、捣茶、制茶、穿茶及烘茶的工具，接下来，在《四之器》中，陆羽又不厌其烦地为我们罗列了烤茶、碾茶、罗茶、煮茶及品茶的各种器具，统计后有28种之多。分列如下：

风炉，煎、煮茶最重要的器具之一，风炉可由铜、铁铸造。

灰承，承灰器具。

筥，用来盛放风炉的器具，用竹子或藤编织。

炭楇，以铁或铜制成，敲炭的用具。

火夹，用铁或熟铜制作，用来夹炭。

鍑，又叫釜，敞口，深腹下垂，圆底，可用铁、银、石、瓷为材料，碾好的茶末放入茶鍑中煎煮。

交床，承放茶鍑的架子。

夹，夹茶饼就火炙烤之用，以小青竹制作最佳，因竹与火接触会产生清香味，有益于茶味，也可用铁、铜制作。

纸囊，烤好的茶饼用纸囊包装，剡藤纸制作最佳，有助于保持烤茶的清香。

碾，又一重要的唐代茶具，把茶饼碾为茶末，可用金银、石、瓷或木质等材料制作。

拂末，用来扫拂茶粉的器具。

罗、合，以罗筛茶粉，以合承装用罗筛过的茶末。

则，度量茶末的器具，可用海贝、蛤蜊、铜、铁、竹制作。

水方，盛水容具。

漉水囊，过滤水的用具。

瓢，盛水用具，可用匏瓜剖制。

竹夹，煎茶时以此击拂茶汤之用。

鹾簋，盛放盐花的容具。

揭，取盐用具。

熟盂，以瓷或陶制成的容具，可容水2升，用来贮存第二沸水，以备“育华救沸”。

碗，饮茶具，越窑茶瓯最佳。

畚，以白蒲编织而成，用来贮放茶碗。

札，用茱萸木加上棕榈皮捆紧，或用一段竹子，扎上棕榈纤维，用来清洗茶具。

涤方，盛放洗涤后用水的器具，一般可容水8升。

滓方，盛放茶滓的器具，一般容水5升。

巾，揩洁布。

具列，盛放诸多茶具的架子。

都篮，贮放全部茶具的容具。

这些茶具归纳起来可分为煮水工具、碾末工具、盛储工具。

唐代煮茶还要放入适量的盐调味，这其实与煮汤没什么区别，不过当时的品饮习惯的确是这样，所以在《茶经》中还专门提到放盐的容具“鹾簋”。

虽然陆羽《茶经》中记载的茶具有28种之多，但具体到个人饮茶，可根据实际情况准备不同的茶具，这在陆羽《茶经·九之略》中也有详细的记载：“其造具，若方春禁火之时，于野寺山园，丛手而掇，乃蒸、乃舂、乃炙，以火干之。则又棨、扑、焙、贯、棚、穿、育等七事皆废。其煮具，若松间石上可坐，则具列废。用槁薪、鼎枥之属，则风炉、灰承、炭檛、火夹、交床等废。若瞰泉临涧，则水方、涤方、漉水囊废。若五人以下，茶可末而精者，则罗废。若援藟跻岩，引絙入洞，于山口炙而末之，可纸包，合贮，则碾、拂末等废。既瓢、碗、夹、札、熟盂、鹾簋悉以一筥盛之，则都篮废。”在野外松风间煎茶，天然的石头可利用起来放置茶具，因此具列就不需要带上了。在野寺山园里煮茶，采摘新鲜的茶叶进行蒸、舂、炙等加工程序，制成的茶饼直接碾末入鍑煎煮，穿孔用的棨及焙茶用的育就不需要了。

20世纪50年代以来，考古发现大量唐代的茶具。比如陕西省西安市和平门外曾出土过7件唐代大中年间的银质鎏金托盘，器身錾文中称“茶托子”和“茶拓子”，可知是真正的金银茶具。

1987年在陕西省扶风县法门寺地宫出土了一大批唐代皇室宫廷使用的金银、琉璃、秘色瓷等器具，《物帐碑》记载：“茶槽子、碾子、茶罗子、匙子一副七事，共重八十两。”从铭文中得知这是唐僖宗供奉给法门寺的宫廷茶具，制作之精美实属罕见。现将法门寺地宫出土的几件主要茶具，简介如下：

鎏金银笼子：通高17.8厘米，口径16厘米，腹深10.2厘米，制作精美，是用来装放茶饼的。由于唐代茶叶以饼茶为主，饼茶易受潮，要用纸或蒻叶包装好，放在茶笼里，挂在高处，通风防潮。饮用时，随手取出，如果茶饼已受潮，还需要将茶笼放在炭火上稍作烘烤，使茶饼干燥，便于碾碎。陆羽已在《茶经》中提到盛放茶饼的茶笼子，是用竹篾编制较为普通的茶笼。由于身份地位的不同，茶笼的材质也有很大的不同，皇家制作的茶笼子，则尽显贵族气，用金银质制成，讲究精工细作。

鎏金银茶槽子：通高7厘米，最宽处5.6厘米，长22.7厘米。鎏金茶碾子，轴长21.6厘米，轮径8.9厘米。茶槽子一侧錾刻“咸通十年文思院造银金花茶碾子一枚共重廿九两”，茶碾子则錾文“碢轴重一十三两”。文思院是唐代专门为皇室加工生产手工艺品的机构，可见这套鎏金茶具是文思院专为僖宗制作的。由于唐代流行末茶品饮，凡饼茶需要用茶碾碾成粉末，入茶鍑煎煮后品饮。该茶槽子和茶碾子就是用来碾茶的。

鎏金银茶罗子：分罗框和罗屉，同置于方盒内。罗框长11厘米，宽7.4厘米，高3.1厘米。罗屉长12.7厘米，宽7.5厘米，高2厘米。茶饼在茶槽中碾碎成末，尚需过罗筛选，罗筛是煮茶时很重要的一道工序。陆羽倡导的煎茶，是将茶末放在鍑内烹煮，对茶末的粗细要求不是很严格。晚唐的点茶，茶末放于碗内，先要调膏极匀，以茶瓶煮汤，再注汤入碗中，以茶匙搅拌，茶汤便呈现灿若天星的效果。如果茶末很粗，或粗细不匀，拌搅时就得不到较佳效果。因此，茶罗是唐代煮茶时很重要的茶具。法门寺地宫出土的实物为我们解读茶罗提供最直观的实物依据，十分难得。

鎏金银摩羯纹银盐台：由盖、台盘、三足架三部分组成。通高25厘米，盖做成卷荷形状，十分精致，台盘支架上錾文：“咸通九年文思院造银涂金盐台一只”，明确提到其用途是盛放盐巴的。由于陆羽生活的唐代在煎茶时，还有添放盐花的习惯，该盐台成为唐代饮茶法的有力佐证。

鎏金银质茶匙：长19.2厘米，柄长而直，匙面平整，并錾刻“五哥”字样。茶匙是用来击拂、搅拌汤花的。陆羽在《茶经》中曾有茶匙的记载，宋代蔡襄《茶录》也说：“茶匙要重，拂击有力。黄金为上，人间以银铁为主。”

琉璃茶盏托：通体呈淡黄色，略透明。茶盏侈口，腹壁斜收，茶托口径大于茶盏，呈盘状，高圈足，装茶汤饮用的器具。盏托最早出现于晋，防盏烫手而设计，琉璃盏托较少见。

秘色瓷茶碗：釉色青翠莹润，五瓣葵口。一起出土的有十三件秘色瓷茶盏，系盛茶汤的容器。

法门寺地宫所出这套茶具，质量十分讲究，质地也十分精良，它真实地再现了唐代宫廷饮茶的风貌，让我们得以解析唐代宫廷煮茶的整套器具，了解其煮茶的整个程序，加深了对《茶经 · 五之煮》有关煮茶过程的理解。

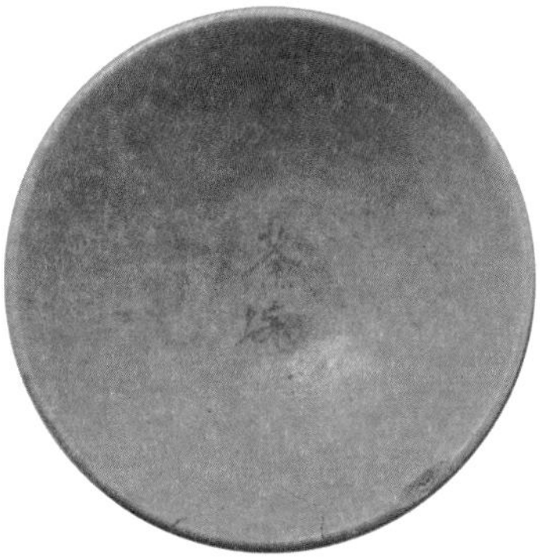

▶ 唐长沙窑刻“茶”字瓷盏

▶ 唐鎏金银笼子

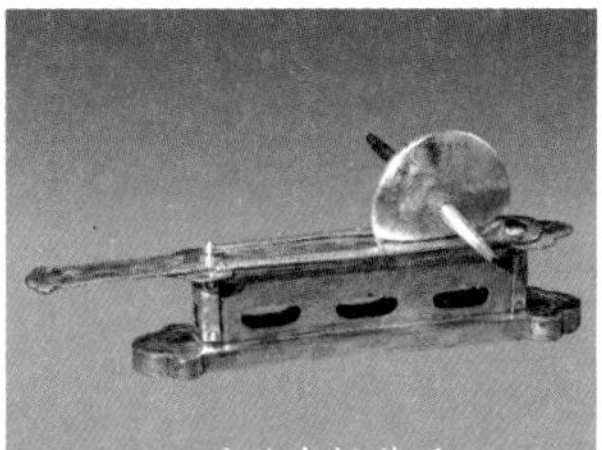

▶ 唐鎏金银茶碾

▶ 唐鎏金银茶罗

▶ 唐鎏金银摩羯纹盐台

▶ 唐鎏金银茶匙

3. 点茶方式与宋代茶具　宋代是一个抑武扬文的时代，对文化相当重视，文人的地位也相对较高。在文人为导向的社会里，饮茶也变得更加有文化、有品位，点茶和斗茶就是宋代最有特色的品饮方式。

点茶其实在晚唐时即已出现，不过到了宋代就成了主流的时尚。宋徽宗的《大观茶论》载：“点茶不一，而调膏继刻。以汤注之，手重筅轻，无粟文蟹眼者，谓之静面点。盖击拂无力，茶不发立，水乳未浃，又复伤汤，色泽不尽，英华沦散，茶无立作矣。有随汤击拂，手筅俱重，立文泛泛，谓之一发点，盖用汤已故，指腕不圆，粥面未凝，茶力已尽，云雾虽泛，水脚易生。妙于此者，量茶受汤，调如融胶，环注盏畔，勿使浸茶，势不欲猛，先须搅动茶膏，渐加击拂，手轻筅重，指绕腕旋，上下透彻如酵蘖之起面，疏星皎月，灿然而生，而茶之根本立矣。”

斗茶的标准，一是看茶汤的色泽和均匀程度，以汤花色泽鲜白，茶面细碎均匀为佳；二是看盏内沿与汤茶相接处有无水痕，以汤花保持时间较长，贴紧盏沿不退为胜，谓之“咬盏”，而以汤花涣散，先出现水痕为败，谓之“云脚乱”。

与点茶品饮方式相对应，宋代的茶具与唐代比较，有一定的区别，宋代的代表性茶具主要有：茶筅、汤瓶、茶盏，三者是点茶必需的用具。汤瓶是点茶注汤用具，汤瓶的制作非常考究，《大观茶论》载：“瓶宜金银，大小之制，惟所裁给。注汤害利，独瓶之口嘴而已。嘴之口欲大而宛直，则注汤力紧而不散；嘴之末欲圆小而

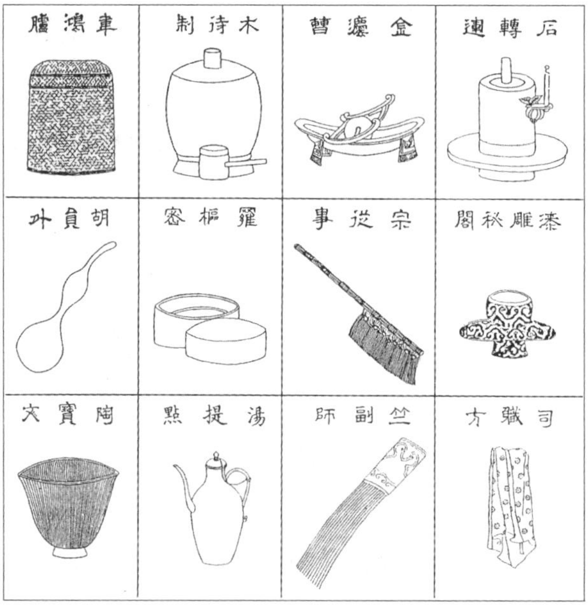

▶ 宋审安老人《茶具图赞》中的12种茶具图

▶ 宋龙泉窑青釉暗刻花六棱执壶

▶ 宋建窑兔毫盏

峻削，则用汤有节而不滴沥，盖汤力紧则发速有节，不滴沥，则茶面不破。”唐代并没有汤瓶，是因为唐代推崇的是煮茶、煎茶，煮水用的是茶釜，待水二沸时投茶末入釜中，而宋人崇尚的是点茶，汤瓶在点茶过程中起重大作用。茶盏，因宋人推崇白色的茶汤，故“宜黑盏”，所以宋代特别流行用黑釉盏来点茶。黑釉盏以福建建窑生产的最为著名，其次，江西吉州窑、河北的磁州窑、陕西耀州窑等也生产黑釉盏来满足当时人点茶的需要。

4. 承上启下的元代茶具　元朝是由蒙古族建立的政权，习惯马背上生活的蒙古族人在中华人民共和国成立之初基本上延续了本民族的习俗，以饮酒为主。政权统一后，统治者虽然把全国人分为五等，原来南宋统治下的臣民列为“南人”，政治地位最低，但是为了便于统治，元朝政府也不得不接受儒家文化，中原的文化习俗或多或少地影响了元人的生活，饮茶即是一例。从众多元墓壁画中发现有关茶事内容的不少，如山西大同市冯道真墓壁画中有《童子侍茶图》，山西文水县北峪口元墓壁画有《进茶图》，西安东部元墓壁画中也有进茶图的描绘，内蒙古赤峰元宝山一、二号墓有《备茶图》《进茶图》的内容。可见至少在贵族的生活中，无论是把饮茶作为时尚也好，还是饮茶果真有助于消食解腻，特别适合游牧民族也好，元代人的饮茶生活可见一斑。

另外，从当时的许多文字记载来看，元代的产茶区域也不亚于宋代，元代在福建武夷一带设御茶苑，专门加工贡茶，各地生产的名茶也委派当地官员监督上贡，可见统治者以及上层对茶的需求。

▶ 元枢府釉印花折腰碗

元代可以说是处于从唐宋的团饼茶为主向明清的散茶过渡，表明元时两种饮茶法都是存在的，但散茶冲泡已开始兴起。从这些元墓壁画中已可以发现有茶壶、茶碗、盏托、储茶罐等茶具。

元代的陶瓷在瓷具发展史上处于承上启下的地位，虽然是蒙古族建立的政权，但元代对外贸易兴盛，陶瓷的大量内销、外销促进了陶瓷业的发展，各类茶具在景德镇都有烧造。

5. 散茶瀹泡与明清茶具　穷奢极侈的宋代饮茶发展到元代已开始走下坡路，因饼茶的加工成本太高，而且其在加工过程中使用“大榨小榨”把茶汁榨尽，也违背了茶叶的自然属性，所以到了元代，团饼茶已开始式微，唐宋时即已出现的散茶开始大行其道。

散茶的真正流行还是在明代洪武二十四年（1391）以后的事。据《野获编补遗》记载，在明朝初期制茶“仍宋制”，还是以上贡建州茶为主，“至洪武二十四年九日，上以重劳民力，罢造龙团，惟采芽茶以进”。由此“开千古茗饮之宗”，此后散茶才大规模地走上了历史舞台。

由于茶叶不再碾末冲点，以前茶具中的碾、磨、罗、筅、汤瓶之类的茶具皆废弃不用，宋代崇尚的黑釉盏也退出了历史舞台，代之而起的是景德镇的白瓷。屠隆《考磐余事》中曾说：“宣庙时有茶盏，料精式雅，质厚难冷，莹白如玉，可试茶色，最为要用。蔡君谟取建盏，其色绀黑，似不宜用。”张源在《茶录》中也说：“盏以雪白者为上，蓝白者不损茶色，次之。”因为明代的茶以“青翠为胜，涛以蓝白为佳，黄黑纯昏，但不入茶”，用雪白的茶盏来衬托青翠的茶叶，可谓尽茶之天趣也。

饮茶方式的一大转变带来了茶具的大变革，从此壶、盏搭配的茶具组合一直延续到现代。

（1）景德镇茶具：明清茶具从材质上来讲，以陶瓷具为主。明清两代的瓷具主要以景德镇为中心，景德镇成了名副其实的瓷都。

▶ 清嘉庆青花五彩人物纹盖碗

▶ 清雍正青花提梁壶

这个时期的景德镇官窑和民窑都生产了大量的茶具，品种丰富，造型各异，其中从釉色上来说有青花、釉里红、青花釉里红、单色釉（包括青釉、白釉、红釉、绿釉、黄釉、蓝釉、金彩）、仿宋五大名窑具、粉彩、五彩、珐琅彩、斗彩等。从茶具种类上来说，这时期的主要茶具有茶壶、茶杯、盖碗、茶叶罐、茶海、茶盘、茶船等。

（2）宜兴紫砂茶具：关于紫砂产生的年代，有不同的说法。有人认为早在宋代就已有紫砂器具，但学术界比较认同紫砂茶具源于明代，明代散茶的冲泡直接推动了紫砂壶业的发展。至少在明代中期，宜兴一带的紫砂茶具已开始出现。

宜兴位于江苏省境内，早在东汉就已生产青瓷，到了明代中晚期，因当地人发现了特殊的紫泥原料（当地人称之为“富贵土”），紫砂茶具制作由此发展起来。相传紫砂最早是由金沙寺僧发现的，他们因经常与制作陶缸瓮的陶工相处，突发灵感，“团其细土，加以澄练，捏筑为胎，规而圆之”，而后“刳使中空，踵传口柄盖的，附陶穴烧成，人遂传用”。其实紫砂具制作的真正开创者应是供春，供春是吴颐山的学僮，一度在金沙寺陪读，后因学金沙寺僧紫砂技法，制成了早期的紫砂壶。虽然我们无法看到供春遗留下来的紫砂作品，但他制作的紫砂壶属于草创期，应是比较古朴的。

现今出土纪年最早的紫砂壶应是南京中华门外油坊桥明代司礼太监吴经墓出土的嘉靖十二年（1533）的紫砂提梁壶，该壶砂质较粗，砂壶腹部还有与缸瓦同窑烧制时留下的釉泪痕。供春以后，明代的紫砂名家有董翰、赵良、袁锡、时鹏，其后时大彬成为一代名手，其制壶“不务研媚而朴雅坚栗，妙不可思”，因时壶“大为时人宝惜”，当时就有人仿制时壶。时大彬后还出了不少名家，如李仲芳、徐友泉、陈用卿、陈仲美、沈君用等，紫砂在明代得到极大的发展。

因紫砂土质细腻，含铁量高，具有良好的透气性和吸水性，用紫砂壶来冲泡散茶，能把茶叶的真香发挥出来，无怪乎文震亨在《长物志》中提到：“茶壶以砂者为上，盖既不夺香，又无熟汤气。”因此紫砂壶一直是明代以后茶壶的主流之一。

紫砂茶具仍是清代茶具的重要分支，经过明代的初步繁荣，清代紫砂茶具又迎来了新的创作高峰。明代紫砂壶还有些粗朴，清代紫砂制作工艺大大提高，胎体细腻，制作规整，并出现了陈鸣远这样的大名家。鸣远，字鹤峰，号石霞山人，又号壶隐，生于清康熙年间，宜兴上袁村人。陈鸣远在继承传统的同时不断创新，作品多出新意，且雕镂兼长，铭刻书法古雅，有晋唐风格。时人将他与供春、时大彬并称为宜兴紫砂三大名匠。清初宫廷也在宜兴订制大量的紫砂壶坯，并于造办处加饰珐琅彩、粉彩，这些紫砂加彩茶具工艺精湛，富丽堂皇。嘉庆、道光时期，文人雅士相继加入制壶工艺，使紫砂茶具的人文内涵大大提高。这一时期除曼生外，还有郭频迦、朱坚、瞿应绍、梅调鼎等文人纷纷加入紫砂茗壶创作行列，以紫砂为载体，发挥其诗、书、画、印的才情，为我们后人留下了不少精美绝伦的紫砂艺术品。乾隆、嘉庆年间，宜兴还推出了施釉彩于紫砂具后烧制的粉彩茶壶，使传统砂壶制作工艺又有新的突破。嘉庆、道光年间，以朱石梅为首的文人还结合锡与紫砂的工艺，创制锡包砂壶的工艺，使紫砂装饰工艺在传统基础上又有所创新，并在锡表面刻画书法、绘画及题铭，使锡包砂壶的文化内涵进一步提升。

清代晚期开始，紫砂的商品性进一步强化，宜兴及上海等地出现了不少制作紫砂壶的作坊及商号，满足了民间茶壶的大量需求。此外，还有大量的紫砂运销海外。

▶ 明紫砂茶叶瓶

▶ 明紫砂金钱如意壶

（3）清宫廷茶具：清朝历代皇帝嗜茶，宫廷饮茶之风盛行，宫廷内务府专门设有“御茶房”，其中康熙、乾隆两朝皇帝以嗜茶闻名，特别是乾隆皇帝尤其酷爱饮茶，有许多关于乾隆皇帝嗜茶的传说故事，乾隆帝还写下了不少赞美茶、水、茶具的诗文。

三清茶具是清代皇室定制的茶具，有一定的规范，品种包括陶瓷、漆具、玉具等，以盖碗为多，一般会在茶具的外壁写上乾隆皇帝的御制诗。在茶宴上乾隆皇帝会把三清茶具赏赐给一些在赋诗联句中表现突出的大臣，作为对他们的嘉奖。

▶ 清嘉庆景德镇窑黄地粉彩开光御制诗文花口茶托

▶ 清嘉庆景德镇窑青花开光御制诗文花口茶托

▶ 清嘉庆景德镇窑红彩三清茶诗文盖碗

▶ 清乾隆黄地绿彩龙纹茶碗

（4）清民间茶具：宫廷饮茶讲究排场，而民间饮茶则率性随意，茶具也多了几分野趣。清代民用陶瓷茶具的造型更加活泼，纹饰则更加生动。

明清时期的茶具造型和功用与唐宋时期相比已有了明显的不同，其中出现了一些比较有特色的茶具，如茶壶、茶洗、茶船、盖碗、茶壶桶等。

（5）椰壳雕茶具：利用椰壳雕成具物可追溯到中唐大中元年（847），据《粤东笔记》记载：李德裕被贬崖州时，就已有将椰壳锯制成瓢、勺、碗、杯作为吃饭、喝酒的用具。唐代诗人陆龟蒙也有“酒满椰杯清毒雾”的诗句，可见中国人利用椰壳雕作已有1 000多年的历史了。

到了宋代，工艺精致的椰碗、椰杯、椰壶在士大夫中渐渐流行。北宋重要的文学家兼书法家黄庭坚被贬海南时曾写过一首《以椰子茶瓶寄德孺》，诗中写道：“炎丘椰木实，入用随茗碗。譬如楛石砮，但贵从来远。往时万里路，今在篱落间。知君一拂拭，想我瘴雾颜。”表明至迟在北宋时已有椰壳雕茶具在使用。

明清之际，作为海南地区的特产，椰壳雕具物还曾作为贡品向朝廷进贡，并深受宫廷喜爱。清代椰壳雕工艺十分成熟，雕刻工艺程序较为复杂：一般要经过选料、造模、雕刻、嵌镶、刨光、修饰等几道工序。能工巧匠凭经验做出恰当的判断，一般来说是个头匀称，大小适中为宜。造模即按照设计要求制作相应的具物模型；制作完模型后就是雕刻工艺了，利用坚质工具在椰壳表面按预先的构图雕刻出山水人物、花鸟虫鱼以及诗文词句。然后在椰壳表面进行镶嵌，最后就是刨光，使椰壳雕作品显得更加生动。

▶ 清锡胎椰壳雕团寿杂宝纹茶具一套

▶ 清椰壳雕团寿杂宝壶

清代椰壳茶具可分为两类：一类即以锡、银、铜等金属为内胎，外以小块椰壳镶拼而成；其二即直接以椰壳制成茶具，并不采取拼接工艺。此两类茶具都讲究在椰壳表面雕刻纹饰，或人物，或山水，或鸟虫，工艺精湛，还有的镌刻铭文。

（6）锡茶具：锡茶具兴起，也是明清茶具的一个重要特点。商周时期就开始使用金属锡了，但当时只是把锡作为合金材料使用，锡具发展的黄金时期应该是明清两代。罗廪《茶解》中提到茶注："以时大彬手制粗砂烧缸色者为妙，其次锡。"明代锡壶与紫砂壶一样，受到文人雅士的推崇，一时间锡壶制作名家辈出，他们往往不惜工本，制作出许多美轮美奂的文人锡壶。

明代万历年间，苏州人赵良璧借鉴时大彬的紫砂式样，制作的锡具极具意蕴，受到当时士人的追捧。其后的制锡名家归复初，以生锡制壶身，用檀木作壶把，以玉作壶嘴和盖顶，他的锡制作品在当时卖价就很高。清代《金玉琐碎》中说，归复初制锡壶"取其夏日贮茶无宿味，年久生鲇鱼斑者佳。"王元吉，又称黄元吉，浙江嘉兴人，他制作的锡茶具以精巧著称，色泽似银，壶盖和壶身十分严密，合上之后，提盖而壶身亦起，与时大彬的紫砂壶特点相同。明张岱在《陶庵梦忆》中说："锡注以王元吉为上，归懋德次之。夫砂罐砂也，锡注锡也，器方脱手，而一罐一注，价五六金……直跻之商彝周鼎之列而毫无惭色，则是其品地也。"明文震亨《长物志》亦云："锡壶有赵良璧者，亦佳。然宜冬月间用。近时吴中归锡、嘉禾黄锡，价皆最高。”李日华《味水轩日记》曾说：“里中黄裳者，善锻锡为茶注，模范百出而精雅绝伦一时，高流贵尚之。陈眉公作像赞，又乞余予数语漫应之。”万历年间嘉兴人黄裳制作的锡壶价格也不菲。

▶ 清“王长隆制”款锡六棱茶叶罐

锡茶具在清代继续使用并流行，涌现出不少具有高度艺术修养的锡具制作高手。清初最有名的要数沈存周，字鹭雍，号竹居主人，浙江嘉兴人。据《耐冷谈诗话》载：“康熙初，沈居嘉兴春波桥，能诗，所治锡斗，镌以自作诗句。钱箨石诗集中载有《锡斗歌》，颇令人称赞。元明以来，朱碧山之银槎，张鸣岐之铜炉，黄元吉之锡壶，皆勒工名，以垂后世，而不闻其能诗。”沈存周善制各种式样的锡茶具，对壶形把握很准确，其制锡壶包浆水银色，光可鉴人，所雕刻的诗句、姓氏、图印均规整精良。沈存周之后的沈朗亭、卢葵生、朱坚等名手亦以善制锡壶名世。卢葵生以擅制漆具闻名，但他很有创新意识，以锡作壶胎，外以漆制壶形，首创锡胎漆壶。道光、咸丰年间还出现了王善才、刘仁山、朱贞士等制锡具名手，所制锡具也极为精工。

6. 当代茶具　当代，六大茶类基本完善，饮茶方式随着时代的发展和技术的进步也发生了相应的变化。一方面，随着生活节奏的快速化，饮茶方式也越来越简洁快速，比如袋泡茶、罐装茶的迅速发展。另一方面，茶艺在中国逐渐兴盛，茶艺呈现出越来越繁复和精致的趋向。与之相应的是中国当代茶具的设计和生产表现出完全不同的发展方向：一方面，茶具的设计更加单一化，即泡茶饮茶等功能一体化；另一方面，在茶艺中使用的茶具的设计趋向专一化。对不同的茶类、不同的茶具的功能，都做了更加细致的区分。面对如此繁杂的当代茶具，可以从材质和造型两个方面来认识它们所出现的变化。

▶ 玻璃茶具

（1）材料的多样化：随着材料的新发现和工业技术的进步，制作茶具的材质更加多样化，出现了纸质茶具、塑料茶具以及复合材料等新材料制成的茶具，而传统常见的陶土茶具、瓷器茶具、漆器茶具、金属茶具、玻璃茶具和竹木茶具也出现新的变化，比如玻璃茶具因为材料的大众化而广泛的使用，金属茶具中出现了不锈钢茶具等。

（2）造型的多样化：生活习惯和饮茶习惯的变化，以及受西方设计理念的影响，中国当代茶具的造型设计也产生了巨大的变化。

生活节奏的加快，便捷茶具受到了人们的青睐。一些茶具采用了新的表现方式，如煮水器就采用了电水壶以及吸水管等更为快速的器具。一些茶具采用了功能一体化，如飘逸杯、同心杯一类的茶具产品，将茶壶、过滤器和茶杯等几个茶器的功能很好地结合在一起，适合当代人们在快节奏的生活中轻松饮茶。此外，考虑人们外出的需要，一些旅行茶具或者便携式茶具应运而生，这类茶具通常是一壶一杯或者一壶两杯的组合，既满足了精致饮茶的需求，又实现了形制简约体积较小的用户需求。

饮茶方式的变化也对茶具产生了巨大的变化。当代茶叶加工方式多样化，茶包、茶粉的出现，使得传统茶具中的茶壶逐渐开始退出，取而代之的是各种茶杯以及款式众多的茶漏。

在生活全球化的影响下，社会审美有了极大的变化，同时西方的设计理念也影响了中国的茶具设计，因而中国当代茶具出现了各种艺术风格，各种新式的造型、纹饰出现在传统的器具上。

▶ 茶漏

从上可见，中国茶具的发展是经历了一个从无到有，从共用到专一，从粗放到精致的过程。随着饮茶的发展，制茶技术的不断改进，生活方式的变化，不论是茶具的种类、材质或是制作工艺等也都随之发生着变化。同时，每个时代不同的审美情趣对茶具的造型、功能也有着重要的影响。从整个中国茶具发展的历史脉络可以看到，中国茶具的发展呈现为自简趋繁，复又返朴归真的过程。

（二）日本茶具的产生与发展

根据滕军博士《日本茶文化概论》所述，日本茶道史大体可以分为三个时期。第一时期是受中国唐代的饼茶煮饮法影响的日本历史上的平安时代，这一时期没有形成目前的日本茶道的形式，喝茶是上层社会模仿唐代先进文化的风雅之事，相应的所使用的茶具多是从中国输入，本土生产的茶具多为模仿唐物所做。第二时期是仿照中国宋代的末茶冲饮法的日本历史上的镰仓、室町、安土、桃山时代。这一时期出现了寺院茶、斗茶、书院茶，使得日本茶文化的内容丰富起来，这也是日本茶道的草创期。这一时期茶道所用的茶具从“唐物”逐渐转向了“和物”。第三时期是受中国明代的叶茶泡饮法影响的日本历史上的江户时代。这一时期是日本茶道的成熟期，茶道普及到了各个阶层，同时，又兴起了煎茶道。这一时期茶道具发生了巨大的变化，“和物”成为茶道的重要器具。

日本茶道中所指的茶具范围很广，一般将茶会上所有的物品称为“道具”，其中点茶用的器具是茶道具中最重要的一部分，这是因为“点茶用道具离‘茶’本身最近，在千利休以前的《茶道旧闻录》上对茶道具作了如下的分法”：

浓茶小罐、天目茶碗——离茶第一近道具。

清水罐、污水罐——离茶第二近道具。

茶匙、水勺筒、釜盖承——离茶第三近道具。

火箸、炭斗——离茶第四近道具。

花瓶——离茶第一远道具。

褂轴——离茶第二远道具。

香炉、香盒——离茶第三远道具。

之后千利休提出挂轴为茶道具之首要的观点，但是点茶用道具仍占有十分重要的位置，点茶用茶道具包括：浓茶小罐、茶罐囊、薄茶盒、贮茶坛、茶碗、茶勺、茶刷、清水罐、水注、水勺、水勺筒、釜盖承、污水罐、茶巾、绢巾、薄茶盒、茶具架。

▶ 日本抹茶道

在如此多的茶具中，茶碗的地位最为重要。就像《日本茶道文化概论》中所提到“茶碗是茶道具中品种最多、价值最高、最为考究的一项。‘茶碗’，甚至被当作整个茶道具的代名祠”。日本茶人对茶碗极为爱护，一个好茶碗会成为茶人的终身伴侣。本章节将以茶碗为主线，简要分析日本茶具的生产与发展。

1. 唐风东渐——日本平安时期茶具　日本的奈良时代和平安时代相当于中国的唐、五代时期，这一时期日本掀起了学习中国唐文化的高潮。日本皇室先后派遣了 19 位遣唐使赴中国学习先进的文化与技术，其中随遣唐使来的，还有留学僧等。而这个时期正是中国饮茶活动兴起时期，茶事活动深入到各个阶层，日本留学僧们就是在这样的环境下来到中国。这些留学僧回国后不仅带回了大量的经书、佛像以及法器等物品，而且带回了唐代先进的文化。他们与日本皇室接触频繁，在向日本皇室贵族介绍唐的文化和生活习俗时，其中不乏当时中国最为兴盛的饮茶风俗。

《日吉神社道秘密记》载：“日吉茶园之碑为传教大师最澄所立，其周围有茶树簇拥，其茶籽是最澄传教大师从唐土带来，归国后播此地。尔后移栽京都、宇治、褐尾等地。”对于日吉茶园是否为最澄种植学术界有疑，但是无法否认的是这一时期留学僧对茶文化的传播，有诗提到：“羽客亲讲习山，精供茶杯，深房春不暖，花雨自然来。”以此推测最澄和嵯峨天皇等交往中可能有饮茶这一元素。

日本史书上首次出现饮茶记载的是《日本后记》，内容如下：“同仁六年 (815)

四月癸亥，（嵯峨天皇）幸近江国滋贺韩琦，便过崇福寺。大僧都永忠、护命法师等，率众僧奉迎于门外。皇帝降舆，升堂礼佛。更过梵释寺，停舆赋诗，皇太弟及群臣奉和者众。大僧都永忠手自煎茶奉御。施御被，即御船泛湖，国司奏风俗歌舞。”

随着上层社会饮茶之风的不断推广，对专门茶具的需求也相应增长，当时日本许多茶具是从中国大唐带回或者贸易购买的，在《安详寺伽蓝缘起资财帐》中，就记载有咸通八年(867)的物品中有“大唐瓷瓶十四口”“茶碗六十一口”“白瓷盘十四口”之述。

后来，从大唐带回的茶具逐渐不能满足日本人们的需求时，日本本土开始了茶具的生产。《延喜式》是平安时代初期编纂的法令集，该书的第二十三卷民部式，已经有关于专门茶碗的记载:“尾张国瓷器,大碗五个（径各九寸五分),中碗五口（径各七寸），茶小碗（径各六寸）。……长门国瓷器，大碗五个（径各九寸五分），中碗十口（径各七寸），小碗十五口（径各六寸）。茶碗二十口（径各五寸）。”需要指出的是，这里所指的瓷器实为陶器，日本的瓷器生产大约在庆长年间才开始的。

2. 模仿与移植——镰仓时代和室町时代前期茶具　镰仓时代相当于中国的宋元时期，这一时期日本的政治、经济、文化都发生了巨大的变化。之前的平安时期，茶文化主要流行于贵族和僧侣之间，随着遣唐使的终止、唐朝的灭亡以及平安贵族的衰落，茶文化也一度衰落。而镰仓时期，中日交往开始恢复，日本入宋的僧侣络绎不绝，掀起了中日文化交流的第二次热潮，宋代的点茶法和斗茶等饮茶习俗传到了日本，给日本茶具带来了新的发展。

荣西禅师曾两次入宋，回国时带回了茶籽、制茶方法以及饮茶方式，并完成了日本第一部茶学专著《吃茶养生记》，书中介绍了宋代的点茶法，并将这种饮茶方式向各个阶层广泛传播。到镰仓时代末期，末茶的饮用已经在贵族、僧侣、新兴的武士阶层以及平民间广泛传播开来。

继镰仓时代之后，室町时期的饮茶习俗进一步发展，武士阶层广泛参与到饮茶活动中，这时期的饮茶风俗具有很强的世俗性和娱乐性。武士阶层流行斗茶，他们主要在这一活动中炫耀从宋元得到的“唐物”。

传室町时代初期玄惠法所写的《吃茶往来》是研究当时斗茶的重要史料，其中具体记述了举行茶会的建筑及其装饰等。该书描绘的大茶会的点茶方式和茶具，大致与宋代的情况相似。

第八代将军义政隐居于京都的东山，修建了银阁寺，以此为中心展开了东山文化。东山文化时期也是日本娱乐性的斗茶会发展成为宗教性茶道的初步形成期。在这一时期，义政将军的文化近侍能阿弥创立了书院茶。所谓书院茶，就是整个饮茶过程在书院式建筑里进行，主客都跪坐，主人在客人前庄重地为客人点茶的茶会，这种形式一扫室町斗茶的杂乱、拜物的风气。日本茶道的点茶程序在“书院茶”时代基本确定下来。

值得一提的是，“书院茶”中关于“茶台子”的使用，能阿弥采用了以茶台子为中心的点茶仪式，并将茶台子上茶具摆放的位置以及茶台子前的动作都做了规定。他所用的茶台子被称为“真台子”，是四根木棍连接两块长方形木板制成。

能阿弥深受足利义教与义政两代将军器重，他还将历代收集的中国古玩字画、香炉、烛台、茶碗、香盒等物进行统计整理，选出精品定为“东山御物”，并写了一本关于室内装饰指南的书《君台观左右账记》，其中便对茶具的陈列方式作了详细规定。

《君台观左右账记》的“茶碗类”中，列举了“青瓷”“白瓷”等瓷器系列的茶碗名称，在不同于“土之物”瓷器的分类中还记载了天目的种类和特征。天目茶盏来自宋元时期地处浙江北部的天目山中有许多寺庙都使用一种黑色釉的茶盏，这些茶盏经日本留学僧侣带回国内，久而久之，遂在日本称为“天目盏”。天目盏中以建窑最为名，其次为吉州窑。

能阿弥在《君台观左右账记》里提到了天目茶碗，他认为最为贵重的是“窑变”，田中仙翁在《茶道的美学》一书引用其文曰“在建盏中也是最上品的，世上无双。……价值万匹”。其次是“油滴”，书中记载 “油滴，乃第二重宝也。此物釉地漆黑，斑点淡紫泛白内外紧聚；较曜变量多，减五千匹”。该书“通行本”亦载：“此物曜变之次，乃至宝地，劣于价低五千匹。”其他还列举了建盏、乌盏、鳖盏、能皮盏等，并作了细微的描写。

随之对应的便是日本对茶具的需求随之增加，随着中日商贸的往来，大量的茶具输入日本。《参天台五台山记》曾记宋神宗与日本僧人成寻之间的对话，井上亘《虚伪的“日本”》转引其中一段对话：问“本国要用汉地是何物货？”答：“本国要用汉地香药、茶碗、锦、苏芳等也。”可见当时日本对茶具的需求是相当大的。日本的镰仓、福冈等地出土了大量的中国宋元时期的陶瓷，这些陶瓷品来自中国的龙泉窑、同安窑、磁灶窑等，器形有盘、碗、瓶、盒等，其中茶具是重要类别。

《佛日庵公物目录》记载了多种从中国输入的茶具，苌岚在《7—14 世纪中日文化交流的考古学研究》一书引其文曰“青瓷花瓶一具、同香炉一、青瓷汤盏台二对、汤盏一对（窑变）、建盏一”等，另有漆器类的“建盏台”。

这时期仅仅靠从中国输入的茶具，已经不能满足日本对茶具需求。本地的窑口在这一时期迅速崛起，开始仿制中国茶具，出现了著名的六大窑口：濑户窑、信乐窑、备前窑、越前窑、丹波窑、常滑窑，其中以濑户窑最具代表性。

濑户窑在平安时代就开始生产山茶碗。公元 1223 年加藤四郎随道元和尚来到中国，在中国学习了制陶技术，回国后在濑户开窑。濑户窑烧制的比较著名的茶具有天目茶碗、茶入、水指等。上文中提到，建盏等黑釉瓷茶具输入日本备受欢迎，濑户窑仿制中国黑釉瓷的制作，使用了铁釉的技法，制成了日式天目茶碗。濑户窑一直到江户时代都没有间断天目茶碗的烧制。

▸ 宋建窑黑釉盏（新安沉船出水）

▸ 宋石磨（新安沉船出水）

3. 和汉融合——室町后期茶具　能阿弥的“书院茶”还是以追求唐物为主流，之后的村田珠光则提出了“兼和汉之体”的思想，基于这种“兼和汉之体”的茶道理念，珠光确定了四张半榻榻米的标准规格的小茶室，并将日本民间的取暖设施——地炉引入茶室，大大推进了日本茶道的民族化进程。

珠光还对能阿弥书院茶中所用“真台子”进行了改革，茶台子成为重要的茶道具，主要放置点茶用的风炉釜、熟盂（水罐）、分盈建（装柄勺的筒）、炭村（火筷）、建水（盛废水的罐）。

珠光之后的武野绍鸥把日本传统的歌道艺术思想引入茶道，开创出新的茶风，提出了“侘茶”的概念。绍鸥对茶具进行了改革，他创造了茶橱柜代替了真台子，这种绍鸥茶器架实用性更强。茶釜、水指、茶入等茶器的造型也更加自然灵活。

随着日本茶道的民族化，茶具的需求也日益扩大，日本茶具的制作走向成熟。这一时期比较著名的茶具有珠光青瓷茶具、信乐烧茶具、备前烧茶具等。

（1）珠光茶碗：备受村田珠光推崇的青釉茶碗到底出自哪里？在日本的文献中多次可见关于珠光茶碗的记载，《山上宗二记》一书中详细介绍了珠光茶碗，稻垣正宏《两种珠光茶碗》转引其文如下：“珠光茶碗是中国制造的茶碗。最初为千宗易所有，后来以一千贯的价格卖给了三好实休。其后又成为织田信长的掌中之物，在本能寺之变(1582)后就烧了。颜色是稍带红色的咖啡色。在外面竖着刻了27条沉线。萨摩屋宗忻也拥有与此相同的珠光茶碗。另外，在使用方法上有一种口传秘诀。”

珠光茶碗通常是枇杷黄色、深腹、敛口、小圈足，碗口以下弧状内收，器内壁刻划有简笔花草，间配“之”字形篦纹，器外通体刻画折扇纹。过去日本学者对珠光青瓷的产地有多种推测，缺乏考古资料，且历史文献记载不详。1956年古陶瓷专家陈万里先生在福建南部的同安县调查古窑址时，首次发现并证实同安窑是珠光青瓷的产地，引起学术界广泛关注。这类青瓷茶碗销往日本的数量巨大，日本镰仓时代，在佐贺县唐津市一带，福冈市的博多湾海底，福冈县的观音寺、太宰府附近等遗址中出土了大量的“珠光青瓷”。

▶ 珠光青瓷茶碗

日本博多地下铁路抵园站的修建过程

中，从水井中出土成千上万的同安窑青釉瓷器，其中大量的是茶碗。据水下考古工作队从西沙群岛海域的南宋沉船“华光礁号”中打捞出水的近万件瓷器看，有近半的珠光青瓷。

（2）信乐烧茶具：室町时代晚期，武野绍鸥提出了“侘茶”的概念，之前的日本茶人所喜爱的唐物华丽精致，而本土生产的濑户烧茶具相对比较中规中矩，都与这种“侘”的精神并不相符。武野绍鸥发现信乐烧茶具有一种遒劲枯高的超脱之美，和“侘茶”的理念相吻合。

绍鸥时代古信乐烧以鬼桶水指最为有名，造型来自农村的生活用具。

（3）备前烧茶具：备前烧的历史较长，平安时代、镰仓时代以及室町时代中期都有烧制陶器。室町时代后期，备前烧造的茶入、花入、水指、茶碗等茶器，受到了武野绍鸥的青睐。

4. 自我的觉醒——桃山时代茶具　桃山时代，村田珠光和武野绍鸥的茶道思想经过千利休的发展，进一步哲学化、美学化、生活化。千利休将寺院的清规、禅僧的生活态度与茶道的文化形式结合起来，建立了简素的草庵茶。草庵茶在茶道具上注重使用本土生产的粗率简朴的陶器，千利休注重“和物”的设计和制作，他改变了早期茶道中注重唐物的风气，提升了和物在茶道中的地位。

（1）茶勺：日本茶人喜欢用中国福州烧制的黑釉小罐作为盛茶粉的容器，这类小罐的瓶颈较窄，传统中国式的大茶勺无法从中取出茶粉。日本茶人早已发现这个问题，于是从村田珠光开始便于改制，后经千利休反复努力实践，制作出了适合日本茶人使用的茶勺。茶勺分真、行、草三级。象牙的是真级，节在茶勺最低处为行级，节在中间的为草级，由茶人根据点茶技法的级别分开使用。千利休在死之前，亲自做了一柄茶勺送给古田织部，织部在其茶勺筒上刻了一个小四方口，起名为

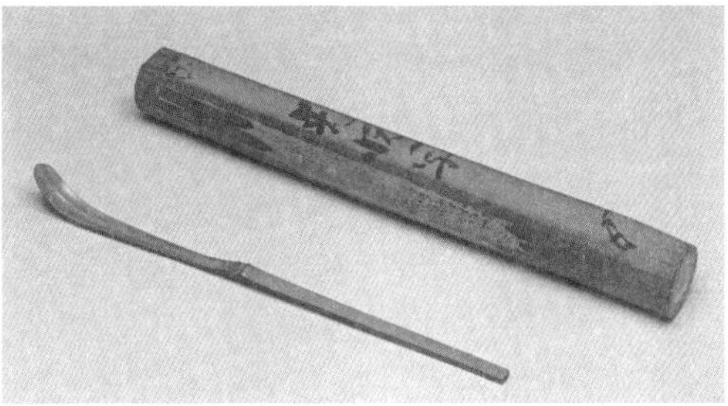

▶ 竹茶则

“泪”。之后，古田织部就以这柄茶勺作千利休的牌位。现在每逢千利休忌日举行茶事时，人们摸一下这柄茶勺，含有向久别的先贤致敬的意思。

（2）乐烧茶碗：天正（1573—1591）初年千利休找到了陶工长次郎，由利休设计、指导，长次郎烧造，二人共同创造了乐烧茶碗。在当时这种茶碗又被称作“今烧茶碗”“宗易形之茶碗”及“聚乐烧茶碗”。因丰臣秀吉以“聚乐第”的“乐”字赠予长次郎，因此“乐”成为长次郎的家号，此种制陶法也就被称为“乐烧”。

乐烧茶碗主要用于喝抹茶，有黑、赤两色，没有纹饰，多为筒形，壁较厚，碗口和底都较宽，利于挥动茶筅。碗口稍向内里敛。乐烧放弃了辘轳拉坯的制作方法，完全由手捏制，加以刀削成型，因而整体形状不匀称，不过于修整，留下徒手制作的痕迹。素烧后多次上釉，再入窑烧成，工艺过程非常复杂、讲究。

乐烧从创烧开始即专为茶道服务，产品全部是茶具，以茶碗居多，还有少量花入、水指等。乐烧的茶道制品中，尤以长次郎的作品最为受人尊崇。其实可以看到乐茶碗已经摆脱了外来的影响，是完全按照日本的茶道理念专门设计生产的茶碗。

（3）美浓烧茶碗：继千利休之后的古田织部对茶具进行了进一步的改革。古田织部是天主教徒，受到西方文化的熏陶，古田织部指导美浓地区的陶工进行茶具创作，在其创作过程中进一步摆脱了中国与朝鲜文化的束缚，进一步推动了日本茶具艺术民族化的进程。古田织部指导下的美浓烧茶碗自由奔放，富有变化。

织部分类很细，主要有青织部、总织部、鸣海织部、赤织部、黑织部、绘织部等。

（4）唐津烧茶具：唐津窑位于古代唐船（即中国船）和朝鲜船进入日本的要津，明末更成为指定港口。文禄庆长之战后，大批朝鲜陶工被迫至此，迫于生计，他们重操旧业，纷纷开窑制陶，造就了繁荣的唐津窑业，烧制的产品经唐津港输送到全国各地，故称“唐津烧”。

▶ 18世纪日本江户时代赤茶碗乐家第六代左入作

唐津陶土含铁量高，烧成后陶胎呈茶黑及灰白两种。以辘轳拉坯成型，器壁保留辘轳转动时留下的手指弦纹，装饰上则运用李朝盛行的镶嵌、刷毛目等技法，带有明显的李朝陶艺的风格。后来受古田织部的影响，也烧美浓窑风格的茶陶。主要有奥高丽、无地唐津、斑唐津、朝鲜唐津、绘唐津、青唐津、黄唐津、黑唐津、濑户唐津、三岛唐津、刷毛目唐津、唐津窑青花等诸多品种。

5. 新兴的力量——江户时代茶具　江户时代，明清叶茶及冲泡饮法东渐日本。一般学者都认为是中国明末清初的隐元禅师在1654年东渡日本时传入日本的，在此基础上发展出日本的“煎茶道”。

铃木春信的《浮世美人花寄·娘风》中描绘的茶器就很明显有提梁茶壶和茶杯，反映了日本的煎茶道在江户时期的兴盛。

随着煎茶道发展，日本从中国购买了大量的煎茶道用的茶具——小杯、紫砂茶壶等。这些中国工夫茶具重新组合成为日本煎茶道茶具。之后，日本不断创造出自己的煎茶道茶具。

▸ 煎茶道茶具组合

图中为一套较典型的日本煎茶道的茶具。主要茶具有茶器架、茶托、香筒、茶壶、汤冷、水注、茶杯、茶巾筒、盆巾筒、茶炉、白泥横把壶，炉屏、锡茶罐、炭斗和污水罐。

以下介绍煎茶道中比较有特色的茶壶与茶杯。

（1）茶壶：中国工夫茶惯用紫砂小壶，煎茶道受其影响喜欢小壶泡茶法，特别青睐中国宜兴生产的紫砂壶。据记载，宜兴的紫砂壶曾大量销往日本。其中，宜兴专供日本的一类品种称为“具轮珠”。具轮珠的形制多鹅蛋形，直流，朱泥紫泥皆有。《茗壶图录》记载：“近时有一种奇品，邦俗呼曰‘具轮珠’，所谓小圆式、鹅蛋式之类也。形有大小，制有精粗，泥色有朱、有紫、有梨皮，小而精者曰‘独茶铫’，粗而小者曰‘丁稚’。”

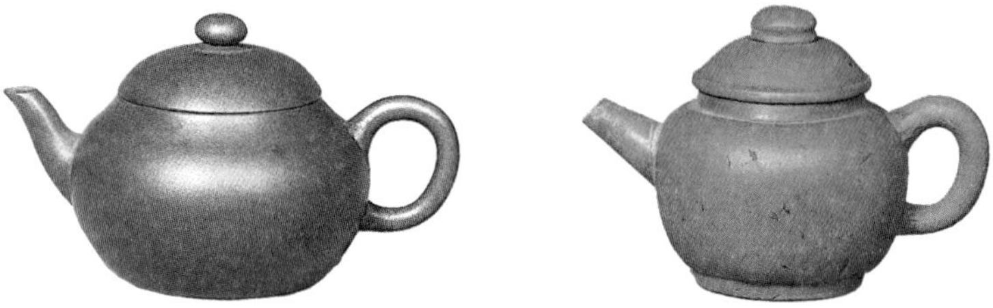

▶ 中国外销日本的紫砂茶具

宜兴紫砂在煎茶道兴盛的背景下，供不应求，随之而来的便是日本常滑地区对宜兴紫砂壶的仿制。这个时候，宜兴紫砂艺人金士恒对此做出了重要的贡献。清光绪四年，宜兴紫砂艺人金士恒受日本常滑地区陶工的邀请，赴日本传授紫砂壶制作技艺。金士恒将宜兴紫砂制作技艺中的打身筒和镶身筒的做法传授给常滑地区的陶工。至此，常滑地区的制陶业开始完全突破了旧有的束缚，实现了陶业的技术革新，结束了形式上的模仿与借鉴。常滑地区生产的紫砂器具，被称为“朱泥烧”。

此外，日本人还尝试了各种陶瓷来制作茶壶，许多都是横柄壶，这种形制的壶便于操作。

（2）茶杯：与抹茶道所使用的各式茶碗不同，煎茶道喜用小茶杯，滕军在《中日茶文化交流史》一书中转引《青弯茶话》一文曰：“煎茶要用小茶杯，最忌大碗，因为品饮煎茶与救渴的牛饮不同。”通过长崎的唐人贸易，中国产的小茶杯遍布日本。

由于煎茶道使用小茶杯的习惯与中国有所区别，比如日本人拿杯方式与中国人不同；日本人将茶杯置放在榻榻米上使用等，使得中国生产的小茶杯显得圈足过矮，胎壁过薄。日本本土生产的小茶杯进行了改良。

与小茶杯一起使用的茶托也有着重要的作用，上文中提到，由于煎茶道在榻榻米上进行操作，茶杯不能直接放在榻榻米上，所以茶托在日本煎茶道中显得格外重要。茶托这一类型的茶具源自中国，而煎茶道在实际使用过程中对中国的茶托进行了改良。茶托材质多样，有锡制、木制、竹制、藤制，但以锡制茶托更受茶人喜爱。

总之，日本茶具先是从中国输入开始，“唐物”就在日本的饮茶中占据了重要地位，从天皇饮茶的茶会到足利义政将军所发展的书院茶，“唐物”都是不可或缺的。到了日本茶道形成期，村田珠光开创了“和汉兼济”的风格，之后的武野绍欧进一步改革了日本的茶具。而千利休在珠光、绍鸥的基础上，进一步改革日本茶具，他创制的乐烧茶碗，宣告了“和物”的诞生。之后千利休指导创制了竹茶勺、黑漆茶盒、素烧陶花瓶等日本特色的茶具。正是这些“和物”与“唐物”一起构成了沿袭至今的日本茶具。

（三）朝鲜半岛茶具的产生与发展

朝鲜半岛与中国接壤，通过陆路和海路都可通达，中朝之间在政治、经济、文化等多个领域交流频繁。进入唐代后，中朝之间的往来更为密切，朝鲜多次向唐派遣使团。唐代的风俗、饮食等都在朝鲜半岛广为传播，茶作为重要的饮品和器具同样流入了朝鲜半岛。

1.新罗统一时期　新罗统一初期，逐渐接受中国茶文化，这一时期是新罗茶文化萌芽时期。统一的新罗与中国唐朝交流活跃，饮茶方式与唐代煮饮饼茶的方式一样，茶饼经碾、磨成末，在茶釜中煎煮，用勺盛到茶碗中饮用，这些中国茶具也逐渐流入新罗。

约在9世纪中叶，新罗从中国引进瓷器及其技术，许多考古发现中，可以见到当时中国流入新罗地区各式茶具。典型的有新罗地区庆州拜里出土玉璧底碗，古百济地区的益山弥勒寺出土的玉璧底碗和花口圈足碗等；莞岛清海镇张保皋驻地出土玉璧底碗、执壶等；新罗首都庆州的雁鸭池出土的茶碗以及饮茶时使用的风炉等，便是例证。

曾在长安留学的新罗人崔致远曾作诗《谢新茶状》：“所宜烹绿乳于金鼎，泛香膏于玉瓯。”描述的也是唐代煎茶的饮茶方式，瓯和鼎也是唐代常见的茶具。

高丽僧人一然所著的《三国遗事》第二卷中还有僧人忠谈向国王献茶的记录：“三月三日，王御归正门楼上，谓左右曰：‘谁能途中得一员荣服僧来？’于是适有一大德，威仪鲜洁，徜徉而行，左右望而引见之。王曰：‘非吾所谓荣僧也。’退之。更有一僧，被衲衣，负樱筒从南而来。王喜见之，邀至楼上，视其筒中盛茶具，王曰：‘汝为谁也？’僧日：‘忠谈。’曰：‘何所归来？’僧曰：‘僧每重三重九之日，烹茶飨南山三花岭弥勒世尊，今兹既献而还矣！’王曰：‘寡人亦一瓯茶有分乎？’僧乃煎茶献之，茶之气味异常，瓯中异香郁烈。”文中可见僧人忠谈背负一种名为“樱筒”的容器，该容器可以容纳不少茶具，文中言“烹茶”“煎茶”，他采取的仍旧是唐代盛行的煎茶法，“瓯”也是唐代常见的茶碗名称。这是朝鲜半岛茶礼习俗的初步萌芽，也是朝鲜半岛茶具发展的开始。

2. 高丽王朝时期　高丽早期的饮茶方法承中国唐代的煎茶法；中后期，采用流行于两宋的点茶法。宋徽宗宣和六年，宋使者徐兢一行访问了高丽，在徐兢的《宣和奉使高丽图经》中，详细记载了当时人们所用的茶具，其文如下：茶俎：“土产茶味苦涩，不可入口，惟贵中国腊茶并龙凤赐团。自赐赍之外，商贾亦通贩，故迩来颇喜饮茶。益治茶具，金花乌盏、翡色小瓯、银炉汤鼎，皆窃效中国制度。凡宴则烹于廷中，覆以银荷，徐步而进。候赞者云：‘茶遍’乃得饮，未尝不饮冷茶矣。馆中以红俎布列茶具于其中，而以红纱巾幂之。日尝三供茶，而继之以汤。丽人谓汤为药，每见使人饮尽必喜，或不能尽，以为慢己，必怏怏而去，故常勉强为之啜也。”该文中，表明高丽已经开始生产专用茶具，其生产的茶具既有仿制中国的茶具，也带有明显高丽当地特色的茶具。

文中提到的金花乌盏即描绘花鸟的茶碗，翡色小瓯为青瓷茶碗，银炉汤鼎是指煮水的风炉和水釜，《宣和奉使高丽图经》中《器皿·汤壶》记载：“汤壶之形，如花壶而差匾。上盖下座，不使泄气，亦古温器之属也。丽人烹茶多设此壶。通高一尺八寸，腹径一尺，量容二斗。”该煮茶用壶的汤壶，其形制类似中国宋代常见的用于点茶的汤提点，以上这些都是中国宋朝典型的茶具，可以看出高丽时期已经完备了这些点茶所需的器具。这里值得一提的是高丽青瓷茶具在朝鲜半岛的发展。高丽青瓷生产初期的产品与饮茶文化密切有关，因此初期的青瓷的主要产品为茶具。高丽青瓷受中国越窑、临汝窑、耀州窑等多个窑口的影响，其器形、纹样多种多样，并在宋瓷基础上逐渐向高丽风格发展完善。

▶ 13 世纪高丽青釉划花带托盏

▶ 13 世纪高丽青釉盏托

而文中提到的银荷、红俎都是具有典型高丽风格的茶具。银荷指银质或银色的荷叶形状的盖子，根据上下文的意思，是用银荷来盖茶碗。在当代韩国的茶具中至今保留着荷叶状的盖子。红俎是指漆成红色的茶床，类似中国的托盘。

3. 朝鲜李朝时期　朝鲜李朝前期（15—16 世纪），受中国明朝茶文化的影响，饮茶之风颇为盛行，散茶壶泡法流行朝鲜半岛。始于新罗统一、兴于高丽时期的韩国茶礼，随着茶礼器具及技艺化的发展，茶礼的形式被固定下来，朝鲜半岛的茶具日趋成熟。朝鲜李朝后期书生画的文人画里可经常见到茶壶、茶杯、茶托、汤炉、火炉等茶具。

4. 当代韩国茶礼　20 世纪以来，韩国茶文化兴盛，表现形式也多样化，相应地茶具也是呈现出多样化的特点。

▼ 当代韩国茶礼茶具组合

一方面，日常生活中的饮茶，简便的煮水器和茶杯就可以满足。另一方面是具有艺术性质的茶道表演，如按名茶类型区分，有“末茶法”“饼茶法”“钱茶法”“叶茶法”等。

（四）印度茶具

印度是世界茶叶生产、出口和消费大国。18 世纪时少量的茶籽由中国传至印度并被种植于加尔各答的皇家植物园中，19 世纪英国驻印度总督提倡在印度种茶并派遣人员潜至中国研究茶树的栽培和茶叶的制造方法，同时采购茶籽、茶苗，并雇用中国技工。印度逐渐掌握了中国种茶、制茶的知识和技术，印度茶园在东印度东北一带建立起来。

印度茶产业发展很快，促进了印度茶文化的发展。由于印度曾为英国殖民地，其饮茶风俗一方面深受英国的影响，多处可见英国下午茶的踪迹，所用的茶具也多是采用英国常见的茶具组合，比如茶壶、奶罐、杯盘的组合。

► 用玻璃杯饮用拉茶的印度老人

另一方面，印度逐渐产生了自身独特的饮茶风俗，比如在印度北部地区流行的姜茶，混合了姜、牛奶和红茶；还有豆蔻茶，混合了小豆蔻、牛奶和红茶；特别著名的就是“马萨拉茶”，原料为阿萨姆红茶、牛奶和印度地区的香料，由于制作的时候，制作者常常将茶汁在两个杯中来回倒，有“拉”的感觉而被称为“拉茶”。相应地，街头茶店常见的茶具就是铝壶或是平底锅、玻璃杯、陶杯或是陶瓷杯盘组合。铝壶和平底锅用来煮茶，玻璃杯和陶杯是饮茶用具，陶杯比较廉价，常常饮用后就弃之不用。

▶ 印度制作和饮用拉茶的铝壶和陶杯

▶ 用铝壶和平底锅制作拉茶的印度人

▶ 印度街头茶店里的玻璃杯、陶杯

▶ 印度北部地区妇女用俄式茶炉煮茶

由于印度南北气候不同，南部气候炎热，印度人喜欢将茶水倒在盏托里啜饮，这也是颇有意思的印度风俗。而北部气候寒冷，人们更注重茶水的保温，更喜欢使用保温性能好的茶具，比如俄式茶壶、保温壶等。

（五）土耳其茶具

土耳其地跨亚、欧两洲，位于地中海和黑海之间，大部分领土位于亚洲的小亚细亚半岛。土耳其的茶文化源远流长，早在5世纪时，土耳其商人已经来中国进行茶叶贸易了。

土耳其人喜欢煮饮红茶，不加奶，但习惯要加方糖，味道较甜，所以又称“甜茶”，当地独特的饮茶方式造就了独特的茶具。土耳其传统煮茶器是铜制茶壶，饮茶用具多为玻璃小杯。铜茶壶多为一大一小的子母壶，大茶壶是放在炉子上用于煮水，小茶壶内则是煮成的浓茶汁，大壶的水蒸气可以对小壶内的茶汁进行保温。在饮茶的时候，根据个人对茶浓淡的需求，将小茶壶中的浓茶汁倒入玻璃杯中，再将大茶壶中的沸水冲入各个小玻璃杯稀释，至七八分满后，加上一些白糖，用小匙搅拌后饮用。

（六）蒙古茶具

蒙古位于蒙古高原的北半部，是世界上最大的内陆高原国家。说起蒙古的茶文化，内外蒙古无法分割，整个蒙古高原地区有着一脉相承的饮茶风俗和器具。

蒙古高原并不生产茶叶，但这里是中国茶叶陆路传播路线上的重要地区，在茶文化的对外传播中有着关键作用，另外受到了藏传佛教的影响，产生了蒙古茶文化的独特风情。

蒙古族喜喝奶茶，常用熬茶方法来饮用，最常见的是奶茶和油茶。制作奶茶比较简单，将砖茶切碎后放入锅中进行煮，待茶汁浓后，再加入适量的牛奶或羊奶，再放入少许盐，不停地扬茶水，茶乳交融后放入茶壶中，放在火炉上待用。

蒙古油茶的制法就是将烧好的清茶放入茶壶内，然后用羊尾巴油炒面粉，再将清茶放入锅内搅拌均匀即可。油茶一般在早餐或待客时做，喝油茶能增加热量，适合草原的体力劳动。

在加奶煮饮的方式下，蒙古地区常见的茶具有铁锅、茶壶、奶桶以及茶碗等，又因为游牧民族迁徙不定的马上生活方式，这些器具多为方便结实耐用，常用木、金属制成。

铁锅，既是炊具又是茶具，多为敞口尖底，平时煮肉、熬制奶茶多用此锅。铁锅通常配有锅撑子，现在常用炉灶取而代之。

茶壶，蒙古茶壶壶型各异，大多为圆形或椭圆形，附有长嘴和提梁，材质多为铜制、银制或铝制的。

奶桶，分木质、铁质、铜质、皮质和镶银桶等数种，多呈圆柱体，木桶一般需加金属箍数道。金属桶一般均安有把或提梁，并镶嵌有花纹，既精致美观，又结实耐用。

奶茶碗，蒙古族的奶茶碗历史悠久，使用普遍，既是茶具也是食具。《蒙古风俗鉴》谓："蒙古牧民，'最早是用树皮当碗，后来发展到大量用椴木碗'。"可见早期曾用过树皮做碗，之后多用桦木、椴木通过旋挖、打磨制成木碗。若是再贴以银箔装饰，也被称为银碗。这类碗常常用八宝纹装饰。蒙古族人多喜随身携带这样的木碗。现在蒙古地区的人们也多用瓷碗。

其他辅助的茶具，比如茶袋，蒙古族将砖茶用刀子捣成薄片后，放入茶袋内，挂在蒙古包的内墙上。由于过去布匹缺乏，茶袋多用皮子缝制，如今也多用布匹缝制。茶袋也是姑娘出嫁时的嫁妆之一。还有劈茶用的蒙古刀、捣茶用的木棒等，很多器物在蒙古人的生活中都和茶息息相关。

▸ 清蒙古莲瓣纹高足银碗

▸ 清蒙古錾花铜奶桶

▸ 清蒙古族寿字纹铜茶壶

三、欧洲国家茶具的产生与发展

茶叶作为商品大量外销出现于 17 世纪以后，当时随着新航线的开辟，欧洲国家的船队经过好望角进入到东南亚以及东亚，开始了大规模的海上贸易，中国的茶叶、陶瓷、生丝是外销的大宗物品，其中又以茶叶为最。随着茶叶、陶瓷的大量输入欧洲，带动了欧洲饮茶文化。

在中国瓷器大量进入之前，欧洲人使用的器皿是以陶器、木器和金属器为主，其中陶器的使用最为广泛。中国瓷器传入欧洲以后，整个欧洲为之倾倒，上至国王下到普通百姓，都将其视为奇珍，以中国瓷器作为财富和身份的象征。中国瓷器大量输入，瓷器更进而成为欧洲人日常的生活用品，如作为餐具和茶具。佩蒂格鲁在其编著的《茶鉴赏手册》一文中指出："欧洲最早的茶具是17世纪中期与中国来的茶船一同抵达的，从那时候起，'China'一词进入英语，指代所有饮茶和饮食招待须用的盘子。"

18世纪早期，饮茶习俗开始在欧洲流行，中国瓷茶具开始出口欧洲，茶具也伴随着茶叶成为瓷器出口中的大宗货物。从保存的当时订货单和已经被发现打捞的这一时期的沉船所载瓷器看，茶具的数量占有相当大的比重。例如，1752年的沉船"盖尔德麻尔森号"所载的瓷器约22.5万件，其中茶具62 623件、巧克力饮具19 535件、茶壶578件。

18世纪时期，欧洲一直用来自东方的陶瓷杯来饮茶，从绘画中可以看出欧洲人常常以银质茶壶以及奶壶配合使用，或者使用外销的宜兴茶壶。多为组合形式的茶具，包括了壶、奶杯、糖罐、杯碟、茶匙等器具。欧洲地区的饮茶习惯多为调饮，即加奶加糖或者其他调味品后饮用，各个国家的习俗略有不同，但不离调饮这一主流。饮茶方式的相同，导致了使用的茶具形制的相似，值得一提是，英国的下午茶和俄罗斯的甜茶在欧洲整个茶文化中性格鲜明，所使用的茶具也别具特色。

随着欧洲对茶具的需求大量增加，欧洲本土也逐渐发展出极具本土风格的茶具。

（一）欧洲早期陶茶具的发展

荷兰及英国东印度公司开始向欧洲输入茶叶的同时，也输入了中国的茶具。随着茶叶输入的增加以及饮茶方式在西方的盛行，作为茶叶品饮过程中不可或缺的茶具需求大大增强。《茶叶全书》载："当荷兰及英国东印度公司开始输入茶叶时，同时携入与饮茶有关之附属品，包括杯、壶、茶瓶等。"

早期输入欧洲的茶具以紫砂茶具为代表，紫砂茶具可以说一定程度上启导欧洲茶壶及瓷器之创烧。乌克斯在《茶叶全书》指出"早在十六世纪，江苏宜兴之茶壶，颇著声誉。欧人以葡萄牙字BOCCARRO（大口）名之。此壶与茶叶同时输入欧洲，作为欧洲最初茶壶之模范。照《阳羡名壶记》之著者周高起称述，其形式为一小型个体茶壶”。

近年来沉船文物中发现的外销紫砂茶具并不少见。1679 年由漳浦运抵巴达维亚（今印度尼西亚雅加达）7 箱朱泥茶壶；1680 年，由澳门出口 320 件浮雕纹饰朱泥壶；1680 年，约 1 635 件茶壶（宜兴产品）运抵阿姆斯特丹。1699 年，由拿骚号运抵伦敦 82 件朱泥茶壶；1703 年，由诺森伯兰号运抵伦敦出售 1078 件朱泥巧克力杯。欧斯特兰号船于 1697 年沉于南非好望角，1991—1994 年打捞，得 4 把宜兴茶壶及碎片 365 片。壶的泥色有红泥及紫泥，装饰有贴花、印花，有提梁、狮钮等特色。底款钤印或刻铭，有：朱爽山、荆溪陈制、元昆秋制、君美、松巨、谨封等。壶式有圆球、扁圆、梨形、六角提梁等。耿特曼森号船于 1752 年沉于印度尼西亚，1985 年打捞，其中有 15 万件陶瓷，以景德镇青花为大宗，也有少量闽粤瓷器；且器型多变，有圆形、圆筒形、椭圆筒形等。

欧洲各大博物馆收藏的宜兴紫砂为数也不少。比如哥本哈根国立博物馆收藏的一把六角提梁双流茶壶壶身分为左右两格，配置左右两个壶注，即是一壶两用，可供同时冲泡两种不同的茶。鲜明的时代风格是贴花和浅浮雕。壶身贴松竹梅三友，盖面贴饰金钱、海螺、银锭和灵芝，盖钮是高浮雕狮子，两个壶注的底部均浅浮雕龙头。更有欧洲当地的金工加饰：注口镶包连盖金套，盖钮为公鸡。金套有金链连到壶把，而壶把又有金链连到壶盖的狮钮。

外销紫砂茶具特色明显，自成体系，一是泥质多是朱泥；二是纹饰一般采用模印；三是壶钮多做成浮雕狮子；四是常用金银加以装饰，在壶钮或壶嘴镶盖扣，又缀链相连。

随着饮茶风气的兴盛，人们对茶壶的需求愈殷，欧洲当地开始仿制茶壶。由于陶器烧制温度较低，较之瓷器更容易模仿，因而欧洲早期的茶壶便以宜兴紫砂为模板。

欧洲仿制宜兴紫砂茶具主要是荷兰代尔夫特开始。1672 年，代尔夫特的德 · 莱特伦 · 波特工场生产出了第一件仿宜兴紫砂的红陶壶。该工场生产的茶壶仿制中文款式或独角兽款。荷兰最为著名的茶壶制作师是阿瑞·德·米尔德，他从1680 年开始，便生产代尔夫特红陶茶壶与器座。经过多次试验后，他制作出一种红色硬质陶器，无釉并不透水，款式是一头奔狐，他的茶壶大部分均装饰有仿中国式的贴塑梅纹。1668 年，阿瑞 · 德 · 米尔德和兰博图斯 · 克里弗斯共同在报纸上刊登了一个广告，声称他们能完美地仿制中国宜兴茶壶。

英国也有对宜兴紫砂器的仿制，如戴维斯 · 厄尔斯及菲利普 · 厄尔斯两兄弟，他们都是从荷兰移居到英国之后在斯塔福德郡的布莱德威尔 · 伍德仿制中国宜兴紫砂陶器。现藏于香港茶具博物馆的一件英国仿宜兴紫砂贴花人物纹壶，此壶泥色与宜兴紫砂十分相似，造型取材于中国壶形，但四周浮雕模印人物、花卉，具有西方的特点。

德国炼金师约翰 · 弗雷德里希 · 波格也受命仿制“yixing”。他在当时贴花、镂空等装饰技法不甚娴熟的情况下，先烧造出似“yixing ”的红色陶器，欧洲称之为波格炻器。波格仿制的陶器很有创新意义，胎质坚硬但纹理较细，装饰上已脱离宜兴的传统，在造型上参考了欧洲的银器型制，创新出了各种各样的茶壶、茶杯、茶叶罐、盖碗、茶瓶等。

▶ 17 世纪荷兰仿制宜兴紫砂贴塑梅花纹狮钮壶（香港艺术馆藏）

▶ 17 世纪晚期荷兰仿制宜兴紫砂加彩壶（香港艺术馆藏）

（二）欧洲瓷茶具的发展

尽管欧洲人很早就使用陶器，在早期仿制中国宜兴紫砂茶具而烧制了大量炻器，但欧洲人发现本土的炻器质量远没有中国的瓷器好，对中国瓷茶具的需求随着对茶叶的依赖而日增，中国的外销茶具应运而生。据记载瑞典东印度公司派出第一艘商队从中国载回的货物，曾于翌年在哥德堡市被拍卖，共 43 万件，主要是青花茶具和咖啡具。据《荷兰东印度公司与瓷器》一书记载，康熙二十二年在澳门成交的几只走私船就载有“五百个中国式酒杯，七百四十个茶盘，一桶精美的小茶壶，二桶精美的茶杯及一百个茶壶，再有一万个盘，八千个碗及二千个茶盘，再有一船载九桶茶杯，一万个粗杯及五十个盘，其最后一船，载有十一桶精美的茶杯和一万个盘，八千个碗及二千个茶盘”。可见外销瓷茶具数量之多。1710年，英国东印度公司董事会通知代理商发送过来“5 000只笔直壶嘴的茶壶和配套的5 000只用于放茶壶的深的小盘子，8 000只牛奶壶，2 000只小茶叶罐，3 000只放糖的碟子，3 000只3品脱量的茶碗，12 000只船形碟用来放茶匙，50 000只各个式样的茶杯和茶托”。18世纪70年代，成套的茶具开始大量到达英国。1775年，东印度公司订购了1 200只茶壶，2 000只带盖的糖碗，4 000只牛奶壶，48 000只茶杯和茶托，还有“80套茶具”，《茶设计》一书中提到这整套茶具包括“一只茶壶，一只放在盘子上带盖的糖盒，一只牛奶壶，一打无柄的茶杯和茶托。大套的早餐整套茶具还外加第二只茶壶，一只残茶碟（餐桌上倒茶残渣的）和盘子，一只放牛奶壶的支架，一只茶叶盒，一打带柄的咖啡杯，有时还会包括一只用来放匙的浅盘和两只放面包和黄油的盘子”。因为路途遥远，陶瓷物品在运输过程中经常受到损坏，因此到达英国时很多茶具已经残缺不全。

1700年法国商船“安菲托里脱”号返航时，“运载了以景德镇瓷器为主的华瓷160箱，估计有数万件之多，包括咖啡壶、盛放调味品的盒、花瓶、水罐、各种大小的盘和碟、茶杯、酒杯、理发师用的脸盘等极上等的瓷器”。

▶ 清乾隆时期外销至欧洲的粉彩瓷茶具

由此可见，当时从中国销售到欧洲的瓷茶具数量巨大，从刚开始欧洲商人到中国来采购茶具，发展至中国窑口根据欧洲公司发来的样稿进行烧制，瓷茶具在欧洲人的日常生活中变得越来越重要。

1. 中国外销至欧洲的广彩瓷茶具　在中国外销至欧洲瓷器中，广彩瓷茶具占很大的比重。

广彩瓷器，又叫“织金彩瓷”，在各种白胎瓷器的釉上绘上金色花纹，然后用低温焙烧而成。其瓷胎的制作由景德镇来完成，后把瓷胎运到广东珠江流域，在广州采用江西粉彩技艺仿照西洋彩画的方法加以彩绘，再焙烧而成，因在广州上彩釉，所以简称“广彩”。广彩的生产始于清康熙年间，至今已有300多年的历史。当时广州工匠借西方传入的“金胎烧珐琅”技法，用进口材料，创制出“铜胎烧珐琅”，后又把这种方法用在白瓷胎上，成为著名的珐琅彩，这是广州彩瓷的萌芽。

广彩瓷器的装饰题材，内容十分广泛，人物故事、花鸟鱼虫、山水风景、仿古图案等常见的中国题材无所不有，这些题材都富有吉祥寓意，也是符合西方人的习俗的，如蝴蝶象征快乐和夫妻幸福；松树象征长寿和繁荣，也象征在逆境中不改忠心的品质；孔雀象征美丽和尊严；剑象征智慧、寻求真理和对邪恶的降服；牡丹象征财富、荣誉、美貌、温柔、健康和好运；岩石象征长寿和坚忍不拔等。同时，为投西方人喜好，满足外销市场需要，根据外商订货要求，仿照西方艺术形式，绘制外商提供的西方人物故事、风景图案、外国商标及纪念性纹样，或者是完全按照外商提供的造型和图样生产或绘制，如模仿欧洲神话的版画、纹章等，图案装饰性强，丰满紧凑，这是“广彩”选材的显著特点。

▶ 广彩人物纹茶具 清道光

2. 克拉克瓷茶具 1603年，荷兰武装船队在马六甲海峡截获了一艘葡萄牙大帆船，该船装载中国瓷器将近60吨，约10万件。第二年这批瓷器被运往阿姆斯特丹拍卖，轰动了整个欧洲。当时，荷兰人对葡萄牙远航东方的货船称作“克拉克”，于是在欧洲拍卖的这批中国瓷器被命名为“克拉克”瓷。克拉克瓷，主要是我国明朝万历年间生产的外销青花瓷，装饰图案独具风格，中心图案以山水、花鸟、人物或动物为主题，边上的辅助纹饰通常以 8 ～ 10 组的开光（或称开窗）作为装饰，开光多呈圆形、椭圆形、菱花形、莲瓣形；开光内描绘折枝花卉如向日葵、郁金香、菊花、灵芝等，有时还有佛教吉祥器轮、螺、伞、盖、罐、莲、鱼，以及卷轴书画、蕉叶、珊瑚等，开光之间用锦纹或璎珞隔开，整体画面构图严谨，繁而不乱，洋溢着东方文化的浓郁气息，又蕴含了一些西方人所喜闻乐见的社会风情和艺术韵味。克拉克青花瓷的器型以盘为主，但也有茶壶和茶碗。

3. 欧洲瓷茶具的生产　瓷器需求和高额的利润刺激了欧洲研制瓷器历程，所以欧洲陶艺家试图用本地的黏土加以仿制，但是开始并不成功，《茶设计》一书中对此的评论是“只生产出一种外涂不透明釉质、类似于搪瓷的陶器”。奥古斯都二世对瓷器极为狂热，通过他的大力支持，德国迈森窑终于在 1708 年烧制出类似中国的白质瓷，开启了欧洲瓷器独立发展的历史，迈森窑场长时期从事制作风格多样的茶具。

在法国巴黎附近塞夫尔，皇室作坊首先制作一种软胎瓷器，并自 1770 年起，发展为一种真正硬胎瓷。他们通常生产一套数十件相同风格的餐桌茶具。

欧洲本土生产的瓷茶具逐渐形成了自己的独特风格。早期欧洲的瓷窑口制作的茶具都模仿了中国的风格，采用了中国的传统纹饰，比如花卉、神兽等纹样，后来的瓷茶具则反映了 18 世纪洛可可式或新经典形式以及 19 世纪维多利亚时代浓重的装饰风格。再比如茶杯的变化，早期从中国运来的茶杯，形制较小，也没有配把手，17 世纪 50 年代至 18 世纪 50 年代，茶杯变得越来越大，而且茶杯也被配上了把手，更利于取用。原本的茶托，也越做越深，有些人喜欢把茶杯中的热茶冲到茶托中饮用。

在欧洲最为流行饮茶的是英国。饮茶习俗在英国广泛流行，甚至创造了“下午茶”这种独特的英国茶文化。茶习俗的形成也带动了瓷器的流行。当饮茶成为一种时尚的时候，饮茶所用的瓷器也就成了一种时尚的必需品。“下午茶”的出现更促进了人们在茶具上的追求和爱好。无论是穷人还是富人，他们都想要至少一套精美的瓷器茶具。刚开始，英国人对中国瓷茶具的狂热追求，中国的瓷制茶具成了“每一位时髦女士的必须之收藏”。18 世纪后半叶，一位法国作家到英国旅行，他写道：“饮茶之风在整个英国大地颇为盛行……贵族之家借茶壶、茶杯等茶具展示他们的财富及地位，因为他们所使用的茶具精美绝伦，属于上等佳品。”

佩蒂格鲁在其《茶鉴赏手册》中说到，在 18 世纪时，全套茶具通常由茶碗、茶杯、茶托、牛奶壶、糖碗、废水缸、茶匙托盘、茶壶、茶壶架、茶叶罐、热水壶、咖啡壶、咖啡杯等组成。到 19 世纪又增加了蛋糕盘和边盘。一套银茶具是由茶壶、热水壶、糖碗和牛奶壶或盛奶油的器皿组成，它们都放在自己合适的托盘上。可以看出瓷茶具在成套的茶具中占有主要的地位。

在早期，英国人使用的瓷茶具都是来自东方，直到 18 世纪中叶，英国开始生产瓷器，作坊如切尔西、伍斯特等制作以软胎类型为主的器具。细陶茶壶的制作也已在斯塔德福郡的作坊生产，部分仿制宜兴紫砂壶，其他则敷以铅釉。所有这些器具的型制或纹饰都深受中国瓷器影响。当时的韦奇伍德、斯波德、伍斯特、明顿和德比制作的茶具非常著名。

1759 年，韦奇伍德建立窑厂。经过多年的研究，他开始以铅釉烧成着色陶器，同时改良乳白色陶器。当时英国爆发了工业革命，提供优美而便宜的物品已经是所有商人的共识，韦奇伍德对此早有认识。到 18 世纪 60 年代初，韦奇伍德成功改进了烧制乳白色瓷器的工艺。改进后的乳白色瓷器朴素高雅，引起了英国王室的注意，1765 年英国王室要他为夏洛特女王制作一套茶具，韦奇伍德求夏洛特女王将这套茶具赐名为“女王茶具”。

► 18 世纪英国生产的瓷茶碗和托

► 1775 年韦奇伍德工厂制作的茶壶

► 早期迈森生产的伯特格尔茶壶

从18世纪下半叶欧洲各国开始的艺术设计运动，影响了茶具的设计风格。比如在工艺美术运动期间，在《装饰设计的艺术》书中，用图展示了各种壶的壶口与手柄之间的功能关系，这些茶壶都采用了简洁明快的几何形式。

（三）欧洲金属茶具的发展

金属茶具，包括了银制的茶具、锡制的茶具、铜制的茶具等，特别是银制茶具在欧洲众多茶具中风格鲜明。

银器自古以来在欧洲是权力与地位的象征，多使用在宗教活动及皇室和贵族生活中。中世纪时期银器主要在教堂中使用，16世纪的文艺复兴运动，冲破了传统的桎梏，银器制造业得到了极大的发展。

17世纪中叶，法国国王路易十四确定勺、刀、叉为法国人进餐的标准用具之后，餐具这种日常金属用品就在欧洲普及开来，成为银器的主要内容。餐具的制造也从传统的金属打造业中细分出来，成为独特的行业发展起来。之后，银质茶具逐渐成为其重要组成部分。

虽然有部分人认为银质茶具不利于茶味，但是由于贵金属的材料，银质茶具显得高雅富丽，许多贵族家庭投入大量金钱打造银茶具，一方面炫耀自己的财富和地位，另一方面也把它们作为一种“重器”加以收藏。

早期的银质茶具一般都是先捶打银片，再进行錾刻、焊接，工艺上较为复杂。17世纪初，金属轧机开始投入到银茶具、餐具的制作中，提高了生产效率、降低了成本。但另一方面，纯银的器具还是较为昂贵，许多家庭无法购置一整套的银茶具，常常是一件一件的购买。18世纪之后英国的包银银器和电镀银器大量出现，这种工艺制作的银茶具价格相对低廉，又具有银器的光泽，使得许多普通家庭可以拥有一整套的银茶具。

尽管银质茶具随着时代的发展和工业的进步，价格不再昂贵得让人难以承受，但是茶具的使用依旧需要谨慎和仔细。佩蒂格鲁《茶设计》中就提到了一份材料，即《1823年男管家的纪念品——男仆的目录》，该文中指出，男仆需要熟练擦拭茶壶，不容许一片茶叶留在壶中。若茶壶是银质的，亦将内部擦干，需轻拿轻放，因为壶柄易断。如果壶嘴生了水垢，需用一根金属丝或木条将其轻轻刮掉，但注意不要碰坏格栅……

银质茶具既有单独的茶壶，也有成套的茶具，特别是18世纪末茶叶价格比较便宜以后，整套的茶具日渐增多，通常这些茶壶配有糖罐、奶杯等。一些定制的银茶具上还会錾刻家族的族徽。其中以银质茶壶最为考究，早期的银壶形制一定程度上和从中国来的紫砂或瓷器的茶壶类似，器形很多为梨式，壶盖常用链条连接壶身，手柄或者壶钮采用木质，体积较小。之后茶壶逐渐体积变大，器形多样化，出现了八角形、球形、子弹型、鼓形、椭圆形，甚至方形等多种器形。在装饰风格上，受到了各个时期的艺术风潮的影响。比如，19世纪中叶，东方风格特别是日本对欧洲的艺术影响很大，许多银质茶具采用了具有东方特色的装饰。19世纪末20世纪初的时候，欧洲流行起了新艺术风格，这种风格的特点是强调曲线特征，使用自然题材，这一时期的银质茶具通常就线条鲜明，把手或是流口处常用植物的叶子、昆虫来装饰。

在欧洲古董银茶具中，有一类比较特别的器具，即中国外销至欧洲的银茶具。大约18世纪后半叶，大量欧洲商人到广州与十三行商人进行贸易，他们向广州商馆区内的银器商订购银器，因为此等银器价格较欧美便宜，而且手工又好。如“吉星”“宝盈”“其昌”等就大量为西方人定制银器。这些定制的银器中不乏欧洲人喜爱的银茶具。这些茶具早期的以欧洲款式为主，体现新古典主义、摄政时期、洛可可艺术等风格。19世纪初期，开始流行中国热，茶具的款式就更中国化。

金属茶具中还有一类比较特殊的茶具，即俄式茶炉或者称之为茶炊。这类特殊的茶具和俄罗斯的饮茶习俗息息相关。

俄罗斯地域辽阔，横跨欧亚大陆，饮茶习俗也不尽相同。许多俄罗斯人和欧洲其他地区人民一样喜饮用红茶，饮用方式主要是用沸水在壶中冲泡或烹煮，再加入糖、牛奶等，煮茶的器具即茶炊，饮茶的器具也和欧洲其他地区人们一样多使用瓷质的茶杯和茶碟的组合。

俄罗斯气候寒冷，茶炊这种器具可以随时随地加热和保温茶水，因而备受欢迎，从皇室贵族到平民百姓，茶炊是每个家庭必不可少的器皿。如今，俄罗斯茶炊被认为是俄罗斯的标志之一，俄罗斯甚至有“无茶炊便不能算饮茶的说法”。俄罗斯作家和艺术家的作品里，也多有对俄罗斯茶炊的描述。普希金的《叶甫盖尼 · 奥涅金》中有这样的诗句：“天色转黑，晚茶的茶炊，闪闪发亮，在桌上咝咝响，它烫着瓷壶里的茶水，薄薄的水雾在四周荡漾。这时已经从奥尔加的手下，斟出了一杯又一杯的香茶，浓酽的茶叶在不停地流淌。”

茶炊起源于何时暂不可考，但是其早期的形制与欧洲地区的煮水器极为类似。有资料提到早在1730年初，乌拉尔铜器中就已经有带烟囱的锅、带烟囱的酿酒锅、带烟囱和圆形罩的酒锅，这被认为是茶炊的前身。

到了18世纪下半叶，除了茶壶式的茶炊外，还有炉子式的茶炊。茶壶式茶炊的主要功能在于煮茶，这种茶炊中部竖一空心直筒，盛热木炭，茶水或蜜水则环绕在直筒周围，从而达到保温的功效。炉灶型茶炊的内部除了竖直筒外还被隔成几个小的部分，用途更加广泛，烧水煮茶可同时进行，这种茶炊可以在家庭中使用，也可用于旅行或出外游玩。到19世纪中叶，茶炊的样式基本有3种：炉式茶炊、壶式茶炊和烧水器。

1810年，茶炊的最大生产厂家是莫斯科省的彼得 · 西林工厂，该厂年产茶炊3 000具左右。之后，图拉的茶炊厂后来居上，在图拉城和图拉省有上千个生产铜器的厂家，主要产品就是茶炊和茶壶。图拉有着“茶炊之都”的美称，俄语中有“去图拉城是不必带自己的茶炊的”的民谚，指“多此一举”的意思。

制作茶炊的原料有银、红铜、黄铜、铜锌合金，还有镀银的，也有用铁和生铁制作茶炊的，这些原料决定了茶炊的颜色。茶炊形状也多变，有球形、桶形、花瓶状、罐状及其他一些别出心裁的样式。早期茶炊需要手工制作，之后开始工业化大批量制作。

如今，俄罗斯的人们更习惯于使用电茶炊。在现代俄罗斯的城市家庭中，常常用茶壶代替了茶炊，传统茶炊更多时候只是装饰品、工艺品。但在重大节日时候，俄罗斯人还是会把茶炊摆上餐桌。总而言之，茶炊是俄罗斯人日常生活中不可缺少的一部分，它是温馨家庭的独特象征和支柱，更是俄罗斯茶文化的物质载体。

▶欧洲及美国各式银茶具

（四）欧洲茶具的辅助产品

随着饮茶之风的兴盛，成套茶具的大量出现，欧洲人们的饮茶方式愈来愈精致，出现了许多茶具的辅助器具。与日本茶道中的各类辅助器具不同，欧洲茶具的衍生品和饮茶本身的关系更为密切，切实地为饮茶这一活动提供了服务。这些辅助产品包括了各类茶箱、茶匙、茶桌、茶点盘甚至茶服等。

1. 茶叶盒及茶几　在茶叶输入欧洲的早期，存储茶叶的器物通常是从中国进口的紫砂罐或者瓷罐。之后，茶叶作为一种昂贵的饮料在上层社会流行，存储茶叶的器皿开始出现了变化，一些带锁的金属茶叶盒流行开来。茶叶盒上了锁，女主人们再也不用担心茶叶被仆人偷偷饮用了。据《英国茶叶社会史》记载，自从上了锁的茶盒问世后，女主人们随身携带钥匙，甚至到外面办事都带着茶盒钥匙。威廉·古柏是英国著名诗人，有一次到他朋友海斯克小姐家，碰巧海斯克不在家，于是写信抱怨她把茶盒的钥匙带走了，害得自己一整天没喝上一口茶。由于茶叶的昂贵，人们饮用也非常节约，茶叶盒当时的容量为 11 磅。在 18 世纪早期，茶叶盒的底部和顶端可以滑动，安装锡的衬里，或者配合锡茶叶罐，通常可以放置一个、两个甚至三个锡罐，因为当时人们饮用红茶和绿茶两种茶，有时还配合放一个糖罐。

18 世纪以后，茶叶价格逐渐便宜了，开始生产较大的茶叶盒，成对的茶叶罐也逐渐变成单个的茶叶罐。

茶叶盒的大小可以放在一个三脚架上，18 世纪末茶叶盒和三脚架有时候会合为一体，成为一个带腿的茶叶盒，人们称之为茶几。

这类茶叶盒既有欧洲本土制作的，也有从中国广东地区进口的漆器做的茶叶盒。

2. 茶匙以及茶叶过滤器　根据佩蒂格鲁考证，有学者指出早期中国运到欧洲的陶瓷茶叶罐上的小盖子是专门作茶叶称量用的。之后茶叶罐的形制发生了变化，这种可以称量茶叶的盖子消失了，人们就需要新的称量工具。《茶设计》里指出，1760 年出现了该种用途的长柄勺，之后这种茶勺的柄变得短一些，形制也从贝壳的形状发展出各种类型，有树叶形、鱼形、橡树子形、铲子形、老鹰翅形、手掌形等，材质上多为金银器。

茶匙逐渐成为欧洲茶具的一个重要部分。英式下午茶的习俗里规定用茶量就是一人一勺，最后视人数多少，还会再在此基础上加一勺消耗茶，这种茶匙的容量通常是 2.5 克。以后，随着袋泡茶的出现，茶匙的功能逐渐消退，不再是欧洲茶具中的主流了。

茶匙另外一个功能是过滤茶叶，18 世纪出现了很多过滤勺。19 世纪晚期，荷兰和德国也开始制作茶叶专用过滤器。

3. 茶桌　饮茶在英国成为时尚后，人们习惯在家中用茶来招待朋友，各式各样的茶桌应运而生，总体来说茶桌是一种比餐桌略低略小的桌子，桌沿通常略高或者有镶边，防止茶具跌落。

▶ 乔治三世时期的银茶叶盒、银茶匙和茶叶箱

▶ 19 世纪晚期陶瓷桌面的茶桌

▶ 乔治时期欧洲银茶匙

四、美洲国家茶具的产生与发展

新航路的开辟使中国的丝绸、茶和瓷器一起运抵美洲大陆。由欧洲殖民者带来的饮茶习俗在当地上层阶级中流行开来，成为他们所独有的休闲和生活方式。随着茶的价格大幅下降，成为美洲各阶层都能消费得起的饮品。茶具日益成为广大美洲民众的必需品，特别是瓷质茶具受到当时美洲市场的青睐。

美国茶具

17 世纪中叶，欧洲殖民者把茶叶带到了美国，优雅的午后茶也随着殖民者传到新阿姆斯特丹。由于美国人饮茶的习惯是由欧洲移民带去的，因而饮茶方法也与欧洲大体相仿。茶具的形制和材料也与欧洲流行的茶具相似，一般喜欢陶瓷茶具，或者银茶具，常见的茶具种类有茶壶、茶杯与碟、茶叶罐、奶罐、糖罐等。

美国早期殖民者热衷购买茶和茶具，因为茶是财富和体面生活的象征，也是日常生活的必需品。资料显示，1774 年的马萨诸塞州，55.4%的人口拥有茶具。低收入群体中，收入在 20 英镑以下的人群拥有茶具和拥有咖啡具的比例分别为 49.7%和 18.8%。当年的报纸广告也进一步证明了大量茶具在 18 世纪 60 年代左右就已经深入美国殖民地。仅在 1767 年，马萨诸塞州的报纸就有至少 630 个广告文本文献与茶及饮茶相关器具有关。1758 年华盛顿还为弗农山庄的新家订购了一套瓷器茶具。

与欧洲一样，早期美国喜爱的瓷茶具多是中国生产，通过荷兰、英国、西班牙等国的商船贸易而来。中美直接通商以后，输入美国的中国瓷茶具达到高峰。1784 年“中国皇后号”首航广州，其运输的货物除了大量的茶叶和丝绸外，就是 962 担的瓷器，其中大多为餐具、茶具以及摆设器具。此后，瓷器便成为美国进口的主要中国商品之一。当时，经营中国瓷器进口的主要港口有塞勒姆、波士顿、普罗维登斯、纽约、费城等，其中以纽约最著名。在 19 世纪初，纽约已成为中国瓷器在美国的最大销售市场。中国的瓷茶具在瓷器贸易兴盛和饮茶文化流行的推动下，在美国获得了极大的市场。费城的瓷器商沃尔恩，在 1820 年曾对美国广泛使用中国瓷器的情况做了生动的描述，其中提到：“中国瓷器迄今已取代了英国的器皿，高、中阶层人士无不使用，甚至最贫困的家庭也能夸耀他们经过一番劳作而得到的几件中国瓷器。当今的姑娘出嫁，几乎很少有不陪送中国茶具的。”

出口到美国的中国瓷器大都和在欧洲流行的外销瓷相似。美国也像欧洲一样，订制市场需求的瓷器，式样上不断推陈出新，18 世纪末到 19 世纪早期出现了美国商船、鹰旗、政治场面等图案，为瓷器贸易注入了新的内涵，迎合了美国的民主主义和独立的情结，受到民众的欢迎。不仅仅是瓷茶具，更多的不同功能不同材质的茶具源源不断地从中国运输到美国，卡罗尔 · 卡尔金斯《美国史话》一书中提到，飞剪快船会装载众多可遇不可求的副产品，比如中国银杯、茶叶盒、茶叶箱、茶叶罐等。由此可见，各类茶具在美国都有销售。

此外，和欧洲国家一样，银茶具在美国也广受欢迎。早期英国的银茶壶很受欢迎，大量输往美洲殖民地。《茶设计》一书中指出在18世纪与19世纪之交，北美地区开始出现银质茶具。约在1792年，银器匠保罗·里维尔为约翰·坦普尔曼制造了一套茶具，其中包括一个配有四只壶脚的茶壶、一个奶油小壶和一个糖罐。昂贵的银茶具的需求主要源自波士顿、纽约和费城等所有盛行饮茶之风的经济富裕城镇。美国工匠喜欢模仿英国茶壶的形状及设计风格。这里不得不提到美国的手工艺人，这些富有创造精神的手工艺人，生产制造出各式茶具，推动了茶文化在美国的传播。美国的历史学家理查德·布西曼在其文中提到美国的手工艺人制造了多种茶具以供当时正式的宴请所用，有陶瓷、玻璃、白锡及银质茶托、茶碗、茶勺等样式繁多。当时最有名的一位银匠名叫鲍尔·拉夫，1768年一位著名的画家专门创作了拉夫穿着工作服举着一个茶壶的一幅作品。

美国独立后，其生产的茶壶的样式比美国革命末期茶壶更加简单、体积更大。但设计优雅，添加了柱子、老鹰等美国人喜爱的图案，而不是之前模仿欧洲的洛可可式的茶壶。

美国作为新兴的国家，在文化艺术上深受欧洲的影响，但也显示了自身非凡的创新力。工业革命以后，美国生产了许多创新的茶具。威廉·乌克斯在《茶叶全书》中列举了美国多种创新的茶具，1909年，在康涅狄格州新不列颠的克拉克公司开始制造有茶囊的茶壶，在美国和英国均获有专利权。这是一锥形茶壶，茶囊可调节到两种位置，茶囊提起时，还在壶内，但壶中只剩下茶水。又如，1910年，在马萨诸塞州美利顿的伯迈公司制造有茶囊的茶壶，也获得了专利。其制作方法是将茶囊与顶球用索链相连，当茶囊提起时，则索链全部收于顶球内。纽约的罗伯森公司制造的有茶囊的茶壶，壶盖中心有一杯形装置，用来容纳收藏索链的顶球，并且茶囊可随意升降。还有1912年，埃尔莫·贝切尔德的茶壶在美国获得一种专利权，这种壶嵌有一过滤器，并装有滴漏式水滴计时器，用来测算浸泡茶叶到可取出饮用的时间。

在各种对茶具的创新中，影响最为深刻的莫过于茶包的发明了。2008年，在英国一项名为“改变生活的100样小发明”的调查中，茶包名列其中。

20世纪初期，茶成为美国最流行的饮品之一。同欧洲一样，人们用铁罐或者锡罐来装茶叶。这些金属茶叶罐对于销售者来说是个大难题，因为运送茶叶要按照重量计算运输费，金属的茶叶罐比较重而且价格也比较高。纽约茶商托马斯·苏利文就试着把茶叶少量地分装在丝质小袋子里寄给客户。收到茶叶的客户们直接把袋子扔进了开水里泡开后饮用。由于方便使用，人们开始向苏利文订购那种小袋子包装的茶叶，而不再要那些散装的茶叶。

这种茶包很快传播开来，20世纪20年代开始，美国所有的茶叶商和商店都开始生产和销售茶包，并用更廉价的纱布替代了丝袋。30年代，波士顿造纸科技公司研制出了热封纸纤维材质茶袋，并申请了专利。

▶ 1765年塞缪尔约翰逊在纽约制作的银茶壶

茶包的出现对传统的茶具产生了巨大的冲击，人们不再需要茶叶罐、精致的茶匙甚至茶壶，只需要简单的杯子就可以冲泡一杯茶。今天，茶包已成为众多人生活中不可或缺的一种产品。据统计，平均每名英国人每天饮茶4杯以上，其中96%为袋泡茶。英国茶业协会执行主席维廉·戈尔曼这样评价茶包的创新价值："在生活节奏如此之快的现代社会，茶包给人们带来了巨大的便利，很难想象没有茶包的日子会怎样。而由于在生活节奏如此之快的现代社会，我们根本没有用老方法泡茶的时间和意愿，因此毫无疑问，袋泡茶也拯救了整个制茶业。"

五、非洲国家的茶具

非洲居民普遍喜爱饮茶，一直有把茶叶当饮品的传统，各个国家的饮茶风俗也较盛。如今非洲的绝大多数国家的民众都有饮茶习惯，尤以非洲北部和西部的国家和地区的民众饮茶风为盛，其中埃及、苏丹以及摩洛哥等国家，在兴盛的茶文化氛围之下，茶具更是别具一格。

（一）摩洛哥茶具

摩洛哥是世界上进口绿茶最多的国家，其 98% 的茶叶从中国进口，只在其北部丹尼尔地区有少量的茶叶生产。中国绿茶与摩洛哥人的生活息息相关，茶叶已经成为中国和摩洛哥之间的友好使者。

摩洛哥饮茶最为常见的马格里布式薄荷绿茶，这是用中国的绿茶，再与薄荷以及糖调制而成的茶汤。摩洛哥人喜欢本土生产的糖，这是从甜菜里提炼的一种糖，每块重约 2 千克。泡茶之前，需用一个小锤子把巨大的糖块敲碎，装入糖罐里。摩洛哥人认为，只有当地产的糖，才能泡出最好的摩洛哥茶。

由于饮茶的兴盛，摩洛哥的茶艺也自成风格。泡茶之前要熏香，保证客人舒适提神。随后准备茶具，黄铜大托盘上面有若干只玻璃杯和金属茶壶，一只长勺，一只里面放有一把薄荷、马鞭草、百里香或者上述三种植物混合物的大杯。准备好黄铜加热灶、小型锡罐，盛有糖块和一个用于捣碎糖块的小锤子。先要洗茶，然后茶壶里放入糖和热水，大概一分钟之后，加入几片薄荷叶，静候几分钟直至茶被沏开。

奉茶从地位最高的人开始，每个茶客都自上而下地将茶杯拿捏在大拇指和食指之间，尽量发出声音豪饮。啜饮时发出的声音增加了饮茶的乐趣。依照交际惯例，茶客只能饮用三小杯茶，不能多喝也不得少喝，除非其中有人提出某个合适的借口。饮毕，主人撤下茶具。

▶ 摩洛哥茶具

从饮茶方式可以看出摩洛哥的茶具也是个性十足。常见的茶具有托盘、茶壶、茶杯、糖罐、茶篮、加热灶、火盆等。

由于摩洛哥手工业极为发达，茶具制作也成为当地的一绝。摩洛哥制铜业发达，其茶壶一般用铜锤打而成，然后镀银。壶身还錾刻伊斯兰风格的纹饰。传统设计的镀银铜茶壶和托盘，是摩洛哥人饮用传统薄荷茶时经常使用的茶具。在节日或亲朋好友聚会时，这样的茶具更是必不可少。饮茶器具通常是玻璃小杯，有彩色的玻璃小杯，也有镶嵌金属装饰的玻璃小杯。

（二）埃及茶具

埃及人喜饮红茶，这是作为英殖民地时延续下来的饮茶习惯，但也融入了自己独特的习俗。埃及人在饮红茶时并不像英国人那样加牛奶，而是喜欢加白糖，人们称之为“埃及糖茶”。糖茶既有煮的方式，也有直接在杯中泡的方式。常见的茶具是金属制的茶壶，茶盘以及玻璃杯。

第二节　茶具的种类与特性

世界各国茶具，种类繁多，从茶具的功能上来分类，可分为煮水器、备茶器、泡茶器、盛茶器、涤洁器等。按质地划分，可分为瓷器茶具、陶土茶具、玻璃茶具、金属茶具、竹木茶具、漆器茶具和搪瓷茶具等。

一、不同功能的茶具

目前，随着社会的发展和茶类的丰富，以及各个国家民族不同的饮茶习俗，茶具的种类显得丰富多彩。

不过在一般情况下，无论是从表演性质的茶艺演出，还是不同习俗的日常生活饮茶，从茶具的功能上来分类，饮茶大都少不了煮水器、备茶器、泡茶器、饮茶器以及辅助器五个方面。

（一）煮水器

煮水器是指“有热源”的茶具，如可用酒精加热、天然气或电加热的煮水器。水是泡一杯好茶的关键所在，因为“茶滋于水”。而要烧一壶好水又对水的质量、煮水器和煮水方式等有一定的要求。许次纾在《茶疏》中论到煮水器时有言“水籍乎器”，认为煮水器的作用是举足轻重的。

目前，饮茶所用煮水器五花八门，有不锈钢壶配电炉、玻璃壶配酒精炉或电磁炉，日本铁壶配电磁炉，常见的俄式茶炊也配有电路可直接通电煮水等。一般来说煮水器包括热源和煮水壶两部分，而影响煮水器质量的因素包括材质和形体两方面。通常认为，适于煮水的材质有金、陶、瓷、玻璃、不锈钢、锡、铁。形体特征则受现代多元化形式的影响而呈现出丰富多彩的局面，而以现代简易型为主。

（二）备茶器

备茶器是指在茶艺过程中用于存置茶叶的专用茶具。它的基本要求是：防潮、避光、隔热、无味。其中常见的有茶叶罐、贮茶罐、茶瓮（箱）等。

（1）茶叶罐：泡茶时用于盛放茶叶的容器，体积较小，可装干茶 30 ~ 50 克。必须无杂味、能密封且不透光，以陶瓷为佳，也有用锡罐、竹木制成的。有时由于茶席布置的需要会选择玻璃茶叶罐，但玻璃透光易使茶叶氧化变色所以不宜长贮茶叶，一般不宜选用塑料罐子，因其会产生异味。

（2）贮茶罐（瓶）：贮藏茶叶用，可贮茶 250 ~ 500 克。为密封起见，应用双层盖或防潮盖，金属或瓷质均可。

（3）茶瓮（箱）：涂釉陶瓷容器，小口鼓腹，贮茶防潮用具，也可用马口铁制成双层箱，下层放干燥剂（通常用生石灰），上层用于贮茶，双层间以带孔隔板隔开。

（三）泡茶器

泡茶器是指泡茶过程中的主体器皿，如茶壶、盖碗、冲泡盅、大茶杯等。其中茶壶是最常见泡茶器，不同的国家或者民族虽然饮茶方式不同，但是茶壶却都是重要的茶具。

总的来说，茶壶由壶盖、壶身、壶底和圈足四部分组成。壶盖有孔、钮、座、盖等细部。壶身有口、延（唇墙）、嘴、流、腹、肩、把（柄、扳）等部分。由于壶的把、盖、底、形的细微差别，茶壶的基本形态就有近 200 种。一般以陶瓷制成，也有玻璃、金属等其他材质的器皿。一把好茶壶不仅外观要美雅、质地要匀滑，最重要的是要实用。泡茶时，茶壶大小依饮茶人数多少而定。茶壶的质地很多，各个国家民族饮茶习惯不同，所用的材质也有所区别。

（四）饮茶器

饮茶具可以说是茶与饮茶人之间最直接的中介，它对茶汤的影响主要在两个方面：一是表现在茶具颜色对茶汤色泽的衬托；二是茶具材料对茶汤滋味和香气的影响，材料除要求坚而耐用外至少不损坏茶汁。饮茶一般用茶杯、茶碗、茶盏，但一些人也会直接用茶壶、盖碗等泡茶器来饮茶。

茶杯的种类、大小应有尽有。大茶杯多为直圆长筒形，包括有盖或无盖、有把或无把、玻璃或瓷质等多种。可用大茶杯直接冲泡品饮名优茶。小茶杯则用来盛放茶壶、盖碗中冲泡好的茶汤以品饮。小茶杯通常是根据茶壶的形状、色泽来选择，两者的适当搭配可创造出很高的美感。为便于欣赏茶汤颜色及清洗，可选用上釉的杯子或玻璃杯。杯子还应握拿舒服，就口舒服。

盖碗主要使用白瓷制作，由杯盖、茶碗与杯托三件组成，具有不吸味、导热快等优点。茶人们还习惯于把有托盘的盖杯称为“三才杯”，杯托为“地”、杯盖为“天”，杯子为“人”。如果连杯子、托盘、杯盖一同端起来品茗，这种拿杯手法被称为“三才合一”。

（五）辅助器

辅助器是方便泡茶的辅助器具，在日本茶道、韩国茶礼、中国茶艺表演等泡茶过程会使用的更多，其他国家相对简便的饮茶方式中使用的较少。因种类繁多，本文介绍一些常见的辅助器。

1. 奉茶盘　盛放茶杯、茶碗或茶食等，奉送至宾客面前供其取用的托盘。各国茶盘形制纹饰略有区别，如欧洲常见配有把手的银制茶盘，日本喜用漆茶盘等。

2. 茶盘　泡茶时摆放茶具的托盘。

3. 盖置　承托壶盖、盅盖与杯盖等物的器具，以保持盖子的清洁并避免沾湿桌面。

4. 茶船　放置茶壶等的垫底，既增加美观，又防止烫坏桌面。其主要形状有：

盘状（边沿低矮，呈盘状，可使茶壶线条完全展现出来）、碗状（边沿高耸形似大碗，茶壶被保护在中间）、双层状（茶船制成双层，上层底部有许多排水孔，下层有储水器。冲泡时弃水由排水孔流入下层）。

5. 茶巾　一般为小块正方形棉、麻织物，用于擦拭茶具、吸干残水、托垫茶壶等。

6. 泡茶巾　一般为大块长方形棉、麻、丝绸织物，用于覆盖暂不用的茶具；或铺在桌面、地面上用来放置茶具。

7. 茶荷　又称“茶碟”，敞口无盖小容器，用于赏茶、计量或投茶等。形状多为有引口的半球形，宜选用瓷质或竹质。

8. 茶匙　长柄、圆头、浅口小匙，将茶叶由茶样罐中取出时使用。西方国家多喜用银质的茶匙，中国、日本等国喜用竹制茶匙。

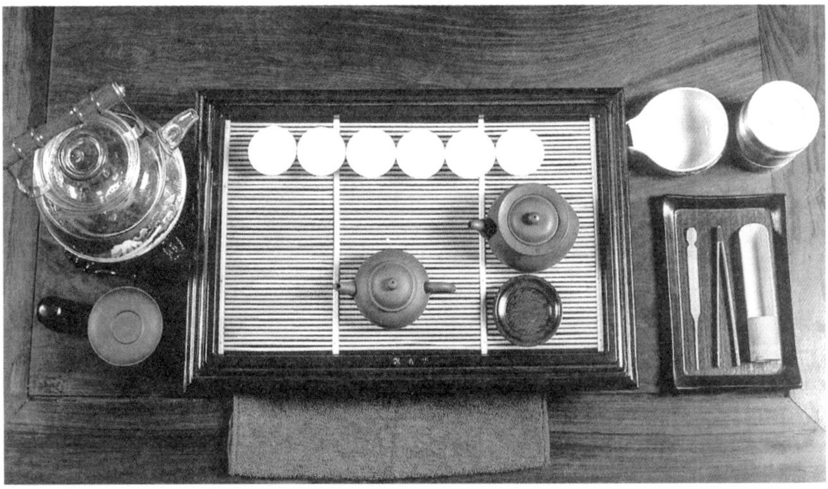

▶ 现代茶具组合

二、不同材质的茶具

世界各国的茶具，种类繁多，造型优美，除实用价值外，也有颇高的艺术价值，长期以来为饮茶爱好者所青睐。茶具由于制作材料不同而分为陶土茶具、瓷器茶具、漆器茶具、玻璃茶具、金属茶具和竹木茶具等几大类。一般来说，现在通行的各类茶具中以瓷器茶具、陶器茶具最好，玻璃茶具次之。因为瓷器传热不快，保温适中，沏茶能获得较好的色香味，而且造型美观，装饰精巧，具有艺术欣赏价值。陶器茶具，造型雅致，色泽古朴，特别是宜兴紫砂为陶中珍品，用来沏茶，香味醇和，汤色澄清，保温性好，即使夏天茶汤也不易变质。

（一）陶土茶具

陶器茶具的造型多样，或高雅，或古朴，或抽象，或形象，可以随意创造。色彩古雅，坯质致密坚硬，敲击音低沉，能保持茶叶的原始风味。保温性能好，在夏天泡茶也不易变质，还可在炉上煮茶。

▶ 现代紫砂茶具

说到陶土茶具，最为适合做茶具的莫过于中国的紫砂陶茶具。宜兴紫砂壶始于明中期，兴盛于清。它的造型古朴，色泽典雅。宜兴的陶土，黏力强而抗烧。用紫砂茶具泡茶，既不夺茶真香，又无熟汤气，能较长时间保持茶叶的色、香、味。由于紫砂泥质地细腻柔韧，可塑性强，渗透性好，所以用它烧成的茶具泡茶，色香味皆蕴，夏天不易变馊，冬季放在炉上煮茶不易炸裂。

（二）瓷器茶具

在众多材质的茶具中，瓷茶具最为丰富。瓷器釉色丰富多彩，成瓷温度高，具有无吸水性，造型美观，装饰精巧，音清而韵长的特点，沏茶能获得较好的色、香、味。从性能和功用上说，瓷器茶具容易清洗，没有异味，传热慢，保温适中，既不烫手，也不炸裂，因而成为大众喜欢的生活用品，被广泛使用在茶具中。瓷器向东传到日本、朝鲜半岛等亚洲国家，向西传到欧洲大陆，经欧洲殖民者再传到了北美大陆，在这蓝色海洋的传播道路上，瓷茶具更是和茶叶紧紧联系在一起，在各个国家和地区受到了欢迎。

我国的瓷器茶具按产品分为白瓷茶具、青瓷茶具和黑瓷茶具等几个类别。

1. **白瓷茶具**　白瓷茶具以色白如玉而得名。其产地甚多，有江西景德镇、湖南醴陵、四川大邑、河北唐山、安徽祁门等。其中以江西景德镇的产品最为著名。今天市面上流行的景德镇白瓷青花茶具，在继承传统工艺的基础上，又开发创制出许多新品种，无论是茶壶还是茶杯、茶盘，从造型到纹饰，都体现出浓郁的民族风格和现代东方气派。景瓷是当今最为普及的茶具之一。

2. **青瓷茶具**　青瓷茶具主要产于浙江、四川等地。浙江龙泉青瓷，产于浙江西南部龙泉县境内，是我国历史上瓷器重要产地之一。它以造型古朴挺健，釉色翠青如玉著称于世，是瓷器百花园中的一枝奇葩，被人们誉为“瓷器之花”。

▶ 现代青瓷茶具

3. **黑瓷茶具**　黑瓷茶具产于浙江、四川、福建等地。宋代斗茶之风盛行，斗茶者们根据经验，认为黑瓷茶盏用来斗茶最为适宜，因而驰名。四川的广元窑烧制的黑瓷茶盏，其造型、瓷质、釉色与建窑不相上下。

在日本、韩国、欧洲等各个国家，瓷器也备受欢迎，早期从中国大量购买，之后在本土进行生产，结合了本国的特色，生产出了许多广受欢迎的瓷茶具。

（三）漆器茶具

中国是世界上最早发现和使用漆液的国家。中国古代漆艺是中国文化的重要组成部分。在茶具中较著名的有北京雕漆茶具和福州脱胎茶具，还有江西波阳、宜春等地生产的脱胎漆器等，均具有独特的艺术魅力。

日本和韩国从中国接受了漆器文化，发展出了许多具有本国特色的漆茶具。比如日本茶道中喜用漆茶盘、漆茶罐，如今日本的很多地方都生产漆器，比较著名的有轮岛漆器、会津漆器、越前漆器、山中漆器、香川漆器和镰仓漆器等。

（四）玻璃茶具

玻璃茶具素以它的质地透明、光泽夺目、外形可塑性大、形态各异、品茶饮酒兼用而受人青睐。摩洛哥、土耳其、埃及等国家特别喜爱用玻璃杯作为饮茶器。当代中国，玻璃杯也是极为常见的饮茶器。玻璃茶杯（或壶）泡茶，尤其是冲泡各类名优茶的茶汤色泽鲜艳，叶芽上下浮动，叶片逐渐舒展、亭亭玉立，可以说是一种

▶ 现代玻璃茶具

动态的艺术欣赏，别有风趣。玻璃茶具价廉物美，最受消费者的欢迎。其缺点是玻璃易碎，比陶瓷烫手。

（五）竹木茶具

在历史上，许多地区曾使用竹或木碗泡茶，它价廉物美、经济实惠，但现代已很少采用了。如今最为常见的竹木制的茶具有蒙古的奶茶碗、日本茶勺以及中国四川地区制作的竹编碗。

（六）金属茶具

金属茶具是用金、银、铜、铁、锡等金属材料制作的茶具。我国对金属茶具褒贬不一，元代以后，特别是从明代开始，随着茶类的创新、饮茶方法的改变以及陶

瓷茶具的兴起，金属茶具逐渐消失，尤其是用锡、铁、铅等金属制作的茶具，用它们来煮水泡茶，被认为会使 “茶味走样”，以致很少有人使用。明代的张谦德就把金银茶具列为次等，把铜、锡茶具列为下等。常见的金属茶具有金银茶具、锡茶具、铜茶具等。

欧洲国家、北美地区乃至阿拉伯地区的人们一直对金属茶具情有独钟，比如银质成套的茶具在欧洲北美风靡至今，是财富优雅的象征；阿拉伯地区的铜壶或者金银制成的壶，更是代代流传；俄罗斯的茶炊更是金属茶具中的翘楚。

第三节 各国茶具赏析

“器为茶之父”，精致的茶具给人带来美的享受。无论是哪个时期的茶具，哪个国家的茶具都给热爱茶的人们带来了乐趣。探寻茶具的美，也让人们更好地了解茶叶和茶的文化。

一、中国历代茶具欣赏

中国历代留存茶具不计其数，这里仅将珍藏于中国茶叶博物馆内少数具有典型意义的茶具，剖析如下。

▶ 南朝青瓷点褐彩莲瓣纹盘

▶ 唐白釉茶具组

1. 南朝青瓷点褐彩莲瓣纹盘　高 2.5 厘米，口径 14.0 厘米，底径 7.0 厘米。

口部微敛，浅弧腹，平底。口沿装饰褐彩，内刻十一瓣莲花，并留下 5 块垫珠垫烧的痕迹，时代特征明显。系承盏的茶托，以防止茶杯烫手而专门设计。

2. 唐白釉茶具组　茶碾：高 4.5 厘米，长 18.3 厘米，宽 4.6 厘米；碾轮：直径 5.0 厘米；盏：高 3.0 厘米，口径 9.9 厘米，底径 4.0 厘米；托：高 2.0 厘米，口径 9.8 厘米，底径 3.7 厘米；茶炉及茶釜：高 8.9 厘米，口径 11.3 厘米，底径 6.0 厘米。此套白釉茶具出土于河南洛阳，系明器，由茶碾、茶炉、茶釜及茶盏托组合而成。

此茶碾为瓷质，碾槽座呈长方形，内有深槽。碾轮圆饼状，中穿孔，常规有轴相通。碾槽及碾轮无釉，余皆施白釉。

碾好后的茶末需放入风炉上的茶釜中煎煮。此白釉风炉及茶釜系煮茶用器，风炉呈筒状，有圆形炉门。茶釜带双耳，煮好的茶，用茶勺舀出放入茶盏托中品饮。

▸ 唐越窑青釉龙柄茶匙

▸ 宋陶茶碾

▸ 宋建窑黑釉兔毫盏

3. 唐越窑青釉龙柄茶匙　长 6.0 厘米，宽 2.6 厘米。

量器的一种。匙面呈铲形，龙首柄，制作精巧。以瓷器制作茶匙并不多见。唐代茶匙通常以木、金、银质制作，越窑瓷器中茶具是一大门类，茶釜、茶匙、茶盏托、茶瓯、茶碾等都是唐代越窑茶具的代表。

4. 宋陶茶碾　长 22.0 厘米 。由碾槽与碾轮组合而成。碾槽呈船形，下有基座，中间峻深，以承碾轮。碾轮如圆饼状，中孔有一圆形柄穿插。此碾系明器。

5. 宋建窑黑釉兔毫盏　高 6.9 厘米，口径 12.5 厘米，底径 4.4 厘米。

敞口，深弧腹，小圈足。黑胎较厚，内外施黑釉，在高温作用下，茶盏内外釉面铁结晶而析出丝丝兔毫般的效果。

建窑位于福建省建阳县水吉镇，以生产黑釉盏而闻名。根据兔毫盏色泽的微妙不同，又分为“金兔毫”“银兔毫”和“黄兔毫”。此为“银兔毫”。

建窑黑釉盏一般胎体较厚，从造型上看，以敛口和敞口两种为多，无论哪种造型，其盏壁都很深，设计的目的是点茶的需要：盏底深利于发茶；盏底宽则便于茶筅搅拌击拂；胎厚则茶不易冷却。

6. 明剔犀漆盏托　高 9.0 厘米，口径 9.0 厘米，底径 8.0 厘米。

▶ 明代剔犀漆盏托

整个盏托由圆形盏、葵瓣式盘、高足组成。通体髹紫红色漆，雕如意云头纹饰，花纹刀口侧面露出黑漆线一道。托内髹黑漆，乌黑黝亮，有自然断纹。

剔犀又称云雕，其工艺先以两色或三色漆相间漆于胎骨上，每一色漆都由若干道漆髹成，至相当的厚度后，斜剔出云钩、回纹等图案花纹，故在刀口断面，可见不同的色层。

7. 清乾隆款朱泥紫砂小壶　高 4.7 厘米，口径 3.5 厘米，底径 3.9 厘米。

▶ 清乾隆款朱泥紫砂小壶

器型似梨，栗色，单孔三弯小流，环形把，宝珠状钮，壶体轻薄匀称，外底钤“乾隆年制”四字篆书方形印章。

8. 清光绪粉彩过枝瓜蝶纹盖碗　高 8.8 厘米，口径 10.2 厘米，底径 4.2 厘米。

▶ 清光绪粉彩过枝瓜蝶纹盖碗

碗口沿及盖口沿饰以金彩，器内外均施粉彩，装饰十分考究。在洁白细腻的白瓷上，用淡黄、浅绿、深绿、粉红、矾红、白色等色彩，渲染出瓜瓞绵绵的纹饰，瓜藤的枝蔓沿着竹竿一直延伸到盖面及碗内，以此来象征子子孙孙绵延不绝，繁荣昌盛。碗底和盖顶圈足内以红彩书“大清光绪年制”二行六字楷书款，书写十分规整，出自御窑厂专门写款的工匠之手。

9. **清青花诗文茶具组合** 盘：高 3.5 厘米，口径 17.5 厘米，底径 3.3 厘米；杯：高 5.5 厘米，口径 3.3 厘米，底径 7.4 厘米；壶：高 35.5 厘米，口径 12.0 厘米，底径 25.5 厘米。

▶ 清青花诗文茶具组合

▶ 清牛角螭龙茶则

诗文茶具由茶壶、茶托及茶杯组成。主题装饰纹饰为唐宋诗文。青花发色鲜艳，字体端正。

10. **清牛角螭龙茶则** 长 15.2 厘米。

牛角雕刻而成，呈古栗色，以浮雕技法，雕刻双螭龙纹，将粗龙龙身制成茶则柄，大龙口含宝珠，一条小龙盘在大龙身上，形神兼备。

二、世界各地博物馆馆藏中国茶具欣赏

许多国家保留了中国各个时代的文物，其中不乏茶具。欣赏各地博物馆所藏的中国古代茶具，以此了解茶具的文化。

1. **北宋定窑酱釉盏与托** 托高 6.3 厘米，直径 11.5 厘米。英国维多利亚与艾尔伯特博物馆藏。

盏撇口，弧腹，圈足；托敛口，托盘边沿较宽大，圈足外撇。通体施酱色釉，

胎质洁白。整体造型雅致，釉色深沉明亮，且成套保存。

2. 宋汝窑盏托　高5.8厘米，直径16.5厘米。英国维多利亚与艾尔伯特博物馆藏。

碗托敛口，托盘边沿宽大，且镶铜扣，圈足外撇。通体施天青色釉，釉色莹润，有细小开片纹。底部近足处刻有“寿成殿”铭款。

3. 明永乐剔红花卉纹盏托　直径16.5厘米。英国维多利亚与艾尔伯特博物馆藏。

该器中空，上为钵形托口，中间乘以葵瓣口盘，下接外撇高圈足。素地黄漆之上层层髹朱漆，剔刻出菊、茶、牡丹、栀子、石榴花等，中空部分髹黑漆。无款。

4. 清铜胎画珐琅提梁壶　直径17厘米。英国维多利亚与艾尔伯特博物馆藏。

壶为圆口，溜肩，鼓腹，平底，矮圈足，铜提梁，提梁上缠以竹编。曲流，以白色珐琅釉为地绘绿釉草叶文。口沿以黄色珐琅釉为地绘花卉纹。器腹部绘仕女人物纹，表情生动。

5. 清乾隆锡胆木套茶叶盒　长26厘米，宽25.5厘米，高28厘米。瑞典哥德堡市博物馆藏。

罐为木制长方形，内置锡胆，有盖。罐周身涂以绿漆，罐侧身有黑彩书写文字。这是当时外销茶叶常见的包装。

6. 清粉彩西洋人物纹茶叶罐　口径3厘米，足径9厘米×4.6厘米，高13.3厘米。瑞典西方古董公司藏。

罐呈扁方形，溜肩，器腹部纹饰为女子头像，周围以圆环装饰，肩部饰以飘带。

7. 清乾隆青花山水纹茶壶　口径9.2厘米，足径11.1厘米，高12.5厘米。瑞典西方古董公司藏。

该器直流，平盖，梨形钮，扭股式把手。器腹部以青花绘山水庭阁纹饰。据介绍，该壶的形制仿制了英国新厅瓷器厂的风格。英国的新厅瓷器厂是1781—1835年英国斯达夫尔德郡的窑厂，它的产品设计部分取自中国造型，以后中国出口到欧洲的瓷器又采用或者模仿了新厅的风格。这也是陶瓷艺术交流的结果。

8. 宋天目茶盏以及漆盏托　尺寸不明。日本野村美术馆藏。

盏撇口，斜壁，矮圈足，施黑釉，釉不及底，釉面上可见丝丝兔毫，胎骨粗黑。

漆盏托，常与盏搭配使用，在宋画中多见。托圈口微敛，直弧壁，托盘圆口，高圈足，足内中空，髹层层朱漆，再剔出如意云纹。

9. 宋灰被天目茶盏　尺寸不明。日本野村美术馆藏。

该器束口，深弧壁，平底圈足，口沿镶银扣一圈。胎体厚重。胎土颗粒粗，釉薄，外壁施釉不及底。整体富有趣味。灰被天目被认为是中国福建茶洋窑的产品。

▶ 北宋定窑酱釉盏与托

▶ 宋灰被天目茶盏

▶ 宋天目茶盏以及漆盏托

▶ 宋汝窑盏托

▶ 明永乐剔红花卉纹盏托

▶ 清乾隆锡胆木套茶叶盒

▶ 清乾隆青花山水纹茶壶

▶ 清粉彩西洋人物纹茶叶罐

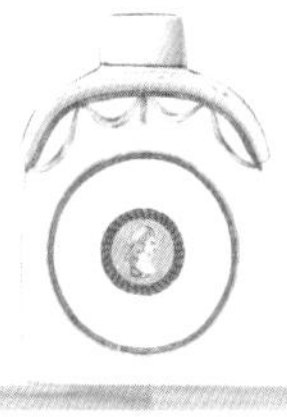

▶ 清铜胎画珐琅提梁壶

三、世界各国特色茶具欣赏

各国各地茶具各具特色，欣赏茶具的同时，也领略了各地茶俗风情。

（一）摩洛哥茶具

1. 摩洛哥玻璃杯　高14厘米。摩洛哥人喜用玻璃杯饮茶，玻璃杯呈细长的形态，一饰有金边以及雕花，色彩艳丽，配以红色的茶汤，令人心情愉悦。

2. 摩洛哥铜茶壶　三件壶形制相同，鼓腹、长弯流，壶盖为尖顶的形状，器腹部装饰的花纹略有不同。这是摩洛哥常见的茶壶形制，另有银制的茶壶或是陶瓷装饰金属边的茶壶。

3. 摩洛哥银糖罐、薄荷罐、茶叶罐以及托盘组合　摩洛哥饮茶，多喜薄荷茶。该套茶具分别装茶叶、薄荷叶以及糖，配以高脚托盘。通过錾刻敲打等工艺，器身都有精细的纹饰。

▶ 摩洛哥玻璃杯

▶ 摩洛哥铜茶壶

▶ 摩洛哥银糖罐、薄荷罐、茶叶罐以及托盘组合

（二）欧美茶具

1.18—19世纪早期茶具套装　托盘长42厘米。奥地利维也纳陶瓷厂生产。

茶具套装包括了两个茶杯、茶壶、咖啡壶、糖罐、奶油壶和托盘。茶具色彩鲜艳，

▶ 18—19 世纪早期茶具套装

▶ 18 世纪晚期茶具套装

采用了镀金的工艺，用古典图案装饰，体现了这一时期的陶瓷生产特色。

2. 18 世纪晚期茶具套装　托盘长 48 厘米。由荷兰瓦德 · 罗斯的雷斯特陶瓷厂于 1780 年左右制造。

该茶具套装包括了茶盘、茶壶、杯碟、糖罐和奶杯。采用了压印的缠枝花纹，器物周边和手柄都采用了镀金工艺。纹饰色彩深受迈森瓷器的影响。

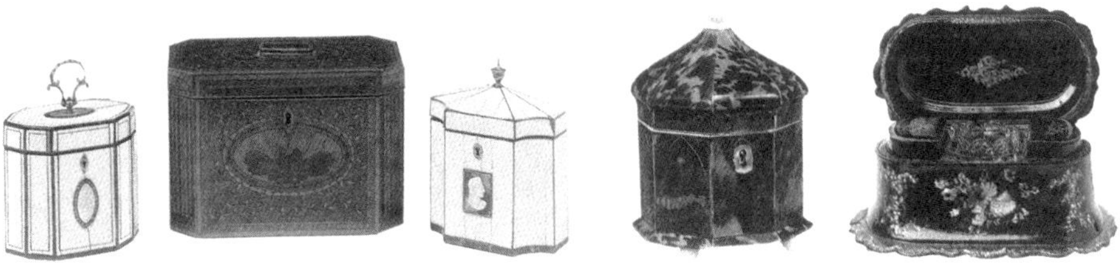

▶ 英国摄政时期各式茶叶盒

3. 英国摄政时期各式茶叶盒　展示了英国摄政时期（1795—1837）的茶叶盒形状和风格。左起第一个由象牙制成，金属提环及装饰物。第二件为槭木制成并有镶嵌工艺。第三件也由象牙制成，以人物头像为装饰。第四件据介绍由龟壳制成镶板，再拼接成八边形并拱顶的形状。第五件茶叶盒为打开状态，器身镶嵌贝母，内有两个茶叶盒和一个调和碗。

4. 早期白银镀金茶壶 高46厘米。由德国马特豪斯·鲍尔二世大约于1690年制作于奥格斯堡。

该壶呈六方形，与早期中国紫砂壶的形制类似。茶壶六个面上刻画了土耳其苏丹以及骑兵图案。

5.18世纪末银茶具 茶壶宽31.43厘米，奶油壶宽 6.51厘米，糖罐宽7.46厘米，壶架宽15.4厘米。藏于美国波士顿艺术博物馆。

1799年，快速舰船“波士顿号”竣工，波士顿市民将此套茶具作为礼物赠送给波士顿船场厂主埃德蒙哈特，赞扬他的“能力、热情和忠诚”。茶具由著名的银匠保罗列维尔制作。该套茶具包括茶壶、糖罐和奶壶，银制，壶把以木制。整体茶具典雅，体现了新古典主义风格。

▶ 早期白银镀金茶壶

▶ 18世纪末银茶具

▶ 1800年制作银茶具组

▶ 1765—1770年制作的陶茶具

6.1800 年制作银茶具组　中间壶高 29.3 厘米，英国制作。藏于美国波士顿艺术博物馆。

该套茶具包括了三把壶，糖罐、茶叶罐、奶油罐、水碗以及茶勺。茶具为银制，采用了金属包边的工艺，三件壶的把手都是采用了木质，可以起到隔热的作用。整套茶具线条流畅，工艺精制，反映了 19 世纪初英国的银器制作工艺水平。

7.1765—1770 年制作的陶茶具　杯高 7.4 厘米，直径 6.8 厘米；碟高 3.1 厘米，直径 11.6 厘米；茶壶高 11.4 厘米，直径 11.6 厘米，英国斯塔福德郡生产。藏于维拉努夫宫博物馆。

陶茶具包含茶杯、茶壶和托盘三件。英国的陶茶具生产深受中国茶具的影响。这套茶具的器形模仿了中国宜兴紫砂的形制，然而在杯子的处理上显然又结合了当地特色。据资料介绍，杯子的底部模仿了中国的回纹纹饰，壶的底部则模仿了中国宜兴紫砂印章，采用了模印一块四方形作为装饰。

（三）俄罗斯茶具

当代俄罗斯铜茶炊　高 40 厘米。

该茶炊分为三个部分，托盘、炉身和茶壶。炉身两侧有对称的把手，且有出水的笼头。整体采用了热情浓丽的色彩，是如今市面上较为常见的茶炊。

▶ 当代俄罗斯铜茶炊

（四）日本茶具

1. 唐津窑茶碗　高 7.2 厘米，口径 12.6 厘米，足径 5.3 厘米。日本江户时代生产。藏于台北故宫博物院。

形体为直圆口，深直壁，矮圈足。施釉不及底，釉层厚，且开片，釉色类似高丽茶碗的琵琶釉。整体器形沉稳厚重，充分展现了唐津窑茶碗的特色。

▶ 唐津窑茶碗

▶ 乐家三代道入作黑釉茶碗

▶ 濑户窑褐釉茶末罐

2. 乐家三代道入作黑釉茶碗　高 9.3 厘米，口径 13.1 厘米，足径 4.8 厘米，日本江户时代生产。藏于台北故宫博物院。

深腹，直壁，矮圈足，厚胎，底部有“乐”字印款。通体施黑釉，釉光沉稳。该碗作者道入为乐家第三代传人。

3. 濑户窑褐釉茶末罐　通高 9.8 厘米，口径 3.3 厘米，底径 4.5 厘米。日本桃山至江户时代生产。藏于台北故宫博物院。

小口，短颈，平肩，长筒身底微敛，平底，配象牙盖。通体施釉不到底，肩部自然流釉，釉色黑褐交织。腰部微内凹，方便持握器身勺取茶末。整体风格拙朴自然。此类小罐样式仿制福建广东一带的窑口，原本是香料罐，外销至日本后被用为茶末罐，之后日本各地窑口均有仿造。

（五）韩国茶具

当代韩国茶具　为当代韩国茶礼表演中使用的茶具组合中的一部分，包括了茶碗、茶末罐、茶粉刷、茶匙、茶巾以及茶桌。

综上所述，茶具的发展是经历了一个从无到有，从公用到专一，从粗糙到精致的过程。随着饮茶的发展，饮茶技术的不断改进，不论是茶具的种类、材质或是制作工艺等也都随之发生着变化。在历史的变迁中，茶具因不断地适应社会的需求而汇聚时代的特点。

饮茶作为一种物质生活方式，随着人们精神价值取向的变化而变化，作为载体的茶具也随之产生着不断地变化。随着人们生活习惯和文化审美倾向的转变，茶具也随之发生很大的变化。每个时代每个民族的审美共识，对茶具的造型和功能有不可回避的影响。不同国家的茶具，在受到不同文化的影响下，逐渐形成了自身的特点、风格。总而言之，各国各地的茶具构成了自身茶文化中不可分割的一部分。

▶ 当代韩国茶具

（本章撰稿人：李竹雨 郭丹英）

茶

是大自然赋予人类的财富，

既是日常生活的必需品，

也成为诗人创作的灵感和题材。

Part 6

第六章 世界茶文学与艺术

源远流长的中国茶文化，其流传在很大程度上是依靠着艺文而进行的。有关茶的艺术文学作品，其生动性与形象性具有无可替代的文化传播功能。一枝数叶，各显其妙，茶事艺文作品在世界各国因地域和文化的不同，呈现出多彩多姿的风景，体现了各国各民族各时代的文化特色。

第一节 茶事诗歌

茶是大自然赋予人类的财富，既是日常生活的必需品，也成为诗人创作的灵感和题材。随着中国茶及茶文化传入世界各国，各国的诗人也陆续加入茶事诗歌创作的行列。不同国家的茶事诗歌风格各异，特色鲜明。在一种特定的情境中展示出特别的意境。从各种角度品茶吟诗，展现的是各国丰富多彩的茶世界，是一幅幅精神世界的茶赞图。

一、中国

中国既是“茶的祖国”，又是茶诗的发祥地，在世界茶事诗歌史上，始终处于发展最前沿。

据《新茶经》统计，在钱时霖等编著的《历代茶诗集成》唐代卷、宋金卷中，共收集茶诗6 097首茶诗，其中唐代茶诗665首、宋代茶诗5 315首、金代茶诗117首，茶诗作者共计1 157人。而仅《全唐诗》中，题名带有“茶”或“茗”字的诗歌就达630余首，再加上金、元、明、清，以及近当代的，累计至少达12 600首。

中国茶诗的总体特点为数量多、题材广、形式多样、影响深远。茶事诗歌内容也包含了茶的各方面，从物到人，从采到品，从水到具，从俗到礼，从意到境，从家用到贸易等，无所不在。

（一）综合性茶诗

综合性茶诗，表现出来的是作者对茶的总体感受和欣赏。陆羽《茶经》所辑有西晋孙楚的《出歌》、左思的《娇女诗》、张载的《登成都楼》、南朝宋王微的《杂诗》四首，均是在诗中咏及茶事。

魏晋南北朝时期，是中国茶文化的形成期，其标志之一，就是茶的文学作品的产生。茶进入艺术的领域，代表着由普通的饮料向着具有审美思想的载体的发展。

中国第一篇以茶为主题的诗赋可追溯到晋代杜育的《荈赋》，这也是第一篇主题为茶的文学作品，形象地描绘了中国茶叶发展的史实。《荈赋》曰："灵山惟岳，奇产所钟。厥生荈草，弥谷被岗。承丰壤之滋润，受甘霖之霄降。月惟初秋，农功少休，结偶同旅，是采是求。水则岷方之注，挹彼清流；器择陶简，出自东隅；酌之以匏，取式公刘。惟兹初成，沫成华浮，焕如积雪，晔若春敷。"该赋描绘了秋茶的采摘、用水和茶具的选择、品饮方式和茶汤的美感等，在中国茶文化史上具有重要的地位。再如明代吴宽的《爱茶歌》："汤翁爱茶如爱酒，不数三升并五斗。先春堂开无长物，只将茶灶连茶臼。堂中无事长煮茶，终日茶杯不离口。当筵侍立惟茶童，入门来谒惟茶友。谢茶有诗学卢仝，煎茶有赋拟黄九。《茶经》续编不借人，《茶谱》补遗将脱手。平生种茶不办租，山下茶园知几亩。世人可向茶乡游，此中亦有无何有。"也是一种综合性强、内容比较丰富的吟咏茶事的诗。

（二）茶饮之咏

唐宋两代是中国茶文化发展史上的高峰，同时也是中国文学史上的高峰。就茶而言，茶区之广、茶品之盛、茶人之众、茶饮之精可谓史无前例；就诗词而言，诗人之多、诗律之严、诗风之宽、诗篇之美，不啻双峰入云。唐宋诗词中的茶，正是横跨在这样两个高峰中的绚丽彩虹。

据《中国茶经》记载：唐代，饮茶逐渐普及开来，诗人中喝茶爱茶的尤其多，茶也就成了诗人创作题材，于是产生了大量茶诗，很多茶诗脍炙人口，成为千古佳作。僧皎然是咏陆羽诗最多的一个人，齐己上人、皮日休和陆龟蒙相唱和，其他如钱起、袁高、杜牧、孟郊、张籍、张文规、陆羽、李德裕、刘禹锡……也都有各自特色的作品。茶饮的普及，品饮本身也成为诗歌创作内容的核心。其中有几首茶诗，是具有代表性的。如卢仝《走笔谢孟谏议寄新茶》，不但流传广，而且影响很大。卢仝（约795—835），唐代诗人，出生河南济源。自号玉川子，博览经史，工诗精文，不愿仕进。性格狷介，系韩孟诗派重要人物。835 年 11 月，死于甘露之变。其《走笔谢孟谏议寄新茶》诗：

日高丈五睡正浓，军将打门惊周公。

口云谏议送书信，白绢斜封三道印。

开缄宛见谏议面，手阅月团三百片。

闻道新年入山里，蛰虫惊动春风起。

天子未尝阳羡茶，百草不敢先开花。

仁风暗结珠蓓蕾，先春抽出黄金芽。

摘鲜焙芳旋封裹，至精至好且不奢。

至尊之馀合王公，何事便到山人家？

柴门反关无俗客，纱帽笼头自煎吃。

碧云引风吹不断，白花浮光凝碗面。

一碗喉吻润，二碗破孤闷。

三碗搜枯肠，惟有文字五千卷。

四碗发轻汗，平生不平事，尽向毛孔散。

五碗肌骨清，六碗通仙灵。

七碗吃不得也，唯觉两腋习习清风生。

蓬莱山，在何处？玉川子乘此清风欲归去。

山中群仙司下土，地位清高隔风雨。

安得知百万亿苍生命，堕在颠崖受辛苦。

便为谏议问苍生，到头合得苏息否。

全诗以煮茶、品茶和忧茶三段式内容，描写了卢仝对贡茶的珍爱，品茶的感悟及与对茶农的同情并为之申诉。跌宕起伏，具有很强的艺术感染力，广为后人引用，成为千古绝唱。

元稹的《一言至七言诗 · 茶》，则是形式别致的一首所谓“宝塔诗”，堪称茶诗中最为奇特的创作形式。杂言诗体，原本称作一字至七字诗。元稹这首诗高度概括茶的品质、功效，讲述茶与欣赏者的关系，以及煮茶、饮茶、赏茶的过程。该诗形式独特，构思巧妙，内容精炼。

茶可使大脑清醒，便于思索，适合创作。茶的形色之美、茶香之美、茶味之美，使各社会阶层的品饮者文思逸飞，出现直接以茶为题的作品。正如宋徽宗赵佶宫词所唱：

今岁闽中别贡茶，翔龙万寿占春芽。初开宝箧新香满，分赐师垣政府家。

精巧百转的回文诗是我国古典诗歌中的独特体裁。北宋文学家苏轼在《记梦回文二首并叙》的“叙”中记述道：“十二月十五日，大雪始晴，梦人以雪水烹小团茶，使美人歌以饮余。梦中为作回文诗，觉而记其一句云：‘乱点余花唾碧衫’，意用飞燕唾花故事也。乃续之，为二绝句云。”

“酡颜玉盏捧纤纤，乱点余花唾碧衫。

歌咽水云凝静院，梦惊松雪落空岩。

空花落尽酒倾缸，日上山融雪涨江。

红焙浅瓯新火活，龙团小碾斗晴窗。”

以煎茶为题或为内容的作品很多，如刘言史的《与孟郊洛北野泉上煎茶》，杜牧的《题禅院》等。杜牧《题禅院》：“觥船一棹百分空，十岁青春不负公。今日鬓丝禅榻畔，茶烟轻飏落花风。”苏轼《汲江煎茶》讲到“活水与活火”：“活水还须活火烹，自临钓石取深清。大瓢贮月归春瓮，小勺分江入夜瓶。雪乳已翻煎处脚，松风忽作泻时声。枯肠未易禁三碗，坐听荒城长短更。”

中唐以来，正如白居易诗所说的那样：“或饮茶一盏，或吟诗一章”，“或饮一瓯茗，或吟两句诗”，茶和诗一样，成为人们生活中不可缺少的一部分或一大乐趣。

宋代诗人白玉蟾《茶歌》云：“柳眼偷看梅花飞，百花头上东风吹。壑源春到不知时，霹雳一声惊晓枝。枝头未敢展枪旗，吐玉缀金先献奇。雀舌含春不解语，只有晓露晨烟知。带露和烟摘归去，蒸来细捣几千杵。捏作月团三百片，火候调匀文与武。碾边飞絮卷玉尘，磨下落珠散金缕。首山黄铜铸小铛，活火新泉自烹煮。蟹眼已没鱼眼浮，尧尧松声送风雨。定州红玉琢花瓷，瑞雪满瓯浮白乳。绿云入口生香风，满口兰芷香无穷。两腋飕飕毛窍通，洗尽枯肠万事空。君不见孟谏议，送茶惊起卢仝睡。又不见白居易，馈茶唤醒禹锡醉。陆羽作茶经，曹晖作茶铭。文正范公对茶笑，纱帽笼头煎石铫。素虚见雨如丹砂，点作满盏菖蒲花。东坡深得煎水法，酒阑往往觅一呷。赵州梦里见南泉，爱结焚香瀹茗缘。吾侪烹茶有滋味，华池神水先调试。丹田一亩自栽培，金翁姹女采归来。天炉地鼎依时节，炼作黄芽烹白雪。味如甘露胜醍醐，服之顿觉沉疴苏。身轻便欲登天衢，不知天上有茶无。”杨万里的《澹庵坐上观显上人分茶》则是一首记述分茶的诗。分茶，又名茶戏、汤戏或茶百戏，是在点茶时使茶汁的纹脉形成物象的一种游戏。

（三）名茶之咏

名茶是茶叶生产和消费到了一定水平后产生的，而名茶与诗人的关系，也是相互促进，互为增色。唐代著名茶诗中有李白的一首茶诗：《答族侄僧中孚赠玉泉仙人掌茶（并序）》，这也是迄今为止，所见到的李白唯一的茶诗。诗中直接记述了湖北荆州玉泉寺边的名茶之优美环境，以及茶的形制、品质、功效。该诗也是重要的茶史资料。

“余闻荆州玉泉寺近清溪诸山，山洞往往有乳窟，窟中多玉泉交流，其中有白蝙蝠，大如鸦。按《仙经》，蝙蝠一名仙鼠，千岁之后，体白如雪，栖则倒悬，盖饮乳水而长生也。其水边处处有茗草罗生，枝叶如碧玉。惟玉泉真公常采而饮之，年八十余岁，颜色如桃李。而此茗清香滑熟，异于他者，所以能还童振枯，扶人寿也。余游金陵，见宗僧中孚示余茶数十片，拳然重叠，其状如手，号为‘仙人掌茶’。盖新出乎玉泉之山，旷古未睹。因持之见遗，兼赠诗，要余答之，遂有此作。后之高僧大隐，知仙人掌茶发乎中孚禅子及青莲居士李白也。”

“常闻玉泉山，山洞多乳窟。
仙鼠如白鸦，倒悬清溪月。
茗生此中石，玉泉流不歇。
根柯洒芳津，采服润肌骨。
丛老卷绿叶，枝枝相接连。
曝成仙人掌，似拍洪崖肩。
举世未见之，其名定谁传。
宗英乃禅伯，投赠有佳篇。

清镜烛无盐，顾惭西子妍。

朝坐有馀兴，长吟播诸天。”

此后更有许多名茶纷纷入诗，如紫笋贡茶有张文规的《湖州贡焙新茶》，蒙顶茶有白居易的《琴茶》，昌明茶有白居易的《春尽日》，剡溪茗有僧皎然的《饮茶歌诮崔石使君》，庐山茶有李咸用的《谢僧寄茶》，枳花茶有李郢《酬友人春暮寄枳花茶》等。北宋王禹偁的《龙凤茶》：“样标龙凤号题新，赐得还因作近臣。烹处岂期商岭外，碾时空想建溪春。香于九畹芳兰气，圆如三秋皓月轮。爱惜不尝惟恐尽，除将供养白头亲。”宋代欧阳修的《双井茶》诗：“西江水清江石老，石上生茶如凤爪。穷腊不寒春气早，双井芽生先百草。白毛囊以红碧纱，十斤茶养一两芽。长安富贵五侯家，一啜犹须三日夸。”以及丁谓的《北苑焙新茶开序》等，均是咏名茶的名篇。

明代虞集的《次邓文原游龙井》诗把龙井与茶联系在一起，被认为是龙井茶的最早记录：“杖藜入南山，却立赏奇秀。所怀玉局翁，来往绚履旧。空余松在涧，仍作琴筑奏。徘徊龙井上，云气起晴昼。入门避沾洒，脱屐乱苔甃。阳冈扣云石，阴房绝遗构。橙公爱客至，取水挹幽窦。坐我薝卜中，余香不闻嗅。但见瓢中清，翠影落群岫。烹煎黄金芽。不取谷雨后。同来二三子，三咽不忍漱。讲堂集群彦，千磴坐吟究。浪浪杂飞雨，沉沉度清漏。令我怀幼学，胡为裹章绶。”清释超全的七古《武夷茶》则是对武夷茶的详尽描写：“建州团茶始丁谓，贡小龙团君谟制。元丰敕献密云龙，品比小团更为贵。元人特设御茶园，山民终岁修贡事。明兴茶贡永革除，玉食岂为遐方累。相传老人初献茶，死为山神享庙祀。景泰年间茶久荒，喊山岁犹供祭费。输官茶购自他山，郭公青螺除其弊，嗣后岩茶亦渐生，山中藉此少为利。往年荐新苦黄冠，遍采春芽三日内。搜尽深山粟粒空，官令禁绝民蒙惠。种茶辛苦甚种田，耘锄采摘与烘焙。谷雨届期处处忙，两旬昼夜眠餐废，道人山客资为粮，春作秋成如望岁。凡茶之产准地利，溪北地厚溪南次。平洲浅渚土膏轻，幽谷高崖烟雨腻。凡茶之候视天时，最喜天晴北风吹。苦遭阴雨风南来，色香顿减淡无味。近时制法重清漳，漳芽漳片标名异。如梅斯馥兰斯馨，大抵焙时候香气。

鼎中笼上炉火温，心闲手敏工夫细。岩阿宋树无多丛，雀舌吐红霜叶醉。终朝采采不盈掬，漳人好事自珍秘。积雨山楼苦昼间，一宵茶话留千载。重烹山茗沃枯肠，雨声杂沓松涛沸。”

由这些诗词中可见到中国名茶的悠久历史和人文情怀。

（四）茶人之咏

咏赞茶人、尤其是咏赞茶圣陆羽之诗也不在少数。咏陆诗约有40多首，这些诗对于研究陆羽很有价值，如齐己的《过陆鸿渐旧居》诗是陆羽写过自传的佐证。该诗作者有注曰：“陆生自有传于井石，又云行坐咏佛书，故有此句。”诗云：“楚客西来过旧居，读碑寻传见终初。佯狂未必轻儒业，高尚何妨诵佛书。种竹岸香连菡萏，煮茶泉影落蟾蜍。如今若更生来此，知有何人赠白驴。”释皎然《寻陆鸿渐不遇》：“移家虽带郭，野径入桑麻。近种篱边菊，秋来未著花。扣门无犬吠，欲去问西家，报道山中去，归时每日斜。”以虚写实，生动地把陆羽辛勤清贫的形象表现了出来。

（五）茶道之咏

关于茶道，最具标志性意义的一首诗是最早写到“茶道”的释皎然诗《饮茶歌诮崔石使君》，不仅论述了茶饮清神愉悦的功能，更是将茶的品饮提升到哲学层面高度，明确了茶道的提法，其意义十分重大：

越人遗我剡溪茗，采得金牙爨金鼎。

素瓷雪色缥沫香，何似诸仙琼蕊浆。

一饮涤昏寐，情来朗爽满天地。

再饮清我神，忽如飞雨洒轻尘。

三饮便得道，何须苦心破烦恼。

此物清高世莫知，世人饮酒多自欺。

愁看毕卓瓮间夜，笑向陶潜篱下时。

崔侯啜之意不已，狂歌一曲惊人耳。

孰知茶道全尔真，唯有丹丘得如此。

茶诗歌展示更多的理性思维成分，更加精致、文雅，具有清静、明净之境。

（六）茶具之咏

描述茶具的诗很多，而皮日休与陆龟蒙的《茶中杂咏》是为典型之作。他们的唱和诗中写了《茶赢》《茶灶》《茶焙》《茶鼎》《茶瓯》等包括了生产工具与煮茶用器。如徐夤有《贡余秘色茶盏》。秘色茶盏是产于浙江越州的一种青瓷器，作为贡品，十分珍贵："捩翠融青瑞色新，陶成先得贡吾君。功剜明月染春水，轻旋薄冰盛绿云。古镜破苔当席上，嫩荷涵露别江濆。中山竹叶醅初发，多病那堪中十分。"清钱林有《陈大兄鸿寿寄制瓦壶》则是写紫砂茶具的："茗壶制比龚春好，珍重题诗远寄将。寒意渐融如愿起，晴窗小碾试头纲。"陈鸿寿字曼生，与杨彭年合作制壶。时称"曼生壶"，闻名于世。在反映茶具上，这些诗均为代表之作。

（七）艺茶之咏

艺茶包括茶园、采茶和制茶的一系列内容，这些内容均属生产范围。典型者如韦应物的《喜园中茶生》，皮日休、陆龟蒙的《茶坞》，陆希声的《阳羡杂咏十九首之十四茗坡》等，可见唐代已有了比较集中成片栽培的茶园，如皮日休诗："种荈已成园，栽葭宁记亩。"皇甫冉的《送陆鸿渐栖霞寺采茶》："采茶非采菉，远远上层崖。布叶春风暖，盈筐白日斜。"呈现出一派生机勃勃的生态美景。皮日休、陆龟蒙《茶人》诗都是描述采茶的，李郢的《茶山贡焙歌》，都是制茶人艰苦生活的再现。凡此等等，不一而足。

明代高启有《采茶词》："雷过溪山碧云暖，幽丛半吐枪旗短。银钗女儿相应歌，筐中摘得谁最多？归来清香犹在手，高品先将呈太守。竹炉新焙未得尝，笼盛贩与湖南商。山家不解种禾黍，衣食年年在春雨。"朱升的《茗理并序》："茗之带草气者，茗之气质之性也。茗之带花香者，茗之天理之性也。抑之则实，实则热，势则柔，柔则草气渐除。然恐花香因而太泄也，于是复扬之。迭抑迭扬，草气消融，花香氤氲，茗之气质变化，天理浑然之时也，漫成一绝：一抑重教又一扬，能从草质发花香。神奇共诧天工妙，易简无令物性伤。"此诗描述的是绿茶制造过程中的杀青方法和原理。

（八）名泉之咏

茶人很讲究水质，咏名泉的诗中以咏惠山泉的诗最多；唐人皮日休有《题惠山二首》，其第一首为："丞相长思煮茗时，郡侯催发只忧迟。吴关去国三千里，莫笑杨妃爱荔枝。"说的是唐代丞相李德裕，极爱以惠山泉煮茶，命令地方官吏用"水递"方式从三千里路外的江苏无锡把泉水送到京城。苏轼有《惠山谒钱道人烹小龙团登绝顶望太湖》诗："踏遍江南南岸山，逢山未免更流连。独携天上小团月，来试人间第二泉。石路萦回九龙脊，水光翻动五湖天。孙登无语空归去，半岭松声万壑传。"高启有《赋得惠山泉送客游越》："云液流甘漱石牙，润通锡麓树增华。汲来晓冷和山雨，饮处春香带涧花。合契老僧烦每护，修经幽客记曾夸。送行一斛还堪赠，往试云门日注茶。"

宋代诗人汤巾有《以庐山三叠泉寄张宗瑞》诗："九叠峰头一道泉，分明来处与云连。几人竞赏飞流胜，今日方知至味全。鸿渐但尝唐代水，涪翁不到绍熙年。从兹康谷宜居二，试问真岩老咏仙。"此外，咏到的还有虎丘井、中泠泉、丹阳泉、蜀井（即大明寺水）、松江水、郴州圆泉、钓台十九泉、陆子泉、虎跑泉、安平泉、庐山三叠泉、参寥泉、六一泉、陆游泉、金线泉等大大小小知名度不等的煮茶用水。

明代王世贞的《解语花·题美人捧茶》："中泠乍汲，谷雨初收，宝鼎松声细。柳腰娇倚，熏笼畔，斗把碧旗碾试。兰芽玉蕊，勾引出清风一缕。颦翠蛾斜捧金瓯，暗送春山意。"清乾隆有《陆羽泉》诗："鳞皱石壁贮渟流，绠汲罍瓶百尺修。笑彼吴中泉品遍，姓名翻落第三筹。"

名泉，通过诗人之笔，显得更为甘洌清美。

二、日本

日本古典诗歌具有小巧、抒情性较多，叙事性较少的特点。日本古典诗歌的抒情方式通常是有明显的感受性、情绪性、柔弱性、淡雅性，表现为诗人抒发对客观外在事物的一种感受，这种感受是细腻轻柔的。

（一）天皇茶诗

1. 嵯峨天皇　在位的弘仁年间（810—824）饮茶活动最为盛行，形成“弘仁茶风”。他也是日本平安初期的一位诗人，尤其喜好饮茶作诗，以茶为题写诗句如：“吟事不厌捣香茗，乘兴偏宜听雅禅。暂对清泉涤烦虑，况乎寂寞日成欢。”天皇曾与高僧空海和最澄和尚论经酌茶，并留下以此为题的茶诗，如《与海公饮茶送归山》《和澄上人韵》和《答澄公奉献诗》等。诗歌还有《夏日左大将军藤原冬嗣闲居院》（《凌云集》）。《和澄上人韵》不仅赞颂了众僧云游四海讲经的功绩，而且描述了饮茶、供茶与人物的情景交融：

远传南岳教，夏久老天台。

杖锡凌溟海，蹑虚历蓬莱。

朝家无英俊，法侣隐贤才。

形体风尘隔，威仪律范开。

袒臂临江上，洗足踏岩隈。

梵语飞经阁，钟声听香台。

径行人事少，宴坐岁华催。

羽客亲讲席，山精供茶杯。

深房春不暖，花雨自然来。

赖有护持力，定知绝轮回。

《与海公饮茶送归山》诗，描述了两人的友谊和怀念之情：

道俗相分经数年，

今秋晤语亦良缘，

香茶酌罢日云暮，

稽首伤离望云烟。

2. 淳和天皇　同样嗜好饮茶，写过一首咏茶诗歌《散怀》：“绕竹环池绝世尘，孤村迥立傍林隈。红薇结实知夫去，绿鲜生钱报夏来。幽径树边香茗沸，碧梧荫下澹琴谐。凤凰遥集消千虑，踯躅归途暮始回。”以茶销夏，幽境顿显。《经国集》中载有一首题为《和出云巨太守茶歌》，描写将茶饼放在火上炙烤干燥，然后碾成末，汲取清流，点燃兽炭，待水沸腾起来，加入茶沫，放点吴盐，味道更美。煎好的茶，芳香四溢。为典型的饼茶煎饮法。《夏日大将军藤原朝臣闲院纳凉探得闲字应制》(出自《文华秀丽集》）中的“避暑追风长松下，提琴捣茗老梧间”的诗句，也同样表现了长夏消暑调琴煮茗的惬意生活。

（二）高僧茶诗

空海（774—835），俗名佐伯真鱼，灌顶名号遍照金刚，谥号弘法大师，日本佛教真言宗创始人。804 年到达中国，在长安学习密教。传承金刚界与胎藏界二部纯密，惠果阿阇梨授其为八代祖。806 年回国，创立佛教真言宗。由他编纂的《篆隶万像名义》，是日本第一部汉文辞典，对唐朝文化在日本的传播起到了重要的作用。其另一部重要著作《文镜秘府论》，不仅促进了日本对唐朝文化的理解和吸收，还是了解汉唐中国文学史的重要资料。

空海在答谢嵯峨天皇寄茶的书简中这样写道:“思渴之次，忽惠珍茗，香味俱美，每啜除疾。”在一首感怀诗中写道 :“曲根为褥，松柏为膳，茶汤一碗，逍遥也足。”一首贺寿诗中写道“聊与二三子，设茶汤淡会，期醍醐淳集”(《性灵集》)，分别表现了茶饮健体、茶饮适闲和茶饮聚友的不同功能。

木庵性瑫《雪中煮茗次韵》:“山川作铫煮沙茶，烟泼九天事子家，倏忽白云飞遍界,缤纷如夏蔓从花。”则表现的是围炉煮茶,抒发与天地同感、与四季共存的胸怀。

月潭道澄（1636—1723)，作《雪中煮茗奉次老和尚大韵》:“雪团浓煮建溪茶，味胜卢仝旧作家，品字乌薪春满屋，不知簾外坠瑶花。”雪天坐斋，煮茶悟道，他还在 1694 年，写下了七言 60 句的《煎茶歌》。诗歌采用难得的叙事诗体形式，回顾了中国唐宋时期的饮茶史实，讲述日本荣西禅师携茶种回国及日本京都栂尾山、宇治地区植茶的经过，然后批判了日本抹茶道禁锢艺术发展的庸俗化倾向，颂扬了煎茶文化脱俗清雅的格调。

卖茶翁（1675—1764），日本煎茶文化的祖师。以《自赞三首》表达自己的志向，以《仙窠烧却语》表达对茶器的惜别之情。修习日本茶道者必读书的《南方录》中列举如下和歌："苦待花报春，莫若觅山间，雪下青青草，春意早盎然"。利休居士认为此歌表达了"寂"的心境，是茶道的最高最美的境界。《新古今和歌集》中收录的藤原定家的和歌。表达何为真正的茶之心。"不见春花美，亦无红叶艳，唯有秋暮下，海滨小茅庵。"利休居士的歌："寒热地狱间，柄勺往来转，悉听茶人便，无心无苦怨。"和子规的："寂寥秋夜长，挑灯读文章，远处房舍里，隐闻茶臼响。"均体现了茶道的真谛。

（三）文人茶诗

松尾芭蕉（1644—1694），是他把俳句形式推向顶峰，但是在他生活的时代，芭蕉以作为俳谐连歌诗人而著称。晚年追求俳句平和冲淡之美。松尾芭蕉将一般轻松诙谐的喜剧诗句提升为正式形式的诗体——俳句，并在诗作中灌输了禅的意境。他的诗作往往也是后期诗人如小林一茶和正冈子规等的灵感来源。19 世纪，连歌的开始一节（称为和歌）发展成独立的诗体，称为俳谐。明治时代的诗人正冈子规首先称其为俳句。松尾芭蕉 1694 年初夏所作：

采茶女娉婷，
身隐丛丛茶树林，
时闻杜鹃鸣。

骏河路长长，
处处扑鼻茶芬芳，
胜于橘花香。

岛田忠臣（823—891），著名儒学家、诗人。《乞滋十三摘茶》"不劳外出好居家，大抵闲人只爱茶，见我铫中鱼失眼，闻君园里茗为芽"（《田氏家集》卷下）。菅原道真（845—903），是平安时代的汉学家，诗歌《八月十五思旧有感》"菅家故事世人知，玩月今为忌月期，茗叶香汤免饮酒，莲花妙法换吟诗"（《菅家文草》卷四）；《饮茶》"野厨无酒，岩客有茶，尘尾之下，遂不言家"（《菅家文草》卷七）。还有表现以茶解闷、以茶消愁的诗歌，如《闲中书怀》"东方已明人未睡，闷时起饮茶一杯。"《雨夜》"烦懑结胸肠，起饮茶一碗。饮了未消磨，烧石温胃管"（《菅家后集·雨夜》）。

其他还有，小野岑守（778—830）的诗句："野院醉茗茶，溪谷饱兰芷"（《经国集》）；仲雄王的诗歌《谒海上人》中，"石泉洗钵童，炉炭煎茶孺…… 瓶口插时花，瓷心盛野芋"（《凌云集》）。《本朝丽藻》（1007）和《本朝无题诗》（约1161）两部日本汉诗集中收录有与茶瓯、茶烟、茶园相关的诗歌，但大多数则以寺院饮茶为主题。如庆滋为政的《秋日游东光寺各成四韵》；大江以言的《岁暮游园城寺上方》、中原广俊的《访禅林寺》和《过雍州旧宅》、藤原基俊的《冬日游圆觉寺》、藤原明衡的《暮秋城南别业即事》等。

三、韩国

韩国自新罗善德女王时代（632—646），即中国唐朝传入饮茶习俗，至新罗时期兴德王三年（828），新罗使者金大廉自中国带回茶种，奉诏种植于智异山，促成韩国本土茶叶发展及促进饮茶之风。在新罗统一时期（668—935），输入中国的茶文化，开始了本国茶文化的发展。金乔觉（696—794），新罗僧人，古新罗国王子，唐朝时期到中国九华山苦心修行75载，99岁圆寂于此。传说为地藏菩萨化身，故而又名金地藏。其有《送童子下山》诗一首：

空门寂寞汝思家，礼别云房下九华。
爱向竹栏骑竹马，懒于金地聚金沙。
添瓶涧底休招月，烹茗瓯中罢弄花。
好去不须频下泪，老僧相伴有烟霞。

他在九华山修行时，终日与一烹茶汲水的小童役为伴。当小童不耐深山寂寞，要回归去时，作者写了这首七言律诗赠送他，充分表现出作者仁慈的心地和豁达的情操。

高丽时期（936—1392），由于中国茶文化的深远影响，韩国茶文化处于全盛时期，这一时期出现了李奎报、李齐贤等很多有名诗人。韩国茶诗源于中国茶诗，但却又有自己特有的风格。由金基元等编著的《韩国茶诗调查》（1982）收录有73首茶诗；赵昌孝编著的《韩国茶诗集》(1984)收录102首茶诗；金相铉编著的《韩国茶诗》(1987)收录72首茶诗。赵英任编的《韩国的茶诗》（民族社，2003）择录了从高丽至朝鲜时期有名茶人的茶诗100首，在书中作者诠释了一杯茶可以感悟到无限宇宙之宏大的超然境界。金明培编的《韩国茶诗鉴赏》（大光文化社，1999）以茶事为主线，共收录白居易、苏东坡、苏轼、陆游、杜甫、陶渊明等中国名家茶诗与历代韩国名家茶诗共200首，《韩国茶诗鉴赏》是茶诗收录数量最多的专著，同时收录的中国历代茶诗，也表明了两者之间的源流关系。如栽培、采茶、制茶、煎茶、饮茶、茶礼、茶器、茶味、茶境等题材与中国茶诗都有共同性。高丽时代的李奎报（1168—1241）《东国李相国集》卷十四有一首《谢人赠茶磨》：“琢石作弧轮，回旋烦一臂。子岂不茗饮，投向草堂里。知我偏嗜眠，所以见寄耳。研出绿香尘，益感吾子意。”从石制的茶磨中研磨出芳香的绿色茶粉，源自范仲淹《和章岷从事斗茶歌》，虽源于范仲淹诗句，但是有其独特的语言特色。草衣意恂（1786—1866）《东茶颂》中七言诗“雪花云艘争芳烈，双井日注喧江浙”，源自于苏轼七言诗《鲁直以诗馈双井茶，次其韵为谢》。在两国禅茶诗对比研究方面，韩国最早的喝茶习俗，是流行于僧侣、贵族之间。中国茶诗中的“禅意”是中国茶文化的重要内容，它对韩国佛家茶诗中体现的“和静”“清和”“清虚”思想，以及“八正禅”“中正”茶礼思想的形成和发展影响深远。草衣意恂《东茶颂》中，“谁知自饶真色香，一经点染失真性”，出自韦应物《喜园中茶生》，但是有其独到的禅宗思想内涵。韩国茶诗在中国茶文化的长期影响中，于题材、体裁、禅茶诗等方面形成了独自的文学特色。例如：在禅茶诗方面，陆羽《茶经》中的“茶性俭”，“俭”和皎然茶诗《饮茶歌请崔石使君》“孰知茶道全尔真，惟有丹丘得如此”中的“全真”，是草衣中正茶道精神的源头。但草衣在《东茶颂》中所倡导的中正茶道精神有其独到之处，《东茶颂》第28颂“中有玄微妙难显，真精莫教体神分”和第29颂“体神虽全犹恐过中正，中正不过健灵并”，指出茶有中和性，在《茶神传》中，草衣对中正茶道作了更全面的论述，指出“采、妙、造、精”得“真茶”，“水、根、火、中”得“真水”，“真茶真水泡法中正”，便可“神、体、健、灵”，即四得。指出真茶、真水比例要适中，不可过中失正。体裁中有汉文诗和谚文（古韩语）、散文、骈体文等类。中国禅茶诗对韩国佛家茶诗有影响，也表现出自身独有的文学特色。总而言之，韩国茶诗的形成与发展，与中国茶诗有着至深的渊源关系。

据记载，韩国从新罗善德女王时期开始饮茶，到兴德王时期从智利山种茶开始。当时的茶生活只有贵族、花郎以及僧侣才能享有。贵族们在接待客人或大型活动中饮茶，他们通过饮茶来提高精神修养，以求悟道。在佛家，茶成为供奉仪式的重要组成部分。高丽时期茶文化得到广泛普及，是韩国历史上茶文化的全盛期。朝鲜时期推行抑佛崇儒政策，佛教衰退，茶文化也随之衰退。茶树被移除或疏于管理，茶叶的产量降低，品种改良自然倒退，以至于王室或贵族层即便有茶叶需求，也只能依赖进口。茶房制度有名无实，各种仪式中的茶礼只是流于形式。

古代韩国人的饮茶追求形式的朴实无华，崇尚朴素的作风，安贫乐道。如李崇仁在《次民望韵》中写道，“诗稿吟余改，茶瓯饭后倾”，又有“活火清泉水自煎”的诗句，是说他很享受自己煮茶的生活。元天锡在《端午赠冰亭弟》中写道，“睡余诗思转悠长，且喜茶瓯深更香”，也有同工异曲之妙。

韩国茶诗中体现的泡茶水是山泉水、汉江江心水和雪水。李崇仁的《题南岳聪禅师房次林先生韵》中有“泉甘宜煮茗”，说泉水甘甜，正适于煮茶。申纬在《伊川人赠石铫》诗的标题后明确提到“汲方斗泉”，还有《汲南山石间泉煎茶》的诗，提到煮茶泉水的名称。在《汲江煎茶》中有“八江水品无第二，千里远送归海意”，极言汉江水质之佳。在《早春煮雪》中有“雪水味澹泊，盐梅谢调和”的诗句，说了用雪水来煮茶的感受。茶诗里常用“松风”来代指煮茶，并且有听煮茶声的习惯。如李崇仁在《中原杂题》中有“和当共听松风坐，话尽三生石上因”，松球煮茶，闲谈畅神之美。申纬在《伊川人赠石铫》中有“已过松风第二汤”的诗句，元天锡在《甲戌新正》中有“卧听萧萧声，谁知自意嘉”的诗句，都是说自己听煮茶的声音很享受。李崇仁还在《除夜用古人韵》中用“煮茶鲜叫蚓”的诗句，将煮茶的声音比做蚯蚓的叫声，借用的也是宋人意趣。

草衣意恂《东茶颂》中以“还童振枯神验速，八耋颜如夭桃红”的诗句来表述饮茶效果。在《奉和山泉道人谢茶之作》中的“深汲轻软一试来，真经适合体神开。尘秽除尽精气入，大道得成何远哉”，表达喝茶可让人神清气爽，利于得道。李崇仁在《历访安大夫》中的“烹茶静坐追三省，对酒高谈散百忧”，意指茶是借茶修身，遣兴排忧的良方。以茶会诗也是诗人的一大雅兴，如元天锡在《呈万岁堂头座下》中写道，“煮茗招呼時近當，吾詩不腆堪爲下”，在《次宋献纳愚》中写道，“相对论怀处，茶烟扬竹风”，一派竹林品茶、坐而论道的风景。

四、英国

伦敦大学马克曼 · 埃利斯教授（Markman Eillis）2010 年出版的编著《18 世纪英格兰的茶和茶桌》中，收录 18 世纪英国茶诗 19 首。引言说 ：“18 世纪，英国喝的茶大多数来自中国，一小部分来自日本，主要消费的是闻名的绿茶，清饮为主。整个 18 世纪，茶基本保持在一种异国情调的奢侈品定位上，只有社会上层阶级才喝得起。作为一种新奇饮品、一种富有异国情趣的奢侈品，茶构成了一幅复杂的文化风景，并引起激烈的争论，自然哲学家、医学作家、政治经济学家、道德家、讽刺家和诗人纷纷参与争论。该书提供了 17—18 世纪茶文化风景的书面证据。”

（一）第一首英文茶诗

1662 年，英国出现第一首英文茶诗《论茶》。作者埃德蒙 · 沃勒是一位皇家诗人、演说家和政治家。根据约翰 · 克罗福德介绍，西方有这样的俗语：“正如英国众所周知莎士比亚命名了火鸡，而沃勒则是第一个提到茶叶的古典作家。”这是一首具有综合性功能的诗歌，集咏茶、祝寿和宣传为一体。马克曼 · 艾利斯认为这是一首大幅广告的广告诗歌。诗文如下：

论茶

月桂象征日神，桃金娘是爱神；
非月桂和金娘，吾后却赞茶神。
一为众后最美，一为众草最佳，

这一切都归功于那个勇敢国家，

那里，国泰民安，太阳冉冉升起，

那里，物产丰富，为我们之珍惜。

茶——缪斯之友，恰好满足我们所期待，

挥去脑海之昏沉无奈，

送来心灵之宁静天堂，

借此恭祝皇后茶寿安详。

该诗是一首论茶诗，借助茶叶之物和生日之时，抒发自己对茶叶的感情和对皇后的歌颂与祝福。它将论茶与祝寿两事进行了完美的结合。诗歌语言简练、艺术精粹，充满抒情和象征。

（二）第一位写茶诗的诗人纳厄姆·泰特

1700年，英国桂冠诗人纳厄姆·泰特发表《灵丹妙药：茶诗两篇》，与此出版在同一本书上的还有作者附加的“致查尔斯·蒙太古的献辞”。从文学作品角度来看，这是真正意义上的第一首英文茶诗。全书主要包括前言、论英国诗歌和本茶诗、致茶诗作者、序言和附言等。也是他自己认为最佳的作品，诗歌语言简练、明白易懂、非常富有诗意和想象力。作者认为，茶叶是一个精美的主题，使他写作轻松快乐，是喜爱的化身，也可以特别体面地将诗歌献给女士们消遣娱乐。泰特在诗歌的前言部分强调说，“假如这是一首带有艺术或美好的诗篇，有欣赏能力的人自然会发现；然而我无幸取悦他们，我并不想要取悦任何人”。

（三）英国第一首散文诗

彼得·莫妥（Peter Motteux）的《赞茶诗》，描述的是奥林匹克高山上众神之间的一场辩论，辩论的主题是酒和茶的好处。公正的赫柏建议用茶代替更易醉人的酒。作者首先采用下面对茶叶的赞颂诗句引入辩论主题：

欢迎！生命之饮！我们的七弦琴，

多么公正地回响着你的力量激起的赞颂！

你独自的魅力比得上鼓舞的思想：

你是我的主旨，我的甘露，我的缪斯。

后来，在茶诗中作者再次这样歌颂茶：

茶，天堂般的快乐，自然界最真实的财富，

令人愉悦的妙药，必定是健康的保证：

政治家的顾问，少女的初恋，

缪斯的甘露，朱庇特的饮料。

经过茶酒的激辩，阐明了酒越喝伤害越大，而茶越喝越健康和快乐。酒用毁灭性的气体征服了人类，而茶叶帮助人类战胜酒，征服了酒。酒使人的头脑发热，而茶叶只带来光明，却没有火焰。最后，朱庇特宣布辩论结果茶的好处一方大获全胜：

朱庇特说，不要震动，不朽的众神们，听好，茶必定会战胜葡萄酒犹如和平必将战胜战争，不是让葡萄酒激化人类的矛盾，而是共同饮茶，那是众神的甘露。

纳厄姆·泰特1701年发表《灵丹妙药：茶诗两篇》和彼得·莫妥1712年的《赞茶诗》，对随后发表在《观察者》，受人关注的茶和茶桌的代表作产生过重大影响。这些有关茶的诗篇形成一个突破性的链接点：贯穿下个世纪，出现了与茶相关的诗歌和讽刺作品20多种。

（四）无名氏诗歌

18世纪初期，茶叶曾在英国社会掀起一场不小的风波，引起各界人士的关注并引发众多的争议和分歧。因此，在英国曾经公开发表和出版过署名为无名氏或没有署名的咏茶诗歌。1743年，一首署名为无名氏的茶诗在伦敦出版，题名为《茶，茶诗乐章三篇》。诗歌由9 000多单词组成，是一首寓言诗歌，也可能是英国最长的一首茶诗。

此外，还有《茶，诗一则或瓷杯里的女士们》《泡茶的艺术，茶诗章两节》《品茶妻子与醉汉丈夫》《新茶桌集》《公共饮茶的描述》《搅动的汤姆：傲慢女士的棍棒》等。

（五）浪漫主义诗歌

著名诗人乔治·戈登·拜伦，是英国19世纪初期伟大的浪漫主义诗人，代表作品有《恰尔德·哈洛尔德游记》《唐璜》等，他的诗歌里塑造了一批“拜伦式英雄”。他称茶为“中国的泪水”，并“为中国之泪水——绿茶女神所感动”。据《拜伦传》记载，即便是在前往希腊参加武装斗争的时候，他也保持着饮茶的习惯，“早上一起床，他就开始工作。然后喝一杯红茶，骑马出去办事。回来后，吃一些干酪和果品。晚上挑灯读书”。

《唐璜》是拜伦的代表长诗之一，诗中表现了唐璜的善良和正义，通过他的种种浪漫奇遇，描写了欧洲社会的人物百态、山水名城和社会风情，画面广阔，内容丰富，堪称一座艺术宝库。诗中提到“茶”字11次，特别论述中国绿茶和武夷红茶两大茶类的功效。第四诗章如下：

“我竟然感伤起来，
这都怪中国的绿茶，
那泪之仙女！
她比女巫卡珊德拉还灵验得多，
因为只要我喝它三杯纯汁，
我的心就易于兴叹，
于是就得求助于武夷的红茶；
真可惜饮酒既已有害于人身，
而喝茶、喝咖啡又使人太认真。”

拜伦认为中国茶和茶具都是一种高度文明的体现，他在这里将其与西方文明的辉煌代表雅典卫城相提并论，并以此贬斥伦敦的生活品味与文明的不值一谈，对中国优雅生活方式的欣赏之情跃然纸上。

1820年，著名诗人P.C.雪莱写下英雄史诗《给玛丽亚·吉斯本的信》，这是一首三百多行的长诗，其中提到茶的经典诗句如下：

“药师愤怒抗议的饮料，
而我独喜痛饮狂酣，
即使死神即将来临，

我们抛币决定，也要争做殉茶第一人。”

在《泛舟塞奇奥》一诗中，雪莱这样描述往日休闲时光：

“……那些热茶瓶——，

（给我些干草）——必须轻放；

譬如我们往日在伊顿用过的那种，夏日六时之后，

把大衣的口袋塞得满满，还有混合在一起的；

煮鸡蛋、胡萝卜和面包卷，

之后，躺在偷来的干草上，……一起享受着盛宴直到八时。”

此外，浪漫主义诗人约翰·济慈在书信集中经常提到与朋友聚会喝茶，甚至有次步行9英里特意去喝茶。诗歌《情人们的晚会》中，描写人们等待喝茶的情景，“一点一点地吃着烤面包，在叹息声中等待茶冷凉”。据威廉·乌克斯《茶叶全书》载，英国生物学家达尔文在《植物之爱》中有一首关于茶的诗，“撷绿丛为中夏之名园兮，注华杯以宝液之蒸腾；粲嫣然其巧笑兮，跪进此芳茶之精英”。英国诗人拜特杰曼的《在巴斯一家茶馆》是英国人最喜爱的爱情诗歌之一。

1735年，邓肯·坎贝尔的《茶诗》赞扬了喝茶远远超出喝酒的好处，尤其对于女性来说，“茶是美女和智者的饮料；无须伪装地清醒大脑，而酒却使人激动，神志恍惚……”英国诗人亚历山大·波蒲曾经作诗这样描述当时社会的饮茶情景：“佛坛上银灯发着光，赤色炎焰正烧得辉煌，银茶壶泻出火一般的汤，中国瓷器里热气如潮荡漾，陡然的充满了雅味芳香，这美好的茶话会真闹忙。”诗人约翰·盖伊（1685—1732）的《茶桌，一首城镇短诗》，描写的是一些贵妇人因为喜爱茶叶，也珍爱东方的茶具等古瓷品。如“古瓷是她心中的爱好所在：一个杯子、一只盘、一个碟子、一只碗能够触动她胸中的火焰，给她欢乐，或让她不得安闲”。

19世纪英国诗人罗伯特·布鲁克，他最出名的茶诗语言，是在《牧师古宅，格兰彻斯特》中，留下两行描写果园喝下午茶的佳句：“教堂时钟已过午，尚有佳蜜伴茶馨。”18世纪末19世纪初的英国诗人罗伯特·安德森写过诗歌《茶》，他擅长用英格兰北部乡村方言创作民族歌谣。受苏格兰浪漫主义诗人罗伯特·彭斯的影

响，安德森对普及当地乡村的民间歌谣传统作出巨大贡献，同时发展形成了一种具地域性方言、独一无二的优秀文学形式。

乔西亚·拉尔夫是最早尝试用英语方言创作诗歌的诗人之一，他一首诗歌《茶》收入在1747年出版的《诗歌杂集》。《葡萄园诗刊》中有一首《茶与诗》（作者英国齐思），诗文如下：

要什么样底茶叶，
才能将诗冲泡得这般芳醇袅袅。
以沉思者冥想底角度入水，
低吟亢咏底加热，
沸腾每一卷叶，
连五代唐宋那几片，
也滋胀滑散成一斟斟。
无论清淡底、琥珀底、或墨酽底，
终得再度发酵，
在舌与舌尖烘醅，
五腑六脏煎熬，
一缕茶沁缓昇，
又让诗沸腾，
片片涨落。

当代英籍伊朗诗人米米·卡绿阿蒂1997年写过一首诗歌《你第一次邀请我在苹果树下喝茶和现在》。当代英籍德国诗人迈克尔·霍夫曼1999年的诗歌《给父亲的茶》。其他作者及作品，见下表。

英国作者及其茶诗作品

年 代	姓 名	身 份	作 品
18世纪	邓肯·坎贝尔	诗人	《茶诗》

（续）

年 代	姓 名	身 份	作 品
18 世纪	纳撒尼尔·米斯特	画家、记者	《赞成和反对饮茶的书信杂集》
	阿兰·雷姆赛	诗人、画家	《茶桌杂集》
	约翰·沃尔顿	诗人	《讽刺反对茶》
	约翰·洛克曼	诗人	《致长期隐藏的第一位细麻布和茶议案倡导者》
	小乔治·考尔曼	英国剧作家和杂文家	《鉴赏家，茶桌与牌桌对话》
	安布罗·斯菲利普	诗人、剧作家	《茶壶或女士的变化》
	蒂莫西·塔奇斯通		《茶与糖》
	塞缪尔·毕晓普		《致同一天，用茶壶和杯盘庆祝又一周年纪念日》
	伊丽莎白·托马斯		《致一位绅士，他说女性最适合饮茶和修理丈夫的后膛》
	克里斯托弗·斯马特	著名诗人	《茶壶和硬毛刷，寓言 v》
	约翰·休斯	散文家	《论露辛达的茶桌》
	罗伯特·弗格森	苏格兰诗人	《茶，诗一首》
	沃尔特· 哈特	诗人，历史学家	《明喻，论一群饮茶人》
	安娜·苏厄德	诗人、散文家、记者	《美国战争期间邀请 C 夫人到公共场所喝茶的诗文》
	威廉·申斯通	诗人	《茶桌》
	约翰·卡斯蒂略	诗人、牧师、石头雕刻家	《某个茶桌》
	彼得·品达	诗人、讽刺作家	《前帝国茶颂词译本》
19 世纪	约瑟夫·瑟斯顿		《茶桌》
	汉斯·巴斯克	威尔斯诗人	《茶》
	安妮·埃文斯	诗人、音乐词作家	《你会说，或许，一杯热茶》
	托马斯·海恩斯·贝利	诗人、剧作家	《饮茶和结果》
	托马斯·哈代	诗人、小说家	《我在喝茶》
	H．D．萃尔	讽刺诗人、记者、散文家、传记作家、编辑	《没有吐司只喝茶》
	埃比尼泽·埃利奥特	诗人	《诙谐短诗，死神对博尔·斯莱说，“不在茶里加朗姆酒”》
	理查德·威尔顿	诗人、牧师	《大瀑布下的一杯茶》
	夏洛特·玛丽·苗	诗人	《下午茶》
	温德·弗雷克	诗人	《赞颂一杯好茶》
	本杰明·彭海罗·希莱伯	记者、编辑、幽默作家	《品茶的帕丁顿夫人》《一场旧时茶会》

（续）

年 代	姓 名	身 份	作 品
20 世纪	基斯 · 道格拉斯	诗人	《埃及茶园里鱼的行为》
	米歇尔 · 亨利	诗人	《奶油茶》
	简 · 德雷科特	诗人	《泡茶者》
	诺曼 · 盖尔	小说家、记者	《饮茶来晚了》
	法兰克 · 莫顿	散文诗作家	《茶会》
	D.J. 恩赖特	诗人、批评家、散文家	《茶仪式》
	史蒂芬 · 罗默	诗人	《给当地演讲者的茶》
	埃德温 · 摩根	苏格兰诗人、翻译家	《来自茶叶词典》
	W.H. 奥登	百年最著名的诗人	《十一月饮茶时》
	塞缪尔 · 泰勒 · 柯尔律治	诗人	《星期一的茶壶》
	海伦 · 邓莫尔	作家、诗人、小说家	《在布兰蒂家喝茶》《在茶房》
	托拜厄斯 · 希尔	诗人、小说家	《绿茶变冷》
	詹姆斯 · 拉斯登	诗人、小说家、电影剧本作家	《和警察共饮茶》
	瓦尔 · 华纳		《花园品茶》
	加文 · 尤尔特	诗人	《瑞特夫人的茶会》
	安东尼 · 巴内特	诗人	《茶里的叶子是…》

五、法国

法国 19 世纪最著名的现代派诗人，法国象征派诗歌先驱夏尔 · 皮埃尔 · 波德莱尔（1821—1867），从 1841 年开始诗歌创作，1857 年发表传世之作《恶之花》，该作奠定了波德莱尔在法国文学史上的重要地位。

这部诗集 1857 年初版问世时只收 100 首诗，1861 年再版时增为 129 首。除此之外，波德莱尔还有长篇诗《给我倒杯茶》。

六、俄罗斯

俄罗斯文学和乌克兰、白俄罗斯文学同出一源，发轫于基辅罗斯，988 年定基督教为国教后的 10 —11 世纪。自 19 世纪 20 年代中期开始，由于 1825 年贵族革命的失败和专制农奴制统治的强化，俄罗斯文学中的浪漫主义又很快让位给现实主义。

浪漫主义诗人普希金，从这时起先后创作大量现实主义的作品，他因此被尊为俄罗斯近代文学之父。稍后的浪漫主义诗人莱蒙托夫、果戈理（1809—1852）始终保持浪漫主义气质。19 世纪末 20 世纪初俄罗斯文学出现了新的转折，形成多个流派同时并存的局面。20 年代后期，普希金的创作由浪漫主义转向现实主义，而果戈理使俄罗斯文学的批判成分显著增强，并“从平凡的生活中吸取诗意，用对生活的忠实描绘来震撼心灵”（别林斯基）。

19 世纪 90 年代中期，俄国解放运动进入无产阶级时期，俄罗斯文学也相应地踏上一个新阶段。高尔基的早期作品反映了人民群众对地主资产阶级的自发抗议和对美好生活的向往。1917 年十月革命后直到 80 年代末，俄国实行社会主义的苏维埃制度，政府提倡以社会主义现实主义为基本创作方法，因此，高尔基和绥拉菲莫维奇等老作家们原起步于各现代主义流派的作家，都很快转向社会主义现实主义。

俄罗斯人喝茶的历史至今约 300 多年时间。1638 年，俄国贵族瓦西里 · 斯塔尔可夫遵沙皇之命送给蒙古可汗一些紫貂皮，蒙古可汗回赠的礼品有 4 普特中国茶叶。从此茶便堂而皇之地进入了俄罗斯宫廷，随后又扩大到俄罗斯贵族家庭。因为茶叶非常昂贵，不是当时普通俄罗斯人能够承受的，所以饮茶成为俄罗斯贵族和有钱人的专利，成为身份和地位的象征。因此，在生活中，茶也自然而然地引起了诗人们的兴趣。

俄国诗人普希金在《欧根 · 奥涅金》中的《假如我没有记错》：

假如我没有记错，
纸牌已打完八副，
牌兴正稍有低落，
是时候了，上一道茶吧。
我们明白这乡间的风俗，
离不开一日数餐，高明啊——
一座精妙的时钟，
早就运转在我们的身躯

它就是我们的肠胃。

每当日暮临近，

仆人会端来茶炊，

那只中国茶壶内，

茶叶已放在里边。

伏特加也会来大显恩惠，

斟满了杯盏，供人消遣，

恍惚中那个小厮又——

奉上了随意茶点。

黄昏降临，灯火通明，烧茶的茶炊之声。温热的中国细瓷茶壶，团团蒸汽从它底下喷出。奥莉佳亲自给大家斟茶，小仆人双手捧来了乳皮。茶水馥郁芳香，像一股黑色的溪流——这是俄罗斯著名诗人普希金对饮用中国茶的赞誉。

苏联诗人马雅可夫斯基，把写广告诗当成“诗人的副业”，先后写过300多首广告诗，如：

（1）白熊、驯鹿、爱斯基摩——

茶管局的茶，

谁都爱喝。

（2）沙皇资本家，

在云端观察，

想看看工人们，

吃啥喝啥。

气得他，

眼珠子，

瞪得老大。

工人们，

喝的是高级茶！

(3) 上等茶叶上哪儿买?

茶管局的,

价廉物美,

赶快买了好解渴……

(4) 一见东方人心里乐开了花;

骆驼驮来了,

绿茶!

(5) 我敢向全世界起誓:

私营公司的茶叶太次,

茶管局的有信誉。

茶叶成色,

你沏出来看,

整个房间,

香得像百花园。

马雅可夫斯基《夏天在别墅中的一次奇遇》:

落日燃烧着一百四十个太阳,

夏天滚入了七月,

大地上蒸腾着热气,

炎热无比——

这件事就发生在别墅里。

我向它高声喊道:

“等一等!

金面人,你听我说,

何必老那样,

无所事事,

把光阴打发,

来吧，
还是到我这儿喝杯茶！”
“我乘着火焰回来，
这还是开天辟地第一遭。
是你邀请我吗？
拿茶来吧！
诗人！果酱也要！”
我满眼流泪——
热得几乎发了昏；
但我还是指给他茶炊：
“好吧，
请坐，发光的巨人！”
长诗《穿裤子的云》中有：
当被投进断头台的利齿下，
高呼一声：
“请喝万古坚的可可茶！”

《关于一个自己打算得挺周到的逃兵、关于这个自私自利者本人和他的家庭遭遇到怎样命运的故事》：

虽然眼下农民的队伍胜利了……
跑进来了，
就去和老婆亲嘴，
一气灌了大约一千杯茶；
打盹了，
睡着了，
打着鼾声……

《你来念念这首诗，上巴黎、中国去一次》：

这儿过海是中国。

快上船吧，

把海过。

中国，

它给太阳烤得枯黄。

这个出茶地方，

出米地方。

用花茶杯，

喝杯茶，

吃碗米粥，

是不差。

可中国人，

不是天天都能吃饭喝茶。

20 世纪俄国最重要的诗人之一叶夫根尼·亚历山德罗维奇·叶夫图申科有《在科雷马雨淋淋的小船里》一诗，也在特定的场景中显示茶的可贵：

在科雷马雨淋淋的小船里，

冰冷的手指僵在舵轮上，

我担心你不喜欢我，

也担心我爱上你。

而这雅库特人谢拉菲姆的眼睛，

却饱含着聋哑人似的痛苦神情，

犹如科雷马河上那凄凉的篝火，

在烟雾中闪出两颗冒烟的火种。

茶碗里是浓黑的茶，如同焦油。

就该再添上点白糖……

“谢拉菲姆，你说什么是幸福？”

“幸福就是活得久长。”

七、美国

埃兹拉·庞德（Ezra Pound），诗人和文学评论家，意象派诗歌运动的重要代表人物。他和艾略特同为后期象征主义诗歌的领军人物。他从中国古典诗歌、日本俳句中生发出“诗歌意象”的理论，为东西方诗歌的互相借鉴做出了卓越贡献。在1915年出版的《中国》中收集并翻译了十几首中国古诗，并有《茶叶店》《茶香玫瑰茶服》等诗篇。

华莱士·史蒂文斯（1879—1955），是美国20世纪最重要的著名诗人之一，他被称为“诗人中的诗人”，但他却是一位“业余诗人”。他的《茶》（1915）是一首非常短小的“俳句”式诗歌，却不乏诗人的离奇想象、意境奇特和晦涩难懂等特征。但同时它却充满朦胧的“美的诱惑”，是一首纯粹的茶叶赞美诗。它映射出诗人对茶叶的痴迷及疑惑心情，一首一句话的自由诗，一个长句却蕴涵着无穷的想象力和张力，犹如一幅动人的自然画卷，充满现实与想象的矛盾。全诗如下：

茶，

公园里，大象的耳朵在寒霜中皱缩，

小径上的落叶像耗子般跑动，

你的灯光倾在闪亮的枕头上，

海的阴影，天空的阴影，

像爪哇的雨伞。

题目为“茶”，但是诗歌里却从头至尾不见茶字，这是诗人采用的一种修辞手法，有意拉开现实与想象空间的断层之美。该诗歌整体“结构紧凑、集中、简洁，明显带有洛可可式的艺术风格，节奏轻松、诙谐，色彩清淡柔和”。美国作家和批评家范维克登 （Carl Van Vechten）认为这首诗的“每一行”都“以某种方式传递着茶的印象和感觉”。“茶的灯光”象征智慧之光，因为茶叶有醒目提神作用，被称为“灵魂之饮”。

1921 年，史蒂文斯再次写了一首以茶为主题的诗歌，题名为《在红宫品茶》。评论家戈兰·蒙森曾说：“无可否认，他（指史蒂文斯）……受到中国诗歌的影响……由于他这种训练有素而且行之有效的细腻作风，史蒂文斯一直被人称作是中国式诗人。”

西尔维娅·普拉斯（1932—1963）是美国 20 世纪最有影响的女诗人之一。自白派诗人的代表。代表作《巨人及其他诗歌》，因其富于激情和创造力的重要诗篇留名于世。

《申请人》（赵毅衡译）：

首先，你是否我们同类？
你戴不戴，
玻璃眼珠？假牙？拐杖？
背带？钩扣？
橡皮乳房？橡皮胯部？
还是仅仅缝合，没有补上缺失？没有？没有？
那么我们能否设法给你一件？
别哭，
伸开手。
空的？空的。这是只手，
正好补上。它愿意
端来茶杯，揉走头痛，
你要它干什么它都干。
你愿意娶它吗？
保用保修，
它临终时为你翻下眼睑，

溶解忧愁。

我们用盐制成新产品。

我注意到你赤身裸体，

你看这套衣服如何——

黑色，有点硬，但挺合身，

你愿意娶它吗？

不透水，打不碎，

防火，防穿透屋顶的炸弹，

你放心，保证你入土时也穿这衣服。

现在看看你的头，请原谅，空的。

我有张票子可供你选用。

来啊，小乖乖，从柜子里出来，

怎么样，你看如何？

开始时像一张纸般一无所有，

二十五年变成银的，

五十年变成金的。

一个活玩偶，随你怎么端详。

会缝纫，会烹调，

还会说话，说话，说话。

很派用场，不出差错。

你有个伤口，它就是敷药，

你有个眼睛，它就是形象。

小伙子，这可是最后一招。

你可愿意娶它。娶它。娶它。

此外，诗人T．S．艾略特作有《弗莱斯喀》：

感到太阳斜斜地升起的光线，

和贼一般来临的白昼的规劝，
胳膊雪白的弗莱斯喀打哈欠眨眼睛，
从满是情爱和快意的强奸的梦中渐醒。
忙碌的电铃一次一次地响起，
带来利落的阿玛达，驱去梦的魅力；
用下人粗粗的双手和重重的脚步，
他拉开了围着亮漆床的帷布，
接着又把一只精致的茶盘放下，
盘里是舒心的巧克力，或是提神的茶。
《杰·阿尔弗莱特·普鲁弗洛克的情歌》：
……将来总会有时间去谋杀和创造，
去从事人手每天的劳作，
在你的茶盘上提起而又放下一个问题，
有时间给你，有时间给我，
还有时间一百次迟疑不决地想，
还有时间一百次出现幻象和更改幻象，
在用一片烤面包和茶之前。
《小老头》
头上那片田野里，山羊一到夜间就咳嗽；
岩石、青苔、景天、烙铁、还有粪球。
那个女人操持着厨房，煮着茶，
到傍晚打喷嚏，一边拨着劈啪的火。
《一位女士的画像》
“你让它从你身边流过去，你让它流过去，
青春是残酷的，从不追悔，
对待它看不清的情况只是微笑。”

我微笑，当然，
继续喝着茶。

“我一直深知你能了解，
我的感情，一直深信你能感受
深知你能够超越鸿沟伸过手来。

我会坐在这里给朋友们斟上茶水……”

你至少可以写信。
恐怕还不太迟。
我会坐在这里给朋友们斟上茶水。

其他作家及作品，见下表。

其他美国作家及其作品

年代	姓名	身份	作品
18 世纪	菲利普 · 弗伦诺	编辑、作家	《那盘茶》
	汉娜 · 古尔德	诗人、散文家	《新英格兰茶合唱队》 《美国人的茶会》
19 世纪	玛丽 · 梅普斯 · 道奇	儿童作家、编辑	《饮茶之后》
	菲茨 · 格林 · 哈莱克	诗人	《茶会》
	尤金 · 菲尔德	记者、作家	《松饼和茶》《茶服》
	埃德加 · 福西特	诗人、戏剧家、小说家	《一只老茶杯》《致茶玫瑰》
	塞缪尔 · 斯密斯	诗人、散文家、教育家、编辑、牧师	《饮茶，一首美国民谣》
	查尔斯 · 里兰德	作家	《绿茶地，一首音调起伏的加利福尼亚人》

（续）

年代	姓名	身份	作品
20世纪	玛丽·梅普斯·道奇	儿童作家	《汉密尔顿的茶会》
	詹姆斯·惠特科姆·赖利	诗人	《一杯茶》
	朱莉娅·沃德·豪	社会活动家、作家	《茶会》
	马克·考克斯	家庭和道德为主题抒情散文诗诗人	《太阳茶》
	贝尔·沃宁	诗人	《西藏茶》 《梅尔－吉纳维芙母女共饮茶》
	南希·维埃拉	诗人	《茶会》
	琳蒽·利弗森	诗人	《菩提树茶》
	特伦斯·文奇	作家、作曲家	《一杯茶》
	阿丽夏·奥斯翠克	诗人、文学批评家、教育家	《梅尔在喝茶》
	戴安·瓦科斯基	诗人	《茶仪式》
	帕米拉·亚历山大	诗人、教育家	《茶的故事》

八、新西兰

新西兰作家诗人的作品中，反映茶的内容也时可见之。

凯瑟琳·曼斯菲尔德（1888—1923），短篇小说家，文化女性主义者，新西兰文学的奠基人，被誉为100多年来新西兰最有影响的作家之一。1930年著有《黄春菊花茶》。杰斯·麦凯（1864—1938），是新西兰本土出生最早出名的作家之一。《下午茶》选自The Spirit of the Rangatira和other Ballads1889。诗的风格归类于彭斯的民间歌谣和Longfellow的新世界浪漫主义和Swinburne的民谣。

塞巴·史密斯（1792—1868），编辑和记者，出生在缅甸州。被公认为第一个政治讽刺家和美国幽默文学新形式的开创者，对后期的许多作家产生重要影响。《革命茶》，选自《诗歌，里》The Wide-Awake Gift：a know-nothing token，1855。

九、爱尔兰

保罗·马尔登是当代著名爱尔兰诗人、批评家和翻译家。曾荣获普利策诗歌奖，T.S. 艾略特奖，爱尔兰时代诗歌等多项诗歌奖。1990 年，费伯－费伯出版社出版的诗集《神秘》收录以茶为题的诗歌，全文如下：

《茶》

我翻遍一个又一个茶叶箱，
它们沿着基维斯特闲散走来。
我偶然找到《毕达哥拉斯在美国》：
落地后书敞开一枚书签，
茶叶形状的；一簇流苏，
呈水墨丝黑色来自弥撒书，
一只茶色鸟的乌黑尾巴和羽毛。
我屋中仅存着一些剩菜剩饭，
烤焦的鱿鱼犹如染上自己墨汁，
还有这杯不幸的茶，喝掉它，干杯。

此外，18 世纪爱尔兰诗人、散文家塞缪尔·怀特，1772 年发表诗歌《诙谐短诗：洒在女士腿上的一杯茶》；爱尔兰作家和画家，萨缪尔·拉福尔的诗歌《茶桌策略》；19 世纪爱尔兰政治家，诗人，散文家和报道人尼古拉斯·戴文（1840—1901）撰写有诗歌《一杯茶》；作家詹姆斯·麦卡罗出生在爱尔兰，后移居加拿大，发表诗歌《第二次波士顿茶会》。20 世纪之后到当代，爱尔兰文人也陆陆续续撰写以茶为题的诗歌，如诗人约翰蒙太古的《茶仪式》，收录在 1995 年维克森林大学出版社出版的《诗集》；诗人毛利斯·莱尔顿的第一本诗集《来自洛基的语言》，收录诗歌《爱德华时代的品茶师》。

十、其他国家

19 世纪末，加拿大作家威廉·坎贝尔写过一首诗歌《加拿大民歌》，描绘了户内户外的情景，室内炉火上茶炊就绪。诗歌由 4 节组成，每个小节的最后两句重复，“玛杰丽，玛杰丽，泡茶吧，茶壶欢快地唱着歌”。描写了一家人将共饮茶的欢乐景象。同时期的诗人和散文作家伊莎贝尔 · 麦凯的诗歌《风俗》也写到茶。诗人从一个小女孩的角度描绘妈妈经常邀请朋友来家喝茶，而“我甚至从来不敢期待她们，何时能请我去喝茶啊！”还有一位加拿大诗人，小说家和记者简 · 布卢伊特 (1862—1934)，于 1898 年写过诗歌《茶壶的曲调》。19 世纪，加拿大诗人乔治 · 威廉 · 吉莱斯皮从苏格兰移民到加拿大，创作有诗歌《一位苏格兰年迈老妇人对美国泡茶的思考》。19 世纪马耳他作家弗兰西斯 · 亚当斯的诗歌《小屋内，下午茶》。

第二节　茶事小说散文

小说是生活的镜子，也是现实生活的横断面。无论是短篇或长篇小说，在它有限的范围内，强烈地深刻反映某一个生活机体或生命机体的特征，反映在特定的时间与空间条件下的典型生活或生命机体。在世界各国一切文学产品中，小说是人类生活最切实可靠的见证。其创作内容包含了异彩纷呈、具有情节的茶风茶俗、茶人茶事。

一、中国

小说是先秦的神话、寓言，魏晋的鬼神志怪等的延伸，至唐代出现了“传奇”。茶与小说的结缘也可见陆羽《茶经 · 七之事》，辑录了东晋干宝《搜神记》、假托西汉东方朔作的《神异记》、传说东晋陶潜所著《续搜神记》、南朝宋刘敬叔著《异苑》《广陵耆老传》等六则鬼神志怪，记载着茶用的祭祀、茶食茶汤的买卖、茶的品种等。

唐宋时期李昉等编的《太平广记》、洪迈的《夷坚志》等均可见茶事。明代小说家冯梦龙的《醒世恒言》和《喻世明言》两部小说则既描写了宋代的点茶细节，又记载了明代吃茶与婚配关系的习俗。兰陵笑笑生《金瓶梅》中的老王婆茶坊谈技和吴月娘扫雪烹茶，清代吴敬梓《儒林外史》中的马二先生游西湖访茶店，曹雪芹《红楼梦》中的妙玉栊翠庵茶品梅花雪，李汝珍《镜花缘》中的小才女燕紫琼绿香亭品茶，曾朴《孽海花》中的侯夫人在英国手工赛会上沏泡武夷茶等。

《儒林外史》和《红楼梦》作为通俗与文雅的饮茶风俗，很有代表性。两部古代小说中对茶文化的呈现，风格各异，《儒林外史》反映出茶文化涉及面广，泛泛而谈居多的风俗茶文化。而《红楼梦》不仅涉及诸多方面的茶文化，而且又有具体的深度展开，构成雅致茶文化。

据《中国茶经》载：《儒林外史》中茶字出现最多，全书56回，涉及茶的有50回，共有258处。书中描述的“吃茶”与人物活动和日常生活紧密相关。茶的品种：毛尖茶、干烘茶、真天都（黄山茶）、银针茶、苦丁茶、贡茶，还有高果子茶、红枣茶、桂圆茶等系列果茶。饮茶的场所包括茶棚子、茶社、茶馆、茶船、澡堂内、寺庙里等。内容包括烧茶、煨茶、献茶、清茶、拜茶等。作者以茶馆作为观察当时社会人情世态的窗口，作为作品人物活动的场所，刻画人物性格、衔接故事情节、铺垫环境背景、寄托人生理想。当时的茶馆是人们议事、说媒娶妻、交友、叙旧、调解矛盾等日常活动的公共场所。那时已经有从事茶行职业的人，即为提供茶事服务的人员。小说描写市井中人作精致茗事。作者意在凸显茶馆中反映的市井生活，一副生动丰富的茶馆风俗的街景。

曹雪芹的《红楼梦》，写到茶处有200多处，咏茶诗10余首。客来敬茶、以茶漱口、用茶泡饭、雨水烹茶、以茶祭祀、受茶允婚等。茶食丰富。受茶允婚，是金陵传统民风，“吃了谁家的茶，就是谁家的人”，“一女不吃两家茶”。《红楼梦》第四十一回《栊翠庵茶品梅花雪》，写妙玉在栊翠庵请贾母和宝钗、黛玉、宝玉品茶。相当细腻地以贾母品茶为引子，以妙、宝、钗、黛品茶为主体，描述了高雅茶事的全过程。

当代小说中也出现了许多以茶事为题材的作品，以沙汀的短篇小说《在其香居茶馆里》，陈学昭的长篇小说《春茶》，王旭烽的《南方有嘉木》《不夜之侯》《筑草为城》，合称“茶人三部曲”为较多。其中《南方有嘉木》和《不夜之侯》荣获第五届茅盾文学奖。

明代张岱著的散文集《陶庵梦忆》，其中的《闵老子茶》记述了作者与南京闵汶水鉴茶品泉的情景。《兰雪茶》生动描述了越地绍兴日铸茶，因引入徽地松萝法焙炒，用当地泉水冲泡，声名盖过松萝的一段历史。

鲁迅和周作人均有《喝茶》之名的散文，阐述各自对茶的见解和偏好。冰心《我家的茶事》记录她爱喝茉莉花茶的起始。“茶的故乡和我故乡的茉莉花茶”记叙故乡窨制花茶的历史和老家的雨水泡茶。杨绛《将饮茶》中收录有“孟婆茶”一文。徐映璞《清平茶话》均系其亲见亲闻，大都是浙江茶事，文字质朴。汪曾祺《寻常茶话》，讲述自己几十年来的寻常喝茶。黄裳的《茶馆》，写四川各有特色的茶馆。陈从周《香思》文章由茶思人。《茶烟歇》笔记集，是近人范烟桥著。此书收集作者 40 年的笔记见闻，整理成专集，共有 272 篇随笔，有《碧螺春》《茗饮》两篇，专谈茶事。《碧螺春》记述昔时采制情状及茶名之由来。《茗饮》述说苏州茶俗及吴下旧俗以茶订婚或款待亲友等。

二、日本

川端康成（1899—1972），日本新感觉派作家，著名小说家。幼年父母双亡，一生漂泊，逐渐形成了感伤与孤独的性格，这种内心的痛苦与悲哀和日后深受佛教思想、虚无主义的影响，成为他文学的阴影很深的底色。1968 年，川端康成获诺贝尔文学奖，是日本获此奖项的第一人。

1952 年，川端康成所作短篇小说《千只鹤》，是一部关于情爱与茶道、传统与现实的小说。主要讲述的是一段涉及两代人的畸恋故事，表现了爱与道德的冲突，同时对日式风物与心理的刻画也十分细腻。所有的故事几乎都发生在茶室里。茶具就像有生命的东西似的与各种出场人物相对，来冷峻地凝视充满各自人生的孤独、悲哀与徒劳。同时，那一对迭相传承的志野瓷茶碗还蕴含着人物内心的情趣，象征人物的命运。

日本推理小说家栖川有栖的《俄罗斯红茶之谜》，风格新奇且逻辑缜密，讲述众所瞩目的新锐作词家奥村丈二在忘年聚会中意外身亡，从他喝的俄罗斯红茶里检验出氰酸钾，如何在看似无涉的与会者当中找出真凶，加入果酱的美味俄罗斯红茶如何在看似完全无下手机会的情况下成为索命的凶器。

三、英、美、俄等国

英国著名作家乔治奥威尔“泡一杯好茶”一文中写道，“因为茶是我国的，也是爱尔兰、澳大利亚、新西兰文明的重要支柱之一”。他认为，最真实的本土文化总是围绕着一些活动而得以体现，这些活动有公共的，也有私下小范围的，如酒吧、足球赛、后花园、壁炉边和而那“一杯好茶”也是不可缺少的。钱钟书评价“奥威尔的政论、文评和讽刺小说久负当代盛名。……至于其文笔，有光芒，又有锋芒，举的例子都极巧妙，令人读之唯恐易尽”。

1952 年，美国小说家爱德蒙费伯（1885—1896）所著《巨人传 Giant》，再现了得克萨斯州的开发历史和开拓精神，涉及产业更新、种族相处等重大命题，具有史诗的浩瀚。故事展示了财富和偏见对一个牧场家庭 25 年的影响。牧牛工 Jett Rink，为了达到目标，开始学习规范写作，同时获得一次机会向来自 Baltimore 的 Jordan Benedict 夫人展示他有一手泡好茶的手艺。

美国作家葛瑞格 · 摩顿森、大卫 · 奥利佛 · 瑞林的纪实文学《三杯茶》，是继《追风筝的人》《灿烂千阳》之后描写阿富汗与巴基斯坦最动人之作。敬上一杯茶，你是一个陌生人；再奉第二杯，你是我们的朋友；第三杯茶，你是我的家人，我将用生命来保护你。一个人，一个心愿，一段辛苦漫长的旅程，许许多多的爱心，一个美丽的承诺，终于兑现。摩顿森把一次旅行化作了一个生命的承诺，从而改变了他在路途中所遇见的人的命运，并通过文字将看似不相干的人拉在一起，娓娓道来，他朴素的心便很快让你跳进《三杯茶》的友情世界里去，令你也嗅到茶的清幽香味。

俄罗斯文学中，果戈里小说中茶的描写很多。拉甫列涅夫·B有中篇小说《茶玫瑰》（王力译，火星社出版社，1950 年），内容包括茶玫瑰、倔强的心、友爱、美好的歌等篇目。

西班牙小说《文学茶会》，法国史诗《追忆似水年华》、塞尔维亚作家等著作中或多或少地写到茶。

巴基斯坦作家莫欣·哈米德著《拉合尔茶馆的陌生人》（吴刚译，上海译文出版社，2009年），是现代巴基斯坦长篇小说，2007年入围英国著名布克奖决选名单。茶在小说中的作用不可忽略。作者在第一章结尾处便提出“无法让我忘掉诸如我眼前的这些东西：在我出生的城市里，尽兴地品着茶，茶叶泡久了，茶水就变成醇厚的暗色，加上新鲜的全脂牛奶，又添了一分润滑。很美妙吧？啊，您的茶喝完了，请允许我再给您倒上一杯。”“啊，侍者端着绿茶过来啦，在一顿饱餐之后，要想消消食，没有比这更好的了。”在一个具有东方特色的茶馆里，产生的和谐画面，背后隐含的是一个喝茶国家人民之间的和谐幸福的生活。

英国女作家弗吉尼亚·伍尔芙（1882—1941），是文学批评家，意识流文学代表人物，被誉为20世纪现代主义与女性主义的先锋。其小说《岁月》描写上校家中两个女儿煮水泡茶的日常情景，特别是等待炉子烧开水时迫不及待的心情，与第一首茶诗，西晋文人左思的《娇女》诗中两个女儿吹炉火以便快速烧开水后泡茶的心情有异曲同工之妙。

法国小说家马塞尔·普鲁斯特的《追忆逝水年华》是一部不同凡响的小说。生活气息极其浓厚，这是一部独特的回忆录式的自传体小说。他把今昔两个时间概念融合起来，形成特殊的回忆方式。比如他在儿童时期早晨喝一杯热茶，把一块俗名“玛德莱娜”的甜点心泡在热茶里，一边喝茶，同时吃点心，他觉得其味无穷。等到他写最后一卷《重现的时光》时，他重新提起这件事，好像回到了二十多年前的儿童时代，所谓时间，实际上是指生命延续。节录一段如下：

“可是有一年冬天，我回到家里，母亲见我冷成那样，便劝我喝点茶暖暖身子。而我平时是不喝茶的，所以我先说不喝，后来不知怎么又改变了主意。母亲着人拿来一块点心，是那种又矮又胖名叫‘小玛德莱娜’的点心，看来像是用扇贝壳那样的点心模子做的。那天天色阴沉，而且第二天也不见得会晴朗，我的心情很压抑，无意中舀了一勺茶送到嘴边。起先我已掰了一小块‘小玛德莱娜’放进茶水准备泡软后食用。带着点心渣的那一勺茶碰到我的上颚，顿时使我混身一震，我注意到我身上发生了非同小可的变化。一种舒坦的快感传遍全身，我感到超尘脱俗，却不知出自何因。……这股强烈的快感是从哪里涌出来的？我感到它同茶水和点心的滋味有关，但它又远远超出滋味，肯定同味觉但性质不一样。那么，它从何而来？又意味着什么？哪里才能领受到它？我喝第二口时感觉比第一口要淡薄，第三口比第二口更微乎其微。该到此为止了，饮茶的功效看来每况愈下。显然我追求的真实并不在于茶水之中，而在于我的内心。茶味唤醒了我心中的真实，但并不认识它，所以只能泛泛地重复几次，而且其力道一次比一次减弱。我无法说清这种感觉究竟证明什么，但是我只求能够让它再次出现，原封不动地供我受用，使我最终彻悟。我放下茶杯，转向我的内心。只有我的心才能发现事实真相。”

法国著名作家巴尔扎克，一次偶然的机会，他得到了一盒中国茶。那是一只雅致的堪察加木匣，一个绣有汉字的黄绫布包，里面是一小杯呈金黄色的优质红茶。在招待客人的时候，巴尔扎克显得有点神秘地告诉巴黎的朋友：“中国某地的崇山峻岭间，那些美妙的东方少女，她们在日出东方之时，穿梭于云雾茶林，精心采摘、制作茶叶，随后她们会一路歌舞将茶叶送到东方皇帝的御前。这种茶叶一年仅产数斤，非常珍贵。东方皇帝馈赠给俄国的沙皇，为了防止途中遭劫，皇帝还专门派了武士护送。”他对客人说：“这种茶具有神效，切不可像喝咖啡一样放杯神饮。谁若是连饮三杯必盲一目，饮六杯则双目失明。”（当时的巴黎人对中国乃至东方都不了解，茶更是被说的神乎其神，珍奇，令人激动，却只能敬而远之。对中国茶的不解和妖魔化）。1848年秋天，巴尔扎克得到韩斯卡夫人的允许，备了最简单的行装和食物，再一次长途跋涉去他日夜思念的威尔卓尼亚。他的名气已经很大，一路受到热情的款待，他心中甚感高兴。但更让他高兴的还是威尔卓尼亚夫人家里那个温暖的茶炊。他与她久久待在一起，在茶炊前倾诉绵绵情话，或为她以及她的女儿朗读小说。

第三节 茶事书画篆刻

茶事书画篆刻是茶文学艺术的重要组成部分，也是茶文化的形象语言表达。所以，在世界上只要有茶文化元素呈现的国家，就有茶事书画乃至篆刻的存在和出现。

一、中国

中国以茶为题材创作的书画篆刻艺术作品数以千计，融自然与人物为一体。对于茶文化来说，也具有一种活跃和丰富的作用。中国传统的书画篆刻艺术与茶饮的关系源远流长，从记录茶事、反映茶事到抒发对茶的热爱之情，书画篆刻艺术都有其独特之处。中国的书画篆刻，不仅是茶文化发展的见证，其艺术本身也是茶文化的一个组成部分。

（一）先秦两汉时期茶字书印

由于年代久远，作为实物性、形象性的文史资料，秦汉时期的书迹、石刻、印章中有关茶的记载内容可谓凤毛麟角，或有出现也多是语焉不详。尽管如此，但是其中也隐含着许多值得探索的信息。汉代在中国历史上可圈可点的东西很多，书法有汉隶，印章有汉印，绘画有汉石刻等。其中，汉印在中国印章史上的地位极为重要。汉印的品类和风格为后人称道和效法。在这些印章中，“茶”字变化也已经开始显山露水。汉代是“茶”与“荼”交替使用的一个历史阶段，这当中自然也反映出人们对“茶”与“荼”的差异逐渐有了比较清晰的认识，同时也说明文字变化时期的一种特殊现象，而更有意义的是表明了“荼”与“茶”字的一种渊源流变关系。在20世纪50年代，湖南长沙魏家堆第19号墓出土的随葬品中，就有一方“荼陵”石印。其“荼”当作“茶”的读音，是为当时的“茶”字，故当释为“茶陵”。陆羽在《茶经》中曾引《茶陵图经》说：“茶陵者，所谓陵谷生茶

▶ 汉石印“荼陵”

茗焉。”“茶陵”是我国含有“茶”的地名中知名度最高的一个。“茶陵”一印是第一方明确与茶叶产地有关的印章。

（二）唐代茶事书画

唐代是茶叶文化发展史上的第一个高峰。在这一时期，产茶地区的茶叶产量和质量，较之前代都有了很大的提高和飞跃。以茶的生产、品饮为内容，在书画中有着不少作品。《调琴啜茗图卷》，周昉作，周昉生卒年不详，京兆（今陕西西安）人，是中唐时期重要的人物画家，尤其擅长画仕女人物。这幅画以工笔重彩形式描绘了唐代宫廷贵妇品茗听琴的悠闲华丽生活和饮茶场景。仕女衣着色彩雅妍明丽，人物丰腴华贵，显示出唐人“以丰厚为体”的审美趣味。饮茶与听琴，生动地说明了茶饮在当时的文化娱乐生活中已有了相当重要的地位，与上层社会生活及高雅艺术有了相当紧密的结合，表明随着茶叶生产的发展，茶饮的文化气息越来越浓。随着茶叶的进贡，上层社会特别是宫廷中的饮茶之风日见昌炽。现藏于美国约尔逊艾金斯艺术博物馆。

►《调琴啜茗图卷》

《萧翼赚兰亭图》的作者相传为唐代的阎立本。阎立本（601—673），唐雍州万年（今陕西西安）人，为唐代著名的人物画家。《萧翼赚兰亭图》纵 27.4 厘米、横 64.7 厘米，绢本设色，无款印。事说贞观二十三年（649），唐太宗自感不久于人世，

▶《萧翼赚兰亭图》

于是立下遗诏，死后一定要以王羲之的《兰亭序》墨迹为随葬品。为此他派出监察御史萧翼，从越州僧人辩才手中骗得了王羲之的真迹。画面上有两个烹茶人物，老者手持火箸，仰面注视宾主；少者俯身执茶碗，准备上炉，炉火红红，茶香正浓。其他三个人物中，两个为佛门中人，一个似为来客，正待茶饮。画面中的茶具形制和煮茶形式可作为研究禅门茶饮的重要参照。《封氏闻见记》所载：寺庙饮茶，已“遂成风俗”；在地方及京城，还开设店铺，“煎茶卖之”。很多绘画名家，把当时社会生活和宗教生活中新兴的饮茶风俗，吸收到了画作中。

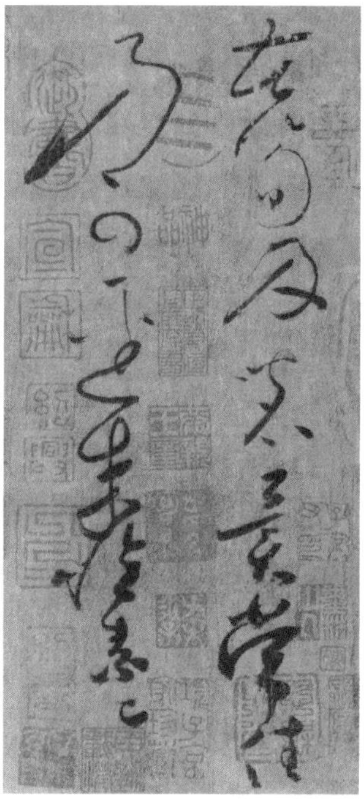

▼《苦笋帖》

同样，怀素的《苦笋帖》是最早的与茶有关的佛门手札。怀素(725—785)，字藏真，湖南长沙人。怀素在中国书法史上有着突出的地位。《苦笋帖》，绢本，长 25.1 厘米、宽 12 厘米，字径约 3.3 厘米，现藏于上海博物馆。唐人封演的《封氏闻见记》中载：“开元中，泰山灵岩寺降魔禅师，大兴禅教。学禅务于不寐，又不夕食，皆许其饮茶，人自怀挟，到处煮饮，从此转相仿效，遂成风俗。”可知由于学禅驱寐的需要，茶饮在佛门盛行是大有缘由的。《苦笋帖》可证其所说。

（三）宋、辽、元时期茶事书画

与唐代相比，宋代的宫廷茶事有过之而无不及。宋代皇室对贡茶的制作要求极严，精益求精，并不断有新品推出，同时，茶叶的品赏活动也是新意迭出。民间的饮茶活动受其影响，出现了斗茶、分茶等活动。宋代的茶叶制作和煮饮的不断专精，也与皇室宫廷的大力倡导和文人墨客们的身体力行有密切的关联。宋代的书画作品则生动地证明了这一点。其中又以“苏（轼）、黄（庭坚）、米（芾）、蔡（襄）”四家的作品最为著名。

苏轼（1037—1101），字子瞻，号东坡居士，眉山（今四川眉山）人。在苏东坡的书法作品中，关于茶的内容很丰富。无论在中国文学史、中国书法史还是在中国茶文化史上均有着十分突出的地位。《新岁展庆帖》藏故宫博物院。内容为与陈季常议购茶具之事。该帖“如繁星丽天，照映千古”，公认是苏轼的杰作，而且其中的内容对宋代茶具的研究，有其重要的意义。

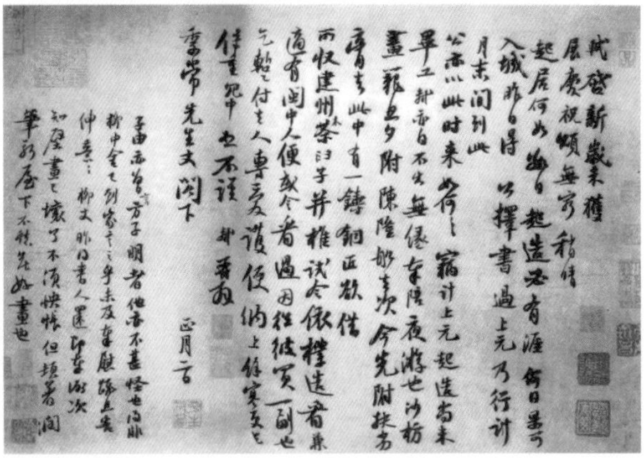

▶《新岁展庆帖》

黄庭坚（1045—1105），字鲁直，号山谷道人，洪州分宁（今江西修水）人。治平元年（1064）举进士。黄庭坚属“苏门四学士”之一，他在诗歌艺术上成就甚巨，他与陈师道等创立的“江西诗派”影响颇大，因此与苏轼齐名，并称“苏黄”。黄庭坚的书法在中国书法史上也是独树一帜，其行书《奉同分择尚书咏茶碾煎啜三首》自书诗，他的行书风格中宫严密而笔画呈放射状，气势开张，具有强烈的视觉张力。全诗如下：

其一

要及新香碾一杯，不应传宝到云来。

碎身粉骨方余味，莫厌声喧万壑雷。

其二

风炉小鼎不须催，鱼眼常随蟹眼来。

深注寒泉收第二，亦防枵腹爆干雷。

其三

乳粥玉糜泛满杯，色香味触映根来。

睡魔有耳不及掩，直指绳床过疾雷。

此外，他还用书法艺术记录了当时皇室茶宴的情景，殊为难得。

米芾(1051—1107)，字元章，号襄阳漫士、海岳外史、鹿门居士等。世居太原(今属山西)，迁襄阳(今属湖北)，后来定居于润州(今江苏镇江)。米芾曾任书画学博士，官至礼部员外郎，人称“米南宫”。又因其嗜书画古物如命而不拘小节，故世有“米颠”之雅号。米芾的文学、书画艺术在当时已经颇负盛名。

《苕溪诗帖》记述了他受到朋友们的热情款待，仿模晋人，“以茶代酒”的事：

半岁依修竹，

三时看好花。

懒倾惠泉酒，

点尽壑源茶。

主席多同好，

群峰伴不哗。

朝来还蠹简，

便起故巢嗟。

蔡襄（1012—1067），字君谟。福建兴化仙游(今福建莆田仙游)人。仕途中曾召拜翰林学士。宋真宗咸平年间，丁谓任福建转运使，监制贡茶，其焙苑制度已初具规模，产品的知名度也较高。四十年后，蔡襄亦为此职，并亲自将原来的大龙凤团改制成小龙凤团，号“上品龙茶”。嗣后，又奉旨制成“密云龙”。蔡襄是“宋四家”中最具专业性的一位茶家。《茶录》是其一部茶叶专著，蔡襄考虑到“昔陆羽《茶经》不第建安之品，丁谓《茶图》独论采造之本，至于烹试，曾未有闻”。而且烹试之法又特别有关于斗茶和宫廷雅玩，因而“辄条数事，简而易明，勒成二篇，名曰《茶录》”(《茶录序》)。《茶录》既是蔡襄书法艺术中的一件代表作，也是他的茶文化代表作，并且是中国茶文化史上一部举足轻重的文献。《茶录》以小楷书就，从他的“后序”中可知，《茶录》写完后进奉皇帝，仁宗阅后便入内府珍藏，宋代的《宣和书谱》对蔡襄及其《茶录》有过很高的评述。后来明代的董其昌、陈继儒等对《茶录》的书法艺术均有许多中肯的评价。《即惠山泉煮茶》是蔡襄的手书墨迹，存于其《自书诗卷中》，藏于故宫博物院，也是蔡襄主要传世作品之一。

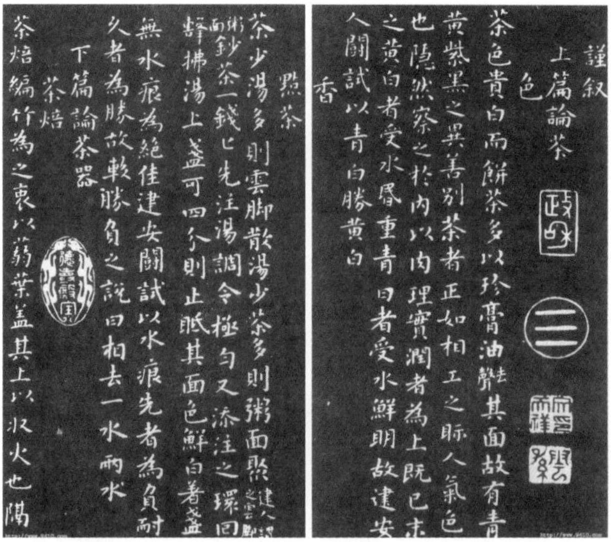

▶《茶录》

五代时，西蜀和南唐，都专门设立了画院。宋代也继承了这种制度，设有翰林图画院。而在民间，就连壁画的内容，也具有很高的史料价值。如《进茶图》是河南白沙宋墓（宋元符二年，1099）壁画之一，画中共6人。画中茶盏和白瓷壶十分清晰。1971年，河北宣化郊外下八里村相继出土了数十座辽代墓葬。墓构于辽天庆七年（1117），距今已有800余年。很多画如《煮汤图》《点茶图》《奉茶图》《茶道图》，反映了当时的饮茶习俗。由于宋辽互市，以茶易辽货，辽地茶风趋盛行。此墓中所绘景物正是当时风俗的写照。墓室内彩色壁画和出土器物十分丰富，其中有多幅反映不同茶事场面的壁画，包括点茶图、为点茶做准备工作的煮茶图、妇人饮茶的娱乐场面图、进茶场面图和茶作坊中的茶具、碾茶、煮点、筛选等一系列工序图等。从这些壁画中，可以较完整地看到北宋时期北方茶文化的面貌。

《烹茶探桃图》在宣化下八里第七号辽墓内，该墓为双墓室，此画在前室东壁上，长 170 厘米、宽 145 厘米。画面上由 8 个人组成，均为契丹人。此画生动地反映出北方辽代晚期有关茶饮的日常景观，也为唐宋茶文化史籍中提到的茶具和饮茶过程提供了有力的佐证。同时，对宋辽时期北方饮茶风俗如茶食的使用、茶具的使用、煮饮方法的特殊性等，也有补阙之功。

宋徽宗《文会图》。宋徽宗赵佶(1082—1135)，擅诗文，精书画，他的“瘦金体”书法和工笔画，在中国美术史上更是独树一帜。同样，他对茶的研究也相当有水平。中国唯一一部由皇帝所撰的茶叶专著，就是他的《大观茶论》。宋徽宗传世的画作不少，其中有一幅《文会图》，描绘了一个共有 20 个人盛大的文人聚会场面，从图中可以清晰地看到各种井然有序的茶具，其中有茶瓶、都篮、茶碗、茶托、茶炉等。名曰“文会”，显然也是一次宫廷茶宴。整个画面人物神态生动，场面气氛热烈而高雅。

▶《文会图》

南宋“审安老人”白描《茶具图赞》，作于1269年。该书共有图12幅，包括碾槽、石磨、罗筛等，都是宋代时饮团饼茶所用之物。《茶具图赞》所画12种茶具，以传统的白描方法勾勒，一画一咏，简洁而传神。内容有竹炉、茶臼（带椎）、茶碾、茶磨、茶杓、茶筛、拂末、茶托、茶盏、汤瓶、茶筅、茶巾。这些茶具的名称，是按宋时官制冠以职称，赐以名号，生动、形象、准确地描述了各种茶具的材质、形制、作用等，并在“赞语”中将各种茶具的文化意义作了进一步的阐发。

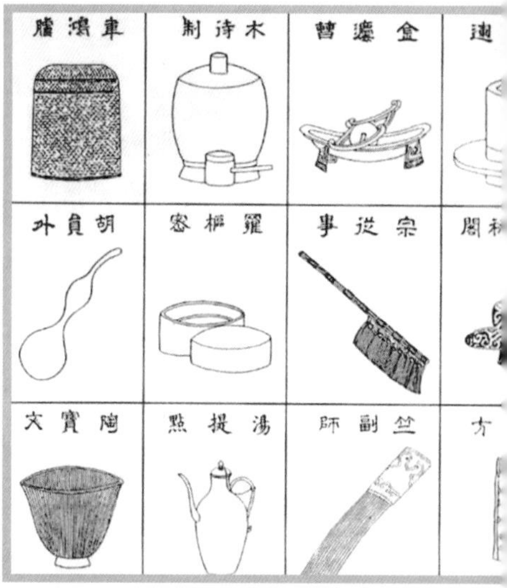

▶《茶具图赞》

刘松年《撵茶图》，藏台北故宫博物院，真切地为我们提供了当时的碾茶情景。刘松年，生卒年不详。南宋钱塘（今杭州）人，居清波门，俗呼为“暗门刘”。宋孝宗淳熙初画院学生，绍熙年（1190—1194）画院待诏。师张敦礼，工画人物、山水，神气精妙，有过于师。与李唐、马远、夏珪并称“南宋四家”。刘松年还有《斗茶图》《茗园赌市图》，也是表现了这一方面的内容。

▶《撵茶图》

钱选《卢仝煮茶图》。钱选，字舜举，云川（今浙江湖州）人，生于南宋嘉熙三年(1239)，卒于元大德六年(1302)。宋亡后，钱选隐居不仕，他与同乡赵孟頫等有“吴兴八俊”之称。后来，赵孟頫为元朝官，而钱选则依然隐居于乡间，以吟诗作画终其生。画面主题突出卢仝煮茶情景，人物生动形象，惟妙惟肖，给观者留下了很大的想象余地。

赵孟頫《斗茶图》。赵孟頫，字子昂，号松雪道人、水晶宫道人等。浙江吴兴人，出生于南宋理宗宝祐二年(1254)，卒于元至治二年(1322)。赵孟頫的书画成就很高，但对茶文化史产生很大影响的则是他的《斗茶图》。赵孟頫的《斗茶图》不仅是元代此类题材绘画极少数中的一件，同时也是“斗茶”题材绘画中的一件“绝响”，在明代以后我们再也没有见过类似的“斗茶图”了。

▶《陆羽烹茶图》

《陆羽烹茶图》，赵原(?—1372)，字善长，号丹林。山东人，寓姑苏(今江苏苏州)，他的山水画主要师法五代董源。图中茂林茅舍，一轩宏敞，堂上一人，按膝而坐，旁有童子，拥炉烹茶。树石皴法，各具苍润。赵原自题七绝诗一首，诗曰：“山中茅屋是谁家，兀坐闲吟到日斜。俗客不来山鸟散，呼童汲水煮新茶。”乾隆皇帝也有“御笔”题诗于画上之端，云：“古弃先坐茅屋闲，课僮煮茗雪云间。前溪不教浮烟艇，衡泌栖径绝住远。”此图即是陆羽隐居浙江苕溪时的一种闲适生活的写照，也反映出作者借题发挥，以抒烹茶涤肠之情。

（四）明代茶事书画

明代茶叶以散茶为主，冲泡法大行其道。明代的文人因政治、社会诸原因，对生活大多抱着一种与世无争的态度，讲究对茶的品味，在茶汤中寻觅生活的情致，是这一时期文人茶饮总的特征。“凡鸾俦鹤侣，骚人羽客，皆能志绝尘境，栖神物外。

不伍于世流，不污于时俗。或会于泉石之间，或处于松竹之下，或对皓月清风，或坐明窗静牖。乃与客清谈款话，探虚玄而参造化，清心神而出尘表”[①]。纵观明代文人的书画篆刻中，无不渗透着这种闲情逸致。明代嘉靖前后，苏州已成“人文荟萃”之地。当时，“吴门画派”的重要人物沈周、文徵明与同在苏州的唐寅、仇英号称“吴门四家”，其绘画享誉江南，成为明代画坛上的一支劲旅，并在中国美术史上具有相当的影响。“吴门四家”对以茶事为题材的书画和诗词创作却是乐此不疲，均有佳构。

沈周（1427—1509），字启南，号石田，晚号白石翁，他创作有《火龙烹茶》《会茗图》《醉茗图》等以品茶为内容的作品。

仇英（？—1552），字实父，号十洲，江苏太仓人，后来移居苏州。他擅长人物、山水、花鸟和楼阁界画，以工笔重彩为主。他的茶事绘画见诸著录的主要有《烹茶洗砚图》《试茶图》《松间煮茗图》《陆羽烹茶图》等。

唐寅（1470—1525），字子畏，一字伯虎，号六如居士，吴县（今江苏苏州）人。他以茶为题的作品有《卢仝煎茶图》《事茗图》等，不下十多件，以《事茗图》最享盛誉。图中所画主要反映了文人的山居生活。此外，诗画相称，表现了文人雅士借品茗追求一种闲适归隐的生活。唐伯虎在去世这年写有一卷《行书手卷》，均是他的自书诗包括《晏起》《晚酌》《散步》《漫兴十首》《夜坐》等。《夜坐》诗曰：“竹篝灯下纸窗前，伴手无聊展一编。茶罐汤鸣春蚓窍，乳炉香炙毒龙涎。细思寓世皆羁旅，坐

▶《事茗图》

①明·朱权：《茶谱》。

尽寒更似老禅。筋力渐衰头渐白，江南风雪又残年。”反映了唐寅在去世前一两个月还在与茶为伴，诗中也不免流露出对人生的感叹和一种悲凉的心绪。此作品为行书，虽然是衰年之作，但用笔依然清新流畅，与其他作品相比，笔力丝毫不减，也表现了他深厚的书法功底。

▸《惠山茶会图》

文徵明（1470—1559），初名璧，以字行，后又改字徵仲，长洲（今江苏苏州）人，其祖籍在衡山，故号衡山居士。文徵明的绘画，其山水、人物、花卉等无一不精。是继沈周之后“吴门派”的领袖。文徵明的茶事绘画作品很多，见诸记载的如《试茶录》《松下品茗图》《煮茶图》《林榭煎茶图》《品茶图》《茶具十咏图》等。文徵明茶事绘画中最著名的是《惠山茶会图》，图中内容是写正德十三年（1518）二月十九日清明时节，文徵明与好友游于惠山，以茶聚会的一段雅事。

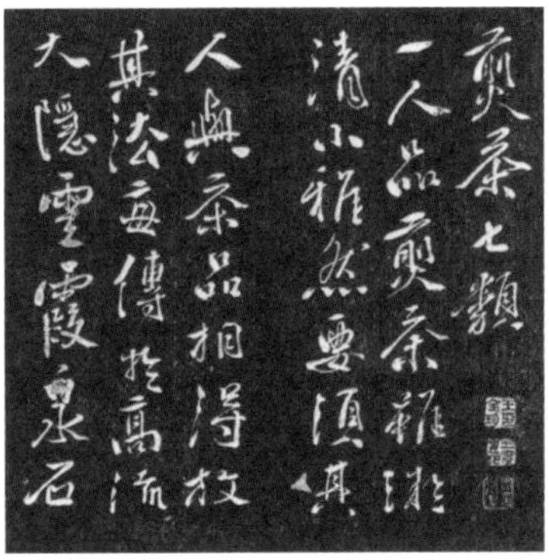

▸《煎茶七类》（局部）

徐渭（1521—1593），字文长（又字文清），号天池山人、青藤道士等，山阴（今浙江绍兴）人，明代杰出的书画家和文学家。徐渭一生坎坷，晚年狂放不羁，孤傲淡泊。他的艺术创作也反映了这一性格特征。他的行书《煎茶七类》是茶文化和书法艺术研究中一份宝贵的资料。《煎茶七类》带有较明显的米芾笔意，笔画挺劲而腴润，布局潇洒而不失严谨。行书《煎茶七类》

也有刻帖，原石遭流散，20世纪60年代初部分被发现，藏于浙江上虞博物馆，成为《天香楼藏帖》的一部分。

吴钧篆刻朱文印《我是江南桑苎家》，印文取自陆游诗句“我是江南桑苎翁，汲泉闲品故园茶”。陆游将自己比作陆羽，也反映了他十分爱慕茶神陆羽，就如他在其他诗中也常提到的“遥遥桑苎家风在，重补茶经又一篇”①，“桑苎家风君莫笑，他年犹得作茶神”②，“卧石听松风，萧然老桑苎”③等。明人对陆游的“我是江南桑苎家”的诗句也是时常发出共鸣，并以艺术的形式加以表现出来。

陈洪绶（1598—1652），一名胥岸，字章侯，号老莲等，浙江诸暨人，出身望族，但仕途不达。他的人物画作风格特异，造型不同凡格。《停琴品茗图》是其代表作

▶《停琴品茗图》

▶《卢仝烹茶图》（局部）

①《开东园路北至山脚因治路傍隙地杂植花草》。
②《八十三吟》。
③《幽居即事》。

之一。此画清新简洁，线条勾勒笔笔精到，设色高古。画中所表现的是两位高人相对而坐，蕉叶铺地，以奇石为琴床茶几，瓶中白莲盛开，炉中炭火正红。琴弦收罢，乳茗新沏。

丁云鹏（1547—1628）字南羽，号圣华居士。安徽休宁人。工画人物、佛像，兼善山水、花卉，为明代宫廷画家。《卢仝烹茶图》是他茶事绘画的代表作。此画笔墨遒劲，线条流畅工致，具吴道子、李公麟遗风，设色清新秀丽，与晚年的粗疏画风不同，应是丁云鹏的早中期之佳作。

（五）清代茶事书画

由于清代的社会历史发展跨度较大，文化呈现多元化发展。在乾嘉时期，清朝的统治比较稳定，经济和文化都有较大的发展。茶文化不仅在上层社会继续发展、演变，在普通的文人中也有着独特的存在方式。茶文化在清代成为一种更为普及的大众文化，文人的茶饮与世俗的茶饮交融在一起，相互影响，在文人笔下茶的形象也多有一种朴素的意蕴。无论是清初的“四王”（王鉴、王翚、王时敏、王原祁）“六家”（“四王”加吴历、恽寿平），还是后来的扬州“八怪”，在他们传世的作品中，都能找到茶的题材画作。如高凤翰(1683—1749)，原名翰，字西园，号南村，晚号南阜山人。山东胶州三里河村人。画风由简洁、朴拙，气韵充盈。他的《天池试茶图》以天池为中心，树木掩映之下有两人论道，左中部画有三人坐而待茶，有童子奉茶至，另一人在松下候汤煮茗。全图人物顾盼向背，有动有静，线条简洁而朴实，一派幽雅的景致。

汪士慎(1686—1759)，是“扬州八怪”中与茶交情最深的一位。安徽歙县人，名慎，号巢林等。因嗜茶如癖，被朋友称之为“茶仙”。汪氏最爱作梅花图，其中有《墨梅茶熟图》《墨梅图》等。

高翔(1688—1753)，字凤冈，号西唐，也作西堂，又号山林外臣。甘泉（今江苏扬州）人。他的绘画多为山水与花卉，兼作人像写真。《煎茶图》是高翔专为汪巢林所绘。该图作于乾隆六年(1741)，并在上面题诗一首：“巢林先生爱梅兼爱茶，啜茶日日写梅花，要将胸中清苦味，吐作纸上冰霜桠。”汪巢林得图后，作《自书煎茶图后》一诗，后来，又将此图请其他几位挚友作跋。从这些诗作中，可想见该图的神采。其中厉鹗（樊榭）的《题汪近人煎茶图》描述得最为详尽："此图乃是西唐山人所作之横幅。窠石苔皴安矮屋，石边修竹不受厄，合和茶烟上空绿。石兄竹弟玉川居，山屐田衣野态疏。素瓷传处四三客，尽让先生七碗余。先生一目盲似杜子夏，不事王侯恣潇洒。尚留一目著花梢，铁线圈成春染惹。春风过后发茶香，放笔横眠梦蝶床。南船北马喧如沸，肯出城阴旧草堂。"（《樊榭山房续集》卷一）汪巢林的隶书以汉碑为宗，作品境界恬静，用笔沉着而墨色有枯润变化，如"茶香人座午阴静，花气侵帘春昼长"写得轻松而不失汉法的严谨。《幼孚斋中试泾县茶》条幅，可谓是其隶书中的一件精品。该诗是汪士慎在管希宁（号幼孚）的斋室中品饮泾县茶时所作。

金农（1687—1763），钱塘（今浙江杭州）人，字寿门，号冬心等。金农善用秃笔重墨，有蕴含金石方正朴拙的气派，人称之为"漆书"。金农也将茶作为自己的绘画题材，如藏于北京故宫博物院的《玉川先生煎茶图》册页作于乾隆二十四年（1759），其用笔古拙，富有韵味。《玉川子嗜茶》魏体隶书轴。作品现藏浙江博物馆。从这幅作品中不仅可见金农的漆书风范，更可见金农对茶的见解。从金农作品中可知，他不仅研读过唐代陆羽《茶经》和明代徐献忠的《水品》，而且还向烹茶专家学习过此道。因而，对看似容易的烹茶自有深刻的体会。

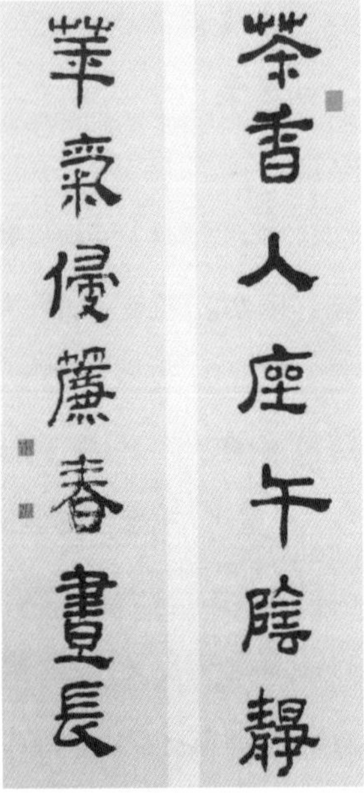

▶ "茶香花气"联

▶《玉川子嗜茶》

黄慎(1687—1766)，字恭掇，号瘦瓢，福建宁化人，一生布衣。他久寓扬州，为著名“扬州八怪”之一。他的花鸟、山水和人物画都有自己独特的个性。黄慎的《采茶图》，上有七言一首，曰：“红尘飞不到山家，自采峰头玉女茶，归去何不携诗袖，晓风吹乱碧桃花。”全图层次清楚，用笔用墨的表现力极强。黄慎书法以草书见长，师法二王，宗怀素，融黄庭坚笔意，如疏影横斜，苍藤盘结。他的草书八条屏《山静日长》，书于乾隆二十二年（1757）六月，每幅纵112厘米、横45厘米。书法的内容写的是宋人罗大经《鹤林玉露》中的“山静日长”一节。此时正是71岁的黄慎离开扬州结束了一生漂泊的生活，回到了渴望已久的故乡。读古书，烹苦茗，成了他安定生活的标志性内容。所以他与罗大经的文章发生共鸣，以书法为媒介，抒发自己的归乡之情。明代的柳州篆刻有《茶罢轩窗梦觉馀》，晚清篆刻家胡匊邻曾有白文篆刻《山静似太古，日长如小年》并在边款中将此全文录入。两者的篆刻作品创作与黄慎的书法作品创作，都可看作是对这篇散文中所蕴含的审美内涵的一种共鸣。

▶ 黄易《梅兰图》

李方膺（1695—1754），字虬仲，号晴江等，江苏南通人，为清代著名画家，“扬州八怪”之一。擅松竹梅兰，尤工写梅。乾隆十六年作有《梅兰图》，画家于梅、兰之外，以寥寥数笔，勾勒出古拙的茶壶、茗碗。用笔滋润，画面丰满。并在题跋之中，对品茶赏花所带来的审美情趣表露得十分到位和引人入胜。

李鱓（1686—1762），字宗扬，号复堂等。亦“扬州八怪”之一，兴化县人，康熙五十年（1711）中举人。康熙五十三年以绘事任内廷供奉。后因事被免职，即以画为业。他的作品题材广泛，兼工带写，多得天趣。他的《煎茶图》《壶梅图》都是咏茶之作。此画构图以拙为主，在简练的点划之中见虚实变化，其中梅花的穿插映衬，更是颇见匠心。蒲扇的朴素平实、茶壶的端庄古拙、梅花的奇崛清高，都在三者相互辉映中各显特色。

虚谷，号紫阳山民、倦鹤，是晚清的一位文人画家，在中国画史上具有突出的影响。虚谷虽然出家，但“不礼佛号”，不茹素食，他云游四方，携笔砚，以卖画为生。多来往于上海、苏州、扬州一带。虚谷的绘画作品，题材广泛，造型多用几何体，并善用干笔侧锋。他的花鸟画视角新颖，构图别致，笔墨之中透出浓浓的生命气息。在虚谷的《菊花》《茶壶秋菊》和《案头清供》中，虽然有色彩冷暖之分，却蕴藏着一股静气之美。

郑板桥(1693—1765)，名燮，字克柔，板桥是他的号。在“扬州八怪”中，其影响很大，与茶有关的诗书画及传闻轶事也多为人们所喜闻乐见。板桥之画，以水墨兰竹居多，其书法，初学黄山谷，并合以隶书，自创一格。郑板桥有三绝，曰画、曰诗、曰书。三绝中又有三真，曰真气、曰真意、曰真趣（马宗霍《书林藻鉴》引《松轩随笔》）。郑板桥喜将“茶饮”与书画并论，他在《题靳秋田素画》中如是说：“三间茅屋，十里春风，窗里幽竹，此是何等雅趣，而安享之人不知也；懵懵懂懂，没没墨墨，绝不知乐在何处。惟劳苦贫病之人，忽得十日五日之暇，闭柴扉，扣竹径，对芳兰，啜苦茗。时有微风细雨，润泽于疏篱仄径之间，俗客不来，良朋辄至，亦适适然自惊为此日之难得也。凡吾画兰、画竹、画石，用以慰天下之劳人，非以供天下之安享人也。”郑板桥书作中有关茶的内容甚多，有的是自己创作，有的是书录前人的诗词，著名的有《竹枝词》行书卷“湓江江口是奴家，郎若闲时来吃茶。黄土筑墙茅盖屋，门前一树紫荆花”。行书对联“墨兰数枝宣德纸，苦茗一杯成化窑”。

“墨兰苦茗联”

丁敬（1695—1765），字敬身，号钝丁、龙泓、砚林，别号玩茶老人、玩茶翁、玩茶叟等。后人因其隐于市廛而学识渊雅，故又多以隐君称之。丁敬生平刻苦作诗，博学好古，书工大、小篆，尤精篆刻，是著名篆刻流派“西泠八家”的首要人物。丁敬有《论茶六绝句》行书手卷：“松柏深林缭绕冈，荈茶生处蕴真香。天泉点就醍醐嫩，安用中泠水递忙。湖上茶炉密似鳞，跛师亡后更无人。纵教诸刹高禅供，尽是撑瓯漫眼春。金髯斗茗极锱铢，被尽吴侬软话愚。满口银针矜特赏。谁知空樵老髯须。”此诗稿作于乾隆己卯年（1759）即此卷的三年之前。由跋中可知，此书是丁敬与友人饮茶归来乘兴秉笔，一气呵成，所以在气韵和笔墨上均有极强的艺术感染力。由诗书中所及的内容来看，也可知丁敬对品茶的在行和钟爱。

蒋仁（1743—1795），西泠前四家之一，杭州人，住艮山门外，终身布衣，性格孤僻 。蒋仁的书法以行书见长，由米芾而上溯二王。蒋仁有《睡魔欢伯联》，此联书于乾隆四十年（1775）冬天。内容出自陆游《试茶》诗。上联曰 ：“睡魔何止避三舍”；下联是 ：“欢伯直当输一筹”。联中无一茶字，但却说的正是茶的提神作用。《易林》曰 ：“酒为欢伯，除忧来乐。”酒虽可除忧，但是，在驱睡上却是不如茶叶。陆游诗的全文是 ：“苍爪初惊鹰脱鞲，得汤已见玉花浮。睡魔何止避三舍，欢伯直当输一筹。日铸焙香怀旧隐，谷帘试水忆西游。银瓶铜碾俱官样，恨欠纤纤为捧瓯。”

黄易（1744—1801）字大易，号小松，又号秋庵，别署秋影庵主。钱塘人，监生，历官山东兖州府、运河同知，著有《小蓬莱阁集》。善古文词，又工丹青，刻印远追秦汉，曾问业于丁龙泓，为“西泠四家”之一。黄易擅长碑版鉴别考证，篆刻以丁敬为师，对秦汉玺印深有研究，又兼及宋元诸家，广泛吸收汉魏六朝金石碑刻中的营养。黄易有两方朱文印《茶熟香温且自看》，作于乾隆庚寅（1770）八月，跋录李竹懒诗：“霜落蒹葭水国寒，浪花云影上渔竿。画成未拟将人去，茶熟香温且自看。”印文即出自于此诗。另一方《诗题窗外竹，茶煮石根泉》作于乾隆乙未（1775）五月。“茶熟香温且自看”是明人李日华的诗句，它得到了后来许多书法篆刻家的青睐，常作为自己的创作素材。

▸ 黄易《茶熟香温且自看》

赵之谦（1829—1884），浙江会稽（今绍兴）人，咸丰举人，卒于江西南城县知县任内，归葬杭州。赵之谦是晚清著名的艺术家和金石学家，诗书画印、碑刻考证无一不精。其篆刻初学浙派、邓派，继而上溯秦汉古印。终于自立门户，开一派新风，对后来的篆刻艺术创作产生了巨大的影响。赵之谦有一方《茶梦轩》白文印及其边款却格外引人注目。该印边款全文如下："说文无茶字，汉荼宣、荼宏、荼信印皆从木，与茶正同，疑荼之为茶由此生误。撝尗。"故赵之谦的印跋是第一次将"茶"字的形变历史上溯到汉代。

清代书法家中还有刘庸、郑簠、袁枚、何绍基、陈鸿寿等都有不少有关茶的作品，从各方面丰富了茶文化的审美内涵。

► 《茶梦轩》

（六）近现代茶事书画

近现代茶馆增多，茶类丰富，贸易发达。茶饮艺术经过多次起伏，一方面更贴近于生活，贴近于经济，另一方面在文人生活中也继续着传统的职能。因此，以茶为题的书画艺术也有多角度地的反映，大量作品如雨后春笋般出现。其著名的如吴昌硕、黄牧甫、邓散木、赵朴初、启功等近现代绘画艺术中，赋予了茶更多的时代特点。在艺术家的笔下，茶更贴近于生活，但不是仅仅拘泥于具体的技术性描写，而是更注重于象征性意义。

吴昌硕（1844—1927），浙江安吉人，初名俊卿，字昌石等，号缶庐、苦铁等。西泠印社首任社长。吴昌硕以诗书画印"四绝"而载誉艺坛，名重海外。其艺术作品具有气势磅礴、魄力雄伟，于浑朴中见华滋、厚重中寓灵动的特征，达到了极高的艺术境界。吴昌硕最爱梅花，常将茶与梅为合题，互相映衬，造成特殊的意境。一次，他从野外折得寒梅一枝，插于瓶中，泡上香茶，独自吮赏，就景作图，并以行书作诗："折梅风雪洒衣裳，茶熟凭谁火候商。莫怪频年诗懒作，冷清清地不胜忙。"并作跋曰："雪中锄寒梅一枝，煮苦茗赏之。茗以陶壶煮不变味。予旧藏一壶，制甚古，无款识。或谓金沙寺僧所作也。即景写图，销金帐中浅斟低唱者见此必大笑。"

▶《品茗图》

吴昌硕64岁时所作的《煮茗图》梅仅一枝，寒花几簇，疏密自然，有孤傲之气，旁有高脚炭炉一只，略有夸张之态，上坐小泥壶一柄。一把破蒲扇则为助焰之用，整幅作品线条隽秀而坚实，笔笔周到，得一"清"字，极写梅、茶之神韵。吴昌硕74岁时画的《品茗图》，与前者相比更显朴拙之意，画上所题"梅梢春雪活火煎，山中人兮仙乎仙"，正道出了赏梅品茗的乐趣和意境。

齐白石（1864—1957），湖南长沙人，其写意最有特色，他的画中有不少茶的形象。如《茶具梅花图》，是齐白石92岁时献给毛泽东主席的。画面很朴实，表现出昂首向上，生机盎然；茶壶的大块皴染与茶杯的精心勾勒，形成朴拙与精美的对比。画以宋人杜小山的诗句为题，以墨梅一枝、油灯一盏和提梁壶一把，将画题点出。画面中虽空无一人，但可以联想到学子的寒窗苦读、挚友间的对茗清谈以及文人的清逸雅趣等许多生活画面。

丰子恺(1898—1975)，出生于浙江省桐乡石门镇，1914年考入浙江省省立第一师范，受业于李叔同和夏丏尊。1921年东渡日本，学习西画和音乐，回国后主要从事美术和音乐教育。1924年，朱自清、俞平伯合编的刊物《我们的七月》，发表了他的第一幅漫画《人散后，一钩新月天如水》。第二年，著名的《文学周报》开始连载“子恺漫画”，自此，“漫画”这个叫法就得到了社会的承认。《人散后，一钩新月天如水》中，简陋的茶楼，临窗一角的小方桌上，只剩下茶壶一把，茶盅三只。茶阑人散，新月初上，天如水洗月如钩，一派寂静的景色。《茶店一角》创作年代是1942年。在茶店中，七个茶客围桌而坐，其中一人谈兴正浓，其余的人目不转睛地在听他讲。粗大的柱子上贴着醒目的“莫谈国事”的标语，似乎是那个时代茶店茶馆中的一道“风景线”，也是茶馆老板们不得不做的一篇“官样文章”。《茶壶的Kiss》是丰子恺1931年画的一幅作品，作者以拟人化的手法，描绘了办公室里两把茶壶的主人无意之中将其放成了“接吻”的形象，使人忍俊不禁。总之，正如著名的文学家朱自清所说，欣赏丰子恺的漫画，“就像吃橄榄似的，老觉着那味儿”。

赵朴初（1907—2000），安徽省太湖县人，曾任中国人民政治协商会议第九届全国委员会副主席、中国民主促进会中央名誉主席、中国佛教协会会长、西泠印社社长。有书作“七碗受至味，一壶得真趣。空持千百偈，不如吃茶去”。1991年，赵朴初还以行书斗方为中日文化交流800周年赋诗并书：“阅尽几多兴废，七碗风流未坠。悠悠八百年来，同证茶禅一味。”

启功（1912—2005），启功字元白，生于北京，满族。曾任中国人民政治协商会议全国委员会常务委员会委员、国家文物鉴定委员会主任委员、中央文史研究馆馆长、中国书法家协会名誉主席、西泠印社社长。北京师范大学教授、博士研究生导师。启功有书法：“今古形殊义不差，古称荼苦今称茶。赵州法语吃茶去，三字千金百世夸。”此外，楚图南、费新我、沙孟海、刘江等一大批艺术家、学者以茶为题，创作有各种形式的书法篆刻艺术杰作面世，咏茶抒情，雄秀雅妍，不一而足。

其他画种中，也时见茶事之作。如1851年举办的“万国工业博览会”的展览会上，外销画的展览中，茶也是热门题材。以茶为题材的一套外销画《制茶》，共

12幅，生动写实了茶的制作过程，其中4幅在1808年被皇室版画家欧米（Edward Orme）制成版画。18—19世纪有关中国茶叶生产销售的绘画，大多出于广州画匠的手笔。虽然当时从广州出口的茶叶大多来自武夷山和徽州等山区，但广州的画匠描绘茶叶生产过程时，更多是根据他们在本地茶园获得的知识和观感。 维多利亚阿伯特博物院所藏的这套有关茶叶的绘画，在当时有很多种摹本，现藏于不同的地方。除了少数多达23幅外，每套绘画一般是从10幅到12幅不等，而它们的内容和构图几乎完全一样。这套画反映了茶叶种植和加工流程，其顺序依次为《锄地》《播种》《施肥》《采茶》《拣茶》《晒茶》《炒茶》《揉茶与筛茶》《舂茶》《装桶》《水路运输》《行商》。《水路运输》表现的是从产茶地运到广州行商货栈的情形。

二、日本、韩国

日本、韩国是吸收和保留中国古代文化较多的国家之一。以茶为题材的画，随茶的广泛传播，也在日韩流行。特别是日本，其源于中国的茶文化，历经变化呈现出特殊的民族性，书画表现上，也形象地体现了这样的特点，日本的绘画艺术均发源于中国，但在题材处理上，则表现出很大的创造性。

日本的茶主题书画作品，在乌克斯的《茶叶全书》中有载："从高贵庄严的佛教画中可见日本画与中国画有极类似之处。《明惠上人图》即为一例。此图为高山寺珍品之一，现藏于日本西京市博物馆。明惠在宇治栽植第一株茶树。在此图中，明惠在一棵松树下坐禅的画面，已成为不朽的象征。"其次，乌克斯在游历日本时，日本中央茶业协会赠与稀有而贵重的手卷一轴，图中展示的是历史上的《茶旅行》图，共12景。是描绘日本历史上每年从宇治运送新茶到东京进贡的12场景。几百年来，日本画家所作的茶叶生产和制作的画非常多。英国博物馆中藏有一组未经装裱的日本画，题材是制茶的全部过程，用墨水绘于绢上，并着色描绘了茶叶生产和制作中的每一个步骤，一直到最后的献茶典礼。达摩也是喜欢选用的题材，在传说中，他与茶树的神秘起源有关。艺术家也有极大的兴趣从自然界中选取题材，《菊与茶》是日本18世纪画家西川祐信的作品，画面为一静坐的绅士，前放一盆菊，画中心是一群姿态各异的美女，画的右侧，在廊下绘有茶釜和其他茶具（东方出版社，2011 年 6 月）。《松下煮茶图》是日本历史上著名画家冈田米山人所作，一隐士正在端坐弹琴，旁边有几个人则在烹茗待饮。整幅画的布局、构思、画意和风格，在中国古代的山水画和茶事画中，都能找到不少相似之处。

日本文政（1818—1829）初年的《长崎名胜图绘》中的《唐人坊内之图》，描绘了功夫茶的饮用画面。一位中国人手持长烟袋坐在炭炉前，他对面的三位日本妓女形成一排形状半围坐在炭炉边，其中一位在饮茶。炭炉上放着砂铫，似乎在煮水，边上是茶船，分两层，上层底部有漏眼，摆放着一套小茶杯的功夫茶具，下层用于盛茶渣剩水，茶船外部装饰有盘龙纹图案。

《长崎唐馆交易绘卷》描绘了用茶炉、砂铫烧炭煮水的情景。两位中国商人坐在石桌两旁一边下棋一边等着喝茶，边上的托盘上已经备好茶壶和小茶杯，一个仆人正在忙着给茶炉煽风。《长崎唐馆书房之图》中，两名中国商人面对面坐着在交谈，屋里展示有案几、书帙、扇子、笔砚、香炉、挂画等。展示柜的上层摆放着各种茶器饰物，这些历史绘画是福建功夫茶传至长崎的实物证明。

19 世纪的日本文人椿椿山（1801—1854）创作有《煎茶小集》，是作者用 8 幅画描绘出 1838 年应邀参加饭山义方庆祝 60 寿辰的煎茶会场景。整部画作以茶席为主题，包含了茶炉、砂铫、茶壶、茶碗等茶具。参加茶会的人也状态各异，有插花、煎茶、作画、赏器、弹唱，全景图跃然纸上，展示了 19 世纪日本煎茶文化的成果，也传达了中国明清饮茶文化和文房四宝，诗、书、画、乐在日本的传播。

日本著名画家菱川师宣（1620—1694），经常被称为“浮世绘的创始人”。师宣在 1662 年离家去东京学习绘画。他学习的是狩野学派的基本技巧，不久以后他就成为活跃的插图画家。那美妙而正确的线条，体现出他所作女性形象的一切典雅风姿，他的艺术为版画的独树一帜开辟了道路，这是插图画得到自由发展后的合理结果。师宣所成套生产的插图版画，很快就代替了所谓真正绘画的地位。师宣的重要性在于他有效地融合了早期各种短暂的绘画和插图画流派。他独有的风格，有度、有力的笔触和稳健、动态的形象，为以后两个世纪的浮世绘大师提供了基础。1685

年手卷画《剧场茶馆之场景》，藏于伦敦大英博物馆。

喜多川·歌麿（1753—1806），是日本浮世绘最著名的大师之一，善画美人画。他对处于社会底层的歌舞伎、大阪贫妓充满同情，并且以纤细高雅的笔触绘制了许多以头部为主的美人画，竭力探究女性内心深处的特有之美。代表作品有《江户宽政年间三美人》。喜多川一生创作了许多优秀的浮世绘美人画 。1792—1793年创作的彩色木版画《高岛茶店》藏于大英博物馆。画面主要通过道具的暗示和人物动态方向的呼应，将画面内容扩张到了画外，由观众以各自的想象力来补充没有出现在画面上的人物，全景式地展现了吉原花魁的真实生活。

此外，还有Maruyama Ozui（1766—1829）创作的绘画《在宇治采摘茶叶和吉田茶会》藏于洛杉矶郡艺术博物馆。

日本画家山口综研(1759—1834)，所创作的云锦条屏主题是《采集茶叶》，藏于亚洲艺术摄影分部(密歇根大学)，展示了妇女采茶活动的细节；狩野孝信(1571—1618)，以滑板（襖，每个襖：174厘米×139.7厘米）所作《四大成就》，表现圣人下棋、侍者上茶的场景。

佚名日本艺术家16世纪手卷《行商修女》高14.8厘米，室町时代风格。行商修女是一则关于小贩尼姑的故事，尼姑伪装成年轻的仆人与和尚约会，在天黑后与他见面。第二天早晨，和尚惊恐地发现，他的爱人其实是满脸皱纹的老尼姑，但她却声称他们是天生一对，并继续对他展开追求。桌上的茶具可以作为时代的参照。

柴田是真（1807—1891），日本国宝级的漆艺家，他生于江户后期，经历了明治时的动荡。柴田是真在11岁时拜莳绘师为师，由此进入了漆艺的世界。柴田是真在85岁时去世，去世前一年，他被选为帝室技艺员，相当于现在的“国宝”。他的作品总是充满天真和对细节的执着，令日本和世界着迷。柴田是真于1847年画的季节性茶事主题专辑，现藏于美国俄亥俄州克利夫兰艺术博物馆。

铃木春信的作品蕴含着深厚的古典文化修养，常在画面上配置和歌、汉俳句，借助古典文学精髓诠释“现世”生活，使画面产生深幽古奥的意境。代表作有《三十六歌仙》《绘本青楼美人合》等。而这些场景中的茶具，也体现出原生态的方式。

►《剧场茶馆之场景》

►《高岛茶店》

►《四大成就》（之一）

►《在宇治采摘茶叶和吉田茶会》

►《行商修女》

韩国 Shim Sa-chông（1707—1769），所画的云锦条屏，具有朝鲜时代风格，现藏于哈佛大学艺术博物馆亚洲艺术部，画中两位学者在风景园林一边坐着谈话，一边欣赏着瀑布，侍者正准备茶水。这样的画面类似于中国文人品茶于山水之间的传统。

三、俄国

俄罗斯茶与中国茶有非常深厚的渊源。1638 年，一名叫斯特拉科夫的俄国大使受命前往蒙古拜见可汗，并带去珍贵的貂皮作为晋见礼。可汗收下礼物，向沙皇回赠了 200 包中国茶叶。他带着这些礼物回到了莫斯科，献给沙皇。从此，俄罗斯人便开始了饮茶的历史。中国茶叶才出现在普希金的长诗中，出现在柴可夫斯基的舞剧《胡桃夹子》里。1692 年，俄罗斯向中国派出了第一支商队——伊台斯商队，到中国进行茶叶贸易，开启了欧亚“万里茶路”。1901 年，俄国人自己开始种植第一块茶园，茶叶一经传入俄罗斯后，饮茶之风便在全国盛行起来，成为全民族最常见的饮料。不论哪一阶层的人，在交往中都乐于用茶来招待客人，特别是在节日期间，人们常常邀请一些亲朋密友到家里做客，品茶聚会。俄罗斯的茶饮风格对其他欧亚国家的影响也不小，因此，在画家笔下，都呈现出这种生活气息。

1. 马克·夏加尔　马克 · 夏加尔（1887—1985），白俄罗斯裔法国画家、版画家和设计师。夏加尔的作品依靠内在诗意力量而非绘画逻辑规则把来自个人经验的意象与形式上的象征和美学因素结合到一起。如黑色石版画《喝茶的男人》（1922 年或 1923 年），尺寸：43.8 厘米 ×30.9 厘米。

2. 瓦西里·格里戈利耶维奇·佩罗夫　瓦西里 · 格里戈利耶维奇 · 佩罗夫（1833—1882），俄国风俗画家、历史和肖像画家、19 世纪民主主义现实主义艺术最杰出的代表人物之一，巡回展览画派协会的发起人。1860 年代瓦西里 · 格里高利耶维奇 · 佩罗夫成了“揭露”派的领导人。这段时间内他创作了自己最好的风俗画作品，其中充满了对泯灭人类尊严的生活方式的抗议和对人间苦难的深切同情。佩罗夫的画《城卡外最后一个小酒馆》（1868），是俄罗斯美术的一大杰作。此外，还有油画《莫

►《喝茶的男人》

►《莫斯科附近梅季希茶会》

►《品茶的商人妻子》

►《神秘的茶饮》

►《手持茶罐的村姑》

斯科附近梅季希茶会》（1862），尺寸：43.5 厘米 ×47.3 厘米。

3. 尼古拉·萨普诺夫　尼古拉 · 萨普诺夫（1880—1912），俄国画家，1912 年的油画《神秘的茶饮》以逆光表现主题，表现明暗关系，使主题更加突出。

4. 鲍里斯·克斯托依列夫　鲍里斯 · 克斯托依列夫，1918 年所作的油画《品茶的商人妻子》，其中的瓜果、茶饮，蓝天、白云，丰腴的妇人，俏皮的小猫，如此题材的构图，使品茶图显得明快而通透。

此外，俄罗斯画家班诺夫的作品《浴后》、阿拉奈的作品《九月的阳光》、哈尔琴科的《甜点》、阿尔希波夫 1927 年的布面油画《手持茶罐的村姑》，均有这样的特点。

四、欧美

威尼斯著名作家拉马司沃所著《中国茶》及《航海旅行记》两书是欧洲最早提到茶的文献。1560 年，天主教徒克洛志以葡文著书记叙茶事。茶叶最初输入欧洲则在 1606 年（荷兰东印度公司成立的第二年），茶叶由澳门运往爪哇再转运至欧洲，为荷兰人和英国人所喜爱，视为高级奢侈品。

乌克斯在《茶叶全书》（东方出版社，2011 年）“西方绘画艺术与茶”一节中记载：欧洲最早以茶为题材的绘画，是一幅雕版印刷的早期关于中国茶树的插图。1665 年在阿姆斯特丹的雕版印刷图是一个中国茶园及采摘的方法，画面中前面的两株茶树尽可能地大，以显示其枝叶的结构。这类用某种透视法放大一株或几株茶树的方法，欧洲早期雕版家基本上都乐于采用。所以流传至今的当时所印刷的茶书，大部分都有这种特征。下一世纪后，茶在北欧和美洲已经成为一种时尚的饮料。于是，美术家常在这种新的环境下描绘新的情景。如用经线纹雕版来描写饮茶情景，有一幅是《咖啡与茶》，书中有插图，椭圆形画面镶嵌在一方框中，见于马丁 · 恩吉尔布莱特的《图形集》，此书于 1720—1750 年在德国的奥格斯堡出版发行；另一幅是《恬静者》，出自 R. 布里奇之手。《恬静者》描绘的是一位饮茶家，手执烟管，旁置茶壶，能从他的神态中使人产生一种放荡不羁的想象。1771 年爱尔兰人像画家那塔尼尔·侯恩（1730—1784）为他的女儿画像，却成就了一幅动人的饮茶图。画中那个少女身穿灿烂夺目的锦衣，披一皎洁如雪的花边针织披肩，右手捧碟，碟上放一无柄茶杯，左手用小银匙搅调杯的热茶。乔治·莫兰（1764—1804）的名画《巴格尼格井泉的茶会》，展现的是一个家庭的成员聚集在这个名园中享受用茶时的情景。还有不少文学作品中的插图，也不时可见茶事之作，如威廉·梅克比斯·萨克雷（1811—1863），19 世纪英国著名小说家，马克思曾赞誉萨克雷跟狄更斯等作家，是英国的“一批杰出的小说家”。他著有多部小说、诗歌、散文、小品，以特写集《势利人脸谱》（1847）和代表作、成名作长篇小说《名利场》（1848）最为有名。其中也有水彩画《四位淑女桌边品茶》的插图。

（一）英国

18 世纪时，随饮茶在欧美的兴起，以茶为题材的画作，也陆续见之于西方各国。据美国威廉·乌克斯《茶叶全书》等介绍，1771 年，爱尔兰画家那塔尼尔·霍恩，创作过一幅《饮茶图》，以其女儿的形象为原型，画一身着艳服的少女，右手持一盛有茶杯的碟子，左手用银勺在调和杯中的茶汤。1792 年，英格兰画家 E. 爱德华兹，曾画过一幅牛津街潘芙安茶馆包厢中饮茶的场面：一贵夫人正从一男子手中接取一杯茶，前方桌上放有几件茶具，旁边一女子正在同贵夫人耳语。再如 18 世纪苏格兰画家 D. 威尔基，也创作了一幅名为《茶桌的愉快》的茶小画：二男二女围坐在一张摊有白布的圆桌上饮茶，壁炉中炉火通红，一只猫蜷伏在炉前，绘出了 19 世纪初英国家庭饮茶时那种特有的安逸舒适的气氛。此外，如现在收藏在美国纽约大都会美术博物院中的凯撒的《一杯茶》、派登的《茶叶》，收藏在比利时皇家博物院的《春日》《俄斯坦德之午后茶》《人物与茶事》，以及悬存在俄罗斯列宁格勒美术院的《茶室》等，也都是深受人们喜爱的茶事名画。

此外，还有不少作品散见于各种出版物中。

乔治·邓洛普·R.A. 莱斯利（1835—1921），1894 年创作的油画作品《茶》，成套的青花瓷茶具与少女肖像在色调和神态上形成对比，刻画细腻传神。

托马斯·罗兰森（1756—1827），17 世纪中期至 18 世纪初的英国画家、著名漫画家、艺术家。其一是1817年作《十九世纪初期英式五点下午茶》，表现了19世纪英格兰贵族与儿童少年在沙龙中其乐融融的品茶情形。

其二是作于1790—1795年的水彩画《一位女士与端着茶的侍从迎接她的丈夫》，表现日常家庭饮茶。其三水彩画《品茶的女士》，用红棕色及褐色墨水、中等石墨，灰色洗线边框裱和米黄色无尘纸，以洗练的笔触，勾勒出奉茶者与品茶女士的神态。右下角用深灰色墨水笔写着：请再喝上一杯吧！

乔治·克鲁克香克(George Cruikshank，1792—1878)，被认为是英国19世纪最出色的插画家和漫画家。他为许多图书创作了蚀刻或雕刻插画，包括狄更斯的《博兹素描》和《雾都孤儿》。他的许多漫画和卡通都是讽刺当时政治、道德和社会风俗的。其一《畅饮好茶》，表现的是取消茶叶税收之后的开怀畅饮的欢乐景象。

乔治·克鲁克香克善于捕捉人间百态，讽刺幽默的插画传达着人物的动作、表情，以及神态隐含的滋味。他的好朋友英国小说家萨克雷这样评论道：

▶《茶》

▶《十九世纪初期英式五点下午茶》

▶《品茶的女士》

“乔治·克鲁克香克从来没有过笑容，但是他的作品却拥有不可思议的能力，能让看到它们的人露出笑容。”其二《一杯好茶》，1729 年作，木刻版画，表现朋友间小斟轻啜的惬意情形。

▶《畅饮好茶》

路易斯·菲力浦波埃塔德（1708—1747）的《茶会》，创作于 1730 年，油画，人物众多，共 18 个人物，刻画生动，笔触细腻，色彩鲜艳，真切地再现了当时茶会的盛况。

保尔·桑德比（1731—1809），英国绘画史上第一个用水彩作画的画家，在他以前只有用单色画和素描淡彩。被誉为“水彩画之父”。他的画法是在描画好的草图上再着水彩色，而且还喜欢在风景画上加些人物，显得更生动，更富有生活气息。有水彩画《贝斯沃特路大桥附近的老茶园》。

约翰·梅西莱特，《一对 18 世纪的夫妇在室内品茶》，系 18 世纪后期至 19 世纪早期作品中，以水彩颜料、钢笔、棕色墨水为工具和材质，人物神态呼应处理到位，品茶中的温馨，表达生动的好作品。

约翰·多伊尔（1797—1868），以笔名 H.B 著称，是一位政治漫画家、讽刺画家及石版家。1829 年作《退休政客的小型茶会》收入于托马斯·麦克林于 1821—1851 年出版的讽刺性版画“政界素描”系列；此场景为保守党中坚分子反对天主教救济会，说明茶饮已渗透到政治议事活动中。英国皇家艺术学院院士托马斯·韦伯斯特（1800—1886）是乔治三世的亲眷，1821 年的他通过层层考试和选拔，最终在自主招生环节中成为优胜者，被英国皇家艺术学院录取，并在 1846 年光荣加入皇家艺术学院，成为院士。风俗画是他的主题，少年儿童又是韦伯斯特风俗画的主题。《生日茶会》创作于 1866 年，布面油画，表现儿童的天真与纯洁，让观众在少年时代的回忆里乐而忘返。

查尔斯·菲利普（1708—1747），1730 年画有《圣詹姆斯主哈林顿之家的茶会》，布面油画。另有英国未知艺术家，约1745年所作油画《喝茶的一家人》。其构图和题材显示：主人归来与家人的手势交流，再添两只小动物，小圆桌上早已泡好的茶，这些都确立了家庭茶饮图的特色。

▶《喝茶的一家人》

凯特·格林纳威（1846—1901），英国儿童书籍插图画家，她的水彩画作品常常以蓝色和绿色的纤细阴影为特点，并以优雅而善意的幽默而著称。她的著名作品《窗户下》（1878），同时带有诗句和绘画。凯特·格林纳威出生于伦敦并在伦敦学习美术。她的早期作品刊登在《小家伙》等杂志上。《下午茶》，室外优雅的孩子、精致的花园、精美的茶具，都体现出当时当地的礼仪和习俗。下午茶的形式是多种多样的，如多人数集体性的、家庭小聚的等不一而足。

▶《下午茶》

（二）法国

法国是一个艺术之国，在以茶为题材的历史作品中，也代表着法国文化的一部分。在他们的笔下，茶是一个很鲜活的题材。小马塞勒斯·劳朗（1679—1772）是法国血统的英国画家。他专门从事社会风俗类绘画，创作有铅笔绘画《品茶的夫妇》。费立克斯·赫莱尔·布霍(1847—1898)，印象派版画家。他以作品极富创意地表现了各类天气的状况而闻名，1879年有雕刻铜版画《遗孀的茶会》。阿尔伯特·贝纳德（1849—1934)，1874年赢得罗马奖学金绘画大奖。他的画中有某种安格尔式的线条感，1883年作有《茶杯》。詹姆斯·雅克·约瑟夫·蒂索（1836—1902)，居住在伦敦的维多利亚新古典主义画家之一。他开始绘制些有关伦敦上层社会生活的作品，把英国维多利亚古典文化搬到画中，特别受到崇拜英国经典文化的社会阶层的追捧。1872年创作有油木画《茶》。爱德华·（让）·维亚尔(1868—1940)，是法国画家和图形艺术家。作为内景主义画派领袖之一，他运用印象派技法来描绘亲戚朋友在室内、巴黎花园里和街道上的日常生活。他也绘制大型装饰画板和屏风，设计舞台布景并发表了一系列平版画，如素描和水彩画《茶桌旁的女士》。雅克·安德烈·约瑟夫·阿韦德（1702—1766），1750年所作《坐着品茶的布里昂夫人》，收藏于西雅图艺术博物馆。米歇尔·巴泰勒米·奥利维耶，1777年作有油画《1766年在世嘉广场沙龙与孔蒂王子的英式茶会》。安德烈·德兰（1880—1954），1935年作油画《茶杯》。费利克斯·亨利(1833—1914),法国画家和雕刻家,有纸上蚀刻《茶歇游戏》。Marthe Orant(1874—1957)，法国印象派主义画家，有油画《茶歇时间》。亨利·博纳旺蒂尔·博纳（1799—1877），法国剧作家、漫画家和演员。1835年他用钢笔、黑色墨水、毛笔、灰色颜料、

▸《下午茶》

水彩、石墨等材料作《孔蒂王子的茶会》。

詹姆斯蒂索(James Tisso)，19 世纪末法国画家，作有一组油画《下午茶》。

（三）比利时、荷兰

比利时画家让 · 约瑟夫 · 霍勒曼斯二世（1714—1790），作有油画《茶歇时间》。荷兰画家阿尔贝 · 罗洛夫斯（1877—1920），约 1900 年铜版画《品茶的女人》。

荷兰画家科内利斯 · 度沙特（1660—1704），1695 年作有《茶贩》，主题背景是威廉三世占领那慕尔公众庆典，以个体形象表现大题材，亦属别有匠心之作，而以茶贩的欢乐，更表现了这个历史大背景对茶事的利好。

（四）意大利

意大利威尼斯佚名画家，作于 18 世纪《贵族品茶》前期为佛罗伦萨私人收藏品，图中女士静坐，男人和仆人在旁边，其仆人、茶具均体现贵族生活的典型性。

▶《茶贩》

（五）瑞典

尼克拉斯 · 拉夫伦森二世（1737—1807），瑞典风格和微型画家，画家和雕塑家学会会员。18 或 19 世纪初所作水粉画《品茶的女士》，以肖像画的形式，体现品茶者的高贵、优雅、纯洁之美。

（六）德国

德国画家约翰 · 莫里茨 · 鲁根达斯（1802—1858），1827—1835 年创作的石印水墨纸本《里约热内卢植物园内的中国式茶园》，是 1822—1831 年帝国主义时期风格。图中表现的是茶园工作的巴非奴隶和中国人。看上去像是地主的人正看着手中的文件，旁边的中国仆

▶《贵族品茶》

►《品茶的女士》

►《里约热内卢植物园内的中国式茶园》

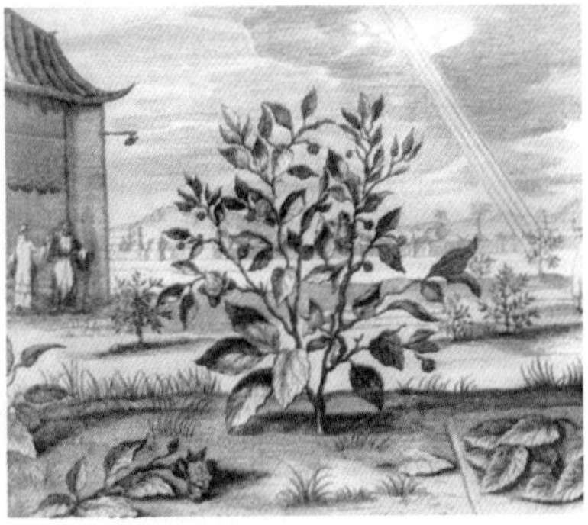
►《茶树图》

人一边为其撑着阳伞，一边与另一贵族白人说着话。当时，大后方很多非裔巴西奴隶在劳作。

卡尔·加滕伯格（1743—1790），1778年所作蚀刻和雕刻《茶税风暴或英美革命》；德国人，基歇乐，17世纪所作《茶树图》，或为有史以来第一幅中国茶树图，茶树不高，有大大的茶花，不远处竹席上堆着的显然是大叶种青叶。

（七）美国

美国与中国茶有不解之缘。美国独立战争后，1784年2月，美国自己的第一艘商船“中国皇后号”来中国广州运茶，并于次年返回，获利丰厚。此为中美之间的茶叶贸易之滥觞。在很多绘画的作品中可以看到，美国是一个历史不长但开放的国家，也容得下各种茶饮的风格。

詹姆斯·麦克尼尔·惠斯勒（James McNeill Whistler，1834—1903），美国油画家，石版和铜版画家。惠斯勒擅长人物、风景、版画。他的画在1858年后常同音乐标题结合在一起，旨在强调对色彩与音乐之间的联想。1897年作有油画《下午茶》。玛丽·卡萨特（Mary Cassatt，1844—1926），是19世纪末至20世纪初期一位伟大的美国女画家，也是极少数能在法国艺术界活跃的美国艺术家之一。卡萨特早期画人物，题材多为妇女喝茶或出游。成熟期的创作主题多是母亲对幼儿的关怀，亲情洋溢，造型生动，透露出生命的光辉。其中有：① 1883—1885 年油画《茶桌旁的女士》；② 1880—1881 年作油画《茶杯》；③约 1880 年的室内肖像油画《茶》，两名年轻女子，坐在房间里喝着茶，其茶具、衣钵、花瓶、沙发、帽子、白天等各种题材的呈现，属印象派风格。

埃德蒙·查尔斯·塔贝尔（1862—1938），印象派画家。塔贝尔的画显示他作品的年谱，还画出许多杰出人物的老去，包括实业家亨利克莱弗里克，在耶鲁大学时期的蒂莫西德怀特总统和美国总统伍德罗威尔逊的肖像等。塔贝尔的画至今还挂在美国许多艺术收藏和博物馆，包括白宫。1894年左右作有油画《粉色着装和伯爵下午茶》。亨利·萨金特（1770—1845），约1820年作有油画《茶会》，属新古典主义时期风格。奥斯汀·萨克（1896—1974），油画《无题》（身穿黄色裙子端着茶杯的女士），艺术表现形态为现实主义时期风格。桌旁的女人身穿一件白领和白袖的黄裙，双手捧着一杯茶，低着头，表情落寞。查尔斯·斯普拉格·皮尔斯（1851—1914），1883作有油画《一杯茶》。约翰·昆德（1801—1881），有大约35件作品，其中大部分都是基于华盛顿·欧文有关荷兰纽约的故事，1866年有油画《一次尼克博克茶会》。爱丽丝·巴伯·斯蒂芬斯（1858—1932），也是雕刻家，她的插图尤为著名，1899有水彩画《茶桌旁两名男子靠近女士》。爱德华·温莎·肯布尔（1861—1933），因给马克·吐温的畅销小说哈克贝利·费恩历险记做插画而被人们熟知，1888创作有水彩画《玛丽·安妮回到家发现老妇人正在煮茶》。爱德华·彭菲尔德（1866—1925）是“美国插图盛世”时代领先的插画家，他被认为是美国海报之父，也是平面设计发展的一个重要人物。1884—1925年作有水彩画《女孩端着放有茶壶和茶杯的盘子》。沃尔特·阿普尔顿·克拉克（1876—1906），1903年作有水彩画《让我为你煮些新鲜的茶》。艾莉森·梅森·金斯伯里（1898—1988），1942年作有铅笔画《“茶室启示录”的补白图》，为了配合其丈夫莫里斯主教的大量小说和诗歌，创作了许多图画。洛厄尔·巴尔科姆，雕刻家、画家、插画家，他的关于第一次世界大战时期军官的肖像画，尤被人们所称道；

1927年的油毡版画《无题》，表现四位身穿冬衣的中国商贩在泡茶。

►《无题》

约翰·昆德是从事历史和文学科目的画家。他的画其中大部分都是基于华盛顿·欧文有关荷兰纽约的故事，1866 年作于纽约的油画《一次尼克博克茶会》，画面中，茶会送茶人为黑人妇女。诺曼·洛克威尔（1894—1978），20 世纪美国画家，插图画家，诺曼·洛克威尔的作品在美国具有很高的知名度，原因是这些作品都是美国文化的一种反映。诺曼·洛克威尔为美国杂志星期六晚报连续 40 年创作插图，使得他闻名国内外。1958 年作有油画《孕妇品茶》《家庭主妇的茶歇时间》《在茶歇的医生》和《喝茶歇息的女人》。

其他，如简·安东·加拉蒙吉纳被认为是弗兰德新古典主义最重要的代表人物之一，1756 年成为布鲁日学院的教授，主要以宗教场景和装饰绘画闻名。1778 年作油画《下午茶》，藏于罗宁格博物馆。

理查德·埃米尔（Richard Edward Miller，1875—1943），19 世纪末美国印象派画家。油画《饮茶妇》3 幅，表现了宁静之境与宁静之情。

►《饮茶妇》

第四节　茶事音乐歌舞

茶事音乐茶舞，也是由茶叶生产、饮用这一主体文化派生出来的一种茶文化现象。它们的出现，不只是在歌、舞发展的较迟阶段上，也是茶叶生产和饮用形成社会生产、生活的经常内容以后有的事情，世界各地大都如此，但中国出现得相对早一些。

一、中国

在中国古时认为诗词只要配以章曲，声之如琴瑟，则其诗也亦歌了。涉茶之歌最早见于西晋的孙楚《出歌》，其中有称“姜桂茶荈出巴蜀”。唐代则有真正意义上的茶歌，从皮日休《茶中杂咏序》“昔晋杜育有荈赋，季疵有茶歌”的记述中，可知最早的是陆羽茶歌，惜早已散佚。有关唐代的茶歌，有如皎然《茶歌》、卢仝《走笔谢孟谏议寄新茶》、刘禹锡《西山兰若试茶歌》等几首。尤其是卢仝的茶歌最为知名。朱自振先生认为：“宋时由茶叶诗词而传为茶歌的这种情况较多，如熊蕃在十首《御苑采茶歌》的序文中称：‘先朝漕司封修睦，自号退士，曾作《御苑采茶歌》十首，传在人口。……蕃谨抚故事，亦赋十首献漕使。’这里所谓‘传在人口’，就是歌唱在人民中间。由诗为歌，也即由文人的作品而变成民间歌词的。茶歌的另一种来源，是由谣而歌，民谣经文人的整理配曲再返回民间。”[①] 类似的茶歌，在江西、福建、浙江、湖南、湖北、四川各省都可见载。这些茶歌，开始未形成统一的曲调，后来孕育产生出了专门的“采茶调”，以致使采茶调和山歌、盘歌、五更调、川江号子等并列，发展成为我国南方的一种传统民歌形式，而其内容已不限于茶事的范围了。

1.《贡茶鲥鱼歌》　明清时流传于杭州富阳一带。正德九年（1514）按察佥事韩

① 资料来源《中国茶经》。

邦奇根据《富阳谣》改编为歌。其歌词曰："富阳山之茶，富阳江之鱼，茶香破我家，鱼肥卖我儿。采茶妇，捕鱼夫，官府拷掠无完肤，皇天本圣仁，此地一何辜？鱼兮不出别县，茶兮不出别都，富阳山何日摧？富阳江何日枯？山摧茶已死，江枯鱼亦无，山不摧江不枯，吾民何以苏？！"后来，韩邦奇也因为反对贡茶触犯皇上，被押狱多年。

2. 劳工自创民歌　清代流传在江西每年到武夷山采制茶叶的劳工中的一首歌，是茶农和茶工自己创作的民歌或山歌：

清明过了谷雨边，背起包袱走福建。
想起福建无走头，三更半夜爬上楼。
三捆稻草搭张铺，两根杉木做枕头。
想起崇安真可怜，半碗腌菜半碗盐。
茶叶下山出江西，吃碗青茶赛过鸡。
采茶可怜真可怜，三夜没有两夜眠。
茶树底下冷饭吃，灯火旁边算工钱。
武夷山上九条龙，十个包头九个穷。
年轻穷了靠双手，老来穷了背竹筒。

3.《龙井茶虎跑水》　1950年周祥钧作词，曹星、徐星平作曲。曹星（1935—2015），出生于江苏南通。新中国第一代律师，曾任杭州市律师协会会长、浙江省律师协会副会长，同时也是知名的作曲家、指挥家，曾任杭州市音乐家协会主席，被誉为"艺术型"律师。《龙井茶虎跑水》是以闻名世界的龙井茶虎跑水为题材，以歌颂名茶、名泉、名湖及珍贵友谊为主题的歌曲，自20世纪50年代以来，一直传唱不绝。《龙井茶虎跑水》歌词如下：

"龙井茶，虎跑水，绿茶清泉有多美，有多美。山下泉边引春色，湖光山色映满杯，映满杯。五洲朋友哎！请喝茶一杯哎！春茶为你洗风尘，胜似酒浆沁心肺。我愿西湖好春光哎！长留你心内，凯歌四海飞。龙井茶，虎跑水，绿茶清采有多美，有多美。茶好水好情更好，深情厚谊斟满杯，斟满杯。五洲朋友哎！请喝茶一杯哎！手拉手，肩并肩，互相支持向前进。一杯香茶传友谊哎！凯歌四海飞，凯歌四海飞。”

4.《采茶舞曲》 周大风(1923—2015)，镇海人，中国音乐家协会常务理事，浙江音乐家协会名誉主席，研究员，一级作曲家。此曲作于1958年。乐曲采用了越剧音调，融进滩簧叠板的曲式，又吸收了浙东民间器乐曲的音调作引子，并采用有江南丝竹风格的伴奏。这首采茶舞曲保持了汉族传统采茶歌舞的基本风格，曲调欢快、跳跃，再现了采茶姑娘青春焕发的风貌。20世纪60年代初，由著名民歌歌唱家叶彩华独唱，被中国唱片公司等灌制了唱片、首次灌制80万张，突破当时中国唱片史上最高发行纪录，风行海内外。1987年，《采茶舞曲》被联合国教科文作为亚太地区优秀民族歌舞保存起来，并被推荐为这一地区的音乐教材。这是中国历代茶歌茶舞得到的最高荣誉。《采茶舞曲》歌词如下：

溪水清清溪水长，溪水两岸好呀么好风光。春天呀，万里晴空彩云飘，姐妹看呀，西湖一片新气象。茶芽尖尖吐芬芳，龙井茶树迎春绿，蜂蝶欢舞鸟歌唱呀，采茶姑娘采茶忙。采不完香茶唱不完的歌，乐坏了我们采茶姑娘，采茶姑娘。

溪水清清溪水长，溪水两岸好呀么好风光。哥哥呀，上畈下畈勤插秧，姐妹呀，东山西山采茶忙。插秧插得喜洋洋，采茶采得心花放，插秧插得密又快呀，摘得茶来满屋香。多快好省来采茶，好换机器好换钢，好呀么好换钢。

溪水清清溪水长，溪水两岸采呀儿采茶忙。姐姐呀，你采茶好比凤点头，妹妹呀，你采茶好比鱼跃网。一行一行又一行，摘下的青叶箩里放，千箩万箩千万箩呀，片片茶叶放清香。多又多来好更好，龙井香茶美名扬，美呀么美名扬。

左采茶来右采茶，双手两面一齐下，一手先来一手后，好比那两只公鸡啄米上又下。两只茶箩两旁挂，两手采茶要分家，摘了一会停一下，头不晕采眼不花，多又多来快又快，年年丰收龙井茶。

5.《请茶歌》 由文莽彦作词，女作曲家解策励作曲。文莽彦（1925—1983）原名文劲础，江西萍乡人。1949年8月参加革命，早在20世纪50年代，他就创作了大量新诗。对革命根据地有着强烈的感情。解策励，生于1932年，湖南长沙人。

1949年参加革命，先后在解放军第21兵团、中南工程部队、中央交通部等文工团从事音乐工作。1957年调江西工作后，多次走访了井冈山老革命根据地，向民间音乐学习，收集红色歌谣，并向地方戏剧吸收创作营养，从而使她的音乐作品曲调优美、特色浓郁。《请茶歌》就是在江西创作的，据她的回忆："当我找到文莽彦同志《井冈山诗抄》中的'请茶'诗时，兴奋的心情很难形容。文莽彦在诗中所表达出来的感情，同我对井冈山的认识和感受是那样地相似，说出了我的心里话。我决心要为它插上翅膀……"此歌曲在50年代诞生后，充分显示出了她的生命力。在中华人民共和国成立40周年之际，全国广播歌曲评选中，《请茶歌》被评为28首金曲之列。

6. 其他 据《中国茶经》记载，关于以茶事为内容的舞蹈，主要是流行于我国南方各省的"茶灯"或"采茶灯"，是过去汉族比较常见的一种民间舞蹈形式。茶灯，是福建、广西、江西和安徽"采茶灯"的简称。它在江西，还有"茶篮灯"和"灯歌"的名字；在湖南、湖北，则称为"采茶"和"茶歌"；在广西又称为"壮采茶"和"唱采舞"，边歌边舞，主要表现茶园的劳动生活。除汉族和壮族的"茶灯"民间舞蹈外，中国有些民族盛行的盘舞、打歌，往往也以敬茶和饮茶为内容，如彝族打歌时，客人坐下后，主办打歌的村子或家庭，老老少少，恭恭敬敬，在大锣和唢呐的伴奏下，手端茶盘或酒盘，边舞边走，把茶、酒献给客人，然后再边舞边退。云南洱源白族打歌，也和彝族上述情况极其相像，人们手中端着茶或酒，在领歌者的带领下，唱着白语调，弯着膝，绕着火塘转圈圈，边转边抖动和扭动上身，以歌纵舞，以舞狂歌。从一定的角度来看，也可以说是一种茶艺舞蹈。知名度比较高的茶歌茶舞如《采茶歌》，反映了旧社会茶农之苦，控诉了苛捐杂税、重租盘剥的社会。江西玉山县《十二月采茶》和《采茶谣》；萍乡市《双采茶》；《中国民间歌曲集成·湖北卷》和《三峡民间艺术集粹》共收录18首采茶歌，包括：《瞧哒冤家去采茶》《你是在撇奴家》《说去采茶就去采茶》《手扳茶树泪淋淋》《正月采茶是新年》《二月采茶茶发芽》《三月采茶茶叶青》《四月采茶茶叶长》《五月采茶茶叶团》《六月采茶悬峰岭上坐》《七月采茶茶叶稀》《八月采茶秋风凉》《九月采茶是重阳》《十月采茶过大江》《十一月采茶过严冬》《十二月采茶过了期》《十三月采茶一年年》《只等来年新茶到》。当代的《请茶歌》《采茶舞曲》《挑担茶叶上北京》等茶歌、茶舞广为流传。

二、其他国家“茶歌”作品列举

其他国家的茶歌，与中国一样，也与生产生活有密切关系，此外，也有与时政相关联的情况。在形式上也有的如散文词、自由诗形式。如

日本：《摘茶曲》

立春过后八八夜，

满山遍野发嫩芽。

那边不是采茶吗?

红袖双绞草笠斜。

今朝天晴春光下，

平心静气来采茶。

采呀，采呀，莫停罢，

停时日本没有了茶。

英国：19世纪中叶，提倡禁酒运动的同时，人们经常传唱赞美饮茶的歌谣，如《给我一杯茶》：“让他们唱来把酒夸，让他们想那好生涯，那片刻之欢，永远轮不到咱，给我一杯茶。”

法国：法国是主要以喝咖啡为主的国家，但是在历史上，法国著名歌剧作曲家奥芳巴克曾经谱写《舍茶外》歌颂并大力宣传饮茶：

舍茶外，我几不知——

世上何物更美好，

但等那甜糖溶尽，

茶汤秒制!

饭后茶一杯，

实在够美妙！

萎靡中，它催人振作奋起，

烦躁时，它让你快快安静！

饭后茶一杯，

实在够美妙！

利比亚：

茶与糖啊，我的兄弟，

多少金钱也换不走你。

茶壶一旦支挂在火上，

切莫让外人靠近。

若有人像丧家犬那样溜来，

别指望分得茶汤半盏。

等到那火旺水开，

真主欢悦的面容与我同在。

第五节 茶事戏剧

一、中国

据《中国茶经》介绍，狭义的茶戏，即所谓的“采茶戏”。采茶戏，是由采茶歌、采茶舞发展而来的。采茶歌、采茶舞形成产生与之相关的曲牌即为戏曲。采茶戏最早的曲牌，即是“采茶歌”。采茶戏是仅流行于中国江西、湖北、湖南、安徽、福建、广东、广西等产茶省区的一种戏曲类别。其中还以流行地区的不同，而冠以各地的地名来加以区别。如广东“粤北采茶戏”、江西 “赣南采茶戏”等。它们形成的时间，大致都是在清代中期至清末的这一阶段。中国是茶文化的肇创国，也是世界上唯一存在有以茶事命名的剧种的国家。

另外，有些地方的采茶戏，如蕲春采茶戏，在演唱形式上，也多少保持了过去民间采茶歌、采茶舞的一些传统。其特点是一唱众和，使曲调更婉转、节奏更鲜明，风格独具。

广义的“茶戏”，除了“采茶戏”外，应包括所有与茶有关的，有茶题材内容的所有戏曲。戏曲起初也都是在茶馆演出的。后来，戏剧的演出即使是在专门的戏院和剧场，但在其开始营业之初，基本上依旧仍还是以卖茶为主。

明代的《鸣凤记》中，借茶香和滋味，辨明忠义与奸佞之间的是与非。《玉簪记》是明代戏曲家高濂的作品，写的是南宋时，潘必正与陈娇莲由父母之命，以玉簪为聘，指腹为婚。其中“茶叙芳心”一幕，写到当时的饮茶环境，干净、清新。用阳羡名茶给潘喝，表明了人物内心的感情所在。

以茶待客是戏曲中的重要组成部分。还有用茶饭祭奠，以茶为礼。如《牡丹亭》第30出《欢挠》中用了“老道姑送茶”作为深夜拜访的理由，在故事情节中成为发展的重要纽带。汤显祖还运用“茶堂”“禅房烹茶”“陪茶”等推进故事情节。第53出《硬拷》中“纳采下茶”，是明朝婚姻关系中对茶的应用。泛指男方向女方提供聘礼，如果女方接受聘礼，意味着双方订亲，建立婚约。

孔尚任的《桃花扇》。以李香君和侯方域的爱情故事为主线，借离合之情，写兴亡之感，其中马士英的唱词：“不须月老几番崔，一霎红丝联喜，花花彩轿门前挤，不少欠分毫茶礼。”茶礼指古代女子受男家聘、完婚的称谓，或称“下茶”。

中国传统剧目《西园记》的开场词中，即有“买到兰陵美酒，烹来阳羡新茶”之句，有特定的乡土民情气息。又如20世纪初，我国著名剧作家田汉创作《环珴璘与蔷薇》时，有意识地插进了不少煮水、取茶、泡茶、斟茶、品饮等场面和情节，使全剧更贴近生活，更具真实感，也起到了用其他方式描写所不能起到的翔实作用。

《茶馆》，作者老舍（1899—1966），原名舒庆春，20世纪20年代即享有盛名。1926—1929年，先后创作了多部长篇小说，以历史为题材的三幕话剧《茶馆》，作于1957年。第一幕写的是戊戌变法失败后，帝国主义的势力越来越大，国弱民贫，政治黑暗，“大清国要完”的情形；第二幕写民国初年军阀割据民不聊生，馆主王利发竭力维护改良茶馆，但也难于维持生计；第三幕写抗日战争胜利后，国民党特务和美国兵在北京横行不羁，人民命运堪忧，王利发被逼上吊自尽。《茶馆》以北京裕泰茶馆这一典型环境刻画了数十个具有时代特征的人物形象，深刻反映了中国前后长达五十年之久的社会变迁。这部话剧在国内外久演不衰，在巴黎献演以后，还轰动了法国和整个西欧。

二、其他国家

茶叶戏剧影视不只是在中国舞台，世界各国的戏剧和影视中，也有而且是早就已有反映。

如日本影视中，有关饮茶的情节随处可见，如《吟公主》是一部以茶道为主要线索的电影。这部影片，讲的是日本茶道宗师千利休反对权臣丰臣秀吉黩武扩张，最后以身殉道的故事。其所宣传的，也即是要人们热爱和平、尊长敬友和清心寡欲的所谓“和、敬、清、寂”的茶道精神。

1692 年英国剧作家索逊在《妻的宽恕》一剧中，就特地插进了茶会的场面。贡格莱《双面买卖人》，喜剧家费亭的《七幅面具下的爱》也都有不少饮茶及有关茶事的情节。英籍爱尔兰作家玛丽娅 · 艾奇沃思（1767—1849），被誉为“英国第一位一流的儿童文学女作家”的《打磨到器官》中，多次提到茶。奥斯卡 · 王尔德的戏剧《诚实的重要性》中 18 次提到茶。荷兰 1701 年就上演的《茶迷贵妇人》，至今在欧洲有些国家，仍作为优秀古典剧目经常出现在舞台上。1735 年，意大利作家麦达斯达觉在维也纳创作的剧本《中国女子》，德国剧作家布莱希特的话剧《杜拉朵》，1701 年荷兰喜剧《茶迷贵夫人》，均有边品茶、边观剧的场面。

又如美国有一批剧作家，也将茶事写入作品中。如被称为“美国文坛泰斗”的威廉·迪安·豪威尔斯（1837—1920），他的剧本《五点钟下午茶》也引起广泛的关注。《自我牺牲，滑稽悲剧》（1911）戏剧一开场，Ramsey 小姐便说道，“请喝茶，没有任何东西像新鲜到茶那样使人保持头脑清醒，我们当然需要保持头脑清醒”。康斯坦丝·嘉里·哈瑞森有以茶为题的戏剧《下午茶在4点钟》于1887年出版。约翰·斯密斯，1752—1809年创作的《茗边闲聊》及俄国安东契诃夫等不少作品中，几十处都谈到茶与茶事。

第六节　茶事典故传说

这里所说的茶事掌故，主要有两类，一是与茶事有关的掌故，二是诗文中引用的古代茶事故事和有来历出处的词语。根据《中国茶经》所载，比较著名的有：

1. 孙皓赐茶代酒　孙皓（242—283）是三国时吴国的第四代国君，极嗜酒。每次设宴，座客至少饮酒七升，“虽不尽入口，皆浇灌取尽”。朝臣韦曜，博学多闻，深为孙皓所器重。韦曜酒量甚小，不过二升。孙皓对他特别优礼相待，即“密赐茶荈以代酒”。此事见《三国志·吴志·韦曜传》。

2. 陆纳以茶果待客　晋《中兴书》载：卫将军谢安要去拜访陆纳。陆纳的侄子陆俶私下准备了可供十几人吃的菜肴。谢安来了，陆俶就摆出了预先准备好的丰盛筵席，山珍海味俱全。客人走后，陆纳打陆俶四十棍，教训说：“汝既不能光益叔父，奈何秽吾素业。”

3. 单道开饮茶苏　陆羽《茶经·七之事》引《艺术传》：“敦煌人单道开，不畏寒暑，常服小石子，所服药有松、桂、蜜之气，所饮茶苏而已。”七年后，单道开逐渐达到冬能自暖，夏能自凉，昼夜不卧，日行七百余里。后移住河南临漳县昭德寺，设禅室坐禅，以饮茶驱睡。

4. 王濛患水厄　据《世说新语》：“王濛好饮茶，人至辄命饮之，士大夫皆患之，每欲往候，必云：‘今日有水厄。’”王濛是晋代人，官至司徒长史，魏晋时期，茶饮渐行，其初士大夫中多还不习惯饮，故把饮茶视为“水厄”。此后，人们也戏称茶饮为“水厄”。

5. 王肃好茗饮　《洛阳伽蓝记》卷三载：肃初入国，不食羊肉及酪浆等物，常饭鲫鱼羹，渴饮茗汁。京师士子见肃一饮一斗，号为漏卮。经数年已后，肃与高祖殿会，食羊肉酪粥甚多。高祖怪之，谓肃曰："卿中国之味也，羊肉何如鱼羹，茗饮何如酪浆？"肃对曰："羊者是陆产之最，鱼者乃水族之长，所好不同，并各称珍。以味言之，是有优劣，羊比齐鲁大邦，鱼比邾莒小国，惟茗不中与酪作奴。"于是，茶又有"酪奴"之称。魏给事中刘缟，仰慕王肃好茗饮之风，专事仿习饮茶。

6. 李德裕嗜惠山泉　尉迟偓《中朝故事》中记述了李德裕别泉的一则故事：李德裕居庙廊日，有亲知奉使京口。李曰："还日，金山下扬子江中急水，取置一壶来。"其人忘之，舟上石头城，方忆及，汲一瓶归京献之。李饮后，叹讶非常，曰："江南水味，有异于顷岁，此颇似建业石头城下水。"其人谢过，不敢隐。唐庚《斗茶记》云："唐相李卫公，好饮惠山泉，置驿传送，不远数千里。"说的是曾于唐武宗时居相位的李德裕，嗜惠山泉成癖，奢侈过求，烹茶不饮京城水，悉用惠山泉，驿道传递，时谓之"水递"。

7. 谦师得茶三昧　苏东坡在元祐四年（1089）第二次到杭州任知州，当年十二月二十七日，东坡游西湖葛岭寿星寺。南屏山麓净慈寺的谦师闻此消息，特地自南山赶去北山，为苏东坡点茶。苏东坡有《送南屏谦师》诗，记其事。诗云：

道人晓出南屏山，来试点茶三昧手。
忽惊午盏兔毛斑，打作春瓮鹅儿酒。
天台乳花世不见，玉川风液今安有。
先生有意续茶经，会使老谦名不朽。

8. 李清照饮茶助学　宋代著名词人李清照在《金石录后序》中，记有她与丈夫赵明诚回青州故第闲居时的一件生活趣事："每获一书，即同共校勘，整集签题，得书画彝鼎，亦摩玩舒卷，指摘疵病。夜尽一烛为率。故能纸札精致，字画完整，冠诸收书家。余性偶强记，每饭罢，坐归来堂，烹茶，指堆积书史，言某事在某书某卷第几页第几行，以中否角胜负，为饮茶先后。中即举杯大笑，至茶倾覆怀中，反不得饮而起。"李清照、赵明诚夫妇一边饮茶，一边考记忆，给后人留下了"饮茶助学"的佳话，亦为茶事添了风韵。

9. 禅林法语吃茶去　据《广群芳谱 · 茶谱》引《指月录》道 ：“有僧到赵州，从谂禅师问 :‘新近曾到此间么？’曰 :‘曾到。’师曰 :‘吃茶去。’又问僧，僧曰 :‘不曾到。’师曰 :‘吃茶去 .’后院主问曰 :‘为甚么曾到也云吃茶去，不曾到也云吃茶去？’师召院主，主应喏，师曰 ：‘吃茶去。’”古人认为茶有“三德”：即坐禅时可以提神，通夜不眠 ；满腹时，可以助消化，轻神气 ；心烦时，可以去除杂念，平和相处，因而为禅林所提倡。唐代赵州观音寺高僧从谂禅师，总以“吃茶去”开示。——认为吃茶能达到悟道。自此以后，“吃茶去”就成了禅林法语。

茶的传说，在中国丰富多彩，几乎每个名茶都有一个美丽的传说。虽然有时于史无据，或多有演绎，其现象背后呈现的中国民俗民风及对美好生活的向往却是极为可贵的。如《中国茶经》中记载的几则，便可窥其一斑。

10. 神农尝百草　相传在神农时代，神农为了普济众生，尝百草，采草药，虽日遇七十二毒，得茶而解之。茶在神农时代已被发现，并逐步加以利用。神农氏怎样发现茶的呢？古时传说 ：神农氏为了采集草药，验证不同草木的药理功能，必采而嚼之，亲口尝一尝，亲身体验一下哪些草木不能采食，哪些草木采集时要慎加小心。

有一天，神农在采集奇花野草时，因中毒而头晕目眩，于是他放下草药袋，背靠一棵大树斜躺休息。一阵风过，似乎闻到一种清鲜香气，但不知这清香从何而来？抬头一看，只见树上有几片叶子飘然落下，这叶子绿油油的，心中好奇，遂信手拾起一片放入口中慢慢咀嚼，感到味虽苦涩，但有清香回甘之味，索性嚼而食之。食后更觉气味清香，舌底生津，精神振奋，且头晕目眩减轻，口干舌麻渐消，好生奇怪。于是再拾几片叶子采了些芽叶、花果而归。以后，神农将这种树定名为“茶”，这就是茶的最早发现。此后茶树渐被发掘、采集和引种，被人们用作药物，供作祭品，当作菜食和饮料。

11. 十八棵御茶　在美丽的杭州西子湖畔群山之中，有一座狮峰山，山下的胡公庙前，有用栏杆围起来的“十八棵御茶”，在当地茶农精心培育下，长得枝壮叶茂，年年月月吸引着众多游客。

相传在清乾隆时代，五谷丰登，国泰民安，乾隆皇帝南巡到了杭州，根据安排，乾隆要在庙里休憩喝茶。第二天，乾隆来到胡公庙，老和尚恭恭敬敬地献上最好香茗，乾隆品了茶感觉回味甘甜，齿颊留芳，便问和尚："此茶何名？如何栽制？"和尚奏道："此乃西湖龙井茶中之珍品——狮峰龙井，是用狮峰山上茶园中采摘的嫩芽炒制而成。"接着就陪乾隆观看茶叶的采制情况，乾隆为龙井茶采制之劳、技巧之精所感动，曾作茶歌赞曰："慢炒细焙有次第，辛苦功夫殊不少。"乾隆将茶敬献太后，太后饮后见有平肝火之效，誉为灵丹妙药，于是乾隆封胡公庙前茶树为御茶树，派专人看管，年年岁岁采制送京，专供太后享用。因胡公庙前一共只有十八棵茶树，从此，就称为"十八棵御茶"。

12. 奶茶和酥油茶的由来　唐时，文成公主和亲西藏，从此边疆安定，历史上传为美谈。当时饮茶之风很盛，人们崇尚饮茶。文成公主远嫁西域，嫁妆自然丰厚，除金银首饰、珍珠玛瑙、绫罗绸缎等之外，还有各种名茶，因为文成公主平生爱茶，养成了喝茶的习惯，而且喜欢以茶敬客。文成公主初到西藏，饮食很不习惯。于是她想出了一个办法，先喝半杯奶，然后再喝半杯茶，果觉胃舒服了些。以后她干脆把茶汁掺入奶中一起喝，无意之中发觉茶奶混合，其味比单一的奶或茶更好，这就是最初的奶茶。

以后公主常以茶赐群臣、待亲朋，饮后齿颊留芳，肠胃清爽，解渴提神，身心轻快，竞相传说、争相效仿，饮茶之风不胫而走，迅速传向西藏各地。同时文成公主想到京城一带有用葱、姜、芝麻、炒米等佐料泡茶吃的，于是试着在煮茶时加入些酥油和松子仁，吃起来很香，如果不加糖，而加些许珍贵的盐巴，咸滋滋、香喷喷，其味更佳。因此，"酥油茶"就逐渐成为藏族赏赐、敬客的最隆重礼节。

13. 康熙命名碧螺春　据清王彦奎《柳南随笔》载："洞庭山碧螺峰石壁产野茶，初未见异。康熙某年，按候而采，筐不胜载，因置怀间，茶得热气，异香忽发，采者争呼吓煞人香，吓煞人吴俗方言也，遂以为名。自后土人采茶，悉置怀间，而朱元正家所制独精，价值尤昂。己卯，车驾幸太湖，改名曰碧螺春。"

14. 冻顶乌龙　冻顶乌龙是台湾出产的乌龙茶珍品，与包种茶合称姐妹茶。制法近似青心乌龙，但味更醇厚，喉韵强劲，高香尤浓。因产于冻顶山上，故名冻顶乌龙。

冻顶山是台湾凤凰山的一个支脉，海拔700多米，月平均气温在20℃左右，所以冻顶乌龙实不是因为严寒冰冻气候所致，那么为什么叫“冻顶”呢？据说因为这山脉迷雾多雨，山陡路险崎岖难走，上山去的人都要绷紧足趾，台湾俗语称为“冻脚尖”才能上山，所以此山称之为“冻顶山”。相传在100多年前，台湾南投县鹿谷乡中，住着一位勤奋好学的青年，名叫林凤池，他学识广博、体健志壮，而且非常热爱自己的祖国。记不得是哪一年，他听说福建省要举行科举考试，就很想去试试，可是家境贫寒、缺少路费、不能成行。乡亲们得知他想去福建赴考，就相约慷慨解囊，给林凤池凑了足够的路费。不久，林凤池果然金榜题名，考上了举人并在县衙内就职。一天，林凤池决定回台湾探亲，在回台湾前邀同僚一起到武夷山一游。上得山来，只见“武夷山水天下奇，千峰万壑皆美景”，山上岩间长着很多茶树，于是向当地茶农购得茶苗36棵，精心带土包好，带到了台湾南投县，种植在附近最高的冻顶山上，并派专人精心管理。人们按照林凤池介绍的方法，采摘芽叶，加工成了清香可口、醇和回甘的乌龙茶。

15. 蒙顶玉叶　据史料记载，蒙山产茶已有2 000多年历史。相传在西汉末年，蒙山寺院中有位普慧禅师，在上清峰上栽种了7棵茶树。这7棵茶树“高不盈尺，不生不灭”，年长日久，春生秋枯，岁岁采茶，年年发芽，虽产量极微，但采用者有病治病、无病健身，人称“仙茶”。据说很早以前，有位老和尚身患重病，服药无效，忽有一老翁来访，谓“春分时节采得蒙山玉叶，用山泉煎服，可治宿疾”。老和尚信其言，如法采制仙茶，服后果然病情渐愈。于是就在蒙山顶上筑起石屋，找了一位老汉专门培育和采制茶叶。

老汉早年亡妻，只有一个女儿，取名玉叶。一天玉叶下山购物，不料在半山腰碰到几个恶少百般调戏污辱，玉叶大喊救命。悲凄的喊声惊动了正在砍柴的青年王虎。王虎气愤极了，顺手拾起一根木棍，直冲过去，那些纨绔子弟哪是王虎的对手，被打得抱头讨饶。玉叶得救，在地上连连叩了三个响头，再三道谢，拜别了虎子。自此虎子忘不了姑娘，老在山间徘徊。玉叶也希望能再次遇到这位青年。当她探听到这位青年是住在山脚下的孝子时，思念之情更加殷切。

王虎家贫如洗，家有老母，视力很差，全靠儿子养活她。王虎对娘孝顺，是村里有名的孝子。一天，王虎听说蒙山顶上的“玉叶”可治眼疾，就决心上山采集。蒙山有五峰，他累了就在大树下躺一下，渴了就喝点山泉水。一天他正在泉边喝水，忽听一阵悠扬的歌声由远而近传来，只见一个少女正唱着歌向这边走来，一看正是玉叶姑娘。不几日，玉叶带了包珍藏的“玉叶”仙茶来到了虎子家，看了大妈的眼睛，用茶汤洗了洗，并嘱大妈天天煎服，服后茶渣捣烂敷于眼皮上。不到十日，虎子妈的眼睛红肿消了，视力也增强了。大妈很感激玉叶，同时也非常喜欢玉叶，不久玉叶和虎子有情人终成眷属。玉叶为了给更多的人治病，就在山脚下摆了个摊子，同时采集些茶籽播于周围，扩大仙茶的种植面积。从此仙茶能治眼疾、能提神健身，有返老还童功效的消息不胫而走，远近闻名，人们称它为“圣扬花”“吉祥蕊”。

16. *庐山云雾茶* 庐山位于江西省九江地区，北临长江，南傍鄱阳湖，名胜古迹遍布山中，素有“匡庐奇秀甲天下山”之誉。著名的庐山云雾茶就产在这里。关于云雾茶，江西一带也流传着不少故事。

一说在很久很久以前，有一位骑着白马的苗族青年，名叫阿虎，身上背着一包茶树种子，来到了庐山，把带来的茶籽播种在苗家村寨不远的山坡上，并在苗家定居下来。从此庐山上长出了茶树，苗寨乡亲们采制茶叶，调米换盐，日子一天天好过起来。一天，有个县官来到了苗家山寨，阿虎请县官进门稍坐，抓了把明前云雾茶泡给大家喝。县官见问:“你们没有好茶吗？怎么拿这种粗茶来待客？”阿虎笑了笑，恭恭敬敬地答道:“大人，这是明前云雾茶，你品尝一下就晓得了。”说着冲泡好茶叶，加上碗盖，片刻后双手捧给县官。县官端起茶碗，揭开盖子，只见碗口冒出一股白气，先像一把伞，后像一朵白云冉冉升腾，一朵未散，二朵再起，好看极了。而且随着白云升起，茶香四溢，沁人心脾。县官问阿虎:“这茶是谁采制的，有多少？我全买了”。

阿虎就把一大包云雾茶送给了县官。县官到了京城，就向皇上献上了云雾茶，并陈述云雾茶的奇妙之处。皇帝遂命宫女泡来品尝，果然是难得的仙茶，立即下旨传阿虎进京让他在京城种茶。阿虎认为这也可使京城的百姓分享到茶的好处，就欣然采收茶种，收拾行装上路。阿虎虽种活了茶树，采制了茶叶，可是由于生态环境条件不同，同样方法采制出来的茶叶，沏泡起来不起云雾，而且味道也不好，皇帝大怒，认为阿虎有欺君之罪，赐他一死。阿虎气极了，就趁卫兵不备，跨上白马向庐山方向逃奔，被追兵用乱箭射死了。乡亲们年年以极悲痛的心情缅怀阿虎，幻想着阿虎骑着白马飞回云雾山上。以后，人们终于看到每当云雾四起之时，天空中就有一匹白马在云雾中缓缓行驰，几十里外都能看得清清楚楚，人们说：那是阿虎回来视察茶山了，他舍不得乡亲们，舍不得云雾山，也舍不得云雾茶啊！

17. 大红袍　去福建省崇安县武夷山游览的人们，无不以一睹大红袍为快，但要看到大红袍茶树也确非易事，因为大红袍生长在武夷山天心岩附近的九龙窠，地势险峻，只有不畏艰险的人们才可到达。关于大红袍，在武夷山区广为流传着不少美妙动人的传说。

话说某一天，有位秀才上京赶考，路过武夷山时病倒在路上，正遇天心庙老方丈下山化缘，就叫人把他抬回庙中。方丈见他脸色苍白、体瘦腹胀，就将九龙窠采制的茶叶，用沸水泡开，端给秀才说："你喝上几碗，慢慢就会好的。"秀才又冷又渴，接过碗就喝，几口下肚，但觉涩中带甘，香沁心肺，消疲生津，再喝之后，腹胀减退，精神为之一爽，如此歇息几天后，基本康复，就拜别方丈说："方丈见义相救，小生若今科得中，定重返故地，修整庙宇，再塑金身！"不久，秀才果然金榜题名，得中头名状元，并被皇上招为东床驸马。秀才虽春风得意，但仍未忘报恩之事。皇上感其报恩心切，便命他为钦差大臣前往视察。在风和日丽的春天，状元骑着高头大马，随从前呼后拥，一路鸣锣开道，离开了京城，这可忙煞了沿途官员。状元一到天心庙前立即下马，走到老方丈面前拱手作揖道："老方丈别来无恙！本官特来报答老方丈大恩大德！"方丈又惊又喜，双手合掌道："救人一命胜造七级浮屠，状元公不必介怀！"寒暄之后，谈及当年治病之事，状元问是何仙药，方丈说这不是什么灵丹仙草，而是九龙窠的茶叶。状元听了，一定要亲自去看看。于是，老方丈陪同状元来到了茶树边，三棵茶树像三位老翁，容光焕发，精神抖擞，屹立在山腰上，吐着一簇簇嫩绿的芽梢，带着慈祥的微笑俯视着大家。

状元深信神茶能治病，意欲带些回京，进贡皇上。此时正值春茶开采季节，第二天老方丈就带领庙内大小和尚，披上袈裟，点起香烛，击鼓鸣钟，浩浩荡荡来到九龙窠。和尚们焚香点烛，钟钹齐鸣，合掌念经，唱起香赞，大家齐声高喊："茶发芽！茶发芽！"然后让几人攀登采茶。采来茶叶，由最好茶师加工，并用特制小锡罐盛装，由状元带回京城。此后，状元差人把天心庙整修一新，又塑了菩萨金身，了却了心愿。状元回到朝中，正值皇后犯病食无味，寐不安，百医无效，于是向皇上陈述神茶药效后取出那罐茶叶呈上。皇帝马上命人熬煮让皇后服下，皇后饮服以后，顿觉痛止胀消，精神渐爽，身体逐渐复原了。皇上大喜，赐红袍一件，命状元亲自去九龙窠披在茶树上，以示龙恩。同时，派专人看管茶树，年年岁岁采下茶叶，悉数进贡朝廷，不得私匿。

从此，武夷岩茶中的珍品——大红袍，就成为专供皇家享受的贡茶。

18. 正志和尚与茶　正志和尚，原名熊开元，明代天启年间，曾做过江南黟县县令，熊开元为何不当县令去做和尚？据说与茶有关。

皖南歙县、太平、休宁和黟县之间，有一座大山，就是当今景色奇异的黄山。黄山不但景色迷人，所产茶叶，千古盛名。《黄山志》记载："莲花庵旁就石隙养茶，多清香冷韵，袭人断腭，谓之黄山云雾茶。"黄山云雾茶就是现在黄山毛峰的前称。话说熊开元当黟县县令时，素慕黄山美景，一天他带书僮信步春游，来到罗汉峰下，但见漫山云雾，奇松怪石，两人留恋景色，不觉已夕阳西下，百鸟归林，他俩急忙择路下山，忽听远处响起悠扬的钟声，望去，只见树林深处有位老和尚，身穿黄色袈裟，斜挎竹篓，阔步走来。熊知县大喜，急忙迎上前去，施礼问道："请问长老此地附近可有借宿之处？"老和尚见熊文质彬彬，书生模样，便合掌还礼："阿弥陀佛！贫僧是云谷寺长老，寺院就在前面，客官如不嫌弃，请随我来。"主仆两人答谢后就随长老朝云谷寺走去。一路上但觉清香阵阵，知县忍不住问："长老的篓中何物如此幽香？"长老微笑着把竹篓递过来，知县一看篓中都是嫩绿的茶芽，感到惊奇，又问道："此茶叶有那么香？"长老笑道："客官没听说过高山出名茶吗？"入院以后，宾主在禅房坐定，小和尚献茶，只见水中热气绕杯沿转了一圈，转到杯中心后径直升腾，约离杯一尺多高时，在空中转了个圆圈，形似莲花，然后冉冉散开似云雾飘荡，这时室内充满幽香，沁人心肺。知县从未尝过如此好茶，惊呼道："真是山中珍品，世上奇茗！"因问长老是什么茶，长老说："这茶受高山灵秀之抚育，得终年云雾之滋润，品质特优，称为'黄山云雾茶'。相传很早以前，神农来黄山采药，尝百草时不幸中毒，山神感其德行高尚，遂遣茗茶仙子用圣水泡茶给神农饮服解毒，神农得救后深为感激，离山时就把白莲花宝座送给了茗茶仙子，留作纪念。从此以后，茗茶仙子更精心地管理茶叶，把宝座化作云朵，所以云雾茶冲泡后就出现白莲花奇景了。"

临行时，长老赠与云雾茶一包、黄山泉水一葫芦，并叮嘱道："黄山云雾茶只有用黄山泉水冲泡，才会出现白莲景观。"熊开元回到县衙不久，就有同窗好友太平县知县来访。熊命书僮泡云雾茶招待客人。知县细品茶汤，更觉心旷神怡，临走时，熊知县就把长老赠送的云雾茶分一半给了太平知县。

谁知太平知县是个贪心之人，他官迷心窍，就连夜快马进京，向皇帝献媚请赏去了。当宫女用沸水冲入茶杯后，皇帝和群臣都静候奇景出现，不料这茶叶只在杯中上下浮动，水汽消散，并无白莲出现，皇上大怒。太平知县禀道：'请万岁宽容，此茶乃同窗好友黟县知县熊开元所献，与奴才无干。要问究竟，找他来便知。"皇帝听了就传旨熊开元火速进京。

熊开元接旨后，来到京城，未及开言，皇帝已命左右将熊捆绑问罪，熊自问无过于朝廷，因问："启奏万岁，微臣何罪之有？"皇帝抛下一包黄山茶叶，怒气冲冲地说："此乃山野俗物，竟谎称神茶，有白莲奇景，欺君有罪，推出斩首！"熊知县坦然奏道："这是神茶，但要看到白莲奇景，需取黄山天泉，一般井水是配不上这仙茶的。如陛下核准，微臣去黄山取泉水，定会出现白莲奇景，如若不实，听凭发落。"皇帝准其请，限于一月后面试。

熊知县回到黟县，脱去官服，换上布衣，直奔云谷寺中，见了慧能长老，跪拜大哭。长老大惊，问是何原因，熊便把赠茶、献茶、诬陷之事痛述一遍，请求长老相助。长老听后也愤然不平，忙扶起熊开元，叫他放心。第二天，长老带上葫芦，带着熊开元爬过后山峻岭，来到圣泉峰下，在淙淙的山泉边停下，指着泉水说："这就是天泉了，也称圣泉，快装上一葫芦，上京销差吧！"

熊知县赶回京城。来到皇宫，从容上殿，取葫芦水煮沸泡茶。但见杯中水汽冉冉升起，在杯口旋即上升，约离杯口一尺处，即见旋转成圈，像一朵白色莲花挺立杯上，蔚为奇观。接着白雾逐渐散向四方，像片片白云，在微风中飘落，皇帝大喜，说："确是神茶神水！"当下皇帝降旨，熊知县官升三品，并赐红袍玉带。

熊开元从心底里敬慕慧能长老，于是丢弃官服玉带，离开驿馆，直奔黄山，在云谷寺出家做了和尚，法名正志，意即行正志高。据说现今云谷寺路边的檗庵大师塔基遗址，就是这位正志和尚的坟墓。每当人们品尝黄山毛峰时，常会带着缅怀之情谈起这则故事。

19. 擂茶的传说　擂茶始于何时？源于何处？是怎样流传下来的？

其中之一是：湖南桃源南部山区的人们一直保持着喝擂茶的习惯。据老人们说，当地人喝擂茶，与《三国演义》中的张飞有关。三国时，刘关张桃园义结兄弟，发誓要同心协力，救困扶危，上报国家，下安黎庶。那年，刘备用了诸葛亮之计，先后拿下荆州、南郡、襄阳等地，又令赵子龙领三千人马取了桂阳，刘备大喜，重赏了子龙。张飞不服。张飞遂立军令状，欣然领三千军，朝武陵界上来。一天，路过乌头村（今桃花源），时值盛暑，瘟疫流行，将士病倒了数百人，张飞自已也染上了瘟疫，只得下令在山边的石洞屯兵，张飞心中十分焦急。

当地山上住着一位鹤发老人，素闻张飞大名甚为敬佩。此番，又目睹张飞带兵来到此地，军纪严明，所到之处，秋毫无犯，十分感动，有心要去医治将士之病。张飞闻之大喜，待老者为上宾，老人当即向张飞献上祖传秘方——擂茶。张飞和官兵服后，病情大好，遏止了瘟疫的流行。张飞康复后，即亲自上山向老人致谢，并向其当面求教。老人说，制作擂茶的主要原料中，茶叶能防病治病，生姜能理脾走表，生米能滋润肠胃，于病体都是有益的。故俗云“清晨一杯茶，饿死卖药家”。以后张飞虽带领将士走了，但当地喝擂茶的习俗却从此保持了下来。

第七节　茶事与其他艺术

除上述篇章论及茶之外，茶的文学和艺术也通过其他艺术形式表现出来。

一、邮票

中国第一套反映茶文化的邮票是在1997年，由邮电部发行，共4枚，分别是古茶树、陆羽、唐鎏金银茶碾子和明代文徵明的《惠山茶会图》。

▶ 中国第一套茶主题的邮票

1981年《荷兰集邮月刊》编辑A．Smith 先生撰写了一篇描写各国发行的邮票中，有关从种茶到茶叶品饮方面的文章。文章收集了23张茶邮票，其中有中国、印度、斯里兰卡、印度尼西亚、肯尼亚、阿根廷、卢旺达、马拉维、东非三国、喀麦隆、巴基斯坦和俄罗斯等国家的。邮票画面主题鲜明，色彩调和，图案清晰。有的反映了妇女背着茶篓采摘新芽的场面，有的描绘了茶山风光，有的骆驼成群、驮着茶叶行进于沙漠之中，有的风帆鼓张的快箭船运茶出海，有的码头上茶箱堆积待运，象征了茶叶贸易事业的发展；有的厂房整齐、茶机罗列，象征了茶叶加工进入机械制造时代；有的画着茶花、茶籽、茶具、茶叶，秀丽美观，象征了茶给人们带来的幸福；还有的画着波士顿茶叶集会图像，以纪念波士顿茶叶抗税运动给美国独立运动带来的影响……这是一组宝贵的茶叶文化的遗产，是别具一格的茶叶史料，很值得仔细鉴赏。

二、电影

据《中国茶经》记述，1905 年，北京丰泰照相馆拍摄的戏曲片《定军山》，拉开了中国国产电影的序幕。在襁褓阶段的中国电影和戏曲一样，赖以成长的也是茶叶。在黑白无声片阶段时，我国采茶人就已走进银幕，并成为电影的主角。由朱瘦菊编剧，徐琥导演，王谢燕、杨耐梅等主演的《采茶女》，就是我国摄制的一部与“茶”有关的早期影片。该片讲述了一个富家子弟和采茶女之间的爱情故事，谴责了社会上“持富凌贫，有金钱无公理”的丑恶现象，同时也热情赞扬了男女主人公在金钱面前爱心不移的高贵品质。《采茶女》与同时期的《玉梨魂》《空谷兰》《碎琴楼》《桃花湖》《红泪影》等影片的推出，对打开中国国产电影的发展局面，起到了不可低估的作用。

以茶叶题材的故事影片来说，有三十几种。以文献中常见有人提及的话剧和电影为例，除为人熟知的《茶馆》和《喜鹊岭茶歌》外，其他有名和影响较大的茶叶故事影片，还有《第一茶庄》《不堪回首》《春秋茶室》《茶色生香》《龙凤茶楼》《行运茶餐厅》《大马帮》《茶马古道》《绿茶》《菊花茶》以及《茶是故乡浓》等十几部。它们从不同角度、不同层面，反映了我国茶事戏剧、影视艺术一步步走过和获得的艰苦历程和丰硕成果。这也是中国茶事戏曲、影视从无到有，从古代到现代建设发展所存活下来的熠熠发光的主要文化积淀。如《大碗茶》讲述了改革开放初期，北京大栅栏街道办事处干部尹盛喜为解决返城知情就业难问题，为国分忧，毅然放弃公职，创办大碗茶青年茶社的创业故事。

日本电影《吟公主》，反映丰臣秀吉时代茶道宗师千利休创导的“和、敬、清、寂”茶道精神的情节。与影视等现代传播形式相结合等新型茶艺术不断涌现，如从中央电视台到地方台所推出的多部大型茶文化系列专题片，茶为主题的电影、电视剧，话剧《茶馆》几十年来经久不衰。央视的大型纪录片《茶叶之路》《茶，一片树叶的故事》在全世界范围呈现中国茶的历史和文化魅力。

三、雕刻

现存最完整的茶事雕刻作品，首推北宋的“妇女烹茶画像砖”。画像砖画面为一高髻宽领长裙妇女，在一炉灶前烹茶，灶台上放有茶碗、茶壶，妇女手中还擦拭着茶具。整个造型显得古朴典雅，用笔细腻。在20世纪的七八十年代发现的一些墓道壁画中，其中绘有不少茶事的内容，十分形象地再现了当时饮茶的情景。在画面出现的许多茶具和点茶的动作和人物关系，都真切地为我们提供了最可靠的研究资料。

《茶叶全书》在“雕刻与茶”一节中记载：“大多数中国茶商都尊陆羽为茶业的开创者，亚洲茶业公会的会堂中也有他的全身塑像，尺寸大小如真人一般。用楷书写的‘陆羽’二字，并称其为‘先师’。这尊塑像用玻璃框架小心地保护着。中国茶厂一般都供奉着一尊小型的陆羽像，以祈祷他的佑护能带来福音。荣西禅师是日本茶业的鼻祖，京都的建仁寺就是他创立的。寺中放有他的木质雕像，雕刻工艺极为精湛。达摩是佛教祖师之一。在日本传说中，达摩与茶树的神秘起源相关。他的塑像在日本极多，尺寸大小不一，或为高大的偶像，庄严肃穆；或如儿童的玩具，精巧诙谐。庄严的达摩像是一个黑色的印度人，短短的胡须像刺猬的毛刺；也有一种是圆滑面孔的东方人形象。根据传说，达摩常立于芦苇上渡过大江。前日本中央茶业协会会长大谷嘉平是日本茶业界的元老，他的塑像有两尊：一尊在静冈，一尊在横滨，都是在他生前建造的。”

四、挂毯

挂毯是欧美国家常见的艺术品。在这个艺术形式中，也有不少茶文化的呈现。法国的弗朗索瓦·布歇（1703—1770）；让·约瑟夫·迪蒙（1687—1779）；皮康（1700—约1750）合作有两件作品。其一是1755—1780年创作的高2.60米×

宽 1.80 米的《茶会》；其二是 1750—1780 年创作的《两位喝茶的男士》，表现两位男士围在桌边喝茶，桌上摆放着刻有几何图案的花瓶以及许多盆栽，不远处的建筑物一眼可见那用茅草铺成的屋顶和门口处的装饰物。这幅创作很有可能是基于布歇的素描，但是其余的布歇挂毯系列作品中都没有使用此种方法。属中国式装饰风格。

盖伊 · 路易 · 费尔南达（1648—？）、让 · 巴蒂斯特 · 莫努瓦耶（1636—1699）、让 · 巴蒂斯特 · 贝林（1653—1715）于 1700—1725 年合作设计的《皇后的茶》，讲的是中国皇帝的故事。内容为：在树木、花卉和鲜花装饰的圆顶凉亭底下，桌上摆放着大型大口水壶和各式各样的玻璃和陶瓷器皿，旁边一个仆人为皇后撑着阳伞，另一个仆人跪着送上水果盘，皇后正伸手接过仆人送来的茶准备品饮。

五、景观设计

也属建筑艺术，19 世纪《无忧宫》反映的是中国茶楼概观，由德国建筑师乔治 · 冯 · 文思劳斯多夫（1699—1753）、彼得 · 约瑟夫 · 莱内（1789—1866）、卡尔 · 弗里德里希 · 申克尔（1781—1841）合作设计，具有洛可可时期风格。对于一个德国艺术家来说，能把中国茶楼元素融入建筑景观艺术中，难能可贵，具有相当的前卫性。

（本章撰稿人：于良子）

茶者，南方之嘉木也。

一片树叶惠及众生。

它穿越历史，跨越国界，融入人的生活，

发挥着独特的多元文化功能。

世界茶文化大全

（下）

主　编　周国富
执行副主编　姚国坤

中国农业出版社·北京

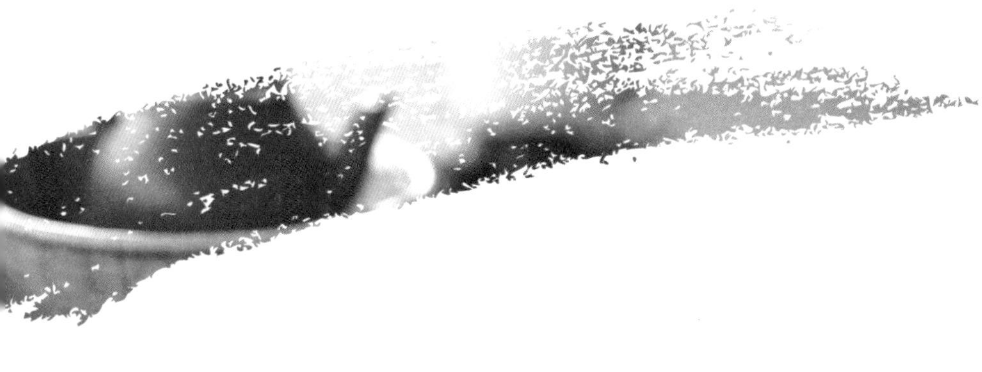

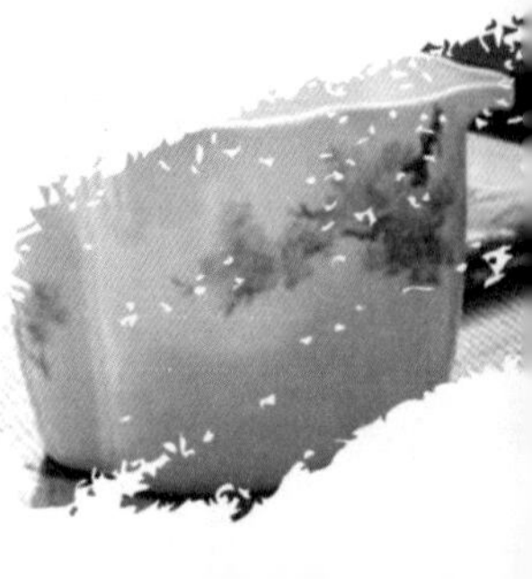

第十章 茶与身心健康 / 761

茶是中国农民赖以生存的主要农产品，
也是中国古代政府的主要财政收入。

第七章
茶文化与政治法律

茶政是指与茶相关的政务，茶法是为茶政务制定的相关法律。自茶叶成为商品在世界各地流通以来，茶政茶法也就应运而生，纳入各国政府管理的重要内容。看似一片不起眼的树叶，甚至还为此引发出不少震惊世界的大事件。

第一节　中国茶政茶法的形成与发展

中国历代茶政茶法主要包括贡茶、茶税、榷茶等内容。人类社会最初的茶政是贡茶。茶税又称茶课，是以实物或货币纳税；榷茶是官营专卖以获取垄断利润。

自汉代开始对摘山煮海之物实行征榷以规利以来，凡在社会、民间生活中使用较多的物产品都逐渐成为政府征榷的对象。唐代中期以前，种茶、买卖茶叶，不征收赋税。唐中期以后，茶叶成为全社会广泛使用的饮品，茶叶生产、贸易发展成为大宗生产和大宗贸易，加上其时安史之乱以后，国库拮据，政府多方开拓税源，唐政府于建中三年（782）九月初征茶税，从此开始了中国历代朝政对茶叶的行政管理与课税政策。此后，征收茶税的政策为历朝政府所沿用，并且在政治、经济、军事形势变化的情况下，多次修改制定茶法，茶政茶法从而成为社会政治经济生活的重要内容之一。

一、贡茶

最初的贡茶是土贡方物，即所贡为本地土特产。相传贡赋之法起于禹，《尚书·禹贡序》："禹别九州，随山濬川，任土作贡。"晋常璩《华阳国志·巴志》记巴国贡茶，其记在武王伐纣封宗子姬于巴之后，所产"丹、漆、茶、蜜……皆纳贡之"，这是封国对宗主国的贡奉，是封土建国经济的常态表现。有论者对西周贡茶时间有怀疑，任乃强先生《华阳国志校补图注》说道："《巴志总序》第二章，述故巴国界至与其特产和民风。其述民风，时间性颇不明晰，大抵取材于谯周之《巴记》，通巴国地区，秦汉魏晋时代言之。"认为此处所述为"故巴国界至与其特产"，时间性很明确，为故巴国，即西周初年建国，公元前316年为秦所克之巴国。只有所述民风时间性不明晰，为"秦汉魏晋"不能确定的时间段。

汉景帝墓出土了茶叶，表明虽然没有文献记载，但贡茶至少在西汉时即已经出现。

有记载说晋时温峤上表贡茶千斤、茗三百斤，此后至魏晋南北朝，时有零星贡茶记录。南朝刘宋时期山谦之《吴兴记》记“乌程县西北二十里有温山，出御荈”，表明此时已经出现了专贡帝王品饮的茶叶。这些偶见的土贡方物的贡茶行为，都是秦汉一统之后，中央集权政府以赋税经济为主要经济形态的补充形态。

唐代，初为产茶之地各自贡茶。开元、天宝之前，文献记录各地贡茶甚少，只有四例：峡州茶 250 斤，金州茶芽 1 斤，吉州茶，溪州茶芽 100 斤，而且贡量极小，最多的是峡州茶 250 斤。《新唐书 · 地理志》记录在唐代十五道中，有八道 17 州郡贡茶，与陆羽《茶经》卷下《八之出》所记有八道 43 州郡产茶之数相去较远（当今研究统计唐代产茶地区最多达八道 98 州郡）。

至唐中期，土贡方物的贡茶行为开始发生质的变化。代宗大历年间，常州、湖州相继开始贡茶，“遂为任土之贡，与常赋之邦侔矣”。地方政府在二地置茶舍、贡茶院制茶上贡，成为二州刺史的主要职任之一。设官茶园贡茶始于常州，于义兴县置茶舍，所贡之茶称为“阳羡茶”，“每岁选匠征夫至二千余人”，最初贡数为万两，以斤 16 两计，折 625 斤。此后因为常州之贡不敷所需，遂以所接之地湖州长兴共同贡茶，至大历五年（770），“代宗以其岁造数多，遂命长兴均贡，自大历五年始分山析造，岁有客额（岁各有额），鬻有禁令。诸乡茶芽，置焙于顾渚，以刺史主之，观察使总之”。湖州长兴顾渚置贡茶院，最盛时役工 3 万人，制茶 18 000 多斤。

唐代湖州、常州官茶园贡茶发运制度比较严格。茶叶制成后要以白泥赤印封裹，用驿递快马加鞭送往长安。每年的贡茶分为五等次第贡，“第一等陆递，限清明到京，谓之急程茶”，要赶上清明节时的清明宴“到时须及清明宴”。“其余并水路进，限以四月到”。每年及时贡奉新茶成为湖州、常州地方官的重要事务。

▶ 唐代湖州刺史袁高修贡题名摩崖石刻

湖州、常州官茶园之外，唐代另有多处茶产地贡茶，“宇内为土贡实众，而顾渚、蕲阳、蒙山为上，其次则寿阳、义兴、碧涧、㴩湖、衡山，最下有鄱阳、浮梁”。

宋代贡茶，延续了唐以来官茶园的制度，设于福建建安北苑（今福建建瓯县境内），北苑茶属于建茶系列。建安“官私之焙，千三百三十有六”，官焙之数为三十二，所贡茶为既蒸而研即用研成粉末制成的茶饼。宋代北苑官焙茶园，开始于北宋太宗初年，“太平兴国初，特置龙凤模，遣使即北苑造团茶，以别庶饮”。龙凤模就是刻有龙、凤图案的棬模，从此带有龙凤这类帝后专用标志图案的茶饼——“龙凤茶”“龙团凤饼”成了贡茶的定制，直至宋亡，沿袭不已。

▶ 蒙山皇茶园

▶ 北宋庆历八年柯适建安北苑石刻

自太宗太平兴国二年（977）开始，北苑官焙贡茶的形制、品名、贡数皆有定制并不断增加。官茶园从 25 个增加至 46 个，品名从最初的 2 种增至 41 种，每年分细色五纲和粗色七纲分批次上贡。细色茶纲的贡数从 50 余斤增至 350 斤左右，粗色茶纲 5 300 斤左右，总数不到 6 000 斤。宋代贡茶因制作精致至极而价格高昂，至与金等，甚至金可得而贡茶不可得，提升了茶叶的价值，以及政府针对一般茶叶的榷茶及茶税收入。

督造、纲运贡茶是福建路地方官员的重要职责。为了配合贡茶制度，福建路转运司设于位列第二的建州而非首州福州。

北苑之外，两宋产茶地大多往朝廷贡茶。真宗咸平初“天下产茶者将七十郡，

▶ 大龙茶棬模

▶ 小凤茶棬模

半每岁入贡”,“诸路贡新茶者凡三十余州,越数千里,有岁中再三至者”。从《宋史·地理志》和宋代地方志中可看到的就有：南康军贡茶芽，广德军贡茶芽，江陵府贡碧涧茶芽，潭州贡茶，南剑州元丰贡茶，严州土贡鸠坑茶，会稽贡日铸茶、卧龙茶，新安贡腊芽茶等。

元代贡茶。元初武夷山继建安北苑成为官焙贡茶园“御茶园”，1279 年始贡，当时浙江行省平章高兴从福建回兵经过武夷山，与冲佑观道士相谋摘焙作贡。1303 年于武夷四曲创官焙局茶场，由崇安县令督领茶户制茶贡茶。从此武夷茶始位越于建安北苑茶之上，盛名历明清民国至今不衰。

至元二年（1336）春 ，元朝著名文人萨都剌视事建宁府，建成喊山台，每年惊蛰日，崇安县令率员于喊山台行祭，供置三牲，点香焚纸燃炮。主祭官宣读祭文，然后开采制造。武夷茶局茶场及贡茶规制，至元十六年（1279），“初贡仅二十斤，

▶ 武夷山冲佑观

▶ 武夷山御茶园

采摘户才八十”；大德七年（1303），“定签茶户二百五十”，“茶三百六十斤，制龙团五千饼”，“迨至正末额凡九百九十斤”；“设场官二人，领茶丁二百五十，茶园百有二所”，由崇安县尹监督制造贡茶。上进贡茶时，也颇有元代的特色。宋代贡茶称纲次，第一纲称龙焙试新、龙焙荐新，而元代将头番贡茶称为“第一春”——茶场建筑中的大殿即称“第一春殿”，上进时称“五马荐新茶”。

此外，在常州、湖州等处茶园设置提举司，统提领所十三处，掌率二路茶园户两万多采制茶叶以贡内府。所贡茶叶既有团茶，也有茶芽。元初，湖州金沙泉水再出，于是再生产紫笋茶进贡，贡的是片状紫笋雀舌。湖州还贡末茶，称为金字茶。其他地区也有特色贡茶，如范殿帅茶，“系江浙庆元路造进茶芽，味色胜绝诸茶”，等等。

明代贡茶较之宋元时期有了很大的改变。一是贡茶形制从末茶饼茶、散茶芽茶皆有改为全部贡散茶芽茶。明初四方贡茶依仍宋朝的形制，“必碾而揉之，压以银板，为大小龙团”。洪武二十四年九月庚子，“上以重劳民力，诏罢之”，令俱采芽茶以进。“惟取初萌之精者”，使“真味毕现”。这一改变在饮茶史上具有划时代的意义，“遂开万古茗饮之宗”。二是贡茶地域扩大，所有产茶的地区每年都有一定的贡茶数额，“天下产茶去处岁贡皆有定额”。三是不再由官府直接经营官焙茶园采制贡茶，而是由茶户自行采制贡茶，由地方官府按期解送京师，解送费用则由茶户摊派。

明初即定贡茶之法，“太祖于国初定诸州所贡之额”，至弘治三十年成例，天下贡茶岁额四千零二十二斤，主要从福建、浙江、南直隶、江西、湖广五省采贡，而河南、陕西、四川、贵州、广东、广西壮族自治区等省（区）也曾有芽茶上供，可见明代贡茶遍及几乎所有产茶省份。明代贡茶的途径分为府县进贡、太监进贡和土官进贡。府县交纳的贡茶分为礼部征收转交光禄寺和户部征收转交供用库这两部分，征收的茶叶有本色也有折色。各地贡茶除留 120 斤于南京外，都解贮礼部光禄寺，由珍羞署管理。而户部也接收大量贡茶，收贮于内府库供用库：“凡浙江、湖广、四川、福建、江西、广东、山东、河南等布政司，直隶苏、松、常、镇、宁、太、安庆、庐、凤、淮、扬等府，岁解黄白蜡、芽叶茶，并苏、松、常三府解到白熟糙粳糯米，俱送本库收。”亦有部分贡茶通过南京户部征收。

贡茶制在明代前期较为混乱，额外征贡等仍然屡见不鲜。据《明会典》，礼部每年征收的贡茶数量约为19 000斤，户部征收贡茶量为97 852斤，两者合计每年11万多斤。但额外征收极为严重。如宣德六年（1431）七月，常州府知府莫愚上奏，宜兴旧额每年进贡茶叶100斤，后增加到500斤，而“近年采办增至二十九万余斤，除纳外欠九万七千斤”，请求后每年减半，也有十四万五千斤，较之初额已增长1 450倍。自弘治十三年定例之后，仍然弊端丛生。皇室的奢侈、官吏的贪读、太监的强征以及少数王府的征贡，都使得征收远远超出规定。

嘉靖以后，“行一条鞭法……凡额办派办京库岁需与存留诸用度以及土贡方物悉并为一条，皆计亩征银，折办于官……其天下每年常贡（按明初有土贡方物，中叶以后，悉计亩征银折办于官，其所贡者唯茶药、野味及南京起运杂物而已）”。由地方官府向民间购买包括茶叶在内的各种土产，购买费在田赋项目下支付。

清代贡茶制度多承袭明制又自有特色和发展。初由户部掌管，顺治后礼部也接收贡茶。顺治七年规定，贡茶于每年谷雨后十日起解赴京，限25～90天到达，后期者参处治罪。清代贡茶征收范围进一步扩大到安徽、江苏、江西、浙江、福建、云南、湖北、湖南、四川、陕西等全部产茶省份。康熙年间诸省贡茶共有70多个府县，每年向宫廷所进的贡茶即达13 900多斤。贡茶产地和贡茶新品进一步增多，吴县洞庭碧螺春、杭州西湖龙井等茶，都因为被当朝康熙、乾隆帝品题，而成为贡茶新贵。

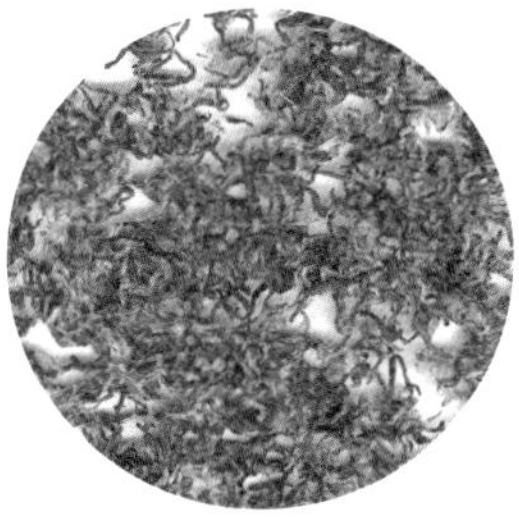

▶ 洞庭碧螺春茶

▶ 杭州龙井十八棵御茶

顺治十六年（1659）平云南，雍正七年（1729）设置普洱府，自此时起，普洱茶被正式列为贡茶，“每岁采办贡茶外，商贾货之远方”。清代新品贡茶的相关传说，成为茶文化的一个特殊组成部分，成为现当代以来很多名茶品牌的重要历史文化依据。

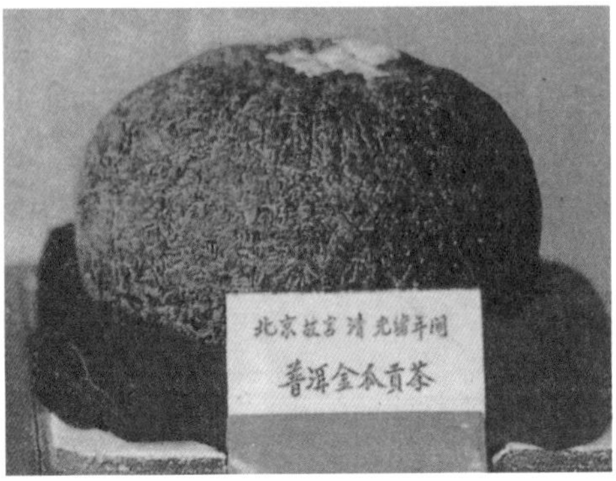

▶ 普洱金瓜贡茶

清代贡茶主要来自各省征收、官员纳贡和迎銮贡。各省征收的贡茶和其他贡物一样，岁贡俱有定额，主要由产茶各州县向民间购买，再统一雇人将茶叶解运至户部和礼部，然后由两部将所有贡茶转送内务府广储司茶库收存。各省征收的贡茶量大而实用，能够维持清廷日常消费。官员纳贡贡茶在清初时较为随意，直到雍正年间才渐趋制度化。每逢年节、皇帝生日等重大节庆活动，官员都会向皇帝皇室上贡钱物，其中亦常有贡茶。迎銮贡贡茶是皇帝在巡幸地方期间，接受驻跸地方人员进献的贡茶，是一种不固定的贡茶来源。

1912 年，新成立的“中华民国”政府宣布停止各省向中央政府贡茶，废除了千百年来的贡茶制度。

二、茶法

历史上的第一次茶税征收，在唐德宗建中三年（782），户部侍郎赵赞议，“税天下茶漆竹木，十取其一”，以为常平仓本钱。但实施只有一年多即告停止，兴元元年（784），因朱泚之乱，德宗逃离长安，改元大赦，下诏罢茶税。贞元九年（793）春正月，盐铁使张滂以水灾赋税不登，又向德宗奏请“出茶州县，及茶山外商人要路，委所由定三等时估，每十税一价钱，充所放两税。其明年以后，所得钱外收贮，若诸州遭水旱，赋税不办，以此代之”。恢复茶税，并自此成为定制。贞元茶税，岁约 40 万贯，茶税成为国家的一项重要财政收入。至穆宗长庆元年（821），以“两镇用兵，帑藏空虚”，“禁中起百尺楼，费不胜计”，盐铁使王播奏增加茶税十分之五，“率百钱增五十”，使茶税岁至 60 多万贯。

唐文宗大和九年（835），王涯为诸道盐铁转运榷茶使，始改税茶为榷茶专卖。令百姓移茶树就官场中栽植，摘茶叶于官场中制造，旧有私人贮积，皆使焚弃，全部官种官制官卖，欲使政府尽取茶叶之利。此法遭到朝野反对。不久王涯因李训之乱被诛，榷茶之制旋即罢废。开成元年（836），李石为相，又恢复贞元旧制，对茶叶征收什一税。

武宗会昌元年（841），崔珙任盐铁使，再次增加茶税，使得当时"茶商所过州县有重税"。而且上行下效，地方"诸道置邸以收税，谓之蹋地钱"，结果导致"私贩益起"，茶税太重，使得私茶越禁越盛。大中初，盐铁转运使裴休著条约严密茶法，严厉惩治私卖和漏税私茶："私鬻三犯皆三百斤，乃论死；长行群旅茶虽少，皆死；雇载三犯至五百斤，居舍侩保四犯至千斤者，皆死；园户私鬻百斤以上杖背，三犯加重徭。伐园失业者，刺史县令以纵私盐论。庐寿淮南皆加半税。私商给自首之帖。天下税茶增倍。"使得茶税日益成为国家的大宗收入。

五代十国时期，茶法不复统一。南方产茶地区的南唐和后蜀等实行榷茶专卖，湖南地区听民采茶卖茶，设置回图务，征收高额茶税。北方五代诸国，所需茶叶从江淮输入，则设置场院，征收商税。

到了宋代，太祖在立国之初就对茶法之事极度重视。乾德二年（964）八月，即"令京师、建安、汉阳、蕲口并置场榷茶"，并颁布严密的茶法："令民茶折税外悉官买，民敢藏匿而不送官及私贩鬻者，没入之，计其直百钱以上，杖七十，八贯加役流，主吏以官茶贸易者，计其直，五百钱流二千里，一贯五百，及持仗贩易私茶为官司擒捕者，皆死。"

宋朝茶法日益完备严密，为严格管理茶政，为了保证政府能够最大限度地获取茶叶的高额利润，弥补政府财政、调配边防物资等，两宋政府不仅设置了系列的茶政机构，同时因地因势之不同，还对茶叶的流通制度、运销管理及生产等方面制定了多项茶法，以推行和保证政府茶政茶法政策的实施。

茶政管理是宋代行政的一项重要任务，两宋都为之设立了从中央到地方纷繁的茶政管理机构。以中央管理机构统领的体系而言，宋代茶政管理机构的设置，可以元丰五年(1082)官制改革为界分为两大体系，一是此前的三司体系（中央三司盐铁部和京师榷货务），一是此后的户部－太府寺体系（户部之金部、太府寺之榷货务）。宋徽宗崇宁以后，又在路一级设置提举茶盐司，主管各路茶政。南宋时，则由直属中央的行在榷货务、都茶场等管理茶叶专卖和茶利收入。禁茶地区则由中央直接派官或地方官兼管茶政。

宋代茶法，主要可分为禁榷、通商及榷禁与通商相结合三种基本方法：禁榷法属政府直接经营，即专卖，又包括交引（入中、入边）、三说（三分与四分）、贴射、见钱等具体的形式；通商法属政府间接经营，准许民间自相贩易，官府仅征收茶租与商税；禁榷与通商相结合的具体方式是茶引—合同场法。

东南产茶地区榷茶最初实行的是交引法。太祖乾德二年（964）始榷茶，先后在茶叶集散地江陵、真州、海州、汉阳军、无为军和蕲州的蕲口设置六榷货务，并在淮南产茶最多的蕲、黄、庐、光、舒、寿六州建十三山场，东南地区的全部茶叶都由政府收购集中于十三山场和六榷货务，令商人在京师榷货务缴纳茶款，或西北沿边入纳粮草、从优折价，发给文券，称为交引，凭引到十三山场和沿江榷货务提取茶叶贩卖。交引实际成为一种有价凭证。

北宋边境与辽和西夏的战事不断，需要大量粮草，入中钱帛与入刍粟塞下，不仅使政府坐获茶利，还为政府解决运输钱帛和采购、运输边防物资的负担。但是法久生弊，边防粮食的价格被高抬到内地粮价的几倍乃至几十倍，亏损国课，而边境居民领取交引后，又不能到东南领茶，只得把交引贱价卖给京师交引铺，倍受盘剥，故不愿入纳粮草领取交引，致交引法难以施行。

为救交引法弊，景德年间（1004—1007），李特等人改革茶法，增加“香药宝货”“东南缗钱”作为支付手段，合称“三说”（说通兑），但不能从根本上解决问题。随之再行茶法改革，实行“贴射法”和“见钱法”。“贴射法”就是政府不再收购茶，由商人在交纳政府应得的茶利之后直接和茶农自行交易。“见钱法”是在京师榷货物交纳现钱，到南方茶区提茶。两法都将榷茶和边粮问题分开，使先前依靠交引入中入边法获利的集团失利，因而议论反对纷纷，诸茶法因不同势力执政而反复无常，结果是茶产量降低，政府实际收入减少。

仁宗嘉祐四年（1059），政府下令取消专卖，实行通商。通商实施以后，茶如同普通货物一样纳税，分为“过税”和“住税”，每斤若干文。政府不垄断茶叶经营，税收还高于以往，同时又裁撤了许多机构，更节约了财政支出负担。

徽宗崇宁四年（1105），蔡京开始推行茶引制度，规定商人买卖茶叶必须向政府购买茶引，再到产茶州军的合同场购买茶叶，茶引上注明商人姓名、购茶地区、销售区域。茶引分长引、短引两种，分别用于外路长途和本路短途贩运，各限期一年和一季。茶引制下政府不再收购、销售茶叶，不对茶农发放贷款，对于价格也不再过问，给予茶商和茶农一定程度的自由交易权，有利于茶叶的生产、流通。茶引制度类乎现代许可证制度，使政府净得茶叶垄断利润，又省却了诸多机构和官吏。茶引法之前政府最多得茶利 500 万缗，而行茶引法十年至政和六年（1116）政府“收息一千万缗，茶增一千二百八十一万五千一百余斤”。茶课成为仅次于盐和酒的财政三大收入之一。对于政府来说简明便利，故而南宋一直沿用此制度。

宋代的茶法还有地区性，主要是四川地区，在北宋中前期禁榷的时期，四川茶并不专卖，但是不允许将茶贩卖至四川之外的地区。但在东南茶区嘉祐通商后，四川地区反而因战事需要换马而开始专卖。宋神宗熙宁七年（1074）行茶马法，用四川的茶叶与周边的少数民族换马，于成都置都大提举茶马司主其政，正式开始“茶马贸易”。在四川产茶州县置买茶场，全部收买民茶，由官府直接将茶叶搬运至熙、秦等地卖茶场和买马场。崇宁实行茶引制度后，四川就和东南一样实行茶引法。

宋代茶引法茶叶专卖制度已相当完备，大大增加了国家财政收入，茶马法解决了战马来源，对维护两宋王朝政治、经济、军事利益都起了重要作用，故为后代封建王朝所继承和发展。

元朝统一实行茶引法，并因全国大一统不再需要以茶与西北边少数民族易马而无茶马贸易。元世祖至元十三年（1276）灭南宋后，始在江南实行茶引法，最初沿用南宋之制兼行长短引，长引每引茶 120 斤，短引 90 斤，分别收钱 5 钱 4 分 2 厘 8 毫、4 钱 2 分 8 厘。十七年，在江州（今江西九江）置榷茶都转运司，总江淮、荆湖、福广之税。并置印造茶盐等引局印制茶引，由户部主印引。同时，废除了长引，专用短引，引钱增加一倍。茶引之外增加茶由，给卖零茶者，每由初计茶 9 斤，收钞 1 两，后自 3 斤至 30 斤分为十等，随处批引局同，每引收钞 1 钱。茶引钱一直在逐步增加。又陆续在产茶地设榷茶提举司、榷茶批验所和茶由局等机构，主卖引征课："散据卖引，规办国课。"

凡商人贩卖茶叶，必须先缴纳引税，领到公据，于指定山场买茶，再凭引、由到销地验引贩卖，卖完后限三日内将引、由交纳所在地的官司。元代对于违犯茶法的处罚非常严密，规定商人转用、涂改茶引者，引不随茶者，夹带多卖者，卖毕三日内不将引由交官者，均按私茶治罪。凡犯私茶，杖七十，茶一半没官，一半付告发人充赏。伪造茶引茶由者斩，没收家产付告发人充赏。官司查禁不严，致有私茶发生，罪及官吏。严密的茶法，和逐年提高的税率，使得元代的茶课增长迅猛。世祖至元十三年（1276），每引收钞 4 钱 2 分 8 厘，全国征收茶税 1 200 余锭。至元仁宗延祐七年（1320），每引征税 12 两 5 钱，茶课高达 289 200 多锭。40 多年间，茶课增加 240 多倍，可见元代茶政茶法之苛密。

明代的茶法分为三类：商茶、官茶和贡茶。商茶行引茶法，行于江南；官茶贮茶边地以易马，行于陕西汉中和四川地区。

明代引茶法沿用宋元之茶引法，而更加严密。中央户部印引局印制茶引茶由，付产茶州县发卖。凡商人买茶，先赴官纳钱买引，每引照茶 100 斤，不足 100 斤者谓之畸零，另发茶由，每由照茶 60 斤。买茶后，要经批验茶引所或茶盐批验所"批检茶引，秤较茶货"，引由与茶货相符，则将引由截角，放行，以便查禁冒支、影射、夹带私茶等，"茶引不相当，即为私茶"。到卖茶地方后，还要赴地方宣课司依例交纳三十取一的商税。茶叶贩卖完毕，则要赴所在官司缴销引由。在各产茶地设置茶课司，定有课额。四川地区的商茶实行更为严密的引岸制度。政府将四川分成两个边引和一个腹引三个引岸区，并规定各个销售口岸的茶引数，规定商人请引照茶后只能行销规定口岸，不得越岸和中途贩卖，从而达到控制茶叶流通渠道和数额的目的。

官茶贮边易马是明朝茶法的重点："国家重马政，故严茶法"，"行以茶易马法，用制羌戎，而明制尤密"，先后在今陕西、甘肃、四川等地设置多处茶马司以主其政，垄断汉藏茶马贸易，以保证买马需要。明初还曾设金牌信符，作为征发上述地区少数民族马区的凭证。明初对官茶地区的私茶捕捉处罚极重，明太祖洪武三十年（1397），驸马都尉欧阳伦就因由陕西运私茶至河州，被赐死。

茶马司的官茶来源有如下几种：一是在陕西汉中和四川官茶区征收十分之一的官课本色茶叶，由官府组织人力分程运至各茶马司的官库、茶仓。明初对东南地区的官亦曾间征本色，后一律折入两税。川陕茶明初皆征本色，永乐以后川茶改折征，成化开始全部折征。陕茶自成化年间改折征，屡经反复。二是通过运茶支盐法，由政府支付盐引到江淮支盐为报，让商人把四川茶叶运到西北茶马司。三是召商中茶，弘治三年（1490），西宁等三茶马司召商中茶，每引百斤，每商不过三十引，运至后官收其十分之四，坐得数十万斤茶叶。

川陕茶马司所得茶叶，大都用于买马，也有用于开中茶法者，即召商纳粮储边、赈灾支茶。官茶的茶马贸易在一定时期为明政府解决了马匹的问题，但召商中茶法也使商人介入了茶马贸易，并使政府在与商人的博弈中经常败北。此法一行使私茶益发不可遏止，好马尽入民间商人之手，而茶马司所得却只是中下等马匹；再加上官员将吏为了牟取私利，有的故意压低马价，以次茶充好茶，有的用私马替代番马，换取上等茶叶，致官营茶马贸易更加衰落。正德时宠信西藏番僧，特许西藏、青海喇嘛及其随从和商人例外携带私茶，使得茶马贸易制度崩坏日甚。

清代茶法沿用明制，分官茶和商茶，而且前期和后期有很大改变。

官茶行于陕、甘，储边易马。清初入关之后，出于军事政治的需要，立即整顿恢复明末以来萧条废弛的西边茶法马政。清世祖顺治元年（1644），即定以茶易马条例，规定上马一匹易茶一百二十斤，中马一匹易茶九十斤，下马一匹易茶七十斤。二年诏洮、河、西宁等处各茶马司照旧贸易，并设巡视茶马御史一员，管辖西宁、洮州等五处茶马司。七年，从巡视茶马御史奏请，陕甘茶引由户部颁发，并改商茶入边官商分配比例，将原来的"大引官商平分，小引纳税三分入官，七分给商"，改为俱依大引之制官商平分，一半入官易马，一半给商发卖，且不抽税。十年，规定附茶之例，商人运贩“每茶千斤，概准附茶一百四十斤”。又在战争凋敝的四川暂时实行小票，允许商民货贩不足一引百斤的茶叶，照例纳税，便民利国。所有这些政策，调动了茶商乃至四川小民的种茶积极性，使得大量茶叶运销陕甘，为茶马司易马，解决清初战事所需军马问题。陕甘官茶除易马外，还用于赏赐少数民族上层，起到了“外羁诸番”的作用。顺治末年，清一统局面已定，茶马贸易不再为势所需，买马茶叶与银两多移充军饷。至康熙七年，裁撤茶马御史和五茶马司，雍正九年一度恢复五茶马司，但至十三年即停止易马。至乾隆元年，诏令西北官茶改征银，商人纳银即可于西北营销茶叶，由兰州道管理其事务。乾隆二十七年，将五茶马司裁撤只剩三司，负责“颁引征课”，成为茶叶民族贸易的管理机构。至此，北宋以来的茶马贸易制度彻底终结，完成了它的历史使命。与此同时，雅安、打箭炉（今四川康定）等地成为汉族和少数民族贸易互市的场所，民间茶马互市日益兴盛，促进了民族经济的交流与发展。

商茶行于南方产茶各省，户部颁发茶引、分发产茶州县发卖。茶商纳税钱买引，每引茶百斤，征银三厘三毫。茶商凭引由运贩茶叶，并须向经过关口纳税。商贩无引由者即为私茶，茶户亦不得将茶卖与无引由者，违者杖六十，原价入官。伪造茶引者处斩并籍没家产。产茶较少的地方甚至不发卖茶引，由茶园户纳课行销本地。四川地区则有腹引、边引、土引之分，行茶皆有定域，腹引行销内地，边引行销边地，土引行销土司。

清中叶以后，茶专卖控制日益减弱，引税下降，有些地方至有“纸价银”之称。商人卖茶自由度大大提高，销售地不再严格控制，“地任迁移”，卖完销引的制度也被取消。清代的引税与前朝相比甚轻，政府所得茶税收入在财政总收入中的比重亦很小。

咸丰三年（1853），东南各省为了镇压太平天国陆续实行劝捐、抽捐的厘金制度，五年，开始对“贩运茶斤”征税，收茶厘、茶捐，发给引厘、厘票、捐票作为贩运凭证。茶叶专卖制变为征税制，原来的茶引票号，也从专卖许可凭证，变为计量纳税的凭据。茶商贩茶，除纳引课茶税之外，凡遇厘卡，还要缴纳厘金，实际税务负担加重。

鸦片战争以后五口通商，由于鸦片、洋布等洋货大量涌入中国市场，为弥补外贸入超，中国茶叶外销大增，营销方式改变，形成汉口、上海、福州三大茶叶市场。上海成为各地茶商荟萃之处，设立很多经营外销茶叶的茶行茶栈，同时，各地茶商还在上海设立了自己的会馆、公所等行会组织。外商亦纷纷来华采购茶叶，但清政府对外商只征收子口税，不征厘金，其税率比国内商人缴纳厘金还低，使得华商在同外商的竞争中日渐处于劣势，到光绪年间（1875—1908），外销茶叶遭到印度等国茶叶的竞争，销路日益壅塞，茶价急剧下跌。加上厘金过重，茶商大困，为图维持，不得不向外国资本贷款，到清末，茶商渐渐成为外国资本的附庸。

同治年间，甘肃改引法为票法，一票若干引。至清晚期，茶票渐代茶引，各省商贩凡纳税者都可领票运销。茶商先纳正课始准给票，并予行销地方完纳厘税。出口茶叶则另于边境局加完厘税。

民国时期继续实行票法，其后又废除引票制，改征营业税。1931 年，厘金“恶税”也在社会各界的努力下最终裁撤。

第二节　茶与中国农民起义

茶是中国农民赖以生存的主要农产品，也是中国古代政府的主要财政收入。因此，处理不当，或者欺压百姓，让农民生存受到威胁时，自然就会引发农民起义。

一、唐代的茶法与武装贩运

唐中后期，安史之乱而致国库空虚、军需匮乏、财政日见支绌，政府开始扩大税源，建中三年（782）贸易与利用范围日益扩大的茶叶成为新的征税对象，贞元九年（793）茶税成为稳定的税入。茶税收入自初税茶时的四五十万贯，到宣宗时的“天下税茶,倍增贞元”,估计已达百万贯以上,接近和超过当时全国酒税的总收入,也超过江淮地区三大郡财赋上贡总额。

巨额的茶税收入是通过严律峻法获得的，为了保证政府能够如期收到茶税，唐代多次规定并修改茶法,其核心要旨是严禁私人贩运茶叶。如唐武宗开成五年（840）十月规定:“其园户私卖茶，犯十斤至一百斤，征钱一百文，决脊杖十五。至三百斤，决脊杖二十。钱亦如上。累犯累科,三犯已后,委本州上历收管,重加徭役,以戒乡闾。”大中六年（852）盐铁使裴休又立税茶之法:“私鬻三犯皆三百斤，乃论死;长行群旅，茶虽少，皆死；雇载三犯至五百斤，居舍侩保四犯至千斤者，皆死；园户私鬻百斤以上，杖背，三犯，加重徭。伐园失业者，刺史县令以纵私盐论。”

纵然法峻律严，面对专卖垄断与高额税收，茶农茶商以各种方式进行抗争，最主要的方法是私茶的贩运与买卖。大和九年(835)十月，唐文宗采纳郑注之议，“授王涯开府仪同三司充诸道榷茶使”，在王涯“表请使茶山之人，移树官场，旧有贮积，皆使焚弃”,想要全面禁榷茶叶时,江淮地区的茶农茶商不惜武装反抗:史称“及诏下，商人计鬻茶之资，不能当所榷之多……江淮人什二、三以茶为业，皆公言曰：‘果行是赦，止有尽杀使，入山反耳！’”虽然因王涯被杀而最终未能行此法，而在此后茶法严峻时，江淮地区确实有以武装的行为进行对抗。

从时人议论及史书记载可知，唐武宗、宣宗之时，江淮地区有“群盗”“江贼”活动，因为“茶熟之际，四远商人，皆将锦绣缯缬、金钗银钏，入山交易，妇人稚子，尽衣华服，吏见不问，人见不惊”，所以盗贼们劫得商人们的异色财物后，“尽将南渡，入山博茶。盖以异色财物，不敢货于城市，唯有茶山，可以销受”。“得茶之后，出为平人”。即使被官把捉，罪名也只是贩卖私茶，“故贼云：以茶压身，始能行得。(言随身有茶，即人不疑是贼。)凡千万辈，尽贩私茶”。北方的盗贼们以茶商贩茶的方式将所劫财物变现，因为商人们多将锦绣金银带入茶山交易买茶而不会引人怀疑，就将所劫财物作为买茶之钱，买茶回到北方货卖。买卖之间利益巨大，以至于江南产茶地区的当地人，多至总人数的一半，与这些“盗贼”相为表里，而且持有兵仗:“劫得财物，皆是博茶，北归本州岛货卖，循环往来，终而复始。更有江南土人，相为表里，校其多少，十居其半。盖以倚淮介江，兵戈之地，为郡守者，罕得文吏，村乡聚落，皆有兵仗，公然作贼，十家九亲，江淮所由，屹不敢入其间。”从中可知江淮间的这些“盗贼”其实是武装走私的茶贩，以武装贩茶的方式，从唐政府垄断的茶利中获取自身的利益。

二、北宋王小波、李顺起义

北宋太宗淳化四年（993）春，“贩茶失职”的王小波、李顺在青城县（今四川都江堰西、灌县南）率“旁户”（被豪民役使如奴隶的佃客、投靠户）百余人发动起义，提出“吾疾贫富不均，今为汝均之”的口号。此次起义，因为提出的“均贫富”口号而在中国农民起义的历史上占有重要的地位。

这次起义的发生，与宋初蜀地的社会经济形势及茶法密切相关，原因主要有两方面：一是土地兼并，二是茶。

一是因为土地兼并而产生大量旁户。北宋乾德二年（964）十一月，宋太祖任命王全斌为主帅发兵攻后蜀，次年正月孟昶投降。然而因为王全斌嗜杀好贪，不久激起蜀人兵变，已经投降的蜀军推举全师雄为首领，攻克彭州（今四川彭县），占领灌口、新繁、青城等地，一度兵临成都城下。蜀地多处起兵响应，西川十六州兵变此起彼伏。直至966年，北宋将后蜀所有反抗全部镇压下去。平蜀后，宋军将后蜀敛积的所有财富运至开封，其后赴任蜀地的官员，多以敛财为任，加剧了四川地区的社会经济矛盾。“川陕豪民多旁户，以小民役属者为佃客，使之如奴隶，家或数十户，凡租调庸敛，悉佃客承之。时有言李顺之乱，皆旁户鸠集……”当时两川地区土地兼并比中原地区厉害，两川客户数竟占两川主客户总数的百分之四十到百分之七十，有的州军甚至达到百分之八十以上。旁户为“豪民”家的佃户，但是“豪民”作为土地兼并者所承担的国家税赋都由旁户承担，赋、役繁重，而且地位如奴隶，困苦可知。

二是设置博买务而波及茶叶。起于为垄断川蜀织作冰纨绮绣等物而设置的博买务，旁及茶叶。太宗淳化年间川蜀地方官员“始议掊取”，设置博买务（不同文献中所记略有不同，还有记为博易务、榷买物、榷买务者），地方官员“务利入之厚，常赋外，更为博买务，禁民私市物帛”，不允许民间自由贸易，表明此时织作之外的其他牟利物品如茶的贸易亦由政府管制。“蜀地狭民稠，耕稼不足以给，由是小民贫困，兼并者籴贱贩贵，以夺其利”，蜀民重受其困。后来宋神宗与冯京讨论市易之事，冯曰:“曩时因西川榷买物，致王小波之乱。故颇以市易为言，臣检实录，实有此说。”

而苏辙记王小波起义与宋初在四川实行的茶法直接有关。《栾城集》卷三六记载：“臣闻五代之际，孟氏窃据蜀土，国用偏狭，始有榷茶之法。及艺祖平蜀之后，放罢一切横敛，茶遂无禁，民间便之。其后淳化之间，牟利之臣，始议掊取。大盗王小波、李顺等因贩茶失职，窃为剽劫，凶焰一扇，两蜀之民，肝脑涂地，久而后定。自后朝廷始因民间贩卖，量行收税，所取虽不甚多，而商贾流行，为利自广。”

（一）宋初的茶法

宋太祖、太宗时期，政府对川峡地区的蜀茶实行与东南茶区禁榷之法不同的政策。“荆湖南北、江南东西、淮南、两浙、福建七路产茶，自乾德二年立法禁榷，官置场收买，许商贾就京师榷货务纳钱给钞，赴十三山场、六榷货务。”即宋初禁茶地区有荆湖南路、荆湖北路、江南东路、江南西路、淮南路、两浙路、福建路共七路。宋政府于茶叶集散地设置六处榷货务，垄断茶叶的收售。其具体办法有两种：一是由官府设置茶场（山场），统领所有茶农（园户），这些茶农的二税全部折为茶叶交纳，除此以外多余的茶叶也须“售于官”，由“官悉市之”，一是未设官茶场，但茶农也要“岁如山场输租折税”，“悉送六榷货务鬻之”，民间茶叶都不能自由买卖。

川峡地区的蜀茶则不同，宋初平蜀之后，对于后蜀原来实行的一切横敛皆予放罢，川峡之茶并不禁榷，所以乾德二年的茶法并未在蜀境实行，对蜀茶的基本政策一如后来，是“听民自买卖，禁其出境”，即一则听民间自行买卖，二则禁止输出川峡地区。

至于“禁其出境”，就是只许蜀茶在川峡境内“听民自买卖”，不得自行输出川峡地区，这是宋统治者以茶易马和防止“边事”的需要。川峡地区毗邻藏、羌、彝等少数民族聚居区，宋初于河东、陕西、川峡三路设置机构，市买少数民族地区出产的马。开始是用钱买马，宋太宗太平兴国八年（983），“有司言，戎人得钱，销铸为器，乃以布帛、茶及他物易之”。罢去以钱买马之制，川蜀茶就成为市马的重要物资，“宋初，经理蜀茶，置互市于原、渭、德顺三郡，以市蕃夷之马”。太宗雍熙、端拱年间，川峡地区设置八处市马场。市马之事，由官府严格控制，宋太祖时是“岁遣中使诣边州市马”。太宗太平兴国六年“禁富民无得私市”，同年十二月“许民私市”经官府选剩的劣马。官府用以市马的茶叶，则是严格垄断的。蜀茶要运出川峡境，必须由官府专门经营。同时，由于川峡地处西陲，北宋政府为了防止发生“边事”，也惧怕在民间进行茶马互市，所以宋代有人说：“祖宗时，禁边地卖茶极严。”

研究认为苏辙所说的“淳化年间，牟利之臣始议掊取”，是指全国范围茶法的变更而言。但是其后紧接王小波、李顺等“因贩茶失职”，则表明这次起义是与茶法有关。应当仍然是茶马互市的问题，宋太宗雍熙年间，因对契丹作战，需要战马，“雍熙后用兵，切于馈饷”，于是在川峡地区的八个州军设场市马，一方面增加茶税，一方面加大市马茶的数额，虽然当时的具体情况已不甚清楚，但应当是加紧了对蜀茶的控制与搜括。

由于“赋敛迫急，农民失业，不能自存”，贩茶失职的王小波和妻弟李顺等人，带领失去生计的旁户以及茶农茶商，在993年于四川青城山发动起义。

（二）起义经过

淳化四年（993）二月，王小波、李顺聚集农民大众发动起义，并提出“均贫富”的口号，史载：“青城县民王小波，聚徒众，起而为乱，谓众曰：‘吾疾贫富不均，今为汝均之！’贫民多来附者，遂攻掠邛、蜀诸县。”

由于切合民意，所以立即得到广大贫苦民众的拥护，短短几天时间，就聚集了上万民众，很快攻克青城县城。接着横扫彭山县，杀死贪暴的县令齐元振。旋即转战于邛州（今邛崃）、蜀州（今崇庆），凡所到之处，将乡里富豪家中贮存的多余钱粮，悉数分发给穷苦农民，得到广大农民群众的热烈拥护，起义队伍迅速壮大。据《梦溪笔谈》载：“顺初起，悉召乡里大姓，令具其家所有财粟，据其生齿足用之外，一切调发，大赈贫乏……时两蜀大饥，旬日之间，归之者数万人。”

同年十二月，起义军与宋官军在江原县（今四川崇庆县东南）发生激战，王小波被冷箭射伤，但仍攻克江原。王小波终因伤势过重而身亡，起义军又推奉王小波的妻弟李顺为领袖，继续奋勇战斗。

起义军在李顺率领下，继续战斗，攻克蜀州。后又攻克邛州时，杀死知州、通判等官吏，迫使都巡检使郭允能逃到新津。结果，起义军随即攻占新津，还是打死了郭允能。然后起义军兵分两路，一路攻克双流、温江、郫县和永康军（今四川灌县）；另一路攻克汉州（今四川广汉）、彭州（今四川彭县）。这时起义军已壮大到数十万人。宋太宗将成都知府吴元载革职查办，派郭载为知府。淳化五年（994）正月，李顺率领起义军猛攻成都，大败官军，郭载等狼狈出逃，起义军攻克成都府，立即宣布在成都建立大蜀政权，推李顺为大蜀王，年号应运。

起义军攻克成都后，继续派兵攻占附近州县。宋太宗急令王继恩为西川招安使，统军从剑门入川镇压；又增派官兵自湖北入夔门围剿。宋朝廷还多次下诏招安，并命张咏为成都知府，伺机入川。而此时的起义军，由于战线过长兵力分散，渐渐为官军逐个击败。四月，王继恩率官军破剑州、绵州（今绵阳）、阆州、巴州（今巴中）；东路官军亦进入夔门，攻战于涪江流域。继而，王继恩率军猛攻成都。十多万起义军守城奋起抵抗。五月六日，成都失陷，计词、吴文赏等十二名起义军首领被俘，后在凤翔府（今陕西凤翔）英勇就义。九月，张咏到任，协同王继恩镇压起义军。

成都失陷后，起义军仍在各地战斗。起义军将领张余率领一万余战士，沿长江东下，连克乐山、重庆、涪陵、忠县、万州、开县、云阳等地，将起义军队伍又扩至十余万人，并乘胜攻夔州（今四川奉节）、施州（今湖北恩施）。迫使宋王朝增派精兵入夔门。五月下旬，张余起义军在夔州西津口迎击官军，腹背受敌，两万多人牺牲。张余率军西退。十二月，大蜀政权知嘉州王文操叛降，嘉州失陷，张余被捕。至道元年（995）二月张余在嘉州就义。至道二年（996）五月，起义军余部在王鸬鹚率领下，攻打邛州、蜀州，不久亦告失利。此后，起义军余部转战巴蜀，继续坚持战斗了一年多。如此，由王小波、李顺率领的北宋因茶而发生的农民起义，在延续了五年之久(993—997)后，才告失败。

（三）起义的意义

王小波、李顺起义虽然失败，但它对于北宋政府调整对四川的经济政策起到了一定的作用，此后四川“旁户”这一名称很少出现，博买务也被取消，川蜀茶改为允许民间在蜀地贩卖，“量行收税……商贾流行，为利自广”，直到宋神宗熙宁七年才再度禁榷。

起义首次明确提出“均贫富”的口号，在转战过程中执行了“大赈贫乏”的措施，这是中国历史上的首次，此后农民起义提出的“等贵贱、均贫富”“均田免粮”的口号都是在这一基础上发展而成的，所以它有着重大而深远的影响。

三、南宋赖文政起义

南宋乾道（1165—1173）末年，江西、湖北、湖南等地的茶贩，经常结成几百人到一千人左右的队伍，武装贩运茶叶，以抵抗官府对贩茶的垄断。据说，茶贩的队伍常常是一人担茶叶，两人保卫，“横刀揭斧，叫呼踊跃”。茶贩在江西、江东、湖南和湖北等路形成了一支独特的武装力量，被宋朝官府指为“茶盗”或“茶寇”，不断地和官军战斗。1172—1173 年，江西路茶军曾多次进攻江州和兴国军。

1174 年，湖北路茶军几千人进入湖南路潭州，据《宋史》及《观文殿学士刘公神道碑》记载，当刘珙在潭州（今长沙）任湖南安抚使时，“湖北茶盗数千人”打到湖南境内，刘珙知道以后，命令所属州县不要硬打，说这批人都是被逼得没有生路才起来造反的，急迫他们就会死拼，布置属下州县在起义军到时，先准备几千人的伙食，发布告劝他们解散，并规定“来毋亟战，去毋穷追，不去者击之”。茶民起义军的斗志与战斗力被消磨瓦解，最后被刘琪伺机一战败之，为首者数十人被斩，余众全部强行编入军籍。

湖北茶民起义的失败，没有改变任何社会现状，于是茶贩的武装反抗，也没有因此而终止。次年南宋孝宗淳熙二年（1175）四月，赖文政领导湖北茶贩和茶农再度发动起义。

起义军从湖北先转入湖南、江西，多次打败官军。六月间，茶军进入吉州永新县禾山。宋朝派出官兵，又下诏号令地主武装出来镇压，“如能捕杀贼首之人，每人捕获或杀贼首一名，特补进武校尉，二人承信郎，三人承节郎，四人保义郎，五人成忠郎，各添差一次，五人以上取旨优异推恩”。南宋王朝想用赏官的办法，号召地主武装镇压起义军。起义军到处打击官军、地主，节节获胜。宋朝又连续调派江州、鄂州的官军，会合赣州、吉州的兵将，聚集各地土军、弓手，共约万人。永新县山中的茶军，据说不过四百人，但依靠山险，在丛林中往作战。官军始终不能战胜起义军，江南西路兵马副总管贾和仲因此被罢官。起义军又自江西打进广东。

起义军在短短的几十天时间内，纵横湖北、湖南、江西、广东四省，“官军数为所败”，有些地方官员因战败和“失律”被撤职或开除。之所以能迅速取得胜利，是因为和所到之处的当地民众有着广泛的联系。周必大向朝廷奏报说：当地民众把官军的动静都报告给起义军，“故彼设伏而我不知，我设伏则彼引避”。官吏赵善括也说，百姓与起义军相通，“互相交结”。官军虽然曾经调集重兵进行镇压，但屡战屡败，将尉被杀几十人。官军到处强征粮草，迫使农民搬运，甚至在“疑似”之间残杀百姓，使百姓“惊惶相瞩”。官军对起义军的活动“诡秘莫测”，而官军的动静，起义军“毫发必知”。民众的积极支持，使得力量相对弱小的起义军能够战胜官军。

七月间，南宋王朝任用辛弃疾为江西提点刑狱，专力镇压茶贩起义军。赖文政部进入广东后，前锋出战不利，被迫转回江西。辛弃疾改变策略，是年闰九月，他通过属吏黄倬、钱之望把赖文政引诱到江州后杀害，起义才告失败。

赖文政起义，是宋朝也是我国历史上最大的一次茶农起义，成功镇压这次起义的辛弃疾随即上疏孝宗皇帝，从这次起义引申出他对整个社会政治现状时局的观察与思考，并提出应当深思导致社会反抗与动荡的根本原因，并进而发明改进措施加以实施：“比年李金、赖文政等相继窃发，皆能一呼啸聚千百，杀掠吏民，至烦大兵翦灭。良由州以趣办财赋为急，吏有残民害物之状而州不敢问；县以并缘科敛为急，吏有残民害物之状而县不敢问。田野之民，郡以聚敛害之，县以科率害之，吏以乞取害之，豪民以兼并害之，盗贼以剽夺害之，民不为盗，去将安之！夫民为邦本，而贪吏迫使为盗，今年剿除，明年铲荡，譬之木焉，日刻月削，不损则折。望陛下深思致盗之由，讲求弭盗之术，无徒持平盗之兵；申饬州县，以惠养元元为意。”孝宗皇帝对之进行奖谕，并下诏蠲免湖南、江西经历战火州县的租税。所以虽然赖文政起义失败了，也还是对宋代社会起到了一定的调节作用。

第三节　茶与日本社会历史发展

关于日本茶起源于何处的问题，曾经有两种意见，一是本土自生说，二是中国渡来说，世界上大部分学者支持后一种观点。日本传说称中国茶树起源于达摩，据传达摩为欲免除坐禅时之瞌睡，乃抉其眼皮投于地上，生根而长成茶树，其徒取叶饮而能免除瞌睡。威廉·乌克斯在《茶叶全书》中认为：“茶之在日本社会上之地位，较中国为重要，此种知识之输入日本，当在圣德太子时代（593年左右），与美术、佛教及中国文化同时输入。”

与日本社会历史发展时期相应，日本茶文化的发展分成如下几个大的阶段：一是古代时期，自奈良时代至平安时代，710—1192年，是以天皇为代表的贵族和大寺院共治的时期。二是幕府时代，1185—1867年，共682年，这一时期，日本的实际统治者是武士阶层的代表“征夷大将军”，形式上是公家和武家共治，实质上则是武家一家独大，天皇成为傀儡。三是明治维新至当代。在前两个阶段，又与跟中国的文化交流相应，而产生不同时代不同的茶文化及发展。

一、奈良时代至平安时代

唐代，中日两国经济文化交流更加密切。630年，日本开始向中国派遣遣唐使、遣唐僧（或称留学僧），至890年为止先后派出19批遣唐使、遣唐僧来华，而这一时期正是中国茶文化的兴盛时期。随着遣唐使、留学僧将佛教文化东传日本，茶叶伴随之传入日本。

日本天平元年（729），圣武天皇在皇宫太极殿举行“季御读经会”，即按季节在宫中举行的诵经祈福法会。藤原清辅（1104—1177）在《奥仪抄》一书中记载有：

"天平元年4月，圣武天皇在禁中招僧百人讲《大波若经》，其后有赐茶一事。"

《茶叶全书》记桓武天皇于延历十三年（794）在平安京之皇宫中建筑宫殿时，亦采用中国式建筑，内辟一茶园，专设官员管理，并受御医之监督。可见此时茶叶在日本同时也作为药用。

延历二十四年（805），高僧最澄（传教大师）由中国研究佛教返日，从浙江天台山携回若干茶种，种植于近江（滋贺县）坂本村之国台山麓，即现在京都滋贺县大津市比睿山东麓"日吉神社御茶园"，其处立有《日吉茶园之碑》，为日本最古之茶园。

▶ 最澄像

大同元年（806），弘法大师空海又从中国研究佛学归去，亦对茶树非常爱好，且见中国皇宫及寺院中文化发达之情形，深表羡慕，也携回多量茶籽，分植各地。在空海和最澄之间还发生了与茶有关的趣事。812年，最澄与弟子泰范一起拜空海为师，结果泰范跑到空海那里。最澄为使其回心，曾寄予茶10斤。但泰范终未回归。

平安时代（784—1192）早期起作用最大的僧人，是在中国唐朝留学生活大约30年之久的遣唐僧永忠。据日本古代编年体史书《日本后纪》记载，弘仁六年（815）4月嵯峨天皇巡游至滋贺的韩崎，途经崇福寺，时任大僧都的永忠和尚率众僧奉迎。此后天皇"更过梵释寺，停舆赋诗，皇太弟及群臣奉和者众。大僧都永忠手自煎茶奉御。施御被，即御船泛湖"。永忠所献之茶，给天皇留下美好印象，两个月后的6月，嵯峨天皇命令畿内地区及近江、播磨、丹波等国广种茶树，以备专充皇室贡品。

弘仁年间，除上引献茶植茶记录外，当时还有多则诗文描绘茶生活。如空海在弘仁五年献给嵯峨天皇的《空海奉献表》中，提到自己的日常生活有"观练余暇，时学印度之文，茶汤坐来，乍阅振旦之书"。而高僧之间则会在茶烟中品茗论道，如《文华秀丽集》收录《题光上人山院一首》所言："相谈酌绿茗，烟火暮云间。"如弘仁五年八月十四日，皇太弟在家办诗宴，为嵯峨天皇献诗《秋日皇太弟池亭赋天子》中言及当时茶事："肃然幽兴处，院里满茶烟"；如嵯峨天皇答最澄《答澄公奉献诗》中："羽客亲讲席，山精供茶杯"；如嵯峨天皇伤别空海《与海公饮茶送归山》诗中："香茶酌罢日云暮，稽首伤离望云烟"等。这一时期，皇室及贵族社会饮茶成为时尚，形成盛极一时的"弘仁茶风"。

平安中后期，饮茶之风在日本一度中断。首先是9世纪末，中国正处于唐代末期，国势渐衰，农民起义不断，唐王朝摇摇欲坠，使日本对日中文化交流的热情渐减。宇多天皇在宽平六年（894）采纳菅原道真之议，永久终止派遣遣唐使，中日文化交流因之中断，日本社会少了对唐文化的向往，日本文化发展进入传统的国风文化时期，中日茶文化交流也就进入了长达200多年的沉寂时期，间接影响作为文人风雅生活表征的饮茶。其次，天台座主延历寺住持良源，于元禄元年（970）订立"廿六个条起请"端正僧纪，其中有"停止同会立义者调钵煎茶威仪供事"以及"停止十一月会讲师调钵煎茶威仪供事"两条，这样茶在佛教礼仪中的运用也就此断绝。

二、镰仓幕府时代

12世纪中叶以后，随着新兴武士阶层的代表——平氏政权的建立，武将源赖朝建立镰仓幕府，标志着日本由中央贵族掌握实际统治权的时代结束，天皇成为傀儡，幕府成为实际的政治中心，在贵族时代地位很低的武士登上了历史舞台，他们鄙视平安朝贵族萎靡的生活，崇尚以"忠君、节义、廉耻、勇武、坚忍"为核心的思想，结合儒学、佛教禅宗、神道，形成武士的精神支柱"武士道"。13世纪元朝的对日战争客观上使幕府进一步加强了对日本的统治。1318年，后醍醐天皇即位后两次密谋倒幕。1333年，各地豪族都开始倒幕，足利高氏倒戈攻下镰仓，镰仓幕府灭亡。

镰仓幕府时期，茶叶由入宋学佛的僧人再度传入日本，从寺院影响至全社会。

（一）茶祖荣西

9世纪下半期，权门贵族滕原氏建立摄关政治，独揽朝政。10世纪30年代起，皇族、贵族、武士集团多股势力交错纽结，发生多次战乱，约有近200年无人过问茶事。

饮茶之习日久淡忘，对于栽植更不加注意。战后建久二年（1191）起，饮茶一事又复盛行，而这是因为再度来到中国求法的荣西等僧人。

南宋（1127—1279）时，许多日本佛教高僧再度来中国学取佛教经法，促使日本佛教获得新的发展，使茶文化兴盛。在这一过程中，与中日茶文化交流关系密切、影响深远的当推日本高僧荣西、道元、圆尔辨圆和南浦绍明等。

荣西（1141—1215）于1168年4月入宋，经台州到达天台山万年寺学佛五个月左右。学于四明、丹丘，朝拜天台山，在浙东停留了五个月左右。1187年，荣西第二次入宋，再登天台山拜临济宗黄龙派虚庵怀敞为师，得其单传心印，至1191年回日本。荣西回日本时，带回了天台山茶种，陆续在九州平户岛富春院（禅寺）、京都脊振山灵仙寺、博多（今福冈）圣福寺等地撒下茶树种籽。

▶ 荣西像

荣西回到京都以后，于1207年前后会见京都栂尾山高山寺明惠上人（1173—1232），向其推荐饮茶对养生的好处，并赠予茶种。惠明上人将茶种植在高山寺旁。由于此处自然条件和生态环境十分有利茶树生长，所产之茶滋味纯正高香扑鼻，为与其他地方所产的茶相区别，人们遂将其地所产之茶称为“本茶”，其它地方所产的茶称为“非茶”，而通过品尝以区别本茶与非茶是此后室町时代斗茶的主要内容。如今在栂尾山高山寺旁，还竖立着“日本最古之茶园”碑以示纪念。

荣西将茶视为圣药之本源，著《吃茶养生记》一书，这是日本第一部茶书，书中称茶为神圣药品，为上天所赐之恩物，有养生延寿之功效。经此宣传以后，向为僧侣及贵族所专享之茶叶，遂普及于民间。茶能迅速推行，同时亦得力于其本身具有医疗功能。当时大将军源实朝因过度饮酒患病，召荣西祈祷禳灾，荣西除虔诚祈祷外，并让寺里进茶一盏，将军饮之而愈。荣西又献上《吃茶养生记》一书，从此茶之美誉扬全国，不论贵贱，均欲一窥茶之究竟，饮茶文化再度由寺院传遍民间。

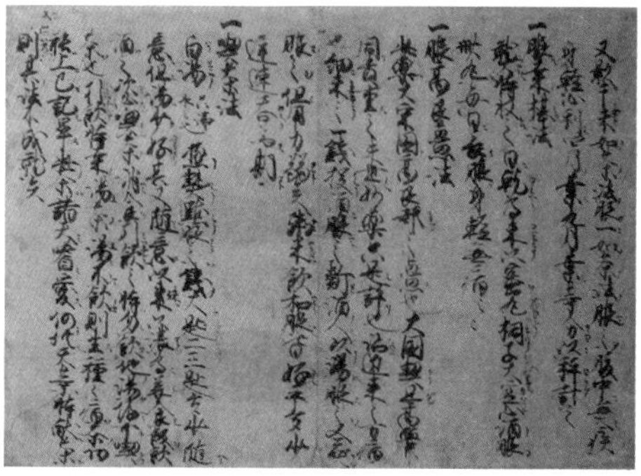

▶《吃茶养生记》

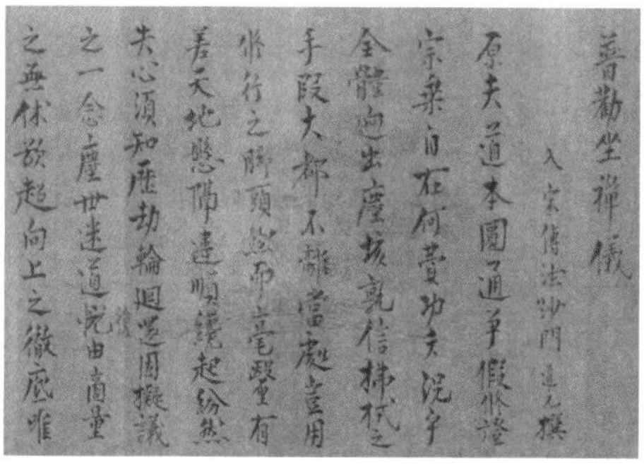

▶ 道元 《普劝坐禅仪》墨迹

由于荣西为日本茶文化事业做出的卓越贡献，因此被誉为“日本茶祖”。

（二）希玄道元

希玄道元（1200—1253）禅师是日本曹洞宗的创始人，于1223—1227年入宋求法。归国后建“大佛寺”后更名为永平寺，成为日本曹洞宗大本山。道元将曹洞宗所提倡的“只管打坐，本证妙修”的禅风传到日本,发明“默照禅”，崇尚宗教的纯粹性，主张实行更严格细密的禅院礼法，并参照宋朝宗赜禅师所制《禅苑清规》亲自制定了《永平清规》，其中对吃茶、行茶、大座茶汤等礼法仪式作了规定，对日后日本茶道礼法的形成有着深远的影响。

日本“陶瓷之祖”加藤四郎跟随道元入宋学习制瓷技术，归国后仿照青瓷和天目瓷烧制一种被称为“濑户烧”的陶器，制品有茶道器具、花道器具等，在日本茶道器具日本化的发展过程中有着重要作用，“为日本陶瓷技术开辟了新纪元”。

（三）南浦绍明

日本筑前崇福寺开山南浦绍明（1235—1308），于1259—1260年入宋，先在杭州净慈寺师从虚堂智愚学习佛法，后虚堂奉诏主持径山寺，南浦也随往径山修学。1267年，南浦返回日本。

南浦在参禅的同时，学习了径山寺的茶礼，并将径山茶宴传回日本，成为日本茶道的重要源头之一。18世纪日本江户时代中期国学大师山冈俊明（1726—1780）编纂的《类聚名物考》第四卷中记载：“茶宴之起，正元年中，驻前国崇福寺开山南浦绍明，入唐时宋世也，到径山寺谒虚堂，而传其法而皈，时文永四年也。”

▶ 南浦绍明像

作为受法印证，南浦绍明从虚堂禅师处得到了一张台子。日本的《续视听草》和《本朝高僧传》都说：南浦绍明由宋归国，把“茶台子”“茶道具”带回崇福寺。这张茶台子先在崇福寺放置，后传入京都大德寺，大德寺的梦窗国师（1276—1351）首次使用这台子点茶，开了日本点茶礼仪的先河，因为台子的使用是日本点茶礼仪开端的关键。“绍明皈时携来台子一具，为崇福寺重器也。后其台子赠紫野大德寺，或云天龙寺开祖梦窗以此台子行茶宴焉。故茶宴之始自禅家。”

另外，据说南浦同时还将中国的七部茶典一起带回了日本，其中《茶道轨章》《四谛义章》两部为后人合并抄为《茶道经》，现代日本茶道所信奉的“和、清、静、寂”四规就来源于其中。

宋朝和日本往来频繁之下，输入的茶种和制陶技术为日本带来新的产业，即茶业。到了镰仓后期（1289—1333），茶园的面积急速增加，由寺院的茶园渐渐往四周拓展，从寺院的自给自足，进而被当作商品广泛地栽培，形成了很多有名的茶产区。直接影响到后续室町时期茶饮之风的盛行与发展。

三、室町时期茶风的兴盛与茶道的发展

1336—1392 年，在镰仓时代和室町时代期间，日本同时出现了南、北两个天皇，并有各自的承传，直到 1392 年南朝政权投降，这一时期为日本的南北朝时期。近 60 年间南北天皇发动了全国范围的内战，社会长期动荡不安，镰仓末期从宋朝传来的追求感官满足的斗茶吸引了武士的注意，并很快流传开来，成为室町前期日本茶文化的主流。

（一）斗茶

日本室町时期，斗茶之风兴盛。

1. *斗茶之风的兴盛*　室町时期主要的斗茶形式，有如下几种。

（1）无礼讲：斗茶早期所流行的一种聚会形式，也叫做破理讲、随意讲，就是

不分贵贱上下，舍弃礼仪的聚会，有时也会进行纯粹的品茶会，于是就产生了“认识茶的异同”的比赛。而作为评定茶叶的标准的茶就是栂尾茶，其成为“本茶”，也就是原本的茶的意思，即是明惠上人栽培茶树的原处山城国栂尾所产的茶，其他地方所产的都称为“非茶”。

（2）茶寄合：就是茶会，由于茶产区的拓展，这种称之为茶寄合的识茶比赛，也就愈演愈烈。这种斗茶从民间到幕府、朝廷、僧侣、神事人员也都参与，每个月十数次，从当晚斗到天亮，持续十数小时者也有。

（3）顺茶事：也称顺事茶会、巡立茶，当茶成为赌博的工具，在13世纪40年代镰仓末期，已经有所谓七十服、百服的斗茶，到了室町时代更为流行。因此，如由固定的人举办斗茶会谁都不能任，所以就以抽签的方式轮流作东。

斗茶包括的方面很多，持续时间很长。它包括会前接待、会场布置、茶席布置，有点心席、备茶席和放置赌物之处。斗茶开始前要由主人家献茶献酒。正式的斗茶往往会包括四种十服或更多服。斗茶结束后还有很多活动，有吃有喝有歌有舞，成日竟夜。

斗茶最初是辨别“本茶”和“非茶”，室町时代发展成为日趋复杂化多样化的玩法，出现四种十服茶、百服茶、源氏茶等名目繁多的斗茶游戏。斗茶胜者可以得到丰厚的奖品，多数是从中国进口的。

2. 对斗茶的批判与禁止 饮茶再度传入到斗茶流行，过度斗茶使饮茶文化走向了它的反面，因此有识之士不时呼吁，要有正确的饮茶观念和行为，如梦窗国师（1275—1351）在《梦中答问》论及吃茶的得失时的《吃茶论》写道：“我朝栂尾上人、建仁开山之爱茶，是为了散郁病、觉睡眠以成道行之资。今时大异世间常轨之请吃茶，视其做法，养生之分不成；反之，其中更无为学思道之人，成世间之费，亦佛法废绝之因。然则同为好茶，而因其人之心而有损益。不仅与好山水、好茶，诗歌管弦等一切亦同。诗歌管弦其物虽异，然为调人心邪恶，使成清雅则同。然视今时所为，以此为艺能而起我执，故清雅之道废，邪恶之缘生，故教、禅之宗师示以勿用心思虑万事之外，时或劝放下万事，别处着手，不足怪也。”

饮茶本为教养子弟、襄助修习的道行之资，但过度斗茶甚至以此为赌博之由，就诚如梦窗国师所言，“以此为艺能而起我执，故清雅之道废，邪恶之缘生”，反而成为道德败坏的根源。

上层武士举办的斗茶会，常常会附带耗资巨大的赌博活动，甚至于赌博之物如山堆积，轮流做东斗茶聚赌，日日寄合等社会乱象丛生，而对武士社会的稳定构成了威胁。因此，将军足利尊在建武三年（1336）十一月制定的武士法则《建武式目》中，曾专列条文禁止斗茶，其“建武式目十七条”中的第二条为“可被制群饮佚游事”，条文如下：“如格条者严制殊重，且耽好女之色及博弈之业，此外又号茶寄合，或称连歌会，及于莫大之赌，其费难胜计者乎。”茶会、连歌会和赌博、女色联系在一起，成为堕落世风的表现，明确规定禁止以茶聚会为名，行赌博之实。但是禁令没有收到任何实际效果。而且这种斗茶游戏活动不久就被寺院僧侣、贵族公卿所接受和喜爱。

（二）书院茶

在斗茶之风兴盛的同时，全新的武家茶文化——书院茶悄然出现。

南北朝时期，武将出门打仗时往往会带着大批僧人随行，这些僧人或精通医术或多才多艺，为武将提供娱乐、疗伤乃至战死后的送终服务。南北朝统一后，这些僧人被称为“同朋众”，主要为幕府将军从事各种艺能活动，包括府中一切杂事。

1489 年，将军足利义政隐居东山，建银阁寺，东山文化以此为中心展开，书院茶是东山文化的重要代表。同朋众能阿弥（1397—1471）对从书院茶开始的日本茶道艺术的形成起了重要作用。

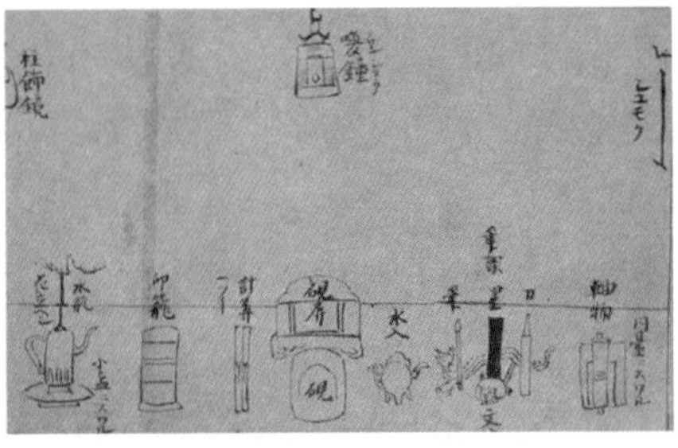

▶《君台观左右帐记》

能阿弥是义政等三代将军的文化侍从，撰写的《君台观左右帐记》包括三方面内容，一是“东山御物”总目录，即以宋元画家为主的 170 名画家及其重要作品名录；二是规定了和式房间各个部分的装饰规则及主要物品器用的陈列方式；三是各种茶道具的说明。《君台观左右帐记》对日后茶室的布置有借鉴作用。此外，能阿弥将台子从禅院引入武家书院，发明了使用台子的点茶技法，对台子上用具的摆放位置，点茶者的服饰，以及动作顺序和移动路线都做了严格的规定，形成不同于禅院礼法的书院茶新礼法，力图清除以往茶会的游戏娱乐性和感官刺激性，倡导一种全新的华丽高雅的贵族茶风，是日本茶道的蓝本。

（三）"茶道"的形成及与社会政治的相互作用

室町时代晚期，日本再度政局纷乱、群雄割据，进入一百多年的所谓战国时代（1467—1603），时间跨度包括两个历史节点，从爆发应仁之乱（1467—1477）开始，到最终完成统一的安土桃山时代（1573—1603）结束。在这一时期，日本茶文化经过村田珠光、武野绍鸥、千利休等人的努力，发展成为融哲学、宗教、艺术、礼仪为一体的综合文化体系，现代意义上的"茶道"最终形成。同时，在茶道形成的过程中，幕府将军们对茶道的利用，既促进了茶道的发展，也对日本社会历史的发展进程起到了相当的作用。

村田珠光（1423—1502）在成为退休将军足利义政的茶道老师后，将古朴的奈良民间茶风与禅院茶礼及高雅的贵族书院台子茶相结合，创建了草庵式伦理、草庵式礼仪以及草庵艺术，形成草庵茶风，提出"佛法也在茶汤中"的理念。武野绍鸥（1502—1555）是珠光的再传弟子，在珠光古朴"草庵茶"的基础上发展出更为简约枯淡的"侘茶"，并且运用于茶道实践，比如更为简素的茶室，更为素雅质朴的茶道具，赋予日本产陶器以新的价值，在茶道领域开辟出新的艺术天地，将色纸书写的和歌引入茶室壁龛，迈出日本茶道民族化的重要一步。

日本茶道的集大成者千利休（1522—1591），本为堺市富商之子，17岁起先后拜堺市的两位大茶人北向道陈和武野绍鸥为师，学习书院台子茶和草庵侘茶。

安土桃山时代，起于织田信长驱逐将军足利义昭，终于德川家康建立江户幕府，是日本茶道文化形成发展的最重要时代，武家文化与茶道文化的相互促进发展达到了历史的顶峰。

织田信长（1534—1582）是日本战国时代的一代枭雄，1568 年应请攻入京都，借拥立足利义昭为幕府将军的名义，掌握了政权。第二年，信长控制了财富富足的堺市，并且通过受纳堺市大茶人今井宗久所奉献的绍鸥茄子等茶道名器，意识到茶道的重要，并对茶具珍品收藏产生强烈兴趣，在京都和堺市等地开展了一场名为“名物狩猎”的强制征购茶具名物的行动。

“名物狩猎”行动刺激了日本社会对名物的追求，无论武将或庶民都热衷于收集名物，名物在经济价值之外，成为财富、权力和知识的象征。信长不停地将自己收集到的茶器名物作为奖品赏赐给手下立有卓越战功的将领，获赐将领则视之为最高的荣誉。信长还控制着部下将领举办茶会的权力，只有获准者才能举办茶会，于是有资格举办茶会成为极大的名誉与荣耀。

织田信长很高明地利用了茶具与茶会。因为领地资源毕竟总量有限，而且如果手下将领获赐土地越多势力越强对于自己的威胁也就越大。而茶具与茶会则不同，依靠武力获取的茶道具在武家威权之下成本几近于零或者很小，赏赐行为将之贵族化、权威化和荣誉化，以精神为主的奖励代替以土地为主的物质奖励，又不会对信长的利益产生实质性的危害。茶道成为信长操控部下武将的巧妙手段，成为其实现政治抱负的有力工具。在这一过程中，堺市的三位著名茶人“天下三宗匠”——今井宗久、津田宗及和千利休都被信长聘为茶头，即茶道老师。在为信长服务的同时，茶道文化也借其助力影响全国。

1582 年，在部将谋反的“本能寺之变”中，织田信长被逼自杀。丰臣秀吉继承了信长对茶道的热爱与利用，并最终完成一统日本的大业。

秀吉继承聘任了信长的全部茶头，倾注全力学习和普及茶道。秀吉在茶道方面做了三方面的事

▶ 丰臣秀吉像

情：一是沿用织田信长的做法，给武将赐茶器名物，允许他们举办茶会。当时的名物在大名与富商的炒作下已经价值连城，赐物在精神与物质上都很能鼓舞人。二是在天正十三年（1585），秀吉获任关白一职，为表示感谢之情，为正亲天皇举办“宫中茶会”。茶会的组织者千利休（当时名为“千宗易”）由秀吉奏请天皇在茶会开始前夕获赐“利休居士”的法号，这次茶会成功后利休成为“天下第一宗匠”；秀吉第二年被任命为太政大臣，并受天皇赐姓为“丰臣”；最为重要的影响是茶道开始由武家社会向以天皇为首的公家社会渗透，为日后“堂上茶”的形成奠定基础。三是天正十五年七月，丰臣秀吉打败了九州强藩岛津氏，全国统一指日可待，为了庆贺也为了展示实力，秀吉决定于十月举办面向民众的“北野大茶会”。这场大茶会，参加者上自王公大臣下至平民百姓，影响之广前所未有，对茶道在日本的普及和推广起了积极促进作用。

▶ 千利休像

“宫中茶会”之后，利休又多次为秀吉成功举办盛大豪华茶会，收了许多日后颇具影响的大名弟子，其地位已经不仅限于只是秀吉的茶头，还是其政治和外交顾问，位高权重，声望达于天下，隐然有压倒秀吉之势，即便在茶道领域，俩人之间分歧也越来越深。1591 年，倍感威胁的丰臣秀吉逼迫千利休剖腹自尽。茶道与武家权力互动发展的最无间合作阶段就此结束。

四、江户时代

丰臣秀吉死后，1603 年，德川家康在关原之战中获得胜利并被委任为征夷大将军，在江户设幕府，形成在德川将军控制下的各藩国分割统治的政治体制，日本进入江户时代（1603—1868）。

德川家的将军们从德川家康开始即对茶道表现出兴趣，第二代德川幕府将军以后就开始聘请专门的茶道师，将军府内举办的茶道活动称为“柳营茶”，并设数寄屋蕃掌管江户城内与茶有关一切事务。德川幕府时代有一项特别的茶仪式——“茶壶道中”，自宽永十年（1633）开始实行。在每年的春季，幕府派遣“宇治采茶使”一行 8 ~ 14 人护送大量幕府御用茶壶由江户行往宇治。采茶使中的“茶道头”监督宇治茶师装茶入壶，并封印箱，再由采茶使一行将茶壶护送回江户。幕府给予护送御茶壶的队伍以极高的威权，通过之际，大名要主动让路行礼，路旁百姓甚至要停止耕作。“茶壶道中”一直实行到德川幕府倒台的 1867 年，共实行了 235 年。

茶人茶道方面，千利休之后的茶道即相应进入新的发展时期，在其弟子及子孙后代的努力下，在江户时期形成不同流派的茶道文化。

织田信长与丰臣秀吉的安土桃山时代，茶道已经在大名间普及流传开来，几乎成为所有上层武士的必修课。俗称“利休七哲”的利休七位高徒都出身于武将世家，其中的大名茶人古田织部，在利休之后开创了更适合上层武士需要的武门茶法——大名茶，一度成为茶道的主流之一，产生风格各异的茶道流派如三斋流、一尾流、古市流、小堀流、萱野流、织部流、远州流、石州流等。

大名茶人金森宗和在京都接触到天皇文化圈的中心人物，茶风转而接近王朝的审美趣味，其所创宗和流茶道受到公家社会的广泛支持，并直接促进茶道在公家社会的发展——堂上茶开始形成。

▶ 里千家今日庵

千利休的千家茶统由继子少庵及少庵之子宗旦发扬光大，最终形成三千家流派：表千家、里千家、武者小路千家。

元禄年间（1688—1704），以城市商人、手工业者为主的町人因为社会的稳定发展而积聚了大量的财富，成为江户时代不可忽视的社会力量，文化主宰亦由武士过渡到町人，町人阶层也逐渐成为茶道活动的主体，尤其是其中的御用商人。町人茶道日渐拘泥于形式与道具，游艺化、娱乐性倾向明显。

在町人茶道的背景下，三千家茶道为了维护自己千家茶道的正统地位，制定了家元制度，规定每个茶道流派只有一个家元，并且是世袭制，家元负责继承上代茶技并向下代传授。家元的直弟子、又弟子、弟子出师后均可收徒弟，但只能从家元处获得相应的资格证书。这样家元对本派弟子有了控制权，防止了本流派的分解与弱化，这是三千家茶道数百年不败的重要因素。此后，其他的茶道流派也都模仿三千家建立了家元制度，对茶道传统的保持与传承，起到了重要作用。

江户中后期，煎茶道开始出现。明代的叶茶瀹泡法由隐元禅师（1592—1673）应邀赴日本建黄檗山万福寺传教时传入日本，煎茶道的始祖“卖茶翁”是黄檗宗僧侣柴山菊泉（1675—1763），61 岁时在京都东山开设“通仙亭”茶亭，树起“清风”茶旗，开始卖茶。81 岁时，卖茶翁撰成《梅山种茶谱略》，介绍他所崇拜的陆羽、卢仝的煎茶世界，倡导推行煎茶道。

▶ 卖茶翁

卖茶翁的煎茶道深为京都文人雅士喜爱，并积极参与，最终推动了煎茶道的形成和完善，出现专门的煎茶家，田中鹤翁（1782—1848）创建了文人趣味的花月庵流，小川可进（1786—1855）创建了注重礼法规则的小川流。

五、明治维新至当代

自明治维新以后，直至当代社会，日本茶道进入了衰退、改革、复兴的路程。如今，日本茶道已走向国际化道路。

（一）明治维新与茶道的衰退

应庆三年（1867）十月，第 15 代将军德川庆喜将大政奉还天皇。

1868 年，明治天皇建立新政府，日本政府进行近代化政治改革，建立君主立宪政体。经济上推行“殖产兴业”，学习欧美技术，进行工业化，并且提倡“文明开化”、社会生活欧洲化，大力发展教育等。明治维新是日本从封建社会过渡到资本主义社会的重大转折，然而却也是茶道等传统文化遭遇困境的历史节点。

明治政府首先采取“奉还版籍”“废藩置县”的措施，结束了日本长期以来的封建割据局面，大名和公卿的称号被取消，改称“华族”，武士的称号也被取消，改称“士族”，他们的封建特权也被逐渐取消，茶道家元们失去了大名家的茶职，失去了大名、武士的经济庇护，甚至陷入生活贫困的窘境。

此后，明治政府还实施了“文明开化”国策，就是学习西方文明，发展现代教育，茶道等传统文化因而备受冷落。明治五年（1872）明治维新政府决定今后茶道宗匠们与能乐等艺人一样注册登记为游艺人，三千家的宗匠们联名上书请愿反对，里千家玄玄斋、武者小路千家一指斋又相继提交第二份请愿书，使茶道宗匠们最终避免了被注册为游艺人的命运。

（二）茶道的复兴与改革

千家的宗匠们展开种种努力，以克服明治维新以来所面临的困境。比如：三千家坚持举行本家传统的纪念茶会；里千家玄玄斋创造立礼式茶法；三千家共同题写牧宗和尚所创制茶具“三友棚”；诸家元还开始游历全国各地，寻求新的经济资助。各种努力中影响重大的是各种茶会和献茶。

明治十一年（1878）薮内家首向京都的守护神北野神社献茶之后，各茶道流派齐心协力向北野神社献茶，并于明治十三年成立北野神社献茶祭保存会，由七流派（表千家、里千家、武者小路千家、速水家、薮内家、久田家、堀内家）家元，于每年的十二月一日轮流向北野神社献茶，迄今成为恒例；明治二十年，明治天皇行幸京都，表千家碌碌斋为天皇献茶，此次献茶改变了当时社会对茶道的看法；明治三十一年（1898），丰太阁三百年祭，以太阁庙为首，在各处举行了献茶和大茶会活动，主要以茶道宗匠及弟子们为中心，表明家元茶道的复兴。

家元宗匠之外，田中樵仙（1875—1960）为茶道改革做出了重大努力。明治三十一年，田中樵仙创立“大日本茶道学会”，主张茶道是“一种之国粹的道学”，“大之则涉六合”，“小之则为修身齐家治国平天下之基”，将茶道与近代日本的国民道德密切相连，发行《茶道讲义录》主张“开放秘传”和“否定流仪（即茶道流派）”。田中樵仙注意到印刷品在茶道传授中的意义，不顾千家茶流派的反对，于1900年刊行《茶道学志》，拉开茶道传授体系革新的序幕。

1903年起，里千家开始致力于茶书的出版，1908年创刊茶道杂志《今日庵月报》，使得里千家流派在全日本范围内得到迅猛发展，目前在诸茶道流派中弟子人数最多。

（三）数寄者的茶道

数寄者是不以茶道为业而以茶道为兴趣的人，明治以来数寄者主要是在财界、政界掌握重权的资本家，数寄者茶道是明治时代的茶道主流。数寄者的活跃期大约从明治十年（1877）至昭和三十年（1955）。

最初的数寄者们凭借自己雄厚的财力收集茶道具进入到传统的茶道文化世界，此后，他们将所收藏茶道具和美术品公开展览，并设立美术馆收藏藏品。著名的数寄者，三井物产（后发展为三井财阀）的理事长益田钝翁（1848—1938），为了将自己收购的美术品和茶道具应用到茶会中，于1895年开始创办不同于少数人参加的传统茶会的“大师会”茶会，将古典美术品展览和茶事茶会活动完美结合，创造出独特茶风，开辟茶道复兴新时代，为茶道重新流行做出巨大贡献。

第二次世界大战日本战败后，拥有巨大财力的数寄者数量减少，逐渐退出茶道舞台。家元重新成为茶道界的领导力量。

（四）女性茶道

明治以后，女子学校设立茶道教育，使得茶道在女性间普及。1875年迹见花蹊在东京设立迹见女子学校，在学校中设立点茶科目，这是最早的学校茶道教育。1879年，京都女学校也设立点茶课程。1887年，文部大臣强调女子教育中艺能课程的重要性，各地女子学校纷纷开设茶道课程，茶道开始被认为是女性必需的教养之一。很多茶道流派也积极派人担当女子学校的茶道教学。到大正末期，女性茶道人口首超男性。

第二次世界大战以后，为女性提供茶道等国民文化学习的场所与方式日渐现代化，文化中心举办的茶会，电视台的茶道节目，都吸引更多的女性进入到茶道世界，现代茶道人口中，女性占了大部分，居主导地位。

（五）茶道的国际化

冈仓天心（1863—1913），明治时期著名的美术家，日本近代文明启蒙期最重要的人物之一。在福泽谕吉认为日本应该“脱亚入欧”之时，冈仓天心则提倡“现在正是东方的精神观念深入西方的时候”，强调亚洲价值观对世界进步作出贡献。1906 年，冈仓天心以英文写成并在波士顿出版《茶之书》，向西方世界讲述茶道之美及其核心精神，一百多年来，还有法语、德语、西班牙语、瑞典语以及日语的翻译版本，流传世界，使得日本茶道成为日本文化乃至东方文化的代表。

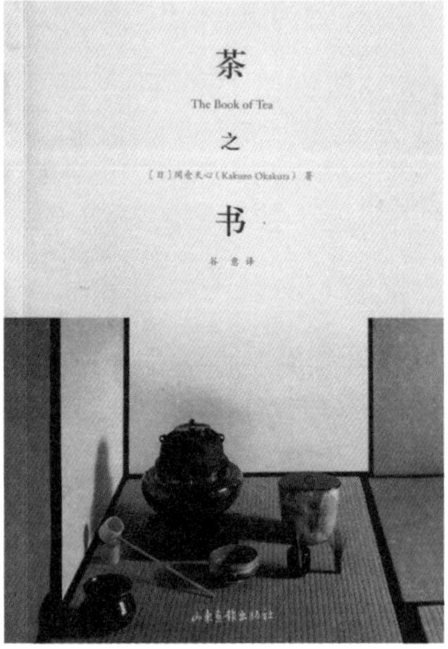

▶《茶之书》中译本

茶道全面走向世界则是在第二次世界大战以后，里千家是茶道海外传播的中坚力量。1949 年，里千家在京都大学举行国际茶道文化协会成立仪式，鹏云斋任常务理事，次年即远赴美国，在夏威夷、纽约等城市设立茶道支部，在美国宣传茶道。此后陆续在中南美洲、欧洲、非洲、亚洲的很多国家设立海外支部，通过举办茶会、在大学开设茶道文化讲座、赠送茶室等方式向外国人介绍茶道。1964 年，鹏云斋接任十五世家元，继续海外茶道传播。1973 年，里千家成立外国人学习茶道的组织“绿之会”，其主旨是：“通过学习里千家茶道，体会真正的茶道精神，培养为世界和平做贡献的人才。”里千家十五世家元在半个多世纪的时间里，出访海外 300 多次，遍访世界 60 多个国家，每到访一个国家，都尽量争取为该国总统、国王、首相或主要领导人献茶，在寺院、教会为和平祈愿献茶，为一般大众进行茶道讲演，“一边介绍茶道，一边倡导一碗茶中的和平思想”。里千家的弟子全球已经有数百万，茶道国际化的程度可见一斑。

第四节　茶与英国社会的发展

英国人知道茶，是 16 世纪末才开始认识的。长期以来，英国本国不产茶。但从 18 世纪开始，直至 20 世纪初为止，英国却是一统世界茶叶贸易市场的主宰国，在历史上茶与英国社会发展有着极为重要的关系。

一、茶叶初传英国

茶叶信息初次传至英国，首先见之于 1598 年出版的《林孝登旅行记》英文版，该书原系拉丁文，1595—1596 年出版于荷兰，书名一或称为《航海与旅行》，当时英文译称茶为 Chaa。而英国人首次言及茶，也是在海外的英国人最早个人购买茶叶，则是在 1615 年 6 月 27 日，东印度公司驻日本平户岛代表 R. 威克汉姆致该公司澳门经理人伊顿的一封信函中言："伊顿先生，烦君在澳门代购最好之茶叶一罐，美女弓箭二套，澳门囚笼约半打，扫数结清，装上三桅船中，所费一切，归弟负担可也。"信中称茶为 Chaw。

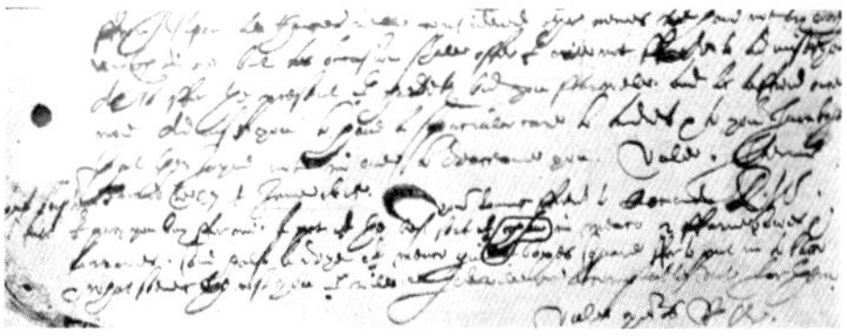

▶ 威克汉姆致伊顿函（最早的英文茶字）

1625 年英国作家塞缪尔 · 帕切斯在其出版的《潘起斯巡礼记》一书中也提到茶："他们经常饮用一种叫做茶的植物粉末，取核桃核大小容量的茶粉放入一个瓷碟中，然后加入开水冲泡后饮用。"并且注明在日本（Iapon）和中国用茶来招待客人。以 Chia 称呼茶。

1635 年，英国东印度公司与科亚的葡萄牙总督订立协定，允许英船伦敦号至澳门贸易。同年七月两广总督准其在广州通商。1637 年，英国船长威忒（J. Wededell）率三艘大船和一艘小船到达澳门附近，并至广州与中国开展直接贸易。1644 年英国商人在厦门开展业务，并在此处经营近百年之久，英语 tea 就是以此处方言茶的发音 t' e(tay) 拼成 t—e—a，ea 之长音而成。

早期输入欧洲的茶叶都由荷兰人掌握，只是因为1651年订立的《航海法》的限制，自1657年起，英国所用之茶，皆由在英国注册的船只输入。1664年，英国东印度公司在澳门设立办事处，开始进口中国茶叶，在其经理精心挑选送给英皇的礼物中就有2磅2盎司茶叶，1666年再次进献英皇少量茶叶。1669年，英国东印度公司最初将第一批大批量茶叶输入欧洲，为其通过爪哇万丹所得的143磅半茶叶。此后贸易额逐渐增加，等到查理二世又授予英国东印度公司以政府特许的种种优越的垄断权利之后，该公司遂能迅速发展，不久即凌驾于荷兰及葡萄牙人的商业组织之上。1676年英商在厦门设立商馆，1678年起开始对华进行直接的频繁贸易。1684年（康熙二十三年）清朝解除海禁后，英商进入广州，定期从广州输入茶叶，每年五六箱。1715年（康熙五十四年）英国在广州设立商馆，开始从广州直接贸易大量输入绿茶，1721年首次超过100万磅，1730年由广州、澳门和厦门等地运往印度尼西亚巴达维亚的华茶共1 250吨，大部分茶叶转运到欧洲市场。这期间，虽然法国、荷兰、丹麦等国商船亦由广州购茶，但整个华茶贸易几乎全为英国东印度公司垄断。1784年由东印度公司从广州等地输入英伦本土的茶叶进口减低税率，此后50年的运英茶叶增加了4倍。

二、茶叶初售于英国与茶的功能效用相连

1657年，伦敦加威咖啡馆首次公开出售茶叶，售价高达每磅6 ~ 10英镑。

当时英国社交界与宗教界的名人们，对于新兴的茶叶饮料颇为喜欢与重视，加威售卖茶叶倡导饮茶之后，伦敦各咖啡室多闻风而增设该项新饮料，不论特殊阶级、自由职业或商界及教育界人士，均乐于聚集咖啡店饮茶，一般民众均可在咖啡室享用茶叶饮料。但由于饮用咖啡习惯比茶叶略早，所以虽然是赴茶室饮茶，而口头上仍称上“咖啡室”不称上“茶室”。皇后像咖啡室最早增设饮茶一项，该室主人于1658年9月30日在《政治报》刊登广告：“全体医生所证明之优良中国饮料——茶，现出售于伦敦皇家交易所旁之皇后像咖啡室”，这则广告可以说是世界上第一则茶叶广告。

茶是"有史以来第一个在伦敦刊登广告的商品",《政治报》上的茶广告，不仅是英国史上的第一则茶广告，也是第一则商品广告，从此以后，世界上的广告宣传活动就再也没有停止过。

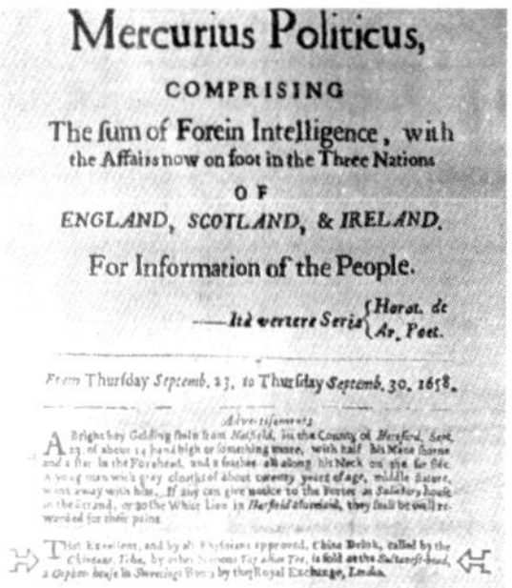

▶ 最早的茶叶广告

1660 年，首张茶叶海报在英国伦敦出现，用招贴宣扬茶叶之品质与效用，成为历史上茶叶之最早而最有效之广告。

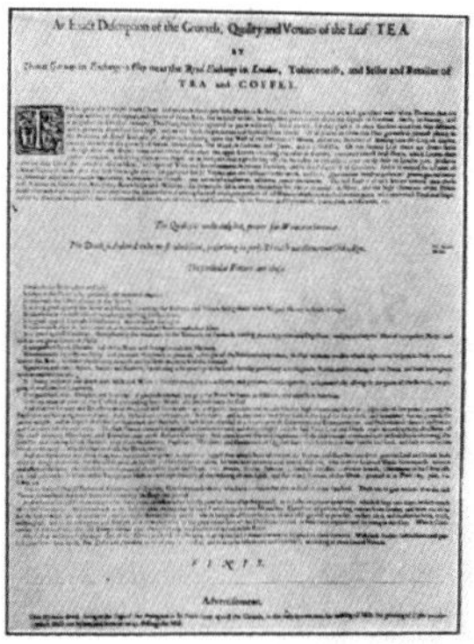

▶ 加威茶叶海报(现存伦敦博物馆)

加威海报归纳茶叶显著效能如下："身体健快，醒脑提神，清除脾脏障碍，对于膀胱石及砂淋症更为有效，可以清肾脏与尿管。饮时用蜜糖以代砂糖。减除呼吸困难，除去五官障碍，明目清眼，防除衰弱及肝热。医治心脏及肠胃之衰退，增加食欲与消化力。尤以常性肉食及肥胖之人为然。减少恶梦，增强记忆力。制止过度睡眠，必要多饮茶汤，可终夜从事研究，不伤身体。应用适当品质之茶叶液汁，可以医治发冷发热。又可与牛乳相和，防止肺痨。治水肿坏血，由发汗而排尿而洗涤血液，以防传染，又可清净胆藏，因其效用广大，故为意、法、荷及其他各国医生及名人所采用。"

当时售卖茶叶，都宣传茶叶有不可思议的健康作用，这对于茶之推行，有相当的帮助，所以不久茶就通行于伦敦的咖啡室。"当时各街道均有一种土耳其饮料出售，称为咖啡，另有一种称为茶，并有一种称为巧克力之饮料，后者为一种急性饮料"。

三、咖啡室与初征茶税

到咖啡室喝茶喝咖啡的人日渐增多，咖啡室逐渐发达，酒店次第衰落，二者互为消长。因为到酒店喝酒的人日见减少，政府的酒税收入锐减，因而将酒税转嫁于咖啡室所消费的茶等饮料。

茶叶两字最初见诸于英国法规，为查理二世（Charles II）(1660—1685 年在位)

之时，英国法令第二十一章第二十三及二十四款，规定出售一加仑茶或巧克力及果汁，课消费税 8 便士。并规定咖啡室每季度都要领取营业执照，并缴付应课税金的保证金，如有违背，每月罚金 5 镑。对于咖啡室收税的具体方法是，收税官每隔一段时间定期来查验咖啡室，估计并记载其所制造各种饮料之分量来实施课税。此项设施，流弊丛生，不易实行，商人往往在收税官两次来室调查的间隔，预先准备足量的茶汁，贮藏于桶中，售卖时再取出加热，逃避收税。

四、茶与咖啡店发行代币

17 世纪至 18 世纪之时，英国内乱方殷，政府无暇顾及一些经济政务，当时的英镑钱币中缺乏小面额的辅币，兑换困难，对于小商品的流通以及民众的日常生活产生不便。如英国著名作家、辞书编纂家萨缪尔 · 约翰逊博士对于茶叶的嗜好已经达到难以置信的程度，“数年以来，只用此茶以慰藉深夜，更用茶以欢迎朝晨”，饮茶时并且要求加入调味品，使其可口。牛奶小贩常年为约翰逊提供牛奶，但因为金额小辅币不敷用不能及时结账，就以记账的方式到一定时间结付，而在约翰逊财务困难时，曾经不止一次发生不能结付牛奶款而需朋友救济甚至惊动警察的情形发生。

为了解决自身经营所面临的辅币不足的困境，当时咖啡室主人及其他一些商人均自备大量辅币代币，以资流通周转，代币币面刻有发行者之姓名、地址、职业、币值及关于其营业内容等方面的种种信息。这类代币大多以黄铜、紫铜、白蜡制成，加以镀金，甚至有用皮革制成，通用于临近各商店，但基本大都以所在一条街的店铺为限，并随时可以兑现。

▶ 咖啡与茶代币

研究者认为，当时英国人民可请求政府颁布法令允许其自制辅币，是政治民主的表现 ：“代币发行完全为民主政治之表现，但政府钱币能供应需要时，则无人发行之。”

研究英国咖啡室营茶制度之起源的罗宾逊发现，交易所街上一家咖啡室所发行之代币与一般朴素之代币不同，这种代币印模的雕刻技术非常精巧，甚至有一定的艺术考古的价值。这可从现存一种咖啡室代币窥见一斑：此币一面有一土耳其人头像，另一面刻有咖啡、茶、巧克力、烟草等字，表明可以用于这些物品零售兑换。

咖啡茶室发行辅币代币，解决了民众日常生活所面临的困境。

五、宫廷、社会上层、妇女开始饮茶

1662年，嗜好饮茶的葡萄牙凯瑟琳公主嫁给英王查理二世，除了带来80万英镑以及丹吉尔和孟买作为陪嫁，她还把茶叶带入英国宫廷，成为英国王后饮茶第一人，将饮茶之风带入英国王室，并进而风靡英国上层社会。

英国诗人、政治家埃德蒙·沃勒，在当年凯瑟琳王后生日的当天，撰写英国第一首茶诗《论茶》以颂寿。诗中赞美茶叶与王后，称颂茶叶的功效。

因为王后喜欢饮茶,东印度公司1664年即选取茶叶作为珍贵贡品之一进献皇室。另外在1666年英皇收到之珍贵贡品中，也有茶叶20磅多。

1666年，Arlington爵士与Ossory伯爵由海牙回伦敦，在行李中携带大量茶叶，在其家中按照欧洲大陆最新式最贵族化之方式调饮茶叶，对于查理二世朝廷中饮茶的流行，也是一大推动力。大约在此时期，还有向伦敦之咖啡店购买茶叶以作宫廷阁议时饮用的情形。

▶ 汉姆屋

▶ 劳德代尔公爵夫人的中国茶壶

劳德代尔公爵一世夫人伊丽莎白·梅兰特，从1672年起以当时最时髦的风格装修汉姆屋，很快它便成为全英最漂亮的斯图尔特式住宅之一。社交广泛的伊丽莎白与凯瑟琳王后十分要好，王后常来汉姆屋与她一起喝茶。据说为了迎接凯瑟琳王后下榻，伊丽莎白专门为她设计了三个房间。在汉姆屋的一间饮茶室中，至今收藏着一只当时公爵夫人专用的来自17世纪中国福建漳州窑的茶壶，其底座嵌有银边。

王室、贵族们的喜爱，使得饮茶在英国上流社会渐渐有了影响力，引起妇女界对茶叶的加倍兴趣，以至于伦敦的药房，也进而增加茶叶作为一项新药。1667年Pepys在其日记中有如下记载："余见妻亦自冲茶叶，并受Pelling君之劝告，饮茶可以医治其受寒与伤风。"

六、咖啡室茶、茶室与公共生活

17世纪后期至18世纪，伦敦咖啡室欣欣向荣，茶叶销量亦骤然增加。麦考莱（1800—1859）在其《英国史》中说明当时英国咖啡室流行之理由，在于"可在城中任何一地方约会友朋，并可以小费用，而过其晚间社交生活，其便利之大，遂使此风流行极速"。

咖啡室可以称为"当时重要政治机构"，因为当时英国的情况是"国会一连几年没有召开，自治市政委员会不再为市民说话，公共集会、演讲、决议和其他种种现代煽动方法尚未盛行。现代报纸还没有类似的前身。在这种情况下，咖啡屋就变成了大都会公共舆论自我表达的主要渠道"。所以咖啡室不久便成为公众聚集的必需场所。无论中等阶级、上流社会，都会聚集在咖啡室聚会饮咖啡或饮茶，兼以议论当日各种政治问题、社会问题，因之一切时事新闻等信息得以广为传布。

咖啡室是当时伦敦俱乐部的先驱，在各种人员混杂的集会之余，每一职业，每一行业，每一党派，开始专门集中于某一特定的咖啡室，使得这家咖啡室开始具有专门的特色，久而久之，转变成为俱乐部，等到俱乐部开始自己拥有活动的空间即自备房屋之后，它与俱乐部的关联才告终结。

能饮茶的咖啡馆和茶馆在1660—1720年左右大量出现，对英国日渐成长的经济繁荣乃至科学文化的发展，都扮演了一个重要的角色，因为它们是包括老合保险、英格兰银行在内，许多国际机构的诞生地，它们也是很多政治俱乐部的核心，促成了议会民主政治的兴起，它们是传教运动借着发芽生长的种子。比如在18世纪早期，折衷协会收到一只特别的茶壶作为其创建礼物，这个协会在卡斯尔和法尔肯小酒馆的第一次会议举行时，与会者们喝掉一杯杯用这只茶壶所泡的茶，讨论并促成了教会宣教协会的产生。再者，这样的咖啡茶馆发展成为作家和科学家碰面的地方，因此成为观念想法交换流通的中心。它们有时被称为“便士大学”，因该仅需付一二便士，即可得茶与咖啡各一杯，在馆中听各种谈论和宣讲，并且可以免费阅读报纸。相传常来的顾客，往往有特别的固定座位。

▸ 川宁公司

1706年，托马斯·川宁开始在他的咖啡馆里销售茶叶，1717年，他把他的汤姆咖啡馆的标志改成金色的狮子，从而出现了伦敦的第一间茶馆。不像咖啡馆是男性的专利，茶馆是男女都会驻足造访的地方，许多女性聚集在川宁的茶馆。同时由于在社会的意识方面，茶很快被认为是比较温和的饮料，影响比较和缓，因此相当适合妇女和小孩。在当时的英国，包括大部分欧洲天主教地区，妇女都待在家中，而男性则可以外出到诸如咖啡馆或酒吧那样的公共场所。英国从川宁茶馆开始，建设出一个不分男女、大人、小孩都可公开出席的场所，使得参与公共生活的人员属性发生了根本性的变化。

1720年以后，茶从它开始受欢迎的咖啡馆和小酒馆转移到使人感觉愉悦的庭园，在这里愉悦的感觉不只是来自茶叶，也来自建筑和景观，所以茶的庭园强烈地影响了英式庭园设计的戏剧性发展，也像磁铁般吸引了18世纪早期的伟大文学、音乐和艺术家，它们变成一种庭园大学。

茶馆和茶庭园与英国中产阶级非常适配，与他们的门户观念家庭观念非常契合，它允许家庭里的父母和孩子一起休闲放松，提供了家庭休闲娱乐和社交的功能，人们可以享受和家人外出的时光，夸耀、比较家庭的幸福程度，参加茶馆茶庭园里的聚会，观看别人，也被别人观看。如果一个体面的中产阶级家庭造访伦敦，搭乘新路线的地铁或到海滨胜地去度假，不会到当地供应酒的小酒馆或到旅馆的酒吧，也不会到都是男性的伦敦俱乐部，而是会到茶馆去。

▶ 英国家庭饮茶图

七、茶叶的普及

17世纪末，茶已经为家境优裕的家庭所采用，除了早先兼售茶叶的咖啡馆、药店，伦敦的一些杂货店也开始有茶叶出售。此种杂货店称为茶杂货店（Tea Grocer），用以与其他不售茶的杂货店相区别。

而对于当时英国的一般民众而言，茶价则过于昂贵，直以奢侈品视之。但茶叶价格虽然奢昂，英国社会对于茶叶的好尚之心已经确立，迨至1715年左右，低价绿茶出现，茶叶就逐渐普及开来。据Raynal记述："以前除武夷茶以外，无其他种类，至1715年以后，对此亚洲植物之嗜好始见普及，或虽认为不当，惟以为茶叶对于国家节饮之贡献较诸违背法律为多，盖基督教布道者系道德良好之人，藉此可以作极流利之演说。"H.Broadbent在《国内咖啡人》一书中，总括1722年时英国社会对于茶叶的意见，认为自古以来的食品及药品没有像茶叶饮料这般优良、愉快而安全的物品。英国记事文家Mary Delany（1700—1788）于1728年记述云："住于伦敦保尔托来街（Poultry）之家庭，均备有各价值之茶叶，有20～30先令之武夷茶，有12～30先令之绿茶。"

八、茶叶消费对于传统消费的根本性变革

茶叶给英国给世界带来了历史性的全球性的消费革命，对英国的工业革命产生了积极的意义。一般而言，工业革命主要发生在生产领域，以动力、机器技术为核心，而加了糖与奶的茶饮则为高效能的机器配备了能够持续高强度工作的劳动力。工业革命发生的时候，茶叶已经进入英国100年，对上层社会风习的追崇，以及茶叶价格的降低，使得劳工阶层每天得以担负得起的价钱饮用加了糖和奶的茶，补充热量，迅速恢复体力，得以能够持续从事高强度高效率的体力劳动，为工业革命提供劳动力资源保证。

而在消费生活领域，茶叶销售在组织和广告方面的发展，更是对世界产生了根本性的变化，喝茶帮助了工业革命的产生。工业革命在动力和机器化生产方面的成就，直接的结果是制造出大量便宜的供消费的商品，尤其是衣服和陶瓷制品。所有的商品需要完成商品销售才能最终实现其价值，即维持大量的市场需求，工业化的商品生产方式才能持续存在。而正是茶叶消费带来了工业革命所需要的消费者消费模式的革命性变革。

茶是消费者革命的焦点所在，茶所扮演的角色之一，是一个新消费者世界的承

载体。它变革了千百年来复杂的市场零售方式，在组织和宣传方式上催生了一套新的交易制度和营销模式。17 世纪的英国，人们并不需要改良新的方法，来帮助他们了解阶级间的不同，也不需要知道怎么买和消费啤酒、面包或羊毛制的衣物，人们都已熟知这些活动和物质。而要开始消费一种全新的来自异国他乡的茶叶时，则需要特殊的努力和相当的改变。

首先需要打广告，向人们解释这种产品是什么，为什么有见识的人们应该买茶叶。茶是有史以来第一个在伦敦刊登广告的商品，东印度公司和其他大公司的财富和权势为广告带来很大的助益。广告造就消费者，广告打造出消费者的品位、阶层观念和消费欲望，最终带来巨大的消费。

其次是零售，18 世纪初，专门售卖茶叶的零售商称为茶叶零售商，茶是使他们跟其他一般零售商区别开来的商品。茶叶零售商开始用全新的方法贩售茶叶，他们开始发展专门商店，用外观吸引人的盒子和袋子将茶叶初步包装，而不是像以往那样将茶叶舀起、称好重量后再给客人。茶叶成为后续出现的许多大零售公司的基础。

茶在长销商品的销售模式之外，建立起新的商业模式，并且让其他商品可以遵循——在人类历史上开始有农业之后一次最大的转变，这是地球上第一次划时代的革命，人们从农业生活进展到工业生活，从以乡村为本的生活转到以城市为本的生活，饮用茶成为英国历史上最具传奇与戏剧性的消费者革命之一。

九、东印度公司：垄断茶利与近现代世界

17 世纪伊始，当时的欧洲诸强国纷纷创办东印度公司，开始从事与远东的贸易。从开始而言，英国东印度公司因胡椒而诞生，但其有惊人的发展则全因茶叶。英国东印度公司因为茶叶的贸易，影响了近代世界一系列重大事件的发生发展：茶叶贸易影响了美国的独立；影响了中国的发展，因为茶叶而导致的鸦片战争使得战败的中国被迫签订一系列不平等条约而陷入半殖民地境地；最后中国茶叶成为该公司治理印度的一大资源。

伊丽莎白女王于 1600 年末（12 月 31 日）给英国“伦敦官商对东印度贸易公司”

颁发了专利特许状，赐予其独占好望角至麦哲伦海峡之间的贸易15年，实际获得的专利权颇为广泛，一切商业上或由发现所得的利益均归该公司所独享。其特许书上并载明授以东印度公司的特权，如有非法攘利之徒，一经查获，得将其船货一并扣留充公。1609年，詹姆斯一世颁发给该公司以永久的独占许可状。1657年，克伦威尔护国时期再颁许可状。1661年之后，查理二世又再多次颁发特许状，除其他已经取得的权利外，再有获取领土、铸造钱币、指挥军队、订立盟约、宣战与媾和、兼理民事及刑事诉讼等特权。1669年英国法律禁止茶叶由荷兰输入，这为英国东印度公司茶叶专卖之肇始。17世纪末叶，又在印度多地设立监督处，结果使东印度公司俨然成为一统治而兼商业性的特殊势力。

1698年，在国会法令的授权下，威廉三世政府授予另一公司“英国对东印度贸易公司”特许状。1702年，两家公司同意合并为一家公司。

当其全盛时代，东印度公司握有中国茶叶贸易专卖权，操纵华茶供给，垄断茶叶市价，获取最大垄断利润。在垄断世界最大茶叶专卖制利益的同时，东印度公司也成为宣传茶叶的一种最先原动力，其结果是促成英国饮料革命，使英国人从嗜好咖啡转而一变为嗜茶。

▶ 东印度公司大楼

东印度公司垄断茶叶贸易，为此向英政府支付高额茶税，据册籍所载，当时虽有走私影带假冒及互相倾轧种种积弊，但政府在1711—1810年，只从茶叶一项收入之税款，已达7 700万英镑之巨。此宗款项，超过1756年英国所负之国债。另一个参考数据是，大英帝国日不落帝国之名得益于其强大的海军，而政府每年从茶所得的税收，足以支付英国海军每年的军费。据估计，东印度公司每年从茶叶贸易中获得的利润为100万～150万英镑。而茶叶贸易的真正得益者是英国政府。1820年英政府的茶税收入为 300 万英镑，1833 年为 330 万英镑，1836 年为 460 万英镑，占英国国库总收入的 16% 左右。巨额的收入来自其所征自 12.5% ~ 200% 不等的税率，而这垄断及其高税率抬高了英国的茶价。有研究认为，在东印度公司后期，英国消费者每年要比在欧洲公开市场购买同等质量的茶叶多支付 200 万英镑。

从其运营模式来看，东印度公司为个别商人的联合体，每个商人各自行其是，自谋其利，仅由公司董事部维持某种纪律而已。公司从无自备船只，多年以来皆由董事个人提供，他们通常被称为船只事务长，按照议定水脚，将船舶租赁与公司使用。最初东印度公司里半私有性质的商人，常能比公司获利更多，公司内部职员亦多贪得无厌，只知个人私利，而不顾公司利益，而致其所受损害亦为不少。掌握公司大权的人，大都毫无商业经验且对于公司发展的需要亦懵然无知，只知沿用相传而来的商业方法，对于任何新建议，即使有重大价值者，也非其所喜闻乐见。公司管理经营人员，因狃于公司的繁文缛节也毫无进取之心。经营与管理上的不思进取及浪费，也是其所经营茶叶价格居高不下的原因之一。

方方面面的原因导致 18 世纪中叶时，东印度公司开始陷入窘境，至 1772 年，不得不向政府请求拨付所积欠之补助费，同时并请求贷款 100 万英镑。不久以后，该公司又得政府之特许，得先出具保结，将茶叶存置堆栈中，提货时再行缴纳税款。此种办法，在茶叶贸易上激起极大变化，自此茶叶在全年的销售得以分配均匀。

东印度公司陷于财务困境之际，致其无视北美殖民地开始的反英风暴，依然执着于茶税之利，英国本土及殖民地当政者也未对形势作出正确判断，最终由波士顿抗茶事件揭开北美独立的序幕，导致美国独立。但东印度公司并没有因美国独立战争而受动摇，仍得勉力度过经济上之难关。

1784 年，英政府颁布交易法则（Commutation Act），新税率达 119%，取代原先按照东印度公司每季售价收取 12.5% 的税率。伦敦之茶叶批发商与零售商约 3 万人，起而反抗东印度公司专卖权下垄断经营的高压手段，发言人为理查德 · 川宁（Richard Twining）。抗议者们以宣传册及集会等手段，发动舆论对特殊权利宣战，要求政府取消东印度公司的专卖权。公司董事在议会辩论认为：“公开之竞争，足以毁灭公众之利益，茶价亦必将因此而提高。”1773年的波士顿抗茶事件中，美洲茶商反对独占和专卖制度的行为已经唤起英国国内对于自由贸易的关注，1812年英国与新独立的美国再度爆发战争，英国茶商对于美国人打击东印度公司，不仅表示同情，而且予以暗中支持与鼓励，在国内更是继续声讨之举。在此背景下，至1813年，英政府终止了东印度公司对印度贸易的独占权，对中国贸易（大部分为茶叶）的独占权，则仍然可以继续保持20年至1833年终止。届时该公司所属的船舶，亦即予以解散。

为避免对中国贸易独占权产生影响，东印度公司一直不愿意认真考虑在印度植茶一事，直至1834年对中国贸易独占权也终止之后，仍然享有治理印度权利的东印度公司才开始认真面对印度种茶、制茶事业。中国茶叶为东印度公司提供了治理印度的资源，公司一手包办鸦片在印度的种植、装运以及在中国的推销。中国清政府的禁止鸦片运动，导致中英两国在1840年与1856年发生两次“鸦片战争”。

1858年8月2日印度发生民族起义，东印度公司结束其对印度的统治权向维多利亚女王移交权力，1877年维多利亚女王正式加冕为印度女皇。

1600—1858年，东印度公司经历了258年垄断贸易的历史，其为宣传鼓动英国的饮茶嗜好的最大力量之一，其所提供的茶税成为英国政府的重要税收，垄断茶税成为北美独立的诱发因素，北美独立唤起英国国内对于竞争的自由贸易的关注及对东印度公司专卖权的抗争，并最终终止了它的独占权。而东印度公司通过茶叶和鸦片贸易对于印度的治理以及对中国的战争，改变了这两个国家在近代以来世界中的命运。

东印度公司对印度的行政管理成为英国公务员制度的原型。1813年公司的垄断地位被打破后渐渐脱离了贸易业务。19世纪60年代，公司在印度的所有财产交付政府，公司仅帮助政府从事茶叶贸易。《东印度公司股息救赎法案》生效后，公司于1874年1月1日解散，《泰晤士报》评论说：在人类历史上它完成了任何一个公司从未肩负过，和在今后的历史中可能也不会肩负的任务。

十、快剪船与世界运茶大赛

东印度公司专卖权取消以后，茶叶贸易日趋重要，商人鉴于茶叶生产经营的季节性特点，而要求快捷运输，诨名为茶车（Tea Waggons）的老式军舰式运船已经不敷足用，新式运输船应运而生。

1812 年英美战争中巴尔的摩尔地方所造武装民船演变成为巴尔的摩尔快剪船成为新式帆船的样板，纽约及新英格兰的造船业者，纷纷建造快剪船，以应大洋航行之需。美国人自最初以自己所造船只航海时，即已认识对华贸易的重要性，第一艘美国超级快剪船虹号，在 19 世纪 30 年代前期初航行中国，证实茶叶运输愈快愈好，从事商运者认为时间即金钱，因而促成此后大群美国快剪船的建造与使用。

最初英国商人认为竞争不甚严重，贸易独占优势能够保证他们的利润，但第一次鸦片战争以后，各国对华贸易大增，美商正式放出一队快船，占得贸易的大部分份额，使英商不得不起而追随。1846 年，英国亚伯顿的哈尔公司代怡和洋行建造了第一艘英国快剪船托林顿，以与航行中国海之美国运鸦片之快剪船竞争。

从 1849 年开始，英国逐渐废除保护英国本土航海垄断的航海法案，至 1854 年，所有的航海贸易的限制完全废除。航海法废止之后，美国船也可以贩运华茶到英国，于是两国商人开始了空前未有的激烈竞争。第一艘自中国载茶至伦敦的美国快剪船为远东号，速度之快前所未有，此后航行中国之著名快剪船层出不穷，常创新海上纪录。美国快剪船几乎都能获得一倍于英国船所得的运费，所有往伦敦贸易茶叶的英国船几乎全部让位于美国船只。

自加利福尼亚发现金矿以后，美国人的注意力迅速转向本国沿海，只剩下数艘美国船继续渡太平洋到中国运茶。而此时英国海运业者相互间之竞争大起，其激烈一如以前对美国之时。船型继续改进，年年竞运首批上等新茶返英，最先到达船的代运者能获得丰厚的奖赏，成为多年的惯例。运茶快剪船之黄金时代，起自 1843 年，衰于苏伊士运河开通之 1869 年，至 80 年代初期，海上茶运输最终归于汽船。当其盛时，运茶竞赛为在交易所及俱乐部或炉边最具吸引力的话题，其获胜者，皆能名利双收。对于运茶大赛的关注与兴趣，只有大赛马时可与之匹敌。报告茶船何时经过某某地点的电报，在明星巷中宣读之忙碌，一如现在股票行市报道之紧张。在英国阿伯丁运茶快剪船下水之时，公立学校放假，并有军乐队奏乐，其景象完全像在庆祝节日。

十一、红茶与下午茶

18 世纪初，由于广告宣传的作用，英国人对于价格越来越高的茶叶的消费欲望越来越大，高税率与高茶价使得黑市走私茶市场也很大。为了使长途长时间从中国而来数量有限的茶叶获得更多的利润，英国商人制作假茶掺入茶中销售。假茶有其他草木叶子加工而成的，也有回收饮用过的茶渣再加工而成的。到 18 世纪后期，掺假茶甚至有了专门的名称“斯莫奇”（Smouch），它们在质量和价格上的差异渐渐明了公开。虽然 1725 年、1730—1731 年国会两次通过禁止茶掺假条例，1766—1767 年在禁止茶掺假条例罚则中增入监禁处分的规定，茶商在茶叶广告中也会提醒人们辨别茶的真伪，但掺假茶还是影响了英国人对于茶品的选择。

18 世纪初，武夷红茶和白毫、熙春两种绿茶都很为英国人喜爱和欢迎，它们的价格皆有波动，白毫等绿茶稍占上风，相当流行，“1715 年绿茶价格下跌后更加畅销”。到 18 世纪后期，由于掺假茶的影响，英国人转而更倾向于购买和消费红茶，因为“相比当时称为武夷的红茶，绿茶更容易掺假。结果欧洲人失去了对绿茶的信任，转而喜欢喝红茶，这也许可以解释为何当今世界消费的 80% 是红茶。”可以说，正是掺假茶改变了英国人喝茶的茶品和口味，转而为英国红茶文化的发展奠定了基础。

维多利亚时代（1837—1901）是英式红茶文化的鼎盛时期，英式下午茶，也称为“维多利亚下午茶”，正式发明出现于这一时期，从而成为英国茶文化的最重要传统。一般认为是贝特福德七世公爵弗朗西斯·罗素的夫人安娜·玛丽亚（1783—1857），为消磨下午时间至晚餐前漫长的百无聊赖和饥饿感，她以茶与精致的点心邀请好友一起享用，提出了下午茶这样的两顿正餐之间的休闲环节。公爵夫人入宫陪伴维多利亚女王 5 年，下午茶被带进王宫并得到女王的喜爱，从而在上流交际圈中逐渐流传开来。准确的发明时间难以确定，普遍认为是 19 世纪 40 年代。

▶ 英式下午茶

当时，英国急剧扩张，下午茶很快就遍及英伦以及英属殖民地国家，成为英国国饮。一方面，下午茶形成了完整的社交礼仪，培养绅士淑女们的风度气质；另一方面，在第一次工业革命尾声的工业时代，下午茶成为一个持续高效的社会缓解疲劳、提高工作效率的重要方式。正如英国一首民谣所唱："当时钟敲响四下时，世上的一切瞬间为茶而停。"

19 世纪末期，在剑桥大学卡文迪实验室，教授、科研人员们在下午茶时间习惯聚在一起休息漫谈讨论，形成"午后茶时漫谈制"，成为活跃科学思想的典范活动，学者们称其为"剑桥精神"或"茶杯与茶壶的精神"。

下午茶在诸多方面成为能够代表英国的现象级文化。

第五节 茶与美国独立

▶ 签订《五月花号公约》

1620 年 11 月 21 日，著名的英国移民北美船“五月花号”到达达科德角（今马萨诸塞州普罗文斯敦），建立普利茅斯殖民地。船上 102 名移民中有 35 名英国分离教派清教徒，在离船登岸前，由分离派领袖在船舱内主持制定了一个共同遵守的《五月花号公约》，41 名自由的成年男子在上面签字。其内容为：组织公民团体；拟定公正的法律、法令、规章和条例。此公约奠定了新英格兰诸州自治政府的基础，北美的历史在此条约及其精神的基础上演进发展。

一、茶叶输入北美大陆

大约在 17 世纪之中叶，茶叶由欧洲最早饮用之国荷兰传入美洲殖民地，以荷属新阿姆斯特丹民众饮茶最早。当时新阿姆斯特丹的富庶有财力之家，都已饮用茶叶。从留传下来的用具来看，可推测此地的饮茶已成为一种与荷兰本国一样的社交习尚，茶盘、茶台、茶壶、糖碗、银匙以及滤筛，均为北美新世界荷兰家族之珍品。当时饮茶方式常于茶饮中添加糖，有时也一并加入番红花或桃叶以增香气。

约在 1670 年，马萨诸塞殖民地已经有一小部分地方知茶或饮茶。1690 年，B.Harris 及 D.Vernon 二人最早在波士顿售卖茶叶，二人依据英国法律领取执照公开售茶。此后在波士顿饮茶之风渐盛。在 1712 年波士顿包尔斯东药房目录上，列有零售绿茶及普通茶的广告。

新阿姆斯特丹于1674年归英国管辖，改名为纽约，饮茶习俗也渐变为英国风俗，模仿18世纪上半期伦敦娱乐圈，在咖啡室及酒店中附设茶园，或者在城市近郊开辟花园。园中多备有早餐与晚点，包括咖啡、茶以及若干热菜，以供游园者随时享用。

当时纽约著名的娱乐园中多备有茶饮及茶点，如拉乃莱及佛克哈尔花园，康托脱园（后改名纽约花园）、樱桃园以及茶水唧筒即卡逊街与罗斯福街交叉处等。因为人们认为由茶水唧筒吸出之水，优于城中任何其他水管中之水，因此街上有很多水贩叫卖茶水，成为当时一种特殊风俗。而为了汲取泉水以供饮用及煮茶之便，纽约自治团体市政会议遂于1757年9月颁布市茶水贩管理规则。

在北美大陆另一重要城市1682年创立的教友派殖民地费城，茶与咖啡皆由威廉·潘恩输入。两种饮料都只有财力富足者才能饮用，随着后来饮茶之风勃兴，一般家庭亦如其他英属领土渐渐放弃咖啡而主要饮茶。

至18世纪中叶，北美主要殖民地皆以饮茶为主。虽然此时在中国广州，茶叶贸易已跃居外贸最重要地位，英国东印度公司所贩运至北美的茶叶数量，却远远比不上其余处于对立地位的欧洲其他国家从东印度公司所装运茶叶。其理由极为显明，在英国高额税收之下，茶叶多系走私运至英国与美洲，高税率实足以成为“自由贸易”的最大诱因。历史事实是，美洲殖民地在18世纪时已成为茶叶大消费者，但他们从开始就选择走私的廉价茶叶，而不愿购用经由伦敦所售的纳税茶。20世纪的历史学家多认为美国独立革命战争，应归因于所谓“大商业”。这种大商业，一方面以英国东印度公司的茶叶专卖权为代表，另一方面则以大不列颠与北美殖民地茶商为代表。此种大商业，虽然有人认为是从糖浆或蔗汁酒自由买卖肇始，但实际上是茶叶开其始、筑其基。

二、印花税条例、汤森法案、茶叶法案与废茶运动

1754—1763年，欧洲主要强国之间发生了“七年战争”，其影响覆盖了欧洲、北美、中美洲、西非海岸、印度以及菲律宾。于英国而言，是大不列颠与法兰西和西班牙在贸易与殖民地上相互竞争。

七年战争结束时，英国独霸海上与美洲。英国政府为了进一步控制殖民地和镇压印第安人，派遣一万名军队常驻北美，国王乔治三世认为此次战争及驻军全为殖民地之利益，故至少当课税以充军费之一部分。于是在乔治·格伦威尔（1763—1765 年任英国首相）内阁时代，国会于 1765 年 3 月 22 日，通过不详之印花税条例（Stamp Act），规定对一大批生活必需品征税，北美殖民地的印刷品包括报纸、书刊、契据、执照、文凭、纸牌、入场券等均需加贴印花税票，税额自 1 便士到 2 英镑不等，违者罚款或监禁。该条例定于 11 月 1 日起生效。

印花税条例遭到由弗吉尼亚州人Patrick Henry为首的殖民地人民的强烈反对。James Otis 提出“无代表不纳税”的口号，坚持只有通过他们自己的议会才能作出征税决定。1765 年 10 月，在纽约召开全殖民地反对印花税法大会，会上通过拒绝向英交纳印花税等 14 项决议。为抵制印花税条例，全殖民地展开抵制英货运动，从而导致英国对殖民地的出口额大幅度下降。英国 30 个城市的商人和制造商联合向议会上书请求废除印花税法。在北美殖民地，人们成立自由之子、自由之女等秘密会社，组织起来，带领群众捣毁税局，焚烧印花税票，把税吏身上涂满柏油、粘上羽毛、游街示众。11 月印花税法生效前，全殖民地税吏都被迫辞职。英国议会于 1766 年 3 月 18 日，最后通过废除印花税条例的决议。这是北美殖民地首次主张自己的权力以及政治公正原则。

▶ 惩戒税吏

但是英国政府坚持认为有向北美殖民地征税之权力，1767 年由财政大臣查尔斯·汤森提出，英国国会通过了一系列在北美殖民地增加税收的法案《汤森法案》，包括：税收法，赔偿法，海关法，海事法庭副专员法，以及纽约抑制法。汤森法案遭到殖民地人民的强烈抵抗，促使英国军队在1768年占领波士顿，最终导致了1770年3月的“波士顿惨案”。

“波士顿惨案”之后，英军全部撤出波士顿，《汤森法案》中的绝大多数条款都被废除，只留下一项“茶叶税”，对茶叶每磅征税3便士。1772年，马萨诸塞总督托马斯·哈金森通知殖民地议会，从今往后总督工资改由英国政府用《汤森法案》中的“茶叶税”发放。马萨诸塞殖民地议会认为，皇家总督的工资由民主选举的殖民地议会支付，总督们自然会向议会负责，也就是向纳税人负责。这是权力之间互相平衡、互相制约的有效机制，也是社会契约的重要表现。如果总督不拿殖民地的工资，这些平衡制约的契约机制就不复存在。塞缪尔·亚当斯等殖民地的反英领袖们与志同道合者组成“通讯委员会”——后来“大陆会议”的前身，它的骨干成员大部分是“大陆会议”的代表，并成为美国的“建国国父”——再次掀起反英浪潮，并第一次公开讨论北美殖民地“独立”问题。

就在这个当口上，英国议会于1773年为倾销东印度公司的1 700万磅积存茶叶，通过由首相诺斯勋爵提议的《救济东印度公司条例》，因为条例主要关乎茶叶问题，因而又被称为《茶叶法案》。这个《茶叶法案》成为此后一系列事件的导火线，最终引发了“美国独立战争”。

东印度公司享有茶叶专卖权，此时输入英国的茶叶交25%进口税。但东印度公司不能把茶叶直接卖往殖民地，北美殖民地消费的茶叶只能从英国进口。必须在伦敦的拍卖行拍给中间商，中间商再转卖给北美的商人，北美的商人再通过批发或零售推向市场。每转一次手价格就提升一次，致使殖民地比英国本土一样的茶叶价格却贵很多。而同时，由于荷兰政府对进口茶叶不征税，也没那么多中间环节，这就使荷兰茶叶相对非常便宜。于是北美市场上大部分茶叶都从荷兰走私而来。茶叶走私贸易使得英国东印度公司丧失美洲殖民地市场，致发生茶叶过剩之现象，乃请求议会救济，解决东印度公司严重的财务危机。

1773年《茶叶法案》的条款并不多，其主要内容体现在以下几个方面：第一，给予东印度公司到北美殖民地直接销售茶叶的专卖权，免缴高额的进口关税，而只需向殖民地海关缴约每磅3便士之茶税。这种规定，使英属东印度公司避免了大量的关税支出。如果茶叶等商品先运往英国，然后再转运北美地区，就要多增加入境关税一项支出，现在只征收3便士的轻税，比之前的立法规定明显减少。能够直接销茶北美，就取消了诸多中间环节，东印度公司的茶叶成本大大降低，它直接把茶叶卖给北美的代理商，代理商们就算按《汤森法案》交完进口税，还是很便宜，价钱竟然比走私的茶叶还低。当时走私茶叶每磅卖3先令，新法令下合法进口的茶叶每磅只卖2先令，比"走私茶"便宜很多。第二，北美地区专门的茶叶收货人由东印度公司选择；收货人在接收茶叶前应预先支付一定数量的保证金。收货人接受货物后，再安排当地的零售商销售，这些收货人和零售商通常是和他们有特殊关系的人，如地方管理者的亲信，例如在马萨诸塞州，总督托马斯·哈金森的两个儿子就是英属东印度公司雇佣的茶叶贸易事务的合伙人。原先的北美大多数茶商被排除在代理名单之外，利益严重受损。

《茶叶法案》一出，若干殖民地即开会抗议，其中一部分向英国政府呈递请愿书，均未蒙采纳或立予拒绝。因此在美国各海港城市，自由之子团等各种团体开始举行种种集会与示威运动。另有许多殖民地女性团体也都被鼓励自动废止饮茶。

大体而言，印花税法案之后，北美殖民地即有抵制英国货之举，自颁布《茶叶法案》以后，对英货的抵制就主要集中在抵制茶叶。在马萨诸塞一些地方，曾经有专门组织限制茶叶买卖，甚至即使作为药用的茶叶，若无许可证亦不能购买。有一件许可证至今尚保存在康涅狄格历史学会图书馆中，注明为马萨诸塞州Wethersfield地方所印发。其文如下："查Baxter夫人请求发给购买武夷茶四分之一磅之证明书，鉴于彼之年迈体衰情形，自当不在本会限制之例。特此证明。

此致Leonard Chester先生，

Elisha Williams谨启。"

不能继续饮茶的情形之下，家庭主妇们为了代替已经习惯的茶饮嗜好，选取了多种替代品，如四叶之珍珠茶、草莓及小葡萄叶、紫苏、鼠尾草、以覆盆子叶制成的神茶等。凡女性们的各种缝纫会、纺织会以及其他集会，都会饮用这类代用饮品。

对于英国茶叶抵制最激烈的，是北美殖民地的商人们，因为担心他们自身所经营的茶叶行将转移给东印度公司。在1773年10月18日波士顿代理人致伦敦公司信函中，有“东印度公司此项办法使茶商与入口商发生反感，将来有何种纠纷，自难预测……友人中有觉风潮不难平息者，亦有持相反见解者”等语。另有纽约的代理人，亦曾述及“关于销茶一事，已属无望，盖人民宁购毒药，不愿购茶”。

1773年以前，北美殖民地反对英国政府法令的人分激进与保守两派。大部分商人属于保守派，认为激进派的议论近于幻想，使后者的意气渐趋冷淡。而《茶叶法案》使得商人们担心自身所经营的茶叶行将移转于东印度公司之手，自难继续缄默，乃亦与激进派合流，10月21日，马萨诸塞省通信委员会发出通告，提出：“(《茶叶法案》)此种企图，显然为消灭殖民地商业并增加税收，凡我殖民地人民，自当采取有效措置，以阻止此项计划之推行。”

三、波士顿倾茶事件及其他地区的废茶运动

《茶叶法案》还规定了波士顿、纽约、费城、查理斯顿4个港口城市为输入茶叶的登陆地点。以英船到港时间的先后，北美殖民地的废茶抗茶运动即在这些地区依次展开。

1773年9月，满载着茶叶的7艘东印度公司的商船驶向北美，其中达德马斯、皮维亚及贝德福德等4艘船开往波士顿，另外3艘船分别开往纽约、费城、查理斯顿。船还没到，北美各地的“自由之子”与商人们联合起来，示威游行，用当年对付“印花税”税官方法对付代理商或海关官员，威胁或要求他们辞职，并用各种形式开展抗茶运动。

费城是当时美洲之主要海港，同时又为人烟稠密及政治活动之重心，为北美最早发起抗茶事件处。费城编印各项反抗茶税计划宣传品散布全城，其标题为：“合则存，分则亡。”并号召居民尽可能应用各种方法，以防本身权利之被侵夺，且特别

指出东印度公司所任用之代理人，为破坏整个自由组织的罪魁祸首，所以各代理人在众目注视及警告之下，不敢有所妄动。10月18日，在市政厅空地上举行民众大会，当众议决，发表宣言，声明茶税为未经认可而加于殖民地人民的不法捐税，因东印度公司曾企图强迫收税，应拒绝任何茶叶上岸。并警告，任何人如果为之装卸或出售茶叶，即为国家之罪人。同时自行组织“漆面戴羽惩罚委员会”，时刻准备茶船的到来。

纽约商人于1773年10月25日集会议决，对于驶入纽约的英轮船长表示谢忱。因其拒绝装卸东印度公司茶叶，以免缴付不合理之茶税。但为时不久，竟另有装运茶叶之船入口，纽约商人深感失望。商人们与自由之子团等多数爱国团体一起，群起阻止英船卸货，也不让茶叶通过。纽约之一英国官吏，曾致函其伦敦友人，内谓“因茶叶输入美洲，全体人民均极愤怒。纽约、波士顿以及菲列得尔菲亚城人，似均决定不再使茶叶上陆。彼等集合成队，几乎每日练习炮击，各分队亦日日外出练习……彼等誓将入口之茶船，悉予焚毁，惟余敢断言，如以皇军数队大炮数尊镇压，当不致酿成事变”。

10月26日，纽约市政厅举行民众大会，宣布东印度公司企图独占茶叶贸易实为公开的盗贼行为。此时在纽约出现“警报”报纸，其中有谓：“凡取丝毫可诅咒之茶叶，即属罪人。美洲之处境，已较埃及奴隶为尤惨。财政法规上之文句，明言汝等并无可称为属于自己之财产，汝等不过大英帝国之奴仆与牲畜而已。”此种公告，立即引起人民的怨愤，以是自由之子团团员，迅速警告仓库业商人，不得贮藏茶叶，正如费城人所为，凡买卖茶叶，当视为公敌。东印度公司的代理人相率敛迹，于是宣布由海关官员代理到埠的茶叶。

▶ 约翰·汉考克

11 月 5 日波士顿举行全城大会，由约翰 · 汉考克为主席，市民代表及各爱国领袖均同时出席，各方意见亦告一致，经慎重讨论发布宣言，反对英政府对于美洲各自由民所施行的茶税苛政。

11 月 19 日，波士顿各代表婉言奉劝代理人将茶叶退回伦敦，其中就有若干位保守派人士，但在马萨诸塞哈金森总督的支持下，波士顿的代理商们（其中有两个是总督的儿子）坚持不辞职。11 月 28 日，第一艘茶船“达德马斯”号抵达波士顿，所载茶叶计 80 大箱与 24 小箱。根据海关规定，它必须在 20 天内，也就是 12 月 16 日之前，清关卸货。激进派代表人物塞缪尔 · 亚当斯立刻召集马萨诸塞殖民地议会开会，通过决议，敦促“达德马斯”号的船长赶紧把船开回英国，不要清关。

▶ 塞缪尔 · 亚当斯

可是，哈金森总督却拒绝发放茶船的离港许可证。此后“爱琳娜号”“河狸号”两艘茶船也相继到港，与“达德马斯”号一起，三艘茶船停在波士顿港，既不能离港也不能卸货。12 月 16 日，“达德马斯”清关的最后期限，数百名波士顿居民及其他城市代表来到老南教堂开会，塞缪尔 · 亚当斯把总督府的最后拒绝决定告诉与会者。与会者决意拒用茶叶，并认为用茶叶者为有害之举，各城市均应组织委员会以防止此可诅咒之茶叶流入内地。傍晚与会者均聚集于街道及格林分码头，波士顿代表著名商人 Jonh Wowe 于大会将散时，忽然大声疾呼“将茶叶与海水相混合”，此语一出，不知是否为预定的暗号，当即有身穿马哈克土人 (Mohawk Indians) 服装之一群人，各执小斧或大斧，自青龙旅店方面蜂拥而向格林分码头集中。一般认为他们是 90 多名“自由之子”的成员，其中一部分身穿印第安人的服饰，头上插着羽毛，脸上画着图腾，在众人的围观下，先后登上达德马斯等三艘茶船。在接下来的 3 个小时中，他们把三艘船上所有的 342 箱、共 9 万磅用瓷器和漆器精装密封的中国武夷茶全部倒入海中。这就是 Boston Tea Party，一般译为“波士顿倾茶事件”，也译为“茶党”。而“茶党”的称号一直沿用至今。美国人为抗议政府高税收时，总是会打出“Tea Party”的旗号。

▶ 波士顿倾茶事件

波士顿倾茶事件，迅速传遍纽约、费城以及南部各殖民地，所到之处皆以摇铃传播此消息，闻者无不称快，而尤以青年最为热烈，各地皆随时准备阻止东印度公司的茶叶进口。

随后，相继在以下各地发生抗茶运动。

格林威治抗茶会。1773 年 12 月 22 日晚，新泽西人化妆成漆面戴羽的土著人模样，将到港英商茶船上的茶叶连同茶箱，焚毁于市区广场中央。

南卡罗来纳查理士敦抗茶会。1773 年 12 月初至 1774 年 11 月 3 日，将茶船上的茶箱劈开，将箱中之茶倾于海中。

费城抗茶会。1773 年 12 月 27 日，到港的次日，英船主接受市民大会决议将茶船开回英国。

纽约抗茶会。1774 年 4 月，南锡号船长自愿停止茶叶起卸，不再进口；伦敦号的茶叶被抛入海中。

亚那波里斯抗茶会。1774 年 10 月，苏格兰商船所载茶叶被付之一炬。

爱屯东抗茶会。1774 年 10 月 25 日，爱屯东有社会地位及家族渊源的妇女 51 人集会，联名起草并签名一文件，送至英国 1775 年 1 月 16 日《伦敦晨报》报纸发表，表明抗茶及抵制其他英国货物的决定："北卡罗来纳地方代表，已议决不再饮用茶叶，不再使用英国布匹等物，此间多数妇人为表示其深刻之爱国心起见，均已加入荣耀而高洁之协会。余等谨向贵地之高贵妇人宣告：北美妇女亦均将追随其英勇之丈夫之后，一致团结，以与顽固之政府对垒，誓不屈服。抑有进者，凡足以影响国家和平与福利之任何事件，吾人自难视若无睹，事关公众利益，应由全境推举代表共同解决之。此不独对于邻近各地之亲爱同胞应有互相协助之义务，亦为关怀本身福利者所不容忽视，惟力是视，义无反顾，特书数行，聊表决心。"

在举行集会的旧址，放置着一尊革命时期所用的大炮，上面置有一把有历史意义的铜茶壶，壶上刻着如下字句："此处原为 Elizabeth King 夫人之住宅，1774 年 10 月 25 日爱屯东妇女集会于此，反抗茶税。"

四、美国独立战争

"波士顿倾茶事件"后，原先互相对立的英国议会变得空前团结，一致认为必须惩罚波士顿。1774 年，英国议会颁布了五项"不可容忍"法令，诸如：封闭波士顿港，片帆不得出海。撤走的英国兵再度进驻，殖民地政府支付英军的全部费用。而且变更马萨诸塞殖民地之法律，取消马萨诸塞自治权，以后市政会会员，不再由人民选举，而改由市长任命。波士顿人没有资格管理自己，也没有资格享受"英国人的权利"。今后犯事者将被押往英国受审，而不是由殖民地的法庭裁决，确立英国对殖民地的司法权等。从政治上军事上加紧对殖民地的控制与镇压。

还有一些人向英国议会表示，愿意替波士顿赔偿茶叶钱（大约 9 000 英镑，一说所倾倒茶叶价值 18 000 英镑），但遭拒绝。英国议会表示这不是欠债还钱的问题，而是罪与罚的问题。事实上英国索要的赔偿就是殖民地的自由。1774 年 4 月 18 日，英军 4 个团进驻波士顿。

英国议会对波士顿的惩罚却使得北美殖民地也像英国议会那样变得空前团结，罗得岛、南卡罗来纳、纽约、弗吉尼亚以各自的方式支援波士顿，并开始认真地思考和讨论与大英帝国的彻底分离，直接推动了第一届大陆会议的召开。1774 年 9 月 5 日至 10 月 26 日，在费城召开了殖民地联合会议，史称“第一届大陆会议”，发表《权利宣言》，要求英国政府取消对殖民地的各种经济限制和五项高压法令；重申不

► 第一届大陆会议

IN CONGRESS, JULY 4, 1776.

The unanimous Declaration of the thirteen united States of America.

► 独立宣言

► 第二届大陆会议

经殖民地人民同意不得向殖民地征税，要求殖民地实行自治，撤走英国驻军。表明北美人民已经联合起来，共同反对英国的殖民统治。

1775 年 4 月 18 日，英国总督得知离波士顿不远的康科德藏有民兵的军火武器，于是派出士兵前往查缴没收。工兵保尔 · 瑞维尔得知消息后，星夜疾驰，通知各个村庄的民兵组织起来，迎击英军。9 日清晨，800 名全部武装的英军，在一名少校的率领下，在列克星敦与民兵遭遇，双方发生激战。英军尽管赶到康科德，夺取了部分武器，但损失惨重，被打死打伤 274 名，被迫退回波士顿。民兵取得胜利。

列克星敦的枪声，揭开了美国独立战争的序幕。1776 年 7 月 4 日，第二届北美大陆会议通过《独立宣言》，正式宣布北美 13 个殖民地独立，成立“美利坚合众国”。1778 年 2 月法美签订军事同盟条约，法国正式承认美国。法国、西班牙、荷兰相继参战。1782 年 11 月 30 日，英国新政府与美国达成停战协议。1783 年 9 月 3 日，美英双方签订《美英巴黎和约》，英国被迫承认美国独立。

正如史学家指出的：“如果没有茶叶税，就不会有波士顿倾茶事件，也就不会有随之而来的英国与其殖民地反目的北美革命。”波士顿倾茶事件是美国独立战争的导火索，对于东印度公司茶叶专卖权的反抗，最终引发了对于英国政府政治经济军事压迫的反抗，使得美国在枪林弹雨中诞生。茶叶与革命和政治结缘，影响了美国的历史，某种程度上也影响了人类历史的发展进程。

第六节　茶与中英鸦片战争

英国商人为了抵销英中茶叶贸易方面的入超现象，于是设法大力发展毒害中国人民的鸦片贸易，以达到开辟中国市场的目的。19 世纪初输入中国的鸦片为 4 000 多箱，到 1839 年就猛增到 40 000 多箱。英国商人从这项贸易中大发其财。由于鸦片输入猛增，终使中国白银大量外流，并使吸食鸦片的人在精神上和生理上受到了极大的摧残。在这种严峻形势下，终于爆发了中英鸦片战争。

一、中英贸易关系的发展

1453年奥斯曼土耳其帝国征服君士坦丁堡，对于欧亚陆上贸易通道形成阻碍，欧洲社会对于香料贸易以及黄金等财富的追求，引领欧洲进入大航海时代。1497年葡萄牙人达·伽马发现经好望角到印度的航线，经非洲东岸的莫桑比克、肯尼亚，于1498年到印度西南部的卡利卡特，开辟了从大西洋绕非洲南端到印度的航线，从而打破了阿拉伯人控制印度洋航路的局面。葡萄牙通过新航路，垄断了欧洲对东亚、南亚的贸易，成为海上强国。1553年，葡萄牙人在多次请求不成后，以船遇风浪需要停泊晒物为理由，经明朝政府同意在澳门上岸，并最终取得澳门居住权，与中国展开贸易。欧洲诸国纷随其后。

1583年，英国商人约翰·纽伯莱试图经印度来华贸易。英女王伊丽莎白交给他一封致中国皇帝的信，希望中国君王“宽大接待”英国臣民，并给予贸易方面的特权：“吾人以为：我等天生为相互需要者，吾人必需互相帮助。吾人希望陛下能同意此点而我臣民亦不能不作此类之尝试。如陛下能促成此事，且给与安全通行之权，并给与吾人在与贵国臣民贸易中所极需之其他特权，则陛下实行至尊贵仁慈国君之事，而吾人将永不能忘陛下之功业。”不过纽伯莱以及女王的信件均未能抵达中国。

1596年，伊丽莎白女王派使臣随商人再度前往中国致信皇帝，但被葡萄牙人拦截同样未能抵达中国。

英国东印度公司成立后，英国和中国的贸易只能以间接贸易的方式开展，英国人一直试图打开对华直接贸易的大门。1635年英国东印度公司“伦敦号”来到澳门，最终被葡萄牙人阻止未能登岸。1637年，英国商船再度抵达澳门，虽然在广东内河与中国军队发生冲突，最后英船还是购得了相当数量的货物并返航。第一次实现与中国的直接贸易。

顺治初年，清朝沿袭明之成规，来华贸易的外国商船只准于澳门进行交易。顺治十二年(1655)随着郑成功在台湾立足，六月，闽浙总督屯泰请于沿海省份立严禁，“无许片帆入海”，违者立置重典，是为清朝海禁的开始。官民人等如有“将违禁货物出洋贩往番国，并潜通海贼（指郑成功）”，“或造大船图利卖与番国，或将大船赁与出洋之人，分取番人货物者，皆交刑部治罪”。

到17世纪60—70年代，英国东印度公司终于找到了发展中英贸易的突破口。1662年，郑成功从荷兰人手中收复了台湾，清政府对台湾实行封锁政策，郑氏集团则力图开拓对外贸易维持并发展自己的势力，“国姓爷郑成功的儿子郑经邀请班达姆的商馆来建立商业联系，伦敦的公司董事非常兴奋”。1670年，东印度公司船只抵达台湾，于次年建立商馆。随着郑氏政权控制范围的扩大，1676年，东印度公司在厦门建立了商馆。到1680年时，郑氏政权被迫退回台湾，东印度公司在厦门的商馆很快也被迫关闭。东印度公司顺势而变，请求清朝允许其在厦门进行贸易，这样，英国人得以在1684年重新抵达厦门。

康熙二十二年（1683）七月，清政府统一台湾，次年下令开海贸易，海禁大开。康熙二十四年，于云山、宁波、漳州、澳门设江海关、浙海关、闽海关、粤海关四海关，“关设监督，满汉各一笔帖式，期年而代，定海税则例。”此时，葡萄牙和西班牙的海上霸权也已经衰落，英国商船来到厦门、澳门、宁波等设关港口，开始了与中国的贸易。

开海禁设海关之后，清朝对外贸易获得较大发展。但是康熙五十五年（1716）清廷宣布，因为商人私运米出海贩卖，出洋商人将船只出卖，以及出洋商人不归国等原因，严禁商船与南洋往来贸易。虽然不同于清初的全面海禁，只禁止中国商人出海往南洋的贸易而前往东洋的贸易仍然允许，英国、葡萄牙等欧洲商人仍听其自由来华贸易，但却是清政府又重新申严海禁的开始。此后虽然有弛禁与严禁的不同，但总体是趋于严。乾隆二十二年（1757），因为英国武装商船多次驶至浙江定海、宁波，清廷下令关闭了广州以外的所有口岸，只准在广州一地贸易。从此，广州一口贸易的体制，直到鸦片战争前未再有变化。

二、双重垄断下的中英贸易

鸦片战争前，中英贸易主要是在东印度公司和行商的双重垄断下进行的，英国方面，东印度公司享有对华贸易垄断权，并控制着私商和散商；中国方面，清政府特许的专门从事对外贸易的商人——行商垄断着中国的进口贸易和大宗商品的对外贸易。

18 世纪，由于公行的建立和保商制度的实行，行商的垄断性得以加强。公行于 1720 年第一次成立，是行商的联合组织，常称为十三行，但行数并不固定。几经废设，直到 1782 年公行制度才最后确立下来。保商制度始于 1745 年，该制度规定外国商船进入口岸以后，必须指定一名行商承保，缴纳外洋船货税饷、规礼、传达官府政令、代递外商公文、管理外洋商船人员等；进出口货物的价格由保商确定，然后由各行分别承销。

乾隆二十二年 (1757)“冬十一月，禁英商来浙互市”，限令英人将贸易集中在广东一处，不许赴浙江诸地，即使到了浙江也得返回广东。但英商仍然违反禁令。乾隆二十四年，“英吉利商人洪任辉必欲赴宁波开港，既不得请，自海道直入天津，仍乞通市宁波，并讦粤海关陋弊”，“上命押往澳门圈三年，满期交大班附舶押回。”同年，两广总督提出《防范外夷规定》，对外商在广州一口的通商从居留时间、寓居地点、人员往来、住处传递、商船停泊范围等方面加以限制。1762 年“两广总督照会英吉利国王收管约束，毋任潜入内地。英吉利来粤商人由是知所敛戢”。

东印度公司对茶叶的垄断以致高税收带来的茶叶走私，最终使得其利润下降、经营陷入困境。为了改变这一局面，茶商会向英国议会提出取消茶叶关税解决走私问题的提议，建议降低或免除茶税，用窗口税代替茶税。几经讨论，议会于 1784 年 8 月 16 日通过《交换法案》，将东印度公司的茶叶关税下降至 12.5%，同时征收窗口税以弥补所损失的茶税。法案实施后，当年即取得立竿见影的效果，1783 年东印度公司的茶叶销售量为 3 087 616 磅，法案生效的当年 1784 年增至 8 608 173 磅，1785 年增至 13 165 715 磅，1786 年增至 13 985 506 磅。与此同时，茶叶走私问题得到了遏制，欧陆各国的东印度公司从中国进口的茶叶数量呈现出非常明显的下降，英国东印度公司的茶叶进口量则猛增。东印度公司通过本国立法，改变了自身垄断经营的困境。

而在对中国方面，在清政府对外国人员非常戒备、对外商重重限制的情况下，东印度公司希望借助英国政府的力量得到改善，在其要求下，英王乔治三世决定派遣使臣访华。最终马戛尔尼使团于 1792 年到达中国，在热河觐见了乾隆，递交国书。乾隆在敕谕中拒绝了英人的以下一系列要求：在北京派驻使节，在广州之外停泊交易，甚至在北京设立商行收贮发卖货物，允许英人在澳门任便居住出入，在内河行走货物减免税收等。但是对于后来饱受人们诟病的行商制度，东印度公司却指示马戛尔尼不要提出废除公行，因为东印度公司看到他们通过公行可以获得两大好处：一是财政上的完全保障；二是“行商接受英国制造品及物产的迅速与诚意，远非实行自由贸易的个人行动可比”，对推销英国商品很有利。（据英国 1820 年《上院审委报告》估计，广州行商销售英国产品的净亏损额在前 23 年中共达 1 688 103 镑，行商们只是因为这是东印度公司购买茶叶的条件才肯接受这些货物。）1795 年，乔治三世再度致信乾隆，表示两国“彼此都要通好，相依相交”，即将退位的乾隆回信表示以后再有英王的信件他将交给继任的儿子处理。

嘉庆二十一年（1816），英国再次派遣使团到北京，但因关于觐见行礼问题未能达成一致，英国使臣最终未能见到嘉庆帝，为了避免英方再派使团到北京，嘉庆帝回致英王，谕其“嗣后无庸遣使远来，徒烦跋涉，但能倾心效顺，不必岁时来朝，始称向化也”。

清朝面对自己不了解的世界，采取封闭排拒的政策，成为一个故步自封的老大帝国。英国人则在实力不同的时期采取不同的策略，19 世纪之前，一直以国书使团提出要求，进入到 19 世纪后则发生了变化。1802 年，英、法之间为争夺殖民地的战争波及中国海域，英国的 6 艘兵船以法国欲占澳门为由，进入鸡颈洋。1808 年，英国 10 艘兵船强行在澳门登陆，开启了两国交往中无视中国主权的暴力方式。

当英国的力量还不足以在“欧洲各国以地球为战场而进行的商业战争”中压倒对方时，就试图交流融通，但在本质上奉行的是强权政治，一旦取得优势，就诉诸武力，置别国于强权之下。

三、中英茶叶贸易与鸦片贸易

1711 年，英国的茶叶销售量为 156 236 磅，留在国内市场的数量为 141 995 磅，1800 年的数据则分别高达 23 378 816 磅与 20 358 827 磅，分别增长了 164.6 倍与 143.4 倍，增长幅度惊人。17 世纪末期以及 18 世纪甚至 19 世纪初期这段较长的时段之内，英国东印度公司运输的茶叶几乎全部直接或间接来自中国，所以，英国茶叶的销售量大致上就是英国东印度公司从中国进口的茶叶数量。由于垄断经营，获得高额利润，因而茶叶业务迅速发展，茶成为该公司进口物资中的第一位商品。

18 世纪 50 年代以前，东印度公司从中国运出的茶叶最多的时候也只有 14 019 担①，50 年代年均都有 2 万担以上，60 至 70 年代几次达到 7 万担左右，80 年代以后增长更为显著，1785 年首次突破 10 万担并持续增长，进入 19 世纪则基本上维持在 20 万担以上。据不完全统计，1754—1833 年，除没有数值的 4 年外，英国东印度公司共购进中国茶 1 064 万担以上。

“茶是新的奇迹般的商品”，“它极大地推动了（英国东印度公司）与中国的贸易”。东印度公司的茶叶进口量迅猛增长，茶叶在其所经营的各种商品中的比重日益增长，取代了以往占据重要地位的丝、瓷器等商品，在较长时间内成为它所进口的占有绝对优势的商品。比如在 1760—1833 年的多半个世纪的时段内，茶叶在英国东印度公司所购货物的总价值中居于绝对性优势地位，除 1775—1779 年占 55.1% 较低外，此后基本上保持在 90% 左右，19 世纪之后占比略有上升。如时人威廉 · 密尔本在 1813 年所言：“在一百五十年前，茶作为一种交易商品还鲜为人知，现在却居于从亚洲进口的商品中最为著名的行列。在东印度公司所关心的各种商品之中，它不仅是影响最大的，而且是波动最小的。”在其被解散之前的 1825—1833 年，茶叶贸易的价值已经大约占到了其所经营货物总价值的 94%。可以看到，从 18 世纪后期始，

①担为非法定计量单位，1 担 =50 千克。——编者注

东印度公司的对华贸易很大程度上就是茶叶贸易，茶叶贸易在中英贸易中地位的重要性毋庸多言。

但此时的中国是自给自足的自然经济，加之清政府对海外贸易实行由行商垄断的政策，使海外商品在中国的市场十分狭窄。几乎没有一种商品是中国必不可少的，“要进行以物易物的双向贸易是很困难的”，中西贸易呈现一边倒的格局。但西方商人们很快就发现中国需要银子。（俄罗斯商人们发现了皮毛，独立之后的美国商人们发现了皮毛和人参，等等。）自明朝于1436年改行以银为主币，中国自己所开采的银的产量一直跟不上实际的需求。外商开始以白银来购买中国货。据统计，英国人在1721—1740年,用来偿付中国货物的94.9%是金银币,只有5.1%是用货物贸易。输往英国的茶占中国输出量的二分之一。

当时的白银最大来源地是美洲，秘鲁和墨西哥两地的银产量在16世纪时占世界产银总量的73%，17世纪占87.1%，18世纪占89.5%。1811年西属美洲爆发了持续15年的独立战争，银产量比战前锐减一半多，世界银产量下挫，1781—1800年为28 261 779盎司，到1811—1820年降至17 885 755盎司，1821—1830年更跌到14 807 004盎司。在白银减产而需求增大的同时，美洲殖民地在独立运动开始后不再向欧洲宗主国提供白银，欧洲白银的缺口愈益加大。

因为没有足够白银与中国的茶叶进行交换，大部分欧美国家只能淡出中国市场，只有英美例外。美国依靠的是皮毛、人参和鸦片以及西属美洲的白银。而英国先是试图依靠印度的棉花，“印度和中国商业交往中的另外一个重要部分是印度对华输出棉花”，很快就转而依靠大规模的鸦片输出，不仅保持了对华贸易，甚至一举变为顺差。

16世纪中期，葡萄牙人、荷兰人将印度出产的鸦片和吸食方法传入中国，虽然此前中国也有“罂子粟”，但是以之为药，以之入本草书。西人传入印度鸦片后，李时珍《本草纲目》记之名为“阿芙蓉”，释名“阿片”，俗名鸦片。清代，随着鸦片的使用日渐走出药用的范围，输入量也随之增加。1729年，中国年输入鸦片200箱，也在这年，清廷颁布第一次禁烟诏令，可惜效果不彰。普拉西之战使英国征服了孟加拉国，1773 年，英国驻孟加拉国总督哈斯廷提出由东印度公司承揽鸦片，建立“收购承包人制”，英国对中国的鸦片贸易以政府同大公司的联手实现垄断专营和规模体系，迅即成为对华鸦片输入的最大商家。

因而在英国国王表面上冠冕堂皇两次遣使来华期间，东印度公司开展了卑鄙的鸦片贸易，最初用的是三角贸易的方式，先用英国的棉毛织品换取北美殖民地的小麦等商品，然后将这些商品运往印度，在那儿换取鸦片，再运往中国。对孟加拉等殖民地所产鸦片实行专卖，进而垄断鸦片的制造和贸易后，东印度公司更是变本加厉地扩大对华的鸦片贸易。1796 年，刚刚登基的嘉庆帝宣布禁止鸦片进口。次年重申禁令。东印度公司不得不表面上停止了在中国的鸦片贸易，但暗中仍在进行鸦片走私，1816 年清政府颁布《查禁鸦片烟条规》。1820 年，输入中国的鸦片达 5906 箱，不到 100 年的时间翻了近 30 倍，总值约 10 486 000 元。而本年从广州出口的茶叶总值只有 8 757 471 元。1828 年以后，每年输入中国的鸦片超过 1.2 万箱，值银 1 200 多万元。

1821 年道光皇帝登基，朝野上下开始呼吁禁烟，广东地方也严厉惩处鸦片走私案件，但并不能禁绝鸦片走私和白银外流。1821 年英国鸦片进口值 4 166 250 银元，1822 年 9 220 500 元。鸦片究竟导致多少白银外流，各方统计不一，有学者认为“19 世纪 20—40 年代，白银的流出量合计约达 4.8 亿两”，新近研究表明，1807—1829 年中国约有 4 000 余万银元被英国人运出广州口岸，而 1829—1839 年，中国的白银净流出量约为 6 500 余万银元。

四、东印度公司专利权的终结与鸦片战争

18 世纪下半叶，随着工业革命的发生和推进，英国工业资产阶级的力量也不断壮大，扩大海外市场成为英国最迫切的需求。经典经济学理论家亚当 · 斯密提倡自由经济相信自由贸易，英国传统的重商主义政策逐渐向自由主义转变，东印度公司的垄断权被看作“新出口市场继续发展的一重障碍”。1813 年以棉纺织业者为主体的英国制造商和承销商赢得了第一场反垄断的胜利，英国政府取消英国东印度公司

除中国茶叶之外的东方贸易垄断权。1820年，英国国内商界开始致力于取消对华贸易限制、开放中国市场的斗争，1829—1830年，各地商会发动了257次请愿。1834年，英国政府取消东印度公司对中国茶的垄断贸易权，从此结束了该公司垄断英国对中国茶叶贸易近200年的历史。

一些在中国从事贸易的商人是英国自由贸易实践最早的创始人，如怡和公司的创办人William Jardine，W.S.Davidson，顿德公司的R.Inglis，他们都曾于19世纪30年代之前长期寓居中国，从事贸易。在1826—1850年居住中国的Matheson兄弟，则于1827年创办《广州记录报》以宣扬自由贸易，并反对东印度公司独占制延长。同时，由于可以预见的专卖权到期，在特许书到期以前的三四年中，东印度公司在行使职权管理私商和散商等方面渐见松弛，自由贸易实际上已于此时发轫。

对中国行商来说，他们完全没有自由竞争的观念和市场运作的意识，没有意识到东印度公司的垄断权对中英贸易的发展构成阻碍，因此并不反对公司对中国贸易的垄断。相反，他们把东印度公司对其他商人的控制权视为秩序和安全的保障，视为一种夷人加强自我管理的必需手段。特别是保商制度实行以后，行商们必须对来华英商的行为负责，而要做到这一点必须借助于同东印度公司驻广州大班的合作，通过大班来约束夷商，处理涉外事务。

1833年，英国国会终止了东印度公司对华贸易的专利权。中英关系发生了新变化，广东总督希望英方“仍援前例，派公司大班来粤管理贸易”，但英国政府却趁机单方面将其代表“升级”，1834年派劳卑、1836年派义律相继来到广东任商务总监。而这“商务总监”已经不是原来意义上东印度公司的“公司大班”，代表商业组织的商人利益，实际上是英政府派驻广东的使节，不仅监督商务，而且担负对华交涉的任务。

1838年，义律要求英国驻印度海军司令率军舰进入中国海域，想用武力威胁压迫清政府放弃禁烟政策。

清道光十八年冬（时已1839年1月），道光帝派湖广总督林则徐为钦差大臣，赴广东查禁鸦片。道光十九年三月，林则徐到任，严行查缴鸦片2万余箱，并于虎门海口悉数销毁。英国政府以此为借口，决定派出远征军对华发动战争，英国国会也通过对华战争的拨款案。1840年6月，英军舰船47艘、陆军4 000人陆续抵达广东珠江口外，封锁海口。鸦片战争开始。

清军战败，战争以中方的失败告终。1842年8月29日，中英《南京条约》签订。主要内容：①割香港岛给英国；②开放广州、厦门、福州、宁波、上海为通商口岸；③中国向英国赔款2 100万银元；④英国在中国的进出口货物纳税，中国与英国共同议定；⑤英国商人可以自由地与中国商人交易，不受公行的限制。1843年英国政府又强迫清政府订立了《五口通商章程》和《五口通商附粘善后条款》(《虎门条约》)，作为《南京条约》的附约，增加了领事裁判权、片面最惠国待遇等条款。

鸦片战争前，特别是1834年以前，中英贸易主要是在东印度公司和行商的双重垄断下进行的，这种贸易方式一方面对中英贸易的发展构成了极大的限制，另一方面又起到了平衡中英关系的特殊作用。中英贸易垄断体系的崩溃是历史的必然，但对中英双方来说，方式不同，结果也不一样。东印度公司对华贸易垄断权是英国工业资产阶级及代表其利益的商人从内部破除的，它虽然引发了商人的短期投机行为，但从长远来说，却有利于英国对华贸易的不断扩大；中国行商垄断制是英国以武力侵略的方式，逼迫清政府废除的，它虽客观上有助于中国对外贸易的发展，但本质上具有不平等的色彩，也不符合中国当时经济发展水平的需要，其与领事裁判权、协定关税等不平等条款的结合更对中国的利益造成了巨大的损害。

1844年7月、10月，美国和法国趁火打劫，效仿英国，先后威逼清政府签订了中美《望厦条约》和中法《黄埔条约》，获得除割地、赔款之外，与英国同样的特权。从1845年起，比利时、瑞典等国家也都胁迫清政府签订了类似条约，中国的主权遭到进一步破坏。鸦片战争的失败和《南京条约》等一系列不平等条约的签订，使中国社会发生了根本性的变化。政治上独立自主的中国，战后由于领土主权遭到破坏，自给自足的自然经济解体，逐渐成为世界资本主义的商品市场和原料供给地，中国开始沦为半殖民地半封建社会。

清廷的战败并没有使其进行改革，反而继续行保守的闭关政策，战争后中国的对外政策仍是旨在“羁縻”，对于《南京条约》的不平等性反应并不激烈。

五口通商后，清朝海关及税率被英国人控制，关税主权受到破坏，进口货只抽百分之五的低税率，外国商品大量倾销中国，无法保障中国自己的民族工商业。鸦片继续销售，吸食者不断增加，在国民身体日益被鸦片毒害的同时，白银外流，银价上涨，银贵钱贱的情况更加严重。英国输入中国的货品大增，1837 年英国出口到中国的商品总价值为 90 多万英镑，到 1845 年已达到 239.4 万英镑。严重打击中国民族工商业，使原本问题重重的社会经济更加恶化。

第一次鸦片战争后，以英国为首的西方列强并不满足已经取得的特权和利益。1854 年，《南京条约》届满十二年，英国曲解中美《望厦条约》关于十二年后贸易及海面各款稍可变更的规定，向清政府提出全面修改《南京条约》的要求。主要内容为：中国全境开放通商，鸦片贸易合法化，进出口货物免交子口税，外国公使常驻北京等。法、美两国也分别要求修改条约。清政府表示拒绝。1856 年，《望厦条约》届满十二年。美国在英、法的支持下，再次提出全面修改条约的要求，清政府再次拒绝。

1856 年 10 月，英国利用“亚罗号事件”制造战争借口，攻入广州城抢劫后退出。1857 年 3 月，法国以“马神甫事件”为借口，与英国联合出兵。1860 年，英法联军攻入北京，咸丰帝逃往承德，英法联军火烧圆明园。

这次战争可以看作是 1840 年鸦片战争的延续，所以也称“第二次鸦片战争”。战败后的清政府先后分别被迫与列强签订了一系列的不平等条约：中俄《瑷珲条约》，中英、中法、中俄、中美《天津条约》，中英、中法、中俄《北京条约》。综合其内容：一是大片领土被割让，包括九龙司与黑龙江以北 100 多万平方公里国土。二是赔偿英法 1 600 多万两白银。三是丧失海关主权、领事裁判权、内河航运权、关税主权，通商地点从东南沿海五口，扩大为沿海七省和内陆长江沿岸十三个；进口税 5%，洋货进入中国内地税为 2.5% 以代替各项内地关卡的税收；由英国人帮办税务，海关管理权落入其手。

第二次鸦片战争，加深了中国的半殖民地化，它宣告了中华帝国“管理”蛮夷的传统观念的破产，在文化与自信方面则被击溃，社会政治、经济、军事、文化、外交等方面日益沉陷。

由茶叶而导致的鸦片战争，改变了中国的命运。

（本章撰稿人：沈冬梅）

伴

随着古丝绸之路，中国茶叶连同丝绸、瓷器一起，与东西方各国间开展贸易往来。

Part 8

第八章 世界茶叶贸易和消费

中国与世界各国进行茶叶贸易的时间很早。特别是进入唐代以后，随着中外经济、文化交流的活跃，中国茶叶对外贸易不断加强。如今，世界各国和地区间的茶叶贸易已成为一种常态。

第一节 世界茶叶贸易初起（1700年前）

伴随着古丝绸之路，中国茶叶连同丝绸、瓷器一起，与东西方各国间开展贸易往来。

一、丝绸之路上的中国茶叶贸易

“丝绸之路”是以中国为起点的古代东西方交往的多条道路总称。不同时代有不同时代的“丝绸之路”，一般分为陆上丝绸之路和海上丝绸之路。

（一）陆上丝绸之路上的茶叶贸易

陆上丝绸之路以汉武帝时张骞出使西域为开端，它以长安为起点，经河西走廊到西域。西汉末年，丝绸之路一度断绝。东汉时的班超又重新打通隔绝了多年的西域，罗马人也首次顺着丝绸之路来到当时的东汉首都洛阳。

陆上丝绸之路因地理走向不一，又分为“北方陆上丝绸之路”与“南方陆上丝绸之路”。

1．北方陆上丝绸之路　是指由黄河中下游通达西域的商路，包括沙漠丝绸之路、草原丝绸之路。

（1）沙漠丝绸之路：延续千余年，是北方丝绸之路的主道。全长7 000多公里，中国境内4 000多公里。分东、中、西三段。东段自长安至敦煌，中段从敦煌至葱岭（今帕米尔高原）或怛罗斯（今哈萨克斯坦的江布尔城），西段从葱岭（或怛罗斯）至意大利威尼斯。西段涉及范围较广，包括中亚、南亚、西亚和欧洲。

（2）草原丝绸之路：由中原地区向北越过古阴山（今大青山）、燕山一带长城沿线，西北穿越蒙古高原、南俄草原、中西亚北部，抵地中海沿岸国家。隋唐时期的草原丝绸之路具体路线主要有两条：一条由锡尔河出发，通过咸海北岸；另一条沿阿姆河，通过咸海南岸。两条通道在乌拉尔河口附近会合，通向伏尔加河，再沿顿河和黑海北岸到达君士坦丁堡；契丹建立的辽国，使草原丝绸之路更加贯通；草原丝绸之路在蒙元时期发展与繁荣达到顶峰，构筑了连通漠北至西伯利亚、西经中亚达欧洲、东抵东北、南通中原的发达交通网络。

2. 南方陆上丝绸之路　又称西南丝绸之路，分东、中、西三条。东路是由四川成都、贵州西北、广东、广西至南海；中路是由四川成都、云南、步头道、桑道至越南；西路即“蜀－身毒道”。大约在公元前4世纪的战国时代，蜀地（今川西平原）与身毒（印度古称）间开辟了一条商贸道路，延续两个多世纪尚未被中原人所知，直至西汉时张骞出使西域，在大夏（今阿富汗）发现蜀布、邛竹杖，系由身毒国转贩而来。张骞回国向汉武帝报告后，元狩元年（公元前122），汉武帝派张骞进一步打通“蜀－身毒道”。

“蜀－身毒道”由灵关道、五尺道和永昌道三条干线组成，全长两千多公里。从成都出发分东、西两支。东支沿岷江至僰道（今宜宾），过石门关，经朱提（今昭通）、汉阳（今赫章）、味（今曲靖）、滇（今昆明）至楪榆（今大理），是谓五尺道；西支由成都经临邛（今邛崃）、严关（今雅安）、莋（今汉源）、邛都（今西昌）、盐源、青岭（今大姚）、大勃弄（今祥云）至楪榆，称之灵关道；两线在楪榆会合，西南行过博南（今永平）、嶲唐（今保山）、滇越（今腾冲），称永昌道（因经过永昌郡治嶲唐而得名）。从滇越经掸国（今缅甸）又分陆、海两路至身毒。然后又从印度至中亚、欧洲。中古以后，因这条道多运送茶叶，也有“茶马古道”之称。

3. 陆上丝绸之路上的茶叶贸易　中国茶叶贸易，由于唐以前茶叶文献稀少，缺少茶叶输出域外的文字记载。推测，在南方陆上丝路，应有蜀地茶叶输入越南、缅甸、印度等国。而在北方陆上丝路，不排除中国茶叶向西域及中亚、南亚、西亚国家输出。

（1）唐代陆上丝绸之路上的茶叶贸易：唐代，中外经济、文化交流活跃。唐初平定突厥后，打通西域道路，丝绸之路上胡人往来络绎不绝。长安、洛阳等城市居住大量的突厥、回鹘、吐火罗、粟特以及中亚、西亚、南亚人，茶叶无疑会传播到这些国家和地区。

“往年回鹘入朝，大驱名马，市茶而归”[①]。安史之乱时，回鹘协助唐朝平叛，由此与唐建立了密切的朝贡关系。由于回鹘实际统治着蒙古高原，这里是中国最重要的马匹产地。在这个历史背景之下，孕育了以茶易马的茶马贸易。对于以乳肉为主要食物而缺乏蔬菜的游牧民族来说，茶叶是生活必需品，因此回鹘用马匹换取他们所需要的茶叶。

“常鲁公使西蕃，烹茶帐中。赞普问曰：‘此为何物？’鲁公曰：‘涤烦疗渴，所谓茶也。’赞普曰：‘我此亦有。’遂命出之。以指曰：‘此寿州者，此舒州者，此顾渚者，此蕲门者，此昌明者，此邕湖者’”[②]。建中二年（781），常鲁被任命为入蕃使，出使吐蕃。在帐篷中烹茶时，吐蕃王赞普问道：这是什么？常鲁回答：这是去烦、解渴的茶。赞普说：我这里也有茶。赞普的茶有安徽寿州和舒州的，浙江长兴的，湖北蕲春的，四川绵阳的，湖南岳阳的。

“按此古人亦饮茶耳，但不如今人溺之甚。穷日尽夜，殆成风俗。始自中地，流于塞外”[③]。“流于塞外”，虽然说的是饮茶之风，但是饮茶的基础是建立在茶叶流通贸易的前提下的。可见在中唐时期，中国茶叶已广泛输入到周边国家和地区。

（2）宋元陆上丝绸之路上的茶叶贸易：宋代，先后有宋辽、宋金对峙。为与游牧民族抗衡，骑兵必不可少。南方缺乏马匹，必须从西北地区购买，以茶易马是军事需要。参与茶马贸易的国家和地区，主要是吐蕃各部以及西北的西州回鹘、西夏、于阗和黑汗等，而吐蕃是重中之重。“入蕃茶惟博易马方许交易，即不得将茶折博蕃中杂货，务要茶马懋迁渐通”[④]。宋代在四川、陕西、甘肃设立茶马司，专门负责与吐蕃等西域国家的茶马贸易。北宋与吐蕃用来市马之茶一般每年为2万驮（1驮为100斤），最多时5万驮。加上走私茶、民市茶，吐蕃每年输入的茶叶数量相当可观。

①③ 唐封演：《封氏闻见记》，卷六“饮茶”。
② 唐李肇：《唐国史补》，卷下。
④ 徐松：《宋会要辑稿》，职官。

北宋时期，于阗与宋保持十分密切的贸易关系，茶叶作为重要商品输入国内。"元丰元年（1078）六月九日，诏提举茶场司，于阗进奉使人买茶，与免税，于岁额钱内除之"[①]。于阗进奉使已经不满足于赐茶，经常借进奉名义大做生意，购回茶叶。

据《册府元龟》和《宋会要辑稿》所载，回鹘向北宋市马次数不少于10次，数量从3匹到1 000匹都有。北宋神宗元丰（1078－1085）年1匹马可换100斤茶，宋徽宗时（1101—1125年在位）1匹良马可换250斤茶。

元朝建立起地跨欧亚的庞大帝国。由于中西交通大开，茶叶贸易更为方便，丝绸之路上的商队运茶更为便捷，茶叶由此进入中亚、西亚国家。

（3）明清陆上丝绸之路上的茶叶贸易：明代以后，随着大航海时代的来临，陆上丝绸之路逐渐衰落，终被海上丝路取代，唯有西南茶马古道一度兴盛。明清至民初纵横中国西南的茶马古道，是中国内地通往西亚、南亚、东南亚的重要纽带，对于中国茶的向外传播亦有着较重要的地位。

（二）海上丝绸之路上的茶叶贸易

海上丝绸之路是古代中国与外国交通贸易和文化交往的海上通道，始于汉代。唐代以前，中国多与中亚、西亚往来，南朝后期与波斯往来增多，唐宋元则以阿拉伯居多。中古以后，这条路上主要外销中国的茶叶、陶瓷，因此又有"海上茶叶之路""海上陶瓷之路"之说。

历代海上丝绸之路，又可分三大航线：东洋航线由中国沿海港至朝鲜、日本；南洋航线由中国沿海港至东南亚诸国；西洋航线由中国沿海港至南亚、中亚、西亚和东非、北非诸国。

虽然自汉代起，中国就开辟了海上通道，但是在唐代以前，未见海路茶叶贸易的文献记载。

1. *唐代海上丝绸之路上的茶叶贸易*　扬州坐落在长江与运河的交汇处，地理位置十分优越，造就了扬州水路运输枢纽的重要地位。成都素以殷实著称，而当时公认"扬一益二"，扬州已超越成都成为中国最繁荣的商业城市。唐肃宗上元元年

① 徐松：《宋会要辑稿》，蕃夷。

（760），叛将田神功侵掠扬州，杀害了几千名大食和波斯商人，可见扬州作为国际贸易重镇的规模。

广州在唐代一跃而成为中国对外贸易的第一大港口，各种肤色、不同语言的外国商人大量居住在广州。开元二年(714)，在广州始设市舶司管理对外商务。“除供进备物外，并任蕃商列肆而市，交通夷夏，富庶于人”[①]。大量的外国商人在广州开商铺，与华人买卖交易各种商品。

唐代，中国沿海港口登州、扬州、杭州、明州、泉州、广州等挤满了远涉重洋的商船，在海上贸易各种产品中不乏中国的特产茶叶。茶叶主要销往日本、新罗，以及东南亚国家和阿拉伯国家。

2. 宋元海上丝绸之路上的茶叶贸易　宋代，中国经济、政治中心南移，海上丝绸之路十分繁荣，主要输出茶叶、瓷器和丝织品等。

北宋元祐二年(1087)，在广州、明州、杭州、泉州等设立市舶司，既掌管海外贸易又负责朝贡事务。广州、泉州主要通南洋、西洋，明州、杭州则主要对东洋日本、高丽贸易。尤其是泉州成为两宋对外贸易的最大港口，贸易地域远及非洲、西亚、南亚、东南亚。“国家置舶官于泉、广，招徕岛夷，阜通货贿。彼之所阙者，如瓷器、茗、醴之属，皆所愿得。故以吾无用之物，易彼有用之货，犹未见其害也”[②]。中国外贸产品，茶叶和瓷器是大宗。不仅外国商人来中国贸易，中国人也前往南洋各国贸易。如在印度尼西亚，“中国贾人至者，待以宾馆，饮食丰洁”[③]。

北宋时，高丽饮茶很普遍，中国腊茶及龙凤团茶在高丽很有市场。这些茶除得自宋国赏赐外，“商贾亦通贩”[④]。日宋贸易，以中国商船为主，高丽商人和商船在其中也发挥了很大的作用。

南宋更加注重发展海外贸易，市舶贸易成为国家财政收入的主要来源之一，朝贡贸易降到次要地位。

① 王虔休：《进岭南王馆市舶使院图表》，《全唐文》。
② 徐松辑：《宋会要辑稿》，刑法。
③ 脱脱：《宋史·阇婆传》。
④ 徐竞：《宣和奉使高丽图经·茶俎》。

元灭南宋后，由于大批宋朝遗民及沿海人民移居南洋，茶叶侨销东南亚国家有了更广阔的市场。

元代，东南沿海地区对外贸易十分活跃。特别是泉州，番商云集。上海、广州、庆元（浙江鄞州区）、澉浦（浙江海盐）、泉州设有市舶司。官府与商人合作开展海外贸易，利润七三分成。虽然蒙元与日本进行了文永、弘安两次战役，但是在战争结束后，元日贸易照常进行。

宋元时期，茶叶成为对外贸易的重要产品之一。

3. 明代海上丝绸之路上的茶叶贸易　明初设广州、明州、泉州三大市舶司，管理海外诸番朝贡市易和海外贸易之事。嘉靖元年（1522）罢明州、泉州市舶司，唯存广州市舶司。郑和七下西洋，足迹遍及东南亚、南亚、西亚及东非各国。所到之处，进行访问，开展贸易，茶叶、瓷器、丝绸是主要交换物品。同时，各国使臣、商人纷纷来中国，又促进了茶叶贸易的发展。

虽然明朝初中期实行海禁，但是沿海一带的海上走私贸易不绝。隆庆开海，部分开放海禁，私人海外贸易得以合法开展。

随着15—16世纪之交的地理大发现，开辟了欧洲人的海权新时代，世界一体化的序幕由此拉开。为了追逐商业利润，谋求海洋霸权，葡萄牙、荷兰、英国、丹麦等相继东来，中国茶叶对外贸易迎来了历史机遇。

（1）中葡茶叶贸易：开辟由欧洲通往印度新航路的葡萄牙人最先抵达中国。正德八年（1513），葡萄牙人从马六甲航抵广东珠江口屯门澳，与当地居民进行香料贸易。中葡两国的官方交往始于正德十二年（1517），是在葡萄牙向明朝“遣使进贡”的名义下进行的。但是，明朝始终将葡萄牙人拒于朝贡大门之外。

嘉靖十四年（1535），明政府把当时属于广州府香山县濠镜地区的泊口开辟为国际商贸港口，以接待暹罗（泰国）、占城（越南）等国的商船停泊，并准许葡萄牙人在濠镜互市。因为葡萄牙不是朝贡国，所以不得进入广东怀远驿。

嘉靖三十四年（1555），广东海道副使汪柏与葡萄牙船长索萨订立友好贸易协定，葡萄牙人遂于1557年获准合法入居濠镜澳（后称澳门），并于隆庆（1567—

1572）初与中国政府达成了租居濠镜澳的部分地方的关系。尽管葡萄牙对华贸易的合法地位逐渐为明朝政府所默许，但朝贡大门始终没有向葡萄牙敞开过。

1580—1586年，葡萄牙人在澳门半岛逐步建立自治机构。到万历年间，葡萄牙人又以澳门为据点，与东南亚的马六甲、印度的果阿、葡萄牙的里斯本连成东方贸易路线，更由澳门与日本长崎、菲律宾马尼拉进行贸易往来。

随着以广州为中心的南洋朝贡贸易的结束，澳门迅速崛起并成为中国发展海外贸易的世界性港口。澳门是明朝后期至清朝前中期唯一对外开放的国际商贸港口城市，以葡萄牙为主的各国商人入住澳门经商，开展商贸活动。中葡合作的澳门一口通商，包揽了全部中西方之间的海上贸易。虽然说是澳门一口通商，但是澳门属于广州府香山县，粤海关也设在广州，进出货物从广州报关，交货、发货也多在广州。外国货物从广州输往内地，中国货物从广州起始输出海外，广州是贸易货物的转运港。所以，习惯上，也称广州一口通商。但是外国商人不准进入广州城，只能居住在澳门。

葡萄牙于1628年成立东印度公司，但在早期的中葡贸易中，茶叶的份额很小，往往是船员的捎带。

（2）中荷茶叶贸易：1592年，霍特曼率领第一支荷兰远征东方的船队抵达印度尼西亚的万丹。之后，荷兰纷纷组织公司，掀起东方贸易热潮。单是1598年，就有5支船队共22艘船只到达亚洲。

1602年，荷兰成立了联合东印度公司。荷兰东印度公司企图像葡萄牙人一样在中国沿海地区建立殖民据点，多次用武力侵犯澳门和澎湖，并一度占领台湾，但均被击退。

尽管荷兰人到达中国的时间比葡萄牙人整整迟了一个世纪，但首先以商品贸易形式将茶叶输入欧洲的是荷兰人。万历三十五年（1607），荷兰东印度公司商船首次从印度尼西亚的万丹来到中国澳门购茶，并于万历三十八年转运回阿姆斯特丹。这是西方人来华购运茶叶最早的纪录，也是华茶正式输入欧洲的开始。

1619年，荷兰人占领印度尼西亚雅加达，并将雅加达改名巴达维亚，巴达维亚从此成为荷兰在亚洲的殖民统治中心。早期中荷茶叶贸易的形式是中国—巴达维亚—荷兰的间接贸易形式，主要是通过巴达维亚转口来进行，由荷兰东印度公司垄断茶叶贸易。以巴达维亚为中心的中荷间接贸易，依赖于来往中国和东南亚之间中国帆船开展贸易。在荷兰占领印度尼西亚以前，中国与印度尼西亚就有十分密切的贸易关系。葡萄牙占领马六甲后，东南亚的贸易中心从马六甲转至巴达维亚。每年中国帆船运载陶瓷、丝绸、茶叶等物品到巴达维亚交换胡椒、香料等土产。17 世纪 20—30 年代，平均每年到达巴达维亚的中国帆船有 5 艘。

1637 年 1 月 2 日，荷兰东印度公司董事会给巴达维亚总督的信中说："自从人们渐多饮用茶叶后，余等均望各船能多载中国及日本茶叶运到欧洲。"当时，茶叶已成为欧洲的正式商品。

（3）中国与东南亚的茶叶贸易：自汉唐以来，中国沿海地区不断有人移民东南亚地区。尤其是在郑和下西洋和葡萄牙、西班牙、荷兰等国开辟印度、东南亚和中国航线后，中国沿海地区掀起移民潮。越南、柬埔寨、菲律宾、泰国、马来西亚、印度尼西亚等国都有一定数量的华人居住生活。华人不仅自己饮茶，也将饮茶习惯传播到当地居民中。所以，茶叶在东南亚各地都有一定的消费需求。

隆庆开放海禁，明朝后期兴起私人海外贸易。中国浙江、福建、广东沿海居民纷纷驾船前往东南亚诸国进行贸易。占领马六甲的葡萄牙人、占领巴达维亚的荷兰人，以马六甲、巴达维亚为据点，与中国商人进行以货易货的转口贸易。中国商人用茶叶、陶瓷等制品换回香料等物品，用帆船往返于中国沿海与东南亚之间。

4. 清初海上丝绸之路的茶叶贸易　清朝初期（1644—1700），互市通商与朝贡贸易并行不悖。所不同的是，互市贸易要照例纳税，而朝贡市易免税。

康熙二十四年（1685），随着海禁废止，清廷分别在广东、福建、浙江和江苏 4 省设立海关，"以贡代市"的朝贡贸易为"贡市并举"体制所取代。"外国贡船所带货物，停其收税。其余私来贸易者，准其贸易。听所差部员，照例收税"[①]。海关的成立，标志着中国茶叶对外贸易进入一个新的历史时期。

① 光绪《大清会典事务》，《礼部 · 朝贡 · 市易》。

粤海关在广州设立的当年，广州商人经营华洋贸易二者不分。次年（1686）四月，两广总督吴兴祚、广东巡抚李士祯和粤海关监督宜尔格图共同商定，将国内商税和海关贸易货税分为住税和行税两类。住税征收对象是本省内陆交易一切落地货物，由税课司征收；行税征收对象是外洋贩来货物及出海贸易货物，由粤海关征收。为此，建立相应的两类商行，以分别管理贸易税饷。前者称金丝行，后者称洋货行，即十三行。名义上虽称“十三行”，其实并无定数。十三行是经营洋货进口和土货出口的牙商。所谓牙商，本来是指在城市和乡村的市场中为买卖双方说合交易，并从中抽取佣金的居间商人。粤海关的设立，名义上专管对外贸易和征收关税事宜，实际上税收营生都是由十三行出面主持，包括代办报关纳税、商品购销买卖等业务。

乾隆二十二年（1757）下诏，“遍谕番商，嗣后口岸定于广东”。原先集中于厦门的英国商船全部转向广州，法国、荷兰、西班牙、葡萄牙、丹麦、瑞典及后起的美国等国商船齐集广州，广州及澳门成为中国茶出口的唯一口岸。福建、江西、安徽等内地茶叶，走赣江至赣南，由挑夫运过大庾岭，至韶关转运至广州，经由洋行（行商）交易出口，船运至欧洲及美洲。

茶叶是清政府限定由行商垄断经营的主要商品，外商在广州购买茶叶，只能委托十三行代理。

（1）中葡茶叶贸易：自明朝后期开启的澳门一口通商模式在清代被保留下来，澳门一度成为中西贸易的唯一通道。

清初，沿袭明末的政策，允许葡萄牙人继续租居澳门。但因海禁甚严，澳门与内地的贸易严重受阻。为此，葡萄牙驻印度总督以国王的名义在康熙九年、康熙十七年两次“奉表入贡”。康熙帝为葡萄牙使者的“虔修职贡”所打动，于1679年（康熙十八年）批准在澳门的葡萄牙人由陆路到广州开展贸易。

葡萄牙较早输入中国茶叶，贵族形成饮茶风尚。1662年，葡萄牙凯瑟琳公主嫁于英王查理二世，将饮茶风尚带入英国皇室。但是在清朝初期，中葡茶叶贸易量也不大。

（2）中荷茶叶贸易：1648 年，荷兰独立建国。从西班牙独立出来之后，荷兰发展成为 17 世纪航海和贸易强国。随着荷兰海军力量的迅速崛起，荷兰在世界各地建立殖民地和贸易据点。

在清朝初期，荷兰是西方国家中最大的茶叶贩运国，垄断了中国与欧洲的茶叶贸易。1651—1652 年，在首都阿姆斯特丹开始进行茶叶拍卖活动，阿姆斯特丹因此成为欧洲的茶叶供应中心。

1661 年，出于共同对付郑成功势力的需要，且为商业利益驱使，荷兰人打出支援大清国的旗号，一面派兵至福建“助剿海逆”，一面遣使朝贡并请贸易。为此，康熙皇帝格外开恩，准许“二年贸易一次”。然而，这只是开海贸易前的唯一一次。

1685 年，清朝解除海禁。荷兰东印度公司董事会在给荷兰驻印度尼西亚总督的信中，指示采购 2 万磅新鲜上等茶叶。1690—1718 年，平均每年有 14 艘中国帆船至巴达维亚，与荷兰人进行茶叶贸易，交易形式是以货易货。至 17 世纪末，中荷间的茶叶贸易规模已较大。荷兰人除从巴达维亚进口中国茶叶外，还通过波斯进口部分中国茶叶。

荷兰从中国进口的茶叶，除自身消费外，还贩卖至欧洲其他国家和北美殖民地。1666 年，英国贵族奥索雷（Ossory）和阿林格顿（Arlington）从阿姆斯特丹带一批茶叶到伦敦变卖，获得可观的利润。当时阿姆斯特丹每磅茶叶售价为 3 先令 4 便士，而伦敦每磅茶叶售价则高达 2 英镑 18 先令 4 便士。

（3）中英茶叶贸易：英国步荷兰、葡萄牙后尘，插手茶叶贸易。1600 年 12 月 31 日，英国女王伊丽莎白一世授予东印度公司皇家特许状，享有贸易专营权。

17 世纪中叶，经过两次英荷战争，英国在海上赢得一连串胜利。随着英国经济、军事力量的强盛，其与荷兰在茶叶贸易上展开竞争。

1653 年（顺治十年），英国一家咖啡店出售从荷兰输入的中国茶叶，供作贵族宴会饮料，这是茶叶首次登陆英伦。

1657 年，荷兰人把中国茶转运英国。伦敦加里威斯（Garraways）咖啡店出售中国茶叶。

1658年9月30日，伦敦《政治公报》刊登希得(Suitaness Head)咖啡店售茶广告。这是西方宣传中国茶的最早广告。茶叶处于试销，售价60先令1磅。

随着茶饮在英国的流行，英国开始征收茶水税。1660年，英国国会的征税条文中已有每加仑茶水征收6便士的规定。

1662年（康熙元年），英王查理二世迎娶葡萄牙公主凯瑟琳（Catherine），饮茶嗜好带入英国宫廷，饮茶之风蔚然成时尚，凯瑟琳被称“饮茶王后”。

1664年，英国东印度公司在澳门设立办事处，办理购置中国茶叶事宜。东印度公司不失时机地迎合王室嗜好，或从荷兰人手中，或从派华职员处花钱购买茶叶，“作为一种珍奇的礼品”赠送英王。1666年，公司又以56英镑17先令购22磅12盎司茶叶再献英王，以此利用英国王室为茶叶推广宣传。

1667年，伦敦咖啡馆老板托马斯·加韦已经在做广告式的宣传：茶叶具有“舒筋活血……治疗头痛、眩晕，消除脾胃不适”之功效，经销茶叶已具有看得见的商业价值。这年，东印度公司董事会第一次指令设在爪哇万丹的办事处，采购100磅茶叶运回英国。次年，公司抢先在政府注册，获得运茶进入英国的特许，英属东印度公司从此进入国际茶叶贸易的大战场。

早先，英国销售的茶叶，基本来自荷兰转销。1669年，英国立法禁止茶叶由荷兰输入，授予英属东印度公司茶叶专卖权。但是在1678年，英国市场上销售的茶叶已不下5 000磅，而这年东印度公司的茶叶进口量仅为4 717磅，在这之前的三年又没有进口茶叶。显然是走私带入，尤其是荷兰茶大量走私进入英国。

英国东印度公司以前购买中国茶叶，委托在爪哇万丹的办事处代办，先运至印度马德拉斯再转运至英国。1684年，英国人被赶出爪哇。1685年，英属东印度公司除了从马德拉斯和苏拉特两地获得转口的中国茶外，首次从厦门直接购茶15 000斤，开始中英茶叶直接贸易。1689年，再次从厦门购茶150箱。1699年，英国东印度公司从中国订购优质绿茶333桶、武夷茶80桶。

这一时期，英国东印度公司不但将茶运销国内，也积极销往欧洲各国及美洲殖民地。自1670年起，英国逐步垄断了北美殖民地的茶叶贸易市场。英国东印度公司继荷兰东印度公司之后，垄断北美茶叶贸易逾百年。

英国东印度公司进口中国茶叶统计（1667—1700 年）

年　份	茶叶量	年　份	茶叶量
1667	100 磅	1688	1 666 磅
1669	143 磅 8 盎司	1689	25 300 磅
1670	79 磅 6 盎司	1690	47 471 磅
1671	266 磅 10 盎司	1691	13 750 磅
1673–1674	55 磅 10 盎司	1692	18 379 磅
1678	4 717 磅	1694	352 磅
1679	197 磅	1695	132 磅
1680	143 磅	1696	70 磅
1682	70 磅	1697	22 290 磅
1684	226 磅	1698	21 302 磅
1685	12 070 磅加 15 000 斤	1699	13 201 磅（另有记 2 万磅以上）
1686	65 磅	1700	90 947 磅
1687	4 995 磅		

17 世纪后期，英国进口茶叶增长情况并不稳定。1669 年是 143 磅 8 盎司，1670 年是 79 磅 6 盎司，1671 年是 266 磅 10 盎司，1673—1674 年由某咖啡公司购买了 55 磅 10 盎司，1675—1677 年没有进口。可能是为了弥补前三年没有输入的缺口，1678 年的进口量猛长到了 4 717 磅，但价格也随之大跌，每磅以 8 先令 6 便士至 12 先令 4 便士出售，较前的每磅 60 先令或更高的价格降低不少。1679 年后有几年的进口量又锐减，1679 年是 197 磅，1680 年是 143 磅，1681 年没有进口，1682 年是 70 磅，1683 年又没有进口，1684 年是 226 磅。1685 年进口量大增，除了从马德拉斯和苏拉特两地获得转口的中国茶 12 070 磅外，还直接从中国厦门进口特优茶 15 000 斤。这批进货由“中国商人号”（China Merchant）运送，领船的大班格勒曼（Gladman）严格按照东印度公司的指示行事，包装半数罐装，半数壶装，外再用箱装，公司指

令要求壶要用白铜制造，每壶盛茶叶 1 ～ 4 斤。大增之后是大减，1686 年只有 65 磅。1687 年是 4 995 磅，1688 年是 1 666 磅，1689 年又大幅增加，达到 25 300 磅，但积货又重现。这年“公主号”Princess 从厦门返航后，公司董事会的人诉苦：“近来贸易不佳，……茶叶除上等品外，而用罐、桶或箱包装的也同样滞销……茶叶进口关税，每磅征课 5 先令以上，而低档茶叶每磅售价不超过 2 先令或 2 先令 6 便士”，意味着低档茶叶连缴税的钱都不够。

茶叶运销情况虽有些不妙，但变化随之开始。早先，享用茶叶的特权只属于王公贵族。在地区分布上，也是集中在首府。当伦敦已经时尚地出现公园茶室（Tea-garden）的时候，茶在约克郡（Yorkshine）的乡间几乎还是闻所未闻的东西。可以说，茶叶在 17 世纪的英国是作为贵族享用的一种奢侈品而存在的。茶叶的价格也高得惊人，与当时英国社会的工资水平极不相称。如 1657 年，每磅茶叶售价 6 ～ 10 英镑，而当时一个男仆一年的工资是 2 ～ 6 英镑。到 17 世纪末，茶叶价格虽有所下降，但每磅茶叶最低也要 16 先令，而这一数字仍然是一个男仆一两个月的工资。经过近半个世纪的培养，英国人终于开始普遍接受了茶叶。转机出现在 1697 年，茶叶似乎从这年开始彻底征服英吉利民族。这年，进口茶 22 290 磅，每磅售价 30 先令；1698 年是 21 302 磅，1699 年是 13 201 磅（另有记 2 万磅以上），到 1700 年，猛增到 9 万多磅。

到 17 世纪末，英国进口茶叶，从最早的百磅左右，一下跃升到几万磅。但是在清朝初期，中英茶叶贸易量还是很有限，也低于中荷茶叶贸易量。

二、朝贡体制下的茶叶贸易

朝贡关系，包括朝贡与封赏双重内容，具有政治与贸易双重功能。蛮夷外邦向中国纳贡称臣，中国除册封外，也回赠赏赐一定的物品。“厚往薄来”是基本原则，赐品价值往往超过贡品。所以，朝贡不仅具有政治意义，也有经贸意义。这种以物易物的商品交换关系，是在朝贡名义下的官方贸易，是一种特殊的贸易形式。朝贡与回赐带有互通有无、互利于市的官方贸易性质，历史上就有一些外国商人打着朝贡的旗号，行经商贸易之实。

朝贡贸易还包括在朝贡制度下的市易，即在贡品之外，使团人员私人携带的一些物品，中国政府允许在边境或京城使团驻地附近的指定地点自由交易。这种朝贡市易，后来在明清时逐渐发展成为朝贡贸易的主体。

（一）汉魏六朝朝贡贸易

朝贡制度萌芽于先秦，确立于两汉。汉武帝时，张骞打通西域，西域诸国及东方的朝鲜、南方的南越，皆曾遣使朝贡。后来，匈奴、鲜卑、乌桓以及车师、龟兹、莎车、大宛、康居、乌孙、鄯善、焉嗜等西域36国朝贡于汉。东汉，班超再定西域，朝贡范围由匈奴、西域诸国扩至日本、东南亚、南亚等各国。

与魏晋南北朝分裂割据的局面相适应，朝贡主要通过各割据政权的对外交往予以体现。日本、高句丽、新罗、百济以及西域诸国纷纷纳贡，南亚、东南亚朝贡国家有所增加，尤以扶南（今柬埔寨）的朝贡最为频繁。

汉魏六朝时期，中国茶叶发展很快，生产遍于南方各地。茶叶作为中国的特产，自然有可能作为中国对朝贡国回赠赏赐的物品之一，但缺乏文献记录。

（二）唐代朝贡贸易

唐朝，国力雄厚，四夷宾服。随着中外关系的发展，朝贡范围有所扩大。极盛时期，与唐建立朝贡关系的多达“七十余番”。中国茶业兴盛于唐，外交场合赐茶应是常规。

1. *新罗* “冬十二月，遣使入唐朝贡。文宗召对于麟德殿，宴赐有差。入唐回使大廉持茶种子来，王使植地理山。茶自善德王时有之，至于此盛焉”①。自汉魏六朝以来，朝鲜半岛各国与中国一直存在朝贡关系。新罗善德女王(632—646年在位)与唐太宗约为同时代，可见至迟在7世纪前期，通过朝贡的渠道，茶叶已输入朝鲜半岛。

新罗兴德王三年（828）冬十二月，派遣使者金大廉入唐朝贡。唐文宗（827—840年在位）在麟德殿召见金大廉，并且设宴招待并赏赐。既然赏赐了茶树种子，赏赐茶叶想必断不会少。在金大廉带回的茶树种子成功播种继而逐渐形成朝鲜半岛

① 金富轼：《三国史记·新罗本纪》。

的茶产业之前，朝鲜半岛的茶叶只能依赖于中国赏赐。

2. 日本　唐时期的日本正当奈良时代（588—780）和平安时代前期（781—929），憧憬中华文明的日本遣唐使、留学生、学问僧把他们在中国养成的饮茶生活习惯带回了日本。据日本文献《奥仪抄》，在日本天平元年（729）四月，朝廷召集百僧到禁廷讲《大般若经》时，曾有赐茶之事。中国茶叶至迟在8世纪前期，通过遣唐使输入日本。随着日本饮茶规模的不断扩大，单靠从中国赏赐茶叶已经不能满足社会的需要。所以在弘仁六年（815）六月，嵯峨天皇下令在畿内（大约相当于现在的大阪、京都二府和奈良、和歌山、滋贺三县的一部分）及其附近的地区种植茶树，以供奉皇室使用。

（三）宋元朝贡贸易

据《宋会要辑稿·番夷》所载，宋代来华朝贡的国家和地区有26个。其中，除东亚的高丽外，交趾、占城、三佛齐、大食、于阗、龟兹等东南亚和西亚国家来华朝贡频繁。宋朝廷回赐物品中，当不乏茶。“土产茶味苦涩，不可入口，惟贵中国腊茶并龙凤团。自赐赍之外，商贾亦通贩”[①]。高丽此时虽也种茶制茶，但“味苦涩，不可入口”，所以不论宫廷还是民间，都青睐中国的团饼茶。宫廷的茶主要来自朝贡的回赐，民间的茶则来自商贾通贩。

从北宋乾德二年（964）起，于阗多次遣使来宋朝贡。熙宁（1068—1077）以后，于阗来宋朝贡更勤，“远不逾一二岁，近则岁再至”[②]。北宋时，于阗来华朝贡频繁，甚至一年两次。唐宋以来，西域各国贵族普遍饮茶，赏赐于阗来使茶叶应在情理之中。

据《宋史》记载，北宋时期，印度尼西亚二次遣使来中国，一次在淳化三年（992），一次在大观三年（1109）。使节回国，宋朝廷赠以礼物，主要有茶叶、瓷器、丝织品等。

南宋建炎三年（1129）三月七日，“张浚奏：大食国遣使进奉珠玉宝贝等物，已至熙州”[③]。南宋绍圣（1094—1098），“知秦州游师雄言，于阗、大食、拂林等国，

① 徐竞：《宣和奉使高丽图经》。
② 脱脱：《宋史·于阗传》。
③ 徐松：《宋会要辑稿》。

贡奉般次踵至，有司惮于贡赏抑留边方，限二岁一进”[①]。拂菻为东罗马帝国，南宋时茶叶通过朝贡回赐，输入阿拉伯地区和东罗马帝国。

据《元史》等资料，元时有高丽、安南、占城等 34 个海外国家遣使来华朝贡，贡使往来频繁。在元朝廷的回赐品中，茶叶当是应有之物。

（四）明代朝贡贸易

明朝所处的 14—17 世纪，正是世界格局发生巨变的历史时期。有明一代，来华朝贡的国家之多、规模之大，为历代所不及。据《明会典》及《外夷朝贡考》《明史》记载，朝贡国家和地区近 150 个。在数量众多的朝贡国中，偶有一两次朝贡记录的国家也不在少数。一些名为国家，而实际上为一城一地的也为数不少。主要的朝贡国有朝鲜（今朝鲜和韩国）、日本、琉球（今属日本冲绳）、安南（今越南北部）、占城（今越南南部）、真腊（今柬埔寨和越南南部部分地区）、暹罗（今泰国）、满剌加（今马来西亚马六甲）、爪哇（今印度尼西亚爪哇岛）、苏门达剌（今印度尼西亚苏门答腊岛北部）、渤泥（今加里曼丹岛北部和文莱一带）、苏禄（今菲律宾苏禄群岛）、撒马尔罕（今乌兹别克斯坦撒马尔罕）、天方（今阿拉伯）、鲁迷（今土耳其）等十几个国家。

正德五年（1510），葡萄牙人占领印度西海岸的果阿（一译卧亚）。翌年，攻陷马来半岛的满剌加（马六甲）。由于葡萄牙人占领马六甲的阻隔，自明朝中叶起，遣使朝贡国家锐减。

就明代朝贡而言，真正意义上的“正贡”，只占很小的比例。其余皆为国王、贡使甚至商人的附进物品，因同贡物一同运至，故称“附至番货”“附进货物”，其数量往往超过“正贡”的数倍乃至数十倍。“附至番货”才是明代朝贡贸易的主要商品，正是因此，导致明代朝贡市易的繁荣。

在明朝对众多朝贡国的回赐品中，茶叶无疑是必不可少的物品。同时，在大量的朝贡市易品中，也不乏中国茶叶。

万历四十六年（1618），明朝派使臣去俄国，经 18 个月的艰苦路程抵达莫斯科，

① 徐松：《宋会要辑稿·食贷》。

赠送给沙皇的礼品中有茶叶 4 箱，这是中国茶叶到达俄国的最早记录。崇祯十一至十三年（1638—1640），俄国使臣莫索特携带中国茶约 50 千克回国。

（五）清代初期的朝贡贸易

清朝初期，来华朝贡的国家仅有朝鲜、琉球、安南、暹罗及中亚、南亚少数国家。顺治初年规定："凡外国贡使来京，颁赏后，在会同馆开市，或三日或五日，惟朝鲜、琉球不拘期限。由（礼）部移文户部，先拨库使收买。咨复到（礼）部，方出（告）示，差官监视，令公平交易。……外国船，非正贡时无故来贸易者，该督抚即行阻逐……正贡船未到，护贡、探贡等船不许交易。"[①]外国来华朝贡有规定的贡期，如一年一贡，二年一贡，多年一贡，少数国家甚至一年多贡。颁赏回赐后，贡使可以将带来的物品在会同馆进行互市交易三日或五日，换回他们需要的包括茶叶在内的各种物品。外国船，不仅有正贡船，还有护贡、探贡等船，携带商品货物数量颇多，因而贸易量较大。

清初秉承明朝前期的朝贡贸易政策，有贡才有市，非入贡不许互市。朝贡市易的地点主要有两个：一个是京师会同馆；一是贡使入境的边境地区，由当地政府组织商民通常在安置贡使的驿馆内进行交易，并由官员严格监督。康熙三年（1664）规定："凡外国（船只）进贡顺带货物，贡使愿自出夫力，带来京城贸易者，听。如欲在彼处贸易，该督抚委官监督，勿致滋扰。"[②]与明朝的做法不同，清廷规定朝贡国的"顺带货物"，需"自出夫力"运到京城。因长途跋涉，成本较大。所以清代的朝贡市易，主要集中在边境地区。如琉球在福建，暹罗在广东。

从顺治元年至康熙二十二年（1644—1683），清政府实行比明初更为严厉的海禁政策，以孤立郑成功的抗清势力。同时，清政府又实行迁海政策。所以，自明朝后期兴起的私人海外贸易遂告中断。这样，清初虽保留澳门作为海外贸易的唯一口岸，而朝贡贸易仍是中外贸易的主要模式。

清初，已经取代葡萄牙、西班牙成为头号海上强国的荷兰一直在谋求开拓对华贸易市场。在清初厉行海禁、贡市一体的体制下，荷兰成功地跻身于清朝的朝贡国

①② 光绪《大清会典事务》卷五一零《礼部·朝贡·市易》。

行列。荷兰一如清朝的属国，有固定的贡期、贡道和贡物。这在与清朝发生联系的西方国家中，是唯一的例外。

顺治十二年（1655），荷兰驻巴达维亚总督遣使携带贡物来华。荷兰使者来华，请贡是虚，希望通商是实。清朝统一台湾、开放海禁后，荷兰使者于康熙二十五年（1686）入华朝贡。然而，由于海禁已开，荷兰人可以出入广东、福建进行贸易，此后一百多年间，并无遣使朝贡之举。直到乾隆五十九年（1794），荷兰使者再度入华朝贡。

康熙十四年（1675），俄国斯帕法里使华，康熙皇帝多次赐宴，并赐其茶叶4箱，赠送沙皇茶叶12箱。

康熙二十八年（1689），中俄签订《尼布楚条约》，正式通商。俄罗斯不是传统意义上的朝贡国，但是，俄罗斯人获得了直接到北京贸易的特权，其贸易性质类似朝贡市易。

康熙三十二年（1693），俄使义杰斯来华，经其所请，清政府允许俄国派商队赴京贸易，且规定："俄罗斯国贸易，人不得过二百名，隔三年来京一次，在路自备马驼盘费，一应货物不令纳税，犯禁之物不准交易。到京时，安置俄罗斯馆，不支廪给。定限八十日起程。"[①]俄罗斯馆始立于康熙三十三年（1694），馆址位于东江米巷玉河桥西街，即明朝南会同馆的故址。此前因朝鲜、蒙古使臣往来频繁，馆内分置"高丽馆"和"鞑子馆"。康熙年间的俄罗斯馆，并非像高丽馆那样属于常设馆舍。而是逢俄国使臣、商人来京，临时拨出南会同馆的部分馆舍供其居住。

清代初期，朝贡贸易交易量较大，其中茶叶逐渐成为主要的交易商品。

第二节　世界茶叶贸易勃兴（1701—1840）

18世纪初直至19世纪中叶，这是世界茶叶贸易和消费的勃兴时期。在这一时期中，世界茶叶贸易源自中国。

① 《大清会典则例》卷一四二。

一、中国茶叶对外贸易概述

清朝前中期，由于各行业商品经济的发展，加上清政府对茶叶贸易的控制较为宽松，中国国内茶叶市场兴旺发达，出现了徽商、晋商等大的茶叶商帮，对外茶叶贸易也呈现了前所未有的繁荣景象。鸦片战争前，澳门一度是清政府唯一的对外贸易港口，中国茶叶的对外贸易主要是通过澳门以及作为货物中转站的广州而开展的。

（一）朝贡体制下的茶叶贸易

清朝的朝贡国家数量不仅较明朝前期大为减少，与宋元相比也大为减少。在礼部所辖朝贡国中，苏禄于雍正四年（1726）、南掌（老挝）于雍正八年、缅甸于乾隆十五年（1750）始贡于清。加上此前的朝鲜、琉球、安南、暹罗，共有7国。但自乾隆以后，朝贡市易日呈繁荣之势。

在清朝向西北方开疆拓土的过程中，中亚、南亚的一些国家或地区也与清朝建立朝贡关系，并被纳入理藩院管辖。乾隆中叶，纳入理藩院管辖的朝贡外藩有“哈萨克左、右部，布鲁特东、西部，安集延，玛尔葛朗，霍罕，那木干四城，塔什罕，拔达克山，博罗尔，爱乌罕，奇齐玉斯，乌尔根齐诸部落汗长”。迄乾隆末年，与清朝建立朝贡关系的中亚、南亚国家或地区有布鲁克巴（今不丹）、廓尔客（今尼泊尔）、哲孟雄（今印度锡金邦）、哈萨克、布鲁特（今吉尔吉斯斯坦）、塔什干、浩罕（今属乌兹别克斯坦）、博罗尔、坎巨提、巴勒提（今属巴基斯坦）、巴达克山、爱乌罕（今属阿富汗）等。

以1840年鸦片战争为起点，朝贡制度逐渐退出历史舞台，并为新型的近代外交制度所取代，朝贡体制下的茶叶贸易遂告终结。

（二）中国茶叶外销

1685年，海禁废止，清政府分别在广东、福建、浙江和江苏4省设立海关。江苏海关负责安徽、江苏茶叶出长江口，由海上北赴山东、天津、奉天（今沈阳）等处内销，浙江海关负责东洋朝贡与贸易，福建海关负责琉球及东南亚部分国家的朝贡和贸易，广东海关负责东南亚和欧洲国家的朝贡和贸易。出口贸易，茶叶是主要商品之一。

1. **鸦片战争前中国对外贸易港口** 鸦片战争以前，广州—澳门港一直对外开放，是中国对外贸易的主要通道。1757 年（清乾隆二十二年），清政府鉴于种种原因，关闭了厦门港，限定澳门一口通商，广州遂成为当时茶叶出口贸易中心。此后，澳门一口通商，维持了 86 年，直到 1842 年《南京条约》签订。从粤海关成立到一口通商的 73 年间，茶叶出口从几吨、几十吨，增长到三四千吨。一口通商后，广州茶叶出口增长很快，从 1750 年出口茶叶 3 542 吨，到 1833 年出口茶叶达 20 416 吨。此后直至鸦片战争前，广州口岸茶叶出口平稳增长，年均达 2.1 万吨，约占当时广州出口总值的 63%。

1685 年，英国首次从厦门直接购茶 15 000 斤。此后，英国商船集中在厦门港贩运中国茶叶，直到 1757 年（乾隆二十二年）厦门港关闭。

1755 年（乾隆二十年），浙江提督武进升奏称：本年四月二十三日，有“夷船”一只到港，船内带银元、洋酒等，称欲往宁波“置买湖丝、茶叶”等货。查东印度公司船只多年不至，今既远来，“自当体恤稽查”。五月二十八日，又有一只船到宁波进行贸易。可见，外国商船偶尔也来到宁波开展茶叶贸易。

1813 年（嘉庆十八年），清政府准许闽、皖、浙商人由海道贩运武夷、松萝茶赴粤销售。但是洋面辽阔，难免有商船夹带违禁货物走私，偷漏关税。所以，1817 年，清政府又禁闽、皖、浙商人由海路运贩茶叶，仍照旧由内河过岭行走到粤。

鸦片战争前，以英国为首的西方列强对澳门一口通商已经不满，要求中国扩大对外通商口岸。乾隆五十八年（1793），马嘎尔尼率英国使团到达北京，借祝贺乾隆皇帝八十大寿之机，向清朝提出进一步多口通商的书面要求。乾隆皇帝敕谕曰：“向来西洋各国及尔国夷商赴天朝贸易，悉于澳门互市，历久相沿已非一日。天朝物产丰盈，无所不有，原不藉外夷货物以通有无。特因天朝所产茶叶、瓷器、丝巾为西洋各国及尔国必需之物，是以加恩体恤，在澳门开设洋行，俾得日用有资，并沾余润。”乾隆皇帝认为西洋各国与天朝贸易在澳门互市是由来已久的规矩，与西洋通商，在澳门开设洋行是天朝大国的加恩体恤。当时的通商货物主要为茶叶、瓷器、丝巾等生活日用品，茶叶是明清时期对外贸易的首要产品。

乾隆皇帝又曰："向来西洋各国前赴天朝地方贸易，俱在澳门设有洋行收发各货，由来已久。""除广东澳门地方仍准照旧交易外，所有尔使臣恳请向浙江宁波、珠山及直隶天津地方泊船贸易之处皆不可行。""向来西洋各国夷商居住澳门贸易，划定住址地界，不得逾越尺寸。其赴洋行发货夷商亦不得擅入省城，原以杜民夷之争论，立中外之大防。今欲于附近省城地方另拨一处给尔国夷商居住，已非西洋夷商历来在澳门定例。""核之事宜，自应仍照定例，在澳门居住，方为妥善。"[①] 乾隆皇帝说，西洋各国与天朝地方贸易，都是在澳门设洋行，收发各种货物，这是由来已久的定制。因此，只准在澳门交易，所有在澳门之外如浙江宁波、珠山及直隶天津地方皆不可行。西洋夷商也只能按照定例在澳门居住，不得擅入省城广州。在与西洋各国通商问题上，不论对方所提的新要求是否有其合理性，只要超越了行之已久的只准各国在澳门一口通商的天朝体制的定例，就一概严加拒绝，毫无变通、商量的余地。

然而，即使从纯商贸量的增长和船舶发展的角度来看，澳门作为中国海路贸易的唯一的国际商港的地位，已因先天条件的局限而无可避免地要被打破。水浅地狭的澳门港口，只能适合数量不多而且吃水较浅的风帆木船的往来停泊，对于 18 世纪 60 年代自英国开始的欧洲工业革命以后日益增加的吃水甚深的大型机动钢铁轮船而言，是不便甚至不能在澳门港口停泊的。必须另开辟水深港宽的新口岸，才能适合国际商贸的增加与船舶发展的需要。

由上可知，鸦片战争前的清政府坚守澳门一口通商的传统体制，却不符合当时中国对外贸易快速发展的要求，因而错误地堵绝了英国循和平谈判之正途来求取成为清朝新的主要贸易合作者的外交努力，从而使中国失去了通过外交与外贸模式的改革，达到快速进步富强的机会。其结果是最终诱发英国率先走上对华进行大量非法走私贩毒以致大举武装侵略的罪恶之路，同时也驱使清朝由此走向一连串惨败的沦亡之路。

① 引自谭世宝：《澳门历史文化探真》，中华书局，2006 年。

2. 广州行商垄断茶叶外销　清代前中期（1700—1840），广州的十三行商在对外贸易活动中，依靠政府给予的特权，垄断了广州整个对外贸易，形成了一个“公行”贸易制度。1703 年，最初由官方指定一人为外贸经手人。此人纳银 4 万两入官，包揽了对外贸易大权。后来，各行商从自身利益出发，共同联合组织起来，成立一个行会团体，即所谓的“公行”。

广州 16 家洋行于 1720 年 12 月（康熙五十九年十一月）成立“公行”，但遭到外国商人反对，次年被两广总督废止。1760 年（乾隆二十五年），洋商潘振成等九家向粤海关请求成立公行，该行具有亦官亦商的职能。至 1770 年，公行裁撤，众商皆分行各办。

初期，公行组织松散，时散时复。1780 年，广东巡抚李湖等奏请，“自本年为始，洋船开载来时，仍听夷人各投熟悉之行居住，惟带来各物，令其各行商公同照时价销售，所置回国货物，亦令各行商公同照时定价代买”，即是复设公行。两年后，经清政府批准，公行正式恢复，公行制度最后确立下来。

公行对官府负有承保和缴纳外洋船货税饷、规礼、传达官府政令、代递外商公文、管理外洋商船人员等义务，在清政府与外商交涉中起中间人作用。另一方面，它享有对外贸易特权，所有进出口商货都要经它买卖。初为牙行性质，后也自营买卖。自 1820 年，伶丁洋面鸦片及各项商货走私贸易兴起之后，多数行商营业亏损，常有倒歇。《南京条约》规定开放五口通商，废止十三行独揽中国对外贸易的特权。从此，十三行日趋没落。

3. 茶叶取代丝绸成为首位出口产品　到 1718 年，中国茶叶已经大量输出，并取代生丝，居中国出口贸易的首位。乾隆中叶（1760—1764），平均每年出口茶叶约 400 吨。到嘉庆初（1800—1804），平均每年出口茶叶约 2 210 吨，增长很快，茶叶成为中国对外贸易中最大的贸易品。

由于生产水平的落后、航海技术的欠缺、交通的不发达，古代的国际贸易主要是为皇家贵族服务。近代国际贸易最重要的变化就是服务对象由贵族转向大众，丝茶贸易地位的升降，典型地反映出这一时代的重大转变，从为上等人提供华贵锦缎到为大众提供日常饮料。

在康熙朝中期，中国出口茶叶价值占出口货物总值60%以上；乾隆五十五至五十九年（1790—1794），占88.40%；道光十年至十三年（1830—1833），更是高达93.7%，达到历史鼎盛时期，这是鸦片战争前广州出口茶叶的辉煌时期。清代中国茶叶在国际市场上独占鳌头，创造了辉煌的成就。

1801—1842年，中国茶叶外销由1万余吨增至2万余吨。1817—1828年12年间，输入英美茶叶约1.85万吨。以1825年输出为最高，约2.25万吨，占总出口货值的60%以上；最低是1818年，约8 000吨，只占总出口货值不到32%。

1840年，这年中国生产茶叶5万吨，出口1.9万吨，其中输往英国1.02万吨。由于英国挑起鸦片战争，这年英国进口的茶叶，比1836年锐减一半还多。

18—19世纪，茶叶成为中国最重要、最大宗的出口商品。直到1836年，首批印度茶叶运至欧洲，中国茶叶独霸国际市场长达200年之久。

（三）中国与东南亚茶叶贸易

1685年清朝解除海禁后，中国贸易帆船每年到达东南亚的数量有明显的增加。从中国运出的货物主要是陶瓷、丝织品、茶叶、家具，以及其他的一些华侨家常用品。

康熙五十六年（1717）始，一度禁止中国商船前往南洋吕宋、葛喇巴（爪哇）等处贸易。到雍正五年（1727），废除南洋贸易禁令，复准福建、广东商船前往贸易。雍正六年，厦门港开放，准载茶叶等货，贩往南洋各地。雍正七年，又准浙江商船参与南洋贸易。据《清朝柔远记》，由于海禁渐驰，“诸国咸来（厦门）互市，粤、闽、浙商亦以茶叶、瓷器、色纸往市”。其时厦门已发展成为一个进出口贸易港，不但允许东南亚各国商人载货来厦门贸易，同时，也允许广东、福建、浙江的商人来厦门和从厦门出海去东南亚进行茶叶贸易。

乾隆七年（1742），准许浙江、安徽、江苏的绿茶对外贸易，以菲律宾群岛、安南、暹罗等东南亚各国为限。

嘉庆二十三年（1818），英国人占领新加坡（时名柔佛），免税以招商船。所以，中国粤、闽、浙和南洋各国的商船云集新加坡。道光十四年（1834）四月以前，中国输入新加坡的茶叶都是由中国帆船运输，主要供散居马来群岛各地和邻近岛屿上的华侨饮用，以绿茶为主。四月以后，欧洲商人也从广州贩运茶叶到新加坡。除部分在当地销售外，再由英国商人转运英国等欧洲市场。1834—1835 年，中国帆船运往新加坡的茶叶有 3 万～ 4 万箱（每箱净重约 10.5 千克），其中上等红茶有 5 000 箱左右。

中国帆船运往吕宋、巴达维亚、万丹、马六甲、柔佛等地的茶叶，除供应当地华侨和居民外，大多由葡萄牙、荷兰、英国商人转运到欧洲。

（四）中国与欧洲茶叶贸易

由于茶叶贸易的巨大利润，吸引欧洲国家竞相加入茶叶贸易的行列。除葡萄牙、荷兰外，英国在 17 世纪末开始大量运载茶叶回国，比利时、法国、瑞典、丹麦等国也派船只到亚洲来收购茶叶。

到 18 世纪，英国和荷兰成了欧洲两个最大的茶叶消费国。茶叶最初在欧洲还另有功能，就是被当作药物，甚至“被释义为救命之物”。

1715 年，比利时佛兰德商人从布鲁塞尔出发，取道好望角由印度洋经半年多时间到达广州，以西班牙银币购买中国丝绸、陶瓷和茶叶，开通中比两国直接贸易的主渠道。1723 年，为适应贸易的发展，佛兰德商人联合成立“比利时帝国印度总公司”，专营与中国和东巴基斯坦的贸易。起初以贩运丝绸为主，后来由于茶叶利润高达 400%，茶叶贸易量很快升至 50% 以上，而成为该公司的主要商品。从 1719 年至 1728 年的 10 年中，比利时印度总公司从中国运回的茶叶就多达 3 197 吨，其中部分茶叶转销西欧。其贸易规模，当时只有英国东印度公司可与之并比。但该公司不久被取消贸易特许权，1731 年更被全面禁止一切商业活动。

1636 年，有“海上马车夫”之称的荷兰商人把中国的茶叶转销至法国巴黎，自此，法国人开始接触到茶叶。1664 年，法国成立东印度公司。1700 年，一艘名为阿穆芙莱特的法国船只，从中国运回丝绸、瓷器和茶叶等，正式拉开了中法茶叶直接贸易的序幕。此后，往来于中法两国，运送茶叶等货物的船只逐渐增多。但这一时期法国的茶叶进口贸易尚未独立，多是和其他货物一起输入法国的。1728 年，法国首次在澳门建立商业据点，以方便从中国收购茶叶等。

1731年，瑞典政府特许成立了从事垄断贸易的瑞典东印度公司，该公司于1813年关闭。1731—1813年，瑞典东印度公司承担了瑞典与中国的全部贸易。该公司船队曾132次远航到广州，以黑铅、粗绒、酒、葡萄干来广州易买茶叶、瓷器等物品，年年不断。一艘商船往来的贸易额，相当于当时瑞典全国一年的国民生产总值。于1738年耗费巨资建造的著名的“哥德堡Ⅰ号”商船，是这家公司38艘远洋商船中第二大船只，船上有140多名船员。“哥德堡Ⅰ号”在短短几年间先后三次远航广州，第一次是1739年1月至1740年6月，第二次是在1741年2月至1742年7月，最有名的是第三次，在1743年3月至1745年9月。1745年1月11日，“哥德堡Ⅰ号”从广州启程回国，船上装载着大约700吨的中国物品，包括茶叶、瓷器、丝绸和藤器。当时这批货物如果运到市场拍卖的话，估值2.5亿～2.7亿瑞典银币。航行8个月后的9月12日，“哥德堡Ⅰ号”帆船在离哥德堡港大约900米的海面时，船头触礁，随即沉没。人们从沉船上捞起了30吨茶叶、80匹丝绸和大量瓷器，在市场上拍卖后竟然足够支付“哥德堡Ⅰ号”这次广州之旅的全部成本，而且还能够获利14%。

欧洲国家商船来华运茶数量总计（1772—1795年）

年份	船只	茶叶（磅）	年份	船只	茶叶（磅）
1772	28	22 111 847	1782	14	14 243 531
1773	24	22 385 914	1783	22	18 768 495
1774	20	17 600 861	1784	34	28 989 000
1775	19	17 148 358	1785	32	28 114 728
1776	17	16 176 012	1786	31	29 891 591
1777	21	21 661 087	1787	41	31 957 939
1778	24	19 501 948	1788	44	36 425 603
1779	18	15 163 624	1789	42	31 206 445
1780	15	16 735 611	1790	42	28 258 432
1781	27	23 318 419	1791	35	25 404 280

（续）

年　份	船　只	茶叶（磅）	年　份	船　只	茶叶（磅）
1792	23	19 480 397	1794	30	26 165 635
1793	35	25 408 614	1795	35	29 311 010

资料来源：陈椽《中国茶叶外销史》，台北：碧山岩出版社，1993 年。

1772—1795 年，24 年间，欧洲共派出 487 艘船只来华，运回茶叶 54 134 万磅。平均每年 24 艘，平均每年运回茶叶 2 256 万磅。以 1784 年为界，前 12 年欧洲共派出 249 艘船只来华，运回茶叶 20 273 万磅，平均每年 21 艘，平均每年运回茶叶 1 689 万磅；后 12 年欧洲共派出 424 艘船只来华，运回茶叶 33 861 万磅。平均每年 35 艘，平均每年运回茶叶 2 822 万磅。

1785—1804 年，20 年间，美国共派 203 艘船只来华，从广州运回茶叶总计 5 366 万磅。

欧洲主要国家商船来华运茶数量分计（1776—1795 年）

年份	船只	英国（磅）	船只	瑞典（磅）	船只	荷兰（磅）	船只	丹麦（磅）	船只	法国（磅）	总船	共计（磅）
1776	5	3 402 415	2	2 562 500	5	4 923 700	2	2 833 700	3	2 521 600	17	16 243 915
1777	8	5 673 434	2	3 049 100	4	4 856 600	2	2 487 300	5	5 719 100	21	21 785 534
1778	9	6 392 788	2	2 851 200	4	4 695 700	2	2 098 300	7	3 657 500	24	19 695 488
1779	7	4 372 021	2	3 258 000	4	4 553 100	1	1 388 400	4	2 101 800	18	15 674 321
1780	5	4 061 830	2	2 626 400	4	4 687 800	3	3 903 600			14	15 279 630
1781	17	11 592 219	3	4 108 900	4	4 957 600	2	2 341 400			26	23 000 119
1782	9	6 853 731	2	3 271 300			3	4 118 500			14	14 243 531
1783	6	4 138 295	4	4 265 600			2	2 341 400			12	10 745 295
1784	13	9 916 760	3	4 878 900			5	5 477 200	8	9 231 200	29	29 504 060
1785	14	10 583 760			4	5 334 000	3	3 204 100	4	4 960 000	25	24 081 860
1786	18	13 480 091	4	6 212 400	4	4 458 800	4	3 158 000	1	466 600	31	27 775 891
1787	27	20 610 919	1	1 747 700	5	5 943 200	3	4 578 100	1	382 260	37	33 262 179
1788	29	22 096 703	2	8 290 900	5	5 794 900	2	2 092 000	3	1 728 900	41	40 003 403

（续）

年份	船只	英国（磅）	船只	瑞典（磅）	船只	荷兰（磅）	船只	丹麦（磅）	船只	法国（磅）	总船	共计（磅）
1789	27	20 141 745	2	2 589 000	4	4 179 600	2	2 664 000	1	292 100	36	29 866 445
1790	21	17 991 032	1	1 778 000	1	294 300	2	2 496 800			25	22 560 132
1791	25	22 369 620	1	520 700	2	442 100	5	5 106 900			33	28 439 320
1792	11	13 185 467	1	1 591 300	2	2 051 330	3	1 328 500	4	784 000	21	18 940 597
1793	16	16 005 414	1	1 595 730	3	2 938 530			2	1 540 670	22	22 080 344
1794	18	20 728 705	1	756 130	2	2 417 200	1	853 670			22	24 755 705
1795	21	23 733 810			4	4 096 800	1	24 670			26	27 855 280

资料来源：陈椽《中国茶叶外销史》，台北：碧山岩出版社，1993 年。

到 18 世纪后期（1776—1795），英国已是世界上头号茶叶进口大国，远远超过原来的茶叶进口大国荷兰。瑞典、丹麦也在赶超荷兰，法国从中国进口茶叶也很可观。

欧洲国家不定期商船来华运茶数量分计（1781—1795 年）

年份	船只	匈牙利（磅）	船只	多斯加尼（磅）	船只	葡萄牙（磅）	船只	德国（磅）	船只	热那亚（磅）	船只	西班牙（磅）	总船	共计（磅）
1781	1	317 700											1	317 700
1783			1	933 300	8	3 954 100							9	4 887 400
1784							2	329 800					2	3 298 000
1785			4	3 196 000	2	880 110							6	4 076 110
1788							1	499 300					1	499 300
1789											2	318 400	2	318 400
1791							3	743 100	1	260			4	743 360
1792							1	5 070					1	5 070
1793			1	393 870					2	578 930	3	400	6	973 200
1794									2	289 470			2	289 470
1795									1	17 460			1	17 460
总计	1	317 700	6	4 523 170	10	4 834 210	7	1 577 270	6	886 120	5	318 800	35	12 457 270

资料来源：陈椽《中国茶叶外销史》，台北：碧山岩出版社，1993 年。

二、中荷茶叶贸易

进入18世纪，中荷茶叶贸易的规模进一步扩大。荷兰东印度公司长期垄断茶叶贸易，直到被英国打破。

（一）东印度公司垄断茶叶贸易

荷兰东印度公司是一个具有国家职能、向东方进行殖民掠夺和垄断东方贸易的商业公司，成立于1602年，直至1799年解散，长达近200年之久。从17世纪初期开始，就与中国开展茶叶贸易。

1. 中荷间接茶叶贸易　18世纪初，荷兰每年从巴达维亚转口贩运中国茶叶2万～3万磅。在阿姆斯特丹的茶叶交易十分活跃，1714年拍卖的茶叶有36 766磅。1715年，荷兰东印度公司董事会要求巴达维亚当局订购6万～7万磅茶叶，次年又要求增加到10万磅。到1719年，荷兰的订茶量达20万磅。茶叶贸易的快速发展，导致茶价下跌。1698年，荷兰每磅武夷茶的售价是7.75荷盾，至1701年，跌至2.32荷盾。

这时，哈布斯堡王朝的奥斯坦公司异军突起，以快速的运输、价廉质优的茶叶打入欧洲茶市。奥斯坦商人在欧洲倾销茶叶的结果，使得荷兰茶叶在欧洲市场上滞销。1719年，奥斯坦商人在广州定购1 500担茶叶，企图垄断广州茶市。

面对这种竞争局面，荷兰商人为维护利益，在巴达维亚肆意压低向中国商人收购茶叶的价格。1717年3月2日，荷印当局决定将松萝茶价格压低为每担40荷盾，珠茶每担60荷盾，一等武夷茶每担80荷盾。虽然中国商人进行抗争，最后迫于无奈还是有14艘中国商船按荷兰的定价出售茶叶，但他们也决定以后不再与荷兰进行交易。1718—1722年，没有中国商船到巴达维亚。葡萄牙人趁机介入，仅1718年从澳门到达巴达维亚的葡萄牙商船就有23艘。荷兰为维持在欧洲茶叶市场中心的地位，被迫以比1717年高75%的价格向葡萄牙商人收购茶叶，从而导致严重亏损。单是1720年，荷兰茶叶贸易的亏损额就多达3万荷盾，但也只买到茶叶需求量的一半。公司董事会于是指令巴达维亚当局设法招引中国商船重来贸易，并直接派船到中国购茶。这一时期，经巴达维亚输入荷兰的茶叶主要是绿茶。

1722年，中国商船重又运茶到巴达维亚。尽管在巴达维亚的茶叶贸易重新恢复，尽管荷兰纠集英、法、普鲁士迫使哈布斯堡王朝查理六世解散奥斯坦公司，但是，中国商船罢驶造成的损失记忆犹新，奥斯坦商人对荷兰茶叶贸易的冲击历历在目。在欧洲国家竞相直接从中国购茶的情况下，继续通过巴达维亚采购缺乏竞争力的陈茶已无法保障荷兰在欧洲茶叶市场上的中心地位。但是，巴达维亚当局为了自身的利益，没有按照公司的旨意行事，而是以各种借口迟迟不派商船到中国购茶，双方的矛盾日益激化。在此之下，公司董事会决定开辟对华直接贸易。

2. 中荷直接茶叶贸易　1727年，公司董事会决定派船直接到中国购茶。这样，中荷茶叶贸易便由中国—巴达维亚—荷兰的间接贸易改为荷兰—中国的直接贸易。阿姆斯特丹商会受命筹划中荷直接贸易的事宜，并为此新造2艘商船。1728年12月初，科斯霍恩号载着价值30万荷盾的白银向中国疾发，于1729年8月到达广州。1730年新年过后，科斯霍恩号起锚回国，7月13日返回德塞尔，运回茶叶27万磅，丝绸品570匹以及陶瓷等物，总值27万～28万荷盾。货物脱手后，净得利润325 000荷盾。荷兰从中荷直接贸易中尝到甜头，茶价在广州与荷兰之间相差2～3倍，茶叶贸易利润丰厚。1729年，荷兰在广州购买茶叶在荷兰售后利润率达147%；1733年，荷兰在广州购买茶叶到荷兰售后利润率高达194%。

首航的成功，使公司董事会和荷兰商人深受鼓舞。热兰商会也不甘落后，向公司董事会提出派船参与对华直接贸易的要求。1731—1735年，荷兰共派出11艘商船到中国。仅1734年，荷兰输入中国茶叶885 567磅。

中国茶叶对荷兰的贸易转折在18世纪20年代。1729年，茶叶在荷兰输进华货总额中的比值已占到85.1%。在1729—1733年的5年中，荷兰进口中国茶叶价值每年为20万～40万荷盾，茶叶价值所占进口中国货物总值比例为63%～87%，茶叶贸易在中荷直接贸易中占据绝对重要的地位。

3. 中荷双轨茶叶贸易　中荷直接贸易也存在不少问题，贪污、走私、费用多等导致公司利润不断下降。拥有公司股份但又被排斥在对华贸易之外的其他商会对此十分不满。最后公司董事会于1734年春决定停止与中国直接贸易，由巴达维亚荷印当局每年派2只船至广州，然后一只直接回荷兰，另一只先至巴达维亚再回荷兰。

新的双轨贸易形式是过去间接贸易与直接贸易的混合物，从1735年起至1756年止共存在21年。这种形式目的在于减少白银输出，减轻公司对荷印殖民地的财政补贴，保证公司从对华贸易中得到更多的利润。

1736—1740年，荷兰进口中国货物总值2 957 034荷盾，年均591 407荷盾，其中茶叶价值1 767 707荷盾，年均353 541荷盾，茶叶占比59.8%；1742—1750年，荷兰进口中国货物总值8 808 457荷盾，年均978 717荷盾，其中茶叶价值5 936 858荷盾，年均659 651荷盾，茶叶占比67.4%；1751—1756年，荷兰进口中国货物总值14 234 595荷盾，年均2 372 433荷盾，其中茶叶价值10 524 017荷盾，年均1 754 003荷盾，茶叶占比73.9%。在1736—1756年的20年双轨贸易中，进口中国茶叶占比稳中有升。

1752年，东印度公司的“葛尔德马尔森”号远洋帆船，从广州港满载中国茶叶（约70万磅，合318吨）和瓷器回航，于1月4日在南中国海触礁沉没（该沉船于20世纪80年代初打捞出海）。其从中国购买的茶叶、瓷器（包括茶具），也是当时荷兰乃至西方各国在中国购买的主要商品。

在这一时期，茶叶走私十分严重。对于这种禁止不绝的走私活动，公司于1742年规定公司职员只要交纳运费就可以从巴达维亚捎带茶回荷兰。可是，非法一旦合法化，情况益发不可收拾。仅1747年，私人捎带茶回荷兰的数量就达183.75万磅。私茶的大量涌入，造成荷兰茶价不断下降，公司茶叶贸易利润随之减少。1746年，荷兰武夷茶每磅售价1.52荷盾，至1750年，降为0.97荷盾。更为严重的是，来自巴达维亚的茶叶品质低下，售价比其他欧洲国家从广州进口的茶价低40%～50%，这使得荷兰在欧洲茶叶市场竞争中处于劣势。

为扭转这种颓势，公司董事会和荷印当局不得不限制私人带茶并派更多的商船到广州买茶。1753年，公司首次派评茶师到广州，以提高购茶质量，但这也无济于事。1754 年，荷兰茶叶贸易利润率跌至 7%，到了危机的边缘。经过权衡利弊，公司董事会于 1756 年又做出恢复对华直接贸易的决定。

4. 恢复中荷直接茶叶贸易　公司吸取以往的教训，专门成立负责对华贸易的中国委员会。中国委员会每年秋天开会，根据上一贸易年度的情况决定新的贸易活动。东印度公司给每艘来华的商船配备约 30 万荷盾的银币，规定商船先至巴达维亚以便装载锡、铅、香料等土产，至广州贸易完毕后即直航回荷。至于荷印殖民地，公司每年给一笔财政补贴，同时严禁巴达维亚私派商船至中国贸易。为加强控制和监督，公司董事会任命一名董事随船掌管具体贸易活动，并取消以前大班及其助手所享有的私人特权，代之从利润中提取一定的比例予以奖励，以防止他们走私。

荷兰对新的中荷直接贸易抱着很高的期望。1756—1763 年，英法七年战争为荷兰提供天赐良机。荷兰趁机大量运载茶叶，大发战争财。1756—1762 年，荷兰年均进口茶叶 16 441 担。1759—1762 年，茶叶贸易占荷兰与华贸易总值的 78.9%～89.6%不等。1758 年，荷兰茶叶贸易的利润率高达 196%，达到 18 世纪荷兰茶叶贸易利润最高点。荷兰从广州购买的茶叶价值在 1758 年是 777 409 荷盾，到 1765 年增加至 2 199 097 荷盾，增长近 2 倍。当七年战争即将结束时，荷兰加紧增派商船至广州大购茶叶。1763—1769 年，年均 28 546 担；1770—1777 年，年均 34 818 担；1778—1780 年，年均 35 497 担，不断攀高。

七年战争结束后，欧洲国家特别是英国对华贸易再次活跃起来，荷兰遂调整对华贸易的政策。1766 年，规定每年到中国的商船数为：阿姆斯特丹 2 只，热兰 1 只，北方或南方地区 1 只。1774 年，为弥补公司力量的不足，允许小商会加入对华贸易活动，但每 4 年只轮 1 次。

这一时期，荷兰所进口的茶叶大部分流入英国。由于英国对茶叶课以重税，造成茶价比其他国家高。因而英国成了荷兰走私茶叶的对象，而热兰更是走私茶叶的重镇。但是，荷兰不肯出高价购买质优的茶叶，所售的茶叶大都是质次陈茶或在欧洲茶市上属于档次较低的茶品，所以荷兰茶在欧洲声名狼藉，几乎成为劣质茶的同义语。

进入 18 世纪以后，英国不断对荷兰海上霸权进行挑战。1780—1784 年，英荷战争使荷兰海上霸权遭到沉重打击，荷兰对华贸易在 1781—1782 年基本停顿。在广州的荷兰商人由于得不到及时财政补充，被迫举债过日。荷兰商船受到英国战舰的掳掠，荷兰对华贸易陷入困境。

战争结束后，荷兰马上恢复对华贸易以弥补损失。1784 年，荷兰输入中国茶叶 1 588 吨，比 50 年前 1734 年的 403 吨增加近 3 倍。可是，英国在 1784 年通过减税法，大幅度降低茶叶税。与此同时，美国派中国皇后号也于 1784 年到达广州，荷兰又多了一个竞争对手。从此以后，由于英国东印度公司兴起，竞争激烈，荷兰的茶叶利润逐年减少。

不过，由于英国此时尚不能完全满足本国对茶叶的需求，英国东印度公司卖给本国茶商的价格仍较高，如武夷茶每磅 44 便士，熙春茶每磅 121 便士，而法国、荷兰、丹麦、瑞典的走私茶价只是 19 便士和 69 便士，荷兰继续向英国走私茶叶，仅 J.J.Vouge & Sons 公司在 1784—1786 年走私进入英国的茶叶就多达 800 万磅，占英国茶叶市场的 40%以上。荷兰对打入英国茶叶市场仍持乐观态度，甚至计划将阿姆斯特丹变成欧洲的茶叶中心。

然而，令荷兰人始料不及的是：首先，英国在1784年后对华贸易有了飞速的发展。英国东印度公司不仅在广州扩大投资、左右茶价，而且旨在将荷兰东印度公司排挤出茶叶市场。1786年，英国所购茶叶占广州茶叶出口总额一半以上，超过其他国家的总和。其次，在荷属殖民地，当地人民不满荷印当局的压榨，以“走私”土产的形式进行斗争，使荷兰无法获取足够的土产用于对华贸易。再次，中国贸易帆船不堪荷印当局的横征暴敛，转驶它处，使巴达维亚的贸易量急剧下降。第四，荷兰东印度公司本身存在严重经济危机，公司拿不出足够的现金购买较好的茶叶，只能在广州采购在欧洲茶叶市场不再属于热门货的武夷茶，而且还大量赊账。荷兰人信誉扫地，无法与其他国家争购中国茶叶。第五，美国于1789年开始对欧洲转口茶叶征进口税，堵住荷兰茶叶的去路。第六，荷兰不征收茶叶进口税，欧洲国家抓住这一点将茶叶返销荷兰。外茶倒进，敲响荷兰茶叶贸易的丧钟。为了应付这一严峻局面，荷兰东印度公司从荷兰总督那里再次得到垄断茶叶贸易的权力，并且禁止外国向其出口茶叶。因此，在18世纪90年代初的几年中，荷兰每年继续坚持进口茶叶3万～4万担不等。在欧洲各东印度公司茶叶贸易中，依然居于第二位，所购茶叶占欧洲总进口量的百分之十几。

1784—1794 年，荷兰每年直接到中国购买茶叶的商船，最多 5 只，最少 2 只；每年所购茶叶为 500 ～ 2 250 吨，茶叶价值占广州出口茶叶总额为 5.3% ～ 20.6%，茶叶价值占进口国货物总值为 53.7% ～ 80.2%。尽管荷兰进口茶叶价值占进口货物总值比例依然维持较高，但进口茶叶价值占广州出口茶叶总额最高只能达到 20.6%，最低只有 5.3%，远远低于英国的 50% 以上。

（二）中荷茶叶自由贸易

1795 年，荷兰发生政权更迭，社会动荡不安，中荷贸易急剧下降。存在近 200 年的荷兰东印度公司也于 1799 年 12 月 31 日寿终正寝。这一时期，荷兰的茶叶主要由美国和荷兰商人贩运。1802 年，荷兰只有一只商船到广州，购茶 2 290 担。

1815年荷兰重新获得独立后，整顿对华贸易事务，成立一家公司，企图继承东印度公司的衣钵。是年，荷兰有两只船到广州，购茶5 131担。该公司于1817年解散，改由尼德兰贸易公司主持对华贸易。1817—1824年，没有荷兰船到广州的记录。1825年后，荷兰每年均有商船到广州，少者1只（1825），多者13只（1832）。1829年的购茶量是7 860担，1832年是1.2万担，分别占广州茶叶出口总额的2.4%和3%。荷兰在广州外销茶中已微不足道，而荷兰驻广州领事馆也于1840年关闭。

综上所述，鸦片战争前中荷茶叶贸易的发展，以 1799 年为界，分为荷兰东印度公司垄断贸易和自由贸易两个时期。在中荷茶叶贸易中，中国帆船贸易在早期占有举足轻重的地位。巴达维亚和广州是中荷茶叶贸易两个基点，这是中荷茶叶贸易一个显著的特色。被誉为欧洲海上马车夫的荷兰，是欧洲和美国主要茶叶供应商，对中国饮茶习俗在欧美的传播和近代世界茶叶市场的形成和发展起过重大作用。

三、中英茶叶贸易

从18世纪开始，随着英国对茶叶的需求增加，中英茶叶贸易量激增。英国东印度公司通过各种手法，排斥异己，最后几乎垄断世界茶叶贸易。

（一）茶叶是中英贸易中最重要的商品

在18世纪初的10年里，英国平均每年进口茶叶近8万磅。英国饮茶习俗更加普及，茶叶的平民消费时代真正到来。

英国东印度公司进口中国茶叶统计（1701—1710年）

年 份	茶叶量（磅）	年 份	茶叶量（磅）
1701	66 738	1706	137 748
1702	37 052	1707	32 209（另有记6万磅以上）
1703	77 974	1708	138 712
1704	63 141	1709	98 715
1705	67 390	1710	127 298

1716年，英国东印度公司扩大茶叶贸易量，购进中国茶约3 000担。到1721年，英国进口中国茶数额，首次超过百万磅。之后时有起伏，1761年达到282.773万磅，1766年为600万磅，1771年为679.901万磅，1772年达到了3 000万磅。这些茶叶也并非全部为英国人所消费，其中相当一部分转销至大英帝国的各个殖民地，尤其是北美殖民地。1773年，英国的北美殖民地发生“波士顿倾茶事件”，导致北美独立战争爆发，这大大影响了英国茶叶的转口贸易。英国从中国进口的茶叶量开始减少，1776年为1 000万磅，1790年之后则在300万磅上下波动。

18世纪20年代前后，是丝绸和茶叶贸易地位互换的转折点。从1717年开始，茶叶已开始代替丝绸成为中英贸易中的第一位商品。1722年，在垄断英国对华贸易的东印度公司从中国进口的总货值中，茶叶已占有56%的比例，与丝绸的进口值相比具有了较大优势。1761年更达92%，之后略有波动，但茶叶的进口量总是超过丝绸。

1785—1795年，丝绸交易额在英国东印度公司在中国输出额的总比例中，从之前的约31%降到10%以下。丝绸把“头把交椅”完全拱手让给茶叶。18世纪末，东印度公司索性把丝绸、瓷器等贸易留给它的船员们利用其私人的“优待吨位”去经营，公司集中经营茶叶。在1834年公司解散前的最后几个年头，茶叶干脆成了公司从中国输出的唯一的东西，以至国会的法令要限定公司必须保持一年供应量的存货。在垄断的最后几年中，茶叶带给英国国库的税收平均每年330万英镑，从中国来的茶叶提供了英国国库总收入的1/10左右和东印度公司的全部利润。

18世纪中后期，英国逐渐赶上并超过荷兰对中国茶叶贸易地位，且竭力排挤欧洲其他国家的茶叶贸易，以垄断中国茶叶出口市场。当时，英国进口茶叶由英国东印度公司垄断，其他国家的茶叶进来需征税，税率最高达到119%。如此高的税率及价格差异，导致欧洲各国纷纷把大批茶叶走私到英国。最高峰时期，英国人喝的茶，3/4都是走私货。英国政府屡禁不止，迫不得已，于1784年把税率调低，使走私茶叶无利可图，这才结束了被动局面。与此同时为了争夺海上霸权，英国于此年结束的第四次英荷战争里，彻底摧毁了荷兰在中国的贸易，并取而代之，成为中国与欧洲贸易新的垄断者。

1784年，英国把茶叶进口税减至12.5%，更刺激了茶叶的进口。茶叶减税前的1780—1784年，自中国输入茶叶年均为614万磅。到1808年，每年英国的茶叶进口量高达2 600万磅，超过欧美其他国家茶叶进口量的两倍。1825—1829年，年均为2 700万磅。1830—1834年，年均为5 131万磅。1834—1837年，年均增加到5 898万磅。1836年后，中英关系开始恶化。1840年，中英鸦片战争爆发，这一切导致了中国茶对英国的输入暂时下降。1838—1842年年均下降至4 235万磅，比1834—1837年下降了1 600万磅之多。

1833年，英国废止东印度公司对中国茶叶贸易的特权，从而结束了该公司垄断英国的中国茶叶贸易近200年的历史。由于垄断经营，获得高额利润，因而茶叶业务迅速发展，成为该公司进口的第一位商品。1760—1833年，共进口茶叶11.13万吨，值银3 757.53万两，占总进口值的86%。1785—1833年，进口茶叶价值年均白银

400万～500万两，占总进口值的90%左右。1825—1829年，进口茶叶价值占总进口值94.1%，为历史最高峰时期。

中国茶征服英伦不可阻挡，这对贸易的双方都很重要。在相当长的时间里，茶叶税收占了英国国库总收入的1/10，茶叶是英国对华贸易的最大追求；在很多年里，茶叶的出口额约占中国全部外贸出口额的90%左右。

东印度公司自中国输往英国茶叶量值年均数（1760—1833年）

年　份	茶叶量（担）	茶叶价值（银两）	占中国输入商品总值比（%）
1760–1764	42 065	806 242	91.9
1765–1769	61 834	1 179 554	73.9
1770–1774	54 216	963 554	68.1
1775–1779	33 912	666 039	55.1
1780–1784	55 590	1 130 059	69.2
1785–1789	138 417	3 659 266	82.5
1790–1794	136 433	3 575 409	88.8
1795–1799	152 242	3 864 126	90.4
1800–1804	221 027		
1805–1809	167 669		
1810–1814	244 446		
1817–1819	222 301	4 464 500	86.9
1820–1824	215 811	5 704 908	89.6
1825–1829	244 704	5 940 541	94.1
1830–1833	235 849	5 617 127	93.9

资料来源：严中平等，《中国近代经济史统计资料选辑》，1955年。

（二）英国茶叶消费

尽管英国有人反对饮茶，但是从18世纪开始，饮茶已经成为英国人的民族习俗，英国人的日常生活离不开茶。18世纪初，茶叶在英国进入中产阶级享用的物品范围，并开始向大众饮品过渡。其向平民的普及，通过与富人接触的那部分人较早开始，佣人也扮演了茶叶向大众消费转化媒介的角色。佣人们往往可以享用与主人同等水平的高质量茶叶，然后还可以把这些饮用过的茶叶第二次出卖给穷人。此后的100年，英国的茶叶消费量增加了400倍。

1717—1726年，英国年均茶叶消费量在70万磅。1732—1742年，年均茶叶消费量增加到120万磅。1762年，东印度公司仓库中面向家庭出售的茶叶存货就有400万磅。这个数量还在不断增加，1785年，达1 086万磅，五年后达1 504万磅。1766年，整个英国的茶叶销售金额是125万英镑，每磅茶叶的价格在2先令6便士到20先令之间，平均售价每磅茶叶约5先令。这时可以说，茶叶的售价几乎是每个英国人的钱包都负担得起，茶叶的大众消费时代到来。

到18世纪中叶，茶叶已经从奢侈嗜好品变成英国各个社会阶层的日用消费品。从公爵到最卑微的挤奶女工都要饮茶，一些精明的商人们甚至在收获季节向翻晒干草的人出售大碗茶。人们不能没有茶、咖啡和巧克力，特别是茶叶，它的需求与日俱增。不仅贵族绅士和富商饮茶，而且一般船工、浆洗工和纺纱工也都饮茶，茶叶成了他们不可缺离的消费品。1750年前后，英国的中产阶级早餐习惯用黄油烤面包，自然少不了茶。甚至伦敦城内，仆人们的早餐也已经基本上是黄油、面包配奶茶了。1755年，一位到英国旅行的意大利人说到："即使是最普通的女仆，每天也必须喝两次茶以显示身份，她们把这个先写入契约中，这个特殊条款的总额与意大利的女仆工资相当。"把饮茶作为条件写入工资契约的情况，在当时的英国较为普遍。

到18世纪末，关于贫民饮茶的记载也越来越多。1797年，英国人艾登（F.Eden）写道："我们只要在乡下，就可以看到草屋里的农民都在喝茶，他们不但上午、晚间喝茶，就是中午也习惯以茶佐餐。"到1799年，伊顿爵士写道："任何人只需走进米德尔赛克斯或萨里郡（在今伦敦西南部）随便哪家贫民住的茅舍，都会发现他们不但从早到晚喝茶，而且晚餐上也大量豪饮。"处在困苦生活中的贫民，他们已经成为饮茶的主要群体。

茶叶给英国人的社会生活带来诸多变化。一本1766年出版的书中写道，"王公贵族们在招待会上穿着考究的衣服，三五成群地饮着茶、玩牌、散步，或聚在一处聊天。”另一本在1776年出版的书中也同样写道，“在游览胜地的招待会上有乐队在演奏优美的乐曲，还款待茶水，当然，这些开销都包括在门票中了。”这是上流社会饮茶聚会的闲适画面。“1744年，一位编织女工做东请客时，她拥有的物品有：亚麻布、桌子、四把茶壶、杯子和勺子……一间典型的厨房可能自豪地拥有一套中国瓷器，有一把茶壶，一只茶叶罐，里面装有红茶和绿茶。”这是平民百姓的饮茶用具。“来自欧洲大陆的旅行者，对18世纪的英国饮料颇不习惯，他们认为英国人的茶水中没有加奶很难喝。”可见，早期的英国人在喝茶时也不加奶。

茶叶还改变了英国人的生活习惯。“中午稍晚一些时候，人们要停下来喝茶，在18世纪，午茶演变成一顿分开的饭点，它主要是由茶和某种类型的面包构成。在冬季，通常有热面包圈和小松饼配奶油；在夏天，是冷面包圈和面包片——那薄得像罂粟叶子一般的面包片，配以奶油。”喝下午茶是英国人的习惯，这个习惯的养成就在18世纪。

茶叶在英国的迅速普及还有一些深层的社会原因，与英国的清教运动有关，与圣公会提倡清廉纯洁的享受有关。18世纪早期，在牛津大学任教的韦斯廉就曾大力鼓吹饮茶的好处，强烈主张所有的圣公会教徒应该以茶代酒。茶叶的爱好者们断言：茶叶的温柔品格作为一种文明会影响个人性格。与此相反，酒却经常导致暴力和错误。茶叶使人们在饮酒上较为节制，减少酒徒的出现。因此，饮茶便特别地受到妇女、医生、公职人员和教会人士的青睐。

茶叶在中下阶层成为酒的部分代用品，除道德因素外，还有价格因素，“酒的价格对于平民来说还是略为昂贵了，茶叶却较便宜”。18世纪，英国饮茶之风的普及与茶叶价格的大幅下降不无关系。17世纪末到1712年，茶叶平均每磅维持在16先令左右。18世纪中期，每磅茶叶的价格为4～5先令。18世纪后期，特别是1785年之后，茶价进一步下降，有些茶叶的价格甚至低于2先令6便士。

18世纪英国茶叶价格的大幅度下降是众多因素相互作用的结果。首先，18世纪英国东印度公司的茶叶进口量猛增，直接导致了茶叶价格的下降；其次，1785年之前，法国、荷兰、丹麦、瑞典等欧洲国家走私茶叶的涌入也降低了茶叶的价格；

第三，1785 年英国减税法的实施，不仅增加了茶叶的进口量，而且更保证了茶叶价格的下降；第四，英国东印度公司船员的私人贸易及私商、散商的参与贸易也影响了茶叶价格。

茶叶能特别地符合英国人口味，或许还与不列颠的民族性格禀性有关，这是一个不紧不慢、按部就班、有规有矩的民族，是一个生活节奏悠闲、讲究不愠不火优雅绅士风度的民族，茶叶的品格恰好与之相符，英国人也有时间和耐心来慢慢地品茗。

中国各地区的茶叶品种和差别也渐被英国人所熟悉，并根据口味和经济状况的不一样形成了不同茶品的消费群体。许多英国人对中国的最初了解，尤其是对中国某些省区的了解，是通过茶叶来实现的。他们知道中国非常大，各地区出产的茶叶品种和味道有很大不同。英国人于是知道：茶叶有绿茶和红茶，每类茶叶又有许多品种和花色的区分。1702 年，英国东印度公司在浙江舟山设立贸易站，采购茶叶，其中松萝茶 2/3，圆茶（珠茶）1/6，武夷茶 1/7。

当时，武夷茶是最便宜的茶，也不是时髦的茶，但在 18 世纪早期，饮用此茶的人最多。1710 年 10 月 19 日，英国泰德（Tatter）报刊登一则广告："范伟君在怀恩堂街贝尔商店，出售武夷茶。"这是中国武夷茶运销国外的最早广告。1712 年，英国从厦门购进武夷茶 1.5 万磅。1784 年，英国首相庇特估计，有 2/3 的英国人，每年至少消费 3 磅茶叶，穷人也不例外。1787 年的统计数字显示：武夷茶成为英国人钟爱的茶品，这年茶叶的总消费量是 18 852 675 磅，其中武夷茶 6 493 816 磅，占 34.5%。

（三）英国茶叶经营

从 18 世纪开始，在英国茶叶的销售不再局限于咖啡店、药铺，在杂货铺也开始出售茶叶。

茶叶的流行，缔造出一批依靠茶叶为生的经销商。1764—1765 年，英格兰有大约 5 万家小酒馆和小食店卖茶水。同一时期，英格兰和威尔士有 32 234 名有执照的茶商。如果要算上没有执照、非法经营的茶商，那就更多了。还有一些是跨行业经营茶叶的，比如在18世纪中叶，有一些名为玩具店的，却也出售茶叶、瓷器、丝绸等。1801年，拥有执照的合法茶商已有5.6万人，这些执照持有人有很多只是小茶商，年收入为60～300镑。

茶叶的大量进口和消费，还使其成为英国政府税收的重要来源之一。1723年，卧坡勒建议设立茶叶等的征税制度。后来，茶税不断提高，到18世纪中叶时保持在100%或者更高的税率水平上，进而成为英国关税收入的一个最重要税项。英国政府从茶叶一踏上英国的土地之时起，就从茶叶上轮番赚取利润，先是高关税，然后是国内经销税和茶商执照费等。

英国的茶叶消费市场非常大，走私在茶叶输入英国之后不久就开始。大规模走私的出现，是从18世纪初叶伴随着茶叶开始走进英国的千家万户，而英国又实行高关税政策。荷兰、法国、西班牙、瑞典的走私商人负责从中国弄货，运到英国海岸后，由英国走私商人接手，再转交给英国国内的茶叶私贩经销，各环节成龙配套。比利时的奥斯坦德成为其他西方商人向英国走私茶叶的最早基地，法国的南特是另一个向英国走私茶叶的集散地。

1766年，大约有700万磅走私茶叶流入英国。至1784年，走私茶叶的数量增长到800万～900万磅。情况变得如此之糟，以至于大茶商们要自行建立联盟来自我保护，这是对政府无力保护合法经营者利益的抗议。茶商们呼吁政府查禁私下贸易，因为它对合法贸易的商人是不公平的，也严重地影响了国家税收，呼吁持续了数十年的时间。

1773—1775年，每年从广州出口的茶叶，由英国船载的是315万磅左右。而由法国、荷兰、丹麦、瑞典4国载运的是英国的7倍多，4国载运的茶叶相当部分走私进入了英国。这已不单纯是保护英国合法商人权益的问题，而是保护英国国家利益的问题了。1784年，皮特（Pitt）采纳了布克的建议，下调和整合了茶叶税，将原来119%的关税率下调到12.5%，并且是单一税种。1785年，英国政府颁布《交换法》，将茶叶关税的调低以法令形式固定下来。茶叶价格大降，走私无利可图，东印度公司的销售量剧增。1783年尚少于585.8万磅，1785年即超过1 500万磅。

英国公司在广州购买茶叶的数量反超出欧洲大陆公司的总和。税率的调低使英国东印度公司战胜了外国竞争者，使英国国内的合法商人战胜了走私商人。

茶叶依据不同质量，在价格上有很大差别。1707 年，上等绿茶和武夷茶每磅卖 16 先令，极品绿茶每磅卖 20 先令，而极品武夷茶每磅 26 先令。5 年后，极品武夷茶的卖价只是 18 先令，而一般武夷茶只卖到 10 ～ 14 先令。1727 年，极品武夷茶的售价降到 13 先令；1732 年，又跌落到 11 先令。可以看出，在 18 世纪，英国茶价的总趋势是逐渐走低。

（四）中英茶叶贸易诱发鸦片战争

由于茶叶的产地限于中国，英国需要支付巨额的贵金属购买中国茶叶。英国在从中国大量进口茶叶、丝绸和陶瓷器等的同时，本国产品却在中国找不到销路，为此英国对中国贸易陷入了结构性的巨额逆差。1781—1790 年，中国输英商品仅茶一项即达 96 267 800 银元，而英国输中货物仅有 16 871 500 银元。

对中国贸易的巨大赤字使英国以及欧洲其他国家每年需要向中国支付大量白银，大量白银的持续流出最终给英国带来了严重的财政危机。因此，中英贸易出现了长时间的、结构性的不平衡。对华贸易的巨额赤字在 18 世纪是困扰欧洲，特别是英国的一个重大经济课题。

随着从中国进口茶叶的数量增大，英国政府对于没有与中国缔结任何条约来保证茶叶贸易的持续越来越感到不安。1793 年 7 月，英国政府派出的乔治·马戛尔尼使团抵达中国，使团的来华目的是为了与中国签订条约以确保茶叶贸易的稳定。然而当时的中国，存在着与条约体系完全不同的对外关系体系：朝贡体系。以缔结条约为目的来华的马戛尔尼使团被视为对朝贡体系的挑战，英国最终还是没有能够达到与中国缔结条约的目的。1816 年，英国向中国派遣了第二次使节团，也就是阿美士德使节团。使节团连嘉庆皇帝也没有能够晋见到，缔结条约也就无从谈起。两个不同性质的国际关系体系的对立，使得存在着巨大贸易往来的中英两国之间无法平等对话。

18 世纪的英国已经完成工业革命，毛纺织品流行全球，迫不及待想跟中国扩大通商。但因为中国大众那时生活水平较低，英国生产的美观、昂贵的工业产品，如毛绒织品、呢绒、印染棉布、白布等在中国没有销路。毛纺织品在中国没有能够找到销路，就不能消解英国的对华贸易巨额赤字。

英国人为了改变中英贸易上所处的不利地位，采取了两个方略：一是通过在殖民地印度栽培鸦片并走私出口中国，由此获取暴利来补偿茶叶贸易的逆差；二是在印度等殖民地栽培茶树，生产茶叶，解除从中国进口茶叶的压力。

从 18 世纪 80 年代开始，为了解决对华贸易的巨额赤字和增加印度经营的收益，东印度公司向中国走私印度生产的鸦片。由此，英国的对华贸易形成一个“英国—印度—中国”的三角贸易体系：从印度向中国走私鸦片，由东印度公司从中国向英国出口茶叶，再从英国向印度倾销棉织品。对英国而言，鸦片贸易是一个一石二鸟的方略，它既可以弥补对华茶叶贸易产生的巨额赤字，又可以给失去了棉纺工业的印度带来经济上的补偿，减轻殖民印度的成本。但是，鸦片贸易的增大，却给中国带来了深刻的社会经济危机。

在 18 世纪最初 60 年里，英国输入中国的物品中只有 10%是货物，其余是金银货币，1721—1740 年，输入中国的金银比例更高达 94.9%，货物的比例几乎可以忽略不计。英国人在介入鸦片贸易以后，这种状况才发生了根本的改变。

中国由白银净进口国变为净出口国的时间在 19 世纪 20 年代，众所周知的原因是鸦片走私输入的不断扩大，中国从长期的贸易出超变为入超，白银的流向也由长期流入变为流出。到 1827 年前后，走私进口鸦片的价值已经超过了中国茶、丝、布匹等出口的总和，中英的贸易结构发生逆转，大量白银从中国向英国倒流。

中国鸦片市场的急剧扩大给英国带来的利益已经远远超过茶叶贸易，每年 4 万箱鸦片的走私进口量已经成为一个不可替代的巨大市场。当时，茶叶贸易税收达 300 多万镑，占英国财政收入的 1/10；鸦片贸易税收达 200 多万镑，为英属印度殖民政府收入的 1/10。巨大利益已经使英国离不开对华鸦片贸易，正因为如此，才使英国不惜用武力来捍卫这种在英国本土也被禁止的鸦片走私贸易。

1837 年，清政府以强制性手段实施了全面禁止鸦片贸易的措施，禁烟强硬派钦差大臣林则徐没收了贸易商人手中的鸦片，并焚销于广州虎门。但是，英国已经不能失去赖以改善对华贸易结构、能够获取暴利的鸦片贸易了。英国政府为了维护本国利益，派遣舰队远征中国，打响了鸦片战争。

四、中美茶叶贸易

从 1776 年 7 月 4 日发表独立宣言，标志着美国建国开始，至今美国建国只有 200 多年历史。但中国茶叶最早进入北美殖民地的时间却在 17 世纪中期，要比美国独立早百年以上。

（一）美国独立前的中美间接茶叶贸易

最先将中国茶叶传入北美殖民地的是荷兰和英国。美洲最早饮茶者为荷属新阿姆斯特丹人，约在 17 世纪中叶。1670 年前后，北美马萨诸塞殖民地也有人饮茶。1687 年，北美的英国商人从澳门采购少量茶叶运往纽约销售。1690 年，在波士顿已有商人领取执照公开售茶。

1712 年，波士顿的药房已有绿茶销售。在 18 世纪 20 年代，这种新饮料（茶）已成为新英格兰人日常伙食的一部分，茶叶在英属北美殖民地传播开来。

在英国统治北美殖民地时期，中国与英属北美殖民地的茶叶贸易是由英国东印度公司所垄断。东印度公司将中国茶叶从澳门、广州运往北美的主要港口波士顿，同时也将北美的主要土产人参等运至中国。

初时，北美十三州茶叶的贸易转运控制在英国东印度公司手中，其利用垄断抬高茶叶价格。同时，英国政府也借机利用茶叶销售剥夺殖民地。1767 年 6 月，“托时德财政法案”通过，决定向英国转口北美殖民地的茶叶等物品征收高关税，但是遭到殖民地人们的强烈反对。1769 年 5 月，英国决定废除“托时德法案”关于其他物品的关税，但价值不菲的茶税除外，使得北美殖民地茶叶的价格居然高出英国本土一倍。这样一来，其他国家的走私茶叶趁机以低价进入。1769—1772 年，英国输入该地区的茶叶为 1 062 万磅，法国、瑞典、荷兰、丹麦 4 国输入的茶叶为 1 990 万磅，走私茶叶已超过合法进口茶叶。1773—1775 年，英国输入的茶叶减少到 315 万磅，而4国增至2 253万磅，使英国东印度公司库存积压1 700万磅茶叶。1773年，英国政府因而颁布《茶叶法案》，授权东印度公司可直接运往殖民地销售，每磅抽税3便士。结果，引起北美商人的强烈反对，波士顿、纽约等7个城市举行抗茶会。是年12月16日，英国共装满342箱（按每箱25千克，约8.5吨）、价值10 994英镑茶叶的三艘船到达波士顿后，愤怒的殖民地民众登上船，将茶箱一一破坏，抛弃于港内，这就是闻名于世的波士顿倾茶事件。此举引起英国国会决议封锁波士顿，进而酿成美国独立战争的导火线。

（二）鸦片战争前的中美直接茶叶贸易

1783年9月，美国独立。独立初期，百废俱兴，经济萧条，为了缓解国内的财政危机，美国当局急于开辟自己的贸易航线。1784年，美国“中国皇后”号轮船离开纽约港，满载人参、皮革等商品，驶往中国广州，开辟了中美间的直接贸易。首次就购买中国红茶123吨、绿茶28吨，返抵纽约，引起轰动。

从中美直接贸易起，茶叶一直是中美贸易的主要商品。从1784年“中国皇后”号首航广州，一直到1840年的大部分时间，美国商船从中国运去的茶叶价值几乎占其总货值的1/3以上，有些年份甚至高达一半以上。1789年，美国通过法案，对从中国进口的货物减少关税。1791年，再次通过法案保护对华贸易，并禁止外国商船运茶叶入美，给美国商人经营中国茶叶创造了良好的条件。直到1844年7月3日签订《中美望厦条约》的数十年间，中美贸易迅速增长。茶叶始终独占鳌头，约占输美商品总值的58%。1831—1840年，输美茶叶年均达11.4万担左右。

1785—1804年，20年间，美国共派船203艘来华，从广州运回茶叶总计5 366万磅。平均每年10艘船，年均进口茶叶268万磅。

1805—1820年，美国从广州进口茶叶成倍增长。16年间，美国共派出348艘船来广州，运去茶叶10 174万磅，平均每年21艘船，年均进口茶叶636万磅，较前20年平均增长1倍多。

1821—1839年，美国从广州输入茶叶进一步增长。19年间，美国共派557艘船来广州，运去茶叶19 510万磅。平均每年29艘船，年均进口茶叶1 027万磅。

最高年份为1836年，派出42艘船，运去茶叶1 658万磅，其中红茶为292万磅，绿茶为1 366万磅。

中国茶叶出口荷兰、英国、美国统计（1734—1833年）

单位：担，只

年份	美国	船只	英国	船只	荷兰	船只	年份	美国	船只	英国	船只	荷兰	船只
1734					4 681		1781			64 086	17		
1736			12 589				1782			21 176	4		
1737			10 740		8 750	3	1783			92 744	16		
1738			6 994	2			1784	3 024	1	90 734	21	40 011	4
1739			14 019	5			1785			108 947	28	33 441	4
1740			6 646	2			1786	8 868	5	157 291	53	44 774	5
1741			13 345	4			1787	5 632	2	161 736	62	41 162	5
1750			21 543	7	9 422	4	1788	8 916	4	144 905	50	31 347	4
1754			29 910				1789	23 199	15	130 575	58	38 302	5
1761			30 000				1790	5 575	6	162 114	46	9 964	3
1764			34 976		37 078	4	1791	13 974	3	95 228	23	15 385	
1765			71 578				1792	11 538		112 971	39	22 039	3
1766			69 531				1793	14 115	6	148 931	40	17 130	2
1768			50 965		38 701	4	1794	10 787	7	169 469	44	30 726	4
1769			67 950				1795	21 147	10	114 654	33		
1770			671 128				1796	25 848	11	213 624	40		
1771			106 177	22	35 776	4	1797	23 356	11	185 949	40		
1772			69 066	17	36 635	4	1798	42 555	13	96 055	32		
1774			18 030	19	27 989	4	1799	42 488	18	161 549	30		
1775			29 061	13	36 929	5	1800	35 620	23	230 458	40		
1776			42 551	24	36 427	4	1801	40 879	36	222 037	32		
1777			50 911	18	35 218	4	1802	38 732	32	203 004	38	2 290	1
1778			42 985	17	34 152	4	1803			246 909	43		
1779			25 154	13	35 159	4	1804	54 902	36	219 742	39		
1780			71 084	24	37 182	4	1805	87 771	41	182 494	53		

（续）

年份	美国	船只	英国	船只	荷兰	船只	年份	美国	船只	英国	船只	荷兰	船只
1806	65 779	38	187 383	79			1820	40 153	25	234 483	50		
1807	58 770	30	140 198	51			1821	63 159	42	217 412	57		
1808	8 128		157 393	54			1822	84 778	31	234 240	40		
1809	73 028	37	188 523	40			1823	76 142	35	240 801	45		
1810	21 643	15	209 744	34			1824	103 061	37	232 718	51		
1811	26 778	27	259 996	44			1825	96 162	42	373 167	61		
1812	10 556	17	275 147	36			1826	64 321	19	329 522	85		
1813			241 961	38			1827	78 807	29	265 975	70		
1814	7 133	13	251 607	45			1828	73 883	31	251 655	73		
1815	53 040	21	314 012	47	5 131	2	1829	66 204	40	252 459	72	7 860	7
1816			277 091	67			1830	54 386	25	249 187	72	4 000	4
1817	169 143	33	179 388	55			1831	83 876	41	261 488	93		
1818			171 297	51			1832	122 457	62	269 863	90	12 000	13
1819	76 447	39	226 132	41			1833			258 301	107		

资料来源：朱平、杨婵容：《鸦片战争前中美茶叶贸易探析》，《农业考古》2006 年第 5 期。

与西方其他国家相比，中美茶叶贸易额增长最快。美国自建国后到鸦片战争前夕的几十年，茶叶进口一直呈快速增长态势。1784 年的中美茶叶贸易额为 3 024 担，至 1832 年增长到 122 475 担，增长幅度为 40.5 倍。同一时期，中英的茶叶贸易仅增长 3 倍，早期茶叶贸易大国荷兰则出现负增长。从绝对数量来看，这一时期中美茶叶贸易额已超过荷兰、法国、丹麦等国家，仅次于英国。从茶叶品种来看，出口美国以绿茶为主。

18 世纪的美国人已然是中国茶叶的积极消费者，缘此，美国独立后最首要的贸易目标便是中国，最重要的进口货物便是茶叶。1784 年，“中国皇后号”首航广州进口货品中，茶叶占有最大份额。到 1796 年，美国在中国进口的茶叶数量，比除英国之外的所有欧洲国家进口总和还要多。1828 年，茶叶占中国输美货物总额的 45%，1837 年是 65%，1840 年是 81%。因茶叶的关系，太平洋上“最年轻与最古老的两个帝国”间建立起了直接的联系。

茶叶贸易对中美两国都起了积极作用。对中国而言，茶叶的大量输美给中国带来了很大的经济收益。1834—1839年，美国出口中国的商品年均总值为128.73万元。而中国茶叶出口美国年均为464.35万元，占输美货物总额的71.9%。早期的茶叶贸易给美国带来了厚利，它不需要大量的资金，配合冒险与吃苦精神，便可在短期内将中国茶叶等生活必需品带给美国。许多参加中美早期茶叶贸易的商人，在短期中获得暴利后，便又可运用其资金，转而从事农业、工业或其他生产事业，这使美国的各项生产得到扩大，对当时美国经济的发展带来了有利的条件。

五、中俄茶叶贸易

1689年，中俄签订《尼布楚条约》，嗣后边境保持了百余年的相对稳定，边关贸易渐趋活跃。《尼布楚条约》规定，“凡两国人民持有护照者，俱得过界来往，并许其贸易互市。”从此，打开了中俄贸易的大门。1699—1729年，俄国多次派遣国家商队到北京贸易，中国茶叶输俄逐渐增加。

（一）俄国国家商队的贸易

清前期的中俄交往，是由主管民族事务的理藩院负责，而非主管朝贡事务的礼部负责。清政府每以“与天朝体制不符”为由将来自海上的西欧诸国的通商要求予以拒绝时，却对俄罗斯网开一面，设立俄罗斯馆，允许俄罗斯商人进北京贸易。

俄罗斯馆始于雍正二年（1724），供俄罗斯人居停之用。俄罗斯人排挤了会同馆的常客朝鲜人，将原属于朝鲜人的馆舍变成地地道道的俄罗斯馆。俄罗斯商队在俄罗斯馆居住，同时开展各种易货贸易，茶叶也成为俄国人选择的货品之一。

当清政府一再颁布朝贡禁令，对各国贡使进京人数严加限制时，俄罗斯却享有每三年派遣一支200人的商队来华贸易的特权。但是，这种没有脱离传统的朝贡贸易框架的国家商队贸易，受到清政府的诸多限制。在经历半个多世纪后，最终被日益兴隆的中俄恰克图边境贸易所取代。

（二）恰克图自由贸易市场的建立

18世纪初，清政府完成了对蒙古的实际控制，中俄政治和贸易的环境也发生了变化。清朝一直催促俄国尽快明确中俄北部边境的划界事宜，而俄国始终觊觎这块平原，一直采取拖延的策略。清政府采取措施，首先终止中俄在北京的官方商业贸易。紧接着，进一步加大贸易制裁，于1722年终止在库伦（今蒙古国乌兰巴托）的贸易。在北京逐出俄国商人后，俄方无奈之下于1725年8月派出全权大使来华就贸易和划界问题进行谈判，终于在1727年8月31日签订了《布连斯奇界约》，与4月1日在京确定的贸易十条合并为《恰克图条约》。1728年6月25日，双方代表正式在恰克图签字换文。同年八月底，俄国政府以最快速度完成了恰克图商业设施的建设，中俄茶叶陆路贸易从此确立，恰克图成为茶叶贸易的主要市场。随着茶叶作为主要的易货商品，“茶叶之路”以其宏伟的姿态展示在世人面前，成就了恰克图“西伯利亚的汉堡”“沙漠中的威尼斯”的美誉。

1728年9月5日，4位中国商人与10位俄国商人在恰克图开启了第一笔交易，令世界侧目的中俄茶叶之路贸易终于拉开了序幕。但是在早期，由于俄国政府保护前往北京的国家商队贸易，俄国私商毛皮贸易处于禁止状态，在以货易货的年代中，除了毛皮和皮革等为数不多的商品外，俄国商人几乎没有可以让中国人接受的易货物品，同时，俄国又禁止使用贵金属作为支付手段，恰克图贸易在这样背景下艰难起步。俄皇叶卡捷琳娜二世于1762年彻底终止北京官方商队后，恰克图贸易才开始强势崛起。在早期的30多年间，贸易额缓慢地增长，直到官方北京贸易商队不得不退出历史舞台，恰克图贸易才开始快速地发展起来。俄国政府理解与东方大国贸易的重要性，为了扩大国家税收收入，维持其欧洲西线频繁的领土扩张战争，稳定远东并从贸易中得到滋养是一个重大国策。

雍正七年（1729），中国官员奉旨于恰克图设立市集，并派驻理藩院司员管理，三年一换。中国与俄罗斯的各种贸易，咸集恰克图。中国山西商人迅疾在恰克图中方一侧，建立了一个贸易集市“买卖城”（今蒙古国阿尔丹布拉克）。中俄商人在边界以茶易货，恰克图成为输俄茶叶的最大集散地。中国商人在茶叶产地收购并将茶叶加工后，经汉口、樊城、赊旗、太原、大同、张家口、归化（今呼和浩特），穿越漫漫沙漠和草原，一直到达中俄边境的恰克图。选择中俄万里茶叶之路的行程，可以说是无奈之中的选择。大运河在清朝，除了允许运输前往蒙古的砖茶，只允许粮食和盐等重要国计民生物资，普通商贸运输不准走大运河。同时，在鸦片战争前，清政府也禁止走海路运输外销茶叶。

每年四五月份，中国商人从福建、湖南、湖北、江西、安徽、浙江等地组织茶源，水路交替，一路往北运输，使用各种交通运输工具，经过 3 ～ 6 个月的长途跋涉，茶叶运到达恰克图已是当年的十月或十一月。接着，俄国商人通过恰克图水路和陆路进入贝加尔湖区，需要跨越叶尼塞河、鄂毕河和伏尔加河三大水系，使用狗拉雪橇、平底船、马队和大车等方式完成俄国境内的长途运输，时间长达 6 个月以上。许多必经河流必须使用纤夫，俄国著名画家列宾作品《伏尔加河上的纤夫》就是反映当时的运输状况。画作中的船，也许正运送着来自恰克图的中国茶叶。除了少量供应西伯利亚地区的砖茶外，大量高档的红、绿茶横穿西伯利亚前往下诺夫哥罗德市场销售，并一直运往圣彼得堡和莫斯科。

但是，恰克图互市以后，1744—1792 年，由于各种原因，中俄贸易常处在中断状态。其中有三次较长的闭市，即 1762—1768 年、1778—1780 年和 1785—1792 年，合计时间长达 15 年。1792 年，仅在伊尔库茨克以商品形式积压的呆滞资本就高达 400 万～ 500 万卢布。

1792 年，中俄签订《恰克图市约》，恰克图复市。从此以后，恰克图没有闭市过。

（三）茶叶成为中俄贸易的首要商品

恰克图贸易只准以货易货，不适用货币、票据，绝对禁止赊买商品。对于破坏规则的商人将被诉诸法律，剥夺其贸易权利并驱逐出境。被交换的商品的价值，不是用货币表示，而是选择当时最常见的商品来表示。1800 年以前，中国棉织品就是交易单位，任何商品交换需要以中国布的价钱作为“中介”；1800 年以后，这个交易单位就由茶叶来担任。

恰克图贸易开始时，由于高昂的运输成本，茶叶“奢侈品”的价格超过俄国大众消费能力等原因，严重制约了茶叶贸易规模的扩大。雍正年间（1723—1735），中国输俄的茶叶为 25 103 箱（按每箱 25 千克计算，约 628 吨）。1762—1785 年，每年从恰克图输俄茶叶约 3 万普特（约 491 吨），占恰克图贸易总额的 15% 左右，茶叶已成为继棉布之后位居第二的中国输俄商品。

1792 年恰克图复市后，茶叶输俄数量增长很快。1800 年，为 1 146.6 吨。1820 年，上升到 1 638 吨。1830 年，跃升到 2 560 吨。1831—1840 年，年均为 3 112 吨。

1800—1840 年茶叶输俄增长情况

年 份	平均数量（普特）	折合（吨）
1800	70 000	1 146.6
1801–1810	73 000	1 195.7
1811–1820	96 100	1 574.1
1821–1830	143 000	2 342.3
1831–1840	190 000	3 112.2

由于漫长的茶叶之路带来昂贵的运输成本，中国商人尽量选择高档的茶叶，以保证交易的利润，这点区别于海路与英美等国的贸易。从恰克图开市后的 100 多年间，白毫茶（泛指质量较好、价格较高的茶）占到 2/3 的比重，1/3 才是主要供应西伯利亚的砖茶。这与俄国前往北京的商队主要选择高档的毛皮是一个道理。俄国人购买砖茶必须是搭配着白毫，以确保高档茶的销售。其时输俄的中国茶叶，主要有工夫红茶，福建、浙江花茶，皖南绿茶，建德（今安徽东至县）珠兰茶及鄂南湘北的砖茶等。

（四）中俄茶叶贸易的主要路线

闽北茶叶先是集中到武夷山下梅村（后被赤石取代），过分水关入江西铅山，在此装船顺信江下鄱阳湖，泛湖北上，出九江入长江，溯江抵汉口。安徽、江西、湖南和湖北的一些茶叶也都汇集汉口。汉口茶商把各地茶集中后，装船逆汉水而至樊城及河南唐河、赊旗，起岸后装大车北上，经洛阳过黄河，入泽州（山西晋城）、潞安府（长治）、平遥、祁县、太谷、忻县、太原、大同。在此分为两路，一部分从右玉的杀虎口运往归化城（今呼和浩特），一部分经天镇运往张家口。张家口至恰克图，走军台30站向北行14站到库伦，再北行11站到恰克图。全程最远行程是经福建、江西、湖北、河南、山西、河北、蒙古，近5 000公里。自武夷山至恰克图的中俄茶叶之路，是继丝绸之路之后又一国际茶叶商路。

"茶市以张家口为枢纽，货物辐凑，商贾云集"，出张家口以北，"有车帮、马帮、驼帮"。夏秋两季运输以马和牛车为主，每匹马可驮80千克，牛车载250千克，由张家口至库伦马队需行40天以上，牛车需行60天。冬春两季由骆驼运输，每驼可驮200千克，一般行35天可达库伦，然后渡依鲁河，抵达恰克图。骆驼或车皆结队而行，每15驼为一队，集10队为一房。每房计驼150头，马20匹，有20人赶骆驼。在乾隆、嘉庆、道光年间，茶叶贸易繁盛，茶叶之路上驼队，经常是累百达千，首尾难望，驼铃之声数里可闻。秋春之间，运茶骆驼"以千数，一驼负四箱，运至恰克图，箱费银三两"[①]。这种茶叶贸易的繁荣一直维持到光绪年间。中俄恰克图通商后，张家口成为晋商从事进出口贸易的重要枢纽，并且发展成为茶叶国际商路上对俄贸易的重要商埠。出口贸易要先在张家口完税，然后运往库伦，经办事大臣检验部票，发放护照，方可运到恰克图出口。

（五）中俄两国政府促进茶叶贸易

为了促进中俄贸易规模的扩大，俄国政府做了很多工作。1761年，俄国明确规定海关加国内消费税，进口商品缴纳23%，出口为19%。同时，逐步撤销从恰克图到达欧俄通路的收费。1800年，恰克图贸易调整税率，所确定的大部分商品的税额均低于1761年的税率。1812年又一次大幅度地调低了海关的茶税。另外，1743年，俄国颁布一项政府特别训令，限制从欧洲进口中国货。其后不断强化此项禁令，尽量避免从欧洲进口来自中国海上贸易的茶叶，哪怕价格比恰克图陆路贸易便宜很多。

1800年，俄国实施《恰克图贸易条例》和《恰克图海关和商董工作细则》。为了消除国外商号的竞争，未加入俄国国籍的外国商人被禁止以俄方身份在恰克图贸

① 徐珂：《清稗类钞》。

易。外国商品进入恰克图，只能由俄国商人中介转售。对于俄国人而言，在恰克图，除了中国商人，没有任何外国商人。

俄国商人通过易货贸易获得高额的利润，使得俄国政府在扩大中俄双边贸易上不遗余力地努力。18 世纪后半叶，中俄贸易额达到 700 万～ 900 万卢布，占俄国总贸易额的 7% ～ 9%。在俄对亚洲的贸易中占据首位，超过 60%。如果看看俄国的关税收入，就明白为什么俄国会如此重视对华贸易。1760 年，俄国贸易关税总额为 1 154 000 卢布，其中，对华贸易的关税为 238 155 卢布，占整个关税的 20.4%；到 1775 年，俄国贸易关税总额为 1 170 000 卢布，其中对华部分为 453 278 卢布，占 38.5%。18 世纪中后期，俄国对欧洲的贸易额中至少有几百万卢布，实际是从事转口到恰克图进行易货贸易。俄国人做起欧洲棉毛纺织品的中介业务，两头赚钱还顺带关税收入。加之将西伯利亚皮毛找中国人变现，而不是堆在仓库里，中俄贸易对于俄国的重要性是不言而喻的。

同样，18 世纪 20 年代，清政府清醒意识到商业活动对于稳定蒙古的重要性，取消了商人前往蒙古进行贸易的禁令，鼓励汉族商人前往恰克图边境地区从事贸易活动。开放中俄的边境贸易，对于稳定中国北部疆域也起到了至关重要的作用。清政府巧妙地通过商业和金融等力量控制了广阔的蒙古草原，稳定了北部边疆。

第三节　世界茶叶贸易的发展（1841—2000）

从鸦片战争开始至 20 世纪末，世界茶叶对外贸易经历了一个曲折发展的过程。总的说来，在这一期间的世界茶叶对外贸易，从兴盛走向衰落，又从衰落走向发展。

一、中国茶叶对外贸易兴盛（1841—1896）

19 世纪中期，随着“五口通商”的开通，以及欧美茶叶市场需求激增，中国茶叶对外贸易开始兴盛起来。

（一）中国茶叶对外贸易初盛（1841—1870）

第一次鸦片战争后，中国茶叶对外贸易，从广州逐步扩大到厦门、福州、宁波、上海等地。其后，汉口、镇江于1858年，九江于1861年，相继开放。中国茶叶出口量直线上升，中国茶叶大量输出欧洲、美洲和澳大利亚。直至19世纪中后期，茶叶一直是中国占第一位的出口商品，其出口值在有些年份甚至占中国总出口值的80%以上。

1. **茶叶出口不断增长** 1842年8月，中国签署了近代史上的第一个不平等条约——《南京条约》，向英国割让了香港，准许英国人寄居沿海之广州、福州、厦门、宁波、上海五处港口贸易通商。条款规定："凡大英国商民在粤贸易，向例全归额设行商亦称公行者承办，今大皇帝准以嗣后不必仍照向例，乃凡有英商等赴各该口贸易者，勿论与何商交易，均听其便。"从康熙开始垄断中国丝茶出口贸易120年左右的广州十三行，在《南京条约》中被废除。

1844年，中法签订《五口通商章程》，法国商人可以在五口任便与华商交易，任何人不得居中把持。由于多口通商，茶叶对外贸易形式发生很大变化。广州行商特权取消后，即转为洋行的通事或买办，串通外商大搞投机生意。是年，茶叶出口量突然增加，从广州、上海两口岸出口的茶叶共7 000多万磅。1845—1850年，广州、上海两口岸出口的茶叶年均维持在8 000万磅左右。同时，也有英美商人私自到还未开放的浙江舟山收购茶叶，而在上海的英国商人则携现款到中国内地收购茶叶。

1850年后，中国茶叶出口直线上升。1851年，外商私自进入未开放的汕头，武装护航走私，用鸦片换取茶叶。是年，茶叶出口比上年增加2 000多万磅，将近1亿磅；1853年，福州口岸开始直接出口茶叶。是年，中国茶叶出口总量开始超出1亿磅。茶叶的大量出口，刺激了国内茶叶生产。在上海出现了茶厂，专门加工适合外国市场的茶叶。这时的中国茶叶出口贸易，几乎全部为外商，主要是英商所操纵，茶叶的贸易量和价格亦受外商所左右。与此同时，一些中国的不法商人也串通外商走私漏税。

1854 年 6 月，清政府设立上海外籍关税管理委员会，配置外籍税务司 3 人。1858 年，中英、中法签订《天津条约》，中美、中俄也签订了不平等条约。主要条款是开放台湾的台南、淡水，广东的潮州，湖北汉口，江西九江等 10 个港口，外国商船得以驶入长江各口通商。

1862 年 1 月，汉口、九江先后开放。安徽建德（今东至）茶区的绿茶向来由山西茶商贩至归化（今呼和浩特）一带出售。是年，粤商在建德茶区改制红茶，装箱运往汉口销售。是年，外商运茶超过历史最高水平，达到 130 万担。

1851—1860 年的 10 年间，茶叶出口稳步增加，由每年 70 多万担增加到 90 多万担。1861—1870 年的 10 年间，则突破 100 万担大关，逼近 200 万担。

为缩短茶叶在海上运输周期，美国率先设计建造了先进的三桅快速帆船。1845 年，美国 750 吨级的彩虹号快速帆船首航至中国载运茶叶等物产。由于大大缩短海运时间，引起西欧各国的瞩目，竞相发展快速帆船，导致茶叶海上运输之竞赛。直至 1869 年苏伊士运河开通，蒸汽轮船才取代快速帆船由东方载运茶叶至欧美。

1820 年，茶叶占美国进口中国商品的 42.5%，1845 年高峰时曾经达到 78.6%，19 世纪 50 至 60 年代，保持在 60% 左右；俄国由于与中国接壤，可以直接从事对华陆路的茶叶贸易。19 世纪 50 年代，茶叶占俄国进口商品总值的 94%。此外，中国茶叶还出口到澳大利亚等国。所以，在 19 世纪，英国、美国、俄国、澳大利亚 4 国是中国最主要的茶叶海外市场。

1869 年 11 月，苏伊士运河开始通航，海程时间大为缩短。同时，上海至伦敦电报线路完成。这些新情况、新技术的出现，急剧地改变了世界茶叶贸易的状况。以前的茶价是依据中国而定，此后的茶价则是转受伦敦市场支配。由于交通运输便利，市场行情透明，贸易正常化，中国茶叶出口又一次超过历史最高水平，达 184.9 万担。茶叶出口值，占总出口值 60% 以上。其后，中国一般货物对外贸易扩大，茶叶出口总值虽有增长，但在全国总出口值所占比例反而缩小。1870 年，只占 54%。

鸦片战争后中国茶叶贸易获得大发展有多种原因：一是欧美茶叶市场需求激增，中外茶叶商人展开竞争，促进了茶叶市场发展。二是打破了延续多年的广州一口通商制度后，通商口岸增多。尤其是1860年《北京条约》签订以后，西方列强对中国采取所谓“合作”的外交政策，这带来了中西商业关系几十年的稳定。另外，太平天国起义平定后，国内形势比较稳定，产茶区重新迎来中外茶商，为茶叶贸易的繁荣提供了条件。19世纪中叶以后，大批中国茶商和西方茶商代理人从条约口岸到内地直接向生产者收购茶叶，并形成内地茶叶收购制度。

1851—1870年中国茶叶出口统计

单位：关担

年 份	数 量	年 份	数 量	年 份	数 量	年 份	数 量
1851	743 512	1856	980 270	1861	1 000 000	1866	1 185 000
1852	706 919	1857	693 440	1862	1 300 000	1867	1 314 000
1853	826 916	1858	776 435	1863	1 281 000	1868	1 742 848
1854	820 433	1859	832 072	1864	1 175 000	1869	1 848 806
1855	845 166	1860	910 639	1865	1 210 000	1870	1 654 978

资料来源：陈椽《中国茶叶外销史》，台北：碧山岩出版社，1993年。

2. 出口以红茶为主　鸦片战争以后，中国出口的茶叶品种主要有红茶、绿茶、砖茶、茶末和小京砖茶。

1869年，红茶出口146.8万担，绿茶出口27.2万担，砖茶出口6.9万担，其他茶出口1万担。

中国最早向欧洲出口绿茶，后来才大量出口红茶。红茶在欧洲市场销路好，所以一些地区如湖南平江也大力发展红茶生产。早期，美国人倾向饮绿茶，到19世纪末，也转饮红茶。俄国一直是重要的砖茶进口国。

3. 出口以英国为主　鸦片战争后的20年里，中英茶叶贸易的发展特别迅速。1844年，中国茶输英7 047.65万磅，至1860年，上升为12 138.81万磅，增加5 000多万磅。

1868年，中国出口茶叶，以出口英国为最多，约占65%以上；其次是美国，约占12%；澳大利亚占11%，香港占10%，俄国占1.2%。欧陆各国所占比例很少。

1869 年，中国出口茶叶总体有增加，具体各国和地区有增有减。增加的，俄国 9 万多关担，美国 8 万多关担，欧陆各国 3 000 多关担；减少的，香港 4 万多关担，澳大利亚 3 万多关担，英国 6 000 多关担。

1870 年，中国出口茶叶总体有下降，具体各国和地区有增有减。只有香港增加 1 万关担，澳大利亚增加 1 000 多关担。其他都减少，英国减少 11 万关担，美国、俄国减少 3 万多关担，欧陆各国减少 3 000 多关担。

1868—1870 年中国茶叶出口主要国家和地区数量统计

单位：关担

年　份	出口总计	英　国	香　港	澳大利亚	美　国	欧陆各国	俄　国
1868	1 526 872	1 004 872	104 119	114 833	188 613	603	13 251
1869	1 545 299	998 054	51 372	82 000	266 152	3 788	111 888
1870	1 389 910	888 926	60 880	83 321	232 983	319	83 355

资料来源：陈椽《中国茶叶外销史》，台北：碧山岩出版社，1993 年。

（二）中国茶叶对外贸易全盛（1871—1896）

19 世纪后期，是中国茶叶对外贸易的全盛时期。期间，最高时占据世界茶叶贸易总量的 80%以上。

1. 茶叶出口创历史高峰　1871 年 6 月，欧洲与港沪间海底电缆连接。同时，各国帆船先后被轮船淘汰，运费下降。经营茶叶贸易的外商有机可乘，争先恐后从中国收购茶叶，茶叶价格全面提高，茶叶外贸特别发达。这一时期，茶叶出口逐年增加，个别年份虽有减少，但减少不多。

鸦片战争前的中国茶商，基本上是从事国内贸易的旧式商人，其经营出口茶者，除传统的中俄恰克图贸易外，也只是将茶卖与广州十三行，本身不与外商打交道。鸦片战争后，出口中心转移到上海，就有一些“多领洋人本钱”的新兴茶商，“挟重金以来”产区，代外国洋行购茶。继之有人开设专与外商做交易的茶栈，以及加工精制茶的茶厂、茶号。随后上海茶商行业发生分工，主营内销称本庄，主营出口称“洋庄”。19世纪70年代，上海有茶栈几十家。其中采购毛茶、在沪加工精制以销外商的茶栈，也有三四十家；在福州，经营出口的茶庄基本代替了原来的西客（山陕商人），乃至在武夷茶产区，“福州通商后，西客生意遂衰，而下府、广、潮三帮继之起，道光夷茶经营为此三帮独占”；汉口原有领部贴（茶引）的旧式茶商20多家，开埠后，俄、英等外商来汉设厂收茶，即出现专与洋行买卖的茶栈七八家。经营毛茶的茶行，包括崇阳、羊楼洞等茶产区，至1886年多达299家。汉口输俄茶原来由西客经营，在恰克图有山西茶庄100家。改由海运出口后，西客均告衰退。三大茶埠之外，其他口岸亦出现新式茶商。如九江在1861年开埠时尚无茶栈、茶行，次年即出现十六七家。1882年，连同宁州、武宁、祁门等产区有茶行344家。

鸦片战争后，广东行商垄断对外贸易特权虽告废止，但旧行商还继续做茶、丝生意。原广东从事华洋贸易的散商，流寓外埠，充任掮客，最后自开栈号。产地的茶商和其他商人也到通商口岸开设茶栈，如山西茶商在汉口开设有经营洋庄、口庄（蒙、俄方面贸易）的栈号。洋行买办开设茶叶行栈，这是当时各口岸普遍的现象。

广州茶叶市场因福州口岸开放而分散，茶叶出口逐年下降。但是，台湾淡水茶叶市场逐渐繁荣。1872年，有三家英国洋行在淡水经营茶叶。1875年，共有5家英国洋行在淡水和基隆经营茶叶。厦门茶商在台北建立行栈，将台北茶叶运来厦门焙制和包装，以便输出供应国外市场。国外茶商也来台北经营茶叶贸易，台湾茶叶对外贸易得到发展。

1871年，汉口茶叶出口比以前任何一年都多。湖南、湖北两省茶园面积扩大，几乎较10年前增加50%。汉口茶叶适合英国市场销路，输出60万箱（每箱约重95磅），比上年增加10万箱。

欧美国家茶叶旺盛的需求刺激了中国茶叶出口贸易的发展，从17世纪初至19世纪80年代，中国茶叶出口数量一直稳步增长。1871年超过10万吨，1881年达12.9万吨，1886年创下了中国茶叶出口数量的最高纪录14.13万吨。在此期间，出口量年均递增4.3%左右，是历史上中国茶叶对外贸易的黄金期。

1871—1886 年，中国茶叶出口增长趋缓。原因主要是英国资本家大量投资发展印度、锡兰殖民地的茶叶生产。印度、锡兰两地茶叶生产，日渐扩张，茶叶大量输入英国。因而在英国茶叶市场，中国茶叶逐渐被排斥。

1842—1880 年的不到 40 年，茶叶出口约增加 5 倍之多。1880—1888 年的 8 年，平均每年茶叶出口 12.6 万吨，为对外贸易极盛时代。1886 年，中国茶叶生产量约为 23 万吨，国内消费不到一半，生产的茶叶主要供作外销。红茶出口恢复到 10 万吨，砖茶超过 2 万吨大关，绿茶减少 1 000 多吨。总出口量达到 13.4 万吨，加上淡水出口 7 216 吨，合计达 14.13 万吨。这些年茶叶出口总量有所增加，但出口总额反而下降。

1889 年，中国茶叶出口值占全国出口总值下降到 29%。1889 年后，中国茶叶出口数量有所减少。1889—1896 年，出口量下降了 20%。传统的输英红茶下降尤甚，赖输俄砖茶的增加，稍为弥补。1896 年前，尚能维持年均 10 万吨出口。

鸦片战争后，欧美国家强制中国开放市场，扩大在华贸易特权、沿海贸易权、内河航行权、内地通商权和最惠国待遇。关税进一步降低，外籍税务司制度的合法化及其推广，海关主权丧失。欧美国家争先恐后在中国开设洋行，操纵市场，掠夺茶叶出口。同时也刺激中国茶叶生产的发展，导致中国茶叶对外贸易的畸形发展。

1871—1896 年中国各类茶叶出口数量统计

单位：公担

年　份	出口总计	红　茶	绿　茶	砖　茶	其他茶
1871	1 015 049	823 411	140 686	50 675	277
1872	1 073 246	858 905	155 107	58 660	574
1873	978 182	770 643	142 375	64 912	252
1874	1 049 353	873 467	128 719	45 230	2 119
1875	1 099 742	870 058	127 176	100 939	1 569
1876	1 066 129	855 988	114 737	93 107	2 297

（续）

年　份	出口总计	红　茶	绿　茶	砖　茶	其他茶
1877	1 155 103	938 899	119 459	89 393	7 352
1878	1 148 469	917 840	104 523	117 497	8 609
1879	1 202 996	921 348	110 817	166 644	3 187
1880	1 268 315	1 004 874	114 077	140 897	8 588
1881	1 292 721	989 874	143 979	149 684	9 184
1882	1 219 333	974 271	108 160	132 465	4 455
1883	1 201 763	950 181	115 584	132 294	3 704
1884	1 219 386	946 164	122 504	148 171	2 547
1885	1 287 455	978 826	129 844	169 408	9 377
1886	1 340 940	1 000 358	116 682	218 627	5 273
1887	1 302 093	985 735	111 693	200 355	4 310
1888	1 310 391	932 713	126 629	249 561	1 955
1889	1 135 391	820 430	116 317	187 593	277
1890	1 007 214	696 169	120 658	179 724	574
1891	1 058 401	727 950	125 046	198 891	252
1892	981 380	666 012	113 966	195 415	2 119
1893	1 101 218	719 824	142 873	231 248	1 569
1894	1 126 306	736 159	141 197	239 107	2 297
1895	1 128 345	679 755	147 691	291 141	7 352
1896	1 025 910	551 821	131 239	342 855	8 609

资料来源：陈椽《中国茶叶外销史》，台北：碧山岩出版社，1993 年。

2. 红茶出口创历史高峰　1871—1896 年，红茶出口占第一位。最高是 1880 年，超过 10 万吨，达到历史最高峰。从 1888 年后，出口数量和比例大幅下降。到 1896 年，为 5.52 万吨，下降近一半。砖茶出口列第二位。最低是 1874 年，为 0.45 万吨，最高是 1888 年，为 2.5 万吨，增长数倍。砖茶运销俄国，占俄国进口茶叶总量的 90% 以上。绿茶出口列第三位，占总出口量的 9.6%。基本稳定，每年保持在 1 万多吨。1889 年后，销往俄国渐畅。

3. 茶价下跌　1876年以前，由于国际市场扩大，出口递增，出口茶价尚维持较高水平。1876年，出口总值为5 700多万银元。1877—1888年，出口量增长更快，受印度、锡兰、日本出口茶叶的影响，中国茶叶出口茶价猛跌。1880—1886全盛时代，平均每年茶叶出口总值5 000多万银元。最低是1882年，为4 800多万银元。1886年出口虽多，价值反而不及1876年，主要是外商操纵市场压价的原因。

茶价跌落原因很多。首先，中国茶叶主要是小农生产，茶农出售红茶含水率高，未能及时卖给茶行焙制，导致品质参差不一，不如印度红茶。加上印度、锡兰机制茶成本低，中国手工茶竞争不过印度机制茶。所以，中国工夫红茶逐渐被印度分级红茶所取代；其次，中国茶行收购湿坯红茶焙制为毛茶，毛茶加工为箱茶。为了节省成本，包装简陋。长途搬运，破箱严重，导致茶叶品质降低。绿茶也是如此。日本绿茶出口到美国竞销，不惜包装费用，包装牢固，运到美国市场尚能保持出厂的品质，有利于占领绿茶市场，中国绿茶难与其角逐；再次是中国苛捐杂税繁重，内地捐税比出口税高1～2倍，无法与免税国竞争，如日本、印度只征收一笔名义上的税款。因此，中国出口英国茶叶数量和价格一年比一年低。

4. 主要出口英国　1871—1886年，中国茶叶年均出口总量在180万～190万关担。出口英国最多，年均在100万～110万关担。上海和汉口的红茶，主要运往英国伦敦。1886年以后，出口趋于下降。1886年为95万关担，1891年则下降为41万关担，6年之内下降了一半多。1892年以后又下降为30万关担，主要是印度、锡兰红茶大量输入英国的缘故。

出口俄国，从1871年11.58万关担增长到1894年75.73万关担，趋势增长；出口美国，稳定中有增长；出口澳大利亚，时增时减，变化不大；出口中国香港地区，略有增长；出口欧陆各国，是增加趋势。总之，这个时期出口增长趋势是主要的，特别是俄国、美国、欧陆各国以及中国香港地区。只有英国下降，澳大利亚不稳定。

1888年后，中国茶叶出口俄国超过英国；1894年，出口美国也超过英国；出口英国，下降幅度最大。1889年，中国出口的茶叶占英国进口茶叶总量的35%。出口俄国、欧陆各国均有增长。

1871—1894 年中国茶叶出口主要国家和地区数量统计

单位：关担

年 份	出口总计	英 国	香港地区	澳大利亚	美 国	欧 陆	俄 国
1871	1 881 827	1 041 868	83 744	92 019	298 549	2 818	115 755
1872	1 923 627	1 057 260	85 576	107 689	314 572	4 420	169 850
1873	1 810 074	984 026	98 790	88 097	224 122	516	188 008
1874	1 795 625	1 124 315	124 782	99 994	209 514	2 156	138 199
1875	1 965 406	1 055 903	123 090	106 195	151 642	12 360	256 948
1876	1 946 250	1 032 226	121 240	113 512	214 531	11 808	244 184
1877	2 037 608	1 079 437	19 650	102 525	270 708	2 288	218 614
1878	1 954 104	1 059 151	174 868	97 509	227 988	2 638	281 319
1879	2 079 708	986 853	172 578	98 416	266 953	2 048	424 616
1880	2 204 754	1 112 874	168 467	143 870	269 740	5 716	357 325
1881	2 264 767	1 043 326	107 182	155 271	337 942	7 056	380 714
1882	2 059 333	1 015 744	167 025	135 051	261 284	3 634	386 914
1883	2 021 936	1 009 499	156 687	102 786	254 079	6 509	404 478
1884	2 071 612	961 216	139 762	126 735	273 255	3 554	448 334
1885	2 293 114	1 011 666	179 768	144 642	286 744	4 421	432 315
1886	2 386 975	949 537	155 756	128 406	304 464	8 737	599 177
1887	2 327 893	793 747	194 473	147 543	274 113		607 376
1888	2 323 456	668 216	176 971	103 852	302 071	9 011	675 177
1889	1 939 159	603 738	163 407	139 623	296 148	9 751	636 494
1890	1 723 114	433 964	135 297	109 155	268 141	11 316	585 350
1891	1 802 339	411 284	178 043	101 558	375 697	11 636	636 408
1892	1 658 340	361 458	162 727	119 822	307 923	19 095	535 818
1893	1 874 372	367 218	169 979	89 669	342 288	14 937	683 744
1894	1 939 189	307 506	165 505	80 323	403 197	26 334	757 288

资料来源：陈椽《中国茶叶外销史》，台北：碧山岩出版社，1993 年。

（三）茶叶输出口岸

第一次鸦片战争后，中国外贸中心转移到上海。徽州绿茶集中于屯溪，由新安江经杭州转上海，水运不过10日；浙东平水珠茶由绍兴起运，经杭州到上海只需5日；

而武夷山地区茶叶运福州只需4日，上海、福州因此成为两大茶叶贸易口岸。1856年，上海出口茶叶44.5万担，福州出口茶叶30.7万担，共占全国海运出口量的77%。

第二次鸦片战争后，汉口开埠，成为华中茶区的出口口岸，原陆路运俄国之砖茶亦改由汉口出海。至1881年，上海出口茶叶62.3万担，福州出口茶叶66.3万担，汉口出口茶叶26.8万担，三大茶埠出口占中国茶叶出口总量的73%。从事茶叶出口的华商，亦以此三大口岸为中心，进行运销。

中国茶叶出口，以经上海出口的为多，汉口、福州次之，广州又次之。上海接近浙江、安徽茶区，且为东南金融中心，长江入海的孔道。开埠后，过去由广州出口的茶叶，大部分转经上海出口。

在《南京条约》规定的5个通商口岸中，福州发展最晚。福州口岸的真正发展始于19世纪50年代，即太平天国起义期间。因为上海被小刀会占领，于是茶叶贸易中心迅速转移至福州。1853年，福州辟为茶叶外销的正式口岸，茶叶贸易发展很快。由于湖南及中国其他各地的动乱，茶叶运往广州和上海的内地运输常有中断，福州遂成为收购茶叶的主要商港之一，日臻重要。从1854年起直到19世纪80年代，福州对外的茶叶贸易量一直居高不下。1856—1860年，福州的茶叶出口一般都占到了全国的40%以上。1859年超过上海出口量的8%，达到46万担。在开始茶叶贸易短短五六年的时间里，福州出口的茶叶量已达到广州、上海两地出口总和的三分之二。

1871—1873年，中国年均出口总值为11 000万银元，其中茶叶出口值为5 797万银元，占52.7%。而福州口岸输出的茶叶价值又占全国茶叶的35%～44%，也即是福州仅茶叶出口一项，就占全国出口总值的20%左右。福州在很短的时间内，迅速上升为中国最大的茶叶贸易口岸。到1880年，出口茶叶达到最辉煌时期，出口量为80万担（约4万吨），价值265万英镑（约4 000万银元）。至此，福州已成为“中国乃至世界最大的茶叶港口”。到19世纪80年代后，受到诸多因素的共同作用，福州的茶叶输出便江河日下，同整个中国茶命运一样，很快被印度、锡兰所取代。

福建茶叶大部分由福州、厦门、三都澳出口，以集中福州的数量为最多。福州为闽茶加工制造中心，闽西北的毛茶几乎全部运往福州加工或窨制花茶。福州出产茉莉、珠兰，窨花业很盛，浙江、安徽绿茶也往往运到福州窨花。

早在1850年，俄商便开始在汉口与英商争购茶叶。第二次鸦片战争后，汉口成为新辟的10个通商口岸之一。汉口是华中水陆交通枢纽，羊楼洞的老青茶、湘鄂皖赣四省的红茶、转口的红绿茶，可顺长江航运上海出口，或经陆运自西北转出，自汉口直接购运海外者也不少。汉口由此成为中国内地第一茶叶市场，有洋行茶栈数十家，红、绿、砖茶厂数十家。所以，许多年里，经汉口输出茶叶数量仅比上海少。茶叶贸易额一度超过上海，占到全国出口茶叶的一半以上。

汉口从19世纪60年代开始成为中国一个主要的贸易口岸。1861年，由汉口港出口茶叶8万担，1862年增加到21.6万担，以后逐年增加。从1872年到清末，年出口量从50万余担增至80万～90万担，成为中国主要出口港。这期间中国出口的茶叶占世界茶叶贸易的86%，而汉口茶叶出口占中国茶叶出口的60%，因此，汉口被欧洲人称为“东方茶叶港”。

最初，晋商主要采买浙江和福建的茶叶。清咸丰年间，由于受太平天国起义的影响，晋商改采两湖茶，以湖南安化、临湘的聂家市，湖北蒲圻羊楼洞、崇阳、咸宁为主，就地加工成茶砖。茶砖先集中到汉口，再由汉口运销它处。1851年，在中俄签订《中俄伊犁塔尔巴哈台通商章程》后，从晋商中分出西商，专购安徽建德珠兰花茶从西北出口俄国。珠兰花茶由建德贩至汉口，逆汉水到河南十字店，由十字店发至山西祁县、忻州，由忻州而至归化，转贩与向走西疆之商，运至乌鲁木齐，再到塔尔巴哈台等处售卖，而不走张家口—恰克图一线。

汉口开埠后，俄国人以其多年往来贸易的经验特别看重汉口的茶市。他们借1862年与清政府签订的《中俄陆路通商章程》，取得了直接在茶区采购加工茶叶和通商天津的权利。俄国人终于打通了最大的茶叶集散地汉口至天津、再至海参崴的水路，从而取得了水陆联运的便利。如此一来，中国商人的利润被剥夺净尽，曾经繁荣了近200年的边境贸易口岸恰克图逐步衰弱。

茶叶贸易催生了汉口的砖茶工业，使汉口成为中国近代砖茶工业的滥觞地。俄商来汉口，开始是招人包办，监制砖茶。1863—1873 年，俄商在湖北茶产地蒲圻羊楼洞一带开设了顺风、新泰、阜昌等多个茶厂。为了与英商争夺茶源，扩大销量，他们以高出英商几个百分点的价格来收购茶叶，就地加工制作，再由汉口俄商洋行转口出售。1874 年左右，俄商砖茶厂陆续迁往汉口，并先后采用蒸汽机和水压机制作砖茶，实现了近代化的生产方式，成为武汉地区第一批近代化工厂。其设备先进，雇佣工人多，吸收了数千人从事制茶业，从而大大提高了生产效率和产品质量。不仅产量高，利润也大。到 1894 年，由汉口直接装运出口的茶叶为 7.35 万公担[①]，俄商占其总数的 85%。

1865 年，汉口输出砖茶仅 120 吨；1891 年增至 12 785 吨；20 世纪初，已达近 2.5 万吨，成为中俄茶叶贸易的主要茶类和支撑汉口茶市的基础。在汉口英俄茶叶商战中，英商终于败北，撤离汉口的茶市，转移到印度和斯里兰卡去开辟红茶市场。

粤汉和津浦铁路通车后，东南和两湖茶叶亦运广州和天津出口，但数量较少。至于云南普洱茶则经思茅等地运销缅甸、越南等地。

1934—1939 年茶叶出口关别数量统计

单位：公担

关别＼年份	1934	1935	1936	1937	1938	1939
上海	383 988	291 333	265 319	282 955	146 139	90 105
福州	27 564	27 887	28 591	43 342	38 357	19 469
汉口	33 336	37 481	38 518	41 173		
广州	6 530	5 201	10 606	13 088	47 382	1 622
宁波	2				47 440	28 617
温州				133	38 434	23 509
九龙	14	1	7	156	63 305	1
三都澳					1	24 054
思茅	2 293	3 873	8 688	12		3 200

① 公担为非法定计量单位。1 公担 =100 千克。 ——编者注

（续）

关别 \ 年份	1934	1935	1936	1937	1938	1939
龙州	1	3	29	6 594		2 137
厦门	5 615	5 133	6 239	8 884	7 005	14 758

资料来源：陈椽《中国茶叶外销史》，台北：碧山岩出版社，1993年。

二、中国茶叶对外贸易衰落与恢复（1897—2000）

19世纪末，由于英国东印度公司积极扶持印度、锡兰发展茶叶生产，中国茶叶对外贸易已为印度、锡兰所赶超，开始急剧衰落。这种情况，直到20世纪中叶才开始出现转机，中国茶叶对外贸易开始恢复与发展。

（一）中国茶叶对外贸易衰落（1897—1949）

19世纪末至20世纪初，中国茶叶出口从全盛期到开始衰落。

1. **茶叶出口衰降**（1897—1916） 从19世纪末开始，中国茶叶出口不敌印度、锡兰红茶，由盛转衰。因当时俄国销路尚好，出口数量还能维持。

（1）茶叶出口衰降：中国茶叶生产经营，向由小农无组织的自由进行，栽培、加工技术墨守成规，生产数量无计划，经营理念落后，以致逐渐衰落。而以英国为代表的西方国家一方面操纵国际茶叶市场价格，同时扶持其殖民地大力发展茶叶生产，抵制中国茶的出口。“1890年后，受英国宣传作用，美国人口密集的区域，对绿茶的嗜好，为红茶所替代，茶叶贸易遂大变动，随后输入英国殖民地出产的红茶，更助于宣传广告和游行运动，使中国绿茶销路大受打击，这种新茶（印度红茶）渐次普及。”① 同时，外商肆意压低中国茶叶出口价格，以致到了不够茶叶生产成本的地步，导致中国大片茶园荒芜，茶农、茶工失业。

由于印度、锡兰红茶的崛起，中国红茶出口持续下降。至1888年，印度尼西亚红茶也大量生产和出口，加入了与中国红茶竞争的行列，中国茶叶出口更是雪上加霜。日本又推进绿茶出口，不仅侵占美国的中国茶叶市场，而且还以低价侵入中国华北市场。在中国茶叶出口减少的同时，日本茶叶进入中国则增加。

① 陈椽：《中国茶叶外销史》。

1897—1916年的20年，除1903年和1915年还保持茶叶出口10万吨，1901年仅7万吨外，其余都是在9万吨左右徘徊。在1896年前的很长时间里，茶叶在中国的出口商品中占首位。1897年后，茶叶出口占全国出口货物的第二位。茶叶出口总值对出口货物总值继续下降，到19世纪最后10年，已降至30%以下。至20世纪初，更降至10%以下。

1880—1888年全盛时期，年均出口总值为5 000多万银元。1889—1907年，除个别年份出口总值减少外，其余大致都在4 000万~5 000万银元。1908—1916年，茶叶出口年均9万多吨，虽较1880—1888年平均12.6万吨为少，但年均总值还保持在5 600多万银元。

1897—1916年中国各类茶叶出口数量统计

单位：公担

年　份	出口总计	红　茶	绿　茶	砖　茶	其他茶
1897	926 633	462 613	121 664	337 653	4 703
1898	930 530	512 338	112 071	301 442	4 679
1899	986 288	565 828	129 303	286 686	4 471
1900	837 225	522 160	121 215	191 672	2 178
1901	700 342	402 487	114 565	177 519	5 771
1902	918 804	415 665	153 470	344 753	4 916
1903	1 014 554	435 058	182 417	374 037	5 042
1904	877 701	452 989	145 843	270 761	8 108
1905	823 138	361 087	146 437	313 582	7 032
1906	849 203	363 423	125 146	354 847	5 787
1907	973 788	428 356	160 156	365 430	19 852
1908	953 232	414 528	171 812	357 319	9 573
1909	906 244	374 747	170 357	353 788	7 352
1910	943 956	383 150	179 068	372 068	8 861
1911	884 690	444 026	180 976	251 989	7 699
1912	896 117	389 683	187 580	306 303	12 551
1913	872 173	327 860	167 734	366 515	10 064

（续）

年　份	出口总计	红　茶	绿　茶	砖　茶	其他茶
1914	904 644	370 915	161 320	353 127	19 282
1915	1 077 950	466 378	185 262	387 863	38 447
1916	932 971	392 042	108 668	338 794	21 465

资料来源：陈椽《中国茶叶外销史》，台北：碧山岩出版社，1993 年。

尽管中国茶叶在 19 世纪末遭遇激烈竞争而引起出口量值的下降，但总的来看，茶叶在 19 世纪中国进出口贸易中具有头等重要的地位是毋庸置疑的：中国全部出口商品所换得的外汇有 52.7%来自茶叶，中国全部进口商品所需要的外汇有 51%是靠茶叶去支付的。即使英国在对华大量输入鸦片后，中国茶叶出口的优势仍可以使中国对外贸易保持顺差，基本能弥补因鸦片进口而造成的大量白银外流。1867—1894 年，中国仅出口的茶叶价值即大致与进口的鸦片价值相当。1880—1891 年，清政府茶叶关税收入总计 5 338.9 万银两，年均 449 万银两，相当于同期海关出口税收的 55.4%左右。可见，清政府从茶叶贸易中得到了巨大收益。

（2）红茶出口维持第一：1897—1916 年，红茶出口依然保持第一，但是数量和比例继续下降，1913 年最低时仅有 3 万多吨。砖茶出口稳定，除个别年份低于 2 万吨外，其余都为 2.5 万～ 3.9 万吨。砖茶出口接近红茶，约为绿茶的两倍；绿茶基本稳定，保持在 1 万多吨；其他茶出口起伏较大，高峰时 1915 年达 3 800 吨，低谷时 1900 年仅 200 多吨。

（3）主要出口俄国：中国茶叶出口迅速下降，主要是由于日本侵夺中国绿茶市场，印度、锡兰、印度尼西亚侵夺中国红茶市场。其次是第一次世界大战造成海路不通，运输困难。这一时期茶叶出口，主要由陆路运销俄国，砖茶出口大量增加。

20 世纪初，西伯利亚铁路、中东铁路以及京张、京绥铁路的通车，使俄国将对华贸易的重心由蒙古转移到中国东北。中南地区如汉口对俄输出茶砖，向来依靠经由张家口到恰克图的陆上运输，而有了中东铁路后，茶叶出口改为先由内地至天津，然后经大连到俄国。俄商利用中国国内通商口岸的通商特权，直接深入中国内地进行直接贸易。这使得晋商在对俄蒙贸易中的中介作用丧失殆尽，并导致张家口、库伦和恰克图等传统茶贸中心日趋衰落。

1897—1916年，中国茶叶出口俄国第一，占出口总量的60%以上。其次是美国，英国列第三。出口中国香港地区在10%以内，出口澳大利亚和欧陆各国甚微。第一次世界大战前，每年各出口法、德两国4万～5万公担。第一次世界大战期间，销往德国曾一度中断，销往法国数量亦锐减。

俄国十月革命前，进口中国茶叶，年均超出5万吨，占中国茶叶出口总量的68%。1915年，更是超过7万吨。

1912—1916年中国茶叶出口主要国家和地区数量统计

单位：公担

年份	出口总计	英国	中国香港地区	美国	俄国
1912	896 117	59 212	57 932	95 292	507 835
1913	872 173	46 016	62 521	86 990	547 920
1914	904 644	85 151	52 605	103 129	545 954
1915	1 077 950	102 814	71 763	83 263	703 275
1916	932 971	72 690	78 403	88 018	634 972

资料来源：陈椽《中国茶叶外销史》，台北：碧山岩出版社，1993年。

2. 茶叶出口剧降（1917—1949）　1914—1918年，第一次世界大战爆发，茶叶贸易受到很大影响。1916年，英国禁止茶叶进口，但输入到中立国如西班牙、葡萄牙除外。1917年，英国为统制战时食品起见，非英属殖民地茶叶禁止进口，中国和爪哇茶都不得进口。因此，1917年后，中国茶叶出口大量减少。1918—1939年，中国茶叶出口年均4.3万吨。

（1）茶叶出口继续下降：1917年，俄国发生十月革命，中国出口俄国绿茶顿告结束。出口总量遂由年均9万吨跌至3万多吨。其中以绿茶减少最多。不仅销俄停滞，同时日本绿茶大量倾销，美国市场大部分被占。

全面抗日战争初期，茶商因交通困难、资金枯竭，致茶叶出口停顿。政府为急于获得外汇收入，协助茶商出口积滞内地的茶叶，茶叶因此得以继续出口。1938年起，指定茶叶为易货物资之一，统购统销。是年，出口茶叶426 246公担，超出前两年之数。但自广州沦陷后，运输益发困难。至太平洋战事发生，海运全部中断。茶叶出口单靠西北陆路运输，车辆有限，往返时间很长，输出很少。

全面抗日战争开始后，沿海各口岸相继沦陷，茶叶外运路线不时变更，经各口岸出口数量起伏很大。上海沦陷后，茶叶出口大量减少。在此期间，大部分茶叶已改经宁波等地运往香港外销；汉口、广州两埠出口，在未沦陷前，均较战前有所增加，沦陷后锐减；福州临近台湾地区，更遭日本封锁，出口受阻；厦门形势与福州相同；但思茅、宁波、温州等地，过去出口量很少，因主要口岸沦陷，在1938—1939年数量激增。

1941年，中国全部港口都已沦陷，茶叶出口全部停止。到抗日战争胜利，陆续恢复，但出口量小。至1949年，中国茶叶总产量只有4.1万吨，出口量仅有0.9万吨。

中国茶叶出口一落千丈，究其原因，除政治和经济方面的逆境影响外，还有一个很重要的原因是，在国际茶叶市场竞争中失败。当时，印度尼西亚、印度、锡兰等新兴产茶国家相继崛起，产量突增，输出骤盛，加之机械制茶，品质优异，在国际茶叶市场上具有较强竞争力。而中国茶产业却故步自封，不求改进，品质下降，成本增加，经营不善，致使红茶市场渐为印度、锡兰等国所夺，绿茶、乌龙茶市场又为日本所挤，外销几濒绝境。而国内处于连年战争，苛捐重税，经济萧条，物价暴涨，茶农生活维艰，茶园成片荒芜，茶业生产岌岌可危。

1917—1949年中国各类茶叶出口数量统计

单位：公担

年　份	出口总计	红　茶	绿　茶	砖　茶	其他茶
1917	680 713	285 625	118 595	268 307	8 186
1818	244 466	105 815	91 148	45 456	2 047
1819	417 398	174 662	151 023	86 722	4 991
1920	185 009	77 312	99 176	7 073	1 448

（续）

年 份	出口总计	红 茶	绿 茶	砖 茶	其他茶
1921	260 257	82 601	161 851	14 240	1 565
1922	348 402	161 502	171 148	13 678	2 074
1923	484 688	272 570	172 141	5 209	34 768
1924	463 230	234 092	168 596	11 722	48 820
1925	503 795	199 251	194 259	85 830	24 455
1926	507 611	179 918	199 095	85 803	45 796
1927	527 484	150 507	201 520	104 718	70 733
1928	560 048	163 062	185 528	155 257	56 203
1929	573 173	178 149	211 710	146 769	36 550
1930	419 783	130 077	151 064	110 305	28 307
1931	425 290	103 701	177 520	100 784	43 285
1932	395 266	88 994	166 140	128 020	12 112
1933	419 578	98 185	174 480	111 972	34 941
1934	470 492	149 730	151 789	129 634	39 329
1935	381 404	104 752	154 008	96 912	25 732
1936	372 843	96 030	155 931	90 876	30 006
1937	406 572	115 658	153 998	86 955	49 961
1938	416 246	108 902	130 146	18 754	57 144
1939	225 578	51 645	139 125	2 089	32 719
1946	68 995	44 130	20 765	14	4 086
1947	164 433	53 479	93 198	3 466	14 290
1948	175 014	58 285	76 480	14 851	25 397
1949	74 848	8 058	56 506	380	9 906
后期	24 372	167	23 852	157	195

资料来源：陈椽《中国茶叶外销史》，台北：碧山岩出版社，1993 年。

(2)绿茶出口量第一：从1926年起，绿茶出口量超过红茶。其次是红茶，砖茶最少。砖茶出口自俄国十月革命后，陡然减少。1920 年、1923 年不到 1 万公担。但在抗日战争前的 10 多年里，茶叶为中苏易货的主要商品，砖茶销苏亦见好转，年均在 10 万公担以上。

这个时期，出口英国以红茶为主，年均在 2 万～ 3 万公担。红茶在英国茶叶市场尚能继续维持，仅有祁门红茶和宜昌红茶，但是数量微小。祁红品质优良，为其他国家所不及，还能维持下去。宜昌红茶产量不多，品质又非上乘，出口逐渐减少。至于其他两湖红茶，制茶技术不高，过去以价格低廉尚能有销路，但是自锡兰、印度尼西亚低级红茶销英后，即遭排挤。

绿茶销英过去数量不大，这个时期只有数千公担，不占地位。

1917—1939 年中国茶叶出口主要国家和地区数量统计

单位：公担

年份	总计	英国	美国	苏联	中国香港地区	非洲	欧陆国家
1917	680 711	21 140	103 782	443 706	47 435		
1918	244 467	22 579	43 786	57 881	53 744		
1919	417 399	129 055	50 550	99 992	58 833		
1920	185 010	21 946	43 148	6 995	57 822		
1921	260 257	19 059	77 139	14 947	72 983		
1922	348 403	45 910	73 337	16 688	66 166		
1923	484 690	101 328	85 247	7 352	79 638		
1924	463 229	124 249	48 064	32 318	75 208		
1925	503 795	29 001	65 864	166 018	56 759		
1926	507 609	64 911	57 333	135 570	57 322		
1927	527 481	53 587	53 598	182 032	71 115		
1928	560 049	36 368	46 021	215 746	74 492		
1929	573 177	37 997	35 010	225 750	69 181		
1930	419 253	39 870	38 153	134 311	56 086		
1931	425 293	34 133	39 890	145 648	54 600	38 892	
1932	395 464	24 619	31 122	139 260	49 129	88 246	
1933	419 610	35 648	38 945	142 936	30 362	100 935	
1934	470 698	80 719	32 821	155 718	28 946	101 081	31 010
1935	381 516	19 748	33 514	115 591	23 258	102 368	27 504
1936	372 998	35 094	28 407	96 261	29 493	106 746	30 216
1937	407 044	56 969	32 972	98 661	41 705	94 389	22 361

（续）

年份	总计	英国	美国	苏联	中国香港地区	非洲	欧陆国家
1938	416 386	9 023	21 660	2 409	239 099	94 275	8 354
1939	225 672	2 988	10 336		118 241	56 978	2 161

资料来源：陈椽《中国茶叶外销史》，台北：碧山岩出版社，1993年。

（3）出口苏联最多：俄国十月革命后，中国茶叶出口俄国数量一度猛跌，1920年跌至7 000公担以内。自1924年，中苏恢复邦交，逐渐回升至20多万公担。1925—1937年，年均10万多公担。

在全面抗日战争时期，苏联与中国订立贸易协定。1938年起，大部分易货茶叶经香港转由海道运往苏联。1938—1941年，易货运交的红、绿茶在30万公担以上，砖茶30多亿块，年均维持在10万公担左右。太平洋战争发生后，海运停滞，销往苏联的茶叶依靠西北路线输出，数量很少。

中国茶叶出口非洲的历史较晚。1930年前，是由欧洲转销。直接出口，因其数量有限，未引起重视。1931年，开始直接向北非的阿尔及利亚、摩洛哥、利比亚出口绿茶，此后销量激增。仅摩洛哥年均进口7万公担以上，加上突尼斯、利比亚、阿尔及利亚，总共年均销茶约10万公担，约占中国茶叶出口总量的20%。在1939年的北非茶叶市场，除埃及外，几乎全部为中国所独占。

中国茶叶出口香港地区，每年3万～5万公担。全面抗日战争爆发后，数量激增，1938年增加至13.9万公担，1939年稍少，仍有11.8万公担，占出口总额的50%以上，超过苏联、北非、英美。但香港本地茶叶消费量很小，十有八九转口运销苏联、北非、英美和东南亚各国。自上海沦陷后，中国出口货物大都改经香港外运。由此而论，这一时期茶叶出口则以苏联为最多，北非次之，英美则较少。

对英国出口，除1919年、1923年、1924年三年外，都在10万公担以下，期间有些年份仅1万～2万公担。1937年后，欧亚海运不通，出口英国数量更少。

在欧洲大陆上，法、德两国都是中国茶的重要客户。自1920年后，平均每年出口法国不到2万公担，出口德国仅1万公担左右，始终未能恢复第一次世界大战前的数量。

3. 侨销茶叶逐步萎缩　历史上，中国茶叶侨销量很大，但自东南亚各地自行产制后，侨销茶量逐渐减少。由于印度、锡兰、印度尼西亚茶业的兴起，至 19 世纪中叶，中国红茶输出数量时多时少。到 20 世纪初，不仅红茶出口逐渐下降，青茶（乌龙茶）出口也逐渐衰落。青茶出口，在 20 世纪 10 年代，除 1915 年达 853.5 吨外，其余年间输出都为 500 ～ 700 吨。在 20 世纪 20—30 年代，1924 年增至 862 吨，1929 激增至 1 466.7 吨，1934 年又降至 867.8 吨，其余年间都为 1 000 ～ 1 200 吨。全面抗日战争开始后，侨销青茶又大幅缩减，1938 年只输出 265.3 吨。

侨销茶类以福建青茶为主，福州粗茶、花茶和政和白茶次之，浙江杭州的龙井和安徽祁门的安茶、云南的普洱茶又次之。马来西亚、菲律宾、印度尼西亚、越南、缅甸、泰国和中国香港地区、澳门地区以及美国旧金山等地，主要销售福建青茶，经营者则为侨商。每年茶季时，侨商汇款托国内茶号代为收购、加工、包装，或到福建自行设茶庄收购加工。

侨销茶叶大部分是由厦门出口，厦门沦陷后，则由香港转口。全面抗日战争期间，茶叶由政府统购统销。侨商在福建设庄所制茶叶，经茶叶管理局函商财政部贸易委员会福建办事处审核和办理结汇手续。但是，由于印度尼西亚、锡兰的红茶以及越南土茶等低价倾销，夺取东南亚市场。同时，中国台湾的青茶因出口无阻，大量低价推销到东南亚，导致抗日战争期间，中国侨销茶叶输出很少。

（二）中国茶叶贸易的恢复与发展（1950—2000）

1949 年 10 月 1 日，中华人民共和国成立，中国茶叶出口贸易从此逐步恢复与发展。1949 年 11 月成立中国茶叶公司，统营全国的茶叶出口贸易，前期的茶叶对外贸易是以国家专业公司统一经营、直接出口为特征，经营茶叶国际贸易的口岸由初期的 4 个，发展到上海、广州、浙江、福建、安徽、江西、湖北、湖南、江苏、广西、云南、四川、贵州、海南、河南等 18 个。1950—1978 年，中国茶叶出口增长缓慢。1979 年以后，中国实行全面改革开放方针，开展多种方式的灵活贸易。一批茶厂特别是民营茶厂开始享有茶叶进出口经营权，打破了原国营茶叶公司垄断茶叶进出口贸易的局面，茶叶出口量增长加快。1979 年，茶叶出口恢复到 10.7 万吨，

1984 年增长到 14.5 万吨，突破 1886 年茶叶出口的历史最高纪录。历经百年，中国终于超越历史上茶叶出口的最高峰。

1989 年，中国茶叶出口再创新高，出口茶叶 20.45 万吨。1998 年，中国茶叶出口 91 个国家和地区，达 21.8 万吨。出口国既有发达国家，也有发展中国家，特别是西北非市场，中国绿茶占据主导地位。其中，出口日本 20 833 吨，4 816 万美元；美国 17 888 吨，1 842 万美元；摩洛哥 15 447 吨，2 407 万美元；法国 15 179 吨，2 953 万美元。

到 2000 年，中国茶叶总产量为 68.3 万吨，出口茶叶 22.8 万吨，占总产量的 33.4%。中国茶叶出口占世界茶叶贸易量的比重，由 1950 年的 5.5%上升到 2000 年的 18%。茶叶出口总量虽然整体得到大幅度提高，但是整个茶叶出口的增长并没有随着茶叶总产量的增长而同步增长，中国茶叶出口面临着来自斯里兰卡、肯尼亚等国的激烈竞争。

中国茶叶出口，主要包括绿茶、红茶和特种茶三大类。绿茶出口占世界绿茶贸易量的 80% 以上，位居世界第一。其中摩洛哥、乌兹别克斯坦、日本等亚非地区的一些国家和欧盟是中国绿茶出口的传统市场，美国、俄罗斯等国家是中国绿茶出口的新兴市场。由于饮食习惯偏好，摩洛哥人长期饮用绿茶且依靠大量进口，其 98% 的茶叶进口来自中国。2003 年，摩洛哥取代日本成为中国茶叶最大的进口国。红茶出口，主要集中在东欧市场。美国和俄罗斯作为中国茶叶出口的新兴市场，市场份额增长较快，但出口量并不稳定。美国的茶叶消费方式、类别日益多样化，绿茶、特种茶及有机茶在上升，年进口茶叶 10 万多吨。

从中国茶叶出口的世界格局来看，除亚洲市场外，中国最大的出口市场是非洲，非洲市场主要以珠茶、眉茶为主。非洲地区多为经济不发达的国家，消费能力不强。另外，非洲国家政治动荡，也是消费不稳定的影响之一。

独联体各国是世界主要茶叶消费市场，该地区大多数人爱喝红茶，中国绿茶、特种茶也正逐渐被该地区消费者认识和接受。

由于中国很多出口茶叶难以达到欧洲茶叶质量安全标准的要求，使得欧洲市场茶叶出口增长缓慢。欧盟市场对茶叶质量安全标准要求较高，中国茶叶出口仅限于德国、英国、法国等少数国家，市场面临较大阻力。

2000 年之前，日本一直是中国茶叶最大的进口国，是中国乌龙茶、蒸青绿茶出口的主要市场。20 世纪 80 年代以来，中国茶叶在日本茶叶进口市场占统治地位。日本进口茶叶总量中，中国茶叶的平均数量比例在 60% 以上，远远高于斯里兰卡、印度和肯尼亚的比例。但是，中国茶叶在日本茶叶进口市场的竞争力在下降，而且市场份额也在不断被其他的世界茶叶出口大国所蚕食。

三、世界茶叶出口（1841—2000）

19 世纪中后期，印度、斯里兰卡、印度尼西亚等国茶叶大量出口，中国不再是唯一的茶叶出口国，世界茶叶贸易进入多元发展的格局。

（一）世界茶叶出口概述

1918—1924 年，中国茶叶出口数量，不及印度的 29% ~ 30%，不及锡兰的 50%。1919 年，印度尼西亚茶叶出口量开始超过中国。1920 年，中国茶叶出口仅及印度尼西亚的 50%。

1920—1922 年，整个世界茶叶贸易陷入低谷，每年不足 7 亿磅。主要产茶国家，中国、印度、锡兰、印度尼西亚、日本、越南的茶叶出口都处在低谷。1927—1932 年 5 年间，世界茶叶贸易进入一个高潮，每年超过 9 亿磅。1929 年最高达 9.9 亿磅。主要是锡兰、印度、印度尼西亚茶叶出口增长，中国、日本、越南基本稳定，略有减少。

1918—1939 年世界主要产茶国家茶叶出口数量统计

单位：千磅

年 份	中 国	印 度	锡 兰	印度尼西亚	日 本	越 南	总 计
1918	82 922	326 646	180 068	67 135	51 020	2 290	711 832
1919	116 093	382 034	208 720	121 431	30 689	1 991	862 094
1920	35 957	287 525	184 873	102 008	26 228	787	657 922

（续）

年 份	中 国	印 度	锡 兰	印度尼西亚	日 本	越 南	总 计
1921	78 073	317 567	161 681	79 065	15 737	344	652 698
1922	97 162	294 700	171 808	91 605	28 915	1 121	686 300
1923	129 008	344 774	181 940	106 072	21 142	1 936	791 936
1924	124 119	348 476	204 930	123 287	23 845	1 686	827 388
1925	132 796	337 315	209 791	110 648	27 819	2 282	821 810
1926	134 836	359 140	217 184	157 299	23 775	2 530	896 668
1927	139 108	367 387	227 058	167 102	23 301	1 711	926 977
1928	143 067	364 826	236 719	175 403	23 814	2 065	948 593
1929	145 118	382 595	251 588	182 494	23 659	2 232	989 393
1930	111 081	362 094	243 107	180 473	20 319	1 206	921 070
1931	112 175	348 316	243 970	197 938	25 414	1 294	934 661
1932	101 666	370 134	252 824	173 644	29 534	1 365	932 184
1933	109 058	328 160	216 061	158 456	29 482	1 476	848 225
1934	124 204	336 145	218 695	141 624	31 730	2 787	862 721
1935	102 781	328 999	212 153	144 712	37 216	2 576	841 017
1936	103 339	313 820	218 149	153 393	36 198	2 879	844 240
1937	112 751	330 561	212 733	147 083	54 194	4 371	882 233
1938	116 143	351 416	235 739	158 561	37 030	4 352	924 867
1939	75 781	327 020	228 003	162 061	51 755		

注：1. 中国统计包括安徽、浙江、福建、台湾等 8 省。
　　2. 总计中包括上述 6 国之外的其他国家出口数量。

资料来源：陈椽《中国茶叶外销史》，台北：碧山岩出版社，1993 年。

从 20 世纪 50 年代开始，世界茶叶消费持续上升，茶叶生产开始蓬勃发展，茶叶贸易不断增加，茶叶消费出现多元化，茶保健功能日益显著，成为最受世界关注的饮料。

到 1999 年，世界茶叶贸易总量为 125.78 万吨。

（二）印度和锡兰茶叶出口

18 世纪末到 19 世纪 20 年代，英国人一直致力于尝试在殖民地种植茶树、开发新茶源。1823 年，罗勃 · 布鲁斯在印度的阿萨姆发现了自然的野生茶树，遂开始试种茶树。同一时期，在印度大吉岭也取得了茶树初步试种成功。于是，英国决定开始在印度建立茶叶生产基地，以替代从中国进口茶叶。1836 年，首批 152 磅印度茶叶运至欧洲，结束了中国茶叶独霸国际市场长达 200 年之久的历史。

1837 年，中国茶叶出口 300 万担，印度仅出口 4 担；1851 年，中国茶叶出口 74 万担，印度出口 2 000 担；1861 年，中国茶叶出口 100 万担，印度为 1.1 万担；1871 年，中国茶叶出口 170 万担，印度为 11.5 万担；1881 年，中国茶叶出口 214 万担，印度为 34.5 万担。1887 年，中国茶叶出口 215 万担，印度为 70 万担。1851—1887 年的 37 年间，中国茶叶出口增加 1.9 倍，而印度茶叶出口增加 349 倍。1851 年，印度茶叶出口量只是中国茶叶出口量的 1/370。1887 年，印度茶叶出口量上升到中国茶叶出口量的 1/3。

19 世纪 50—70 年代，印度植茶业得到发展，茶园面积不断扩大。此后历经数十年努力，印度一跃成为世界茶叶产量、出口量及内销量最多的国家。至 2013 年，印度茶园种植面积 56.40 万公顷，产茶 120.88 万吨，出口 26.17 万吨。

1851—1887 年中国与印度出口英国茶叶数量比较

单位：关担

年份	中国茶	印度茶	年份	中国茶	印度茶
1851	740 000	2 000	1 876	1 760 000	220 000
1856	900 000	5 000	1 881	2 140 000	345 000
1861	1 000 000	11 000	1 886	2 210 000	576 000
1866	1 200 000	40 000	1 887	2 150 000	700 000
1871	1 700 000	115 000			

资料来源：陈椽《中国茶叶外销史》，台北：碧山岩出版社，1993 年。

锡兰是南亚最早植茶的地区，于 18 世纪末至 19 世纪中期前就多次试种茶树，但是成效不大。1869 年的咖啡叶锈病流行，使得咖啡种植业受到沉重打击，促使咖啡种植业迅速向茶业转移，开始步入“向茶业突进”的时代。1873 年，锡兰红茶首次输出，运往英国23磅。至1877年，输英茶叶1 800磅，嗣后每年有所增加。1990年，锡兰茶园面积547 986英亩，占世界茶园总面积的8.9%；产茶23.41万吨，占世界茶叶总产量的9.3%；出口茶叶21.53万吨，占世界茶叶出口总量的19.1%。

1886年，出口英国伦敦市场，印度红茶2.48万吨，锡兰红茶2 364吨。1887年，印度红茶出口4.23万吨，出口英国4.21万吨，其余出口澳大利亚。

19世纪末，印度、锡兰茶叶生产过剩。锡兰于1893—1908年以大量茶叶税为推广宣传费用，主要向美国推销红茶。1903年，印度也开始征收茶叶税为推广宣传费用，扩大印度茶的国外市场。

20世纪初，印度取代中国，成为世界茶叶第一生产国和出口国，这一格局维持到1990年以后才发生重大变化。先是斯里兰卡放开私人茶叶经营，出口量超越了印度。中国继而也放开实行多年的茶叶统购统销政策，产量和出口量都超过印度。

（三）日本茶叶出口

1869—1870年，中国绿茶出口美国1 900万磅，日本仅780万磅，不及中国一半。1874—1875年，中国绿茶出口美国2 000万磅，而日本增加至2 230万磅，反超中国230万磅。1876—1877年，中国绿茶出口美国下降到960万磅，日本则为1 936万磅，超过中国一倍多。1886—1887年，中国绿茶出口美国为1 600万磅，日本则增加至4 500万磅，超过中国近2倍。1891年，中国绿茶出口2.5万吨，价值5 524 529银元；日本绿茶出口3.34万吨，价值6 727 940银元，日本绿茶出口量、出口值均超过中国。

1895年，中日签订《马关条约》。之后，日本不断夺取中国的国际茶叶市场，并且侵入中国东北、华北市场。自此，中国绿茶出口逐年减少，日本绿茶出口逐年增加。1897—1903年，日本积极扩展国外茶叶市场，由政府补助和奖励而大量出口。

1912—1917年，日本茶叶总出口，年均2.89万吨，其中出口美国年均1.57万吨，价值1 166 500银元，占日本茶叶总出口额的83%。美国成为日本茶叶出口的最大市场，贸易历史也最久远；出口加拿大年均3 298吨，价值1 478 000银元，约占总额的10%；出口俄国年均30吨，价值17 000银元，占总额的0.16%；出口中国东三省和华北地区年均 519 吨，价值 174 000 银元，占总额 2.7%；出口其他国家年均 305 吨，价值 212 000 银元，占总额 1.6%。

第一次世界大战前后，日本茶叶出口量增加。1909—1913 年，年均出口 4 000 万磅。1914—1918 年，年均达 5 000 万磅。他们低价收购中国的低级红茶和湖北湖南砖茶以及台湾青茶，运到日本再出口牟利。

1917年，中国茶叶出口总量约为2 000万磅，其中绿茶237万磅。日本茶叶总出口量9 089万磅，其中绿茶3 814万磅。中日对比，总量1∶4.5，绿茶1∶16。

日本茶叶出口美国和加拿大，1912—1917 年年均占日本总出口的 93%，1927—1931 年年均占日本总出口的 88%，1932—1934 年年均占日本总出口的 66%。1926 年后，美国和加拿大市场日趋衰落，日本遂转入中国市场。

日本茶叶出口美国，1917—1921 年仍占总出口的 80% 以上，1929—1931 年尚占 60%，1936 年仅剩 40%，但是仍占日本茶叶出口第一位。自 1920 年后，输美茶叶数量日渐衰落，1922 年落至 50 年来最低纪录 1 700 多万磅。

日本茶叶出口加拿大，约占总出口量的 10%，这个比例自 1912 年后一直维持。虽不如美国的急剧下降，但也显见减少趋势。1922 年前常达 300 多万磅以上，自 1922 年直至 1936 年止，降剩 200 多万磅，其中有 4 年仅达 180 万磅的低纪录，退居第三位。

日本茶叶出口俄国历史虽久，但其发达为时较晚。在1926年前，出口量骤增骤减，大起大伏。1926 年，仿中国珠茶创制玉绿茶，专供俄国。是年，出口 40 万磅；1927 年，增至 100 万磅，与美国仅相差 3 万磅，超越加拿大而居第二位。

1933 年，日本茶叶出口印度和阿富汗达到 76.4 万磅，出口伊拉克 3 663 磅。1934 年，出口印度和阿富汗绿茶 102.1 万磅、红茶 2 000 磅；出口伊拉克绿茶近 4 万磅、红茶 18.8 万磅；出口伊朗 7 万多磅。1935 年，出口印度和阿富汗增至 142 万磅，出口伊朗红茶 7.3 万磅，其他近东诸国合计 85.7 万磅。

（四）印度尼西亚茶叶出口

印度尼西亚原属荷兰殖民地，荷兰在与英国争夺中国茶叶贸易垄断权失败后，决心在爪哇大力发展茶叶生产，以与英国抗衡。1826 年，荷兰人雅可布逊在爪哇试种茶树，终于获得成功。1828—1833 年，他先后 6 次到中国考察，为爪哇带回了大量茶籽、茶苗和各种制茶器具，并聘请到一些中国制茶工人到爪哇传授制茶技艺。

1827 年，在爪哇的华侨试制样茶成功。1830 年，爪哇第一家制茶厂建立，但规模较小，当年制茶仅 20 斤。1831 年，该茶厂将一小箱茶献给荷兰王室。1833 年，爪哇茶首次在市场上出现。1838 年，荷印当局在巴达维亚建立茶厂。1839 年，爪哇茶已输入荷兰，但品质差、成本贵。1878 年，爪哇改种印度阿萨姆茶种，同时采用机器制茶，注重科学试验及技术推广，使荷印茶业有了较大发展。1894 年，苏门答腊的日里茶园 6 大箱、17 小箱茶叶运到伦敦市场。

1912 年，荷印茶叶输出仅次于印度、锡兰、中国，已居世界第四位。自 1918 年始，荷印茶叶输出超过中国，成为世界第三茶叶出口大国，其销售市场以英、美、俄为主。1939 年，印度尼西亚茶园面积有 13.8 万公顷，产量达 8.33 万吨，出口量 7.36 万吨，占世界出口总量的 18.5%。

印度尼西亚茶园主要在西爪哇省和苏门答腊，其中西爪哇省茶园面积占 80% 以上。茶叶品种主要是红茶，占茶叶总产量的 75%。其次是绿茶，占 25%。也产一点乌龙茶、花茶和白茶，但数量极少。红茶以传统红茶为主，有少量 CTC 红茶。茶叶总量的 80% 供出口，20% 国内消费。

（五）越南茶叶出口

越南茶叶生产历史较久，两百多年前茶业曾是越南重要的产业之一，以后逐步衰落。直到 1900 年，在法国人的帮助下，越南茶业才得以复兴。1976 年的茶园面积为 3.86 万公顷，产量为 1.72 万吨；到 1985 年，分别增至 5.08 万公顷和 2.82 万吨；1995 年，达到 6.67 万公顷和 4.02 万吨。越南茶业的快速发展始于 20 世纪 80 年代，生产的茶叶主要是红茶和绿茶。

1988—1990 年的 3 年间，出口茶叶 4.31 万吨，占同期产量 9.2 万吨的 46.8%。1991—1995 年的 5 年间，出口茶叶 8.45 万吨，占同期产量 18.92 万吨的

44.7%。20 世纪 90 年代以前，越南出口茶叶主要销往苏联和东欧国家。苏联及东欧国家剧变之后，越南茶叶失去了传统的国际市场，1991—1992 年仅出口茶叶 8 000 吨。之后，越南迅速开拓新的国际市场，欧美、中东、日本等成了越南茶新的主要输入国，1993—1996 年年均茶叶出口量超过 2 万吨。1995 年之前，越南茶叶出口发展很慢；1995 年后，越南茶叶出口快速增长，年均增长约 14%。2000 年，出口茶叶 3.5 万吨，其中中东占 40%、台湾地区占 27%、欧盟占 10%、日本占 6%、俄罗斯占 4%。

2000 年以前，越南出口以红茶为主。2000 年后，开始出口绿茶。其后绿茶出口增长很快，并成为世界绿茶主要生产和出口国之一。在越南茶叶出口中，红茶占 79%，绿茶占 20%，其他茶占 1%。越南茶叶出口，以美国、欧盟各国、俄罗斯、日本、巴基斯坦、中国台湾、马来西亚等为主要的出口国和地区。

（六）肯尼亚茶叶出口

非洲是世界茶叶生产的第二大洲，也是世界茶叶出口的第二大洲。在世界茶叶出口前 10 位的国家中，非洲占有 4 个，即肯尼亚、乌干达、马拉维、坦桑尼亚，其中肯尼亚是非洲的茶叶最大出口国。

1903 年，英国人凯纳（G.W.L Caine）最早将印度茶树引进肯尼亚内罗毕地区。1920 年，英国殖民肯尼亚后才在这里大规模种植茶叶，目的是获取利益并满足本国日益增长的茶叶需求。1963 年，肯尼亚获得独立，但英国人留下的茶叶种植技术和管理理念一直沿用至今。肯尼亚茶业可谓发展迅猛，仅仅百年就成为全球重要的茶叶生产和出口国之一，同时也是非洲最大的茶叶生产国。

列于肯尼亚农业出口首位的就是茶叶，茶叶品种主要是红茶，红茶全部为红碎茶，红茶出口约占世界红茶出口总量的 25%。随着市场需求的多样性，肯尼亚出口茶叶也开始有绿茶、白茶。肯尼亚茶叶主要出口埃及、菲律宾、阿塞拜疆、韩国、捷克、缅甸等国，而近年南苏丹也渐渐加入了这个茶叶消费的主流。

四、世界茶叶消费和进口（1841—2000）

20 世纪 90 年代以后，世界茶叶的消费量一直稳定在 250 万吨左右，人均年消费茶叶 0.5 千克。世界茶叶消费格局随着社会的进步和人们生活水平的提高而发生变化，茶叶以其芳香、解渴、保健的特点越来越广泛的受到人们青睐。

袋泡茶以其快速、方便、卫生的优势，流行于欧美市场，占去了散装茶的大量市场，占世界茶叶消费总量约 30%。

全球茶叶进口总量，1999 年为 123.44 万吨。世界茶叶消费量正以每年 2.9% 的速度增长，而产量年增长只有 2%。

（一）欧洲

1. 英国　英国茶叶消费数量较大，为欧洲各国所不及。英国是非产茶国，消费的茶叶全部依靠进口。1841—1860 年，中国茶在英国进口茶叶中占 90% 以上，其后逐渐减少。到 20 世纪前期，则为印度、锡兰茶叶取而代之，仅占 20%。

20 世纪以来，英国茶叶进口的来源更广，几乎遍及所有的茶叶生产国。1927 年，肯尼亚开始向英国出口少量茶叶。随着肯尼亚茶叶种植面积的扩大，质量稳定、价格便宜的肯尼亚红茶开始赢得英国消费者的青睐，肯尼亚逐渐超过印度、斯里兰卡等国，成为英国主要的茶叶供应国。以 2000 年为例，英国茶叶进口的最大供应国肯尼亚，占 52%；其余依次为印度占 17%、印度尼西亚占 9.6%、马拉维占 7.2%、斯里兰卡占 4.6%、中国占 3.6%。英国进口的茶叶大多数是散装茶，经过拼配、分装（小包装）或加工成袋泡茶之后进入市场。英国人喜爱肯尼亚红茶的原因是其出产的 CTC 红碎茶，它不仅味浓汤亮、适合英国人的口味，而且制成袋泡茶易泡出茶汁并耐泡。

20 世纪 50 年代，英国茶叶年进口量曾达到 25 万吨的创纪录水平。尽管由于咖啡、其他软饮料的竞争以及茶叶本身消费方式的变化，20 世纪 70 年代以来英国茶叶进口量和消费量有所减少，但茶叶在英国饮料市场上始终占据着第一的位置。80% 的英国人每天饮茶，茶叶消费量约占各种饮料总消费量的一半。

20 世纪 70 年代以来，英国人年均茶叶消费量逐渐减少，1973—1975 年年均为 3.5 千克，1979—1981 年年均为 3.22 千克，1989—1991 年年均为 2.65 千克，1993—1995 年年均为 2.53 千克。虽然如此，英国人年均茶叶消费量仍居世界前列，茶饮仍是消费量最大的饮料，稳居英国“国饮”的地位。

2. 俄罗斯　历史上，俄罗斯人通过陆路、海路从中国运进茶叶，茶叶逐渐成为中俄贸易中的大宗商品。

俄罗斯茶叶进口经历了一个漫长而曲折的过程。20 世纪初叶，俄罗斯茶叶进口曾达 7 万吨左右，约占世界茶叶进口的 20%，仅次于英国（13 万吨）。20 世纪 20—30 年代，苏联茶叶进口减少到 2 万吨左右，20 世纪 40 年代以后更进一步减少到万吨以下，甚至千吨以下的低水平，直到 20 世纪 50 年代中期才转为恢复性增加，但是仍在较低水平上徘徊。20 世纪 70 年代中叶突破 5 万吨，20 世纪 80 年代中叶又突破 10 万吨,超过了 20 世纪初叶的水平。随后几年，茶叶进口逐年增加。1990 年，增至 23.5 万吨的创纪录水平，第一次超过英国，因而改写了长期未变的世界茶叶进口国的排行榜。苏联解体后，俄罗斯茶叶进口一度急剧减少，但是很快就恢复增加。20 世纪 90 年代至 21 世纪初叶，一直在 15 万吨左右的较高水平上徘徊，从而连续三年（1999—2001）超过英国成为世界最大茶叶进口国。俄罗斯茶叶消费需求相对稳定，茶叶进口在很大程度上受经济情况制约。影响进口的另一个因素是进口税的调整，例如在 1997 年，俄罗斯为了增强国产小包装茶的竞争力，将进口税由 10% 提高到 20%，就曾导致当年茶叶进口减少，国内茶叶消费也相应减少 15% 左右。

俄罗斯是世界主要茶叶消费国，95% 的居民有饮茶的习惯。俄罗斯人年均消费茶叶超过 1.3 千克，无论是在欧洲还是在全世界都居于前列。俄罗斯人喜欢喝红茶，进口茶叶的 90% 是红茶，绿茶和其他茶类仅占 10%，而俄罗斯人对绿茶和特种茶的兴趣也正在增长。同时，直接进口的小包装茶有所增加。散装茶占总进口量的 77%，袋装茶占销售量的 24%。进口茶叶的主要供应国依次为：印度（48%）、斯里兰卡（37%）、中国（6.6%）、格鲁吉亚（2.5%）。俄罗斯茶叶市场尚未饱和，正以每年 5 000 吨以上的速度增长。

俄罗斯地域广袤，但仅有靠近黑海的克拉斯拉达地区出产少量的茶叶，不足其需要的 1%。俄罗斯茶叶年消费量大约 20 万吨，99%以上的茶叶靠进口。进口茶叶中红茶占绝大部分，主要从印度、斯里兰卡、肯尼亚、孟加拉国、印度尼西亚及中国等国进口。此外，在进口高档茶叶中，主要有英国、德国、芬兰等国的红茶、果茶和花茶等。

3. 爱尔兰 很长时期里，爱尔兰人一直是年均茶叶消费量最多的国家。1950年，人均年消费茶叶3.86千克，1962—1964年，人均年消费为3.81千克，1973—1975年，人均年消费为3.82千克，1979—1981年，人均年消费为3.56千克，1989—1991年，人均年消费为3.14千克，1993—1995年，人均年消费为3.16千克。爱尔兰人多喜饮红茶，所需茶叶全部依赖进口。

4. 波兰 波兰所需茶叶完全依靠进口。20世纪初期，只有少数人饮茶，所以茶叶进口也不多。直到20世纪50年代中期以前，波兰茶叶进口一直停留在千余吨到两千吨左右的低水平。20世纪60年代以后有所增加，70年代初突破万吨大关，70年代末又突破2万吨大关，80年代中期突破3万吨大关，以后除90年代初的3年中一度减少以外，一直保持在3万吨以上的水平。1993年，波兰茶叶进口曾达3.64万吨的创纪录水平。波兰早期以进口散装茶叶为主，20世纪90年代以后，小包装茶所占比重增长很快。波兰茶叶供应来源主要有：印度、印度尼西亚、斯里兰卡、中国和越南。

波兰是欧洲和世界茶叶市场的后起之秀，从20世纪70年代以来稳定发展，已成为世界主要茶叶进口、消费国之一，在欧洲仅次于俄罗斯和英国，是欧洲三大茶叶消费国之一。波兰人年均茶叶消费量在欧洲仅次于英国与爱尔兰。

5. 法国 法国早期进口茶叶以英国的为最多。法国为了鼓励殖民地越南的茶叶生产，对越南茶叶进口准予免税。因此在法国茶叶市场中，越南茶叶亦占相当地位。法国茶叶进口，英国占首位，中国次之，越南居第三位。法国最早进口的茶叶是中国的绿茶，随后乌龙茶、红茶、花茶及沱茶（砖茶）等相继输入。随着斯里兰卡、印度、印度尼西亚等国试种茶树成功，这些国家的茶叶也相继进入法国市场。

20世纪60年代以后，法国人年均茶叶消费实现了快速增长。20世纪60年代，法国人年均茶叶消费量仅为50克左右。1971—1973年，增长为90克。20世纪80年代中后期以来，法国茶叶消费量呈现加速增长的势头。1985—1995年的10年间，法国茶叶消费量以每年10%的速度迅速增长。之后，年增长率基本稳定在3%左右。饮茶开始真正走向法国大众，成为人们日常生活和社交活动不可或缺的内容。

随着茶叶消费的快速增长，法国的茶叶进口量逐渐增加。1975年，法国进口茶叶5 274吨，1976年增长为6 424吨，1977年攀升为6 571吨。1985年，法国茶叶的进口量为8 000吨。到20世纪末，达1万吨。在欧洲，法国是唯一连续近50年茶叶消费量持续增长的国家。

6. **乌克兰** 乌克兰出产少量茶叶，其茶叶主要依赖进口。乌克兰茶叶消费为每年1.7万～2万吨，人均年茶叶消费量为450克，只是俄罗斯和波兰的1/4～1/3，所以乌克兰对茶叶的潜在需求是十分巨大的。

红茶在乌克兰市场上占据着主导地位，其他为花茶、果茶、绿茶等。绿茶作为一种健康产品在乌克兰越来越受到青睐，具有良好的市场前景，市场份额增长较快。乌克兰人习惯饮用袋装茶，市场上的散装茶和袋装茶的比例约为6：4。苏联时期，乌克兰人一般消费来自俄罗斯、印度、格鲁吉亚和阿塞拜疆的茶叶。现在乌克兰市场上已随处可以见到世界主要品牌的茶叶，主要来源地是斯里兰卡、印度、肯尼亚、中国、印度尼西亚、土耳其、孟加拉国和津巴布韦等。

7. **其他国家** 荷兰是欧洲最早的茶叶消费和贸易国，曾经盛行饮茶。1900—1904年年均进口茶叶800万磅，1909—1913年年均增至1 100多万磅，1920—1924年年均增至2 700万磅，1930—1933年年均增至3 000万磅。在荷兰进口的茶叶中，80%来自印度尼西亚。但是在第二次世界大战后，荷兰人的饮茶已不如以前。1950年，荷兰人年均茶叶消费量为1.27千克；1962—1964年，降为0.75千克；1973—1975年，降为0.63千克；1979—1981年，又上升为0.65千克；1989—1991年，上升为0.67千克；1993—1995年，又降为0.54千克。在世界饮茶国家或地区中，荷兰人年均茶叶消费量排名在20位以外。荷兰进口的茶叶，也有相当比例被转销至其他国家或地区，如1975年，荷兰进口茶叶24 182吨，出口14 708吨，复出口的比例为60.82%；1976年，进口23 885吨，出口16 828吨，复出口的比例为70.54%；1977年，进口29 881吨，出口18 041吨，复出口的比例为60.38%。

德国从世界各国进口的茶叶品种很多，在境内供应销售的茶叶品种多达200多个。在德国，最受欢迎的是红茶。红茶稳占茶叶市场的80%以上，其余茶叶主要是绿茶，绿茶的份额在逐渐增加。德国人喜欢饮用散茶，约占市场的60%，其他40%为袋装茶、罐装茶饮料、速溶茶和香味茶等。德国茶叶依靠进口，主要来自印度、斯里兰卡、阿根廷、印度尼西亚和中国等国。

匈牙利茶叶依靠进口。最初在匈牙利市场出售的茶叶，大多来自中国。第一次世界大战后，印度茶叶后来居上。第二次世界大战期间，茶叶市场一度中断。20世纪50—70年代，匈牙利茶叶市场重新活跃，不过品种比较单一，以红茶为主，档次有高有低。进入80年代后，匈牙利的饮茶品种逐渐增多，并开始部分饮用中国茶叶。

2000年，欧盟（25国）进口红茶25万吨，同时，绿茶进口增长，达到2.42万吨。其中，从亚洲进口绿茶2.22万吨。亚洲在欧盟红茶市场占有46.2%的份额，在欧盟绿茶市场占有92%的份额。

欧盟红茶进口市场停滞不前，虽然红茶占欧盟茶叶市场的91%，但绿茶市场在逐步扩大，这主要归功于绿茶的保健功能。特别是在高收入国家，如德国和法国进口增加明显，德国、法国进口绿茶占欧盟绿茶进口量的57%。中国是欧盟绿茶最大的供应国，中国绿茶主要销往德国，其次是法国、英国、荷兰和波兰，上述五国占中国对欧盟绿茶出口量85%以上。虽然由于欧盟设置技术壁垒问题，中国茶叶在欧盟市场的份额一直在下降，然而，中国绿茶还是占有2/3的欧盟市场。

（二）美洲

美洲饮茶以美国为最早，其次是加拿大。过去，美洲其他国家以饮用咖啡为主，只有阿根廷、巴西、秘鲁等国自产、自销、自饮少量茶叶。现在其他一些美洲国家，如墨西哥、乌拉圭、智利和委内瑞拉，亦进口茶叶。

1. 美国　美国是世界主要茶叶进口、消费国之一，而且历史悠久。第二次世界大战以前，美国茶叶市场总体低落。

1905年后，美国进口茶叶逐年有所增加。1914—1916年超出1亿磅的历史最高纪录，其余各年都为 8 400 万～ 9 200 万磅。1940 年为 9 896 万磅，是 1925 年后的最高纪录。

1905 年后，美国进口印度、锡兰的红茶数量突增，进口日本绿茶也扶摇直上。1912—1916 年，美国进口中国茶叶年均约 9 万公担，为 1900—1905 年的半数。

1917 年后，美国进口中国茶叶明显下降。1918—1927 年的 10 年间，年均 5 万～ 6 万公担。1928—1937 年的 10 年间，年均不过 3 万多公担，仅占美国进口茶叶总量的 7%。1938 年、1939 年，下降到只有 1 万～ 2 万公担。在此期间，美国进口印度、锡兰茶叶达 28 万公担，占美国进口茶叶总量的 65%。

第二次世界大战以后，美国茶叶进口开始恢复，至 1977 年，进口茶叶首次突破 9 万吨大关，以后有起伏。20 世纪 90 年代以后美国茶叶消费显著增加，从 1995 年开始，美国每年的茶叶进口都在 8 万吨以上。20 世纪 90 年代美国茶叶进口年均 8.76 万吨，比 70 年代增加 15%，比 20 世纪初叶增加一倍。美国几乎从所有产茶国进口茶叶，但是主要供应国是阿根廷、中国、印度尼西亚、印度、锡兰等国家。

1931—1940 年美国进口主要国家茶叶数量统计

单位：千磅

年份	中国		日本	印度	锡兰	英国	印度尼西亚	其他	总计
	数量	(%)							
1931	7 630	8.80	21 416	9 765	16 084	22 859	6 111	2 866	86 731
1932	6 398	6.77	24 594	11 303	17 709	21 709	9 665	3 131	94 509
1933	8 672	9.17	24 881	11 058	14 270	18 326	15 420	1 951	94 578
1934	6 053	7.92	22 569	7 024	11 512	15 238	11 489	2 527	76 412
1935	7 855	9.11	21 847	9 911	13 288	15 506	16 429	1 395	86 231
1936	5 194	6.30	18 703	7 065	13 565	18 025	18 651	1 270	82 473
1937	7 402	7.65	28 745	12 123	19 990	9 412	18 794	341	96 807
1938	6 506	7.99	17 086	12 173	22 144	2 670	20 635	152	81 366

（续）

年 份	中 国		日本	印度	锡兰	英国	印度尼西亚	其他	总计
	数量	(%)							
1939	3 845	3.93	23 510	15 797	25 107	952	28 276	256	97 743
1940	5 860	5.06	17 505	17 204	25 925	1 134	31 009	17 100	115 737

资料来源：陈椽《中国茶叶外销史》，台北：碧山岩出版社，1993 年。

2. 加拿大　加拿大是重要的茶叶消费国之一，以进口印度、锡兰两国的茶叶为最多。自英国间接或由印度、锡兰直接进口二者合计，超出总进口的 90% 左右。其余则从日本和中国进口，日本茶约占总进口的 8%。全面抗日战争前 10 年，加拿大进口中国茶叶不过 2 000 ～ 3 000 公担，仅占其总进口的 1% ～ 2%。

加拿大茶叶消费量很大，主要饮用的是红茶，绿茶只销于盛产木材地区。由于对绿茶健康作用认识的提高，加拿大人饮用红茶的习惯正逐渐被饮用绿茶、茉莉花茶、乌龙茶等特色茶所改变。1995 年，加拿大人开始饮用绿茶，此后一直不断增长。77% 的加拿大人消费茶叶，人均年消费茶叶 590 克，在世界饮茶国家中排名第 25 位。

3. 智利　智利一度是世界上继爱尔兰、英国之后的第三大茶叶人均高消费国家，人均年茶叶消费量为 0.7 千克。在智利，茶是除了饮用水以外最受欢迎的热饮品。智利不生产茶叶，所需茶叶全部进口。红茶、乌龙茶、绿茶是主要的消费品种，但是智利人尤其喜欢红茶和花草茶。60%为纸袋小包装茶叶，40% 是散装茶叶。主要的进口国斯里兰卡占 52%，阿根廷占 32%，巴西占 13%，中国、印度和其他国家一共占 3%。

（三）非洲

北部非洲和西部非洲是中国绿茶的传统主销市场，也是中国茶叶出口的第一大市场，主要为摩洛哥、利比亚、加纳、阿尔及利亚、毛里塔尼亚、塞内加尔、贝宁、马里、多哥、冈比亚、喀麦隆、突尼斯和尼日尔等国家和地区。进口绝大部分是中国绿茶，也从中国进口少量红茶和特种茶。

在北非 6 国中，摩洛哥、利比亚、突尼斯和阿尔及利亚 4 国的大多数民众都习惯于饮用绿茶。

1. 摩洛哥　摩洛哥进口茶叶在第一次世界大战前为德国所垄断，战后为英、法国所操纵，1934 年后几乎全为法国所控制。摩洛哥每年进口茶叶 1 300 多万磅，几乎全部为中国熙春绿茶，由在上海的法国商人输入。1930 年，进口日本玉绿茶约 1 万磅。摩洛哥人均饮绿茶数量居世界第一位，全国年消费茶叶 2.8 万～3 万吨，人均年消费茶叶 1.5 千克左右，消费的茶叶 90% 来自中国。北部地区的人喜欢中国的秀眉茶，中部地区的人喜欢眉茶，南部喜欢珠茶。

2. 阿尔及利亚　阿尔及利亚是北非的第二大绿茶消费国，早期每年由伦敦市场进口茶叶 300 万磅，中国绿茶占 70%，锡兰红茶占 30%。20 世纪 80 年代，人均年消费茶叶就已达 600 克以上，消费总量达 1 万多吨。其南部撒哈拉地区和西部饮绿茶，东部饮红茶，中部饮咖啡，所消费的绿茶以中国高档绿茶为主，还有红茶、薄荷茶、茉莉花茶。

3. 埃及　埃及是世界上第五大茶叶进口国，列在英国、俄罗斯、巴基斯坦、美国之后，年进口茶叶 7 万多吨，年人均消费茶叶 1.1 千克左右。在埃及，主要饮用红茶，饮用红茶是埃及人在作为英国殖民地时期延续下来的习惯，只有邻近利比亚的西部地区中的少数人群有饮用绿茶的习惯。埃及民众酷爱“鲜浓”风味的红茶，是肯尼亚茶叶的最大买家，占埃及茶叶进口量的 80% 以上。

4. 毛里塔尼亚　毛里塔尼亚茶叶全部依赖进口，每年进口茶叶约 3 000 吨，其中大部分茶叶进口自中国。饮用绿茶已成为毛里塔尼亚人生活中根深蒂固的习惯，人均年消费量近 2 千克。

5. 马里　马里是非洲茶叶消费量较高的国家之一。中国曾派茶叶专家帮助马里试种茶，仅花一年时间就试种成功。马里自己能生产一部分茶叶，但马里对茶叶的需求量较大，仍需要进口大量茶叶。马里除了从中国进口绿茶和少量红茶外，同时也从印度、斯里兰卡和喀麦隆进口少量红茶，供上中层人士消费。每年共需进口茶叶约 6 000 吨，其中 3 500 吨在本国消费，其余转口到周边国家。马里进口中国绿茶的花色等级，也似邻国阿尔及利亚、塞内加尔和毛里塔尼亚，主要是高档绿茶。

几内亚、塞内加尔、冈比亚、塞拉里昂、科特迪瓦、多哥、尼日尔、布基拉法索等西非国家消费中国绿茶，只有尼日利亚消费红茶。

（四）亚洲

亚洲是世界最大的茶叶生产、出口和消费地区，也是重要的茶叶进口地区。

1. *巴基斯坦*　巴基斯坦是茶叶进口大国，进口数量仅次于俄罗斯。20 世纪 90 年代，巴基斯坦每年茶叶进口在 11 万吨左右，主要为红茶，占到进口茶的 99%。肯尼亚是巴基斯坦最大红茶供应国，其他供应国还有斯里兰卡、印度尼西亚、孟加拉、中国等 20 多个国家和地区。中国出口到巴基斯坦的茶叶不多，份额仅占 2% 左右。绿茶进口则主要来自中国，也进口一些越南、印度尼西亚及南美的绿茶。

2. *伊朗*　伊朗作为世界主要茶叶生产国之一，也是世界主要茶叶进口、消费国之一。为了满足本国人民对茶的需求，伊朗于 1900 年开始了茶叶生产。但茶叶生产发展速度缓慢，直到 20 世纪 30 年代茶叶生产才粗具规模。从 20 世纪 50 年代开始，伊朗的茶叶生产有了大的发展。茶园面积维持在 3 万公顷以上，茶叶年产量在 5 万吨以上。伊朗人嗜好饮茶，尤其是饮红茶，茶叶消费量非常大，每年全国的茶叶消费量已上升至 10 万吨左右。伊朗茶叶生产发展速度不能赶上人民对茶叶需求增长的速度，大宗茶叶由国内生产，其余部分则从印度、中国、孟加拉国、斯里兰卡、肯尼亚、印度尼西亚以及其他一些国家进口。伊朗人饮用红茶虽是主流，中国绿茶却是饮用新潮流。

3. *伊拉克*　伊拉克是世界主要茶叶进口、消费国之一，但是由于长期战乱，该国茶叶进口、消费情况很不稳定。伊拉克不产茶叶，完全依靠进口。其进口是从 20 世纪初开始的，那个时候进口量很少，只有几百吨。20 世纪 50 年代以后，茶叶进口与需求剧增，达到万吨以上。到 70 年代，突破 3 万吨。80 年代“两伊战争”期间，进口量曲折上升到 4 万～ 5 万吨。90 年代初期，由于受联合国经济制裁的影响，伊拉克茶叶市场萎缩。90 年代后期至 21 世纪初期，在联合国“以石油换食品”项目的推动下，伊拉克的茶叶进口快速增加，突破 5 万吨大关。伊拉克茶叶主要是从印度、斯里兰卡、印度尼西亚、中国等国进口，以散装红茶为主，然后在国内进行拼配，换成小包装，少量加工成袋装茶，著名的斯里兰卡红茶、立顿袋装茶等在伊拉克市场均能见到。

4. 沙特阿拉伯　沙特阿拉伯人均茶叶消费量居世界前列，茶叶来源主要依靠进口。每年茶叶进口量都在 1 万吨以上，主要从斯里兰卡、印度、中国进口，以红茶为大宗。近年来，随着中国和沙特阿拉伯贸易往来的频繁，以及健康饮茶的需要，中国的绿茶、花茶尤其是有机茶也大量出口到沙特阿拉伯。一般来说，沙特中部和北部地区的人爱喝红茶，东部的人偏爱绿茶。

5. 阿富汗　阿富汗茶园面积较小，茶叶产量也很少，远远不能满足本国人民对茶叶的需求，其茶叶主要依靠进口，是世界茶叶进口大国。阿富汗茶叶消费量大，年消费茶叶 3 万～ 4 万吨，人均年消费量居世界前列，达到 1.36 千克以上，有时甚至超过 2 千克。茶叶市场主要是红茶和绿茶，红茶主要从肯尼亚进口，其次从印度尼西亚、印度、斯里兰卡进口；绿茶主要从中国进口，进口的中国绿茶主要是低档珠茶和眉茶。此外，中国的花茶等特种茶在阿富汗市场也可见到。

6. 缅甸　缅甸是茶叶消费大国，是东南亚茶叶消费量最多的国家，也是东南亚茶叶进口茶叶最多的国家。缅甸所产茶叶不能满足缅甸人民对茶叶的不断增长需求，近一半的茶叶消费量需要从国外进口。缅甸进口的茶叶，最多的是来自中国，既有绿茶、红茶，也有乌龙茶、普洱茶、花茶。

7. 哈萨克斯坦　哈萨克斯坦是一个饮茶大国，年人均消费茶叶 3 千克以上。其自产少量茶叶，不能自给自足，所需茶叶主要依靠进口。茶叶主要从印度、肯尼亚、斯里兰卡、阿拉伯联合酋长国、孟加拉国、越南、中国、俄罗斯、印度尼西亚等国进口，另有少量进口来自英国、拉脱维亚、波兰和日本。

中哈两国的经贸关系日趋频繁，茶叶已逐渐成为中哈贸易中的主要商品之一。主要从中国进口绿茶和红茶，此外，乌龙茶等进口也在不断增加。中国茶叶以中低档绿茶为主，这些茶叶多是作为原料进行再加工，生产出各种茶饮料。由于散装茶叶与小包装茶叶之间关税的差额很大，所以中国绿茶大多以散装茶向哈萨克出口。

8. 乌兹别克斯坦　乌兹别克斯坦年茶叶消费量为 2.5 万～ 3.0 万吨，由于当地不产茶叶，所以茶叶百分之百依靠进口。茶叶的最大进口国是中国，其次是伊朗、斯里兰卡等，除上述进口国外，还从阿联酋、格鲁吉亚、土库曼斯坦、俄罗斯等国进口茶叶。乌兹别克斯坦进口的茶叶大部分是散装茶叶，少部分为包装茶。中国茶叶占据约60%的市场份额，乌兹别克斯坦人特别喜欢饮用的绿茶几乎全部从中国进口。

（五）大洋洲

大洋洲茶叶消费，主要集中在澳大利亚和新西兰两个国家。

1. 澳大利亚　澳大利亚是世界上民族最多的国家，有200多个国家移民在澳定居，几乎囊括了全世界140多个民族。

自福州口岸开放后，澳大利亚就开始从福州进口中国茶。由于澳大利亚时为英国的殖民地，所以其茶叶贸易亦为英国商人所掌握。在19世纪60年代，澳大利亚皆经英国商人而自福州输入茶叶。直至19世纪70年代初期，又始从中国中东部贸易口岸输入两湖茶叶，但数量并不多，且福州茶叶输入之势未减。在19世纪70年代之前，每年进口不超过10万担。自1872年始，超过10万担。1881年，更高达16万担。以后虽略减，但直至1890年止，皆在10万担以上。

1881年后，印度、锡兰茶进入澳大利亚，中国茶逐渐减少。到19世纪80年代末期，中国茶逐渐在澳大利亚丧失优势，被印度、锡兰茶所取代。

20世纪70年代初，澳大利亚开始种茶，年产量仅30吨。到20世纪90年代末，产量达1 250吨。但本国的茶叶产量远远不能满足消费需求，其茶叶消费主要依靠进口。

20世纪60年代，澳大利亚人年均茶叶消费量高达2.64千克。进入20世纪90年代，茶叶市场受到咖啡等饮料的冲击，消费量呈下降的趋势。1990—1999年10年间，消费总量减少到年均2.4万吨，进口茶叶保持在年均1.7万吨左右，年人均消费茶叶大于1千克。2000年，澳大利亚消费茶叶达2万吨，年人均消费达1.7千克。其消费下降的主要原因是国民消费的袋装茶成为主要种类，节省了茶叶用量。尽管如此，澳大利亚仍然是世界主要茶叶消费国之一，在主要茶叶进口国中排名在11～12位。

据1991年的统计，澳大利亚总的茶叶消费量是1.72万吨，其中红茶占90%，绿茶、乌龙茶不到10%。主要从英国和斯里兰卡进口茶叶，其次是印度尼西亚、中国及越南。从1980年开始，速溶茶绝大部分从印度、英国和斯里兰卡进口，与英国和斯里兰卡的贸易断断续续，但与印度的贸易一直没有停止。

2. 新西兰　新西兰不产茶叶，是纯进口消费国，是个茶叶消费大国。1962—1964年，新西兰年人均茶叶消费量达3千克，此后的20世纪80—90年代，虽然消费量下降，但年人均茶叶消费量一直保持在1.3千克左右。造成新西兰进口茶叶量递减的主要原因是国民消费袋装茶快速增长，袋装茶占茶叶市场80%以上的份额，节省了茶叶用量。

新西兰茶叶进口总量一度达到6千吨左右，占世界进口量的0.3%～0.5%。20世纪70年代前，新西兰主要从斯里兰卡进口茶叶。20世纪70年代后，新西兰打破传统的消费观念，开始从中国、印度和非洲进口茶叶。中国茶叶以其品质优良、价格合理的优势很快占据了大部分市场，从中国进口的茶叶占新西兰总进口量的24%～25%。

第四节　21世纪世界茶叶贸易和消费

21世纪以来，随着全球经济与社会的发展，人们普遍对健康的关注度越来越高，茶饮料越来越被世界广大消费者所认可。尽管近年世界茶叶出口量略有下降，但是世界茶叶消费总量呈逐年上升的趋势。

一、21世纪世界茶叶贸易趋势

近十多年来，世界茶叶进口同出口一样，保持平稳增长。在茶叶国际贸易中，红茶为最大宗，占茶叶国际贸易总量70%左右，主要进口国为俄罗斯、英国、巴基斯坦、美国、埃及、波兰等，主要出口国为肯尼亚、斯里兰卡、印度等；绿茶占茶叶国际贸易总量 30% 左右，主要进口国为摩洛哥、阿尔及利亚、阿富汗、巴基斯坦、塞内加尔、毛里塔尼亚等，主要出口国为中国。

（一）茶叶出口

2004 年，肯尼亚超越斯里兰卡，成为全球最大的茶叶出口国。近年来，全球茶叶出口总量继续下降，但从总体的产销对比情况看基本稳定。受世界经济大环境的影响，2014 年世界茶叶出口为 182.7 万吨，比 2013 年减少了 3.4 万吨，减少了 1.8%。但是茶叶生产国只有 35.3% 供出口，其余都在本国内消费。2014 年世界绿茶的出口比上一年增长了 8%，主要是来自绿茶生产国——中国和越南。肯尼亚出口每年保持 15% 的速度增长，斯里兰卡、马拉维和阿根廷出口也有所增长，而中国、印度、越南、卢旺达、乌干达、坦桑尼亚出口较上年有所减少。

肯尼亚的出口占世界茶叶出口 27% 的份额，肯尼亚、中国和斯里兰卡三国占世界茶叶出口的 61% 以上，印度和越南占世界茶叶出口的 18.4%。

2005—2015 年世界茶叶出口统计

单位：万吨

年份	2005	2006	2007	2008	2009	2010	2011	2012	2013	2014	2015
出口量	156.6	157.9	157.9	165.2	161.5	178.6	176.1	177.5	186.1	182.7	175.7

数据来源：国际茶委会。

2005 年世界茶叶出口为 156.6 万吨，到 2015 年达 175.7 万吨，出口增长了 19.1 万吨，增长了 12.2%。可以说 11 年间，除个别年份出现些许波动外，世界茶叶出口基本保持平稳增长，但是世界茶叶出口量与茶叶总产量的比例逐年下滑，由 2005 年的 44.2% 下滑到 2015 年的 33.2%，这进一步证实了世界茶叶产大于销的矛盾日益突出。

2005—2015 年世界茶叶出口量占总产量的比例

年份	2005	2006	2007	2008	2009	2010	2011	2012	2013	2014	2015
占比（%）	44.2	42.9	40.9	41.8	40.0	41.7	38.6	37.8	37.2	35.3	33.2

数据来源：国际茶委会。

2007—2015 世界茶叶出口量及增长率

年份	2007	2008	2009	2010	2011	2012	2013	2014	2015
出口量（万吨）	157.9	165.2	161.5	178.5	176.1	177.5	186.1	182.7	175.7
增长率（%）	0.02	4.62	−2.24	10.52	−1.4	0.79	4.85	−1.83	−3.83

数据来源：国际茶委会。

2014 年，全球茶叶出口量 182.7 万吨，下降 1.8%。其中，肯尼亚茶叶出口 49.9 万吨，比 2013 年增加 5 033 吨，继续保持世界第一；斯里兰卡出口 31.8 万吨，比 2013 年增加 8 686 吨，位居第二；中国大陆出口 30.15 吨，比 2013 年减少 3 万吨，名列第三。排在第 4 ～ 10 位的茶叶出口国分别是：印度、越南、阿根廷、印度尼西亚、乌干达、马拉维、坦桑尼亚。斯里兰卡茶叶出口再次超越中国，跃居世界第二。

2014 年，斯里兰卡的茶叶出口贸易额为 16.09 亿美元，是世界茶叶出口额最大的国家，中国和肯尼亚的茶叶出口额均为 12.7 亿美元，印度的出口额 6.6 亿美元，占世界第四位。越南、印度尼西亚、阿根廷以及非茶叶生产国英国、波兰、德国和美国的茶叶出口额均超过 1 亿美元。

2014 年世界茶叶出口前十名国家及数量

单位：万吨

肯尼亚	斯里兰卡	中国	印度	越南	阿根廷	印度尼西亚	乌干达	马拉维	坦桑尼亚
49.94	31.79	30.15	20.80	13.00	7.60	6.80	5.40	3.98	2.44

数据来源：国际茶委会。

2015 年全球茶叶出口量为 175.7 万吨，占全球茶叶总产量的 33.2%，比 2014 年的 182.5 万吨下降了 7 万吨，减少了 3.83%。目前世界上第一大茶叶出口国为肯尼亚，2015 年的出口量为 44.35 万吨，占全球茶叶出口量的 25.2%，尽管其出口量比 2014 年的 49.9 万吨减少了 11.2%，但由于全球茶叶价格比去年提高，肯尼亚茶叶出口额从 2014 年的 1 011 亿 KSH（肯尼亚先令）增加到 2015 年的 1 252 亿 KSH，增长了 23.8%。

2015 年，中国大陆又超越斯里兰卡，成为全球第二大茶叶出口国，茶叶出口量为 32.5 万吨，占全球茶叶出口量的 18.5%；比 2014 年增加 2.357 万吨，同比增加 7.8%。绿茶出口量 27.2 万吨，占总量的 83.7%，同比上升 9.2%；红茶出口量 2.8 万吨，占总量的 8.7%，同比上升 1.3%；乌龙茶出口量 1.5 万吨，占总量的 4.7%，同比下降 0.1%；花茶出口量 0.604 5 万吨，占总量的 1.9%，同比上升 4.5%；普洱茶出口量 0.328 4 万吨，占总量的 1.0%，同比下降 3.0%。绿茶在出口量和出口额上继续保持绝对的优势地位，且出口数量与占比仍在扩展。2015 年，中国绿茶出口巴基斯坦 6 050 吨，同比大幅上升 42.6%；美国 6 762 吨，同比上升 10%；英国 1 851 吨，同比上升 14.9%。欧盟是国际上重要的茶叶消费地区，波兰、德国、法国分别位居欧盟国家茶叶进口量排名的第 2 位、第 3 位和第 4 位。2015 年，中国绿茶对该 3 国出口分别为 1 430 吨、8 984 吨、4 919 吨，同比分别上升 72.4%、2.6% 和 84%。红茶和花茶虽然面临着肯尼亚、斯里兰卡、越南等国家的挤压，依然保持增长趋势，还存在小幅上升空间。乌龙茶、普洱茶是中国茶叶出口的传统茶品，近年来出口份额呈持续下降趋势。在中国茶叶出口市场中，位居前五位的为摩洛哥、乌兹别克斯坦、塞内加尔、美国、阿尔及利亚。同时，在“一带一路”倡议的强力影响下，2015 年，中国与“一带一路”沿线国家、东盟和中东欧贸易规模强势增长。2015 年，中国对“一带一路”沿线国家出口茶叶 8.2 万吨，同比增长 15.2%；对东盟地区出口茶叶 1.3 万吨，同比增长 41.4%；对中东欧 16 国出口茶叶 4 364 吨，同比增长 44.9%；对拉美地区出口 1 472 吨，同比增长 31.5%。此外，新兴出口市场潜力巨大，增势明显。对大洋洲茶叶出口同比增长 13.6%，对南美洲茶叶出口同比增长 31.5%。

2015 年，在中国各省茶叶出口中，浙江省出口 17.1 万吨，占全国总出口量 52.6%，居全国第一；安徽省出口 6.1 万吨，占全国总出口量 18.8%，居第二；湖南省出口 2.8 万吨，占全国总出口量 8.6%，居第三；福建省出口 1.7 万吨，占全国总出口量 5.2%，居第四；湖北省出口 1.2 万吨，占全国总出口量 3.7%，居第五；江西接近 1 万吨，占全国总出口量 3%，居第六。上述六省合计茶叶出口 29.9 万吨，占全国总出口量 32.5 万吨的 91.9%。浙江省出口金额 53 662.69 万美元列全国第一；安徽省出口金额 24 257.51 万美元，列全国第二；福建省出口金额 16 007.43 万美元，列全国第三。上述三省出口金额合计 93 927.63 万美元，占全国总出口金额 138 159.14 万美元的 68%。

第三是斯里兰卡，2015 年，斯里兰卡茶叶出口量骤降至 2010 年的水平，为 30.7 万吨，占全球茶叶出口量的 17.5%。从斯里兰卡近三年主要茶叶出口国变动情况来看，主要是受政治局势的影响，出口到叙利亚、伊朗、乌克兰的茶叶量减少幅度较大。

第四是印度，占全球茶叶出口量的 12.6%。2015 年，印度的茶叶出口量为 22.1 万吨，比 2014 年的 20.5 万吨增加了 1.6 万吨，即增加了 7.8%；印度茶叶最大的出口国依然是俄罗斯，占印度总出口量的 21%。

第五是越南，越南的茶叶出口量自 2012 年不断减少，2015 年茶叶出口量为 12.3 万吨，比 2012 年的 14.4 万吨减少了 14.58%。

从世界范围看，亚洲茶叶出口量占全球茶叶出口量的 60% 左右。非洲茶叶出口量大约占全球茶叶出口量的 35%。其他国家和地区的出口量仅占全球出口量的 5% 左右。

2015 年世界主要茶叶出口国出口量及占世界总出口量比例

国家	肯尼亚	中国	斯里兰卡	印度	越南	阿根廷	印度尼西亚	乌干达	马拉维
出口量（万吨）	44.30	32.50	30.77	22.10	12.30	7.70	6.50	5.27	3.51
占比（%）	25.2	18.5	17.5	12.6	7.0	4.4	3.7	3.0	2.0

数据来源：国际茶委会。

（二）茶叶进口

2005 年，世界茶叶进口量为 146.9 万吨，到 2014 年达 165.8 万吨，比 2005 年增长了 18.9 万吨，增长了 12.9%。10 年间，世界茶叶进口同出口一样，保持平稳增长。增长主要来于亚洲和非洲，亚洲的茶叶进口增长 9%，主要来自阿富汗、伊朗、科威特、也门和阿联酋；非洲的茶叶进口增长 7%，主要来自埃及、摩洛哥、毛里塔里亚、苏丹和塞内加尔。

2005—2014 年世界茶叶进口总量

单位：万吨

年份	2005	2006	2007	2008	2009	2010	2011	2012	2013	2014
进口量	146.9	148.6	149.1	155.8	149.3	164.2	165.6	163.8	170.3	165.8

数据来源：国际茶委会。

2014 年，全球茶叶进口总量 165.8 万吨，比 2013 年减少 4.4 万吨，下降 2.6%。其中俄罗斯进口 15.4 万吨，是最大茶叶进口国；巴基斯坦进口茶叶 13.8 万吨，比 2013 年增加 1.1 万吨，位居第二；美国进口茶叶 12.9 万吨，位居第三。世界其他主要茶叶进口国包括：英国、埃及、独联体国家（除俄罗斯）、伊朗、阿富汗、摩洛哥、阿联酋、波兰。波兰茶叶进口首次超越日本，巴基斯坦和波兰茶叶进口比上一年增长较大，而英国、美国、俄罗斯和日本茶叶进口比上一年有所减少。造成这些原因，除上述国家消费不力外，还与乌克兰危机升级、西方国家对俄罗斯制裁有一定的关系。

2014 年世界茶叶进口前十名国家和地区

单位：万吨

俄罗斯	巴基斯坦	美国	英国	埃及	独联体（除俄罗斯）	阿联酋	伊朗	阿富汗	摩洛哥
15.40	13.79	12.92	10.67	10.55	10.40	6.20	6.06	5.70	5.70

数据来源：国际茶委会。

2014 年，中国进口茶叶 2.3 万吨，比 2013 年增长 15.1%。其中红茶占进口总量 76%，斯里兰卡、印度、印度尼西亚是主要进口国；绿茶占进口总量 20%，越南、印度尼西亚是主要进口国家。2015 年，受国内市场及相关技术指标影响，中国茶叶进口增量减缓，依然为 2.3 万吨。

2015 年，全球茶叶进口总量 165.1 万吨，比 2013 年减少 0.7 万吨，下降 0.4%。其中巴基斯坦进口 15.2 万吨，超过俄罗斯成为最大茶叶进口国；俄罗斯进口茶叶 15.1 万吨，位居第二；美国进口茶叶 13.0 万吨，位居第三。巴基斯坦进口茶叶比上年增加 1.4 万吨，英国比上年增加 0.6 万吨，阿联酋比上年增加 0.3 万吨，美国与上年持平，其他国家都有不同程度的减少。

2015 年世界茶叶进口前十名国家和地区

单位：万吨

巴基斯坦	俄罗斯	美国	英国	独联体（除俄罗斯）	埃及	阿联酋	摩洛哥	伊朗	阿富汗
15.20	15.10	13.00	11.29	9.03	8.80	6.50	5.75	5.50	5.27

数据来源：国际茶委会。

（三）茶叶价格

作为世界茶叶市场的指示性价格，FAO茶叶综合价格在过去十年一直保持稳定。由FAO-IGG/Tea统计数据可知，在2012年8月至2013年3月间，世界茶叶价格稳定在3美元/千克左右；此后国际茶叶价格持续走低，2014年12月茶叶价格出现最低值2.44美元/千克。由于CTC红碎茶价格下降，导致全球茶叶综合价格大幅度下降。而Orthodox茶（传统茶）价格坚挺，这部分地抵消了CTC红碎茶价格下降的负面效应。最终，2014年全球茶叶综合价格比上一年降低了2.45%；自2015年开始，却出现了相反的情况，由于油价降低，俄罗斯和近东地区的经济受挫，导致其需求减少，从而使传统茶的价格下跌。由于天气干旱导致肯尼亚等国茶叶供应紧张。2015年，全球茶叶价格稳步回升，茶叶综合价格较上一年略有提高，但幅度不大。7月茶叶价格比6月茶叶价格增长率超过10%，达2.90美元/千克。

从全球范围来看，世界茶叶出口价格依然低迷，始终在 3 美元 / 千克左右徘徊。根据世界各主要茶叶出口国的海关数据统计，2014 年，斯里兰卡茶叶出口均价最高，为 4.90 美元 / 千克；其次是中国为 4.22 美元 / 千克，而中国出口均价的提升，很大程度上是由于人民币对美元的汇率变化较大导致；再次是印度，3.14 美元／千克；卢旺达 2.49 美元／千克，出口量最大的肯尼亚的出口均价为 2.3 美元／千克，这显然与非洲廉价的劳动力有关。阿根廷的出口均价更低，为 1.48 美元／千克，低廉的价格严重削弱这些茶叶种植国的积极性。

2014 年世界主要茶叶出口国的平均离岸价（FOB）

单位：美元／千克

斯里兰卡	中国	印度	卢旺达	肯尼亚	印度尼西亚	坦桑尼亚	越南	马拉维	阿根廷
4.90	4.22	3.14	2.49	2.30	2.03	1.74	1.73	1.58	1.48

而世界茶叶拍卖市场的价格更低，主要以出口茶叶原料为主，从 2005 年的 1.50 美元／千克增长至 2014 年的 2.40 美元／千克，10 年间仅增长了 60%，如果考虑到生产成本及物价指数，世界茶叶市场的拍卖价格基本上无太大的变化。

2005—2014 年世界各茶叶拍卖市场拍卖均价

单位：美分／千克

年份	2005	2006	2007	2008	2009	2010	2011	2012	2013	2014
拍卖均价	150	157	178	218	242	262	261	265	260	240

2015 年，中国绿茶出口均价为 3.69 美元／千克，同比下降 3.4%；红茶出口均价为 5.24 美元／千克，同比上升 40.1%；乌龙茶出口均价为 5.50 美元／千克，同比下降 5.2%；花茶出口均价为 8.47 美元／千克，同比上升 3.9%；普洱茶出口均价为 10.42 美元／千克，同比下降 9.9%。

二、21 世纪世界茶叶消费趋势

随着世界茶叶产量逐年上涨，世界茶叶消费量也保持增长的态势。

（一）世界茶叶消费国家和茶类

2014 年，世界人口达到 77 亿。世界上共有 224 个国家和地区（193 个国家，

31 个地区），有 160 多个国家与地区近 30 亿人饮茶。饮茶的国家和地区较广，占总数的 71%；饮茶的人口数量庞大，占全世界总人口的 39%。

1. 亚洲地区主要饮茶国家和地区　中国、日本、韩国、朝鲜、越南、缅甸、泰国、柬埔寨、老挝、菲律宾、马来西亚、印度尼西亚、新加坡、蒙古、格鲁吉亚、阿塞拜疆、乌兹别克斯坦、土耳其、伊朗、伊拉克、科威特、沙特阿拉伯、阿拉伯联合酋长国、中国香港、中国台湾、印度、斯里兰卡、孟加拉、巴基斯坦、尼泊尔、阿富汗、以色列。

2. 欧洲地区主要饮茶国家和地区　爱尔兰、英国、法国、俄国、波兰、荷兰、德国、瑞士、捷克、乌克兰、斯洛伐克、瑞典、匈牙利、挪威、奥地利、芬兰、西班牙、丹麦、意大利、比利时、保加利亚、罗马尼亚、葡萄牙、希腊。

3. 非洲地区主要饮茶国家和地区　摩洛哥、埃及、南非、肯尼亚、塞内加尔、毛里塔尼亚、阿尔及利亚、突尼斯、利比亚、马拉维、布隆迪、坦桑尼亚、赞比亚、莫桑比克、卢旺达、乌干达、马里、几内亚、刚果、喀麦隆、毛里求斯、扎伊尔、埃塞尔比亚、津巴布韦、突尼斯、加那利群岛、尼日利亚、冈比亚、尼日尔、布基纳法索、多哥。

4. 美洲地区主要饮茶国家和地区　美国、加拿大、智利、阿根廷、委内瑞拉、哥伦比亚、秘鲁、巴西、墨西哥、玻利维亚、圭亚那、危地马拉、巴拉圭、厄瓜多尔。

5. 大洋洲洲地区主要饮茶国家和地区　新西兰、澳大利亚、巴布亚新几内亚、斐济、所罗门群岛、西萨摩亚。

6. 红绿茶是大宗消费茶类　全世界茶叶消费量，红茶占多数，次为绿茶，再次为黑茶类和乌龙茶、花茶等。

在世界卫生组织推荐的六大保健饮品中，绿茶排在首位。近年来，随着绿茶保健功能的宣传和推广，并且由于世界卫生组织的推荐，以及中国茶文化广泛传播的影响，加上喝绿茶为主的西非、北非国家经济好转、消费能力提高，世界绿茶消费量也在逐渐攀升。绿茶消费增长率（2.6%）高于红茶（1.9%）。

（二）世界茶叶消费持续增长

2002年，世界茶叶产量达306.3万吨，比1983年的205.4万吨增长49.12%。消费量达299.1万吨，比1983年的202.9万吨增长47.41%。在世界茶叶消费总量不断增长的同时，茶叶消费也由过去以英国、美国等老牌茶叶消费国消费为主，转向了以生产国本国消费为主，茶叶主产国的茶叶消费总量占世界茶叶总产量的50%以上。

2002年，各茶叶生产国本国茶叶消费总量达163.67万吨，比1993年增长了38.38%，占世界茶叶总产量的53.4%。中国、印度的消费已大大超过老牌茶叶消费大国英国、美国等，生产国茶叶消费的迅猛发展，使茶叶生产国在世界茶叶消费市场上起着举足轻重的作用。

据国际茶委会的统计，2005年世界茶叶消费量为344.0万吨，到2014年达476.4万吨，10年间增长132.4万吨，增长了38.5%。到2006年，中国的茶叶消费量急剧增加，达到78万吨，首次超过印度成为第一大茶叶消费国。但是，世界茶叶主产国普遍人均消费水平还不高。

2014年，世界茶叶消费量最大的国家仍是中国，达165.0万吨；居第二位是印度，为92.7万吨；其次是土耳其，为23.5万吨。值得注意的是，土耳其首次超越俄罗斯，成为世界第三大茶叶消费国；俄罗斯15.4万吨，巴基斯坦13.8万吨，美国12.9万吨，日本11.2万吨，英国10.6万吨，埃及10.3万吨，独联体国家（除俄罗斯）9.4万吨。

在产茶国中，中国和印度是世界上主要的茶叶消费大国，占世界茶叶总消费量的54.1%。在非产茶国中，俄罗斯、巴基斯坦、美国、埃及和英国是一个非常有潜力的消费市场。欧盟市场的消费增长不旺，一方面与欧盟的金融危机有关；另一方面，欧盟苛刻的农残标准，致使产茶国的茶叶很难进入欧盟市场。

2015年，全球茶叶产量、消费量均保持稳步上升的趋势，增加全球茶叶消费仍有潜力可挖。

单位：千吨

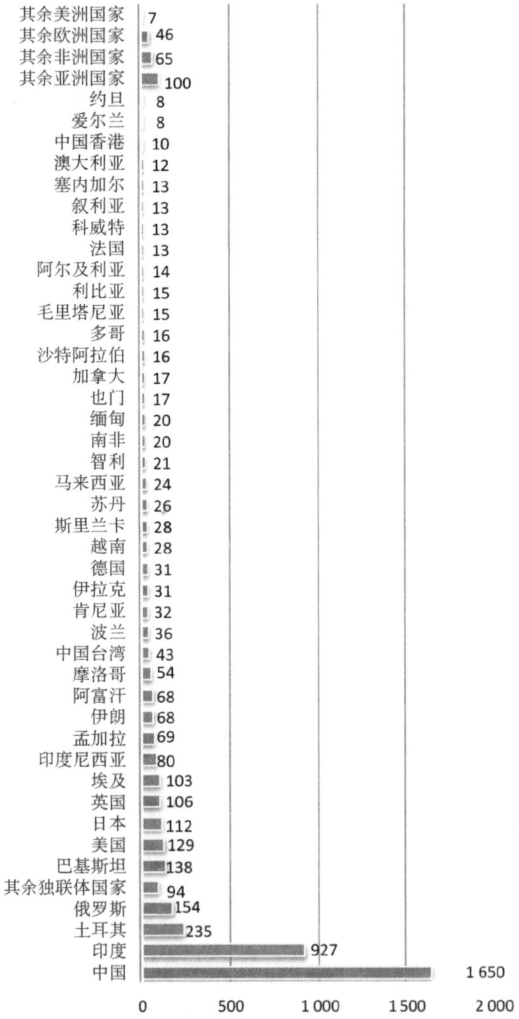

2014 年世界主要茶叶消费国家和地区消费量

2014 年世界茶叶消费国家消费总量前 10 名国家

单位：万吨

中国	印度	土耳其	俄罗斯	巴基斯坦	美国	日本	英国	埃及	独联体（除俄罗斯）
165.0	92.7	23.5	15.4	13.8	12.9	11.2	10.6	10.3	9.4

2005—2014 年世界茶叶消费格局

单位：千吨

年份	产量	存量（A）	进口量（B）	消费量
2005	3 537	1 971	1 469	3 440
2006	3 666	2 087	1 486	3 573
2007	3 854	2 275	1 491	3 716
2008	3 965	2 313	1 558	3 821
2009	4 019	2 404	1 493	3 897
2010	4 281	2 495	1 642	4 137
2011	4 561	2 801	1 658	4 409
2012	4 693	2 918	1 645	4 513
2013	4 990	3 129	1 706	4 655
2014	5 173	3 346	1 658	4 764

注：A 指茶叶生产国的茶叶存量，B 指茶叶生产国与非生产国茶叶进口量。

2006—2015 世界茶叶消费量及增长率

单位：万吨，%

年份	2006	2007	2008	2009	2010	2011	2012	2013	2014	2015
消费量	375.3	371.6	382.1	389.7	413.7	440.9	451.3	465.5	476.4	494.4
增长率	3.87	4.0	2.83	1.99	6.16	6.57	2.36	3.15	2.34	3.78

数据来源：国际茶委会。

2015 年，世界茶叶消费总量为 494.4 万吨，比上年增长了 3.78%。中国和印度既是世界茶叶生产大国，又是世界上主要的茶叶消费大国，所产大部分茶叶在国内消费。2015 年中国茶叶消费总量为 182.2 万吨，居世界第一位，占世界茶叶消费总量的 36.85%；其次是印度，茶叶消费量为 94.7 万吨。中国和印度的消费量合计占世界总消费量的 56%，中国与印度在世界茶叶舞台上扮演着重要的角色。茶叶主产国土耳其也紧随其后，一跃成为世界上第三大茶叶消费国。茶叶主产国肯尼亚和斯里兰卡的茶叶大部分供出口，本国茶叶消费非常低，2015 年分别为 3.3 万吨和 2.8 万吨。其他茶叶消费国中，孟加拉 7.4 万吨、伊朗 6.3 万吨、摩洛哥 5.8 万吨、阿富汗 5.3 万吨、中国台湾 4.0 万吨、伊拉克 3.6 万吨、波兰 3.4 万吨。

（三）未来世界茶叶消费发展空间很大

世界人均饮茶量仍然较低，人均年消费茶叶 0.64 千克。目前，世界上人均饮茶量最大的是土耳其，年人均饮茶量达 4 千克左右。因此，未来世界茶叶消费的发展空间依然很大。特种茶各茶类受传统饮茶习惯的影响，区域消费明显，有着较大的潜力和拓展空间。

根据欧睿国际统计的数据，21 世纪初，中国消费的茶叶量是 16 亿磅，位居世界第一。如果按人均每年的茶叶消费量来看，中国的名次落后于许多国家。世界上年人均茶叶消费量最高的国家是土耳其，每年人均消费量是 6.961 磅；排名第二的是爱尔兰，每年人均消费量是 4.831 磅；第三是英国，每年人均消费量是 4.281 磅。中国每年的人均茶叶消费量是 1.248 磅，排名第 19 位。

从年人均消费情况来看，全球茶叶生产大国中国、印度、肯尼亚的年人均消费量都不大，2012—2014 年人均消费茶叶分别为 1.14 千克、0.74 千克和 0.65 千克，印度尼西亚则更低，仅为 0.34 千克。但是中国大陆年人均茶叶消费增长较快，到 2014 年已经上升到世界第 12 名。

世界主要国家和地区年人均消费茶叶量（2012—2014 年平均数）

单位：千克

排名	国家（地区）	消费量	排名	国家（地区）	消费量
1	土耳其	3.18	12	智利	1.22
2	阿富汗	2.73	13	伊拉克	1.18
3	摩洛哥	2.31	14	中国	1.14
4	英国	2.21	15	独联体	0.94
5	利比亚	1.81	16	日本	0.91
6	卡塔尔	1.61	17	印度	0.74
7	爱尔兰	1.56	18	肯尼亚	0.65
8	中国台湾	1.56	19	沙特阿拉伯	0.56
9	中国香港	1.38	20	澳大利亚	0.53
10	斯里兰卡	1.36	21	美国	0.41
11	埃及	1.22	22	印度尼西亚	0.34

数据来源：国际茶委会。

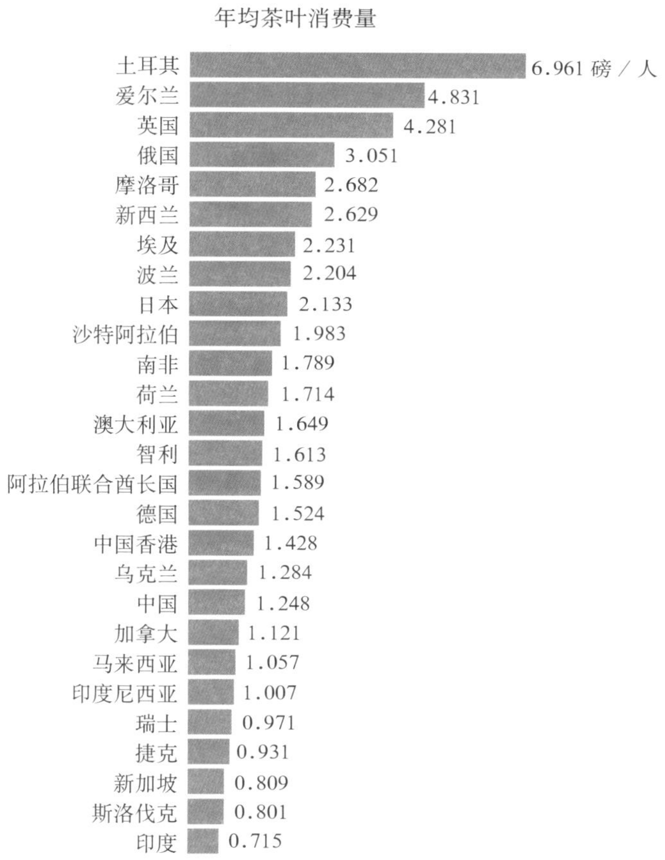

21 世纪初世界主要茶叶消费国家和地区人均茶叶消费量排序

FAO–IGG 秘书处根据世界茶叶模型（FAO World Tea Model），运用局部均衡动态时间序列模型对 2024 年世界红茶和绿茶产量、红茶消费量、红茶和绿茶的出口量进行预测，发现世界红茶和绿茶产量将分别以每年 3.7% 和 9.1% 的速度增长，到 2024 年全球红茶和绿茶的产量将分别达到 429.48 万吨和 374.36 万吨；全球红茶消费量将以 3% 的速度增长，至 2024 年将达到 414 万吨；未来 10 年，世界茶叶生产国消费量的强劲增长并不能抵消茶叶传统进口国消费量的减少；世界红茶和绿茶出口量将分别以每年 2.4% 和 8.9% 的速度增长，至 2024 年分别达到 170.23 万吨和 80.43 万吨。

（本章撰稿人：丁以寿）

茶之否臧，存于口诀。

Part 9

第九章 茶叶标准与质量

秦始皇统一货币、统一度量衡，开始了中国标准化的历史；北宋毕昇发明活字印刷是被公认的标准化发展的里程碑。其实，在人类历史上有很多标准化例子，茶叶也是如此。

第一节　中国茶叶标准化情况

茶叶标准化是指在茶叶生产、加工、贸易和消费等过程中，对重复性的事物和概念，通过制定、发布和实施标准达到统一，使人、机、物、环等各个因素处于良好的状态，并持续改进，以获得最佳秩序和社会效益的活动。茶叶标准化的重要意义是实现有序生产、加工、贸易和消费，确保产品质量，防止贸易壁垒，促进技术合作与进步，推动茶产业健康持续发展，并不断满足消费者需求。

一、中国茶叶标准化历程

中国的茶叶标准化源自斗茶。唐宋时期，民间斗茶严格按“胜负评判规则”进行；斗茶结束后，以胜者为“标准”划分茶叶优劣高下，作为当年茶叶交易和选送贡品的依据。时至今日，茶叶标准已覆盖到了“从茶园到餐桌”的整个茶叶产业链；茶叶标准化工作的重要性日益显现，关系到广大茶叶消费者的切身利益和茶叶产业的健康发展。

（一）古代——萌芽阶段

唐代陆羽《茶经 · 三之造》记载了茶叶优劣的鉴别标准：“自采至于封，七经目。自胡靴至于霜荷，八等。或以光黑平正言嘉者，斯鉴之下也。以皱黄坳垤言佳者，鉴之次也。若皆言嘉及皆言不嘉者，鉴之上也。何者？出膏者光，含膏者皱；宿制者则黑，日成者则黄；蒸压则平正，纵之则坳垤。此茶与草木叶一也。茶之否臧，存于口诀。”

宋徽宗赵佶撰写的《大观茶论》（1107）记载了茶叶评判标准。味：“夫茶以味为上。甘香重滑，为味之全。惟北苑壑源之品兼之。其味醇而乏风骨者，蒸压太过也。茶枪乃条之始萌者，木性酸，枪过长则初甘重而终微涩，茶旗乃叶之方敷者，叶味苦，旗过老则初虽留舌而饮彻反甘矣。此则芽胯有之，若夫卓绝之品，真香灵味，自然不同。”香：“茶有真香，非龙麝可拟。要须蒸及熟而压之，及干而研，研细而造，则和美具足。入盏则馨香四达。秋爽洒然。或蒸气如桃仁夹杂，则其气酸烈而恶。”色：“点茶之色，以纯白为上真，青白为次，灰白次之，黄白又次之。天时得于上，人力尽于下，茶必纯白。天时暴暄，芽萌狂长，采造留积，虽白而黄矣。青白者蒸压微生。灰白者蒸压过熟。压膏不尽，则色青暗。焙火太烈，则色昏赤。”

宋人黄儒《品茶要录》记载：“蒸不熟，则虽精芽，所损已多。试时色青易沉，味为挑仁之气者，不蒸熟之病也。唯正熟者，味甘香。”

（二）近现代——起步阶段

19 世纪末，为了防止茶叶掺假作伪，各国政府纷纷立法，出台茶叶相关标准，规范茶叶的进口和出口。1915 年，浙江温州地区设立“永嘉茶叶检验处”，制定了地方性法律条文，作为茶叶检验的依据，查禁假茶出口，这就是中国茶叶标准的雏形。1929 年，国民政府工商部在上海、汉口两地首先设立商品检验局。

中国规范化的茶叶标准始于 1931 年。1931 年，中央实业部基于出口茶检验的需要，颁布了中国第一部茶叶标准《出口茶叶检验标准》，全文仅 6 条，百余字，对各类茶的品质（水分、灰分、粉末和包装）作了笼统规定。1931 年 6 月 20 日，国民政府实业部颁布中国第一个出口茶叶检验法令《实业部商品检验局茶叶检验规程》（共 17 条），7 月 7 日公布《实业部商品检验局茶叶检验实施细则》（共 9 条），7 月 8 日正式实施。《实业部商品检验局茶叶检验实施细则》规定，输出茶叶（绿茶、红茶、花熏茶、红砖茶及绿砖茶、毛茶、茶片、茶末、茶梗等）必须经商检局检验，合格者发给证书，海关凭证放行出口。茶叶品质检验，依据最低标准样茶及水分、灰分含量指标。同年，实业部国产委员会设立茶叶产地检验管理处，在浙、皖、赣、闽等省的主要茶叶集散地设立机构，依据该《茶叶检验实施细则》办理产地检验。1932—1937 年，实业部先后 5 次组织修订茶叶标准，不断完善。1936 年，对茶叶采摘、制造、贮藏和卫生条款增加了限制。1937 年对着色茶和不合格茶箱规定了取缔办法。抗日战争胜利后，1946 年恢复出口检验时，仍沿 1937 年标准。1947 年，实业部再次组织修订茶叶标准，以加强产品检验，拯救在战争中日趋衰落的茶叶生产。

（三）当代——发展阶段

中国茶叶标准化在当代经历了曲折的发展阶段，包括1949—1966年的恢复阶段，1966—1976年的停滞阶段，1976—20世纪末的发展阶段，21世纪以来的全面发展阶段。

1.1949—1966年（恢复阶段）　中华人民共和国成立以后，茶叶标准化工作得到了恢复和发展，进一步制修订茶叶文字标准，并开始制定茶叶实物标准样。

（1）茶叶文字标准。1950年3月，新中国贸易部在北京召开第一届全国商品检验会议，制定了《茶叶出口检验暂行标准》和《茶叶属地检验暂行办法》，恢复了由于抗日战争而基本中断的茶叶检验，并增设检验机构。该标准经过1952年、1955年和1962年三次修订，成为中国当时最全面的一部茶叶标准，规定了红茶、绿茶、乌龙茶及花茶类的出口检验项目，包括水分、灰分、粉末、碎茶及包装等指标。1958年，商业部以"商茶字第51号"通知，发布了《外销红绿茶精制技术规程》《乌龙茶精制试行技术规程》《紧压茶试行技术规程》和《花茶制造技术规程》等4项加工技术标准。这对于提高茶叶加工技术及产品质量稳定性起到了重要作用。

（2）茶叶实物标准。1951年，中国开始制定毛茶实物标准样和精制茶实物标准样，为确立"对样评茶、按质论价"政策提供了实物依据。

毛茶实物标准样：中国毛茶实物标准样，实行中央、地方二级管理。部管标准样41套，各省（区）管标准样112套。1951年，中国茶叶公司首次颁布茶叶实物标准样，不定级，按70%的精制率计价。1953年，全国统一建立毛茶分级标准样：一般外销红绿茶分5个等级，乌龙毛茶、白毛茶、老青茶分3个等级，黑毛茶分4个等级。1979年，实行毛茶标准改革，全国开始实施一般红绿毛茶分为6级12等、晒青绿毛茶分为5级10等、乌龙毛茶分为4级8等、黑毛茶分4级、老青茶分3级的标准方案，扩大了等间距离，提高了评茶准确度。

浙江省对大宗的红绿毛茶收购等级的划分标准是"按毛茶的色、香、味和外形、叶底、干湿程度"，依据毛茶的精制率分为5个等级，一级毛茶的精制率为85%以上，五级为65%。1951年，外销红绿毛茶分为6个等级，规定最低级（六级）精制率为60%。1952年，为了提高茶叶品质，对精制率相同而品质有所差别的，再分出档别，一般一个等级分为上下两档。1953年，继续以精制率为分级标准，内外销红绿毛茶均分为5个等级，并统一以三级为中准级，其精制率为70%。1954年，毛茶等级不以精制率和品质来评定，改评分为评等。毛茶评定方法根据中国茶叶公司规定，外销红绿毛茶的正级茶分为5级18等；内销红绿毛茶分为5级14等。浙江省按此要求对毛茶略有修改，将外销红绿毛茶分为5级19等，内销红绿毛茶分为5级15等。1958年，大宗红绿毛茶设特级特等，外销红绿毛茶共有20等，内销红绿毛茶共有16等。

精制茶实物标准样：精制茶实物标准样又称成品茶标准样，分为加工标准样（又称加工验收统一标准样）和贸易标准样。加工标准样是毛茶加工的依据，从而使各花色的成品茶达到标准化，分为绿茶、花茶、压制茶、青茶、白茶和红茶加工标准样。贸易标准样是根据中国外销茶的传统风格制定的出口标准样，为便于产销结合和货源供应，与加工标准样基本相适应。贸易标准样全国统一，用编号代表茶类和级别，多年来一直比较稳定。从1954年后，中国相继建立了部分出口茶叶贸易标准样，并定期换制。

2.1966—1976年（停滞阶段）　1966年5月至1976年10月“文化大革命”时期，中国茶叶标准化工作停滞不前。实物标准样由于生产上的需要而得以继续换制，1972年，浙江省全面试行简化等级措施，红绿毛茶由5级20等简化为6级12等，原粗茶6级、7级合并为一个级，即为7级14等。

但文字标准不但没有得到修订和更新，反而被废弃。一些地区还出现了“手标”“眼标”等土标准，茶叶生产和贸易受到了很大的损失和破坏。

3.1976—20世纪末（发展阶段）　“文化大革命”结束后，中国标准化工作进入了崭新的历史时期。1978年5月，国家标准局正式成立。1979年，国务院颁发了《中华人民共和国标准化管理条例》。1988年底，颁布了《中华人民共和国标准化法》，并于1989年4月1日正式实施。标准化法明确指出，标准化是组织现代化大生产的重要手段，是科学管理的重要组成部分。中国茶叶标准化工作也因此得到了迅速恢复和发展。

为适应茶叶生产和贸易的需要，国家商检局于1981年修订出台WMB 48—81《茶叶》标准，其内容包括茶叶品质规格、茶叶包装和茶叶检验方法等三部分，同时配套制定了《出口茶叶取样和检验暂行技术规程》。同年，国家制定了GBn 144—81《绿茶、红茶卫生标准》，规定了茶叶中的农残和重金属含量要求。1985年，为配合GBn 144—81的执行，国家制定了GB 5009.57—85《茶叶卫生标准分析方法》，这是新中国成立以来第一个正式的茶叶检验方法国家标准。1986年，国家商检局根据贸易需要，积极采用ISO标准的原则，对WMB 48—81《茶叶》中的第三部分“茶叶检验方法”进行重新修订，颁布了ZBX 50001—86《出口茶叶取样方法》、ZBX 50002—86《出口茶叶磨碎试样干物质含量的测定方法》、ZBX 50003—86《出口茶叶品质感官审评方法》、ZBX 50004—86《出口茶叶水分测定方法》、ZBX 50005—86《出口茶叶总灰分测定方法》等16个茶叶检验方法系列标准，极大地提高了中国茶叶检验工作的水平和中国茶叶标准在国际上的地位。1987年，国家组织专家制定了GB/T 8302—87《茶 取样》、GB/T 8303—87《茶 磨碎试样的制备及其干物质含量测定》、GB/T 8304—87《茶 水分测定》、GB/T 8305—87《茶 水浸出物测定》等13个茶叶理化检验方法系列标准，大大丰富了中国茶叶标准的内容。国家商检局还制定了ZBX 55001—87《出口茶叶中硒的荧光光度测定方法》、ZBX 55002—88《炒青绿茶 技术条件》、ZBX 55003—88《出口茶叶感官审评室条件》等多项专业标准。另外，国家制定了GB 9679—88《茶叶卫生标准》（替代GBn 144—81）、GB/T 9833.1—88《紧压茶 花砖茶》、GB/T 9833.2—88《紧压茶 黑砖茶》、GB/T 9833.3—88《紧压茶 茯砖茶》、GB/T 9833.4—89《紧压茶 康砖茶》、GB/T 9833.5—89《紧压茶 沱茶》、GB/T 9833.6—89《紧压茶 紧茶》等多项国家标准。这些标准的制定，不但丰富了中国茶叶标准的内容，也使中国茶叶标准开始走向系统化、序列化。

与此同时，有关部门相继建立和完善了绿茶贸易标准样（包括眉茶、珠茶等）、特种茶贸易标准样（龙井茶等）、小包装茶贸易标准样、红茶贸易标准样等多种出口茶叶贸易标准样，并定期换制。有的企业还建立了相应的加工参考样和标准样。

► 1997 年出口眉茶贸易标准样

► 1988 年浙江省茶叶公司眉茶加工参考样和标准样

4.21 世纪以来（全面发展阶段）　进入 21 世纪以来，中国确立了标准化战略，国家对标准化工作的重视前所未有。为了全面推进中国茶叶标准化工作，经国家标准化管理委员会批准，中华全国供销合作总社于 2008 年 3 月在杭州成立了全国茶叶标准化技术委员会（SAC/TC 339），其秘书处设在中华全国供销合作总社杭州茶叶研究院。SAC/TC 339 成立后，承担了大量的茶叶标准制修订工作，包括国家标准、行业标准和地方标准；完成了多项与标准相关的科研项目，开展了一系列茶叶标准化知识宣贯培训工作。SAC/TC 339 按照章程规定定期换届，委员由来自供销、农业、林业、卫生、质检、教学和生产企业的专家和代表组成，设委员 60 余名，顾问若干名，观察员若干名。根据工作需要先后组建成立了龙井茶工作组、乌龙茶工作组、普洱茶工作组、边销茶工作组、白茶工作组、碧螺春茶工作组、红茶工作组、黑茶工作组和特种茶国际标准国内工作组等一系列工作组，分别负责相关方面的标准化工作。SAC/TC 339 的成立是中国茶叶标准化工作进入全面发展阶段的重要标志，也极大地推进了茶叶标准体系的建立和完善。

与此同时，国家各级标准化主管部门按照各自职责和分工相继组织制定、发布了众多茶叶方面的国家标准、行业标准和地方标准，其内容涉及茶叶产业链的方方面面，使中国成为世界上茶叶标准最多最全的国家。这些标准的制定和实施极大地促进了中国的茶叶生产、贸易和消费。

二、中国茶叶标准化法律法规

标准化作为一项国家战略，必须有相关法律法规支撑。标准化法、产品质量法、农产品质量安全法等法律法规对各种标准的制定、发布、实施、复审和监督等方面做了详尽的规定，全部适用于茶叶标准化工作。

（一）标准化法

《中华人民共和国标准化法》规定，为了发展经济，促进技术进步，改进产品质量，提高社会经济效益，维护国家和人民的利益，促进社会主义现代化建设，发展对外经济关系，必须制定标准、实施标准和监督标准的实施。标准是企业组织生产和活动的依据，企业必须按标准组织生产符合标准要求的产品。全国构建以国家标准、企业标准为主体，以行业标准、地方标准为补充的标准体系。强制性标准，必须执行。不符合强制性标准的产品，禁止生产、销售和进口；否则依法处置，直至追究刑事责任。

（二）产品质量法

《中华人民共和国产品质量法》规定，企业产品质量应该达到或者超过行业标准、国家标准和国际标准。可能危及人体健康和人身、财产安全的产品，必须符合保障人体健康和人身、财产安全的国家标准、行业标准；未制定国家标准、行业标准的，必须符合保障人体健康和人身、财产安全的要求。禁止生产、销售不符合保障人体健康和人身、财产安全的标准和要求的产品。产品质量应当不存在危及人身、财产安全的不合理的危险，有保障人体健康和人身、财产安全的国家标准、行业标准的，应当符合该标准；具备产品应当具备的使用性能；符合在产品或者其包装上注明采用的产品标准，符合以产品说明、实物样品等方式表明的质量状况。

（三）农产品质量安全法

《中华人民共和国农产品质量安全法》规定，国家引导、推广农产品标准化生产，鼓励和支持生产优质农产品，禁止生产、销售不符合国家规定的农产品质量安全标准的农产品。农产品质量安全标准是农产品质量安全评价的重要依据，也是农产品质量安全管理的重要手段。国家建立健全农产品质量安全标准体系。农产品质量安全标准是强制性的技术规范。不得销售含有国家禁止使用的农药、兽药或者其他化学物质的，农药、兽药等化学物质残留或者含有的重金属等有毒有害物质不符合农产品质量安全标准的，含有的致病性寄生虫、微生物或者生物毒素不符合农产品质量安全标准的，使用的保鲜剂、防腐剂、添加剂等材料不符合国家有关强制性的技术规范的农产品。

（四）食品安全法

《中华人民共和国食品安全法》规定，食品生产经营者应当依照法律、法规和食品安全标准从事生产经营活动，保证食品安全，诚信自律，对社会和公众负责，接受社会监督，承担社会责任。制定食品安全标准，应当以保障公众身体健康为宗旨，做到科学合理、安全可靠。食品安全标准是强制执行的标准。除食品安全标准外，不得制定其他食品强制性标准。食品中农药残留、兽药残留的限量规定及其检验方法与规程由国务院卫生行政部门、国务院农业行政部门会同国务院食品药品监督管理部门制定。对地方特色食品，没有食品安全国家标准的，省（自治区、直辖市）人民政府卫生行政部门可以制定并公布食品安全地方标准，报国务院卫生行政部门备案。食品安全国家标准制定后，该地方标准即行废止。国家鼓励食品生产企业制定严于食品安全国家标准或者地方标准的企业标准，在本企业适用，并报省（自治区、直辖市）人民政府卫生行政部门备案。

（五）消费者权益保护法

《中华人民共和国消费者权益保护法》规定，为了保护消费者的合法权益，维护社会经济秩序，促进社会主义市场经济健康，国家制定强制性标准，应当听取消费者和消费者协会等组织的意见。消费者协会参与制定有关消费者权益的强制性标准。经营者提供商品或者服务有下列情形之一的，应当承担民事责任：商品或者服务存在缺陷的；不具备商品应当具备的使用性能而出售时未作说明的；不符合在商品或者其包装上注明采用的商品标准的；不符合商品说明、实物样品等方式表明的质量状况的。

（六）主要标准化法规

目前，中国涉及茶叶标准化工作的主要法规有：《国家标准管理办法》《农业标准化管理办法》《行业标准管理办法》《地方标准管理办法》《企业标准化管理办法》《食品安全国家标准管理办法》《食品安全地方标准管理办法》《食品安全企业标准备案管理办法》《食品安全国家标准制（修）订项目管理规定》《采用国际标准管理办法》《全国专业标准化技术委员会管理规定》等。

三、中国现行茶叶标准

建立完善茶叶标准体系是促进茶产业发展的一项重要工作，也是国家对茶叶实施“从农田到餐桌”全过程监管的有效措施。

（一）茶叶标准体系

茶叶标准体系是指涉及茶叶的一系列标准（国家标准、行业标准、地方标准和企业标准等）按其内在联系形成的科学的有机整体。茶叶标准体系包括现有标准、应有标准和标准立项的全面蓝图和指导性技术文件，能够为茶叶标准的制修订计划和规划提供依据；能够确保标准编制和实施工作有序进行，减少标准之间的重复与矛盾；能够系统地了解国际标准和国外先进标准，为采用国际标准提供全面的信息；能够有效地促进茶叶标准化的发展，保护国内市场，开拓国际市场，提高茶叶标准化的管理水平。

为此，全国茶叶标准化技术委员会通过收集、整理、评估和归纳中国现行的与茶叶相关的国家标准和行业标准，根据国家标准体系建设的要求和相关规则，制定了三个茶叶标准体系表。一是国家标准体系（茶叶）框架表。此表涵盖除茶叶机械标准以外的全部国家标准和行业标准；二是全国茶叶标准化技术委员会标准体系框架表。此表规定了全国茶叶标准化技术委员会的标准化工作范围，用于指导中国茶叶生产加工全过程的标准化工作；三是茶叶标准体系表。此表将已有的标准、正在制定（尚未发布）的标准和预计未来将要制定的标准综合在一起，进行标准体系的规划设计，形成标准体系的基本架构。其内容有两个部分，第一部分为层次结构框图，

第二部分为各层次标准明细表。其中，第一部分又分为三个层次，第一层为茶通用标准（包括基础、质量、方法、物流等），第二层为茶类通用标准（包括质量、方法、物流、管理等），第三层为各茶类的再加工产品标准（包括质量、方法、物流等）。以上三个茶叶标准体系表是中国编制茶叶标准制修订计划的依据，是确保中国茶叶标准化工作科学化、合理化的基础。

（二）现行茶叶标准

标准体系的组成单元是标准。21 世纪以来，中国大力开展茶叶标准的制修订工作，使茶叶标准逐步覆盖到茶树品种、产地环境、生产加工、产品等级、质量安全、包装贮运等茶叶生产的全过程，基本建立起了以国家标准、企业标准为主体，以行业标准、地方标准为补充的茶叶标准体系，形成了“横向到边，纵向到底”的标准体系框架。

1. 横向标准系列　从横向来说，茶叶标准按茶叶生产过程或茶叶质量控制阶段划分为八类：①生产、加工和管理标准，包括茶树种子、苗木、生产加工标准；②质量安全标准；③产品标准；④包装、标签和贮运标准；⑤检测方法标准；⑥机械标准；⑦实物标准；⑧其他相关标准。这八类标准覆盖整个茶叶产业链，从茶园到最终茶叶产品，基本实现了全程标准化管理的目标。

2. 纵向标准系列　从纵向来说，中国茶叶标准分四个层次，即国家标准、行业标准、地方标准和企业标准。这四个层次标准构成了相互支撑、配套和补充的中国茶叶标准体系框架。

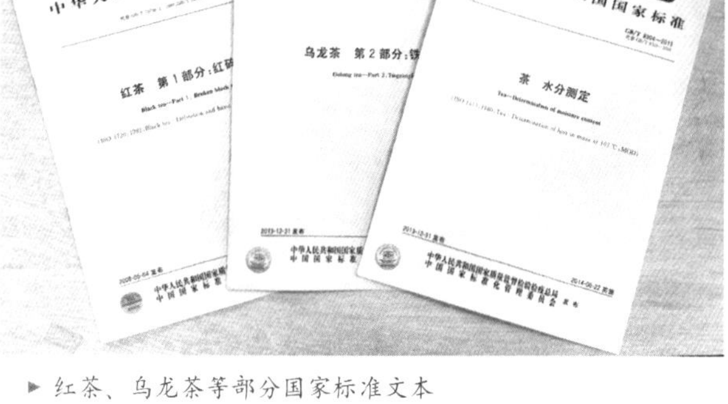

► 红茶、乌龙茶等部分国家标准文本

(1) 国家标准。截至 2016 年底，中国涉及茶叶的国家标准，主要有160余项。其中，生产、加工和管理标准28项，质量安全标准4项，产品标准50项，包装、标签和贮运标准7项，检测方法标准56项，其他相关标准17项。

（2）行业标准。行业标准由各行业主管部门制定和发布，包括农业行业、供销行业、商业行业、进出口检验检疫行业、轻工行业、环境保护行业、林业、机械行业等涉及茶叶管理职能或管理权限的主管部门制定的规范茶叶生产加工和贸易的各种标准。截至2016年底，中国的主要行业标准有130余项。其中，茶叶生产、加工和管理标准29项，质量安全标准4项，产品标准16项，包装、标签和贮运标准5项，检测方法标准39项，机械标准27项，其他标准11项。

（3）地方标准。由全国各茶叶主产区和主销区的省、市、地制定和颁布的各类茶叶标准，估计大约有500多项。其中，仅浙江省就有近100项。茶叶地方标准一般都是综合性标准，包括茶树种苗、栽培、加工等一系列标准。另外，《食品安全法》实施后，各地相继出台了不少食品安全地方标准。

（4）企业标准。根据《食品安全法》规定，企业标准应当报省级卫生行政部门备案，在本企业内部适用。因此，如茶叶企业根据生产和销售的需要，制定相应的企业标准，应根据卫生部《食品安全企业标准备案管理办法》和各省、区及直辖市的相关规定，到省级卫生行政部门备案。据全国茶叶标准化技术委员会估计，目前中国茶叶生产企业制定的企业标准，约有1万余项。

（三）主要国家标准和行业标准目录

中国茶产业涉及的主要国家标准和行业标准有：茶叶生产加工和管理标准、茶叶质量安全标准、茶叶产品标准、茶叶包装标签和贮运标准、茶叶检测方法标准、茶叶实物标准样、茶叶机械标准、其他相关标准等。

1.茶叶生产加工和管理标准　中国主要的茶叶生产、加工和管理标准，见下表。

茶叶生产、加工和管理标准

标准代号 / 文号	名称
GB 14881—2013	食品安全国家标准　食品生产通用卫生规范
GB/T 27320—2010	食品防护计划及其应用指南　食品生产企业
GB/T 19630.1—2011	有机产品　第 1 部分：生产
GB/T 19630.2—2011	有机产品　第 2 部分：加工
GB/T 19630.3—2011	有机产品　第 3 部分：标识与销售
GB/T 19630.4—2011	有机产品　第 4 部分：管理体系
GB/T 20014.2—2013	良好农业规范　第 2 部分：农场基础控制点与符合性规范
GB/T 20014.3—2013	良好农业规范　第 3 部分：作物基础控制点与符合性规范
GB/T 20014.12—2013	良好农业规范　第 12 部分：茶叶控制点与符合性规范
GB 11767—2003	茶树种苗
GB/T 31748—2015	茶鲜叶处理要求
GB/T 8321.1—8321.9	农药合理使用准则
GB/T 24614—2009	紧压茶原料要求
GB/T 24615—2009	紧压茶生产加工技术规范
GB/T 30377—2013	紧压茶茶树种植良好规范
GB/T 30378—2013	紧压茶企业良好规范
GB/T 32742—2016	眉茶生产加工技术规范
GB/T 32743—2016	白茶加工技术规范
GB/T 32744—2016	茶叶加工良好规范
GB/Z 26576—2011	茶叶生产技术规范
SB/T 10034—1992	茶叶加工技术术语
NY/T 225—1994	机械化采茶技术规程
NY/T 391—2013	绿色食品　产地环境质量
NY/T 393—2013	绿色食品　农药使用准则
NY/T 394—2013	绿色食品　肥料使用准则
NY/T 853—2004	茶叶产地环境技术条件
NY/T 1206—2006	茶叶辐照杀菌工艺
NY/T 1312—2007	农作物种质资源鉴定技术规程　茶树
NY/T 1391—2007	珠兰花茶加工技术规程
NY/T 496—2010	肥料合理使用准则　通则
NY/T 1105—2006	肥料合理使用准则　氮肥
NY/T 1535—2007	肥料合理使用准则　微生物肥料
NY/T 1868—2010	肥料合理使用准则　有机肥料

（续）

标准代号 / 文号	名称
NY/T 1869—2010	肥料合理使用准则　钾肥
NY/T 5010—2016	无公害农产品　种植业产地环境条件
NY/T 5337—2006	无公害食品　茶叶生产管理规范
NY/T 5019—2001	无公害食品　茶叶加工技术规程
NY/T 5124—2002	无公害食品　窨茶用茉莉花生产技术规程
NY/T 5197—2002	有机茶生产技术规程
NY/T 5198—2002	有机茶加工技术规程
NY 5199—2002	有机茶产地环境条件
NY/T 5018—2015	茶叶生产技术规程
GH/T 1076—2011	茶叶生产技术规程
GH/T 1077—2011	茶叶加工技术规程
GH/T 1124—2016	茶叶加工术语
GH/T 1119—2015	茶叶标准体系表
GH/T 1125—2016	茶叶稀土含量控制技术规程
GH/T 1126—2016	茶叶氟含量控制技术规程
HJ 555—2010	化肥使用环境安全技术导则

2. 茶叶质量安全标准　中国主要的茶叶质量安全标准，见下表。

茶叶质量安全标准

标准代号 / 文号	名称
GB 2762—2012	食品安全国家标准　食品中污染物限量
GB 2763—2016	食品安全国家标准　食品中农药最大残留限量
GB 19965—2005	砖茶含氟量
GB/Z 21722—2008	出口茶叶质量安全控制规范
NY/T 288—2012	绿色食品　茶叶
NY 5196—2002	有机茶
NY/T 1763—2009	农产品质量安全追溯操作规程　茶叶
NY 659—2003	茶叶中铬、镉、汞、砷及氟化物限量

3. 茶叶产品标准　中国主要的茶叶产品标准，见下表。

茶叶产品标准

标准代号 / 文号	名称
GB/T 14456.1—2008	绿茶　第 1 部分：基本要求
GB/T 14456.2—2008	绿茶　第 2 部分：大叶种绿茶
GB/T 14456.3—2016	绿茶　第 3 部分：中小叶种绿茶
GB/T 14456.4—2016	绿茶　第 4 部分：珠茶
GB/T 14456.5—2016	绿茶　第 5 部分：眉茶
GB/T 14456.6—2016	绿茶　第 6 部分：蒸青茶
GB/T 13738.1—2008	红茶　第 1 部分：红碎茶
GB/T 13738.2—2008	红茶　第 2 部分：工夫红茶
GB/T 13738.3—2012	红茶　第 3 部分：小种红茶
GB/T 32719.1—2016	黑茶　第 1 部分：基本要求
GB/T 32719.2—2016	黑茶　第 2 部分：花卷茶
GB/T 32719.3—2016	黑茶　第 3 部分：湘尖茶
GB/T 32719.4—2016	黑茶　第 4 部分：六堡茶
GB/T 30357.1—2013	乌龙茶　第 1 部分：基本要求
GB/T 30357.2—2013	乌龙茶　第 2 部分：铁观音
GB/T 30357.3—2015	乌龙茶　第 3 部分：黄金桂
GB/T 30357.4—2015	乌龙茶　第 4 部分：水仙
GB/T 30357.5—2015	乌龙茶　第 5 部分：肉桂
GB/T 22291—2008	白茶
GB/T 21726—2008	黄茶
GB/T 9833.1—2013	紧压茶　第 1 部分：花砖茶
GB/T 9833.2—2013	紧压茶　第 2 部分：黑砖茶
GB/T 9833.3—2013	紧压茶　第 3 部分：茯砖茶
GB/T 9833.4—2013	紧压茶　第 4 部分：康砖茶
GB/T 9833.5—2013	紧压茶　第 5 部分：沱茶
GB/T 9833.6—2013	紧压茶　第 6 部分：紧茶
GB/T 9833.7—2013	紧压茶　第 7 部分：金尖茶
GB/T 9833.8—2013	紧压茶　第 8 部分：米砖茶
GB/T 9833.9—2013	紧压茶　第 9 部分：青砖茶
GB/T 22292—2008	茉莉花茶
GB/T 31751—2015	紧压白茶
GB/T 24690—2009	袋泡茶
GB/T 18650—2008	地理标志产品　龙井茶
GB/T 18665—2008	地理标志产品　蒙山茶

（续）

标准代号 / 文号	名称
GB/T 18745—2006	地理标志产品　武夷岩茶
GB/T 18957—2008	地理标志产品　洞庭（山）碧螺春茶
GB/T 19460—2008	地理标志产品　黄山毛峰茶
GB/T 19598—2006	地理标志产品　安溪铁观音
GB/T 19691—2008	地理标志产品　狗牯脑茶
GB/T 19698—2008	地理标志产品　太平猴魁茶
GB/T 20354—2006	地理标志产品　安吉白茶
GB/T 20360—2006	地理标志产品　乌牛早茶
GB/T 20605—2006	地理标志产品　雨花茶
GB/T 21003—2007	地理标志产品　庐山云雾茶
GB/T 21824—2008	地理标志产品　永春佛手
GB/T 22109—2008	地理标志产品　政和白茶
GB/T 22111—2008	地理标志产品　普洱茶
GB/T 22737—2008	地理标志产品　信阳毛尖茶
GB/T 24710—2009	地理标志产品　坦洋工夫
GB/T 26530—2011	地理标志产品　崂山绿茶
SB/T 10167—1993	祁门工夫红茶
SB/T 10168—1993	闽烘青绿茶
NY/T 482—2002	敬亭绿雪茶
NY/T 600—2002	富硒茶
NY/T 781—2004	六安瓜片茶
NY/T 784—2004	紫笋茶
NY/T 785—2004	蒸青煎茶
NY/T 863—2004	碧螺春茶
GH/T 1090—2014	富硒茶
GH/T 1115—2015	西湖龙井茶
GH/T 1116—2015	九曲红梅茶
GH/T 1117—2015	桂花茶
GH/T 1118—2015	金骏眉茶
GH/T 1120—2015	雅安藏茶
GH/T 1127—2016	径山茶
GH/T 1128—2016	天目青顶茶

4. 茶叶包装、标签和贮运标准　中国主要涉及茶叶包装、标签和贮运的标准，见下表。

包装、标签和贮运标准

标准代号 / 文号	名　称
GB 4806.8—2016	食品安全国家标准　食品接触用纸和纸板材料及制品
GB 7718—2011	食品安全国家标准　预包装食品标签通则
GB 23350—2009	限制商品过度包装要求　食品和化妆品
GB/T 191—2008	包装储运图示标志
GB/T 25436—2010	热封型茶叶滤纸
GB/T 28121—2011	非热封型茶叶滤纸
GB/T 30375—2013	茶叶贮存
SB/T 10560—2010	中央储备边销茶储存库资质条件
NY/T 658—2015	绿色食品　包装通用准则
NY/T 1056—2006	绿色食品　贮藏运输准则
GH/T 1070—2011	茶叶包装通则
GH/T 1071—2011	茶叶贮存通则

5. 茶叶检测方法标准　中国主要的茶叶检测方法标准，见下表。

茶叶检测方法标准

标准代号 / 文号	名　称
GB 4789.2—2016	食品安全国家标准　食品微生物学检验菌落总数测定
GB 4789.3—2016	食品安全国家标准　食品微生物学检验大肠菌群计数
GB 4789.4—2016	食品安全国家标准　食品微生物学检验沙门氏菌检验
GB 4789.5—2012	食品安全国家标准　食品微生物学检验志贺氏菌检验
GB 4789.10—2016	食品安全国家标准　食品微生物学检验金黄色葡萄球菌检验
GB 4789.11—2014	食品安全国家标准　食品微生物学检验 β 型溶血性链球菌检验
GB 4789.15—2016	食品安全国家标准　食品微生物学检验霉菌和酵母计数
GB 5009.3—2016	食品安全国家标准　食品中水分的测定
GB 5009.4—2016	食品安全国家标准　食品中灰分的测定
GB 5009.11—2014	食品安全国家标准　食品中总砷及无机砷的测定
GB 5009.12—2010	食品安全国家标准　食品中铅的测定
GB 5009.15—2014	食品安全国家标准　食品中镉的测定

（续）

标准代号 / 文号	名　称
GB 5009.34—2016	食品安全国家标准　食品中二氧化硫的测定
GB 5009.94—2012	食品安全国家标准　植物性食品中稀土元素的测定
GB 5009.264—2016	食品安全国家标准　食品乙酸苄酯的测定
GB 5009.268—2016	食品安全国家标准　食品中多元素的测定
GB 23200.8—2016	食品安全国家标准　水果和蔬菜中 500 种农药及相关化学品残留量的测定　气相色谱－质谱法
GB 23200.13—2016	食品安全国家标准　茶叶中 448 种农药及相关化学品残留量的测定　液相色谱－质谱法
GB 23200.26—2016	食品安全国家标准　茶叶中 9 种有机杂环类农药残留量的检测方法
GB 23200.49—2016	食品安全国家标准　食品中苯醚甲环唑残留量的测定气相色谱－质谱法
GB/T 5009.10—2003	植物类食品中粗纤维的测定
GB/T 5009.18—2003	食品中氟的测定
GB/T 5009.19—2008	食品中有机氯农药多组分残留量的测定
GB/T 5009.57—2003	茶叶卫生标准的分析方法
GB/T 5009.103—2003	植物性食品中甲胺磷和乙酰甲胺磷农药残留量的测定
GB/T 5009.110—2003	植物性食品中氯氰菊酯、氰戊菊酯和溴氰菊酯残留量的测定
GB/T 5009.147—2003	植物性食品中除虫脲残留量的测定
GB/T 5009.176—2003	茶叶、水果、食用植物油中三氯杀螨醇残留量的测定
GB/T 5009.218—2008	水果和蔬菜中多种农药残留量的测定
GB/T 14553—2003	粮食、水果和蔬菜中有机磷农药测定的气相色谱法
GB/T 20769—2008	水果和蔬菜中 450 种农药及相关化学品残留量的测定　液相色谱－串联质谱法
GB/T 20770—2008	粮谷中 486 种农药及相关化学品残留量的测定　液相色谱－串联质谱法
GB/T 23379—2009	水果、蔬菜及茶叶中吡虫啉残留的测定　高效液相色谱法
GB/T 18625—2002	茶中有机磷及氨基甲酸酯农药残留量的简易检验方法　酶抑制法
GB/T 23204—2008	茶叶中 519 种农药及相关化学品残留量的测定　气相色谱－质谱法
GB/T 23376—2009	茶叶中农药多残留测定　气相色谱／质谱法
GB/T 8302—2013	茶　取样
GB/T 8303—2013	茶　磨碎试样的制备及其干物质含量测定
GB/T 8305—2013	茶　水浸出物测定
GB/T 8309—2013	茶　水溶性灰分碱度测定
GB/T 8310—2013	茶　粗纤维测定
GB/T 8311—2013	茶　粉末和碎茶含量测定
GB/T 8312—2013	茶　咖啡因测定
GB/T 8313—2008	茶叶中茶多酚和儿茶素类含量的检测方法
GB/T 8314—2013	茶　游离氨基酸总量的测定

（续）

标准代号 / 文号	名　称
GB/T 14487—2008	茶叶感官审评术语
GB/T 18795—2012	茶叶标准样品制备技术条件
GB/T 18797—2012	茶叶感官审评室基本条件
GB/T 23776—2009	茶叶感官审评方法
GB/T 21728—2008	砖茶含氟量的检测方法
GB/T 21729—2008	茶叶中硒含量的检测方法
GB/T 23193—2008	茶叶中茶氨酸的测定　高效液相色谱法
GB/T 30376—2013	茶叶中铁、锰、铜、锌、钙、镁、钾、钠、磷、硫的测定　电感耦合等离子体原子发射光谱法
GB/T 30483—2013	茶叶中茶黄素的测定　高效液相色谱法
SN/T 0348.1—2010	进出口茶叶中三氯杀螨醇残留量检测方法
SN/T 0348.2—1995	出口茶叶中三氯杀螨醇残留量检验方法　液相色谱法
SN 0497—1995	出口茶叶中多种有机氯农药残留量检验方法
SN/T 1923—2007	进出口食品中草甘膦残留量的检测方法　液相色谱 - 质谱 / 质谱法
SN/T 1969—2007	进出口食品中联苯菊酯残留量的检测方法　气相色谱 - 质谱法
SN/T 2432—2010	进出口食品中哒螨灵残留量的检测方法
SN/T 2560—2010	进出口食品中氨基甲酸酯类农药残留量的测定　液相色谱 - 质谱 / 质谱法
SN/T 3263—2012	出口食品中黄曲霉毒素残留量的测定
SN/T 0797—2016	出口保健茶检验通则
SN/T 0912—2000	进出口茶叶包装检验方法
SN/T 0914—2000	进出口茶叶粉末和碎茶含量测定方法
SN/T 0915—2000	进出口茶叶咖啡因测定方法
SN/T 0916—2000	进出口茶叶磨碎试样干物质含量的测定方法
SN/T 0917—2010	进出口茶叶品质感官审评方法
SN/T 0918—2000	进出口茶叶抽样方法
SN/T 0920—2000	进出口茶叶水浸出物测定方法
SN/T 0924—2000	进出口茶叶重量鉴定方法
SN/T 0926—2000	进出口茶叶中硒的检验方法　荧光光度法
SN/T 1490—2004	进出口茶叶检疫规程
SN/T 1594—2005	进出口茶叶中噻嗪酮残留量检验方法　气相色谱法
SN/T 1774—2006	进出口茶叶中八氯二丙醚残留量检测方法　气相色谱法
SN/T 1950—2007	进出口茶叶中多种有机磷农药残留量的检测方法　气相色谱法

（续）

标准代号 / 文号	名　称
SN/T 2072—2008	进出口茶叶中三氯杀螨砜残留量的测定
SN/T 0147—2016	出口茶叶中六六六、滴滴涕残留量的检验方法
SN/T 0711—2011	出口茶叶中二硫代氨基甲酸酯（盐）类农药残留量的检测方法　液相色谱－质谱／质谱法
SN/T 1541—2005	出口茶叶中二硫代氨基甲酸酯总残留量检验方法
SB/T 10157—1993	茶叶感官审评方法
NY/T 761—2008	蔬菜和水果中有机磷、有机氯、拟除虫菊酯和氨基甲酸酯类农药多残留的测定
NY/T 1453—2007	蔬菜及水果中多菌灵等 16 种农药残留测定　液相色谱－质谱－质谱联用法
NY/T 1720—2009	水果、蔬菜中杀铃脲等七种苯甲酰脲类农药残留量的测定　高效液相色谱法
NY/T 1721—2009	茶叶中炔螨特残留量的测定　气相色谱法
NY/T 1724—2009	茶叶中吡虫啉残留量的测定　高效液相色谱法
NY/T 787—2004	茶叶感官审评通用方法
NY/T 838—2004	茶叶中氟含量测定方法　氟离子选择电极法
NY/T 1960—2010	茶叶中磁性金属物的测定
NY/T 2102—2011	茶叶抽样技术规范
NY/T 896—2015	绿色食品　产品抽样准则
NY/T 1055—2015	绿色食品　产品检验规则
JJF 1070—2005	定量包装商品净含量计量检验规则

6．茶叶机械标准　中国主要的茶叶机械标准，见下表。

茶叶机械标准

标准代号 / 文号	名称
JB/T 5674—2007	茶树修剪机
JB/T 5676—2007	茶叶抖筛机
JB/T 6281—2007	采茶机
JB/T 6670—2007	切茶机
JB/T 7321—2007	茶叶风选机
JB/T 8575—2007	茶叶炒干机
JB/T 9810—2007	转子式茶叶揉切机
JB/T 9811—2007	茶叶平面圆筛机
JB/T 9812—2007	茶叶滚筒杀青机

（续）

标准代号 / 文号	名称
JB/T 9813—2007	阶梯式茶叶拣梗机
JB/T 9814—2007	茶叶揉捻机
JB/T 10748—2007	扁形茶炒制机
JB/T 10809—2007	茶叶微波杀青干燥设备
JB/T 10810—2007	茶叶蒸青机
SB/T 10099—1992	茶叶皮带运输机和斗式提升机型式与主参数
SB/T 10100—1992	紧压茶　筛、切机型式与主参数
SB/T 10101—1992	茶叶平面圆筛机　技术条件
SB/T 10102—1992	茶叶匀堆机型式与主参数
SB/T 10103—1992	茶叶风选机
SB/T 10153—1993	茶叶拣梗机　技术条件
SB/T 10154—1993	茶叶抖筛机
SB/T 10155—1993	齿辊切茶机
SB/T 10156—1993	茶叶加工除尘系统型式与主参数
SB/T 10185—1993	茶叶加工机械产品型号编制方法
SB/T 10186—1993	茶叶平面圆筛机型式与参数
SB/T 10187—1993	茶叶拣梗机型式和主参数
SB/T 10188—1993	紧压茶压制机型式与参数

7. 其他相关标准　中国其他相关标准，见下表。

其他相关标准

标准代号 / 文号	名称
GB 5749—2006	生活饮用水卫生标准
GB 7101—2015	食品安全国家标准　饮料
GB/T 21733—2008	茶饮料
GB/T 30766—2014	茶叶分类

（续）

标准代号 / 文号	名称
GB/T 18204.4—2013	公共场所卫生检验方法　第 4 部分：公共用品用具微生物
GB/T 18526.1—2001	速溶茶辐照杀菌工艺
GB/T 18798.1—2008	固态速溶茶　第 1 部分：取样
GB/T 18798.2—2008	固态速溶茶　第 2 部分：总灰分测定
GB/T 18798.4—2013	固态速溶茶　第 4 部分：规格
GB/T 18798.5—2013	固态速溶茶　第 5 部分：自由流动和紧密堆积密度的测定
GB/T 21727—2008	固态速溶茶　儿茶素类含量的检测方法
GB/T 31740.1—2015	茶制品　第 1 部分：固态速溶茶
GB/T 31740.2—2015	茶制品　第 2 部分：茶多酚
GB/T 31740.3—2015	茶制品　第 3 部分：茶黄素
GB/T 18862—2008	地理标志产品　杭白菊
GB/T 20353—2006	地理标志产品　怀菊花
GB/T 20359—2006	地理标志产品　黄山贡菊
QB/T 4067—2010	食品工业用速溶茶
QB/T 4068—2010	食品工业用茶浓缩液
SN/T 1852—2006	出口茶皂素中皂甙含量的测定
NY/T 864—2012	苦丁茶
NY/T 1051—2014	绿色食品　枸杞及枸杞制品
NY/T 1506—2015	绿色食品　食用花卉
NY/T 2140—2015	绿色食品　代用茶
NY/T 2672—2015	茶粉
NY/T 5249—2004	无公害食品　枸杞生产技术规程
GH/T 1091—2014	代用茶

8. 茶叶实物标准样　茶叶实物标准样也是一种重要的标准形式，是茶叶产销各方对茶叶质量共同制订和遵守的实物依据。目前，中国执行的茶叶实物标准样有毛茶标准样、加工标准样、贸易标准样三种类型，分别供工厂收购初制茶、产销双方、

市场贸易计价使用，其中毛茶标准样需要每年更换一次，加工标准样可以隔几年更换一次。

（1）毛茶标准样。毛茶标准样是收购毛茶的质量标准。按照茶类不同，有绿茶、红茶、乌龙茶、黑茶、白茶、黄茶六大类。其中红毛茶、炒青、毛烘青均分为6级12等，逢双等设样，设6个实物标准样；黄大茶分为3级6等，设3个实物标准样；乌龙茶一般分为5级10等，设1～4级4个实物标准样；黑毛茶及康南边茶分4个级，设4个实物标准样；六堡茶分为5级10等，设5个实物标准样。

（2）加工标准样。加工标准样又称加工验收统一标准样，是毛茶加工成各种外销、内销、边销成品茶时对样加工，使产品质量规格化的实物依据，也是成品茶交接验收的主要依据。各类茶叶加工标准样按品质分级，级间不设等。

（3）贸易标准样。贸易标准样又称销售标准样，是根据中国外销茶叶的传统风格、市场需要和生产可能，由主管茶叶出口经营部门制订的出口茶叶标准样，是茶叶对外贸易中成交计价和货物交接的实物依据。各类、各花色按品质质量分级，各级均编以固定号码，即茶号。如特珍特级、特珍一级、特珍二级，分别为41022、9371、9370；珍眉一至五级分别为9369、9368、9367、9366、9365，珍眉不列级为3008；珠茶特级为3505，珠茶一至五级分别为9372、9373、9374、9375、9475。

▶ 西湖龙井茶实物标准样

▶ 武夷岩茶标准样

四、中国茶叶标准化工作存在的问题

中国的茶叶标准从总体上讲，数量众多，技术水平较高，但与中国茶产业发展的需求相比，还存在着一定的差距。

（一）标准配套性、协调性和实用性有待提升

现有的茶叶标准，大多是产品标准，而形成产品前和形成产品后的标准比较缺乏，对茶叶生产的各环节覆盖性还不够。个别标准的内容存在相互矛盾、交叉和重复现象，相互间的协调性不够。有的标准化组织在制订茶叶标准时，由于缺乏针对性和目的性，使不少标准的适用性不强。

（二）标准与相关法律法规衔接性不够

由于中国食品行业主管部门众多，包括农业农村部、供销总社、商务部、质检总局、食药总局等部门，使得茶叶标准化工作管理体制分散。部门利益造成各行业标准制修订工作互相分割，未能与相关法律法规有效衔接。例如，一个标准同时存在国家标准、行业标准和地方标准的现象严重；该废止的行业标准和地方标准没有废止，该备案的行业标准和地方标准没有备案。

（三）标准的宣传贯彻、实施和监督工作不力

有关部门和机构对标准化意识不强，标准化知识缺乏，错误认为标准化工作就是制修订标准。所以，往往导致各地轻视标准的宣传贯彻、实施和监督工作，造成有标不依的现象比较普遍。

（四）各种标准过多过繁

制定标准的重要目的之一是为了统一和简化产品生产加工和管理。但实际情况往往相反，有的地方部门以制定标准的数量多少来衡量其政绩，制定了一些根本没有必要制定的标准。这些标准的内容，多是重复其他标准，有时甚至与国家标准和行业标准相互矛盾，给茶叶企业带来了很多不必要的麻烦。

（五）部分标准内容不全，质量安全指标不够科学合理

例如，GB 2763—2014《食品安全国家标准　食品中农药最大残留限量》中没

有对三氯杀螨醇、氰戊菊酯等一些在茶树上禁用的农药和在茶叶中容易存在的农药做出限量要求。由于标准中没有这些项目，不少农药残留量较高产品，却通过检验，作为合格产品流向市场，造成了产品质量安全隐患。另外，该标准中规定的不少指标过于宽松，如氟氰戊菊酯、氯氰菊酯和氯菊酯的限量值为20毫克／千克、氯氟氰菊酯的限量值为15毫克／千克等，不利于《农药合理使用准则》等标准执行。又如，GB 2762—2012《食品安全国家标准 食品中污染物限量》中，对茶叶稀土总量低于2.0毫克／千克的要求不够科学合理。为此，后来国家相关部门对稀土启动了安全性评估程序，并依据食品安全评估结果，对标准做出了相应调整。

（六）标准难以满足茶叶出口贸易的需要

一直以来，中国出口茶叶因为农残不符合进口国的标准要求，屡屡被相关国家通报或被退回，造成了不少负面影响。其主要原因是中国茶叶质量安全标准规定的农残和重金属项目远远少于这些茶叶进口国规定的项目，并且各项指标比较宽松，使得按中国标准检验合格的产品，实际上往往含有多种农残或较高的农残。所以，中国过松的质量安全标准误导了茶农和茶叶企业，给出口茶叶的质量安全控制造成了很大的困难。

当然，随着时代和科技的进步，茶叶生产力水平的提高，绿色、安全消费理念的追求，茶叶标准处于不断发展完善之中，茶叶标准化工作一定会进一步成为推动茶叶产业发展的强大动力。

第二节　国际茶叶标准化情况

随着全球贸易一体化进程的日益加快、WTO各项规则的严格实施，以及“一带一路”建设的推进，国际标准对中国茶叶产业的影响越来越大。国际茶叶标准主要由联合国粮食及农业组织（Food and Agriculture Organization，FAO）、国际食品法典委员会（Codex Alimentarius Commission，CAC）和国际标准化组织

(International Organization for Standardization，ISO）制定。

一、联合国粮食及农业组织的标准

联合国粮食及农业组织（FAO）是联合国的专门机构，始终以消除饥饿、粮食不安全和营养不良，消除贫困，为所有人推动经济和社会进步，以及为了当代和子孙后代的福祉，可持续地管理和利用自然资源为主要目标。致力于推行能够解决所有战略目标治理挑战的良好做法，办法是加强其对全球治理的贡献，在国家、区域或多边各级确定关键任务治理问题，加强工作人员的能力来支持改善治理，以及监测和评价其干预行动，评估其吸取的经验教训，以期建立为治理提供支持的能力。

1962 年，联合国粮食及农业组织为制定国际食品标准而设立的粮食及农业组织／世界卫生组织食品法典委员会开始工作。因此，粮食及农业组织所指定的食品标准，包括茶叶标准，都包含在国际食品法典中。

二、国际食品法典委员会的标准

国际食品法典委员会（CAC）是一个制定国际食品标准，以保障消费者的健康和确保食品贸易公平的政府间组织。食品法典的宗旨是为人人确保安全、良好的食物。法典标准的制定依据是当前掌握的最佳科学知识，由国际独立风险评估机构或粮食及农业组织和世界卫生组织举办的专题磋商提供支撑。法典标准属于供成员自愿采用的建议性质，但在很多情况下被引为各国立法的依据。

目前，CAC 制定了茶叶农残限量指标 22 项，见下表。

CAC 规定的茶叶农残限量

中文名	英文名	限量标准MRL(毫克/千克)	最后修订时间
百草枯	Paraquat	0.2	2006
杀扑磷	Methidathion	0.5	1997
噻虫胺	Clothianidin	0.7	2011
毒死蜱	Chlorpyrifos	2	2005

（续）

中文名	英文名	限量标准MRL（毫克/千克）	最后修订时间
甲氰菊酯	Fenpropathrin	3	2015
溴氰菊酯	Deltamethrin	5	2004
克螨特	Propargite	5	2004
硫丹	Endosulfan	10	2011
乙螨唑	Etoxazole	15	2011
氯氰菊酯	Cypermethrins(alpha- and zeta-)	15	2012
噻螨酮	Hexythiazox	15	2012
氯菊酯	Permethrin	20	—
噻虫嗪	Thiamethoxam	20	2011
联苯菊酯	Bifenthrin	30	2011
氟虫双酰胺	Flubendiamide	50	2011
三氯杀螨醇	Dicofol	40	2013
茚虫威	Indoxacarb	5	2014
氟虫脲	Flufenoxuron	20	2015
吡虫啉	Imidacloprid	50	2016
丙溴磷	Profenofos	0.5	1997
噻嗪酮	Buprofezin	30	2013
唑虫酰胺	Tolfenpyrad	30	2014

三、国际标准化组织的标准

国际标准化组织（ISO）中负责国际茶叶标准化工作的组织为食品技术委员会茶叶分技术委员（ISO/TC 34/SC 8），其秘书处设在英国标准化协会（BSI）。经国家标准化管理委员会（SAC）和英国标准化协会共同向国际标准化组织中央秘书处申请，国际标准化组织技术管理局（ISO/TMB）正式批准，自 2009 年起由英国和中国联合设立 ISO/TC 34/SC 8 秘书处。英国方面的秘书处工作继续由英国标准化协会承担，中国方面的秘书处工作由浙江省茶叶集团股份有限公司和中华全国供销合作总社杭州茶叶研究院联合承担。ISO/TC 34/SC 8 成员由部分产茶国、消费国和地区组成。一直以来，中华全国供销合作总社杭州茶叶研究院作为中国茶叶标准化技术归口单位，代表中国参加 ISO/TC 34/SC 8 工作。2009 年以后，逐步由全国茶叶标准化技术委员会代表中国参加 ISO/TC 34/SC 8 工作。ISO/TC 34/SC 8 一般每两年举行一次国际会议。中国分别于 1986 年、2003 年、2008 年在杭州成功举办了三次国际茶叶标准化会议。

国际标准化组织茶叶标准主要有：茶叶产品标准、检测方法标准。

1.ISO 茶叶产品标准

ISO 3720:2011《红茶　定义和基本要求》。该标准将水浸出物、总灰分、水可溶性灰分、酸不溶性灰分、水溶性灰分碱度和粗纤维作为红茶的特定成分，规定了最高（低）限量指标：水浸出物质量分数最小值 32%；总灰分质量分数最大值 8%，最小值 4%；水溶性灰分（占总灰分比）最小值 45%；水溶性灰分碱度（以 KOH 计）质量分数最大值 3%，最小值 1%；酸不溶性灰分质量分数最大值 1%；粗纤维质量分数最大值 16.6%。制定以上指标的目的在于保证红茶的原料有足够的嫩度，并且不得掺杂使假；同时，确保茶叶产品干净卫生，防止泥土、灰尘等不洁物污染。

ISO 11287:2011《绿茶　定义和基本要求》。该标准规定了绿茶的化学要求，并且规定了绿茶包装和容器要求，但是该标准不适用于已经经过脱咖啡因或再烘烤工序的绿茶。

ISO 6079:1990《固态速溶茶　规格》。该标准规定了固态速溶茶的适用范围、定义、采样以及理化成分指标等内容。

2.ISO 茶叶检测方法标准

ISO 1572:1980《茶　已知干物质含量的磨碎样制备》。

ISO 1573:1980《茶　103℃时质量损失水分测定》。

ISO 1575:1987《茶　总灰分测定》。

ISO 1576:1988《茶　水溶性灰分和水不溶性灰分测定》。

ISO 1577:1987《茶　酸不溶性灰分测定》。

ISO 1578:1975《茶　水溶性灰分碱度测定》。

ISO 1839:1980《茶　取样》。

ISO 9768:1994《茶　水浸出物的测定》。

ISO 15598:1999《茶　粗纤维测定》。

ISO 11286:2004《茶　按颗粒大小分级分等》。

ISO 3103:1980《茶　感官审评茶汤制备》。

ISO 6078:1982《红茶　术语》。

ISO 6770:1982《固态速溶茶　松散容重与压紧容重的测定》。

ISO 7513:1990《固态速溶茶　水分测定》。

ISO 7514:1990《固态速溶茶　总灰分测定》。

ISO 7516:1984《固态速溶茶　取样》。

ISO 10727:2002《茶和固态速溶茶　咖啡因测定（液相色谱法）》。

ISO 14502-1:2005《绿茶和红茶中特征物质的测定　第1部分：福林酚试剂比色法测定茶叶中茶多酚总量》。

ISO 14502-2:2005《绿茶和红茶中特征物质的测定　第2部分：高效液相色谱法测定茶叶中儿茶素》。

ISO 9884-1:1994《茶叶规范袋　第1部分：托盘和集装箱运输茶叶用的标准袋》。

ISO 9884-2:1999《茶叶规范袋　第2部分：托盘和集装箱运输茶叶用袋的性能规范》。

四、国际茶叶标准在中国的归口管理及转化情况

中华全国供销合作总社作为中国茶叶主管部门之一，从20世纪80年代开始，委托下属单位中华全国供销合作总社杭州茶叶研究院负责国际茶叶标准的国内归口工作。中华全国供销合作总社杭州茶叶研究院积极履行职责，代表中国参与国际标准制修订和国际茶叶测定方法环试工作，组团参加历次ISO/TC 34/SC 8茶叶标准化会议，承办多次ISO/TC 34/SC 8茶叶标准化会议，承担ISO/TC 34/SC 8联合秘书处部分工作，积极推动国际茶叶标准化工作。

2002年开始，中国对国际标准化工作十分重视，充分认识到采用国际标准和国外先进标准对提高产品质量和在国际市场上的竞争力，扩大对外贸易和保持经济持续、健康、快速发展的重要作用。在“十五”计划中，明确了采用国际标准和国外先进标准的目标，即国际标准转化为中国标准的转化率要达到70%；重要行业主要工业产品采标率达到75%～80%。

全国茶叶标准化技术委员会会同中华全国供销合作总社杭州茶叶研究院及全体委员的力量，跟踪国际茶叶标准的动向，定期派专家参加ISO/TC34/SC8组织召开的国际茶叶标准化工作会议，积极参加ISO/TC34/SC8组织的关于各项国际标准的全球实验室试验、讨论和投票等工作。在此基础上，先后对茶叶国际标准化组织制定的检测方法标准进行有效的转化，以适应国际贸易的需求。所以，中国的茶叶标准化水平与国际是同步的。目前已转化为中国国家标准的有ISO 1572:1980《茶　已知干物质含量的磨碎样制备》、ISO 1573:1980《茶　103℃时质量损失测定水分测定》、ISO 1575:1987《茶　总灰分测定》、ISO 1576:1988《茶　水溶性灰分和水不溶性灰分测定》、ISO 1577:1987《茶　酸不溶性灰分测定》、ISO 1578:1975《茶　水溶性灰分碱度测定》、ISO 1839:1980《茶　取样》、ISO 6770:1982《固态速溶茶　松散容重与压紧容重的测定》、ISO 7513:1990《固态速溶茶　水分测定》、ISO 7514:1990《固态速溶茶　总灰分测定》、ISO 7516:1984《固态速溶茶　取样》、ISO 9768:1998《茶　水浸出物的测定》、ISO 10727:2002《茶和固态速溶茶　咖啡因测定（液相色谱法）》、ISO 11286:2004《茶　按颗粒大小分级分等》、ISO 15598:1999《茶　粗纤维测定》、ISO 14502.1:2005《绿茶和红茶中特征物质的测定　第1部分：福林酚（Folin-Ciocalteu）试剂比色法测定茶叶中茶多酚总量》、ISO 14502.2:2005《绿茶和红茶中特征物质的测定　第2部分：高效液相色谱法测定茶叶中儿茶素》。目前，中国关于国际茶叶标准的转化工作已经达到了相关要求。

第三节　国外茶叶标准化情况

国外茶叶标准主要包括茶叶安全标准、茶叶产品标准和茶叶检测方法标准等三类。茶叶安全标准主要体现在相关技术法规或指令中，如日本的食品卫生法、欧盟的EC396/2005指令等。茶叶产品标准主要是红茶标准，全世界共有30多个国家和地区采用了ISO 3720:2011《红茶　定义和基本要求》。茶叶检测方法标准较多，每个茶叶进口国和出口国都制定了必需的茶叶检测方法标准。

一、主要茶叶出口国家标准

茶叶出口国家制定茶叶国家标准的主要有印度、斯里兰卡、肯尼亚、日本、土耳其等国家。

（一）印度标准

印度是世界上茶叶生产、消费和出口数量最多的国家之一，95%以上是红茶。其茶叶检验标准主要有：茶叶规格（IS 3633）、茶叶取样（IS 3611）、茶叶术语（IS 4545）、茶叶包装规格（IS 10）。

为了与ISO 3720保持一致，印度修订了本国茶叶国家标准，政府用法令支持国家标准的实施。为了保证茶叶质量，印度政府在产地和出运港口实施检验，使规定的最低标准得到严格遵守。

印度早在1966年就把茶叶术语列为国家标准。茶叶感官审评时，评茶师对照茶叶术语描述茶叶品质。印度根据对本国有代表性茶样的分析，曾建议ISO将粗纤维含量以17%代替ISO 3720规定的16.5%。为了提高茶叶品质，还建议把ISO 3720中的水浸出物含量最低限度提高到38%。

早在20世纪50年代，印度就制定了《茶叶法》，印度商业部代表政府依据《茶叶法》对茶叶的生产、流通领域实施监督，提出了9种农药、重金属、毒素的限量规定。目前，印度茶叶的农药残留限量标准遵循国际食品法典委员会的要求。

为保证印度茶叶的品质，印度茶叶管理局对茶叶品质进行了条令管理。印度茶叶的理化指标需符合PFA（Prevention of Food Adulteration）Act，1954的标准，见下表。

印度茶叶理化指标限量要求

指标参量	限量要求
总灰分	4%～8%
水溶性灰分	≥40%（占总灰分比）
酸不溶性灰分（HCL）	≤1%（干物重计）
水浸出物	≥32%
碱溶性灰分	1%～2.2%（以K_2O计）
粗纤维	≤17%（干物重计）

同时规定，茶叶中不得添加任何色素及香料物质；如果出口的茶叶中需要添加香料，需在标签中注明；如果以后要加工调香茶，需要符合相应的标准。

（二）斯里兰卡标准

斯里兰卡制定有CS:135-1979《红茶》、CS:401-1976《速溶茶》和《禁止劣茶输出法》。其中《禁止劣茶输出法》规定，除经申请许可用作提取咖啡因、色素或其他工业用途（不包括提取速溶茶）者外，所有茶叶在生产过程中或出口时，都要受茶叶局监管，不符合法令的低劣茶叶不得出口。

斯里兰卡茶叶局对斯里兰卡原产地茶叶采用ISO 3720《红茶定义和基本要求》和斯里兰卡的标准CS:135-1979（UDC 663.951）。标准中对理化指标、重金属、微生物及农残提出了要求。

斯里兰卡茶叶理化指标限量要求

指标参量	限量要求	检测方法
水浸出物	≥32%（质量分数）	ISO 9768
总灰分	4%～8%（质量分数）	ISO 1575

（续）

指标参量	限量要求	检测方法
水溶性灰分	≥ 45%（占总灰分质量比）	ISO 1576
碱性水溶性灰分（如KOH）	1.0% ~ 3.0%（质量分数）	ISO 1578
酸不溶性灰分	≤ 1.0%（质量分数）	ISO 1577
粗纤维	≤ 16.5%（质量分数）	ISO 15598
外来物	不得检出	

斯里兰卡茶叶重金属限量要求

重金属	限量要求	检测方法
铁	≤ 500 毫克 / 千克	AOAC 975.03
铜	≤ 100 毫克 / 千克	AOAC 971.20
铅	≤ 2 毫克 / 千克	AOAC 972.25
锌	≤ 100 毫克 / 千克	AOAC 969.32
镉	≤ 0.2 毫克 / 千克	AOAC 973.34

斯里兰卡茶叶微生物限量要求

微生物	限量要求	检测方法
菌落总数	≤ 10 000 cfu/g	SLS 516:Part 1:1991/ISO 4833:2003
霉菌和酵母菌	≤ 1 000 cfu/g	SLS 516:Part 2:1991/ISO 21527-2:2008
总大肠菌群	≤ 10 MPN/g	SLS 516:Part 3:1982/ISO 4831:2006
大肠杆菌	不得检出	SLS 516:Part 3:1982/ISO 7251:2005
沙门氏菌	不得检出	SLS 516:Part 5:1992/ISO 6579:2002

斯里兰卡茶叶研究所（TRI）只建议使用 27 种农药。除了这 27 种农药外，斯里兰卡原产地茶叶一般没有其他农药残留。出口的斯里兰卡茶叶还需符合进口国对茶叶农残的标准要求。

斯里兰卡茶叶农残限量要求

农药	类别	欧盟限量要求 No.396/2005（23/06/09）（毫克/千克）	日本限量要求（MHLW-05.2009）（毫克/千克）
2,4-D	W	0.1	NL*
Azadirachtin（Neemetract）	AIN	0.01	Exempted
Bitertanol	F	0.1	0.1
Carbofuran	I&N	0.05	0.2
Carbosulfan	I	0.1	0.1
Chlorfluazuron	I	0.01	10
Copper hydroxide	F	40（as Cu）	Exempted
Copper oxide	F	40（as Cu）	Exempted
Copper oxychloride	F	40（as Cu）	Exempted
Dazomet	N	0.02	0.1
Diazinon	I	0.02	0.1
Diuron	W	0.1	1
Fenamiphos（Ph）	N	0.05	0.05
Fenthion	I	0.1	NL*
Glufosinate-ammonium	W	0.1	0.5
Glyphosate	W	2	1
Hexaconazole	F	0.05	0.05
Imidacloprid	I	0.05	10
MCPA	W	0.1	NL*
Metam Sodium	I&N	0.02	0.1
Oxyfluorfen	W	0.05	NL*
Paraquat	W	0.05	0.3
Propargite	A	5	5
Propiconazole	F	0.1	0.1
Sulphur	A	5	Exempted
Tbuconazole	F	0.05	30
Tebufenozide	I	0.1	25

注：A-杀螨剂；F-杀真菌剂；I-杀虫剂；N-杀线虫剂；W-除草剂。

（三）肯尼亚标准

肯尼亚茶叶质量受肯尼亚国家标准局（Kenya Bureau of Standard，KEBS）监管。肯尼亚国家标准局提出了茶叶中若干项农药残留的限量指标。制定的《红茶》标准，与 ISO 3720 基本一致。为保证茶叶品质，肯尼亚国家标准局要求肯尼亚红茶需符合标准 KS 65:2013《红茶规格》，其具体要求如下。

1. **感官品质要求** 茶叶感官品质要求包括：①均匀的色泽；②标准的外观和等级；③典型的香气和滋味；④没有令人不愉悦的气味；⑤没有污染物、脏物（如昆虫尸体）和其他掺杂物；⑥无外来杂质。

2. **理化成分及安全指标** 除感官品质要求外，对茶叶的理化成分、重金属和微生物也提出了限量要求。

肯尼亚茶叶理化成分限量要求

指标参量	限量要求	检测方法
水浸出物	≥ 32%（质量分数）	KS 2160
总灰分	4% ~ 8%（质量分数）	
水溶性灰分	≥ 45%（占总灰分比）	
碱性水溶性灰分（如 KOH）	1% ~ 3%（质量分数）	
酸不溶性灰分	≤ 1.0%（质量分数）	
粗纤维	≤ 16.5%（质量分数）	
含水量	≤ 7.0%（质量分数）	

肯尼亚茶叶重金属限量要求

指标参量	限量要求	检测方法
砷（As）	≤ 0.15 毫克 / 千克	AOAC
铅（Pb）	≤ 1.0 毫克 / 千克	
镉（Cd）	≤ 0.1 毫克 / 千克	
汞（Hg）	≤ 0.02 毫克 / 千克	
锌（Zn）	≤ 50 毫克 / 千克	
铜（Cu）	≤ 150 毫克 / 千克	
铁粉	≤ 50 毫克 / 千克	KS 2160

肯尼亚茶叶微生物限量要求

微生物类型	限量要求	检测方法
酵母菌	≤ 102 CFU/g	
霉菌	≤ 103 CFU/g	KS220
金黄色葡萄球菌	不得检出	
大肠杆菌	不得检出	KS861
沙门氏菌	不得检出	KS220

肯尼亚红茶中的黄曲霉毒素要求不超过 10 微克／千克，其中黄曲霉毒素 B_1 不超过 5 微克／千克，检测方法参照 KS ISO 16050（ISO 16050:2003）。

3. **加工卫生要求** 肯尼亚茶叶加工卫生需符合 KS 1500、公共卫生法令 Cap.242 和食品、药品及化学物品法令 Cap.254 要求。

（四）日本标准

日本茶叶标准由农林、厚生、通商产业三省联合制订颁布。制订有《茶叶质量》《取样方法》《检验方法》《包装条件》等标准。《茶叶质量》标准，包括茶叶的形状与色泽、汤色与香味、水分、茶梗、粉末及卫生指标等；同时确立最低标准样茶，每年由有关部门研究确定。

1. **水分** 日本绿茶水分要求为：玉露茶(Gyokuro)不超过3.1%，抹茶(Maccha)不超过5.0%，煎茶(Sencha)不超过2.8%。日本发酵茶水分要求为：红茶不超过6.2%。

2. **灰分** 日本绿茶灰分要求为：玉露茶(Gyokuro)不超过 6.3%，抹茶(Maccha)不超过 7.4%，煎茶(Sencha)不超过 5.0%。日本发酵茶灰分要求为：红茶不超过 5.4%。

3. **茶梗** 日本炒青茶、出口煎茶、珍眉、秀眉等的茶梗含量不超过 5%；珠茶、特种红茶茶梗含量不超过 3%；粗绿茶茶梗含量不超过 20%；特种绿茶、红茶中的叶茶、碎茶茶梗含量不超过 1%；红、绿末茶茶梗含量不超过 2%；固形茶茶梗含量不超过 1%。

4. **粉末** 日本炒青茶、出口煎茶、珍眉、珠茶、粗茶和红茶中的叶茶以 30 目筛下物称为粉末，秀眉、红碎茶以 40 目筛下物称为粉末，红、绿末茶及固形茶以 60 目筛下物称为粉末。其粉末含量分别为：炒青、出口煎茶、秀眉不超过 5%；珍眉、粗茶不超过3%；珠茶、固形茶不超过2%；叶茶不超过4%；红碎茶不超过7%；红、绿末茶不超过10%。

5. 杂质　日本茶叶中不得含有不纯物，不得着色。混合茶（两种以上的不同品名混合而成的茶叶）的形状与色泽以混合茶类似的茶叶为标准，形状与色泽不相同的各个项目，按相同类型的茶为标准。

6. 卫生指标　2006年5月29日，日本政府正式实施《食品中农业化学品肯定列表制度》。该制度提高了食品中农药残留和污染物的控制标准，其中有关茶叶的农药残留量及污染物的限量项目，从原来的80多项增加到276项。与此同时，该制度还调整了农药残留量的检测方法，用"全茶"检测法代替了过去一直采用的"茶汤法"。截至2017年底，日本对茶叶中有规定的农残限量指标为233项，其他无限量规定的项目则同欧盟一样，实行限量0.01毫克／千克的一律标准。

（五）土耳其标准

土耳其以国际标准化组织制定的茶叶标准作为国家标准，主要包括：TS 1561—71《茶　已知干物质含量的粉末状样品的制备》、TS 1562—71《茶　在103℃下重量损失的测定》、TS 1563—71《茶　水浸出物的测定》、TS 1564—71《茶　总灰分的测定》、TS 1565—71《茶　水溶性灰分的测定》、TS 1566—71《茶　酸不溶性灰分的测定》、TS 1567—71《茶　水溶性灰分碱度的测定》、TS 1568—71《茶　从大包装中取样》、TS 2948—71《茶　从小包装中取样》。

（六）其他国家标准

毛里求斯、印度尼西亚和孟加拉国等国所制订的《红茶》标准，与ISO 3720相似。

二、主要茶叶进口国家和地区标准

世界主要茶叶进口国家和地区严格禁止茶叶假冒伪劣，并对安全卫生状况有相当高的要求。他们以保护公民健康为由，不断增加茶叶中农药残留的检测种类，不断提高茶叶中农药残留限量标准，不断增设茶叶中非茶类杂物、重金属、放射性物质、黄曲霉素和微生物等检验项目。所以，他们的标准常常成为技术性贸易壁垒。

（一）欧盟标准

欧盟是目前世界上农药最高残留限量标准制订得最严格的地区之一，每年都会对原标准进行修订，发布新的茶叶农残限量标准。欧盟把茶叶中农药残留限量标准制订地十分严格，许多农药残留限量采用其仪器检出限。

2000 年 4 月 28 日，欧盟发布了新欧盟指令 2000/24/EC，共增加茶叶农药残留限量 10 项，改变限量 6 项，对于茶叶的农药残留限量作了较大修改，同时要求各成员国于 2000 年 12 月 31 日前将其转变为本国的法规，并于 2001 年 1 月 1 日执行该指令。至 2001 年 7 月 1 日，欧盟对茶叶中规定要执行的农药残留限量已达 108 项；随后，欧盟又陆续出台新的茶叶农药残留量标准，至 2003 年，欧盟茶叶农药残留限量新标准达到了 193 项。2007 年 12 月，欧盟茶叶委员会公布了欧盟茶叶农药残留的新标准，该标准对 2007 年 2 月 26 日欧盟颁布的 2007/12/EC 指令进行了大量更改，涉及的项目共有 227 项，其中 207 项的限量为目前仪器能够监测到的最低标准，占 91.2%。2008 年 7 月 29 日，欧盟新的食品中农药残留标准（EC149/2008）正式执行，在有关茶叶农药残留最高限量标准方面，新标准有两个显著特点：一是二溴乙烷、二嗪磷、滴丁酸、氟胺氰菊酯和敌敌畏 5 种农药残留标准控制更加严格；二是新增 170 种与茶叶生产密切相关的农药残留标准。此后，欧盟不断增加茶叶农药残留检验项目及限量要求。截至 2017 年底，欧盟（EC 396/2005）对于茶、咖啡、草药茶、可可（商品编号：0600000）大类的农残限量标准为 404 项；而对于干茶、发酵茶、野茶（商品编号：06100000）类商品的农残限量标准为 484 项。

欧盟对茶叶中的重金属含量也有限量标准，委员会法规（EC）No 1881/2006 规定砷、铅、镉和汞的残留限量分别为 2 毫克 / 千克、5 毫克 / 千克、0.05 毫克 / 千克和 0.3 毫克 / 千克。此外，欧盟最近几年开始对一些新型污染物规定残留限量标准，对中国茶叶的出口造成很大影响。

（二）美国标准

美国政府制订的《茶叶进口法案》中规定，所有进入美国的茶叶质量，不得低于美国茶叶专家委员会制定的最低标准样茶。根据美国《食品、药品和化妆品管理规定》，各类进口茶叶必须经美国卫生人类服务部、食品及药物管理局（Food and Drug Administration，FDA）抽样检验，对品质低于法定标准的产品和污染、变质或纯度、农药残留量不符合要求的产品，茶叶检验官有权禁止进口。美国政府公开文件的联邦电子系统（GPO's Federal Digital System）每天更新食品中污染物的限量标准。参照美国联邦法规文件，目前涉及干茶的农药残留限量有 21 项，涉及茶鲜叶的农药残留限量有 1 项，即三氯杀螨醇（30.0 毫克／千克），涉及速溶茶的农药残留限量有 1 项，即草甘膦（7.0 毫克／千克），涉及油茶作物提炼油的农药残留限量有 1 项，即氯氰菊酯（0.4 毫克／千克），涉及油茶作物种子的农药残留限量有 1 项，即氯氰菊酯（0.2 毫克／千克）。

美国制定的茶叶农残最大限量标准不断调整。2011 年 4 月 29 日，在瑞士日内瓦召开的《斯德哥尔摩公约》第五次缔约方大会上，硫丹被列入永久污染物清单（POPS）中，并将从 2012 年起全球禁用。由此，美国提出了“将直接废除茶叶中硫丹残留的限量标准”的提案。中国为了留出充足的时间来研发推广替代硫丹的新农药，保障输美茶叶正常出口、平稳过渡，浙江省茶叶对外贸易预警组织向美国环境保护局提交了关于反对直接废除茶叶中残留的硫丹限量标准的申诉要求。美国环境保护局同意了中方要求，将此限量标准废除的时间延长至 2016 年 7 月 31 日。

（三）澳大利亚标准

澳大利亚的《进口管理法》规定，禁止进口泡过的茶叶、掺杂使假的茶叶、不适合人类饮用的茶叶、有损于健康和不符合卫生要求的茶叶。澳大利亚茶叶中农药残留限量主要有四聚乙醛（1 毫克／千克）、三氯杀螨醇（5 毫克／千克）和乙硫磷（6 毫克／千克）等。

（四）英国标准

英国进口的茶叶大多数是散装茶，经过拼配、分装（小包装）或加工成袋泡茶之后进入市场。英国人比较喜爱肯尼亚茶叶，其原因是肯尼亚的 CTC 红碎茶味浓汤亮，适合英国人的口味，而且制成袋泡茶易泡出茶汁，很耐泡。

英国政府将ISO 3720等标准，转换为英国的国家茶叶标准（BS 6048）；并规定凡在伦敦拍卖市场出售的茶叶，必须符合这些标准，否则就不能出售。据统计，英国有关茶叶的检测方法标准共有16项，包括取样、水分、水浸出物、总灰分和咖啡因等。另有红茶术语词汇标准1项（BS 6325），速溶茶规范1项（BS 7390），茶叶袋规范2项（BS 7804–1和BS 7804–2）。

在农药残留限量标准方面，执行欧盟对于进口茶叶中农药残留限量的规定。

（五）法国标准

法国采用ISO 3720标准（NF V33–001），并十分重视茶叶中代用品的鉴别。法国有关茶叶检测方法的标准主要包括取样、水分、水浸出物、总灰分和咖啡因等检测方法标准。另有红茶术语（NF V00–110）、固态速溶茶规范（NF V33–002）和感官审评茶汤制备（NF V03–355–1981）等标准。

在农药残留限量标准方面，执行欧盟对于进口茶叶中农药残留限量的规定。

（六）德国标准

德国采用ISO 3720标准，并且制订有严格的检测方法标准。德国的茶叶检测方法标准，包括DIN 10800《茶　103℃时质量损失水分测定》、DIN 10801《茶和固态速溶茶　咖啡因测定（HPLC）》、DIN 10802《茶　总灰分测定》、DIN 10805《茶　酸不溶性灰分测定》、DIN 10806《茶　已知干物质含量的磨碎样制备》、DIN 10807《茶　氟化物含量测定（电位分析法）》、DIN 10809《茶　感官审评茶汤制备》、DIN 10810《茶和茶制品　固体茶萃取物和带茶萃取物的食品中可可碱和咖啡因含量测定（HPLC）》、DIN 10811–1《茶和茶制品　茶饮料中可可碱和咖啡因含量测定　第1部分：HPLC参考方法》、DIN 10811–2《茶和茶制品的　茶饮料中可可碱和咖啡因含量测定　第2部分：HPLC常规方法（也适于低含量可可碱状态）》、DIN ISO 1576《茶　水溶性灰分和水不溶性灰分测定》和DIN ISO 9768《茶　水浸出物的测定》。

在农药残留限量标准方面，德国同样执行欧盟对于进口茶叶中农药残留限量的规定。

（七）俄罗斯标准

俄罗斯有不少茶叶标准。据统计，俄罗斯的茶叶产品标准、检测方法标准共有19项，包括《供出口的绿茶砖　技术条件》《茶　术语和定义》《制茶工业　术语和定义》等。

（八）韩国标准

韩国食品药品安全厅是负责制定食品药品农残指标的政府机构。政府对进口农产品的农药、重金属、激素残留主要通过抽检进行控制，如果抽检不合格率较高，可随时实施临时精密检验，从而达到控制的目的。据统计，韩国对茶叶农残限量的检测项目达到39项（26项茶叶和13项绿茶提取物）。韩国消费者保护院曾建议，对在进口农产品中发现韩国国内没有许可标准的农药成分的情况，有必要强化安全标准，对其适用最低许可标准（限量0.01毫克／千克），或采取一旦检出相关成分，原则上禁止销售等措施。韩国将陆续实施农药残留肯定列表制度，对未制定残留限量标准的农药，一律适用最低许可标准残留限量标准。

（九）中国台湾标准

台湾规范茶叶上残留限量的规定主要包括两个部分。一部分农残限量是针对茶叶的，共为35项；还有一部分农残限量指标是针对茶类（包括茶叶、花茶）的，共为137项，因此台湾茶叶上的农残限量指标共计172项。除172项农残限量指标外，根据台湾《农药安全容许量标准残留》的规定，除非订有进口容许量外，未列明的农药残留限量为不得检出。台湾对茶叶农药残留的检验项目和限量要求越来越高。实际上，台湾茶叶企业检验的农药残留项目远远不止这些。

（十）巴基斯坦标准

巴基斯坦茶叶国家标准有3种。标准主要规定红茶必须经过发酵，干燥而正常，不含非茶类夹杂物、茶灰或其他杂质；允许含茶梗，但不允许含未发酵的茶梗，含梗量不得超过10%；绿茶必须经过干燥而正常，不含非茶类夹杂物、茶灰或其他杂质。

（十一）摩洛哥标准

摩洛哥为制定茶叶农药残留标准，召集国内主要茶叶进口商及口岸检验机构，了解近年茶叶进口问题和质量安全情况，其后加大了进口茶叶的农药普查力度，尤其是针对中国。其检测内容包括氰戊菊酯、吡虫啉、啶虫脒、三唑磷等14项。2012年是摩洛哥加入欧盟后第五年，摩洛哥承诺，食品安全过渡期结束后，将执行欧盟标准。

（十二）埃及标准

埃及进口茶叶必须符合《进口茶叶管理法》规定的如下要求：各类茶叶必须用茶树的新梢嫩茎、芽、叶制成，根据不同制法分为红茶和绿茶；各类茶叶的香气、滋味、颜色、品质必须正常，不得掺有泡过的茶叶、假茶或混有外来物质；不得着色或混有金属物质；茶梗不超过20%；水分不超过8%；灰分不超过8%，其中水溶性灰分不少于总灰分的50%，水不溶性灰分不超过1%；水浸出物不少于32%；咖啡因不少于2%；水溶性灰分碱度100克样品中不少于22毫克；包装必须是对茶叶无害而适合茶叶贮藏的容器。

（十三）智利标准

智利茶叶国家标准规定：茶叶的水分不超过12%；粉末不超过5%；含梗量不超过20%；总灰分不超过8%；10%盐酸不溶性灰分不超过1%；水浸出物，红茶不少于24%、绿茶不少于28%；咖啡因不少于1%。

（十四）罗马尼亚标准

罗马尼亚茶叶国家标准主要有：STAS:968216《红茶》、STAS:968217《茶　灰分测定》、STAS:968214《茶　从大容器中取样》、STAS:968215《茶　从小容器中取样》。

（十五）保加利亚标准

保加利亚茶叶国家标准主要有：B.A.C 9808《红茶》、B.A.C 2757《开胃茶》、B.A.C 2758《安神茶》、B.A.C 2759《利尿茶》。

（十六）其他国家标准

捷克和斯洛伐克的茶叶标准主要有：CSN 580115《茶　取样》、CSN 581303《茶　词汇》、CSN 581350《发酵红茶　一般规定》。匈牙利的茶叶标准主要有：

MSZ 8170–1980《茶》。沙特阿拉伯的茶叶标准主要有：SSA 275《茶》。南非的茶叶标准规定了氰草津、氯氰菊酯、甲基内吸磷、亚砜磷和三氯杀螨砜等农药残留限量。

第四节　茶叶检验及质量安全

茶叶检验及质量安全事关消费者身体健康和人身安全。不同国家、不同时代均有不同茶叶检验方式，对茶叶质量的要求也不尽相同。

一、中国茶叶检验

检验是商品生产和贸易发展的必然产物。茶叶检验，从茶叶成为商品那时起就已开始了。中国茶叶检验，自唐宋至今，手段越来越多，对茶叶的质量要求也是千变万化。

（一）古代茶叶检验

早在唐宋时代，中国已有茶叶检验了，但这种检验只是对茶叶品质优次、真伪的鉴别。唐代陆羽《茶经·三之造》记载："自采至于封，七经目。自胡靴至于霜荷，八等。或以光黑平正言嘉者，斯鉴之下也。以皱黄坳垤言佳者，鉴之次也。若皆言嘉及皆言不嘉者，鉴之上也。何者？出膏者光，含膏者皱，宿制者则黑，日成者则黄；蒸压则平正，纵之则坳垤；此茶与草木叶一也。"这些说明，唐代已对茶叶进行优劣鉴别，并有相应的鉴别方法。

北宋蔡襄（1012—1067）《茶录》记载茶叶品鉴要点："善别茶者，正如相工之视人气色也，隐然察之于内。以肉理润者为上，既已末之，黄白者受水昏重，青白者受水鲜明，故建安人斗试，以青白胜黄白。""茶色贵白""茶味主于甘滑"。

宋徽宗赵佶撰写的《大观茶论》（1107）记载了茶叶鉴别方法："茶之范度不同，如人之有面首也。膏稀者，其肤蹙以文；膏稠者，其理敛以实；即日成者，其色则青紫；

越宿制造者，其色则惨黑。有肥凝如赤蜡者。末虽白，受汤则黄；有缜密如苍玉者，末虽灰，受汤愈白。有光华外暴而中暗者，有明白内备而表质者，其首面之异同，难以概论，要之，色莹彻而不驳，质缜绎而不浮，举之凝然，碾之则铿然，可验其为精品也。有得于言意之表者，可以心解。比又有贪利之民，购求外焙已采之芽，假以制造，研碎已成之饼，易以范模。虽名氏采制似之，其肤理色泽，何所逃于鉴赏哉。”

《宋史·食货志》记载：“元丰中，宋用臣都提举汴河堤岸，创奏修置水磨，凡在京茶户，擅磨末茶者有禁，并许赴官请买。而茶铺入米豆杂物揉和者，募人告，一两赏三千，及一斤十千至五十千止”，对防止茶叶掺杂，作了经济处罚的规定。《明会典》记载：“伪造茶引或作假茶，兴贩及私与外国人买卖者，皆按律科罪”。特别是宋代，“斗茶”“茗战”盛行，说明当时对茶叶质量已进行经常性、规范性的评判。

时至清代，随着远洋贸易的兴起，中国茶叶对外销售迅速发展，行销欧、美、亚、非、澳五大洲。经营者为了牟取暴利，掺假作伪之风盛行，对此，国外消费者反映强烈，纷纷要求开展茶叶的检验，确保茶叶质量符合要求。对此，清代不少官员，在奏折中亦多有反映，据《清史·食货志》所载，对茶叶有“严禁作伪，改良制造，尤为当务之急”。

（二）近代茶叶检验

“1898 年以后，外国商人来上海购买绿茶时，均提取样品做化学试验，如遇有用滑石粉对茶叶加以粉饰的行为，即将该茶号的茶叶全数充公，并处以重罚。”

根据《上海商检志》等资料记载，从 1840 年到 20 世纪，上海地区出现多家外国检验机构。这些检验机构主要由欧洲国家创办，以英国为主，时间集中在 1859—1909 年。1864 年，英国在上海的仁记洋行实施茶叶、生丝等商品的检验工作。可见，当时英国操纵了上海进出口茶叶检验实权。鸦片战争后，英、法、美等国利用条约特权在上海强行设立租界，通过控制的海关主权和开设的各类洋行，把持了中国对外贸易和商品检验的权利。

为保护中国商人在对外贸易中的合法地位，维护自身经济利益，避免中国输出商品受到外人责难，中国各地方政府、商人团体、中外商人合伙或与外国商人组织成立了一些非纯粹外商的检验机构。但这些检验机构有的为自身利益需要，有的是应付形势需要，有的受到外商干预、排挤和控制，在管理体制上，缺乏中心政策，没有统一领导，各自为政，毫无组织、系统可言，有的检验机构时办时停，有的检验机构出具的证书得不到国际认可，发挥不了应有的作用。

（三）现代茶叶检验

1914 年，状元资本家张謇在《拟具整理茶叶办法并检查条例呈》中提出建议："拟在汉口、上海、福州等销茶地点，设立茶叶检查所，遴派富于茶叶学术经验之员，督同中西技师，前往办理。凡出口茶之色泽、形状、香气、质味，均须由检查所查验。其纯净者，分别等级，盖用合格印证；其有作伪情弊者，盖用不合格印证，禁止其买卖。"但由于多种原因，这一建议最终没有得到实施。

1915 年，浙江温州地区，自发性地成立了"永嘉茶叶检验处"，查禁假茶出口。这种地方性组织，在局部地区虽取得一些效果，但对外不起法定作用。几年后，这个组织改由瓯海（温州）茶叶公会接办。不久，由于温州茶叶大部分改经平阳鳌江运至上海，公会无法控制，检验遂告中断。

1928 年，鉴于进出口贸易发展需要及各方压力，国民政府工商部发表《工商行政纲要》，决定"于全国重要通商口岸设立商品检验局，举各种重要商品加以检验，一方面限制窳劣商品不得输出，使中国商人于世界增进其贡献；一方面证明吾国输出商品其优良，已合于文明各国需要，而不得再事藉口禁止输入。"工商部部长孔祥熙在其发表的《工商行政宣言》中表示："厉行出口原料及制造品之检查，力杜掺伪"，"规定相对标准，随时检查进口货物，严厉取缔劣等货及妨害物之输入。"

1929 年，国民政府工商部分别在上海、汉口两地首先成立商品检验局。同年 12 月，公布了《商品出口检验暂行规则》，这是中国商品检验最早的法律，开创了中国政府对商品实施法定检验的先河。实施检验的主要是 8 类出口大宗商品，分别是生丝、棉麻、茶叶、米麦及杂粮、油、豆、牲畜毛革及附属品、其他贸易商品。

为了尽快开展茶叶检验工作，上海商品检验局在农作物检验处专设茶叶检验科，委任技正吴觉农筹办出口茶叶检验。1930 年底，吴觉农到上海商品检验局工作，负责农作物检验处茶叶检验科的工作，开始拟定茶叶检验计划，制定茶叶检验标准和技术规程，购置各项仪器设备，通过公开招考、择优录取的办法寻求茶叶检验的专业人才。1931 年，实业部宣布对出口茶叶实施检验，规定出口茶叶必须按标准实施检验，合格者发给检验证书，由海关查验放行，未经检验合格的茶叶，不得出口。检验项目主要是品质检验、着色检验。这一法令公布后，上海商品检验局于同年 7 月，汉口商品检验局于同年 12 月，正式开始了出口茶叶的检验工作。为了提高出口茶叶品质，上海、汉口商品检验局与中央农业实验所，于 1932 年在安徽祁门合办茶叶改良场，目的是想从生产上做出示范，以提高中国茶叶品质。

1937 年 1 月，实业部国属委员会成立茶叶属地检验监理处，蔡春忌兼任处长，吴觉农任副处长，在浙、皖、赣、闽等省的主要茶叶集散地，设立机构，办理茶叶属地检验。

1938 年，抗日战争爆发后，全国茶叶实行统购统销，各省成立茶叶管理机构，出口茶叶检验工作，分别由浙江省农业改进所、福建省茶叶管理局、江西省农产物检验所、安徽省茶叶管理处先后接办。1941 年太平洋战争爆发后，外销受阻，茶叶检验亦告暂停。

1945 年，抗日战争胜利后，前经济部于 1946 年先后恢复上海、汉口、广州、台湾商品检验局，同时恢复出口茶叶检验。

这一时期，出口商品检验围绕三个重点：一是检验有掺假作弊的国产商品及输入商品；二是检验有毒害情况的国产商品及输入商品；三是检验鉴定国产商品及输入商品的质量并确定其等级。

（四）新中国成立以来的茶叶检验

新中国成立以后，中国茶叶检验主要分为两个方面：进出口茶叶检验和内销茶叶检验。

1. 进出口茶叶检验　中华人民共和国成立后，中央政府十分重视对外贸易工作。1950 年 3 月，由中央贸易部在北京召开第一届全国商品检政会议，制定了《茶叶出口检验暂行标准》和《茶叶属地检验暂行方法》，恢复和增设了茶叶属地检验机构。

1953 年，全国茶叶检验技术人员集中上海商品检验局进行业务集训，统一评茶标准、检验技术和操作规程，培训了一批茶叶检验技术人员。

1958 年，各省茶叶属地检验先后移转给各省茶叶公司自行办理。在“大跃进”开始后，出口茶叶的原始检验亦曾先后移转给各口岸茶叶公司自行办理，商品检验局负责监督检查。实践结果表明，对出口茶叶的质量管理有所放松。

1980 年，各口岸商品检验局先后收回茶叶原始检验工作，自行办理出口检验。

1985 年止，全国已有上海、广东、福建、湖南、湖北、四川、重庆、浙江、安徽、江苏、云南、广西、贵州、江西和台湾等地的 17 个商品检验局办理茶叶出口检验业务。这标志着中国全面履行独立自主的茶叶检验权，体现了在世界经济体系下，中国经济制度与世界经济制度逐渐接轨的发展趋势。

1989 年，《中华人民共和国进出口商品检验法》颁布，确立了中国新的进出口商品检验制度，进出口商品检验工作由国家进出口商品检验局以及后来合并成立的国家质量监督检验检疫总局实施垄断性的官方检验。随着中国进出口贸易量的不断增长，受检验检疫机构自身行政资源所限，对进出口商品实施批批检验以确保进出口商品质量安全的工作方式遇到了重大挑战。

中国加入世贸组织后，于 2002 年 4 月修订了该法律，重点对不适合世贸规划的法律条款进行了相关修订。之后，中国进出口商品检验制度不断完善，国内还出现了一大批从事进出口商品检验鉴定的商业性机构。尽管不同机构在业务范围、检验人员能力、检测设备配置、内部管理水平、检验服务质量等都存在较大差异，但发挥了积极的作用。现行进出口商品检验制度是中国贸易管制制度的重要组成部分，对中国改革开放以来对外贸易的发展起到了举足轻重的作用。

2．内销茶叶检验　一直以来，由于外贸发展需要，政府和企业对进出口茶叶检验非常重视，但是对内销茶叶检验工作不够重视。内销茶叶检验主要由各地供销社茶叶收购站进行，检验项目主要是茶叶感官品质，包括外形、夹杂物、色泽、香气和滋味等。

改革开放后，中国生产贸易体制发生深刻变化，原来那种以国有、集体企业为主的格局已经彻底改变，大部分国有茶叶企业纷纷改制为股份制或其他公司制企业，集体企业、私人企业、中外合作企业、合资企业、外资企业等各种非国有企业占全国茶叶企业的绝大部分；其次，大型茶叶企业所占的比重减少，而中、小型企业日益增多。为此，中国茶叶质量又出现了日益严重的问题，假冒伪劣、以次充好等现象时有发生。

20 世纪 80 年代末，国家茶叶质量监督检验中心、农业部茶叶质量监督检验测试中心，以及各省市区相关检测机构相继成立。国家茶叶质量监督检验中心主要承担茶叶产品质量国家监督抽查工作，并接受公安、司法、工商、仲裁等国家相关部门委托，承担产品质量检验工作。

目前，茶叶检验工作已经比较完善。检验对象、范围、项目日益扩大，能较好地满足生产、贸易和消费需要。

二、国外茶叶检验

16 至 17 世纪，欧洲资产阶级革命的兴起和产业革命的发展、地理大发现和世界市场的形成，使资本主义各国大力推行重商主义，努力拓展海外贸易，力图通过商品市场的扩张刺激生产的发展，导致世界各国间商品交换空前发展，现代国际贸易开始崛起。国际贸易扩展后，商品的品种、规模不断增多，质量、规格也不再单一，买卖双方过去那种定期集市交易和商品市场的现货成交贸易方式已不能适应新的要求；交易空间距离上远隔重洋，难于当面对货物检验清点；商品质量是否符合规定要求，只有经过检验才能确定；消费者要求是否得到满足，必须有值得信任的人来评价。于是，商品检验业务就慢慢出现。与此同时，政府也意识到要加强进出口商品质量，保障国家和人民的利益，必须开展商品检验，并颁布相关法规和标准。

（一）欧洲茶叶检验

1664 年，法国政府为了提高出口商品的质量，保证法国商品在国际市场上的信誉和地位，实施了世界上第一项由国家对进出口商品实施检验的制度。政府制定各项商品的取缔法令，对 150 余种商品的质量和制造方法做出详细的规定，并在全国各都市设立检验机关，强制执行检验。对符合要求的商品，发给合格证书，有合格证书者，方能出口和销售，不合格的则予以指导改良。

1725 年，英国政府最先颁布禁止茶叶掺杂的法令，对茶叶进行质量检验。1766 年，又增加“违者监禁处分”的条例，进一步加大了茶叶质量的检验和管理力度。

19 世纪后期，欧洲各国相继发生了重大病虫害传播而造成农牧业发生灾害的事例，各国政府认为灾害由进口产品带来的病、虫所引起，这就促使各国政府纷纷颁布法令，禁止带有病虫害的农产品进口；出口的产品也要经过检验合格后方准出口。这样，商品检验成为欧洲各国生产和贸易的重要服务内容。

（二）美国茶叶检验

19 世纪末，中国大量着色茶及粗制掺杂茶叶输入纽约和波士顿。在茶商的请求下，1883 年，美国议会首次通过取缔掺伪茶叶输入的法令，禁止掺假茶叶输入，从而开始对进口茶叶进行质量检验。1897 年，美国议会又规定进口茶叶须由茶师验明后方准进口，进一步加强了对进口茶叶的质量检验，包括对掺杂的鉴别和优劣茶的鉴别。1911 年 5 月 1 日开始禁止着色茶输入，“若不守之，则此着色茶输入美国时，遭美国官吏之检查，必认为不合格”。

（三）日本茶叶检验

日本曾在明治维新后，工业界和出口商为贪图一时利益，将粗制滥造的次劣商品销往国际市场，造成日货声誉大跌，出口贸易急剧下降，不少企业被迫停工，甚至影响到整个国民经济的发展。这种严峻的形势引起了日本政府的重视，1896 年开始，日本政府先后制定了相关法规和标准，成立了各类商品检验机构，如大藏省的植物检验所、横滨水产检验所、静冈茶叶检验所等。这些检验机构，除由国家设立外，也有的是同业公会及其联合会依据政府颁布的法规设立的。各种检验机构规模大、设备先进，不在欧美各国之下。日本的商品检验工作成为挽回日本贸易局面，超越中国传统外贸商品在国际市场上优势的重要举措。

随后，世界其他各国，为了保护贸易和国民健康需要纷纷颁布法令，先后对茶叶等商品实施质量检验。所以，商品检验是资本主义对外贸易交换职能和对外贸易政策职能中分离出来的特殊职能，是社会分工在跨国交换方面的拓展，是国际分工和国际贸易发展的必然结果。

当今，随着全球贸易一体化进程的加快，以及对产品质量的不断追求，世界各国的检验工作已不再是原来意义上的商品检验，而是扩大到了对所有产品的检验检测。其检验对象、范围、技术、设备等已不可同日而语。目前，世界各个茶叶生产国和消费国都十分重视茶叶产品质量安全检验工作，检测项目重点集中在感官品质、水分、灰分、农药残留、微生物和重金属等指标。

三、中国茶叶质量安全保障体系

经过数十年的发展，中国建立起了包括茶叶在内的食品质量安全保障体系，主要包括法律规范、监督管理、认证认可、检验检测和产业政策等体系。目前，这些体系在实践中不断完善，能够满足保障质量安全的需要。

（一）法律规范体系

中国现已建立了以《中华人民共和国产品质量法》《中华人民共和国食品安全法》《中华人民共和国标准化法》《中华人民共和国计量法》《中华人民共和国消费者权益保护法》《中华人民共和国农产品质量安全法》《中华人民共和国商品检验检疫法》《中华人民共和国刑法》等法律为基础，以《中华人民共和国工业产品生产许可证管理条例》《中华人民共和国认证认可条例》《食品生产加工企业质量安全监督管理实施细则（试行）》《工业产品生产许可证管理条例实施办法》《食品添加剂卫生管理办法》等百余部国务院法规、部门规章、地方性法规和地方政府规章为主体，以各监管部门、各地方政府发布的规范性文件为补充的食品质量安全法律规范体系。其中，《中华人民共和国食品安全法》是适应新形势发展的需要，更好地保证食品安全而制定的最重要的食品法律，确立了以食品安全风险监测和评估为基础的科学管理制度，明确食品安全风险评估结果作为制定、修订食品安全标准和对食品安全实施监督管理的科学依据。上述法律、法规、规章和规范性文件体系，从食品生产经营主体的资质管理、生产经营行为规范到政府对食品安全的监督管理，均作了详尽、具体的规定，形成了一个权利、义务与责任明确，监管制度框架比较全面的体系，对中国食品安全建设与监管发挥着基本的保障作用。

（二）监督管理体系

2004 年，国务院发布了《关于进一步加强食品安全工作的决定》，建立起了分段管理食品安全工作的机制，从种植养殖、生产加工、流通销售到餐饮服务，分别由不同的部门按照职责进行分工、管理。2009 年 2 月，《中华人民共和国食品安全法》颁布后，全国各地逐步从分段管理机制改变为集中管理机制。中国实施的食品安全监督管理制度有如下几种。

1. 食品质量安全市场准入或生产许可制度　2002 年，为了从源头保障食品质量安全，国家质量监督检验检疫总局组织实施了食品质量安全市场准入制度。当时，国家质量监督检验检疫总局邀请国内各行业一批专家参与该项制度的设计工作，其中国家茶叶质量监督检验中心郑国建高级工程师代表茶叶行业专家参加了企业保证产品质量必备条件调研和《食品质量安全市场准入审查通则》《茶叶生产加工企业必备条件》的起草等工作。后来，国家茶叶质量监督检验中心翁昆研究员承担了《茶叶生产许可证审查细则》的起草工作。2005 年，国家质量监督检验检疫总局正式启动茶叶的质量安全市场准入制度。接着，边销茶、含茶制品和代用茶等茶叶及相关产品陆续纳入市场准入范围。

食品质量安全市场准入制度主要包括三项内容。一是要求食品生产加工企业具备原材料进厂把关、生产设备、工艺流程、产品标准、检验设备与能力、环境条件、质量管理、储存运输、包装标识、生产人员等保证食品质量安全必备条件，取得食品生产许可证后，方可生产销售食品；二是要求企业履行食品必须经检验合格方能出厂销售的法律义务，落实强制检验制度；三是要求企业加贴QS标志，对食品质量安全进行承诺。后来，食品质量安全市场准入制度改称为食品生产许可制度，QS标志改为SC标志，相关内容和要求得到不断修订完善。

2. *产品质量监督抽查制度*　1985年，国家为顺应经济发展要求，建立了产品质量国家监督抽查制度。该制度建立以来，先后由国家标准局、国家技术监督局、国家质量技术监督局、国家质量监督检验检疫总局、国家食品药品监督管理总局等部门负责组织实施。为了加强茶叶产品质量监管力度，并配合监督抽查制度实施，国家于1988年成立了国家茶叶质量监督检验中心。1989年，国家茶叶质量监督检验中心开始承担茶叶产品质量国家监督抽查任务。之后，茶叶产品质量国家监督抽查力度不断加大，抽查范围不断扩大，有效性不断提高，基本实现了抽查一类产品、整顿一批企业的目标。国家卫生、农业、认证认可、工商等行政主管部门，以及各地相关部门也相继开展了一系列产品质量监督抽查，强化了对产品中农药残留、重金属和其他有害化学物质的检验，有力地保障了茶叶产品的质量安全。

3. *食品生产加工小作坊监管制度*　食品生产加工小作坊小企业在中国长期大量存在，是监管工作的重点和难点。针对这些小作坊小企业，国家建立了食品生产加工小作坊监管制度。中国的大部分茶叶生产经营者均属于小作坊小企业，所以这项制度的实施对茶叶产业影响也非常大。

食品生产加工小作坊监管制度主要有四项基本措施：一是基本条件改造，达不到质量安全卫生基本条件的必须在规定期限内进行改造，否则不得生产；二是限制销售范围，小作坊生产加工的食品销售范围不得超出乡镇行政区域，不准进入商场、超市销售；三是严格限制包装，小作坊生产的食品不得使用定量包装，防止其乔装打扮混入市场；四是公开承诺，小作坊必须向社会公开承诺不使用非食品原料，不滥用添加剂，不使用回收食品做原料，产品不进入商场、超市销售，不超出承诺区域销售，确保食品最基本的安全卫生。

4. *食品召回制度*　为加强对不合格食品及违规企业的处理力度，国家建立了食品召回制度，不断完善企业市场退出机制。对在国家监督抽查、风险监控及其他监管过程中发现的不安全食品实行召回制度管理，对非法生产食品的违法企业，依法取缔其生产经营主体资质。

5. 专业技术委员会制度　2006年，为规范食品市场准入工作，国家质量监督检验检疫总局对28类实行市场准入制度的食品重新进行了划分和归类，并组建了28类食品市场准入专业技术委员会。其中，茶叶及相关制品作为其中一类食品，相应组建了茶叶及相关制品专业技术委员会。该委员会由国家茶叶质量监督检验中心为主任委员，负责规划和制定茶叶及相关制品生产许可审查细则，收集、跟踪、研究国内外相关标准、技术、质量和市场动态，协助、配合政府部门开展培训、信息管理、企业生产条件核查、质量安全风险预测，以及食品质量安全应急处理制度、召回制度、溯源制度的实施。2016年，为了进一步加强食品安全监管，满足国务院行政部门职能调整要求，国家食品药品监督管理总局重新成立了食品生产许可专业技术委员会。茶叶及相关制品生产许可的技术工作仍由国家茶叶质量监督检验中心负责。

此外，还有食品安全风险预警机制、食品安全突发事件应急处理机制、食品安全区域监管责任制、质量诚信制度等。为保障各项措施的有效实施，建立了国家、省、市、县食品安全监管机构和以“专业监督员、政府协管员、社会信息员”为主的监管队伍。

（三）认证认可体系

1984年开始，中国建立了出口食品生产企业卫生注册登记制度。2001年，成立了国家认证认可监督管理委员会，负责统一管理、监督和综合协调全国的认证认可工作。经过多年的努力，现已基本形成了统一管理、共同实施的食品、农产品认证认可工作局面，基本建立了从“农田到餐桌”全过程的食品、农产品认证认可体系。认证类别包括饲料产品认证、良好农业规范（GAP）认证、无公害农产品认证、绿色食品认证、有机产品认证、食品生产企业危害分析与关键控制点（HACCP）管理体系认证等。

茶叶行业大力推行各种质量认证，建立ISO 9000、ISO 14000、GAP（良好农业规范）、GMP（良好生产规范）、HACCP（危害分析与关键控制点）等国际通行的食品质量与安全管理体系，不断提高茶叶产品的质量安全性。特别是在各级政府的支持下，许多较大规模的茶叶企业纷纷申请无公害农产品、绿色食品和有机认证，建立起符合认证要求的生产基地及相应的质量与安全管理体系。

（四）检验检测体系

2004年，国家质量监督检验检疫总局、国家认证认可监督管理委员会与有关部门共同组成食品检验检测体系建设协调小组，综合协调食品安全检验检测体系建设，不断加大食品安全检验检测体系建设力度。茶叶及相关制品的检验检测，已形成了“国家茶叶质量监督检验中心为龙头，省级和部门食品检验机构为主体，市、县级食品检验机构为补充”的统一协调、职能明确、技术先进、功能齐备、人员匹配、运行高效的茶叶安全检验检测体系。其检验检测范围能够满足对产地环境、生产投入品、生产加工、贮藏、流通、消费全过程实施质量安全检测的需要；检验能力能够满足国家标准、行业标准和相关国际标准对茶叶各种技术参数的检测要求。

（五）产业政策体系

严控农药生产、销售和使用，实行农药登记制度、生产许可制度和经营许可制度。严厉打击违法生产、销售国家明令禁止的农药和其他有害化学物质的行为，对违法使用国家明令禁止的农药和其他有害化学物质的行为，要依法严厉查处。对茶园中使用的植保产品进行监管，多次发布在茶树中禁用农药的目录，督促和监管茶农合理使用农药。

国家农业、质检、食药、供销和标准化主管部门先后建立和实施了保障茶叶质量安全的一系列政策措施。在重点地区、品种、环节和企业，推行标准化生产和管理；实施茶树良种化工程建设，建立茶园标准化示范区，鼓励企业实施良好农业操作规范。推行茶叶清洁化加工生产和茶厂优化改造工作，支持生产企业建立连续化、机械化、清洁化茶叶生产线。引导企业逐步实现规模化生产，不断提升茶叶产品质量。

四、中国古代、近代和现代茶叶质量状况

自古以来，为追求利益而进行茶叶造假的商人不在少数，中国茶叶质量因而参差不齐。现从中国古代、近代和现代三个方面记述中国茶叶质量的概况。

（一）古代茶叶质量

中国人自古好茶，对茶推崇备至，茶叶贸易经久不衰。在这种大背景下，茶叶质量参差不齐，假茶和劣质茶屡禁不止。

1. 茶叶品质情况　三国时期，魏人张揖《广雅》中记述，茶有“其饮醒酒，令人不眠”之功效。

西晋时期，张孟阳《登成都楼》记述，茶有“芳茶冠六清，溢味播九区”之说。“芳茶冠六清”是说茶胜过水、浆、醴、凉、医、酏六种饮料，可以说是所有饮料之冠。“溢味播九区”是说茶的美味享誉天下。

东晋时期，《华阳国志》中提到，早在公元前约1000年周武王时，就有茶作为贡品的记载，即“丹漆茶蜜皆纳贡之”。

唐代饮茶已成风俗，下至平民百姓，上至宫廷帝王都时兴饮茶。刘贞亮喜欢饮茶，他将饮茶的好处概括为“十德”，即：以茶散郁气，以茶驱睡气，以茶养生气，以茶除病气，以茶利礼仁，以茶表敬意，以茶尝滋味，以茶养身体，以茶可行道，以茶可雅志。

明代文人朱权著《茶谱》称：“茶之为物，可以助诗兴而云山顿色；可以伏睡魔而天地忘形；可以倍清谈而万象惊寒，茶之功大矣！……食之能利大肠，去积热，化痰下气，醒睡解酒，消食，除烦去腻，助兴爽神，得春阳之首，占万木之魁。”明代钱椿年编，后经顾元庆删校的《茶谱》，将饮茶的功效归纳为：“人饮真茶，能止渴消食，除痰少睡，利水道，明目益思，除烦去腻，人固不可一日无茶。”明代著名药学家李时珍所著的《本草纲目》也对茶的多种功效作了充分肯定。

清代，乾隆皇帝一生爱茶，以茶养生，自称：“君不可一日无茶也。”茶助长寿，乾隆活了88岁，是清代皇帝寿命最长的一位。

2．茶叶假冒伪劣情况　唐宋时期，榷茶制度实施后，茶叶质量日益下降。一是造假。元丰元年六月“提举茶场李稷乞定成都府、利州路茶场监官买茶无杂伪粗恶”。宣和三年三月二十九日，都茶场言:“自买客草茶入铺，旋入黄米、绿豆，炒面，杂物拌和真茶，变磨出卖，苟求厚利。”二是劣质。淳化四年刘式上言：“榷务茶陈恶，商贾少利岁课不登。”天禧中“会江、淮制置司言茶有滞积坏败者，请一切焚弃。”王安石说：“而今官场所出皆粗恶不可食，故民之所食大率皆私贩者。”“官卖既不堪食，多配寺院、茶坊，茶多捐弃，钱实虚敛。”

清代小说家李汝珍（1763—1830）在《镜花缘》中写道：“世多假茶，自古已有。造假之法有二：一为以其他植物之叶冒充茶叶，如其时江、浙等处，以柳叶作茶。二则是将泡过的茶叶晒干，妄加药料，冒充新茶。其时吴门即有数百家以此法渔利害人。其所用药料，乃雌黄、花青、熟石膏、青鱼胆、柏枝汁之类；其用雌黄者，以其性淫，茶叶亦性淫，二淫相合，则晚茶残片，一经制造，即可变为早春；用花青，取其色有青艳；用柏枝汁，取其味带清香；用青鱼胆，漂去腥臭，取其味苦；雌黄性毒，经火甚于砒霜，故用石膏以解其毒，又能使茶起白霜而色美。人常饮之，阴受其毒，为患不浅。若脾胃虚弱之人，未有不患呕吐、作酸、胀满、腹痛等症。”

（二）近代茶叶质量

清代同治（1862—1875）以前，茶商采购和制作茶叶均选用天然的茶叶原料，采取规范的加工方法。也有个别茶商，略微添加一些靛青颜料给茶叶着色，但外商喜欢购买。消费者食用的大都是天然制成的正宗茶叶。外商均赞扬中国茶的味道优于其他各国。

同治以后，受国内外竞争影响，茶叶利润越来越少。于是，作假之风渐渐形成。制茶时，将滑石粉等其他物质搅拌其中，使其颜色一下子变得绿润、鲜亮。当时，堪称新奇，并以为荣，还邀请外商鉴赏，有人出高价购买。而那些正宗茶叶，售价反而不如他们。于是，竞相效尤，变本加厉，一年比一年厉害。而那些始终坚守传统做法的正统茶商，被他人讥笑为迂腐。这种情形，愈演愈烈，无法挽回。

到了19世纪末20世纪初，茶农种植茶树"皆零星散处，此处一二株茶树，彼处三两株茶树""如遇茶价高涨，则利用农闲，略施垦土除草等工作"。在经营管理上，任其自生自灭，导致"浆汁遂亦不能浓厚，香味亦淡"；采摘时，"粗叶连枝一并采取"；贸易时，"装箱之时，其残败之叶，不能减去，致与茶叶同有污染之味，并茶末太多，又有他项之叶掺杂在内"，或把不同地区的茶混合装箱，导致"纯粹一种香味的茶很少"；制作时，"制者对于选择茶叶分定等第等事，无统一之方法，各个自为风气，既无人以善法指导之，又无人以机器焙制之"。如此生产和销售出的茶叶因"掺和假借多方作伪，以至茶之斤两虽重而色香味三者无一不变，西人见之，无不攒眉"。更有甚者，以出口英国的茶叶为例，"设小厂于伦敦城外，私将染色柳叶杂茶叶中，冒充嫩茶又用化学品熏香茶叶，加矿料以增重量"。

这种伪劣茶叶严重降低了茶质，败坏了华茶声誉，加上捐税过重，成本增加，中国茶叶出口数量大有江河日下之势。中国茶叶品质的下降在国外反响强烈，生产、制作和销售中盛行掺假作伪之风，促使进口茶叶的各国政府纷纷立法禁止掺杂掺假茶叶输入。

（三）现代茶叶质量

民国初年，茶叶掺假作弊之风一如既往，方法多种多样。在生产制作中，"利用黏质物使强硬之粗叶作成细茶，混入黑砂，以增加重量；利用墨、铅、煤、烟、绿矾、红矾、白石灰等，以增加色泽；利用假叶及已泡用之茶叶，以混入良茶；更如腐败霉烂焦臭及掺杂粉末干等之劣茶，或混合贩卖，或单独出售；此不仅有关对外贸易之信用，即以之供各地需要，亦有妨害人体之卫生。又因制造时之不加注意，以致绿茶发酵叶过多，红茶之发酵方法不良，以及绿茶之以日光干燥，水分含量过多等"。在茶叶装箱时，"国内所用茶箱、茶罐亦多恶劣不坚，运销外洋，常使茶叶受潮破损，外商亦多有烦言"。

1914年，张謇在《拟具整理茶叶办法并检查条例呈》中写道："近年茶叶销量日益减退……树老、山荒，久未添种……制焙多粗劣，而作伪掺杂，尤为各省之通病……茶贩本持假营生，近年庄号收茶规则废弛，此风愈炽，或掺以水，或杂以株柳茶叶，或加以铁屑、土沙、滑石粉等，或用黏质物加制，或用靛青及颜料染色，洋人啧有烦言，信用由兹扫地。”

1931 年，实业部开始对出口茶叶实施检验，合格者发给检验证书，由海关查验放行，未经检验合格的茶叶不得出口。此后，政府还采取了一系列提升茶叶质量的方法和措施。渐渐，中国茶叶伪劣之风日益好转，产品质量亦有所提高。

五、中华人民共和国成立以来茶叶质量状况

中华人民共和国成立后，在相当一段时间内，中国茶叶仍然存在假冒伪劣、着色、农残超标、重金属超标等一系列问题，既影响了中国茶叶出口贸易，又威胁消费者身体健康与安全。进入 21 世纪后，中国政府通过实施和强化生产许可制度、监督抽查制度、认证认可制度等一系列措施，使茶叶产品质量处于稳定并逐步提升。

（一）1949 年至 20 世纪末的茶叶质量状况

从中国出口茶叶质量和内销茶叶质量两个方面，简单阐述中国 1949—20 世纪末的茶叶质量状况。

1. **出口茶叶质量**　1946 年，中国恢复出口茶叶检验后，除台湾已有“茶叶不得着色”的规定外，其他各地出口茶叶，着色无毒色料的情况仍然存在。1949 年中华人民共和国成立后，由于各种原因，中国出口茶叶重金属、农残超标等事件仍频频发生。

1961 年 7 月，中国输英国的红茶，经英伦敦港务卫生当局检测发现，含铅量超过英国进口规定，被英港务当局扣留，不得进入消费市场。根据英国政府当时的《食品卫生法》第十九条规定：茶叶含铅量超过 10 毫克／千克的，即认为不适合人类饮用，须作查封或烧毁处理。这一事件发生后，有些洋行乘机捣乱，破坏中国茶叶声誉。

1981 年，中国销往德意志联邦共和国的茶叶，由于农药残留量常常超过进口国规定，使客户不敢向中国进货。根据德意志联邦共和国政府规定，进口茶叶滴滴涕

含量应低于 1.0 毫克 / 千克，六六六含量应低于 0.2 毫克 / 千克。这些规定，给中国红茶出口带来一定困难。之后，中国有关部门采取各项措施控制六六六、滴滴涕等农残。1986 年后的若干年时间，出口的红茶和绿茶已基本符合德意志联邦共和国规定的进口标准。

20 世纪 90 年代，中国出口欧盟、美国、日本等国家和地区的茶叶，因水分、灰分、农残、重金属等超标的情况时有发生，对茶叶出口造成了较大影响。

2. 内销茶叶质量　20 世纪 50 年代至 60 年代，中国茶园开始恢复性发展，但茶园开垦时，植被遭到不同程度的破坏，种植质量不高。化学农药开始在茶区使用，由于农药品种局限，使用技术不当，安全用药意识不强等原因，造成茶区环境污染和茶叶农药残留。为解决茶叶农残问题，1972 年农业部发布了“禁止在茶叶生产中使用剧毒农药和高残留农药的通知”，严格禁止在茶园中使用六六六、滴滴涕，使得茶叶中六六六、滴滴涕含量得到控制。但由于稻田中仍继续使用这两种农药，受其影响，茶叶中农药残留水平仍维持在 0.3 ~ 0.5 毫克 / 千克范围。

1984 年，中国政府宣布在全国范围内停止生产、销售和使用这两种农药的决定后，茶叶产品才逐步符合 GBN 144—81《绿茶、红茶卫生标准》规定的六六六限量值为 0.4 毫克 / 千克、滴滴涕的限量值为 0.2 毫克 / 千克的要求。1988 年，中国新制定 GB 9679—88《茶叶卫生标准》，规定六六六限量值为 0.2 毫克 / 千克（紧压茶限量值为 0.4 毫克 / 千克），滴滴涕限量值为 0.2 毫克 / 千克。90 年代初，大多数茶叶中六六六和滴滴涕残留水平，已经降到国际上规定的最高限量标准以下。但从 20 世纪 90 年代初起，由于各地茶园大多采用个人承包种植形式，农药的不合理使用情况又严重起来，随之其他农药残留问题也相继出现。

另外，自 1984 年茶叶市场放开后，出现了多渠道经营，部分企业只抓经济效益，忽视了产品质量，没能很好地贯彻执行茶叶标准。1990 年后，国家茶叶质量监督检验中心开展的多次国家监督抽查发现，茶叶产品感官品质不符合标准要求情况比较普遍，部分茶样还存在水分、总灰分、粉末和铅含量超标等情况，特别是茶叶中铅含量，总体处于中等偏高水平。1993年，第一季度小包装乌龙茶产品质量国家监督抽查发现，铅含量超标茶样有6只，其中含量最高的达4.1毫克/千克，超标2倍多。当时，全国不少媒体报道了多起茶叶中铅超标事件，引发了波及范围很广的争议，使消费者对饮用茶叶的安全极为担心。

20世纪90年代末，国家茶叶质量监督检验中心在全国各地的茶叶监督抽查中，经常发现茶叶感官品质、水分、灰分、铅和农残等超标问题，茶叶合格率处于较低水平。种种情况表明，当时不少企业的质量意识不强。

（二）21世纪以来的茶叶质量状况

2001年12月11日，中国成为世界贸易组织（WTO）正式成员。中国政府开始行使世界贸易组织正式成员的权利，包括享受最惠国待遇及国民待遇等，同时也承担起世贸组织正式成员的相关义务。在WTO的推动和政府的监管下，中国企业的质量意识日益增强，特别是随着人们生活水平的日益提高，全社会对茶叶质量安全问题越来越重视。其中，国家实施食品质量安全市场准入制度（后称食品生产许可制度），对茶叶质量的提升起到了重要作用。

1. 国家监督抽查结果

（1）普通茶叶产品。2009年3季度绿茶产品质量国家监督抽查100批次，综合判定合格98批次，抽样合格率为98%，2批次产品不合格产品均为稀土总量超标。2010年2季度绿茶产品质量国家监督抽查118批次，综合判定合格113批次，抽样合格率为95.8%。其中4批次产品感官品质不达标，1批次产品铅含量超标。2011

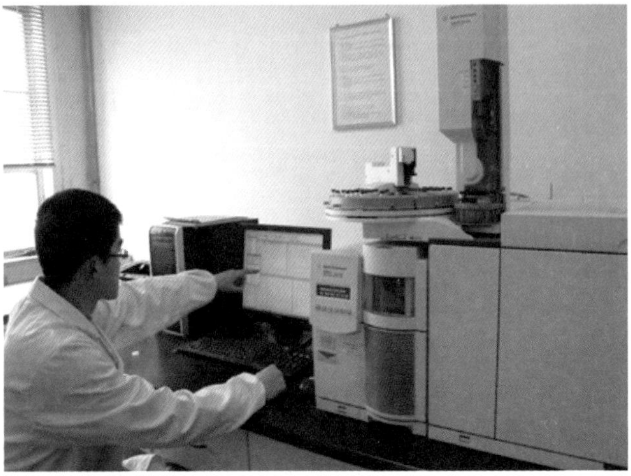
▶ 茶叶农残检测

年第4季度红茶产品质量国家监督抽查90批次，综合判定合格88批次，抽样合格率为97.8%，2批次产品感官品质不达标。2011年第4季度乌龙茶产品质量国家监督抽查58批次，综合判定合格39批次，抽样合格率为67.2%。其中，2批次产品感官品质不达标，15批次产品稀土总量超标，2批次产品感官品质和稀土总量都不合格。2012年以后，国家和地方监督抽查结果同样显示，茶叶产品的抽样合格率均保持在95%以上。

（2）有机茶叶产品。近几年，国家认监委委托国家茶叶质量监督检验中心开展了有机茶叶产品认证专项监督抽检工作，结果表明，全国有机茶叶产品合格率不够理想。2012年，抽检有机茶叶产品53批次，合格49批次，合格率为92.5%。2013年，抽检有机茶叶产品50批次，合格44批次，合格率88.0%。2014年，抽检有机茶叶产品67批次，合格63批次，合格率94.0%。2015年，抽检了全国14省33家企业生产的49批次有机茶叶产品，对联苯菊酯、三氯杀螨醇、氯氰菊酯、噻嗪酮、毒死蜱等23项农残项目进行检验，合格率有所下降。2016年抽检有机茶叶产品39批次，合格率上升。

2. 国家权威检验检测机构日常检测结果 国家茶叶质量监督检验中心针对近年20 000余批次茶叶样品的检测结果，根据年份、茶类、项目、地区等进行了数据分析统计。通过对各年度、各大茶类总体检测情况和总体合格率比较，发现2005年以来，虽然检验项目不断增加，指标要求趋严，但总体合格率还是不断提高，即从2005年的80%左右提高到了2016年的94%左右。

进入21世纪以后，中国茶叶产品综合合格率、感官品质合格率、卫生指标合格率、理化指标合格率等指标均逐年提升，这标志着中国茶叶产品质量已处于上升阶段。

六、中国茶叶质量问题及其原因

中国茶叶产品在全世界独一无二，品质超群，质量优异，但也存在一些值得重视的问题。产生这些问题的原因有多个方面。

（一）当前存在的主要质量问题

从消费者的角度看，茶叶存在质量安全问题，轻则影响消费者饮茶时的感官享受，重则影响消费者身心健康。

1. **感官品质问题** 感官品质是指茶叶产品的色、香、味、形符合标准的程度，是决定茶叶饮用价值和价格高低的主要指标。一般来讲，茶叶产品市场价格的高低往往取决于茶叶产品的类别和等级高低，而茶类和级别就是感官品质检验的内容。国家茶叶质量监督检验中心长期对市场上大型商场、超市销售的各种茶叶产品进行国家监督抽查发现，感官品质不合格现象时有发生。感官品质不合格主要表现在：等级不符、以次充好、以假充真、品质特征不符。根据2005—2011年委托检验情况，共有3 135只茶叶产品进行感官品质检验，其中合格数量为2 970只，合格率为94.74%，与其他检测项目合格率相比，合格率仍为较低。

2. **农药残留问题** GB 2763《食品安全国家标准　食品中农药最大残留限量》对茶叶农残限量作了明确规定。根据国家茶叶质量监督检验中心对市场上各种茶叶产品的监督抽查结果表明，中国茶叶农残合格率越来越高；但也发现，滴滴涕、氰戊菊酯、联苯菊酯等农残不合格现象时有发生，其他部分农药也时有检出。如果按照无公害茶叶、绿色食品茶叶、有机茶叶标准检验，农残不合格现象则更明显。

各地、各系统的监督检查，由于是到企业抽样，抽查合格率一般较高。江苏省2007年2季度茶叶产品质量监督抽查，合格率为98%；福建省2007年茶叶产品监督抽查，合格率100%；安徽省抽查黄山市茶叶产品质量，合格率100%；浙江省2005年2季度监督抽查合格率为99.3%，2006年3季度监督抽查合格率为96.5%，2007年2季度监督抽查合格率为99.6%。农业部组织的监督检查，合格率一般在95%以上。

2012年4月，国际绿色和平组织公布了其茶叶农药调查报告。报告显示，被抽检的茶样存在农药残留现象。

3. **铅含量问题** 中国绝大部分茶叶产品的铅含量符合GB 2762《食品安全国家标准　食品中污染物限量》规定要求，只有个别茶叶产品存在铅含量超标现象。

在2006年监督抽查的200个样品中，铅含量不符合标准规定的有2个。2005—2011年，国家茶叶质量监督检验中心检验铅含量的茶样共5 000余只，不合格茶样占3.3%。

国家茶叶质量监督检验中心的长期检测结果显示，铅含量不合格的产品主要是部分黑茶和名优绿茶，红茶、乌龙茶、白茶、黄茶、茉莉花茶等产品的铅含量不符合标准情况较少。

4. 稀土总量问题　GB 2762—2005国家标准对茶叶产品稀土总量的限量要求为低于2.0毫克／千克。2005—2011年，国家茶叶质量监督检验中心对4 000余批次茶叶产品进行了稀土含量检验，其合格率为91%，属于合格率较低范畴。在所有茶类中，乌龙茶产品的合格率最低。2011年对市场上58批次乌龙茶产品的监督抽查检验发现，共17批次乌龙茶的稀土超标，合格率仅为70.7%。稀土总量超标问题，曾一度影响了部分茶叶产品的销售。

5. 添加非茶类物质问题　近几年，国家有关部门接到过多起在茶叶中添加着色剂、白糖、香精、糯米粉、小麦粉、人参等非茶类物质的投诉；部分地方的商检部门还在茶叶质量检查中发现了一些混有“固形茶”和“回笼茶”的出口茶叶；国家茶叶质量监督检验中心在日常检验中也多次发现企业违规添加各种非茶类物质的现象。这给消费者的饮用安全造成了一定隐患，也给中国茶叶产品的声誉带来了消极影响。针对这些问题，国家和地方相关部门采取了一些措施加以制止，并取得了一定的成效。

6. 标签标注问题　食品标签不仅能指导消费者选购食品，同时也是生产企业向消费者承诺食品质量水平的重要依据。食品标签存在的问题主要集中在：执行标准标示不规范；产品质量等级无标示或标示与实际不符；产品名称与标准不一致；违规使用有机产品、绿色食品和无公害食品标志；违规宣传茶叶的保健和药理功效。可喜的是，随着法律法规和标准化知识的普及，以及茶叶企业从业人员素质的提升，食品标签问题将逐步好转。

（二）产生质量问题的原因

由于体制不完善、监管工作不顺，法规政策及技术保障体系不完善，茶叶生产加工环节不易把控，茶叶质量安全问题频出。

1. 体制和监管工作问题　在相当长一段时间，中国食品安全监管体制没有理顺，茶叶从种植、加工到流通分别由不同部门进行监督管理，导致一些质量安全问题难以得到有效解决。例如，全国各地质监部门监管茶叶生产企业，每一次监督抽查都到企业抽样，结果合格率很高，但一些质量安全问题很难被发现；而各地工商部门监管茶叶经销企业，每一次监督抽查都到市场抽样，结果合格率很低，但很难处理生产企业。

21 世纪初，国家监督抽查发现，茶叶产品拉抬等级、以次充好，冒用产地和名茶问题严重。2006 年，国家茶叶质量监督检验中心监督抽查样品 200 个，感官品质不合格的 31 个，占抽查总数的 15.5%；2007 抽查样品 150 个，感官品质不合格的 15 个，占抽查总数的 10.0%。由于监管体制问题，这些假冒伪劣问题多年得不到解决。

2009 年，食品安全法出台后，食品监管体制机制问题得以解决，监管成效明显提高。

2. 法规、政策及技术保障体系问题　中国目前的部分国家标准不完善和执行不力，各级主管部门对生产环节的技术保障不力而导致出现质量安全问题的，主要反映在部分产品农残超标，如在 2006 年监督抽查的 200 个产品中，有 12 个产品滴滴涕残留超标；在按明示或农业部标准检验的 69 个产品中，有 28 个产品的三氯杀螨醇和 4 个产品的氰戊菊酯残留不符合标准规定。

国家在 20 世纪 90 年代后期已禁止三氯杀螨醇农药在茶园中使用。然而历次抽查发现，部分产品中三氯杀螨醇的检出率较高，其原因是有的茶园仍在使用禁用农药。现在农药的流通领域存在许多不规范的现象，一些禁用农药仍在产茶区销售。农药的不规范的商品名很多，如大克螨、开乐散、快克螨、杀螨净、螨死克、唑螨特等，内含禁用农药成分而不明示。有些偏远地区的茶农，不知道茶园中已禁用农药的目录，个别也有知情而明知故犯的。

中国已于 1972 年禁止在茶园中使用六六六、滴滴涕农药，如今，茶叶中六六六的农药残留已基本得到控制，为什么个别茶叶产品的滴滴涕还超标呢？其原因是个别农药产品中含有少量的滴滴涕。由于滴滴涕半衰期长，只要在茶园中使用了或以前使用过这些农药，在茶叶产品中就会残留一定量的滴滴涕，甚至出现滴滴涕超标现象。

1999 年 11 月农业部发文，从 2000 年起禁止在茶树上使用含有氰戊菊酯（包括各种异构体）的农药（包括混合制剂）。但由于监管措施不力，且标准的规定不明确，致使部分产品中仍有氰戊菊酯残留。

3. 生产加工环节问题

（1）茶园受污染或加工条件不好，导致个别茶叶产品铅含量超标。茶叶中的铅污染目前主要集中在几个方面：一是叶面累积的空气扬尘；二是土壤酸化导致茶树生长的富集增加；三是加工过程中不清洁的摊放或堆放；四是茶叶加工设备污染。此外，在茶叶中非法添加色素（铅铬绿等），也是导致铅含量成倍超标，甚至严重超标的主要因素。

（2）鲜叶原料成熟度高，使部分产品中氟含量较高。如果加工茶叶用的鲜叶原料成熟度高，会造成氟含量较高。国家茶叶质量监督检验中心对从市场和生产企业随机抽取的鲜叶原料成熟度高的产品进行检验，对氟含量的测定结果分析发现，氟含量普遍较高。研究发现，随着茶树鲜叶在茶树上存留时间越长，叶片越老，叶片富集氟元素的量也越多。

（3）生产过程不卫生，导致总灰分过高。2006 年 2 季度，国家监督共抽查了 19 个普洱茶产品，有 15 个产品总灰分超过 7.5%，有 2 个产品超过 8.5%（2006 年普洱茶地方标准将总灰分指标从 6.5% 修订为 8.5%）。产品总灰分含量过高，说明产品中有杂质，其主要原因是，生产过程不卫生，特别是晒青茶（普洱茶的原料）摊晒不干净，造成产品总灰分过高。

（4）其他问题。当前在茶叶生产中，中、小型企业占多数，部分企业质量意识薄弱，管理不规范，没有按标准组织生产。有的企业甚至违法违规，缺乏诚信，违反职业道德，造成部分产品质量差、安全隐患严重。个别茶叶企业在茶叶中添加着色剂、滑石粉、糯米粉、山芋粉、香精和其他添加物的行为，就是典型的违法违规行为。

七、世界其他主要产茶国的茶叶质量状况

中国、印度、斯里兰卡和肯尼亚是世界主要茶叶生产国和出口国，其茶叶质量安全状况极大地影响世界茶叶市场。

（一）印度茶叶质量

印度茶叶协会为了方便茶叶产品质量管理，保证在国际市场上的公平销售及竞争力，推出了大吉岭、阿萨姆和尼尔吉里三个茶叶产区的原产地标志。

1. 感官品质　印度人认为，除加工因素外，以下三个方面会影响茶叶品质：茶树品种，种植地理环境，修剪、施肥、遮阴、采摘等人为因素。由于这三方面的不同，各产区所产茶叶也各有其特点，其中的阿萨姆红茶和大吉岭红茶品质较为优异，被列为世界四大著名红茶。

阿萨姆红茶是最具代表性的浓茶，其外观为传统型红茶，条索紧结，色泽呈深褐色，高等级的有金毫；汤色深红稍褐；香气带有淡淡的麦芽香、玫瑰香；滋味浓烈。大吉岭红茶因其独特的风味，素有“茶中香槟”之称，与斯里兰卡的乌瓦红茶、中国的祁门红茶并称为“世界三大高香红茶”。大吉岭红茶中品质最优的为大吉岭初摘红茶和大吉岭次摘红茶。大吉岭初摘红茶色泽灰绿，汤色黄绿，带有清新的花香，滋味鲜醇爽口、略有甜醇。大吉岭次摘红茶呈红褐色，间或有白毫或灰绿色，汤色呈明亮橙红或红铜色，香气馥郁，具有独特的高原香型，上品茶还带有葡萄香或麝

▶ 印度三大著名茶区原产地标志

香葡萄香；滋味清醇、略涩。尼尔吉里红茶产于印度南部，因其产地发音为Blue Mountain，因此尼尔吉里红茶也被称为“蓝山红茶”。其干茶色泽红褐，汤色浅红亮，有花果香，滋味鲜爽略青涩。

2. 质量安全状况　印度相关法令规定，严禁茶叶掺假，严禁生产销售不合格的茶叶产品，违者没收茶叶并予以处罚。印度的大吉岭红茶产区海拔为2 000 ~ 2 500米，常年不喷农药、不施化肥，茶树上有苔藓、地衣病害，局部也有小绿叶蝉为害迹象，高山茶园特征明显。其他大部分产区也较少使用农药。所以，茶叶中农残超标现象不多。此外，印度茶叶的各种灰分、水浸出物、粗纤维等理化指标，基本符合标准要求。所以，印度茶叶产品合格率总体较高。

（二）肯尼亚茶叶质量

肯尼亚的茶叶种植、加工和贸易统一由茶叶委员会管理，所以茶叶产品质量得到有效管控。

1. 感官品质　肯尼亚红茶嫩度好，干茶洁净，颗粒重实；汤色红艳明亮；香气高；滋味浓强。在国际红茶拍卖市场上常作为红茶的价格风向标。

2. 质量安全状况　肯尼亚大部分茶区的土壤、气候条件优异，茶叶种植于1 500 ~ 2 700米海拔处，远离虫害或病害，茶叶生产时较少使用农药。但是，在出口的茶叶中，时常被检出农药残留和重金属含量等不符合进口国的标准要求。超过90%的肯尼亚茶叶都是手工采摘，而且只有一芽两叶的茶叶用于加工。其茶叶加工厂及设备受到国际上受欢迎的标准认证（ISO 22000；HACCP，雨林联盟认证；GMP公平贸易），所以质量比较稳定。

（三）斯里兰卡茶叶质量

斯里兰卡为了规范锡兰红茶的出口，茶叶出口主管机构统一颁发“锡兰茶质量标志”：持剑狮王标志。该标志上部为一右前爪持刀的雄狮，下部则是上下两排英文；上排为Ceylon tea字样，即“锡兰茶”，下排为Symbol of quality字样，即“质量标志”之意。标注此标志的锡兰红茶才是经过斯里兰卡政府认可的纯正锡兰红茶，是品质象征和原产地保证。

▶ 锡兰红茶标志

1. 感官品质　斯里兰卡政府规定，只有100%斯里兰卡生产的茶叶才能称之为锡兰红茶。因此，斯里兰卡红茶的质量很高，感官品质不错，在国际市场上享有极好的声誉，如乌瓦红茶具有美妙的香气和滋味，汤色橙红，带金色光圈，香气清新，滋味较强，最上品者具有浓郁的薄荷铃兰香。

2. 质量安全状况　斯里兰卡很重视茶叶质量管理，不管在生产过程中或出口时，茶叶的质量都要受到政府设立的茶叶局的监管，茶叶品质由茶叶局鉴定合格后才能进入市场，意味着政府统一规范茶叶的生产、出口、产品包装和质量检测等。

斯里兰卡十分重视茶叶生产技术和茶园管理，大力发展和推广无性系良种，提高良种茶园比例。在茶园管理上实施规范化严格操作，注重保持水土及生态环境。茶园严格控制使用农药，必须使用时，由茶叶局推荐和监督使用，目前，只有Azadirachtin、Bitertanol等27种农药被推荐使用，除了这27种农药外，斯里兰卡原产地茶叶没有其他农药残留。但是，在出口的茶叶中，时常被检出农药残留、稀土含量等不符合进口国的标准要求。

（四）其他产茶国茶叶质量

在国际市场上，茶叶一般按照原料和规格划分质量等级。传统型红茶（Orthodox Tea）和CTC红茶划分为多个等级。

目前，印度也生产少量的绿茶，其产量约占总产量的1%，按成品规格来划分其质量等级。

其他产茶国传统型红茶等级划分

茶叶类型	等级	术　语
叶茶	TGFOP	金黄芽叶花橙黄白毫（Tippy Golden Flowery Orange Pekoe），含有较多金黄芽叶的红茶
	TFOP	芽叶花橙黄白毫（Tippy Flowery Orange Pekoe）
	GFOP	金黄花橙黄白毫（Golden Flowery Orange Pekoe），含有较多金黄芽叶的红茶
	FOP	花橙黄白毫（Flowery Orange Pekoe），含有较多芽叶的红茶
	OP	橙黄白毫（Orange Pekoe），叶片较长而完整的茶叶
	FP	花白毫（Flowery Pekoe），前端带有白毫的芽叶茶
	P	白毫（Pekoe）
碎茶	TGFBOP	金黄芽叶碎花橙黄白毫（Tippy Golden Flowery Broken Orange Pekoe）
	TGBOP	金黄芽叶碎橙黄白毫（Tippy Golden Broken Orange Pekoe）
	GFBOP	金黄碎花橙黄白毫（Golden Flowery Broken Orange Pekoe）
	TBOP	芽叶碎橙黄白毫（Tippy Broken Orange Pekoe）
	GBOP	金黄碎橙黄白毫（Golden Broken Orange Pekoe）
	FBOP	碎花橙黄白毫（Flowery Broken Orange Pekoe）
	BOP	碎橙黄白毫（Broken Orange Pekoe）
	BP	碎白毫（Broken Pekoe）
	BPS	碎白毫小种（Broken Pekoe Souchong），切碎了的白毫小种茶
	PS	白毫小种（Pekoe Souchong）
	S	小种（Souchong）
	BM	混合碎茶（Broken Mixed）
	BT	碎茶（Broken Tea）
片茶	TGOF	金黄芽叶花橙黄片茶（Tippy Golden Orange Fannings）
	GOF	金色橙黄片茶（Golden Orange Fannings）
	FBOPF	碎花橙黄白毫片茶（Flowery Broken Orange Pekoe Fannings）
	BOPF	碎橙黄白毫片茶（Broken Orange Pekoe Fannings），叶片比 BOP 更小
	FOF	花橙黄片茶（Flowery Orange Fannings）
	OF	橙黄片茶（Orange Fannings）
	OPF	橙黄白毫片茶（Orange Pekoe Fannings）
	BPF	碎白毫片茶（Broken Pekoe Fannings）
	PF	白毫片茶（Pekoe Fannings）
	FF	花色片茶（Flowery Fannings）
	F	碎片（Fannings）
	BMF	混合碎片茶（Broken Mixed Fannings）

（续）

茶叶类型	等级	术 语
末茶	BOPD	碎橙黄白毫末茶（Broken Orange Pekoe Dust）
	PD	白毫末茶（Pekoe Dust）
	D	末茶（Dust）
	FD	细末茶（Fine Dust）
	CD	高香末茶（Churamani Dust）
	RD	红色末茶（Red Dust）

其他产茶国 CTC 红茶等级划分

茶叶类型	等级	术语
碎茶	PEK	白毫（Pekoe）
	BP	碎白毫（Broken Pekoe）
	BOP	碎橙黄白毫（Broken Orange Pekoe）
	BPS	碎白毫小种（Broken Pekoe Souchong）
	BP 1	一等碎白毫（Broken Pekoe One）
	FP	花白毫（Flowery Pekoe）
片茶	OF	橙黄细片（Orange Fannings）
	PF	白毫细片（Pekoe Fannings）
	PF 1	一等白毫细片（Pekoe Fannings One）
	BOPF	碎橙黄细片（Broken Orange Pekoe Fannings）
末茶	PD	白毫末（Pekoe Dust）
	D	粉末（Dust）
	CD	高香末（Churamani Dust）
	PD 1	一等白毫末（Pekoe Dust One）
	D 1	一等粉末（Dust One）
	CD 1	一等高香末（Churamani Dust One）
	RD	红色粉末（Red Dust）
	FD	细粉末（Fine Dust）
	SFD	极好的细粉末（Super Fine Dust）
	RD 1	一等红色粉末（Red Dust One）
	GD	金色粉末（Golden Dust）
	SRD	极好的红色粉末（Super Red Dust）

印度绿茶等级划分

茶叶类型	等级	术语
全叶茶	YH	雨茶（Young Hyson）
	FYH	细嫩的雨茶（Fine Young Hyson）
碎茶	GP	珠茶（Gun Powder）
	H	熙春茶（Hyson）
	FH	细嫩的熙春茶（Fine Hyson）
片茶	SOUMEE	秀眉（Soumee）
末茶	DUST	末茶（Dust）

（本章撰稿人：郑国建）

茶乃养生之仙药，
延龄之妙术。

Part 10 第十章 茶与身心健康

古代生活实践和现代科学验证一致认为，饮茶有利身心健康。古人曰:“茶乃养生之仙药，延龄之妙术。”据不完全统计，自唐至清，有专门论茶古籍著作180余部，都谈到饮茶有利养生、有利身心健康。北宋苏东坡曰：“何须魏帝一丸药，且尽卢仝七碗茶。”表明茶是健康饮品。现代科学研究也揭示了这一事实。

第一节 茶与健康

随着科学技术的发展，“茶为万病之药”的千年之谜日渐清晰，目前已经鉴定出茶叶化学成分达1 400多种。茶叶中诸如茶氨酸、咖啡因和茶多酚等营养物质的化学本质都已逐一被揭示。但是，毕竟任何事物都具有两面性，只有正确认识和科学应用这些活性成分才能真正实现茶对人类养生保健目的，因此，尽管饮茶有利健康，但是还须做到科学饮茶。同时，必须明白茶不是“药”，而是一种对人体有生理调节作用的功能性饮品，通过饮茶可以提高人体对疾病的免疫力，预防许多对人体有很大威胁的疾病且有一定的治疗效果。

一、茶叶的营养与功能成分

- 茶树鲜叶
  - 水分（75%～78%）
  - 干物质（22%～25%）
    - 有机化合物
      - 蛋白质（20%～30%）：谷蛋白、白蛋白、球蛋白等
      - 氨基酸（1%～4%）：茶氨酸、谷氨酸、γ－氨基丁酸等26种
      - 生物碱（3%～5%）：咖啡因、茶叶碱、可可碱
      - 茶多酚（18%～36%）：主要有儿茶素、黄酮类、花青素和酚酸等，其中儿茶素占70%～80%
      - 糖类（20%～25%）：纤维素、果胶、淀粉、葡萄糖等
      - 有机酸（3%左右）：苹果酸、柠檬酸、草酸、脂肪酸等
      - 类脂（8%左右）：脂肪、磷脂、甘油脂、糖脂等
      - 色素（1%左右）：叶绿素、胡萝卜素、叶黄素等
      - 芳香物质（0.005%～0.03%）：醇、醛、酮、酸、酯及内酯，含氮物质、碳氢化合物以及酚酸类化合物等
    - 无机化合物
      - 水溶性部分（2%～4%）
      - 水不溶性部分（1.5%～3.0%）

▶ 茶叶中的化学成分

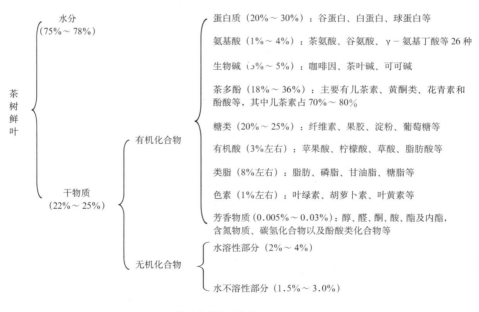

茶是一种兼具营养、嗜好及保健功能的饮料或食品。茶叶中的水溶性物质含量为30%～48%，其主要化学成分包括茶多酚类、生物碱类、氨基酸类、糖类、蛋白质、有机酸、果胶物质、香气化合物、矿物质元素等。

（一）茶叶的营养成分

茶叶的营养成分，主要是指维持生命所必需的营养元素，如蛋白质、氨基酸、糖类、脂肪酸、维生素类、叶绿素、胡萝卜素以及各种矿质元素。

1. 茶叶蛋白　茶叶中的蛋白质含量占干物质总量的20%～30%，能溶于水、可直接利用的蛋白质含量仅占1%～2%，这部分水溶性蛋白质是形成茶汤滋味的成分之一。茶树中的蛋白质大致可分为以下几种：

（1）清蛋白，能溶于水和稀盐酸溶液，占总蛋白的3.5%。

（2）球蛋白，不溶于水，能溶于稀盐酸溶液，占总蛋白的0.9%。

（3）醇溶蛋白，不溶于水，能溶于稀酸、稀碱溶液，可溶于70%～80%的乙醇，占总蛋白的13.6%。

（4）谷蛋白，不溶于水，能溶于稀酸、稀碱溶液，受热不凝固，占总蛋白的82.0%。

2. 碳水化合物　也称糖类，是由碳、氢、氧三种元素组成的一类化合物。营养学上一般将其分为单糖、双糖、寡糖和多糖四类。

由10个以上单糖组成的大分子糖为多糖。营养学上具有重要意义的多糖包括糖原、淀粉和膳食纤维。根据人体是否能分解利用这些多糖，可分为可被利用的多糖和不被利用的多糖。前者如糖原和淀粉，后者如纤维素和半纤维素等。

3. 茶叶维生素类　茶叶中含有丰富的水溶性维生素和脂溶性维生素。

水溶性维生素包括B族维生素和维生素C。B族维生素的含量一般为茶叶干重的100～150 毫克/千克。烟酸的含量是B族中含量最高的，约占B族中含量的一半，它可以预防癞皮病等皮肤病。茶叶中维生素B_1含量比蔬菜高，维生素B_1能维持神经、心脏和消化系统的正常功能。维生素B_2（核黄素）的含量为茶叶干重的10～20 毫克/千克，每天饮用5杯茶即可满足人体每天需要量的5%～7%，可以增进皮肤的弹性和维持视网膜的正常功能。维生素C，又名抗坏血酸，是一种含6碳的α－酮基内酯的弱酸，带有明显的酸味，具有很高的抗氧化能力。

脂溶性维生素包括维生素A、维生素D、维生素E和维生素K，它们不溶于水而溶于脂肪及有机溶剂(如苯、乙醚及氯仿等)。在日常生活中，人们用开水冲泡茶叶，这些脂溶性维生素很难在茶汤中浸出，因此普通的饮茶方法，人体难以摄取到这些脂溶性维生素。

4. *矿质元素* 茶叶中含有多种矿质元素，如磷、钾、钙、镁、锰、硫、锌和硒等，这些矿质元素中的大多数对人体健康是有益的。

氟是人体的必需元素，与骨骼形成和预防龋齿关系密切，但长期过量摄入会引起氟中毒，会对人体骨骼、肾脏、甲状腺和神经系统造成损害。茶叶中的氟含量很高，比一般植物要高两个数量级。马立锋等人的研究结果表明，不同茶类水溶性氟含量不同，以绿茶最低，平均含量为67.53±69.49微克／克；黑茶最高，平均含量为296.14±246.07微克／克；红茶类、乌龙茶类及花茶类含量居中，分别为177.01±121.49微克／克、167.68±112.28微克／克和140.97±150.51微克／克。名优茶水溶性氟含量比大宗茶低。人体每天需要的氟为1.5～4.0毫克。每天饮茶10克所获得的氟占人体氟需要量的60%～80%。

硒具有增强人体免疫功能、抗癌、增强解毒性、抗衰老性等保健功效，一旦缺乏则会引起克山病等疾病。局部地区茶叶中富硒，如我国湖北恩施地区的茶叶中硒含量高达3.8 毫克／千克。

（二）茶叶的功能成分

茶的生理调节功能，主要是指调节人体生理活动，恢复、维持、增进健康的机能，它能强化免疫、抑制衰老、预防疾病、恢复健康、调节体内生物节奏。而茶叶的功能成分包括诸如茶多酚（儿茶素类及其氧化物、黄酮类、酚酸类）、茶多糖类、茶氨酸、咖啡因、抗氧化维生素类（维生素C、维生素E）和β－胡萝卜素、γ－氨基丁酸、茶叶皂苷和必需微量元素（锌、锰、硒等）在内的营养成分。

1. *茶多酚* 茶多酚（Tea Polyphenols）是茶叶中多酚类物质的总称，是茶叶中主要的品质成分和功能成分之一。茶叶中的多酚类物质，属缩合鞣质（或称缩合单宁），也称茶鞣质（或茶单宁）。因其大部分能溶于水，所以又称水溶性鞣质。它是由黄烷醇类（儿茶素类）、黄酮类和黄酮醇类、4- 羟基黄烷醇类（花白素类）、花青素类、酚酸和缩酚酸类所组成的复合体。

茶叶中茶多酚含量占干物质总量的 18% ～ 36%，对茶叶品质的影响最显著，是茶叶生物化学研究最广泛、最深入的一类物质，主要由儿茶素类、黄酮类化合物、花青素和酚酸组成，以儿茶素类化合物含量最高，约占茶多酚总量的 70%。儿茶素类主要包括表儿茶素（EC）、表没食子儿茶素（EGC）、表儿茶素没食子酸酯（ECG）和表没食子儿茶素没食子酸酯（EGCG）。茶多酚具有抗氧化、防止动脉粥样硬化、降血脂、消炎抑菌、防辐射、抗癌、抗突变等多种功效。

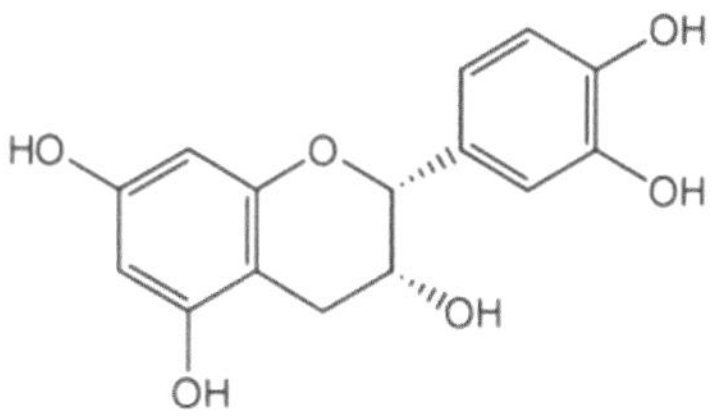

表儿茶素　EC

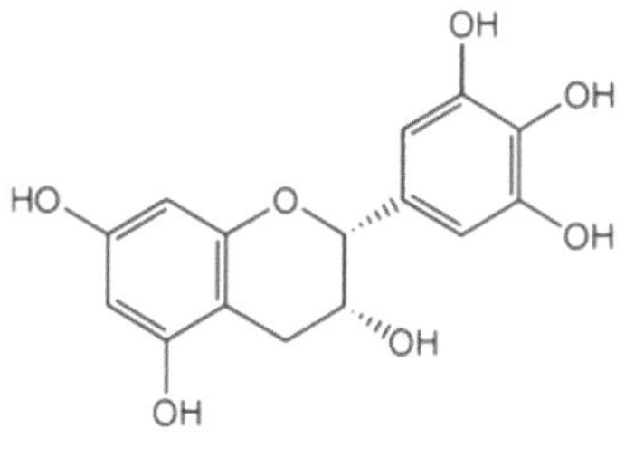

表没食子儿茶素　EGC

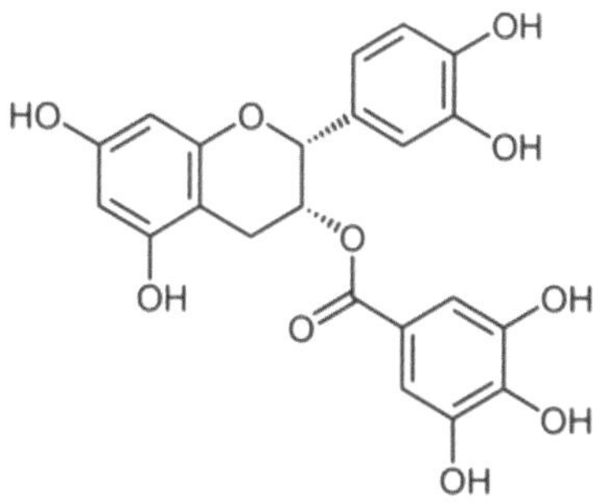

表儿茶素没食子酸酯 ECG

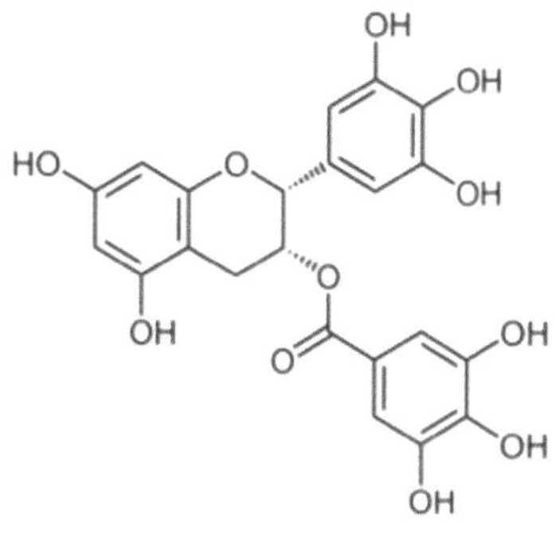

表没食子儿茶素没食子酸酯　EGCG

▶ 茶叶中主要的儿茶素

2. 茶叶生物碱　茶叶中含有咖啡因、可可碱、茶叶碱三种嘌呤碱。三种生物碱都属于甲基嘌呤类化合物，是一类重要的生物活性物质，也是茶叶的特征性化学物质之一。在茶叶中主要以咖啡因为主，占干物质含量的2%～4%，可可碱次之，占0.05%，茶叶碱占0.002%。它们的药理作用也非常相似，均具有兴奋中枢神经的功效。

按一般泡茶方法，茶汤中咖啡因含量为16～26毫克/100毫升。咖啡因具有味苦，阈值低及对温度和pH敏感的特性；随pH和温度升高，其阈值降低，苦味增加。茶叶氨基酸对咖啡因苦味有消减作用，而茶多酚则增强咖啡因的苦味。在茶汤中，咖啡因与大量儿茶素形成氢键络合物，其呈味特性改变。在红茶汤中，咖啡因与茶黄素、茶红素等形成茶乳凝复合物，产生"冷后浑"，同时也可以与茶汤中的绿原酸形成复合物，改善茶汤的粗涩味，提高鲜爽度。

茶叶咖啡因与合成咖啡因对人体的作用有明显区别。合成咖啡因对人体有积累毒性，而茶叶咖啡因7天左右便可以完全排出体外。咖啡因的主要功效是对中枢神经系统有兴奋作用；通过刺激肠胃，促使胃液的分泌，增进食欲，帮助消化；对膀胱产生刺激作用，协助利尿。在心绞痛和心肌梗死的治疗中，咖啡因可强心解痉、松弛平滑肌，起到良好的辅助作用。在哮喘病人的治疗中，咖啡因已被用做一种支气管扩张剂。咖啡因有时也与其他药物混合提高它们的功效，如能够使减轻头痛药的功效提高40%，并能缩短药物作用的时间。咖啡因也与麦角胺一起使用，治疗偏头痛和集束性头痛，能克服由抗组胺剂带来的困意。

但是也有研究表明，不合理的摄入咖啡因会促进血压的升高，造成高血压，甚至对整个心血管系统造成危害。

茶叶碱的主要药理作用与咖啡因基本相似，但兴奋高级神经中枢的作用比咖啡因弱，而强心、扩张血管、松弛平滑肌、利尿等作用较咖啡因强。

可可碱的主要药理作用与咖啡因、茶碱也基本相近，但兴奋高级神经中枢的作用比上述两者都弱，其利尿作用持久性却较强。至于强心、松弛平滑肌的作用，强于咖啡因而次于茶叶碱。

3. 茶氨酸和 γ－氨基丁酸　茶叶中的游离氨基酸除20种蛋白质氨基酸外，还存在6种非蛋白质游离氨基酸，其中以茶氨酸（L–Theanine）含量最高。茶氨酸和 γ－氨基丁酸是茶叶保健功效关系最大的两种氨基酸。

（1）茶氨酸：茶氨酸是茶叶中特有的游离氨基酸，占茶叶干重的1%～2%，约占茶叶中游离氨基酸的50%以上。目前白化和黄化品种的茶叶氨基酸含量高于普通品种的一倍左右。其水溶液口感主要表现为鲜味、甜味，其鲜味阈值为0.15%。茶氨酸的鲜爽味感可以抑制茶汤的苦、涩味，低档绿茶添加茶氨酸可以提高其滋味品质。

茶氨酸具有促进大脑功能和神经生长的作用。可预防帕金森氏症、老年痴呆症及传导性神经功能紊乱等疾病；降压安神，能明显抑制由咖啡因引起的神经系统兴奋作用，因而可改善睡眠；增加肠道有益菌群和减少血浆胆固醇；茶氨酸还有抗氧化、护肝、增强免疫机能、改善肾功能和延缓衰老等功效。国家卫生计生委（2014年 第15号）公告批准茶叶茶氨酸为新食品原料，每日用量为400 毫克，使用范围不包括婴幼儿食品，将被广泛应用于普通食品、保健食品和医药原料领域。

（2）γ－氨基丁酸：γ－氨基丁酸（GABA）是由谷氨酸脱羧而成，茶鲜叶加工过程，在厌氧等环境胁迫下GABA 含量大幅提高。一般认为 γ－氨基丁酸茶是指GABA 含量在1.5克 ／千克以上的茶叶。γ－氨基丁酸对人体具有多种生理功能，可通过扩张血管显著地降低血压，维持血管正常功能，用于高血压的辅助治疗；可以提高葡萄糖磷脂酶的活性，改善脑机能，增强记忆力。除此之外，γ－氨基丁酸还能改善视觉、降低胆固醇、调节激素分泌、解除氨毒、增进肝功能、活化肾功能、改善更年期综合征等。

4. 茶叶色素　茶叶色素，一般可分为水溶性色素和脂溶性色素两大类。

（1）水溶性色素：水溶性色素是指能溶解于水的呈色物质的总称，包括黄酮类、花青素及儿茶素（Catechin）氧化产物茶黄素（Theaflavin，TF)、茶红素（Thearubigins，TR）、茶褐素（Theabrownin，TB）等。

①黄酮类。亦称花黄素类，基本结构是 α－苯基色原酮。主要是黄酮醇及其苷

类，它们占鲜叶干重的3% ~ 4%，是茶叶水溶性黄色或黄绿色素的主体，是绿茶汤色的重要组成。

②花青素。在茶鲜叶中约占干重的0.01%左右，紫色芽梢中花青素含量达0.5% ~ 2.0%，花青素苷元水溶性较黄酮苷元强。花青素在茶叶中的形式与积累，与茶树品种、茶树生长发育状态、环境条件密切相关。有的品种在较强的光照和较高的气温下，茶叶中花青素含量增高，茶的芽叶也呈紫色，制作绿茶时叶底常出现靛蓝色，滋味苦涩，汤色褐绿。

③茶黄素、茶红素、茶褐素。它们是在茶叶加工过程中形成的，一般在红茶中的含量如下：茶黄素0.3% ~ 1.5%，茶红素5% ~ 11%，茶褐素4% ~ 9%。茶黄素是一类红茶色素复合物，是由儿茶素类物质经酶促氧化而成的多酚衍生物，是一类具有苯骈卓酚酮结构的物质，目前已发现并鉴定的茶黄素种类共有28种组分，其中主要有四种：茶黄素（TF或TF1）、茶黄素-3-没食子酸酯（TF-3-G或TF2A）、茶黄素-3'-没食子酸酯（TF-3'-G或TF2B）和茶黄素-3，3'-双没食子酸酯（TFDG或TF3）。茶黄素具有防治心脑血管疾病、降血脂、动脉粥样硬化、冠心病、抗病毒、抗氧化、抗炎症等保健功效。

茶红素形成的可能途径大致包括简单儿茶素或酯型儿茶素的直接酶性氧化。茶红素是红茶中含量较多的多酚类氧化产物，是红茶茶汤中红物质的主要成分，其色棕红，收敛性强，刺激性弱于茶黄素。

茶褐素是一类溶于水而不溶于乙酸乙酯和正丁醇的褐色素，具有十分复杂的组成，除含有多酚类的氧化聚合、缩合产物外，还含有氨基酸、糖类等结合物，化学结构有待探明。其主要组成是茶黄素和茶红素的进一步氧化物，为多糖、蛋白质、核酸和多酚类物质聚合物。

（2）脂溶性色素：脂溶性色素是指能溶解于脂溶性溶剂的色素物质的总称，主要包括叶绿素和类胡萝卜素。叶绿素是形成绿茶外观色泽和叶底颜色的主要物质。鲜叶中叶绿素含量占干物质的0.3% ~ 0.85%，主要由绿色的叶绿素a和黄绿色的叶绿素b组成。叶绿素a比叶绿素b高2 ~ 3倍。

鲜叶中的胡萝卜素含量为叶绿素含量的 1/4，即 0.02% ~ 0.1%，呈橙红色。鲜叶中的叶黄素的含量是干物质的 0.012% ~ 0.07%，显黄色或橙黄色。

5. 茶多糖　茶多糖是茶叶中一类与蛋白质结合在一起的酸性多糖或一种酸性糖蛋白，由阿拉伯糖、木糖、岩藻糖、葡萄糖、半乳糖等构成。茶叶中的茶多糖含量主要因原料老嫩而异，通常红绿茶的茶多糖含量为 1% 左右，乌龙茶为 2% ~ 3%。其药用价值很早就被民间发现，它的主要功效是降血糖、降血脂和防治糖尿病，同时在抗凝、防血栓、保护血象和增强人体非特异免疫力等方面均有明显效果。

6. 茶皂素　茶皂素属于三萜五环类皂甙，由皂甙元（即配基）、糖体和有机酸形成，相对分子质量为 1 200 ~ 2 800。纯的茶皂素固体为微细柱状的白色结晶，熔点 223 ~ 224℃。茶皂素结晶易溶于含水的甲醇、乙醇、正丁醇及冰醋酸中，能溶于水、热醇，难溶于冷水、无水乙醇，不溶于乙醚、氯仿、石油醚及苯等非极性溶剂。茶皂素味苦而辛辣。

茶皂素是一种性能良好的天然表面活性剂，它可广泛应用于轻工、化工、农药、饲料、养殖、建材等领域，可制造乳化剂、洗洁剂、农药助剂、饲料添加剂、蟹虾养殖保护剂以及加气混凝土稳泡剂等。

二、茶叶的保健功效

唐代医家陈藏器发现："诸药为各病之药，茶为万病之药……"喝茶有利于健康是我国人民早已认识到的基本知识，如喝茶具有明目、利尿、消肿、抗菌消炎等多种功能。但是，喝茶利于身体健康的机理在近几十年来才逐渐明朗。现代医学研究表明，人体罹患的百余种疾病与体内过量的自由基毒性反应相关，过量的自由基是致病因子。从清除自由基的分子→细胞→组织→整体水平和机理证明，茶叶中多酚类物质是一种高效低毒的自由基清除剂，保护了机体的健康，这是"茶为万病之药"的现代医疗研究的理论依据。

茶叶的主要保健功效包括：防治心血管相关疾病和动脉粥样硬化；降血脂、降血压；预防帕金森症；降血糖，防治糖尿病；预防肿瘤和抗癌；调节生理功能，抗衰老，增强人体免疫力；美容养颜；预防肠胃疾病；预防口腔疾病；有利于骨骼健康；预防流感；缓解皮肤疾病和抗过敏等。

（一）茶的抗突变和抗肿瘤作用

正常细胞转变为肿瘤细胞是一个人的基因因素和物理致癌、化学致癌和生物致癌三种外部因子之间相互作用的结果。现在比较公认的化学致癌过程是启动、促进和进展三阶段假说。启动期即正常细胞由于致癌物或紫外线的作用或生物因素的诱导而导致靶细胞的DNA损伤，形成启动细胞。大部分终致癌物经过代谢排出体外，少部分未代谢的终致癌物作用于原癌基因的DNA或抑癌基因的DNA，使癌基因得到表达。茶多酚类物质对肿瘤发展的三个阶段均有一定的作用，并且通过对自由基的清除从病源上控制细胞发生突变。

茶多酚对多种致癌物如化学致癌剂杂环胺类、芳香胺类、黄曲霉素B、苯并芘、1，2–二溴乙烷、2–硝基丙烷等均有抑制效果。已经明确的茶多酚作用机理有两种，一是通过增强对这些致癌物的新陈代谢达到抑制作用；二是作用于前诱变剂和他们的代谢产物，从而降低他们潜在的诱变性。

茶多酚对正常DNA的作用具有双重途径，既可保护正常细胞DNA免受化学诱变剂侵害，还可抑制癌细胞的DNA合成。

作为肿瘤促发阶段的关键酶和原生型致癌基因，鸟氨酸脱羧酶（ODC）可诱导聚胺的形成。聚胺被认为与细胞增殖和癌变过程有密切关系。因为聚胺在癌细胞中的浓度高于正常细胞，一些ODC酶的抑制物如二氟甲基乌氨酸(DFMO)，被用于癌症的预防和治疗。研究发现茶多酚也有相类似的效果。层联蛋白受体（67LR）在癌细胞穿透基层膜进而转移的过程中起重要的作用，研究发现，人肺癌细胞经EGCG处理后其生长受到明显的抑制，表明67LR是EGCG的直接受体，从而抑制癌细胞的转移和扩散。

癌的促进和进展期中AP1的磷酸化是细胞引发赘化、转化、分化和凋亡的信使，EGCG和茶黄素在癌症细胞的促进期可抑制AP–1的活性，从而抑制癌细胞的转化。屠幼英等人采用茶黄素和维生素C协同作用可以加强癌细胞的凋亡。研究表明，EGCG 和 TF3 与 Vc 联合对 SPC-A-1 肺癌细胞和 ECA-109 食道癌细胞凋亡是通过 MAPK 信号转导途径 ERK、JNK 和 p38 诱导来诱导凋亡的。同时，这些药物还具有增强 caspase 3 和 caspase 9 的活性作用。

大量流行病学调查更有力地证明茶叶的抗癌作用。

1945 年 8 月，广岛原子弹轰炸使 10 多万人丧生，同时数十万人遭受辐射伤害。若干年后，大多数人患上白血病或其他各种癌肿，先后死亡。但研究却发现有 3 种人侥幸无恙：茶农、茶商、茶癖者，这一现象被称为“广岛现象”。

上海市采用全人群病例对照研究，分析饮茶与胆道癌、胆石症的关系。结果显示，与不饮茶者比较，女性胆囊癌、肝外胆管癌和胆石症组中现仍饮茶者的调整 OR 分别为 0.57（95%置信区间 CI：0.34 ～ 0.96）、0.53(95% CI：0.27 ～ 1.03) 和 0.71(95% CI：0.51 ～ 0.99)，肝外胆管癌 OR 值随饮茶年龄的提前及饮茶年限的增加而降低，趋势检验达到显著性水平。男性胆囊癌、肝外胆管癌和胆石症组 OR 均 <1，但尚无统计学意义。即饮茶可能对女性胆囊癌、肝外胆管癌具有保护作用。

以 2005 年 1 月至 2006 年 10 月在浙江大学医学院附属第二医院和第一医院住院的白血病患者 107 例为病例组，根据性别、年龄配对，以浙二医院同期非肿瘤疾病的住院患者 110 例为对照组。研究发现，随饮茶量和饮茶年数增加，白血病危险度逐渐降低，与不饮茶者相比，每年消费茶叶量≤ 500 克、500 ～ 1 000 克、>1 000 克三组患白血病的危险度分别为 1.90、0.23 和 0.42；饮绿茶时间≤ 10 年、10 ～ 20 年、>20 年 3 组危险度分别为 0.71、0.71、0.23，趋势检验有显著统计学意义（$P<0.01$）。以未饮茶者为参比组，按饮茶数分为每周至多饮 1 次、每周饮茶 2 ～ 6 次和至少 1 天饮 1 次 3 组，各组 OR 值分别为 4.60、0.48、0.46，趋势检验 $P<0.01$。即饮茶频率越高，患白血病的危险性越低。

总之，饮用一定数量、次数和年限的茶叶对不同肿瘤均能起到不同程度的控制作用。饮茶可以预防和抵抗癌症。

（二）茶叶减肥和降脂作用

肥胖症的发生受到多种因素的影响。主要因素有饮食、遗传、神经内分泌、社会环境、劳作、运动以及精神状态等。一般来说，肥胖是遗传与环境因素共同作用的结果。肥胖可以引起代谢和内分泌紊乱、高血压、高血脂、高血糖症、冠心病等重大疾病。

作为传统的食品和饮料，茶叶有较好的减肥效果。我国古代就有关于茶叶减肥功效的记载，如“去腻减肥，轻身换骨”“解浓油”“久食令人瘦”等。

近年来的流行病学、临床研究和动物实验等同样证实了茶叶的减肥作用，并探讨了其作用机理。首先，饮茶可以明显降低实验性高脂血症动物的血清总胆固醇（TC）、甘油三酯（TG）和低密度脂蛋白胆固醇（LDL–C）。其次，氧化损伤是导致许多慢性病，如心血管病、癌症和衰老的重要原因。多酚类化合物的抗氧化功能可以对这些慢性病起到预防作用。同时，显著提高高密度脂蛋白胆固醇（HDL–C）含量，有恢复和保护血管内皮功能的作用。第三，肥胖是由于脂肪细胞中的脂肪合成代谢大于分解代谢所引起的，因此可以通过减少血液中葡萄糖、脂肪酸和胆固醇的浓度，抑制脂肪细胞中脂肪的合成以及促进体内脂肪的分解代谢以达到减肥的效果。

乌龙茶通过抑制胰脂肪酶活性、刺激儿茶酚胺诱导的脂肪动员和去甲肾上腺素诱导的脂肪分解而发挥减肥作用。研究发现，不同来源的皂苷类物质拥有不同的抑制酶活效果，来自乌龙茶、绿茶和红茶在2毫克 ／毫升的浓度下的皂苷类物质，分别能抑制100%、75%和55%的胰脂肪酶活性。乌龙茶的多酚类化合物对葡萄糖苷酶和蔗糖酶具有显著的抑制效果，进而减少或延缓人体对葡萄糖的肠吸收，发挥其减肥作用。

同样，绿茶、绿茶提取物、EGCG等可通过抑制胃和胰腺中脂肪酶的活性，抑制饮食来源的脂肪在消化道中的分解，降低脂肪分解产物（如甘油三酯）在消化道内的吸收，进而起到减肥的效果，并且存在一定的量效关系。研究还发现EGCG可促进脂肪氧化，减小呼吸熵。茶多酚能减少血液中脂的水平，促进胆固醇代谢，从而降低体内胆固醇；同时茶多酚还能阻止食物中不饱和脂肪酸的氧化，减少血清胆固醇及其在血管膜上的沉积，通过抑制不饱和脂肪酸的氧化途径起到抗动脉硬化的作用。此外，茶多酚能溶解脂肪，对脂肪的代谢起重要作用。

采用高脂饲料饲喂法建立高脂血症大鼠模型通过普洱生茶、熟茶、乌龙茶和药物对照组分别灌胃。实验 35 天后，药物对照组、乌龙茶和普洱茶均能明显降低模型大鼠血液 TG，TC，LDL–C 和 MDA 含量，提高 HDL–C、AST 和 GSH–PX 的含量（$P < 0.05$，$P < 0.01$），其中，普洱茶处理组显著优于药物组和乌龙茶处理组。朝日啤酒和朝日饮料两公司为了抑制减肥反弹，利用小鼠对具有抑制脂肪吸收效果的普洱茶、茉莉花茶、乌龙茶和混合茶进行研究。结果发现，喂食普洱茶粉末的小鼠体重显著下降。

所以，通过科学饮茶控制和调节体重，达到降脂减肥的目的，是目前最为安全和方便的途径。

（三）茶叶的降血压作用

茶叶的降血压作用在我国的传统医学中早有报道。浙江医科大学在 20 世纪 70 年代曾对近 1 000 名 30 岁以上的男子进行高血压和饮茶关系的调查。喝茶人群平均高血压的发病率为 6.2%，而不饮茶人群平均为 10.5%。安徽医学研究所用松萝茶进行人体降压临床试验，结果表明，普通高血压患者每天坚持饮用 10 克松萝茶茶汤，半年后患者的血压可以降低 20% ~ 30%。给 55 例高血压高黏血病人口服用茶色素，结果表明患者全血比高切黏度、血浆比黏度和细胞积压得到极显著的改善，而且，临床症状也得到不同程度的改善。茶色素联合卡托普利治疗高血压，其有效率为 81%，对照组为 60%；治疗组中 26 例肾功能损害、血尿素氮异常者治疗后，血尿素氮明显下降，对照组血压回升 78%，治疗组仅为 15%。茶叶的功能成分茶氨酸也有降压作用，其降压机理为通过末梢神经或血管系统达到降血压作用。

（四）茶对糖尿病的作用

目前全球糖尿病患者已超过 1.2 亿人，中国患者人数居世界第二。据世界卫生组织预计，到 2025 年，全球成人糖尿病患者人数将增至 3 亿，而中国糖尿病患者人数将达到 4 000 万，未来 50 年内糖尿病仍将是中国一个严重的公共卫生问题。

糖尿病是由于胰岛 β 细胞不能正常分泌胰岛素因而引起人体胰岛素相对或绝对不足，靶细胞对胰岛素敏感性的降低，造成糖、蛋白、脂肪、水和电解质代谢紊乱，使肝糖原和肌糖原不能合成，临床表现为血糖升高、尿糖阳性及糖耐量降低，典型症状为多饮、多尿、多食和体重减少。糖尿病可分为1型和2型两大类，这两种都会引起严重的并发症，从而影响健康、危及生命。

我国和日本民间都有泡饮粗老茶叶治疗糖尿病的历史。茶叶越粗老治疗糖尿病的效果越好，有效率可达70%。粗老茶叶治疗糖尿病和茶叶多糖含量有密切关系。茶叶多糖的含量与茶类及原料老嫩度有关。因为乌龙茶的原料比红茶、绿茶粗老，乌龙茶中茶多糖含量高于红茶、绿茶，达2.63%，约为六级红茶的3.1倍及六级绿茶的1.67倍。一般来说，在红茶、乌龙茶和绿茶三类茶叶中的总糖量之比为1 ∶ 3 ∶ 2，并且低档茶的总糖含量远高于高档茶，茶叶多糖的含量均随原料粗老度的增加而递增。所以，粗老茶治疗糖尿病效果比幼嫩茶叶更好。

现代药理研究证明，茶多糖降血糖作用通过四条途径实现。首先，茶多糖进入人体和小鼠后，对糖代谢的影响与胰岛素类似，能促进糖的合成代谢来降低血糖。其次，它通过提高机体抗氧化功能，清除体内过量自由基，减弱自由基对胰岛β细胞的损伤，并改善受损伤的胰岛β细胞功能，使胰岛素分泌增加，诱导葡萄糖激酶的生成，促进糖分解，使血糖下降。其三，通过抑制肠道蔗糖酶和麦芽糖酶的活性，使进入机体内的碳水化合物减少，最终，由于多糖特有的黏附作用，使肠道内碳水化合物缓慢释放，起到降血糖作用。第四，水溶性组中的复合多糖，可使人体内血糖明显下降，无任何副作用，达到防治糖尿病作用，硫酸酯化茶多糖的降血糖效果更为明显。

茶色素具有相似的效果和作用机理。茶色素可以通过降低全血黏度和血小板黏附率来有效降低血糖，缓解微循环障碍；降低血糖、尿糖和糖化血红蛋白来减少胰岛素的抵抗；通过抗炎、抗变态反应来改变血液流变性，起抗氧化、清除自由基等作用，使糖尿病患者的主要症状明显改善，降低空腹血糖值、β－脂蛋白含量，降低尿蛋白，改善肾功能。在日本的一份公开专利中介绍了一种含茶黄素及茶黄素单体的高血糖治疗药，实验证明，这种药物能有效治疗高血糖症。

黑茶也有较好的降血糖效果。由普洱市普洱茶研究院、吉林大学生命科学学院和长春理工大学共同合作研究发现，普洱茶对糖尿病相关生物酶抑制率达 90% 以上。糖尿病动物模型试验结果表明，随着普洱茶浓度增加，其降血糖效果越发显著，而正常老鼠血糖值却不发生变化。茯砖茶、花砖茶、青砖茶、黑砖茶、六堡茶和普洱茶在减肥、高脂血症、调节糖代谢、动脉粥样硬化等方面均具有一定的作用。

（五）茶的美容作用

研究发现，绿茶、乌龙茶、普洱茶具有防止皮肤老化、清除肌肤不洁物的功能，尤其与某些植物一起使用效果更佳。目前以茶多酚为原料研制而成的日化产品有洗面奶、爽肤水、乳液、面霜、洗澡水、洗发水、牙膏、口香糖、除臭剂等，其中不乏水芝澳绿茶面霜、伊丽莎白雅顿绿茶润肤霜、植村秀绿茶洁颜油等国际名牌。

1. *茶的保湿功效* 皮肤是机体的表层组织，表面角蛋白起着保护皮肤和防御外部侵害的功能。皮肤保水是皮肤外表健康的重要因素，缺水会引起皮肤干燥和形成皱纹。茶多酚含有大量的羟基，是一种良好的保湿剂。随着年龄的增长，皮肤中透明质酸在透明质酸酶作用下会被降解，使皮肤硬化而形成皱纹。茶多酚可以抑制透明质酸酶的活性，起到保湿的功效。

另外，冷榨茶油的黏性较高，渗透性强，易于被皮肤吸收，可以快速在皮下形成一层皮脂膜，防止角质层水分流失，提高皮肤保水能力，解决皮肤干燥问题，防止皮肤起皱，加强皮肤屏障功能，抵御外界环境对肌肤的侵害。

2. *茶的延缓皮肤衰老和护肤作用* 含茶多酚的化妆品具有延缓皮肤衰老和护肤作用，其主要机理包括四个方面。首先，茶多酚具有很好的抗氧化性，是人体自由基的清除剂，能提高 SOD 活性并有利于肌体清除自由基脂质过氧化物丙二醛。其中，丙二醛可以交联胶原蛋白，形成水不溶性大分子，使皮肤出现皱纹、变硬、失去弹性。第二，表皮是人体的第一道防护屏障，其主要组成细胞为角朊细胞，0.1 ~ 1.0 克 / 升的茶多酚可以促进皮肤角朊细胞有丝分裂和生长，减少细胞凋亡发生。第三，茶多酚中的黄烷醇类化合物在波长 200 ~ 300 纳米处有较高的吸收峰，有“紫外线过滤器”的美称。可减少紫外线引起的皮肤黑色素形成，保护皮肤免受损伤。第四，茶叶中的氨基酸、蛋白质等是皮肤的营养剂；茶叶中多种维生素、微量元素和芳香油类也可促进皮肤代谢和胶原质的更新。

茶叶化妆品具有很好护肤效果，而且具有一定的防晒功能，防止皮肤衰老和干裂。因此能使皮肤变得光滑、细腻、白嫩、丰满，故称茶叶为天然美容抗衰老饮料。

（六）茶的抑菌和抗过敏效果

茶是人们生活中极为普遍的一种饮品，源于天然，除了具有降血压、降血脂和降血糖，抗氧化、抗肿瘤和抗衰老，防治心脑血管疾病外，还具有杀菌、抗病毒的功效。

早在唐、宋年间，就有许多关于茶叶杀菌、止痢的记载，出现了用复方配成的治疗痢疾和霍乱的方剂。近年来，国内外的一些学者对不同茶叶及有效成分的抑菌效果进行了研究，获得了较好效果。为研制安全高效的抑菌剂和天然食品防腐剂提供理论基础。

1. 抑制过敏作用　茶多酚对各种因素引起的皮肤过敏有抑制作用。首先，茶多酚抑制化学物质诱导的过敏反应。绿茶、乌龙茶、红茶、ECG、EGC、EGCG 可抑制被动性皮肤过敏（PCA），IC50 分别为 149、185、153、162、80、87 毫克 / 千克，其中 EGC、ECCG 的抑制作用比常用的抗过敏药曲尼司特（119 毫克 / 千克）强，表明茶多酚对 I 型过敏有显著的防护作用。第二，茶多酚对接触性皮炎 IV 型过敏反应有很好的抑制作用。ECCG 在 200 毫克 / 千克的剂量下对过敏反应有抑制作用，说明茶多酚可抑制组胺释放的发生。第三，在过敏反应中，cAMP/cGMP 的比值对过敏性介质释放起着重要的调节作用，当 cAMP/cGMP 的比值增高时，可抑制肥大细胞、嗜碱细胞和中性粒细胞的脱颗粒，从而抑制组胺、慢反应物质（SRS–A）的释放，茶多酚可升高 cAMP/cGMP 比值，起到抗过敏反应的作用。此外，EGCG3″ Me（表没食子儿茶素 –3–O– 甲基 – 没食子酸酯）是茶叶中新发现的儿茶素类化合物，与茶叶中主要儿茶素 EGCG、EGC、ECG 和 EC 等相比，具有更强的抗过敏和消炎等药理作用。

2. 茶叶的抑菌作用　众多研究表明，茶叶中的茶皂素、茶多酚和茶黄素具有抑菌作用。绿原酸虽然具有较强的抗菌性，但在体内易被蛋白质灭活，而茶皂素和茶多酚在体内仍能保持活性。

（1）茶叶抗细菌作用：茶类不同，其抑菌效果也不同，表现为不同茶类对不同菌种的抑制强度存在差异。六大茶类对金黄色葡萄球菌、蜡状芽孢杆菌、枯草芽孢杆菌、沙门氏菌、大肠杆菌和白色葡萄球菌6种常见细菌均有抑制作用，其中绿茶的作用普遍比红茶强，绿茶、黄茶和白茶的效果比红碎茶好，乌龙茶和茯砖茶的抑制效果次之，普洱茶最差。这是因为绿茶含有更高含量的茶多酚。

茶多酚的抑菌机理是多种因素综合作用的结果。首先茶多酚与环境中的蛋白质结合，影响微生物对蛋白质的利用。茶多酚分子中的众多酚羟基可与菌体蛋白质分子中的氨基或羧基结合，从而降低菌体细胞酶的活性并影响微生物对营养物质的吸收。其次，没食子酰基的存在对其抑菌性也有很大影响。例如，没食子酰化的儿茶素对链球菌和肉毒梭状芽孢杆菌的抑制作用明显强于未酰基化的儿茶素。此外，茶多酚还可与金属离子发生络合反应，致使微生物因某些必需元素的缺乏而代谢受阻，甚至死亡。分子量大的茶多酚组分与蛋白质的结合力强，对微生物的抑制作用大，如分子量较大的EGCG和GCG等酯型儿茶素对链球菌的抑制作用强于分子量较小的EGC和GC，但分子量过大的茶多酚组分由于其对膜的渗透性减弱，则抑菌能力下降。

茶皂素对大肠杆菌、金黄色葡萄球菌、枯草芽孢杆菌和酵母菌有较明显的抑制作用，对白色念珠菌有一定的抑制作用，对绿脓杆菌无抑制作用。茶皂素对大肠杆菌最低抑制浓度为5毫克／毫升，最佳抑菌浓度为20毫克／毫升。被抑制的菌中既有革兰氏阳性菌又有革兰氏阴性菌，既有球菌又有杆菌，可见茶皂素有着广谱的抑菌作用。

（2）茶叶对真菌的抑制作用：中国古书中有以茶为主要成分用于治疗皮肤病的复方记载。如将老茶叶碾细成末用浓茶汁调和，涂抹在患处可治疗带状疱症、牛皮癣；用浓茶水洗脚可治疗脚臭。这是因为皮肤病的主要病原是真菌，而茶叶能抑制这些病原真菌的活性。研究表明茶叶对头状白癣真菌、斑状水泡白癣真菌、汗泡状白癣真菌和顽癣真菌都有很强的抑制作用。

（3）茶的抗病毒作用：茶叶对流感病毒、SARS和抗艾滋病病毒均有一定的预防效果。

香港对877人的流行病学调查结果显示，饮茶人群中只有9.7%的人出现流感症状，而不饮茶的人群中出现流感症状的比例为18.3%，两者间有显著性差异。

含有茶儿茶素的漱口水可以预防流感。使用含茶儿茶素漱口水的群体流感感染概率为1.3%，远远低于不使用的群体（10%）。茶水的儿茶素能够覆盖在突起的黏膜细胞上，防止流感病毒和黏膜结合，并杀死病毒。绿茶预防流感的效果优于乌龙茶和红茶。

在2003年非典(SARS)流行期间，美国哈佛大学医学院的杰克·布科夫斯基博士等科学家在实验中发现，每天饮用5杯茶能够显著地提高肌体的抗病能力。从绿茶、乌龙茶等茶叶制品中提取出的L－茶氨酸，能有效地提高免疫细胞的工作能力。

瑞士的研究表明，儿茶素对人体呼吸系统合孢体病毒(RSV)有抑制作用，EC50为28微摩尔／升。中国张国营等专家研究表明，红茶和乌龙茶茶汤在80毫克／毫升浓度时，可完全抑制引起病毒性腹泻的人轮状病毒。

（4）茶叶调节肠道菌群的作用：胃肠道是人体进行物质消化、吸收和排泄的主要部位，肠道菌群对宿主能够提供维生素B_1、B_2、B_6、B_{12}、泛酸、烟酸及维生素K。茶叶中的茶多酚对肠道菌群有选择性作用，即抑制有害菌生长和促进有益菌生长。如对双歧杆菌有促进生长和增殖的作用，而对肠杆菌科许多属有害细菌表现抑制作用，如大肠杆菌、伤寒杆菌、甲乙副伤寒杆菌、肠炎杆菌、志贺氏、宋氏痢疾杆菌、金黄弧菌和副溶血弧菌等，茶叶因此可以治疗肠道痢疾。

茶叶对有害菌的抑制效果一般是绿茶、黄茶和白茶的效果大于红碎茶，乌龙茶与红砖茶的抑菌效果次之，普洱茶的抑制效果最差。绿茶有良好的抗菌作用，对大肠杆菌和蜡状芽孢杆菌抑制效果优于青茶。绿茶抑制霍乱弧菌效果优于红茶和普洱茶。喝绿茶能将关键抗生素抗击超级细菌的效率提高3倍以上，降低包括“超级病菌”在内的各种病菌的耐药性。

屠幼英等研究发现，在经过微生物发酵的紧压茶中，有机酸的含量明显高于非发酵绿茶。用酵母菌发酵含有大量酚性化合物的葡萄酒和红茶菌中均含有乳酸、乙酸、苹果酸、柠檬酸等10种有机酸，有利于提高人体胃肠道功能。紧压茶的水提物、茶多酚及有机酸能显著提高α－淀粉酶的活力，可以加速人体胰蛋白酶和胰淀粉酶对蛋白质及淀粉的消化吸收，并且通过肠道有益菌群的调节进而改善人体胃肠道功能。而且，茶多酚与有机酸对激活肠道有益菌有一定协同效果。

（七）茶对眼睛的保护作用

我国自古就有用茶治疗目赤头痛、结膜炎、眼屎过多、绿茶洗眼等民间疗法。另外，在中医药领域，还存在用绿茶和其他草药混合治疗眼部炎症的疗法。绿茶多酚有杀菌、消毒的作用，能抑制眼部的炎症，减轻症状。

人体视网膜中有大量不饱和脂肪酸成分，易受到自由基（如含氧或含氮自由基）的攻击，造成脂质过氧化作用，伤害视网膜，造成眼睛功能受损。茶多酚类物质（如EGCG物质等）可有效清除活性氧（ROS）和活性氮（RNS）等自由基，抑制DHA不饱和脂肪酸脂质过氧化，预防视网膜病变（包括年龄相关性黄斑点退化或青光眼疾病）；另外因茶多酚类物质具有清除自由基功能，可降低体内抗氧化酶的消耗，从而间接提高其对眼睛组织的抗氧化能力，以达到保护眼睛健康的目的。

（八）茶对口腔疾病的疗效

牙周炎、牙髓炎、根尖周炎等口腔疾病可引起细菌性心内膜炎、虹膜睫状体炎和胃病等其他疾病。

茶多酚类化合物能结合多种病毒和病原菌使其蛋白质凝固，从而起到杀死病原菌的作用，用茶水漱口能防治口腔和咽部的炎症。茶叶氨基酸及多酚类与口内唾液发生反应能调节味觉和嗅觉，增加唾液分泌，对口干综合征有一定防治作用。茶叶中叶绿素、茶黄素和茶红素等色素具有明显降低血浆纤维蛋白原作用，能加速口腔溃疡面愈合。

口源性口臭是由于口腔致臭细菌将蛋白质和多肽水解，最后产生硫化氢、甲基硫醇和乙基硫化物等气体混合物（VSC）造成口腔异味。茶多酚可杀死齿缝中引起龋齿的病原菌，不仅对牙齿有保护作用，而且可去除口臭。在众多抗菌实验中，人们发现它对口腔普通变形杆菌、耐抗生素的葡萄球菌、变形链球菌，口腔咽喉主要致病菌：肺炎球菌、表皮葡萄球菌、乙型链球菌敏感以及牙周病相关细菌：坏死梭杆菌、牙龈扑林菌等具有不同程度的抑制和杀伤作用。

龋齿被世界卫生组织（WHO）列为人类须重点防治的三大疾病之一，致龋菌变形链球菌所产生的变形链球菌葡糖基转移酶（GTF）能利用蔗糖合成不溶性胞外多糖——葡聚糖，这种物质与细菌在牙面黏附，形成菌斑，导致龋齿的产生。研究结果显示，茶黄素和它的单没食子酸酯和双没食子酸酯在 1 ～ 10 毫摩尔／升浓度时对 GTF 酶有强抑制作用，抑制强度超过儿茶素单体。此外，α－淀粉酶在龋病的发生及发展中也起到重要作用，该酶能使淀粉分解转化成葡萄糖，而这是 GTF 酶转化葡聚糖的重要前提。红茶提取物能够专一地降低淀粉酶活性。茶黄素对 α－淀粉酶活性有着显著的抑制作用，其作用顺序为 TF3 ＞ TF2A ＞ TF2B ＞ TF。另外，氟素是目前公认的防龋元素，茶叶含氟量高，所以氟也起到了固齿防龋作用。

（九）茶对心理疾病的防治功效

心理疾病产生的原因主要有遗传、生理、认知等内在因素和工作环境、人际关系等外在因素。尤其是在市场经济异常活跃的今天，面对日益增大的社会竞争压力，人们很容易产生心理上的变化，导致心理疾病。“茶苦味寒，最能降火，火为百病，火降则上清矣”，李时珍在他的《本草纲目》中提到的火，现在可以解释为一种身心疲劳的、内在的心火，也符合“病从气来”的中医理论。茶叶可以抗疲劳、预防和治疗心理疾病主要体现在两个方面：一是茶叶自身所具有的化学成分对心理疾病有预防和治疗的作用，另一方面是饮茶所产生的独特的宁静和舒适环境对心理疾病有很好的治疗作用。

茶叶的茶氨酸被称为 21 世纪“新天然镇静剂”，对心理疾病有一定的缓解作用。具有松弛神经紧张、保护大脑神经、抗疲劳等生理作用。对缓解现代人工作、生活等心理压力有着重要的作用。据研究显示，L－茶氨酸被大白鼠肠道吸收，并通过血液传递到肝脏和大脑，脑腺体可以显著地增加脑内神经传达物质——多巴胺，对大脑神经细胞兴奋起控制作用。

茶氨酸通过改变人脑电波中的α波的变化对人体的精神起放松作用。如果将饮水时人的脑α波出现量定为1，那么4名高度焦虑状态者服用50毫克或200 毫克 L-茶氨酸后，脑α波的出现量均达到1.2以上。证明L-茶氨酸能促进人体精神的放松，对缓解现代人沉重的心理压力是有效果的。而且，实验条件下未发现茶氨酸对睡眠优势的θ波的影响。从而认为服用茶氨酸能引起心旷神怡的效果，不仅不会使人产生睡意，而且具有提高注意力的作用。

三、科学饮茶

茶不在贵，合适就好。人的体质、生理状况和生活习惯千差万别，饮茶后的感受和生理反应也各不相同。有的人喝绿茶睡不着觉，有的人不喝茶睡不着觉，有的人喝乌龙茶胃受不了，有的人喝绿茶胃疼等诸如此类……因此，选择茶叶必须因人而异。人们选择饮用茶类和数量时，要学会正确的饮用方法和科学饮茶，达到饮茶养身的目的。包括要根据年龄、性别、体质、工作性质、生活环境以及季节选择茶类、品种和地域生产的各种茶，了解其主要性质，选对茶，喝好茶。

（一）认识茶汤本质

大多数人群不能正确饮茶，主要问题是不知道茶叶冲泡后茶汤中可溶性物质及其浸出规律。茶叶中能溶于热水的物质通常称为水浸出物。水浸出物的主要成分是茶多酚、氨基酸、咖啡因、可溶性糖、水溶性果胶、水溶性蛋白质、水溶性色素、水溶性维生素和无机盐等。冲泡条件不同，各种成分的浸出率不同，有些成分易于浸出，有些成分则较难，这与各种物质的溶解特性密切相关。

一般而言，溶质分子愈小、亲水性越大、扩散常数就愈大，容易溶出。其次浓度高的物质比浓度低的易于溶出。如咖啡因与茶多酚相比，前者分子小，更易浸泡出来；同理，氨基酸也易于溶解。如红茶中茶红素含量高于咖啡因，茶红素溶出相对比例增加，因而茶叶冲泡时红茶茶汤很快变红。

茶叶形状、浸提温度、时间和茶水比对茶叶冲泡过程中各成分的浸出率都有不同程度的影响，主次效应顺序为：茶水比 > 茶叶形状 > 浸提时间 > 浸提温度。

3 克茶叶采用 500 毫升水比用 300 毫升浸出快；外形不同的红碎茶和工夫红茶相比，红碎茶浸出速率快；同样浸提时间越长味道就越浓；100℃的沸水泡出茶汤的水浸出物为 100%，80℃热水的浸出量为 80%，60℃温水的浸出量只有 45%。相对而言，较低温度下的游离氨基酸比多酚类化合物溶解度更大。因此，较低温度浸泡鲜嫩绿茶可获得较鲜醇的滋味。但低温浸泡时水浸出物总量下降，滋味淡薄。另外，不同冲泡时间对茶汤滋味影响明显，当控制 10 分钟内泡茶，随着冲泡时间的延长，水浸出物随之增多。其中游离氨基酸易浸出，3 分钟与 10 分钟浸出量相比差异较小。对于多酚类化合物而言，浸提 5 分钟与 10 分钟相比，浸出量增加不到 1/5。冲泡 5 分钟以后的浸出物，主要是涩味较重的酯型儿茶素成分，对滋味不利，但其保健功效加强。冲泡茶量和用水量的多少，对茶汤滋味的浓淡关系密切。就水浸出物的含量来说，若用茶量相同、冲泡时间相同、茶多水少，则汤浓；反之，茶少水多，则汤淡。国际上审评红绿茶，一般采用的茶水比例为 1 ∶ 50。但审评武夷岩茶、铁观音等乌龙茶，因品质要求着重香味并重视耐泡次数，故用特制钟形茶瓯审评。钟形茶瓯容量为 110 毫升，投入茶样 5 克，茶水比例为 1 ∶ 22。绿茶基本控制 1 ∶ 50 的茶水比例。所以，对于强调营养和口感的人群，一定要了解茶汤良好滋味的本质，它是在适当的浓度基础上，涩味的儿茶素、鲜味的氨基酸、苦味的咖啡因、甜味的糖类等呈味成分综合作用的结果。

（二）茶的性味与保健

中医认为人的体质有燥热、虚寒之别，不同的茶类由于加工工艺的不同，形成内含物的组分和含量有所差异，它们的性味就有所不同，对人体的保健功效亦有所差别。燥热体质的人，应喝凉性茶；虚寒体质者，应喝温性茶。一般而言，绿茶和轻发酵乌龙茶属于凉性茶；重发酵乌龙茶如大红袍属于中性茶，而红茶、普洱茶属于温性茶。

有抽烟喝酒习惯，容易上火、热气及体形较胖的人（即燥热体质者）选择喝性凉的茶；肠胃虚寒，平时吃点苦瓜、西瓜就感觉腹胀不舒服的人或体质较虚弱者（即虚寒体质者），应喝中性茶或温性茶；老年人适合饮用红茶及普洱茶。

1. 绿茶的性味及主要保健作用　绿茶为不发酵茶，绿茶中多酚类物质含量较高，氨基酸、维生素等营养丰富，滋味鲜爽清醇带收敛性，香气清鲜高长，汤色碧绿。绿茶味苦，微甘，性寒凉，是清热、消暑降温的凉性饮品。

绿茶具有抗氧化，抗衰老，降血压，降脂减肥，抗突变防癌，抗菌消炎的作用。绿茶性寒凉，若虚寒及血弱者饮之既久，则脾胃恶寒，元气倍损。绿茶不适合胃弱者饮用，患冷症病者，不宜常喝绿茶。

2. 乌龙茶的性味及主要保健作用　乌龙茶为半发酵茶，各种内含物含量适中，滋味醇厚爽口，天然花果香浓郁持久，饮后回甘留香，汤色橙黄明亮。乌龙茶性温不寒，具有明显降低胆固醇和减肥功效，抗动脉粥样硬化效果优于红茶和绿茶；乌龙茶具有良好消食提神、下气健胃作用。乌龙茶的天然花果香可令人精神振奋，心旷神怡；香气能使血压下降，引起深呼吸现象，以达到心理镇静的效果。

3. 红茶的性味及主要保健作用　红茶为全发酵茶，多酚类物质产生较为深刻的酶性氧化，形成多酚类的氧化产物茶黄素和茶红素等，所以红茶滋味甜醇、浓厚，香气具甜香（蜜糖香）。红茶味甜性温热，温中暖胃，散寒除湿，具暖胃、健胃之功效，可驱寒暖身。红茶对脾胃虚弱、胃病患者较为适宜。红茶还具有养肝护肝的作用，红茶糖水可治疗肝炎。多酚类的氧化产物具有明显的抗凝和促纤溶作用，可防止血栓的形成。红茶还是良好防贫血饮品。

4. 黑茶的性味及主要保健作用　黑茶大多经过长时间的渥堆，多酚类物质在湿热条件下和渥堆中产生微生物的作用下产生复杂氧化、水解等作用，形成黑茶滋味浓厚、醇和、耐泡，具特殊的陈香，茶性温和。黑茶主要的保健作用是消食下气去胃胀，醒脾健胃，解油腻。黑茶降血脂、降胆固醇、减肥功效明显。

5. 白茶的性味及主要保健作用　白茶的鲜叶原料多采用早春嫩芽，传统的加工过程只经过萎凋和干燥工序，茶叶吸收的热量少，茶味清淡，其性味寒凉，是民间常用的降火凉药，具有消暑生津、退热降火、解毒的功效。白茶与其他茶类相比，在保护心血管系统、抗辐射、抑菌抗病毒、抑制癌细胞活性等方面的保健效果更具特色。

6. 茉莉花茶的性味及主要保健作用　茉莉花茶为再加工茶，茶叶吸收花香，茶香花香相得益彰，香气浓郁鲜灵持久。花茶茶性温平，具有疏肝解郁、理气调经、刺激神经、提高胃肠的机能，起到助消化的作用；对前列腺炎和前列腺肥大患者具有良好的治疗效果。茉莉花芳香入胃，善于理气解郁，和中辟秽，是治疗胃脘胀痛的常用品。香花的芳香油具有镇定、调理神经系统的功效，可提高工作效率。茉莉花茶的香味能提振情绪、安抚神经、温暖情绪，可使人产生积极的感受和自信，女性饮花茶有利调节生理代谢。

（三）饮茶常识

1. 饮茶与季节　春饮花茶，夏饮绿茶，秋饮青茶（乌龙茶），冬饮红茶。春季饮花茶，可散发一冬积存在人体内的寒邪，浓郁的花香，能促进人体阳气发生。夏季饮绿茶，可以清热、消暑、解毒、止渴、强心。秋季饮乌龙茶，能消除体内的余热，恢复津液。冬季饮红茶，能助消化、补身体，使人体强壮。

2. 饮茶的合理用量　喝茶适当，一是指茶水浓淡适中，一般用 3 克茶叶冲泡一杯茶为宜。茶水过浓，会影响人体对食物中铁和蛋白质等营养的吸收；二是控制饮茶数量，根据人体对茶叶中药效成分和营养成分的合理需求，以及考虑到人体对水分的需求，成年人每天饮茶量以每天泡饮干茶 5 ～ 15 克为宜，以 8 ～ 10 杯为宜。喝茶并不是“多多益善”，而须适量，尤其是过度饮浓茶，茶中的生物碱将使中枢神经过于兴奋，心跳加快，增加心、肾负担，晚上还会影响睡眠。而且，高浓度的咖啡因和多酚类等物质对肠胃产生刺激，会抑制胃液分泌，影响消化功能。

合理的饮茶量只限于对普通人群每天用茶总量的建议，具体还须考虑人的年龄、饮茶习惯、所处生活环境、气候状况和本人健康状况等。如运动量大、营养消耗多、进食量大或是以肉类为主食的人群，可增加每天饮茶量。对长期生活在缺少蔬菜、瓜果的海岛、高山、边疆等地区的人，饮茶数量也可多一些，可以弥补维生素等摄入的不足。而对那些身体虚弱或患有神经衰弱、缺铁性贫血、心率过高等疾病的人，一般应饮淡茶或少饮甚至不饮茶为宜。

3. 饮茶的适宜温度　一般情况下饮茶提倡热饮或温饮，避免烫饮和冷饮。喝70℃以上过热的茶水不但烫伤口腔、咽喉及食道黏膜，长期的高温刺激还是导致口腔和食道肿瘤的一个诱因。所以，茶水温度过高是有害的。建议人们饮用50～60℃的茶水。名优绿茶茶叶嫩度好，冲泡水温控制在75～85℃，所以冲泡好即可饮用。但是对于乌龙茶、黑茶等高温冲泡的茶汤要注意稍凉后饮用，不可急饮。

现在比较受欢迎的泡饮法有乌龙茶冷饮法和冷泡绿茶，但应视具体情况而定。对于老年人及脾胃虚寒者，应当忌饮冷茶。因为绿茶本身性偏寒，加上冷饮，其寒性得以加强，这对脾胃虚寒者会产生聚痰、伤脾胃等不良影响，对口腔、咽喉、肠道消化等也会有副作用。总之，温饮茶汤是科学的饮茶方法。

4. 特殊人群饮茶　贫血患者特别是患缺铁性贫血的病人，神经衰弱、甲状腺功能亢进、结核病患者宜饮淡茶；胃及十二指肠溃疡患者宜饮红茶和黑茶；习惯性便秘患者饮黑茶；癌症患者、高血压及心脏病患者用脱咖啡因的茶多酚和茶黄素等保健品代替。吸烟者、采矿工人、核物理工作者、同位素接触人群、辐射较强环境工作人群均应多饮绿茶或者吃茶多酚片。脑力劳动者、高原工作者和飞行员等应多饮红茶或者吃茶黄素片。

5. 温润泡与茶叶风味品质　冲泡条件对茶叶有效成分的浸出率及茶的风味品质都产生影响。其中，温润泡是指在冲泡第一道茶之前，先将茶叶用沸水淋湿后即将水倒干，有利于紧曲型茶叶风味品质的发挥，但是茶水也可以饮用。

各类茶叶的紧结度及其原料的老嫩度各异，温润泡对其风味品质的影响也不尽相同。其中，对于原料较细嫩、叶张较薄及外形较疏松的条形茶，如毛峰、白牡丹、武夷岩茶等，温润泡能使其与沸水充分接触，这类茶叶中的有效成分浸出速率快，一般可达6%～10%。因此，对于原料细嫩的绿茶、白茶等不经温润泡，直接冲泡饮用；而对于外形紧结重实的紧曲型茶叶，如经过包揉的铁观音或螺形茶等，采用温润泡，其内含有效成分的浸出率较小（3%～4%），温润泡适用于这类茶叶，有利于温润泡后第一道茶风味品质的发挥。

四、茶疗与茶效

在中国中医药学宝典中，历代有许多茶叶治病疗疾的介绍，其中还阐述了许多茶叶疗医之药理。茶性，“茶苦而寒，阴中之阴，沉也降也，最能降火”。[①]它揭示了茶的疗效秉性所在。

（一）防治疾病茶方

防治疗病的茶叶方剂较多，其中既有纯用茶的单方，也有用茶与其他中草药配伍的复方。下面，将一些在现实生中常见的，且又行之有效的茶方，简介如下。

1. 饮用红茶和乌龙茶预防心血管疾病　红茶及其色素具有降低血液黏滞度的功效，可以预防和治疗心血管疾病、高脂血症、脂代谢紊乱、脑梗塞等疾病，保护心肌、改善微循环及血液流变性等功效。

每天喝 1 ～ 2 杯红茶可使患动脉粥样硬化的危险性降低 46%，每天喝 4 杯以上红茶者危险性则降低 69%。冠心病患者口服茶色素（375 毫克／天）4 周后，血浆血管性血友病因子（vWF）和人体氧化低密度脂蛋白（Ox–LDL）水平下降，8 周后 Ox–LDL 水平进一步下降，表明茶色素具有改善内皮功能不全、抑制动脉血栓形成和抑制 LDL 氧化的作用。

传统医方中也有记载红茶预防心血管疾病的疗法。见以下三例：

《兵部手集方》：久年心痛，十年五年者，煎湖茶，以头醋和匀，服之良。

应痛丸：好茶末四两，榜乳香一两。为细末，用腊月兔血和丸如鸡头大。每服一丸，温醋送下。治急心气痛不可忍者。

山楂益母茶：山楂 15 克，益母草 10 克，乌龙茶 5 克。将山楂、益母草烘干，上 3 味共研粗末，与茶叶混合均匀。每日 1 剂，用沸水冲泡，代茶饮用，每日数次。降脂化痰，活血通脉。适宜于治疗冠心病、高脂血症。

2. 绿茶水漱口防治口腔疾病　用绿茶水漱口后，唾液中茶多酚浓度几分钟内可增加数倍，经口腔黏膜吸收，达到预防龋齿、牙周疾病、口腔癌和清除口臭等效果。

① 李时珍：《本草纲目》。

茶水氟素同时可增强釉质对酸的抵抗力。传统药方中有醋茶方，茶叶 3 克，醋适量，开水冲泡茶叶 5 分钟后加入醋，可用于牙痛、伤痛、胆道蛔虫的治疗。

3. 茶叶清咽润喉，治疗咽喉肿痛　白茶降火方：陈年白茶煮沸后连续饮用 3 天，可以治疗咽喉肿痛。中医认为白茶性寒，具有解毒、退热、降火等神效。传统的用途是将白茶作为抗菌食物，对抗葡萄球菌感染、链球菌感染、肺炎和龋齿的细菌，青霉菌和酵母菌。

大海生地茶：胖大海 12 克，生地 12 克，冰糖 30 克，茶叶适量。沸水冲泡，加盖焖 10 分钟。代茶频饮，每日 3 剂。清肺化痰，养阴生津，清咽润喉。适用于声音嘶哑。

苏叶盐茶：苏叶 6 克，绿茶 3 克，盐 6 克。将绿茶炒至微焦，再将盐炒至呈红色后将所有原料加水煎汤去渣取汁。代茶温饮，每日 2 剂。功效：清热润肺，利咽喉。用于治疗声音嘶哑、咽痛等。

4. 茶疗治感冒　传统茶叶治疗感冒方较多，本书摘录三个较常用的方子：

五神茶：荆芥、紫苏叶、生姜各 10 克，茶叶 6 克，红糖 30 克。先将前四味加水适量，文火煮 10 ～ 15 分钟，放入红糖溶化后饮服。适用于感冒、畏寒、身痛无汗者。

葱豉茶：葱白（三茎去须），豆豉（半两），荆芥（3 克），薄荷（30 叶），栀子仁（5 枚），石膏（三两捣碎）。上以水 100 毫升，煎取 50 毫升，去渣，下茶末。更煎四五沸。分二度服。治伤寒头痛壮热。

菊花茶调散：川芎 120 克、白芷 60 克、羌活 60 克、细辛 30 克、防风 45 克、薄荷 240 克、荆芥 120、甘草 60 克加菊花、僵蚕而成。菊花与僵蚕均以疏风清热为主要功效，故对病症偏于风热者较为适宜。

5. 茶治疗久咳痰浓稠　该类疾病的人群较普遍，传统疗法也较多，常见方有 4 个：

白前桑皮茶：白前 5 克，桑白皮 3 克，桔梗 3 克，甘草 3 克，绿茶 3 克。用 300 毫升开水冲泡后饮用，冲饮至味淡。主治：久咳痰浓稠。

消气化痰茶：红茶 30 克，荆芥穗 15 克，海螺蛸 3 克，蜂蜜适量。研细末为丸，每次 3 克，加蜜，沸水泡饮。功效止咳化痰，主治咳嗽痰多。

橘红茶：橘红 5 克，绿茶 5 克。将上述 2 味放入茶杯中，沸水冲泡，焖 5 ～ 10 分钟即可，每日 1 剂，频服代茶饮。本方适用于咳嗽痰多、痰激、难以咳出的痰湿症。干咳及阴虚燥咳者不宜。

绿茶蜂蜜健脾润肺茶：绿茶 1 克，蜂蜜 25 克。将两者混合，用沸水冲泡 5 分钟即成。每日一剂，分多次饮用。饮前先将其温热，趁热饮用。功效为健脾润肺，生津止渴。适用于精神疲倦、暑天口渴、气管炎、低血糖等。

6. 乌龙茶减肥　乌龙茶本身就有减肥作用，简便方如下。

减肥方：用福建乌龙茶每日上、下午各 4 克，开水 300 毫升冲泡，按传统饮茶方法饮服 1 个半月以上，适用于单纯性肥胖患者，能减轻体重，缩小腹围和减少腹部皮下脂肪堆积以及甘油三酯、总胆固醇的含量，改善由肥胖引起的肺泡低换气综合征。

桑枝茶方：嫩桑枝 20 克，切成薄片，沸水冲泡 10 分钟即可。具有祛风湿、行水气功效。主治肥胖症、关节疼痛。

（二）美颜养生茶方

在日常生活中，茶的美颜养生方较多，简便而常用的如下。

1. 茶叶美容　乌龙茶美容方：每人每天饮用 4 克乌龙茶，上午、下午各 2 克，连续饮用 8 周。可减少面部皮脂的中性脂肪量和提高皮肤保水率。

慈禧珍珠茶：珍珠、茶叶各适量。选用晶莹圆润的珍珠研磨成极细粉，瓷罐封贮备用。每次 1 小匙（2 ～ 3 克），以茶水送服，每隔 10 天服 1 次。可润肌泽肤，葆青春，美容颜。

茶水护肤和养肤方：用茶水洗澡，或在坐浴的水中浸泡一小袋鲜茶渣，浴后周身爽滑，可消除体臭和减少皮肤病的发生，可提高皮肤柔滑感和光泽度。

2. 茶水护发　头发洗过后再用茶水冲洗，可进一步去垢涤腻，能使头发更加洁净、乌黑柔软、光润美观，还有助于固定妇女烫发的发型。

毛发干枯者，可用焙黄芝麻2克加茶叶3克，用水煮开后连茶叶、芝麻一起嚼食。每天1剂，25天1疗程，1个疗程即可见效。

3. 茶叶补气和胃，生津止渴　柠檬红茶：柠檬2片，红茶3克，白糖3克。以沸水冲泡，加盖焖10分钟左右，频频服用，每日2～3次。补气和胃，生津止渴。气郁化火或阴虚火旺者忌用，孕妇亦当慎用。

桃仁杏归茶：桃仁5克、杏仁3克、当归3克、花茶3克。用前几味药的煎煮液和350毫升泡茶饮用，冲饮至味淡。功能：行滞化瘀，生肌。用于治疗胃脘痛，胃及十二指肠溃疡，慢性结肠炎。

4. 茶叶明目　茶叶明目方法最常见的有用茶水蒸气熏和洗，减轻眼涩或者炎症。常用方有三则：

蜡茶饮：芽茶、白芷、附子各3克，细辛、防风、羌活、荆芥、川芎各5分，加盐少许，清水煎服。治目中赤脉。

石膏茶：煅石膏、川芎各60克，炙甘草15克，葱白、茶叶各适量（或各3克）。将前3味共研细末，备用。一日两次，每次取上末3克，用葱白、茶叶加水煎汤，温服。能祛风散寒、通窍明目。用治风寒眼病、冷泪症、迎风流泪、畏光、眼痛等。

早上起床时眼缘积有眼屎或眼白混浊充血，夜晚眼睛蒙眬睁不开，都可以试试绿茶洗眼，边消炎、边减轻症状。对因花粉症引起的过敏性眼炎，绿茶洗眼也可减轻症状。

（三）治烫火伤茶方

以下为家庭常用两个方子，使用起来比较便捷。

伤浓茶剂：茶叶适量，茶叶加水煮成浓汁，快速冷却。将烫伤肢体浸于茶汁中，或将浓茶汁涂于烫伤部位。功效：消肿止痛，防止感染。

烫伤茶：将泡过的茶叶，用坛盛地上，砖盖好，愈陈愈好，治烫火伤。不论已溃未愈，搽之即愈。

第二节 茶文化与心理健康

茶叶是历史悠久的世界性传统饮料，其本身是作为药用被人类所发现的。李时珍在他的《本草纲目》中曾写到“茶苦味寒……最能降火，火为百病，火降则上清矣”，句中所提到的火用现代语解释是一种包括身心疲劳在内的心火。饮茶降心火、抗疲劳、壮精神不仅可以说是出自“病从气来”的中医理论，也可以看作是基于中国传统的生命观和茶文化。在现代社会中，茶叶在抗疲劳、预防和治疗心理疾病中也发挥着非常重要的作用。其功能的发挥主要体现在两个方面：一是茶叶自身所具有的化学成分对心理疾病有预防和治疗的作用，另一方面是茶所营造的舒适环境对心理疾病的缓解作用。

一、茶道与养生

中国茶文化美学强调的是天人合一，从小茶壶中探求宇宙玄机，从淡淡茶汤中品悟人生百味。因此，茶是一种精神健康的食物。

养生，即是保养生命之意。早在两千多年前，中国医学典籍中就已具体地论述了养生保健的问题，积累了系统的理论和丰富的经验，古时称为养生，又称为摄生、道生，与现在所说的“卫生”是同义词。古代把人的精神和人的肉体看作一个整体，认为人是精、气、神三者的统一体。一个人生命力的旺盛，免疫功能的增强，主要靠人体的精神平衡、内分泌平衡、营养平衡、阴阳平衡、气血平衡等来保证。

科学的养生观认为，一个人要想达到健康长寿的目的，必须进行全面的养生保健。第一，道德与涵养是养生的根本；第二，良好的精神状态是养生的关键；第三，思想意识对人体生命起主导作用；第四，科学的饮食及节欲是养生的保证；第五，运动是养生保健的有力措施。只有全面科学地对身心进行自我保健，才能达到防病、祛病、健康长寿的目的。

二、茶道养生对精神健康作用

中国茶道精神提倡和诚处世，以礼待人，奉献爱心，以利于建立和睦相处、相互尊重、互相关心的新型人际关系，以利于社会风气的净化。在当今的现实生活中，由于商潮汹涌、物欲剧增、生活节奏加快、竞争激烈，所以人心浮躁，心理易于失衡，导致人际关系紧张。而茶道、茶文化是一种雅静、健康的文化，它能使人们绷紧的心灵之弦得以松弛，倾斜的心理得以平衡。

（一）茶道的精神特点

李时珍在《本草纲目》中载："茶苦而寒，阴中之阴，最能降火，火为百病，火情则上清矣"，茶苦后回甘，苦中有甘的特性，可以感悟到人生的滋味，所以中国茶道的精神特点也可以总结成为以下三个方面：

一为中和之道："中和"为中庸之道的主要内涵。儒家认为能"致中和"，则天地万物均能各得其所，达到和谐境界。

二为自然之性："自然"一词最早见于《老子》："人法地，地法天，天法道，道法自然。"这里的自然具有两方面的意义：其一是天地万物，其二是自然而然的人性。就第一个意义说，它是人类生存的整个宇宙空间，它是天地日月、风雨雷电、春夏秋冬、花鸟虫鱼等诸种现象。就第二个意义说，它又使人们在大自然中获得思想和艺术启示，是人在自然境界里的升华。

三为清雅之美：此处不用"静"，因为"清"本身是和"静"有联系的，而且"清"可指物质的环境，也可以指人格的清高。

（二）古代茶人对茶与精神健康的论述

自从茶树被发现以来，人类就一直在研究茶的各种功能，从最早作为药用开始，古人在日常的生活中逐渐认识了茶的生理功能、心理功能和社会功能。其中的心理功能强调的就是修身养性，即今天所说的脑健康和精神卫生范畴。古代很多茶人都在诗歌等文学典籍中对茶叶与精神健康作了详细的论述。

唐代诗人卢仝在《走笔谢孟谏议寄新茶》诗中适饮七碗茶的感受，生动描述了茶叶对人的心理精神健康的作用，喝茶能够消除人心中的孤独和苦闷，给人以“习习清风生”的感受。而唐皎然在题为《饮茶歌诮崔石使君》写到的“三饮”，以及他的另一首诗《饮茶歌送郑容》写到的“丹丘羽人轻玉食，采茶饮之生羽翼。……常说此茶祛我疾，使人胸中荡忧慄。日上香炉情未毕，乱踏虎溪云，高歌送君出”，描述了皎然推崇饮茶，强调饮茶功效不仅可以除病祛疾、涤荡胸中忧虑、振奋人的精神，而且会踏云而去、羽化飞升而得道。

明代文学家、江南四大才子之一的徐祯卿在《秋夜试茶》诗中说道：“静院凉生冷烛花，风吹翠竹月光华。闷来无伴倾云液，铜叶闲尝紫笋茶。”当“闷来无伴”时，借品尝茶叶来消除寂寞，摆脱孤寂。

（三）现代茶道养生与精神健康

随着社会的进步和茶文化的兴起，现代越来越追求精神文化方面的享受。各地的茶艺馆、茶道馆也雨后春笋般发展起来，茶艺馆、茶道馆不仅可以给忙碌的都市人提供一处品清茶、平静心情的好去处，同时又能让人们闲暇之余品茗赏艺。无论你从事什么职业，从政府官员到普通老百姓，从教授学者到中小学生，均可以在其中找到自己最需要、最爱的茶，找到心灵的慰藉。

中国国际茶文化研究会周国富会长在2012年浙江大学茶文化与健康研究会成立大会上非常深刻地解读了现代茶文化与健康的关系：茶在修身养性方面的研究很重要。有一句话讲“心静至健康”，心安了，就健康了。当今社会，很多人都很浮躁，心很不安定，问题想法很多以致静不下来，而此时茶的安心功能就显得很必要了，特别是在当前。现今社会全球化的科技提高了生产率，提高了人们的物质生活水平，这是毋庸置疑的，但是也造成了环境的、社会的、民族间的以及人们身心的种种矛盾。现在社会发展过快会造成很多问题。如各种心理疾病以及精神疾病很多，世界变得越来越浮躁，越来越动荡。为什么会产生这个问题呢？一方面我们人口增长很快，原先我们地球上从10亿人口增加到20亿人口用了123年时间，现在增加10亿人只要十一二年时间。去年全球人口已达到70亿，按这样的速度发展下去，到21世纪末，人口增长将十分严峻。那么多人口，大家生活都要好，那么多国家都要发展要强，地球资源供应越来越紧张。我们现在消耗的资源是地球几亿年才积累下来的，如煤、石油等，我们的无限制开发使用了过去几千年的量，我们的资源愈发紧张。大家都在研究新的解决方案，但现有的人口又该怎么解决呢？美国对伊拉克的攻击也好，利比亚的问题也好，伊朗的问题等归根究底就是资源的问题。所以现在世界上的种种矛盾冲突，主要是因为对利益无限制的追求所导致的。追逐利益而引发的一系列问题以及人们心理上的一些问题并不是用科技发展就能解决的，主要还是要通过文化的熏陶来解决。目前，全球范围内贫富差距加大，在这种情况下，如果大家还在一味追求自我实现，只看重自我价值和利益，那么社会的矛盾和冲突将会越来越多。所以现在提出新人文主义，主要是利用先辈的先进思想，如儒家的“己所不欲，勿施于人”“中庸之道”等与现实结合起来。所以人文有两个字，第一是实现自我价值，第二是要有归属感。首先要尊重他人、关爱他人，不能因自己的利益而损害他人的利益，这样，这个世界才能实现安定。

我们的文化是多元化的。大学有大学的文化，中原有中原的文化，茶叶有茶文化，世界有世界的文化等各种文化。文化能把人塑造成一个真正的人。人之所以区别于动物是因为有文化。因为文化的熏陶而使人变得有素质，懂得尊重他人和自己。但是，当今世界这个问题很严重，同类间的相残最可耻。世界要和谐，社会要和谐。很多方面都需要文化来提升自我。而茶文化在这里面起了很大的作用，无论是过去还是现在对茶文化的研究，从修身养性的角度来讲，佛教里讲茶文化一定要有八个心。一是德心，要讲道德。茶人要精行俭德，喝茶的人是有道德的人。二是养心，心要养。唐代著名僧人皎然，曾作茶诗“一饮涤昏寐，情来朗爽满天地。再饮清我神，忽如飞雨洒轻尘。三饮便得道，何须苦心破烦恼。”皎然讲到喝茶不仅可以使人神清气爽而且还能消除烦恼。三是静心，心静则明。静就是要人在喧嚣嘈杂的现实社会中能平静内心，静思静虑，把持自我。有人研究茶文化，有人研究酒文化，但茶文化和酒文化是两个完全不同的概念。茶是静的；酒是猛烈的，是动的。喝酒驾车很危险，但是喝茶驾车反而精神更加好。过去有一个茶文赋，其中有一问一答，问“茶有何味？”答“茶有三味，苦、涩、甜。”第一味是苦，是沧桑；茶在生命最美好的时刻离开了身躯，经历了许多磨难，如炒、揉、压或发酵等，在冲泡的时候到达精致的杯中，与炽热的水相遇，一个新的姿态产生了，茶叶很精神很美妙地重新张开叶子。苏东坡曾把两个东西比作美人，一个是西湖，另一个则是茶叶。它与清水相融之后，散发出淡雅的气息，那是一种梦想与现实结合的境界，也是为了世界的精彩而释放全部生命的悲壮之美。同时，也是为了自身与水的自由舞蹈而散发出的相知之美；也是一种将一身凝聚的精华尽情展现的大气之美。就好比人的一生，一个年轻人学习也好，实践也好，遇到很好的环境，很好的条件就会把自己的大气之美、悲壮之美、相知之美展现出来。一个人要成才首先要吃苦。像喝茶一样，第一杯是苦的，第二杯是甜的，第三杯是淡的。年纪轻的时候创业很苦，年纪大了风轻云淡。每一代人都要把自己活好，那么社会这个大家庭就会很美好。茶可以给我们很多启迪。一味沧桑感，二味饱满幸福感，三味天高云淡海阔天空。从喝茶可以悟出很多人生哲理，茶具天地之精华，可谓一种仙草。四是苦心，苦中有甘。好茶刚开始喝都是苦的涩的，再慢慢喝下去就回味甘甜了。茶的香气也有很多种，福建茶农在品茶的时候，可以品出桂花香、兰花香等。苦中有甘的茶也恰恰符合佛教中的苦中作乐、脱离苦海的思想，同时也引导人们正确对待人生的苦与乐。五是凡心，平常心。以简单的心情、简单的方法去解决困难的事情。喝茶很简单，无非是加茶加水，茶叶与金木水火土的结合。烧茶、喝茶在日常生活中感悟宇宙的奥秘与人生的哲理。世界本无事，是人们自找事，自己把自己复杂化。我们的世界很简单，是人们的人际关系以及社会关系等复杂化了。六是关心。过去农村十几户人家，相互关心，相互帮忙，虽然偶有小吵，也不亦乐乎。而今，对门邻居都是陌生人，彼此生疏，相互警觉，缺乏沟通，都躲在自己的小世界里，一墙之隔却是两个世界。我们要以平凡之心，放下手中的工作，放下一切，挤出时间与他人一起坐下品茗聊天，这样不仅增加彼此的沟通，自己整个人也会轻松起来，心情也自然会变好，看世界自然就蓝天碧海、万里晴空。人生就是如此，要放得下功名利禄，要看得开喜怒哀乐。七是专心。喝茶要专心致志，《茶经》里有一句话："茶茗久服，令人有力、悦志。"采茶、做茶、喝茶都要用心，做人做事也一样要专心致志，不能一心两用。真正静下心来泡壶热茶品饮是一种享受。八是和心。茶文化价值取向可以概括为八个字："重德、尚和、崇简、贵真。"茶是很生态的东西，好茶一般都产在高海拔地区，那里云雾缭绕，气候湿润。喝茶讲究平等，无论是穷人、富人还是当官人，人人都可以喝茶。可以好朋友共享，客来敬茶。可以以茶会友，如茶话会。邻居间矛盾调解可以喝杯茶。茶是一种礼仪，如客来敬茶。在日本称为茶道，韩国称之为茶礼，而中国称之为茶艺。日本主要是宣扬佛教文化，韩国是儒家文化，而中国主要是道家文化。茶可以增进沟通，增进友谊，以茶会友讲的是平等。以茶和天下，讲的是包容，以茶代酒讲的是廉洁。总之，茶文化对社会有促进作用。相互之间的人际关系也可以通过喝茶来改善。品茶包括色香味，品色品风韵，品气品雅韵，品味品底蕴。品茶需要调动全身感官，眼看颜色，耳听茶声，鼻嗅茶香，舌品茶味，泡茶倒茶喝茶动作优雅。茶是一种美的东西。茶道不仅包括中国之美，它是各个国家各个地区的综合之美。茶文化也是多元化的，包含各个国家、地区和民族，因此品茶品的是包容之美。历代文人饮茶颇多，也留下很多品茶诗词歌赋。自陆羽《茶经》之后，大家都在喝茶。以茶交友，以茶养性，以茶静心灵，增加对问题的思考。品茶要用心慢饮，这样才能领悟茶韵和美的感受。茶叶的深入研究和开发以及茶文化的弘扬，任重而道远，我们要争取做到人人会懂茶，人人会品茶，以茶养心，以茶养身。

第三节　世界各国对科学饮茶的认知与追求

随着茶叶科学的进步、社会的发展，以及人民生活水平的不断提高，世界各国人民对科学饮茶的认知度更深，对茶健康产品也就有了更高的要求。

一、中国对科学饮茶的认知与追求

如今，中国人对茶的利用，已不再仅仅局限于将茶作传统意义上的一种饮料，而茶新产品的不断开发与应用，赋予了茶的更多新功能，从而使茶的物质与精神双重特性更加显露。

（一）中国大陆

中国茶叶深加工产业经过近20年的发展，现已基本形成以开发功能成分如茶多酚、儿茶素、茶氨酸、茶黄素、茶多糖、茶皂素、咖啡因等为主体的局面，天然活性成分的分离和发现使茶叶利用有了质的飞跃。此后，中国农业科学院茶叶研究所夏春华在20世纪80年代首次分离出茶籽皂素并研究其应用，陈瑞峰、屠幼英、杨贤强等人在80～90年代先后分离出不同纯度茶多酚，并且开始批量出口；同时，屠幼英、刘仲华和章志强在20世纪90年代到21世纪初分离出茶黄素单体并且生物合成高纯度茶黄素，同时开展了大量的保健理论研究。

中国大陆固体速溶茶生产始于20世纪70年代，直到90年代中后期产销量和技术水平才得到明显提高，如浙江龙游茗皇食品有限公司、深宝华城科技有限公司、福建大闽食品有限公司等企业为代表的固体茶饮料生产企业，近年来纯速溶茶产销量已达到每年1.5万吨。浙江香飘飘食品公司的香飘飘奶茶、喜之郎公司的优乐美奶茶等含奶茶制品销量已达到每年10万吨。

国内液态茶饮料的开发生产始于20世纪80年代初，1985年中国农业科学院茶叶研究所试产了茶可乐、橘茗、桃茗等多种风味的瓶装碳酸型茶饮料，2001年后国内茶饮料消费稳步增长，目前已经达到了一个历史水平，约1 000万吨，形成了以康师傅、统一、娃哈哈和农夫山泉等大型企业为主要生产商的茶饮料市场。以天然、快捷、方便和健康为特色的茶饮料成为颇受消费者欢迎的软饮料新品种，发展前景广阔。

另一个重要的茶树资源为茶叶籽油。茶叶籽油具有极高的营养价值，是一种高级食用油。其脂肪酸成分为油酸、亚油酸、棕榈酸、硬脂酸、亚麻油酸、豆蔻酸等，功能性成分含量远高于菜油、花生油和豆油等传统食物油。其油中的亚油酸、亚麻油酸是维持人体皮肤、毛发生长所不可缺少的功能性物质，具有预防动脉硬化、抗氧化、清除自由基、降血压和降血脂的作用。目前，每公顷茶园可以采摘2吨茶叶籽，我国多数品种茶树茶果平均含油量约25%，目前274万公顷茶园每年茶果产量达到550万吨，产油量达到69万吨。此外，茶叶籽皂素含量约为12%，总量约为33万吨。

茶树花作为茶树的重要生殖器官，年鲜花产量900万吨，干花150万吨。茶树花主要成分包括11%茶皂苷、30%蛋白质、35%总糖、7%～15%茶多酚、1%～4%氨基酸、1%～3%黄酮类化合物、小于1%的咖啡因。研究表明茶树花提取物具有很好的降脂减肥和美容作用。

（二）中国香港地区

近百年来，香港地区除了保留本地区固有的饮茶风习外，受英国的影响较深，因此与内地相比，又有它自己的地区特色。

1. *港式茶餐饮*　茶餐饮是香港最地道、最大众化的饮食模式，是香港饮食文化的代表，也是香港饮茶文化的代表。香港成为英国的殖民地以后，西式的饮食习惯随之传入，包括食材、口味、烹调方法和菜式等，这对于香港的饮食文化影响颇深。其中，英国的下午茶习惯成了港式茶餐饮发展的重要推动力。

港式茶餐饮贯穿中西饮食文化，既有西式的饮茶内容和形式，也融合了香港的本土饮茶特色，使得香港人既有源于广东的早茶习惯，也有源于英国的下午茶习惯。西风侵袭了香港几代人，可是香港同胞对于中国传统的饮茶形式依旧情有独钟，滚水靓茶、啜茗清饮，轻呷一口、唇齿留香，使传统的英式下午茶，在极富中国文化特色的香港环境中演变成具有中国文化特色的港式下午茶。

香港的饮茶模式以“一盅两件”最为经典，“一盅两件”是指一边品茗一边享用点心，一个茶盅配上两件点心，便是充满“港味”的待客方式。在香港，茶楼通常采用焗盅（盖碗）来泡茶，即所谓“一盅”，茶有多种可以点选，如普洱、菊普（普洱茶掺拌杭州白菊花）、水仙（乌龙茶）、香片（茉莉花茶）、寿眉（白茶）、龙井等，顾客多以普洱为首选。而所谓“两件”是指与茶饮相配的点心。“件”，即一碟、一笼或一碗的意思。一件点心一般盛有两三只，按照普通人的食量，一餐有一壶茶两件点心也就够了。而点心的花色品种丰富多彩，可以让顾客挑选到合意的“两件”，有传统的广式小吃如虾饺、烧卖、叉烧包、猪肠粉等，也有西式点心像菠萝包、蛋挞等。这些点心在香港流行多年，渐渐成为粤式特色，而此类粤式点心味道浓郁香甜、精美细致，与普洱、乌龙茶等的香醇浓厚正是绝佳配搭。

香港人生活节奏快，忙于工作和学习，在外就餐的人很多，公司、机构、工厂等又不自设食堂，因此，香港饮食业十分发达，其中茶餐饮业尤为突出。香港茶餐饮有早茶、午茶、下午茶和夜茶。饮早茶相当于吃早点，早晨6时就开市，而香港一般都是上午9时以后开工，茶客多在从容用过早茶后正好精力充沛地工作；午茶市面最为热闹，不论老板或打工仔，大都不回家吃饭，而是到茶楼饮茶用午餐，店内顾客爆满，座无虚席，稍迟则要排队等候；下午茶以前是西式的，而现在中式的也不少；而夜茶茶市最迟开到夜间11时收市。

在香港压力大、节奏快的生活中，三五好友在早茶、午茶或下午茶的时间里享用“一盅两件”，既补充了一天工作所需能量，又在茶饮搭配作用下不致太过油腻齁甜，同时能够在轻松愉悦的茶餐厅环境中畅饮交流放松心情。而在周末和节假日，香港茶餐厅更是能给人们提供一个既能休闲娱乐又能吃饱喝足的餐饮环境，故而香港茶餐饮文化渐成特色，甚而能够更加蓬勃发展起来。

▶ “一盅两件”饮茶模式

2. 茶叶消费情况与偏好习惯　香港，被称为“弹丸之地”，面积仅1 096平方公里，在这样一个很小的海岛和半岛地区，却居住着700万居民，是世界上人口最稠密的地区之一。香港的流动人口也相当多，世界各地到香港从事贸易和旅游的人士，每年都有上千万人次。而香港茶叶消费水平甚高，居华人社会之首，世界排名亦在前列。

香港是饮料商家必争之地。可口可乐、百事可乐、汽水、果汁、啤酒、维他奶、菊花茶、柠檬茶、矿泉水等罐装、瓶装、纸盒装饮品充斥市场，互相竞争，供应点遍及香港各个角落，并利用报纸、广播、电视、网络等传播媒介，别出心裁地打广告，招徕顾客，然而古老的茶饮及传统的冲泡品饮方法，在包装考究、花样不断翻新的现代饮品的冲击下，却依然兴盛，立于不败之地。

这与茶饮本身的健康天然和科学养生有着紧密的联系。喝茶能预防动脉硬化，因为动脉硬化主要是由血脂过高而引起的。胆固醇和甘油三酯含量过多，会附在血管壁造成动脉硬化，并给心脏带来负担，从而降低心脏机能。而茶叶中含有较多的维生素 C 和茶多酚，维生素 C 和茶多酚对于机体的脂肪代谢起着重要作用，可以防止血液中胆固醇及其烯醇类的中性脂肪的积累，能促使脂肪氧化，排出胆固醇，对预防动脉硬化起到良好的作用。且茶饮是天然饮料，不但没有添加剂和对人体有害的物质，甚至在水质不良的条件下饮茶，还能减轻不良水质的危害性。另外因为茶叶有抑制各种病菌的作用，所以饮茶还能预防细菌感染的各种疾病，并能解除食品和水中重金属如铜、汞、镉、铬等有害元素的毒害作用。故而在越来越注重养生和健康的当下，传统茶饮的消费量在日新月异的香港不降反增，大有经久不衰之势。

而在茶品选择偏好方面，香港人口就籍贯而言，有广东人、福建人、江浙（包括浙江、上海、江苏）人等，由于居民籍贯不同，生活习惯不一样，对茶品有着不同的爱好。广东人喜饮普洱茶，福建人喜饮乌龙茶、白茶，江浙人喜饮绿茶。乌龙茶醇厚馥郁，白茶消炎解暑，绿茶清热去火，自然各有各的好处。但是现在香港市面茶楼流行的茶品以普洱茶为多，占市面 40% 左右，被誉为“香港名嘴”之一的蔡澜在其所写《普洱颂》中道出了香港人爱喝普洱的现状。“茶的乐趣，自小养成”，蔡澜说，“来到香港，才试到广东人爱喝的普洱茶，又进入另一层次。初喝普洱，其淡如水，因为它是完全发酵的茶”。“普洱茶越泡越浓，但绝不伤胃。去油腻是此茶的特点，吃得太饱，灌入一两杯普洱，舒服到极点。三四个钟头之后，肚子又饿，可以再食。久而久之，喝普洱茶一定喝上瘾。高级一点的普洱茶，不但没有霉味，而且感觉到滑喉。”香港人对于普洱茶的热衷与偏好可见一斑。

3. 港人偏好普洱茶的原因　香港市场上（尤其是茶楼中）普洱茶叫好卖座，香港居民也普遍偏好甚或热衷普洱，自然与其特殊文化、经济、地理背景不无关系，同时从中也可以看出香港居民关于饮茶科学性的认识和追求。

首先，香港的普洱茶文化是在早期港式茶楼、茶餐厅中渐渐发展起来的，由于普洱茶具有清滞作用而又温和不伤胃，茶餐厅常常选用普洱使得茶客在食用点心后不会感觉油腻，而且普洱茶耐放，茶楼通常会大量入货，配合饮食文化，导致香港人饮茶整体倾向普洱茶。

其二，随着普洱茶在茶楼的盛行，香港居民对于普洱茶越来越了解和喜爱。而在香港越来越注重养生和健康的当下，普洱茶逐渐为人所知的各项健康相关功效更是深得香港居民的青睐。

中国古代就有关于普洱茶药效功能的记载。赵学敏《本草纲目拾遗》中云："茶叶苦微寒，解油腻牛羊毒，虚人禁用，苦涩，逐痰下气，刮肠通泄。普洱茶膏黑如漆，醒酒第一，绿色者更佳。消食化痰，开胃生津，功能犹大也。"在其卷六《木部》中又云："普洱茶膏能治百病。如肚胀、受寒，用姜汤发散，出汗即可愈 。口破喉颡，受热痉痛 ，用五分噙口，过夜即愈。"

多年来，国内外专家对普洱茶的药用功能进行了进一步的研究。湖南医科大学曾进先生研究有抗癌、健齿功能；日本医学界研究结果，普洱茶有抗癌的功效。法国巴黎圣安东尼医学系临床教学主任艾米尔·卡罗比医生实验结果证明，普洱茶对脂肪的代谢有良好的效果，对降低人体所含三酸甘油酯、胆固醇、血尿酸等有不同程度的作用。

其三，活跃的香港茶界人士对普洱茶相关生物科学知识的大力推广，香港义和成茶行的陈英灿曾撰文述写普洱茶相关生物科学知识，指出微生物在普洱茶制作中的重要地位，培养优良的菌种来参与普洱茶的制作，使之达到普洱茶色、香、味的优良品质，已经成为今后研究的目标和未来的发展方向。首届香港国际茶展"茶经论道"上，有学者提出了"科学普洱"的概念，即用科学的理念、精神、手段和方法去推动普洱茶产业的发展。将传统概念的普洱茶，经过科学、系统的研究和开发，使其功效进一步明确、工艺进一步改进、产业进一步升级，这是蕴含着科学内涵和科学精神的普洱茶高层次发展阶段。这也体现出了香港茶界对于科学饮茶一直以来的追求和不断更新的认知，正是这种认知和追求，让普洱茶乃至所有品类茶叶在香港一直拥有巨大的消费量。

4. 对科学贮茶方法的实践　香港属于亚热带季风气候，即使在秋冬季最低相对温度，也是在15℃左右，而相对湿度在65%左右，水汽易进入茶饼并在一定的温度下使储藏中的普洱茶始终保持着相对缓慢的转化状态。陈年普洱茶（号级、印级）大多出自百年字号的香港老酒楼的仓库，因香港有喝早茶的习惯，酒楼一般都会提前预备茶叶放在仓库存放，按食材的保存方法保存，即控制一定的温湿度来存放，茶商发现原本青涩的普洱生饼在香港的气候环境下，会转化出迷人的滋味，故而逐渐摸索出一套展现普洱茶陈味陈韵的方法，如"为使普洱茶能得到更快的转化，会拆开原件包装，直接一片一片叠放着存放，以增加普洱茶与空气接触面，使水汽更容易进入普洱茶，促进转化"。这就是"港仓"普洱茶的来源。

香港茶商的仓库无法建设在寸土寸金的市区，而且人多车杂也影响普洱茶的转化，所以仓库一般选择在郊区的工业大厦，郊区的环境安静，而且靠近山林，空气良好，只要做一些必要的防护。其中，大仓储与家庭仓储又有不同，大仓库下的相对湿度高，但平分到每饼普洱茶得到的水分只是刚好，因为空间内的大部分都是茶，而家庭仓储下，如果相对湿度过高，普洱茶数量不多，要面对很多的水汽，所以这个时候要注意抽湿。

▶ 普洱茶的湿仓

▶ 普洱茶的干仓

"港仓"普洱茶的出现和成名虽是茶商源于偶然发现了普洱存储时发生的变化，但其中离不开香港居民对于科学存茶方式的探索和实践，显示了其对于饮茶科学性的基本认识和对于更好的科学饮茶方式的不断追求。

（三）中国台湾饮茶风俗中的科学性

1645 年 3 月 11 日，荷兰人在《巴达维亚城日记》写到“茶树在台湾也有发现，似乎与土质有关”，这是关于中国台湾有野生茶树的最早记载。清朝雍正年间，汉人开始利用野生茶树采制茶叶。此时正值闽粤先民移民渡台时期，他们的生活、饮食、文化、宗教、习俗及耕作技术随之传入台湾，故而台湾饮茶风俗及茶业发展与闽粤渊源极深。当时的人们已渐渐发现茶的诸多药理功效，如台湾方志有记载茶“性严冷，能却暑消胀”，即喝茶具有祛暑气、消胀气的功能。在清政府统治后期，台湾当地居民已开始广泛种植茶树，“俨然身到崇安道，山北山南遍植茶”，清代北台湾诗人林占梅所著《潜园琴余草》中如是说。

历史上台湾所产的乌龙茶、绿茶、红茶最初作为台湾畅销的外销产品，为台湾赚取了可观的外汇。后来，喝茶便逐渐成为风俗习惯融入了台湾居民的日常衣食住行之中。台湾先民们认为“茶能清心陶情、去除杂念”，因此将茶视为神物并以热茶来供奉神明或祖先，且常年不撤供；诸罗县志中提及台湾人“荐客，先于茶酒”，只要有客人到访，主人都会泡上一壶热茶欢迎来客。台湾南部气候炎热、瘴病流行，台湾客家人便将茶与其他佐料捣碎一起饮用，不仅能解渴，又可充饥，更是利用了茶有生津止渴、清凉解暑、预防治疗诸多疾病的功能，这种吃茶方式后逐渐演变为我们所熟悉的擂茶。台湾民间对如何科学饮茶有着十分有趣的经验概述，一首流传于闽台两地的方言《饮茶歌》中 “饮茶可健身，省钱又多利；葱茶治感冒，糖茶养肝脾；饭后茶消食，发酒茶解醉；午茶能提神，晚茶难入睡；空肚茶慌心，隔夜茶伤胃；过量茶人瘦，温淡茶爽意”几句歌词包含了饮茶的益处及注意事项，简单明了且朗朗上口。可见台湾人民对饮茶的科学性早有认识与肯定。

▶ 台湾传统咸口味擂茶

1. 台湾乌龙茶的盛行　提到台湾名茶，“东方美人”“文山包种”“冻顶乌龙”等词便会浮现脑海，台湾乌龙茶盛行至今，与其饮用时特殊的色、香、味不无关系，且台湾产茶的品质与当地的环境关系密切。台湾地处热带及亚热带气候之交界，温度适宜，雨水充沛少霜雪，土壤富有黏质、略呈酸性，是茶树生长的理想环境，由此地所产茶叶加工而成的乌龙茶外观及香味自成一格，与内地乌龙茶迥然不同，品质享誉国际。因而现在台湾各个茶区所产乌龙茶比重最大。

台湾新竹县北埔、娥眉及苗栗县头份等地创制的特色乌龙茶——“东方美人”品质优异、享誉中外。有研究发现，端午节前后经茶小绿叶蝉吸食后长成未开面的一芽二叶作为原料，其制成的“东方美人”乌龙茶品质尤佳。茶小绿叶蝉刺吸茶树嫩梢嫩叶汁液，会使芽叶萎缩或卷曲、硬化，芽尖、叶缘红变焦枯。在这个过程中幼芽内部理化成分种类与含量会因一系列复杂的生化反应而改变，而这个过程也能够形成特殊的香味物质和其他成分，再经过深度氧化的乌龙茶工艺，便造就了“东方美人”特殊的果蜜香味。

▶ 茶小绿叶蝉与东方美人

乌龙茶的产制于19世纪初自闽北扩展至闽南、粤东及台湾。20世纪80年代以来，台湾乌龙茶迷人的香气与滋味使其在民众中流行开来，而关于其保健功能的研究热潮更使其渐受青睐。据研究，乌龙茶具有预防蛀牙、防癌症、抗衰老、改善皮肤过敏、降血脂和减肥等功效。台湾大林慈济医院耳鼻喉科专家黄俊豪研究发现，乌龙茶组参试者对不同频率声音的识别能力明显强于那些不喝乌龙茶的参试者。同时另外一项研究发现，喝乌龙茶对男性听力的保护作用明显大于女性。此外，乌龙茶可助消食、软化血管、防止血栓、降血压，对老年人身体健康有很大的帮助作用。夏天喝点乌龙茶也可以起到防暑解热的效用。

2. **对科学饮茶的推广**　台湾发展茶叶生产历史相对大陆而言较短，但现在已发展为世界有名的茶叶产区。茶产业在台湾的繁荣局面与各个机构的大力支持推广密切相关。台湾的茶叶官方技术机构为台湾茶叶改良场，其对茶农的技术培训是采取全部费用包干制。台湾茶叶改良场还与其他团体配合，通过举办茶的展览、播放宣传短片、新产品的品尝会等，来大力宣传茶的保健功效，以使更多的人对茶产生兴趣，进而促进消费。另外，还有许多社团组织积极开展以科学饮茶推广为内涵的活动，主要方式包括：举办制茶比赛、名茶评比、茶叶品评训练班，组织会员参加岛内外的各种茶叶博览会、举办海峡两岸茶业交流会、举行新产品的品尝会，为台湾茶产业的发展起到了巨大的推动作用。

台湾比较注意茶评，即“茶叶审评及检验”，包括仪器审评法和感官审评法，既有专业性，也有草根性。仪器方面，过去用检测仪器、仪表、试剂等，如今使用各种电子、网络设备，具有新的创意。感官包括视觉、嗅觉、味觉、触觉、听觉等，进行综合审评，观茶色、闻茶香、听茶声、品茶韵、定茶质，让人们身心皆享受，具有审美情趣，发挥激励作用。

台湾茶产业的发展策略除了主打特色茶和健康养生茶饮料外，还在茶叶的许多应用方面进行深入挖掘，其多元化发展不仅提供了现代人在日常生活中的其他选择，而且增加了茶叶的销量及享用风味。

二、韩国对科学饮茶的认知与追求

茶文化在韩国历史上一般仅存在于上层社会。在高丽时代，随着佛教文化的兴盛，韩国的茶文化进入全盛时期。在日常生活中，不管是王和贵族、官吏，还是平民百姓都热衷于饮茶。朝鲜时代初期，茶文化同高丽一样盛行，不仅宫中设置茶房、茶时、茶色（茶母的一种），民间也存在男女茶母、茶店和茶市。但是到了末期，由于国家对佛教进行镇压、茶贡苛税的逐渐增加、日本殖民地的侵略以及解放后爆发了韩国战争等原因，使得茶文化在内的大部分民族文化都衰退甚至是消失了。战争结束后，以知识分子与大学生为中心展开了恢复传统文化的运动，韩国绿茶也伴随着政府的文化政策以及饮茶文化发展的影响，抢占先机开始了绿茶的产业化。

20 世纪 70 年代后期，韩国的城市经济高速发展，人们都处于快节奏的工作与生活中，饮茶这样的休闲慢生活方式并未受到大众认可，而略带苦涩味的绿茶也并未受到消费者喜爱，韩国的茶叶行业随之受到负面影响约有三十年光景。80 年代，韩国在经济高速增长的同时，经济和家庭体制改革，原来的大家庭变成小家庭，家庭平均人数明显下降，而实际有收入人数比率则逐步上升。韩国城市家庭月平均实际收入几乎每五年翻一番，随之带来的消费支出相应增加，消费结构也发生很大的变化。其中支出占比明显增加的是文化、教育、娱乐以及交通和通信，食品饮料类的支出占比增加缓慢。

20 世纪 80 年代以前，绿茶对于韩国人而言，只是传统饮料之一。而一场国际学术会议引起了韩国人对绿茶健康功效的认知。1989 年，韩国首次举行“国际绿茶研讨会”，会议中各国学者发表世界各国关于绿茶的研究论文，韩国的消费者开始认知和关注绿茶的健康功效，而绿茶也是自此开始成为健康饮料而非仅仅是传统饮料了。1994 年，韩国创立了韩国茶学会并发行《韩国茶学会志》(Journal of The Korean Tea Society)，发表了不少对茶的科学饮茶方法及健康功效研究等文章，其广泛影响韩国人对科学饮茶的认知。

韩国茶企中影响最大的是爱茉莉太平洋集团，其旗下子公司涉及医药品、化妆品、电子、保健食品、日化用品等数十个领域，同时拥有专业的研发中心。其中，O’sulloc 是爱茉莉太平洋集团旗下历史最为悠久的专门销售茶类健康产品的品牌，是韩国最早在绿茶主题咖啡厅及济州岛 O’sulloc 茶博物馆运营的茶产品。此外，该品牌还致力于茶叶基础知识及茶制品的推广，影响了不少消费者的饮茶习惯，增加了消费者对茶制品的认知。

同时，绿茶产业也受到政府的文化政策以及民间的饮茶文化发展等影响，抢占先机完成了正式的产业化模式。值得一提的是，1986 年，汉城（今首尔）亚运会和 1988 年汉城奥运会开幕前，韩国历经多年摸索出韩国传统饮料茶和饮茶文化的活动多元化方案，最终选定了绿茶作为1988年汉城（今首尔）奥运会指定食品新开发14种品目之一。国家政策的变化也对韩国茶产业的发展起着极大的推动，1995年韩国政府执行地方自治制后，韩国的主要茶产区河东和宝成地区茶产量增加，同时提高茶的消费及饮茶的群体。韩国的绿茶产业自进入到20世纪90年代以来，茶产业在不断地向前发展，从1991至2000年的十年间，种植面积、产量、消费量等均以每年13%～14%的速度持续增长。

在政策的影响下，民间也涌现了一批茶人团体，他们进行了一系列推动茶产业发展的活动。1979年，政府创立了“韩国茶人联合会”；1980年，光州建立了“光州乐茶会”；1983年，“韩国茶艺协会研究”在釜山创立，目的都是为了推动和发展茶叶的饮用，让越来越多的人了解茶、爱上茶。同一时期，韩国各小学、初中、高中都开设了有关茶史和茶道的课程，还在国内9个大学开设了关于茶的选修课，以此在年轻人中推广茶文化。同时，1985年，全罗南道宝城开办了“宝城茶香节”，主要目的是绿茶的推广宣传，包括免费品尝、茶礼示范和茶礼销售等形式。在这一时期，公司和民间团体对韩国绿茶产业的发展起到了很大的推动作用。到了90年代，韩国人民的饮食生活发生了很大变化，饮食习惯和方式也开始受西方影响。随着人均食品占有量的增加，粮食为主的传统食品的消费量逐渐减少，肉类及奶制品消费逐步增加，蔬菜和果品的消费极具膨胀。这种西方化菜单所引发的肉类过量摄取引发了患疾病和肥胖的人群数量增加，大众开始提及并高度关注预防疾病、维持健康与减肥等“健康”的话题。

当西方的咖啡大量涌入韩国市场的时候，绿茶产业仍然持续受到消费者的关注，市场占有率也处在高居不下的状态。数据显示，2004年，绿茶占茶叶市场的90%以上，绿茶逐渐受到众人的瞩目，被誉为“高收入的植物”。政府及茶商大力宣传茶叶的健康功效，消费量也慢慢提高，大企业也开始加入茶叶行业，竞争开始变得激烈。在竞争中为了提高生产率、获取更多的利润，农药和肥料逐步被投入茶园管理中。2007年，某电视台播放了绿茶残留农药对人体的影响研究，报道出绿茶的农药残留是有问题的、对人体是有害的。茶叶农药残留事件使得绿茶丢失了健康饮料的形象，消费者对其的信用度也逐渐下降。除此之外，韩国绿茶消费量逐步下降的原因还体现在消费者对绿茶认识的不足。随着绿茶的品质降低，中国茶的进口量越来越多，获得了韩国大量消费者的喜好。这些年来，为了韩国绿茶产业的发展，韩国政府也在不断地努力中。

现当代社会，各学科领域也有大量关于消费者对健康产品认知的研究，茶也不例外。近代，茶不仅作为饮用，还体现在吃、穿、用等各种形态的应用领域中，与茶叶相关的功能性产品越来越普及，消费者对茶的认知度也随之提高，很大程度上促进了茶产业的发展。从韩国人对绿茶健康功效的认知度排名结果可以看出，韩国人对茶的基本功效普遍了解较多，而对茶在某些专业的健康功效方面的了解并不多，尤其是对茶叶本身的营养价值的认知度较低。这些与目前韩国生产的茶制品有一定关系，大多数茶制品主要添加绿茶粉和绿茶提取物，而消费者仅仅是通过广告和营销人员等途径获取的产品信息，对茶的健康有效成分并不大了解。

韩国人对绿茶健康功效的认知排名

项　目	认知度（%）
对人体有利	93.3
减肥及美容	93.1
预防成人疾病	82.1
是健康产品	81.7
防老化	79.0
传统食品	77.0
绿茶含有预防癌症成分	71.8
绿茶降血压的效果	64.2
绿茶助于清除口臭及防蛀牙	61.7
绿茶显出涩味的成分为咖啡因	60.9
绿茶多含有维生素与无机成分	57.7
绿茶成分具有抵抗病原菌效果成分为儿茶素	57.5
绿茶含有丰富的维生素 C	56.2

（续）

项 目	认知度（%）
绿茶助于增强免疫力	54.8
绿茶含丰富的营养	53.5

消费者对茶的认知度和喜好度是两个概念，两者均受性别、教育程度、婚姻状况和身体状况等影响。就对茶的喜好度而言，女性同样高于男性，研究生以上学历人群更偏好喝绿茶，未婚者比已婚者更喜爱喝茶，年轻群体中有82.4%的人最喜爱绿茶，而年龄越大，其对绿茶的喜爱度也随之下降，50岁左右的人群中仅有52.6%的被调查者喜爱绿茶，健康人群喜爱饮茶率高于其他人群。

就对茶的健康功效的认知度而言，女性要高于男性，高学历者对其认识相对较多，未婚者要高于已婚者，健康人群高于亚健康及疾病人群。从调查结果能反映出，相比于男性，女性更加注重茶制品关于皮肤护理和美容方面的功效。女性对绿茶最关注的功效是清新口气，其次是健康功效、护肤和美容功效；而男性最关注的是其健康功效，其次是清新口气、清香愉悦等效果。

三、日本对科学饮茶的认知与追求

在日本，有这样一句谚语，“睁开眼睛的一杯茶是添福的”。由此可见，茶在日本人的生活中，具有举足轻重的地位。当你来到日本，走近日本人的生活，也许你很快就会体验到茶在日本人生活中的重要地位，甚至可以说是无处不在。当你行走在大街上，几乎所见到的每一台自动贩售机均会售卖含有一种以上的茶饮料，如乌龙茶、红茶、绿茶等，特别是近年来，“无糖、低热量、高营养、纯天然”的标志与茶饮料贴切地结合，更是让作为健康饮料的茶饮料日益受到人们的喜爱；而当你走进日式餐厅、超市或者百货店等购物场所，总可以买到如你所愿的各种可口诱人的茶食品，如抹茶冰淇淋、抹茶面包、抹茶蛋糕等品种丰富、口感多样、价格不一、包装精美、做工精致的各类茶点心，以满足不同消费人群的多样需求。

茶在日本人生活中的普遍存在，由此可见。

（一）日本饮茶溯源

日本的饮茶习惯和茶文化是从七八世纪开始，由日本入唐、入宋的留学僧将茶种、茶具以及茶仪等传入日本，逐步影响并促进了日本茶道的形成。时至今日，日本的喝茶种类与方式，仍然保留着唐宋时期的一些特点。在日本，大多数人仍然喜欢绿茶，同时保留了大量的抹茶，但抹茶在 20 世纪之前主要用于重要场合，比如仪式或者其他特殊功用场合。准备一份好茶，被日本人看作是一种“社会艺术”，所以，它就成了这个国家在家庭、外交、政治以及日常生活中的重要元素。

荣西或者是更早的空海、最澄等日本僧人，从中国带回了茶，这是确立日本饮茶习惯的根源。而荣西所撰写的《吃茶养生记》一书，宣传饮茶益寿延年，对茶的功效、制茶法和饮茶法作了详细的描述，从而奠定了日本饮茶文化的基础。

（二）日本饮茶分类

日本国内人口约 1.3 亿，绿茶人均消费量约为 700 克，红茶和乌龙茶人均消费量各 150 克左右，可见日本国内的茶叶消费市场非常巨大。

日本是世界绿茶主产国之一，国内绝大部分茶园均产绿茶；但同时，日本也是世界茶叶消费大国，每年的茶叶消费量高达 1.5 亿千克左右，其中以绿茶、红茶和乌龙茶为主，此外还有相当数量的速溶茶。虽然其绿茶消费量约占全国茶叶消费量的 75%左右，但近年来对红茶及乌龙茶亦显示出持续旺盛的需求。日本绿茶消费主要通过国内生产供应，而红茶和乌龙茶则主要依赖于进口。

日本茶叶几乎是清一色的蒸青绿茶，只是依据档次不同从中分出玉露、玉绿、抹茶、番茶、煎茶、焙制茶、玄米茶等。由于日本茶叶有其独特的风格，主要以供应本土消费为主。目前，日本消费的茶叶以绿茶、乌龙茶为主，且随着茶饮料和茶食品的需求量不断增加，品种日趋多样化。日本消费的绿茶主要是日本国内生产的，如伊藤园的抹茶、煎茶等，每年的需求增长明显；乌龙茶则是中国的特有品种，日本主要是从中国进口乌龙茶，然后加工成茶饮料，乌龙茶在日本茶饮料市场约占 20% 的份额；袋泡茶、速溶茶等产品占日本茶叶市场份额 16% 左右。

下面，着重介绍日本煎茶的加工工艺与冲泡方式，如下：

1. *加工工艺*　采收后的鲜叶被立即送入制茶厂，由鲜叶贮存机贮存。鲜叶在加工之前，保存在贮存机内高湿低温的条件下达 3 ～ 8 小时，然后进入加工工艺。

（1）蒸青：蒸青是蒸青绿茶加工的第一道工序，目的是利用蒸汽热抑制鲜叶中氧化酶的活性，以获得蒸青绿茶特有的色、香、味品质，是做好蒸青绿茶的主要环节，该工序是由蒸汽杀青机完成的。

（2）除湿：蒸青叶带有较多的水分，往往相互黏连，结成团块，需在揉捻前除去部分水分，松散叶片。除湿是在蒸青叶送往初揉机的过程中完成的，叶片在输送带上受到热空气作用，降低了叶片的含水量。

（3）粗揉：粗揉主要是初步去除叶片水分，揉出茶汁，形成条索圆紧的初步工艺，由初干揉捻机完成。

（4）揉捻：揉捻能弥补粗揉的不足，使水分重新分配，进一步紧缩茶条，同时损伤叶片细胞，便于冲泡。

（5）中揉：中揉能进一步除去叶内水分，解散团块，理条整形。

（6）精揉：精揉是加工煎茶的关键工艺，主要是进一步整理外形，去除水分，形成煎茶特有的外形要求。

（7）烘干：烘干是煎茶制作的最后一道工序，主要是固定茶叶条索，发展茶叶的色、香、味品质。

（8）整理：烘干后的茶叶经冷却后，要进行适当的整理。由于日本劳动力成本高，茶叶采收大多采用机械，因而茶叶中有时会带有一些较老的筋梗。因此，烘干后的茶叶要经过简单的筛分，以去除筋毛、老梗。最后，就是包装入库。其中，深蒸煎茶比普通煎茶的蒸青时间通常要更长。

2. *品质特征*　普通煎茶的产品外形为针状，青草香，色泽深绿，滋味清爽；而深蒸煎茶的产品外形绒毛少，色泽绿中带黄，汤色深绿，滋味浓厚。

3. *冲泡手法*　准备茶叶 2 克，温度 70℃的热水，热水量 70 毫升，浸泡时间 1 分钟。

冲泡流程：将煮沸略降温的热水注入茶杯约八分满——用茶匙轻舀适量茶叶放入壶内——将茶杯里的热水全部注入壶内——盖上茶盖静置 1 分钟，让茶叶充分受热——将茶汤少量注入杯里——倾倒时应滴干最后一滴。

冲泡第二遍时的水温应比第一遍高（85 ~ 90℃），而浸泡时间应短一点。

另外，再介绍一下抹茶的冲泡方法：

（1）温碗——先把茶碗连同茶筅一起用开水烫过。

（2）调膏——碗里放入 2 克抹茶，先加入少量的水，把抹茶调成浆糊状，这样可以防止十分细腻的抹茶产生抱团的现象。

（3）点茶——用茶筅按照 W 的轨迹贴着碗底前后刷搅，使之拌入大量的空气，形成浓厚的泡沫。

日本茶道把比较浓厚的抹茶（4 克抹茶加入 60 毫升的水）称为“浓茶”，把比较少的抹茶（2 克抹茶加入 60 毫升的水）称为“薄茶”。

（三）日本饮茶特点

日本消费者在选购茶叶时，很关心茶对人体健康的利弊，除注重滋味、香气以外，就是茶的安全性。日本的茶叶消费方式主要有两种：一是直接冲泡，包括传统泡茶、袋泡茶等；二是茶饮料，如灌装茶。而饮茶的目的，一般是为了在家里随时随意喝茶、作为保健饮料喝茶、接待客人、品尝滋味等。

调查表明，日本家庭消费的茶产品中，近年来绿茶茶叶支出额呈现减少趋势，而茶饮料支出额则急剧增加。绿茶家庭内消费量的减少，折射出最近几十年日本人生活环境和生活方式的变化。受生活节奏加快以及可选方式多元化等因素的影响，日本的传统饮茶方式受到了较大程度的冲击，方便、省事成为众多消费者考虑的主要问题。这样的结果是人们的饮茶方式从泡茶变成直接饮用茶饮料，用大量的进口绿茶原料生产加工的茶饮料和简便性茶商品（包括速溶茶和袋泡茶等）受到了消费者的欢迎。

根据伊藤园调查结果，部分日本人的消费方式跟季节（气候）有关系。天气不热的条件下，保持以日本绿茶为主的饮茶生活；天气热了，则换以麦茶为主。因此，两期中的销售茶类结构有很大的特征，春夏，以麦茶和日本绿茶为主；秋冬，则以日本绿茶为主，一年中简便性日本绿茶和中国茶占有一定的销售比率。

（四）日本茶饮料发展

自20世纪90年代初开始，日本即饮茶市场持续扩张，增长迅速，主要的茶饮料是绿茶和乌龙茶。特别是自2000年以来，绿茶饮料的消费量一直保持了较高的增长速度。年轻人冲泡茶的饮用频率越来越低，饮料的饮用频率却越来越高。一个民意测验表明，25岁以下年轻人中每天喝茶饮料的为1/4。这是因为随着生活节奏的加快、生活的简单化和加工技术的提高，品质较高的新型茶饮料不断推出，直接导致日本的绿茶消费额呈现减少趋势，而同期茶饮料消费额则持续增加。特别值得注意的现象是，年纪越轻的消费者，其茶叶消费量减少得更多。

尽管面临着来自各种各样其他饮料的挑战，但日本国内对茶饮料的需求量仍然保持着相当的上涨幅度，茶饮料占全国饮料市场31%～32%的份额。饮茶有益健康，是日本茶叶之所以有如此重要地位的一个主要原因。日本进口的大部分散装茶，通常在国内加工成茶汁，然后包装成罐装、PET瓶装或覆膜纸盒包装产品。有调查表明，日本除了传统的茶叶制品外，用乌龙茶、绿茶、红茶、花茶为原料加工制成的茶饮料，目前销量已超过矿泉水。

茶饮料风格各异，同一茶类饮料风格也不一样，但除了红茶以外都是无糖茶。乌龙茶饮料在日本的销售始于20世纪80年代，经过多年的发展，已经成为日本居民生活中重要的茶饮料之一，在日本茶饮料市场约占20%。由于乌龙茶没有甜味，回味清爽，使用天然原料，不染色，在日本得到各阶层消费者的欢迎。日本市场上乌龙茶饮料的原料茶叶均为从中国进口。自1981年伊藤园和三得利两家公司开始推出灌装型后，乌龙茶饮料开始在日本普及，此后销量逐渐增加。据日本有关机构的研究，乌龙茶能够减少人体中造成动脉硬化的恶性胆固醇，同时能够增加良性胆固醇，并能激活分解中性脂肪的酶，其突出的健康功效是吸引日本消费者的主要原因。

日本人的确把“健康”融入了生活，尤其融入了饮食。除了在吃上做到“少量、少肉、少油、少盐”外，日本人在“喝”上也力求健康。在日本电通公司的一次调查结果发现，在选购健康饮料时，日本人最为看重的三个方面分别是能否起到保健效果（66.4%）、是否天然（54%）和安全性(48.4%)，而无糖茶饮料、牛奶、酸奶、乳酸菌饮料是比较受欢迎的，而碳酸饮料在日本却遭受“冷遇”。这在很大程度上也反映了日本人对于茶饮料作为健康饮料的认可度。

四、美国对科学饮茶的认知与追求

自 20 世纪以来，美国在少数地区建有茶园，但还谈不上是一个茶的生产国，但却是茶的消费大国，对茶保健品的开发与利用，也走在世界前列。

（一）美国茶叶市场发展趋势

近几十年来，美国的茶叶消费始终保持蓬勃的发展态势。美国人早上起床多喝咖啡以提神醒脑，然而茶逐渐侵占咖啡市场却是不争的事实。如果说咖啡是 20 世纪 90 年代的生活时尚饮料，那么茶凭借自身特有的保健和风味优势，有望取代咖啡成为 21 世纪的主流饮料。根据 Tea Council of the USA 的统计，自 1990 年以来，美国茶市场（包括茶叶、茶包、茶饮料、特制茶如花草茶）销售金额自 1990 年的 18 亿美元爬升到 2003 年的 50 亿美元，增长将近 180%。其中单是即饮茶就占 66%，且仍在迅速成长。2011 年美国国内的茶叶总交易额为 82 亿美元，是 1990 年的 4.5 倍。据国际贸易中心（International Trade Centre）及美国茶叶协会（Tea Association of U.S.A. Inc.）的统计，2014 年美国进口了大约 2.85 亿磅（约 13 万吨）的茶叶，进口量首次超过英国，成为世界上茶叶进口第二大国，2016 年美国红茶和绿茶进口量约为 288 百万磅（约 13.08 万吨），进口额约为 120 亿美元，排名仅在俄罗斯之后。红茶是美国进口的主要茶叶，占其进口量的八成左右。虽然目前美国人均茶消耗量仍较低，但消费者对茶的兴趣逐渐增加，目前茶馆数量有 1 200 ~ 1 500 家，甚至连星巴克也步入茶行业。2013 年 10 月 24 日，星巴克第一家茶瓦纳茶吧在纽约曼哈顿开张；不久之后，第二家店也在西雅图开张。星巴克从卖咖啡转为卖茶，背后的原因是美国持续增长的茶饮消费市场。美国《广告时代》数据显示，2003—2013 年 10 年间，美国人对咖啡消费量仅增长 1.9%，而对茶叶的平均消费量则增长了 22.5%。美国茶叶协会的数据也显示，在过去 5 年里，对茶叶抱有兴趣的美国人增长了16%。由于星巴克咖啡在多个地区的市场已饱和，星巴克争取在价值900亿美元的茶饮市场中抢占一席之地。

全美各地，如今正积极进入种茶与制茶的试验中，此外，也成立许多相关的联络网路与团体，通过彼此交流促进相互成长。目前已有十多个州正尝试种茶，并朝商业化农作物方向努力研发改良。阿拉巴马州、加州、佛罗里达州、夏威夷、路易斯安那州、密歇根州、密西西比州、纽约州、俄勒冈州、弗吉尼亚及华盛顿等区，已进行茶树培植计划，甚至已有数个区域培育成功。

（二）美国对健康饮茶的认识

美国拥有7 600万名婴儿潮人口，身体健康对逐渐老化的他们尤为重要。这群抗氧化意识颇高的消费者将是重振美国茶市场的关键。问美国人为什么喝茶，十有八九答案会是因为饮茶健康。对茶叶健康功效的认识与普及是近年来促进茶叶消费在美国蓬勃发展的主要动力。随着相关研究成果相继公布和以此为主题的活动陆续开展，越来越多的消费者意识到茶叶在抗氧化、控制体重、对抗疾病等多方面的健康功效。大多数美国人对于茶叶保健功效的认知主要针对所有茶叶，不会根据茶类进行区分，认为不同的茶类具有相似的保健功效。同时，媒体也在这方面起到了很大的推进作用，多家报刊、电视、网络媒体对茶与健康的报道扩大了这一观点的普及面，这极大地促进了茶叶消费。

近年来，随着绿茶保健功效逐步揭示，美国又掀起了“中国绿茶热”。绿茶及其相关产品的交易额从1990年2 000万美元攀升至2011年的15亿美元，增长速度备受瞩目。美国国家卫生部和有关团体还专门召开“茶与健康”的国际学术会议，举办中国茶文化周和中国茶文化研讨会，在纽约还成立了全美国际茶文化基金会，从事茶文化的宣传与中美茶业交流的协调与组织工作。许多著名大学都举办中国茶专题讲座，有的还投入巨资进行茶叶保健作用的基础理论研究。

但是，美国仍有部分消费者对于茶叶的保健功效持有保留意见。一方面，他们认为茶叶的保健成分虽然已经有了一定的研究成果，但是缺少临床数据的支撑，对人体的作用难以量化。另一方面，就是近年来发生的茶叶食品安全事件造成了消费者的隐忧。健康茶的前提是安全茶，一个产品一旦有了食品安全方面的问题，再多的附加功效都将归于零。除了同茶叶生产国进行沟通外，美国将更多茶叶食品安全的工作重点放到标准的制定上。

（三）美国饮茶习惯

美国是全世界最大的冰茶消费国，大约85%的茶是以冰茶的形式消费的。美国南部人民相较而言更爱喝茶，美式饮茶喜欢加入糖、蜂蜜、牛奶，89%的美国人在家中饮茶，48%的消费者选择在餐厅消费茶品，还有29%的人在工作场所饮茶。如今非家庭用茶的销量也在不断地上升，主要原因是因为餐馆开始售卖冰茶，一些餐馆开始使用冰茶来替代以前的冰水。西部的美国人比其他区域的更愿意喝绿茶。研究发现，以前茶的主要消费群体是女性，但现在爱好饮茶的男性越来越多。

新兴消费群体已经改变了游戏的规则，千禧年出生的人他们对健康很有意识，他们愿意在网上、社交网络上获取信息，希望能从饮料中汲取营养，获得健康。这促使很多茶叶商家提升包装的精美程度，创新口感更佳丰富的茶品来吸引这些年轻的消费者。根据调查公司YouGov的调查，美国人喝茶的爱好与年龄成反比，年龄越轻爱喝茶的人越多。以不同年龄组划分来看：

18～29岁：偏好喝茶的占42%，偏好喝咖啡的占42%。

30～44岁：偏好喝茶的占35%，偏好喝咖啡的占50%。

45～64岁：偏好喝茶的占28%，偏好喝咖啡的占62%。

65岁以上：偏好喝茶的占21%，偏好喝咖啡的占70%。

很显然，喝茶在30岁以下的年轻人中已经蔚然成风，不但可以与喝咖啡分庭抗礼，而且还有超过喝咖啡的趋势。YouGov的调查显示30岁以下的人中，有27%的人表示只喝茶不喝咖啡，只有18%的人表示只喝咖啡不喝茶。

虽然美国人逐步开始喜欢喝茶，但其习惯与中国人的喝茶习惯不同，大致可以归纳为以下几个特点：

(1) 喜欢喝冰茶的人占绝对多数，喝热茶的只占少数。根据美国茶叶协会的统计，85%的茶消费是冰茶。

(2) 喜欢喝红茶的占绝对多数，84% 的茶消费是红茶，14% 是绿茶，另外 1% 为白茶、乌龙茶及黑茶等。不过，最近这 10 年绿茶的消费正在增加，其增长速度比红茶的增长速度高出 60%。

(3) 袋装茶是茶叶的主力，77% 的茶叶消费使用袋装茶，散装、热泡茶的消费还没有成为人们的饮茶习惯。

五、南亚各国对科学饮茶的认知与追求

南亚次大陆受地理位置、气候条件和历史因素影响，饮茶之风盛行。

（一）印度

印度饮茶受英国的影响，这是文化层面上的原因；从经济的角度上来讲，印度是茶叶生产大国，即便是最穷的人也能负担得起茶叶消费，人人喝茶自不足为奇。印度人喝的是添加了各种香料、姜、牛奶以及白糖的热奶茶，有人认为印度十分炎热，却每天喝那么多热饮，这很奇怪。事实却恰恰相反，印度人就是因为天气热才喝热奶茶的，一杯热腾腾的奶茶可以激发人体自身的散热机制，使人出汗，抵抗炎热。

印度人将茶视作一种非常健康的饮料，与印度传统的养生之道阿育吠陀十分契合，经常饮用可以增强抵抗疾病的能力并且有益于延长寿命。印度茶叶研究协会（TRA）也对茶的生化成分和药用价值进行了大量研究，认为茶可以预防冠状动脉心脏疾病、高血压、高血糖和龋齿，具有抗病毒和杀菌活性，其重要的活性成分多酚可以发挥抗癌和抗诱变的作用。

（二）斯里兰卡

与印度一样，斯里兰卡的饮茶风气受到英国的影响，同样因为斯里兰卡是产茶大国，百姓能够消费得起茶叶，几乎人人饮茶，他们的饮用方式同样也是加奶加糖。斯里兰卡茶叶局和茶叶研究所还刊印了《茶与健康》的小册子，向人们普及喝茶的益处以及科学饮茶的方法，这个小册子在许多卖茶商场均可以自由获取，也有少量关于茶与健康的书籍出售。

在斯里兰卡，茶叶的饮用价值体现在以下几个方面：帮助人们摄入足够的身体需要的水分；为人们提供营养物质如糖分、氨基酸等；为人们提供功能物质如咖啡因、茶多酚等，用于调节身体机理；为人们补充各种维生素和矿物质。至于如何科学饮茶，斯里兰卡国内对于喝茶是否会引起缺铁进行了深刻的探讨。茶叶研究所官方给出的答案十分有意思。饮食中铁的来源主要是鱼肉、豆类和叶类蔬菜，鱼肉中含有的是血红素蛋白，容易被人体吸收，而素食里的铁是非血红素蛋白，不易被吸收。首先，喝茶对摄入血红素铁是没有影响的，而且铁的吸收可以由肉类里其他成分或者维生素 C 促进，所以饮食均衡的话一般不会出现缺铁的症状。其二，多酚类物质确实可以和非血红素铁络合降低其利用率，但是不仅是茶，许多食物里基本都含有多酚。其三，通过在茶里添加酸橙、柠檬汁，或者牛奶，都可以提高非血红素铁的利用率。我们可以从中得到启发，单一地论茶叶某一方面的作用或者伤害都是不可取的，保持均衡的饮食才更加重要，茶叶是很好的调节剂。

斯里兰卡茶叶研究所同样对茶叶里的各种成分及其功能进行了深入的研究，受到日本的启发，也尝试利用这些作用开发出了一些高附加值的茶产品。对斯里兰卡而言，开发茶叶新产品主要有两个目标，一方面通过增加附加值实现收益提升，另一方面则需要新产品来吸引不同的消费者，尤其是年轻一代通常不会被吸引到传统的饮茶方式。目前主要研究的方向有：①改进工艺生产速溶红茶；②优化茶浓缩液和茶味饮料的工艺；③提取茶多酚并商业化运用；④从茶渣里提取蛋白；⑤利用茶浓缩液生产其他茶产品；⑥利用废茶生产能源等。

（三）巴基斯坦

巴基斯坦气候炎热，居民多食用牛、羊肉和乳制品，缺少蔬菜。因此，长期以来养成了以茶消腻、以茶解暑、以茶为乐的饮茶习俗，茶成了巴基斯坦饮食中消费最多的饮料。巴基斯坦为伊斯兰国家，酒是被禁止的，在茶进入巴基斯坦前，也没有类似可乐这样的解暑饮料或者咖啡这样的提神饮料占据市场，茶慢慢变成主流也就容易理解了。另一方面，茶进入巴基斯坦人民的生活后，给了家庭成员每天相聚在一起交流的机会，维护了家庭的价值，越来越得到巴基斯坦民众的认可。巴基斯坦人民对茶叶最认可的价值是它的提神功能，比如联合利华在巴基斯坦茶叶市场占有额很大的一个品牌Brooke Bond，其主打茶叶A1口感十分浓强，它在营销时重点宣传的就是能使人的身体和精神都焕然一新，有足够的能量应对生活中的挑战。巴基斯坦国内虽然也生产茶叶，但是远远满足不了需求，需要大量从国外进口茶叶，其最大的进口国是肯尼亚。巴基斯坦饮用的同样也是添加了香料和牛奶的奶茶。

巴基斯坦对茶叶的健康作用也进行了一些研究，茶叶协会也积极向民众普及科学饮茶的知识。让人们了解茶叶中富含清除自由基的抗氧化物；能降低胆固醇和血糖水平，预防糖尿病；还可以预防心脏病和中风，减轻患者消化系统相关癌症的风险。针对茶叶中的咖啡因，巴基斯坦茶叶协会对不想摄入过多咖啡因的人群提出了一些建议，比如冲泡叶茶而不是茶包，或者倒掉热水冲泡的第一泡，或者饮用咖啡因含量少的绿茶。巴基斯坦对瓶装或灌装茶饮料十分谨慎，因为它们虽然十分方便，但是添加了大量的糖分，而且经常是由不含有抗氧化成分的劣质茶叶加工而成，还可能添加防腐剂以延长货架期。

六、非洲各国对科学饮茶的认知与追求

在非洲所有茶叶生产国中，肯尼亚占着绝对的领先地位，其饮茶习惯也在很大程度上能够代表非洲大陆。肯尼亚的饮茶习惯继承自英国，但是饮茶方式却深受印度影响，饮的是加牛奶、白糖和各种香料的奶茶。除此之外，北非国家摩洛哥习惯于加薄荷的绿茶，它也是中国绿茶最大的出口国；埃及人喜欢饮加白糖的甜茶（红茶）。这里主要介绍肯尼亚和摩洛哥两个国家对健康饮茶的认识以及对茶的利用。

（一）肯尼亚

肯尼亚既是非洲最大的茶叶生产国，也是最大的茶叶出口国，饮茶风气十分盛行。有人认为茶是肯尼亚最重要的饮料，但也有人持不同意见，认为肯尼亚的国酒Tusker是最重要的饮料，但不管怎样，茶已经融入了肯尼亚人的生活中。除了解渴解暑、消脂解腻、提神醒脑的功效外，肯尼亚人最看重的是茶叶的抗氧化功用。目

前肯尼亚对茶的研究重点是放在紫茶的研究和利用上，比较看重其助消化、减肥、抗衰老、润肤和清除自由基的作用。肯尼亚人喜欢饮奶茶，在他们心中，没有加奶和加糖的茶都不算茶，只有贫穷的人家因为买不起奶和糖才喝清茶。但是，肯尼亚茶叶研究基金会现在开始向老百姓推广穷人饮茶方式，因为研究表明茶中加奶、糖或者蜂蜜会降低茶叶的健康价值。

肯尼亚主要生产的是 CTC 红茶，大部分出口到国外，其中有 95% 都是以非商标的形式出口，然后和其他国家的茶叶拼配销售。目前肯尼亚茶业已经面临十分严峻的挑战，产品单一，且产能过剩。解决办法是通过增加茶叶的多样性和增加茶叶附加值来使产值提升。已经有越来越多的茶叶企业在生产传统茶，也就是叶茶。肯尼亚也在努力打造自己的茶叶品牌，希望增加包装好的非原料茶的出口比例，提升茶叶价值。至于茶叶深加工产品的开发，虽然肯尼亚茶叶研究所也在研究茶叶里的各种生化成分，但还没有把重点放到开发深加工产品上来。

（二）摩洛哥

摩洛哥人生活，一天也不能没有茶叶。茶对于摩洛哥人的重要性仅次于吃饭，他们喝的主要是绿茶。摩洛哥人一般每天至少喝三次茶，多的可达十多次。除少量茶叶是在其北部丹尼尔地区生产外，其余 98% 都是从中国进口。

摩洛哥当地人喜欢喝浓茶，不仅量大，且糖加得多，最后再放入几片薄荷叶；除了薄荷叶，有时摩洛哥人也会添加一些其他的香草。当地的糖是用甜菜提炼的，摩洛哥人认为，只有当地产的糖，才能泡出最好的摩洛哥茶。至于摩洛哥饮茶为什么要添加薄荷叶？当地人解释说：茶叶使人兴奋，而薄荷是安神的，两者相加刚好起到了中和的作用。

摩洛哥人还认为喝薄荷绿茶能对身体的很多方面都有好处：可以通过刺激肠道缓解消化不良、胃灼热和肠道易激综合征；有着强大的抗氧化性，可以有效预防癌症；抑菌效果好；可使呼吸道通畅，并缓解各种鼻塞、头痛、感冒症状；可以起到镇静的作用，缓解肌肉痉挛和扭伤等造成的轻微疼痛；可对抗口臭；可作为有效的血液清洁剂；可补充维生素、胡萝卜素、矿物质等人体需要的成分。

七、欧洲各国对科学饮茶的认知与追求

据考证，欧洲人最早记录茶的书为赖麦锡的《航海记集成》，书中记载了中国当时的饮茶盛况，描述中国人到处都在饮茶，饮茶能治疗热病、胃病，而且能治疗痛风。在茶初入欧洲的一段时间，欧洲人对茶的认识主要集中在茶的药用价值。随着时间的推移，对如何认识茶、利用茶有了更深刻的认识。

（一）荷兰对科学饮茶的认识

茶叶作为一种重要的贸易商品，在中国的贸易发展史上扮演了重要角色。同样，得益于新航线的开辟，茶叶得以以商品的形式进入荷兰。1780 年，饮茶之风才开始在荷兰普及；至 19 世纪，茶才成为一种大众饮料。如今，饮茶已成为荷兰人民日常生活的重要组成部分。

1. *荷兰对茶叶传播及科学饮茶所起的作用*　荷兰自身不产茶叶，通过贸易输入成了荷兰获取茶叶的主要方式，商业公司在这一过程中扮演了重要角色。在 17 世纪初至 19 世纪末荷兰东印度公司在荷兰垄断了荷兰的茶叶贸易，专职经营茶叶贸易。此后数年间，贸易公司在荷兰茶叶发展中起了重要的推动作用。当然，荷兰高校等科研机构在促进荷兰人民接受茶叶的过程中提供了重要的科研依据。如莱顿大学的科研人员在茶叶进入荷兰初期即对茶叶进行研究，论证了茶叶的药用价值。

2. *荷兰对科学饮茶的认知路径*　茶叶是作为药用植物被引入荷兰，在 17 世纪初，荷兰已经有记载中国和日本茶的书籍，指出茶叶可以药用，能增强人体健康，减少身体疾病。所以茶叶引入荷兰初期仅在药店售卖，许多医生、科研人员等开始进行一定的科学研究并出专著普及茶叶的药用价值。如荷兰著名医生尼古拉斯著述《医学观察》，认为饮茶可以有效预防当时的各类流行疾病，因此极力推荐人们饮茶。这一超前的观点已被现在越来越多的流行病学研究所证明，饮茶能够预防流行疾病、增强人体健康。这些科学知识的普及逐渐打消了人们对于茶叶的质疑，茶叶开始进入荷兰的上层社会，上层社会生活方式的引领加之茶叶价格的下降使得普通人群有意愿和能力购买茶叶，茶叶开始成为荷兰千家万户重要的日

常消费品。现今，因追求快捷的生活方式，荷兰市面销售的茶叶有70%为袋泡茶，本土的荷兰人多喜将红茶与糖、牛奶或柠檬调饮，而旅居荷兰的阿拉伯人喜欢喝薄荷绿茶。这种将其他成分与茶调和饮用的方式使茶的品饮多元化，是一种颇具民族和地域特色的饮茶方式。

（二）英国对科学饮茶的认识

茶叶在17世纪30年代通过荷兰传入英国。最初时，茶叶在咖啡馆进行售卖，很多医生也推荐人们饮茶。咖啡馆是人们交流信息的地方，只准男性进入，所以初期茶专供男性使用。当时宣传茶是一种良药，具有巨大的药用价值。因开始输入的量少而成为奢侈品。17世纪中，葡萄牙公主凯瑟琳嫁于英国王查理二世，将饮茶习惯带到英国皇室，自此，英国上层社会开始饮茶。至18世纪中期，饮茶习惯已在英国社会各阶层普及。

1. 英国对茶叶传播及科学饮茶所起作用 茶在英国的传播离不开英国东印度公司，在早期，荷兰东印度公司垄断了茶在英国的销售，随着英国东印度公司的发展，大量来自中国、印度、日本的茶叶经英国东印度公司传入英国，茶叶价格大幅下降，底层人民也能够消费得起茶叶。此外，1890年成立的立顿公司对茶在英国乃至全球的传播起到了重要的推动作用。其推出的立顿红茶风靡全球，在联合利华收购立顿后，研发出更多迎合各类消费者的产品，其打出的“从茶园直接进入茶壶的好茶”“活力、美味、天然”等广告词用简洁的方式使茶的健康形象深入人心，有力促进了茶的消费。

英国也具有专业的茶叶行业组织来规范整个茶行业的健康发展。英国茶叶协会是由茶叶包装商、购买商、生产商等组成，主要代表会员企业与政府部门、贸易法规制定或执行部门保持联系，处理有关茶叶来源、推销、包装等问题；其技术方面主要依靠英国茶叶贸易技术委员会；在茶叶的市场促进方面则与成立于1996年的英国茶叶委员会关系密切，英国茶叶委员会由茶叶生产国联盟和英国茶叶包装商组成。这样，从茶叶的源头到茶叶的最终消费，这几个协会之间的协作共同促进了茶在英国的传播和普及。

2. *英国对科学饮茶的认知路径* 茶的传入深刻改变了英国人的饮食结构和消费文化，茶叶传入之前人们多饮咖啡和啤酒；之后，英国在午餐和晚餐之间加了一个下午茶，在传统的消费文化基础上又增加了一种下午茶的新方式。每日的下午茶不仅促进了英国人的身体健康，也给人们提供了放松精神的新消遣方式。

英国人多饮红茶，主要原因有三：首先，早期茶叶通过海路运往英国，运输周期长，红茶属于发酵茶，存放期长。英国的气候湿冷，红茶性暖，恰好适合英国人的体质和生活环境。其次，英国人民主食多食用面包、奶酪、肉等酸性食物，从科学的角度来说，红茶日常饮用能平衡传统的饮食结构。第三，红茶与其他各种食料的兼容性好，在红茶中加入奶或者糖可以使茶变成一种综合性的饮料，既能解渴也能补充营养。

（三）德国对科学饮茶的认识

德国本身不生产茶叶，国内的茶叶都依赖进口，最早也是经由荷兰传入德国的。在17世纪50年代，与荷兰接壤的德国东弗里斯兰地区最早接触茶，逐渐兴起了饮茶之风。21世纪开始，德国市场上约80%的茶叶为红茶，绿茶处于从属地位。

1. *德国对茶叶传播及科学饮茶所起的作用* 德国传统的饮料是啤酒和咖啡，茶叶初始进入德国也是在药店进行销售，人们对茶叶的接受度不高，主要是消费啤酒和咖啡。对茶叶普及起较大作用的是德国的茶叶贸易公司。这些贸易公司选择优质的原料，制作成纯味型、熏香型、红绿茶混合型等各种不同的种类，满足不同口味人群的需求，茶叶开始被大众逐渐接受。此外，德国茶叶协会也对茶叶在德国的传播促进民众科学饮茶起了巨大的推动作用，德国茶叶协会会定期收集茶叶销售公司的茶叶检测数据，对茶叶的农残状况进行监控，同时一直与茶叶贸易商、生产商及科研人员交流，以保证人民喝到优质的茶叶。

2. *德国对科学饮茶的认知路径* 德国人民一向以严谨著称，其对科学饮茶的认识也经历了从药用向日常饮品过渡的过程。德国人目前市场上既有袋泡茶，也有散茶，袋泡茶的销量要远高于散茶。德国人饮用散茶与其他国家不同，喜欢只喝茶汤，不喜欢在茶汤中看到茶叶，所以，德国人多用壶泡法冲泡散茶，冲过水的茶叶用完即倒掉，缩短茶与水的接触时间。这种特殊的品饮方式从很大程度上促进了袋泡茶的产生和发展，同时由于得益于德国强大的工业实力，其在茶叶生产加工设备的研制方面一直处于世界领先地位。德国的 TEEPACK 公司最早发明了双囊袋泡茶这一经典包装样式，TEEKANNE 公司则在 1965 年左右建成了世界上第一条全自动的袋泡茶生产线，其公司生产的上千种细分茶产品有 85% 以上是双囊袋泡茶的形式。同时由于德国花草茶产业的发达，现在市面上也出现了很多各种拼配茶的袋泡茶产品。由上可知，德国人对待饮茶一直遵循着品种健康、简洁、多样化的原则。

（四）俄罗斯对科学饮茶的认识

俄罗斯饮的茶最早是从中国输入。后来，越来越多的茶叶经中国通向蒙古和西伯利亚的驼道而进入俄罗斯。如今，俄罗斯已成为全民饮茶之国。

1. 俄罗斯对茶叶传播及科学饮茶所起的作用　俄罗斯的政府部门、茶叶公司、茶叶组织、医学等科研工作者对茶叶在俄罗斯的传播及引导科学饮茶方面起了重要作用。与诸多国家一样，茶最初在俄罗斯流行是作为有医疗效果的饮品。事实上，“茶”这个词本身最初出现在俄语中是在 17 世纪中叶的医学文献中，例如在《俄罗斯医学史鉴》中记录道：“干茶，色微红——三撮一堆。”1665 年，患胃痛的阿列克谢·米哈伊洛维奇成功地由宫廷御医莫伊洛·卡林斯用茶叶汁医好。从现代医学观点来看，茶叶中的有效成分，特别是茶多酚和茶色素对多种易失调的胃肠道菌群有明显的抑制作用，因而茶叶对诸多肠胃道疾病具有防治作用。俄国最早报道了红茶菌对肠道菌群平衡的作用，红茶菌是由酵母菌、醋酸菌和乳酸菌共生发酵茶和糖形成的，据称它可治疗头痛和胃病，尤其能调节军队中因生活习惯导致的肠功能紊乱。有趣的是，根据波赫列布金的著作《茶》，“十月革命”时期，在红色统治区，茶叶有很多，而且常常免费发放，比如在军队或在生产队中；而在白色统治区，相反的，没有茶叶储备，饮茶的传统也不是很根深蒂固，深受缺茶之苦。他们喝伏特加，因此也就输掉了战争。战后，茶的健康功能逐渐深入人心，官方禁止饮酒，同时为军队和工业企业工人们免费提供茶叶，并成立了“茶叶中心”，专管分发没收自茶叶贸易公

司的茶叶。随后，阿纳谢乌尔茶叶、茶叶工业和亚热带文化科学研究院等茶叶研究机构相继成立，苏维埃俄罗斯经历了“茶叶”的春天。

2. 俄罗斯对科学饮茶的认知路径　俄罗斯人从 17 世纪开始饮茶，到 19 世纪开始盛行，主要饮用红茶，因俄罗斯人口味偏甜，多喜欢在饮红茶时加糖或者蜂蜜，近年来，欧洲逐渐掀起了倡导健康生活方式的潮流，人们也逐渐学习如果更科学地饮茶，因绿茶具有降血脂、清肠胃等保健功效，俄罗斯人也开始饮用绿茶。茶品市场格局也发生了变化，绿茶在俄罗斯的市场份额已达到 8%。在绿茶潮流的推动下，越来越多的俄罗斯人也开始尝试中国的乌龙茶。另外，消费者口味是影响茶品市场的一个重要因素，随着人们健康理念和生活方式的变化，饮茶习惯也出现了时尚化趋势，现在越来越多的人开始接受花茶、果茶、减肥茶等。

第四节　茶叶健康制品

饮茶有利身体健康已为世界所公认。茶叶健康制品属原生态、纯天然制品之列，不但有丰富的营养成分，而且有许多有效的保健功能，即便在科技发达、保健制品众多的今天，仍然广泛为世界各国所应用，特别是茶中含有的某些特有成分和功效，是无法为其他健康制品所能替代的。

一、韩国的茶叶健康制品

韩国 20 世纪 90 年代后，随着经济收入的增加，消费者对食品健康的意识逐步增强，饮食习惯也开始受西方影响发生了很大变化。以粮食为主的传统食品消费逐渐减少，而肉制品与奶制品的消费增加，同时带来了很多肥胖、糖尿病、心血管等疾病。因而，茶作为含多种功效的健康饮料应用于各产业。

目前，韩国本土的茶树品种大部分为日本引进的绿茶适制性强的茶树品种，与其茶制品是以添加绿茶粉或绿茶浓缩液为主的产品密切相关。

1. 保健品　随着社会发展和生活水平的提高，人们对保健品的要求也越来越高。

保健（功能）食品是食品的一个种类，具有一般食品的共性，能够调节人体的机能，适用于特定人群食用，但不以治疗疾病为目的。目前，含茶保健品是以茶叶或茶叶提取物为主要原料之一的功能产品，常见的保健功能有"降脂和减肥""辅助降脂和通便""缓解疲劳"和"增强免疫力"等。所利用的保健成分有茶叶（包括绿茶粉）和茶叶提取物（包括儿茶素、茶多酚、茶色素等），其降低脂肪酸抑制脂肪吸收，干扰脂肪酸形成的特性，有利于降低体内脂肪、降低血脂、治便秘、抗癌，并且具有抗老化、减肥、促进新陈代谢和抗氧化等功效。

▸ 韩国含儿茶素保健品

2. 茶食品　绿茶也作为韩国的主要消费茶类。目前，韩国茶食品生产应用最多的材料为超细微茶粉，其次是绿茶提取物、浓缩液（经蒸煮、过滤、沉淀、浓缩），一般茶叶和茶叶提取物以食品添加剂的形式进行添加。超微茶粉主要采用现代超微粉碎技术将茶叶粉碎成微米级甚至纳米粒的超微粉，既能保留茶叶的营养成分，又因色泽翠绿、粉质细腻、溶解性好成分较优的食品添加成分。将喝茶的概念提升至食茶的概念，不仅具有营养价值和保健功效，还具有独特的茶色茶味。此外，采用茶多酚、茶氨酸、茶多糖等茶叶提取物作为茶食品的添加剂，开发的不同品种茶食品也越来越受消费者的喜爱。韩国 Teazen 品牌供应产自全罗南道海南 6 万平方米直营茶园的绿茶和绿茶粉，以及世界各国的半发酵茶、红茶、普洱茶、香草茶、粉末茶及其提取物、浓缩液在内的茶原料和食品等高品质的有机原料。生姜柚子茶 (Ginger & Citron Tea) 由茶、生姜和柚子构成，不仅富含维生素 C，而且具有保健及消除疲劳的功效，生姜则具有生热、保暖功效。抹茶奶茶选用上等的抹茶粉末，减轻了绿茶原有的苦涩味，味道香醇。红茶奶茶选用世界三大红茶之一产自斯里兰卡的乌伐红茶为原料制作而成。让红茶原本浓郁的香气散发得淋漓尽致。目前在韩国生产的茶食品的种类及其功效和特点见下表。

韩国茶食品目录

种　类	产　品	茶成分	功效及特点
饮料类	绿茶饮料、绿茶提取液碳酸饮料	绿茶浓缩液	本产品考虑消费者接受绿茶的涩味程度不同，生产高浓度绿茶和低浓度绿茶，还添加左旋肉碱促使脂肪转化为能量，增强减肥效果、抗氧化、儿茶素及维生素 C，无咖啡因
休闲食品类	绿茶饼干；绿茶巧克力；绿茶水晶软糖、绿茶牛轧糖、绿茶羊羹	绿茶粉；绿茶浓缩液	鲜爽不腻、茶味明显、耐保藏、营养丰富
冷冻冷藏类	绿茶冰淇淋；绿茶蛋糕、绿茶面包；绿茶五花肉；绿茶糖饼；绿茶豆浆、抹茶牛奶	绿茶粉；茶叶提取物；绿茶浓缩液	茶叶在冷冻制品作为天然色素，可少量加着色剂。降低面包中热量、油脂、延长保质期
粮油类	绿茶油；绿茶冷面、绿茶拌面、绿茶生面；茶籽发酵醋；绿茶盐；绿茶牛奶酱；绿茶大豆酱；绿茶午餐肉、绿茶香肠；绿茶粥	绿茶粉；茶叶提取物；绿茶浓缩液	提取绿茶中的脂溶性成分，尤其含有丰富的维生素 E、维生素 C，解毒作用、茶籽中的微生物 E，皂素、午餐肉猪肉腌制过成添加绿茶腌制 12 个小时，再加入绿茶浓缩液，午餐肉不腻更有营养
速溶饮品	绿茶拿铁、红茶拿铁	绿茶粉、红花粉	降低热量、减低甜味
酒类	绿茶酒、绿茶米酒	绿茶粉	茶香馥郁、醇厚爽口、绿茶特有清香
其他	绿茶泡菜；绿茶紫菜；绿茶五谷杂粮粉	绿茶粉	增强助消化的能力、提神、清凉的功效

根据茶食品在食品中不同利用方式，可以分为添加型茶食品（如茶糖果、茶糕点等）、渗入型茶食品（如茶叶蛋、茶乳晶等）和化学型茶食品（如食品添加剂、抗氧化剂等）。

▶ 韩国绿茶饼干

食品中添加茶不仅可以改善口感和增强营养，还可以起到天然色素的角色，且茶的杀菌作用可以延长食品的保质期。不过因茶叶与食品会产生化学反应，如市场上的有些茶食品颜色显示棕色或者黄金色的现象，其与茶本质的理化性质有关，茶经氧化反应之后颜色变成褐色，为了防止褐变现象会加入维生素 C。因此茶食品的加工工艺需要不断地摸索，寻找合适的时间和温度等情况，才能显示最佳茶叶品质风味及营养价值。

3. 日用品　韩国的茶日用品门类较多，有茶肥皂、茶洗护产品等。

▶ 韩国的茶肥皂

▶ 韩国茶洗护产品

韩国含茶日用品目录

种　类	产　品	茶成分	功效及特点
洗漱用品	绿茶洗发水（防脱洗发水）、绿茶肥皂；绿茶牙膏	茶叶提取物（儿茶素成分）；绿茶粉	绿茶洗发水增强毛根营养，浓郁清爽的绿茶香；绿茶肥皂含有绿茶粉，具有抗氧化作用、杀菌功效和增强清洁功能；绿茶牙膏防治牙龈炎症、杀口腔中的菌、消除口臭，比一般牙膏较预防牙龈炎效果高于 72.28%，消除口臭率达到 85.23%
化妆品	绿茶乳液；绿茶面膜；绿茶化妆水；绿茶防晒霜	茶叶提取物	美白祛斑作用、抗皱作用、保湿作用、解除重金属毒害作用、防晒作用
母婴用品	绿茶尿布	茶叶提取物	茶香四溢；抗菌；防臭；抗过敏
护理用品	洗洁净；绿茶餐巾纸；绿茶洗面奶；绿茶护发素（防脱）、防脱绿茶精油；绿茶湿巾	茶叶提取物（含儿茶素及茶氨酸成分）	抗菌作用，去油；绿茶含有维生素 A 及叶绿素可以保护皮肤，有杀菌作用。绿茶香气有镇静作用、减少压力、转换心情等；绿茶与牛奶结合，增强保湿作用

茶叶中的功能性成分除了具有营养与药效外，还具有抗菌消炎、健肤美肤、除臭等的作用。因此利用茶及其提取物所具有的独特功能，从而应用于日用品的领域。

二、日本的茶叶健康制品

20 世纪 80 年代初，日本首先开发成功的罐装乌龙茶饮料成为现代液态纯茶饮料的里程碑，产销量得到快速而持续的增长。2010 年，日本静冈县政府公布了正在开展的茶饮料亿元大项目“下一代茶饮料和提取物的研发”计划，提出日本三代茶饮料的特征为：第一代为加糖和充二氧化碳的茶饮料，易引发代谢综合征；第二代为有点苦味的功能性茶饮料；第三代将会是好喝、天然和具有健康功能的茶饮料，目标人群为年轻人。2000 年来，强化儿茶素、茶多酚的功能性茶饮料成为日本热销产品。随着日本对茶叶内含物机理研究的加深，其在茶叶产品的开发利用方面也取得很大成绩。日本的茶产品除了我们日常所常见的抹茶蛋糕、抹茶面包、抹茶冰淇淋等几个传统品种以及制成各种食品外，茶叶深加工产品的开发也逐渐延伸到生活的各个领域，比如用茶叶制成各种健康补品、化妆品以及其他产品，并受到人们的普遍喜爱与广泛应用。这些产品和茶叶本身一样，其市场需求也呈上升趋势。

1. 茶食品　日本生产以茶叶为原料的各种茶制食品，如饼干、冰淇淋、太妃糖、面包、蛋糕、布丁、面条、口香糖、果酱等，这些产品在其国内市场都非常流行。

▶ 日本茶饮料

走进每一家日式餐厅，你都可要到撒上抹茶的米饭和茶面条；当然，街面上五颜六色的点心中自然也少不了以抹茶作馅的糕点或与茶糅合在一起的面包、蛋糕，吃到嘴里本来极为甜腻的点心变成了带有绿茶清香、甜而不腻的食物；而超市、百货店就更是茶制品的汇集地，各种包装和价格的茶食品琳琅满目。

日本年糕是日本传统美食，与中国的年糕制法不同，是将蒸软的糯米放在臼里，用杵捣制而成的。相比中国的年糕，口感更佳软糯，与麻薯的口感很接近。在日本年糕的外面裹上一层厚厚的加工过的抹茶粉，随后直接食用。

如果吃腻了抹茶甜品，那么抹茶荞麦冷面一定是个不错的选择。抹茶粉为本身无味的荞麦面增添了一股清淡的茶香。初夏时节，吃一碗抹茶荞麦冷面，既消暑、又健康。

在近 10 年间，日本取得了非常多的成功。2000 年来，强化儿茶素、茶多酚的功能性茶饮料成为日本热销产品。

茶以外的植物多酚、单宁等成分也受到关注。对 2007 年和 2008 年日本主要保健茶饮料销售额进行统计，蕃爽丽茶、人体巡茶、健茶王、六条麦茶、爽健美茶、食事十六茶、黑乌龙茶、杜仲茶这八种产品中 40% 有大幅度增长，尤其是黑乌龙茶增加了 110%，原因一是乌龙茶饮料香气高香，对于喜爱冷饮的日本人尤其适合；二是乌龙茶的降脂减肥效果明显，黑茶尤其普洱茶的减肥效果在日本得到一定人群的认同，也增加了其销量；三是黑茶饮料容易保持良好的色泽和口感，品质控制比绿茶相对容易；所以是消费者和生产者双赢的产品。可口可乐公司的人体巡茶和黑乌龙茶一样受到了消费者的追捧，2008 年销量达到 986 亿日元。从茶叶组成上分析，该产品与黑乌龙茶一样，为普洱茶加乌龙茶；另外还配伍了如杜仲、枸杞子和高丽参等多味中药材。“蕃爽丽茶”虽然是日本首例畅销的保健茶饮料，但是近年来没有明显变化，并且在总销售额上也只能占据中等业绩；爽健美茶尽管销售额有所下降，但是总额却远远超越了其他的产品，位居第一。

降血脂、降血压和降血糖保健茶饮料也成为日本的主导健康饮料。2003 年花王公司强化添加茶多酚的保健绿茶饮料，同年伊藤园推出了“绿茶习惯”，可口可乐在 2005 年发布了“飒爽”，2006 年日本朝日啤酒株式会社生产新品“十六茶”，2007 年伊藤园推出减肥“黑乌龙茶”和可口可乐的“茶花茶”等，众多的保健茶饮料令茶饮料市场发生了巨大的变化。另外，直接以提取物为主要成分的茶饮料产品也不少，如膳食纤维、儿茶素、维生素 C 杜仲苷（配糖体）产品也一直受到大众欢迎。

2005 年，日本京都药科大学首次在茶树花中分离出 3 种具有抑制血清甘油三酸酯的茶皂苷成分，研究发现，茶树花皂苷具有降血脂、保护肠胃、降血糖等生物活性。2007 年日本开发出茶树花饮料，可口可乐公司在日本进行了大规模销售。

2. **茶保健品** 由于茶叶具有降血压、降血糖、抗癌、抗菌等功效，生产提取的茶多酚等药品，在日本医药保健品中也得到了广泛的应用。

比如，医药领域将茶用于防癌治癌、防治溃疡、胃炎、皮肤炎症、MR 造影剂、抗衰老、抑制突变、降压、防血栓、降血糖、抗流感、防龋齿、防治口臭、利尿、防血管壁老化和美白等许多预防和治疗作用。

▶ 日本茶花护肤品

3. **其他茶产品** 日本的食品行业用茶叶作为调色剂、抗氧化剂、杀菌剂、调味剂和解酒剂；日化行业用茶叶和茶树花作为化妆品的配料，生产美白、消臭、杀菌等多功能的香水、护肤霜、染发剂，以及制作除臭剂、清洁剂、牙膏、颜料等日化用品。

日本的轻工行业用茶叶生产的有除臭和抗菌功效的内衣裤、T− 恤、袜子、鞋垫等，这些产品在市场上广受消费者欢迎。

三、美国的茶叶健康制品

美国茶叶相关的健康制品主要涵盖食品、药品和日化用品三大领域。保健食品多以日摄入的非处方药形式在美国大型超市的保健品区域和保健品专卖店中出现。

（一）茶食品

美国的茶食品，主要的有以下几种。

▶ 美国冰茶

1. 冰茶　冰茶饮料最早始于1950 年美国的速溶茶，20 世 60 年代出现了冰茶的大规模生产。在美国，无论是茶的沸水冲泡汁，还是速溶茶的冷水溶解液，直至罐装茶水，他们饮用时，多数习惯于在茶汤中，投入冰块，或者饮用前预先置于冰柜中冷却为冰茶。冰茶之所以受到美国人的欢迎，这是因为冰茶顺应了快节奏的生活方式。人们不愿用花时热泡的方式喝茶。美国的冰茶品种繁多，既有红茶，也有绿茶，还有中国乌龙茶；既有加糖的，也有无糖的；既有加果味香料的，也有纯粹是茶味的。总之，它可以满足各种人的口味。

▶ 茶叶鸡尾酒

由于冰茶不含二氧化碳和热量，刺激性小，味道爽口，老少皆宜，作为运动饮料，也受到美国人青睐。人体在紧张劳累的体力活动之后，喝上一杯冰茶，自然会有清凉舒适之感，并且使精神为之一振。嫩绿茶廊（Nenlü Tea）是来自美国西雅图的国际连锁茶饮品牌，咖啡式的茶饮品，融合当代的健康和咖啡文化潮流，并将世界的茶流文化和茶艺流程加以创新。现场萃取方式拥有自然的茶精华和绝佳的口感。整齐排列在吧台专用凹槽中的多达数十款茶叶罐，可以随意嗅闻选择。主打浓烈的异域风情和纯草本的自然风格，来自非洲南部的红色饮品路易博士茶有奇妙的味觉。

2. 鸡尾茶酒　美国人普遍有喝鸡尾茶酒的习惯，在风景秀丽的夏威夷尤其盛行。鸡尾茶酒的制法并不复杂，即在鸡尾酒中，根据各人的需要，加入一定比例的红茶汁，就成了鸡尾茶酒。只是对红茶质量的要求较高，茶必须选用具有汤色浓艳、刺激味强、滋味鲜爽的高级红茶。用这种茶汁泡制而成的鸡尾茶酒，味更醇、香更高，能提神、可醒脑，因而受到欢迎。

3. 抹茶　在20年前的美国，只有少数人听说过“抹茶”这个名词，而尝试过它的人更是少之又少。而如今，抹茶在美国已经大为普及，从身体乳液、鸡尾酒到茶饮，表明抹茶已融入市场并占有一席之地。2006年在星巴克推出抹茶拿铁，几乎每周都会接到星巴克抹茶拿铁爱好者的询问电话，寻求制作该饮品的抹茶粉，以便在家自制个人风味的抹茶拿铁。JambaJuice连锁店推出的抹茶系列，将抹茶结合豆奶或是柳橙汁呈现给顾客。生产大受人们欢迎的冷冻优酪并拥有经销权的Pinkberry，也顺应推出了绿茶冷冻优酪。在Tbar，服务员会将抹茶粉、热水及工具配备一起放置于桌上，在消费者面前准备并示范抹茶饮用方式。Tbar的畅销作品抹茶拿铁，是将抹茶制成巧克力般浓稠，搭配牛奶并加入优酪乳水果冻、拿铁及冰激凌。MatchaSource为零售顾客持续研发各种食谱，绿茶意大利奶油布丁、抹茶松露、绿茶印度长米饭、抹茶甜甜圈等。MatchaSource甚至还贩售制作抹茶拿铁所需的器具及牛奶发泡器，让消费者可以自己在家动手做。将食谱和器具引入冲泡制作的过程，可以帮助顾客更加了解该饮品，

▶ 抹茶拿铁

如果你有好的抹茶配方，与抹茶店家意见交流，店家便可将这建议以更完美的方式呈现。冰抹茶柠檬水是一个在大热天能令人提神舒爽的饮料，将一茶匙的抹茶粉混入冰的柠檬水中搅拌即可，口感冰清沁凉。抹茶亦可做出现货口感的茶鸡尾酒——抹茶马丁尼。

4. 混合茶　混合茶是以茶、水果、花卉植物的花蕾、花瓣或叶为材料，按不同比例配制，经过加工后制作而成的保健饮品。混合茶性温，外形美观、香气怡人、口感特别、情调雅致，闻之饮之使人赏心悦目、疲劳顿消，同时有利身体健康，深受北美地区的消费者尤其是年轻消费者的欢迎。美国茶叶零售企业，最引人关注的就是星巴克家族的 TEAVANA 了。创建于 1997 年的 TEAVANA，在被星巴克收购之前已经家喻户晓。TEAVANA 出售的茶叶产品形式丰富多样，包含 100 多个品种，混合茶是其重要的产品，占据八成的市场份额。在白毫银针里面加入生姜，把椰子末拼配到红茶产品中，或是把可可兑入普洱熟茶中等，这些看似不可能的混搭，不但在美国大受欢迎，还成功走向世界，让混合茶被视为未来一段时间增长最迅速的茶叶产品，年增长率预计将达到 10% ~ 20%。

（二）茶功能食品

研究表明，茶多酚具有抗氧化、抗辐射、抗肿瘤等多种生物活性。目前市场上的茶功能食品大多以茶多酚作为主要功效成分。美国 GNC、安利、New Shikin 等公司生产的绿茶提取物和茶族益脂胶囊，含有高含量的茶多酚和儿茶素。作为膳食补充剂，具有如下功效：①帮助抵消食物中的致癌物质，如亚硝酸、黄曲霉素；②预防 DNA 受破坏而生成癌细胞；③抗氧化，防止自由基、辐射线和紫外线的破坏；④增加皮肤弹性，避免皱纹、黑斑、老年斑过早出现；⑤健全微血管，改善血液循环，平衡血脂；⑥预防关节炎；⑦减少吸烟危害。

▶ 绿茶提取物

美国家得路(CATALO)推出一款洋葱绿茶精华胶囊，主要为洋葱素、茶多酚的复合配方，具有疏风止痒、美白肌肤、改善皮肤质素、舒缓容易敏感的肌肤、减轻气管敏感不适症状、平衡体内组织胺水平、缓解过敏症状的功效，适用于体质容易过敏、皮肤敏感或容易干燥、经常出现呼吸系统敏感（如流鼻涕、打喷嚏、鼻痒、喉咙燥痒）、容易紧张、生活压力大、常晒太阳或在户外工作的人群。

茶氨酸(L–Theanine)是茶叶中特有的游离氨基酸。茶氨酸可以明显促进脑中枢多巴胺(dopamine)释放，提高脑内多巴胺生理活性。多巴胺是一种活化脑神经细胞的中枢神经递质，其生理活性与人的感情状态密切相关。美国GNC、Jarrow Formulas等著名的营养保健品公司，陆续推出的L–茶氨酸胶囊，具有镇静、改善睡眠质量、放松大脑、提高学习能力和记忆力、改善经期综合征的作用，特别适合焦虑性失眠者、大脑疲劳和记忆力低下人群。

（三）药品

2006年10月，美国食品和药物管理局（FDA）批准茶多酚药物Veregen作为新的处方药，用于局部（外部）治疗由人类乳头瘤病引起的生殖器疣。这是FDA根据1962年药品修正案条例首个批准上市的植物（草本）药。植物药物专家、医学博士弗雷迪·安·霍夫曼说：“这一批准证明FAD不仅仅把植物作为食品和食品补充剂，而同样可做药物用。这为一个新药行业的建立铺平了道路。”他认为这是“一个历史性的里程碑”。

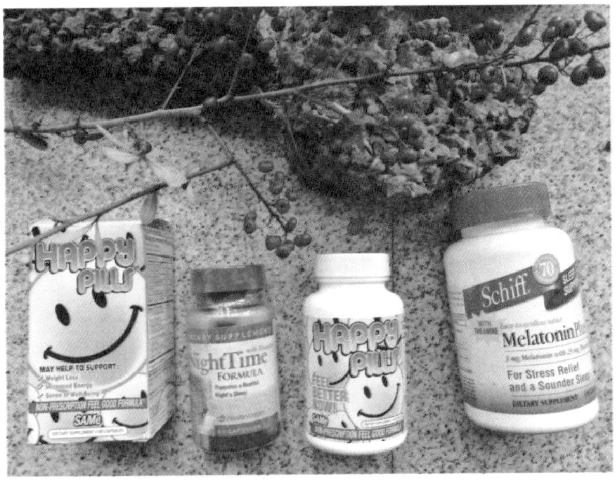

▶L–茶氨酸胶囊

（四）日化用品

茶特有的保健功效和香气使之成为各大化妆品牌竞相进军的新领域。美国

ELIZABETH ARDEN 公司研制出了绿茶香水和茶香喷雾，中调特别采用绿茶、有机薰衣草以及玉兰花的新颖配搭，将绿茶及薰衣草所洋溢的自然气息同时展现。美国 H2O+ 公司生产的绿茶抗氧化面霜和精华露，可起到修复自由基损伤和预防早衰等作用，能够改善肤质，使皮肤散发明亮光泽。Paul Mitchell 是美国家喻户晓的专业美发品牌，其茶树特效洗发水、茶树特效护发素和澳大利亚茶树精油所组成的美发护理组合，是该品牌的镇店之宝。美国品牌 Fresh 推出红茶／黑茶抗皱紧致修复液和爽肤水，可用于孕妇。BASQ 是一款来自纽约的孕妇护肤品牌，推出了绿茶和黄瓜复配眼霜，抗氧化剂丰富，有助于舒缓眼部浮肿、抚平细纹，同时具有丰富的补水功能和温柔冷却效果。California Baby 是美国一个高端婴幼儿护肤品牌，采用茶树精油和薰衣草等天然植物原料，生产洗发水和沐浴露，具有抗菌之痒、修复皮肤微损伤的功效。

美国著名的 Honeywell 公司开发出抹茶香型空气净化液，无毒无味无致敏，采用天然物质捕捉和分解异味分子，无添加有害化学品，避免二次污染，令空气自然清新；能够迅速祛除空气中的异味并释放有益菌素。可直接喷洒于物品表面。适用于微波炉、冰箱、地毯、空调等。

四、南亚的茶叶健康制品

南亚各国的茶叶健康制品也不少，尤其是印度、斯里兰卡、巴基斯坦等国家，对茶叶健康制品的开发比较重视。现分别介绍如下。

（一）印度

印度的研究机构对茶的功能成分进行了大量的研究，利用其健康价值开发出了多种类型的茶叶深加工产品，大致有以下几类。

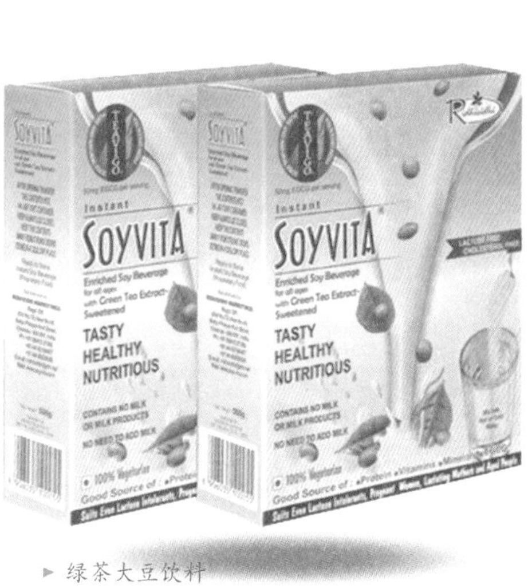

► 绿茶大豆饮料

1. 茶片　茶片是由红茶提取物与其他成分压缩而成，由茶叶研究协会开发，它可以直接咀嚼着吃或者像冲泡茶叶一样用热水冲泡。茶片重量为300毫克，且溶解时间短。

2. 茶可乐与绿茶大豆饮料　茶可乐也由茶叶研究协会开发，是用红茶提取物制成的健康软饮料，添加了各种水果、香料香精、糖和食用有机酸。研究人员说，它除了咖啡因含量高有兴奋作用外，还有补充维生素 B_1 等多方面的好处。对本国茶产业来讲，还可以提高低等级茶叶的市场价值。印度茶叶研究协会还在开发诸如茶粉等其他茶叶深加工产品。

添加绿茶提取物的大豆饮料具有独特的保健作用，能提供大豆蛋白和绿茶的组合健康益处。大豆蛋白和绿茶的独特协同效应能提供超出其本身营养价值的巨大好处。

3. 茶太妃糖　茶太妃糖与茶片一样，携带十分方便，不管在哪里想要喝茶了，吃一片就好了。也可以用来冲泡。

4. 卫生包装冰茶饮料和茶冰淇淋　卫生包装的冰茶含有抗氧化剂、维生素C、维生素E以及氨基酸等多种对身体有益的化学物质，且包装妥当，便于在市场销售。

制作茶冰淇淋利用的是茶的健康作用，红茶、绿茶和红茶提取物都可以用来制作茶冰淇淋，因为在低温条件下制作更有利于保持茶的风味。

5. 茶浓缩液和茶提取物　喜马拉雅生物资源与技术研究所（IHBT）开发出了保留茶的香味和药用价值的茶浓缩液，可用于制作各种食品。茶浓缩液可以通过加入甜味剂和纯水而进一步转化为即饮茶饮料。

通过浓缩、纯化和喷雾干燥等流程可以从茶叶中提取出茶多酚和茶黄素等，这些提取物具有广泛的应用，可用作保健食品、食品防腐剂和食品着色剂等。

6. 茶酒　同样由IHBT开发的茶酒，酒精含量在12%～15%，同时保持了茶叶的抗氧化性能。TRA也在开发有着浓烈的大吉岭或者阿萨姆茶香的茶酒。

7. 茶口气清新剂　茶口气清新剂开发利用的是茶和另一种喜马拉雅植物的抗龋齿和抗氧化的特性，在常温下保质期可超过6个月。

（二）斯里兰卡

斯里兰卡茶叶研究所开发出了一种酒精含量为10%的茶酒。市面上也出现了各种冰茶灌装饮料，如斯里兰卡最大的茶叶企业之一迪尔玛（Dilmah），就新推出了打着“真新鲜（Real Fresh）”旗号的系列冰茶，有桃梨混合口味、柠檬酸橙味和生姜蜂蜜味。另一家生产日化产品的锡兰Spa（Spa Ceylon），还推出了茶香皂三件套，分别添加了绿茶、红茶和白茶提取物，含有丰富的天然抗氧化剂和营养成分，可以在日晒后给皮肤补充水分，舒缓肌肤。

▸ 迪尔玛（Dilmah）冰茶饮料（斯里兰卡）

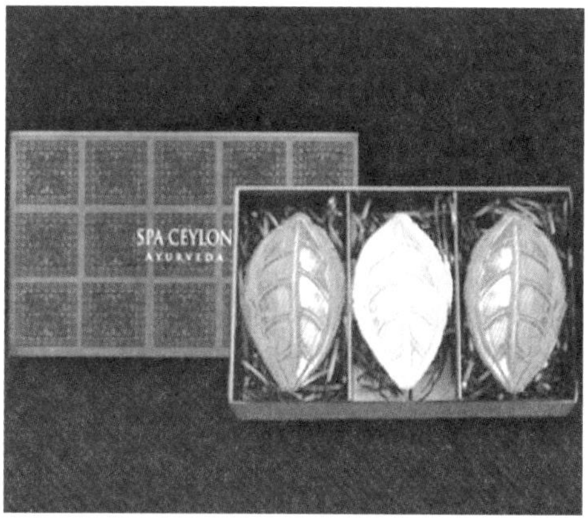

▸ 茶香皂三件套

（三）巴基斯坦

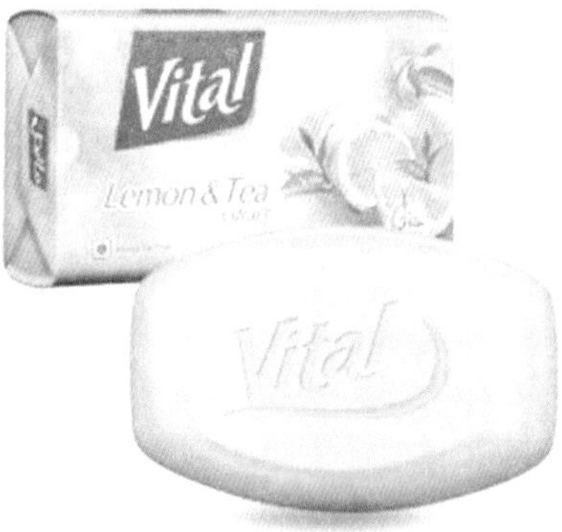

▸ 柠檬 & 茶提取物香皂（巴基斯坦）

因为巴基斯坦是茶叶进口国，不存在茶叶产能过剩的问题，因此对于开发新的茶产品并不十分热衷。但是国内也可见各种茶叶深加工产品的踪影，比如立顿生产的各种茶饮料等。巴基斯坦本国品牌也开发了添加了茶叶成分的香皂，这是一款添加了柠檬和茶叶添加物的香皂，有着清晰的香气和较好的清洁和提神效果。

五、非洲的茶叶健康制品

非洲产茶国家很多，饮茶遍及全洲，但对茶叶健康制品的开发相对较少，比较有代表性的是摩洛哥的薄荷绿茶。

▸ 摩洛哥薄荷绿茶

薄荷绿茶作为一种具有独特风味的茶饮配方，在调味茶中已经占据了一席之地，世界各地的茶叶企业都在生产摩洛哥风格的薄荷绿茶。美妆和护肤产业也用起了薄荷和绿茶的搭配。H&M 旗下的 & Other Stories 品牌就推出了摩洛哥薄荷绿茶系列护肤产品，包括身体喷雾、身体乳液、身体磨砂膏和润肤霜。

▸ 摩洛哥薄荷绿茶身体护肤四件套

六、欧洲的茶叶健康制品

欧洲各国主要因气候原因，所以很少产茶，但它们十分喜爱饮茶，且又注重对茶叶健康制品的开发和应用，简要介绍如下。

（一）荷兰的茶叶健康制品

目前，荷兰市面上除了常规的茶叶、茶饮料，也出现了越来越多的茶叶健康制品，如花果茶，将茶叶和柠檬、石榴、蓝莓等各种水果进行拼配，以袋泡茶的形式做成产品，既有茶的成分也综合了各种水果的风味，人们在科学选用茶叶时有了更多的选择。荷兰的百年茶叶经营老店 PICKWICK 公司生产多种口味的水果茶，也有一些茶相关的护肤品，如荷兰火龙果白茶味身体乳霜及乳液，将白茶提取物应用到这些护肤品中。

（二）英国的茶叶健康制品

固体速溶茶起始于 20 世纪 40 年代，由英国首先研制成功，经过多年的试制和批量生产，已成为国际市场上重要的茶饮料类产品。英国与茶相关的健康制品种类丰富，首先是常规的茶叶，如红茶、绿茶、茉莉花茶等，多以茶包的形式出现在市场上；第二，各种拼配茶，如伯爵茶，其以常规茶叶为基茶，加入佛手柑调制而成，此外也有各种花果茶，将各种水果与茶进行合理拼配制成；第三，各种形式的奶茶，如原味奶茶、乌龙奶茶、抹茶奶茶、水果味奶茶；第四，各种口味的瓶装茶饮料，如蜂蜜绿茶、柠檬绿茶等；第五，茶叶提取物的直接或衍生产品，如茶多酚胶囊或将茶叶提取物应用到化妆品、护肤品等领域制成的各种产品，如伯爵茶与小黄瓜女士香水、绿茶芦荟面膜等。Ovvio 品牌推出了结合草本增效剂的冷酿造茶系列，专为关心健康的消费者而设计。采用冷酿造茶能更好地释放抗氧化物质，减少热酿造茶的苦涩味，使其具有更加丰富的滋味，而且强调 Ovvio 系列不使用任何人工香精和蔗糖。

（三）德国的茶叶健康制品

德国强大的工业基础使其能开发出多种与茶相关的健康制品，开发出了 200 多种茶健康制品，有散茶、袋泡茶、速溶茶粉、茶饮料、含茶提取物的化妆品及日用品等。此外，比较具有德国特色的是德国的药茶，这些药茶启发于茶叶具有的药用价值和便捷的消费方式将几种不同天然物质合理拼配制成，有些并不含茶叶成分，如芭蕉草、苦茴香、玫瑰果制成的治咳嗽和支气管茶；由绿茶、胡椒、薄荷、香脂草制成的宁神醒脑茶；由薄荷叶、香脂草、啤酒花制成的安眠安神茶等。

▸ 德国花果茶

（四）俄罗斯的茶叶健康制品

俄罗斯国内的茶叶健康制品种类没有英国和德国那么多，市场上主要的产品是袋泡红茶，绿茶、花茶、乌龙茶也有一定的市场份额，此外也有茶饮料、花果茶等产品。

第五节　中国的健康茶制品

2003—2007 年底，中国共批准注册国产保健食品 3 806 个，其中茶保健食品有 168 个，占全部注册产品的 4.41%。2004 年茶保健品注册个数最多，达 74 个，占当年国产保健品注册总数的 4.90%。2005 年注册的茶保健品占国产保健品总数的比例最小，仅为 3.40%。

一、茶保健品与食品

总体来看，中国茶叶保健食品的注册比例，每年维持在 4.40%左右。按地区统计，2003—2007 年批准注册的茶保健食品覆盖了全国 26 个省（自治区、直辖市），注册产品数量最多的为北京、上海、广东和浙江这 4 个省市，产品数量总和约占全国批准产品总量的 62.0%，其中仅北京就占总量的 20.8%；而新疆、西藏、青海等地的注册产品数量较少，所占比例不足 10.0%。从注册的配方类型看，茶保健食品以复方产品为主，占注册产品总数的 99.4%。所注册的剂型构成主要有胶囊剂、茶剂、片剂三种形式，分别占注册产品总数的 43.4%、35.7%和 14.9%。其他剂型的产品如冲剂、丸剂、口服液、酒剂等，只占注册产品总数的 6.0%。所涉及的保健功能共 21 项。排在前 3 位的依次为辅助降脂、减肥和增强免疫力，分别占产品总数的 25.0%、18.5%和 16.1%。茶保健食品以具有单一保健功能的产品为主，占产品总数的 73.5%；具有 2 种及 2 种以上保健功能的产品有 44 个，占产品总数的 26.2%。

常见的保健功能组合为“辅助降脂和减肥”“缓解体力疲劳和增强免疫力”“辅助降脂和通便”。所利用的茶叶保健成分可分为茶叶（包括红茶、绿茶、乌龙茶、普洱茶等）和茶叶提取物（包括茶多酚、茶色素、茶多糖等）两大类。在审批的 168 个茶保健食品中以茶叶形式添加的共有 79 种，占产品总数的 47.0%，其中以添加绿茶的产品最多，有 63 种；添加普洱茶、乌龙茶、红茶和花茶的分别为 6 种、5 种、

4种和1种。以茶叶提取物形式添加的产品共有89种，其中以添加茶多酚的产品最多，有60种；其次为添加绿茶提取物的产品有17种；而添加乌龙茶提取物、红茶提取物、茶色素、茶氨酸、茶多糖等其他茶叶提取物的产品很少，所占比例不到总产品数的5.0%。碧生源常润茶作为保健茶的成功产品已经上市，年销售产值达到10多亿元。包括以下十个种类的大量保健功能产品：免疫调节食品；调节血脂食品；调节血糖食品；延缓衰老食品；抗辐射食品；减肥食品；促进排铅食品；清咽润喉食品；美容食品（祛痤疮／祛黄褐斑）；改善胃肠道功能食品（调节肠道菌群／促进消化／润肠通便）。

研究表明，茶多酚、茶色素和速溶茶等茶叶提取物用于食品的抗油脂氧化、杀菌保鲜、护色和着色、补充营养和改善食品口感。尤其是超微绿茶粉，因色泽翠绿、粉质细腻、溶解性能好已成为优良的食品添加剂及保健用品；超微绿茶可以保证茶叶原料成分完整性，提高功能成分活性，增进机体吸收率，改善食品品质，同时还扩大资源利用范围。添加超微绿茶粉制作出的烘焙食品，产品色泽自然翠绿，茶香明显，抑菌、延长保鲜期；还具有防止老化、抗癌防癌、抗辐射、降低胆固醇、防宿醉、分解毒素及养颜美容、促进新陈代谢等多种功效。2014年以来，在福建、浙江、上海、广州、深圳及四川等地，健康时尚的茶食品开始走俏，并有逐步壮大的趋势。

（一）茶糕点和糖果

浙江大学屠幼英教授团队通过对超微绿茶粉曲奇饼干研究发现，添加超微绿茶粉可降低饼干含水量、酸度和游离脂肪含量。同样添加茶粉的月饼，脂肪含量相对于无茶的对照组明显减小，而且随含茶量增加，脂肪减小量较大；同时脂肪含量的减少也改善了火腿月饼的油腻感。另外，茶叶添加到面条中，可以将茶的独特风味、保健功能与之有机结合，目前市场上有普洱茶面条、绿茶面条等。此外，还有茶酥、羊羹、面包、海绵蛋糕、布丁、奶油卷等几十个品种茶糕。

目前已开发出的多种茶味口香糖、啫喱糖、花生糖和茶叶巧克力等，不仅能固色固香，还有除口臭的作用。超微绿茶粉中的茶多酚还可使高糖食品中“酸尾”消失，使口感甘爽。北京老字号吴裕泰推出的由天然绿茶和花茶粉与鲜牛奶制成冰激凌，茶味浓郁，王府井大街“中式冰激凌”购买人群经常排起长队，很受国内消费者的喜爱。杭州英仕利生物科技有限公司和浙江大学研发生产的多种茶口含片，采用高茶多酚含量的速溶茶，添加木糖醇、维生素 C 等成分，采用药物片剂的加工技术，获得了无残留胶基的含片，适合办公人员和学生、驾驶员等人群，可以除去异味和提神等作用。2014 年杭州英仕利生物科技有限公司和北京吴裕泰茶业公司联合推出了 5 种口感的茶爽含片，白茶茶爽、抹茶茶爽、黑乌龙茶爽、茉莉花茶茶爽和玫瑰红茶茶爽，可以满足不同的人群，如白茶茶爽可以适合吸烟人群除口腔异味，减轻吸烟引起的自由基的危害；具有杀菌，提神等功效，可以代替每日饮茶。

▶ 吴裕泰茶含片

▶ 白茶含片

玫瑰红茶茶爽针对身体较虚弱的人群和女性，有美容养颜和养胃作用。杭州英仕利生物科技有限公司的茶多酚、茶氨酸片具有预防“三高”和抗氧化效果，减轻中老年更年期综合征，提高人体免疫力，提高记忆力。

白茶富含茶多酚，大量的生物化学和药理研究揭示了茶多酚具有抗氧化及清除氧自由基、杀菌抗病毒、保护及修护 DNA、增强免疫功能、调节生理（降血脂、降血糖等）、解毒、抗衰老、抗辐射等功能；而且白茶的儿茶素组成最接近茶鲜叶的组成，在德国被认为最具有功能的茶叶，可有效阻止紫外线对人体的伤害，是受紫外线影响最大的皮肤的有效保护剂。

▶ 茶氨酸片

▶ 茶多酚片

▶ 抹茶花生牛轧糖

茶多酚口服片通过高纯度茶叶提取物（EGCG）、茶黄素和维生素 C 组合而成的健康食品。一片口服片中的茶多酚和茶黄素含量相当于 2 杯红茶活性成分。茶黄素是一类红茶色素复合物，是由儿茶素类物质经酶促氧化而成的多酚衍生物，可以预防和治疗心血管疾病、高脂血症、脂代谢紊乱、脑梗塞等疾病，改善微循环及血流变等功效。

抹茶花生牛轧糖融合了茶的保健功能和花生牛轧糖的香甜爽口的特点。花生牛轧糖属于中度充气的糖果，传统的花生牛轧糖所用糖浆中白砂糖比例高，制成的花生牛轧糖甜度高、含糖量高，经常食用营养过剩，而且易对牙齿和口腔产生不利影响。在花生牛轧糖配方中加入茶叶成分和速溶茶粉，前两者经一定比例混合的混合茶粉色泽均匀一致，产品带有抹茶绿的色泽；形态块形完整，表面光滑。

（二）新颖茶饮

近五年来，中国茶饮料生产整体持续下滑，因此，开发新颖、高品质茶产品成为急需解决的问题。2014 年，“iTealife 福海堂”新产品打破了传统超市瓶装饮料的消费方法，定位“乐享都市茶生活”，深得年轻人喜爱，饮品采用线上销售的茶叶产品添加奶、糖浆等其他原料进行调制，一切都是在消费者的面前呈现，既可店内饮用，也可带走，新奇的茶饮调制方式和味道明显吸引了年轻消费者的心。

2015 年统一公司推出的小茗同学释放了茶饮料转型的信号，该产品定位为一款

“冷泡茶”，颠覆传统工艺，同时采用甜菊糖苷代替部分蔗糖，突出茶味与甜蜜果感，茶味清鲜爽口不腻。同时将目标人群锁定在年轻学生，突出其冷幽默、爱调侃的鲜明人物个性，让消费者对品牌产生深刻印象，成为2015年统一赢得市场的战略产品。还有茶香书香、茶 Bank 等品牌也推出有明显特色的茶空间，以及年轻、休闲和时尚的各种茶饮。茶酒联姻，全国中华供销合作社杭州茶叶研究院携手泸州老窖在推出以茶为地道食药材的养生酒品。

（三）茶肉制品

香肠因其脂肪含量高、易酸败、不耐贮藏，因此，为了延长货架期，不少香肠企业需要在制作香肠时加入人工防腐剂和增色剂，使产品在安全性能上存在一定的隐患。而茶粉中含有的15% ~ 30%茶多酚具有较强的抗氧化活性。研究表明，在火腿中添加一定量的脂溶性茶多酚，处理样其过氧化值比对照样下降约50%。感官审评也显示，处理样保存7个月后，瘦肉显玫瑰红色、肥膘氧化层薄、香气高；而对照样瘦肉显桃红、肥膘氧化层厚且色黄、哈味重。还可防止蚊蝇叮食和虫子产卵生蛆。

全国中华供销合作社杭州茶叶研究院在食用油贮藏中加入茶多酚，能阻止和延缓不饱和脂肪酸的自动氧化分解，从而防止油脂的质变，使油脂的贮藏期延长一倍以上。

杭州百年老字号“万隆”食品有限公司与浙江大学合作，开发出以红茶提取物茶黄素为添加剂的茶香肠和茶色素酱鸭，不仅改善产品外观，而且口感不油腻，鲜爽度好，产品耐存放。

（四）新食品资源茶氨酸

继2009年茶树籽油、2010年EGCG和2013年茶树花可以作为普通食品使用后，中华人民共和国国家卫生和计划生育委员会2014年7月30日批准茶叶茶氨酸为新食品原料（2014年第15号），按照普通食品管理。食用量≤ 0.4（克／天）；质量要求为黄色粉末，茶氨酸含量≥ 20（ 克／100克），水分≤ 8(克／100克)。使用范围不包括婴幼儿食品。

二、茶叶日化用品

茶叶日化用品是指人们在日常生活中，用茶叶内含成分为原料，经科技手法合成的化学制品，包括洗发水、沐浴露、化妆品、洗衣粉等。现简介如下。

（一）茶和茶树花肥皂

纳米级绿茶粉富含脂溶性儿茶素、叶绿素和维生素，可以更好地被香皂中油脂所溶解，与水溶性茶多酚相比，更易穿透人体表层肌肤；茶中氨基酸、小分子蛋白质、多糖成分也为皮肤所吸收；茶粉的分子越细，制得的产品也细腻，与皮肤的黏结性越好，真正从内部改善肌肤营养和保水问题，改善皮肤缺水、粗糙及毛孔粗大、血液循环不良导致的血丝，以及过敏症状等不良状态。从源头消除自由基、抗氧化、抑菌消炎、清除异味、抑制酪氨酸酶活性起到美白祛斑功效。同时产品采用中性 pH 环境，可以保证纳米级绿茶粉原料的功能。杭州英仕利生物科技有限公司在2017年生产推出了适合男性使用的绿茶控油皂，女性和儿童用的茶花皂和溢脂性脱发的乌龙茶皂。

▶ 系列茶肥皂

▶ 茶儿童护肤产品

茶树花含有丰富的多酚类、氨基酸、多糖、皂苷等，其内含物质具有抗衰老、防辐射、保湿、消炎抑菌、表面活性剂等多种功效。尤其茶树花中含有丰富的茶皂素，是一种性能优良的天然表面活性剂，具有极强的乳化、分散、增溶、发泡、去污等多种表面活性功能；大量的多糖又具有保湿、杀菌、肌肤润滑功效。茶多酚可以抗氧化，清除自由基，防止皮肤衰老。

（二）PM2.5 茶口罩

茶口罩，不但具有一般 KN95 口罩的防毒、除臭、除菌、阻尘等功效，更在其基础上，负载了茶和茶多酚的活性炭纤维，可以更有效地消除有害自由基，除菌、阻尘，更有清新茶香。对沙尘暴，雾霾和 PM2.5 有良好的防护作用，可用于预防流感病毒。特别适合化工厂、鞋厂、医院等细菌、有害气体较多的场合使用。

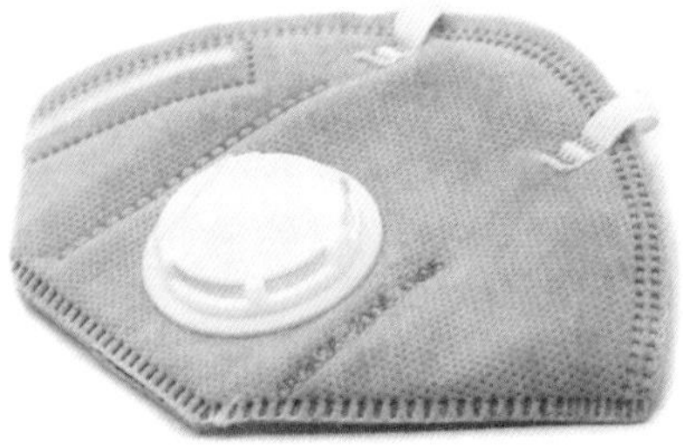

▶ PM2.5 茶口罩

茶口罩透气性能高，加之鼻梁条设计，贴合面部，佩戴舒适；用于某些非油性颗粒物的呼吸防护，阻隔效率不低于 95%；帮助降低空气中微生物的呼吸暴露，以预防流感病毒；内芯为负载茶和茶多酚的活性炭纤维，可以更有效地起到抗菌的作用。

（三）高分子包埋茶叶枕

茶叶含有儿茶素、芳香类物质等多种对人体有益的成分，能促进睡眠，提高睡眠质量，清心明目，改善大脑血液循环，使大脑有充分的氧气和营养供给，消除大脑疲劳，改善面部微循环，杀菌消炎以及清除异味和其他有害气体的作用。另外，对防治皮肤病、皮肤过敏有一定效果。当今社会，在高强度和压力的工作环境中，失眠人群日益增多，睡眠质量普遍下降。茶枕是我国传统的家庭常用产品，因为具有良好的改善失眠作用流传至今。

高分子包埋茶叶枕采用食品级的高分子材料，将 600 目细度的超细茶粉芯材与壁材进行完美结合，形成具有一定弹性的茶颗粒，保留了茶香气和茶叶活性成分，有利于延长绿茶粉中生物活性物质的保存，扩大使用范围和便捷性。很好克服了传统茶枕头寿命短、难清洗、茶叶易碎、有效成分难释放等不足。研究表明，茶颗粒枕头具有明显的改善睡眠效果。采用脑电图（EEG）检测茶颗粒枕头产品对大量志愿者的 EEG 表明，茶颗粒枕头有利于促进由大脑皮层清醒和紧张状态下发出的频率较高的 β 节律波进入由清醒向睡眠过渡的 α 节律波阶段，缩短作为过渡波 α 节律波的兴奋时间；相对于右脑而言，对左脑由兴奋状态进入过渡阶段的促进作用更为明显，同时削弱兴奋状态下 β 节律波的振幅，可以帮助使用者更快进入愉快的睡眠状态，明显改善失眠人群的睡眠质量。

（四）茶花洗护液

和手工茶花皂类同，浙江大学研究表明，茶树花中含有丰富的茶皂素，是一种性能优良的天然表面活性剂，具有极强的乳化、分散、增溶、发泡、去污等多种表面活性功能；大量的多糖又具有保湿、杀菌、肌肤润滑功效。茶多酚可以抗氧化，清除自由基，防止皮肤衰老。因此，茶花皂具有优异的起泡性、除污能力、抑菌、保湿和肌肤润滑功效，而且有一定抗氧化能力和防止黑色素生成作用。并且茶花洗护液采用茶树花提取精华，中性配方，最大程度保留了茶多酚、蛋白质、茶多糖、茶皂素等功能成分，全面滋润护理头发和肌肤。

▶ 茶花和茶叶洗护液

（五）抹茶茶花面膜

浙江大学科研团队以茶树花提取物、茶皂素和茶黄素三者为面膜活性添加物，开发出来适合现代工作环境使用的具有抗氧化、抗衰老、美白保湿、抑菌消炎功效的抹茶茶树花面膜。茶花中的花皂苷具有较强的抗皮肤过敏的生物活性。化妆品中的多酚在脂质环境下对皮肤仍有较强的附着能力，可使粗大的毛孔收缩，使松弛的皮肤收敛、绷紧而减少皱纹。咖啡因、茶多酚还可促进皮肤血液微循环，增强血管弹性，促进皮肤的血液循环，有紧肤、淡化黑眼圈、祛眼袋等作用，使肤色更加健康。

▶ 抹茶茶花面膜

茶树花中黄酮和多酚类物质能通过多途径，抑制黑色素的合成及分布不均。首先是它对紫外线的吸收和对自由基的清除作用，从而保护黑色素细胞的正常功能；其次茶多酚可抑制酪氨酸酶活性，从根本上抑制黑色素形成。另外，茶叶中的维生素 E 和维生素 C 等也具有美白祛斑的作用，并且已经被广泛地应用于化妆品。

如果把这些生活中和茶相关产品及时间制作成表，并且将其不断完善，就会发现 24 小时离不开茶制品。

生活与茶制品相关时刻表

时间	选用的茶制品			
6 时	茶牙膏	洗面奶	茶肥皂	茶毛巾
7 时	茶保湿露	茶防晒霜	茶多酚护手霜	茶丝巾
8 时	茶面包	茶泡饭	抹茶酸奶	茶叶蛋
9 时	喝茶			
12 时	茶面条	茶餐	抹茶年糕	乌龙茶饺子

（续）

时间	选用的茶制品			
16 时	下午茶			
18 时	茶叶炒蛋	乌龙茶香鸡	红茶烧肉	龙井虾仁
20 时	家庭茶会：茶花生米、茶叶核桃仁、茶瓜子、饮茶			
22 时	茶沐浴露	茶染内衣	茶树花面膜	茶水泡脚
23 时	茶枕头	茶的养生故事	茶香被	茶的美好生活梦

三、香港和台湾地区茶叶健康制品

香港和台湾地区的茶叶健康制品花式品种也很多。

（一）香港

香港的茶叶健康制品主要有茶饮料、茶食品、与茶叶相关日化用品等。因为港式饮茶习惯“一盅两件”，故而香港有许多开发的茶饮料和茶食品，茶饮料如港式奶茶、花果茶及中草药配方茶等；茶食品如茶粥、茶饺子、茶月饼、抹茶点心、茶味沙琪玛、茶味曲奇饼干等；茶叶相关日化用品有花茶护肤洗洁精、美白牙膏等。

▶ 丝袜奶茶

1. 茶饮料　17 世纪时，香港人在英式奶茶的基础上研制出港式奶茶，以其茶味重偏苦涩、口感爽滑且香醇浓厚为特点。制作原料时多选用香味馥郁的锡兰红茶及奶脂浓厚的淡奶，加上撞茶或拉茶工序，使奶茶中保留茶味且滋味香醇。港式奶茶入口先涩后甜，饮完时却满口留香。港式奶茶中最具特色的饮品当属丝袜奶茶，调制程序为：先把锡兰红茶放入一个棉线网内，然后将网浸入水煲内，同时把网钩在水煲的边沿，煲茶数分钟后，再将茶倒出到另一茶壶内，加入奶和糖后来回撞茶数次，以使原料充分融合，奶茶师傅通过控制不同茶类拼配及奶和茶的比例最终形成各自独有的风味。因为所使用的白色棉线网经过长期浸染奶茶而形成与丝袜相近的深褐色，故而被称作“丝袜奶茶”。

▶ 红茶擂沙团

2. 茶食品　在香港茶餐厅中有着琳琅满目的点心小吃，而随着茶叶综合利用的开发，各种茶制点心也渐渐出现在茶餐厅中。有红茶擂沙团，在汤团外沾满红茶豆沫粉，口感软糯香甜又方便携带；有茶香水饺，将茶叶掺入馅料、茶汁掺入面皮，成品清香可口，风味怡人；有茶汁面包，在发酵面团是加入浓缩后的茶汁，所制成的茶汁面包外观呈茶褐色，芳香可口、风味独特；有绿茶蛋汤，在原本山药、鸡蛋、蜂蜜的配方中加入了绿茶一味，有健脾护肝、利尿解毒的功效，宜早餐食用。

（二）台湾

台湾对茶的开发利用涉及领域相当广泛。近代科学验证茶具有“营养机能、嗜好机能及生理调节机能”这三项现代饮食保健潮流所讲究的要求，故而以茶叶为基材或配料开发茶多元化产品，可以迎合现代人饮食保健观念，进而促进茶业发展。台湾于1980年开始已研发出各种茶产品，除琳琅满目的茶饮料外，还有茶食品、茶化妆品、茶药品等，这些茶产品于1990年以来相继商业化生产。

1. 茶饮料　台湾罐（盒）装茶饮料于1989年开始逐渐兴起，尤其是乌龙茶饮料于1992年对青少年市场的诉求成功，促使茶饮料于1993年超越碳酸饮料，至2006年位居非酒精性饮料的龙头。目前以此形态消费的茶叶量估计占总消费量的

40% ~ 45%，且有上升趋势。泡沫红茶、珍珠奶茶等发源于台湾的别具风味的茶类饮料，目前已风靡全球。

1980 年，台湾人民始创泡沫红茶。这是一种以不同茶叶为基底（多为经过发酵的红茶、乌龙茶等），添加糖浆、可可粉、蜂蜜、牛奶、豆类等不同食材，然后和冰块一起摇荡形成泡沫，创造出的各式各样类似鸡尾酒般变化多端的冷饮。调制泡沫红茶时，必须先煮出浓度偏高的茶汤，另外还要熟悉各种材料的特色。早期泡沫红茶很多食材都是采用新鲜的原料，如红豆、绿豆、地瓜、芋头、薏仁、花生等均是现煮的产品。泡沫红茶最有趣味的是，每杯茶饮经过无数次的摇荡产生细腻的泡沫可营造出多层次的新鲜口感，喝起来滋味醇美香甜、口感绝佳，这样也有祛除茶涩味，提高茶香的作用。台湾当地从十几年前就开始有泡沫红茶摊位出现，现在街上则是随处可见的泡沫红茶店，所贩售的饮料种类更是高达 400 种以上。

珍珠奶茶是另一流传于台湾的茶类饮料，是指将粉圆加入奶茶之后制作而成的一款饮品。珍珠奶茶使用的“珍珠”，是由地瓜粉制作而成的粉圆，而粉圆在加入奶茶之前，通常还会先浸泡糖浆，确保粉圆在偏甜的奶茶中仍可以保持甜味。奶茶的基底通常使用红茶，但也有店家提供使用绿茶的珍珠奶茶，称为“珍珠绿奶”或“珍珠奶绿”。也有许多店家将咖啡冻、豆花、布丁、仙草等类似“珍珠”的食物添加进奶茶里，让客人自由选择以改变口感。珍珠奶茶在饮用时有弹滑的粉圆可以同时食用，这种特殊又绝佳的结合受到青少年的认可，已成为台湾冷饮茶的国际品牌，不仅风靡欧美，也流行内地。

▶ 台湾珍珠奶茶

随着养生与健康的风气兴盛，2005年维他露公司推出“每朝健康绿茶”，该产品以绿茶为基底，添加机能素材（如儿茶素、菊苣纤维等）。该产品有助于调节血脂，能够减少体脂肪形成，受到消费者的欢迎，故而相关从业者纷纷投入研究，使得此项产品不断推陈出新，发展迄今，不仅将茶叶基底从绿茶扩展至乌龙茶，机能成分也变得多样化起来，包括儿茶素、黑乌龙茶多酚、膳食纤维、茶花抽取物等，产品的健康功效更是涵盖了“降低胆固醇、减少体脂肪形成、有益肠道健康、调节血脂、调节血糖”等，部分产品通过健康食品认证如每朝、茶里王等，带动了功能茶饮料市场的发展。2009年左右黑松公司推出茶花绿茶，添加茶花抽取物，走平价路线，再度引爆新流行，市面上的各式茶花新品百花齐放，令人目不暇接，逐步将功能茶饮料的销量规模推升至20%以上。功能茶饮料亦成为促使茶类饮料市场成长的重要驱动力。

2. 日用品　茶具有除臭、抗菌、抗氧化、去油脂、安定神经等健康功效，同时散发出清新自然的香气。当代台湾民众开始讲求精神生活，让茶不仅仅可以食用，而且也将其做成诸多日用品融入我们的生活中，如茶树精油、茶树香水、茶枕、茶洗发精、茶皂、茶籽粉、茶洗洁精、绿茶牙膏、茶洗面乳、茶面霜、茶美发油、茶树沐浴乳或加入其他花草中药的沐浴盐、沐浴皂、泡脚药包或温泉药包等。茶

▶ 茶　染

染制品也是茶的最佳运用之一，其做法是将包扎折叠的布料，如棉、麻、丝绸、皮革等，或绑或扎，浸入加热后不同种类的茶汤中，利用不同茶汁中具有的不同颜色天然茶色素，染印渗透到布料里面进行艺术创作。一般来说，包种茶的汤色较淡，染出来的布色较淡；而乌龙、红茶、普洱的茶汤颜色较深，染后的布色也相对较深。茶的应用中最令人耳目一新的莫过于日本松下集团研发的空调儿茶素静滤网，该公司与台湾北里环境科学中心经6年苦心研发，萃取茶叶中具有除臭、抗菌、抗氧化等功能的儿茶素添加到静滤网中，可抑制小至0.01微米的滤过性病毒。

（本章撰稿人：屠幼英）

茶——

利礼仁、表敬意、可雅心、可行道……

Part 11

第十一章 茶文化与世界和谐

茶，瑞草魁香，入口甘怡。清神凝思，去滞尘杂，不流于媚俗，不隐于堂奥。综观国人饮食文化，唯此一品能飘然与山林之中，沉浸于禅房观宇，活跃于井水闹市，宴乐于朝会华堂。当之无愧为国之饮品。今时今日，无愧为世界饮品。

古时百姓将“柴、米、油、盐、酱、醋、茶”合称为“开门七件事”，说这七件东西是人们日常生活的必需品，同时也是老百姓们需要为其奔波操劳的日常琐碎事物。虽茶排在这“七件事”之末，但也不难看出茶对于人们的日常生活是不可或缺的。古圣先贤在与茶、与水、与器的接触之中，大多能从这一盏香茗中感悟出重重的人生哲理，进而成为人们所追求的精神和灵魂境界的升华。

▶ 早年北京街坊的大碗茶

绿、白、黄、青、红、黑，六大茶类，上达王侯将相、达官显族，下至平民布衣、白丁穷儒，总能众里寻他一道适合自己的真味。无论是绿茶之甘醇，白茶之清美，黄茶之鲜爽，青茶之香洌，红茶之回甜，黑茶之沧桑，寻寻觅觅之间总有那么一款适合自己的脾胃。人们因为这些人情世故的温存，因为这些茶余饭后的交流，因为这些杯盘碗盏间的礼仪，人与人之间的关系变得亲近而平和。“一碗茶汤见人情”，这可以说是茶的人文魅力，也是茶作为文化使者，文明媒介所能体现的重要作用。

第一节　全球茶文化的伦理与内涵

从茶文化的传播历史来看，与古史传说中认为的神农尝百草而发现茶的观点一致，人类最早对茶的认识是从茶的药用功能出发的。而茶叶最早从中华传播于世界时，它的药理功能起着最显著的作用。随着日常生活中与茶的频繁接触，世界各民族、各地区的人民对茶产生了越来越多的体验和理解。除了日常生活的饮食用处、保健价值外，茶的文化和伦理精神也越来越突出，越来越多地呈现出各个民族、各个地区不同的文化特点和精神内涵。回顾人类历史上的文学、绘画、音乐等艺术领域，都记录着茶文化发展的形式或现象。譬如我们能在各国、各民族现目前饮茶方式中寻找到他们的茶文化发展历史和精神品质。而这些就是我们本章着重探讨的茶之“伦理”和“内涵”。

“伦理”一词多见于传世文献。《礼记·乐记》：“凡音者，生于人心者也；乐者，通伦理者也。”《淮南子·要略》：“经古今之道，治伦理之序。”这里的伦理多指人伦道德的常理。东汉许慎的《说文解字》解释为，“倫，辈也。从人仑声。一曰道也”；“理，治玉也。从玉里声”。伦的本意是辈、类之意，引申为人与人之间不同的辈分关系，理的本意则是指治玉，加工而显示玉本身的纹理之意。而我们一般所讨论的“伦理”之“伦”，本指人伦辈分，历史学家宫长为先生认为“伦”是划分人与人之间的关系，所谓的“理”，本指道理或者规则，即处理人与人之间关系的方法。“伦理”则是指划分与处理人伦或辈分互相关系应该遵循的道理或规则。

那么茶文化的“伦理”指的就应该是通过茶作为文化媒介来处理人与人之间的人伦或辈分关系中应该遵循的道理或规则。这些道理和规则往往体现在各民族，各地区的饮茶方式和风俗仪轨中。人们在长期的饮茶历史中，由简入繁，又由繁回简，但在这个漫长的进程中，我们发现人们不但丰富了品饮的内容，例如更好地育种、改良加工工艺，也更加注重品饮方式的创新。因此，茶也越来越具有了仪式性、艺术性和展示性，比如我国博大精深的茶文化，日本所崇尚的侘寂茶道，韩国茶礼，中亚国家的饮茶传统，非洲国家的饮茶习俗，以英国为代表的欧洲茶文化等。中国因历史悠久，文化深厚饮茶形式丰富多样，而一衣带水的日本则以清饮为主，韩国人在全国范围内讲究茶礼，东南亚各国大多偏爱乌龙茶、普洱茶与绿茶清饮，而中东地区饮茶习惯则是在红茶中加糖、柠檬、盐等调饮，西非和西北非人民则更喜欢甜味调饮，比如在绿茶中加薄荷、方糖，而欧洲、南美洲、大洋洲以及南亚等许多国家，主要崇尚在红茶中加牛奶、食糖。尤其以英国为代表的欧洲饮茶文化仪式繁多，形式多样，包括床茶、晨茶、午茶和晚茶等多种形式。新兴的工业国家如美国等也流行冰茶等品饮方式。至于饮咸奶茶的国家，大多集中在中国北部接壤处，比较典型的代表为蒙古国。

据统计，目前全球有 160 多个国家和地区的人有饮茶习惯。自 20 世纪 90 年代以来，世界茶叶的年均消费量一直稳定在 250 万吨左右，人均年消费茶叶 0.5 千克。而以目前茶文化的传播范围和力量来看，世界茶叶消费格局随着世界各地社会的进步和人们生活水平的进一步提高而发生日新月异的变化。加之茶叶以其芳香、解渴、保健的特点和新兴的茶饮料、茶包装等营销形式而受到人们越来越广泛的喜爱。世界饮料专家预言，“21 世纪将是茶饮料的世纪”。

▶ 茶是世界各族人民的希冀

不仅仅 21 世纪的饮料市场将被茶和茶饮料所占据，而且我们不知不觉中发现茶文化已不再仅仅是以东方文明为核心的文化，它已经深入走到西方百姓的生活中，与之同时西方茶文化的品饮习俗也在悄悄地影响着古老的东方文明。茶作为中西文明交流甚至是全世界文明的重要桥梁，衔接了不同文化地域崇尚和谐、追求自然、塑造健康的精神追求。这不仅仅是中国的茶文化伦理内核，也是世界各族人民的美好希冀。

以下我们选择茶文化滥觞之源的东亚地区作为全球茶文化伦理及其表现形式的探讨对象，对全球茶文化伦理的产生和塑造寻找可循的文明依据和主要的表现形式。

一、中国茶文化伦理及其表现形式

谈及中国茶文化伦理内涵，首先需要回归中国茶文化的生长状态和发展环境之中。纵观古来茶事，文人雅士、黄巾缁衣皆可于闹市中涤除繁杂，或是在山林之间，取净水一壶，煨红泥小火，细煮尖尖紫芽，伴几缕朦胧月色，听谁家杨柳箫声，清茗一盏，佳友数人，评话人生，闲思古人。刹那清经络、明肝目，祛乏暖胃，心扉轻开，融于自然，归于沉静。若有阮步兵对岳长啸之清迈，似存嵇叔夜弹琴清吟之飘然，非得陆鸿渐之精行俭德可堪比拟。此情此景，是中国士人的传统精神情态，也是中国茶文化常见外在表现。而其中所蕴含的茶文化伦理和内涵我们还是要继续从传统的儒、释、道三家伦理中去找寻。

赵荣光教授在2009年12月8日第二届禅茶文化论坛上发表《中国茶饮文化中的禅悟精神》一文，详细爬梳了中世以后儒、释、道三家思想在融合过程中，通过茶所呈现出的中国民族的心态习性。赵教授认为以儒家为代表的文人茶形成了天然亲和、沉思慎独、宁静致远的茶饮风格。而从思想史的角度看，茶文化中“茶德”的形成与发展趋势，也主要体现了以士族文人的思想和文化活动行为，塑造中国传统的茶事生活与哲学思考、文化创造特征。来玉英先生通过对武夷山文人茶的礼仪精髓研究，认为儒家以茶修“德”，提倡中庸、和谐，目的是要修身、齐家、治国，茶礼俗也融合了儒家思想的精华。其实追溯到唐代末年宦官刘贞亮提出的“饮茶十德”：以茶散郁气；以茶驱睡气；以茶养生气；以茶除病气；以茶利礼仁；以茶表敬意；以茶尝滋味；以茶养身体；以茶可行道；以茶可雅志，其中的“利礼仁”“表敬意”“可雅心”“可行道”都属于饮茶对人的修德、清心的伦理作用的体现。从古今文献中我们都能够找寻到茶文化对儒家思想的继承和发挥。

我们需要通过进一步的考察，研究儒家礼仪所体现的核心思想、闻道理念与内省修身行为是如何本与禅门静默品饮、修行禅悟的茶事过程契合无间的。诚然，从禅门茶事对儒家思想的受容来看，儒家使禅门茶事在礼仪方面实现“中国化转型”，可谓“儒家礼仪征服了佛教”。而佛门也敞开其博爱的胸襟以多种形式对中原主流思想文化进行吸收，其原有的印度文化的底质渐渐被稀释，从而两者相互融摄，佛家文化逐渐成为中国传统文化的重要有机组成部分。

因为儒家始终将“礼”作为士族政治、社会生活的核心，可以说“礼”就是儒家精神的“伦理”。例如《礼记 · 曲礼》云：“道德仁义，非礼不成；教训正俗，非礼不备；分争辩讼，非礼不决；君臣上下，非礼不定；宦学事师，非礼不亲；班朝、治军、莅官、行法，非礼威严不行；祷祠、祭祀、供给鬼神，非礼不诚不庄，是以君子恭敬撙节退让以明礼。”以士冠礼为例，儒家强调年轻人必须通过进行冠礼，标志自己以新的方式见尊长、亲宗族才能以成年人的身份融入社会序列中。此时才拥有了做人子、人弟、人臣的资格，而所进行的礼节象征的除了是日常生活方式和行为方式外，还必须符合他们在家族内的身份和社会、政治地位，不同的身份有不同的行为规范，这就是礼外化出来的文献特征。儒“礼”从内涵上可分成四个层面：礼器、礼制、礼节、礼意。我们探寻中国茶文化伦理和内涵时，也需要从茶器、茶制、茶节、茶意四个方面进行深入的探讨。这些层面的思考，才是符合我们对于茶文化在中国甚至是世界范畴内的伦理定位及探索的。

自古以来，中国茶追求禅茶一味。一期一会，助人清思；道家更以茶饮为长生固本之仙汤，食之愈久，则望登仙羽化，仙寿延年。以今日科学而言，营养健康而论，小小芽叶一枚却能给人生注入非同寻常的活力，其中富含500多种营养物质，具有抗血小板凝集、促进纤维蛋白溶解、降血压、降血脂的作用，利于防治心血管疾病。其中富含的有氟、茶多酚等成分，能有效防龋固齿。茶叶中还含有大量的维生素A、维生素E，并存在多种抗癌防衰的微量元素，宜于身心，健身降脂，长期久食，则肌肤光滑、细腻白嫩、神轻体健、推迟衰老、神思清净。茶之于此，可谓廉价物美的保健饮品。所以对于国人而言除了精神文化上的纽带联系以外，还寄托着国人对于健康长寿的不懈追求。

神农氏尝百草，烹汤偶觉茶汤之鲜爽，更以茶清神觉智，在传说之余，为茶历史之悠久相佐以据。中国茶文化的伦理精神从古史传说中就已经彰显了其的清神觉醒的气质。而回顾历史上的茶史、茶事，确实也给我国茶文化伦理奠定了坚实的基础。例如西汉时王褒《僮约》一文乃记“茶”之“脍鱼炮鳖，烹茶尽具”；“牵犬贩鹅，武阳买茶”。众多专家都关注到此条乃我国也是全世界最早的关于饮茶、买茶和种茶的记载。但更由此记载可推，汉代富庶的民生社会状态所孕育出的茶买卖、茶品饮也是社会和乐、融融澹澹的和谐象征。

及至三国时，《三国志 · 吴志 · 韦曜传》载孙皓体恤老臣韦曜不胜酒力，开朝宴上以茶代酒之先河："皓每飨宴，……曜素饮酒不过二升，初见礼异时，常为裁减，或密赐茶荈以当酒。""以茶当酒"体现的是君臣之间的和乐尊重，体现古代君主礼贤下士、尊老敬贤的胸怀、胸襟。茶文化在这里体现出了这种君臣之间的和谐，所昭示的伦理也是自古以来儒家所追求的主流精神和文化风气。

唐代饮茶风气尤盛，茶不仅仅是皇亲贵胄、僧侣道人、文人雅士的爱好，也是飞入寻常百姓家的福音。唐代贵族虽以龙凤团饼煎茶入汤、佐以椒盐、以琉璃茶盏奉之入口。陕西法门寺地宫出土的唐僖宗供奉的秘色茶具和鎏金全套茶具，精美细致，大气端庄，其盛唐气韵令人叹为观止，瞠目结舌。还有开茶道滥觞的茶圣陆羽，千古流传凛然高风，宛如其诗所云："不羡黄金罍，不羡白玉杯。不羡朝入省，不羡暮入台。惟羡西江水，曾向竟陵城下来。"这种不畏权贵、不羡荣华的气节和精神也成为中国精神伦理的自强不息、不折不挠的精神砥石！

▶ 法门寺地宫出土的唐僖宗供奉的秘色茶碗

宋代文人风格浓厚，饮茶方式更加细腻，斗茶之风转盛，在唐人开抹茶之先河基础上，宋人创分茶、点茶之法。一国之君宋徽宗赵佶更是爱茶如痴，执笔亲撰《大观茶论》，堪称宋代茶书至宝，将品茗精细雅化，文人饮茶之风范，其中的伦理内涵至今还可从今日本茶道中管窥一二。9世纪末此法随遣唐使东渡传日，在扶桑之国保存完整，实属域外汉文化影响之例证。朝鲜、韩国今日所存留茶道多受明代开始流行的冲泡散茶法之影响，无论抹茶抑或散茶冲泡都为茶文化搭建交流桥梁之例证。开放、自信、包容、兼收的民族性格也是茶文化这一时期显著的伦理特征，是中国历来保有的文化特点。也正是如此，全世界茶文化伦理特征中也呈现出开放和包容的特征，促进世界各地文化的交流以及和谐发展。

然观今日舌尖之中国，虽茶之古味渐薄淡、渐浮华、渐奢侈，但所体现出的欣欣向荣之面，体现出的新趋势、新潮流也是值得我们推敲的。在现代社会中，茶文化更起着丰富着人们的文化、休闲生活，不断促进茶叶经济贸易的发展和推进国际文化交流的作用。步入 21 世纪，茶文化普及和推广的规模更大，涉及领域更广，功能更显著，传统的茶道伦理与现代精神融合地更为紧密。

近年来的情况表明，在整个经济形势和环境的驱使下，茶文化和茶产业发展前景喜人。日本和我国台湾地区的茶饮料销售量已超过各种饮料，均居榜首。1998 年中国大陆茶饮料总产量 36.18 万吨，排名第 6。2015 年世界茶叶产量为 520 万吨，其中：中国 223 万吨，印度 119.1 万吨，肯尼亚 39.9 万吨，斯里兰卡 32.9 万吨，越南 16.5 万吨，土耳其 13.0 万吨，印度尼西亚 12.9 万吨，阿根廷 8.3 万吨，日本 8.2 万吨，孟加拉国 6.6 万吨。越南茶叶产量再次超过土耳其，中国和印度的茶叶产量总和占世界茶叶产量的 63.85%。随着茶保健知识和茶文化的宣传普及，饮茶者将越来越多。游走在全国各地的茶叶市场中的各式商埠，麻雀虽小，肝胆俱全，数条街道，囊括了六大茶类中出类拔萃的名优茶品，最受欢迎的除了历史名茶中誉享海内的西湖龙井、吓煞人香的碧螺春、鲜醇回甘的六安瓜片、茶中仙女的白毫银针、典雅清香的冻顶乌龙、岩骨花香的武夷大红袍、烟香蜜韵的正山小种……还有那些品味俱佳的小众茶类，峨蕊、桐城小花、绿宝石等散落在这些销售区域的犄角旮旯，装点其中国茶叶市场的缤纷色彩，众多的茶客和这些都彰显出新时代的茶文化繁荣，茶贸易的兴旺，以及当代茶人的奋进自强精神。

从历史的脉络和相关的茶史、茶典的梳理中，能够看出中国茶文化伦理极强的包容性、传承性。茶与茶文化的发展是相辅相成的。因为茶既是物质产品，又是精神产品，富有丰富的文化内涵。茶文化作为中华民族传统文化的重要组成部分，在充满机遇与挑战的 21 世纪，在更加文明昌盛的世纪中将承担更加重要的作用。2017 年 4 月 28 日，在遵义市湄潭县举行的“大扶贫 · 大数据与贵州茶产业高峰论坛”上，全国政协文史和学习委员会副主任、中国国际茶文化研究会会长、浙江省政协原主席周国富以茶文化为切入点，提出发展壮大中国茶产业要从全球视野望茶，从立足国内看茶，从目标导向观茶，从问题导向探茶，从供给侧结构性改革谋茶，大力推进融“喝茶、饮茶、吃茶、用茶、玩茶、事茶”为一体的六茶共舞、三产交融、跨界拓展、全价利用，充分发掘茶和茶文化的物质价值和文化价值，全面推进茶和茶文化的提质增效新发展。

在21世纪中国社会主义建设和国家统筹规划中，开放、自信、包容、兼收的茶文化对推进经济建设、政治建设、文化建设、社会建设、生态文明建设起到良好作用。为促进茶产业的发展，促进社会和谐，确保如期全面建成小康社会，实现第二个百年奋斗目标，实现中华民族伟大复兴的中国梦奠定更加坚实的文化、思想、经济基础。坚信中国茶文化精神伦理将发挥更大的作用；在东西方文化交流中，在“一带一路”的建设中将以更绚丽的光彩照耀全世界。

二、日本茶文化伦理及其表现形式

谈及日本茶文化伦理，或者说日本茶道精神人们总是能提炼出其中蕴含着的几个关键词：“四规：和、敬、清、寂”“侘茶”“侘寂”“一期一会”等。

众所周知，日本茶道所崇尚的精神境界和审美境界都是与中国茶道一脉相承而又有所不同的。日本茶道追求实用性、审美性、精神性三位一体的结合。这种结合组成了日本茶道复杂而丰富的伦理内涵。在外在表现形式上看，日本茶道首先非常重视礼仪。其饮茶礼仪的细致入微，并且非常注重一丝一毫的细节，甚至在旁观者看来，已经到了相当烦琐的程度。但这也正是日本茶道的特色所在、人们所认为的精义之处。日本有很多茶人、名家、巨匠的故事反映了日本茶人对茶具的独特审美和甚至于苛刻的追求。在日本茶室中的一花一木、一盏一碗，甚至是茶室的装饰都是非常细腻而蕴意深刻的。来茶室参加茶会的客人，则需要根据茶会的主题穿着不同式样的衣服；茶具的摆放次序、朝向、使用方法都非常考究；而在整个饮茶过程中则需根据一定的流程，一般来说都是固定不变的。在日本茶道的精神世界里这些仪式是不可破坏的，否则会被人取笑为缺乏品位和文化修养。而不能深切体会日本茶道内涵的人，往往会误认为日本茶道是一种技艺，事实上日本茶道之“道”则蕴涵于“技艺”之中。日本茶道伦理精神所提倡的“茶道四规”中的“和”与“敬”，所指的正是饮茶过程中要达到的人与人之间关系的境界——“和睦友敬、其乐且湛”，这种关系存在于主与客、客与客、主与物、客与物的交流中。

谈及“四规”，即日本茶道所重视的四条核心要点是“和、敬、清、寂”，这种说法一般被认为是日本国宝级茶人村田珠光（1422—1502）及千利休（1522—1591）所用的概念，但其出处确有所不明，在日本维新时代之后慢慢地成了日本国内茶道文化精神的主流。而根据当代里千家的相关解释，“和”是与人交流以和为贵；“敬”是互相尊敬之意，互相推重；“清”是茶室、茶具、身心俱清净之意，身外内心，都要清净；“寂”则是指不动心。整个日本茶道的伦理都是从人与环境，人与人之间和谐、相宜的角度出发的，他们所强调的和谐和整饬是一个整体的概念，包含了仪式、服道、精神等各个方面的统一和和谐。

▸ 日本茶庭的美学境界

日本茶道的伦理精神还可以在《山上宗二记》一书中找到重要的依据，核心的思想是追求洁净及提倡“一期一会”的精神。作者山上宗二（1544—1590），号瓢庵，是千利休的高足，作为茶人他早有名声，加之性格刚直，不惮直言，最后为丰臣秀吉所杀，非常令人惋惜。但他所留下的《山上宗二记》一书中记载的“茶汤者觉悟十体”诚然是茶人心得的神来之笔。书中云：“茶会始终，如一生一度，可敬茶人”，将一场茶会的相逢比喻成茶人一生值得珍视的唯一邂逅，不仅仅是日本茶道精神中的严谨、真诚、敬他的体现，也昭示着日本民族性中的浪漫的色彩。这种伦理精神的延续在后世《南方录》中也有体现，书中记载："一生一座之心，惟茶席火候、水候耳"，茶人们为了准备一场精致而完美的茶会，会将客人置于非常值得尊敬的位置，会将茶会的每一个细节准备得淋漓尽致，以一颗真诚心，洒扫相应，虚位以待。后来发展到大名鼎鼎的诸侯井伊直弼（1815—1860）那里，这种"一期一会"不仅仅是主人对自我的一种修养要求和精神追求，更是一种主客相欢，互敬和敬他的交流。他在《茶道一会集》中写道："夫茶道交会，谓之一期一会，主客数会，而再返今日，不可得之，乃吾一生一度之会也。"因为重视这样的交流，所以每一次的交流都尤为重要，日本人对于这种交流或者说相会的重视程度非常高，所以逐渐地形成了自己的一套规范，这套规范也彰显了日本茶道伦理精神的气质。

例如，强调茶道要注重"外质，内文"即点茶、举行茶礼时，行事则豪放磊落，内心则极其小心，追求内心和外界的统一和谐；并且他们非常重视茶道过程中的仪式感比如要求"万事用意，不得粗心"；而如"心爱清净""戒酒色"等细微的要求体现出追求每一个环节的细节和茶道准备和进行中的神秘仪式感；日本茶人们的精神审美也随四时变化而发生转移并且根据节令进行搭配和点缀，"茶人用意：冬春间，以雪为主，昼夜共点茶；夏秋间，点茶须至初更；月夜虽已一人，必至深更；交人，必选胜已者；茶人无艺，是为一艺"。这种要求不仅仅局限于对环境和时节的要求，还存在着对饮茶者的要求。这种对人和饮茶对象的要求可以说将茶从单纯的品饮层面剥离开，变成具有精神要求的某种文化仪式。这种仪式感不仅存在于品饮茶会的整体过程中，还存在于茶会前习茶过程之中。茶人武野绍鸥训诫弟子云："人寿六十，而盛时仅二十年耳。习日习茶汤之道，专心致志，不然者，何得至其妙矣。诸事咸尔。若好他事者，殆难救也。"这里将习茶的重要性凸显出来，阐明茶会始终，如一生一度，必须全身心专心对待，方可体会这种奥妙的感觉，所以说是可敬茶人。

发展到后世，对日本近现代审美仍然保留着巨大影响的还有"侘茶"的概念。这个概念来源于《南方录》一书，此书作者一直都被视为千利休的高足，"泉州堺南宗寺集云庵”僧人南坊宗启。但在日本历史上却实无其人，学者考证此书应该是元禄年间的假托之作。因为在书中收录了一些可追溯到千利休时代的资料，《南方录》一书的内容亦基本与千利休的茶道思想同出一源，因此在日本茶道界也被看做是茶道圣典。此书最重要的思想是“侘茶”的概念，而侘（わび）与寂（さび）一般在日语中连用，是为茶人所追求的清淡、枯淡、清净的精神境界。这种精神境界不仅仅体现在日本茶道的伦理体系中，甚至是整个日本审美取向和文化价值的引导线。我们可以从下面几则材料进行体悟：

千宗易（利休）云：“心之所至，无若小茶席也。……小茶席，茶汤之道，一以佛法修身得道也。家宅结构，餐饭珍味，是世俗之乐耳。汲水拾薪，煮水点茶，献佛施人，而己亦饮之。插花焚香，皆效佛祖之迹也。”

或问宗易曰：“茶炉点炭，夏冬茶汤之法，何以为奥义耶？”对曰：“夏尚凉，冬尚温，茶味佳，是奥义所至也。”或不喜曰：“人皆知之。”宗易曰：“子能之否？若皆能之，拜子为吾师也。”

武野绍鸥云：“何谓‘侘茶’？”《新古今集》所载藤原定家歌曰：“回首望四方，无花无锦叶。海滨一茅亭，日暮风萧飒。”此歌意，是也。花、红叶，乃书院、茶台奢侈之法，而久眺则能知惟茅亭有之耳。未知花、红叶之境，则茅亭之意亦不可知也。眺之已久，始知茅亭之境。”千宗易云：“余亦得歌一首，藤原家隆歌云：“世上爱花人，未知天意真。山村雪初解，细草数茎春。”未加余力，自有真意。

值得一提的是，在日本茶道文化发展史上，影响最大的藤原定家与家隆的和歌作品诗在《南方录》上被大量引用。他们二人作为歌人的评价极高，引用他们诗歌作品可谓茶道与“歌道”之融合点。

另外，除了和歌作品外，日本汉诗人也写过关于茶的诗歌作品。早期作品集中在日本的皇室和贵族阶层较多，体现了日本宫廷对茶道的重视和欣赏。譬如：嵯峨天皇（809—823年在位）所写《兴海公饮茶送归山》云：“道俗相分经数年，今秋晤语亦良缘。香茶酌罢日云暮，稽首伤离望云烟。”嵯峨天皇《秋日皇太弟池亭》云：“肃然幽兴处、院里满茶烟。”《夏日左大将军藤原冬嗣闲居院》：“吟诗不厌捣香茗，乘兴偏宜听雅琴。”淳和天皇（823—833 年在位）所写《夏日左大将军藤原朝臣闲居院纳凉探得闲字应制》云：“避景追风松下，提琴捣茗老梧闲。”锦部彦公《题光上山人院》云：“相谈酌绿茗，烟火暮云间。”

统观日本茶道伦理的发展和日本茶道文化对中国文化的受容和传播是有较大影响的，在奈良时代的早期，以圣德太子为中心实施新政，开始时通过朝鲜半岛吸收佛教和儒家思想。隋建国后，日本不再满足于通过朝鲜半岛间接输入中国文化，直接派遣使者建交，随即派遣留学生，加大了吸收中国文化的力度。平安时代开始，桓武天皇推行新政，最澄、空海引入了天台宗、密宗等中国佛教文化以及其他的优秀文化传入到日本，自此开创了一个崭新的时代。这个时代的文化特征是日本受到中国文化的大量输入并受容开花，这段被称为弘仁贞观的时代中日本茶道的精神伦理从传统儒家的思想根基中生发出来，并自我生长，不断产生新的内涵，这些内涵是了解日本茶道伦理精神的重要组成部分。可以说中国茶文化的滋养对日本茶文化的形成及其伦理精神的塑造提供了基本的范本，并且在这个基础上得以发展和完善，当今日本也作为传统茶文化保存最完善的地方之一。

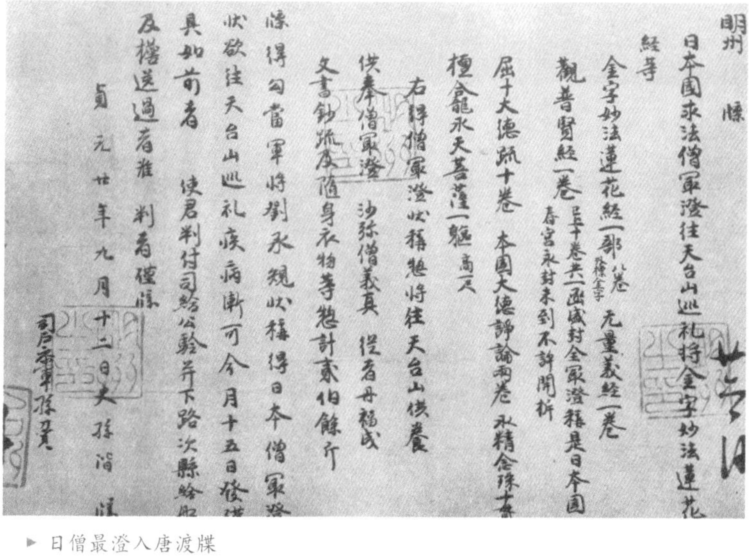
明州 牒
日本国求法僧最澄往天台山巡礼将金字妙法蓮花
經等
金字妙法蓮花經一部 八卷 无量義經一卷
觀普賢經一卷 已上十卷共一函盛封全最澄稱是日本国
春宮永封未到不許開拆
屈十大德疏十卷 本国大德諍論兩卷 水精念珠十貫
檀龕龍天菩薩一軀 高一尺
右得僧最澄狀稱總將往天台山供養
供奉僧最澄 沙弥僧義真 從者丹福成
文書鈔疏及隨身衣物等總計貳伯餘斤
牒得勾當軍將劉承規狀稱得日本僧最澄
狀欲往天台山巡礼疾病漸可今月十五日發
具如前者 使君判付司給公驗并下路次縣給
及樓遞過者准 判者確牒
貞元廿年九月十二日

▶ 日僧最澄入唐渡牒

三、韩国茶文化伦理及其表现形式

历史上，韩国是有饮茶史的国家。韩国自新罗善德女王时代（632—646）即自唐代中国传入喝茶习俗，至新罗时期兴德王三年（828），遣唐使金大廉自中国带回茶种子，朝廷下诏种植于地理山，促成韩国本土茶叶发展及促进饮茶之风。自此饮茶之风流行于广大民间，而韩国的茶文化也就成为韩国传统文化的重要组成部分。

韩国的茶道精神或者说茶文化伦理是以新罗统一初期的高僧元晓大师的“和静”思想为源头。这个时期的茶被作为一种辅助修行的饮料，所以其代表和象征的释家思想随着韩国佛教的兴盛而达到全面的诠释。后面经过高丽时期的文人李行、权近、郑梦周、李崇仁的不断发展，尤其以有“海东谪仙”美誉的朝鲜高丽时代的文学家、哲学家李奎报（이규보）对茶道精神的总结而得集大成。最后在朝鲜李朝时期高僧西山大师、丁若镛、崔怡、金正喜、草衣禅师那里得到完整而全面的体现。

元晓大师的和静思想是韩国茶道精神的根源，李奎报把高丽时期的茶道精神归结为清和、清虚和禅茶一味。最后由草衣禅师集韩国茶道精神之大成，倡导“中正”精神。总的来说，韩国的茶道精神即敬、礼、和、静、清、玄、禅、中正，其中融合了儒道释的思想，而敬、礼、和、清、中正主要体现了儒家思想。尹炳相先生对此的诠释为：“茶人在凡事上不可过度也不可不及的意思，也就是劝人要有自知之明，不可过度虚荣，知识浅薄却到处炫耀自己，什么也没有却假装拥有很多。人的性情暴躁或偏激也不合中正精神。所以中正精神应在一个人的人格形成中成为最重要的因素，从而使消极的生活方式变成积极的生活方式，使悲观的生活态度变成乐观的生活态度，这种人才能称得上茶人。”可以说韩国茶礼中蕴含着非常宝贵的茶文化、茶人应该遵循的伦理精神，中正精神不仅仅是茶礼内核，也应该成为茶人的生活准则。

而从我们对韩国茶礼的具体流程的了解中可以发现，韩国的茶礼有三大特点，一是广大民众参与的社会性；二是继承传统的历史性；三是不断创新的时代性。历史上来看茶礼虽然不是朝鲜半岛特有的，却是最被充分强调的。关剑平先生的研究认为在东亚三国，朝鲜半岛以在礼仪中充分应用茶为特征，从《宣和奉使高丽图经》中所记载的宋与高丽茶文化交流的史料来看朝鲜半岛重视饮茶的礼节意义这个特征在高丽时代已经形成。由于注重饮茶的礼仪意义，对于节奏缓慢所导致的茶汤冷却当时的高丽贵族保持了容忍态度，并不特别在意，更多的是强调流程中体现的仪式感。韩国茶礼仪式是高度发达的，按照场合来分主要分成仪式茶礼和生活茶礼两大类。童启庆教授《图释韩国茶道》一书中对韩国茶礼的分类按照韩国茶道历史纪年顺序和茶事内容编排，梳理了从新罗时代、高丽时代、朝鲜时代的古代茶道行事法，到现代韩国茶礼行事，其中包括接宾茶礼、佛门茶礼、君子茶礼、闺房茶礼等诸多形式。韩国仪式茶礼也可以按照类型分成成人茶礼、高丽五行茶礼、传统茶礼表演、新罗茶礼、陆羽品茶汤法等。生活茶礼主要指日常生活中的茶礼，分类依据是茗茶类型，包括："抹茶法""饼茶法""煎茶法""叶茶法"四种。基本流程都按照迎宾、温壶温杯、泡茶、品茶四个环节进行。其中在泡茶过程中，茶师们会根据不同的季节和时令选择不同的投茶法，顺应四时、尊重自然的茶礼也是韩国茶道伦理精神的具体体现。

在韩国历代的茶诗文中都可以找到前文中所讨论的韩国茶文化伦理的具体体现，韩国茶学泰斗金明培先生所编撰的《韩国茶诗鉴赏》一书所收录的茶诗可作为重要的参考来源。众多文采斐然、卓有口碑的诗文中，体现着韩国茶人所追求的韩国茶礼精髓和伦理精神。例如唐时，新罗来华文士崔致远所创作的《桂苑笔耕集》中的《谢新茶状》为答谢友人俞公楚所赠的蜀冈新茶所作。其中，用精彩的文笔描述了茗茶生长环境，加工的工艺以及冲泡器皿的选择和茶汤所呈现的状态，不仅仅是应酬之作，更是具有艺术审美的一种再加工。又如李奎报不仅创作了多首茶诗，并且从简单的茶饮出发，对茶饮的用水"煎却惠山水"和茶点搭配"一盘寒果雪侵肠"的茶席布置，以及茶礼中升华出的伦理精神有了直观的描述。崔致远写出"一瓯辄一话，渐入玄玄旨，此乐信清淡，何必昏昏醉"等句，体现了韩国茶礼所奉行的"敬、礼、和、清、中正"等精神主旨。

诸如此类的诗文在韩国文人的作品中是非常常见的，金程宇先生的《东亚汉文学论考》一书中谈及卢仝的《茶歌》一诗对韩国汉文学的深刻影响。最早利用《茶歌》作诗的李奎报在诗作中写到“茶品何狭议，七碗复七碗”，直接将七碗的意象使用起来。《茶歌》不仅仅作为中国茶文化历程上的精神伦理标杆，其中的精神例如追求独处中的清净，儒家慎独自省的精髓，道家追求无为自然的状态都在众多汉诗中有所体现，包括前文中我们所引用的诗文也是中韩茶文化交流和创新的杰作。在艺术领域，特别是容易记载茶事的绘画领域韩国茶文化也留下自己独特的精神诉求。例如著名的朝鲜时代画家沈师正的（심사정）《松下饮茶》画作中苍然邱静的古松独立，苍山杳杳，芳涧流泉。松树下两名高士对饮香茗，寸丈之外一名仆从正在烹茶煮茗，闲适超然之意溢于纸上。体现着韩国茶文化伦理精神中的礼、和、静、清、玄、禅等思想。

除此以外，韩国历史上还有很多涉及茶事的画作，都能够体现韩国文化独特的审美和茶道伦理精神。包括李庆胤（1545—1611）的《月下弹琴图》（16世纪，丝绸水墨，31.1厘米×24.8厘米，藏于高丽大学博物馆），李在宽（1783—1837）《午睡图》（19世纪，122厘米×56厘米，藏于三星美术馆Leeum），金兴道（1895—1922）《蕉园试茗》（28厘米×37.8厘米，藏于涧松美术馆），潭园、金昌培（1922—1988）《竹林茶会》等。这些画作多为水墨画的表现形式，其表达的内容多为文人雅士集会品茗以及对茶等文雅之事的描绘和赞美，并且很多构图之法和用色之处和中国宋代以来的文人画一脉相承，从中我们不难看出韩国茶文化对中国茶文化的接受和再诠释。中韩两国悠久的友好交往历史中离不开茶贸易、茶文化、茶道伦理精神的交流共融的作用。

今时今日，虽然韩国生产和消费茶叶不多，全国茶园面积仅2万多亩，产量1 500吨，进口茶也很少，人均年消费仅33克。但韩国茶文化兴旺，全国性的民间茶文化社团兴盛，甚至一些大学还设了茶文化课，民众入会和学生研习茶文化的比例较多，每年在各地举办茶文化活动。按相关资料显示，在韩国全国茶文化社团组织有韩国茶人联合会、韩国国际茶叶研究会、韩国茶生产联合会、陆羽茶经研究会、茶道协会和中国茶文化研究会等，其中以茶人联合会会员人数和组织活动的次数最多。韩国茶人联合会有 50 万会员。巨大的数字背后折射出当今时代韩国茶道文化的生生不息，无论是伦理精神层面还是物质形式的表现层面都形成了系统的延续。这其中的缘由不仅仅是韩国经济发达、国民收入高，还有一直以来对其茶文化伦理精神的尊奉和秉承。韩国茶人能广泛开展传统伦理和现代思维融合的社会活动具有坚实的物质基础和历史文化渊源、其作为东亚文化圈的核心一员，以及茶文化滥觞的重镇对世界茶文化的发展和和谐起到了不容忽视的作用。

四、当代茶文化的核心理念

从文化角度看，茶并不只是一片树叶，也不只是一种饮料，它富有博大精深内涵，源远流长历史，兼具物质和精神两大特性，具有政治、经济、社会、文化、生态、养生等多种功能。所以，研究茶文化既要体现传承性，又要体现时代性，既可以从东方生态伦理和生命哲学的角度，也可以从儒释道文化、中医药文化和农耕文化的角度，还可以从人文学、社会学、历史学、民俗学、美学等多个角度加以科学提炼和概括。对此，我们的前人和今人包括外国人都有着丰富而深刻的论述，其表述茶文化的关键词有“和、静、廉、洁、清、敬、怡、真、雅、圆、美、礼、健、中、正、寂、精、行、德、俭”等。当然，最具代表性的是陆羽《茶经》中提出的“精行俭德”的精神。2013 年，中国国际茶文化研究会本着传承、弘扬、创新的精神，着力汲取传统精华、融会贯通各家观点，通过分析归纳、概括提炼出“清、敬、和、美”当代茶文化核心理念，现简述如下。

（一）清

一个“清”字，涵盖着淡、俭、廉、正、真、静等茶文化多种内涵。“清”的特征，首先来源于茶的自然品质。“清”是与茶叶、茶饮、茶道（艺）相关的清气、清和、清雅的清纯品性。茶生长在山水草木之间、云雾缭绕之境、生态良好之地，聚天地之精华，集山水之灵气，是大自然恩赐于人类的宝物。“清”是与修养、品德、情操相关的清心、清静、清平的茶道品格。用一杯茶品味人生沉浮，持平常心观大千世界，领悟到从容平淡之心，用清平生活态度观人察事，自是一种高尚的境界、积极的人生。“清”是与从政为官相关的清正、清白、清廉的政治品质。干部清正、政府清廉、政治清明，“清”乃为政之本，权力本该清纯。“清”是茶文化的基本特征，她既是茶叶特征的自然显现，也与人的基本品质相关联，更是茶与人在道和德的层面的和谐统一。茶道中把“清”“静”作为达到物我两忘的必由之路，喝茶就是修炼清静平和的心境，营造幽雅清静的环境和空灵静寂的氛围，在世事纷扰中，让人们心宁神静、自省自察、去除烦躁、化解心结，于清思静观之中看庭前花开花落，望天空云卷云舒，发现生活中多种多样的福地洞天。正如唐代著名诗僧皎然诗云：“一饮涤昏寐，情思爽朗满天地；再饮清我神，忽如飞雨洒轻尘；三饮便得道，何须苦心破烦恼。”无门禅师在《无门关》中也说道：“春有百花秋有月，夏有凉风冬有雪；若无闲事挂心头，便是人间好时节”，赞美了“平常心即道”的清平生活态度。拿起、放下是喝茶的基本动作，得到、舍去是人的基本选择，拿起、得到就要敢于担当，专心致志，精行成事；放下、舍去就要坦然面对，偷得浮生半日闲，放松绷紧的神经，放开功名利禄念想，放掉喜怒哀乐的心绪，丢掉不切实际的欲念，把心打开，才是开心、高兴。

茶如人生、人生如茶。俗话说，贪如火，不遏则燎原；欲如水，不遏则滔天。清心、清气、清正、从容平淡、善于舍得，自是一种高尚的境界、人生的哲理。

（二）敬

“敬”乃是人的诚敬、尊敬、敬畏、敬爱之情。“敬”是人对自然、对规律的敬畏之心，体现“天人合一”的宇宙观，是一种以人与自然和谐共生、良性循环、友好相处、全面发展、持续繁荣为基本宗旨的文化伦理形态。“敬”是人与人之间互相敬重、互怀敬意、相敬如宾的友好关系。“客来敬茶”，是中华传统礼法礼俗中最为普遍和常见的礼仪之道。赠茶、敬茶正是睦邻友好情谊的重要载体。泡茶、饮茶、敬茶、赠茶，既是口舌之需，也是礼节，更是礼仪。“敬”是人所应该具有的敬祖尊老的敬爱之情。当今，敬祖尊老、和睦相亲、长幼有序等生活礼仪更应当发扬光大。

（三）和

“和”是“以和为贵”“和而不同”的中华文化的本质，也是茶文化的内核，展现海纳百川、兼容并蓄、博大包容的胸襟和气派。“和”是人与人、人与自然、人与社会以及人自我心灵的和谐关系，显现人心向善的道德观、天人合一的宇宙观，“和而不同”的社会观，“协和万邦”的国际观。“和”是自我心灵的宁静和谐，是社会和谐运行的内在乐章。平和，关乎人自身心灵的调节，人与人之间、人与社会之间的协和交往的尺度，大都是将心比心，推己及人中来。茶文化的精神内核，不仅是个人的修身养性，更讲究的是社会和谐运行的内在秩序。茶讲究奉献和分享，相信天人合一、和而不同、和衷共济、多元共生、共容共荣。培育和践行社会主义核心价值观，关键在于一个“人”字，重要的是处理好人与物、人与人、人与己的关系，将尊重、包容、平等的理念体现在人际关系之中。茶具有的清和、淡逸的特性，自然地呈现出平和恬淡的神韵，十分适宜于人们对平静和谐的社会环境的追求。茶，清纯淡雅，清新怡人，以茶明伦，兼和天下。和是中道，和是平衡，和是适宜，和是恰当，和是一切恰到好处，无过亦无不及。而茶在采制、泡饮到品饮的整个茶事过程中，无不体现“和”的理念。如煮茶就是金木水火土之间的不同之和。“酸甜苦涩调太和，掌握迟速量适中”，是泡茶时的中庸之美；“奉茶为礼尊长者，备茶深意表浓情”是待客时的明伦之礼；“饮罢佳茗方知深，赞叹此乃茶中英”，是饮茶时的谦和之态；“朴实古雅去虚华，宁静致远隐沉毅”是品茗环境的俭行之德。由此，显现和诚处事，和气待人，和谐社会，和平发展的意境。茶可以养“爱心”，以致“仁者爱人”；可以养“德心”，以致“精行俭德”；可以养“静心”，以使人“淡泊明志、宁静致远”；可以养“苦心”，苦其心志，苦尽甘来；可以养“凡心”，唯是平常心，方可清心境；可以养“放心”，放下繁忙的工作，放松绷紧的神经，放开功名利禄的念想，放掉喜怒哀乐的心绪；可以养“专心”，专心致志，用心体会，充满恭敬，饱含感恩；可以养“和心”，和谐中庸。八心安宁，人自和静，便能感悟人生、领悟真谛、提升觉悟，看世界碧海蓝天、山清水秀、风和日丽、月明星朗、以臻于修炼身心、净化自我、圆满道德、心灵和谐之境。自心和方能和人，己和人和则天下和。心灵是田地，欲念是种子，每个人的精神健康了，整个社会就会变得清朗起来。茶文化本质上就是和谐文化。茶总是清纯淡雅、清新怡人，有君子之风、和谐之韵，具有平和心境之效，是抚慰心灵的良方，故而儒以养廉，佛以参禅，道以修真，民以持家，饮以养生，由此达到和诚、和气、和谐、茶和天下之境界。

（四）美

“美”是茶文化理念追求的最高愿景，是天地人茶水情在“天人合一”“和而不同”哲学境界上的共同升华。中国人总以洁净为美，如蓝天如洗，一泓清泉，空气洁净，冰清玉洁，洁身自好等。“美”是纯美茶叶和精美茶园的观赏之美。茶叶素有“东方美人”之称，其纯净光洁之形、水中蹁跹之姿、鹅黄嫩绿之色，颇具“盈盈十五，娟娟二八”之少女的清雅之态。茶与水在纯净的色调对比中，析分出丰富的层次，浓淡浅深之间，深蕴着内在的生命活力，洋溢着青春年少的美丽。而汤色的丰富多彩，更是呈现出翠绿、杏黄、杏红、橙黄、中国红、琥珀色、干红等原生态的、丰富的艳丽层次，令人由衷而起“名茶如美色，未饮已倾城”“从来佳茗似佳人”之叹，因而引得古往今来的无数文人墨客为之吟咏、挥毫，赞赏茶叶的至纯至美、韵味之美和大美之美。茶为南方之嘉木，或灌木丛生，或乔木傲立，连接成漫山遍野的苍翠茶园。茶园，是红脉绿韵的风景线，是旅游休闲的好去处，是返璞归真的绝妙地。她吐故纳新，净化空气；固土纳水，涵养大地；四季常绿，赏心悦目。既是生态的结晶、自然的内涵，也是美化大地的使者，更是环境、生态美好的象征。

茶韵之美更是茶道中的佳境，是精神层面上的无限风光，更是茶饮品味的绵长氤氲对精神浸润、体现茶客的修养和修炼之功。卢仝的《七碗茶诗》中写道：“一碗喉吻润，两碗破孤闷。三碗搜枯肠，惟有文字五千卷。四碗发轻汗，平生不平事，尽向毛孔散。五腕肌骨清。六碗通仙灵。七碗吃不得也，惟觉两腋习习清风生。蓬莱山，在何处？玉川子乘此清风欲归去。”其意境何其美妙。

“美”，更是品茶品味品人生的大美之境，尤其可贵的是茶叶的奉献之美给人生的启迪之美。茶叶在其生命最为华美的时候，被采摘离开了生命之树（母），历经了诸多磨难，如制作时的炒、烘、揉、搓、捻、压等，以至发酵成为好茶，冲泡时来到了精致的茶具之中，与清新的知音之水共舞，舒展峨眉，散发出淡雅的气息，靓丽可口的汤色。那是一种历经磨难而迸发出来的悲壮之美，是一种知遇清新之水自由舞蹈而生发出的相知之美，又是一种为了将一生凝聚的精华尽情奉献的大气之美，更是一种梦想与现实融为一体的圆融之美。正所谓“生在山水云雾间，历经磨难终成仙；遇得知音共舞蹈，终身精华展大美”。人生的意义何尝不是如此呢？！

▶ 中国国际茶文化研究会会长周国富作报告情景

茶，本草木中人，在山水之间，山野之中，放平和之心，为平凡之人，便坦然豁达，心存高远。清、敬、和、美，清为本，敬为上，和为核，美为境，融会贯通，品味人生，道德日全，茶和天下。

第二节　茶人精神与和谐世界

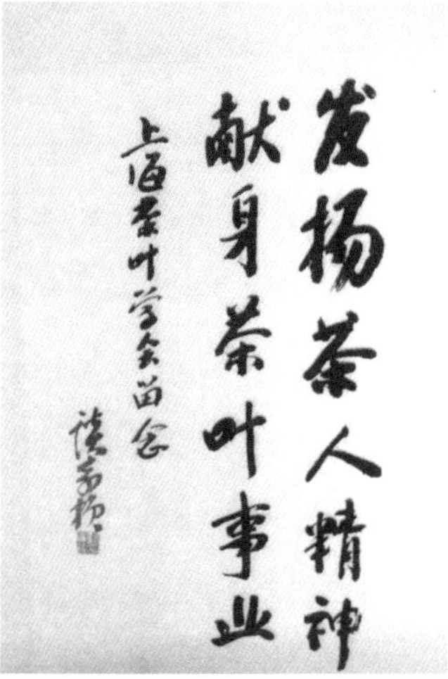

▶ 上海市茶叶学会名誉理事长谈家桢教授题词

“茶人精神”一词的明确提出，最早是由原上海市茶叶学会理事长钱樑先生在20世纪80年代初所提出，钱先生从茶树的风格与品性中引申而来，寓意茶人如茶树一般“默默、无私奉献，不断为人类造福”。钱先生的本意即是以茶树喻人，以人之精神与茶树的品性相呼应。他所指出的其实是茶人应有的形象或茶人应有精神风貌，并且认为茶学界提倡一种心胸宽广、默默奉献、无私为人的精神。这个概念是基于茶人的品质和性格基础上的讨论。在1992年3月，上海市茶叶学会名誉理事长谈家桢教授挥毫题写了“发扬茶人精神，献身茶叶事业”12个大字，赠送给上海市茶叶学会，进一步肯定了“茶人精神”的说法。1997 年 4 月，在纪念当代茶圣吴觉农先生 100 周年诞辰座谈会上，上海茶人进一步明确把“爱国、奉献、团结、创新”八个字作为茶人精神基本内容，在行业范围内进行宣传倡导，号召广大茶人认真学习古代茶圣陆羽、当代茶圣吴觉农、上海茶人楷模谈家桢的茶人精神，献身茶叶事业，默默地无私奉献，为人类造福。

一、“茶人精神”的由来

茶人，最早现于唐代诗人皮日休《茶中杂咏 · 茶人》的诗题之中的。全诗内容如下：“生于顾渚山，老在漫石坞。语气为茶荈，衣香是烟雾。庭从㰀子遮，果任獳师虏。日晚相笑归，腰间佩轻篓。”从诗文的内容中看，皮日休全诗主要是在描述采茶、制茶的人的生活和工作状态，而后来人们又在汉语词汇的使用过程中将茶人一词扩展到从事茶叶贸易、文化传播、教育、科研等相关行业的人，现在也泛指爱茶之人。1937 年，即抗日战争爆发初期，当代茶圣吴觉农先生率领茶学界的积极进步青年，在浙江嵊县三界建立了救亡宣传队伍，编辑出版了以《茶人》为刊名的油印刊物，这是近代第一本正式的茶人刊物。在战后，吴先生筹建的浙江茶叶部也曾编辑出版过《茶人通讯》类的铅印小读物。可以说吴先生则使“茶人”正式成为茶业工作者的亲切名号。发展到 1982 年，在庄晚芳教授等专家的联名倡议下，杭州、厦门先后成立了新中国历史上所未有的“茶人之家”，并且随之发行《茶人之家》期刊。1990 年，在茶界老前辈黄国光先生等倡议下，邀海内外炎黄子孙的茶人，汇集于北京成立了中华茶人的第一个全国性组织——“中华茶人联谊会”。

无论是一般普通的茶叶工作者，还是海内外热爱茶学、茶文化的人们，他们都随着社会的发展，不断地承担着茶的传播和茶文化弘扬的责任。因此，茶人队伍仍然在不断扩展，甚至开始跨越各个国家、地区、民族、文化、政治、宗教信仰、行业、阶层而遍布海内外。这一类人群身上的精神品质和文化内涵其实是非常丰富的，并且在全球化的大局观下，更需要从历史源头和未来展望来观察各地各时的茶人精神。

如王旭烽先生的总结：“中国茶人精神和中华文明、中国文化的精神的关系，乃是一个子系统与母系统的关系。”在历史上我们能找寻到众多依据，譬如远古时代的神农氏既作为三皇之一的人文始祖代表，也被奉为茶的发现者；汉代王褒作为与扬雄齐名的大辞赋家也对茗荈喜爱赞美有佳；魏晋时期的众多竹林雅士、高僧黄冠首先是作为文人的群体意象被人们熟知，他们对于佳茗的嗜好也是基于一种玄、道的文化意识；于至盛唐的陆羽、卢仝，更是作为文人名士的代表而备受爱茶之人的推崇；著有《大观茶论》的宋徽宗我们也不能忽视他在文学艺术等其他文化领域的超凡水平；甚至现当代史上的吴觉农先生，以及今天我国茶文化界的众多学者专家，都有着一个非常重要的共同特质，在对于茶、茶文化的喜爱和研究之中还具备了承载中国核心伦理精神的能力和能量。从身份属性上看，他们不仅仅是茶人更是文化人，这种特有的合二为一的属性，体现了中国茶文化和中国传统文化之间的血缘关系。正因为茶人群体充分凝聚了中国传统文化精神的精髓，我们能够在不断提炼茶人精神的过程中保存文明血脉的同时坚持与时俱进。当代新兴茶人精神的概念正在不断更新，茶人的活动涉及的范畴也不断在扩大。茶人精神所代表的廉洁、绿色、环保、和平、希望，其实正是我们如今时代所希望看到的精神旨归和内涵品格。

二、茶人精神的根基

在中国历史上，茶树的精神特性早为儒家文人所广泛关注，并在各类诗文作品中将其与儒家的人格思想联系起来。前文中我们已经谈到儒家精神中强调的“礼”通过“茶”这种仪式展现出来，从而完成“以礼达仁”这个过程。这个过程也成了儒家文化对茶文化的最大贡献，这也使得儒家的人格思想成为中国茶人精神的支柱。

儒家所代表的文人精神或者说文人茶精神都是中国乃至世界茶人精神的重要组成部分。立足于茶的秉性，或者说如专家学者所倡导的茶树的秉性来看，茶人精神的凝练离不开人们对茶本身特质的认识。例如宋徽宗赵佶的《大观茶论》中评论：“至若茶之为物，擅瓯闽之秀气，钟山川之灵禀，祛襟涤滞，致清导和。”茶之为物，清灵通透，既有浙闽之地的温婉秀润的文化滋养，又有自然山川的和风软雨的育化。

正因如此，才造就了茶的物用清明、药理万机的独特秉性。这种秉性让古今中外、众多茶人前赴后继地追寻，而若论及人世之中，茶圣陆羽的茶人精神，不仅象征着茶的独特秉性，更是我们今日所提倡的茶德精神的来源。可以说中、日、韩等国所提出的茶文化精神、茶人精神的精髓其实都蕴育于他所代表的茶人精神之中。

陆羽一生不仕不隐，不佛不释，逍遥山水，放怀林泉，云游茶水间，高蹈尘俗中。既有为人世间的通达清澈，又有逍遥隐逸的清高旨趣。史海拾趣，寥寥数字的记载带给我们更多的是对于陆羽传奇曲折，令人遐想的经历。甚至陆羽自己不曾料想，从小因相貌丑陋被亲人遗弃的他，在百世之后受到众人塑像膜拜。千载春秋，众多中国茶人在前进不息的探索中也不忘以《茶经》所提出的“十”具脉络以及“精行俭德”的特性作为修行和自勉的方式。

当我们面对现下中国茶道所提倡的“清、敬、和、美”的旨归时，还是恍兮惚兮看到了“精行俭德”的精神内核。分析陆羽所提出的“精行俭德”是我们挖掘中国茶人精神的基础工作。

陆羽在《茶经》中之所以要在至关重要的第一章《茶经·一之源》中提出“精行俭德”这一概念，其中能体现的茶人精神甚至是茶道精神和思想溯源来自于哪些中国思想史上的经籍着说或学说流派，即所提出的根据是什么？这些是我们应该关注的问题。此外，在当今社会，“精行俭德”的茶道思想是怎样对茶文化的传承施以其深厚的影响，又怎样与现代茶人的精神追求相结合？

我们要了解茶人精神，就必须走进影响我们中国茶人的内心世界，这也需要我们从对“精行俭德”本意的理解出发，首先我们需要明确应该持有的“精行俭德”这一观念的理解方式。放诸原文，陆羽在《茶经·一之源》中对于茶的自然生物属性进行介绍后展开对茶的药用功效时写道：“茶之为用，味至寒，为饮最宜。精行俭德之人，若热渴、凝闷、脑疼、目涩、四肢烦、百节不舒，聊四五啜，与醍醐甘露抗衡。”

其实，此处的“精行俭德”无论如何断句，按照吴觉农先生主编的《茶经述评》解释为“注意操行和俭德的人”，这样看似过于简单。其实大部分茶学前辈都认为此四字内涵丰富，而且其中更多含义可以意会、难以言传。

从文献来源上看“精行俭德”一词在《茶经》出现之前并没有使用的先例。但是我们能够从一些典籍原点中寻找到“精行”和“俭德”单用的例子，前人研究中关于这些材料的整理相对较少，缺乏系统性和论证性。

“精行”从汉语语法的角度探讨，出现至少两种用法，即以“精”作形容词修饰中心词“行”两者连用，另一种则是将“精”单独使用，并且从词性上而言用法也并不是固定的，还存在着不同思想源流的用法，我们将其中具有代表性的文献筛选如下，并按照词性进行分类：

作为名词：

1. 精，单指精气。行，作动词或作状语（指日月星辰运行之灵气）：《吕氏春秋·季春纪》：“日夜一周，圜道也。月躔二十八宿，轸与角属，圜道也。精行四时，一上一下各与遇，圜道也。物动则萌，萌而生，生而长，长而大，大而成，成乃衰，衰乃杀，杀乃藏，圜道也。”

《抱朴子·释滞》：“欲求神仙，唯当得其至要，至要者在于宝精行炁，服一大药便足，亦不用多也。然此三事，复有浅深，不值明师，不经勤苦，亦不可仓卒而尽知也。”

2. 指精专的德行或品德：《魏书·释老传》：“若无精行，不得滥采，若取非人，刺史为首……”

《全唐文·卷九百十八》：“苏州支硎山报恩寺大和尚碑：举精行大德二十七人，常持法华，报主恩也。”

作为形容词：

1. 与“行”连用，修饰行（动词）作为“精专于行”之意：《太平广记·贞白先生》：“贞白先生陶君。讳弘景……仕齐，历诸王侍读。年二十馀。稍服食。后就与世观主孙先生咨禀经法。精行道要。殆通幽洞微。传转原作传。”

《绍陶录》：“精行次绝行兮，非通行照行之可希。”

2. 单独使用，作为“精专”之意：《抱朴子·仙药》：“但凡庸道士，心不专精，行秽德薄，又不晓入山之术，虽得其图，不知其状，亦终不能得也。”

《居业录》：“事虽要审处然，亦不可揣度过了，事虽要听从人说，亦不可为人所惑乱，择须精，行须果。”

3. 佛教专用“专精修行”之意：《大藏经10册·渐备一切智德经卷第一》：“何因至今无，则无有吾我。若能离恐惧，专精行慈愍。”（西晋月支三藏竺法护译）

《大藏经12册·佛说无量寿经卷下》：“不能深思熟计，心自端政，专精行道，决断世事。”（曹魏天竺三藏康僧铠译）

《大藏经12册·佛说无量清净平等觉经卷第三》：“意念诸善，专精行道。”（后汉月氏国三藏支娄迦谶译）

《大藏经14册·贤劫经卷第八》：“不怀谀谄意，勤修专精行。”（西晋月氏三藏竺法护译）

《大藏经21册·大威德陀罗尼经卷第十七》：“不细精行至于乱行。有秽浊行名向恶处。”（隋天竺三藏阇那崛多译）

《大藏经51册·弘赞法华传卷第十》：“专精行检，敬慎法仪。”（蓝谷沙门慧详撰）

从目力所及的文献范围内看，整体上的“精行”存在着名词和形容词两种用法。从文意上看，由于前人对于“精行”整体运用的字例几乎并无解释。但撇去对词性的区分，“精行”一词都能从占据中国主流学术思想的儒、释、道三家脉络寻找到来源。

早期的“精行”或“精”单独用在以东晋《抱朴子》等为代表的道家或道教体系的著作中，与此类似的还有南宋隐者王质的《绍陶录》其中大多是收录其隐居时的诗歌作品，这些作品大多是抒发隐逸高蹈的出云之志，说明“精行”也被认为是隐者需要具备的一种修行品德或者方式。从比较重要的另一个来源是以魏晋以后逐渐兴起的围绕着《渐备一切智德经》《佛说无量寿经》《佛说无量清净平等觉经》《贤劫经》《大威德陀罗尼经》《弘赞法华传》等佛教典籍。从时间轴上看，这一思想发展到唐以后，如明代大儒胡居仁《居业录》等儒家文人的理学笔录中，也反复强调“精行”的重要性，既要听取他人意见，但又不能失去自己的立场，为人处世需要择取精专的，言行需要考虑后果。此文明显是宋明理学家门站在儒家道统的立场上，对于当时世人的劝诫。所以我们可以从这些并不多见但确实存在的儒家言论中寻找到“精行”的踪迹。

整体上而言，“精行”一词经历的思想史流变经历了从道家过渡到释家，再逐渐影响到儒家的基本过程。从时代序的脉络看，此词首先从秦汉、魏晋时期道教道家思想过渡到兴起的佛家思想中。在这一时间段其实儒家主流思想中强调的“笃行”，《礼记·儒行》：“儒有博学而不穷，笃行而不倦”；“博学之，审问之，慎思之，明辨之，笃行之。”强调作为儒者应该要笃行，踏实执着，专心实践，意思和“精行”类似。汉代的《史记·樗里子甘茂列传论》：“虽非笃行之君子，然亦战国之策士也。”也是强调的是专心实践，踏实执着的意思。发展到唐人编纂的《南史·文学传·岑之敬》：“母忌日营斋，必躬自洒扫，涕泣终日，士君子以笃行称之。”笃行仍然是占据主流的儒家评判君子品性的重要指标，并且发展到明代李贤《答耿中丞书》：“公既深信而笃行之，则虽谓公自己之学术亦可也，但不必人人皆如公耳。”还是文人们对于学术专研的重要精神内核。清代名儒戴名世于《刘退庵先生稿序》中称赞名儒刘退庵先生：“淮上刘退庵先生，今之笃行君子也。”

将“笃行”作为指代君子精于行，专一实践的意思还延续到近代，如鲁迅先生在内也强调文人品格中“笃行”精神的重要性，例如在《且介亭杂文·河南卢氏曹先生教泽碑文》夸赞曹培元先生：“中华民国二十有三年秋，（先生）年届七十，含和守素，笃行如初。”学术泰斗章太炎先生于《〈革命军〉序》云:“乃如罗、彭、邵、刘之伦，皆笃行有道士也。”称赞了罗等人的精专之行。

所以，其实“笃行”的用法和词义上和“精行”是有着一些相似性的。可以说从“精行”一词中能够看到儒家思想对于其词的隐性影响。我们认为《茶经》中的“精行”更多的偏向道家和释家的宗教色彩，与佛家相关的“精行”一词更符合文意，有“专精行道”的含义。这一词早期有可能受到《抱朴子》等道教典籍的影响，虽然一直在受其影响，但茶文化慢慢渗入到儒家主流的品饮阶层后，又不断吸收其中的精髓，内化为茶道自身的精神旨归。

从文献的来源看，相比较而言“俭德”比“精行”更容易找到依据。而且“俭德”的词义则更加明显清晰。因陆羽将“精行俭德”并列使用，所以我们考虑到将“精行”作为一个固有的名词其实并不合适。因为“精行俭德”从语法角度上来说其实是并列偏正短语，“精”是修饰“行”的，而与之相对“俭”则是对“德”的修饰加补充。所以，“俭德”一词理解成“节俭内敛的厚德”是最为适宜不过的。

最早的文献来源我们认为可以追溯到《周易·否·象传》中的记载：“象曰，天地不交，否；君子以俭德辟难，不可荣以禄。”关于此解释，三国时期的王弼注［疏］正义曰：“‘君子以俭德辟难’者，言君子于此否塞之时，以节俭为德，辟其危难，不可荣华其身，以居幸位。此若据诸侯公卿言之，辟其群小之难，不可重受官赏；若据王者言之，谓节俭为德，辟其阴阳已运之难，不可重自荣华而骄逸也。”可见，此词针对的是，既然本意是时运不佳，作为君子用简朴内敛的德行来避免危难，君子需要约束、隐蔽自己的才华和力量，不可显山露水去追求荣华富贵。其中“俭”字也可解作收敛、约束，此处作为动词，将“德”字解作才华、能力等名词性词语，意在劝诫君子要约束、隐蔽自己的才华和力量以避免危险。同为三国时期的虞翻作《周易集解》曰：“谓四泰反成否，干称贤人隐藏坤中，以俭德避难，不荣以禄，故贤人隐矣。”也是解释强调君子需要“俭德”以趋避难的观点。

《后汉书·翟酺传》：“夫俭德之恭，政存约节。故文帝爱百金于露台，饰帷帐于皁囊。或有讥其俭者，上曰：‘朕为天下守财耳，岂得妄用之哉！’至仓谷腐而不可食，钱贯朽而不可校。”这里东汉安帝朝的侍中翟酺以西汉文帝节俭之事对上进行劝诫，也是一例典型的儒家正统的“俭德”之论，提倡政治统治者需要“俭德”，不可滥用无度。明显是从先秦《周易》一书中对于君子德行的劝勉的继承。而且早在春秋战国时期将“俭”“德”分离而施以政论的经典以《左传》为代表，见于《左传·庄公二十四年》：“俭，德之共也；奢，恶之大也。”意为有德者皆由节俭简朴的厚德而来，而奢侈则是当时认为统治者最大的罪恶之一。这种观点在关剑平先生的《茶与中国文化》一书中《茶的精神——俭》一节中有类似讨论，关先生认为这里的俭是一种

“节约、约束”，并且我们可以从祭品、茶具、茶价等方面追求质朴、自然、低廉的旨趣中观察到茶人们对于行茶的节约和自我约束的双重内涵。从汉魏开始对“俭德”的强调已经成了当时主流的统治思想和一种普遍的社会群体意识。与此相类的材料，罗列筛选如下：

《晋书·礼志》：“魏武葬高陵，有司依汉立陵上祭殿。至文帝黄初三年，乃诏曰：‘先帝躬履节俭，遗诏省约。子以述父为孝，臣以系事为忠。古不墓祭，皆设于庙。高陵上殿皆毁坏，车马还厩，衣服藏府，以从先帝俭德之志。’”

《魏书·程骏传》文明太后谓群臣曰：“言事，固当正直而准古典；安可依附暂时旧事乎！”赐骏衣一袭，帛二百匹。又诏曰：“骏历官清慎，言事每惬。门无挟货之宾，室有怀道之士。可赐帛六百匹，旌其俭德。”

《北齐书·赵郡王传》史臣曰：“《易》称‘天地盈虚，与时消息，况于人乎’。盖以通塞有期，污隆适道。举世思治，则显仁以应之；小人道长，则俭德以避之。”

《旧唐书·杨凭传》：“又营建居室，制度过差，侈靡之风，伤我俭德。”

从以上材料中我们可以管窥从春秋战国时期的《左传》到唐代的整个统治阶级和正统史家都注重君子特别是统治阶级的节俭朴素的德行，以此而观从《周易》为儒家经典的源头之一看，在很长一段历史时期，“俭德”都是作为君子品德的重要衡量标准之一，更是必不可少的“仁政”的组成部分，所以陆羽提倡“俭德”更是对于君子品德的贯穿和实践。当然除了史传中的正统材料外，我们还能在佛教经典中看到释家思想对于儒家正统思想的吸收。如在《大藏经52册·北山录卷第五》中载：“古人言：‘俭，德之恭也；侈，恶之大也。’而实不德不俭，恶盈而侈，诚为祸胎，安不忌欤。”其实是沿袭了《左传》中的说法，明显看到了释家对于儒家所提倡的“俭德”观点的吸收。

可见，实际上将“精行”和“俭德”合为“精行俭德”其实是陆羽自己的创新。将释家和道家讲究的专精实践和儒家基本的俭朴厚德结合在一起，简洁旷达地体现出陆羽对于茶之精髓更是茶人对自我要求的洗练升华。自此“精行”和“俭德”不

▸ 茶圣陆羽是茶德的倡导者

断地影响到后世文人雅士，尤其是嗜茶之人。例如宋代诗人晁说之在《长句饷新茶》中也写到“俭德”的重要性：“信美江山非我家，兴亡忍问后庭花。明时不见来求女，俭德唯闻罢供茶。”此诗将江山兴旺和俭德相结合，探讨认为只有“俭德”之君主才没有苛捐赋税，要求贡茶的奢侈无度之举，可见当时的人们也认为茶事相关的应该是俭朴而非奢华。“俭德”在茶道之中这样的用语，一直贯穿到当下的茶文化领域和茶人们的现实生活，里面所体现的俭朴厚德思想延续了儒家的伦理道德规范和政治统治的内敛意识。这样的文化意识，对于目前中国政治思想观念中所提倡的“廉政”“清明”都是具有很深的借鉴意义。可以说茶人精神的内涵核心就是“精行俭德”。

从我们的讨论中不难看出“精行俭德”一词长期以来都是古今茶人内心自勉自省的精神准绳，这方面相关的研究中，赖功欧先生在《茶哲睿智——中国茶文化与儒释道》中指出：儒家茶文化是中国茶文化的核心，这一核心的基础是儒家的人格思想。赖先生认为陆羽《茶经》开宗明义指出“茶之为用，味至寒；为饮，最宜精行俭德之人”。分明是以茶示俭，以茶示廉，从而倡导一种茶人之德，并且这就是一种儒家理想人格。赖先生还指出中华传统尤其是儒家思想十分重视“节俭”这一美德，将其视为一种可贵的价值理念和做人的基本原则。其实在这里，赖先生是想强调通过饮茶，营造一个联系人与人之间和睦相处的和谐空间，代表了茶文化所体现出的儒家道德理想。当然，虽然这是一种精神化的构建，但是确实是指导着当代茶学界思考当今的中国茶道的发展、中国茶人精神的未来走向。

三、茶人精神的层面

以“精行俭德”为茶人精神的核心进行的讨论对总结当代茶人精神大有帮助。在经济、文教、科技各个方面快速发展的新时代，我们对茶人精神也需要有一个明确和与时俱进的认识。20 世纪提出“茶人精神”以来，各位茶学、文化学大家们的观点众说纷纭，但究其主旨，茶人精神的内涵都包括了奉献、无私、团结、奋进、自强等核心价值观，结合历史上陆羽、吴觉农、欧美茶人、日韩茶人等，他们都在不同的茶史、茶事中彰显了相同的价值观和精神取向。

（一）洁净精微，淡泊名利

古人对茶人精神的要求，可以凝练成为“要须其人与茶品相得”一核心。从“精行俭德”的得来，茶圣陆羽坎坷沉浮一生都在追求“洁净精微”的事茶境界，追求“不羡黄金罍，不羡白玉杯，不羡朝入省，不羡暮入台，惟羡西江水，曾向竟陵城下来”的淡泊境界。这已经奠定了茶人精神的基调。日本茶道所提倡的“敬、和、清、寂”四字茶规中的“寂”也包含了这种基调。“寂”是一种对茶人精神状态的要求，茶人们在茶事活动的整个过程中，不仅仅要安静、神情庄重，还需要从日常的个人精神追求中努力达到淡泊名利、不恋红尘、闲庭信步的境界。

另一方面回归到茶的本性，长期以来茶不仅以物的品质作为人们喜爱和评比的对象，还提升到精神境界对社会伦理、茶人精神产生影响。据称唐代刘贞亮的《茶十德》提炼了茶在十个层面的功用：“以茶散郁气，以茶驱睡气，以茶养生气，以茶除病气，以茶利礼仁，以茶表敬意，以茶尝滋味，以茶养身体，以茶可行道，以茶可雅志。”茶除了对人身体有药用机理和调理作用外，茶所蕴育的秉性还代表了茶人品茶的一种境界。可见饮茶不仅是物质生活的满足，同时又是一种精神生活的享受。卢仝的《茶歌》中流露出对茶灵性的描述和饮茶后乘风凌虚羽化登仙的精神境界。茶人们身上也传承了一种山川的灵秀之气，象征着茶本身“洁净精微”的品质。茶人精神是茶之灵秀之气的体现，也是茶树风格、茶叶品性的引申。

当代茶圣吴觉农先生，从少年时代立志，就开始矢志不渝地献身茶叶事业，历尽 70 多春秋的风雨坎坷，也一直忘我奉献，锲而不舍地为茶事创业，鞠躬尽瘁，为振兴我国茶叶事业建立了丰功伟绩，并且不求名利，扎根于中国最基础和细致的茶叶事业。同时还笔耕不辍，坚持著书立说，众多的宝贵茶学资料和研究著作不仅丰富了茶业的历史文献文库，更为茶文化的万代传承做出了长远的贡献。在他身上，我们不仅仅能看见洁净精微、淡泊名利的茶人精神，还保有着当代茶人热爱祖国、追求真理、不断进步、光明磊落、严于律己、谦虚好学的良好品质，是现代茶人应该传承秉持的精神。

（二）自强不息，善利万物

“天行健，君子以自强不息；地势坤，君子以厚德载物”，张天福先生于 1999 年在福州，对“茶人之家”的价值内涵四个字作了深入分析：“茶是四季常青、采而复发、保健养性、造福人群，具有坚忍不拔、自强不息的茶树风格。以茶喻己，茶人精神应是无私奉献，不断进取、开拓、创新的茶人精神。”可见“自强不息”不仅仅是作为儒家传统文化所推崇的君子品性，更是茶人精神的重要精神来源。茶树的风格赋予了茶人们更多的精神寓意。

从茶或者说茶树的秉性出发，茶树生长的环境如何，都能“以彼径寸茎，荫此百尺条”。放眼世界茶叶种植分布的情况，茶叶主要分为六大产区，包括东北亚区、东南亚区、西亚及欧洲区、中非区、南美洲及大洋洲区。它们无论是生长在高山丘陵，还是在山间村野，都从不计较土壤厚薄，也不畏酷暑严寒，总是坚持植根大地、吐蕊发新，保持常青常绿；不仅能够为人们的健康和生活的审美、精神的享受提供保障，还是自然和环保的使者，能够有效地绿化大地、净化空气。茶树是无私奉献的，愿意经历寒冬酷暑在最美的时节把自己最美好，最珍贵的东西献给人们。常年扎根于世界各地田野乡间、山川林泉的茶农们也如同茶树一般历经春雨的洗礼、夏日的炎暑、秋天的荒芜、冬季的严寒，从播种到收获再到制作，都是一项项需要耐心和毅力的坚持。茶人们辛勤耕作和努力付出，是“善利万物”精神品质的体现，更是茶叶产业发展稳健的重要保障。

《道德经》云：“上善若水，江海之所以能为百谷王者，因其善居下，处于不争之地。”“居下”原意为安于、乐于和勇于处在一种相对较低的位置。茶树和茶人们身上都散发着一种朴素而谦虚的光芒，古人常以居下、处后作为一种美德、为人处世之道，作为人生的最高境界。茶树生长于无论何种严酷的环境都始终默默酝酿，茶人们特别是广大的茶农和常年扎根田野的茶叶工作者们都坚持不懈耕耘，不问名利。他们坚守实事求是、严谨的科学态度，团结协作，深入科研和生产的第一线。坚持时刻以专业知识丰富自己，把理论知识与生产实际密切结合，保持新鲜的创新精神，设身处地地解决茶产业发展中遇到的问题。茶人们置身物外，不为私心所扰，不为物欲所惑，不为名利所累，“善利万物”将茶人精神代代传承下去。他们眼里名利淡如水、事业重如山，他们善于居下、放低身段，以此回报自然和社会，为世界茶叶产业的兴旺发达做出努力和贡献。

（三）以茶养廉，无私奉献

茶人精神中有一类特别强调茶人个人的精神修养和思想追求，在茶事活动中完成个人塑造、政治追求、社会担当的多重任务。从茶事活动中，自古就寄托着儒家对廉俭的精神追求，更是文人雅士所自喻的君子人格。

在两晋南北朝时，开始出现“以茶养廉”的精神追求，对抗当时自西晋以来逐渐奢靡的社会风气。并且茶与名士们所倡导的“素业”精神相通，象征着大自然中洁净美好的性灵。故而通过饮茶或倡导茶饮来“养廉”“崇俭”成为当时名士对自我修养的追求，更是高人名士的风骨象征。《晋书·谢安传》云：“（谢）鲲通简有识，不修威仪”，谢鲲之从子谢安“尝与王羲之登冶城，悠然遐想，有高世之志”。到了南朝，谢氏这种家风仍有传人。《南史·谢瞻传》载：瞻在家惊骇谓晦曰：“吾家以素退为业，汝随势倾朝野，此岂门户福邪。”其中素退所指就是清白清退之意，魏晋名士以追求“素退为业”或“素业”为清高坚守的象征，顺理成章地在物质和仪式层面都有具体的体现。以茶敬客就是最为有力的说明。

唐代房玄龄《晋书·王述传》载：“王导，简素寡欲，食无储谷。衣不重帛。”王导之子王荟“安贫守约，不求闻达”。而王导“以茶养廉”颇有清誉，《世说新语·纰漏第三十四》：“任育长年少时，甚有令名……自过江，便失志。王丞相请先度时贤共至石头迎之，犹作畴日相待，一见便觉有异。坐席竟，下饮，便问人云：‘此为茶，为茗？’觉有异色，乃自申明云：‘向问饮为热为冷耳。’尝行从棺邸下度，流涕悲哀。王丞相闻之，曰：‘此是有情痴。’”这段话不仅说身为丞相的王导以茶待客，任瞻是南渡过来的北方名士，虽不识得品茗的基本常识，被众人嘲笑，但王导仍然按照昔日在北方时一样，对他热情相待，王导以茶养廉的修为、谦虚的待人之道、难得的容人雅量，都为世人所称道。

另一则最为出名的就是东晋陆纳以茶待客的故事。《晋中兴书》载：“陆纳为吴兴太守时，卫将军谢安常欲诣纳，纳兄子俶怪纳无所备，不敢问之，乃私蓄十数人馔。安既至，所设唯茶果而已。俶遂陈盛馔，珍羞必具。及安去，纳杖俶四十，云：‘汝既不能光益叔父，奈何秽吾素业？”平素倡导廉洁，“少有清操，贞厉绝俗”的陆纳认为，客来待之以茶就是最好的礼节，并且能显示自己的清廉之风，所以对于侄子的行为非常痛恨。《晋书》里也有一则“以茶养廉”的故事，说的是东晋著名军事家桓温的事。桓温时任扬州州牧，吃穿用度平素节俭，甚至连宴请贵宾也只设七个菜，外加一些茶果，可见对“清廉”的奉行。

有唐以来“精行俭德”所称“俭德”就是对“节俭”“清廉”的追求。苏东坡脍炙人口的《叶嘉传》，言情于志，写人状物，将人的正直、廉洁品格与茶的清高、风雅品质两相并提，相得益彰。明代更继承了这种以茶养廉的传统，如称竹茶炉为“苦节君像”，实是社会对“俭德”“廉洁”追求的寄托。茶本身的精神秉性也成为茶人们所遵行的精神要求，随着茶事活动进入了社会的精神领域，具有一定的社会功能，将茶人精神提升到了新的境界。

与“以茶养廉”同样重要的一种茶人品质也在这样的基础之上演绎出来，特别是自古以来的事茶之人，都追求这种卓越的品质。可以说茶树从自然生长开始，就一直在默默为人类和社会奉献青春，生命不息，奉献不止。从作用上看，茶树给世界带来清新，茶叶给人带来健康。所以茶人精神中重要的“无私奉献”也是来源于茶树的风格、茶叶的品性。

石照祥先生将自己从事茶叶工作 20 多年的经验汇集成《“茶”事“三字经”》，

讲述茶之功用，更详细地描写了茶的各种社会功能和文化属性：“茶圣洁，祭祖神；茶为药，治百病。茶为膳，助养生；茶志坚，为婚聘。茶待客。情意深；茶代酒。沐殊恩。”在对茶的各种功用的感慨赞美中发出了精神的倡议：“种茶树，功德存；绿荒山，造美景。培财源，富百姓；利当代，惠子孙。”茶人精神也理应如此，即具有更好的延续性，将奉献的精神造福千秋百代。

从根本上看，作为物质文明和精神文明共融一体的茶，在功用、情操、本性中都符合中华民族甚至世界各族的追求平和、和诚处事、重情好客、勤俭育德、无私奉献、和平至上、奋斗不息的民族精神。以茶喻人，以茶为榜样的茶人，应具有这种无私奉献的茶人精神。

无论是“以茶代酒”“以茶养廉”还是“无私奉献”，自古以来都是人们推崇的廉政、爱民等优良传统。在政府层面，中华人民共和国成立以来常常以茶话会、茶宴取代酒会、酒宴，倡行廉政建设，并从上至下推广至社会活动和文化建设的各个层面。包括会议接待、招待外宾、学术交流……减少了财政的巨额开支，更树立了良好的社会风气。以茶养廉、无私奉献，极大地从行动上直接反对奢侈淫靡之风，倡导俭德之风，提高政府和行政人员的办事效率，塑造良好的行政形象，甚至漂洋过海，在不同的地区和国家受到热烈的讨论和广泛的欢迎，被世界誉为“茶杯和茶壶精神”。“以茶养廉、无私奉献”的茶人精神仍是人类社会发展至今最可贵的文化遗产之一，也是人类共同的精神财富。

另一方面，反观当下事茶人员的整体素质，在以市场为导向的商品经济的推动下，也出现了一些值得反思的现象。除茶学专业的相关研究与从业人员基本具备良好的知识和文化素质外，也有不少游走于茶文化中以“茶人”自居的人，他们并不追崇茶品与人品（包含道德、知识、涵养等层面），而是一味地追求泡沫经济下的光鲜外表，故弄玄虚，轻内容、重表演，有炒作之嫌，从而失去了祖辈们脚踏实地讲究品性、文化、艺术造诣、烹茶技巧的全方面的事茶追求。事实上，忽视“廉洁”“奉献”的主旨，以茶为幌，装点门面，对真正的历史文化不深究的“茶人”亦有人在。幸而，当今中国愈来愈多的茶学前辈及有识之士呼吁回归到茶本身。先有庄晚芳先生极力提倡的“廉美和敬”，后有老茶人张天福先生提出的“俭清和静”，要求“节俭朴素，清正廉明，和睦处世，恬淡致静”，回归这些主流茶人精神的倡导才能更好继承“求俭”“养廉”的性灵，将促使社会风气进一步好转，放慢浮躁喧嚣的现代化脚步，也能充实对精神文明建设也有所推动。

（四）崇尚自然，爱好和谐

世界各地，爱茶人对自然的喜爱都是普遍而真诚的。在古老的东方，茶被最早运用到人们的日常生活中，无论作为药用，还是其他的价值作用。最初的目的都是以药用、食用、祭祀为主的，并且被人们赋予了“中和”或是“中正”的气质。茶之故乡中国作为传统的农耕大国，对农耕作物的情感或者说对于植物的情感是真诚而眷恋深沉的。从最初的药用作用中升华出来，早在先秦时期茶已作为祭祀之物，承载着人与天、人与神之间的沟通作用，茶不再作为一种单纯的饮用植物而存在。

茶成长于自然，也得益于自然。而嗜茶的文人雅士和辛勤的事茶工作者们，长年累月与茶叶、茶树打交道，在山林之间，在纵横的山间丛林中滋润渲染，也富有一颗热爱自然、崇尚自然之心。包括在道家茶道仪式中茶人们也会提倡如“无为茶”“自然茶”这样的茶道仪式，将传统的道家文化精神主张“无为”“自然”孕于其中。

▶ 英式下午茶

而在追求理性的西方文化中，茶则首先作为一种植物被理性的认知和了解。瑞典植物学家林奈在1753年出版的《植物种志》一书中，以Thea *sinensis* L.来命名茶树，其中*sinensis*在拉丁文中意味着“中国”，借此说明茶树是原产中国的一种山茶属植物。除了这样理性的认知外，茶叶确实从跨文化传播的角度，对西方饮食结构形成了巨大的转变。英国在欧洲最早引入茶叶，不仅受到了中国茶文化的形式影响，表现在大家熟知的下午茶文化、早茶文化、晚茶文化、茶会文化，等等。也在文化精神伦理方面接受了中国茶文化精神伦理的影响。西方饮茶文化中独特的冲泡方式中隐含着深层的包容性及对和谐的追求。调饮的饮茶方式尤其能说明这点，例如利用牛奶、乳酪、蔗糖、冰块、柠檬汁等都是常见的调饮物质。而中国茶人在因为长期的文化熏陶，表现出对和谐精神和和平的浓厚文化气息。茶汤的包容性正体现着在外在形式上的一种兼容并包，古老而神秘的东方树叶用其较高的可溶性，散发着和谐的光芒。

和谐与谐和如唇齿相依，缺一不可。在和谐和谐和的基础上，我们能看出世界茶人对和平的共识。和平在这里，不仅仅是社会意义上的人与人、国与国、社会与社会和平共处，更是人类精神伦理层面最大的共识和共同需求。世界茶人们，通过自己对一盏茶汤的冲泡，完成了自己对和谐、对和平的诠释。他们不仅仅是和谐的拥戴者、和谐的实践者，更是和谐的保护者。

四、茶人精神对和谐世界的促进

茶人精神有助于人与物，特别是在人与茶、人与茶具、人与茶道仪式之间的交流中，达到和谐的境界。

（一）人与物的和谐

在茶事活动中，人们可以从布置茶席、观赏茶器、审视茶叶、静心沏茶、端详茶色、嗅闻茶香、品味茶汤等过程中完成，心灵与茶以及茶所衍生的一切物质载体的交流。在这个过程中，不仅是满足了人“眼、耳、鼻、舌、身、意”六根的感受，更是人与茗之间相互包容、相互理解、相互感受的过程。

这些“物”的存在让茶人的世界可茗香四溢，那种清新宛如春日和风安抚人心，怡人情思，神游悠远。各类茗茶各舒其叶，各肆茶具琳琅满目，各式紫砂造型各异。古朴纯净的手工风炉，自然清新的茶道六君子[①]……每一件“物”

①泛指茶匙、茶针、茶漏、茶夹、茶则、茶桶，爱茶人称为“茶道六君子”。

都有着自己美丽的故事，都讲述着自己的精神，甚至每一种茶、每一粒茶芽、每一盏品茗杯、每一把小壶从初制到成型都经历了千变万化的工艺流程和茶人们独具匠心的栽培雕琢。所以，当茗汤脉脉、茶气氤氲、香韵缭绕时，流动的不只是茶，不只是茶文化，不只是人的历史，还有“物”身上无尽的时光雕琢和岁月的光辉。

茶人精神中所追求的“洁净精微”在这些“物”的品质和特点中也起到了升华和提炼的作用。对于茶事的追求中，茶人精神所倡导的“和”“净”“美”都为茶叶、茶具、茶道仪式的完满和谐提供了重要的审美依据，也不断促进茶事仪式和活动在物质方面的不断演变和完善。

（二）人与人的和谐

作为人与人交流的社交方式，自古以来以茶礼宾、以茶待客、以茶会友是最常见的饮茶交流形式。人们通过在不同环境中的不同的饮茶形式来达到不同的交流目的。可以是独身一人，对影自酌；可以是两三好友，半轮明月；可以是高朋满座，玄学清谈；可以是国宾要友，会晤接洽……不同的人情世故，在同样的一盏茶汤中品鉴。茶人精神中追求的“中正”“和谐”，体现在茶道，茶文化本身的礼仪性和仪式性中。茶具中的“公道杯”更是这种“和谐”的体现。在大部分茶事活动中人们之间的沟通桥梁就是杯中的茶汤，茶汤的冷暖、浓淡、多少都在一定程度上达到平衡和相当，这不仅仅是中国传统思想体系中提倡的“中庸”思想的体现，也是人与人之间和谐的物质表现。

在日常和礼仪性的茶道流程中，无论对象是谁，身份地位如何，与主人的远近亲疏如何，都需要通过茶道仪式、礼仪、礼节来以表达主客之间基本的诚恳、热情与谦恭的精神来往。自古以来，在“礼仪之邦”的各地区，人们在彼此相待、迎来送往过程中特别注重敬茶的习俗，特别是在东亚各国。而西方各国也非常重视通过茶道仪式产生的文化和精神交流。“崇尚自然”的茶人们则通过饮茶这种文化交流方式完成了物质和精神的共鸣。

作为交流的主客体，茶人们也非常重视在交流过程中所体现的个人气质和精神特质。人们往往表现出志存高远、淡泊名利、仪表端庄、虚怀若谷等气质。茶人们也有与文人相同的修身、齐家、治国、平天下的理想追求，他们不断地通过对茶的熟悉和体悟完成自我的人格转变，他们气质高雅、待人真诚、举止优雅大气、谈吐儒雅，承担了茶事活动中的艺术引导和人文价值塑造。这不仅仅是人们作为知书达理的准绳或主客沟通的纽带，甚至是作为一种社会和谐的必要手段，约定俗成般一直延续到今时今日。

可见，茶文化是道德建设的一种重要资源，也是构建世界文明的一个重要载体，它有利于增强世界各民族的民族凝聚力，也有利于各地区之间的经济、文化交流。正是因为有了茶，人与人、身与心的交流才能变得更加顺畅。

（三）人与世界的和谐

“世间绝品人难识，闲对茶经忆古人。”何日才能重寻一味寒夜客来茶当酒的雅致，静看膝前竹炉汤沸火初红的美丽动人。寻思那寻常一样窗前月，才有梅花便不同？饮茶一事，可以窥天下境界，所谓“一叶一菩提”，其理就在于此。

作为一种文化仪式，茶事环境可以遵从自然环境的变化而改变茶道仪式的形式。但总体上看，作为茶事环境的室内茶空间必须要洁净雅致，文人雅士还追求装饰风格的意境，物品摆放的次序、装饰、插花、壁画都要有情趣。这种情趣或者是艺术风格，都是茶人本身的精神所代表的世界观、价值观的上层体现。例如禅茶所追求的平和，道茶所追求的清寂，文人茶所追求的风雅等。每一种风格都是人对茶道世界的理解，所以在不同的精神价值引导下，茶人们在茶事活动中完成了对场地的布置。即便是崇尚自然的精神引导下，茶人们也愿意选择和风景秀美的山林野地、松石泉边、茂林修竹、皓月清风相伴。

再者，茶人追求和谐的精神是作为和谐世界的助推力。伴随着茶在世界范围内的传播和茶文化不断的交流创新，茶作为物质载体完成了中西方“一带一路”上重要的经济、文化的交流使命，也让不同地区、不同国家、不同种族的人们因为茶所具备的自然、和平的秉性而结缘。

第三节 当代世界茶文化的精神取向

今时今日，世界各地区的经济、文化和科技等方面都取得了空前繁荣，所以能够有实力在世界茶文化史上开启新的发展时期。

一、崇古自然，力求和谐

人们对茶文化的崇古之风渐盛，无论从物质形态，还是精神内涵，都愿意追溯最初的滥觞。反映在饮茶仪式和器具上的崇古尤其明显。自唐宋以来的茶事活动从造价昂贵的瓷器到多种材质的并用，再到当今时代人们对仿古茶具的喜好和大量仿制，是完全合乎审美逻辑的。此外有大量的仿古茶道、仿古茶艺、仿古茶事涌现，从仿古茗茶、仿古茶具、仿古茶壶、仿古茶室多方面的仿古对传统茶事活动进行深入的复原。这些现象都反映出人们或者说世界茶文化存在普遍的一种仿古和崇古的审美意向。

在茶叶种植、栽培、加工方面，当代的世界茶人都追求环境的自然，原生态的生长过程，古法加工的严苛生产标准，这也是受到可持续发展的科学观和崇古精神的影响。世界各地的茶园都以优化茶园质量，优化茶叶加工流程，优化茶叶品质为己任。茶是世界上仅次于水的主要饮料，从宏观的角度来看，茶叶被用来冲制成饮料，其受欢迎程度远胜过咖啡。至今这个地位没有发生实质的转变，当代的茶文化仍然要继续承担世界文化、世界文明的交流作用，促进世界和谐。

一个具有世界眼光的现代茶人要认识并不断学习不同系统、不同文化背景下的茶叶科技知识，深刻意识和解决到茶叶农残问题，端正种茶、制茶的精神价值观，回归到正确的崇尚自然的精神取向上，并积极开展对不同地域的茶文化的接受和学习。茶人们不断地还原茶叶生长自然环境，让其遵循自然成熟的规律，生产出优质、卫生、安全的放心茶，这是茶产业持续发展的基础。通过世界各地不同茶文化的频繁交流可以把全世界茶人联合起来，切磋茶技，组织学术交流和经贸洽谈，能够真正完成茶文化在现代社会的价值塑造，这也是世界茶文化发展的关键一步。

二、追求创新，多种跨界

茶文化从古至今，东西中外都在不断丰富、扩大和延伸其内涵。茶在全世界已然成为全球最受欢迎的一种天然、绿色、健康饮料。茶具备的多种功能，事关民生，与文明、文化、经济、生态等各个方面都紧密相连。所以，茶的内涵与功用也随之不断扩大，跟随时代步伐，与时俱进。而当今各国所面临的经济形势和国际环境是多样化、多元化的挑战。茶业本身具备经济效益、文化效益、生态效益、社会效益，是当今世界重要的经济产业之一。陈宗懋院士曾言“如果把茶产业比喻为一架飞机，茶文化和茶科技就是这架飞机的两翼，有力地推进和保障茶产业的起飞”。所以在发展茶产业的同时，更应该注重茶科学的发展。现代的市场环境和经济需求下，世界各地区已经逐渐形成了茶树栽培、茶园管理、制茶技术、茶文化等一套完善的具有地域特色的茶学体系。也就是说，世界茶文化的出路必须以追求创新为导向，不

▶ 贵州茶区美景

断研发新技术，优化新产品，完成新转变，从茶园管理到茶叶加工制作，从茶产品到茶应用，人们都需要创新精神为指导，不断加强产业的深耕细作，科学创新。

21世纪的茶被赋予了更多、更丰富的含义，跨界的创意和商业模式，以及茶制品的层出不穷，让人耳目一新，特别是基于创新的基础，不同的交叉学科为茶、茶文化的改革转型奠定了基础。人们利用现有的科学技术和创新手段，让茶不再单纯作为直饮品入口。譬如：利用鲜叶直接生产速溶、罐装茶及茶汽水、茶可乐、茶乳品、茶啤酒、茶咖啡、茶果露等茶饮料；利用制茶工艺制出的银杏茶、苦丁茶、桑叶茶、柿叶茶、金银花茶、绞股蓝茶等花草绿茶，或和茶叶拼配共饮；加入微量元素的茶，如富锌茶、富硒茶等；开发如水果味茶、花草茶、人参茶等调味茶；利用高科技手段进行茶多酚类的高纯度物质的提取，从而开发研制出食用茶品，保健品茶多酚、茶宝以及药用茶制剂，以达到更好的药用和医用效果。

此外，茶不再单独作为一种文化形象存在于人们的生活范围内，结合各地不同的风俗和文化背景，茶可以作为一种主要的文化象征存在在不同的体系中。例如“琴、棋、书、画、诗、酒、花、茶”，在现代人文雅致生活系统中，茶和其他文化象征的活动发生了更加频繁的交流，实现了文化形式上的跨界，也帮助完善了文人生活的雅致哲学。在现代茶事生活中，茶与琴、茶与花、茶与香、茶与红酒、茶与咖啡、茶与互联网等或传统或新兴的产业模式的结合，成为跨界转型的常见范例。无论是在文化内容上的跨界还是在产品模式上的跨界都是一种“兼容并包”“和谐共融”思想的积极体现，也是当代茶文化发展的重要精神取向。

（本章撰稿人：夏虞南）

参考文献

《中国的遗产》编写组，2008．中国的遗产．北京：北京语言大学出版社．

奥玄宝，2010．茗壶图录．杜斌，校注．济南：山东画报出版社．

保罗阿特伯里，拉斯夏普，2005．世界古董百科图鉴．张锡九，等，译．上海：上海人民美术出版社．

蔡清毅，2014．闽台传统茶生产习俗与茶文化遗产资源调查．厦门：厦门大学出版社．

曹中建，等，2003．中国宗教研究年鉴 2001—2002．北京：宗教文化出版社．

曾维华，2008．中国古史与文物考论．上海：华东师范大学出版社．

苌岚，2001．7—14 世纪中日文化交流的考古学研究．北京：中国社会科学出社．

陈椽，1993．中国茶叶外销史．台湾：碧山岩出版社．

陈慈玉，2013．近代中国茶业之发展．北京：中国人民大学出版社．

陈珲，吕国利，2000．中华茶文化寻踪．北京：中国城市出版社．

陈社行，2014．黑茶全传．北京：中华工商联合出版社．

陈文华，2006．中国茶文化学．北京：中国农业出版社．

陈宗懋，等，2000．中国茶叶大辞典．北京：中国轻工业出版社．

陈宗懋，杨亚军，等，2011．中国茶经（2011 年修订版）．上海：上海文化出版社．

陈祖规，朱自振，1981．中国茶叶历史资料选辑．北京：农业出版社．

程启坤，庄雪岚，等，1995．世界茶业 100 年．上海：上海科技教育出版社．

丁以寿，2011．中国茶文化．合肥：安徽教育出版社．

董尚生，王建荣，2003．茶史．杭州：浙江大学出版社．

额斯日格仓，包·赛吉拉夫，2007．蒙古族商业发展史．沈阳：辽宁民族出版社．

范晓君，2014. 中国采茶音乐文化研究 . 广州：暨南大学出版社 .
福建省地方志编纂委员会，2004. 中华人民共和国地方志 · 福建省志 · 武夷山志 . 北京：方志出版社 .
冈仓天心，2003. 说茶 . 张唤民，译 . 天津：百花文艺出版社 .
高关中，1999. 英国风土大观 . 北京：当代世界出版社 .
葛长森，2013. 金陵茶文化 . 南京：东南大学出版社 .
故宫博物院，2005. 瑞典藏中国陶瓷：海上丝路·哥德堡号·安特生·仰韶文化 . 北京：紫禁城出版社 .
关剑平，2001. 茶与中国文化 . 北京：人民出版社 .
关剑平，2009. 文化传播视野下的茶文化研究 . 北京：中国农业出版社 .
关剑平，2012. 禅茶：认识与展开 . 杭州：浙江大学出版社 .
关剑平，等，2011. 世界茶文化 . 合肥：安徽教育出版社 .
广东省博物馆，2012. 海上瓷路：粤港澳文物大展 . 广州：岭南美术出版社 .
国家文物局，2014. 丝绸之路 . 北京：文物出版社 .
侯军，1996. 青鸟赋 . 深圳：海天出版社 .
胡长春，2015. 文人与茶 . 北京：中国社会科学出版社 .
霍姆斯，1999. 波士顿与新英格兰 . 刘向，王彤，赵岚，译 . 北京：中华书局 .
Jane Pettigrew，2013. 茶设计 . 邵立荣，译 . 济南：山东画报出版社 .
矶渊猛，2014. 一杯红茶的世界史 . 上海：上海东方出版社 .
纪云飞，等，2014. 中国“海上丝绸之路”研究年鉴 2013. 杭州：浙江大学出版社 .
蒋文中，2014. 茶马古道研究 . 昆明：云南人民出版社 .
井上亘，2012. 虚伪的“日本”：日本古代史论丛 . 北京：社会科学文献出版社 .
柯培雄，2013. 闽北名镇名村 . 福州：福建人民出版社 .
赖明志，2006. 茶联集 . 福州：海峡文艺出版社 .
冷东，金峰，肖楚熊，2014. 十三行与岭南社会变迁 . 广州：广州出版社 .
李芏巍，2013. 中华驿站与现代物流 . 北京：中国财富出版社 .

李华东，2011. 朝鲜半岛古代建筑文化 . 南京：东南大学出版社 .

李云泉，2015. 万邦来朝：朝贡制度述论 . 北京：新华出版社 .

梁浩荣，2014. 茶疗养生 . 上海：上海科学技术出版社 .

刘枫，等，2015. 新茶经 . 北京：中央文献出版社 .

罗伯特 · 福琼，2015. 两访中国茶乡 . 敖雪岗，译 . 南京：江苏人民出版社 .

吕章申，等，2014. 海外藏中国古代文物精粹：英国国立维多利亚与艾伯特博物馆卷 . 合肥：安徽美术出版社 .

马明博，肖瑶，2012. 我的茶：文化名家话茶缘 . 北京：中国青年出版社 .

莫克塞姆，2010. 茶：嗜好、开拓与帝国 . 毕小青，译 . 北京：三联书店 .

南平市地方志编纂委员会，2004. 南平地区志 · 第一册 . 北京：方志出版社 .

南平市志编纂委员会，1994. 南平日志 · 上 . 北京：中华书局 .

Nick Hall，2003. 茶（TEA）. 王恩冕，等，译 . 北京：中国海关出版社 .

宁波“海上丝绸之路”申报世界文化遗产办公室，宁波市文物保护管理所，宁波市文物考古研究所，2006. 宁波与海上丝绸之路 . 北京：科学出版社 .

潘力，2015. 浮世绘的故事 . 北京：科学出版社 .

佩蒂格鲁，2011. 茶鉴赏手册 . 上海：上海科学技术出版社 .

彭卿云，1997. 中国历史文化名城词典（续编）. 上海：上海辞书出版社 .

千玄室，2012. 蒙福人生的欢喜 . 北京：文化艺术出版社 .

乔治奥威，2015. 狮子与独角兽 . 董乐山，等，译 . 北京：北京燕山出版社 .

丘富科，2009. 中国文化遗产词典 . 北京：文物出版社 .

裘纪平，2014. 中国茶画 . 杭州：浙江摄影出版社 .

桑田忠亲，2016. 茶道六百年 . 李炜，译 . 北京：北京十月文艺出版社 .

深圳博物馆，2010. 东风西渐：上海市历史博物馆藏欧洲瓷器 . 北京：文物出版社 .

沈冬梅，2009. 茶馨艺文 . 上海：上海人民出版社 .

沈冬梅，2010. 陆羽著：《茶经》. 北京：中华书局 .

沈冬梅，阮浩耕，于子良，1999. 中国古代茶叶全书 . 杭州：浙江摄影出版社 .

沈立江，等，2014. 盛世兴茶——第十三届国际茶文化研讨会论文精编 . 杭州：浙江人民出版社 .
沈琼华，等，2012. 大元帆影：韩国新安沉船出水文物精华 . 北京：文物出版社 .
滕军，1992. 日本茶道文化概论 . 上海：上海东方出版社 .
滕军，2004. 中日茶文化交流史 . 北京：人民出版社 .
滕军，等，2007. 日本艺术 . 北京：高等教育出版社 .
田中仙翁，2013. 茶道的美学：茶的精神与形式 . 蔡敦达，译 . 南京：南京大学出版社 .
童启庆，寿英姿，2008. 生活茶艺 . 北京：金盾出版社 .
屠幼英，何普明，吴媛媛，等，2016. 茶与健康 . 北京：世界图书出版社 .
屠幼英，乔德京，2014. 茶学入门 . 杭州：浙江大学出版社 .
王龙，丁文，2015. 大唐茶诗 . 北京：中国文史出版社 .
王鹏任，2008. 天台山云雾茶 . 杭州：浙江大学出版社 .
王蔚，等，2011. 外国古代园林史 . 北京：中国建筑工业出版社 .
王旭峰，2013. 茶人三部曲 . 北京：人民文学出版社 .
王旭烽，2002. 爱茶者说 . 北京：解放军文艺出版社 .
王旭烽，2013. 品饮中国——茶文化通论 . 北京：中国农业出版社 .
王岳飞，徐平，等，2014. 茶文化与茶健康 . 北京：旅游教育出版社 .
王子怡，2010. 中日茶器文化比较研究 . 北京：人民出版社 .
威廉 · 乌克斯，2011. 茶叶全书 . 依佳，等，译 . 上海：东方出版社 .
吴梅东，等，1999. 与雷诺阿共进下午茶 . 上海：上海文艺出版社 .
吴石坚，2010. 广州历史文化旅游 . 哈尔滨：黑龙江人民出版社 .
萧慧娟，等，2000. 约会中国茶 . 马来西亚：紫藤集团 .
谢文柏，2007. 顾渚山志 . 杭州：浙江古籍出版社 .
徐潜，等，2014. 中国古代陆路交通 . 长春：吉林文史出版社 .
杨昭全，2004. 中国：朝鲜 · 韩国文化交流史Ⅲ . 北京：昆仑出版社 .
姚国坤，等，2012. 图说世界茶文化 . 北京：中国文史出版社 .

姚国坤，王存礼，2007. 图说中国茶 . 上海：上海文化出版社 .

姚国坤，王存礼，程启坤，1991. 中国茶文化 . 上海：上海文化出版社 .

姚贤镐，1962. 中国近代对外贸易史资料（二）. 北京：中华书局 .

野村文华财团，1992. 野村美术馆名品图录 . 日本：野村文华财团 .

一然，2003. 三国遗事 . 孙文范，等，校勘 . 长春：吉林文史出版社 .

伊奈和夫，2007. 中国茶的化学与功能 . 日本：アイ . ケイコーポレー ション出版社 .

于良子，1995. 谈艺 . 杭州：浙江摄影出版社 .

于良子，2003. 翰墨茗香 . 杭州：浙江摄影出版社 .

余杨，宋志敏，2014. 茶文化与茶饮服务 . 北京：旅游教育出版社 .

余悦，叶静，2014. 中国茶俗学 . 北京：世界图书出版社 .

约翰 · 柏特里克，1975. 秋月茶居 . 田维新，译 . 香港：今日世界出版社 .

张顺高，苏芳华，等，2007. 中国普洱茶百科全书 · 文化卷 . 昆明：云南科技出版社 .

张星海，等，2011. 茶言茶语与做人做事 . 杭州：浙江工商大学出版社 .

张忠良，毛先颉，2006. 中国世界茶文化 . 北京：时事出版社 .

赵丽娜，2007. 泡泡文人泡泡茶 . 杭州：浙江摄影出版社 .

赵燕，李永进，等，2012. 中外园林简史 . 北京：中国水利水电出版社 .

浙江省茶叶志编纂委员会，2005. 浙江省茶叶志 . 杭州：浙江人民出版社 .

中华文化通志编委会，2010. 中华文化通志第十典：中外文化交流 中国与拉丁美洲大洋洲文化交流志 . 上海：上海人民出版社 .

周文劲，乐素娜，2016. 话说中国茶——茶事茶俗 . 北京：中国农业出版社 .

朱培初，1984. 明清陶瓷和世界文化的交流 . 北京：中国轻工业出版社 .

竺济法，2014. “海上茶路 · 甬为茶港”研究文集 . 北京：中国农业出版社 .

Lisa，2013.L.Petrovich.More than the Boston Tea Par：Tea in American Culture，1760s—1840s. UMI. Dissertation Publishing.

Noufissa Kessar Raji，2003.L’Art du Thé au Maroc.Art Creation Realisation.

后 记

2013年9—10月，中国提出建设新“丝绸之路经济带”和“21世纪海上丝绸之路”的倡议，旨在借用古代“丝绸之路”的历史符号，发展与沿线国家的经济合作伙伴关系。在这一历史背景下，中国国际茶文化研究会于2014年中开始，酝酿编写一部既具经济融合，又具文化包容的茶文化工具书，即《世界茶文化大全》（以下简称《大全》）。但对编写如此重大的一个世界性命题，当初是有疑虑的，问题集中在两个方面：一是条件是否成熟？二是谁去组织编写？分析认为，条件成熟与否是相对而言的。虽然，凡事开头难，“万丈高楼平地起”，我们要做的是一项铺路打地基的工程，目的是为后来者畅行做出自己的努力。而在中国国际茶文化研究会旗下，在茶及茶文化领域方面，不但在国内拥有一大批具有国际影响力的高层次人才，而且还能请到许多国家和地区的著名学者提供资料，参与编写。历史担当，舍我其谁？

2015年5月，研究会常务副会长孙忠焕和副会长阮忠训两位领导，遵照全国政协文史和学习委员会副主任、研究会会长周国富先生的意见，亲自找到研究会学术委员会副主任姚国坤、培训与普及部部长缪克俭谈话，提出编写《大全》的设想和要求，并指定两位负责《大全》组稿和统筹，研究会培训部负责有关《大全》事务性保障工作。

为了编写好这部书，周国富会长亲自审阅《大全》编写提纲，多次做出重要批示或口头指示，指明方向，提出要求。孙忠焕、阮忠训等领导多次专门听取汇报，因势利导，化解编写过程中出现的各种实际问题。最后，通过3个月努力，《大全》提纲六易其稿，才基本确定下来。

在此基础上，考虑到要编写好这部大作，编写者不仅对某一领域要有深刻的研究，而且还要具有对世界范围的认识。也就是说，编写者在学养上不但要有深度和广度，而且还要有高度和认知度。为此，通过在全国范围内广收英才，并进行比较分析，综合衡量，经多次筛选，最终才确定由18位专家、学者，组成《大全》编辑委员会，作为这部大作的基本编写队伍。

说实话，要编写好这部大作，仅靠几个人的努力显然还是不够的，在编过程中，我们还研读和参考了许多相关专家、学者有关茶及茶文化方面的史籍和著述。同时，我们还从人脉关系入手，向几十年来结识的众多国内外名家求助和讨教，数以十计的海内外同仁和朋友，积极为我们提供宝贵资料，尤其是美国国际名茶协会会长奥斯汀先生、意大利茶文化协会会长查立伟先生、马来西亚国际茶文化协会理事长萧慧娟女士、韩国韩瑞大学茶学系主任姜育发教授、日本中国茶协会会长王亚雷先生、香港茶道总会创会会长叶惠民先生、澳门中华茶道会会长罗庆江先生、台湾无我茶会创始人蔡荣章教授、浙江大学马晓俐副教授等，他（她）们无论是提供资料，还是指导编写都给予了我们最大的支持和帮助。

此外，研究会戴学林、葛丹亚、陈惠、刘蒙裕、鲍云燕等在资料整理、图表制作、前期校勘、协调配合等方面也付出了辛勤劳动。研究会办公室、培训部全体同仁，他们自始至终为这部大作的编写和出版，做了大量卓有成效的后勤保障工作。

如此，在全体编写人员和各位同仁的支持和努力下，《大全》通过12次易稿，前后花了整整3年的努力，才得以顺利完稿。但即便如此，我们依然深深感到这部书稿的完成和出版，没有前人的知识积累，没有众多高人的倾心相助，没有中国农业出版社和姚佳女士的倾力支持，仅靠自己的力量是难以完成这项工程的。所以，坦率地说：《大全》的出版，是众人共同努力的结果，也是集体智慧凝聚的结晶，在此一并表示感谢！

当然，我们在感谢众多国内外同仁鼎力相助的同时，也深深感到《大全》还有尚可提升的空间。文化的传承，离不开世代相承。我们深知，完整的世界茶文化体系并不是一部著作能解决的，我们的研究工作还在继续中，冀望能得到各位国内外专家的赐教，期待今后能有更完善的版本问世。

编者

2018年3月18日

茶者，南方之嘉木也。

一片树叶惠及众生。

它穿越历史，跨越国界，融入人的生活，

发挥着独特的多元文化功能。